Lecture Notes in Statistics

Edited by J. Berger, S. Fienberg, J. Gani,
K. Krickeberg, I. Olkin, and B. Singer

66

Tommy Wright

Exact Confidence Bounds when Sampling from Small Finite Universes

An Easy Reference Based on the
Hypergeometric Distribution

Springer-Verlag

Berlin Heidelberg New York London Paris
Tokyo Hong Kong Barcelona Budapest

Author

Tommy Wright
Mathematical Sciences Section
Oak Ridge National Laboratory
Oak Ridge, TN 37831-6367, USA

Mathematical Subject Classification: 62D05, 62Q05, 60C05

ISBN 0-387-97515-2 Springer-Verlag New York Berlin Heidelberg
ISBN 3-540-97515-2 Springer-Verlag Berlin Heidelberg New York

© Springer-Verlag Berlin Heidelberg 1991
Printed in Germany

Printing and binding: Druckhaus Beltz, Hemsbach/Bergstr.
2847/3140-543210 – Printed on acid-free paper

What is more beautiful than a simple and important question with a simple and exact answer that is easy to provide?

To Marsha, Taunya, Tommy II, and Tracy

PREFACE

There is a very simple and fundamental concept to much of probability and statistics that can be conveyed using the following problem.

> **PROBLEM.** Assume a finite set (universe) of N units where A of the units have a particular attribute. The value of N is known while the value of A is unknown. If a proper subset (sample) of size n is selected randomly and a of the units in the subset are observed to have the particular attribute, what can be said about the unknown value of A?

The problem is not new and almost anyone can describe several situations where a particular problem could be presented in this setting. Some recent references with different focuses include Cochran (1977); Williams (1978); Hájek (1981); Stuart (1984); Cassel, Särndal, and Wretman (1977); and Johnson and Kotz (1977). We focus on confidence interval estimation of A. Several methods for exact confidence interval estimation of A exist (Buonaccorsi, 1987, and Peskun, 1990), and this volume presents the theory and an extensive Table for one of them.

One of the important contributions in Neyman (1934) is a discussion of the meaning of confidence interval estimation and its relationship with hypothesis testing which we will call the Neyman Approach. In Chapter 3 and following Neyman's Approach for simple random sampling (without replacement), we present an elementary development of exact confidence interval estimation of A as a response to the specific problem cited above. Buonaccorsi (1987) notes that the exact methods under simple random sampling of Konijn (1973, p. 79) and Katz (1953) appear to be the same as the result obtained from the Neyman Approach which Buonaccorsi refers to as the T Method. Because the Neyman Approach in our case for one–sided confidence bounds of A is based on inverting a family of uniformly most powerful one–sided tests of hypotheses for A, the resulting one–sided confidence bounds (upper and lower) are uniformly most accurate as noted by Buonaccorsi (1987). That is, the Neyman Approach leads to the shortest one–sided confidence intervals for the stated confidence levels.

Under simple random sampling, exact confidence intervals for A can be constructed using the hypergeometric probability distribution (Chapter 3). Chung and Delury (1950) provide charts for two–sided confidence limits based on the hypergeometric distribution for $N = 500$; 2500; and 10000. Buonaccorsi (1987) notes that their method is similar to a method described by Sukhatme, Sukhatme, Sukhatme, and Asok (1984, p. 46) and that it does not always lead to a solution—particularly for small values of N.

Perhaps the most familiar method for constructing exact confidence intervals of A is given in Cochran (1977, p. 57). However, the method presented in Cochran's book is not the same as that of the Neyman Approach. In fact, Buonaccorsi shows for most observed values of a that Cochran's method leads to longer confidence intervals for A than those obtained by the Neyman Approach. The difference in length for one–sided intervals does not exceed 1.

To obtain an exact confidence bound for A under simple random sampling requires extensive computing of hypergeometric probabilities. For this reason, approximations of confidence bounds (for example, based on the binomial, Poisson, or normal distributions) are frequently used (Cochran, 1977). For certain combinations of N, n, a, and confidence level, these approximations are not good and can lead to incorrect inferences about the value of A.

The computer made it possible for the publication of a table of the hypergeometric probability distribution by Liebermann and Owen (1961) for N varying from 1 through 100; $N = 1000$; and $N = 2000$. Although the table is extensive, it can be difficult, and in some cases impossible, to obtain exact confidence bounds for A.

Tomsky, Nakano, and Iwashika (1979) give a table of upper confidence bounds using the Neyman Approach for $N = 2, 3, 6, 7, 8, 9, 10, 20, 30, 40, 50,$ and 100. Odeh and Owen (1983) give a table of upper and lower confidence bounds using the method of Cochran (1977) for $N = 400; 600; 800; 1000; 1200; 1400; 1600; 1800;$ and 2000.

Currently, some statistical packages contain functions that generate hypergeometric probabilities which can then be used to generate exact confidence bounds for A under simple random sampling. For example, Alexander (1986) presents an interactive macro using the Statistical Analysis System (SAS) function PROBHYPR to produce upper confidence bounds for A using the Neyman Approach.

In spite of these recent computing developments, the existence of theory, and the ability to produce exact confidence bounds for A, exact results are rarely given in practice. Why continue to use and teach approximations, including ones that yield bad results for certain cases, for such a common and simple problem when exact and simple methods can be used?

The purpose of this volume is to provide a complete and elementary development of the details behind these confidence bounds and to provide an extensive Table (see *Application I, p. vii*) of optimal upper and lower confidence bounds for A that is easy to understand and use. It is primarily intended to be a quick and easy reference for a large group of users including consulting and research statisticians, practitioners involved in acceptance sampling type applications, scientists, auditors, engineers, quality control and quality assurance personnel—especially those engaged in manufacturing settings, government officials—especially those involved in the collection of data from institutions or establishments at local, state, and federal levels, managers, social scientists, education administrators, environment-wildlife-forestry related workers, marketing agencies, health administrators, economists, personnel managers, etc. Indeed, anyone who has reason to select a sample from a finite universe and construct a confidence interval or test a hypothesis will find great use for this volume. Also as mentioned earlier, this volume is instructive and can be a valuable supplement to courses in sampling techniques and methodology which tend to devote little or no time to exact methods when sampling from finite universes. In addition to the elementary development given in Chapter 3, on pages vi–viii, eight specific applications of the Table of confidence bounds are listed, including tests of hypotheses, guidance for determination of sample size n, construction of conservative confidence bounds under stratified random sampling, and conservative comparisons of two separate universes. These applications and the use of the Table are discussed with examples in Chapter 2 and can be used without reference to the theory and development in Chapter 3. The Table is given in Chapter 4.

The Table in this volume was produced on an IBM 3033 computer. I am grateful that permission was granted to use, in the computer program, the function PROBHYPR which is part of the SAS® System, a product from SAS Institute Inc., Cary, North Carolina.

I am also grateful to the Naval Facilities Engineering Command, Department of the Navy, U.S. Department of Defense for initial funding on a project related to the sampling of housing units at Navy Installations around the world which led to the beginning of this work. Additional support to complete the work came from the Applied Mathematical Sciences Program in the Office of Energy Research of the U.S. Department of Energy, under contract number DE–AC05–84OR21400 with Martin Marietta Energy Systems, Inc. to operate Oak Ridge National Laboratory.

My sincere thanks to the following individuals for independent reviews, encouragement, and for helpful suggestions: John Beauchamp, Kimiko O. Bowman, John P. Buonaccorsi, and How J. Tsao. Kimiko Bowman and How Tsao each produced separate and independent computer programs which confirm the computational results given in Chapter 4. It was a personal joy that I was able to excite one of my students, Paula Baker, at Knoxville College about statistics by having her proofread an early draft.

Finally, the production of this work would have been impossible without the valuable assistance of three other members of the Mathematical Sciences Section at Oak Ridge National Laboratory: Rhonda Harbison and Tammy Darland for typing and retyping the many drafts of this volume, excluding Chapter 4, and Elmon Leach for the programming that produced the extensive Table in Chapter 4. I am indeed grateful for their expert support and patience.

Tommy Wright

A NOTE TO USERS

What is the purpose of this volume?

This volume is of particular interest to anyone who studies solutions to or faces problems of the following type.

> Setting and Problem. Assume a finite universe (population, lot, or urn) of N units of which an unknown number A (or unknown proportion $P = A/N$) has a particular attribute or characteristic. If a sample of size n is selected from the entire universe and a of the sample units are observed to have the particular attribute or characteristic, what can be said about the value of A (or P)?
>
> If the sample is a simple random sample, then this work can be used to easily find exact one–sided and two–sided confidence bounds for A (or P) for small values of N. The extent of the Table is indicated under *Application I* of question 2 below. Exact tests of hypotheses and sample size determination for estimation under simple random sampling can also be facilitated using this volume. Conservative confidence intervals under stratified random sampling can also be obtained.

Indeed major objectives of this volume are to be instructive and to provide an easy to use reference. In order to increase usefulness, allow for flexibility, decrease the chance of the need for approximations, and provide exact results, a table that is responsive to the above setting and problem must be extensive to accommodate the many possible combinations of N, n, a and confidence levels that are most likely to be encountered particularly with small universes. An attempt has been made to provide exact bounds under simple random sampling for those cases where the approximations are generally not good, i.e., for small values of N, for small values of n relative to N, and for small and large values of a relative to n.

What specific problems can be solved using this volume?

Eight possible applications of the Table in this volume are listed. Each application is discussed in Chapter 2 with examples.

Application I. Exact $100(1 - \alpha)\%$ one–sided lower and upper confidence bounds for A under simple random sampling can be found easily in the Table where $1 - \alpha$ is either .975 or .95 for the following combinations of N, n, and a where

$N = $ the number of units in the finite universe,
$n = $ the number of units in the simple random sample, and
$a = $ the number of units in the sample with a particular attribute or characteristic.

The Table in Chapter 4 has six sections.

Table Section	N	n	$a^{(3)}$	$a^{(4)}$	Pages
4.1	$2(1)50^{(1)}$	$1(1)\dfrac{N}{2}$	$0(1)\dfrac{n}{2}$	$\dfrac{n}{2}(1)n$	58 to 76
4.2	$52(2)100^{(2)}$	$1(1)\dfrac{N}{2}$	$0(1)\dfrac{n}{2}$	$\dfrac{n}{2}(1)n$	77 to 116
4.3	$105(5)200$	$1(1)\dfrac{2N}{5}$	$0(1)\dfrac{n}{2}$	$\dfrac{n}{2}(1)n$	117 to 190
4.4	$210(10)500$	$1(1)\dfrac{N}{5}$	$0(1)\dfrac{n}{2}$	$\dfrac{n}{2}(1)n$	191 to 339
4.5	$600(100)1000$	$1(1)60$	$0(1)\dfrac{n}{2}$	$\dfrac{n}{2}(1)n$	340 to 378
		$62(2)\dfrac{N}{5}$	$0(1)\dfrac{n}{5}$	$\dfrac{4}{5}n(1)n$	
4.6	$1100(100)2000$	$2(2)\dfrac{N}{10}$	$0(1)\dfrac{n}{5}$	$\dfrac{4}{5}n(1)n$	379 to 426

[1] $2(1)50$ means that N varies from 2 to 50 in steps of 1.
[2] $52(2)100$ means that N varies from 52 to 100 in steps of 2.
[3] Displayed in Table.
[4] From Table by subtraction using (2.5) and (2.6).

Actually, the $100(1-\alpha)\%$ one–sided lower and upper confidence bounds that are provided are the best in the sense that they give the shortest possible intervals for the given confidence level $1-\alpha$.

Application II. Exact $100(1-\alpha)\%$ two–sided confidence bounds for A under simple random sampling can be found easily for given N, n, and a by using appropriate lower and upper one–sided confidence bounds. For example, 95% two–sided confidence bounds can be obtained using the 97.5% lower confidence bound with the 97.5% upper confidence bound for the given N, n, and a.

Application III. Conservative but useful confidence bounds for A when N is *not* in this volume but is between two values of N that are in this volume can be obtained easily. Similar results can be obtained when a particular n is *not* in this volume but is between two values of n that are.

Application IV. Exact one– and two–tailed α level tests under simple random sampling of the hypotheses

$$H_0: A = A_0; \quad H_0: A \le A_0; \quad \text{or} \quad H_0: A \ge A_0$$

can be performed easily, for various values of α including $\alpha = .025, .05, .1$, etc.

Application V. This volume can be used to determine the sample size *n* needed to estimate *A* under simple random sampling without appealing to assumptions of normality (or some other approximation) for any statistic.

Application VI. The analogous exact inferences and procedures noted in Applications I, II, III, IV, and V for *A* can also be performed for *P* the universe (population) proportion under simple random sampling.

Application VII. Conservative confidence bounds (both one– and two–sided) of *A* (or *P*) for certain values of $1 - \alpha$ can be obtained under stratified random sampling with four or less strata. Hence, this volume can be used for much larger universe sizes with the use of stratification as long as the number of units in each stratum does not exceed 2000.

Application VIII. Conservative confidence bounds for the difference $A' - A''$ (or $P' - P''$) can also be provided when comparing two different universes.

What is meant by "exact" when sampling from finite universes?

Under simple random sampling without replacement from a finite universe, the hypergeometric probability distribution is an appropriate distribution on which to base statistical inferences. Because the hypergeometric probability distribution is discrete, it will be rare that the confidence level $1 - \alpha$ will be exactly equal to the actual coverage probabilities, for example, as illustrated in Table 3.5 of Example 3.8 on page 51. However, the actual coverage probabilities for the results in this volume will always be at least that of the stated confidence level $1 - \alpha$, and the coverage probabilities will be as close to the stated confidence level as possible using the hypergeometric distribution. Thus, when the phrases "exact confidence bounds" or "exact confidence intervals" are used, they are referring to the use of the hypergeometric distribution under simple random sampling instead of an approximation of the hypergeometric distribution and to the fact that the actual coverage probability for our confidence statement will *always* be at least the stated confidence level and that the excess probability will be as small as possible.

Finally, the user should note the following point.

- While *Applications V, VII,* and *VIII* are theoretically correct, it is not clear that one cannot provide better results for the finite population setting. Research is underway in search of better results, and it is expected that others may provide better answers in the future through the sampling theory literature.

TABLE OF CONTENTS

CHAPTER 1.

INTRODUCTION

Assume a finite **universe** $U = \{U_1, U_2, ..., U_N\}$ of N units. In different applications, terms other than universe are used such as population, lot, or urn. For example, many use *population* only when the units are humans; *lot* suggests quality problems related to sampling inspection; and *urn* makes one think of balls and marbles. We assume that the terms have the same meaning and have elected to use *universe* throughout. Any characteristic of a given universe is called a **parameter.** Frequently each unit of the universe can be identified as either having a particular attribute or not having the attribute—sometimes described by terminology such as defective or nondefective, success or failure, etc. In such cases, two parameters of interest are:

(i)   the **universe number,** denoted by A, which is the number of units in the universe with the particular attribute; and

(ii) the **universe proportion,** denoted by P, which is the proportion of units in the universe with the particular attribute.

Note that $P = A/N$. Thus if N is known, knowledge of the value of A is equivalent to knowledge of the value of P. For now we focus on A.

When the value of A is unknown, limited resources and time will often make it impractical to measure each and every universe unit to determine whether or not it has the particular attribute in order to know the true value of A. However, if a subset of the universe, called a **sample,** is selected and if each unit of the sample is measured, then the true value of A can be estimated by a **statistic (or estimator)** denoted by $\hat{A}$. Any characteristic of a sample is called **a statistic.** The method used for computing the value of the estimator for a given sample is related to the method of selecting the sample. Two methods of sampling are considered: (i) simple random sampling and (ii) stratified random sampling.

Definition 1.1. There are $\binom{N}{n}$ possible ways of selecting a combination of n units from N units without replacement where

$$\binom{N}{n} = \frac{N!}{n!(N-n)!} \ .$$

(1.1)

If the method of selecting the n units is such that each possible combination of n units has the same probability of being selected which is $1/\binom{N}{n}$, then the method of sampling is called **simple random sampling.** The realized sample is called a **simple random sample.**

2

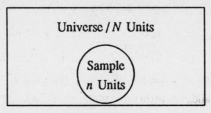

Figure 1.1. A Venn Diagram for a Simple
Random Sample of n Units.

For example, if $U = \{U_1, U_2, U_3, U_4, U_5\}$, where $N = 5$, and we want to select a simple random sample of $n = 2$ units, then each of the following $\binom{5}{2} = \dfrac{5!}{2!(5-2)!} = 10$ possible combinations has the same probability of selection, which is 1/10:

$$U_1U_2 \quad U_1U_4 \quad U_2U_3 \quad U_2U_5 \quad U_3U_5$$
$$U_1U_3 \quad U_1U_5 \quad U_2U_4 \quad U_3U_4 \quad U_4U_5.$$

The selection of a simple random sample can be accomplished using a table of random digits (Cochran, 1977). For another method as well as other references on the selection of a simple random sample, see Wright (1989).

Under simple random sampling, A can be estimated by

$$\hat{A} = N\left(\frac{a}{n}\right) \tag{1.2}$$

where a is the number of units in the observed sample with the particular attribute. Note also that P can be estimated by

$$\hat{P} = \hat{A}/N = \frac{a}{n}. \tag{1.3}$$

With simple random sampling, it is possible that units from certain important subuniverses might not be selected for the sample. For example, a simple random sample selected from all of the high schools in a given state may not include any private high schools which may be needed in the sample to accomplish some objective. To assure the selection of units for the sample from all important subuniverses, stratified random sampling which is defined below can be used. Other advantages of stratified random sampling are given in Cochran (1977).

Definition 1.2. Let the N units be partitioned (stratified) into L subuniverses (strata) with $N_1, N_2, ..., N_L$ units, respectively, where $N = \sum_{i=1}^{L} N_i$. If a simple random sample is selected from each stratum so that the selection of a sample of size n_i from the ith stratum is independent of the selection of a sample of size n_j from the jth stratum for $i \neq j$, then the method of sampling is called **stratified random sampling**. The realized sample of size $n = \sum_{i=1}^{L} n_i$ is called a **stratified random sample**.

Universe / N Units

Stratum I N_1 Units	Stratum II N_2 Units		Stratum i N_i Units		Stratum j N_j Units		Stratum L N_L Units
Sample n_1 Units	Sample n_2 Units	$\cdots$	Sample n_i Units	$\cdots$	Sample n_j Units	$\cdots$	Sample n_L Units

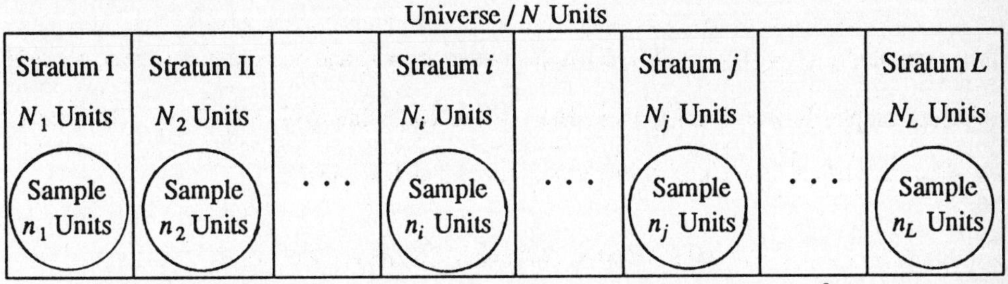

Figure 1.2. A Venn Diagram for a Stratified Random Sample of $n = \sum_{i=1}^{L} n_i$ Units.

Under stratified random sampling, A can be estimated by

$$\hat{A}_{st} = N_1(\frac{a_1}{n_1}) + N_2(\frac{a_2}{n_2}) + \cdots + N_i(\frac{a_i}{n_i}) + \cdots + N_L(\frac{a_L}{n_L}) = \sum_{i=1}^{L} N_i(\frac{a_i}{n_i}) \qquad (1.4)$$

where a_i is the number of units in the sample from the ith stratum with the particular attribute for $i = 1, 2, ..., L$. (The subscript "st" is for stratification.)

Note also that P can be estimated under stratified random sampling by

$$\hat{P}_{st} = \hat{A}_{st}/N = \sum_{i=1}^{L} \frac{N_i}{N} \hat{P}_i \quad \text{where} \quad \hat{P}_i = \frac{a_i}{n_i} . \qquad (1.5)$$

CHAPTER 2.

THE APPLICATIONS

2.1. <u>APPLICATION I.</u> EXACT 100(1–α)% ONE–SIDED UPPER AND LOWER CONFIDENCE BOUNDS FOR A UNDER SIMPLE RANDOM SAMPLING

The meaning of confidence bounds for A (or P) under simple random sampling is discussed with theory and development in Chapter 3. Our discussion here and in all of Chapter 2 is brief, and the results can be used without reference to Chapter 3. The examples in this chapter illustrate the mechanics for use of the Table in Chapter 4. The Table has six sections. The coverage of each section of the Table is given on page vii. For those with access to a computer, a macro which gives upper and lower bounds for any N, n, a, and $1 - \alpha$ is given in the Appendix.

Application I.1. 100(1 – α)% Upper Confidence Bound for **A**.

Let α be some fixed but arbitrary number between 0 and 1. For example, if $\alpha = .05$, the discussion is about a 95% upper confidence bound.

Definition 2.1. Let a be the number of units with a particular attribute in a simple random sample of size n selected from N units of which A have some attribute. Note that the possible values of A are 0, 1, 2, ..., N. Let $\hat{A}_U(a)$ be a statistic that is a function of a. If a is the specific observed value of a, then $\hat{A}_U(a)$ will be the corresponding specific observed value of $\hat{A}_U(a)$. An observed value $\hat{A}_U(a)$ is called a **100(1 – α)% upper confidence bound for A** if for each possible value of A

$$P(A \leq \hat{A}_U(a) | A) \geq 1 - \alpha. \tag{2.1}$$

As is shown in Chapter 3 (also see Buonaccorsi, 1987), (2.1) will be satisfied if $\hat{A}_U(a)$ is taken to be the largest value of A such that

$$P(a \leq a | A) > \alpha, \tag{2.2}$$

where

$$P(a \leq a | A) = \sum_{i=0}^{a} \frac{\binom{A}{i}\binom{N-A}{n-i}}{\binom{N}{n}} .$$

In a particular case with given upper bound $\hat{A}_U(a)$, we say that we are 100(1 – α)% confident that the true value of A is in the set or interval $\{0, 1, 2, ..., \hat{A}_U(a)\}$.

The following is a paraphrase of a statement found in Section 2.2.5 of Hahn and Meeker (1987).

The following is an operational definition of a $100(1 - \alpha)\%$ upper confidence bound for the unknown quantity A: If one calculates repeatedly such bounds from many different independent ... samples, one would, in the long run, be correct $100(1 - \alpha)\%$ of the time in claiming that the true value of A is at or below the upper bound $\hat{A}_U(a)$.

Example 2.1. If $N = 2000$, $n = 190$, and $a = 31$, then an exact 95% upper confidence bound for A directly from the Table on page 425 is $\hat{A}_U(31) = 422$. Thus we are 95% confident that A is not greater than $\hat{A}_U(31) = 422$.

Example 2.2. If $N = 360$, $n = 69$, and $a = 23$, then an exact 97.5% upper confidence bound for A directly from the Table on page 242 is $\hat{A}_U(23) = 160$. Thus we are 97.5% confident that A is not greater than $\hat{A}_U(23) = 160$.

Application I.2.   100 $(1 - \alpha)\%$ Lower Confidence Bound for A.

Definition 2.2. Let $\hat{A}_L(a)$ be a statistic that is a function of a similar to the one presented in the definition for an upper confidence bound (Definition 2.1). If a is the specific observed value of a, then $\hat{A}_L(a)$ will be the corresponding observed value of $\hat{A}_L(a)$. An observed value $\hat{A}_L(a)$ is called a $100(1 - \alpha)\%$ **lower confidence bound for A** if for each possible value of A

$$P(\hat{A}_L(a) \leq A \mid A) \geq 1 - \alpha. \tag{2.3}$$

As is shown in Chapter 3 and noted in Buonaccorsi (1987), (2.3) will be satisfied if $\hat{A}_L(a)$ is taken to be the smallest value of A such that

$$P(a \geq a \mid A) > \alpha \tag{2.4}$$

where

$$P(a \geq a \mid A) = \sum_{i=a}^{n} \frac{\binom{A}{i}\binom{N-A}{n-i}}{\binom{N}{n}} .$$

In a particular case with given lower bound $\hat{A}_L(a)$, we say that we are $100(1 - \alpha)\%$ confident that the true value of A is in the set or **interval** $\{\hat{A}_L(a), \hat{A}_L(a) + .1, ..., N - 1, N\}$.

As for the upper confidence bounds, the following holds for lower confidence bounds.

An operational definition of a $100(1 - \alpha)\%$ lower confidence bound for the unknown quantity A is as follows: If one calculates repeatedly such bounds from many different independent samples, one would, in the long run, be correct $100(1 - \alpha)\%$ of the time in claiming that the true value of A is at least the lower bound $\hat{A}_L(a)$.

Example 2.3. If $N = 195$, $n = 71$, and $a = 13$, then an exact 97.5% lower confidence bound for A directly from the Table on page 183 is $\hat{A}_L(13) = 23$. Thus we are 97.5% confident that A is at least 23.

Example 2.4. If $N = 900$, $n = 124$, and $a = 21$, then an exact 95% lower confidence bound for A directly from the Table on page 365 is $\hat{A}_L(21) = 108$. Thus we are 95% confident that A is at least 108.

Application I.3. When a Particular Value of a Is Not in the Table.

In Sections 4.1, 4.2, 4.3, and 4.4 of the Table, the displayed values of a range from 0 to $n/2$. If the observed value of a exceeds $n/2$, then the exact $100(1 - \alpha)\%$ upper confidence bound can be found by

$$\hat{A}_U(a) = N - \hat{A}_L(n - a) \tag{2.5}$$

where $\hat{A}_L(n - a)$ is the corresponding $100(1 - \alpha)\%$ lower confidence bound for the value $n - a$. Similarly, if the observed value of a exceeds $n/2$ the exact $100(1 - \alpha)\%$ lower confidence bound can be found by

$$\hat{A}_L(a) = N - \hat{A}_U(n - a) \tag{2.6}$$

where $\hat{A}_U(n - a)$ is the corresponding $100(1 - \alpha)\%$ upper confidence bound for the value $n - a$.

Example 2.5. If $N = 430$, $n = 51$, and $a = 33$, then using the value of $\hat{A}_L(18)$ given in the Table on page 279 an exact 95% upper confidence bound for A is given by

$$\hat{A}_U(33) = 430 - \hat{A}_L(51-33) = 430 - \hat{A}_L(18) = 430 - 107 = 323.$$

Also using the value of $\hat{A}_U(18)$ from the Table, an exact 97.5% lower confidence bound for A is given by

$$\hat{A}_L(33) = 430 - \hat{A}_U(51-33) = 430 - \hat{A}_U(18) = 430 - 211 = 219 .$$

In Section 4.5 of the Table, as n varies from 1 to 60, the displayed values of a vary from 0 to $n/2$. Hence exact upper and lower confidence bounds for a between $n/2$ and n can be found as just described in (2.5) and (2.6). However, as n varies from 62 to $N/5$, the displayed values of a vary from 0 to $n/5$. Using the same method as just described, exact upper and lower confidence bounds for a between $4n/5$ and n can be found. For a values between $n/5$ and $4n/5$, one may refer to one of the approximate methods, for example as given in Chapter 3 of Cochran (1977), including the usual normal approximation.

In **Section 4.6** of the Table, for the given values of n, the displayed values of a vary from 0 to $n/5$. Exact upper and lower confidence bounds for a between $4n/5$ and n can be found using (2.5) and (2.6). For a between $n/5$ and $4n/5$, use approximations.

In the absence of exact methods, one common practice is to produce approximate lower and upper confidence bounds based on the normal distribution which are given by

$$\hat{A}_L(a) \approx \hat{A} - Z_\alpha \sqrt{N(N-n)\frac{\hat{P}(1-\hat{P})}{n-1}} \qquad (2.7)$$

and

$$\hat{A}_U(a) \approx \hat{A} + Z_\alpha \sqrt{N(N-n)\frac{\hat{P}(1-\hat{P})}{n-1}} \qquad (2.8)$$

where the symbol Z_α is the number associated with the standard normal random variable Z such that $P(Z > Z_\alpha) = \alpha$. As the following example illustrates, these approximations perform best when a/n is very close to 1/2 because this is the case when the normal distribution best approximates the hypergeometric. It can also be illustrated that the normal distribution approximation is good when n/N is near 1/2. For the important case when $a = 0$, useful results from (2.8) are very limited. Wright (1990) gives some guidance on just how large our confidence can be when $a = 0$ is observed. (For other approximation methods as well as one with a continuity correction for the normal approximation, see Cochran, 1977.)

Example 2.6. Let $N = 195$, $n = 20$, and $a = 1$. Using the normal approximations in (2.7) and (2.8), an approximate 95% lower confidence bound and an approximate 95% upper confidence bound are respectively $\hat{A}_L(1) \approx -5$, which we take to be 0, and $\hat{A}_U(1) \approx 25$. (Note that $Z_{.05} = 1.645$.) From page 179 of the Table, we observe that the exact 95% one-sided bounds are $\hat{A}_L(1) = 1$ and $\hat{A}_U(1) = 40$. This comparison and comparisons for other selected cases are summarized in the following table.

			95% $\hat{A}_L(a)$		95% $\hat{A}_U(a)$	
N	n	a	From (2.7) (Approximation)	From Table (Exact)	From (2.8) (Approximation)	From Table (Exact)
195	20	1	0	1	25	40
195	20	12	83	79[1]	151	151[2]
470	40	3	4	11	66	83
470	40	18	153	151	270	275

[1]Using (2.6).   [2]Using (2.5).

ALWAYS EXERCISE CARE WHEN USING APPROXIMATIONS.

2.2. APPLICATION II. EXACT 100(1–α)% TWO–SIDED CONFIDENCE BOUNDS FOR A UNDER SIMPLE RANDOM SAMPLING

For theory and development, refer to Chapter 3. Assume the same general setting as described under Application I.

Definition 2.3. Let a be the number of units with a particular attribute in a simple random sample of size n selected from N units. Let $\hat{A}_U(a)$ and $\hat{A}_L(a)$ be statistics that are functions of a. If a is the specific observed value of a, then $\hat{A}_U(a)$ and $\hat{A}_L(a)$ are the corresponding observed values of $\hat{A}_U(a)$ and $\hat{A}_L(a)$. The set of integers inclusively between $\hat{A}_L(a)$ and $\hat{A}_U(a)$ is called a **100(1 – α)% two–sided confidence interval or set for A** if for each possible value of A

$$P(\hat{A}_L(a) \le A \le \hat{A}_U(a) | A) \ge 1 - \alpha \quad . \tag{2.9}$$

In practice, $\hat{A}_L(a)$ is taken to be a $100(1 - \alpha_1)\%$ lower confidence bound for A and $\hat{A}_U(a)$ is taken to be a $100(1 - \alpha_2)\%$ upper confidence bound for A where $\alpha = \alpha_1 + \alpha_2$. For given α, the number of combinations for α_1 and α_2 is infinite. However, we follow the convention of taking $\alpha_1 = \alpha_2 = \alpha/2$. When this is not possible, we take α_1 and α_2 each as close to $\alpha/2$ as possible without exceeding $\alpha/2$. Operationally, the interpretation for two–sided confidence intervals (bounds) is analogous to that for one–sided confidence bounds stated under Application I.

Example 2.7. Let $N = 1600$, $n = 154$, and $a = 28$. Find a 95% two–sided confidence interval (set) for A.

We recommend the following steps.

(i)   For 95%, $\alpha = .05$.

(ii) $\alpha/2 = .025$.

(iii)   Thus, the $1 - \alpha/2 = .975$ lower confidence bound for A is 204 from page 400.

(iv)   The $1 - \alpha/2 = .975$ upper confidence bound for A is 397 from page 400.

(v)   Therefore, an exact 95% two-sided confidence interval for A includes all of the integers inclusively between 204 and 397. Alternatively, the 95% two-sided confidence interval for A is [204, 397].

Other examples for finding two–sided confidence intervals are given in Chapter 3.

To find two–sided confidence intervals for A for given N and n when a is not presented in the Table, refer to the discussion under Application I.3 for finding the lower and upper confidence bounds when a is not presented in the Table.

Finally, as noted earlier in this Application, the level of confidence of the lower bound for A need not be the same as the level of confidence of the upper bound for A. For example, let $N = 1600$; $n = 154$; and $a = 28$. From the Table on page 400, a 97.5% ($\alpha_1 = .025$) lower confidence bound for A is 204, and a 95% ($\alpha_2 = .05$) upper confidence bound for A is 380. Hence a 92.5% ($\alpha = .025 + .05 = .075$) two–sided confidence interval for A is [204, 380]. Likewise from the Table, a 95% ($\alpha_1 = .05$) lower confidence bound for A is 216, and a 97.5% ($\alpha_2 = .025$) upper confidence bound for A is 397. Hence another 92.5% ($\alpha = .05 + .025 = .075$) two–sided confidence interval for A is [216, 397]. Because the Table gives two levels each for the lower and upper confidence bounds for given values of N, n, and a, it follows that 4 (2×2) possible combinations of confidence levels for two–sided confidence intervals can be derived directly from the Table—including the usual 95% and 90% levels.

2.3. APPLICATION III. CONSERVATIVE CONFIDENCE BOUNDS FOR A UNDER SIMPLE RANDOM SAMPLING WHEN N_0 IS NOT IN THE TABLE, BUT N_0 IS BETWEEN TWO OTHER VALUES OF N THAT ARE

The justification for the following procedure is based on Lemmas 3.1 and 3.2 in Chapter 3. Let N_0 be such that $N_1 < N_0 < N_2$ where N_1 and N_2 are in the Table, but N_0 is not. N_1 and N_2 are chosen from the Table to be the nearest integers to N_0. For given N_0 and sample size n, assume that a is observed. To obtain conservative $100(1 - \alpha)\%$ lower confidence bounds for A with N_0, n, and a, use the $100(1 - \alpha)\%$ lower confidence bounds for A with N_1, n, and a. Also to obtain conservative $100(1 - \alpha)\%$ upper confidence bounds for A with N_0, n, and a, use the $100(1 - \alpha)\%$ upper confidence bounds for A with N_2, n, and a.

Example 2.8. Let $N_0 = 482$, $n = 60$, and $a = 19$.

    (a)   Give a (conservative) 95% lower confidence bound for A.

    (b)   Give a (conservative) 95% upper confidence bound for A.

    (c)   Give a (conservative) 95% two–sided confidence interval for A.

From pages 317 and 325 of the Table, we have

N	n	a	Lower Confidence Bounds		Upper Confidence Bounds	
			.975	.95	.975	.95
480	60	19	101	108	211	202
482	60	19	?	?	?	?
490	60	19	103	110	216	207

The bounds for $N_0 = 482$, $n = 60$, and $a = 19$ are not presented in the Table. However, proceeding as just described,

(a) a (conservative) 95% lower confidence bound for A is $\hat{A}_L(19) = 108$ where $N_1 = 480$.

(b) a (conservative) 95% upper confidence bound for A is $\hat{A}_U(19) = 207$ where $N_2 = 490$.

(c) a (conservative) 95% two–sided confidence interval for A is $[\hat{A}_L(19), \hat{A}_U(19)] = [101, 216]$. (Note that to obtain the 95% two–sided confidence interval, we refer to the confidence level .975 for the lower and upper bounds, respectively.)

Note that these (conservative) confidence bounds are quite good in this example.

In Example 2.8, the bounds for the observed a of $N_1 = 480$ and $N_2 = 490$ were presented in the Table. When a is not presented in the Table but appropriate N_1 and N_2 (and n) are, it will be necessary to first construct the bounds corresponding to N_1 and N_2 using the methods as described under Application I.3 and illustrated in Example 2.9.

Example 2.9. Let $N_0 = 437$, $n = 40$, and $a = 25$.

(a) Give a (conservative) 95% lower confidence bound for A.

(b) Give a (conservative) 95% upper confidence bound for A.

(c) Give a (conservative) 90% two–sided confidence interval for A.

First, we find the (1), (2), (3), and (4) entries for the following table. (Note that the 90% two–sided confidence interval in this example can be constructed using the lower and upper bounds from questions (a) and (b).)

N	n	a	Lower Confidence Bound .95	Upper Confidence Bound .95
430	40	25	(1)	(2)
437	40	25	?	?
440	40	25	(3)	(4)

For $N_1 = 430$, $n = 40$, and $a = 25$,

$$\hat{A}_L(25) = 430 - \hat{A}_U(40 - 25) = 430 - \hat{A}_U(15) = 430 - 219 = 211 \text{ and}$$

$$\hat{A}_U(25) = 430 - \hat{A}_L(40 - 25) = 430 - \hat{A}_L(15) = 430 - 109 = 321.$$

For $N_2 = 440$, $n = 40$, and $a = 25$,

$$\hat{A}_L(25) = 440 - \hat{A}_U(40 - 25) = 440 - \hat{A}_U(15) = 440 - 224 = 216 \text{ and}$$

$$\hat{A}_U(25) = 440 - \hat{A}_L(40 - 25) = 440 - \hat{A}_L(15) = 440 - 112 = 328.$$

Thus the table becomes

N	n	a	Lower Confidence Bound .95	Upper Confidence Bound .95
430	40	25	211	321
437	40	25	?	?
440	40	25	216	328

Hence for $N_0 = 437$, $n = 40$, and $a = 25$,

(a) a (conservative) 95% lower confidence bound for A is $\hat{A}_L(25) = 211$.

(b) a (conservative) 95% upper confidence bound for A is $\hat{A}_U(25) = 328$.

(c) a (conservative) 90% two–sided confidence interval for A is $[\hat{A}_L(25), \hat{A}_U(25)] = [211, 328]$.

Application III.1. When a Particular Value n_0 is NOT in the Table, but n_0 is Between Two Other Values of n That Are.

The justification for the following procedure is based on Lemmas 3.4 and 3.5 of Chapter 3. For given N and a, let n_0 be such that $n_1 < n_0 < n_2$ where n_1 and n_2 are both in the Table, but n_0 is not. This occurs in Section 4.5 where n varies from 62 to $N/5$ in steps of 2 and in Section 4.6 of the Table where n varies from 2 to $N/10$ also in steps of 2.

For given N, n_0, and a, let n_1 and n_2 be the nearest integers to n_0 for the same N and a. To obtain conservative $100(1-\alpha)\%$ lower confidence bounds for A with N, n_0, and a, use the $100(1-\alpha)\%$ lower confidence bounds for A with N, n_2, and a. Also to obtain conservative $100(1-\alpha)\%$ upper confidence bounds for A with N, n_0, and a, use the $100(1-\alpha)\%$ upper confidence bounds for A with N, n_1, and a.

Example 2.10. Let $N = 1500$, $n_0 = 133$, and $a = 10$.

(a) Give a (conservative) 97.5% lower confidence bound for A.

(b) Give a (conservative) 97.5% upper confidence bound for A.

(c) Give a (conservative) 95% two-sided confidence interval for A.

From page 395 of the Table, we have

N	n	a	Lower Confidence Bounds		Upper Confidence Bounds	
			.975	.95	.975	.95
1500	132	10	58	65	198	184
1500	133	10	?	?	?	?
1500	134	10	57	64	195	181

The bounds for $N = 1500$, $n_0 = 133$, and $a = 10$ are not presented in the Table. However, proceeding as just described,

(a) a (conservative) 97.5% lower confidence bound for A is $\hat{A}_L(10) = 57$ where $n_2 = 134$;

(b) a (conservative) 97.5% upper confidence bound for A is $\hat{A}_U(10) = 198$ where $n_1 = 132$;

(c) a (conservative) 95% two-sided confidence interval for A is $[\hat{A}_L(10), \hat{A}_U(10)] = [57,198]$.

Example 2.11. Let $N_0 = 920$, $n_0 = 105$, and $a = 7$.

(a) Give a (conservative) 95% lower confidence bound for A.

(b) Give a (conservative) 95% upper confidence bound for A.

(c) Give a (conservative) 90% two-sided confidence interval for A.

First note that $N_0 = 920$ is not in the Table, but it is between $N_1 = 900$ and $N_2 = 1000$ which are in the Table. Also note that $n_0 = 105$ is not in the Table for 900 nor 1000, but $n_1 = 104$ and $n_2 = 106$ are. Thus, we construct the following table using Section 4.5 of the Table

N	n	a	Lower Confidence Bound .95	Upper Confidence Bound .95
900	104	7	31	107
920	104	7	?	?
1000	104	7	34	119
900	106	7	30	105
920	106	7	?	?
1000	106	7	33	117

which yields the following table of conservative bounds

N	n	a	Conservative Lower Confidence Bound .95	Conservative Upper Confidence Bound .95
920	104	7	31	119
920	105	7	?	?
920	106	7	30	117

from which we have

(a) a (conservative) 95% lower confidence bound for A is $\hat{A}_L(7) = 30$ (actual bound is 31).

(b) a (conservative) 95% upper confidence bound for A is $\hat{A}_U(7) = 119$ (actual bound is 108).

(c) a (conservative) 90% two-sided confidence interval for A is [30, 119].

2.4. APPLICATION IV. EXACT ONE– AND TWO–SIDED α LEVEL TESTS OF HYPOTHESES UNDER SIMPLE RANDOM SAMPLING

The theory and development for the three tests given under this Application can be found in Chapter 3. Other references on the use of confidence statements to test hypotheses include Lehmann (1959, pp. 78–80 and pp. 173–176) and Buonaccorsi (1987).

Application IV.1. To Test H_0: $A = A_0$ Against the Alternative H_a: $A \neq A_0$

We follow the six steps below.

1. N is given and A_0 is specified by the experimenter.

2. Specify n.

3. Specify α which is the probability of rejecting H_0 in favor of H_a when H_0 is in fact true. More specifically, specify α_1 and α_2 so that $\alpha_1 + \alpha_2 = \alpha$. Generally, α_1 and α_2 are each chosen to be $\alpha/2$, and α is chosen to be small, say .025 or .05.

4. Select a simple random sample of size n and determine a.

5. Obtain or construct a $100(1 - \alpha)\%$ two–sided confidence interval for A as discussed under Application III.

6. If A_0 is contained in the $100(1 - \alpha)\%$ two–sided confidence interval for A, we do not reject H_0 at the significance level α.

However, if A_0 is not contained in the $100(1 - \alpha)\%$ two–sided confidence interval for A, we reject H_0 at the significance level α.

Example 2.12. Let $N = 240$. To test the hypothesis

$$H_0: A = 80 \quad against \quad H_a: A \neq 80$$

at $\alpha = .05$, assume that a simple random sample of $n = 20$ yields $a = 2$. (Note that $A_0 = 80$.) From page 198 of the Table, an exact 95% two–sided confidence interval for A is $[\hat{A}_L(2), \hat{A}_U(2)] = [4, 74]$. Because $A_0 = 80$ is not contained in the interval $[4, 74]$, the hypothesis $H_0: A = 80$ is rejected at $\alpha = .05$. That is, $H_0: A = 80$ has been rejected in favor of $H_a: A \neq 80$, and the probability that we should not have rejected $H_0: A = 80$ is no greater than $\alpha = .05$.

Application IV.2. To Test H_0: $A \leq A_0$ Against the Alternative H_a: $A > A_0$

As before, we recommend six steps.

1. N is given and A_0 is specified by the experimenter.

2. Specify n.

3. Specify α which is the probability of rejecting H_0 in favor of H_a when H_0 is in fact true.

4. Select a simple random sample of size n and determine a.

5. Obtain or construct a $100(1 - \alpha)\%$ lower confidence bound $\hat{A}_L(a)$ for A as discussed under Application I.

6. If $A_0 \geq \hat{A}_L(a)$, we do not reject H_0 at the significance level α.

   However, if $A_0 < \hat{A}_L(a)$, we reject H_0 at the significance level α.

Example 2.13. Let $N = 800$. To test the hypothesis

$$H_0:\ A \leq 78 \quad against \quad H_a:\ A > 78$$

at $\alpha = .025$, assume that a simple random sample of $n = 50$ yields $a = 4$. From page 355 of the Table, an exact 97.5% lower confidence bound for A is $\hat{A}_L(4) = 19$. Because $A_0 = 78 > 19 = \hat{A}_L(4)$, the hypothesis $H_0:\ A \leq 78$ is not rejected at $\alpha = .025$.

Application IV.3. To Test $H_0:\ A \geq A_0$ Against the Alternative $H_a:\ A < A_0$

We proceed as follows.

1. N is given and A_0 is specified by the experimenter.

2. Specify n.

3. Specify α which is the probability of rejecting H_0 in favor of H_a when H_0 is in fact true.

4. Select a simple random sample of size n and determine a.

5. Obtain or construct a $100(1 - \alpha)\%$ upper confidence bound $\hat{A}_U(a)$ for A as discussed under Application I.

6. If $A_0 \leq \hat{A}_U(a)$, we do not reject H_0 at the significance level α.

   However, if $A_0 > \hat{A}_U(a)$, we reject H_0 at the significance level α.

Example 2.14. Let $N = 190$. To test the hypothesis

$$H_0:\ A \geq 100 \quad against \quad H_a:\ A < 100$$

at $\alpha = .025$, assume that a simple random sample of $n = 47$ yields $a = 21$. From page 175 of the Table, an exact 97.5% upper confidence bound for A is $\hat{A}_U(21) = 110$. Because $A_0 = 100 < 110 = \hat{A}_U(21)$, we do not reject the hypothesis H_0: $A \geq 100$ at $\alpha = .025$.

If N_0 is not in the Table, but N_0 is between two other values of N that are, for conservative tests (i.e., tests where the actual level of the test is very likely to be less than α) construct bounds as discussed under Application III.

2.5. <u>APPLICATION V</u>. SAMPLE SIZE DETERMINATION UNDER SIMPLE RANDOM SAMPLING

The determination of a (minimum) sample size for a desired level of precise estimation of A is a constant challenge. Some guidance is provided in texts. For example, see Chapter 4 of Cochran (1977).

We illustrate by example how one might use the Table in this volume for some guidance. We have observed that investigators (experimenters) always have an upper limit on the value of n they can afford due to budget constraints. Very often in practice this n is 30, 50, or 100. Sometimes the upper limit on the value of n varies between 10% and 15% of N. After an exchange with a statistician, the investigator tells the statistician of the target value of n and asks the statistician to determine the *goodness* of that sample size n for estimating A. The statistician then quickly shifts the stress back to the investigator who is required to specify desired precision with a certain probability—which is almost always .90 or .95. Of course, some prior belief about the true value of A must also be produced by the investigator. Upon obtaining this information and background, the statistician makes an assumption or two (often normality of the estimator of A) and produces a nice formula that is used and gives the investigator a *"warm"* feeling about the investigator's value of n.

For small universes, we recommend an approach that may cause less stress and in many cases avoid the need for the questionable, but frequently used, assumption of normality. The approach is instructive to the investigator, exact, and easy to use. For given N, the method calls for inspection of the Table starting with an initial value of n and looking at changes in the lengths of anticipated confidence intervals as n is decreased and increased. This can be done for various confidence levels. We illustrate by two examples using the Table.

Example 2.15. Let $N = 2000$. Based on prior knowledge, assume the investigator is able to say that the true value of A is likely to be near 200, i.e., A is believed to be approximately 10% of N. A prior "feeling" about the value of A is a necessity. For $n = 150$ and expecting a to be near 15, which is 10% of n, form Table 2.1 (using page 423 of the Table) that gives anticipated lengths of various two–sided confidence intervals for A.

Table 2.1

Confidence Level	Confidence Interval	Anticipated Length (Precision) of Confidence Interval
90%	[128, 295]	167
95%	[117, 314]	197

For $n = 180$ and expecting a to be near 18 (i.e., 10% of n), form Table 2.2 using page 425.

Table 2.2

Confidence Level	Confidence Interval	Anticipated Length (Precision) of Confidence Interval
90%	[134, 285]	151
95%	[124, 302]	178

Of course, the anticipated precision for $n = 180$ for a given confidence level is better than for $n = 150$ at the same confidence level. If the choice is between these two values of n, the investigator must decide if the cost for the extra 30 units in the sample is worth the anticipated increase in precision. On the other hand, if the anticipated precision for $n = 150$ for a given confidence level is acceptable, the investigator may want to construct similar tables to see the loss in anticipated precision using sample sizes that are less than 150 before making a final decision. If more anticipated precision is desired than provided by $n = 180$, using the Table in this volume the investigator can consider anticipated precision for higher values of n up to 200 for $N = 2000$.

Example 2.16. Let $N = 480$ with initial feeling that A is approximately 120, i.e., A is felt to be roughly 25% of N.

For $n = 50$ and expecting a to be near 13 (i.e., 25% of n), form Table 2.3 using page 316.

Table 2.3

Confidence Level	Confidence Interval	Anticipated Length (Precision) of Confidence Interval
90%	[80, 180]	100
95%	[73, 190]	117

For $n = 80$ and expecting a to be near 20 (i.e., 25% of n), form Table 2.4 using page 319.

Table 2.4

Confidence Level	Confidence Interval	Anticipated Length (Precision) of Confidence Interval
90%	[86, 160]	74
95%	[81, 168]	87

For $n = 96$ and expecting a to be near 24 (i.e., 25% of n), form Table 2.5 using page 321.

Table 2.5

Confidence Level	Confidence Interval	Anticipated Length (Precision) of Confidence Interval
90%	[90, 155]	65
95%	[85, 162]	77

We can consider many other values of n using the Table. If after considering values above and below $n = 80$ the investigator in Example 2.16 decides to use $n = 80$, then the justification for the sample size can be stated as follows:

> *With a simple random sample of n = 80, the anticipated length of a*
> *90% two–sided confidence interval for A is roughly 74.*

> *or*

> *With a simple random sample of n = 80, the anticipated length of a*
> *95% two–sided confidence interval for A is roughly 87.*

In some cases it will be necessary to refer to Application I in order to construct some confidence intervals to get anticipated precisions.

It is important to note that the discussion in this Application has focused on determining a suitable n. Once this choice of n is made, the investigator makes inferences, as in Applications I, II, III, and IV, based on what is actually observed in the sample—completely separate from issues that were considered in the choice of n. In particular, the choice of the confidence level after the sample has been selected need not be the same as the confidence level (or probability) that guides our choice of n before the sample has been selected.

In cases where the possible choice for n cannot be obtained by use of the Table (or the macro in the Appendix) as just suggested, a conservative approach is to use an approach similar to the usual one (e.g., Chapter 4 of Cochran, 1977) but appealing to Chebyshev's Inequality (using the statistic $\hat{A} = N(\frac{a}{n})$) instead of the questionable approach of assuming normality for the estimator $\hat{A} = N(\frac{a}{n})$. Note that under simple random sampling

$$E(\hat{A}) = A \quad \text{and} \quad Var(\hat{A}) = N^2(\frac{N-n}{N-1})\frac{P(1-P)}{n} \ . \tag{2.10}$$

Finally, a comment is given on the need to have a prior feeling about the value of A for sample size determination. A reasonable question is, "If the prior value of A is good enough to determine n, why isn't it good enough to accept as the value of A and hence avoid the selection of a sample?" We respond by saying that the prior value of A almost always comes without an objective statement about how good it is. However, with the selection of a sample we can either confirm our prior feeling or obtain a new value for A. In either case with the selection of a sample, we are also able to objectively quantify how good our estimate of A is with a confidence interval.

2.6. APPLICATION VI. THE ANALOGOUS EXACT INFERENCES AND PROCEDURES OF APPLICATIONS I, II, III, IV, AND V CAN BE PERFORMED FOR P, THE UNIVERSE (POPULATION) PROPORTION.

Let N be given and assume that the parameter of interest is P instead of A. Any of the Applications I, II, III, IV, or V can be custom–tailored to P, by proceeding as follows.

1. Start with a statement of the problem in terms of P.

2. Transform the parameter P to A by multiplying P by N (i.e., $A = NP$) and proceed as discussed for A.

3. (a) In Applications I, II, or III, divide the confidence bounds for A by N to obtain the corresponding confidence bounds for P.

    (b) In Application IV, any decision about rejecting (or not rejecting)

    $$H_0: A = A_0; \quad H_0: A \le A_0; \quad \text{or} \quad H_0: A \ge A_0$$

    is equivalent to rejecting (or not rejecting)

    $$H_0: P = P_0; \quad H_0: P \le P_0; \quad \text{or} \quad H_0: P \ge P_0$$

    respectively where $P_0 = A_0/N$.

    (c) The sample size n with a particular anticipated precision L for estimating A is the same n for estimating P with anticipated precision L/N.

We give one example.

Example 2.17. Let $N = 1600$, $n = 154$, and $a = 28$. Find an exact 95% two–sided confidence interval for P.

From Example 2.7, an exact 95% two–sided confidence interval for A was found to be [204, 397]. Hence an exact 95% two–sided confidence interval for P is

$$\left[\frac{204}{1600}, \frac{397}{1600} \right] = [.1275, .248125] \approx [.13, .25].$$

2.7. <u>APPLICATION VII</u>. CONSERVATIVE CONFIDENCE BOUNDS UNDER STRATIFIED RANDOM SAMPLING WITH FOUR OR LESS STRATA

Conservative confidence bounds (both one– and two–sided) for A (or P) for certain $1 - \alpha$ confidence levels can be obtained under stratified random sampling using the Table. Our discussion will assume that there are $L = 2$ strata. Generalization to the case $L > 2$ will be clear. As stated earlier for this application, it is not clear that one cannot provide better results for the finite stratified population setting. Research is underway in search of better results, and it is expected that others may provide better answers in the future through the sampling theory literature.

Assume a universe of size N has been stratified as in Figure 2.1 where N_i is the number of units in stratum i and A_i is the number of units in stratum i with a particular attribute for $i = 1, 2$.

Because $(.975)^L$ and $(.95)^L$ decrease rather quickly as L increases, these conservative bounds discussed in this application for stratified random sampling are only recommended for those cases where $L \leq 4$.

$$\text{Universe} \ / \ N = N_1 + N_2 \ \text{Units} \ / \ A = A_1 + A_2$$

Stratum 1	Stratum 2
N_1 Units	N_2 Units
A_1	A_2

Figure 2.1. Stratified Universe with Two Strata.

Assume stratified random sampling where $n = n_1 + n_2$ as discussed in Definition 1.2.

Definition 2.4. Let $\hat{A}_{1U}(a_1)$ be a $100(1 - \alpha')\%$ upper confidence bound for A_1 based on the simple random sample of size n_1 from stratum 1, where a_1 is observed; and let $\hat{A}_{2U}(a_2)$ be a $100(1 - \alpha'')\%$ upper confidence bound for A_2 based on the simple random sample of size n_2 from stratum 2, where a_2 is observed. Each simple random sample is selected independently of the other. Then a **conservative $100(1 - \alpha)\%$ upper confidence bound for A under stratified random sampling** is given by

$$\hat{A}_{U(st)}(a_1, a_2) \equiv \hat{A}_{1U}(a_1) + \hat{A}_{2U}(a_2) \tag{2.11}$$

where $1 - \alpha = (1 - \alpha')(1 - \alpha'')$.

Definition 2.4 is based on Part (i) of Lemma 3.3 of Chapter 3. Actually, Definition 2.4 (similar for Definitions 2.5 and 2.6) is more a result on how to obtain a conservative upper confidence bound on A than on what a conservative upper confidence bound is under stratified random sampling. A more general definition can be given that is similar to the one in Definition 2.1 under simple random sampling.

Definition 2.5. Let $\hat{A}_{1L}(a_1)$ and $\hat{A}_{2L}(a_2)$ be analogously defined $100(1 - \alpha')\%$ and $100(1 - \alpha'')\%$ lower confidence bounds for A_1 and A_2, respectively. Then a **conservative $100(1 - \alpha)\%$ lower confidence bound for A under stratified random sampling** is given by

$$\hat{A}_{L(st)}(a_1, a_2) \equiv \hat{A}_{1L}(a_1) + \hat{A}_{2L}(a_2) \tag{2.12}$$

where $1 - \alpha = (1 - \alpha')(1 - \alpha'')$.

Definition 2.5 is based on Part (ii) of Lemma 3.3 of Chapter 3.

Definition 2.6. Let $\hat{A}_{L(st)}(a_1, a_2)$ and $\hat{A}_{U(st)}(a_1, a_2)$ be conservative $100(1 - \alpha_1)\%$ and $100(1 - \alpha_2)\%$ lower and upper confidence bounds, respectively, for A under stratified random sampling. Then a **conservative $100(1 - \alpha)\%$ two–sided confidence interval for A under stratified random sampling** is given by

$$[\hat{A}_{L(st)}(a_1, a_2), \hat{A}_{U(st)}(a_1, a_2)] \equiv [\hat{A}_{1L}(a_1) + \hat{A}_{2L}(a_2), \hat{A}_{1U}(a_1) + \hat{A}_{2U}(a_2)] \tag{2.13}$$

where $\alpha = \alpha_1 + \alpha_2$.

With stratified random sampling, we have the ability to obtain confidence bounds for A_1 and A_2 as well as conservative confidence bounds for A.

Example 2.18. Assume stratified random sampling ($L = 2$) with the following information and sampling results:

	Stratum 1	Stratum 2
	$N_1 = 66$	$N_2 = 1000$
	$n_1 = 30$	$n_2 = 170$
	$a_1 = 23$	$a_2 = 14$

(i)   Upper Confidence Bounds

From pages 85 and 376 of the Table,

an exact 97.5% upper confidence bound for A_1 is $\hat{A}_{1U}(23) = 66 - \hat{A}_{1L}(7) = 57$, and

an exact 97.5% upper confidence bound for A_2 is $\hat{A}_{2U}(14) = 129$.

Hence a conservative 95.0625% (=(.975)(.975)) upper confidence bound for $A (= A_1 + A_2)$ is

$$\hat{A}_{U(st)}(23, 14) = \hat{A}_{1U}(23) + \hat{A}_{2U}(14) = 57 + 129 = 186.$$

(ii) Lower Confidence Bounds

From the Table,

an exact 97.5% lower confidence bound for A_1 is $\hat{A}_{1L}(23) = 66 - \hat{A}_{1U}(7) = 42$, and

an exact 97.5% lower confidence bound for A_2 is $\hat{A}_{2L}(14) = 49$.

Hence a conservative 95.0625% lower confidence bound for A is

$$\hat{A}_{L(st)}(23, 14) = \hat{A}_{1L}(23) + \hat{A}_{2L}(14) = 42 + 49 = 91.$$

(iii) Two–Sided Confidence Intervals

From *(i)* and *(ii)* a conservative 90.125% (=1 – 2(1 – .950625)) two–sided confidence interval for $A\,(= A_1 + A_2)$ is

$$[\hat{A}_{L(st)}(23, 14), \hat{A}_{U(st)}(23, 14)] = [91, 186].$$

NOTE: To obtain conservative confidence bounds for P under stratified random sampling, divide the corresponding confidence bounds for A by $N\,(= N_1 + N_2)$.

2.8. APPLICATION VIII.   CONSERVATIVE   COMPARISON   OF   TWO UNIVERSES.

Assume two separate universes of sizes N' and N'' units, respectively. Let A' be the number of units in universe 1 with a particular attribute and A'' be the number of units in universe 2 with the same particular attribute. We briefly outline a procedure for obtaining conservative $100(1 - \alpha)\%$ confidence bounds for the difference $A' - A''$. (In practice, one will almost always be interested in $P' - P''$ rather than $A' - A''$. To obtain conservative confidence bounds for $P' - P''$, respectively, divide the bounds for A' and A'' by N' and N'' and proceed as described below.) As under Application VII, Definitions 2.7, 2.8, and 2.9 focus on how to obtain conservative confidence bounds rather than on what they are. General definitions of bounds for the difference $A' - A''$ can be given similarly as in Definitions 2.1, 2.2, and 2.3. As stated earlier for this application, it is not clear that one cannot provide better results for comparing two finite universes. Research is underway in search of better results, and it is expected that others may provide better answers in the future through the sampling theory literature.

A simple random sample of size n' is selected from universe 1 and independently of a simple random sample of size n'' which is selected from universe 2. See Figure 2.2.

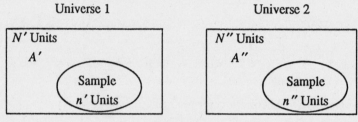

Figure 2.2.

Let $a'(a'')$ be the number observed in the sample from universe 1(2) with the particular attribute.

Definition 2.7. Let $\hat{A}'_U(a')$ be a $100(1-\alpha')\%$ upper confidence bound for A' and $\hat{A}''_L(a'')$ be a $100(1-\alpha'')\%$ lower confidence bound for A''. Then a **conservative** $100(1-\alpha)\%$ **upper confidence bound for** $A'-A''$ is given by

$$UCB(A'-A'') \equiv \hat{A}'_U(a') - \hat{A}''_L(a'') \qquad (2.14)$$

where $1-\alpha = (1-\alpha')(1-\alpha'')$.

Definition 2.8. Let $\hat{A}'_L(a')$ be a $100(1-\alpha')\%$ lower confidence bound for A' and $\hat{A}''_U(a'')$ be a $100(1-\alpha'')\%$ upper confidence bound for A''. Then a **conservative** $100(1-\alpha)\%$ **lower confidence bound for** $A'-A''$ is given by

$$LCB(A'-A'') \equiv \hat{A}'_L(a') - \hat{A}''_U(a'') \qquad (2.15)$$

where $1-\alpha = (1-\alpha')(1-\alpha'')$.

Definition 2.9. Let $LCB(A'-A'')$ and $UCB(A'-A'')$ be conservative $100(1-\alpha_1)\%$ and $100(1-\alpha_2)\%$ lower and upper bounds respectively for $A'-A''$. Then a **conservative** $100(1-\alpha)\%$ **two–sided confidence interval for** $A'-A''$ is given by

$$[LCB(A'-A''), UCB(A'-A'')] \qquad (2.16)$$

where $\alpha = \alpha_1 + \alpha_2$.

Example 2.19. Assume two separate universes with the following information and sample results:

	Universe 1	Universe 2
	$N' = 185$	$N'' = 440$
	$n' = 35$	$n'' = 40$
	$a' = 11$	$a'' = 19$

From pages 169 and 285 of the Table,

a 95% lower confidence bound for A' is $\hat{A}'_L(11) = 37$;

a 95% upper confidence bound for A' is $\hat{A}'_U(11) = 83$;

a 97.5% lower confidence bound for A'' is $\hat{A}''_L(19) = 142$; and

a 97.5% upper confidence bound for A'' is $\hat{A}''_U(19) = 278$.

Hence,

a conservative 92.625%(= .95 × .975) lower confidence bound for $A' - A''$ is

$$LCB(A' - A'') = 37 - 278 = -241;$$

a conservative 92.625% upper confidence bound for $A' - A''$ is

$$UCB(A' - A'') = 83 - 142 = -59.$$

Thus, a conservative 85.25% two–sided confidence interval for $A' - A''$ is

$$[-241, -59].$$

We would have the following respective conservative confidence bounds for $P' - P''$:

$$LCB(P' - P'') = \frac{37}{185} - \frac{278}{440} \approx -.43,$$

$$UCB(P' - P'') = \frac{83}{185} - \frac{142}{440} \approx .13, \text{ and}$$

$$[LCB(P' - P''), UCB(P' - P'')] = [-.43, .13].$$

CHAPTER 3.

THE DEVELOPMENT AND THEORY

Our objective in this chapter is to provide detailed development and background that completely support the Table in Chapter 4 and its applications described in Chapter 2. Our aim is to make the connection between hypothesis testing and confidence interval estimation visibly clear when selecting simple random samples from a finite universe. The development assumes that the reader has had at least an introductory course in statistics and is familiar with conditional probability.

3.1.   EXACT HYPOTHESIS TESTING FOR A FINITE UNIVERSE

Assume a finite universe of size N where the variable Y is an indicator variable, i.e.,

$$Y_i = \begin{cases} 1 & \text{if the } i^{th} \text{ unit in the universe has a particular attribute, and} \\ \\ 0 & \text{otherwise} \end{cases}$$

for $i = 1, 2, ..., N$. Let the number of units in the universe with the particular attribute be denoted by

$$A = \sum_{i=1}^{N} Y_i . \tag{3.1}$$

Note that A is an integer such that $0 \le A \le N$.

On many occasions, the value of A will be unknown. However, assume that one is able to say or hypothesize, based on prior information, that the value of A is A_0, where A_0 is a particular integer between 0 and N, inclusively. Because A_0 is our original hypothesis about the true value of A, we refer to it as our **null hypothesis** and denote this by

$$H_0\colon A = A_0 . \tag{3.2}$$

Consider the suggestion or the proposed position that A is not equal to A_0. Because this suggestion or position is in contradiction to the null hypothesis, we refer to it as our **alternative hypothesis** and denote this by

$$H_a\colon A \ne A_0 . \tag{3.3}$$

How does one decide between the null hypothesis and the alternative hypothesis? A statistical method called **hypothesis testing** gives one a way to proceed. Basically one selects a sample from the universe and, based on what is observed, decides either to reject H_0 or not to reject H_0. One must be careful because errors can be made. If H_0 is rejected in favor of H_a when H_0 is in fact true, then a **Type I Error** is committed. If H_0 is not rejected in favor of H_a when H_0 is false, then a **Type II Error** is committed. Of course, we cannot be absolutely certain of the correctness of our actions, but we are able to make use of probability. Let α and β be two numbers between 0 and 1. It is clear that one may want to base decisions on rules so that

$$P \text{ (Type I Error)} \leq \alpha \quad \text{and} \quad P \text{ (Type II Error)} \leq \beta \qquad (3.4)$$

where α and β are small. In our development of a rule to test H_0 against H_a using sample evidence, we focus on P (Type I Error).

Our development has three steps:

1. Specification of α.

2. Selection of a simple random sample.

3. Construction of a rule based on the sample data.

Step 1.   Specification of α. First α is specified. (Often one takes $\alpha = .05$.) Thus, given that H_0 is true, one wants to construct a rule that will reject H_0 with probability less than or equal to α. Equivalently, if H_0 is true one wants to construct a rule that will not reject H_0 with probability greater than or equal to $1 - \alpha$.

Step 2.   Selection of a Sample. Next a sample is selected. Simple random sampling of size n is assumed as given in Definition 1.1.

Step 3.   Construction of a Rule Based on the Sample Data. How can one make use of the evidence from the sample? More specifically, when will the sample results lead us to reject H_0, and when will the results lead us not to reject H_0? Let a be the number of units in the sample with the particular characteristic. The possible values of a are $0, 1, 2, ..., n$. Intuitively, if $A = A_0$, we expect $\hat{A} = Na/n$ (an estimate of A) to be near A_0; and if $A \neq A_0$, we expect $\hat{A}$ to be away from A_0, where a is the particular value of a observed in the sample. Now even if $A = A_0$, in some cases it is possible that $\hat{A}$ could be away from A_0, but we do not expect this to occur very often. This observation permits us to say from (3.4)

$$\alpha \ge P\,(\text{Type I Error}) = P\,(\text{Reject } H_0 \text{ in favor of } H_a \mid H_0 \text{ is true}) \tag{3.5}$$
$$= P\,(\text{Reject } H_0 \text{ if } \hat{A} \text{ is away from } A_0 \mid A = A_0)\ .$$

If H_0 is true (i.e., $A = A_0$) and a simple random sample of size n is selected, $\boldsymbol{a}$ is a **hypergeometric random variable** with **hypergeometric probability distribution** given by

$$P\,(\boldsymbol{a} = a \mid A_0) = \frac{\dbinom{A_0}{a}\,\dbinom{N - A_0}{n - a}}{\dbinom{N}{n}} \tag{3.6}$$

for $a = 0, 1, 2, ..., n$. Technically a is such that $\max(0, n - N + A_0) \le a \le \min(A_0, n)$. But for simplicity, we will say that the possible values of a are $0, 1, 2, ..., n$ and assign zero probabilities for those a values where appropriate. Graphically, the probability distribution of $\boldsymbol{a}$ is of the form

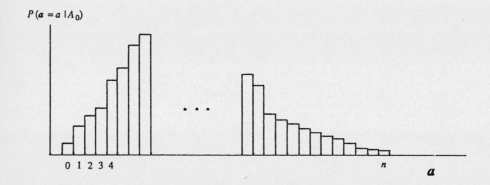

Figure 3.1.

From (3.5) and recalling that $\hat{A} = N\left(\dfrac{a}{n}\right)$, we decide either

    (i) rejection of H_0 in favor of H_a if $\hat{A} \le t_1$ or $\hat{A} \ge t_2$

or $\hspace{9cm}$ (3.7)

    (ii) against rejection of H_0 in favor of H_a if $t_1 < \hat{A} < t_2$

where t_1 and t_2 are specified real numbers chosen to satisfy

$$P\,(N\left(\frac{\boldsymbol{a}}{n}\right) \le t_1 \text{ or } N\left(\frac{\boldsymbol{a}}{n}\right) \ge t_2 \mid A = A_0) \le \alpha.$$

Equivalently in terms of a, decide either

(i) rejection of H_0 in favor of H_a if $a \leq nt_1/N$ or $a \geq nt_2/N$

or (3.8)

(ii) against rejection of H_0 in favor of H_a if $nt_1/N < a < nt_2/N$

where $P(a \leq nt_1/N$ or $a \geq nt_2/N \,|\, A = A_0) \leq \alpha$. It remains to determine nt_1/N and nt_2/N. If α_1 and α_2 are both positive real numbers such that $\alpha_1 + \alpha_2 = \alpha$, take $a_1 = nt_1/N$ where a_1 is the largest integer such that

$$P(a \leq a_1 \,|\, A = A_0) \leq \alpha_1 \qquad (3.9)$$

and $a_2 = nt_2/N$ where a_2 is the smallest integer such that

$$P(a \geq a_2 \,|\, A = A_0) \leq \alpha_2 \ . \qquad (3.10)$$

Generally a_1 and a_2 will each be a member of the set $\{0, 1, 2, ..., n\}$. However, if no element in the set satisfies (3.9), then take $a_1 = -1$. Similarly, if no element in the set satisfies (3.10), take $a_2 = n + 1$. This is done to ensure that the probability of a Type I Error does not exceed α. Note that the choice of α_1 and α_2, and hence a_1 and a_2, is not unique. Graphically, we have

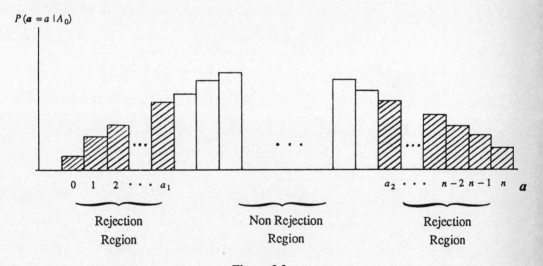

Figure 3.2.

We refer to α as the **significance level** of the test in (3.8). In our development, α is the maximum probability of a Type I Error. The set $C = \{a \,|\, a \leq a_1$ or $a \geq a_2\}$ is called the **rejection region** or **critical region** for the test, while $C' = \{a \,|\, a_1 < a < a_2\}$

is often referred to as the **acceptance region**. One should use the phrase "acceptance region" with caution because a failure to reject H_0 does not imply that one should accept H_0 as being true. A failure to reject simply means that the evidence from the observed sample did not support rejection of H_0. H_0 could still be false and another sample might have led to rejection. See Figure 3.2. Note that

$$P(C') = P(a_1 < a < a_2 | A = A_0) \geq 1 - \alpha \ . \tag{3.11}$$

The preceding discussion is summarized and highlighted as follows.

To Test $H_0 : A = A_0$ vs $H_a : A \neq A_0$
at Significance Level α Based on the Evidence
From a Simple Random Sample

1. N is given and A_0 is specified by the experimenter.

2. Specify n.

3. Specify α. More specifically, specify α_1 and α_2. Generally, α_1 and α_2 are each chosen to be $\alpha/2$.

4. Specification of $\alpha_1 = \alpha/2$ and $\alpha_2 = \alpha/2$ imply a_1 and a_2 and hence the rejection region with reference to the distribution of a for $A = A_0$ (as given in (3.6)).

   Reject H_0 if $a \leq a_1$ or $a \geq a_2$.

   Do Not Reject H_0 if $a_1 < a < a_2$.

5. Select a simple random sample of size n and determine a.

6. Report the results. If the observed value of a leads us to reject H_0, we say that H_0 is rejected at significance level α, i.e., we reject H_0 and the probability of a Type I Error is not greater than α. Otherwise, H_0 is not rejected at significance level α. (Note that it is possible for H_0 to not be rejected at one value of α, say α', and rejected at another value say α'' where $\alpha'' > \alpha'$.)

The result just summarized for testing H_0: $A = A_0$ against H_a: $A \neq A_0$ is often referred to as a **two–sided test** because the rejection region is the union of two defined and separate sets. In a similar manner, the following provides two different **one–sided tests.** The details are omitted because the development in each case is similar to that for the two–sided test. Each one assumes simple random sampling and that the significance level is α.

To Test:	To Test:
H_0: $A \leq A_0$ (or $A = A_0$) *vs* H_a: $A > A_0$	H_0: $A \geq A_0$ (or $A = A_0$) *vs* H_a: $A < A_0$
1. N and A_0 are given.	1. N and A_0 are given.
2. Specify n.	2. Specify n.
3. Specify α.	2. Specify α.
4. Let a' be the smallest integer such that $P(a \geq a' \mid A = A_0) \leq \alpha.$ Then we Reject H_0 if $a \geq a'$. Do not reject H_0 if $a < a'$.	4. Let a'' be the largest integer such that $P(a \leq a'' \mid A = A_0) \leq \alpha.$ Then we Reject H_0 if $a \leq a''$. Do not reject H_0 if $a > a''$.
5. Select the sample and observe a.	5. Select the sample and observe a.
6. State the result.	6. State the result.

While the development of the three different tests was motivated here by appealing to intuition, there is mathematical justification as well. In fact, each one–sided test is the best one (uniformly most powerful) for a stated α as discussed in Lehmann (1959).

Example 3.1. Assume a finite universe of $N = 10$ units of which some, A, have a particular attribute. To test the null hypothesis $H_0 : A = 6$ against the alternative hypothesis $H_a : A \neq 6$ at significance level $\alpha = .05$, a simple random sample of $n = 4$ units was observed and yielded $a = 1$. Which hypothesis is supported by the sample evidence at $\alpha = .05$?

Solution.

1. Note that $N = 10$ and $A_0 = 6$.

2. $n = 4$.

3. $\alpha = .05$ and hence $\alpha/2 = .025$.

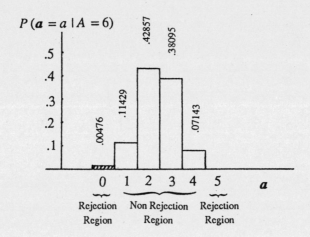

Note that 0 is the largest integer such that $P(a \leq 0 | A = 6) \leq .025$. Hence, $a_1 = 0$. Also note that 5 is the smallest integer such that $P(a \geq 5 | A = 6) \leq .025$. Hence, $a_2 = 5$.

4. Because $a = 1$ is in the non-rejection region, we do not reject $H_0 : A = 6$ at $\alpha = .05$ based on the sample evidence.

Example 3.2. With the setting $N = 10$, $\alpha = .1$, $n = 4$, and $a = 1$, but for testing H_0: $A \leq 6$ vs H_a: $A > 6$, we proceed as follows.

Solution

1. $N = 10$ and $A_0 = 6$.

2. $n = 4$.

3. $\alpha = .1$.

4.

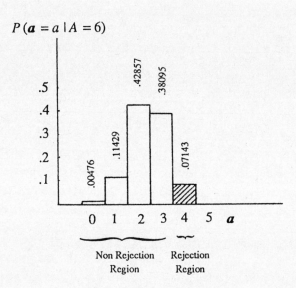

$$P(a = a \mid A = 6)$$

Non Rejection Region   Rejection Region

Note that 4 is the smallest integer such that $P(a \geq 4 \mid A = 6) \leq .1$. Hence $a' = 4$.

5. Because $a = 1$ is in the non–rejection region, we do not reject H_0: $A \leq 6$ at $\alpha = .1$ in favor of H_a: $A > 6$ based on the sample evidence.

Example 3.3. Assume a similar setting as in Example 3.1, but with $N = 20$, $H_0 : A = 3$ vs $H_a : A \neq 3$, $n = 4$, and $a = 3$. Which hypothesis is supported by the sample evidence at $\alpha = .05$?

<u>Solution.</u>

1. Note that $N = 20$ and $A_0 = 3$.

2. $n = 4$.

3. $\alpha = .05$ and hence $\alpha/2 = .025$.

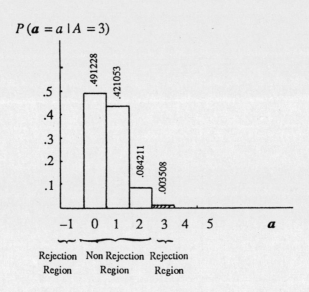

$P(a = a \mid A = 3)$

Clearly at $\alpha = .05$, $a_1 = -1$ and $a_2 = 3$.

4. Because $a = 3$ is in the rejection region, we reject $H_0 : A = 3$ in favor of $H_a : A \neq 3$ at $\alpha = .05$.

Example 3.4. Assume a similar setting as in Example 3.1, but with $N = 100$, $H_0 : A = 40$ vs $H_a : A \neq 40$, $n = 13$, and $a = 10$. Which hypothesis is supported by the sample evidence at $\alpha = .05$?

Solution

1. Note that $N = 100$ and $A_0 = 40$.

2. $n = 13$.

3. $\alpha = .05$ and hence $\alpha/2 = .025$.

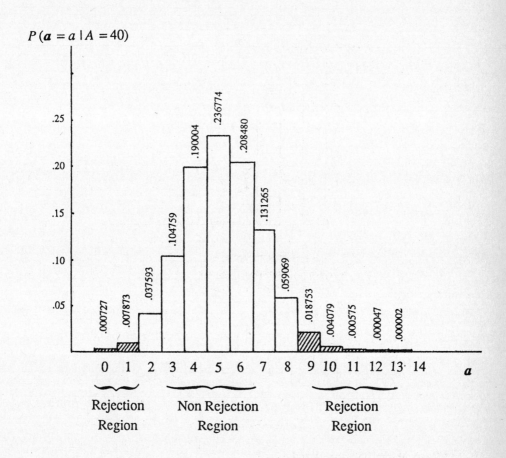

$P(a = a \mid A = 40)$

4. Because $a = 10$ is in the rejection region, we reject $H_0 : A = 40$ in favor of $H_a : A \neq 40$ at $\alpha = .05$.

Example 3.5. If $N = 100$, $H_0 : A \leq 40$ vs $H_a : A > 40$, $n = 13$, and $a = 10$, which hypothesis is supported by the sample evidence at $\alpha = .05$?

Solution

1. Note that $N = 100$ and $A_0 = 40$.

2. $n = 13$.

3. $\alpha = .05$.

4.

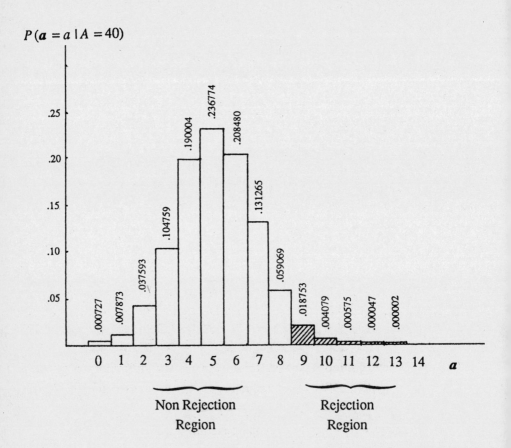

$P(a = a \mid A = 40)$

Non Rejection
Region

Rejection
Region

Note that 9 is the smallest integer such that $P(a \geq 9 \mid A = 40) \leq .05$. Hence $a' = 9$.

5. Because $a = 10$ is in the rejection region, we reject $H_0 : A \leq 40$ in favor of $H_a : A > 40$ at $\alpha = .05$. We would have the same result for $\alpha = .025$.

Example 3.6. If $N = 100$, $H_0 : A \geq 40$ vs $H_a : A < 40$, $n = 13$, and $a = 10$, which hypothesis is supported by the sample evidence at $\alpha = .05$?

<u>Solution</u>

1. Note that $N = 100$ and $A_0 = 40$.

2. $n = 13$.

3. $\alpha = .05$.

4. Notice a different rejection region than in Example 3.5.

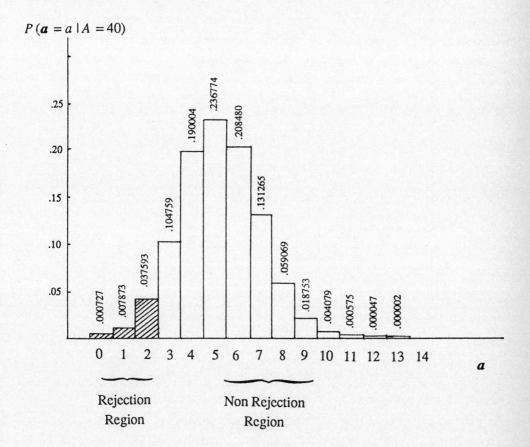

$P(\boldsymbol{a} = a \mid A = 40)$

Note that 2 is the largest integer such that $P(a \leq 2 \mid A = 40) \leq .05$. Hence $a'' = 2$.

5. Because $a = 10$ is <u>not</u> in the rejection region, we do not reject $H_0 : A \geq 40$ in favor of $H_a : A < 40$ at $\alpha = .05$. (Compare with the result in Example 3.5.)

38

3.2. EXACT CONFIDENCE INTERVAL ESTIMATION FOR A FINITE UNIVERSE

As with hypothesis testing, we are given a finite universe of size N where the variable Y is an indicator variable and A is the number of units in the universe with a particular attribute. If the value of A is unknown and we are unable to hypothesize about its value, **estimation** based on the results of a sample is often used to make statements about the value of A. If we give a single value for A based on the sample, this is called **point estimation.** However, if we produce two nonnegative integers $\hat{A}_L$ and $\hat{A}_U$ (where $\hat{A}_L \leq \hat{A}_U$) based on the sample results such that we believe A is contained in the set of nonnegative integers inclusively between $\hat{A}_L$ and $\hat{A}_U$ denoted by $[\hat{A}_L, \hat{A}_U]$, this is called (two-sided) **interval estimation.** The type of interval estimation that will be our focus, called confidence interval estimation, has been discussed by Neyman (1934) and permits us not only to produce $\hat{A}_L$ and $\hat{A}_U$ based on the sample results but also to say how good the interval is. Our specific presentation follows closely the general discussion in Neyman (1934).

Let Ω_A be the set of all possible values of A. Thus

$$\Omega_A = \{0, 1, 2, 3, ..., N\} \quad . \tag{3.12}$$

For our development, we assume that there is a (prior) probability distribution $p(A)$ associated with A in the sense that

$$p(A_0) = P(A = A_0) \text{ where } A_0 = 0, 1, 2, ..., N$$

and

$$\tag{3.13}$$

$$\sum_{A_0=0}^{N} p(A_0) = 1 \quad .$$

As we will see, the development and the results that we obtain do not depend on the exact form of $p(A)$. That is, the results hold no matter what form $p(A)$ takes. Moreover, the existence of a (prior) probability distribution for A is merely for convenience in our discussion and is not needed to obtain the results as has been noted by Neyman (1937).

If a simple random sample of size n is to be selected, let a be the number of units in the sample with the particular attribute. Note that a will vary depending on the sample selected and that the set of possible values of a is

$$\Omega_a = \{0, 1, 2, ..., n\} \quad . \tag{3.14}$$

Note that the probability distribution of a depends on the true value of A. Assuming that $A = A_0$, the probability distribution of a is hypergeometric which, as noted in (3.6), is given by

$$f(a \mid A_0) = P(a = a \mid A = A_0) = \frac{\binom{A_0}{a}\binom{N - A_0}{n - a}}{\binom{N}{n}} \qquad \text{for } a = 0, 1, ..., n \quad . \tag{3.15}$$

Now the problem that we want to solve can be stated as follows.

Let α be chosen so that $0 < \alpha < 1$. Generally α is chosen to be small, say .05 or .1. For $1 - \alpha$, we want to find a way of associating with any possible value "a" of a a subset of Ω_A given by

$$[\hat{A}_L(a), \hat{A}_U(a)] = \{A_0 \mid A_0 \in \Omega_A \text{ and } \hat{A}_L(a) \le A_0 \le \hat{A}_U(a)\} \tag{3.16}$$

such that if we decide every time we observe $a = a$, to state that the true value of A is contained within the particular set $[\hat{A}_L(a), \hat{A}_U(a)]$, then

$$P(A_0 \in [\hat{A}_L(a), \hat{A}_U(a)] \mid A_0) = P(\hat{A}_L(a) \le A_0 \le \hat{A}_U(a) \mid A_0) \ge 1 - \alpha \tag{3.17}$$
$$\text{for each } A_0 \in \Omega_A \quad .$$

Note that $[\hat{A}_L(a), \hat{A}_U(a)]$ varies depending on the value of a and that the probability in (3.17) is with respect to the hypergeometric probability distribution in (3.15). The probability on the left side of the inequality in (3.17) is called the **coverage probability** of $[\hat{A}_L(a), \hat{A}_U(a)]$ for $A = A_0$.

In other words, if we observe a, a specific value of a, in the sample and associate with a the specific set $[\hat{A}_L(a), \hat{A}_U(a)]$, then (3.17) says that for each $A_0 \in \Omega_A$, the probability that $[\hat{A}_L(a), \hat{A}_U(a)]$ covers A_0, given A_0 is the true value, is at least $1 - \alpha$. Just as a varies over the $n + 1$ values $0, 1, 2, ..., n$, the "variable set" $[\hat{A}_L(a), \hat{A}_U(a)]$ varies over the $n + 1$ sets $[\hat{A}_L(0), \hat{A}_U(0)]$, $[\hat{A}_L(1), \hat{A}_U(1)]$, $[\hat{A}_L(2), \hat{A}_U(2)]$, ..., $[\hat{A}_L(n), \hat{A}_U(n)]$. The **challenge** is to define $[\hat{A}_L(a), \hat{A}_U(a)]$, that is $[\hat{A}_L(0), \hat{A}_U(0)]$, $[\hat{A}_L(1), \hat{A}_U(1)]$, ..., $[\hat{A}_L(n), \hat{A}_U(n)]$, so that (3.17) is satisfied for every $A_0 \in \Omega_A$. If a is the observed value of a, then the corresponding set $[\hat{A}_L(a), \hat{A}_U(a)]$ is called a $100(1 - \alpha)\%$ two–sided confidence interval (set) for A if the $n + 1$ sets are defined so that (3.17) is satisfied. The values $\hat{A}_L(a)$ and $\hat{A}_U(a)$ are called the bounds of the $100(1 - \alpha)\%$ two–sided confidence interval.

One final word about $P(\hat{A}_L(a) \le A_0 \le \hat{A}_U(a)|A_0)$ in (3.17). If $A = A_0$, $P(\hat{A}_L(a) \le A_0 \le \hat{A}_U(a)|A_0)$ is the probability that $A_0 \in [\hat{A}_L(a), \hat{A}_U(a)]$. Thus to find this probability, we ask which ones of the $n + 1$ sets $[\hat{A}_L(0), \hat{A}_U(0)]$, $[\hat{A}_L(1), \hat{A}_U(1)]$, $[\hat{A}_L(2), \hat{A}_U(2)]$, ..., $[\hat{A}_L(n), \hat{A}_U(n)]$ contain A_0. For each set $[\hat{A}_L(a), \hat{A}_U(a)]$ that contains A_0, there is an a. We want all such a's and the total probability of observing these a's. This total probability is the same as $P(\hat{A}_L(a) \le A_0 \le \hat{A}_U(a)|A_0)$. Hence for $A = A_0$, let

$$S(A_0) = \{a \mid A_0 \in [\hat{A}_L(a), \hat{A}_U(a)]\}. \text{ Then}$$

$$P(A_0 \in [\hat{A}_L(a), \hat{A}_U(a)]|A_0) = P(\hat{A}_L(a) \le A_0 \le \hat{A}_U(a)|A_0) \qquad (3.18)$$
$$= \sum_{a \in S(A_0)} f(a|A_0)$$

How To Define $[\hat{A}_L(0), \hat{A}_U(0)]$, $[\hat{A}_L(1), \hat{A}_U(1)]$, $[\hat{A}_L(2), \hat{A}_U(2)]$, ..., and $[\hat{A}_L(n), \hat{A}_U(n)]$ So That (3.17) Is Satisfied

Consider the collection of all possible (ordered pairs) points (a, A_0) as given in Figure 3.3 in the a, A plane. Note that there are $(n + 1)(N + 1)$ such points. Pick a particular value of A, say $A = A_1$. On the straight line $A = A_1$, find the points whose a values are in the interval $a_1(A_1)$ to $a_2(A_1)$ so that if A_1 is the true value of A, then

$$P(a_1(A_1) < a < a_2(A_1)|A = A_1) \ge 1 - \alpha . \qquad (3.19)$$

For $A = A_1$, take $a_1(A_1)$ to be the largest integer so that

$$P(a \le a_1(A_1)|A = A_1) \le \frac{\alpha}{2} \qquad (3.20)$$

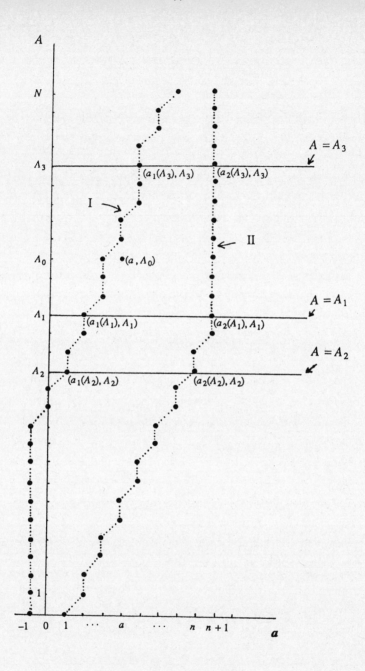

Figure 3.3.

and $a_2(A_1)$ to be the smallest integer so that

$$P(\mathbf{a} \geq a_2(A_1) | A = A_1) \leq \frac{\alpha}{2} \quad . \tag{3.21}$$

It is important to note that for $A = A_1$ the set

$$\{a \mid a_1(A_1) < a < a_2(A_1)\}$$

is the same as the acceptance (non-rejection) region of the α–level hypothesis test of

$$H_0 : A = A_1 \text{ against } H_a : A \neq A_1$$

as discussed in Section 3.1. (See (3.9), (3.10), and (3.11).) As for hypothesis testing, if no element of $\{0, 1, 2, ..., n\}$ satisfies (3.20) for $a_1(A_1)$, take $a_1(A_1) = -1$. Similarly, if no element of $\{0, 1, 2, ..., n\}$ satisfies (3.21) for $a_2(A_1)$, take $a_2(A_1) = n + 1$.

For other values of A such as A_2 and A_3, find in a similar way the integers $a_1(A_2)$, $a_2(A_2)$, $a_1(A_3)$, and $a_2(A_3)$,. (See Figure 3.3.) A similar thing is done for **all** possible values of A. We connect the left-hand side boundaries for the intervals $(a_1(A), a_2(A))$ with dotted lines and denote this dotted curve by I. We do a similar thing with the right-hand side boundaries for the intervals $(a_1(A), a_2(A))$ and denote this dotted curve by II. The two dotted curves I and II enclose a region called a **confidence belt** CB. (See Figure 3.3.) The confidence belt does not include points on either dotted curve.

By construction, for any value A_0 of A,

$$P(a_1(A_0) < \mathbf{a} < a_2(A_0) | A = A_0) \geq 1 - \alpha \quad .$$

The following theorem is a related result about the **confidence belt** CB.

Theorem 3.1. Let the confidence belt CB be as defined above. Then

$$P((\mathbf{a}, A) \in CB) \geq 1 - \alpha \quad . \tag{3.22}$$

That is, the probability of the region is at least $1 - \alpha$.

(Note: The result in (3.22) is a joint probability statement about a and A. In particular, it is not a conditional probability statement about a for a particular value of A.)

Proof. The joint probability distribution for (a, A) is given by

$$g(a, A_0) = f(a \mid A_0) p(A_0) . \qquad (3.23)$$

Hence $P((a, A) \in CB) = \underset{(a, A_0) \in CB}{\Sigma\Sigma} g(a, A_0)$

$$= \sum_{A_0=0}^{N} \left[\sum_{\{a \mid a_1(A_0) < a < a_2(A_0)\}} f(a \mid A_0) p(A_0) \right]$$

$$= \sum_{A_0=0}^{N} p(A_0) \left[\sum_{\{a \mid a_1(A_0) < a < a_2(A_0)\}} f(a \mid A_0) \right]$$

$$\geq \sum_{A_0=0}^{N} p(A_0)(1 - \alpha) \qquad \text{by (3.19)}$$

$$= (1 - \alpha) \sum_{A_0=0}^{N} p(A_0)$$

$$= (1 - \alpha)(1) = 1 - \alpha \qquad \text{by (3.13)}$$

Q.E.D.

The proof of Theorem 3.1 holds whatever the probability distribution $p(A)$ is. The only requirement is that $\sum_{A_0=0}^{N} p(A_0) = 1$, which is always true for any probability distribution assigned to A.

The statement and proof of Theorem 3.1 gives us a way to solve our problem of how to construct $[\hat{A}_L(a), \hat{A}_U(a)]$ for observed a. For given N, n, and $1 - \alpha$, we construct a confidence belt CB as described above and note that the probability of the region CB is at least $1 - \alpha$ before the selection of the simple random sample. After the sample is selected and we observe $a = a$, then this additional certain information leads us to focus only on those points in the intersection of the set of points on the line $a = a$ with the set CB. See Figure 3.4.

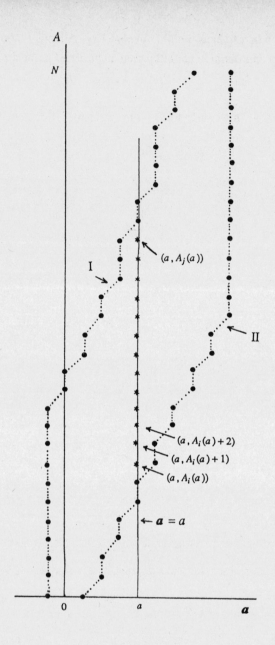

Figure 3.4.

The intersection obtained for the specific value a is the set of points

$$\{(a, A_i(a)), (a, A_i(a)+1), (a, A_i(a)+2), ..., (a, A_j(a)-1), (a, A_j(a))\} \qquad (3.24)$$

where $A_i(a)$ and $A_j(a)$ are particular values of A and $A_i(a) \leq A_j(a)$. If we consider only the set of A ordinates, we have for the particular value a the set of increasing values of A given by

$$\{A_i(a), A_i(a)+1, A_i(a)+2, ..., A_j(a)-1, A_j(a)\} \quad . \tag{3.25}$$

Combining Theorem 3.1 and the fact that we know $\boldsymbol{a}=a$, we call the set $\{A_i(a), A_i(a)+1, ..., A_j(a)\}$ our $100(1-\alpha)\%$ **two-sided confidence interval (set) corresponding to** a and denote it by

$$[\hat{A}_L(a), \hat{A}_U(a)] = \{A_i(a), A_i(a)+1, ..., A_j(a)\} \tag{3.26}$$

for $a = 0, 1, ..., n$ where $\hat{A}_L(a) = A_i(a)$ and $\hat{A}_U(a) = A_j(a)$.

Why is the interval in (3.26) called a **confidence** interval, instead of, say, a **probability** interval? We do not say that the probability is at least $1-\alpha$ that the particular interval $[\hat{A}_L(a), \hat{A}_U(a)]$ includes the true value of A, because A, even though it is not known, is some constant and the particular interval $[\hat{A}_L(a), \hat{A}_U(a)]$ which is constructed after selection of the sample either includes A or it does not include A, and any probability statement would be either zero or one, respectively. And, as Hogg and Craig (1972) note, the fact that we had such a high degree of probability $1-\alpha$, before the selection of the sample, that the variable set $[\hat{A}_L(\boldsymbol{a}), \hat{A}_U(\boldsymbol{a})]$, indeed CB, includes the fixed point A leads us to have some reliance on the particular interval $[\hat{A}_L(a), \hat{A}_U(a)]$ after the selection of the sample. This reliance is reflected by calling the known interval $[\hat{A}_L(a), \hat{A}_U(a)]$ a $100(1-\alpha)\%$ **two-sided confidence interval** for A. The number $1-\alpha$ is called the **confidence coefficient.**

From Figure 3.4 and our discussion, it is clear for observed a that

$$\hat{A}_L(a) = \text{the smallest value of } A \text{ such that } P(\boldsymbol{a} \geq a \mid A) > \frac{\alpha}{2} \tag{3.27}$$

and

$$\hat{A}_U(a) = \text{the largest value of } A \text{ such that } P(\boldsymbol{a} \leq a \mid A) > \frac{\alpha}{2} \quad . \tag{3.28}$$

Note that (3.27) and (3.28) correspond respectively to the confidence bounds in (2.3) and (2.4) of Buonaccorsi (1987). Buonaccorsi (1987) lists other references for these bounds and gives some of their properties. In fact, $\hat{A}_L(a)$ is a $100(1 - \alpha/2)\%$ **one-sided lower confidence bound for** A, and $A_U(a)$ is a $100(1 - \alpha/2)\%$ **one-sided upper confidence bound for** A. (See Definitions 2.1 and 2.2.) Just as a two–sided confidence interval was discussed and developed using a two–sided alternative hypothesis, each of the bounds $\hat{A}_L(a)$ and $\hat{A}_U(a)$ can be discussed and developed separately using a one–sided alternative hypothesis following a similar procedure.

Example 3.7. Assume a finite universe of $N = 10$ units of which some, A, have a particular attribute. For $1 - \alpha = .95$ and assuming simple random sampling where $n = 4$, (a) construct a $1 - \alpha$ confidence belt, and (b) give the $5(= n + 1)$ $1 - \alpha$ confidence sets $[\hat{A}_L(0), \hat{A}_U(0)], ..., [\hat{A}_L(4), \hat{A}_U(4)]$, that represent the possible sets that $[\hat{A}_L(a), \hat{A}_U(a)]$ can be in this problem.

Solution. First, for each possible value of $A_0 \in \{0, 1, 2, ..., 10\}$, we give the probability distribution of $f(a \mid A_0)$ in each row of Table 3.1 using (3.15). The confidence belt is given in Figure 3.5.

A					
10	.00000	.00000	.00000	.00000	1.00000
9	.00000	.00000	.00000	.40000	.60000
8	.00000	.00000	.13333	.53333	.33333
7	.00000	.03333	.30000	.50000	.16667
6	.00476	.11429	.42857	.38095	.07143
5	.02381	.23810	.47619	.23810	.02381
4	.07143	.38095	.42857	.11429	.00476
3	.16667	.50000	.30000	.03333	.00000
2	.33333	.53333	.13333	.00000	.00000
1	.60000	.40000	.00000	.00000	.00000
0	1.00000	.00000	.00000	.00000	.00000
	0	1	2	3	4 $\quad$ a

Table 3.1. Probability Distributions of a
for Different Values of A.

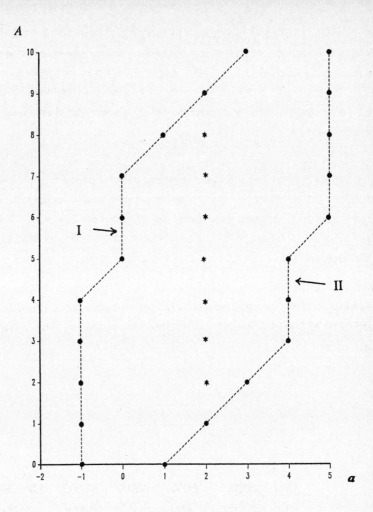

Figure 3.5. Confidence Belt for Example 3.7.

From Figure 3.5, if $a = 2$ is observed, then the 95% confidence interval for A is

$$[\hat{A}_L(2), \hat{A}_U(2)] = \{2, 3, 4, 5, 6, 7, 8\} \ .$$

Table 3.2 gives the confidence interval of A for each possible value of $\boldsymbol{a}$.

Table 3.2. Confidence Intervals for A in Example 3.7.

$\boldsymbol{a}$	95% Confidence Interval (Set)
0	$[\hat{A}_L(0), \hat{A}_U(0)] = [0,4] = \{0,1,2,3,4\}$
1	$[\hat{A}_L(1), \hat{A}_U(1)] = [1,7] = \{1,2,3,4,5,6,7\}$
2	$[\hat{A}_L(2), \hat{A}_U(2)] = [2,8] = \{2,3,4,5,6,7,8\}$
3	$[\hat{A}_L(3), \hat{A}_U(3)] = [3,9] = \{3,4,5,6,7,8,9\}$
4	$[\hat{A}_L(4), \hat{A}_U(4)] = [6,10] = \{6,7,8,9,10\}$

For the collection of confidence intervals in Table 3.2, we note that (3.17) is satisfied for each $A \in \Omega_A$. The coverage probabilities are:

If $A = 0$, then $P(\hat{A}_L(\boldsymbol{a}) \le 0 \le \hat{A}_U(\boldsymbol{a}) \,|\, A = 0) = f(0|A = 0) = 1 \ge .95$.

If $A = 1$, then $P(\hat{A}_L(\boldsymbol{a}) \le 1 \le \hat{A}_U(\boldsymbol{a}) \,|\, A = 1) = f(0|A = 1) + f(1|A = 1) = 1 \ge .95$.

If $A = 2$, then $P(\hat{A}_L(\boldsymbol{a}) \le 2 \le \hat{A}_U(\boldsymbol{a}) \,|\, A = 2) = f(0|A = 2) + f(1|A = 2) + f(2|A = 2) = 1 \ge .95$.

If $A = 3$, then $P(\hat{A}_L(\boldsymbol{a}) \le 3 \le \hat{A}_U(\boldsymbol{a}) \,|\, A = 3) = f(0|A = 3) + f(1|A = 3)$
$$+ f(2|A = 3) + f(3|A = 3) = 1 \ge .95.$$

If $A = 4$, then $P(\hat{A}_L(\boldsymbol{a}) \le 4 \le \hat{A}_U(\boldsymbol{a}) \,|\, A = 4) = f(0|A = 4) + f(1|A = 4)$
$$+ f(2|A = 4) + f(3|A = 4) = .99524 \ge .95.$$

If $A = 5$, then $P(\hat{A}_L(\boldsymbol{a}) \le 5 \le \hat{A}_U(\boldsymbol{a}) \,|\, A = 5) = f(1|A = 5) + f(2|A = 5)$
$$+ f(3|A = 5) = .95239 \ge .95.$$

If $A = 6$, then $P(\hat{A}_L(\boldsymbol{a}) \le 6 \le \hat{A}_U(\boldsymbol{a}) \,|\, A = 6) = f(1|A = 6) + f(2|A = 6) + f(3|A = 6)$
$$+ f(4|A = 6) = .99524 \ge .95.$$

If $A = 7$, then $P(\hat{A}_L(\boldsymbol{a}) \le 7 \le \hat{A}_U(\boldsymbol{a}) \,|\, A = 7) = f(1|A = 7) + f(2|A = 7) + f(3|A = 7)$
$$+ f(4|A = 7) = 1 \ge .95.$$

If $A = 8$, then $P(\hat{A}_L(\boldsymbol{a}) \leq 8 \leq \hat{A}_U(\boldsymbol{a}) \mid A = 8) = f(2 \mid A = 8) + f(3 \mid A = 8)$
$$+ f(4 \mid A = 8) = 1 \geq .95.$$

If $A = 9$, then $P(\hat{A}_L(\boldsymbol{a}) \leq 9 \leq \hat{A}_U(\boldsymbol{a}) \mid A = 9) = f(3 \mid A = 9) + f(4 \mid A = 9) = 1 \geq .95.$

If $A = 10$, then $P(\hat{A}_L(\boldsymbol{a}) \leq 10 \leq \hat{A}_U(\boldsymbol{a}) \mid A = 10) = f(4 \mid A = 10) = 1 \geq .95.$

Example 3.8. Assume a setting similar to that of Example 3.7, but with $N = 20$, $1 - \alpha = .95$, and $n = 4$. Table 3.3 gives the twenty-one different probability distributions $f(\boldsymbol{a} \mid A_0)$ across each row; Figure 3.6 gives the 95% confidence belt; Table 3.4 gives the five confidence intervals (sets); and Table 3.5 gives, for each value A_0 of A, $P(\hat{A}_L(\boldsymbol{a}) \leq A_0 \leq \hat{A}_U(\boldsymbol{a}) \mid A_0)$.

Table 3.3. The Probability Distribution $f(\boldsymbol{a} \mid A)$
for Each Value of A

A	0	1	2	3	4
20	.00000	.00000	.00000	.00000	1.00000
19	.00000	.00000	.00000	.20000	.80000
18	.00000	.00000	.03158	.33684	.63158
17	.00000	.00351	.08421	.42105	.49123
16	.00021	.01321	.14861	.46233	.37564
15	.00103	.03096	.21672	.46956	.28173
14	.00310	.05779	.28173	.45077	.20661
13	.00722	.09391	.33808	.41321	.14758
12	.01445	.13870	.38142	.36326	.10217
11	.02601	.19071	.40867	.30650	.06811
10	.04334	.24768	.41796	.24768	.04334
9	.06811	.30650	.40867	.19071	.02601
8	.10217	.36326	.38142	.13870	.01445
7	.14758	.41321	.33808	.09391	.00722
6	.20661	.45077	.28173	.05779	.00310
5	.28173	.46956	.21672	.03096	.00103
4	.37564	.46233	.14861	.01321	.00021
3	.49123	.42105	.08421	.00351	.00000
2	.63158	.33684	.03158	.00000	.00000
1	.80000	.20000	.00000	.00000	.00000
0	1.00000	.00000	.00000	.00000	.00000

$\boldsymbol{a}$

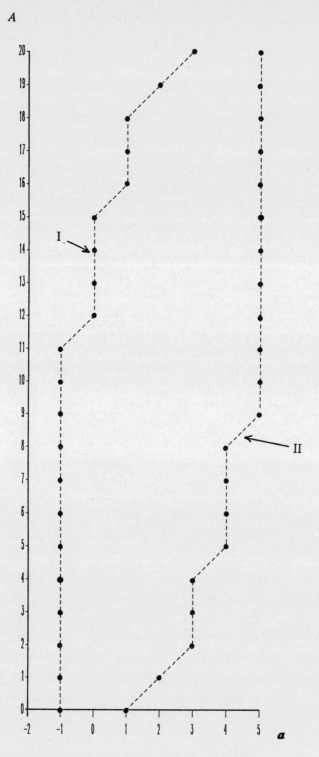

Figure 3.6. Confidence Belt for Example 3.8.

Table 3.4. Confidence Intervals for A in Example 3.8

a	95% Confidence Interval (Set)
0	$[\hat{A}_L(0), \hat{A}_U(0)] = [0,11] = \{0,1,2,3,4,5,6,7,8,9,10,11\}$
1	$[\hat{A}_L(1), \hat{A}_U(1)] = [1,15] = \{1,2,3,4,5,6,7,8,9,10,11,12,13,14,15\}$
2	$[\hat{A}_L(2), \hat{A}_U(2)] = [2,18] = \{2,3,4,5,...,17,18\}$
3	$[\hat{A}_L(3), \hat{A}_U(3)] = [5,19] = \{5,6,7,8,9,...,18,19\}$
4	$[\hat{A}_L(4), \hat{A}_U(4)] = [9,20] = \{9,10,11,...,20\}$

Table 3.5. Actual Coverage Probabilities (All are at least $1 - \alpha = .95$.)

$A = A_0$	$P(\hat{A}_L(a) \leq A_0 \leq \hat{A}_U(a) \mid A = A_0)$
0	1
1	1
2	1
3	.99649
4	.98658
5	.99897
6	.99690
7	.99278
8	.98555
9	1
10	1
11	1
12	.98555
13	.99278
14	.99690
15	.99897
16	.98658
17	.99649
18	1
19	1
20	1

Because the hypergeometric probability distribution is discrete, it will be rare that the confidence level $1 - \alpha$ will be exactly equal to the actual coverage probabilities as observed in Table 3.5. However, the actual coverage probabilities will always be at least that of the stated confidence level $1 - \alpha$, and the coverage probabilities will be as close to the stated confidence level as possible using the hypergeometric distribution. Thus when the phrases "exact confidence bounds" or "exact confidence intervals" are used, we are referring to the use of the hypergeometric distribution instead of an approximation of the hypergeometric distribution and to the fact that the actual coverage probability for our confidence statements will *always* be at least the stated confidence level and that the excess probability will be as small as possible.

52

Example 3.9. For $N = 100$, $1 - \alpha = .95$, and $n = 13$, Figure 3.7 gives the confidence belt and Table 3.6 gives the 14 confidence intervals for A.

Figure 3.7. Confidence Belt for Example 3.9

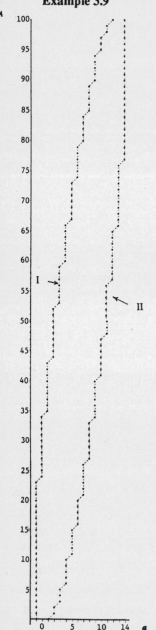

Table 3.6. Confidence Intervals for A in Example 3.9

a	95% Confidence Interval (Set) $[\hat{A}_L(a), \hat{A}_U(a)]$
0	[0,23]
1	[1,34]
2	[3,43]
3	[6,52]
4	[11,59]
5	[16,66]
6	[21,73]
7	[27,79]
8	[34,84]
9	[41,89]
10	[48,94]
11	[57,97]
12	[66,99]
13	[77,100]

One–sided confidence bounds are easy to obtain, and examples are given in Chapter 2.

3.3. SOME ADDITIONAL RESULTS ON ONE–SIDED CONFIDENCE BOUNDS

The following lemmas provide the justification of some results given in Applications III, VII, and VIII of Chapter 2.

Lemma 3.1. Let $N_1 < N_2$. For N_1, n, and a, let $\hat{A}_{L_1}(a)$ be a $100(1 - \alpha)\%$ one-sided lower confidence bound for A under simple random sampling. Also for N_2, n, and a, let $\hat{A}_{L_2}(a)$ be a $100(1 - \alpha)\%$ one-sided lower confidence bound for A under simple random sampling. Then $\hat{A}_{L_1}(a) \leq \hat{A}_{L_2}(a)$.

Proof. By our development (3.27), $\hat{A}_{L_1}(a)$ is the smallest value of A such that $P(a \geq a \mid A, N_1) > \alpha$ where

$$P(a \geq a \mid A, N_1) = \sum_{i=a}^{n} \frac{\binom{A}{i}\binom{N_1 - A}{n-i}}{\binom{N_1}{n}}$$

and $\hat{A}_{L_2}(a)$ is the smallest value of A such that $P(a \geq a \mid A, N_2) > \alpha$ where

$$P(a \geq a \mid A, N_2) = \sum_{i=a}^{n} \frac{\binom{A}{i}\binom{N_2 - A}{n-i}}{\binom{N_2}{n}} \; .$$

Because $N_1 < N_2$,

$$\sum_{i=a}^{n} \frac{\binom{\hat{A}_{L_2}(a)}{i}\binom{N_1 - \hat{A}_{L_2}(a)}{n-i}}{\binom{N_1}{n}} \geq \sum_{i=a}^{n} \frac{\binom{\hat{A}_{L_2}(a)}{i}\binom{N_2 - \hat{A}_{L_2}(a)}{n-i}}{\binom{N_2}{n}} > \alpha \; .$$

Thus

$$\sum_{i=a}^{n} \frac{\binom{\hat{A}_{L_2}(a)}{i}\binom{N_1 - \hat{A}_{L_2}(a)}{n-i}}{\binom{N_1}{n}} > \alpha$$

which implies by the property (3.27) of $\hat{A}_{L_1}(a)$ stated above that $\hat{A}_{L_1}(a) \leq \hat{A}_{L_2}(a)$. Q.E.D.

Lemma 3.2. Let $N_1 < N_2$. For N_1, n, and a, let $\hat{A}_{U_1}(a)$ be a $100(1-\alpha)\%$ one-sided upper confidence bound for A under simple random sampling. Also for N_2, n, and a, let $\hat{A}_{U_2}(a)$ be a $100(1-\alpha)\%$ one-sided upper confidence bound for A under simple random sampling. Then $\hat{A}_{U_1}(a) \leq \hat{A}_{U_2}(a)$.

Proof. By our development (3.28),

$\hat{A}_{U_1}(a)$ is the largest value of A such that $P(a \leq a \mid A, N_1) > \alpha$ where

$$P(a \leq a \mid A, N_1) = \sum_{i=0}^{a} \frac{\binom{A}{i}\binom{N_1 - A}{n-i}}{\binom{N_1}{n}}$$

and $\hat{A}_{U_2}(a)$ is the largest value of A such that $P(a \leq a \mid A, N_2) > \alpha$ where

$$P(a \leq a \mid A, N_2) = \sum_{i=0}^{a} \frac{\binom{A}{i}\binom{N_2 - A}{n-i}}{\binom{N_2}{n}} .$$

Because $N_1 < N_2$,

$$\sum_{i=0}^{a} \frac{\binom{\hat{A}_{U_1}(a)}{i}\binom{N_2 - \hat{A}_{U_1}(a)}{n-i}}{\binom{N_2}{n}} \geq \sum_{i=0}^{a} \frac{\binom{\hat{A}_{U_1}(a)}{i}\binom{N_1 - \hat{A}_{U_1}(a)}{n-i}}{\binom{N_1}{n}} > \alpha .$$

Thus

$$\sum_{i=0}^{a} \frac{\binom{\hat{A}_{U_1}(a)}{i}\binom{N_2 - \hat{A}_{U_1}(a)}{n-i}}{\binom{N_2}{n}} > \alpha$$

which implies by the property (3.28) of $\hat{A}_{U_2}(a)$ stated above that $\hat{A}_{U_1}(a) \leq \hat{A}_{U_2}(a)$. Q.E.D.

Lemma 3.3. Assume a stratified random sampling setting as given in Chapter 1 where $L = 2$.

(i) Let $\hat{A}_{1U}(a_1)$ be a $100(1 - \alpha')\%$ upper confidence bound for A_1 based on the simple random sample of size n_1 from stratum 1 where a_1 is observed, and let $\hat{A}_{2U}(a_2)$ be a $100(1 - \alpha'')\%$ upper confidence bound for A_2 based on the simple random sample of size n_2 from stratum 2 where a_2 is observed. Then a $100(1 - \alpha)\%$ confidence region for the vector (A_1, A_2) is the set of ordered pairs in $[0, \hat{A}_{1U}(a_1)] \times [0, \hat{A}_{2U}(a_2)]$ where $1 - \alpha = (1 - \alpha')(1 - \alpha'')$.

(ii) Let $\hat{A}_{1L}(a_1)$ be a $100(1 - \alpha')\%$ lower confidence bound for A_1 based on the simple random sample of size n_1 from stratum 1 where a_1 is observed, and let $\hat{A}_{2L}(a_2)$ be a $100(1 - \alpha'')\%$ lower confidence bound for A_2 based on the simple random sample of size n_2 from stratum 2 where a_2 is observed. Then a $100(1 - \alpha)\%$ confidence region for the vector (A_1, A_2) is the set of ordered pairs in $[\hat{A}_{1L}(a_1), N_1] \times [\hat{A}_{2L}(a_2), N_2]$ where $1 - \alpha = (1 - \alpha')(1 - \alpha'')$.

Proof. Both results follow by the independence between the selection of the sample from stratum 1 and the selection of the sample from stratum 2.

Lemma 3.4. Let $n_1 < n_2$. For N, n_1, and a, let $\hat{A}_L(a, n_1)$ be a $100(1 - \alpha)\%$ one-sided lower confidence bound for A under simple random sampling. Also for N, n_2, and a, let $\hat{A}_L(a, n_2)$ be a $100(1 - \alpha)\%$ one-sided lower confidence bound for A under simple random sampling. Then $\hat{A}_L(a, n_1) \geq \hat{A}_L(a, n_2)$.

Proof. By our development (3.27), $\hat{A}_L(a, n_1)$ is the smallest value of A such that $P(a \geq a \mid A, N, n_1) > \alpha$ where

$$P(a \geq a \mid A, N, n_1) = \sum_{i=a}^{n_1} \frac{\binom{A}{i}\binom{N-A}{n_1-i}}{\binom{N}{n_1}}$$

and $\hat{A}_L(a, n_2)$ is the smallest value of A such that $P(a \geq a \mid A, N, n_2) > \alpha$ where

$$P(a \geq a \mid A, N, n_2) = \sum_{i=a}^{n_2} \frac{\binom{A}{i}\binom{N-A}{n_2-i}}{\binom{N}{n_2}}.$$

$$\sum_{i=a}^{n_2} \frac{\binom{\hat{A}_L(a,n_1)}{n_2}\binom{N-\hat{A}_L(a,n_1)}{n_2-i}}{\binom{N}{n_2}} \geq \sum_{i=a}^{n_1} \frac{\binom{\hat{A}_L(a,n_1)}{n_1}\binom{N-\hat{A}_L(a,n_1)}{n_1-i}}{\binom{N}{n_1}} > \alpha \ .$$

Thus,

$$\sum_{i=a}^{n_2} \frac{\binom{\hat{A}_L(a,n_1)}{n_2}\binom{N-\hat{A}_L(a,n_1)}{n_2-i}}{\binom{N}{n_2}} > \alpha$$

which implies by the property (3.27) of $\hat{A}_L(a,n_2)$ stated above that $\hat{A}_L(a,n_2) \leq \hat{A}_L(a,n_1)$. Q.E.D.

Lemma 3.5. Let $n_1 < n_2$. For N, n_1, and a, let $\hat{A}_U(a,n_1)$ be a $100(1-\alpha)\%$ one-sided upper confidence bound for A under simple random sampling. Also for N, n_2, and a, let $\hat{A}_U(a,n_2)$ be a $100(1-\alpha)\%$ one-sided upper confidence bound for A under simple random sampling. Then $\hat{A}_U(a,n_1) \geq \hat{A}_U(a,n_2)$.

Proof. By our development (3.28), $\hat{A}_U(a,n_1)$ is the largest value of A such that $P(a \leq a \mid A, N, n_1) > \alpha$ where

$$P(a \leq a \mid A, N, n_1) = \sum_{i=0}^{a} \frac{\binom{A}{i}\binom{N-A}{n_1-i}}{\binom{N}{n_1}}$$

and $\hat{A}_U(a,n_2)$ is the largest value of A such that $P(a \leq a \mid A, N, n_2) > \alpha$ where

$$P(a \leq a \mid A, N, n_2) = \sum_{i=0}^{a} \frac{\binom{A}{i}\binom{N-A}{n_2-i}}{\binom{N}{n_2}}.$$

$$\sum_{i=0}^{a} \frac{\binom{\hat{A}_U(a,n_2)}{n_1}\binom{N-\hat{A}_U(a,n_2)}{n_1-i}}{\binom{N}{n_1}} \geq \sum_{i=0}^{a} \frac{\binom{\hat{A}_U(a,n_2)}{n_2}\binom{N-\hat{A}_U(a,n_2)}{n_2-i}}{\binom{N}{n_2}} > \alpha \ .$$

Thus, $\displaystyle \sum_{i=0}^{a} \frac{\binom{\hat{A}_U(a,n_2)}{n_1}\binom{N-\hat{A}_U(a,n_2)}{n_1-i}}{\binom{N}{n_1}} > \alpha$

which implies by the property (3.28) of $\hat{A}_U(a,n_1)$ stated above that $\hat{A}_U(a,n_2) \leq \hat{A}_U(a,n_1)$.
Q.E.D.

CHAPTER 4

THE TABLE

OF LOWER AND UPPER CONFIDENCE BOUNDS

Section 4.1

$$N = 2(1)50$$

$$n = 1(1)\frac{N}{2}$$

$a = 0(1)\dfrac{n}{2}$	$a = \dfrac{n}{2}(1)n$
(Displayed in Table)	(From Table by Subtraction Using (2.5) and (2.6))

CONFIDENCE BOUNDS FOR A

N = 2

n	a	LOWER .975	.95	UPPER .975	.95
1	0	0	0	1	1
1	1	1	1	2	2

N = 3

n	a	LOWER .975	.95	UPPER .975	.95
1	0	0	0	2	2
1	1	1	1	3	3
2	0	0	0	1	1
2	1	1	1	2	2

N = 4

n	a	LOWER .975	.95	UPPER .975	.95
1	0	0	0	3	3
1	1	1	1	4	4
2	0	0	0	2	2
2	1	1	1	3	3

N = 5

n	a	LOWER .975	.95	UPPER .975	.95
1	0	0	0	4	4
1	1	1	1	5	5
2	0	0	0	3	3
2	1	1	1	4	4
3	0	0	0	2	2
3	1	1	1	3	3
3	2	2	2	4	4

N = 6

n	a	LOWER .975	.95	UPPER .975	.95
1	0	0	0	5	5
1	1	1	1	6	6
2	0	0	0	4	4
2	1	1	1	5	5
3	0	0	0	3	2
3	1	1	1	4	4
3	2	2	2	5	5

N = 7

n	a	LOWER .975	.95	UPPER .975	.95
1	0	0	0	6	6
1	1	1	1	7	7
2	0	0	0	5	4
2	1	1	1	6	6
3	0	0	0	4	3
3	1	1	1	5	5
3	2	2	2	6	6
4	0	0	0	3	2
4	1	1	1	4	4
4	2	2	2	5	5

N = 8

n	a	LOWER .975	.95	UPPER .975	.95
1	0	0	0	7	7
1	1	1	1	8	8
2	0	0	0	6	5
2	1	1	1	7	7
3	0	0	0	4	4
3	1	1	1	6	6
3	2	2	2	7	7
4	0	0	0	3	3
4	1	1	1	5	5
4	2	2	2	6	6

N = 9

n	a	LOWER .975	.95	UPPER .975	.95
1	0	0	0	8	8
1	1	1	1	9	9
2	0	0	0	7	6
2	1	1	1	8	8
3	0	0	0	5	4
3	1	1	1	7	7
3	2	2	2	8	8
4	0	0	0	4	3
4	1	1	1	6	5
4	2	2	2	7	7
5	0	0	0	3	2
5	1	1	1	5	4
5	2	2	2	6	6
5	3	3	3	7	7

N = 10

n	a	LOWER .975	.95	UPPER .975	.95
1	0	0	0	9	9
1	1	1	1	10	10
2	0	0	0	7	7
2	1	1	1	9	9
3	0	0	0	6	5
3	1	1	1	8	8
3	2	2	2	9	9
4	0	0	0	4	4
4	1	1	1	7	6
4	2	2	2	8	8
5	0	0	0	3	3
5	1	1	1	5	5
5	2	2	2	7	7
5	3	3	3	8	8

N = 11

n	a	LOWER .975	.95	UPPER .975	.95
1	0	0	0	10	10
1	1	1	1	11	11
2	0	0	0	8	8
2	1	1	1	10	10
3	0	0	0	6	6
3	1	1	1	9	9
3	2	2	2	10	10
4	0	0	0	5	4
4	1	1	1	7	7
4	2	2	2	9	9
5	0	0	0	4	3
5	1	1	1	6	6
5	2	2	2	8	8
5	3	3	3	9	9
6	0	0	0	3	3
6	1	1	1	5	5
6	2	2	2	7	6
6	3	3	3	8	8

N = 12

n	a	LOWER .975	.95	UPPER .975	.95
1	0	0	0	11	11
1	1	1	1	12	12
2	0	0	0	9	8
2	1	1	1	11	11
3	0	0	0	7	6
3	1	1	1	10	9
3	2	2	3	11	11
4	0	0	0	6	5
4	1	1	1	8	8
4	2	2	2	10	10
5	0	0	0	5	4
5	1	1	1	7	6
5	2	2	2	9	8
5	3	3	4	10	10
6	0	0	0	4	3
6	1	1	1	6	5
6	2	2	2	8	7
6	3	3	3	9	9

N = 13

n	a	LOWER .975	.95	UPPER .975	.95
1	0	0	0	12	12
1	1	1	1	13	13
2	0	0	0	10	9
2	1	1	1	12	12
3	0	0	0	8	7
3	1	1	1	11	10
3	2	2	3	12	12
4	0	0	0	6	5
4	1	1	1	9	9
4	2	2	2	11	11
5	0	0	0	5	4
5	1	1	1	8	7
5	2	2	2	10	9
5	3	3	4	11	11
6	0	0	0	4	3
6	1	1	1	7	6
6	2	2	2	8	8
6	3	3	3	10	10
7	0	0	0	3	3
7	1	1	1	6	5
7	2	2	2	7	7
7	3	3	3	9	8
7	4	4	5	10	10

CONFIDENCE BOUNDS FOR A

N = 14

n	a	LOWER .975	.95	UPPER .975	.95
1	0	0	0	13	13
1	1	1	1	14	14
2	0	0	0	11	10
2	1	1	1	13	13
3	0	0	0	9	8
3	1	1	1	12	11
3	2	2	3	13	13
4	0	0	0	7	6
4	1	1	1	10	9
4	2	2	2	12	12
5	0	0	0	6	5
5	1	1	1	8	8
5	2	2	2	11	10
5	3	3	4	12	12
6	0	0	0	5	4
6	1	1	1	7	7
6	2	2	2	9	9
6	3	3	3	11	11
7	0	0	0	4	3
7	1	1	1	6	6
7	2	2	2	8	8
7	3	3	3	10	9
7	4	4	5	11	11

N = 15

n	a	LOWER .975	.95	UPPER .975	.95
1	0	0	0	14	14
1	1	1	1	15	15
2	0	0	0	12	11
2	1	1	1	14	14
3	0	0	0	9	8
3	1	1	1	13	12
3	2	2	3	14	14
4	0	0	0	8	7
4	1	1	1	11	10
4	2	2	2	13	13
5	0	0	0	6	5
5	1	1	1	9	8
5	2	2	2	11	11
5	3	3	4	13	13
6	0	0	0	5	4
6	1	1	1	8	7
6	2	2	2	10	9
6	3	3	4	12	11
7	0	0	0	4	4
7	1	1	1	7	6
7	2	2	2	9	8
7	3	3	3	11	10
7	4	4	5	12	12
8	0	0	0	4	3
8	1	1	1	6	5
8	2	2	2	8	7
8	3	3	3	9	9
8	4	4	4	11	11

N = 16

n	a	LOWER .975	.95	UPPER .975	.95
1	0	0	0	15	15
1	1	1	1	16	16
2	0	0	0	12	11
2	1	1	1	15	15
3	0	0	0	10	9
3	1	1	1	13	13
3	2	3	3	15	15
4	0	0	0	8	7
4	1	1	1	12	11
4	2	2	3	14	13
5	0	0	0	7	6
5	1	1	1	10	9
5	2	2	2	12	12
5	3	3	4	14	14
6	0	0	0	6	5
6	1	1	1	8	8
6	2	2	2	11	10
6	3	3	4	13	12
7	0	0	0	5	4
7	1	1	1	7	7
7	2	2	2	9	9
7	3	3	3	11	11
7	4	5	5	13	13
8	0	0	0	4	3
8	1	1	1	6	6
8	2	2	2	8	8
8	3	3	3	10	10
8	4	4	5	12	11

N = 17

n	a	LOWER .975	.95	UPPER .975	.95
1	0	0	0	16	16
1	1	1	1	17	17
2	0	0	0	13	12
2	1	1	1	16	16
3	0	0	0	11	10
3	1	1	1	14	14
3	2	3	3	16	16
4	0	0	0	9	8
4	1	1	1	12	12
4	2	2	3	15	14
5	0	0	0	7	6
5	1	1	1	11	10
5	2	2	2	13	13
5	3	3	4	15	15
6	0	0	0	6	5
6	1	1	1	9	8
6	2	2	2	12	11
6	3	3	4	14	13
7	0	0	0	5	4
7	1	1	1	8	7
7	2	2	2	10	10
7	3	3	3	12	12
7	4	5	5	14	14
8	0	0	0	4	4
8	1	1	1	7	6
8	2	2	2	9	8
8	3	3	3	11	10
8	4	4	5	13	12
9	0	0	0	4	3
9	1	1	1	6	5
9	2	2	2	8	7
9	3	3	3	10	9
9	4	4	4	11	11
9	5	6	6	13	13

CONFIDENCE BOUNDS FOR A

N = 18

n	a	LOWER .975	LOWER .95	UPPER .975	UPPER .95
1	0	0	0	17	17
1	1	1	1	18	18
2	0	0	0	14	13
2	1	1	1	17	17
3	0	0	0	11	10
3	1	1	1	15	15
3	2	3	3	17	17
4	0	0	0	9	8
4	1	1	1	13	12
4	2	2	3	16	15
5	0	0	0	8	7
5	1	1	1	11	10
5	2	2	2	14	13
5	3	4	5	16	16
6	0	0	0	6	5
6	1	1	1	10	9
6	2	2	2	12	12
6	3	4	4	14	14
7	0	0	0	5	5
7	1	1	1	8	8
7	2	2	2	11	10
7	3	3	4	13	12
7	4	5	6	15	14
8	0	0	0	5	4
8	1	1	1	7	7
8	2	2	2	10	9
8	3	3	3	12	11
8	4	5	5	13	13
9	0	0	0	4	3
9	1	1	1	6	6
9	2	2	2	9	8
9	3	3	3	10	10
9	4	4	5	12	12
9	5	6	6	14	13

N = 19

n	a	LOWER .975	LOWER .95	UPPER .975	UPPER .95
1	0	0	0	18	18
1	1	1	1	19	19
2	0	0	0	15	14
2	1	1	1	18	18
3	0	0	0	12	11
3	1	1	1	16	16
3	2	3	3	18	18
4	0	0	0	10	9
4	1	1	1	14	13
4	2	2	3	17	16
5	0	0	0	8	7
5	1	1	1	12	11
5	2	2	2	15	14
5	3	4	5	17	17
6	0	0	0	7	6
6	1	1	1	10	9
6	2	2	2	13	12
6	3	4	4	15	15
7	0	0	0	6	5
7	1	1	1	9	8
7	2	2	2	12	11
7	3	3	4	14	13
7	4	5	6	16	15
8	0	0	0	5	4
8	1	1	1	8	7
8	2	2	2	10	10
8	3	3	3	12	12
8	4	5	5	14	14
9	0	0	0	4	4
9	1	1	1	7	6
9	2	2	2	9	9
9	3	3	3	11	11
9	4	4	5	13	12
9	5	6	7	15	14
10	0	0	0	4	3
10	1	1	1	6	5
10	2	2	2	8	8
10	3	3	3	10	10
10	4	4	4	12	11
10	5	6	6	13	13

N = 20

n	a	LOWER .975	LOWER .95	UPPER .975	UPPER .95
1	0	0	0	19	19
1	1	1	1	20	20
2	0	0	0	16	15
2	1	1	1	19	19
3	0	0	0	13	11
3	1	1	1	17	16
3	2	3	4	19	19
4	0	0	0	11	9
4	1	1	1	15	14
4	2	2	3	18	17
5	0	0	0	9	8
5	1	1	1	13	12
5	2	2	2	16	15
5	3	4	5	18	18
6	0	0	0	7	6
6	1	1	1	11	10
6	2	2	2	14	13
6	3	4	4	16	16
7	0	0	0	6	5
7	1	1	1	10	9
7	2	2	2	12	12
7	3	3	4	15	14
7	4	5	6	17	16
8	0	0	0	5	5
8	1	1	1	8	8
8	2	2	2	11	10
8	3	3	4	13	13
8	4	5	5	15	15
9	0	0	0	5	4
9	1	1	1	7	7
9	2	2	2	10	9
9	3	3	3	12	11
9	4	4	5	14	13
9	5	6	7	16	15
10	0	0	0	4	3
10	1	1	1	7	6
10	2	2	2	9	8
10	3	3	3	11	10
10	4	4	5	13	12
10	5	6	6	14	14

N = 21

n	a	LOWER .975	LOWER .95	UPPER .975	UPPER .95
1	0	0	0	20	19
1	1	1	2	21	21
2	0	0	0	17	15
2	1	1	1	20	20
3	0	0	0	14	12
3	1	1	1	18	17
3	2	3	4	20	20
4	0	0	0	11	10
4	1	1	1	16	15
4	2	2	3	19	18
5	0	0	0	9	8
5	1	1	1	14	12
5	2	2	3	17	16
5	3	4	5	19	18
6	0	0	0	8	7
6	1	1	1	12	11
6	2	2	2	15	14
6	3	4	4	17	17
7	0	0	0	7	6
7	1	1	1	10	9
7	2	2	2	13	12
7	3	3	4	16	15
7	4	5	6	18	17
8	0	0	0	6	5
8	1	1	1	9	8
8	2	2	2	12	11
8	3	3	4	14	13
8	4	5	6	16	15
9	0	0	0	5	4
9	1	1	1	8	7
9	2	2	2	10	10
9	3	3	3	13	12
9	4	5	5	15	14
9	5	6	7	16	16
10	0	0	0	4	4
10	1	1	1	7	6
10	2	2	2	9	9
10	3	3	3	11	11
10	4	4	5	13	13
10	5	6	6	15	15
11	0	0	0	4	3
11	1	1	1	6	6
11	2	2	2	8	8
11	3	3	3	10	10
11	4	4	4	12	12
11	5	6	6	14	13
11	6	7	8	15	15

CONFIDENCE BOUNDS FOR A

N = 22

n	a	LOWER .975	LOWER .95	UPPER .975	UPPER .95
1	0	0	0	21	20
1	1	1	2	22	22
2	0	0	0	18	16
2	1	1	1	21	21
3	0	0	0	14	13
3	1	1	1	19	18
3	2	3	4	21	21
4	0	0	0	12	10
4	1	1	1	16	15
4	2	2	3	20	19
5	0	0	0	10	8
5	1	1	1	14	13
5	2	2	3	17	17
5	3	5	5	20	19
6	0	0	0	8	7
6	1	1	1	12	11
6	2	2	2	16	15
6	3	4	5	18	17
7	0	0	0	7	6
7	1	1	1	11	10
7	2	2	2	14	13
7	3	4	4	16	16
7	4	6	6	18	18
8	0	0	0	6	5
8	1	1	1	10	9
8	2	2	2	12	11
8	3	3	4	15	14
8	4	5	6	17	16
9	0	0	0	5	4
9	1	1	1	8	8
9	2	2	2	11	10
9	3	3	3	13	13
9	4	5	5	15	15
9	5	7	7	17	17
10	0	0	0	5	4
10	1	1	1	8	7
10	2	2	2	10	9
10	3	3	3	12	11
10	4	4	5	14	13
10	5	6	7	16	15
11	0	0	0	4	3
11	1	1	1	7	6
11	2	2	2	9	8
11	3	3	3	11	10
11	4	4	5	13	12
11	5	6	6	15	14
11	6	7	8	16	16

N = 23

n	a	LOWER .975	LOWER .95	UPPER .975	UPPER .95
1	0	0	0	22	21
1	1	1	2	23	23
2	0	0	0	18	17
2	1	1	1	22	22
3	0	0	0	15	13
3	1	1	1	20	19
3	2	3	4	22	22
4	0	0	0	12	11
4	1	1	1	17	16
4	2	3	3	20	20
5	0	0	0	10	9
5	1	1	1	15	14
5	2	2	3	18	17
5	3	5	6	21	20
6	0	0	0	9	7
6	1	1	1	13	12
6	2	2	2	16	15
6	3	4	5	19	18
7	0	0	0	8	6
7	1	1	1	11	11
7	2	2	2	15	14
7	3	4	4	17	16
7	4	6	7	19	19
8	0	0	0	7	5
8	1	1	1	10	9
8	2	2	2	13	12
8	3	3	4	16	15
8	4	5	6	18	17
9	0	0	0	6	5
9	1	1	1	9	8
9	2	2	2	12	11
9	3	3	4	14	13
9	4	5	5	16	16
9	5	7	7	18	18
10	0	0	0	5	4
10	1	1	1	8	7
10	2	2	2	11	10
10	3	3	3	13	12
10	4	4	5	15	14
10	5	6	7	17	16
11	0	0	0	4	4
11	1	1	1	7	6
11	2	2	2	10	9
11	3	3	3	12	11
11	4	4	5	14	13
11	5	6	6	15	15
11	6	8	8	17	17
12	0	0	0	4	3
12	1	1	1	6	6
12	2	2	2	9	8
12	3	3	3	11	10
12	4	4	4	13	12
12	5	6	6	14	14
12	6	7	8	16	15

N = 24

n	a	LOWER .975	LOWER .95	UPPER .975	UPPER .95
1	0	0	0	23	22
1	1	1	2	24	24
2	0	0	0	19	18
2	1	1	1	23	23
3	0	0	0	16	14
3	1	1	1	21	20
3	2	3	4	23	23
4	0	0	0	13	11
4	1	1	1	18	17
4	2	3	3	21	21
5	0	0	0	11	9
5	1	1	1	16	14
5	2	2	3	19	18
5	3	5	6	22	21
6	0	0	0	9	8
6	1	1	1	14	12
6	2	2	2	17	16
6	3	4	5	20	19
7	0	0	0	8	7
7	1	1	1	12	11
7	2	2	2	15	14
7	3	4	4	18	17
7	4	6	7	20	20
8	0	0	0	7	6
8	1	1	1	11	10
8	2	2	2	14	13
8	3	3	4	16	15
8	4	5	6	19	18
9	0	0	0	6	5
9	1	1	1	9	8
9	2	2	2	12	11
9	3	3	4	15	14
9	4	5	6	17	16
9	5	7	8	19	18
10	0	0	0	5	4
10	1	1	1	8	8
10	2	2	2	11	10
10	3	3	3	13	13
10	4	5	5	16	15
10	5	6	7	18	17
11	0	0	0	5	4
11	1	1	1	8	7
11	2	2	2	10	9
11	3	3	3	12	11
11	4	4	5	14	14
11	5	6	7	16	16
11	6	8	8	18	17
12	0	0	0	4	3
12	1	1	1	7	6
12	2	2	2	9	8
12	3	3	3	11	10
12	4	4	5	13	12
12	5	6	6	15	14
12	6	7	8	17	16

N = 25

n	a	LOWER .975	LOWER .95	UPPER .975	UPPER .95
1	0	0	0	24	23
1	1	1	2	25	25
2	0	0	0	20	18
2	1	1	1	24	24
3	0	0	0	16	15
3	1	1	1	22	21
3	2	3	4	24	24
4	0	0	0	14	12
4	1	1	1	19	18
4	2	3	3	22	22
5	0	0	0	11	10
5	1	1	1	16	15
5	2	2	3	20	19
5	3	5	6	23	22
6	0	0	0	10	8
6	1	1	1	14	13
6	2	2	3	18	17
6	3	4	5	21	20
7	0	0	0	8	7
7	1	1	1	13	11
7	2	2	2	16	15
7	3	4	4	19	18
7	4	6	7	21	21
8	0	0	0	7	6
8	1	1	1	11	10
8	2	2	2	14	13
8	3	4	4	17	16
8	4	6	6	19	19
9	0	0	0	6	5
9	1	1	1	10	9
9	2	2	2	13	12
9	3	3	4	16	15
9	4	5	6	18	17
9	5	7	8	20	19
10	0	0	0	6	5
10	1	1	1	9	8
10	2	2	2	12	11
10	3	3	3	14	13
10	4	5	5	16	16
10	5	7	7	18	18
11	0	0	0	5	4
11	1	1	1	8	7
11	2	2	2	11	10
11	3	3	3	13	12
11	4	4	5	15	14
11	5	6	7	17	16
11	6	8	9	19	18
12	0	0	0	4	4
12	1	1	1	7	6
12	2	2	2	10	9
12	3	3	3	12	11
12	4	4	5	14	13
12	5	6	6	16	15
12	6	7	8	18	17
13	0	0	0	4	3
13	1	1	1	7	6
13	2	2	2	9	8
13	3	3	3	11	10
13	4	4	4	13	12
13	5	6	6	15	14
13	6	7	8	16	16
13	7	9	9	18	17

CONFIDENCE BOUNDS FOR A

N = 26						N = 27						N = 28						N = 29					
		LOWER		UPPER				LOWER		UPPER				LOWER		UPPER				LOWER		UPPER	
n	a	.975	.95	.975	.95	n	a	.975	.95	.975	.95	n	a	.975	.95	.975	.95	n	a	.975	.95	.975	.95
1	0	0	0	25	24	1	0	0	0	26	25	1	0	0	0	27	26	1	0	0	0	28	27
1	1	1	2	26	26	1	1	1	2	27	27	1	1	1	2	28	28	1	1	1	2	29	29
2	0	0	0	21	19	2	0	0	0	22	20	2	0	0	0	23	21	2	0	0	0	23	22
2	1	1	1	25	25	2	1	1	1	26	26	2	1	1	1	27	27	2	1	1	1	28	28
3	0	0	0	17	15	3	0	0	0	18	16	3	0	0	0	19	17	3	0	0	0	19	17
3	1	1	1	23	22	3	1	1	1	23	22	3	1	1	1	24	23	3	1	1	1	25	24
3	2	3	4	25	25	3	2	4	5	26	26	3	2	4	5	27	27	3	2	4	5	28	28
4	0	0	0	14	12	4	0	0	0	15	13	4	0	0	0	15	13	4	0	0	0	16	14
4	1	1	1	20	18	4	1	1	1	20	19	4	1	1	1	21	20	4	1	1	1	22	21
4	2	3	3	23	23	4	2	3	4	24	23	4	2	3	4	25	24	4	2	3	4	26	25
5	0	0	0	12	10	5	0	0	0	12	11	5	0	0	0	13	11	5	0	0	0	14	12
5	1	1	1	17	16	5	1	1	1	18	16	5	1	1	1	19	17	5	1	1	1	19	18
5	2	2	3	21	20	5	2	2	3	22	21	5	2	2	3	23	22	5	2	3	3	23	22
5	3	5	6	24	23	5	3	5	6	25	24	5	3	5	6	26	25	5	3	6	7	26	26
6	0	0	0	10	9	6	0	0	0	11	9	6	0	0	0	11	9	6	0	0	0	12	10
6	1	1	1	15	14	6	1	1	1	16	14	6	1	1	1	16	15	6	1	1	1	17	15
6	2	2	3	19	18	6	2	2	3	19	18	6	2	2	3	20	19	6	2	2	3	21	20
6	3	4	5	22	21	6	3	5	5	22	22	6	3	5	5	23	23	6	3	5	6	24	23
7	0	0	0	9	7	7	0	0	0	9	8	7	0	0	0	10	8	7	0	0	0	10	8
7	1	1	1	13	12	7	1	1	1	14	12	7	1	1	1	14	13	7	1	1	1	15	13
7	2	2	2	17	16	7	2	2	2	17	16	7	2	2	2	18	17	7	2	2	2	19	18
7	3	4	5	20	19	7	3	4	5	20	19	7	3	4	5	21	20	7	3	4	5	22	21
7	4	6	7	22	21	7	4	7	8	23	22	7	4	7	8	24	23	7	4	7	8	25	24
8	0	0	0	8	6	8	0	0	0	8	7	8	0	0	0	8	7	8	0	0	0	9	7
8	1	1	1	12	10	8	1	1	1	12	11	8	1	1	1	13	11	8	1	1	1	13	12
8	2	2	2	15	14	8	2	2	2	16	14	8	2	2	2	16	15	8	2	2	2	17	16
8	3	4	4	18	17	8	3	4	4	19	18	8	3	4	4	19	18	8	3	4	4	20	19
8	4	6	6	20	20	8	4	6	7	21	20	8	4	6	7	22	21	8	4	7	7	23	22
9	0	0	0	7	6	9	0	0	0	7	6	9	0	0	0	7	6	9	0	0	0	8	6
9	1	1	1	10	9	9	1	1	1	11	10	9	1	1	1	11	10	9	1	1	1	12	11
9	2	2	2	14	12	9	2	2	2	14	13	9	2	2	2	15	14	9	2	2	2	15	14
9	3	3	4	16	15	9	3	3	4	17	16	9	3	3	4	18	17	9	3	4	4	18	17
9	4	5	6	19	18	9	4	5	6	19	19	9	4	5	6	20	19	9	4	6	6	21	20
9	5	7	8	21	20	9	5	8	8	22	21	9	5	8	9	23	22	9	5	8	9	23	23
10	0	0	0	6	5	10	0	0	0	6	5	10	0	0	0	7	5	10	0	0	0	7	6
10	1	1	1	9	8	10	1	1	1	10	9	10	1	1	1	10	9	10	1	1	1	11	10
10	2	2	2	12	11	10	2	2	2	13	12	10	2	2	2	13	12	10	2	2	2	14	13
10	3	3	4	15	14	10	3	3	4	15	14	10	3	3	4	16	15	10	3	3	4	17	16
10	4	5	5	17	16	10	4	5	6	18	17	10	4	5	6	19	18	10	4	5	6	19	18
10	5	7	7	19	19	10	5	7	8	20	19	10	5	7	8	21	20	10	5	7	8	22	21
11	0	0	0	5	4	11	0	0	0	6	5	11	0	0	0	6	5	11	0	0	0	6	5
11	1	1	1	8	7	11	1	1	1	9	8	11	1	1	1	9	8	11	1	1	1	10	9
11	2	2	2	11	10	11	2	2	2	12	11	11	2	2	2	12	11	11	2	2	2	13	12
11	3	3	3	14	13	11	3	3	3	14	13	11	3	3	3	15	14	11	3	3	4	15	14
11	4	5	5	16	15	11	4	5	5	16	15	11	4	5	5	17	16	11	4	5	5	18	17
11	5	6	7	18	17	11	5	6	7	19	18	11	5	7	7	19	19	11	5	7	7	20	19
11	6	8	9	20	19	11	6	8	9	21	20	11	6	9	9	21	21	11	6	9	10	22	22
12	0	0	0	5	4	12	0	0	0	5	4	12	0	0	0	5	4	12	0	0	0	6	5
12	1	1	1	8	7	12	1	1	1	8	7	12	1	1	1	8	7	12	1	1	1	9	8
12	2	2	2	10	9	12	2	2	2	11	10	12	2	2	2	11	10	12	2	2	2	12	11
12	3	3	3	12	12	12	3	3	3	13	12	12	3	3	3	14	13	12	3	3	3	14	13
12	4	4	5	15	14	12	4	4	5	15	14	12	4	5	5	16	15	12	4	5	5	17	16
12	5	6	6	17	16	12	5	6	7	17	16	12	5	6	7	18	17	12	5	6	7	19	18
12	6	8	8	18	18	12	6	8	8	19	18	12	6	8	9	20	19	12	6	8	9	21	20
13	0	0	0	4	3	13	0	0	0	4	4	13	0	0	0	5	4	13	0	0	0	5	4
13	1	1	1	7	6	13	1	1	1	7	6	13	1	1	1	8	7	13	1	1	1	8	7
13	2	2	2	9	8	13	2	2	2	10	9	13	2	2	2	10	9	13	2	2	2	11	10
13	3	3	3	11	11	13	3	3	3	12	11	13	3	3	3	13	12	13	3	3	3	13	12
13	4	4	5	13	13	13	4	4	5	14	13	13	4	4	5	15	14	13	4	4	5	15	14
13	5	6	6	15	15	13	5	6	6	16	15	13	5	6	6	17	16	13	5	6	7	17	17
13	6	7	8	17	16	13	6	7	8	18	17	13	6	8	8	19	18	13	6	8	8	19	19
13	7	9	10	19	18	13	7	9	10	20	19	13	7	9	10	20	20	13	7	10	10	21	21
						14	0	0	0	4	3	14	0	0	0	4	3	14	0	0	0	5	4
						14	1	1	1	7	6	14	1	1	1	7	6	14	1	1	1	7	6
						14	2	2	2	9	8	14	2	2	2	9	8	14	2	2	2	10	9
						14	3	3	3	11	10	14	3	3	3	12	11	14	3	3	3	12	11
						14	4	4	4	13	12	14	4	4	5	14	13	14	4	4	5	14	13
						14	5	6	6	15	14	14	5	6	6	16	15	14	5	6	6	16	15
						14	6	7	8	17	16	14	6	7	8	17	17	14	6	7	8	18	17
						14	7	9	9	18	18	14	7	9	9	19	19	14	7	9	10	20	19
																		15	0	0	0	4	3
																		15	1	1	1	7	6
																		15	2	2	2	9	8
																		15	3	3	3	11	10
																		15	4	4	4	13	12

CONFIDENCE BOUNDS FOR A

N = 29

n	a	LOWER .975	LOWER .95	UPPER .975	UPPER .95
15	5	5	6	15	14
15	6	7	8	17	16
15	7	9	9	19	18
15	8	10	11	20	20

N = 30

n	a	LOWER .975	LOWER .95	UPPER .975	UPPER .95
1	0	0	0	29	28
1	1	1	2	30	30
2	0	0	0	24	22
2	1	1	1	29	29
3	0	0	0	20	18
3	1	1	1	26	25
3	2	4	5	29	29
4	0	0	0	17	14
4	1	1	1	23	21
4	2	3	4	27	26
5	0	0	0	14	12
5	1	1	1	20	18
5	2	3	3	24	23
5	3	6	7	27	27
6	0	0	0	12	10
6	1	1	1	18	16
6	2	2	3	22	20
6	3	5	6	25	24
7	0	0	0	10	9
7	1	1	1	16	14
7	2	2	3	20	18
7	3	4	5	23	22
7	4	7	8	26	25
8	0	0	0	9	8
8	1	1	1	14	12
8	2	2	2	18	16
8	3	4	5	21	20
8	4	6	7	24	23
9	0	0	0	8	7
9	1	1	1	12	11
9	2	2	2	16	15
9	3	4	4	19	18
9	4	6	7	22	21
9	5	8	9	24	23
10	0	0	0	7	6
10	1	1	1	11	10
10	2	2	2	15	13
10	3	3	4	17	16
10	4	5	6	20	19
10	5	7	8	23	22
11	0	0	0	6	5
11	1	1	1	10	9
11	2	2	2	13	12
11	3	3	4	16	15
11	4	5	6	19	18
11	5	7	8	21	20
11	6	9	10	23	22
12	0	0	0	6	5
12	1	1	1	9	8
12	2	2	2	12	11
12	3	3	3	15	14
12	4	5	5	17	16
12	5	6	7	19	19
12	6	8	9	22	21
13	0	0	0	5	4
13	1	1	1	8	7
13	2	2	2	11	10
13	3	3	3	14	13
13	4	4	5	16	15
13	5	6	7	18	17
13	6	8	9	20	19
13	7	10	11	22	21
14	0	0	0	5	4
14	1	1	1	8	7
14	2	2	2	10	9
14	3	3	3	13	12
14	4	4	5	15	14
14	5	6	6	17	16
14	6	7	8	19	18
14	7	9	10	21	20
15	0	0	0	4	3
15	1	1	1	7	6
15	2	2	2	10	9
15	3	3	3	12	11
15	4	4	5	14	13

N = 30

n	a	LOWER .975	LOWER .95	UPPER .975	UPPER .95
15	5	6	6	16	15
15	6	7	8	18	17
15	7	9	9	20	19
15	8	10	11	21	21

N = 31

n	a	LOWER .975	LOWER .95	UPPER .975	UPPER .95
1	0	0	0	30	29
1	1	1	2	31	31
2	0	0	0	25	23
2	1	1	1	30	30
3	0	0	0	21	18
3	1	1	1	27	26
3	2	4	5	30	30
4	0	0	0	17	15
4	1	1	1	24	22
4	2	3	4	28	27
5	0	0	0	15	13
5	1	1	1	21	19
5	2	3	3	25	24
5	3	6	7	28	28
6	0	0	0	13	11
6	1	1	1	18	17
6	2	2	3	23	21
6	3	5	6	26	25
7	0	0	0	11	9
7	1	1	1	16	15
7	2	2	3	20	19
7	3	4	5	24	23
7	4	7	8	27	26
8	0	0	0	10	8
8	1	1	1	14	13
8	2	2	2	18	17
8	3	4	5	22	20
8	4	6	7	25	24
9	0	0	0	8	7
9	1	1	1	13	11
9	2	2	2	17	15
9	3	4	4	20	19
9	4	6	7	23	22
9	5	8	9	25	24
10	0	0	0	8	6
10	1	1	1	12	10
10	2	2	2	15	14
10	3	3	4	18	17
10	4	5	6	21	20
10	5	8	9	23	22
11	0	0	0	7	6
11	1	1	1	11	9
11	2	2	2	14	13
11	3	3	4	17	16
11	4	5	6	19	18
11	5	7	8	22	21
11	6	9	10	24	23
12	0	0	0	6	5
12	1	1	1	10	8
12	2	2	2	13	11
12	3	3	4	15	14
12	4	5	5	18	17
12	5	7	7	20	19
12	6	9	9	22	22
13	0	0	0	6	5
13	1	1	1	9	8
13	2	2	2	12	11
13	3	3	3	14	13
13	4	4	5	17	16
13	5	6	7	19	18
13	6	8	9	21	20
13	7	10	11	23	22
14	0	0	0	5	4
14	1	1	1	8	7
14	2	2	2	11	10
14	3	3	3	13	12
14	4	4	5	15	14
14	5	6	6	18	17
14	6	8	8	20	19
14	7	9	10	22	21
15	0	0	0	5	4
15	1	1	1	7	7
15	2	2	2	10	9
15	3	3	3	12	11
15	4	4	5	14	13

CONFIDENCE BOUNDS FOR A

N = 31

n	a	LOWER .975	LOWER .95	UPPER .975	UPPER .95
15	5	6	6	16	16
15	6	7	8	18	18
15	7	9	10	20	20
15	8	11	11	22	21
16	0	0	0	4	3
16	1	1	1	7	6
16	2	2	2	9	8
16	3	3	3	11	11
16	4	4	4	13	13
16	5	5	6	15	15
16	6	7	7	17	16
16	7	9	9	19	18
16	8	10	11	21	20

N = 32

n	a	LOWER .975	LOWER .95	UPPER .975	UPPER .95
1	0	0	0	31	30
1	1	1	2	32	32
2	0	0	0	26	24
2	1	1	1	31	31
3	0	0	0	21	19
3	1	1	1	28	27
3	2	4	5	31	31
4	0	0	0	18	16
4	1	1	1	25	23
4	2	3	4	29	28
5	0	0	0	15	13
5	1	1	1	21	20
5	2	3	3	26	25
5	3	6	7	29	29
6	0	0	0	13	11
6	1	1	1	19	17
6	2	2	3	23	22
6	3	5	6	27	26
7	0	0	0	11	10
7	1	1	1	17	15
7	2	2	3	21	20
7	3	4	5	25	23
7	4	7	9	28	27
8	0	0	0	10	8
8	1	1	1	15	13
8	2	2	2	19	17
8	3	4	5	22	21
8	4	7	8	25	24
9	0	0	0	9	7
9	1	1	1	13	12
9	2	2	2	17	16
9	3	4	4	20	19
9	4	6	7	23	22
9	5	9	10	26	25
10	0	0	0	8	7
10	1	1	1	12	11
10	2	2	2	16	14
10	3	4	4	19	18
10	4	6	6	22	21
10	5	8	9	24	23
11	0	0	0	7	6
11	1	1	1	11	10
11	2	2	2	14	13
11	3	3	4	17	16
11	4	5	6	20	19
11	5	7	8	22	22
11	6	10	10	25	24
12	0	0	0	6	5
12	1	1	1	10	9
12	2	2	2	13	12
12	3	3	4	16	15
12	4	5	5	19	17
12	5	7	7	21	20
12	6	9	10	23	22
13	0	0	0	6	5
13	1	1	1	9	8
13	2	2	2	12	11
13	3	3	3	15	14
13	4	5	5	17	16
13	5	6	7	20	19
13	6	8	9	22	21
13	7	10	11	24	23
14	0	0	0	5	4
14	1	1	1	8	7
14	2	2	2	11	10
14	3	3	3	14	13
14	4	4	5	16	15
14	5	6	7	18	17
14	6	8	9	20	19
14	7	10	10	22	22
15	0	0	0	5	4
15	1	1	1	8	7
15	2	2	2	10	9
15	3	3	3	13	12
15	4	4	5	15	14

N = 32

n	a	LOWER .975	LOWER .95	UPPER .975	UPPER .95
15	5	6	6	17	16
15	6	7	8	19	18
15	7	9	10	21	20
15	8	11	12	23	22
16	0	0	0	4	4
16	1	1	1	7	6
16	2	2	2	10	9
16	3	3	3	12	11
16	4	4	4	14	13
16	5	6	6	16	15
16	6	7	8	18	17
16	7	9	9	20	19
16	8	10	11	22	21

N = 33

n	a	LOWER .975	LOWER .95	UPPER .975	UPPER .95
1	0	0	0	32	31
1	1	1	1	33	33
2	0	0	0	27	25
2	1	1	1	32	32
3	0	0	0	22	20
3	1	1	1	29	28
3	2	4	5	32	32
4	0	0	0	18	16
4	1	1	1	25	24
4	2	3	4	30	29
5	0	0	0	16	13
5	1	1	1	22	20
5	2	3	3	27	26
5	3	6	7	30	30
6	0	0	0	13	11
6	1	1	1	19	18
6	2	2	3	24	23
6	3	5	6	28	27
7	0	0	0	12	10
7	1	1	1	17	16
7	2	2	3	22	20
7	3	5	5	25	24
7	4	8	9	28	28
8	0	0	0	10	9
8	1	1	1	15	14
8	2	2	2	20	18
8	3	4	5	23	22
8	4	7	8	26	25
9	0	0	0	9	8
9	1	1	1	14	12
9	2	2	2	18	16
9	3	4	4	21	20
9	4	6	7	24	23
9	5	9	10	27	26
10	0	0	0	8	7
10	1	1	1	13	11
10	2	2	2	16	15
10	3	4	4	19	18
10	4	6	6	22	21
10	5	8	9	25	24
11	0	0	0	7	6
11	1	1	1	11	10
11	2	2	2	15	14
11	3	3	4	18	17
11	4	5	6	21	20
11	5	7	8	23	22
11	6	10	11	26	25
12	0	0	0	7	5
12	1	1	1	10	9
12	2	2	2	14	12
12	3	3	4	17	15
12	4	5	6	19	18
12	5	7	8	22	21
12	6	9	10	24	23
13	0	0	0	6	5
13	1	1	1	10	8
13	2	2	2	13	11
13	3	3	3	15	14
13	4	5	5	18	17
13	5	7	7	20	19
13	6	8	9	22	22
13	7	11	11	25	24
14	0	0	0	5	4
14	1	1	1	9	8
14	2	2	2	12	11
14	3	3	3	14	13
14	4	5	5	17	16
14	5	6	7	19	18
14	6	8	9	21	20
14	7	10	11	23	22
15	0	0	0	5	4
15	1	1	1	8	7
15	2	2	2	11	10
15	3	3	3	13	12
15	4	4	5	16	15

CONFIDENCE BOUNDS FOR A

N = 33

n	a	LOWER .975	.95	UPPER .975	.95
15	5	6	6	18	17
15	6	8	8	20	19
15	7	9	10	22	21
15	8	11	12	24	23
16	0	0	0	5	4
16	1	1	1	7	7
16	2	2	2	10	9
16	3	3	3	12	11
16	4	4	5	15	14
16	5	6	6	17	16
16	6	7	8	19	18
16	7	9	10	21	20
16	8	11	11	22	22
17	0	0	0	4	3
17	1	1	1	7	6
17	2	2	2	9	8
17	3	3	3	12	11
17	4	4	4	14	13
17	5	5	6	16	15
17	6	7	7	18	17
17	7	9	9	19	19
17	8	10	11	21	20
17	9	12	13	23	22

N = 34

n	a	LOWER .975	.95	UPPER .975	.95
1	0	0	0	33	32
1	1	1	2	34	34
2	0	0	0	28	25
2	1	1	1	33	33
3	0	0	0	23	20
3	1	1	1	30	29
3	2	4	5	33	33
4	0	0	0	19	17
4	1	1	1	26	24
4	2	3	4	31	30
5	0	0	0	16	14
5	1	1	1	23	21
5	2	3	3	28	26
5	3	6	8	31	31
6	0	0	0	14	12
6	1	1	1	20	18
6	2	2	3	25	23
6	3	5	6	29	28
7	0	0	0	12	10
7	1	1	1	18	16
7	2	2	3	22	21
7	3	5	6	26	25
7	4	8	9	29	28
8	0	0	0	11	9
8	1	1	1	16	14
8	2	2	3	20	19
8	3	4	5	24	23
8	4	7	8	27	26
9	0	0	0	9	8
9	1	1	1	14	13
9	2	2	2	18	17
9	3	4	5	22	21
9	4	6	7	25	24
9	5	9	10	28	27
10	0	0	0	8	7
10	1	1	1	13	12
10	2	2	2	17	15
10	3	4	4	20	19
10	4	6	7	23	22
10	5	8	9	26	25
11	0	0	0	8	6
11	1	1	1	12	10
11	2	2	2	15	14
11	3	3	4	18	17
11	4	5	6	21	20
11	5	8	8	24	23
11	6	10	11	26	26
12	0	0	0	7	6
12	1	1	1	11	10
12	2	2	2	14	13
12	3	3	4	17	16
12	4	5	6	20	19
12	5	7	8	22	21
12	6	9	10	25	24
13	0	0	0	6	5
13	1	1	1	10	9
13	2	2	2	13	12
13	3	3	4	16	15
13	4	5	5	18	17
13	5	7	7	21	20
13	6	9	9	23	22
13	7	11	12	25	25
14	0	0	0	6	5
14	1	1	1	9	8
14	2	2	2	12	11
14	3	3	3	15	14
14	4	5	5	17	16
14	5	6	7	20	19
14	6	8	9	22	21
14	7	10	11	24	23
15	0	0	0	5	4
15	1	1	1	8	7
15	2	2	2	11	10
15	3	3	3	14	13
15	4	4	5	16	15

N = 34

n	a	LOWER .975	.95	UPPER .975	.95
15	5	6	7	18	17
15	6	8	8	20	20
15	7	10	10	22	22
15	8	12	12	24	24
16	0	0	0	5	4
16	1	1	1	8	7
16	2	2	2	10	9
16	3	3	3	13	12
16	4	4	5	15	14
16	5	6	6	17	16
16	6	7	8	19	18
16	7	9	10	21	20
16	8	11	12	23	22
17	0	0	0	4	4
17	1	1	1	7	6
17	2	2	2	10	9
17	3	3	3	12	11
17	4	4	4	14	13
17	5	6	6	16	15
17	6	7	8	18	17
17	7	9	9	20	19
17	8	10	11	22	21
17	9	12	13	24	23

N = 35

n	a	LOWER .975	.95	UPPER .975	.95
1	0	0	0	34	33
1	1	1	2	35	35
2	0	0	0	29	26
2	1	1	1	34	34
3	0	0	0	24	21
3	1	1	1	31	29
3	2	4	6	34	34
4	0	0	0	20	17
4	1	1	1	27	25
4	2	3	4	32	31
5	0	0	0	17	14
5	1	1	1	24	22
5	2	3	4	29	27
5	3	6	8	32	31
6	0	0	0	14	12
6	1	1	1	21	19
6	2	2	3	26	24
6	3	5	7	30	28
7	0	0	0	13	11
7	1	1	1	18	17
7	2	2	3	23	22
7	3	5	6	27	26
7	4	8	9	30	29
8	0	0	0	11	9
8	1	1	1	16	15
8	2	2	3	21	19
8	3	4	5	25	23
8	4	7	8	28	27
9	0	0	0	10	8
9	1	1	1	15	13
9	2	2	2	19	17
9	3	4	5	23	21
9	4	6	7	26	25
9	5	9	10	29	28
10	0	0	0	9	7
10	1	1	1	13	12
10	2	2	2	17	16
10	3	4	4	21	19
10	4	6	7	24	23
10	5	8	9	27	26
11	0	0	0	8	7
11	1	1	1	12	11
11	2	2	2	16	14
11	3	3	4	19	18
11	4	5	6	22	21
11	5	8	9	25	24
11	6	10	11	27	26
12	0	0	0	7	6
12	1	1	1	11	10
12	2	2	2	15	13
12	3	3	4	18	16
12	4	5	6	20	19
12	5	7	8	23	22
12	6	9	10	26	25
13	0	0	0	7	5
13	1	1	1	10	9
13	2	2	2	13	12
13	3	3	4	16	15
13	4	5	5	19	18
13	5	7	7	22	21
13	6	9	10	24	23
13	7	11	12	26	25
14	0	0	0	6	5
14	1	1	1	9	8
14	2	2	2	12	11
14	3	3	3	15	14
14	4	5	5	18	17
14	5	6	7	20	19
14	6	8	9	22	22
14	7	10	11	25	24
15	0	0	0	5	4
15	1	1	1	9	8
15	2	2	2	12	10
15	3	3	3	14	13
15	4	4	5	17	16

CONFIDENCE BOUNDS FOR A

N = 35

n	a	LOWER .975	LOWER .95	UPPER .975	UPPER .95
15	5	6	7	19	18
15	6	8	9	21	20
15	7	10	11	23	22
15	8	12	13	25	24
16	0	0	0	5	4
16	1	1	1	8	7
16	2	2	2	11	10
16	3	3	3	13	12
16	4	4	5	16	15
16	5	6	6	18	17
16	6	8	8	20	19
16	7	9	10	22	21
16	8	11	12	24	23
17	0	0	0	5	4
17	1	1	1	7	7
17	2	2	2	10	9
17	3	3	3	12	11
17	4	4	5	15	14
17	5	6	6	17	16
17	6	7	8	19	18
17	7	9	10	21	20
17	8	11	11	23	22
17	9	12	13	24	24
18	0	0	0	4	3
18	1	1	1	7	6
18	2	2	2	9	8
18	3	3	3	12	11
18	4	4	4	14	13
18	5	5	6	16	15
18	6	7	7	18	17
18	7	9	9	20	19
18	8	10	11	21	21
18	9	12	13	23	22

N = 36

n	a	LOWER .975	LOWER .95	UPPER .975	UPPER .95
1	0	0	0	35	34
1	1	1	2	36	36
2	0	0	0	29	27
2	1	1	1	35	35
3	0	0	0	24	22
3	1	1	1	32	30
3	2	4	6	35	35
4	0	0	0	20	18
4	1	1	1	28	26
4	2	3	4	33	32
5	0	0	0	17	15
5	1	1	1	24	22
5	2	3	4	29	28
5	3	7	8	33	32
6	0	0	0	15	13
6	1	1	1	21	19
6	2	3	3	26	25
6	3	6	7	30	29
7	0	0	0	13	11
7	1	1	1	19	17
7	2	2	3	24	22
7	3	5	6	28	26
7	4	8	10	31	30
8	0	0	0	11	10
8	1	1	1	17	15
8	2	2	3	22	20
8	3	4	5	25	24
8	4	7	8	29	28
9	0	0	0	10	8
9	1	1	1	15	14
9	2	2	2	20	18
9	3	4	5	23	22
9	4	7	8	27	25
9	5	9	11	29	28
10	0	0	0	9	8
10	1	1	1	14	12
10	2	2	2	18	16
10	3	4	4	21	20
10	4	6	7	25	23
10	5	9	10	27	26
11	0	0	0	8	7
11	1	1	1	13	11
11	2	2	2	16	15
11	3	4	4	20	18
11	4	6	6	23	22
11	5	8	9	26	24
11	6	10	12	28	27
12	0	0	0	7	6
12	1	1	1	12	10
12	2	2	2	15	14
12	3	3	4	18	17
12	4	5	6	21	20
12	5	7	8	24	23
12	6	10	11	26	25
13	0	0	0	7	6
13	1	1	1	11	9
13	2	2	2	14	13
13	3	3	4	17	16
13	4	5	6	20	18
13	5	7	8	22	21
13	6	9	10	25	24
13	7	11	12	27	26
14	0	0	0	6	5
14	1	1	1	10	9
14	2	2	2	13	12
14	3	3	3	16	15
14	4	4	5	18	17
14	5	7	7	21	20
14	6	8	9	23	22
14	7	11	11	25	25
15	0	0	0	6	5
15	1	1	1	9	8
15	2	2	2	12	11
15	3	3	3	15	14
15	4	5	5	17	16

N = 36

n	a	LOWER .975	LOWER .95	UPPER .975	UPPER .95
15	5	6	7	20	19
15	6	8	9	22	21
15	7	10	11	24	23
15	8	12	13	26	25
16	0	0	0	5	4
16	1	1	1	8	7
16	2	2	2	11	10
16	3	3	3	14	13
16	4	4	5	16	15
16	5	6	7	18	17
16	6	8	8	21	20
16	7	9	10	23	22
16	8	11	12	25	24
17	0	0	0	5	4
17	1	1	1	8	7
17	2	2	2	10	9
17	3	3	3	13	12
17	4	4	5	15	14
17	5	6	6	17	16
17	6	7	8	19	18
17	7	9	10	21	21
17	8	11	12	23	22
17	9	13	14	25	24
18	0	0	0	4	4
18	1	1	1	7	6
18	2	2	2	10	9
18	3	3	3	12	11
18	4	4	4	14	13
18	5	6	6	16	15
18	6	7	8	18	17
18	7	9	9	20	19
18	8	10	11	22	21
18	9	12	13	24	23

N = 37

n	a	LOWER .975	LOWER .95	UPPER .975	UPPER .95
1	0	0	0	36	35
1	1	1	2	37	37
2	0	0	0	30	28
2	1	1	1	36	36
3	0	0	0	25	22
3	1	1	1	33	31
3	2	4	6	36	36
4	0	0	0	21	18
4	1	1	1	29	27
4	2	3	5	34	32
5	0	0	0	18	15
5	1	1	1	25	23
5	2	3	4	30	29
5	3	7	8	34	33
6	0	0	0	15	13
6	1	1	1	22	20
6	2	3	3	27	26
6	3	6	7	31	30
7	0	0	0	13	11
7	1	1	1	20	18
7	2	2	3	25	23
7	3	5	6	29	27
7	4	8	10	32	31
8	0	0	0	12	10
8	1	1	1	18	16
8	2	2	3	22	21
8	3	4	5	26	25
8	4	7	9	30	28
9	0	0	0	11	9
9	1	1	1	16	14
9	2	2	2	20	19
9	3	4	5	24	23
9	4	7	8	27	26
9	5	10	11	30	29
10	0	0	0	9	8
10	1	1	1	14	13
10	2	2	2	18	17
10	3	4	4	22	21
10	4	6	7	25	24
10	5	9	10	28	27
11	0	0	0	9	7
11	1	1	1	13	12
11	2	2	2	17	15
11	3	4	4	20	19
11	4	6	6	23	22
11	5	8	9	26	25
11	6	11	12	29	28
12	0	0	0	8	6
12	1	1	1	12	11
12	2	2	2	16	14
12	3	3	4	19	17
12	4	5	6	22	21
12	5	7	8	25	23
12	6	10	11	27	26
13	0	0	0	7	6
13	1	1	1	11	10
13	2	2	2	14	13
13	3	3	4	17	16
13	4	5	6	20	19
13	5	7	8	23	22
13	6	9	10	25	24
13	7	12	13	28	27
14	0	0	0	6	5
14	1	1	1	10	9
14	2	2	2	13	12
14	3	3	4	16	15
14	4	5	5	19	18
14	5	7	7	22	20
14	6	9	9	24	23
14	7	11	12	26	25
15	0	0	0	6	5
15	1	1	1	9	8
15	2	2	2	12	11
15	3	3	3	15	14
15	4	5	5	18	17

CONFIDENCE BOUNDS FOR A

N = 37

n	a	LOWER .975	LOWER .95	UPPER .975	UPPER .95
15	5	6	7	20	19
15	6	8	9	23	21
15	7	10	11	25	24
15	8	12	13	27	26
16	0	0	0	5	4
16	1	1	1	9	8
16	2	2	2	12	10
16	3	3	3	14	13
16	4	4	5	17	16
16	5	6	7	19	18
16	6	8	8	21	20
16	7	10	10	23	22
16	8	12	12	25	25
17	0	0	0	5	4
17	1	1	1	8	7
17	2	2	2	11	10
17	3	3	3	13	12
17	4	4	5	16	15
17	5	6	6	18	17
17	6	7	8	20	19
17	7	9	10	22	21
17	8	11	12	24	23
17	9	13	14	26	25
18	0	0	0	5	4
18	1	1	1	8	7
18	2	2	2	10	9
18	3	3	3	12	11
18	4	4	5	15	14
18	5	6	6	17	16
18	6	7	8	19	18
18	7	9	9	21	20
18	8	11	11	23	22
18	9	12	13	25	24
19	0	0	0	4	3
19	1	1	1	7	6
19	2	2	2	9	9
19	3	3	3	12	11
19	4	4	4	14	13
19	5	5	6	16	15
19	6	7	7	18	17
19	7	8	9	20	19
19	8	10	11	22	21
19	9	12	13	23	23
19	10	14	14	25	24

N = 38

n	a	LOWER .975	LOWER .95	UPPER .975	UPPER .95
1	0	0	0	37	36
1	1	1	2	38	38
2	0	0	0	31	29
2	1	1	1	37	37
3	0	0	0	26	23
3	1	1	1	33	32
3	2	5	6	37	37
4	0	0	0	21	19
4	1	1	1	29	27
4	2	4	5	34	33
5	0	0	0	18	16
5	1	1	1	26	24
5	2	3	4	31	30
5	3	7	8	35	34
6	0	0	0	16	13
6	1	1	1	23	21
6	2	3	3	28	26
6	3	6	7	32	31
7	0	0	0	14	12
7	1	1	1	20	18
7	2	2	3	25	23
7	3	5	6	29	28
7	4	9	10	33	32
8	0	0	0	12	10
8	1	1	1	18	16
8	2	2	3	23	21
8	3	5	5	27	25
8	4	8	9	30	29
9	0	0	0	11	9
9	1	1	1	16	15
9	2	2	2	21	19
9	3	4	5	25	23
9	4	7	8	28	27
9	5	10	11	31	30
10	0	0	0	10	8
10	1	1	1	15	13
10	2	2	2	19	17
10	3	4	5	23	21
10	4	6	7	26	25
10	5	9	10	29	28
11	0	0	0	9	7
11	1	1	1	13	12
11	2	2	2	17	16
11	3	4	4	21	19
11	4	6	7	24	23
11	5	8	9	27	26
11	6	11	12	30	29
12	0	0	0	8	7
12	1	1	1	12	11
12	2	2	2	16	15
12	3	3	4	19	18
12	4	5	6	22	21
12	5	8	9	25	24
12	6	10	11	28	27
13	0	0	0	7	6
13	1	1	1	11	10
13	2	2	2	15	13
13	3	3	4	18	17
13	4	5	6	21	20
13	5	7	8	24	22
13	6	9	10	26	25
13	7	12	13	29	28
14	0	0	0	7	5
14	1	1	1	10	9
14	2	2	2	14	12
14	3	3	4	17	15
14	4	5	5	20	18
14	5	7	8	22	21
14	6	9	10	25	24
14	7	11	12	27	26
15	0	0	0	6	5
15	1	1	1	10	9
15	2	2	2	13	12
15	3	3	3	16	14
15	4	5	5	18	17

N = 38

n	a	LOWER .975	LOWER .95	UPPER .975	UPPER .95
15	5	6	7	21	20
15	6	8	9	23	22
15	7	10	11	25	24
15	8	13	14	28	27
16	0	0	0	6	5
16	1	1	1	9	8
16	2	2	2	12	11
16	3	3	3	15	13
16	4	5	5	17	16
16	5	6	7	20	18
16	6	8	9	22	21
16	7	10	11	24	23
16	8	12	13	26	25
17	0	0	0	5	4
17	1	1	1	8	7
17	2	2	2	11	10
17	3	3	3	14	13
17	4	4	5	16	15
17	5	6	6	18	17
17	6	8	8	21	20
17	7	9	10	23	22
17	8	11	12	25	24
17	9	13	14	27	26
18	0	0	0	5	4
18	1	1	1	8	7
18	2	2	2	10	9
18	3	3	3	13	12
18	4	4	5	15	14
18	5	6	6	17	16
18	6	7	8	20	19
18	7	9	10	22	21
18	8	11	12	24	23
18	9	13	13	25	25
19	0	0	0	4	4
19	1	1	1	7	6
19	2	2	2	10	9
19	3	3	3	12	11
19	4	4	4	14	13
19	5	6	6	16	15
19	6	7	8	19	18
19	7	9	9	20	20
19	8	10	11	22	21
19	9	12	13	24	23
19	10	14	15	26	25

N = 39

n	a	LOWER .975	LOWER .95	UPPER .975	UPPER .95
1	0	0	0	38	37
1	1	1	2	39	39
2	0	0	0	32	29
2	1	1	1	38	38
3	0	0	0	26	23
3	1	1	1	34	33
3	2	5	6	38	38
4	0	0	0	22	19
4	1	1	1	30	28
4	2	4	5	35	34
5	0	0	0	19	16
5	1	1	1	26	24
5	2	3	4	32	30
5	3	7	9	36	35
6	0	0	0	16	14
6	1	1	1	23	21
6	2	3	3	29	27
6	3	6	7	33	32
7	0	0	0	14	12
7	1	1	1	21	19
7	2	2	3	26	24
7	3	5	6	30	29
7	4	9	10	34	33
8	0	0	0	13	11
8	1	1	1	19	17
8	2	2	3	24	22
8	3	5	6	28	26
8	4	8	9	31	30
9	0	0	0	11	9
9	1	1	1	17	15
9	2	2	3	21	19
9	3	4	5	25	24
9	4	7	8	29	28
9	5	10	11	32	31
10	0	0	0	10	8
10	1	1	1	15	14
10	2	2	2	20	18
10	3	4	5	23	22
10	4	6	7	27	25
10	5	9	10	30	29
11	0	0	0	9	8
11	1	1	1	14	12
11	2	2	2	18	16
11	3	4	4	22	20
11	4	6	7	25	23
11	5	8	9	28	27
11	6	11	12	31	30
12	0	0	0	8	7
12	1	1	1	13	11
12	2	2	2	17	15
12	3	4	4	20	19
12	4	6	6	23	22
12	5	8	9	26	25
12	6	10	11	29	28
13	0	0	0	8	6
13	1	1	1	11	10
13	2	2	2	15	14
13	3	3	4	19	17
13	4	5	6	22	20
13	5	7	8	24	23
13	6	10	11	27	26
13	7	12	13	29	28
14	0	0	0	7	6
14	1	1	1	11	10
14	2	2	2	14	13
14	3	3	4	17	16
14	4	5	6	20	19
14	5	7	8	23	22
14	6	9	10	25	24
14	7	11	12	27	27
15	0	0	0	6	5
15	1	1	1	10	9
15	2	2	2	13	12
15	3	3	4	16	15
15	4	5	5	19	18

CONFIDENCE BOUNDS FOR A

N = 39

n	a	LOWER .975	LOWER .95	UPPER .975	UPPER .95
15	5	7	7	21	20
15	6	8	9	24	23
15	7	11	12	26	25
15	8	13	14	28	27
16	0	0	0	6	5
16	1	1	1	9	8
16	2	2	2	12	11
16	3	3	3	15	14
16	4	5	5	18	17
16	5	6	7	20	19
16	6	8	9	23	21
16	7	10	11	25	24
16	8	12	13	27	26
17	0	0	0	5	4
17	1	1	1	9	8
17	2	2	2	12	10
17	3	3	3	14	13
17	4	4	5	17	16
17	5	6	7	19	18
17	6	8	8	21	20
17	7	10	10	23	22
17	8	11	12	26	25
17	9	13	14	28	27
18	0	0	0	5	4
18	1	1	1	8	7
18	2	2	2	11	10
18	3	3	3	13	12
18	4	4	5	16	15
18	5	6	6	18	17
18	6	7	8	20	19
18	7	9	10	22	21
18	8	11	12	24	23
18	9	13	14	26	25
19	0	0	0	5	4
19	1	1	1	8	7
19	2	2	2	10	9
19	3	3	3	13	12
19	4	4	5	15	14
19	5	6	6	17	16
19	6	7	8	19	18
19	7	9	9	21	20
19	8	10	11	23	22
19	9	12	13	25	24
19	10	14	15	27	26
20	0	0	0	4	3
20	1	1	1	7	6
20	2	2	2	10	9
20	3	3	3	12	11
20	4	4	4	14	13
20	5	5	6	16	15
20	6	7	7	18	17
20	7	8	9	20	19
20	8	10	11	22	21
20	9	12	12	24	23
20	10	13	14	26	25

N = 40

n	a	LOWER .975	LOWER .95	UPPER .975	UPPER .95
1	0	0	0	38	38
1	1	2	2	40	40
2	0	0	0	33	30
2	1	1	1	39	39
3	0	0	0	27	24
3	1	1	1	35	34
3	2	5	6	39	39
4	0	0	0	23	20
4	1	1	1	31	29
4	2	4	5	36	35
5	0	0	0	19	17
5	1	1	1	27	25
5	2	3	4	33	31
5	3	7	9	37	36
6	0	0	0	17	14
6	1	1	1	24	22
6	2	3	3	30	28
6	3	6	7	34	33
7	0	0	0	15	12
7	1	1	1	21	19
7	2	2	3	27	25
7	3	5	6	31	30
7	4	9	10	35	34
8	0	0	0	13	11
8	1	1	1	19	17
8	2	2	3	24	22
8	3	5	6	28	27
8	4	8	9	32	31
9	0	0	0	12	10
9	1	1	1	17	15
9	2	2	3	22	20
9	3	4	5	26	24
9	4	7	8	30	28
9	5	10	12	33	32
10	0	0	0	10	9
10	1	1	1	16	14
10	2	2	2	20	18
10	3	4	5	24	22
10	4	6	7	28	26
10	5	9	11	31	29
11	0	0	0	9	8
11	1	1	1	14	13
11	2	2	2	18	17
11	3	4	4	22	21
11	4	6	7	26	24
11	5	9	10	29	27
11	6	11	13	31	30
12	0	0	0	9	7
12	1	1	1	13	12
12	2	2	2	17	15
12	3	4	4	21	19
12	4	6	6	24	22
12	5	8	9	27	25
12	6	10	12	30	28
13	0	0	0	8	6
13	1	1	1	12	11
13	2	2	2	16	14
13	3	3	4	19	18
13	4	5	6	22	21
13	5	7	8	25	24
13	6	10	11	28	27
13	7	12	13	30	29
14	0	0	0	7	6
14	1	1	1	11	10
14	2	2	2	15	13
14	3	3	4	18	16
14	4	5	6	21	19
14	5	7	8	24	22
14	6	9	10	26	25
14	7	11	13	29	27
15	0	0	0	7	5
15	1	1	1	10	9
15	2	2	2	14	12
15	3	3	4	17	15
15	4	5	5	19	18

N = 40

n	a	LOWER .975	LOWER .95	UPPER .975	UPPER .95
15	5	7	7	22	21
15	6	9	10	25	23
15	7	11	12	27	26
15	8	13	14	29	28
16	0	0	0	6	5
16	1	1	1	10	8
16	2	2	2	13	11
16	3	3	3	16	14
16	4	5	5	18	17
16	5	6	7	21	20
16	6	8	9	23	22
16	7	10	11	26	24
16	8	12	13	28	27
17	0	0	0	6	5
17	1	1	1	9	8
17	2	2	2	12	11
17	3	3	3	15	13
17	4	4	5	17	16
17	5	6	7	20	18
17	6	8	9	22	21
17	7	10	11	24	23
17	8	12	13	26	25
17	9	14	15	28	27
18	0	0	0	5	4
18	1	1	1	8	7
18	2	2	2	11	10
18	3	3	3	14	13
18	4	4	5	16	15
18	5	6	6	19	17
18	6	8	8	21	20
18	7	9	10	23	22
18	8	11	12	25	24
18	9	13	14	27	26
19	0	0	0	5	4
19	1	1	1	8	7
19	2	2	2	10	9
19	3	3	3	13	12
19	4	4	5	15	14
19	5	6	6	18	16
19	6	7	8	20	19
19	7	9	10	22	21
19	8	11	11	24	23
19	9	12	13	26	25
19	10	14	15	28	27
20	0	0	0	4	4
20	1	1	1	7	6
20	2	2	2	10	9
20	3	3	3	12	11
20	4	4	4	14	13
20	5	6	6	17	16
20	6	7	8	19	18
20	7	9	9	21	20
20	8	10	11	23	22
20	9	12	13	24	23
20	10	14	15	26	25

N = 41

n	a	LOWER .975	LOWER .95	UPPER .975	UPPER .95
1	0	0	0	39	38
1	1	2	3	41	41
2	0	0	0	34	31
2	1	1	2	40	39
3	0	0	0	28	25
3	1	1	1	36	35
3	2	5	6	40	40
4	0	0	0	23	20
4	1	1	1	32	30
4	2	4	5	37	36
5	0	0	0	20	17
5	1	1	1	28	26
5	2	3	4	34	32
5	3	7	9	38	37
6	0	0	0	17	15
6	1	1	1	25	22
6	2	3	3	30	29
6	3	6	7	35	34
7	0	0	0	15	13
7	1	1	1	22	20
7	2	2	3	27	25
7	3	5	6	32	30
7	4	9	11	36	35
8	0	0	0	13	11
8	1	1	1	20	18
8	2	2	3	25	23
8	3	5	6	29	28
8	4	8	9	33	32
9	0	0	0	12	10
9	1	1	1	18	16
9	2	2	3	23	21
9	3	4	5	27	25
9	4	7	8	31	29
9	5	10	12	34	33
10	0	0	0	11	9
10	1	1	1	16	14
10	2	2	2	21	19
10	3	4	5	25	23
10	4	7	8	28	27
10	5	9	11	32	30
11	0	0	0	10	8
11	1	1	1	15	13
11	2	2	2	19	17
11	3	4	4	23	21
11	4	6	7	26	25
11	5	9	10	29	28
11	6	12	13	32	31
12	0	0	0	9	7
12	1	1	1	14	12
12	2	2	2	18	16
12	3	4	4	21	20
12	4	6	6	24	23
12	5	8	9	27	26
12	6	11	12	30	29
13	0	0	0	8	7
13	1	1	1	12	11
13	2	2	2	16	15
13	3	3	4	20	18
13	4	5	6	23	21
13	5	8	8	26	24
13	6	10	11	28	27
13	7	13	14	31	30
14	0	0	0	7	6
14	1	1	1	12	10
14	2	2	2	15	14
14	3	3	4	18	17
14	4	5	6	21	20
14	5	7	8	24	23
14	6	9	10	27	26
14	7	12	13	29	28
15	0	0	0	7	6
15	1	1	1	11	9
15	2	2	2	14	13
15	3	3	4	17	16
15	4	5	5	20	19

CONFIDENCE BOUNDS FOR A

N = 41

n	a	LOWER .975	LOWER .95	UPPER .975	UPPER .95
15	5	7	8	23	21
15	6	9	10	25	24
15	7	11	12	28	27
15	8	13	14	30	29
16	0	0	0	6	5
16	1	1	1	10	9
16	2	2	2	13	12
16	3	3	3	16	15
16	4	5	5	19	18
16	5	6	7	21	20
16	6	8	9	24	23
16	7	10	11	26	25
16	8	13	14	28	27
17	0	0	0	6	5
17	1	1	1	9	8
17	2	2	2	12	11
17	3	3	3	15	14
17	4	5	5	18	16
17	5	6	7	20	19
17	6	8	9	23	21
17	7	10	11	25	24
17	8	12	13	27	26
17	9	14	15	29	28
18	0	0	0	5	4
18	1	1	1	9	8
18	2	2	2	12	10
18	3	3	3	14	13
18	4	4	5	17	16
18	5	6	7	19	18
18	6	8	8	21	20
18	7	9	10	24	22
18	8	11	12	26	25
18	9	13	14	28	27
19	0	0	0	5	4
19	1	1	1	8	7
19	2	2	2	11	10
19	3	3	3	13	12
19	4	4	5	16	15
19	5	6	6	18	17
19	6	7	8	20	19
19	7	9	10	22	21
19	8	11	12	24	23
19	9	13	14	26	25
19	10	15	16	28	27
20	0	0	0	5	4
20	1	1	1	8	7
20	2	2	2	10	9
20	3	3	3	13	12
20	4	4	5	15	14
20	5	6	6	17	16
20	6	7	8	19	18
20	7	9	9	21	20
20	8	10	11	23	22
20	9	12	13	25	24
20	10	14	15	27	26
21	0	0	0	4	3
21	1	1	1	7	6
21	2	2	2	10	9
21	3	3	3	12	11
21	4	4	4	14	13
21	5	5	6	16	15
21	6	7	7	18	17
21	7	8	9	20	19
21	8	10	11	22	21
21	9	12	12	24	23
21	10	13	14	26	25
21	11	15	16	28	27

N = 42

n	a	LOWER .975	LOWER .95	UPPER .975	UPPER .95
1	0	0	0	40	39
1	1	2	3	42	42
2	0	0	0	34	32
2	1	1	2	41	40
3	0	0	0	28	25
3	1	1	1	37	35
3	2	5	7	41	41
4	0	0	0	24	21
4	1	1	1	33	30
4	2	4	5	38	37
5	0	0	0	20	17
5	1	1	1	29	26
5	2	3	4	35	33
5	3	7	9	39	38
6	0	0	0	18	15
6	1	1	1	25	23
6	2	3	4	31	29
6	3	6	8	36	34
7	0	0	0	15	13
7	1	1	1	22	20
7	2	3	3	28	26
7	3	5	7	33	31
7	4	9	11	37	35
8	0	0	0	14	11
8	1	1	1	20	18
8	2	2	3	25	24
8	3	5	6	30	28
8	4	8	10	34	32
9	0	0	0	12	10
9	1	1	1	18	16
9	2	2	3	23	21
9	3	4	5	28	26
9	4	7	9	31	30
9	5	11	12	35	33
10	0	0	0	11	9
10	1	1	1	17	15
10	2	2	2	21	19
10	3	4	5	25	24
10	4	7	8	29	28
10	5	10	11	32	31
11	0	0	0	10	8
11	1	1	1	15	13
11	2	2	2	20	18
11	3	4	5	23	22
11	4	6	7	27	25
11	5	9	10	30	29
11	6	12	13	33	32
12	0	0	0	9	7
12	1	1	1	14	12
12	2	2	2	18	16
12	3	4	4	22	20
12	4	6	7	25	24
12	5	8	9	28	27
12	6	11	12	31	30
13	0	0	0	8	7
13	1	1	1	13	11
13	2	2	2	17	15
13	3	3	4	20	19
13	4	5	6	23	22
13	5	8	9	26	25
13	6	10	11	29	28
13	7	13	14	32	31
14	0	0	0	8	6
14	1	1	1	12	10
14	2	2	2	16	14
14	3	3	4	19	17
14	4	5	6	22	21
14	5	7	8	25	23
14	6	9	10	28	26
14	7	12	13	30	29
15	0	0	0	7	6
15	1	1	1	11	10
15	2	2	2	14	13
15	3	3	4	18	16
15	4	5	6	21	19

N = 42

n	a	LOWER .975	LOWER .95	UPPER .975	UPPER .95
15	5	7	8	23	22
15	6	9	10	26	25
15	7	11	12	28	27
15	8	14	15	31	30
16	0	0	0	6	5
16	1	1	1	10	9
16	2	2	2	14	12
16	3	3	4	17	15
16	4	5	5	19	18
16	5	7	7	22	21
16	6	9	9	25	23
16	7	11	12	27	26
16	8	13	14	29	28
17	0	0	0	6	5
17	1	1	1	10	8
17	2	2	2	13	11
17	3	3	3	16	14
17	4	5	5	18	17
17	5	6	7	21	20
17	6	8	9	23	22
17	7	10	11	26	24
17	8	12	13	28	27
17	9	14	15	30	29
18	0	0	0	6	4
18	1	1	1	9	8
18	2	2	2	12	11
18	3	3	3	15	13
18	4	4	5	17	16
18	5	6	7	20	18
18	6	8	8	22	21
18	7	10	10	24	23
18	8	12	12	26	25
18	9	14	15	28	27
19	0	0	0	5	4
19	1	1	1	8	7
19	2	2	2	11	10
19	3	3	3	14	13
19	4	4	5	16	15
19	5	6	6	19	17
19	6	8	8	21	20
19	7	9	10	23	22
19	8	11	12	25	24
19	9	13	14	27	26
19	10	15	16	29	28
20	0	0	0	5	4
20	1	1	1	8	7
20	2	2	2	11	9
20	3	3	3	13	12
20	4	4	5	15	14
20	5	6	6	18	17
20	6	7	8	20	19
20	7	9	10	22	21
20	8	11	11	24	23
20	9	12	13	26	25
20	10	14	15	28	27
21	0	0	0	4	4
21	1	1	1	7	6
21	2	2	2	10	9
21	3	3	3	12	11
21	4	4	4	15	14
21	5	6	6	17	16
21	6	7	8	19	18
21	7	9	9	21	20
21	8	10	11	23	22
21	9	12	13	25	24
21	10	14	14	27	26
21	11	15	16	28	28

N = 43

n	a	LOWER .975	LOWER .95	UPPER .975	UPPER .95
1	0	0	0	41	40
1	1	2	3	43	43
2	0	0	0	35	32
2	1	1	2	42	41
3	0	0	0	29	26
3	1	1	1	38	36
3	2	5	7	42	42
4	0	0	0	24	21
4	1	1	1	33	31
4	2	4	5	39	38
5	0	0	0	21	18
5	1	1	1	29	27
5	2	3	4	35	34
5	3	8	9	40	39
6	0	0	0	18	15
6	1	1	1	26	24
6	2	3	4	32	30
6	3	6	8	37	35
7	0	0	0	16	13
7	1	1	1	23	21
7	2	3	3	29	27
7	3	6	7	34	32
7	4	9	11	37	36
8	0	0	0	14	12
8	1	1	1	21	19
8	2	2	3	26	24
8	3	5	6	31	29
8	4	8	10	35	33
9	0	0	0	13	10
9	1	1	1	19	17
9	2	2	3	24	22
9	3	5	5	28	26
9	4	7	9	32	31
9	5	11	12	36	34
10	0	0	0	11	9
10	1	1	1	17	15
10	2	2	2	22	20
10	3	4	5	26	24
10	4	7	8	30	28
10	5	10	11	33	32
11	0	0	0	10	8
11	1	1	1	16	14
11	2	2	2	20	18
11	3	4	5	24	22
11	4	6	7	28	26
11	5	9	10	30	30
11	6	12	13	34	33
12	0	0	0	9	8
12	1	1	1	14	13
12	2	2	2	19	17
12	3	4	4	22	21
12	4	6	7	26	24
12	5	8	9	29	28
12	6	11	12	32	31
13	0	0	0	9	7
13	1	1	1	13	12
13	2	2	2	17	16
13	3	4	4	21	19
13	4	6	6	24	23
13	5	8	9	27	26
13	6	10	11	30	29
13	7	13	14	33	32
14	0	0	0	8	6
14	1	1	1	12	11
14	2	2	2	16	14
14	3	3	4	19	18
14	4	5	6	23	21
14	5	7	8	25	24
14	6	9	11	28	27
14	7	12	13	31	30
15	0	0	0	7	6
15	1	1	1	11	10
15	2	2	2	15	13
15	3	3	4	18	17
15	4	5	6	21	20

CONFIDENCE BOUNDS FOR A

N = 43

n	a	LOWER .975	LOWER .95	UPPER .975	UPPER .95
15	5	7	8	24	23
15	6	9	10	27	25
15	7	11	12	29	28
15	8	14	15	32	31
16	0	0	0	7	5
16	1	1	1	11	9
16	2	2	2	14	13
16	3	3	4	17	16
16	4	5	5	20	19
16	5	7	7	23	21
16	6	9	10	25	24
16	7	11	12	28	26
16	8	13	14	30	29
17	0	0	0	6	5
17	1	1	1	10	9
17	2	2	2	13	12
17	3	3	3	16	15
17	4	5	5	19	17
17	5	6	7	21	20
17	6	8	9	24	23
17	7	10	11	26	25
17	8	12	13	28	27
17	9	15	16	31	30
18	0	0	0	6	5
18	1	1	1	9	8
18	2	2	2	12	11
18	3	3	3	15	14
18	4	5	5	18	16
18	5	6	7	20	19
18	6	8	9	23	21
18	7	10	11	25	24
18	8	12	13	27	26
18	9	14	15	29	28
19	0	0	0	5	4
19	1	1	1	9	8
19	2	2	2	12	10
19	3	3	3	14	13
19	4	4	5	17	16
19	5	6	6	19	18
19	6	8	8	21	20
19	7	9	10	24	23
19	8	11	12	26	25
19	9	13	14	28	27
19	10	15	16	30	29
20	0	0	0	5	4
20	1	1	1	8	7
20	2	2	2	11	10
20	3	3	3	13	12
20	4	4	5	16	15
20	5	6	6	18	17
20	6	7	8	20	19
20	7	9	10	22	21
20	8	11	12	25	24
20	9	13	13	27	26
20	10	14	15	29	28
21	0	0	0	5	4
21	1	1	1	8	7
21	2	2	2	10	9
21	3	3	3	13	12
21	4	4	5	15	14
21	5	6	6	17	16
21	6	7	8	19	18
21	7	9	9	21	20
21	8	10	11	23	22
21	9	12	13	25	24
21	10	14	15	27	26
21	11	16	17	29	28
22	0	0	0	4	3
22	1	1	1	7	6
22	2	2	2	10	9
22	3	3	3	12	11
22	4	4	4	14	13
22	5	5	6	16	15
22	6	7	7	18	17
22	7	8	9	20	19
22	8	10	11	22	21
22	9	12	12	24	23
22	10	13	14	26	25
22	11	15	16	28	27

N = 44

n	a	LOWER .975	LOWER .95	UPPER .975	UPPER .95
1	0	0	0	42	41
1	1	2	3	44	44
2	0	0	0	36	33
2	1	1	2	43	42
3	0	0	0	30	27
3	1	1	1	39	37
3	2	5	7	43	43
4	0	0	0	25	22
4	1	1	1	34	32
4	2	4	5	40	39
5	0	0	0	21	18
5	1	1	1	30	28
5	2	3	4	36	35
5	3	8	9	41	40
6	0	0	0	19	16
6	1	1	1	27	24
6	2	3	4	33	31
6	3	6	8	38	36
7	0	0	0	16	14
7	1	1	1	24	21
7	2	3	3	30	27
7	3	6	7	34	33
7	4	10	11	38	37
8	0	0	0	14	12
8	1	1	1	21	19
8	2	2	3	27	25
8	3	5	6	31	30
8	4	8	10	36	34
9	0	0	0	13	11
9	1	1	1	19	17
9	2	2	3	24	22
9	3	5	5	29	27
9	4	8	9	33	31
9	5	11	13	36	35
10	0	0	0	12	10
10	1	1	1	17	15
10	2	2	3	22	20
10	3	4	5	27	25
10	4	7	8	31	29
10	5	10	11	34	33
11	0	0	0	11	9
11	1	1	1	16	14
11	2	2	2	21	19
11	3	4	5	25	23
11	4	6	7	28	27
11	5	9	10	32	30
11	6	12	14	35	34
12	0	0	0	10	8
12	1	1	1	15	13
12	2	2	2	19	17
12	3	4	4	23	21
12	4	6	7	26	25
12	5	9	10	30	28
12	6	11	13	33	31
13	0	0	0	9	7
13	1	1	1	14	12
13	2	2	2	18	16
13	3	4	4	21	20
13	4	6	6	25	23
13	5	8	9	28	26
13	6	10	12	31	29
13	7	13	15	34	32
14	0	0	0	8	7
14	1	1	1	13	11
14	2	2	2	16	15
14	3	3	4	20	18
14	4	5	6	23	22
14	5	7	8	26	25
14	6	10	11	29	28
14	7	12	14	32	30
15	0	0	0	7	6
15	1	1	1	12	10
15	2	2	2	15	14
15	3	3	4	19	17
15	4	5	6	22	20
15	5	7	8	25	23
15	6	9	10	27	26
15	7	12	13	30	29
15	8	14	15	32	31
16	0	0	0	7	6
16	1	1	1	11	9
16	2	2	2	14	13
16	3	3	4	17	16
16	4	5	5	20	19
16	5	7	8	23	22
16	6	9	10	26	25
16	7	11	12	28	27
16	8	13	14	31	30
17	0	0	0	6	5
17	1	1	1	10	9
17	2	2	2	13	12
17	3	3	3	16	15
17	4	5	5	19	18
17	5	6	7	22	21
17	6	8	9	24	23
17	7	10	11	27	26
17	8	13	14	29	28
17	9	15	16	31	30
18	0	0	0	6	5
18	1	1	1	9	8
18	2	2	2	13	11
18	3	3	3	15	14
18	4	5	5	18	17
18	5	6	7	21	19
18	6	8	9	23	22
18	7	10	11	26	24
18	8	12	13	28	27
18	9	14	15	30	29
19	0	0	0	6	4
19	1	1	1	9	8
19	2	2	2	12	11
19	3	3	3	15	13
19	4	4	5	17	16
19	5	6	7	20	18
19	6	8	8	22	21
19	7	10	10	24	23
19	8	11	12	26	25
19	9	13	14	29	28
19	10	15	16	31	30
20	0	0	0	5	4
20	1	1	1	8	7
20	2	2	2	11	10
20	3	3	3	14	13
20	4	4	5	16	15
20	5	6	6	19	17
20	6	7	8	21	20
20	7	9	10	23	22
20	8	11	12	25	24
20	9	13	14	27	26
20	10	15	16	29	28
21	0	0	0	5	4
21	1	1	1	8	7
21	2	2	2	11	9
21	3	3	3	13	12
21	4	4	5	15	14
21	5	6	6	18	17
21	6	7	7	20	19
21	7	9	10	22	21
21	8	11	11	24	23
21	9	12	13	26	25
21	10	14	15	28	27
21	11	16	17	30	29
22	0	0	0	4	4
22	1	1	1	7	6
22	2	2	2	10	9
22	3	3	3	12	11
22	4	4	4	15	14
22	5	6	6	17	16
22	6	7	8	19	18
22	7	9	9	21	20

CONFIDENCE BOUNDS FOR A

N = 44

n	a	LOWER .975	LOWER .95	UPPER .975	UPPER .95
22	8	10	11	23	22
22	9	12	13	25	24
22	10	14	14	27	26
22	11	15	16	29	28

N = 45

n	a	LOWER .975	LOWER .95	UPPER .975	UPPER .95
1	0	0	0	43	42
1	1	2	3	45	45
2	0	0	0	37	34
2	1	1	2	44	43
3	0	0	0	31	27
3	1	1	1	40	38
3	2	5	7	44	44
4	0	0	0	26	22
4	1	1	1	35	33
4	2	4	5	41	40
5	0	0	0	22	19
5	1	1	1	31	28
5	2	3	4	37	35
5	3	8	10	42	41
6	0	0	0	19	16
6	1	1	1	27	25
6	2	3	4	33	31
6	3	7	8	38	37
7	0	0	0	17	14
7	1	1	1	24	22
7	2	3	3	30	28
7	3	6	7	35	33
7	4	10	12	39	38
8	0	0	0	15	12
8	1	1	1	22	19
8	2	2	3	27	25
8	3	5	6	32	30
8	4	9	10	36	35
9	0	0	0	13	11
9	1	1	1	20	18
9	2	2	3	25	23
9	3	5	6	30	28
9	4	8	9	34	32
9	5	11	13	37	36
10	0	0	0	12	10
10	1	1	1	18	16
10	2	2	3	23	21
10	3	4	5	27	25
10	4	7	8	31	30
10	5	10	12	35	33
11	0	0	0	11	9
11	1	1	1	16	14
11	2	2	2	21	19
11	3	4	5	25	23
11	4	7	8	29	27
11	5	9	11	33	31
11	6	12	14	36	34
12	0	0	0	10	8
12	1	1	1	15	13
12	2	2	2	19	18
12	3	4	4	23	22
12	4	6	7	27	25
12	5	9	10	30	29
12	6	11	13	34	32
13	0	0	0	9	7
13	1	1	1	14	12
13	2	2	2	18	16
13	3	4	4	22	20
13	4	6	7	25	24
13	5	8	9	29	27
13	6	11	12	32	30
13	7	13	15	34	33
14	0	0	0	8	7
14	1	1	1	13	11
14	2	2	2	17	15
14	3	3	4	20	19
14	4	5	6	24	22
14	5	8	9	27	25
14	6	10	11	30	28
14	7	13	14	32	31
15	0	0	0	8	6
15	1	1	1	12	10
15	2	2	2	16	14
15	3	3	4	19	18
15	4	5	6	22	21

N = 45

n	a	LOWER .975	LOWER .95	UPPER .975	UPPER .95
15	5	7	8	25	24
15	6	9	10	28	27
15	7	12	13	31	29
15	8	14	16	33	32
16	0	0	0	7	6
16	1	1	1	11	10
16	2	2	2	15	13
16	3	3	4	18	16
16	4	5	6	21	19
16	5	7	8	24	22
16	6	9	10	26	25
16	7	11	12	29	28
16	8	13	15	32	30
17	0	0	0	7	5
17	1	1	1	10	9
17	2	2	2	14	12
17	3	3	4	17	15
17	4	5	5	20	18
17	5	7	7	22	21
17	6	9	9	25	24
17	7	11	12	28	26
17	8	13	14	30	29
17	9	15	16	32	31
18	0	0	0	6	5
18	1	1	1	10	9
18	2	2	2	13	12
18	3	3	3	16	15
18	4	5	5	19	17
18	5	6	7	21	20
18	6	8	9	24	22
18	7	10	11	26	25
18	8	12	13	28	27
18	9	14	15	31	30
19	0	0	0	6	5
19	1	1	1	9	8
19	2	2	2	12	11
19	3	3	3	15	14
19	4	4	5	18	16
19	5	6	7	20	19
19	6	8	9	23	21
19	7	10	11	25	24
19	8	12	13	27	26
19	9	14	15	29	28
19	10	16	17	31	30
20	0	0	0	5	4
20	1	1	1	9	7
20	2	2	2	11	10
20	3	3	3	14	13
20	4	4	5	17	15
20	5	6	6	19	18
20	6	8	8	21	20
20	7	9	10	24	23
20	8	11	12	26	25
20	9	13	14	28	27
20	10	15	16	30	29
21	0	0	0	5	4
21	1	1	1	8	7
21	2	2	2	11	10
21	3	3	3	13	12
21	4	4	5	16	15
21	5	6	6	18	17
21	6	7	8	20	19
21	7	9	10	23	21
21	8	11	12	25	24
21	9	13	13	27	26
21	10	14	15	29	28
21	11	16	17	31	30
22	0	0	0	5	4
22	1	1	1	8	7
22	2	2	2	10	9
22	3	3	3	13	12
22	4	4	5	15	14
22	5	6	6	17	16
22	6	7	8	19	18
22	7	9	9	22	20

N = 45

n	a	LOWER .975	LOWER .95	UPPER .975	UPPER .95
22	8	10	11	24	23
22	9	12	13	26	25
22	10	14	15	27	26
22	11	16	17	29	28
23	0	0	0	4	3
23	1	1	1	7	6
23	2	2	2	10	9
23	3	3	3	12	11
23	4	4	4	14	13
23	5	5	6	16	15
23	6	7	7	19	17
23	7	8	9	21	20
23	8	10	11	23	22
23	9	12	12	24	23
23	10	13	14	26	25
23	11	15	16	28	27
23	12	17	18	30	29

CONFIDENCE BOUNDS FOR A

N = 46

n	a	LOWER .975	.95	UPPER .975	.95
1	0	0	0	44	43
1	1	2	3	46	46
2	0	0	0	38	35
2	1	1	2	45	44
3	0	0	0	31	28
3	1	1	1	41	39
3	2	5	7	45	45
4	0	0	0	26	23
4	1	1	1	36	33
4	2	4	5	42	41
5	0	0	0	22	19
5	1	1	1	31	29
5	2	3	4	38	36
5	3	8	10	43	42
6	0	0	0	19	17
6	1	1	1	28	25
6	2	3	4	34	32
6	3	7	8	39	38
7	0	0	0	17	14
7	1	1	1	25	22
7	2	3	3	31	29
7	3	6	7	36	34
7	4	10	12	40	39
8	0	0	0	15	13
8	1	1	1	22	20
8	2	2	3	28	26
8	3	5	6	33	31
8	4	9	10	37	36
9	0	0	0	14	11
9	1	1	1	20	18
9	2	2	3	26	24
9	3	5	6	30	28
9	4	8	9	34	33
9	5	12	13	38	37
10	0	0	0	12	10
10	1	1	1	18	16
10	2	2	3	23	21
10	3	4	5	28	26
10	4	7	8	32	30
10	5	10	12	36	34
11	0	0	0	11	9
11	1	1	1	17	15
11	2	2	2	22	20
11	3	4	5	26	24
11	4	7	8	30	28
11	5	10	11	33	32
11	6	13	14	36	35
12	0	0	0	10	8
12	1	1	1	15	14
12	2	2	2	20	18
12	3	4	5	24	22
12	4	6	7	28	26
12	5	9	10	31	30
12	6	12	13	34	33
13	0	0	0	9	8
13	1	1	1	14	13
13	2	2	2	19	17
13	3	4	4	22	21
13	4	6	7	26	24
13	5	8	9	29	28
13	6	11	12	32	31
13	7	14	15	35	34
14	0	0	0	9	7
14	1	1	1	13	12
14	2	2	2	17	16
14	3	4	4	21	19
14	4	6	6	24	23
14	5	8	9	27	26
14	6	10	11	30	29
14	7	13	14	33	32
15	0	0	0	8	6
15	1	1	1	12	11
15	2	2	2	16	15
15	3	3	4	20	18
15	4	5	6	23	21

N = 46

n	a	LOWER .975	.95	UPPER .975	.95
15	5	7	8	26	24
15	6	10	11	29	27
15	7	12	13	31	30
15	8	15	16	34	33
16	0	0	0	7	6
16	1	1	1	11	10
16	2	2	2	15	14
16	3	3	4	18	17
16	4	5	6	21	20
16	5	7	8	24	23
16	6	9	10	27	26
16	7	11	12	30	28
16	8	14	15	32	31
17	0	0	0	7	6
17	1	1	1	11	9
17	2	2	2	14	13
17	3	3	4	17	16
17	4	5	5	20	19
17	5	7	7	23	22
17	6	9	10	26	24
17	7	11	12	28	27
17	8	13	14	31	29
17	9	15	17	33	32
18	0	0	0	6	5
18	1	1	1	10	9
18	2	2	2	13	12
18	3	3	3	16	15
18	4	5	5	19	18
18	5	6	7	22	20
18	6	8	9	24	23
18	7	10	11	27	26
18	8	12	13	29	28
18	9	15	16	31	30
19	0	0	0	6	5
19	1	1	1	9	8
19	2	2	2	13	11
19	3	3	3	15	14
19	4	5	5	18	17
19	5	6	7	21	19
19	6	8	9	23	22
19	7	10	11	25	24
19	8	12	13	28	27
19	9	14	15	30	29
19	10	16	17	32	31
20	0	0	0	5	4
20	1	1	1	9	8
20	2	2	2	12	11
20	3	3	3	15	13
20	4	4	5	17	16
20	5	6	7	20	18
20	6	8	8	22	21
20	7	9	10	24	23
20	8	11	12	26	25
20	9	13	14	29	28
20	10	15	16	31	30
21	0	0	0	5	4
21	1	1	1	8	7
21	2	2	2	11	10
21	3	3	3	14	13
21	4	4	5	16	15
21	5	6	6	19	17
21	6	7	8	21	20
21	7	9	10	23	22
21	8	11	12	25	24
21	9	13	14	27	26
21	10	15	16	29	28
21	11	17	18	31	30
22	0	0	0	5	4
22	1	1	1	8	7
22	2	2	2	11	9
22	3	3	3	13	12
22	4	4	5	15	14
22	5	6	6	18	17
22	6	7	8	20	19
22	7	9	9	22	21

N = 46

n	a	LOWER .975	.95	UPPER .975	.95
22	8	11	11	24	23
22	9	12	13	26	25
22	10	14	15	28	27
22	11	16	17	30	29
23	0	0	0	4	4
23	1	1	1	7	6
23	2	2	2	10	9
23	3	3	3	12	11
23	4	4	4	15	14
23	5	6	6	17	16
23	6	7	8	19	18
23	7	9	9	21	20
23	8	10	11	23	22
23	9	12	13	25	24
23	10	14	14	27	26
23	11	15	16	29	28
23	12	17	18	31	30

N = 47

n	a	LOWER .975	.95	UPPER .975	.95
1	0	0	0	45	44
1	1	2	3	47	47
2	0	0	0	39	36
2	1	1	2	46	45
3	0	0	0	32	29
3	1	1	1	42	40
3	2	5	7	46	46
4	0	0	0	27	23
4	1	1	1	37	34
4	2	4	5	43	42
5	0	0	0	23	20
5	1	1	1	32	30
5	2	3	4	39	37
5	3	8	10	44	43
6	0	0	0	20	17
6	1	1	1	28	26
6	2	3	4	35	33
6	3	7	8	40	39
7	0	0	0	17	15
7	1	1	1	25	23
7	2	3	3	32	29
7	3	6	7	37	35
7	4	10	12	41	40
8	0	0	0	16	13
8	1	1	1	23	20
8	2	2	3	29	27
8	3	5	6	34	32
8	4	9	10	38	37
9	0	0	0	14	12
9	1	1	1	21	18
9	2	2	3	26	24
9	3	5	6	31	29
9	4	8	9	35	34
9	5	12	13	39	38
10	0	0	0	13	10
10	1	1	1	19	17
10	2	2	3	24	22
10	3	4	5	29	27
10	4	7	8	33	31
10	5	11	12	36	35
11	0	0	0	11	9
11	1	1	1	17	15
11	2	2	2	22	20
11	3	4	5	26	25
11	4	7	8	30	29
11	5	10	11	34	32
11	6	13	15	37	36
12	0	0	0	10	9
12	1	1	1	16	14
12	2	2	2	20	19
12	3	4	5	25	23
12	4	6	7	28	27
12	5	9	10	32	30
12	6	12	13	35	34
13	0	0	0	10	8
13	1	1	1	15	13
13	2	2	2	19	17
13	3	4	4	23	21
13	4	6	7	27	25
13	5	8	9	30	28
13	6	11	12	33	32
13	7	14	15	36	35
14	0	0	0	9	7
14	1	1	1	14	12
14	2	2	2	18	16
14	3	4	4	21	20
14	4	6	6	25	23
14	5	8	9	28	27
14	6	10	12	31	30
14	7	13	14	34	33
15	0	0	0	8	7
15	1	1	1	13	11
15	2	2	2	17	15
15	3	3	4	20	18
15	4	'5	6	23	22

CONFIDENCE BOUNDS FOR A

N = 47 (first block)

n	a	LOWER .975	.95	UPPER .975	.95
15	5	7	8	26	25
15	6	10	11	29	28
15	7	12	13	32	31
15	8	15	16	35	34
16	0	0	0	8	6
16	1	1	1	12	10
16	2	2	2	15	14
16	3	3	4	19	17
16	4	5	6	22	20
16	5	7	8	25	23
16	6	9	10	28	26
16	7	12	13	30	29
16	8	14	15	33	32
17	0	0	0	7	6
17	1	1	1	11	10
17	2	2	2	15	13
17	3	3	4	18	16
17	4	5	5	21	19
17	5	7	8	24	22
17	6	9	10	26	25
17	7	11	12	29	28
17	8	13	14	31	30
17	9	16	17	34	33
18	0	0	0	6	5
18	1	1	1	10	9
18	2	2	2	14	12
18	3	3	3	17	15
18	4	5	5	20	18
18	5	7	7	22	21
18	6	8	9	25	24
18	7	10	11	27	26
18	8	13	14	30	29
18	9	15	16	32	31
19	0	0	0	6	5
19	1	1	1	10	8
19	2	2	2	13	12
19	3	3	3	16	14
19	4	5	5	19	17
19	5	6	7	21	20
19	6	8	9	24	22
19	7	10	11	26	25
19	8	12	13	28	27
19	9	14	15	31	30
19	10	16	17	33	32
20	0	0	0	6	5
20	1	1	1	9	8
20	2	2	2	12	11
20	3	3	3	15	14
20	4	4	5	18	16
20	5	6	7	20	19
20	6	8	8	23	21
20	7	10	10	25	24
20	8	12	12	27	26
20	9	13	14	29	28
20	10	16	17	31	30
21	0	0	0	5	4
21	1	1	1	9	7
21	2	2	2	11	10
21	3	3	3	14	13
21	4	4	5	17	15
21	5	6	6	19	18
21	6	8	8	21	20
21	7	9	10	24	23
21	8	11	12	26	25
21	9	13	14	28	27
21	10	15	16	30	29
21	11	17	18	32	31
22	0	0	0	5	4
22	1	1	1	8	7
22	2	2	2	11	10
22	3	3	3	13	12
22	4	4	5	16	15
22	5	6	6	18	17
22	6	7	8	20	19
22	7	9	10	23	22

N = 47 (second block)

n	a	LOWER .975	.95	UPPER .975	.95
22	8	11	11	25	24
22	9	12	13	27	26
22	10	14	15	29	28
22	11	16	17	31	30
23	0	0	0	5	4
23	1	1	1	8	7
23	2	2	2	10	9
23	3	3	3	13	12
23	4	4	5	15	14
23	5	6	6	17	16
23	6	7	8	20	18
23	7	9	9	22	21
23	8	10	11	24	23
23	9	12	13	26	25
23	10	14	15	28	27
23	11	16	17	30	29
23	12	17	18	31	30
24	0	0	0	4	3
24	1	1	1	7	6
24	2	2	2	10	9
24	3	3	3	12	11
24	4	4	4	14	13
24	5	5	6	17	15
24	6	7	7	19	18
24	7	8	9	21	20
24	8	10	11	23	22
24	9	12	12	25	24
24	10	13	14	27	26
24	11	15	16	28	27
24	12	17	18	30	29

N = 48 (first block)

n	a	LOWER .975	.95	UPPER .975	.95
1	0	0	0	46	45
1	1	2	3	48	48
2	0	0	0	39	36
2	1	1	2	47	46
3	0	0	0	33	29
3	1	1	1	43	41
3	2	5	7	47	47
4	0	0	0	27	24
4	1	1	1	37	35
4	2	4	6	44	42
5	0	0	0	23	20
5	1	1	1	33	30
5	2	3	5	40	38
5	3	8	10	45	43
6	0	0	0	20	17
6	1	1	1	29	26
6	2	3	4	36	34
6	3	7	9	41	39
7	0	0	0	18	15
7	1	1	1	26	23
7	2	3	3	32	30
7	3	6	7	38	36
7	4	10	12	42	41
8	0	0	0	16	13
8	1	1	1	23	21
8	2	3	3	29	27
8	3	5	7	35	33
8	4	9	11	39	37
9	0	0	0	14	12
9	1	1	1	21	19
9	2	2	3	27	25
9	3	5	6	32	30
9	4	8	10	36	34
9	5	12	14	40	38
10	0	0	0	13	11
10	1	1	1	19	17
10	2	2	3	25	22
10	3	5	5	29	27
10	4	7	9	33	32
10	5	11	12	37	36
11	0	0	0	12	10
11	1	1	1	18	16
11	2	2	3	23	21
11	3	4	5	27	25
11	4	7	8	31	29
11	5	10	11	35	33
11	6	13	15	38	37
12	0	0	0	11	9
12	1	1	1	16	14
12	2	2	2	21	19
12	3	4	5	25	23
12	4	6	7	29	27
12	5	9	10	33	31
12	6	12	14	36	34
13	0	0	0	10	8
13	1	1	1	15	13
13	2	2	2	19	18
13	3	4	4	23	22
13	4	6	7	27	25
13	5	8	10	31	29
13	6	11	13	34	32
13	7	14	16	37	35
14	0	0	0	9	7
14	1	1	1	14	12
14	2	2	2	18	16
14	3	4	4	22	20
14	4	6	6	25	24
14	5	8	9	29	27
14	6	11	12	32	30
14	7	13	15	35	33
15	0	0	0	8	7
15	1	1	1	13	11
15	2	2	2	17	15
15	3	3	4	21	19
15	4	5	6	24	22

N = 48 (second block)

n	a	LOWER .975	.95	UPPER .975	.95
15	5	8	8	27	26
15	6	10	11	30	29
15	7	12	14	33	32
15	8	15	16	36	34
16	0	0	0	8	6
16	1	1	1	12	11
16	2	2	2	16	14
16	3	3	4	19	18
16	4	5	6	23	21
16	5	7	8	26	24
16	6	9	10	28	27
16	7	12	13	31	30
16	8	14	15	34	33
17	0	0	0	7	6
17	1	1	1	11	10
17	2	2	2	15	13
17	3	3	4	18	17
17	4	5	6	21	20
17	5	7	8	24	23
17	6	9	10	27	26
17	7	11	12	30	28
17	8	13	15	32	31
17	9	16	17	35	33
18	0	0	0	7	5
18	1	1	1	11	9
18	2	2	2	14	13
18	3	3	4	17	16
18	4	5	5	20	19
18	5	7	7	23	21
18	6	9	9	26	24
18	7	11	12	28	27
18	8	13	14	31	29
18	9	15	16	33	32
19	0	0	0	6	5
19	1	1	1	10	9
19	2	2	2	13	12
19	3	3	3	16	15
19	4	5	5	19	18
19	5	6	7	22	20
19	6	8	9	24	23
19	7	10	11	27	25
19	8	12	13	29	28
19	9	14	15	31	30
19	10	17	18	34	33
20	0	0	0	6	5
20	1	1	1	9	8
20	2	2	2	12	11
20	3	3	3	15	14
20	4	5	5	18	17
20	5	6	7	21	19
20	6	8	9	23	22
20	7	10	11	25	24
20	8	12	13	28	27
20	9	14	15	30	29
20	10	16	17	32	31
21	0	0	0	5	4
21	1	1	1	9	8
21	2	2	2	12	11
21	3	3	3	15	13
21	4	4	5	17	16
21	5	6	7	20	18
21	6	8	8	22	21
21	7	9	10	24	23
21	8	11	12	27	25
21	9	13	14	29	28
21	10	15	16	31	30
21	11	17	18	33	32
22	0	0	0	5	4
22	1	1	1	8	7
22	2	2	2	11	10
22	3	3	3	14	13
22	4	4	5	16	15
22	5	6	6	19	17
22	6	7	8	21	20
22	7	9	10	23	22

CONFIDENCE BOUNDS FOR A

N = 48

n	a	LOWER .975	.95	UPPER .975	.95
22	8	11	12	25	24
22	9	13	14	27	26
22	10	15	15	30	28
22	11	16	17	32	31
23	0	0	0	5	4
23	1	1	1	8	7
23	2	2	2	11	9
23	3	3	3	13	12
23	4	4	4	16	14
23	5	6	6	18	17
23	6	7	8	20	19
23	7	9	9	22	21
23	8	10	11	24	23
23	9	12	13	26	25
23	10	14	15	28	27
23	11	16	17	30	29
23	12	18	19	32	31
24	0	0	0	4	4
24	1	1	1	7	6
24	2	2	2	10	9
24	3	3	3	12	11
24	4	4	4	15	14
24	5	6	6	17	16
24	6	7	8	19	18
24	7	9	9	21	20
24	8	10	11	23	22
24	9	12	13	25	24
24	10	14	14	27	26
24	11	15	16	29	28
24	12	17	18	31	30

N = 49

n	a	LOWER .975	.95	UPPER .975	.95
1	0	0	0	47	46
1	1	2	3	49	49
2	0	0	0	40	37
2	1	1	2	48	47
3	0	0	0	33	30
3	1	1	1	43	41
3	2	6	8	48	48
4	0	0	0	28	25
4	1	1	1	38	36
4	2	4	6	45	43
5	0	0	0	24	21
5	1	1	1	34	31
5	2	4	5	41	39
5	3	8	10	45	44
6	0	0	0	21	18
6	1	1	1	30	27
6	2	3	4	37	34
6	3	7	9	42	40
7	0	0	0	18	15
7	1	1	1	27	24
7	2	3	4	33	31
7	3	6	7	38	37
7	4	11	12	43	42
8	0	0	0	16	14
8	1	1	1	24	21
8	2	3	3	30	28
8	3	5	7	35	33
8	4	9	11	40	38
9	0	0	0	15	12
9	1	1	1	22	19
9	2	2	3	27	25
9	3	5	6	32	30
9	4	8	10	37	35
9	5	12	14	41	39
10	0	0	0	13	11
10	1	1	1	20	17
10	2	2	3	25	23
10	3	5	5	30	28
10	4	8	9	34	32
10	5	11	12	38	37
11	0	0	0	12	10
11	1	1	1	18	16
11	2	2	3	23	21
11	3	4	5	28	26
11	4	7	8	32	30
11	5	10	11	36	34
11	6	13	15	39	38
12	0	0	0	11	9
12	1	1	1	17	15
12	2	2	2	21	19
12	3	4	5	26	24
12	4	6	7	30	28
12	5	9	10	33	32
12	6	12	14	37	35
13	0	0	0	10	8
13	1	1	1	15	14
13	2	2	2	20	18
13	3	4	4	24	22
13	4	6	7	28	26
13	5	9	10	31	30
13	6	11	13	35	33
13	7	14	16	38	36
14	0	0	0	9	8
14	1	1	1	14	13
14	2	2	2	19	17
14	3	4	4	22	21
14	4	6	7	26	24
14	5	8	9	29	28
14	6	11	12	33	31
14	7	13	15	36	34
15	0	0	0	9	7
15	1	1	1	13	12
15	2	2	2	17	16
15	3	4	4	21	19
15	4	5	6	24	23

N = 49

n	a	LOWER .975	.95	UPPER .975	.95
15	5	8	9	28	26
15	6	10	11	31	29
15	7	13	14	34	32
15	8	15	17	36	35
16	0	0	0	8	6
16	1	1	1	12	11
16	2	2	2	16	15
16	3	3	4	20	18
16	4	5	6	23	21
16	5	7	8	26	25
16	6	10	11	29	28
16	7	12	13	32	30
16	8	14	16	35	33
17	0	0	0	7	6
17	1	1	1	12	10
17	2	2	2	15	14
17	3	3	4	19	17
17	4	5	6	22	20
17	5	7	8	25	23
17	6	9	10	28	26
17	7	11	12	30	29
17	8	14	15	33	32
17	9	16	17	35	34
18	0	0	0	7	6
18	1	1	1	11	9
18	2	2	2	14	13
18	3	3	4	18	16
18	4	5	5	21	19
18	5	7	7	23	22
18	6	9	10	26	25
18	7	11	12	29	27
18	8	13	14	31	30
18	9	15	17	34	32
19	0	0	0	6	5
19	1	1	1	10	9
19	2	2	2	14	12
19	3	3	3	17	15
19	4	5	5	19	18
19	5	6	7	22	21
19	6	8	9	25	23
19	7	10	11	27	26
19	8	12	13	30	29
19	9	15	16	32	31
19	10	17	18	34	33
20	0	0	0	6	5
20	1	1	1	10	8
20	2	2	2	13	11
20	3	3	3	16	14
20	4	5	5	18	17
20	5	6	7	21	20
20	6	8	9	24	22
20	7	10	11	26	25
20	8	12	13	28	27
20	9	14	15	31	30
20	10	16	17	33	32
21	0	0	0	6	5
21	1	1	1	9	8
21	2	2	2	12	11
21	3	3	3	15	14
21	4	4	5	18	16
21	5	6	7	20	19
21	6	8	8	23	21
21	7	10	10	25	24
21	8	11	12	27	26
21	9	13	14	29	28
21	10	15	16	32	30
21	11	17	19	34	33
22	0	0	0	5	4
22	1	1	1	9	7
22	2	2	2	11	10
22	3	3	3	14	13
22	4	4	5	17	15
22	5	6	6	19	18
22	6	7	8	21	20
22	7	9	10	24	23

N = 49

n	a	LOWER .975	.95	UPPER .975	.95
22	8	11	12	26	25
22	9	13	14	28	27
22	10	15	16	30	29
22	11	17	18	32	31
23	0	0	0	5	4
23	1	1	1	8	7
23	2	2	2	11	10
23	3	3	3	13	12
23	4	4	5	16	15
23	5	6	6	18	17
23	6	7	8	21	19
23	7	9	10	23	22
23	8	11	11	25	24
23	9	12	13	27	26
23	10	14	15	29	28
23	11	16	17	31	30
23	12	18	19	33	32
24	0	0	0	5	4
24	1	1	1	8	7
24	2	2	2	10	9
24	3	3	3	13	12
24	4	4	4	15	14
24	5	6	6	17	16
24	6	7	8	20	18
24	7	9	9	22	21
24	8	10	11	24	23
24	9	12	13	26	25
24	10	14	15	28	27
24	11	16	16	30	29
24	12	17	18	32	31
25	0	0	0	4	4
25	1	1	1	7	6
25	2	2	2	10	9
25	3	3	3	12	11
25	4	4	4	14	13
25	5	5	5	16	16
25	6	7	7	19	18
25	7	8	9	21	20
25	8	10	11	23	22
25	9	12	12	25	24
25	10	13	14	27	26
25	11	15	16	29	28
25	12	17	18	30	29
25	13	19	20	32	31

CONFIDENCE BOUNDS FOR A

n	a	LOWER .975	LOWER .95	UPPER .975	UPPER .95
1	0	0	0	48	47
1	1	2	3	50	50
2	0	0	0	41	38
2	1	1	2	49	48
3	0	0	0	34	30
3	1	1	1	44	42
3	2	6	8	49	49
4	0	0	0	29	25
4	1	1	1	39	36
4	2	4	6	46	44
5	0	0	0	25	21
5	1	1	1	34	32
5	2	4	5	41	39
5	3	9	11	46	45
6	0	0	0	21	18
6	1	1	1	30	28
6	2	3	4	37	35
6	3	7	9	43	41
7	0	0	0	19	16
7	1	1	1	27	24
7	2	3	4	34	31
7	3	6	8	39	37
7	4	11	13	44	42
8	0	0	0	17	14
8	1	1	1	24	22
8	2	3	3	31	28
8	3	6	7	36	34
8	4	9	11	41	39
9	0	0	0	15	12
9	1	1	1	22	20
9	2	2	3	28	26
9	3	5	6	33	31
9	4	8	10	38	36
9	5	12	14	42	40
10	0	0	0	13	11
10	1	1	1	20	18
10	2	2	3	26	23
10	3	5	6	31	29
10	4	8	9	35	33
10	5	11	13	39	37
11	0	0	0	12	10
11	1	1	1	18	16
11	2	2	3	24	22
11	3	4	5	28	26
11	4	7	8	33	31
11	5	10	12	36	35
11	6	14	15	40	38
12	0	0	0	11	9
12	1	1	1	17	15
12	2	2	2	22	20
12	3	4	5	26	24
12	4	7	8	30	28
12	5	9	11	34	32
12	6	13	14	37	36
13	0	0	0	10	8
13	1	1	1	16	14
13	2	2	2	20	18
13	3	4	5	25	23
13	4	6	7	28	27
13	5	9	10	32	30
13	6	12	13	35	34
13	7	15	16	38	37
14	0	0	0	9	8
14	1	1	1	15	13
14	2	2	2	19	17
14	3	4	4	23	21
14	4	6	7	27	25
14	5	8	9	30	28
14	6	11	12	33	32
14	7	14	15	36	35
15	0	0	0	9	7
15	1	1	1	14	12
15	2	2	2	18	16
15	3	4	4	22	20
15	4	6	6	25	23

n	a	LOWER .975	LOWER .95	UPPER .975	UPPER .95
15	5	8	9	28	27
15	6	10	11	31	30
15	7	13	14	34	33
15	8	16	17	37	36
16	0	0	0	8	7
16	1	1	1	13	11
16	2	2	2	17	15
16	3	3	4	20	19
16	4	5	6	24	22
16	5	7	8	27	25
16	6	10	11	30	28
16	7	12	13	33	31
16	8	15	16	35	34
17	0	0	0	8	6
17	1	1	1	12	10
17	2	2	2	16	14
17	3	3	4	19	17
17	4	5	6	22	21
17	5	7	8	25	24
17	6	9	10	28	27
17	7	11	13	31	30
17	8	14	15	34	32
17	9	16	18	36	35
18	0	0	0	7	6
18	1	1	1	11	10
18	2	2	2	15	13
18	3	3	4	18	16
18	4	5	5	21	20
18	5	7	8	24	22
18	6	9	10	27	25
18	7	11	12	29	28
18	8	13	14	32	31
18	9	16	17	34	33
19	0	0	0	7	5
19	1	1	1	10	9
19	2	2	2	14	12
19	3	3	4	17	16
19	4	5	5	20	18
19	5	7	7	23	21
19	6	8	9	25	24
19	7	10	11	28	27
19	8	13	14	30	29
19	9	15	16	33	32
19	10	17	18	35	34
20	0	0	0	6	5
20	1	1	1	10	9
20	2	2	2	13	12
20	3	3	3	16	15
20	4	5	5	19	18
20	5	6	7	22	20
20	6	8	9	24	23
20	7	10	11	27	25
20	8	12	13	29	28
20	9	14	15	31	30
20	10	16	17	34	33
21	0	0	0	6	5
21	1	1	1	9	8
21	2	2	2	12	11
21	3	3	3	15	14
21	4	4	5	18	17
21	5	6	7	21	19
21	6	8	9	23	22
21	7	10	10	25	24
21	8	12	13	28	27
21	9	14	15	30	29
21	10	16	17	32	31
21	11	18	19	34	33
22	0	0	0	5	4
22	1	1	1	9	8
22	2	2	2	12	11
22	3	3	3	15	13
22	4	4	5	17	16
22	5	6	6	20	18
22	6	8	8	22	21
22	7	9	10	24	23

n	a	LOWER .975	LOWER .95	UPPER .975	UPPER .95
22	8	11	12	27	25
22	9	13	14	29	28
22	10	15	16	31	30
22	11	17	18	33	32
23	0	0	0	5	4
23	1	1	1	8	7
23	2	2	2	11	10
23	3	3	3	14	13
23	4	4	5	16	15
23	5	6	6	19	17
23	6	7	8	21	20
23	7	9	10	23	22
23	8	11	12	25	24
23	9	13	13	28	26
23	10	14	15	30	29
23	11	16	17	32	31
23	12	18	19	34	33
24	0	0	0	5	4
24	1	1	1	8	7
24	2	2	2	11	9
24	3	3	3	13	12
24	4	4	5	16	14
24	5	6	6	18	17
24	6	7	8	20	19
24	7	9	9	22	21
24	8	10	11	24	23
24	9	12	13	26	25
24	10	14	15	28	27
24	11	16	17	30	29
24	12	18	19	32	31
25	0	0	0	5	4
25	1	1	1	7	6
25	2	2	2	10	9
25	3	3	3	13	11
25	4	4	4	15	14
25	5	5	6	17	16
25	6	7	8	19	18
25	7	9	9	21	20
25	8	10	11	23	22
25	9	12	13	25	24
25	10	13	14	27	26
25	11	15	16	29	28
25	12	17	18	31	30
25	13	19	20	33	32

CHAPTER 4

THE TABLE

OF LOWER AND UPPER CONFIDENCE BOUNDS

Section 4.2

$$N = 52(2)100$$

$$n = 1(1)\frac{N}{2}$$

$a = 0(1)\dfrac{n}{2}$ $a = \dfrac{n}{2}(1)n$

(Displayed in Table)   (From Table by Subtraction
Using (2.5) and (2.6))

CONFIDENCE BOUNDS FOR A

N = 52

n	a	LOWER .975	LOWER .95	UPPER .975	UPPER .95
1	0	0	0	50	49
1	1	2	3	52	52
2	0	0	0	43	39
2	1	1	2	51	50
3	0	0	0	36	32
3	1	1	1	46	44
3	2	6	8	51	51
4	0	0	0	30	26
4	1	1	1	41	38
4	2	4	6	48	46
5	0	0	0	26	22
5	1	1	1	36	33
5	2	4	5	43	41
5	3	9	11	48	47
6	0	0	0	22	19
6	1	1	1	32	29
6	2	3	4	39	37
6	3	7	9	45	43
7	0	0	0	20	17
7	1	1	1	28	25
7	2	3	4	35	33
7	3	6	8	41	39
7	4	11	13	46	44
8	0	0	0	17	15
8	1	1	1	25	23
8	2	3	3	32	30
8	3	6	7	38	35
8	4	10	11	42	41
9	0	0	0	16	13
9	1	1	1	23	21
9	2	2	3	29	27
9	3	5	6	35	32
9	4	9	10	39	37
9	5	13	15	43	42
10	0	0	0	14	12
10	1	1	1	21	19
10	2	2	3	27	25
10	3	5	6	32	30
10	4	8	9	36	34
10	5	11	13	41	39
11	0	0	0	13	11
11	1	1	1	19	17
11	2	2	3	25	23
11	3	4	5	30	27
11	4	7	8	34	32
11	5	10	12	38	36
11	6	14	16	42	40
12	0	0	0	12	10
12	1	1	1	18	16
12	2	2	3	23	21
12	3	4	5	27	25
12	4	7	8	32	30
12	5	10	11	35	34
12	6	13	15	39	37
13	0	0	0	11	9
13	1	1	1	16	14
13	2	2	2	21	19
13	3	4	5	26	24
13	4	6	7	30	28
13	5	9	10	33	32
13	6	12	13	37	35
13	7	15	17	40	39
14	0	0	0	10	8
14	1	1	1	15	13
14	2	2	2	20	18
14	3	4	4	24	22
14	4	6	7	28	26
14	5	8	10	31	30
14	6	11	13	35	33
14	7	14	16	38	36
15	0	0	0	9	8
15	1	1	1	14	12
15	2	2	2	19	17
15	3	4	4	22	21
15	4	6	6	26	24
15	5	8	9	30	28
15	6	11	12	33	31
15	7	13	15	36	34
15	8	16	18	39	37
16	0	0	0	9	7
16	1	1	1	13	12
16	2	2	2	17	16
16	3	3	4	21	19
16	4	5	6	25	23
16	5	8	9	28	26
16	6	10	11	31	29
16	7	13	14	34	32
16	8	15	17	37	35
17	0	0	0	8	7
17	1	1	1	12	11
17	2	2	2	16	15
17	3	3	4	20	18
17	4	5	6	23	22
17	5	7	8	26	25
17	6	9	11	29	28
17	7	12	13	32	31
17	8	14	16	35	34
17	9	17	18	38	36
18	0	0	0	7	6
18	1	1	1	12	10
18	2	2	2	15	14
18	3	3	4	19	17
18	4	5	6	22	20
18	5	7	8	25	23
18	6	9	10	28	26
18	7	11	12	31	29
18	8	14	15	33	32
18	9	16	17	36	35
19	0	0	0	7	6
19	1	1	1	11	10
19	2	2	2	15	13
19	3	3	4	18	16
19	4	5	5	21	19
19	5	7	7	24	22
19	6	9	10	27	25
19	7	11	12	29	28
19	8	13	14	32	30
19	9	15	17	34	33
19	10	18	19	37	35
20	0	0	0	7	5
20	1	1	1	10	9
20	2	2	2	14	12
20	3	3	3	17	15
20	4	5	5	20	18
20	5	6	7	23	21
20	6	8	9	25	24
20	7	10	11	28	26
20	8	12	13	30	29
20	9	15	16	33	32
20	10	17	18	35	34
21	0	0	0	6	5
21	1	1	1	10	9
21	2	2	2	13	12
21	3	3	3	16	15
21	4	5	5	19	17
21	5	6	7	22	20
21	6	8	9	24	23
21	7	10	11	27	25
21	8	12	13	29	28
21	9	14	15	31	30
21	10	16	17	34	32
21	11	18	20	35	35
22	0	0	0	6	5
22	1	1	1	9	8
22	2	2	2	12	11
22	3	3	3	15	14
22	4	4	5	18	17
22	5	6	7	21	19
22	6	8	8	23	22
22	7	10	10	25	24
22	8	11	12	28	26
22	9	13	14	30	29
22	10	15	17	32	31
22	11	18	19	34	33
23	0	0	0	5	4
23	1	1	1	9	8
23	2	2	2	12	11
23	3	3	3	14	13
23	4	4	5	17	16
23	5	6	6	20	18
23	6	8	8	22	21
23	7	9	10	24	23
23	8	11	12	27	25
23	9	13	14	29	28
23	10	15	16	31	30
23	11	17	18	33	32
23	12	19	20	35	34
24	0	0	0	5	4
24	1	1	1	8	7
24	2	2	2	11	10
24	3	3	3	14	13
24	4	4	5	16	15
24	5	6	6	19	17
24	6	7	8	21	20
24	7	9	10	23	22
24	8	11	12	26	24
24	9	13	13	28	26
24	10	14	15	30	29
24	11	16	17	32	31
24	12	18	19	34	33
25	0	0	0	5	4
25	1	1	1	8	7
25	2	2	2	11	10
25	3	3	3	13	12
25	4	4	5	16	14
25	5	6	6	18	17
25	6	7	8	20	19
25	7	9	9	22	21
25	8	10	11	24	23
25	9	12	13	27	25
25	10	14	15	29	27
25	11	16	17	31	29
25	12	18	19	33	31
25	13	19	21	34	33
26	0	0	0	5	4
26	1	1	1	7	6
26	2	2	2	10	9
26	3	3	3	13	11
26	4	4	4	15	14
26	5	5	6	17	16
26	6	7	8	19	18
26	7	9	9	21	20
26	8	10	11	24	22
26	9	12	13	26	24
26	10	13	14	28	26
26	11	15	16	29	28
26	12	17	18	31	30
26	13	19	20	33	32

N = 54

n	a	LOWER .975	LOWER .95	UPPER .975	UPPER .95
1	0	0	0	52	51
1	1	2	3	54	54
2	0	0	0	45	41
2	1	1	2	53	52
3	0	0	0	37	33
3	1	1	1	48	46
3	2	6	8	53	53
4	0	0	0	31	27
4	1	1	1	42	39
4	2	5	6	49	48
5	0	0	0	27	23
5	1	1	1	37	34
5	2	4	5	45	43
5	3	9	11	50	49
6	0	0	0	23	20
6	1	1	1	33	30
6	2	3	4	40	38
6	3	8	9	46	45
7	0	0	0	20	17
7	1	1	1	29	27
7	2	3	4	37	34
7	3	7	8	43	40
7	4	11	14	47	46
8	0	0	0	18	15
8	1	1	1	27	24
8	2	3	3	33	31
8	3	6	7	39	37
8	4	10	12	44	42
9	0	0	0	16	14
9	1	1	1	24	21
9	2	2	3	30	28
9	3	5	6	36	34
9	4	9	11	41	39
9	5	13	15	45	43
10	0	0	0	15	12
10	1	1	1	22	19
10	2	2	3	28	26
10	3	5	6	33	31
10	4	8	10	38	36
10	5	12	14	42	40
11	0	0	0	13	11
11	1	1	1	20	18
11	2	2	3	26	23
11	3	5	5	31	29
11	4	7	9	35	33
11	5	11	12	39	38
11	6	15	16	43	42
12	0	0	0	12	10
12	1	1	1	19	16
12	2	2	3	24	22
12	3	4	5	29	26
12	4	7	8	33	31
12	5	10	11	37	35
12	6	13	15	41	39
13	0	0	0	11	9
13	1	1	1	17	15
13	2	2	2	22	20
13	3	4	5	27	25
13	4	7	8	31	29
13	5	9	11	35	33
13	6	12	14	38	37
13	7	16	17	42	40
14	0	0	0	10	9
14	1	1	1	16	14
14	2	2	2	21	19
14	3	4	5	25	23
14	4	6	7	29	27
14	5	9	10	33	31
14	6	12	13	36	34
14	7	15	16	39	38
15	0	0	0	10	8
15	1	1	1	15	13
15	2	2	2	21	17
15	3	4	4	23	22
15	4	6	7	27	25

CONFIDENCE BOUNDS FOR A

N = 54

n	a	LOWER .975	LOWER .95	UPPER .975	UPPER .95
15	5	8	9	31	29
15	6	11	12	34	32
15	7	14	15	37	36
15	8	17	18	40	39
16	0	0	0	9	7
16	1	1	1	14	12
16	2	2	2	18	16
16	3	4	4	22	20
16	4	6	6	26	24
16	5	8	9	29	27
16	6	10	11	32	31
16	7	13	14	35	34
16	8	16	17	38	37
17	0	0	0	8	7
17	1	1	1	13	11
17	2	2	2	17	15
17	3	3	4	21	19
17	4	5	6	24	23
17	5	7	8	28	26
17	6	10	11	31	29
17	7	12	13	34	32
17	8	15	16	36	35
17	9	18	19	39	38
18	0	0	0	8	6
18	1	1	1	12	11
18	2	2	2	16	14
18	3	3	4	20	18
18	4	5	6	23	21
18	5	7	8	26	24
18	6	9	10	29	28
18	7	12	13	32	30
18	8	14	15	35	33
18	9	17	18	37	36
19	0	0	0	7	6
19	1	1	1	12	10
19	2	2	2	15	14
19	3	3	4	19	17
19	4	5	6	22	20
19	5	7	8	25	23
19	6	9	10	28	26
19	7	11	12	30	29
19	8	13	15	33	32
19	9	16	17	36	34
19	10	18	20	38	37
20	0	0	0	7	6
20	1	1	1	11	9
20	2	2	2	14	13
20	3	3	4	18	16
20	4	5	5	21	19
20	5	7	7	24	22
20	6	9	9	25	24
20	7	11	12	29	28
20	8	13	14	32	30
20	9	15	16	34	33
20	10	17	19	37	35
21	0	0	0	6	5
21	1	1	1	10	9
21	2	2	2	14	12
21	3	3	3	17	15
21	4	5	5	20	18
21	5	6	7	22	21
21	6	8	9	25	24
21	7	10	11	28	26
21	8	12	13	30	29
21	9	14	16	33	31
21	10	17	18	35	34
21	11	19	20	37	36
22	0	0	0	6	5
22	1	1	1	10	8
22	2	2	2	13	12
22	3	3	3	16	15
22	4	5	5	19	17
22	5	6	7	21	20
22	6	8	9	24	23
22	7	10	11	27	25

N = 54

n	a	LOWER .975	LOWER .95	UPPER .975	UPPER .95
22	8	12	13	29	28
22	9	14	15	31	30
22	10	16	17	34	32
22	11	18	19	36	35
23	0	0	0	6	5
23	1	1	1	9	8
23	2	2	2	12	11
23	3	3	3	15	14
23	4	4	5	18	17
23	5	6	7	20	19
23	6	8	8	23	22
23	7	10	10	25	24
23	8	11	12	28	26
23	9	13	14	30	29
23	10	15	16	32	31
23	11	17	19	34	33
23	12	20	21	37	35
24	0	0	0	5	4
24	1	1	1	9	8
24	2	2	2	12	10
24	3	3	3	14	13
24	4	4	5	17	16
24	5	6	6	20	18
24	6	8	8	22	21
24	7	9	10	24	23
24	8	11	12	27	25
24	9	13	14	29	28
24	10	15	16	31	30
24	11	17	18	33	32
24	12	19	20	35	34
25	0	0	0	5	4
25	1	1	1	8	7
25	2	2	2	11	10
25	3	3	3	14	13
25	4	4	5	16	15
25	5	6	6	19	17
25	6	7	8	21	20
25	7	9	10	23	22
25	8	11	11	26	24
25	9	12	13	28	27
25	10	14	15	30	29
25	11	16	17	32	31
25	12	18	19	34	33
25	13	20	21	36	35
26	0	0	0	5	4
26	1	1	1	8	7
26	2	2	2	11	10
26	3	3	3	13	12
26	4	4	5	16	14
26	5	6	6	18	17
26	6	7	8	20	19
26	7	9	9	22	21
26	8	10	11	25	23
26	9	12	13	27	25
26	10	14	15	29	28
26	11	16	17	31	30
26	12	17	18	33	32
26	13	19	20	35	34
27	0	0	0	5	4
27	1	1	1	8	7
27	2	2	2	10	9
27	3	3	3	13	11
27	4	4	4	15	14
27	5	5	6	17	16
27	6	7	7	19	18
27	7	8	9	22	20
27	8	10	11	24	22
27	9	12	13	26	25
27	10	13	14	28	27
27	11	15	16	30	29
27	12	17	18	32	30
27	13	19	20	33	32
27	14	21	22	35	34

N = 56

n	a	LOWER .975	LOWER .95	UPPER .975	UPPER .95
1	0	0	0	54	53
1	1	2	3	56	56
2	0	0	0	46	43
2	1	1	2	55	54
3	0	0	0	38	34
3	1	1	1	50	48
3	2	6	8	55	55
4	0	0	0	32	28
4	1	1	1	44	41
4	2	5	6	51	50
5	0	0	0	28	24
5	1	1	1	39	35
5	2	4	5	47	44
5	3	9	12	52	51
6	0	0	0	24	20
6	1	1	1	34	31
6	2	3	4	42	39
6	3	8	10	48	46
7	0	0	0	21	18
7	1	1	1	31	28
7	2	3	4	38	35
7	3	7	8	44	42
7	4	12	14	49	48
8	0	0	0	19	16
8	1	1	1	28	25
8	2	3	3	35	32
8	3	6	7	41	38
8	4	10	12	46	44
9	0	0	0	17	14
9	1	1	1	25	22
9	2	3	3	32	29
9	3	5	7	37	35
9	4	9	11	42	40
9	5	14	16	47	45
10	0	0	0	15	13
10	1	1	1	23	20
10	2	2	3	29	27
10	3	5	6	35	32
10	4	8	10	39	37
10	5	12	14	44	42
11	0	0	0	14	12
11	1	1	1	21	19
11	2	2	3	27	24
11	3	5	6	32	30
11	4	8	9	37	35
11	5	11	13	41	39
11	6	15	17	45	43
12	0	0	0	13	11
12	1	1	1	19	17
12	2	2	3	25	23
12	3	4	5	30	28
12	4	7	8	34	32
12	5	10	12	38	36
12	6	14	15	42	41
13	0	0	0	12	10
13	1	1	1	18	16
13	2	2	2	23	21
13	3	4	5	28	26
13	4	7	8	32	30
13	5	10	11	36	34
13	6	13	14	40	38
13	7	16	18	43	42
14	0	0	0	11	9
14	1	1	1	17	15
14	2	2	2	22	19
14	3	4	5	26	24
14	4	6	7	30	28
14	5	9	10	34	32
14	6	12	13	38	36
14	7	15	17	41	39
15	0	0	0	10	8
15	1	1	1	16	14
15	2	2	2	20	18
15	3	4	4	24	22
15	4	6	7	28	26

N = 56

n	a	LOWER .975	LOWER .95	UPPER .975	UPPER .95
15	5	8	10	32	30
15	6	11	12	36	34
15	7	14	16	39	37
15	8	17	19	42	40
16	0	0	0	9	8
16	1	1	1	15	13
16	2	2	2	19	17
16	3	4	4	23	21
16	4	6	7	27	25
16	5	8	9	30	28
16	6	11	12	34	32
16	7	13	15	37	35
16	8	16	18	40	38
17	0	0	0	9	7
17	1	1	1	14	12
17	2	2	2	18	16
17	3	4	4	22	20
17	4	5	6	25	23
17	5	8	9	29	27
17	6	10	11	32	30
17	7	13	14	35	33
17	8	15	17	38	36
17	9	18	20	41	39
18	0	0	0	8	7
18	1	1	1	13	11
18	2	2	2	17	15
18	3	3	4	20	19
18	4	5	6	24	22
18	5	7	8	27	25
18	6	10	11	30	29
18	7	12	13	33	32
18	8	14	16	36	35
18	9	17	19	39	37
19	0	0	0	8	6
19	1	1	1	12	11
19	2	2	2	16	14
19	3	3	4	19	18
19	4	5	6	23	21
19	5	7	8	26	24
19	6	9	10	29	27
19	7	11	13	32	30
19	8	14	15	35	33
19	9	16	18	37	36
19	10	19	20	40	38
20	0	0	0	7	6
20	1	1	1	11	10
20	2	2	2	15	13
20	3	3	4	18	17
20	4	5	6	22	20
20	5	7	8	25	23
20	6	9	10	27	26
20	7	11	12	30	29
20	8	13	14	33	31
20	9	15	17	36	34
20	10	18	19	38	37
21	0	0	0	7	5
21	1	1	1	11	9
21	2	2	2	14	13
21	3	3	4	17	16
21	4	5	5	21	19
21	5	7	7	23	22
21	6	8	9	26	25
21	7	10	11	29	27
21	8	13	14	32	30
21	9	15	16	34	33
21	10	17	18	37	35
21	11	19	21	39	38
22	0	0	0	6	5
22	1	1	1	10	9
22	2	2	2	14	12
22	3	3	3	17	15
22	4	5	5	20	18
22	5	6	7	22	21
22	6	8	9	25	24
22	7	10	11	28	26

80

CONFIDENCE BOUNDS FOR A

N = 56

n	a	LOWER .975	LOWER .95	UPPER .975	UPPER .95
22	8	12	13	30	29
22	9	14	15	33	31
22	10	16	18	35	34
22	11	19	20	37	36
23	0	0	0	6	5
23	1	1	1	10	8
23	2	2	2	13	12
23	3	3	3	16	14
23	4	5	5	19	17
23	5	6	7	21	20
23	6	8	9	24	23
23	7	10	11	26	25
23	8	12	13	29	28
23	9	14	15	31	30
23	10	16	17	34	32
23	11	18	19	36	35
23	12	20	21	38	37
24	0	0	0	6	5
24	1	1	1	9	8
24	2	2	2	12	11
24	3	3	3	15	14
24	4	4	5	18	16
24	5	6	7	20	19
24	6	8	8	23	22
24	7	9	10	25	24
24	8	11	12	28	26
24	9	13	14	30	29
24	10	15	16	32	31
24	11	17	18	35	33
24	12	19	21	37	35
25	0	0	0	5	4
25	1	1	1	9	8
25	2	2	2	12	10
25	3	3	3	14	13
25	4	4	5	17	16
25	5	6	6	20	18
25	6	7	8	22	21
25	7	9	10	24	23
25	8	11	12	27	25
25	9	13	14	29	28
25	10	15	16	31	30
25	11	17	18	33	32
25	12	19	20	35	34
25	13	21	22	37	36
26	0	0	0	5	4
26	1	1	1	8	7
26	2	2	2	11	10
26	3	3	3	14	13
26	4	4	5	16	15
26	5	6	6	19	17
26	6	7	8	21	20
26	7	9	10	23	22
26	8	11	11	26	24
26	9	12	13	28	27
26	10	14	15	30	29
26	11	16	17	32	31
26	12	18	19	34	33
26	13	20	21	36	35
27	0	0	0	5	4
27	1	1	1	8	7
27	2	2	2	11	10
27	3	3	3	13	12
27	4	4	5	16	14
27	5	6	6	18	17
27	6	7	8	20	19
27	7	9	9	22	21
27	8	10	11	25	23
27	9	12	13	27	26
27	10	14	15	29	28
27	11	16	17	31	30
27	12	17	18	33	32
27	13	19	20	35	34
27	14	21	22	37	36
28	0	0	0	5	4
28	1	1	1	8	7
28	2	2	2	10	9
28	3	3	3	13	12
28	4	4	4	15	14
28	5	5	6	17	16
28	6	7	7	19	18
28	7	8	9	22	20
28	8	10	11	24	23
28	9	12	12	26	25
28	10	13	14	28	27
28	11	15	16	30	29
28	12	17	18	32	31
28	13	19	20	34	33
28	14	21	22	35	34

N = 58

n	a	LOWER .975	LOWER .95	UPPER .975	UPPER .95
1	0	0	0	56	55
1	1	2	3	58	58
2	0	0	0	48	44
2	1	1	2	57	56
3	0	0	0	40	35
3	1	1	1	52	49
3	2	6	9	57	57
4	0	0	0	34	29
4	1	1	1	46	42
4	2	5	7	53	51
5	0	0	0	29	25
5	1	1	1	40	37
5	2	4	5	48	46
5	3	10	12	54	53
6	0	0	0	25	21
6	1	1	1	36	32
6	2	3	5	44	41
6	3	8	10	50	48
7	0	0	0	22	19
7	1	1	1	32	29
7	2	3	4	39	37
7	3	7	9	46	44
7	4	12	14	51	49
8	0	0	0	20	16
8	1	1	1	29	26
8	2	3	4	36	33
8	3	6	8	42	40
8	4	11	13	47	45
9	0	0	0	18	15
9	1	1	1	26	23
9	2	3	3	33	30
9	3	6	7	39	36
9	4	9	11	44	42
9	5	14	16	49	47
10	0	0	0	16	13
10	1	1	1	24	21
10	2	2	3	30	28
10	3	5	6	36	33
10	4	9	10	41	39
10	5	13	14	45	44
11	0	0	0	15	12
11	1	1	1	22	19
11	2	2	3	28	25
11	3	5	6	33	31
11	4	8	9	38	36
11	5	11	13	43	41
11	6	15	17	47	45
12	0	0	0	13	11
12	1	1	1	20	18
12	2	2	3	26	23
12	3	4	5	31	29
12	4	7	9	36	33
12	5	11	12	40	38
12	6	14	16	44	42
13	0	0	0	12	10
13	1	1	1	19	16
13	2	2	3	24	22
13	3	4	5	29	27
13	4	7	8	33	31
13	5	10	11	37	35
13	6	13	15	41	39
13	7	17	19	45	43
14	0	0	0	11	9
14	1	1	1	17	15
14	2	2	2	22	20
14	3	4	5	27	25
14	4	6	7	31	29
14	5	9	10	35	33
14	6	12	14	39	37
14	7	16	17	42	41
15	0	0	0	11	9
15	1	1	1	16	14
15	2	2	2	21	19
15	3	4	5	25	23
15	4	6	7	29	27
15	5	9	10	33	31
15	6	11	13	37	35
15	7	15	16	40	39
15	8	18	19	43	42
16	0	0	0	10	8
16	1	1	1	15	13
16	2	2	2	20	18
16	3	4	4	24	22
16	4	6	7	28	26
16	5	8	9	31	30
16	6	11	12	35	33
16	7	14	15	38	37
16	8	17	18	41	40
17	0	0	0	9	7
17	1	1	1	14	12
17	2	2	2	19	17
17	3	4	4	23	21
17	4	6	6	26	24
17	5	8	9	30	28
17	6	10	11	33	31
17	7	13	14	36	35
17	8	16	17	39	38
17	9	19	20	42	41
18	0	0	0	9	7
18	1	1	1	13	12
18	2	2	2	18	16
18	3	3	4	21	19
18	4	5	6	25	23
18	5	8	8	28	26
18	6	10	11	31	30
18	7	12	14	35	33
18	8	15	16	38	36
18	9	18	19	40	39
19	0	0	0	8	7
19	1	1	1	13	11
19	2	2	2	17	15
19	3	3	4	20	18
19	4	5	6	24	22
19	5	7	8	27	25
19	6	9	10	30	28
19	7	12	13	33	31
19	8	14	15	36	34
19	9	17	18	39	37
19	10	19	21	41	40
20	0	0	0	8	6
20	1	1	1	12	10
20	2	2	2	16	14
20	3	3	4	19	17
20	4	5	6	22	21
20	5	7	8	26	24
20	6	9	10	29	27
20	7	11	12	31	30
20	8	14	15	34	33
20	9	16	17	37	35
20	10	18	20	40	38
21	0	0	0	7	6
21	1	1	1	11	10
21	2	2	2	15	13
21	3	3	4	18	17
21	4	5	5	21	20
21	5	7	7	24	23
21	6	9	10	27	26
21	7	11	12	30	29
21	8	13	14	33	31
21	9	15	16	35	34
21	10	18	19	38	37
21	11	20	21	40	39
22	0	0	0	7	5
22	1	1	1	11	9
22	2	2	2	14	13
22	3	3	4	17	16
22	4	5	5	20	19
22	5	6	7	23	22
22	6	8	9	26	25
22	7	10	11	29	27

CONFIDENCE BOUNDS FOR A

N = 58

n	a	LOWER .975	LOWER .95	UPPER .975	UPPER .95
22	8	12	14	31	30
22	9	15	16	34	32
22	10	17	18	36	35
22	11	19	21	39	37
23	0	0	0	6	5
23	1	1	1	10	9
23	2	2	2	13	12
23	3	3	3	17	15
23	4	5	5	19	18
23	5	6	7	22	21
23	6	8	9	25	23
23	7	10	11	28	26
23	8	12	13	30	29
23	9	14	15	33	31
23	10	16	17	35	34
23	11	18	20	37	36
23	12	21	22	40	38
24	0	0	0	6	5
24	1	1	1	10	8
24	2	2	2	13	11
24	3	3	3	16	14
24	4	4	5	19	17
24	5	6	7	21	20
24	6	8	9	24	22
24	7	10	11	26	25
24	8	12	13	29	27
24	9	14	15	31	30
24	10	16	17	34	32
24	11	18	19	36	35
24	12	20	21	38	37
25	0	0	0	6	5
25	1	1	1	9	8
25	2	2	2	12	11
25	3	3	3	15	14
25	4	4	5	18	16
25	5	6	7	20	19
25	6	8	8	23	22
25	7	9	10	25	24
25	8	11	12	28	26
25	9	13	14	30	29
25	10	15	16	32	31
25	11	17	18	35	33
25	12	19	20	37	35
25	13	21	23	39	38
26	0	0	0	5	4
26	1	1	1	9	8
26	2	2	2	12	10
26	3	3	3	14	13
26	4	4	5	17	16
26	5	6	6	20	18
26	6	7	8	22	21
26	7	9	10	24	23
26	8	11	12	27	25
26	9	13	14	29	28
26	10	15	16	31	30
26	11	17	18	33	32
26	12	19	20	35	34
26	13	21	22	37	36
27	0	0	0	5	4
27	1	1	1	8	7
27	2	2	2	11	10
27	3	3	3	14	13
27	4	4	5	16	15
27	5	6	6	19	17
27	6	7	8	21	20
27	7	9	10	23	22
27	8	11	11	26	24
27	9	12	13	28	27
27	10	14	15	30	29
27	11	16	17	32	31
27	12	18	19	34	33
27	13	20	21	36	35
27	14	22	23	38	37
28	0	0	0	5	4
28	1	1	1	8	7

N = 58

n	a	LOWER .975	LOWER .95	UPPER .975	UPPER .95
28	2	2	2	11	10
28	3	3	3	13	12
28	4	4	5	16	14
28	5	6	6	18	17
28	6	7	8	20	19
28	7	9	9	23	21
28	8	10	11	25	23
28	9	12	13	27	26
28	10	14	15	29	28
28	11	16	16	31	30
28	12	17	18	33	32
28	13	19	20	35	34
28	14	21	22	37	36
29	0	0	0	5	4
29	1	1	1	8	7
29	2	2	2	10	9
29	3	3	3	13	12
29	4	4	4	15	14
29	5	5	6	17	16
29	6	7	7	20	18
29	7	8	9	22	21
29	8	10	11	24	23
29	9	12	12	26	25
29	10	13	14	28	27
29	11	15	16	30	29
29	12	17	18	32	31
29	13	19	20	34	33
29	14	20	21	36	35
29	15	22	23	38	37

N = 60

n	a	LOWER .975	LOWER .95	UPPER .975	UPPER .95
1	0	0	0	58	57
1	1	2	3	60	60
2	0	0	0	50	46
2	1	1	2	59	58
3	0	0	0	41	37
3	1	1	1	53	51
3	2	7	9	59	59
4	0	0	0	35	30
4	1	1	1	47	44
4	2	5	7	55	53
5	0	0	0	30	26
5	1	1	1	42	38
5	2	4	5	50	47
5	3	10	13	56	55
6	0	0	0	26	22
6	1	1	1	37	33
6	2	4	5	45	42
6	3	8	10	52	50
7	0	0	0	23	19
7	1	1	1	33	30
7	2	3	4	41	38
7	3	7	9	47	45
7	4	13	15	53	51
8	0	0	0	20	17
8	1	1	1	30	27
8	2	3	4	37	34
8	3	6	8	44	41
8	4	11	13	49	47
9	0	0	0	18	15
9	1	1	1	27	24
9	2	3	3	34	31
9	3	6	7	40	38
9	4	10	12	46	43
9	5	14	17	50	48
10	0	0	0	17	14
10	1	1	1	25	22
10	2	2	3	31	29
10	3	5	6	37	35
10	4	9	10	42	40
10	5	13	15	47	45
11	0	0	0	15	13
11	1	1	1	23	20
11	2	2	3	29	26
11	3	5	6	34	32
11	4	8	10	39	37
11	5	12	14	44	42
11	6	16	18	48	46
12	0	0	0	14	11
12	1	1	1	21	18
12	2	2	3	27	24
12	3	5	6	32	30
12	4	8	9	37	35
12	5	11	12	41	39
12	6	15	16	45	44
13	0	0	0	13	11
13	1	1	1	19	17
13	2	2	3	25	23
13	3	4	5	30	28
13	4	7	8	35	32
13	5	10	12	39	37
13	6	14	15	43	41
13	7	17	19	46	45
14	0	0	0	12	10
14	1	1	1	18	16
14	2	2	2	23	21
14	3	4	5	28	26
14	4	7	8	32	30
14	5	9	11	37	34
14	6	13	14	40	38
14	7	16	18	44	42
15	0	0	0	11	9
15	1	1	1	17	15
15	2	2	2	22	20
15	3	4	5	26	24
15	4	6	7	31	28

N = 60

n	a	LOWER .975	LOWER .95	UPPER .975	UPPER .95
15	5	9	10	35	32
15	6	12	13	38	36
15	7	15	17	42	40
15	8	18	20	45	43
16	0	0	0	10	8
16	1	1	1	16	14
16	2	2	2	20	18
16	3	4	4	25	23
16	4	6	7	29	27
16	5	8	10	33	31
16	6	11	12	36	34
16	7	14	16	40	38
16	8	17	19	43	41
17	0	0	0	10	8
17	1	1	1	15	13
17	2	2	2	19	17
17	3	4	4	23	21
17	4	6	7	27	25
17	5	8	9	31	29
17	6	11	12	34	33
17	7	13	15	38	36
17	8	16	18	41	39
17	9	19	21	44	42
18	0	0	0	9	7
18	1	1	1	14	12
18	2	2	2	18	16
18	3	4	4	22	20
18	4	5	6	26	24
18	5	8	9	29	27
18	6	10	11	33	31
18	7	13	14	36	34
18	8	15	17	39	37
18	9	18	20	42	40
19	0	0	0	8	7
19	1	1	1	13	11
19	2	2	2	17	15
19	3	3	4	21	19
19	4	5	6	25	23
19	5	7	8	28	26
19	6	10	11	31	29
19	7	12	13	34	32
19	8	15	16	37	36
19	9	17	19	40	38
19	10	20	22	43	41
20	0	0	0	8	6
20	1	1	1	12	11
20	2	2	2	16	15
20	3	3	4	20	18
20	4	5	6	23	22
20	5	7	8	27	25
20	6	9	10	30	28
20	7	12	13	33	31
20	8	14	15	36	34
20	9	16	18	38	37
20	10	19	20	41	40
21	0	0	0	7	6
21	1	1	1	12	10
21	2	2	2	15	14
21	3	3	4	19	17
21	4	5	6	22	21
21	5	7	8	25	24
21	6	9	10	28	27
21	7	11	12	31	30
21	8	13	15	34	32
21	9	16	17	37	35
21	10	18	20	39	38
21	11	21	22	42	40
22	0	0	0	7	6
22	1	1	1	11	10
22	2	2	2	15	13
22	3	3	4	18	16
22	4	5	5	21	20
22	5	7	7	24	23
22	6	9	9	27	25
22	7	11	12	30	28

CONFIDENCE BOUNDS FOR A

N = 60

n	a	LOWER .975	LOWER .95	UPPER .975	UPPER .95
22	8	13	14	33	31
22	9	15	16	35	34
22	10	17	19	38	36
22	11	20	21	40	39
23	0	0	0	7	5
23	1	1	1	11	9
23	2	2	2	14	13
23	3	3	3	17	16
23	4	5	5	20	19
23	5	6	7	23	22
23	6	8	9	26	24
23	7	10	11	29	27
23	8	12	13	31	30
23	9	14	16	34	32
23	10	17	18	36	35
23	11	19	20	39	37
23	12	21	23	41	40
24	0	0	0	6	5
24	1	1	1	10	9
24	2	2	2	13	12
24	3	3	3	16	15
24	4	5	5	19	18
24	5	6	7	22	21
24	6	8	9	25	23
24	7	10	11	27	26
24	8	12	13	30	29
24	9	14	15	32	31
24	10	16	17	35	33
24	11	18	19	37	36
24	12	20	22	40	38
25	0	0	0	6	5
25	1	1	1	10	8
25	2	2	2	13	11
25	3	3	3	16	14
25	4	4	5	19	17
25	5	6	7	21	20
25	6	8	9	24	22
25	7	10	10	26	25
25	8	12	12	29	27
25	9	13	15	31	30
25	10	15	17	34	32
25	11	18	19	36	35
25	12	20	21	38	37
25	13	22	23	40	39
26	0	0	0	6	5
26	1	1	1	9	8
26	2	2	2	12	11
26	3	3	3	15	14
26	4	4	5	18	16
26	5	6	7	20	19
26	6	8	8	23	21
26	7	9	10	25	24
26	8	11	12	28	26
26	9	13	14	30	29
26	10	15	16	32	31
26	11	17	18	35	33
26	12	19	20	37	35
26	13	21	22	39	38
27	0	0	0	5	4
27	1	1	1	9	8
27	2	2	2	12	10
27	3	3	3	14	13
27	4	4	5	17	16
27	5	6	6	20	18
27	6	7	8	22	21
27	7	9	10	24	23
27	8	11	12	27	25
27	9	13	14	29	28
27	10	15	16	31	30
27	11	16	17	33	32
27	12	18	20	35	34
27	13	20	22	38	36
27	14	22	24	40	38
28	0	0	0	5	4
28	1	1	1	8	7

N = 60

n	a	LOWER .975	LOWER .95	UPPER .975	UPPER .95
28	2	2	2	11	10
28	3	3	3	14	13
28	4	4	5	16	15
28	5	6	6	19	17
28	6	7	8	21	20
28	7	9	10	23	22
28	8	11	11	26	24
28	9	12	13	28	27
28	10	14	15	30	29
28	11	16	17	32	31
28	12	18	19	34	33
28	13	20	21	36	35
28	14	22	23	38	37
29	0	0	0	5	4
29	1	1	1	8	7
29	2	2	2	11	10
29	3	3	3	13	12
29	4	4	5	16	14
29	5	6	6	18	17
29	6	7	8	20	19
29	7	9	9	23	21
29	8	10	11	25	24
29	9	12	13	27	26
29	10	14	15	29	28
29	11	15	16	31	30
29	12	17	18	33	32
29	13	19	20	35	34
29	14	21	22	37	36
29	15	23	24	39	38
30	0	0	0	5	4
30	1	1	1	8	7
30	2	2	2	10	9
30	3	3	3	13	12
30	4	4	4	15	14
30	5	5	6	17	16
30	6	7	7	20	18
30	7	8	9	22	21
30	8	10	11	24	23
30	9	12	12	26	25
30	10	13	14	28	27
30	11	15	16	30	29
30	12	17	18	32	31
30	13	19	20	34	33
30	14	20	21	36	35
30	15	22	23	38	37

N = 62

n	a	LOWER .975	LOWER .95	UPPER .975	UPPER .95
1	0	0	0	60	58
1	1	2	4	62	62
2	0	0	0	51	47
2	1	1	2	61	60
3	0	0	0	43	38
3	1	1	2	55	53
3	2	7	9	61	60
4	0	0	0	36	31
4	1	1	1	49	45
4	2	5	7	57	55
5	0	0	0	31	27
5	1	1	1	43	39
5	2	4	6	52	49
5	3	10	13	58	56
6	0	0	0	27	23
6	1	1	1	38	35
6	2	4	5	47	44
6	3	9	11	53	51
7	0	0	0	24	20
7	1	1	1	34	31
7	2	3	4	42	39
7	3	7	9	49	47
7	4	13	15	55	53
8	0	0	0	21	18
8	1	1	1	31	27
8	2	3	4	39	36
8	3	7	8	45	43
8	4	11	13	51	49
9	0	0	0	19	16
9	1	1	1	28	25
9	2	3	3	35	32
9	3	6	7	42	39
9	4	10	12	47	45
9	5	15	17	52	50
10	0	0	0	17	14
10	1	1	1	26	23
10	2	3	3	32	30
10	3	5	7	38	36
10	4	9	11	44	41
10	5	13	15	49	47
11	0	0	0	16	13
11	1	1	1	23	21
11	2	2	3	30	27
11	3	5	6	36	33
11	4	8	10	41	38
11	5	12	14	46	43
11	6	16	19	50	48
12	0	0	0	14	12
12	1	1	1	22	19
12	2	2	3	28	25
12	3	5	6	33	31
12	4	8	9	38	36
12	5	11	13	43	41
12	6	15	17	47	45
13	0	0	0	13	11
13	1	1	1	20	18
13	2	2	3	26	23
13	3	4	5	31	29
13	4	7	8	36	33
13	5	10	12	40	38
13	6	14	16	44	42
13	7	18	20	48	46
14	0	0	0	12	10
14	1	1	1	19	16
14	2	2	3	24	22
14	3	4	5	29	27
14	4	7	8	34	31
14	5	10	11	38	36
14	6	13	15	42	40
14	7	16	18	46	44
15	0	0	0	11	9
15	1	1	1	17	15
15	2	2	2	23	20
15	3	4	5	27	25
15	4	6	7	32	29

N = 62

n	a	LOWER .975	LOWER .95	UPPER .975	UPPER .95
15	5	9	10	36	34
15	6	12	14	40	38
15	7	15	17	43	41
15	8	19	21	47	45
16	0	0	0	11	9
16	1	1	1	16	14
16	2	2	2	21	19
16	3	4	5	26	24
16	4	6	7	30	28
16	5	9	10	34	32
16	6	11	13	38	36
16	7	14	16	41	39
16	8	18	19	44	43
17	0	0	0	10	8
17	1	1	1	15	13
17	2	2	2	20	18
17	3	4	4	24	22
17	4	6	7	28	26
17	5	8	9	32	30
17	6	11	12	36	34
17	7	14	15	39	37
17	8	17	18	42	41
17	9	20	21	45	44
18	0	0	0	9	8
18	1	1	1	14	13
18	2	2	2	19	17
18	3	4	4	23	21
18	4	6	6	27	25
18	5	8	9	30	28
18	6	10	12	34	32
18	7	13	14	37	35
18	8	16	17	40	39
18	9	19	20	43	42
19	0	0	0	9	7
19	1	1	1	14	12
19	2	2	2	18	16
19	3	3	4	22	20
19	4	5	6	25	24
19	5	8	8	29	27
19	6	10	11	32	30
19	7	12	14	35	34
19	8	15	16	39	37
19	9	18	19	41	40
19	10	21	22	44	43
20	0	0	0	8	7
20	1	1	1	13	11
20	2	2	2	17	15
20	3	3	4	21	19
20	4	5	6	24	22
20	5	7	8	28	26
20	6	9	11	31	29
20	7	12	13	34	32
20	8	14	16	37	35
20	9	17	18	40	38
20	10	20	21	42	41
21	0	0	0	8	6
21	1	1	1	12	11
21	2	2	2	16	14
21	3	3	4	20	18
21	4	5	6	23	21
21	5	7	8	26	25
21	6	9	10	29	28
21	7	11	12	32	31
21	8	14	15	35	34
21	9	16	17	38	36
21	10	19	20	41	39
21	11	21	23	43	42
22	0	0	0	7	6
22	1	1	1	12	10
22	2	2	2	15	14
22	3	3	4	19	17
22	4	5	6	22	20
22	5	7	8	25	23
22	6	9	10	28	26
22	7	11	12	31	29

CONFIDENCE BOUNDS FOR A

N = 62

n	a	LOWER .975	LOWER .95	UPPER .975	UPPER .95
22	8	13	14	34	32
22	9	15	17	37	35
22	10	18	19	39	38
22	11	20	22	42	40
23	0	0	0	7	6
23	1	1	1	11	10
23	2	2	2	15	13
23	3	3	4	18	16
23	4	5	5	21	19
23	5	7	7	24	22
23	6	8	9	27	25
23	7	11	12	30	28
23	8	13	14	32	31
23	9	15	16	35	33
23	10	17	18	38	36
23	11	19	21	40	39
23	12	22	23	43	41
24	0	0	0	7	5
24	1	1	1	10	9
24	2	2	2	14	12
24	3	3	3	17	16
24	4	5	5	20	19
24	5	6	7	23	21
24	6	8	9	26	24
24	7	10	11	29	27
24	8	12	13	31	30
24	9	14	15	34	32
24	10	16	18	36	35
24	11	19	20	39	37
24	12	21	22	41	40
25	0	0	0	6	5
25	1	1	1	10	9
25	2	2	2	13	12
25	3	3	3	16	15
25	4	5	5	19	18
25	5	6	7	22	21
25	6	8	9	25	23
25	7	10	11	27	26
25	8	12	13	30	28
25	9	14	15	32	31
25	10	16	17	35	33
25	11	18	19	37	36
25	12	20	22	40	38
25	13	22	24	42	40
26	0	0	0	6	5
26	1	1	1	10	8
26	2	2	2	13	11
26	3	3	3	16	14
26	4	4	5	18	17
26	5	6	7	21	20
26	6	8	8	24	22
26	7	10	10	26	25
26	8	11	12	29	27
26	9	13	14	31	30
26	10	15	16	34	32
26	11	17	19	36	34
26	12	20	21	38	37
26	13	22	23	40	39
27	0	0	0	6	5
27	1	1	1	9	8
27	2	2	2	12	11
27	3	3	3	15	14
27	4	4	5	18	16
27	5	6	6	20	19
27	6	8	8	23	21
27	7	9	10	25	24
27	8	11	12	28	26
27	9	13	14	30	29
27	10	15	16	32	31
27	11	17	18	35	33
27	12	19	20	37	35
27	13	21	22	39	38
27	14	23	24	41	40
28	0	0	0	5	4
28	1	1	1	9	7

N = 62

n	a	LOWER .975	LOWER .95	UPPER .975	UPPER .95
28	2	2	2	12	10
28	3	3	3	14	13
28	4	4	5	17	16
28	5	6	6	20	18
28	6	7	8	22	21
28	7	9	10	24	23
28	8	11	12	27	25
28	9	13	14	29	28
28	10	14	15	31	30
28	11	16	17	33	32
28	12	18	19	36	34
28	13	20	21	38	36
28	14	22	24	40	38
29	0	0	0	5	4
29	1	1	1	8	7
29	2	2	2	11	10
29	3	3	3	14	13
29	4	4	5	16	15
29	5	6	6	19	17
29	6	7	8	21	20
29	7	9	10	24	22
29	8	11	11	26	24
29	9	12	13	28	27
29	10	14	15	30	29
29	11	16	17	32	31
29	12	18	19	34	33
29	13	20	21	36	35
29	14	22	23	38	37
29	15	24	25	40	39
30	0	0	0	5	4
30	1	1	1	8	7
30	2	2	2	11	10
30	3	3	3	13	12
30	4	4	5	16	14
30	5	6	6	18	17
30	6	7	8	20	19
30	7	9	9	23	21
30	8	10	11	25	24
30	9	12	13	27	26
30	10	14	15	29	28
30	11	15	16	31	30
30	12	17	18	33	32
30	13	19	20	35	34
30	14	21	22	37	36
30	15	23	24	39	38
31	0	0	0	5	4
31	1	1	1	8	7
31	2	2	2	10	9
31	3	3	3	13	12
31	4	4	4	15	14
31	5	5	6	17	16
31	6	7	7	20	18
31	7	8	9	22	21
31	8	10	11	24	23
31	9	12	12	26	25
31	10	13	14	28	27
31	11	15	16	30	29
31	12	17	18	32	31
31	13	19	20	34	33
31	14	20	21	36	35
31	15	22	23	38	37
31	16	24	25	40	39

N = 64

n	a	LOWER .975	LOWER .95	UPPER .975	UPPER .95
1	0	0	0	62	60
1	1	2	4	64	64
2	0	0	0	53	49
2	1	1	2	63	62
3	0	0	0	44	39
3	1	1	2	57	54
3	2	7	10	63	62
4	0	0	0	37	32
4	1	1	1	50	47
4	2	5	7	59	57
5	0	0	0	32	27
5	1	1	1	44	41
5	2	4	6	53	51
5	3	11	13	60	58
6	0	0	0	28	24
6	1	1	1	39	36
6	2	4	5	48	45
6	3	9	11	55	53
7	0	0	0	24	21
7	1	1	1	35	32
7	2	3	4	44	41
7	3	8	9	51	48
7	4	13	16	56	55
8	0	0	0	22	18
8	1	1	1	32	28
8	2	3	4	40	37
8	3	7	8	47	44
8	4	12	14	52	50
9	0	0	0	20	16
9	1	1	1	29	26
9	2	3	4	36	33
9	3	6	7	43	40
9	4	10	12	49	46
9	5	15	18	54	52
10	0	0	0	18	15
10	1	1	1	26	23
10	2	3	3	34	31
10	3	6	7	40	37
10	4	9	11	45	43
10	5	14	16	50	48
11	0	0	0	16	14
11	1	1	1	24	21
11	2	2	3	31	28
11	3	5	6	37	34
11	4	9	10	42	40
11	5	12	14	47	45
11	6	17	19	52	50
12	0	0	0	15	12
12	1	1	1	22	20
12	2	2	3	29	26
12	3	5	6	34	32
12	4	8	9	39	37
12	5	11	13	44	42
12	6	15	17	49	47
13	0	0	0	14	11
13	1	1	1	21	18
13	2	2	3	27	24
13	3	5	5	32	30
13	4	7	9	37	35
13	5	11	12	42	39
13	6	14	16	46	44
13	7	18	20	50	48
14	0	0	0	13	11
14	1	1	1	19	17
14	2	2	3	25	23
14	3	4	5	30	28
14	4	7	8	35	32
14	5	10	11	39	37
14	6	13	15	43	41
14	7	17	19	47	45
15	0	0	0	12	10
15	1	1	1	18	16
15	2	2	2	23	21
15	3	4	5	28	26
15	4	7	8	33	31

N = 64

n	a	LOWER .975	LOWER .95	UPPER .975	UPPER .95
15	5	9	11	37	35
15	6	12	14	41	39
15	7	16	18	45	43
15	8	19	21	48	46
16	0	0	0	11	9
16	1	1	1	17	15
16	2	2	2	22	20
16	3	4	5	27	24
16	4	6	7	31	29
16	5	9	10	35	33
16	6	12	13	39	37
16	7	15	16	42	41
16	8	18	20	46	44
17	0	0	0	10	8
17	1	1	1	16	14
17	2	2	2	21	19
17	3	4	4	25	23
17	4	6	7	29	27
17	5	8	10	33	31
17	6	11	12	37	35
17	7	14	16	40	38
17	8	17	19	44	42
17	9	20	22	47	45
18	0	0	0	10	8
18	1	1	1	15	13
18	2	2	2	20	18
18	3	4	4	24	22
18	4	6	7	28	26
18	5	8	9	31	29
18	6	11	12	35	33
18	7	13	15	38	37
18	8	16	18	42	40
18	9	19	21	45	43
19	0	0	0	9	7
19	1	1	1	14	12
19	2	2	2	19	17
19	3	4	4	23	21
19	4	6	6	26	24
19	5	8	9	30	28
19	6	10	11	33	31
19	7	13	14	37	35
19	8	15	17	40	38
19	9	18	20	43	41
19	10	21	23	46	44
20	0	0	0	9	7
20	1	1	1	13	12
20	2	2	2	18	16
20	3	3	4	21	20
20	4	5	6	25	23
20	5	7	8	29	27
20	6	10	11	32	30
20	7	12	13	35	33
20	8	15	16	38	36
20	9	17	19	41	39
20	10	20	22	44	42
21	0	0	0	8	7
21	1	1	1	13	11
21	2	2	2	17	15
21	3	3	4	20	19
21	4	5	6	24	22
21	5	7	8	27	25
21	6	9	10	30	29
21	7	12	13	34	32
21	8	14	15	36	35
21	9	17	18	39	38
21	10	19	21	42	41
21	11	22	23	45	43
22	0	0	0	8	6
22	1	1	1	12	10
22	2	2	2	16	14
22	3	3	4	19	18
22	4	5	6	23	21
22	5	7	8	26	24
22	6	9	10	29	27
22	7	11	12	32	30

84

CONFIDENCE BOUNDS FOR A

		N = 64						N = 64						N = 64						N = 66			
		LOWER		UPPER				LOWER		UPPER				LOWER		UPPER				LOWER		UPPER	
n	a	.975	.95	.975	.95	n	a	.975	.95	.975	.95	n	a	.975	.95	.975	.95	n	a	.975	.95	.975	.95
22	8	13	15	35	33	28	2	2	2	12	11	32	13	19	20	34	33	1	0	0	0	64	62
22	9	16	17	38	36	28	3	3	3	15	14	32	14	20	21	36	35	1	1	2	4	66	66
22	10	18	20	40	39	28	4	4	4	18	16	32	15	22	23	38	37	2	0	0	0	55	50
22	11	21	22	43	42	28	5	6	6	20	19	32	16	24	25	40	39	2	1	1	2	65	64
23	0	0	0	7	6	28	6	8	8	23	21							3	0	0	0	45	41
23	1	1	1	11	10	28	7	9	10	25	24							3	1	1	2	59	56
23	2	2	2	15	14	28	8	11	12	28	26							3	2	7	10	65	64
23	3	3	4	19	17	28	9	13	14	30	29							4	0	0	0	38	33
23	4	5	5	22	20	28	10	15	16	32	31							4	1	1	1	52	48
23	5	7	7	25	23	28	11	17	18	35	33							4	2	5	7	61	59
23	6	9	10	28	26	28	12	19	20	37	35							5	0	0	0	33	28
23	7	11	12	31	29	28	13	21	22	39	38							5	1	1	1	46	42
23	8	13	14	34	32	28	14	23	24	41	40							5	2	4	6	55	52
23	9	15	16	36	35	29	0	0	0	5	4							5	3	11	14	62	60
23	10	18	19	39	37	29	1	1	1	9	7							6	0	0	0	29	24
23	11	20	21	41	40	29	2	2	2	12	10							6	1	1	1	41	37
23	12	23	24	44	43	29	3	3	3	14	13							6	2	4	5	50	47
24	0	0	0	7	6	29	4	4	5	17	16							6	3	9	11	57	55
24	1	1	1	11	9	29	5	6	6	20	18							7	0	0	0	25	21
24	2	2	2	14	13	29	6	7	8	22	21							7	1	1	1	36	33
24	3	3	4	18	16	29	7	9	10	24	23							7	2	3	4	45	42
24	4	5	5	21	19	29	8	11	12	27	25							7	3	8	10	52	50
24	5	7	7	24	22	29	9	13	13	29	28							7	4	14	16	58	56
24	6	8	9	27	25	29	10	14	15	31	30							8	0	0	0	23	19
24	7	10	11	30	28	29	11	16	17	33	32							8	1	1	1	33	29
24	8	13	14	32	31	29	12	18	19	36	34							8	2	3	4	41	38
24	9	15	16	35	33	29	13	20	21	38	36							8	3	7	8	48	45
24	10	17	18	37	36	29	14	22	23	40	39							8	4	12	14	54	52
24	11	19	21	40	38	29	15	24	25	42	41							9	0	0	0	20	17
24	12	22	23	42	41	30	0	0	0	5	4							9	1	1	1	30	27
25	0	0	0	6	5	30	1	1	1	8	7							9	2	3	4	38	35
25	1	1	1	10	9	30	2	2	2	11	10							9	3	6	8	44	42
25	2	2	2	14	12	30	3	3	3	14	13							9	4	11	13	50	48
25	3	3	3	17	15	30	4	4	5	16	15							9	5	16	18	55	53
25	4	5	5	20	18	30	5	6	6	19	17							10	0	0	0	18	15
25	5	6	7	23	21	30	6	7	8	21	20							10	1	1	1	27	24
25	6	8	9	26	24	30	7	9	10	24	22							10	2	3	3	35	32
25	7	10	11	28	27	30	8	10	11	26	24							10	3	6	7	41	38
25	8	12	13	31	29	30	9	12	13	28	27							10	4	10	11	47	44
25	9	14	15	34	32	30	10	14	15	30	29							10	5	14	16	52	50
25	10	16	18	36	35	30	11	16	17	32	31							11	0	0	0	17	14
25	11	19	20	39	37	30	12	18	19	34	33							11	1	1	1	25	22
25	12	21	22	41	39	30	13	20	21	37	35							11	2	2	3	32	29
25	13	23	25	43	42	30	14	21	23	39	37							11	3	5	6	38	35
26	0	0	0	6	5	30	15	23	25	41	39							11	4	9	10	44	41
26	1	1	1	10	9	31	0	0	0	5	4							11	5	13	15	49	46
26	2	2	2	13	12	31	1	1	1	8	7							11	6	17	20	53	51
26	3	3	3	16	15	31	2	2	2	11	10							12	0	0	0	15	13
26	4	5	5	19	18	31	3	3	3	13	12							12	1	1	1	23	20
26	5	6	7	22	20	31	4	4	5	16	15							12	2	2	3	30	27
26	6	8	9	25	23	31	5	6	6	18	17							12	3	5	6	36	33
26	7	10	11	27	26	31	6	7	8	20	19							12	4	8	10	41	38
26	8	12	13	30	28	31	7	9	9	23	21							12	5	12	14	46	43
26	9	14	15	32	31	31	8	10	11	25	24							12	6	16	18	50	48
26	10	16	17	35	33	31	9	12	13	27	26							13	0	0	0	14	12
26	11	18	19	37	36	31	10	14	15	29	28							13	1	1	1	22	19
26	12	20	21	39	38	31	11	15	16	31	30							13	2	2	3	28	25
26	13	22	24	42	40	31	12	17	18	33	32							13	3	5	6	33	31
27	0	0	0	6	5	31	13	19	20	35	34							13	4	8	9	38	36
27	1	1	1	9	8	31	14	21	22	37	36							13	5	11	13	43	41
27	2	2	2	13	11	31	15	23	24	39	38							13	6	15	17	47	45
27	3	3	3	16	14	31	16	25	26	41	40							13	7	19	21	51	49
27	4	4	5	18	17	32	0	0	0	5	4							14	0	0	0	13	11
27	5	6	7	21	20	32	1	1	1	8	7							14	1	1	1	20	18
27	6	8	8	24	22	32	2	2	2	10	9							14	2	2	3	26	23
27	7	10	10	26	25	32	3	3	3	13	12							14	3	4	5	31	29
27	8	11	12	29	27	32	4	4	4	15	14							14	4	7	8	36	34
27	9	13	14	31	30	32	5	5	6	17	16							14	5	10	12	40	38
27	10	15	16	34	32	32	6	7	7	20	18							14	6	14	15	45	43
27	11	17	18	36	34	32	7	8	9	22	21							14	7	17	19	49	47
27	12	19	21	38	37	32	8	10	11	24	23							15	0	0	0	12	10
27	13	22	23	40	39	32	9	12	12	26	25							15	1	1	1	19	16
27	14	24	25	42	41	32	10	13	14	28	27							15	2	2	3	24	22
28	0	0	0	6	4	32	11	15	16	30	29							15	3	4	5	29	27
28	1	1	1	9	8	32	12	17	18	32	31							15	4	7	8	34	32

CONFIDENCE BOUNDS FOR A

N = 66						N = 66						N = 66						N = 66					
		LOWER		UPPER				LOWER		UPPER				LOWER		UPPER				LOWER		UPPER	
n	a	.975	.95	.975	.95	n	a	.975	.95	.975	.95	n	a	.975	.95	.975	.95	n	a	.975	.95	.975	.95
15	5	10	11	38	36	22	8	14	15	36	34	28	2	2	2	13	11	32	13	19	20	35	34
15	6	13	14	42	40	22	9	16	18	39	37	28	3	3	3	16	14	32	14	21	22	37	36
15	7	16	18	46	44	22	10	19	20	42	40	28	4	4	5	18	17	32	15	23	24	39	38
15	8	20	22	50	48	22	11	21	23	45	43	28	5	6	7	21	20	32	16	25	26	41	40
16	0	0	0	11	9	23	0	0	0	8	6	28	6	8	8	24	22	33	0	0	0	5	4
16	1	1	1	18	15	23	1	1	1	12	10	28	7	9	10	26	25	33	1	1	1	8	7
16	2	2	2	23	21	23	2	2	2	16	14	28	8	11	12	29	27	33	2	2	2	10	9
16	3	4	5	28	25	23	3	3	4	19	18	28	9	13	14	31	30	33	3	3	3	13	12
16	4	6	7	32	30	23	4	5	6	23	21	28	10	15	16	33	32	33	4	4	4	15	14
16	5	9	10	36	34	23	5	7	8	26	24	28	11	17	18	36	34	33	5	5	6	18	16
16	6	12	14	40	38	23	6	9	10	29	27	28	12	19	20	38	37	33	6	7	7	20	19
16	7	15	17	44	42	23	7	11	12	32	30	28	13	21	23	40	39	33	7	8	9	22	21
16	8	19	20	47	46	23	8	13	14	35	33	28	14	23	25	43	41	33	8	10	11	24	23
17	0	0	0	11	9	23	9	16	17	38	36	29	0	0	0	6	4	33	9	12	12	26	25
17	1	1	1	17	14	23	10	18	19	40	39	29	1	1	1	9	8	33	10	13	14	28	27
17	2	2	2	22	19	23	11	21	22	43	41	29	2	2	2	12	11	33	11	15	16	30	29
17	3	4	5	26	24	23	12	23	25	45	44	29	3	3	3	15	14	33	12	17	18	32	31
17	4	6	7	30	28	24	0	0	0	7	6	29	4	4	5	18	16	33	13	18	19	34	33
17	5	9	10	34	32	24	1	1	1	11	10	29	5	6	6	20	19	33	14	20	21	36	35
17	6	11	13	38	36	24	2	2	2	15	13	29	6	8	8	23	21	33	15	22	23	38	37
17	7	14	16	42	40	24	3	3	4	18	17	29	7	9	10	25	24	33	16	24	25	40	39
17	8	18	19	45	43	24	4	5	5	22	20	29	8	11	12	28	26	33	17	26	27	42	41
17	9	21	23	48	47	24	5	7	7	25	23	29	9	13	14	30	29						
18	0	0	0	10	8	24	6	9	9	28	26	29	10	15	16	32	31						
18	1	1	1	16	14	24	7	11	12	31	29	29	11	17	18	35	33						
18	2	2	2	20	18	24	8	13	14	33	32	29	12	19	20	37	35						
18	3	4	4	25	23	24	9	15	16	36	34	29	13	21	22	39	38						
18	4	6	7	29	27	24	10	17	19	39	37	29	14	23	24	41	40						
18	5	8	9	33	30	24	11	20	21	41	40	29	15	25	26	43	42						
18	6	11	12	36	34	24	12	22	24	44	42	30	0	0	0	5	4						
18	7	14	15	40	38	25	0	0	0	7	5	30	1	1	1	9	7						
18	8	17	18	43	41	25	1	1	1	11	9	30	2	2	2	12	10						
18	9	20	21	46	45	25	2	2	2	14	13	30	3	3	3	14	13						
19	0	0	0	9	8	25	3	3	3	18	16	30	4	4	5	17	16						
19	1	1	1	15	13	25	4	5	5	21	19	30	5	6	6	20	18						
19	2	2	2	19	17	25	5	6	7	24	22	30	6	7	8	22	21						
19	3	4	4	23	21	25	6	8	9	27	25	30	7	9	10	24	23						
19	4	6	6	27	25	25	7	10	11	29	28	30	8	11	12	27	25						
19	5	8	9	31	29	25	8	12	13	32	30	30	9	12	13	29	28						
19	6	10	12	35	33	25	9	15	16	35	33	30	10	14	15	31	30						
19	7	13	14	38	36	25	10	17	18	37	36	30	11	16	17	33	32						
19	8	16	17	41	39	25	11	19	20	40	38	30	12	18	19	36	34						
19	9	19	20	44	43	25	12	21	23	42	41	30	13	20	21	38	36						
19	10	22	23	47	46	25	13	24	25	45	43	30	14	22	23	40	39						
20	0	0	0	9	7	26	0	0	0	6	5	30	15	24	25	42	41						
20	1	1	1	14	12	26	1	1	1	10	9	31	0	0	0	5	4						
20	2	2	2	18	16	26	2	2	2	14	12	31	1	1	1	8	7						
20	3	4	4	22	20	26	3	3	3	17	15	31	2	2	2	11	10						
20	4	5	6	26	24	26	4	5	5	20	18	31	3	3	3	14	13						
20	5	8	9	30	28	26	5	6	7	23	21	31	4	4	5	16	15						
20	6	10	11	33	31	26	6	8	9	26	24	31	5	6	6	19	17						
20	7	12	14	36	34	26	7	10	11	28	27	31	6	7	8	21	20						
20	8	15	16	39	38	26	8	12	13	31	29	31	7	9	9	24	22						
20	9	18	19	42	41	26	9	14	15	33	32	31	8	10	11	26	24						
20	10	21	22	45	44	26	10	16	17	36	34	31	9	12	13	28	27						
21	0	0	0	8	7	26	11	18	20	38	37	31	10	14	15	30	29						
21	1	1	1	13	11	26	12	21	22	41	39	31	11	16	17	32	31						
21	2	2	2	17	16	26	13	23	24	43	42	31	12	18	19	35	33						
21	3	3	4	21	19	27	0	0	0	6	5	31	13	19	21	37	35						
21	4	5	6	25	23	27	1	1	1	10	9	31	14	21	23	39	37						
21	5	7	8	28	26	27	2	2	2	13	12	31	15	23	25	41	39						
21	6	10	11	31	30	27	3	3	3	16	15	31	16	25	27	43	41						
21	7	12	13	35	33	27	4	5	5	19	18	32	0	0	0	5	4						
21	8	14	16	38	36	27	5	6	7	22	20	32	1	1	1	8	7						
21	9	17	18	41	39	27	6	8	9	25	23	32	2	2	2	11	10						
21	10	20	21	44	42	27	7	10	11	27	26	32	3	3	3	13	12						
21	11	22	24	46	45	27	8	12	13	30	28	32	4	4	5	16	15						
22	0	0	0	8	6	27	9	14	15	32	31	32	5	6	6	18	17						
22	1	1	1	13	11	27	10	16	17	35	33	32	6	7	8	20	19						
22	2	2	2	17	15	27	11	18	19	37	36	32	7	9	9	23	21						
22	3	3	4	20	18	27	12	20	21	39	38	32	8	10	11	25	24						
22	4	5	6	24	22	27	13	22	23	42	40	32	9	12	13	27	26						
22	5	7	8	27	25	27	14	24	26	44	43	32	10	14	14	29	28						
22	6	9	10	30	28	28	0	0	0	6	5	32	11	15	16	31	30						
22	7	11	13	33	31	28	1	1	1	9	8	32	12	17	18	33	32						

CONFIDENCE BOUNDS FOR A

N = 68

n	a	LOWER .975	LOWER .95	UPPER .975	UPPER .95
1	0	0	0	66	64
1	1	2	4	68	68
2	0	0	0	56	52
2	1	1	2	67	66
3	0	0	0	47	42
3	1	1	2	61	58
3	2	7	10	67	66
4	0	0	0	40	35
4	1	1	1	54	50
4	2	6	8	62	60
5	0	0	0	34	29
5	1	1	1	47	43
5	2	5	6	57	54
5	3	11	14	63	62
6	0	0	0	30	25
6	1	1	1	42	38
6	2	4	5	51	48
6	3	9	12	59	56
7	0	0	0	26	22
7	1	1	1	38	34
7	2	3	5	47	43
7	3	8	10	54	51
7	4	14	17	60	58
8	0	0	0	23	20
8	1	1	1	34	30
8	2	3	4	42	39
8	3	7	9	50	47
8	4	12	14	56	54
9	0	0	0	21	18
9	1	1	1	31	27
9	2	3	4	39	36
9	3	6	8	46	43
9	4	11	13	52	49
9	5	16	19	57	55
10	0	0	0	19	16
10	1	1	1	28	25
10	2	3	3	36	33
10	3	6	7	42	39
10	4	10	12	48	46
10	5	14	17	54	51
11	0	0	0	17	14
11	1	1	1	26	23
11	2	3	3	33	30
11	3	5	7	39	36
11	4	9	11	45	42
11	5	13	15	50	48
11	6	18	20	55	53
12	0	0	0	16	13
12	1	1	1	24	21
12	2	2	3	31	28
12	3	5	6	37	34
12	4	8	10	42	39
12	5	12	14	47	45
12	6	16	18	52	50
13	0	0	0	15	12
13	1	1	1	22	20
13	2	2	3	29	26
13	3	5	6	34	32
13	4	8	9	39	37
13	5	11	13	44	42
13	6	15	17	49	47
13	7	19	21	53	51
14	0	0	0	14	11
14	1	1	1	21	18
14	2	2	3	27	24
14	3	4	5	32	30
14	4	7	8	37	35
14	5	10	12	42	39
14	6	14	16	46	44
14	7	18	20	50	48
15	0	0	0	13	10
15	1	1	1	19	17
15	2	2	3	25	23
15	3	4	5	30	28
15	4	7	8	35	33
15	5	10	11	39	37
15	6	13	15	44	41
15	7	17	18	48	46
15	8	20	22	51	50
16	0	0	0	12	10
16	1	1	1	18	16
16	2	2	2	24	21
16	3	4	5	28	26
16	4	7	8	33	31
16	5	9	11	37	35
16	6	12	14	41	39
16	7	16	17	45	43
16	8	19	21	49	47
17	0	0	0	11	9
17	1	1	1	17	15
17	2	2	2	22	20
17	3	4	5	27	25
17	4	6	7	31	29
17	5	9	10	35	33
17	6	12	13	39	37
17	7	15	16	43	41
17	8	18	20	47	45
17	9	21	23	50	48
18	0	0	0	10	9
18	1	1	1	16	14
18	2	2	2	21	19
18	3	4	4	25	23
18	4	6	7	30	27
18	5	8	10	34	31
18	6	11	12	37	35
18	7	14	15	41	39
18	8	17	19	45	43
18	9	20	22	48	46
19	0	0	0	10	8
19	1	1	1	15	13
19	2	2	2	20	18
19	3	4	4	24	22
19	4	6	7	28	26
19	5	8	9	32	30
19	6	11	12	36	34
19	7	13	15	39	37
19	8	16	18	43	41
19	9	19	21	46	44
19	10	22	24	49	47
20	0	0	0	9	8
20	1	1	1	14	13
20	2	2	2	19	17
20	3	4	4	23	21
20	4	6	6	27	25
20	5	8	9	31	28
20	6	10	11	34	32
20	7	13	14	37	35
20	8	15	17	41	39
20	9	18	20	44	42
20	10	21	23	47	45
21	0	0	0	9	7
21	1	1	1	14	12
21	2	2	2	18	16
21	3	3	4	22	20
21	4	5	6	26	24
21	5	7	8	29	27
21	6	10	11	33	31
21	7	12	13	36	34
21	8	15	16	39	37
21	9	17	19	42	40
21	10	20	22	45	43
21	11	23	25	48	46
22	0	0	0	8	7
22	1	1	1	13	11
22	2	2	2	17	15
22	3	3	4	21	19
22	4	5	6	24	23
22	5	7	8	28	26
22	6	9	10	31	29
22	7	12	13	34	32
22	8	14	15	37	36
22	9	17	18	40	39
22	10	19	21	43	42
22	11	22	24	46	44
23	0	0	0	8	6
23	1	1	1	12	11
23	2	2	2	16	15
23	3	3	4	20	18
23	4	5	6	23	22
23	5	7	8	27	25
23	6	9	10	30	28
23	7	11	12	33	31
23	8	14	15	36	34
23	9	16	17	39	37
23	10	18	20	42	40
23	11	21	23	44	43
23	12	24	25	47	45
24	0	0	0	7	6
24	1	1	1	12	10
24	2	2	2	16	14
24	3	3	4	19	17
24	4	5	6	22	21
24	5	7	8	26	24
24	6	9	10	29	27
24	7	11	12	32	30
24	8	13	14	34	33
24	9	15	17	37	36
24	10	18	19	40	38
24	11	20	22	43	41
24	12	23	24	45	44
25	0	0	0	7	6
25	1	1	1	11	10
25	2	2	2	15	13
25	3	3	4	18	17
25	4	5	5	21	20
25	5	7	7	25	23
25	6	9	9	27	25
25	7	11	12	30	29
25	8	13	14	33	31
25	9	15	16	36	34
25	10	17	18	39	37
25	11	19	21	41	40
25	12	22	23	44	42
25	13	24	26	46	45
26	0	0	0	7	5
26	1	1	1	11	9
26	2	2	2	14	13
26	3	3	3	17	16
26	4	5	5	21	19
26	5	6	7	24	22
26	6	8	9	26	25
26	7	10	11	29	28
26	8	12	13	32	30
26	9	14	16	35	33
26	10	17	18	37	36
26	11	19	20	40	38
26	12	21	22	42	41
26	13	23	25	45	43
27	0	0	0	6	5
27	1	1	1	10	9
27	2	2	2	14	12
27	3	3	3	17	15
27	4	5	5	20	18
27	5	6	7	23	21
27	6	8	9	25	24
27	7	10	11	28	27
27	8	12	13	31	29
27	9	14	15	33	32
27	10	16	17	36	34
27	11	18	19	38	37
27	12	20	22	41	39
27	13	23	24	43	42
27	14	25	26	45	44
28	0	0	0	6	5
28	1	1	1	10	8
28	2	2	2	13	12
28	3	3	3	16	15
28	4	4	5	19	17
28	5	6	7	22	20
28	6	8	9	24	23
28	7	10	11	27	26
28	8	12	13	30	28
28	9	14	15	32	31
28	10	16	17	35	33
28	11	18	19	37	36
28	12	20	21	39	38
28	13	22	23	42	40
28	14	24	25	44	43
29	0	0	0	6	5
29	1	1	1	9	8
29	2	2	2	13	11
29	3	3	3	15	14
29	4	4	5	18	17
29	5	6	7	21	19
29	6	8	8	24	22
29	7	9	10	26	25
29	8	11	12	29	27
29	9	13	14	31	30
29	10	15	16	33	32
29	11	17	18	36	34
29	12	19	20	38	37
29	13	21	22	40	39
29	14	23	25	43	41
29	15	25	27	45	43
30	0	0	0	6	4
30	1	1	1	9	8
30	2	2	2	12	11
30	3	3	3	15	14
30	4	4	5	18	16
30	5	6	6	20	19
30	6	7	8	23	21
30	7	9	10	25	24
30	8	11	12	28	26
30	9	13	14	30	29
30	10	15	16	32	31
30	11	17	18	35	33
30	12	19	20	37	35
30	13	21	22	39	38
30	14	23	24	41	40
30	15	25	26	43	42
31	0	0	0	5	4
31	1	1	1	9	7
31	2	2	2	12	10
31	3	3	3	14	13
31	4	4	5	17	16
31	5	6	6	20	18
31	6	7	8	22	21
31	7	9	10	24	23
31	8	11	12	27	25
31	9	12	13	29	28
31	10	14	15	31	30
31	11	16	17	34	32
31	12	18	19	36	34
31	13	20	21	38	36
31	14	22	23	40	39
31	15	24	25	42	41
31	16	26	27	44	43
32	0	0	0	5	4
32	1	1	1	8	7
32	2	2	2	11	10
32	3	3	3	14	13
32	4	4	5	16	15
32	5	6	6	19	17
32	6	7	8	21	20
32	7	9	9	24	22
32	8	10	11	26	24
32	9	12	13	28	27
32	10	14	15	30	29
32	11	16	17	32	31
32	12	18	19	35	33

CONFIDENCE BOUNDS FOR A

N = 68

n	a	LOWER .975	LOWER .95	UPPER .975	UPPER .95
32	13	19	21	37	35
32	14	21	22	39	37
32	15	23	24	41	40
32	16	25	26	43	42
33	0	0	0	5	4
33	1	1	1	8	7
33	2	2	2	11	10
33	3	3	3	13	12
33	4	4	4	16	15
33	5	6	6	18	17
33	6	7	8	21	19
33	7	9	9	23	21
33	8	10	11	25	24
33	9	12	13	27	26
33	10	14	14	29	28
33	11	15	16	31	30
33	12	17	18	34	32
33	13	19	20	36	34
33	14	21	22	38	36
33	15	23	24	40	38
33	16	25	26	42	40
33	17	26	28	43	42
34	0	0	0	5	4
34	1	1	1	8	7
34	2	2	2	10	9
34	3	3	3	13	12
34	4	4	4	15	14
34	5	5	6	18	16
34	6	7	7	20	19
34	7	8	9	22	21
34	8	10	11	24	23
34	9	12	12	26	25
34	10	13	14	28	27
34	11	15	16	31	29
34	12	17	18	33	31
34	13	18	19	35	33
34	14	20	21	37	35
34	15	22	23	38	37
34	16	24	25	40	39
34	17	26	27	42	41

N = 70

n	a	LOWER .975	LOWER .95	UPPER .975	UPPER .95
1	0	0	0	68	66
1	1	2	4	70	70
2	0	0	0	58	53
2	1	1	2	69	68
3	0	0	0	48	43
3	1	1	2	62	60
3	2	8	10	69	68
4	0	0	0	41	36
4	1	1	1	55	51
4	2	6	8	64	62
5	0	0	0	35	30
5	1	1	1	49	45
5	2	5	6	58	56
5	3	12	14	65	64
6	0	0	0	30	26
6	1	1	1	43	39
6	2	4	5	53	50
6	3	10	12	60	58
7	0	0	0	27	23
7	1	1	1	39	35
7	2	4	5	48	45
7	3	8	10	56	53
7	4	14	17	62	60
8	0	0	0	24	20
8	1	1	1	35	31
8	2	3	4	44	40
8	3	7	9	51	48
8	4	12	15	58	55
9	0	0	0	22	18
9	1	1	1	32	28
9	2	3	4	40	37
9	3	7	8	47	44
9	4	11	13	53	51
9	5	17	19	59	57
10	0	0	0	20	16
10	1	1	1	29	26
10	2	3	3	37	34
10	3	6	7	44	41
10	4	10	12	50	47
10	5	15	17	55	53
11	0	0	0	18	15
11	1	1	1	27	24
11	2	3	3	34	31
11	3	6	7	41	38
11	4	9	11	46	44
11	5	13	16	52	49
11	6	18	21	57	54
12	0	0	0	17	14
12	1	1	1	25	22
12	2	2	3	32	29
12	3	5	6	38	35
12	4	8	10	43	41
12	5	12	14	49	46
12	6	17	19	53	51
13	0	0	0	15	13
13	1	1	1	23	20
13	2	2	3	29	27
13	3	5	6	35	33
13	4	8	9	41	38
13	5	11	13	46	43
13	6	15	17	50	48
13	7	20	22	55	53
14	0	0	0	14	12
14	1	1	1	21	19
14	2	2	3	28	25
14	3	5	5	33	30
14	4	7	9	38	36
14	5	11	12	43	41
14	6	14	16	48	45
14	7	18	20	52	50
15	0	0	0	13	11
15	1	1	1	20	18
15	2	2	3	26	23
15	3	4	5	31	29
15	4	7	8	36	34

N = 70

n	a	LOWER .975	LOWER .95	UPPER .975	UPPER .95
15	5	10	12	41	38
15	6	13	15	45	43
15	7	17	19	49	47
15	8	21	23	53	51
16	0	0	0	12	10
16	1	1	1	19	16
16	2	2	3	24	22
16	3	4	5	29	27
16	4	7	8	34	32
16	5	10	11	39	36
16	6	13	14	43	40
16	7	16	18	47	45
16	8	20	22	50	48
17	0	0	0	12	9
17	1	1	1	18	15
17	2	2	2	23	21
17	3	4	5	28	25
17	4	6	7	32	30
17	5	9	10	37	34
17	6	12	13	41	38
17	7	15	17	44	42
17	8	18	20	48	46
17	9	22	24	52	50
18	0	0	0	11	9
18	1	1	1	17	15
18	2	2	2	22	19
18	3	4	5	26	24
18	4	6	7	31	28
18	5	9	10	35	32
18	6	11	13	39	36
18	7	14	16	42	40
18	8	17	19	46	44
18	9	21	23	49	47
19	0	0	0	10	8
19	1	1	1	16	14
19	2	2	2	21	18
19	3	4	4	25	23
19	4	6	7	29	27
19	5	8	9	33	31
19	6	11	12	37	35
19	7	14	15	40	38
19	8	17	18	44	42
19	9	20	21	47	45
19	10	23	25	50	49
20	0	0	0	10	8
20	1	1	1	15	13
20	2	2	2	20	17
20	3	4	4	24	22
20	4	6	6	28	26
20	5	8	9	32	29
20	6	10	12	35	33
20	7	13	14	39	37
20	8	16	17	42	40
20	9	19	20	45	43
20	10	22	23	48	47
21	0	0	0	9	7
21	1	1	1	14	12
21	2	2	2	19	17
21	3	4	4	23	21
21	4	5	6	26	24
21	5	8	9	30	28
21	6	10	11	34	32
21	7	12	14	37	35
21	8	15	17	40	38
21	9	18	19	43	42
21	10	21	22	46	45
21	11	24	25	49	48
22	0	0	0	9	7
22	1	1	1	13	12
22	2	2	2	18	16
22	3	3	4	22	20
22	4	5	6	25	23
22	5	7	8	29	27
22	6	10	11	32	30
22	7	12	13	35	33

N = 70

n	a	LOWER .975	LOWER .95	UPPER .975	UPPER .95
22	8	14	16	39	37
22	9	17	19	42	40
22	10	20	21	45	43
22	11	23	24	47	46
23	0	0	0	8	7
23	1	1	1	13	11
23	2	2	2	17	15
23	3	3	4	21	19
23	4	5	6	24	22
23	5	7	8	28	26
23	6	9	10	31	29
23	7	12	13	34	32
23	8	14	15	37	35
23	9	16	18	40	38
23	10	19	20	43	41
23	11	22	23	46	44
23	12	24	26	48	47
24	0	0	0	8	6
24	1	1	1	12	11
24	2	2	2	16	14
24	3	3	4	20	18
24	4	5	6	23	21
24	5	7	8	26	25
24	6	9	10	30	28
24	7	11	12	33	31
24	8	13	15	36	34
24	9	16	17	38	37
24	10	18	20	41	40
24	11	21	22	44	42
24	12	23	25	47	45
25	0	0	0	7	6
25	1	1	1	12	10
25	2	2	2	15	14
25	3	3	4	19	17
25	4	5	5	22	20
25	5	7	7	25	24
25	6	9	10	28	27
25	7	11	12	31	30
25	8	13	14	34	32
25	9	15	16	37	35
25	10	18	19	40	38
25	11	20	21	42	41
25	12	22	24	45	43
25	13	25	27	48	46
26	0	0	0	7	6
26	1	1	1	11	10
26	2	2	2	15	13
26	3	3	4	18	16
26	4	5	5	21	20
26	5	7	7	24	23
26	6	8	9	27	26
26	7	10	11	30	28
26	8	13	14	33	31
26	9	15	16	36	34
26	10	17	18	38	37
26	11	19	21	41	39
26	12	22	23	43	42
26	13	24	26	46	44
27	0	0	0	7	5
27	1	1	1	11	9
27	2	2	2	14	13
27	3	3	3	17	16
27	4	5	5	20	19
27	5	6	7	23	22
27	6	8	9	26	25
27	7	10	11	29	27
27	8	12	13	32	30
27	9	14	15	34	33
27	10	16	18	37	35
27	11	19	20	40	38
27	12	21	22	42	40
27	13	23	25	44	43
27	14	26	27	47	45
28	0	0	0	6	5
28	1	1	1	10	9

CONFIDENCE BOUNDS FOR A

N = 70

n	a	LOWER .975	LOWER .95	UPPER .975	UPPER .95
28	2	2	2	14	12
28	3	3	3	17	15
28	4	5	5	20	18
28	5	6	7	23	21
28	6	8	9	25	24
28	7	10	11	28	26
28	8	12	13	31	29
28	9	14	15	33	32
28	10	16	17	36	34
28	11	18	19	38	37
28	12	20	21	41	39
28	13	22	24	43	42
28	14	25	26	45	44
29	0	0	0	6	5
29	1	1	1	10	8
29	2	2	2	13	12
29	3	3	3	16	15
29	4	4	5	19	17
29	5	6	7	22	20
29	6	8	9	24	23
29	7	10	10	27	25
29	8	11	12	30	28
29	9	13	14	32	31
29	10	15	17	35	33
29	11	17	19	37	35
29	12	20	21	39	38
29	13	22	23	42	40
29	14	24	25	44	42
29	15	26	28	46	45
30	0	0	0	6	5
30	1	1	1	9	8
30	2	2	2	12	11
30	3	3	3	15	14
30	4	4	5	18	17
30	5	6	7	21	19
30	6	8	9	24	22
30	7	9	10	26	25
30	8	11	12	29	27
30	9	13	14	31	29
30	10	15	16	33	32
30	11	17	18	36	34
30	12	19	20	38	37
30	13	21	22	40	39
30	14	23	24	43	41
30	15	25	27	45	43
31	0	0	0	5	4
31	1	1	1	9	8
31	2	2	2	12	11
31	3	3	3	15	13
31	4	4	5	18	16
31	5	6	6	20	19
31	6	7	8	23	21
31	7	9	10	25	24
31	8	11	12	28	26
31	9	13	14	30	29
31	10	15	16	32	31
31	11	16	18	35	33
31	12	18	20	37	35
31	13	20	22	39	38
31	14	22	24	41	40
31	15	25	26	43	42
31	16	27	28	45	44
32	0	0	0	5	4
32	1	1	1	9	7
32	2	2	2	12	10
32	3	3	3	14	13
32	4	4	5	17	16
32	5	6	6	20	18
32	6	7	8	22	21
32	7	9	10	24	23
32	8	11	11	27	25
32	9	12	13	29	28
32	10	14	15	31	30
32	11	16	17	34	32
32	12	18	19	36	34

N = 70

n	a	LOWER .975	LOWER .95	UPPER .975	UPPER .95
32	13	20	21	38	37
32	14	22	23	40	39
32	15	24	25	42	41
32	16	26	27	44	43
33	0	0	0	5	4
33	1	1	1	8	7
33	2	2	2	11	10
33	3	3	3	14	13
33	4	4	5	16	15
33	5	6	6	19	17
33	6	7	8	21	20
33	7	9	9	24	22
33	8	10	11	26	24
33	9	12	13	28	27
33	10	14	15	30	29
33	11	16	17	33	31
33	12	17	19	35	33
33	13	19	20	37	35
33	14	21	22	39	38
33	15	23	24	41	40
33	16	25	26	43	42
33	17	27	28	45	44
34	0	0	0	5	4
34	1	1	1	8	7
34	2	2	2	11	10
34	3	3	3	13	12
34	4	4	4	16	15
34	5	6	6	18	17
34	6	7	8	21	19
34	7	9	9	23	21
34	8	10	11	25	24
34	9	12	13	27	26
34	10	14	14	29	28
34	11	15	16	32	30
34	12	17	18	34	32
34	13	19	20	36	34
34	14	21	22	38	36
34	15	23	24	40	38
34	16	24	26	42	40
34	17	26	28	44	42
35	0	0	0	5	4
35	1	1	1	8	7
35	2	2	2	10	9
35	3	3	3	13	12
35	4	4	4	15	14
35	5	5	6	18	16
35	6	7	7	20	19
35	7	8	9	22	21
35	8	10	11	24	23
35	9	12	12	26	25
35	10	13	14	29	27
35	11	15	16	31	29
35	12	17	18	33	31
35	13	18	19	35	33
35	14	20	21	37	35
35	15	22	23	39	37
35	16	24	25	41	39
35	17	26	27	42	41
35	18	28	29	44	43

N = 72

n	a	LOWER .975	LOWER .95	UPPER .975	UPPER .95
1	0	0	0	70	68
1	1	2	4	72	72
2	0	0	0	60	55
2	1	1	2	71	70
3	0	0	0	50	44
3	1	1	2	64	61
3	2	8	11	71	70
4	0	0	0	42	37
4	1	1	1	57	53
4	2	6	8	66	64
5	0	0	0	36	31
5	1	1	1	50	46
5	2	5	6	60	57
5	3	12	15	67	66
6	0	0	0	31	27
6	1	1	1	45	40
6	2	4	5	54	51
6	3	10	12	62	60
7	0	0	0	28	23
7	1	1	1	40	36
7	2	4	5	49	46
7	3	8	10	57	54
7	4	15	18	64	62
8	0	0	0	25	21
8	1	1	1	36	32
8	2	3	4	45	42
8	3	7	9	53	50
8	4	13	15	59	57
9	0	0	0	22	19
9	1	1	1	33	29
9	2	3	4	41	38
9	3	7	8	49	45
9	4	11	14	55	52
9	5	17	20	61	58
10	0	0	0	20	17
10	1	1	1	30	27
10	2	3	4	38	35
10	3	6	7	45	42
10	4	10	12	51	48
10	5	15	18	57	54
11	0	0	0	19	15
11	1	1	1	28	24
11	2	3	3	35	32
11	3	6	7	42	39
11	4	9	11	48	45
11	5	14	16	53	51
11	6	19	21	58	56
12	0	0	0	17	14
12	1	1	1	26	22
12	2	2	3	33	30
12	3	5	6	39	36
12	4	9	10	45	42
12	5	13	15	50	47
12	6	17	19	55	53
13	0	0	0	16	13
13	1	1	1	24	21
13	2	2	3	30	27
13	3	5	6	36	34
13	4	8	10	42	39
13	5	12	14	47	44
13	6	16	18	52	49
13	7	20	23	56	54
14	0	0	0	15	12
14	1	1	1	22	19
14	2	2	3	28	26
14	3	5	6	34	31
14	4	8	9	39	37
14	5	11	13	44	42
14	6	15	17	49	47
14	7	19	21	53	51
15	0	0	0	14	11
15	1	1	1	21	18
15	2	2	3	27	24
15	3	4	5	32	29
15	4	7	8	37	35

N = 72

n	a	LOWER .975	LOWER .95	UPPER .975	UPPER .95
15	5	10	12	42	39
15	6	14	16	46	44
15	7	17	19	51	48
15	8	21	24	55	53
16	0	0	0	13	10
16	1	1	1	19	17
16	2	2	3	25	23
16	3	4	5	30	28
16	4	7	8	35	33
16	5	10	11	40	37
16	6	13	15	44	42
16	7	16	18	48	46
16	8	20	22	52	50
17	0	0	0	12	10
17	1	1	1	18	16
17	2	2	2	24	21
17	3	4	5	29	26
17	4	7	8	33	31
17	5	9	11	38	35
17	6	12	14	42	40
17	7	15	17	46	44
17	8	19	21	50	47
17	9	22	25	53	51
18	0	0	0	11	9
18	1	1	1	17	15
18	2	2	2	22	20
18	3	4	5	27	25
18	4	6	7	32	29
18	5	9	10	36	33
18	6	12	13	40	38
18	7	15	16	44	41
18	8	18	20	47	45
18	9	21	23	51	49
19	0	0	0	11	9
19	1	1	1	16	14
19	2	2	2	21	19
19	3	4	4	26	24
19	4	6	7	30	28
19	5	8	10	34	32
19	6	11	12	38	36
19	7	14	15	42	40
19	8	17	19	45	43
19	9	20	22	49	47
19	10	23	25	52	50
20	0	0	0	10	8
20	1	1	1	15	13
20	2	2	2	20	18
20	3	4	4	25	22
20	4	6	7	29	26
20	5	8	9	33	30
20	6	11	12	36	34
20	7	13	15	40	38
20	8	16	18	43	41
20	9	19	21	47	45
20	10	22	24	50	48
21	0	0	0	9	8
21	1	1	1	15	13
21	2	2	2	19	17
21	3	4	4	23	21
21	4	6	6	27	25
21	5	8	9	31	29
21	6	10	11	35	33
21	7	13	14	38	36
21	8	15	17	41	39
21	9	18	20	45	43
21	10	21	23	48	46
21	11	24	26	51	49
22	0	0	0	9	7
22	1	1	1	14	12
22	2	2	2	18	16
22	3	3	4	22	20
22	4	5	6	26	24
22	5	8	8	30	28
22	6	10	11	33	31
22	7	12	14	37	35

CONFIDENCE BOUNDS FOR A

N = 72

n	a	LOWER .975	LOWER .95	UPPER .975	UPPER .95
22	8	15	16	40	38
22	9	17	19	43	41
22	10	20	22	46	44
22	11	23	25	49	47
23	0	0	0	8	7
23	1	1	1	13	11
23	2	2	2	17	16
23	3	3	4	21	19
23	4	5	6	25	23
23	5	7	8	28	26
23	6	9	11	32	30
23	7	12	13	35	33
23	8	14	16	38	36
23	9	17	18	41	39
23	10	19	21	44	42
23	11	22	24	47	45
23	12	25	27	50	48
24	0	0	0	8	6
24	1	1	1	13	11
24	2	2	2	17	15
24	3	3	4	20	19
24	4	5	6	24	22
24	5	7	8	27	25
24	6	9	10	31	29
24	7	11	13	34	32
24	8	14	15	37	35
24	9	16	18	40	38
24	10	19	20	43	41
24	11	21	23	45	44
24	12	24	26	48	46
25	0	0	0	8	6
25	1	1	1	12	10
25	2	2	2	16	14
25	3	3	4	20	18
25	4	5	6	23	21
25	5	7	8	26	24
25	6	9	10	29	27
25	7	11	12	32	31
25	8	13	14	35	33
25	9	16	17	38	36
25	10	18	19	41	39
25	11	20	22	44	42
25	12	23	25	46	45
25	13	26	27	49	47
26	0	0	0	7	6
26	1	1	1	12	10
26	2	2	2	15	14
26	3	3	4	19	17
26	4	5	5	22	20
26	5	7	7	25	23
26	6	9	10	28	26
26	7	11	12	31	29
26	8	13	14	34	32
26	9	15	16	37	35
26	10	17	19	40	38
26	11	20	21	42	41
26	12	22	24	45	43
26	13	25	26	47	46
27	0	0	0	7	6
27	1	1	1	11	10
27	2	2	2	15	13
27	3	3	4	18	16
27	4	5	5	21	19
27	5	6	7	24	22
27	6	8	9	27	25
27	7	10	11	30	28
27	8	12	14	33	31
27	9	15	16	36	34
27	10	17	18	38	36
27	11	19	20	41	39
27	12	21	23	43	42
27	13	24	25	46	44
27	14	26	28	48	47
28	0	0	0	7	5
28	1	1	1	11	9

N = 72

n	a	LOWER .975	LOWER .95	UPPER .975	UPPER .95
28	2	2	2	14	12
28	3	3	3	17	16
28	4	5	5	20	19
28	5	6	7	23	22
28	6	8	9	26	24
28	7	10	11	29	27
28	8	12	13	32	30
28	9	14	15	34	33
28	10	16	17	37	35
28	11	18	20	39	38
28	12	21	22	42	40
28	13	23	24	44	43
28	14	25	27	47	45
29	0	0	0	6	5
29	1	1	1	10	9
29	2	2	2	13	12
29	3	3	3	17	15
29	4	5	5	20	18
29	5	6	7	22	21
29	6	8	9	25	24
29	7	10	11	28	26
29	8	12	13	31	29
29	9	14	15	33	31
29	10	16	17	36	34
29	11	18	19	38	37
29	12	20	21	41	39
29	13	22	24	43	41
29	14	24	26	45	44
29	15	27	28	48	46
30	0	0	0	6	5
30	1	1	1	10	8
30	2	2	2	13	12
30	3	3	3	16	14
30	4	4	5	19	17
30	5	6	7	22	20
30	6	8	8	24	23
30	7	10	10	27	25
30	8	11	12	30	28
30	9	13	14	32	30
30	10	15	16	34	33
30	11	17	19	37	35
30	12	19	21	39	38
30	13	22	23	42	40
30	14	24	25	44	42
30	15	26	27	46	45
31	0	0	0	6	5
31	1	1	1	9	8
31	2	2	2	12	11
31	3	3	3	15	14
31	4	4	5	18	17
31	5	6	7	21	19
31	6	8	8	24	22
31	7	9	10	26	25
31	8	11	12	29	27
31	9	13	14	31	29
31	10	15	16	33	32
31	11	17	18	36	34
31	12	19	20	38	37
31	13	21	22	40	39
31	14	23	24	43	41
31	15	25	26	45	43
31	16	27	29	47	46
32	0	0	0	5	4
32	1	1	1	9	8
32	2	2	2	12	11
32	3	3	3	15	13
32	4	4	5	18	16
32	5	6	6	20	19
32	6	7	8	23	21
32	7	9	10	25	24
32	8	11	12	28	26
32	9	13	14	30	28
32	10	15	16	32	31
32	11	16	17	35	33
32	12	18	19	37	35

N = 72

n	a	LOWER .975	LOWER .95	UPPER .975	UPPER .95
32	13	20	22	39	38
32	14	22	24	41	40
32	15	24	26	43	42
32	16	26	28	46	44
33	0	0	0	5	4
33	1	1	1	9	7
33	2	2	2	12	10
33	3	3	3	14	13
33	4	4	5	17	16
33	5	6	6	20	18
33	6	7	8	22	21
33	7	9	10	24	23
33	8	11	11	27	25
33	9	12	13	29	28
33	10	14	15	31	30
33	11	16	17	34	32
33	12	18	19	36	34
33	13	20	21	38	37
33	14	22	23	40	39
33	15	24	25	42	41
33	16	26	27	44	43
33	17	28	29	46	45
34	0	0	0	5	4
34	1	1	1	8	7
34	2	2	2	11	10
34	3	3	3	14	13
34	4	4	5	16	15
34	5	6	6	19	17
34	6	7	8	21	20
34	7	9	9	24	22
34	8	10	11	26	24
34	9	12	13	28	27
34	10	14	15	30	29
34	11	16	17	33	31
34	12	17	18	35	33
34	13	19	20	37	35
34	14	21	22	39	38
34	15	23	24	41	40
34	16	25	26	43	42
34	17	27	28	45	44
35	0	0	0	5	4
35	1	1	1	8	7
35	2	2	2	11	10
35	3	3	3	13	12
35	4	4	4	16	15
35	5	6	6	18	17
35	6	7	8	21	19
35	7	9	9	23	22
35	8	10	11	25	24
35	9	12	13	27	26
35	10	14	14	29	28
35	11	15	16	32	30
35	12	17	18	34	32
35	13	19	20	36	34
35	14	21	22	38	36
35	15	22	24	40	39
35	16	24	26	42	41
35	17	26	28	44	43
35	18	28	29	46	44
36	0	0	0	5	4
36	1	1	1	8	7
36	2	2	2	10	9
36	3	3	3	13	12
36	4	4	4	15	14
36	5	5	6	18	16
36	6	7	7	20	19
36	7	8	9	22	21
36	8	10	11	24	23
36	9	12	12	27	25
36	10	13	14	29	27
36	11	15	16	31	29
36	12	17	18	33	31
36	13	18	19	35	33
36	14	20	21	37	35
36	15	22	23	39	37

N = 72

n	a	LOWER .975	LOWER .95	UPPER .975	UPPER .95
36	16	24	25	41	39
36	17	26	27	43	41
36	18	27	29	45	43

CONFIDENCE BOUNDS FOR A

N = 74

n	a	LOWER .975	.95	UPPER .975	.95
1	0	0	0	72	70
1	1	2	4	74	74
2	0	0	0	61	57
2	1	1	2	73	72
3	0	0	0	51	46
3	1	1	2	66	63
3	2	8	11	73	72
4	0	0	0	43	38
4	1	1	1	58	54
4	2	6	8	68	66
5	0	0	0	37	32
5	1	1	1	52	47
5	2	5	7	62	59
5	3	12	15	69	67
6	0	0	0	32	28
6	1	1	1	46	42
6	2	4	6	56	53
6	3	10	12	64	62
7	0	0	0	29	24
7	1	1	1	41	37
7	2	4	5	51	47
7	3	9	11	59	56
7	4	15	18	65	63
8	0	0	0	26	21
8	1	1	1	37	33
8	2	3	4	46	43
8	3	8	9	54	51
8	4	13	16	61	58
9	0	0	0	23	19
9	1	1	1	34	30
9	2	3	4	42	39
9	3	7	8	50	47
9	4	12	14	57	54
9	5	17	20	62	60
10	0	0	0	21	17
10	1	1	1	31	27
10	2	3	4	39	36
10	3	6	8	46	43
10	4	11	12	53	50
10	5	16	18	58	56
11	0	0	0	19	16
11	1	1	1	28	25
11	2	3	3	36	33
11	3	6	7	43	40
11	4	10	11	49	46
11	5	14	16	55	52
11	6	19	22	60	58
12	0	0	0	18	15
12	1	1	1	26	23
12	2	3	3	34	30
12	3	5	6	40	37
12	4	9	10	46	43
12	5	13	15	51	49
12	6	18	20	56	54
13	0	0	0	16	13
13	1	1	1	24	21
13	2	2	3	31	28
13	3	5	6	38	35
13	4	8	10	43	40
13	5	12	14	48	46
13	6	16	18	53	51
13	7	21	23	58	56
14	0	0	0	15	12
14	1	1	1	23	20
14	2	2	3	29	26
14	3	5	6	35	32
14	4	8	9	41	38
14	5	11	13	46	43
14	6	15	17	50	48
14	7	19	21	55	53
15	0	0	0	14	12
15	1	1	1	21	19
15	2	2	3	28	25
15	3	5	5	33	30
15	4	7	9	38	36
15	5	11	12	43	41
15	6	14	16	48	45
15	7	18	20	52	50
15	8	22	24	56	54
16	0	0	0	13	11
16	1	1	1	20	17
16	2	2	3	26	23
16	3	4	5	31	29
16	4	7	8	36	34
16	5	10	11	41	38
16	6	13	15	45	43
16	7	17	19	49	47
16	8	21	23	53	51
17	0	0	0	12	10
17	1	1	1	19	16
17	2	2	2	24	22
17	3	4	5	30	27
17	4	7	8	34	32
17	5	9	11	39	36
17	6	13	14	43	41
17	7	16	18	47	45
17	8	19	21	51	49
17	9	23	25	55	53
18	0	0	0	12	9
18	1	1	1	18	15
18	2	2	2	23	21
18	3	4	5	28	26
18	4	6	7	33	30
18	5	9	10	37	34
18	6	12	13	41	39
18	7	15	17	45	43
18	8	18	20	49	47
18	9	22	24	52	50
19	0	0	0	11	9
19	1	1	1	17	15
19	2	2	2	22	20
19	3	4	5	27	24
19	4	6	7	31	29
19	5	9	10	35	33
19	6	11	13	39	37
19	7	14	16	43	41
19	8	17	19	47	44
19	9	21	22	50	48
19	10	24	26	53	52
20	0	0	0	10	8
20	1	1	1	16	14
20	2	2	2	21	19
20	3	4	4	25	23
20	4	6	7	29	27
20	5	8	9	33	31
20	6	11	12	37	35
20	7	14	15	41	39
20	8	17	18	45	42
20	9	20	21	48	46
20	10	23	25	51	49
21	0	0	0	10	8
21	1	1	1	15	13
21	2	2	2	20	18
21	3	4	4	24	22
21	4	6	6	28	26
21	5	8	9	32	30
21	6	10	12	36	34
21	7	13	14	39	37
21	8	16	17	43	41
21	9	19	20	46	44
21	10	22	23	49	47
21	11	25	27	52	51
22	0	0	0	9	7
22	1	1	1	14	12
22	2	2	2	19	17
22	3	4	4	23	21
22	4	5	6	27	25
22	5	8	9	31	28
22	6	10	11	34	32
22	7	13	14	38	36
22	8	15	17	41	39
22	9	18	19	44	42
22	10	21	22	47	45
22	11	24	25	50	49
23	0	0	0	9	7
23	1	1	1	14	12
23	2	2	2	18	16
23	3	3	4	22	20
23	4	5	6	26	24
23	5	7	8	29	27
23	6	10	11	33	31
23	7	12	13	36	34
23	8	15	16	39	37
23	9	17	19	42	41
23	10	20	21	46	44
23	11	23	24	48	47
23	12	26	27	51	50
24	0	0	0	8	7
24	1	1	1	13	11
24	2	2	2	17	15
24	3	3	4	21	19
24	4	5	6	25	23
24	5	7	8	28	26
24	6	9	10	31	29
24	7	12	13	35	33
24	8	14	15	38	36
24	9	17	18	41	39
24	10	19	21	44	42
24	11	22	23	47	45
24	12	24	26	50	48
25	0	0	0	8	6
25	1	1	1	12	11
25	2	2	2	16	15
25	3	3	4	20	18
25	4	5	6	24	22
25	5	7	8	27	25
25	6	9	10	30	28
25	7	11	12	33	31
25	8	14	15	36	35
25	9	16	17	39	38
25	10	18	20	42	40
25	11	21	22	45	43
25	12	24	25	48	46
25	13	26	28	50	49
26	0	0	0	8	6
26	1	1	1	12	10
26	2	2	2	16	14
26	3	3	4	19	18
26	4	5	6	23	21
26	5	7	8	26	24
26	6	9	10	29	27
26	7	11	12	32	30
26	8	13	14	35	33
26	9	15	17	38	36
26	10	18	19	41	39
26	11	20	22	44	42
26	12	23	24	46	44
26	13	25	27	49	47
27	0	0	0	7	6
27	1	1	1	11	10
27	2	2	2	15	13
27	3	3	4	19	17
27	4	5	5	22	20
27	5	7	7	25	23
27	6	9	9	28	26
27	7	11	12	31	29
27	8	13	14	34	32
27	9	15	16	37	35
27	10	17	18	40	38
27	11	19	21	42	40
27	12	22	23	45	43
27	13	24	26	47	46
27	14	27	28	50	48
28	0	0	0	7	6
28	1	1	1	11	9
28	2	2	2	15	13
28	3	3	3	18	16
28	4	4	5	21	19
28	5	6	7	24	22
28	6	8	9	27	25
28	7	10	11	30	28
28	8	12	13	33	31
28	9	14	16	35	34
28	10	17	18	38	36
28	11	19	20	41	39
28	12	21	23	43	42
28	13	23	25	46	44
28	14	26	27	48	47
29	0	0	0	7	5
29	1	1	1	10	9
29	2	2	2	14	12
29	3	3	3	17	16
29	4	5	5	20	19
29	5	6	7	23	21
29	6	8	9	26	24
29	7	10	11	29	27
29	8	12	13	32	30
29	9	14	15	34	32
29	10	16	17	37	35
29	11	18	20	39	38
29	12	20	22	42	40
29	13	23	24	44	43
29	14	25	27	47	45
29	15	27	29	49	47
30	0	0	0	6	5
30	1	1	1	10	9
30	2	2	2	13	12
30	3	3	3	17	15
30	4	5	5	19	18
30	5	6	7	22	21
30	6	8	9	25	23
30	7	10	11	28	26
30	8	12	13	30	29
30	9	14	15	33	31
30	10	16	17	36	34
30	11	18	19	38	36
30	12	20	21	40	39
30	13	22	23	43	41
30	14	24	26	45	44
30	15	26	28	48	46
31	0	0	0	6	5
31	1	1	1	10	8
31	2	2	2	13	11
31	3	3	3	16	14
31	4	4	5	19	17
31	5	6	7	22	20
31	6	8	8	24	23
31	7	10	10	27	25
31	8	11	12	29	28
31	9	13	14	32	30
31	10	15	16	34	33
31	11	17	18	37	35
31	12	19	21	39	38
31	13	21	23	42	40
31	14	24	25	44	42
31	15	26	27	46	45
31	16	28	29	48	47
32	0	0	0	6	5
32	1	1	1	9	8
32	2	2	2	12	11
32	3	3	3	15	14
32	4	4	5	18	17
32	5	6	6	21	19
32	6	8	8	23	22
32	7	9	10	26	24
32	8	11	12	29	27
32	9	13	14	31	29
32	10	15	16	33	32
32	11	17	18	36	34
32	12	19	20	38	36

CONFIDENCE BOUNDS FOR A

N = 74

n	a	LOWER .975	LOWER .95	UPPER .975	UPPER .95
32	13	21	22	40	39
32	14	23	24	43	41
32	15	25	26	45	43
32	16	27	28	47	46
33	0	0	0	5	4
33	1	1	1	9	8
33	2	2	2	12	11
33	3	3	3	15	13
33	4	4	5	18	16
33	5	6	6	20	19
33	6	7	8	23	21
33	7	9	10	25	24
33	8	11	12	28	26
33	9	13	14	30	28
33	10	14	15	32	31
33	11	16	17	35	33
33	12	18	19	37	35
33	13	20	21	39	38
33	14	22	23	41	40
33	15	24	26	43	42
33	16	26	28	46	44
33	17	28	30	48	46
34	0	0	0	5	4
34	1	1	1	9	7
34	2	2	2	12	10
34	3	3	3	14	13
34	4	4	5	17	16
34	5	6	6	19	18
34	6	7	8	22	21
34	7	9	10	24	23
34	8	11	11	27	25
34	9	12	13	29	28
34	10	14	15	31	30
34	11	16	17	34	32
34	12	18	19	36	34
34	13	20	21	38	37
34	14	22	23	40	39
34	15	24	25	42	41
34	16	26	27	44	43
34	17	28	29	46	45
35	0	0	0	5	4
35	1	1	1	8	7
35	2	2	2	11	10
35	3	3	3	14	13
35	4	4	5	16	15
35	5	6	6	19	17
35	6	7	8	21	20
35	7	9	9	24	22
35	8	10	11	26	25
35	9	12	13	28	27
35	10	14	15	30	29
35	11	16	17	33	31
35	12	17	18	35	33
35	13	19	20	37	35
35	14	21	22	39	38
35	15	23	24	41	40
35	16	25	26	43	42
35	17	27	28	45	44
35	18	29	30	47	46
36	0	0	0	5	4
36	1	1	1	8	7
36	2	2	2	11	10
36	3	3	3	13	12
36	4	4	4	16	15
36	5	6	6	18	17
36	6	7	8	21	19
36	7	9	9	23	22
36	8	10	11	25	24
36	9	12	13	27	26
36	10	13	14	30	28
36	11	15	16	32	30
36	12	17	18	34	32
36	13	19	20	36	34
36	14	21	22	38	37
36	15	22	24	40	39

N = 74

n	a	LOWER .975	LOWER .95	UPPER .975	UPPER .95
36	16	24	25	42	41
36	17	26	27	44	43
36	18	28	29	46	45
37	0	0	0	5	4
37	1	1	1	8	7
37	2	2	2	10	9
37	3	3	3	13	12
37	4	4	4	15	14
37	5	5	6	18	16
37	6	7	7	20	19
37	7	8	9	22	21
37	8	10	11	24	23
37	9	12	12	27	25
37	10	13	14	29	27
37	11	15	16	31	29
37	12	17	18	33	31
37	13	18	19	35	34
37	14	20	21	37	36
37	15	22	23	39	38
37	16	24	25	41	40
37	17	26	27	43	41
37	18	27	29	45	43
37	19	29	31	47	45

N = 76

n	a	LOWER .975	LOWER .95	UPPER .975	UPPER .95
1	0	0	0	74	72
1	1	2	4	76	76
2	0	0	0	63	58
2	1	1	2	75	74
3	0	0	0	53	47
3	1	1	2	68	65
3	2	8	11	75	74
4	0	0	0	44	39
4	1	1	1	60	56
4	2	6	8	70	68
5	0	0	0	38	33
5	1	1	1	53	49
5	2	5	7	64	60
5	3	12	16	71	69
6	0	0	0	33	28
6	1	1	1	47	43
6	2	4	6	58	54
6	3	10	13	66	63
7	0	0	0	29	25
7	1	1	1	42	38
7	2	4	5	52	49
7	3	9	11	61	58
7	4	15	18	67	65
8	0	0	0	26	22
8	1	1	1	38	34
8	2	3	4	48	44
8	3	8	10	56	52
8	4	13	16	63	60
9	0	0	0	24	20
9	1	1	1	35	31
9	2	3	4	44	40
9	3	7	9	51	48
9	4	12	14	58	55
9	5	18	21	64	62
10	0	0	0	22	18
10	1	1	1	32	28
10	2	3	4	40	37
10	3	6	8	48	44
10	4	11	13	54	51
10	5	16	18	60	58
11	0	0	0	20	16
11	1	1	1	29	26
11	2	3	3	37	34
11	3	6	7	44	41
11	4	10	12	51	48
11	5	14	17	56	54
11	6	20	22	62	59
12	0	0	0	18	15
12	1	1	1	27	24
12	2	3	3	35	31
12	3	5	7	41	38
12	4	9	11	47	44
12	5	13	15	53	50
12	6	18	20	58	56
13	0	0	0	17	14
13	1	1	1	25	22
13	2	2	3	32	29
13	3	5	6	39	36
13	4	8	10	44	42
13	5	12	14	50	47
13	6	17	19	55	52
13	7	21	24	59	57
14	0	0	0	16	13
14	1	1	1	23	21
14	2	2	3	30	27
14	3	5	6	36	33
14	4	8	9	42	39
14	5	11	13	47	44
14	6	15	17	52	49
14	7	20	22	56	54
15	0	0	0	14	12
15	1	1	1	22	19
15	2	2	3	28	25
15	3	5	6	34	31
15	4	7	9	39	37

N = 76

n	a	LOWER .975	LOWER .95	UPPER .975	UPPER .95
15	5	11	12	44	42
15	6	14	16	49	47
15	7	18	20	54	51
15	8	22	25	58	56
16	0	0	0	14	11
16	1	1	1	21	18
16	2	2	3	27	24
16	3	4	5	32	29
16	4	7	8	37	35
16	5	10	12	42	39
16	6	14	15	47	44
16	7	17	19	51	49
16	8	21	23	55	53
17	0	0	0	13	10
17	1	1	1	19	17
17	2	2	3	25	23
17	3	4	5	30	28
17	4	7	8	35	33
17	5	10	11	40	37
17	6	13	14	44	42
17	7	16	18	48	46
17	8	20	22	52	50
17	9	24	26	56	54
18	0	0	0	12	10
18	1	1	1	18	16
18	2	2	2	24	21
18	3	4	5	29	26
18	4	6	7	34	31
18	5	9	10	38	35
18	6	12	14	42	40
18	7	15	17	46	44
18	8	19	21	50	48
18	9	22	24	54	52
19	0	0	0	11	9
19	1	1	1	17	15
19	2	2	2	23	20
19	3	4	5	27	25
19	4	6	7	32	29
19	5	9	10	36	34
19	6	12	13	40	38
19	7	15	16	44	42
19	8	18	20	48	46
19	9	21	23	51	49
19	10	25	27	55	53
20	0	0	0	11	9
20	1	1	1	16	14
20	2	2	2	21	19
20	3	4	4	26	24
20	4	6	7	30	28
20	5	8	10	34	32
20	6	11	12	38	36
20	7	14	15	42	40
20	8	17	19	46	44
20	9	20	22	49	47
20	10	23	25	53	51
21	0	0	0	10	8
21	1	1	1	16	14
21	2	2	2	20	18
21	3	4	4	25	23
21	4	6	7	29	27
21	5	8	9	33	31
21	6	11	12	37	35
21	7	13	15	40	38
21	8	16	18	44	42
21	9	19	21	47	45
21	10	22	24	51	49
21	11	25	27	54	52
22	0	0	0	10	8
22	1	1	1	15	13
22	2	2	2	19	17
22	3	4	4	24	22
22	4	6	6	28	26
22	5	8	9	32	29
22	6	10	11	35	33
22	7	13	14	39	37

CONFIDENCE BOUNDS FOR A

N = 76					N = 76					N = 76					N = 76				
		LOWER		UPPER				LOWER		UPPER				LOWER		UPPER				LOWER	UPPER
n	a	.975	.95	.975	.95	n	a	.975	.95	.975	.95	n	a	.975	.95	.975	.95	n	a	.975	.95	.975	.95

n	a	.975	.95	.975	.95	n	a	.975	.95	.975	.95	n	a	.975	.95	.975	.95	n	a	.975	.95	.975	.95
22	8	15	17	42	40	28	2	2	2	15	13	32	13	21	23	42	40	36	16	25	26	43	42
22	9	18	20	45	43	28	3	3	4	18	17	32	14	23	25	44	42	36	17	27	28	45	44
22	10	21	23	49	47	28	4	5	5	22	20	32	15	26	27	46	45	36	18	29	30	47	46
22	11	24	26	52	50	28	5	7	7	25	23	32	16	28	29	48	47	37	0	0	0	5	4
23	0	0	0	9	7	28	6	8	9	28	26	33	0	0	0	6	5	37	1	1	1	8	7
23	1	1	1	14	12	28	7	10	11	31	29	33	1	1	1	9	8	37	2	2	2	11	10
23	2	2	2	19	17	28	8	13	14	34	32	33	2	2	2	12	11	37	3	3	3	13	12
23	3	3	4	23	21	28	9	15	16	36	35	33	3	3	3	15	14	37	4	4	4	16	15
23	4	5	6	27	24	28	10	17	18	39	37	33	4	4	5	18	17	37	5	6	6	18	17
23	5	8	9	30	28	28	11	19	21	42	40	33	5	6	6	21	19	37	6	7	8	21	19
23	6	10	11	34	32	28	12	22	23	44	43	33	6	8	8	23	22	37	7	9	9	23	22
23	7	12	14	37	35	28	13	24	26	47	45	33	7	9	10	26	24	37	8	10	11	25	24
23	8	15	16	40	38	28	14	26	28	50	48	33	8	11	12	28	27	37	9	12	13	27	26
23	9	18	19	44	42	29	0	0	0	7	5	33	9	13	14	31	29	37	10	13	14	30	28
23	10	20	22	47	45	29	1	1	1	11	9	33	10	15	16	33	32	37	11	15	16	32	30
23	11	23	25	50	48	29	2	2	2	14	13	33	11	17	18	36	34	37	12	17	18	34	32
23	12	26	28	53	51	29	3	3	3	18	16	33	12	19	20	38	36	37	13	19	20	36	35
24	0	0	0	9	7	29	4	5	5	21	19	33	13	21	22	40	39	37	14	21	22	38	37
24	1	1	1	13	12	29	5	6	7	24	22	33	14	23	24	43	41	37	15	22	24	40	39
24	2	2	2	18	16	29	6	8	9	27	25	33	15	25	26	45	43	37	16	24	25	42	41
24	3	3	4	22	20	29	7	10	11	30	28	33	16	27	28	47	46	37	17	26	27	44	43
24	4	5	6	25	23	29	8	12	13	32	31	33	17	29	30	49	48	37	18	28	29	46	45
24	5	7	8	29	27	29	9	14	15	35	33	34	0	0	0	5	4	37	19	30	31	48	47
24	6	10	11	32	30	29	10	16	18	38	36	34	1	1	1	9	8	38	0	0	0	5	4
24	7	12	13	36	34	29	11	19	20	40	39	34	2	2	2	12	11	38	1	1	1	8	7
24	8	14	16	39	37	29	12	21	22	43	41	34	3	3	3	15	13	38	2	2	2	10	9
24	9	17	18	42	40	29	13	23	25	46	44	34	4	4	5	18	16	38	3	3	3	13	12
24	10	20	21	45	43	29	14	26	27	48	46	34	5	5	6	20	19	38	4	4	4	15	14
24	11	22	24	48	46	29	15	28	30	50	49	34	6	7	8	23	21	38	5	5	6	18	16
24	12	25	27	51	49	30	0	0	0	6	5	34	7	9	10	25	24	38	6	7	7	20	19
25	0	0	0	8	7	30	1	1	1	10	9	34	8	11	12	28	26	38	7	8	9	22	21
25	1	1	1	13	11	30	2	2	2	14	12	34	9	13	13	30	28	38	8	10	11	24	23
25	2	2	2	17	15	30	3	3	3	17	15	34	10	14	15	32	31	38	9	12	12	27	25
25	3	3	4	21	19	30	4	5	5	20	18	34	11	16	17	35	33	38	10	13	14	29	27
25	4	5	6	24	22	30	5	6	7	23	21	34	12	18	19	37	35	38	11	15	16	31	29
25	5	7	8	28	26	30	6	8	9	26	24	34	13	20	21	39	38	38	12	17	18	33	32
25	6	9	10	31	29	30	7	10	11	29	27	34	14	22	23	41	40	38	13	18	19	35	34
25	7	11	13	34	32	30	8	12	13	31	30	34	15	24	25	44	42	38	14	20	21	37	36
25	8	14	15	37	36	30	9	14	15	34	32	34	16	26	28	46	44	38	15	22	23	39	38
25	9	16	18	41	39	30	10	16	17	37	35	34	17	28	30	48	46	38	16	24	25	41	40
25	10	19	20	43	42	30	11	18	19	39	37	35	0	0	0	5	4	38	17	26	27	43	42
25	11	21	23	46	45	30	12	20	22	42	40	35	1	1	1	9	7	38	18	27	29	45	44
25	12	24	26	49	47	30	13	23	24	44	43	35	2	2	2	12	10	38	19	29	31	47	45
25	13	27	29	52	50	30	14	25	26	47	45	35	3	3	3	14	13						
26	0	0	0	8	6	30	15	27	29	49	47	35	4	4	5	17	16						
26	1	1	1	12	11	31	0	0	0	6	5	35	5	6	6	19	18						
26	2	2	2	16	14	31	1	1	1	10	9	35	6	7	8	22	21						
26	3	3	4	20	18	31	2	2	2	13	12	35	7	9	10	24	23						
26	4	5	6	23	22	31	3	3	3	16	15	35	8	11	11	27	25						
26	5	7	8	27	25	31	4	5	5	19	18	35	9	12	13	29	28						
26	6	9	10	30	28	31	5	6	7	22	21	35	10	14	15	31	30						
26	7	11	12	33	31	31	6	8	9	25	23	35	11	16	17	34	32						
26	8	13	15	36	34	31	7	10	11	28	26	35	12	18	19	36	34						
26	9	16	17	39	37	31	8	12	13	30	29	35	13	20	21	38	37						
26	10	18	20	42	40	31	9	14	15	33	31	35	14	22	23	40	39						
26	11	21	22	45	43	31	10	16	17	35	34	35	15	24	25	42	41						
26	12	23	25	48	46	31	11	18	19	38	36	35	16	25	27	44	43						
26	13	26	27	50	49	31	12	20	21	40	39	35	17	27	29	46	45						
27	0	0	0	7	6	31	13	22	23	43	41	36	0	0	0	5	4						
27	1	1	1	12	10	31	14	24	25	45	44	36	1	1	1	8	7						
27	2	2	2	16	14	31	15	26	28	47	46	36	2	2	2	11	10						
27	3	3	4	19	17	31	16	29	30	50	48	36	3	3	3	14	13						
27	4	5	5	23	21	32	0	0	0	6	5	36	4	4	5	16	15						
27	5	7	7	26	24	32	1	1	1	10	8	36	5	6	6	19	17						
27	6	9	10	29	27	32	2	2	2	13	11	36	6	7	8	21	20						
27	7	11	12	32	30	32	3	3	3	16	14	36	7	9	9	24	22						
27	8	13	14	35	33	32	4	4	5	19	17	36	8	10	11	26	25						
27	9	15	16	38	36	32	5	6	7	22	20	36	9	12	13	28	27						
27	10	18	19	41	39	32	6	8	8	24	23	36	10	14	15	30	29						
27	11	20	21	43	41	32	7	9	10	27	25	36	11	16	17	33	31						
27	12	22	24	46	44	32	8	11	12	29	28	36	12	17	18	35	33						
27	13	25	26	49	47	32	9	13	14	32	30	36	13	19	20	37	36						
27	14	27	29	51	50	32	10	15	16	34	33	36	14	21	22	39	38						
28	0	0	0	7	6	32	11	17	18	37	35	36	15	23	24	41	40						
28	1	1	1	11	10	32	12	19	20	39	38												

CONFIDENCE BOUNDS FOR A

N = 78

n	a	LOWER .975	LOWER .95	UPPER .975	UPPER .95
1	0	0	0	76	74
1	1	2	4	78	78
2	0	0	0	65	60
2	1	1	2	77	76
3	0	0	0	54	48
3	1	1	2	70	67
3	2	8	11	77	76
4	0	0	0	46	40
4	1	1	1	62	57
4	2	6	8	72	70
5	0	0	0	39	34
5	1	1	1	54	50
5	2	5	7	65	62
5	3	13	16	73	71
6	0	0	0	34	29
6	1	1	1	48	44
6	2	4	6	59	55
6	3	10	13	68	65
7	0	0	0	30	26
7	1	1	1	43	39
7	2	4	5	54	50
7	3	9	11	62	59
7	4	16	19	69	67
8	0	0	0	27	23
8	1	1	1	39	35
8	2	3	4	49	45
8	3	8	10	57	54
8	4	14	16	64	62
9	0	0	0	24	20
9	1	1	1	36	32
9	2	3	4	45	41
9	3	7	9	53	49
9	4	12	15	60	57
9	5	18	21	66	63
10	0	0	0	22	18
10	1	1	1	33	29
10	2	3	4	41	38
10	3	6	8	49	46
10	4	11	13	56	53
10	5	16	19	62	59
11	0	0	0	20	17
11	1	1	1	30	27
11	2	3	3	38	35
11	3	6	7	45	42
11	4	10	12	52	49
11	5	15	17	58	55
11	6	20	23	63	61
12	0	0	0	19	15
12	1	1	1	28	25
12	2	3	3	36	32
12	3	6	7	42	39
12	4	9	11	49	46
12	5	14	16	54	52
12	6	18	21	60	57
13	0	0	0	17	14
13	1	1	1	26	23
13	2	2	3	33	30
13	3	5	6	40	37
13	4	9	10	46	43
13	5	13	15	51	48
13	6	17	19	56	54
13	7	22	24	61	59
14	0	0	0	16	13
14	1	1	1	24	21
14	2	2	3	31	28
14	3	5	6	37	34
14	4	8	10	43	40
14	5	12	14	48	45
14	6	16	18	53	51
14	7	20	22	58	56
15	0	0	0	15	12
15	1	1	1	23	20
15	2	2	3	29	26
15	3	5	6	35	32
15	4	8	9	41	38

N = 78

n	a	LOWER .975	LOWER .95	UPPER .975	UPPER .95
15	5	11	13	46	43
15	6	15	17	50	48
15	7	19	21	55	53
15	8	23	25	59	57
16	0	0	0	14	11
16	1	1	1	21	19
16	2	2	3	27	25
16	3	4	5	33	30
16	4	7	8	38	36
16	5	10	12	43	41
16	6	14	16	48	45
16	7	18	20	52	50
16	8	22	24	56	54
17	0	0	0	13	11
17	1	1	1	20	17
17	2	2	3	26	23
17	3	4	5	31	29
17	4	7	8	36	34
17	5	10	11	41	38
17	6	13	15	46	43
17	7	17	18	50	47
17	8	20	22	54	52
17	9	24	26	58	56
18	0	0	0	12	10
18	1	1	1	19	16
18	2	2	2	25	22
18	3	4	5	30	27
18	4	7	8	34	32
18	5	9	11	39	36
18	6	12	14	43	41
18	7	16	17	48	45
18	8	19	21	51	49
18	9	23	25	55	53
19	0	0	0	12	9
19	1	1	1	18	16
19	2	2	2	23	21
19	3	4	5	28	26
19	4	6	7	33	30
19	5	9	10	37	35
19	6	12	13	41	39
19	7	15	17	45	43
19	8	18	20	49	47
19	9	22	24	53	51
19	10	25	27	56	54
20	0	0	0	11	9
20	1	1	1	17	15
20	2	2	2	22	20
20	3	4	5	27	24
20	4	6	7	31	29
20	5	9	10	35	33
20	6	11	13	40	37
20	7	14	16	43	41
20	8	17	19	47	45
20	9	20	22	51	49
20	10	24	26	54	52
21	0	0	0	10	8
21	1	1	1	16	14
21	2	2	2	21	19
21	3	4	4	26	23
21	4	6	7	30	28
21	5	8	9	34	32
21	6	11	12	38	35
21	7	14	15	42	39
21	8	17	18	45	43
21	9	20	21	49	47
21	10	23	25	52	50
21	11	26	28	55	53
22	0	0	0	10	8
22	1	1	1	15	13
22	2	2	2	20	18
22	3	4	4	24	22
22	4	6	7	29	26
22	5	8	9	32	30
22	6	10	12	36	34
22	7	13	14	40	38

N = 78

n	a	LOWER .975	LOWER .95	UPPER .975	UPPER .95
22	8	16	17	43	41
22	9	19	20	47	45
22	10	22	23	50	48
22	11	25	27	53	51
23	0	0	0	9	8
23	1	1	1	15	13
23	2	2	2	19	17
23	3	4	4	23	21
23	4	6	6	27	25
23	5	8	9	31	29
23	6	10	11	35	33
23	7	13	14	38	36
23	8	15	17	42	40
23	9	18	20	45	43
23	10	21	22	48	46
23	11	24	26	51	49
23	12	27	29	54	52
24	0	0	0	9	7
24	1	1	1	14	12
24	2	2	2	18	16
24	3	3	4	22	20
24	4	5	6	26	24
24	5	7	8	30	28
24	6	10	11	33	31
24	7	12	13	37	35
24	8	15	16	40	38
24	9	17	19	43	41
24	10	20	22	46	44
24	11	23	24	49	48
24	12	26	27	52	51
25	0	0	0	8	7
25	1	1	1	13	12
25	2	2	2	18	16
25	3	3	4	21	19
25	4	5	6	25	23
25	5	7	8	29	27
25	6	9	10	32	30
25	7	12	13	35	33
25	8	14	15	39	37
25	9	17	18	42	40
25	10	19	21	45	43
25	11	22	24	48	46
25	12	25	26	51	49
25	13	27	29	53	52
26	0	0	0	8	7
26	1	1	1	13	11
26	2	2	2	17	15
26	3	3	4	21	19
26	4	5	6	24	22
26	5	7	8	28	26
26	6	9	10	31	29
26	7	11	12	34	32
26	8	14	15	37	35
26	9	16	17	40	38
26	10	19	20	43	41
26	11	21	23	46	44
26	12	24	25	49	47
26	13	26	28	52	50
27	0	0	0	8	6
27	1	1	1	12	11
27	2	2	2	16	14
27	3	3	4	20	18
27	4	5	6	23	21
27	5	7	8	27	25
27	6	9	10	30	28
27	7	11	12	33	31
27	8	13	14	36	34
27	9	16	17	39	37
27	10	18	19	42	40
27	11	20	22	44	43
27	12	23	24	47	45
27	13	25	27	50	48
27	14	28	30	53	51
28	0	0	0	7	6
28	1	1	1	12	10

N = 78

n	a	LOWER .975	LOWER .95	UPPER .975	UPPER .95
28	2	2	2	15	14
28	3	3	4	19	17
28	4	5	5	22	21
28	5	7	7	26	24
28	6	9	10	29	27
28	7	11	12	32	30
28	8	13	14	35	33
28	9	15	16	37	36
28	10	17	19	40	38
28	11	20	21	43	41
28	12	22	24	46	44
28	13	25	26	48	47
28	14	27	29	51	49
29	0	0	0	7	6
29	1	1	1	11	10
29	2	2	2	15	13
29	3	3	4	18	17
29	4	5	5	22	20
29	5	7	7	25	23
29	6	8	9	28	26
29	7	10	11	31	29
29	8	12	14	33	32
29	9	15	16	36	34
29	10	17	18	39	37
29	11	19	20	42	40
29	12	21	23	44	43
29	13	24	25	47	45
29	14	26	28	49	48
29	15	29	30	52	50
30	0	0	0	7	5
30	1	1	1	11	9
30	2	2	2	14	13
30	3	3	3	18	16
30	4	5	5	21	19
30	5	6	7	24	22
30	6	8	9	27	25
30	7	10	11	30	28
30	8	12	13	32	31
30	9	14	15	35	33
30	10	16	18	38	36
30	11	18	20	40	39
30	12	21	22	43	41
30	13	23	24	45	44
30	14	25	27	48	46
30	15	28	29	50	49
31	0	0	0	6	5
31	1	1	1	10	9
31	2	2	2	14	12
31	3	3	3	17	15
31	4	5	5	20	18
31	5	6	7	23	21
31	6	8	9	26	24
31	7	10	11	29	27
31	8	12	13	31	30
31	9	14	15	34	32
31	10	16	17	37	35
31	11	18	19	39	37
31	12	20	21	42	40
31	13	22	24	44	42
31	14	25	26	46	45
31	15	27	28	49	47
31	16	29	31	51	50
32	0	0	0	6	5
32	1	1	1	10	9
32	2	2	2	13	12
32	3	3	3	16	15
32	4	4	5	19	18
32	5	6	7	22	21
32	6	8	9	25	23
32	7	10	10	28	26
32	8	12	12	30	29
32	9	13	15	33	31
32	10	15	17	35	34
32	11	17	19	38	36
32	12	20	21	40	39

CONFIDENCE BOUNDS FOR A

N = 78

n	a	LOWER .975	LOWER .95	UPPER .975	UPPER .95
32	13	22	23	43	41
32	14	24	25	45	43
32	15	26	28	47	46
32	16	28	30	50	48
33	0	0	0	6	5
33	1	1	1	10	8
33	2	2	2	13	11
33	3	3	3	16	14
33	4	4	5	19	17
33	5	6	7	21	20
33	6	8	8	24	23
33	7	9	10	27	25
33	8	11	12	29	28
33	9	13	14	32	30
33	10	15	16	34	33
33	11	17	18	37	35
33	12	19	20	39	38
33	13	21	22	41	40
33	14	23	25	44	42
33	15	25	27	46	45
33	16	28	29	48	47
33	17	30	31	50	49
34	0	0	0	6	5
34	1	1	1	9	8
34	2	2	2	12	11
34	3	3	3	15	14
34	4	4	5	18	17
34	5	6	6	21	19
34	6	8	8	23	22
34	7	9	10	26	24
34	8	11	12	28	27
34	9	13	14	31	29
34	10	15	16	33	32
34	11	17	18	36	34
34	12	19	20	38	36
34	13	21	22	40	39
34	14	23	24	43	41
34	15	25	26	45	43
34	16	27	28	47	45
34	17	29	30	49	48
35	0	0	0	5	4
35	1	1	1	9	8
35	2	2	2	12	11
35	3	3	3	15	13
35	4	4	5	17	16
35	5	6	6	20	19
35	6	7	8	23	21
35	7	9	10	25	24
35	8	11	12	28	26
35	9	13	13	30	28
35	10	14	15	32	31
35	11	16	17	35	33
35	12	18	19	37	35
35	13	20	21	39	38
35	14	22	23	41	40
35	15	24	25	44	42
35	16	26	27	46	44
35	17	28	29	48	46
35	18	30	32	50	49
36	0	0	0	5	4
36	1	1	1	9	7
36	2	2	2	12	10
36	3	3	3	14	13
36	4	4	5	17	16
36	5	6	6	19	18
36	6	7	8	22	20
36	7	9	10	24	23
36	8	11	11	27	25
36	9	12	13	29	28
36	10	14	15	31	30
36	11	16	17	34	32
36	12	18	19	36	34
36	13	20	21	38	37
36	14	21	23	40	39
36	15	23	25	42	41

N = 78

n	a	LOWER .975	LOWER .95	UPPER .975	UPPER .95
36	16	25	27	44	43
36	17	27	29	47	45
36	18	29	31	49	47
37	0	0	0	5	4
37	1	1	1	8	7
37	2	2	2	11	10
37	3	3	3	14	13
37	4	4	5	16	15
37	5	6	6	19	17
37	6	7	8	21	20
37	7	9	9	24	22
37	8	10	11	26	25
37	9	12	13	28	27
37	10	14	15	31	29
37	11	15	16	33	31
37	12	17	18	35	33
37	13	19	20	37	36
37	14	21	22	39	38
37	15	23	24	41	40
37	16	25	26	43	42
37	17	27	28	45	44
37	18	29	30	47	46
37	19	31	32	49	48
38	0	0	0	5	4
38	1	1	1	8	7
38	2	2	2	11	10
38	3	3	3	13	12
38	4	4	4	16	15
38	5	6	6	18	17
38	6	7	8	21	19
38	7	9	9	23	22
38	8	10	11	25	24
38	9	12	13	27	26
38	10	13	14	30	28
38	11	15	16	32	30
38	12	17	18	34	33
38	13	19	20	36	35
38	14	20	22	38	37
38	15	22	23	40	39
38	16	24	25	42	41
38	17	26	27	44	43
38	18	28	29	46	45
38	19	30	31	48	47
39	0	0	0	5	4
39	1	1	1	8	7
39	2	2	2	10	9
39	3	3	3	13	12
39	4	4	4	15	14
39	5	5	6	18	16
39	6	7	7	20	19
39	7	8	9	22	21
39	8	10	11	25	23
39	9	12	12	27	25
39	10	13	14	29	27
39	11	15	16	31	30
39	12	17	18	33	32
39	13	18	19	35	34
39	14	20	21	37	36
39	15	22	23	39	38
39	16	24	25	41	40
39	17	25	27	43	42
39	18	27	29	45	44
39	19	29	30	47	46
39	20	31	32	49	48

N = 80

n	a	LOWER .975	LOWER .95	UPPER .975	UPPER .95
1	0	0	0	78	76
1	1	2	4	80	80
2	0	0	0	66	61
2	1	1	3	79	77
3	0	0	0	55	49
3	1	1	2	72	68
3	2	8	12	79	78
4	0	0	0	47	41
4	1	1	1	63	59
4	2	6	9	74	71
5	0	0	0	40	35
5	1	1	1	56	51
5	2	5	7	67	64
5	3	13	16	75	73
6	0	0	0	35	30
6	1	1	1	50	45
6	2	4	6	61	57
6	3	11	13	69	67
7	0	0	0	31	26
7	1	1	1	45	40
7	2	4	5	55	51
7	3	9	11	64	61
7	4	16	19	71	69
8	0	0	0	28	23
8	1	1	1	40	36
8	2	3	5	50	46
8	3	8	10	59	55
8	4	14	17	66	63
9	0	0	0	25	21
9	1	1	1	37	33
9	2	3	4	46	42
9	3	7	9	54	51
9	4	12	15	61	58
9	5	19	22	68	65
10	0	0	0	23	19
10	1	1	1	34	30
10	2	3	4	42	39
10	3	7	8	50	47
10	4	11	13	57	54
10	5	17	19	63	61
11	0	0	0	21	17
11	1	1	1	31	27
11	2	3	4	39	36
11	3	6	7	47	43
11	4	10	12	53	50
11	5	15	18	59	57
11	6	21	23	65	62
12	0	0	0	19	16
12	1	1	1	29	25
12	2	3	3	36	33
12	3	6	7	44	40
12	4	9	11	50	47
12	5	14	16	56	53
12	6	19	21	61	59
13	0	0	0	18	15
13	1	1	1	27	23
13	2	3	3	34	31
13	3	5	6	41	38
13	4	9	10	47	44
13	5	13	15	53	50
13	6	17	20	58	55
13	7	22	25	63	60
14	0	0	0	16	14
14	1	1	1	25	22
14	2	2	3	32	29
14	3	5	6	38	35
14	4	8	10	44	41
14	5	12	14	50	47
14	6	16	18	55	52
14	7	21	23	59	57
15	0	0	0	15	13
15	1	1	1	23	20
15	2	2	3	30	27
15	3	5	6	36	33
15	4	8	9	42	39

N = 80

n	a	LOWER .975	LOWER .95	UPPER .975	UPPER .95
15	5	11	13	47	44
15	6	15	17	52	49
15	7	19	21	56	54
15	8	24	26	61	59
16	0	0	0	14	12
16	1	1	1	22	19
16	2	2	3	28	25
16	3	5	5	34	31
16	4	7	9	39	37
16	5	11	12	44	42
16	6	14	16	49	47
16	7	18	20	54	51
16	8	22	24	58	56
17	0	0	0	13	11
17	1	1	1	21	18
17	2	2	3	27	24
17	3	4	5	32	29
17	4	7	8	37	35
17	5	10	12	42	39
17	6	13	15	47	44
17	7	17	19	51	49
17	8	21	23	55	53
17	9	25	27	59	57
18	0	0	0	13	10
18	1	1	1	19	17
18	2	2	3	25	23
18	3	4	5	30	28
18	4	7	8	35	33
18	5	10	11	40	37
18	6	13	14	45	42
18	7	16	18	49	46
18	8	20	22	53	51
18	9	23	25	57	55
19	0	0	0	12	10
19	1	1	1	18	16
19	2	2	2	24	21
19	3	4	5	29	26
19	4	6	7	34	31
19	5	9	10	38	36
19	6	12	14	42	40
19	7	15	17	47	44
19	8	19	20	51	48
19	9	22	24	54	52
19	10	26	28	58	56
20	0	0	0	11	9
20	1	1	1	17	15
20	2	2	2	23	20
20	3	4	5	28	25
20	4	6	7	32	30
20	5	9	10	36	34
20	6	12	13	41	38
20	7	15	16	45	42
20	8	18	19	48	46
20	9	21	23	52	50
20	10	24	26	56	54
21	0	0	0	11	9
21	1	1	1	17	14
21	2	2	2	22	19
21	3	4	4	26	24
21	4	6	7	31	28
21	5	8	10	35	32
21	6	11	12	39	36
21	7	14	15	43	40
21	8	17	19	46	44
21	9	20	22	50	48
21	10	23	25	53	51
21	11	27	29	57	55
22	0	0	0	10	8
22	1	1	1	16	14
22	2	2	2	21	18
22	3	4	4	25	23
22	4	6	7	29	27
22	5	8	9	33	31
22	6	11	12	37	35
22	7	13	15	41	39

95

CONFIDENCE BOUNDS FOR A

N = 80

n	a	LOWER .975	LOWER .95	UPPER .975	UPPER .95
22	8	16	18	45	42
22	9	19	21	48	46
22	10	22	24	51	49
22	11	25	27	55	53
23	0	0	0	10	8
23	1	1	1	15	13
23	2	2	2	20	18
23	3	4	4	24	22
23	4	6	6	28	26
23	5	8	9	32	30
23	6	10	11	36	33
23	7	13	14	39	37
23	8	16	17	43	41
23	9	18	20	46	44
23	10	21	23	49	47
23	11	24	26	53	51
23	12	27	29	56	54
24	0	0	0	9	7
24	1	1	1	14	12
24	2	2	2	19	17
24	3	4	4	23	21
24	4	5	6	27	25
24	5	8	9	31	28
24	6	10	11	34	32
24	7	12	14	38	36
24	8	15	16	41	39
24	9	18	19	44	42
24	10	20	22	48	46
24	11	23	25	51	49
24	12	26	28	54	52
25	0	0	0	9	7
25	1	1	1	14	12
25	2	2	2	18	16
25	3	3	4	22	20
25	4	5	6	26	24
25	5	7	8	29	27
25	6	10	11	33	31
25	7	12	13	36	34
25	8	14	16	40	38
25	9	17	18	43	41
25	10	20	21	46	44
25	11	22	24	49	47
25	12	25	27	52	50
25	13	28	30	55	53
26	0	0	0	8	7
26	1	1	1	13	11
26	2	2	2	17	15
26	3	3	4	21	19
26	4	5	6	25	23
26	5	7	8	28	26
26	6	9	10	32	30
26	7	12	13	35	33
26	8	14	15	38	36
26	9	16	18	41	39
26	10	19	20	44	42
26	11	22	23	47	45
26	12	24	26	50	48
26	13	27	29	53	51
27	0	0	0	8	6
27	1	1	1	13	11
27	2	2	2	17	15
27	3	3	4	20	18
27	4	5	6	24	22
27	5	7	8	27	25
27	6	9	10	31	29
27	7	11	12	34	32
27	8	13	15	37	35
27	9	16	17	40	38
27	10	18	20	43	41
27	11	21	22	46	44
27	12	23	25	49	47
27	13	26	28	51	50
27	14	29	30	54	52
28	0	0	0	8	6
28	1	1	1	12	10
28	2	2	2	16	14
28	3	3	4	20	18
28	4	5	6	23	21
28	5	7	8	26	24
28	6	9	10	29	28
28	7	11	12	33	31
28	8	13	14	36	34
28	9	15	17	39	37
28	10	18	19	41	40
28	11	20	22	44	42
28	12	23	24	47	45
28	13	25	27	50	48
28	14	28	29	52	51
29	0	0	0	7	6
29	1	1	1	12	10
29	2	2	2	15	14
29	3	3	4	19	17
29	4	5	5	22	20
29	5	7	7	25	23
29	6	9	9	28	27
29	7	11	12	31	30
29	8	13	14	34	32
29	9	15	16	37	35
29	10	17	18	40	38
29	11	19	21	43	41
29	12	22	23	45	44
29	13	24	26	48	46
29	14	27	28	51	49
29	15	29	31	53	52
30	0	0	0	7	6
30	1	1	1	11	10
30	2	2	2	15	13
30	3	3	4	18	16
30	4	5	5	21	20
30	5	6	7	24	23
30	6	8	9	27	26
30	7	10	11	30	29
30	8	12	13	33	31
30	9	14	16	36	34
30	10	17	18	39	37
30	11	19	20	41	40
30	12	21	23	44	42
30	13	24	25	47	45
30	14	26	27	49	47
30	15	28	30	52	50
31	0	0	0	7	5
31	1	1	1	11	9
31	2	2	2	14	13
31	3	3	3	17	16
31	4	5	5	21	19
31	5	6	7	24	22
31	6	8	9	27	25
31	7	10	11	29	28
31	8	12	13	32	30
31	9	14	15	35	33
31	10	16	17	38	36
31	11	18	20	40	38
31	12	21	22	43	41
31	13	23	24	45	44
31	14	25	27	48	46
31	15	27	29	50	49
31	16	30	31	53	51
32	0	0	0	6	5
32	1	1	1	10	9
32	2	2	2	14	12
32	3	3	3	17	15
32	4	5	5	20	18
32	5	6	7	23	21
32	6	8	9	26	24
32	7	10	11	28	27
32	8	12	13	31	29
32	9	14	15	34	32
32	10	16	17	36	35
32	11	18	19	39	37
32	12	20	21	41	40
32	13	22	24	44	42
32	14	24	26	46	45
32	15	27	28	49	47
32	16	29	31	51	49
33	0	0	0	6	5
33	1	1	1	10	9
33	2	2	2	13	12
33	3	3	3	16	15
33	4	4	5	19	18
33	5	6	7	22	20
33	6	8	9	25	23
33	7	10	10	28	26
33	8	11	12	30	28
33	9	13	14	33	31
33	10	15	16	35	34
33	11	17	19	38	36
33	12	19	21	40	39
33	13	22	23	43	41
33	14	24	25	45	43
33	15	26	27	47	46
33	16	28	30	50	48
33	17	30	32	52	50
34	0	0	0	6	5
34	1	1	1	10	8
34	2	2	2	13	11
34	3	3	3	16	14
34	4	4	5	19	17
34	5	6	7	21	20
34	6	8	8	24	22
34	7	9	10	27	25
34	8	11	12	29	28
34	9	13	14	32	30
34	10	15	16	34	33
34	11	17	18	37	35
34	12	19	20	39	37
34	13	21	22	41	40
34	14	23	24	44	42
34	15	25	27	46	44
34	16	27	29	48	47
34	17	30	31	50	49
35	0	0	0	6	5
35	1	1	1	9	8
35	2	2	2	12	11
35	3	3	3	15	14
35	4	4	5	18	17
35	5	6	6	21	19
35	6	7	8	23	22
35	7	9	10	26	24
35	8	11	12	28	27
35	9	13	14	31	29
35	10	15	16	33	32
35	11	17	18	36	34
35	12	18	20	38	36
35	13	20	22	40	39
35	14	22	24	43	41
35	15	25	26	45	43
35	16	27	28	47	45
35	17	29	30	49	48
35	18	31	32	51	50
36	0	0	0	5	4
36	1	1	1	9	8
36	2	2	2	12	11
36	3	3	3	15	13
36	4	4	4	17	16
36	5	6	6	20	19
36	6	7	8	23	21
36	7	9	10	25	24
36	8	11	12	28	26
36	9	12	13	30	28
36	10	14	15	32	31
36	11	16	17	35	33
36	12	18	19	37	35
36	13	20	21	39	38
36	14	22	23	41	40
36	15	24	25	44	42
36	16	26	27	46	44
36	17	28	29	48	46
36	18	30	31	50	49
37	0	0	0	5	4
37	1	1	1	9	7
37	2	2	2	11	10
37	3	3	3	14	13
37	4	4	5	17	16
37	5	6	6	19	18
37	6	7	8	22	20
37	7	9	10	24	23
37	8	11	11	27	25
37	9	12	13	29	28
37	10	14	15	31	30
37	11	16	17	34	32
37	12	18	19	36	34
37	13	20	21	38	37
37	14	21	23	40	39
37	15	23	25	42	41
37	16	25	27	45	43
37	17	27	29	47	45
37	18	29	31	49	47
37	19	31	33	51	49
38	0	0	0	5	4
38	1	1	1	8	7
38	2	2	2	11	10
38	3	3	3	14	13
38	4	4	5	16	15
38	5	6	6	19	17
38	6	7	8	21	20
38	7	9	9	24	22
38	8	10	11	26	25
38	9	12	13	28	27
38	10	14	15	31	29
38	11	15	16	33	31
38	12	17	18	35	33
38	13	19	20	37	36
38	14	21	22	39	38
38	15	23	24	41	40
38	16	25	26	43	42
38	17	27	28	45	44
38	18	29	30	47	46
38	19	31	32	49	48
39	0	0	0	5	4
39	1	1	1	8	7
39	2	2	2	11	10
39	3	3	3	13	12
39	4	4	4	16	15
39	5	5	6	18	17
39	6	7	8	21	19
39	7	9	9	23	22
39	8	10	11	25	24
39	9	12	13	28	26
39	10	13	14	30	28
39	11	15	16	32	30
39	12	17	18	34	33
39	13	19	20	36	35
39	14	20	22	38	37
39	15	22	23	40	39
39	16	24	25	42	41
39	17	26	27	44	43
39	18	28	29	46	45
39	19	30	31	48	47
39	20	32	33	50	49
40	0	0	0	5	4
40	1	1	1	8	7
40	2	2	2	10	9
40	3	3	3	13	12
40	4	4	4	15	14
40	5	5	6	18	16
40	6	7	7	20	19
40	7	8	9	22	21
40	8	10	11	25	23
40	9	12	12	27	25
40	10	13	14	29	28

CONFIDENCE BOUNDS FOR A

N = 80

n	a	LOWER .975	.95	UPPER .975	.95
40	11	15	16	31	30
40	12	17	18	33	32
40	13	18	19	35	34
40	14	20	21	37	36
40	15	22	23	39	38
40	16	24	25	41	40
40	17	25	27	43	42
40	18	27	28	45	44
40	19	29	30	47	46
40	20	31	32	49	48

N = 82

n	a	LOWER .975	.95	UPPER .975	.95
1	0	0	0	79	77
1	1	3	5	82	82
2	0	0	0	68	63
2	1	2	3	80	79
3	0	0	0	57	51
3	1	1	2	73	70
3	2	9	12	81	80
4	0	0	0	48	42
4	1	1	2	65	60
4	2	6	9	76	73
5	0	0	0	41	36
5	1	1	1	57	53
5	2	5	7	69	65
5	3	13	17	77	75
6	0	0	0	36	31
6	1	1	1	51	46
6	2	4	6	62	58
6	3	11	14	71	68
7	0	0	0	32	27
7	1	1	1	46	41
7	2	4	5	57	53
7	3	9	12	65	62
7	4	17	20	73	70
8	0	0	0	28	24
8	1	1	1	41	37
8	2	4	5	52	48
8	3	8	10	60	57
8	4	14	17	68	65
9	0	0	0	26	22
9	1	1	1	38	33
9	2	3	4	47	43
9	3	7	9	56	52
9	4	13	15	63	60
9	5	19	22	69	67
10	0	0	0	23	20
10	1	1	1	34	31
10	2	3	4	44	40
10	3	7	8	52	48
10	4	11	14	59	55
10	5	17	20	65	62
11	0	0	0	21	18
11	1	1	1	32	28
11	2	3	4	40	37
11	3	6	8	48	44
11	4	10	12	55	52
11	5	15	18	61	58
11	6	21	24	67	64
12	0	0	0	20	16
12	1	1	1	29	26
12	2	3	3	37	34
12	3	6	7	45	41
12	4	10	11	51	48
12	5	14	16	57	54
12	6	19	22	63	60
13	0	0	0	18	15
13	1	1	1	27	24
13	2	3	3	35	32
13	3	5	7	42	39
13	4	9	11	48	45
13	5	13	15	54	51
13	6	18	20	59	57
13	7	23	25	64	62
14	0	0	0	17	14
14	1	1	1	25	22
14	2	2	3	33	30
14	3	5	6	39	36
14	4	8	10	45	42
14	5	12	14	51	48
14	6	16	19	56	53
14	7	21	23	61	59
15	0	0	0	16	13
15	1	1	1	24	21
15	2	2	3	31	28
15	3	5	6	37	34
15	4	8	9	43	40

N = 82

n	a	LOWER .975	.95	UPPER .975	.95
15	5	11	13	48	45
15	6	15	17	53	50
15	7	20	22	58	55
15	8	24	27	62	60
16	0	0	0	15	12
16	1	1	1	22	20
16	2	2	3	29	26
16	3	5	6	35	32
16	4	8	9	40	37
16	5	11	12	46	43
16	6	14	16	50	48
16	7	18	20	55	53
16	8	22	25	60	57
17	0	0	0	14	11
17	1	1	1	21	18
17	2	2	3	27	25
17	3	4	5	33	30
17	4	7	8	38	35
17	5	10	12	43	41
17	6	14	15	48	45
17	7	17	19	53	50
17	8	21	23	57	54
17	9	25	28	61	59
18	0	0	0	13	11
18	1	1	1	20	17
18	2	2	3	26	23
18	3	4	5	31	29
18	4	7	8	36	34
18	5	10	11	41	38
18	6	13	15	46	43
18	7	16	18	50	48
18	8	20	22	54	52
18	9	24	26	58	56
19	0	0	0	12	10
19	1	1	1	19	16
19	2	2	2	25	22
19	3	4	5	30	27
19	4	7	8	35	32
19	5	9	11	39	37
19	6	12	14	44	41
19	7	16	17	48	45
19	8	19	21	52	49
19	9	23	25	56	54
19	10	26	28	59	57
20	0	0	0	12	10
20	1	1	1	18	16
20	2	2	2	23	21
20	3	4	5	28	26
20	4	6	7	33	30
20	5	9	10	37	35
20	6	12	13	42	39
20	7	15	16	46	43
20	8	18	20	50	47
20	9	21	23	53	51
20	10	25	27	57	55
21	0	0	0	11	9
21	1	1	1	17	15
21	2	2	2	22	20
21	3	4	5	27	25
21	4	6	7	32	29
21	5	9	10	36	33
21	6	11	13	40	37
21	7	14	16	44	41
21	8	17	19	48	45
21	9	20	22	51	49
21	10	24	26	55	53
21	11	27	29	58	56
22	0	0	0	10	9
22	1	1	1	16	14
22	2	2	2	21	19
22	3	4	4	26	23
22	4	6	7	30	28
22	5	8	9	34	32
22	6	11	12	38	36
22	7	14	15	42	40

N = 82

n	a	LOWER .975	.95	UPPER .975	.95
22	8	16	18	46	43
22	9	20	21	49	47
22	10	23	25	53	51
22	11	26	28	56	54
23	0	0	0	10	8
23	1	1	1	15	13
23	2	2	2	20	18
23	3	4	4	25	22
23	4	6	7	29	27
23	5	8	9	33	31
23	6	10	12	37	34
23	7	13	14	40	38
23	8	16	17	44	42
23	9	19	20	47	45
23	10	22	24	51	49
23	11	25	27	54	52
23	12	28	30	57	55
24	0	0	0	9	8
24	1	1	1	15	13
24	2	2	2	19	17
24	3	4	4	24	21
24	4	6	6	28	25
24	5	8	9	32	29
24	6	10	11	35	33
24	7	13	14	39	37
24	8	15	17	42	40
24	9	18	20	46	43
24	10	21	23	49	47
24	11	24	26	52	50
24	12	27	29	55	53
25	0	0	0	9	7
25	1	1	1	14	12
25	2	2	2	19	17
25	3	3	4	23	21
25	4	5	6	27	24
25	5	7	8	30	28
25	6	10	11	34	32
25	7	12	13	37	35
25	8	15	16	41	39
25	9	17	19	44	42
25	10	20	22	47	45
25	11	23	25	50	48
25	12	26	28	53	51
25	13	29	31	56	54
26	0	0	0	9	7
26	1	1	1	13	12
26	2	2	2	18	16
26	3	3	4	22	20
26	4	5	6	26	23
26	5	7	8	29	27
26	6	9	11	33	30
26	7	12	13	36	34
26	8	14	16	39	37
26	9	17	18	42	40
26	10	19	21	46	44
26	11	22	24	49	47
26	12	25	27	52	50
26	13	28	29	54	53
27	0	0	0	8	7
27	1	1	1	13	11
27	2	2	2	17	15
27	3	3	4	21	19
27	4	5	6	25	23
27	5	7	8	28	26
27	6	9	10	31	29
27	7	11	13	35	33
27	8	14	15	38	35
27	9	16	18	41	39
27	10	19	20	44	42
27	11	21	23	47	45
27	12	24	26	50	48
27	13	27	28	53	51
27	14	29	31	55	54
28	0	0	0	8	6
28	1	1	1	12	11

CONFIDENCE BOUNDS FOR A

N = 82

n	a	LOWER .975	LOWER .95	UPPER .975	UPPER .95
28	2	2	2	16	15
28	3	3	4	20	18
28	4	5	6	24	22
28	5	7	8	27	25
28	6	9	10	30	28
28	7	11	12	33	31
28	8	13	15	37	35
28	9	16	17	40	38
28	10	18	19	43	41
28	11	21	22	45	43
28	12	23	25	48	46
28	13	26	27	51	49
28	14	28	30	54	52
29	0	0	0	7	6
29	1	1	1	12	11
29	2	2	2	16	14
29	3	3	4	19	18
29	4	5	5	23	21
29	5	7	7	26	24
29	6	9	10	29	27
29	7	11	12	32	30
29	8	13	14	35	33
29	9	15	16	38	36
29	10	17	19	41	39
29	11	20	21	44	42
29	12	22	24	47	45
29	13	25	26	49	48
29	14	27	29	52	50
29	15	30	32	55	53
30	0	0	0	7	6
30	1	1	1	11	10
30	2	2	2	15	14
30	3	3	4	19	17
30	4	5	5	22	20
30	5	7	7	25	23
30	6	8	9	28	26
30	7	10	11	31	29
30	8	13	14	34	32
30	9	15	16	37	35
30	10	17	18	40	38
30	11	19	21	43	41
30	12	22	23	45	43
30	13	24	26	48	46
30	14	26	28	51	49
30	15	29	31	53	51
31	0	0	0	7	6
31	1	1	1	11	10
31	2	2	2	15	13
31	3	3	3	18	16
31	4	5	5	21	19
31	5	6	7	24	23
31	6	8	9	27	25
31	7	10	11	30	28
31	8	12	13	33	31
31	9	14	16	36	34
31	10	17	18	39	37
31	11	19	20	41	39
31	12	21	22	44	42
31	13	23	25	46	45
31	14	26	27	49	47
31	15	28	30	52	50
31	16	30	32	54	52
32	0	0	0	7	5
32	1	1	1	11	9
32	2	2	2	14	13
32	3	3	3	17	16
32	4	5	5	21	19
32	5	6	7	24	22
32	6	8	9	26	25
32	7	10	11	29	27
32	8	12	13	32	30
32	9	14	15	35	33
32	10	16	17	37	36
32	11	18	20	40	38
32	12	20	22	43	41

N = 82

n	a	LOWER .975	LOWER .95	UPPER .975	UPPER .95
32	13	23	24	45	43
32	14	25	26	48	46
32	15	27	29	50	48
32	16	30	31	52	51
33	0	0	0	6	5
33	1	1	1	10	9
33	2	2	2	14	12
33	3	3	3	17	15
33	4	5	5	20	18
33	5	6	7	23	21
33	6	8	9	26	24
33	7	10	11	28	27
33	8	12	13	31	29
33	9	14	15	34	32
33	10	16	17	36	35
33	11	18	19	39	37
33	12	20	21	41	40
33	13	22	23	44	42
33	14	24	26	46	45
33	15	26	28	49	47
33	16	29	30	51	49
34	0	0	0	6	5
34	1	1	1	10	8
34	2	2	2	13	12
34	3	3	3	16	15
34	4	4	5	19	18
34	5	6	7	22	20
34	6	8	8	25	23
34	7	10	10	27	26
34	8	11	12	30	28
34	9	13	14	33	31
34	10	15	16	35	34
34	11	17	18	38	36
34	12	19	21	40	38
34	13	21	23	43	41
34	14	24	25	45	43
34	15	26	27	47	46
34	16	28	29	50	48
34	17	30	32	52	50
35	0	0	0	6	5
35	1	1	1	9	8
35	2	2	2	13	11
35	3	3	3	16	15
35	4	4	5	19	18
35	5	6	7	21	20
35	6	8	8	24	22
35	7	9	10	27	25
35	8	11	12	30	28
35	9	13	14	33	31
35	10	15	16	34	33
35	11	17	18	37	35
35	12	19	20	39	37
35	13	21	22	41	40
35	14	23	24	44	42
35	15	25	26	46	44
35	16	27	29	48	47
35	17	29	31	50	49
35	18	32	33	53	51
36	0	0	0	6	5
36	1	1	1	9	8
36	2	2	2	12	11
36	3	3	3	15	14
36	4	4	5	18	16
36	5	6	6	21	19
36	6	7	8	23	22
36	7	9	10	26	24
36	8	11	12	28	27
36	9	13	14	31	29
36	10	15	16	33	32
36	11	16	18	36	34
36	12	18	20	38	36
36	13	20	22	40	39
36	14	22	24	43	41
36	15	24	26	45	43

N = 82

n	a	LOWER .975	LOWER .95	UPPER .975	UPPER .95
36	16	26	28	47	45
36	17	29	30	49	48
36	18	31	32	51	50
37	0	0	0	5	4
37	1	1	1	9	8
37	2	2	2	12	11
37	3	3	3	15	13
37	4	4	5	17	16
37	5	6	6	20	19
37	6	7	8	23	21
37	7	9	10	25	24
37	8	11	12	28	26
37	9	12	13	30	28
37	10	14	15	32	31
37	11	16	17	35	33
37	12	18	19	37	35
37	13	20	21	39	38
37	14	22	23	41	40
37	15	24	25	44	42
37	16	26	27	46	44
37	17	28	29	48	46
37	18	30	31	50	49
37	19	32	33	52	51
38	0	0	0	5	4
38	1	1	1	9	7
38	2	2	2	11	10
38	3	3	3	14	13
38	4	4	5	17	15
38	5	6	6	19	18
38	6	7	8	22	20
38	7	9	10	24	23
38	8	10	11	27	25
38	9	12	13	29	28
38	10	14	15	31	30
38	11	16	17	34	32
38	12	18	19	36	34
38	13	19	21	38	37
38	14	21	23	40	39
38	15	23	25	42	41
38	16	25	26	45	43
38	17	27	29	47	45
38	18	29	31	49	47
38	19	31	33	51	49
39	0	0	0	5	4
39	1	1	1	8	7
39	2	2	2	11	10
39	3	3	3	14	13
39	4	4	5	16	15
39	5	6	6	19	17
39	6	7	8	21	20
39	7	9	9	24	22
39	8	10	11	26	25
39	9	12	13	28	27
39	10	14	15	31	29
39	11	15	16	33	31
39	12	17	18	35	33
39	13	19	20	37	36
39	14	21	22	39	38
39	15	23	24	41	40
39	16	25	26	43	42
39	17	27	28	46	44
39	18	28	30	48	46
39	19	30	32	50	48
39	20	32	34	52	50
40	0	0	0	5	4
40	1	1	1	8	7
40	2	2	2	11	10
40	3	3	3	13	12
40	4	4	4	16	15
40	5	6	6	18	17
40	6	7	8	21	19
40	7	9	9	23	22
40	8	10	11	25	24
40	9	12	13	28	26
40	10	13	14	30	28

N = 82

n	a	LOWER .975	LOWER .95	UPPER .975	UPPER .95
40	11	15	16	32	30
40	12	17	18	34	33
40	13	19	20	36	35
40	14	20	22	38	37
40	15	22	23	40	39
40	16	24	25	42	41
40	17	26	27	44	43
40	18	28	29	46	45
40	19	30	31	48	47
40	20	32	33	50	49
41	0	0	0	5	4
41	1	1	1	8	7
41	2	2	2	10	9
41	3	3	3	13	12
41	4	4	4	15	14
41	5	5	6	18	17
41	6	7	7	20	19
41	7	8	9	22	21
41	8	10	11	25	23
41	9	12	12	27	25
41	10	13	14	29	28
41	11	15	16	31	30
41	12	17	17	33	32
41	13	18	19	35	34
41	14	20	21	37	36
41	15	22	23	39	38
41	16	24	25	41	40
41	17	25	27	43	42
41	18	27	28	45	44
41	19	29	30	47	46
41	20	31	32	49	48
41	21	33	34	51	50

98

CONFIDENCE BOUNDS FOR A

n	a	.975	.95	.975	.95	n	a	.975	.95	.975	.95	n	a	.975	.95	.975	.95	n	a	.975	.95	.975	.95
1	0	0	0	81	79	15	5	12	13	49	46	22	8	17	19	47	45	28	2	2	2	17	15
1	1	3	5	84	84	15	6	16	18	55	52	22	9	20	22	51	48	28	3	3	4	21	19
2	0	0	0	70	64	15	7	20	22	59	57	22	10	23	25	54	52	28	4	5	6	24	22
2	1	2	3	82	81	15	8	25	27	64	62	22	11	26	29	58	55	28	5	7	8	28	26
3	0	0	0	58	52	16	0	0	0	15	13	23	0	0	0	10	8	28	6	9	10	31	29
3	1	1	2	75	72	16	1	1	1	23	20	23	1	1	1	16	14	28	7	11	12	34	32
3	2	9	12	83	82	16	2	2	3	30	27	23	2	2	2	21	19	28	8	14	15	38	35
4	0	0	0	49	43	16	3	5	6	36	33	23	3	4	4	25	23	28	9	16	17	41	39
4	1	1	2	66	62	16	4	8	9	41	38	23	4	6	7	30	27	28	10	18	20	44	42
4	2	7	9	77	75	16	5	11	13	47	44	23	5	8	9	34	31	28	11	21	23	47	45
5	0	0	0	42	36	16	6	15	17	52	49	23	6	11	12	38	35	28	12	24	25	50	48
5	1	1	1	59	54	16	7	19	21	57	54	23	7	13	15	41	39	28	13	26	28	52	50
5	2	5	7	70	67	16	8	23	25	61	59	23	8	16	18	45	43	28	14	29	31	55	53
5	3	14	17	79	77	17	0	0	0	14	12	23	9	19	21	49	46	29	0	0	0	8	6
6	0	0	0	37	32	17	1	1	1	22	19	23	10	22	24	52	50	29	1	1	1	12	11
6	1	1	1	52	47	17	2	2	3	28	25	23	11	25	27	55	53	29	2	2	2	16	14
6	2	5	6	64	60	17	3	5	5	34	31	23	12	29	31	59	57	29	3	3	4	20	18
6	3	11	14	73	70	17	4	7	9	39	36	24	0	0	0	10	8	29	4	5	6	23	21
7	0	0	0	33	28	17	5	10	12	44	42	24	1	1	1	15	13	29	5	7	8	27	25
7	1	1	1	47	42	17	6	14	16	49	46	24	2	2	2	20	18	29	6	9	10	30	28
7	2	4	5	58	54	17	7	18	20	54	51	24	3	4	4	24	22	29	7	11	12	33	31
7	3	10	12	67	64	17	8	22	24	58	56	24	4	6	6	28	26	29	8	13	14	36	34
7	4	17	20	74	72	17	9	26	28	62	60	24	5	8	9	32	30	29	9	15	17	39	37
8	0	0	0	29	25	18	0	0	0	13	11	24	6	10	11	36	34	29	10	18	19	42	40
8	1	1	1	42	38	18	1	1	1	21	18	24	7	13	14	40	38	29	11	20	22	45	43
8	2	4	5	53	49	18	2	2	3	27	24	24	8	16	17	43	41	29	12	23	24	48	46
8	3	8	10	62	58	18	3	4	5	32	29	24	9	18	20	47	45	29	13	25	27	51	49
8	4	15	18	69	66	18	4	7	8	37	35	24	10	21	23	50	48	29	14	28	30	53	52
9	0	0	0	26	22	18	5	10	11	42	39	24	11	24	26	53	51	29	15	31	32	56	54
9	1	1	1	39	34	18	6	13	15	47	44	24	12	27	29	57	55	30	0	0	0	7	6
9	2	3	4	48	44	18	7	17	19	51	49	25	0	0	0	9	8	30	1	1	1	12	10
9	3	8	9	57	53	18	8	20	23	56	53	25	1	1	1	15	13	30	2	2	2	16	14
9	4	13	16	64	61	18	9	24	27	60	57	25	2	2	2	19	17	30	3	3	4	19	17
9	5	20	23	71	68	19	0	0	0	13	10	25	3	4	4	23	21	30	4	5	5	23	21
10	0	0	0	24	20	19	1	1	1	19	17	25	4	5	6	27	25	30	5	7	7	26	24
10	1	1	1	35	31	19	2	2	3	25	23	25	5	8	9	31	29	30	6	9	10	29	27
10	2	3	4	45	41	19	3	4	5	31	28	25	6	10	11	35	33	30	7	11	12	32	30
10	3	7	8	53	49	19	4	7	8	36	33	25	7	12	14	38	36	30	8	13	14	35	33
10	4	12	14	60	57	19	5	10	11	40	38	25	8	15	16	42	40	30	9	15	16	38	36
10	5	17	20	67	64	19	6	13	14	45	42	25	9	18	19	45	43	30	10	17	19	41	39
11	0	0	0	22	18	19	7	16	18	49	47	25	10	20	22	48	46	30	11	20	21	44	42
11	1	1	1	33	29	19	8	19	21	53	51	25	11	23	25	52	50	30	12	22	24	46	45
11	2	3	4	41	38	19	9	23	25	57	55	25	12	26	28	55	53	30	13	25	26	49	47
11	3	6	8	49	46	19	10	27	29	61	59	25	13	29	31	58	56	30	14	27	29	52	50
11	4	11	13	56	53	20	0	0	0	12	10	26	0	0	0	9	7	30	15	30	31	54	53
11	5	16	18	62	60	20	1	1	1	18	16	26	1	1	1	14	12	31	0	0	0	7	6
11	6	22	24	68	66	20	2	2	2	24	21	26	2	2	2	18	16	31	1	1	1	11	10
12	0	0	0	20	17	20	3	4	5	29	26	26	3	3	4	22	20	31	2	2	2	15	13
12	1	1	1	30	27	20	4	6	7	34	31	26	4	5	6	26	24	31	3	3	4	19	17
12	2	3	3	38	35	20	5	9	10	38	36	26	5	7	8	30	28	31	4	5	5	22	20
12	3	6	7	46	42	20	6	12	14	43	40	26	6	10	11	33	31	31	5	7	7	25	23
12	4	10	12	53	49	20	7	15	17	47	44	26	7	12	13	37	35	31	6	8	9	28	26
12	5	14	17	59	56	20	8	18	20	51	49	26	8	14	16	40	38	31	7	10	11	31	29
12	6	20	22	64	62	20	9	22	24	55	53	26	9	17	19	44	41	31	8	12	14	34	32
13	0	0	0	19	16	20	10	25	28	59	56	26	10	20	21	47	45	31	9	15	16	37	35
13	1	1	1	28	25	21	0	0	0	11	9	26	11	22	24	50	48	31	10	17	18	40	38
13	2	3	3	36	32	21	1	1	1	18	15	26	12	25	27	53	51	31	11	19	20	42	40
13	3	6	7	43	40	21	2	2	2	23	20	26	13	28	30	56	54	31	12	21	23	45	43
13	4	9	11	49	46	21	3	4	5	28	25	27	0	0	0	8	7	31	13	24	25	48	46
13	5	13	15	55	52	21	4	6	7	32	30	27	1	1	1	13	12	31	14	26	28	50	49
13	6	18	21	61	58	21	5	9	10	37	34	27	2	2	2	18	16	31	15	29	30	53	51
13	7	23	26	66	63	21	6	12	13	41	38	27	3	3	4	22	19	31	16	31	33	55	54
14	0	0	0	17	14	21	7	14	16	45	43	27	4	5	6	25	23	32	0	0	0	7	6
14	1	1	1	26	23	21	8	18	19	49	46	27	5	7	8	29	27	32	1	1	1	11	9
14	2	2	3	34	30	21	9	21	23	53	50	27	6	9	10	32	30	32	2	2	2	15	13
14	3	5	6	40	37	21	10	24	26	56	54	27	7	12	13	36	33	32	3	3	3	18	16
14	4	9	10	46	43	21	11	28	30	60	58	27	8	14	15	39	37	32	4	5	5	21	19
14	5	12	14	52	49	22	0	0	0	11	9	27	9	16	18	42	40	32	5	6	7	24	22
14	6	17	19	58	55	22	1	1	1	17	14	27	10	19	21	45	43	32	6	8	9	27	25
14	7	21	24	63	60	22	2	2	2	22	19	27	11	22	23	48	46	32	7	10	11	30	28
15	0	0	0	16	13	22	3	4	4	27	24	27	12	24	26	51	49	32	8	12	13	33	31
15	1	1	1	25	21	22	4	6	7	31	28	27	13	27	29	54	52	32	9	14	15	34	34
15	2	2	3	32	28	22	5	8	10	35	33	27	14	30	32	57	55	32	10	16	18	38	37
15	3	5	6	38	35	22	6	11	12	39	37	28	0	0	0	8	7	32	11	19	20	41	39
15	4	8	10	44	41	22	7	14	15	43	41	28	1	1	1	13	11	32	12	21	22	44	42

CONFIDENCE BOUNDS FOR A

		N = 84						N = 84						N = 84						N = 86			
		LOWER		UPPER				LOWER		UPPER				LOWER		UPPER				LOWER		UPPER	
n	a	.975	.95	.975	.95	n	a	.975	.95	.975	.95	n	a	.975	.95	.975	.95	n	a	.975	.95	.975	.95
32	13	23	25	46	45	36	16	27	28	48	47	40	11	15	16	33	31	1	0	0	0	83	81
32	14	25	27	49	47	36	17	29	31	50	49	40	12	17	18	35	33	1	1	3	5	86	86
32	15	28	29	51	50	36	18	31	33	53	51	40	13	19	20	37	36	2	0	0	0	71	66
32	16	30	32	54	52	37	0	0	0	6	4	40	14	21	22	39	38	2	1	2	3	84	83
33	0	0	0	7	5	37	1	1	1	9	8	40	15	23	24	41	40	3	0	0	0	60	53
33	1	1	1	11	9	37	2	2	2	12	11	40	16	25	26	44	42	3	1	1	2	77	73
33	2	2	2	14	12	37	3	3	3	15	14	40	17	26	28	46	44	3	2	9	13	85	84
33	3	3	3	17	16	37	4	4	5	18	16	40	18	28	30	48	46	4	0	0	0	50	44
33	4	5	5	20	19	37	5	6	6	21	19	40	19	30	32	50	48	4	1	1	2	68	63
33	5	6	7	23	22	37	6	7	8	23	22	40	20	32	34	52	50	4	2	7	9	79	77
33	6	8	9	26	25	37	7	9	10	26	24	41	0	0	0	5	4	5	0	0	0	43	37
33	7	10	11	29	27	37	8	11	12	28	27	41	1	1	1	8	7	5	1	1	1	60	55
33	8	12	13	32	30	37	9	13	14	31	29	41	2	2	2	11	10	5	2	5	7	72	69
33	9	14	15	35	33	37	10	15	16	33	32	41	3	3	3	13	12	5	3	14	17	81	79
33	10	16	17	37	35	37	11	16	18	36	34	41	4	4	4	16	15	6	0	0	0	38	32
33	11	18	19	40	38	37	12	18	19	38	36	41	5	6	6	18	17	6	1	1	1	54	49
33	12	20	22	42	41	37	13	20	22	40	39	41	6	7	8	21	19	6	2	5	6	65	61
33	13	22	24	45	43	37	14	22	24	43	41	41	7	9	9	23	22	6	3	11	14	75	72
33	14	25	26	47	46	37	15	24	26	45	43	41	8	10	11	25	24	7	0	0	0	33	28
33	15	27	29	50	48	37	16	26	28	47	45	41	9	12	13	28	26	7	1	1	1	48	43
33	16	29	31	52	51	37	17	28	30	49	48	41	10	13	14	30	28	7	2	4	5	59	55
33	17	32	33	55	53	37	18	31	32	51	50	41	11	15	16	32	30	7	3	10	12	69	65
34	0	0	0	6	5	37	19	33	34	53	52	41	12	17	18	34	33	7	4	17	21	76	74
34	1	1	1	10	9	38	0	0	0	5	4	41	13	19	20	36	35	8	0	0	0	30	25
34	2	2	2	14	12	38	1	1	1	9	8	41	14	20	21	38	37	8	1	1	1	43	39
34	3	3	3	17	15	38	2	2	2	12	11	41	15	22	23	40	39	8	2	4	5	54	50
34	4	5	5	20	18	38	3	3	3	15	13	41	16	24	25	42	41	8	3	9	11	63	60
34	5	6	7	23	21	38	4	4	5	17	16	41	17	26	27	45	43	8	4	15	18	71	68
34	6	8	9	25	24	38	5	6	6	20	19	41	18	28	29	47	45	9	0	0	0	27	23
34	7	10	11	28	26	38	6	7	8	23	21	41	19	30	31	48	47	9	1	1	1	40	35
34	8	12	13	31	29	38	7	9	10	25	24	41	20	32	33	50	49	9	2	3	4	50	46
34	9	14	15	34	32	38	8	11	12	28	26	41	21	34	35	52	51	9	3	8	10	58	55
34	10	16	17	36	34	38	9	12	13	30	28	42	0	0	0	5	4	9	4	13	16	66	63
34	11	18	19	39	37	38	10	14	15	32	31	42	1	1	1	8	7	9	5	20	23	73	70
34	12	20	21	41	39	38	11	16	17	35	33	42	2	2	2	10	9	10	0	0	0	25	21
34	13	22	23	44	42	38	12	18	19	37	35	42	3	3	3	13	12	10	1	1	1	36	32
34	14	24	25	46	44	38	13	20	21	39	38	42	4	4	4	15	14	10	2	3	4	46	42
34	15	26	28	49	47	38	14	22	23	41	40	42	5	5	6	18	17	10	3	7	9	54	50
34	16	28	30	51	49	38	15	24	25	44	42	42	6	7	7	20	19	10	4	12	14	62	58
34	17	31	32	53	52	38	16	26	27	46	44	42	7	8	9	22	21	10	5	18	21	68	65
35	0	0	0	6	5	38	17	28	29	48	46	42	8	10	11	25	23	11	0	0	0	23	19
35	1	1	1	10	8	38	18	30	31	50	49	42	9	12	12	27	25	11	1	1	1	33	29
35	2	2	2	13	12	38	19	32	33	52	51	42	10	13	14	29	28	11	2	3	4	42	39
35	3	3	3	16	15	39	0	0	0	5	4	42	11	15	16	31	30	11	3	6	8	50	47
35	4	4	5	19	18	39	1	1	1	9	7	42	12	17	17	33	32	11	4	11	13	57	54
35	5	6	7	22	20	39	2	2	2	11	10	42	13	18	19	35	34	11	5	16	19	64	61
35	6	8	8	25	23	39	3	3	3	14	13	42	14	20	21	37	36	11	6	22	25	70	67
35	7	10	10	27	26	39	4	4	4	17	15	42	15	22	23	39	38	12	0	0	0	21	17
35	8	11	12	30	28	39	5	6	6	19	18	42	16	24	25	41	40	12	1	1	1	31	27
35	9	13	14	33	31	39	6	7	8	22	20	42	17	25	27	43	42	12	2	3	4	39	36
35	10	15	16	35	33	39	7	9	10	24	23	42	18	27	28	45	44	12	3	6	7	47	43
35	11	17	18	38	36	39	8	10	11	27	25	42	19	29	30	47	46	12	4	10	12	54	50
35	12	19	20	40	38	39	9	12	13	29	28	42	20	31	32	49	48	12	5	15	17	60	57
35	13	21	23	42	41	39	10	14	15	31	30	42	21	33	34	51	50	12	6	20	23	66	63
35	14	23	25	45	43	39	11	16	17	34	32							13	0	0	0	19	16
35	15	26	27	47	46	39	12	18	19	36	34							13	1	1	1	29	25
35	16	28	29	50	48	39	13	19	21	38	37							13	2	3	3	37	33
35	17	30	31	52	50	39	14	21	22	40	39							13	3	6	7	44	41
35	18	32	34	54	53	39	15	23	24	43	41							13	4	9	11	51	47
36	0	0	0	6	5	39	16	25	26	45	43							13	5	14	16	57	54
36	1	1	1	9	8	39	17	27	28	47	45							13	6	18	21	62	59
36	2	2	2	13	11	39	18	29	30	49	47							13	7	24	27	68	65
36	3	3	3	16	14	39	19	31	32	51	49							14	0	0	0	18	15
36	4	4	5	19	17	39	20	33	35	53	52							14	1	1	1	27	24
36	5	6	7	21	20	40	0	0	0	5	4							14	2	3	3	34	31
36	6	8	8	24	22	40	1	1	1	8	7							14	3	5	6	41	38
36	7	9	10	27	25	40	2	2	2	11	10							14	4	9	10	48	44
36	8	11	12	29	27	40	3	3	3	14	13							14	5	13	15	53	50
36	9	13	14	32	30	40	4	4	5	16	15							14	6	17	19	59	56
36	10	15	16	34	32	40	5	6	6	19	17							14	7	22	25	64	61
36	11	17	18	37	35	40	6	7	8	21	20							15	0	0	0	17	14
36	12	19	20	39	37	40	7	9	9	24	22							15	1	1	1	25	22
36	13	21	22	41	40	40	8	10	11	26	25							15	2	2	3	32	29
36	14	23	24	44	42	40	9	12	13	28	27							15	3	5	6	39	36
36	15	25	26	46	44	40	10	14	15	31	29							15	4	8	10	45	42

CONFIDENCE BOUNDS FOR A

N = 86						N = 86						N = 86						N = 86				
		LOWER		UPPER				LOWER		UPPER				LOWER		UPPER				LOWER		UPPER	
n	a	.975	.95	.975	.95	n	a	.975	.95	.975	.95	n	a	.975	.95	.975	.95	n	a	.975	.95	.975	.95
15	5	12	14	51	48	22	8	17	19	48	46	28	2	2	2	17	15	32	13	24	25	48	46
15	6	16	18	56	53	22	9	20	22	52	50	28	3	3	4	21	19	32	14	26	28	50	48
15	7	20	23	61	58	22	10	24	26	55	53	28	4	5	6	25	23	32	15	28	30	53	51
15	8	25	28	66	63	22	11	27	29	59	57	28	5	7	8	29	26	32	16	31	33	55	53
16	0	0	0	16	13	23	0	0	0	11	9	28	6	9	10	32	30	33	0	0	0	7	5
16	1	1	1	24	21	23	1	1	1	16	14	28	7	12	13	35	33	33	1	1	1	11	9
16	2	2	3	31	27	23	2	2	2	21	19	28	8	14	15	39	36	33	2	2	2	14	13
16	3	5	6	37	34	23	3	4	4	26	24	28	9	16	18	42	40	33	3	3	3	18	16
16	4	8	9	43	39	23	4	6	7	30	28	28	10	19	20	45	43	33	4	5	5	21	19
16	5	11	13	48	45	23	5	8	9	35	32	28	11	21	23	48	46	33	5	6	7	24	22
16	6	15	17	53	50	23	6	11	12	39	36	28	12	24	26	51	49	33	6	8	9	27	25
16	7	19	21	58	55	23	7	14	15	42	40	28	13	27	29	54	52	33	7	10	11	30	28
16	8	23	26	63	60	23	8	16	18	46	44	28	14	29	31	57	55	33	8	12	13	33	31
17	0	0	0	15	12	23	9	19	21	50	48	29	0	0	0	8	6	33	9	14	15	36	34
17	1	1	1	22	19	23	10	23	25	53	51	29	1	1	1	13	11	33	10	16	17	38	36
17	2	2	3	29	26	23	11	26	28	57	55	29	2	2	2	17	15	33	11	18	20	41	39
17	3	5	5	35	32	23	12	29	31	60	58	29	3	3	4	20	19	33	12	21	22	44	42
17	4	7	9	40	37	24	0	0	0	10	8	29	4	5	6	24	22	33	13	23	24	46	44
17	5	11	12	46	43	24	1	1	1	16	14	29	5	7	8	28	25	33	14	25	27	49	47
17	6	14	16	50	48	24	2	2	2	20	18	29	6	9	10	31	29	33	15	28	29	51	49
17	7	18	20	55	53	24	3	4	4	25	23	29	7	11	12	34	32	33	16	30	32	54	52
17	8	22	24	60	57	24	4	6	7	29	27	29	8	13	15	37	35	33	17	32	34	56	54
17	9	26	29	64	62	24	5	8	9	33	31	29	9	16	17	40	38	34	0	0	0	6	5
18	0	0	0	14	11	24	6	10	12	37	35	29	10	18	20	43	41	34	1	1	1	10	9
18	1	1	1	21	18	24	7	13	15	41	38	29	11	21	22	46	44	34	2	2	2	14	12
18	2	2	3	27	24	24	8	16	17	45	42	29	12	23	25	49	47	34	3	3	3	17	16
18	3	4	5	33	30	24	9	19	20	48	46	29	13	26	28	52	50	34	4	5	5	20	19
18	4	7	8	38	35	24	10	22	24	51	49	29	14	28	30	55	53	34	5	6	7	23	22
18	5	10	12	43	40	24	11	25	27	55	53	29	15	31	33	58	56	34	6	8	9	26	24
18	6	13	15	48	45	24	12	28	30	58	56	30	0	0	0	8	6	34	7	10	11	29	27
18	7	17	19	53	50	25	0	0	0	10	8	30	1	1	1	12	10	34	8	12	13	32	30
18	8	21	23	57	54	25	1	1	1	15	13	30	2	2	2	16	14	34	9	14	15	34	33
18	9	25	27	61	59	25	2	2	2	20	17	30	3	3	4	20	18	34	10	16	17	37	35
19	0	0	0	13	11	25	3	3	4	24	22	30	4	5	6	23	21	34	11	18	19	40	38
19	1	1	1	20	17	25	4	6	6	28	26	30	5	7	8	27	25	34	12	20	21	42	41
19	2	2	3	26	23	25	5	8	9	32	30	30	6	9	10	30	28	34	13	22	24	45	43
19	3	4	5	31	29	25	6	10	11	36	33	30	7	11	12	33	31	34	14	25	26	47	46
19	4	7	8	36	34	25	7	13	14	39	37	30	8	13	14	36	34	34	15	27	28	50	48
19	5	10	11	41	39	25	8	15	17	43	41	30	9	15	17	39	37	34	16	29	31	52	51
19	6	13	14	46	43	25	9	18	20	46	44	30	10	18	19	42	40	34	17	31	33	55	53
19	7	16	18	50	48	25	10	21	23	50	47	30	11	20	22	45	43	35	0	0	0	6	5
19	8	20	22	55	52	25	11	24	26	53	51	30	12	23	24	48	46	35	1	1	1	10	9
19	9	23	26	59	56	25	12	27	29	56	54	30	13	25	27	50	49	35	2	2	2	13	12
19	10	27	30	63	60	25	13	30	32	59	57	30	14	28	29	53	51	35	3	3	3	17	15
20	0	0	0	12	10	26	0	0	0	9	7	30	15	30	32	56	54	35	4	5	5	20	18
20	1	1	1	19	16	26	1	1	1	14	12	31	0	0	0	7	6	35	5	6	7	23	21
20	2	2	2	25	22	26	2	2	2	19	17	31	1	1	1	12	10	35	6	8	9	25	24
20	3	4	5	30	27	26	3	3	4	23	21	31	2	2	2	16	14	35	7	10	11	28	26
20	4	7	8	35	32	26	4	5	6	27	25	31	3	3	4	19	17	35	8	12	13	31	29
20	5	9	11	39	37	26	5	8	8	31	28	31	4	5	5	22	21	35	9	13	15	33	32
20	6	12	14	44	41	26	6	10	11	34	32	31	5	7	7	26	24	35	10	15	17	36	34
20	7	15	17	48	46	26	7	12	14	38	36	31	6	9	9	29	27	35	11	18	19	39	37
20	8	19	21	52	50	26	8	15	16	41	39	31	7	11	12	32	30	35	12	20	21	41	39
20	9	22	24	56	54	26	9	17	19	45	42	31	8	13	14	35	33	35	13	22	23	44	42
20	10	26	28	60	58	26	10	20	22	48	46	31	9	15	16	38	36	35	14	24	25	46	44
21	0	0	0	12	10	26	11	23	25	51	49	31	10	17	19	41	39	35	15	26	28	48	47
21	1	1	1	18	16	26	12	26	28	54	52	31	11	19	21	43	42	35	16	28	30	51	49
21	2	2	2	23	21	26	13	29	31	57	55	31	12	22	23	46	44	35	17	31	32	53	52
21	3	4	5	28	26	27	0	0	0	9	7	31	13	24	26	49	47	35	18	33	34	55	54
21	4	6	7	33	31	27	1	1	1	14	12	31	14	27	28	52	50	36	0	0	0	6	5
21	5	9	10	38	35	27	2	2	2	18	16	31	15	29	31	54	52	36	1	1	1	10	8
21	6	12	13	42	39	27	3	3	4	22	20	31	16	32	34	57	55	36	2	2	2	13	12
21	7	15	16	46	44	27	4	5	6	26	24	32	0	0	0	7	6	36	3	3	3	16	15
21	8	18	20	50	48	27	5	7	8	30	27	32	1	1	1	11	10	36	4	4	5	19	17
21	9	21	23	54	52	27	6	10	11	33	31	32	2	2	2	15	13	36	5	6	7	22	20
21	10	25	27	58	55	27	7	12	13	37	34	32	3	3	4	18	17	36	6	8	8	25	23
21	11	28	31	61	59	27	8	14	16	40	38	32	4	5	5	21	20	36	7	9	10	27	26
22	0	0	0	11	9	27	9	17	18	43	41	32	5	6	7	25	23	36	8	11	12	30	28
22	1	1	1	17	15	27	10	19	21	46	44	32	6	8	9	28	26	36	9	13	14	33	31
22	2	2	2	22	20	27	11	22	24	49	47	32	7	10	11	31	29	36	10	15	16	35	33
22	3	4	5	27	25	27	12	25	27	52	50	32	8	12	13	34	32	36	11	17	18	38	36
22	4	6	7	32	29	27	13	28	30	55	53	32	9	15	16	37	35	36	12	19	20	40	38
22	5	9	10	36	34	27	14	31	33	58	56	32	10	17	18	39	38	36	13	21	22	42	41
22	6	11	13	40	38	28	0	0	0	8	7	32	11	19	20	42	40	36	14	23	25	45	43
22	7	14	16	44	42	28	1	1	1	13	11	32	12	21	23	45	43	36	15	25	27	47	45

CONFIDENCE BOUNDS FOR A

N = 86

n	a	LOWER .975	LOWER .95	UPPER .975	UPPER .95
36	16	28	29	49	48
36	17	30	31	52	50
36	18	32	34	54	52
37	0	0	0	6	5
37	1	1	1	9	8
37	2	2	2	13	11
37	3	3	3	16	14
37	4	4	5	18	17
37	5	6	6	21	20
37	6	8	8	24	22
37	7	9	10	27	25
37	8	11	12	29	27
37	9	13	14	32	30
37	10	15	16	34	32
37	11	17	18	37	35
37	12	19	20	39	37
37	13	21	22	41	40
37	14	23	24	44	42
37	15	25	26	46	44
37	16	27	28	48	47
37	17	29	30	50	49
37	18	31	33	53	51
37	19	33	35	55	53
38	0	0	0	6	4
38	1	1	1	9	8
38	2	2	2	12	11
38	3	3	3	15	14
38	4	4	5	18	16
38	5	6	6	21	19
38	6	7	8	23	22
38	7	9	10	26	24
38	8	11	12	28	27
38	9	13	14	31	29
38	10	14	15	33	32
38	11	16	17	36	34
38	12	18	19	38	36
38	13	20	21	40	39
38	14	22	23	43	41
38	15	24	26	45	43
38	16	26	28	47	45
38	17	28	30	49	48
38	18	30	32	51	50
38	19	32	34	54	52
39	0	0	0	5	4
39	1	1	1	9	8
39	2	2	2	12	11
39	3	3	3	15	13
39	4	4	5	17	16
39	5	6	6	20	19
39	6	7	8	23	21
39	7	9	10	25	23
39	8	11	11	28	26
39	9	12	13	30	28
39	10	14	15	32	31
39	11	16	17	35	33
39	12	18	19	37	35
39	13	20	21	39	38
39	14	22	23	41	40
39	15	24	25	44	42
39	16	26	27	46	44
39	17	28	29	48	46
39	18	30	31	50	49
39	19	32	33	52	51
39	20	34	35	54	53
40	0	0	0	5	4
40	1	1	1	9	7
40	2	2	2	11	10
40	3	3	3	14	13
40	4	4	5	17	15
40	5	6	6	19	18
40	6	7	8	22	20
40	7	9	9	24	23
40	8	10	11	27	25
40	9	12	13	29	28
40	10	14	15	31	30

N = 86

n	a	LOWER .975	LOWER .95	UPPER .975	UPPER .95
40	11	16	17	34	32
40	12	17	19	36	34
40	13	19	20	38	37
40	14	21	22	40	39
40	15	23	24	43	41
40	16	25	26	45	43
40	17	27	28	47	45
40	18	29	30	49	47
40	19	31	32	51	49
40	20	33	34	53	52
41	0	0	0	5	4
41	1	1	1	8	7
41	2	2	2	11	10
41	3	3	3	14	13
41	4	4	5	16	15
41	5	6	6	19	17
41	6	7	8	21	20
41	7	9	9	24	22
41	8	10	11	26	25
41	9	12	13	28	27
41	10	14	15	31	29
41	11	15	16	33	31
41	12	17	18	35	34
41	13	19	20	37	36
41	14	21	22	39	38
41	15	23	24	42	40
41	16	24	26	44	42
41	17	26	28	46	44
41	18	28	30	48	46
41	19	30	32	50	48
41	20	32	34	52	50
41	21	34	36	54	52
42	0	0	0	5	4
42	1	1	1	8	7
42	2	2	2	11	10
42	3	3	3	13	12
42	4	4	4	16	15
42	5	6	6	18	17
42	6	7	8	21	19
42	7	9	9	23	22
42	8	10	11	25	24
42	9	12	13	28	26
42	10	13	14	30	28
42	11	15	16	32	31
42	12	17	18	34	33
42	13	19	20	36	35
42	14	20	21	38	37
42	15	22	23	41	39
42	16	24	25	43	41
42	17	26	27	45	43
42	18	28	29	47	45
42	19	30	31	49	47
42	20	32	33	51	49
42	21	33	35	53	51
43	0	0	0	5	4
43	1	1	1	8	7
43	2	2	2	10	9
43	3	3	3	13	12
43	4	4	4	16	14
43	5	5	6	18	17
43	6	7	7	20	19
43	7	8	9	22	21
43	8	10	11	25	23
43	9	12	12	27	25
43	10	13	14	29	28
43	11	15	16	31	30
43	12	16	17	33	32
43	13	18	19	35	34
43	14	20	21	38	36
43	15	22	23	40	38
43	16	24	25	42	40
43	17	25	27	44	42
43	18	27	28	46	44
43	19	29	30	48	46
43	20	31	32	49	48

N = 86

n	a	LOWER .975	LOWER .95	UPPER .975	UPPER .95
43	21	33	34	51	50
43	22	35	36	53	52

N = 88

n	a	LOWER .975	LOWER .95	UPPER .975	UPPER .95
1	0	0	0	85	83
1	1	3	5	88	88
2	0	0	0	73	67
2	1	2	3	86	85
3	0	0	0	61	54
3	1	1	2	79	75
3	2	9	13	87	86
4	0	0	0	52	45
4	1	1	2	70	65
4	2	7	9	81	79
5	0	0	0	44	38
5	1	1	1	62	57
5	2	6	8	74	70
5	3	14	18	82	80
6	0	0	0	39	33
6	1	1	1	55	50
6	2	5	6	67	63
6	3	12	15	76	73
7	0	0	0	34	29
7	1	1	1	49	44
7	2	4	6	61	56
7	3	10	12	70	67
7	4	18	21	78	76
8	0	0	0	31	26
8	1	1	1	44	40
8	2	4	5	55	51
8	3	9	11	65	61
8	4	15	18	73	70
9	0	0	0	28	23
9	1	1	1	40	36
9	2	3	4	51	47
9	3	8	10	60	56
9	4	14	16	68	64
9	5	20	24	74	72
10	0	0	0	25	21
10	1	1	1	37	33
10	2	3	4	47	43
10	3	7	9	55	52
10	4	12	15	63	60
10	5	18	21	70	67
11	0	0	0	23	19
11	1	1	1	34	30
11	2	3	4	43	39
11	3	7	8	52	48
11	4	11	13	59	55
11	5	16	19	66	62
11	6	22	26	72	69
12	0	0	0	21	18
12	1	1	1	32	28
12	2	3	4	40	37
12	3	6	7	48	44
12	4	10	12	55	52
12	5	15	17	62	58
12	6	20	23	68	65
13	0	0	0	20	16
13	1	1	1	29	26
13	2	3	3	38	34
13	3	6	7	45	41
13	4	10	11	52	48
13	5	14	16	58	55
13	6	19	21	64	61
13	7	24	27	69	67
14	0	0	0	18	15
14	1	1	1	28	24
14	2	3	3	35	32
14	3	5	7	42	39
14	4	9	11	49	45
14	5	13	15	55	52
14	6	17	20	60	57
14	7	22	25	66	63
15	0	0	0	17	14
15	1	1	1	26	23
15	2	2	3	33	30
15	3	5	6	40	37
15	4	8	10	46	43

CONFIDENCE BOUNDS FOR A

n	a	LOWER .975	.95	UPPER .975	.95
15	5	12	14	52	49
15	6	16	19	57	54
15	7	21	23	62	60
15	8	26	28	67	65
16	0	0	0	16	13
16	1	1	1	24	21
16	2	2	3	31	28
16	3	5	6	38	34
16	4	8	9	44	40
16	5	11	13	49	46
16	6	15	17	54	51
16	7	20	22	59	57
16	8	24	27	64	61
17	0	0	0	15	12
17	1	1	1	23	20
17	2	2	3	30	27
17	3	5	6	36	33
17	4	8	9	41	38
17	5	11	12	47	44
17	6	14	16	52	49
17	7	18	21	57	54
17	8	23	25	61	59
17	9	27	29	65	63
18	0	0	0	14	12
18	1	1	1	22	19
18	2	2	3	28	25
18	3	4	5	34	31
18	4	7	8	39	36
18	5	10	12	44	41
18	6	14	16	49	46
18	7	17	19	54	51
18	8	21	24	58	56
18	9	25	28	63	60
19	0	0	0	13	11
19	1	1	1	20	18
19	2	2	3	27	24
19	3	4	5	32	29
19	4	7	8	37	35
19	5	10	11	42	39
19	6	13	15	47	44
19	7	17	18	52	49
19	8	20	22	56	53
19	9	24	26	60	58
19	10	28	30	64	62
20	0	0	0	13	10
20	1	1	1	19	17
20	2	2	3	25	23
20	3	4	5	31	28
20	4	7	8	36	33
20	5	9	11	40	38
20	6	12	14	45	42
20	7	16	18	49	47
20	8	19	21	54	51
20	9	23	25	58	55
20	10	27	29	61	59
21	0	0	0	12	10
21	1	1	1	18	16
21	2	2	2	24	22
21	3	4	5	29	27
21	4	6	7	34	31
21	5	9	10	39	36
21	6	12	13	43	40
21	7	15	17	47	45
21	8	18	20	51	49
21	9	22	24	55	53
21	10	25	27	59	57
21	11	29	31	63	61
22	0	0	0	11	9
22	1	1	1	18	15
22	2	2	2	23	21
22	3	4	5	28	25
22	4	6	7	33	30
22	5	9	10	37	34
22	6	11	13	41	39
22	7	14	16	45	43

n	a	LOWER .975	.95	UPPER .975	.95
22	8	18	19	49	47
22	9	21	23	53	51
22	10	24	26	57	55
22	11	28	30	60	58
23	0	0	0	11	9
23	1	1	1	17	15
23	2	2	2	22	20
23	3	4	4	27	24
23	4	6	7	31	29
23	5	8	10	35	33
23	6	11	12	40	37
23	7	14	15	44	41
23	8	17	19	47	45
23	9	20	22	51	49
23	10	23	25	55	52
23	11	26	28	58	56
23	12	30	32	62	60
24	0	0	0	10	8
24	1	1	1	16	14
24	2	2	2	21	19
24	3	4	4	26	23
24	4	6	7	30	28
24	5	8	9	34	32
24	6	11	12	38	36
24	7	13	15	42	39
24	8	16	18	46	43
24	9	19	21	49	47
24	10	22	24	53	50
24	11	25	27	56	54
24	12	28	31	60	57
25	0	0	0	10	8
25	1	1	1	15	13
25	2	2	2	20	18
25	3	4	4	25	22
25	4	6	6	29	26
25	5	8	9	33	30
25	6	10	12	37	34
25	7	13	14	40	38
25	8	16	17	44	42
25	9	18	20	47	45
25	10	21	23	51	49
25	11	24	26	54	52
25	12	27	29	57	55
25	13	31	33	61	59
26	0	0	0	9	8
26	1	1	1	15	13
26	2	2	2	19	17
26	3	4	4	24	21
26	4	5	6	28	25
26	5	8	9	32	29
26	6	10	11	35	33
26	7	12	14	39	37
26	8	15	17	42	40
26	9	18	19	46	44
26	10	21	22	49	47
26	11	23	25	52	50
26	12	26	28	56	53
26	13	29	31	59	57
27	0	0	0	9	7
27	1	1	1	14	12
27	2	2	2	19	17
27	3	3	4	23	21
27	4	5	6	27	24
27	5	7	8	30	28
27	6	10	11	34	32
27	7	12	13	37	35
27	8	15	16	41	39
27	9	17	19	44	42
27	10	20	21	47	45
27	11	23	24	51	49
27	12	25	27	54	52
27	13	28	30	57	55
27	14	31	33	60	58
28	0	0	0	9	7
28	1	1	1	14	12

n	a	LOWER .975	.95	UPPER .975	.95
28	2	2	2	18	16
28	3	3	4	22	20
28	4	5	6	26	24
28	5	7	8	29	27
28	6	9	10	33	31
28	7	12	13	36	34
28	8	14	15	40	37
28	9	17	18	43	41
28	10	19	21	46	44
28	11	22	23	49	47
28	12	24	26	52	50
28	13	27	29	55	53
28	14	30	32	58	56
29	0	0	0	8	7
29	1	1	1	13	11
29	2	2	2	17	15
29	3	3	4	21	19
29	4	5	6	25	23
29	5	7	8	28	26
29	6	9	10	32	30
29	7	11	13	35	33
29	8	14	15	38	36
29	9	16	17	41	39
29	10	19	20	44	42
29	11	21	23	47	45
29	12	24	25	50	48
29	13	26	28	53	51
29	14	29	31	56	54
29	15	32	34	59	57
30	0	0	0	8	6
30	1	1	1	12	11
30	2	2	2	17	15
30	3	3	4	20	18
30	4	5	6	24	22
30	5	7	8	27	25
30	6	9	10	31	29
30	7	11	12	34	32
30	8	13	15	37	35
30	9	16	17	40	38
30	10	18	19	43	41
30	11	20	22	46	44
30	12	23	25	49	47
30	13	26	27	52	50
30	14	28	30	54	53
30	15	31	33	57	55
31	0	0	0	8	6
31	1	1	1	12	10
31	2	2	2	16	14
31	3	3	4	20	18
31	4	5	5	23	21
31	5	7	8	26	24
31	6	9	10	30	28
31	7	11	12	33	31
31	8	13	14	36	34
31	9	15	16	39	37
31	10	17	19	42	40
31	11	20	21	45	43
31	12	22	24	47	45
31	13	25	26	50	48
31	14	27	29	53	51
31	15	30	32	56	54
31	16	32	34	58	56
32	0	0	0	7	6
32	1	1	1	12	10
32	2	2	2	15	14
32	3	3	4	19	17
32	4	4	5	22	20
32	5	7	7	26	24
32	6	9	9	29	27
32	7	11	12	32	30
32	8	13	14	35	33
32	9	15	16	38	36
32	10	17	18	40	38
32	11	19	21	43	41
32	12	22	23	46	44

n	a	LOWER .975	.95	UPPER .975	.95
32	13	24	26	49	47
32	14	26	28	51	49
32	15	29	31	54	52
32	16	31	33	57	55
33	0	0	0	7	6
33	1	1	1	11	10
33	2	2	2	15	13
33	3	3	4	18	17
33	4	4	5	22	20
33	5	6	7	25	23
33	6	8	9	28	26
33	7	10	11	31	29
33	8	12	13	34	32
33	9	14	16	36	35
33	10	17	18	39	37
33	11	19	20	42	40
33	12	21	22	45	43
33	13	23	25	47	45
33	14	26	27	50	48
33	15	28	30	52	51
33	16	31	32	55	53
33	17	33	35	57	56
34	0	0	0	7	5
34	1	1	1	11	9
34	2	2	2	14	13
34	3	3	3	18	16
34	4	4	5	21	19
34	5	6	7	24	22
34	6	8	9	27	25
34	7	10	11	30	28
34	8	12	13	33	31
34	9	14	15	35	33
34	10	16	17	38	36
34	11	18	20	41	39
34	12	20	22	43	42
34	13	23	24	46	44
34	14	25	27	49	47
34	15	27	29	51	49
34	16	30	31	54	52
34	17	32	34	56	54
35	0	0	0	6	5
35	1	1	1	10	9
35	2	2	2	14	12
35	3	3	3	17	15
35	4	5	5	20	19
35	5	6	7	23	21
35	6	8	9	26	24
35	7	10	11	29	27
35	8	12	13	32	30
35	9	14	15	34	33
35	10	16	17	37	35
35	11	18	19	40	38
35	12	20	21	42	40
35	13	22	24	45	43
35	14	24	26	47	45
35	15	27	28	50	48
35	16	29	30	52	50
35	17	31	33	54	53
35	18	34	35	57	55
36	0	0	0	6	5
36	1	1	1	10	9
36	2	2	2	13	12
36	3	3	3	17	15
36	4	4	5	20	18
36	5	6	7	22	21
36	6	8	9	25	24
36	7	10	10	28	26
36	8	11	12	31	29
36	9	13	14	33	32
36	10	15	17	36	34
36	11	17	19	39	37
36	12	19	21	41	39
36	13	22	23	44	42
36	14	24	25	46	44
36	15	26	27	48	47

Note: Each panel is headed N = 88.

CONFIDENCE BOUNDS FOR A

N = 88

n	a	LOWER .975	LOWER .95	UPPER .975	UPPER .95
36	16	28	30	51	49
36	17	30	32	53	51
36	18	33	34	55	54
37	0	0	0	6	5
37	1	1	1	10	8
37	2	2	2	13	12
37	3	3	3	16	15
37	4	4	5	19	17
37	5	6	7	22	20
37	6	8	8	25	23
37	7	9	10	27	26
37	8	11	12	30	28
37	9	13	14	32	31
37	10	15	16	35	33
37	11	17	18	37	36
37	12	19	20	40	38
37	13	21	22	42	41
37	14	23	25	45	43
37	15	25	27	47	45
37	16	27	29	49	48
37	17	30	31	52	50
37	18	32	33	54	52
37	19	34	36	56	55
38	0	0	0	6	5
38	1	1	1	9	8
38	2	2	2	13	11
38	3	3	3	16	14
38	4	4	5	18	17
38	5	6	6	21	20
38	6	8	8	24	22
38	7	9	10	26	25
38	8	11	12	29	27
38	9	13	14	32	30
38	10	15	16	34	32
38	11	17	18	36	35
38	12	19	20	39	37
38	13	21	22	41	40
38	14	23	24	44	42
38	15	25	26	46	44
38	16	27	28	48	47
38	17	29	30	50	49
38	18	31	33	53	51
38	19	33	35	55	53
39	0	0	0	6	4
39	1	1	1	9	8
39	2	2	2	12	11
39	3	3	3	15	14
39	4	4	5	18	16
39	5	6	6	21	19
39	6	7	8	23	22
39	7	9	10	26	24
39	8	11	12	28	27
39	9	13	14	31	29
39	10	14	15	33	31
39	11	16	17	36	34
39	12	18	19	38	36
39	13	20	21	40	39
39	14	22	23	42	41
39	15	24	25	45	43
39	16	26	27	47	45
39	17	28	30	49	48
39	18	30	32	51	50
39	19	32	34	54	52
39	20	34	36	56	54
40	0	0	0	5	4
40	1	1	1	9	8
40	2	2	2	12	10
40	3	3	3	15	13
40	4	4	5	17	16
40	5	6	6	20	18
40	6	7	8	23	21
40	7	9	10	25	23
40	8	11	11	28	26
40	9	12	13	30	28
40	10	14	15	32	31

N = 88

n	a	LOWER .975	LOWER .95	UPPER .975	UPPER .95
40	11	16	17	35	33
40	12	18	19	37	35
40	13	20	21	39	38
40	14	22	23	41	40
40	15	24	25	44	42
40	16	26	27	46	44
40	17	28	29	48	46
40	18	30	31	50	49
40	19	32	33	52	51
40	20	34	35	54	53
41	0	0	0	5	4
41	1	1	1	8	7
41	2	2	2	11	10
41	3	3	3	14	13
41	4	4	5	17	15
41	5	6	6	19	18
41	6	7	8	22	20
41	7	9	9	24	23
41	8	10	11	27	25
41	9	12	13	29	28
41	10	14	15	31	30
41	11	16	17	34	32
41	12	17	19	36	34
41	13	19	20	38	37
41	14	21	22	40	39
41	15	23	24	43	41
41	16	25	26	45	43
41	17	27	28	47	45
41	18	29	30	49	47
41	19	31	32	51	50
41	20	33	34	53	52
41	21	35	36	55	54
42	0	0	0	5	4
42	1	1	1	8	7
42	2	2	2	11	10
42	3	3	3	14	12
42	4	4	4	16	15
42	5	6	6	19	17
42	6	7	8	21	20
42	7	9	9	24	22
42	8	10	11	26	25
42	9	12	13	28	27
42	10	14	15	31	29
42	11	15	16	33	31
42	12	17	18	35	34
42	13	19	20	37	36
42	14	21	22	39	38
42	15	23	24	42	40
42	16	24	26	44	42
42	17	26	28	46	44
42	18	28	30	48	46
42	19	30	32	50	48
42	20	32	34	52	50
42	21	34	36	54	52
43	0	0	0	5	4
43	1	1	1	8	7
43	2	2	2	11	10
43	3	3	3	13	12
43	4	4	4	16	15
43	5	6	6	18	17
43	6	7	8	21	19
43	7	9	9	23	22
43	8	10	11	25	24
43	9	12	13	28	26
43	10	13	14	30	28
43	11	15	16	32	31
43	12	17	18	34	33
43	13	19	20	36	35
43	14	21	21	38	37
43	15	22	23	41	39
43	16	24	25	43	41
43	17	26	27	45	43
43	18	28	29	47	45
43	19	30	31	49	47
43	20	31	33	51	49

N = 88

n	a	LOWER .975	LOWER .95	UPPER .975	UPPER .95
43	21	33	35	53	51
43	22	35	37	55	53
44	0	0	0	5	4
44	1	1	1	8	7
44	2	2	2	10	9
44	3	3	3	13	12
44	4	4	4	16	14
44	5	5	6	18	17
44	6	7	7	20	19
44	7	8	9	23	21
44	8	10	11	25	23
44	9	12	12	27	26
44	10	13	14	29	28
44	11	15	16	31	30
44	12	16	17	33	32
44	13	18	19	36	34
44	14	20	21	38	36
44	15	22	23	40	38
44	16	23	25	42	40
44	17	25	26	44	42
44	18	27	28	46	44
44	19	29	30	48	46
44	20	31	32	50	48
44	21	33	34	52	50
44	22	35	36	53	52

N = 90

n	a	LOWER .975	LOWER .95	UPPER .975	UPPER .95
1	0	0	0	87	85
1	1	3	5	90	90
2	0	0	0	75	69
2	1	2	3	88	87
3	0	0	0	62	56
3	1	1	2	81	77
3	2	9	13	89	88
4	0	0	0	53	46
4	1	1	2	71	66
4	2	7	10	83	80
5	0	0	0	45	39
5	1	1	1	63	58
5	2	6	8	76	72
5	3	14	18	84	82
6	0	0	0	40	34
6	1	1	1	56	51
6	2	5	7	68	64
6	3	12	15	78	75
7	0	0	0	35	30
7	1	1	1	50	45
7	2	4	6	62	58
7	3	10	13	72	68
7	4	18	22	80	77
8	0	0	0	31	26
8	1	1	1	46	41
8	2	4	5	57	52
8	3	9	11	66	62
8	4	16	19	74	71
9	0	0	0	28	24
9	1	1	1	41	37
9	2	3	5	52	48
9	3	8	10	61	57
9	4	14	17	69	66
9	5	21	24	76	73
10	0	0	0	26	22
10	1	1	1	38	34
10	2	3	4	48	44
10	3	7	9	57	53
10	4	12	15	65	61
10	5	19	22	71	68
11	0	0	0	24	20
11	1	1	1	35	31
11	2	3	4	44	40
11	3	7	8	53	49
11	4	11	14	60	57
11	5	17	20	67	64
11	6	23	26	73	70
12	0	0	0	22	18
12	1	1	1	32	29
12	2	3	4	41	37
12	3	6	8	49	46
12	4	10	12	56	53
12	5	15	18	63	60
12	6	21	24	69	66
13	0	0	0	20	17
13	1	1	1	30	27
13	2	3	3	39	35
13	3	6	7	46	42
13	4	10	12	53	50
13	5	14	16	59	56
13	6	19	22	65	62
13	7	25	28	71	68
14	0	0	0	19	16
14	1	1	1	28	25
14	2	3	3	36	33
14	3	5	7	43	40
14	4	9	11	50	47
14	5	13	15	56	53
14	6	18	20	62	59
14	7	23	26	67	64
15	0	0	0	18	14
15	1	1	1	26	23
15	2	2	3	34	31
15	3	5	6	41	37
15	4	9	10	47	44

CONFIDENCE BOUNDS FOR A

N = 90

n	a	LOWER .975	LOWER .95	UPPER .975	UPPER .95
15	5	12	14	53	50
15	6	17	19	59	56
15	7	21	24	64	61
15	8	26	29	69	66
16	0	0	0	16	14
16	1	1	1	25	22
16	2	2	3	32	29
16	3	5	6	39	35
16	4	8	10	45	41
16	5	12	13	50	47
16	6	16	18	56	53
16	7	20	22	61	58
16	8	24	27	66	63
17	0	0	0	15	13
17	1	1	1	23	20
17	2	2	3	30	27
17	3	5	6	37	33
17	4	8	9	42	39
17	5	11	13	48	45
17	6	15	17	53	50
17	7	19	21	58	55
17	8	23	25	63	60
17	9	27	30	67	65
18	0	0	0	15	12
18	1	1	1	22	19
18	2	2	3	29	26
18	3	5	5	35	32
18	4	7	9	40	37
18	5	11	12	45	42
18	6	14	16	50	48
18	7	18	20	55	52
18	8	22	24	60	57
18	9	26	28	64	62
19	0	0	0	14	11
19	1	1	1	21	18
19	2	2	3	27	24
19	3	4	5	33	30
19	4	7	8	38	35
19	5	10	12	43	40
19	6	13	15	48	45
19	7	17	19	53	50
19	8	21	23	57	55
19	9	24	27	61	59
19	10	29	31	66	63
20	0	0	0	13	11
20	1	1	1	20	17
20	2	2	3	26	23
20	3	4	5	31	29
20	4	7	8	37	34
20	5	10	11	41	39
20	6	13	14	46	43
20	7	16	18	51	48
20	8	20	22	55	52
20	9	23	25	59	56
20	10	27	29	63	61
21	0	0	0	12	10
21	1	1	1	19	16
21	2	2	2	25	22
21	3	4	5	30	27
21	4	7	8	35	32
21	5	9	11	40	37
21	6	12	14	44	41
21	7	15	17	48	46
21	8	19	21	53	50
21	9	22	24	57	54
21	10	26	28	61	58
21	11	29	32	64	62
22	0	0	0	12	10
22	1	1	1	18	16
22	2	2	2	24	21
22	3	4	5	29	26
22	4	6	7	33	31
22	5	9	10	38	35
22	6	12	13	42	40
22	7	15	16	46	44

N = 90

n	a	LOWER .975	LOWER .95	UPPER .975	UPPER .95
22	8	18	20	51	48
22	9	21	23	54	52
22	10	25	27	58	56
22	11	28	30	62	60
23	0	0	0	11	9
23	1	1	1	17	15
23	2	2	2	23	20
23	3	4	5	27	25
23	4	6	7	32	29
23	5	9	10	36	34
23	6	11	13	41	38
23	7	14	16	45	42
23	8	17	19	49	46
23	9	20	22	52	50
23	10	24	26	56	54
23	11	27	29	60	57
23	12	30	33	63	61
24	0	0	0	11	9
24	1	1	1	16	14
24	2	2	2	22	19
24	3	4	4	26	24
24	4	6	7	31	28
24	5	8	9	35	32
24	6	11	12	39	36
24	7	14	15	43	40
24	8	16	18	47	44
24	9	19	21	50	48
24	10	23	25	54	52
24	11	26	28	58	55
24	12	29	31	61	59
25	0	0	0	10	8
25	1	1	1	16	14
25	2	2	2	21	18
25	3	4	4	25	23
25	4	6	7	29	27
25	5	8	9	34	31
25	6	10	12	38	35
25	7	13	15	41	39
25	8	16	17	45	43
25	9	19	20	49	46
25	10	22	24	52	50
25	11	25	27	56	53
25	12	28	30	59	57
25	13	31	33	62	60
26	0	0	0	10	8
26	1	1	1	15	13
26	2	2	2	20	18
26	3	4	4	24	22
26	4	6	6	28	26
26	5	8	9	32	30
26	6	10	11	36	34
26	7	13	14	40	37
26	8	15	17	43	41
26	9	18	20	47	45
26	10	21	23	50	48
26	11	24	26	54	51
26	12	27	29	57	55
26	13	30	32	60	58
27	0	0	0	9	7
27	1	1	1	14	13
27	2	2	2	19	17
27	3	4	4	23	21
27	4	5	6	27	25
27	5	8	9	31	29
27	6	10	11	35	33
27	7	12	14	38	36
27	8	15	16	42	40
27	9	17	19	45	43
27	10	20	22	49	46
27	11	23	25	52	50
27	12	26	28	55	53
27	13	29	31	58	56
27	14	32	34	61	59
28	0	0	0	9	7
28	1	1	1	14	12

N = 90

n	a	LOWER .975	LOWER .95	UPPER .975	UPPER .95
28	2	2	2	18	16
28	3	3	4	22	20
28	4	5	6	26	24
28	5	7	8	30	28
28	6	10	11	34	31
28	7	12	13	37	35
28	8	14	16	40	38
28	9	17	18	44	42
28	10	20	21	47	45
28	11	22	24	50	48
28	12	25	27	53	51
28	13	28	30	56	54
28	14	31	33	59	57
29	0	0	0	8	7
29	1	1	1	13	12
29	2	2	2	18	16
29	3	3	4	22	20
29	4	5	6	25	23
29	5	7	8	29	27
29	6	9	10	32	30
29	7	12	13	36	34
29	8	14	15	39	37
29	9	16	18	42	40
29	10	19	20	46	43
29	11	21	23	49	46
29	12	24	26	52	50
29	13	27	29	55	53
29	14	30	32	57	55
29	15	33	34	60	58
30	0	0	0	8	7
30	1	1	1	13	11
30	2	2	2	17	15
30	3	3	4	21	19
30	4	5	6	24	22
30	5	7	8	28	26
30	6	9	10	31	29
30	7	11	12	35	33
30	8	14	15	38	36
30	9	16	17	41	39
30	10	18	20	44	42
30	11	21	22	47	45
30	12	23	25	50	48
30	13	26	28	53	51
30	14	29	31	56	54
30	15	31	33	59	57
31	0	0	0	8	6
31	1	1	1	12	11
31	2	2	2	16	15
31	3	3	4	20	18
31	4	5	6	24	22
31	5	7	8	27	25
31	6	9	10	30	28
31	7	11	12	34	31
31	8	13	14	37	35
31	9	15	17	40	38
31	10	18	19	43	41
31	11	20	22	46	44
31	12	23	24	49	47
31	13	25	27	51	49
31	14	28	30	54	52
31	15	30	32	57	55
31	16	33	35	60	58
32	0	0	0	7	6
32	1	1	1	12	10
32	2	2	2	16	14
32	3	3	4	19	18
32	4	5	5	23	21
32	5	7	7	26	24
32	6	9	10	29	27
32	7	11	12	32	30
32	8	13	14	36	34
32	9	15	16	39	36
32	10	17	19	41	39
32	11	20	21	44	42
32	12	22	24	47	45

N = 90

n	a	LOWER .975	LOWER .95	UPPER .975	UPPER .95
32	13	24	26	50	48
32	14	27	29	53	51
32	15	30	31	55	53
32	16	32	34	58	56
33	0	0	0	7	6
33	1	1	1	11	10
33	2	2	2	15	14
33	3	3	4	19	17
33	4	5	5	22	20
33	5	7	7	25	23
33	6	8	9	28	27
33	7	10	11	31	30
33	8	13	14	34	32
33	9	15	16	37	35
33	10	17	18	40	38
33	11	19	21	43	41
33	12	21	23	46	44
33	13	24	25	48	47
33	14	26	28	51	49
33	15	29	30	54	52
33	16	31	33	56	55
33	17	34	35	59	57
34	0	0	0	7	6
34	1	1	1	11	10
34	2	2	2	15	13
34	3	3	3	18	16
34	4	5	5	21	20
34	5	6	7	25	23
34	6	8	9	28	26
34	7	10	11	31	29
34	8	12	13	33	32
34	9	14	15	36	34
34	10	16	18	39	37
34	11	19	20	42	40
34	12	21	22	44	43
34	13	23	25	47	45
34	14	25	27	50	48
34	15	28	29	52	50
34	16	30	32	55	53
34	17	33	34	57	56
35	0	0	0	7	5
35	1	1	1	11	9
35	2	2	2	14	13
35	3	3	3	18	16
35	4	5	5	21	19
35	5	6	7	24	22
35	6	8	9	27	25
35	7	10	11	30	28
35	8	12	13	32	31
35	9	14	15	35	33
35	10	16	17	38	36
35	11	18	19	41	39
35	12	20	22	43	41
35	13	23	24	46	44
35	14	25	26	48	47
35	15	27	29	51	49
35	16	29	31	53	52
35	17	32	33	56	54
35	18	34	36	58	57
36	0	0	0	6	5
36	1	1	1	10	9
36	2	2	2	14	12
36	3	3	3	17	15
36	4	5	5	20	18
36	5	6	7	23	21
36	6	8	9	26	24
36	7	10	11	29	27
36	8	12	13	32	30
36	9	14	15	34	32
36	10	16	17	37	35
36	11	18	19	40	38
36	12	20	21	42	40
36	13	22	23	45	43
36	14	24	26	47	45
36	15	26	28	50	48

CONFIDENCE BOUNDS FOR A

		N = 90 LOWER		UPPER				N = 90 LOWER		UPPER				N = 90 LOWER		UPPER				N = 92 LOWER		UPPER	
n	a	.975	.95	.975	.95	n	a	.975	.95	.975	.95	n	a	.975	.95	.975	.95	n	a	.975	.95	.975	.95
36	16	29	30	52	50	40	11	16	17	36	34	43	21	34	35	54	53	1	0	0	0	89	87
36	17	31	33	54	53	40	12	18	19	38	36	43	22	36	37	56	55	1	1	3	5	92	92
36	18	33	35	57	55	40	13	20	21	40	38	44	0	0	0	5	4	2	0	0	0	77	71
37	0	0	0	6	5	40	14	22	23	42	41	44	1	1	1	8	7	2	1	2	3	90	89
37	1	1	1	10	9	40	15	24	25	45	43	44	2	2	2	11	10	3	0	0	0	64	57
37	2	2	2	13	12	40	16	26	27	47	45	44	3	3	3	13	12	3	1	1	2	82	79
37	3	3	3	17	15	40	17	28	29	49	48	44	4	4	4	16	15	3	2	10	13	91	90
37	4	4	5	20	18	40	18	30	32	51	50	44	5	6	6	18	17	4	0	0	0	54	47
37	5	6	7	22	21	40	19	32	34	54	52	44	6	7	8	21	19	4	1	1	2	73	68
37	6	8	9	25	23	40	20	34	36	56	54	44	7	8	9	23	22	4	2	7	10	85	82
37	7	10	10	28	26	41	0	0	0	5	4	44	8	10	11	25	24	5	0	0	0	46	40
37	8	11	12	31	29	41	1	1	1	9	8	44	9	12	12	28	26	5	1	1	1	64	59
37	9	13	14	33	31	41	2	2	2	12	10	44	10	13	14	30	28	5	2	6	8	77	73
37	10	15	16	36	34	41	3	3	3	15	13	44	11	15	16	32	31	5	3	15	19	86	84
37	11	17	19	38	37	41	4	4	5	17	16	44	12	17	18	34	33	6	0	0	0	41	35
37	12	19	21	41	39	41	5	5	6	20	18	44	13	19	20	36	35	6	1	1	1	57	52
37	13	21	23	43	42	41	6	7	8	23	21	44	14	20	21	39	37	6	2	5	7	70	66
37	14	24	25	46	44	41	7	9	10	25	23	44	15	22	23	41	39	6	3	12	15	80	77
37	15	26	27	48	47	41	8	11	11	27	26	44	16	24	25	43	41	7	0	0	0	36	30
37	16	28	29	51	49	41	9	12	13	30	28	44	17	26	27	45	43	7	1	1	1	51	46
37	17	30	32	53	51	41	10	14	15	32	31	44	18	28	29	47	45	7	2	4	6	64	59
37	18	32	34	55	54	41	11	16	17	35	33	44	19	29	31	49	47	7	3	10	13	74	70
37	19	35	36	58	56	41	12	18	19	37	35	44	20	31	33	51	49	7	4	18	22	82	79
38	0	0	0	6	5	41	13	20	21	39	38	44	21	33	35	53	51	8	0	0	0	32	27
38	1	1	1	10	8	41	14	22	23	41	40	44	22	35	37	55	53	8	1	1	1	47	42
38	2	2	2	13	11	41	15	23	25	44	42	45	0	0	0	5	4	8	2	4	5	58	54
38	3	3	3	16	14	41	16	25	27	46	44	45	1	1	1	8	7	8	3	9	11	68	64
38	4	4	5	19	17	41	17	27	29	48	46	45	2	2	2	10	9	8	4	16	19	76	73
38	5	6	7	22	20	41	18	29	31	50	49	45	3	3	3	13	12	9	0	0	0	29	24
38	6	8	8	25	23	41	19	31	33	52	51	45	4	4	4	16	14	9	1	1	1	42	38
38	7	9	10	27	25	41	20	34	35	54	53	45	5	5	6	18	17	9	2	4	5	53	49
38	8	11	12	30	28	41	21	36	37	56	55	45	6	7	7	20	19	9	3	8	10	63	59
38	9	13	14	32	31	42	0	0	0	5	4	45	7	8	9	23	21	9	4	14	17	71	67
38	10	15	16	35	33	42	1	1	1	8	7	45	8	10	11	25	23	9	5	21	25	78	75
38	11	17	18	37	36	42	2	2	2	11	10	45	9	12	12	27	26	10	0	0	0	26	22
38	12	19	20	40	38	42	3	3	3	14	13	45	10	13	14	29	28	10	1	1	1	39	34
38	13	21	22	42	41	42	4	4	5	17	15	45	11	15	16	31	30	10	2	3	4	49	45
38	14	23	24	45	43	42	5	6	6	19	18	45	12	16	17	33	32	10	3	7	9	58	54
38	15	25	27	47	45	42	6	7	8	22	20	45	13	18	19	36	34	10	4	13	15	66	62
38	16	27	29	49	48	42	7	9	9	24	23	45	14	20	21	38	36	10	5	19	22	73	70
38	17	29	31	52	50	42	8	10	11	27	25	45	15	22	23	40	38	11	0	0	0	24	20
38	18	32	33	54	52	42	9	12	13	29	28	45	16	23	25	42	40	11	1	1	1	36	32
38	19	34	35	56	55	42	10	14	15	31	30	45	17	25	26	44	42	11	2	3	4	45	41
39	0	0	0	6	5	42	11	16	17	34	32	45	18	27	28	46	44	11	3	7	8	54	50
39	1	1	1	9	8	42	12	17	18	36	34	45	19	29	30	48	46	11	4	12	14	62	58
39	2	2	2	13	11	42	13	19	20	38	37	45	20	31	32	50	48	11	5	17	20	69	65
39	3	3	3	16	14	42	14	21	22	40	39	45	21	33	34	52	50	11	6	23	27	75	72
39	4	4	5	18	17	42	15	23	24	43	41	45	22	35	36	54	52	12	0	0	0	22	19
39	5	6	6	21	20	42	16	25	26	45	43	45	23	36	38	55	54	12	1	1	1	33	29
39	6	8	8	24	22	42	17	27	28	47	45							12	2	3	4	42	38
39	7	9	10	26	25	42	18	29	30	49	47							12	3	6	8	50	47
39	8	11	12	29	27	42	19	31	32	51	50							12	4	11	13	58	54
39	9	13	14	32	30	42	20	33	34	53	52							12	5	16	18	64	61
39	10	15	16	34	32	42	21	35	36	55	54							12	6	21	24	71	68
39	11	17	18	36	35	43	0	0	0	5	4							13	0	0	0	21	17
39	12	19	20	39	37	43	1	1	1	8	7							13	1	1	1	31	27
39	13	20	22	41	39	43	2	2	2	11	10							13	2	3	3	40	36
39	14	22	24	44	42	43	3	3	3	14	12							13	3	6	7	47	43
39	15	25	26	46	44	43	4	4	5	16	15							13	4	10	12	54	51
39	16	27	28	48	46	43	5	6	6	19	17							13	5	14	17	61	57
39	17	29	30	50	49	43	6	7	8	21	20							13	6	20	22	67	64
39	18	31	32	53	51	43	7	9	9	24	22							13	7	25	28	72	70
39	19	33	35	55	53	43	8	10	11	26	25							14	0	0	0	19	16
39	20	35	37	57	55	43	9	12	13	28	27							14	1	1	1	29	25
40	0	0	0	6	4	43	10	14	14	31	29							14	2	3	3	37	33
40	1	1	1	9	8	43	11	15	16	33	31							14	3	6	7	44	41
40	2	2	2	12	11	43	12	17	18	35	34							14	4	9	11	51	48
40	3	3	3	15	14	43	13	19	20	37	36							14	5	13	16	57	54
40	4	4	5	18	16	43	14	21	22	39	38							14	6	18	21	63	60
40	5	6	6	21	19	43	15	23	24	42	40							14	7	23	26	69	66
40	6	7	8	23	22	43	16	24	26	44	42							15	0	0	0	18	15
40	7	9	10	26	24	43	17	26	28	46	44							15	1	1	1	27	24
40	8	11	12	28	27	43	18	28	30	48	46							15	2	2	3	35	31
40	9	13	13	31	29	43	19	30	31	50	48							15	3	5	6	42	38
40	10	14	15	33	31	43	20	32	33	52	50							15	4	9	10	48	45

CONFIDENCE BOUNDS FOR A

N = 92

n	a	LOWER .975	LOWER .95	UPPER .975	UPPER .95
15	5	13	15	54	51
15	6	17	19	60	57
15	7	22	24	65	62
15	8	27	30	70	68
16	0	0	0	17	14
16	1	1	1	25	22
16	2	2	3	33	29
16	3	5	6	39	36
16	4	8	10	46	42
16	5	12	14	51	48
16	6	16	18	57	54
16	7	20	23	62	59
16	8	25	28	67	64
17	0	0	0	16	13
17	1	1	1	24	21
17	2	2	3	31	28
17	3	5	6	37	34
17	4	8	9	43	40
17	5	11	13	49	46
17	6	15	17	54	51
17	7	19	21	59	56
17	8	23	26	64	61
17	9	28	31	69	66
18	0	0	0	15	12
18	1	1	1	23	20
18	2	2	3	29	26
18	3	5	6	35	32
18	4	7	9	41	38
18	5	11	12	47	43
18	6	14	16	52	49
18	7	18	20	57	54
18	8	22	24	61	58
18	9	26	29	66	63
19	0	0	0	14	12
19	1	1	1	22	19
19	2	2	3	28	25
19	3	4	5	34	31
19	4	7	8	39	36
19	5	10	12	44	41
19	6	14	15	49	46
19	7	17	19	54	51
19	8	21	23	59	56
19	9	25	27	63	60
19	10	29	32	67	65
20	0	0	0	13	11
20	1	1	1	20	18
20	2	2	3	27	24
20	3	4	5	32	29
20	4	7	8	37	34
20	5	10	11	42	39
20	6	13	15	47	44
20	7	16	18	52	49
20	8	20	22	56	53
20	9	24	26	60	58
20	10	28	30	64	62
21	0	0	0	13	10
21	1	1	1	19	17
21	2	2	2	25	23
21	3	4	5	31	28
21	4	7	8	36	33
21	5	9	11	41	38
21	6	12	14	45	42
21	7	16	17	50	47
21	8	19	21	54	51
21	9	23	25	58	55
21	10	26	29	62	59
21	11	30	33	66	63
22	0	0	0	12	10
22	1	1	1	19	16
22	2	2	2	24	22
22	3	4	5	29	27
22	4	6	7	34	31
22	5	9	10	39	36
22	6	12	13	43	41
22	7	15	17	48	45
22	8	18	20	52	49
22	9	22	24	56	53
22	10	25	27	60	57
22	11	29	31	63	61
23	0	0	0	11	9
23	1	1	1	18	15
23	2	2	2	23	21
23	3	4	5	28	25
23	4	6	7	33	30
23	5	9	10	37	35
23	6	11	13	42	39
23	7	14	16	46	43
23	8	17	19	50	47
23	9	21	23	54	51
23	10	24	26	57	55
23	11	27	30	61	59
23	12	31	33	65	62
24	0	0	0	11	9
24	1	1	1	17	15
24	2	2	2	22	20
24	3	4	4	27	24
24	4	6	7	31	29
24	5	8	10	36	33
24	6	11	12	40	37
24	7	14	15	44	41
24	8	17	18	48	45
24	9	20	22	52	49
24	10	23	25	55	53
24	11	26	28	59	57
24	12	30	32	62	60
25	0	0	0	10	8
25	1	1	1	16	14
25	2	2	2	21	19
25	3	4	4	26	23
25	4	6	7	30	28
25	5	8	9	34	32
25	6	11	12	38	36
25	7	13	15	42	40
25	8	16	18	46	44
25	9	19	21	50	47
25	10	22	24	53	51
25	11	25	27	57	55
25	12	28	31	60	58
25	13	32	34	64	61
26	0	0	0	10	8
26	1	1	1	15	13
26	2	2	2	20	18
26	3	4	4	25	22
26	4	6	6	29	27
26	5	8	9	33	31
26	6	10	12	37	35
26	7	13	14	41	38
26	8	16	17	44	42
26	9	18	20	48	46
26	10	21	23	52	49
26	11	24	26	55	53
26	12	27	29	58	56
26	13	31	33	61	59
27	0	0	0	9	8
27	1	1	1	15	13
27	2	2	2	20	18
27	3	4	4	24	22
27	4	6	6	28	26
27	5	8	9	32	30
27	6	10	11	36	33
27	7	13	14	39	37
27	8	15	17	43	41
27	9	18	19	46	44
27	10	21	22	50	47
27	11	23	25	53	51
27	12	26	28	56	54
27	13	29	31	60	57
27	14	32	35	63	61
28	0	0	0	9	7
28	1	1	1	14	12
28	2	2	2	19	17
28	3	3	4	23	21
28	4	5	6	27	25
28	5	7	8	31	28
28	6	10	11	34	32
28	7	12	13	38	36
28	8	15	16	41	39
28	9	17	19	45	43
28	10	20	22	48	46
28	11	23	24	51	49
28	12	25	27	55	52
28	13	28	30	58	56
28	14	31	33	61	59
29	0	0	0	9	7
29	1	1	1	14	12
29	2	2	2	18	16
29	3	3	4	22	20
29	4	5	6	26	24
29	5	7	8	30	27
29	6	9	11	33	31
29	7	12	13	37	34
29	8	14	16	40	38
29	9	17	18	43	41
29	10	19	21	47	44
29	11	22	24	50	48
29	12	25	26	53	51
29	13	27	29	56	54
29	14	30	32	59	57
29	15	33	35	62	60
30	0	0	0	8	7
30	1	1	1	13	11
30	2	2	2	17	15
30	3	3	4	21	19
30	4	5	6	25	23
30	5	7	8	29	27
30	6	9	10	32	30
30	7	11	13	36	33
30	8	14	15	39	37
30	9	16	18	42	40
30	10	19	20	45	43
30	11	21	23	48	46
30	12	24	26	51	49
30	13	27	28	54	52
30	14	29	31	57	55
30	15	32	34	60	58
31	0	0	0	8	6
31	1	1	1	13	11
31	2	2	2	17	15
31	3	3	4	21	19
31	4	5	6	24	22
31	5	7	8	28	26
31	6	9	10	31	29
31	7	11	12	34	32
31	8	13	15	38	35
31	9	16	17	41	39
31	10	18	20	44	42
31	11	21	22	47	45
31	12	23	25	50	48
31	13	26	27	53	51
31	14	28	30	55	53
31	15	31	33	58	56
31	16	34	36	61	59
32	0	0	0	8	6
32	1	1	1	12	11
32	2	2	2	16	14
32	3	3	4	20	18
32	4	5	6	23	21
32	5	7	8	27	25
32	6	9	10	30	28
32	7	11	12	33	31
32	8	13	14	36	34
32	9	15	17	39	37
32	10	18	19	42	40
32	11	20	22	45	43
32	12	22	24	48	46
32	13	25	27	51	49
32	14	27	29	54	52
32	15	30	32	57	55
32	16	33	35	59	57
33	0	0	0	7	6
33	1	1	1	12	10
33	2	2	2	16	14
33	3	3	4	19	17
33	4	5	5	23	21
33	5	7	7	26	24
33	6	9	9	29	27
33	7	11	12	32	30
33	8	13	14	35	33
33	9	15	16	38	36
33	10	17	19	41	39
33	11	19	21	44	42
33	12	22	23	47	45
33	13	24	26	50	48
33	14	27	28	52	50
33	15	29	31	55	53
33	16	32	34	58	56
33	17	34	36	60	58
34	0	0	0	7	6
34	1	1	1	11	10
34	2	2	2	15	13
34	3	3	4	19	17
34	4	5	5	22	20
34	5	7	7	25	23
34	6	8	9	28	26
34	7	10	11	31	29
34	8	12	14	34	32
34	9	15	16	37	35
34	10	17	18	40	38
34	11	19	20	43	41
34	12	21	23	46	44
34	13	24	25	48	46
34	14	26	28	51	49
34	15	28	30	54	52
34	16	31	33	56	54
34	17	33	35	59	57
35	0	0	0	7	6
35	1	1	1	11	9
35	2	2	2	15	13
35	3	3	3	18	16
35	4	5	5	21	19
35	5	6	7	24	23
35	6	8	9	27	26
35	7	10	11	30	28
35	8	12	13	33	31
35	9	14	15	36	34
35	10	16	18	39	37
35	11	18	20	42	40
35	12	21	22	44	42
35	13	23	24	47	45
35	14	25	27	50	48
35	15	28	29	52	50
35	16	30	32	55	53
35	17	32	34	57	55
35	18	35	37	60	58
36	0	0	0	7	5
36	1	1	1	11	9
36	2	2	2	14	13
36	3	3	3	17	16
36	4	5	5	21	19
36	5	6	7	24	22
36	6	8	9	27	25
36	7	10	11	30	28
36	8	12	13	32	30
36	9	14	15	35	33
36	10	16	17	38	36
36	11	18	19	40	39
36	12	20	22	43	41
36	13	22	24	46	44
36	14	25	26	48	46
36	15	27	28	51	49

CONFIDENCE BOUNDS FOR A

N = 92

n	a	LOWER .975	LOWER .95	UPPER .975	UPPER .95
36	16	29	31	53	51
36	17	32	33	56	54
36	18	34	36	58	56
37	0	0	0	6	5
37	1	1	1	10	9
37	2	2	2	14	12
37	3	3	3	17	15
37	4	5	5	20	18
37	5	6	7	23	21
37	6	8	9	26	24
37	7	10	11	29	27
37	8	12	13	31	30
37	9	14	15	34	32
37	10	16	17	37	35
37	11	18	19	39	38
37	12	20	21	42	40
37	13	22	23	44	43
37	14	24	25	47	45
37	15	26	28	49	48
37	16	28	30	52	50
37	17	31	32	54	53
37	18	33	35	57	55
37	19	35	37	59	57
38	0	0	0	6	5
38	1	1	1	10	9
38	2	2	2	13	12
38	3	3	3	16	15
38	4	4	5	19	18
38	5	6	7	22	21
38	6	8	8	25	23
38	7	10	10	28	26
38	8	11	12	31	29
38	9	13	14	33	31
38	10	15	16	36	34
38	11	17	18	38	37
38	12	19	21	41	39
38	13	21	23	43	42
38	14	23	25	46	44
38	15	26	27	48	46
38	16	28	29	51	49
38	17	30	32	53	51
38	18	32	34	55	54
38	19	34	36	58	56
39	0	0	0	6	5
39	1	1	1	10	8
39	2	2	2	13	11
39	3	3	3	16	14
39	4	4	5	19	17
39	5	6	7	22	20
39	6	8	8	24	23
39	7	9	10	27	25
39	8	11	12	30	28
39	9	13	14	32	31
39	10	15	16	35	33
39	11	17	18	37	36
39	12	19	20	40	38
39	13	21	22	42	40
39	14	23	24	45	43
39	15	25	26	47	45
39	16	27	29	49	48
39	17	29	31	52	50
39	18	31	33	54	52
39	19	34	35	56	55
39	20	36	37	58	57
40	0	0	0	6	5
40	1	1	1	9	8
40	2	2	2	13	11
40	3	3	3	15	14
40	4	4	5	18	17
40	5	6	6	21	19
40	6	8	8	24	22
40	7	9	10	26	25
40	8	11	12	29	27
40	9	13	14	31	30
40	10	15	16	34	32

N = 92

n	a	LOWER .975	LOWER .95	UPPER .975	UPPER .95
40	11	17	18	36	35
40	12	18	20	39	37
40	13	20	22	41	39
40	14	22	24	44	42
40	15	24	26	46	44
40	16	26	28	48	46
40	17	29	30	50	49
40	18	31	32	53	51
40	19	33	34	55	53
40	20	35	37	57	55
41	0	0	0	6	4
41	1	1	1	9	8
41	2	2	2	12	11
41	3	3	3	15	14
41	4	4	5	18	16
41	5	6	6	21	19
41	6	7	8	23	22
41	7	9	10	26	24
41	8	11	12	28	27
41	9	13	13	31	29
41	10	14	15	33	31
41	11	16	17	35	34
41	12	18	19	38	36
41	13	20	21	40	38
41	14	22	23	42	41
41	15	24	25	45	43
41	16	26	27	47	45
41	17	28	29	49	48
41	18	30	31	51	50
41	19	32	34	54	52
41	20	34	36	56	54
41	21	36	38	58	56
42	0	0	0	5	4
42	1	1	1	9	8
42	2	2	2	12	10
42	3	3	3	15	13
42	4	4	5	17	16
42	5	6	6	20	18
42	6	7	8	23	21
42	7	9	10	25	23
42	8	11	11	27	26
42	9	12	13	30	28
42	10	14	15	32	31
42	11	16	17	35	33
42	12	18	19	37	35
42	13	20	21	39	38
42	14	21	23	41	40
42	15	23	25	44	42
42	16	25	27	46	44
42	17	27	29	48	46
42	18	29	31	50	49
42	19	31	33	52	51
42	20	33	35	54	53
42	21	35	37	57	55
43	0	0	0	5	4
43	1	1	1	8	7
43	2	2	2	11	10
43	3	3	3	14	13
43	4	4	5	17	15
43	5	6	6	19	18
43	6	7	8	22	20
43	7	9	9	24	23
43	8	10	11	27	25
43	9	12	13	29	28
43	10	14	15	31	30
43	11	16	17	34	32
43	12	17	18	36	34
43	13	19	20	38	37
43	14	21	22	40	39
43	15	23	24	43	41
43	16	25	26	45	43
43	17	27	28	47	45
43	18	29	30	49	47
43	19	31	32	51	50
43	20	33	34	53	52

N = 92

n	a	LOWER .975	LOWER .95	UPPER .975	UPPER .95
43	21	35	36	55	54
43	22	37	38	57	56
44	0	0	0	5	4
44	1	1	1	8	7
44	2	2	2	11	10
44	3	3	3	14	12
44	4	4	5	16	15
44	5	6	6	19	17
44	6	7	8	21	20
44	7	9	9	24	22
44	8	10	11	26	25
44	9	12	13	28	27
44	10	14	14	31	29
44	11	15	16	33	31
44	12	17	18	35	34
44	13	19	20	37	36
44	14	21	22	40	38
44	15	22	24	42	40
44	16	24	26	44	42
44	17	26	28	46	44
44	18	28	29	48	46
44	19	30	31	50	48
44	20	32	33	52	51
44	21	34	35	54	53
44	22	36	37	56	55
45	0	0	0	5	4
45	1	1	1	8	7
45	2	2	2	11	10
45	3	3	3	13	12
45	4	4	4	16	15
45	5	6	6	18	17
45	6	7	8	21	19
45	7	8	9	23	22
45	8	10	11	25	24
45	9	12	12	28	26
45	10	13	14	30	28
45	11	15	16	32	31
45	12	17	18	34	33
45	13	18	20	36	35
45	14	20	21	39	37
45	15	22	23	41	39
45	16	24	25	43	41
45	17	26	27	45	43
45	18	28	29	47	45
45	19	29	31	49	47
45	20	31	33	51	49
45	21	33	35	53	51
45	22	35	37	55	53
46	0	0	0	5	4
46	1	1	1	8	7
46	2	2	2	10	9
46	3	3	3	13	12
46	4	4	4	16	14
46	5	5	6	18	17
46	6	7	7	20	19
46	7	8	9	23	21
46	8	10	11	25	23
46	9	12	12	27	26
46	10	13	14	29	28
46	11	15	16	31	30
46	12	16	17	34	32
46	13	18	19	36	34
46	14	20	21	38	36
46	15	22	23	40	38
46	16	23	25	42	40
46	17	25	26	44	42
46	18	27	28	46	44
46	19	29	30	48	46
46	20	31	32	50	48
46	21	33	34	52	50
46	22	34	36	54	52
46	23	36	38	56	54

N = 94

n	a	LOWER .975	LOWER .95	UPPER .975	UPPER .95
1	0	0	0	91	89
1	1	3	5	94	94
2	0	0	0	78	72
2	1	2	3	92	91
3	0	0	0	65	58
3	1	1	2	84	80
3	2	10	14	93	92
4	0	0	0	55	48
4	1	1	2	75	69
4	2	7	10	87	84
5	0	0	0	47	41
5	1	1	1	66	60
5	2	6	8	79	75
5	3	15	19	88	86
6	0	0	0	42	35
6	1	1	1	59	53
6	2	5	7	72	67
6	3	12	16	82	78
7	0	0	0	37	31
7	1	1	1	53	47
7	2	4	6	65	60
7	3	11	13	75	71
7	4	19	23	83	81
8	0	0	0	33	28
8	1	1	1	48	43
8	2	4	5	59	55
8	3	9	12	69	65
8	4	16	19	78	75
9	0	0	0	30	25
9	1	1	1	43	39
9	2	4	5	54	50
9	3	8	10	64	60
9	4	14	17	72	69
9	5	22	25	80	77
10	0	0	0	27	23
10	1	1	1	40	35
10	2	3	4	50	46
10	3	8	9	59	55
10	4	13	15	67	64
10	5	19	22	75	72
11	0	0	0	25	21
11	1	1	1	37	32
11	2	3	4	47	42
11	3	7	9	55	51
11	4	12	14	63	59
11	5	17	20	70	67
11	6	24	27	77	74
12	0	0	0	23	19
12	1	1	1	34	30
12	2	3	4	43	39
12	3	6	8	52	48
12	4	11	13	59	55
12	5	16	19	66	63
12	6	22	25	72	69
13	0	0	0	21	18
13	1	1	1	32	28
13	2	3	4	40	37
13	3	6	7	48	44
13	4	10	12	55	52
13	5	15	17	62	59
13	6	20	23	68	65
13	7	26	29	74	71
14	0	0	0	20	16
14	1	1	1	30	26
14	2	3	3	38	34
14	3	6	7	45	42
14	4	9	11	52	49
14	5	14	16	59	55
14	6	19	21	65	61
14	7	24	27	70	67
15	0	0	0	18	15
15	1	1	1	28	24
15	2	3	3	36	32
15	3	5	7	43	39
15	4	9	10	49	46

CONFIDENCE BOUNDS FOR A

		N = 94						N = 94						N = 94						N = 94			
		LOWER		UPPER				LOWER		UPPER				LOWER		UPPER				LOWER		UPPER	
n	a	.975	.95	.975	.95	n	a	.975	.95	.975	.95	n	a	.975	.95	.975	.95	n	a	.975	.95	.975	.95
15	5	13	15	56	52	22	8	19	20	53	50	28	2	2	2	19	17	32	13	25	27	52	50
15	6	17	20	61	58	22	9	22	24	57	54	28	3	4	4	24	21	32	14	28	30	55	53
15	7	22	25	67	64	22	10	26	28	61	58	28	4	6	6	28	25	32	15	31	33	58	56
15	8	27	30	72	69	22	11	29	32	65	62	28	5	8	9	31	29	32	16	33	35	61	59
16	0	0	0	17	14	23	0	0	0	12	10	28	6	10	11	35	33	33	0	0	0	8	6
16	1	1	1	26	23	23	1	1	1	18	16	28	7	12	14	39	37	33	1	1	1	12	10
16	2	2	3	34	30	23	2	2	2	24	21	28	8	15	16	42	40	33	2	2	2	16	14
16	3	5	6	40	37	23	3	4	5	29	26	28	9	18	19	46	44	33	3	3	4	20	18
16	4	8	10	47	43	23	4	6	7	34	31	28	10	20	22	49	47	33	4	5	6	23	21
16	5	12	14	53	49	23	5	9	10	38	35	28	11	23	25	53	50	33	5	7	8	27	25
16	6	16	18	58	55	23	6	12	13	43	40	28	12	26	28	56	54	33	6	9	10	30	28
16	7	21	23	64	61	23	7	15	16	47	44	28	13	29	31	59	57	33	7	11	12	33	31
16	8	25	28	69	66	23	8	18	20	51	48	28	14	32	34	62	60	33	8	13	14	36	34
17	0	0	0	16	13	23	9	21	23	55	52	29	0	0	0	9	7	33	9	15	16	39	37
17	1	1	1	25	21	23	10	24	27	59	56	29	1	1	1	14	12	33	10	17	19	42	40
17	2	2	3	32	28	23	11	28	30	62	60	29	2	2	2	19	16	33	11	20	21	45	43
17	3	5	6	38	35	23	12	32	34	66	64	29	3	3	4	23	21	33	12	22	24	48	46
17	4	8	9	44	41	24	0	0	0	11	9	29	4	5	6	27	24	33	13	25	26	51	49
17	5	11	13	50	47	24	1	1	1	17	15	29	5	7	8	30	28	33	14	27	29	54	52
17	6	15	17	55	52	24	2	2	2	23	20	29	6	10	11	34	32	33	15	30	32	56	54
17	7	19	22	61	58	24	3	4	5	28	25	29	7	12	13	38	35	33	16	32	34	59	57
17	8	24	26	65	63	24	4	6	7	32	30	29	8	14	16	41	39	34	0	0	0	7	6
17	9	29	31	70	68	24	5	9	10	37	34	29	9	17	19	44	42	34	1	1	1	12	10
18	0	0	0	15	13	24	6	11	13	41	38	29	10	20	21	48	45	34	2	2	2	16	14
18	1	1	1	23	20	24	7	14	16	45	42	29	11	22	24	51	49	34	3	3	4	19	17
18	2	2	3	30	27	24	8	17	19	49	46	29	12	25	27	54	52	34	4	5	5	23	21
18	3	5	6	36	33	24	9	20	22	53	50	29	13	28	30	57	55	34	5	7	7	26	24
18	4	8	9	42	39	24	10	23	25	57	54	29	14	31	33	60	58	34	6	9	9	29	27
18	5	11	13	48	44	24	11	27	29	60	58	29	15	34	36	63	61	34	7	11	12	32	30
18	6	15	16	53	50	24	12	30	33	64	61	30	0	0	0	9	7	34	8	13	14	35	33
18	7	18	21	58	55	25	0	0	0	11	9	30	1	1	1	14	12	34	9	15	16	38	36
18	8	23	25	63	60	25	1	1	1	17	14	30	2	2	2	18	16	34	10	17	18	41	39
18	9	27	30	67	64	25	2	2	2	22	19	30	3	3	4	22	20	34	11	19	21	44	42
19	0	0	0	14	12	25	3	4	4	26	24	30	4	5	6	26	24	34	12	22	23	47	45
19	1	1	1	22	19	25	4	6	7	31	28	30	5	7	8	29	27	34	13	24	26	49	47
19	2	2	3	29	26	25	5	8	9	35	33	30	6	9	10	33	31	34	14	26	28	52	50
19	3	4	5	35	31	25	6	11	12	39	37	30	7	12	13	36	34	34	15	29	31	55	53
19	4	7	8	40	37	25	7	14	15	43	41	30	8	14	15	40	37	34	16	31	33	57	56
19	5	10	12	45	42	25	8	16	18	47	45	30	9	16	18	43	41	34	17	34	36	60	58
19	6	14	16	50	47	25	9	19	21	51	48	30	10	19	21	46	44	35	0	0	0	7	6
19	7	17	20	55	52	25	10	23	24	55	52	30	11	22	23	49	47	35	1	1	1	11	10
19	8	21	24	60	57	25	11	26	28	58	56	30	12	24	26	52	50	35	2	2	2	15	13
19	9	25	28	64	62	25	12	29	31	62	59	30	13	27	29	55	53	35	3	3	4	19	17
19	10	30	32	69	66	25	13	32	35	65	63	30	14	30	32	58	56	35	4	5	5	22	20
20	0	0	0	14	11	26	0	0	0	10	8	30	15	33	35	61	59	35	5	6	7	25	23
20	1	1	1	21	18	26	1	1	1	16	14	31	0	0	0	8	7	35	6	8	9	28	26
20	2	2	3	27	24	26	2	2	2	21	19	31	1	1	1	13	11	35	7	10	11	31	29
20	3	4	5	33	30	26	3	4	4	25	23	31	2	2	2	17	15	35	8	12	13	34	32
20	4	7	8	38	35	26	4	6	7	30	27	31	3	3	4	21	19	35	9	14	16	37	35
20	5	10	11	43	40	26	5	8	9	34	31	31	4	5	6	25	23	35	10	17	18	40	38
20	6	13	15	48	45	26	6	11	12	38	35	31	5	7	8	28	26	35	11	19	20	43	41
20	7	17	19	53	50	26	7	13	15	42	39	31	6	9	10	32	30	35	12	21	23	45	43
20	8	20	22	57	55	26	8	16	17	45	43	31	7	11	12	35	33	35	13	23	25	48	46
20	9	24	26	62	59	26	9	19	20	49	47	31	8	14	15	38	36	35	14	26	27	51	49
20	10	28	31	66	63	26	10	22	24	53	50	31	9	16	17	42	39	35	15	28	30	53	51
21	0	0	0	13	11	26	11	25	27	56	54	31	10	18	20	45	43	35	16	31	32	56	54
21	1	1	1	20	17	26	12	28	30	60	57	31	11	21	23	48	46	35	17	33	35	58	57
21	2	2	3	26	23	26	13	31	33	63	61	31	12	24	25	51	49	36	0	0	0	7	5
21	3	4	5	31	29	27	0	0	0	10	8	31	13	26	28	54	52	36	1	1	1	11	9
21	4	7	8	37	34	27	1	1	1	15	13	31	14	29	31	57	55	36	2	2	2	15	13
21	5	10	11	41	39	27	2	2	2	20	18	31	15	32	34	60	58	36	3	3	3	18	16
21	6	13	14	46	43	27	3	4	4	24	22	31	16	34	36	62	60	36	4	4	5	21	19
21	7	16	18	51	48	27	4	6	6	29	26	32	0	0	0	8	6	36	5	6	7	24	22
21	8	19	21	55	52	27	5	8	9	33	30	32	1	1	1	13	11	36	6	8	9	27	25
21	9	23	25	59	57	27	6	10	11	37	34	32	2	2	2	17	15	36	7	10	11	30	28
21	10	27	29	63	61	27	7	13	14	40	38	32	3	3	4	20	18	36	8	12	13	33	31
21	11	31	33	67	65	27	8	15	17	44	42	32	4	5	6	24	22	36	9	14	15	36	34
22	0	0	0	12	10	27	9	18	20	47	45	32	5	7	8	27	25	36	10	16	17	39	37
22	1	1	1	19	16	27	10	21	23	51	49	32	6	9	10	31	29	36	11	18	20	41	39
22	2	2	2	25	22	27	11	24	26	54	52	32	7	11	12	34	32	36	12	21	22	44	42
22	3	4	5	30	27	27	12	27	29	58	55	32	8	13	15	37	35	36	13	23	24	47	45
22	4	6	8	35	32	27	13	30	32	61	59	32	9	16	17	40	38	36	14	25	27	49	47
22	5	9	10	40	37	27	14	33	35	64	62	32	10	18	19	43	41	36	15	27	29	52	50
22	6	12	14	44	41	28	0	0	0	9	8	32	11	20	22	46	44						
22	7	15	17	49	46	28	1	1	1	15	13	32	12	23	25	49	47						

CONFIDENCE BOUNDS FOR A

N = 94 (Group 1)

n	a	LOWER .975	LOWER .95	UPPER .975	UPPER .95
36	16	30	31	54	53
36	17	32	34	57	55
36	18	35	36	59	58
37	0	0	0	7	5
37	1	1	1	11	9
37	2	2	2	14	13
37	3	3	3	17	16
37	4	5	5	21	19
37	5	6	7	24	22
37	6	8	9	27	25
37	7	10	11	29	28
37	8	12	13	32	30
37	9	14	15	35	33
37	10	16	17	38	36
37	11	18	19	40	38
37	12	20	21	43	41
37	13	22	24	46	44
37	14	24	26	48	46
37	15	27	28	51	49
37	16	29	31	53	51
37	17	31	33	56	54
37	18	34	35	58	56
37	19	36	38	60	59
38	0	0	0	6	5
38	1	1	1	10	9
38	2	2	2	14	12
38	3	3	3	17	15
38	4	5	5	20	18
38	5	6	7	23	21
38	6	8	9	26	24
38	7	10	11	29	27
38	8	12	13	31	29
38	9	14	15	34	32
38	10	15	17	37	35
38	11	18	19	39	37
38	12	20	21	42	40
38	13	22	23	44	43
38	14	24	25	47	45
38	15	26	28	49	48
38	16	28	30	52	50
38	17	31	32	54	52
38	18	33	34	57	55
38	19	35	37	59	57
39	0	0	0	6	5
39	1	1	1	10	9
39	2	2	2	13	12
39	3	3	3	16	15
39	4	4	5	19	18
39	5	6	7	22	21
39	6	8	8	25	23
39	7	10	10	28	26
39	8	11	12	30	29
39	9	13	14	33	31
39	10	15	16	36	34
39	11	17	18	38	36
39	12	19	20	41	39
39	13	21	23	43	41
39	14	23	25	46	44
39	15	25	27	48	46
39	16	28	29	50	49
39	17	30	31	53	51
39	18	32	34	55	53
39	19	34	36	57	56
39	20	37	38	60	58
40	0	0	0	6	5
40	1	1	1	10	8
40	2	2	2	13	11
40	3	3	3	16	14
40	4	4	5	19	17
40	5	6	7	22	20
40	6	8	8	24	23
40	7	9	10	27	25
40	8	11	12	30	28
40	9	13	14	32	30
40	10	15	16	35	33

N = 94 (Group 2)

n	a	LOWER .975	LOWER .95	UPPER .975	UPPER .95
40	11	17	18	37	35
40	12	19	20	40	38
40	13	21	22	42	40
40	14	23	24	45	43
40	15	25	26	47	45
40	16	27	28	49	48
40	17	29	31	52	50
40	18	31	33	54	52
40	19	33	35	56	54
40	20	36	37	58	57
41	0	0	0	6	5
41	1	1	1	9	8
41	2	2	2	12	11
41	3	3	3	15	14
41	4	4	5	18	17
41	5	6	6	21	19
41	6	7	8	24	22
41	7	9	10	26	25
41	8	11	12	29	27
41	9	13	14	31	30
41	10	15	16	34	32
41	11	16	18	36	35
41	12	18	20	39	37
41	13	20	22	41	39
41	14	22	24	43	42
41	15	24	26	46	44
41	16	26	28	48	46
41	17	28	30	50	49
41	18	31	32	53	51
41	19	33	34	55	53
41	20	35	36	57	55
41	21	37	39	59	58
42	0	0	0	6	4
42	1	1	1	9	8
42	2	2	2	12	11
42	3	3	3	15	14
42	4	4	5	18	16
42	5	6	6	20	19
42	6	7	8	23	21
42	7	9	10	26	24
42	8	11	12	28	27
42	9	12	13	31	29
42	10	14	15	33	31
42	11	16	17	35	34
42	12	18	19	38	36
42	13	20	21	40	38
42	14	22	23	42	41
42	15	24	25	45	43
42	16	26	27	47	45
42	17	28	29	49	48
42	18	30	31	51	50
42	19	32	33	54	52
42	20	34	36	56	54
42	21	36	38	58	56
43	0	0	0	5	4
43	1	1	1	9	8
43	2	2	2	12	10
43	3	3	3	15	13
43	4	4	5	17	16
43	5	6	6	20	18
43	6	7	8	23	21
43	7	9	10	25	23
43	8	11	11	27	26
43	9	12	13	30	28
43	10	14	15	32	31
43	11	16	17	35	33
43	12	18	19	37	35
43	13	20	21	39	38
43	14	21	23	41	40
43	15	23	25	44	42
43	16	25	27	46	44
43	17	27	29	48	46
43	18	29	31	50	49
43	19	31	33	52	51
43	20	33	35	54	53

N = 94 (Group 3)

n	a	LOWER .975	LOWER .95	UPPER .975	UPPER .95
43	21	35	37	57	55
43	22	37	39	59	57
44	0	0	0	5	4
44	1	1	1	8	7
44	2	2	2	11	10
44	3	3	3	14	13
44	4	4	5	17	15
44	5	6	6	19	18
44	6	7	8	22	20
44	7	9	9	24	23
44	8	10	11	27	25
44	9	12	13	29	28
44	10	14	15	31	30
44	11	16	17	34	32
44	12	17	18	36	34
44	13	19	20	38	37
44	14	21	22	40	39
44	15	23	24	43	41
44	16	25	26	45	43
44	17	27	28	47	45
44	18	29	30	49	48
44	19	31	32	51	50
44	20	33	34	53	52
44	21	35	36	55	54
44	22	37	38	57	56
45	0	0	0	5	4
45	1	1	1	8	7
45	2	2	2	11	10
45	3	3	3	14	12
45	4	4	5	16	15
45	5	6	6	19	17
45	6	7	8	21	20
45	7	9	9	24	22
45	8	10	11	26	25
45	9	12	13	28	27
45	10	14	14	31	29
45	11	15	16	33	31
45	12	17	18	35	34
45	13	19	20	37	36
45	14	21	22	40	38
45	15	22	24	42	40
45	16	24	26	44	42
45	17	26	27	46	44
45	18	28	29	48	46
45	19	30	31	50	49
45	20	32	33	52	51
45	21	34	35	54	53
45	22	36	37	56	55
45	23	38	39	58	57
46	0	0	0	5	4
46	1	1	1	8	7
46	2	2	2	11	10
46	3	3	3	13	12
46	4	4	4	16	15
46	5	6	6	18	17
46	6	7	8	21	19
46	7	8	9	23	22
46	8	10	11	25	24
46	9	12	12	28	26
46	10	13	14	30	28
46	11	15	16	32	31
46	12	17	18	34	33
46	13	18	20	37	35
46	14	20	21	39	37
46	15	22	23	41	39
46	16	24	25	43	41
46	17	26	27	45	43
46	18	28	29	47	45
46	19	29	31	49	47
46	20	31	33	51	50
46	21	33	35	53	52
46	22	35	37	55	54
46	23	37	38	57	56
47	0	0	0	5	4
47	1	1	1	8	7

N = 94 (Group 4)

n	a	LOWER .975	LOWER .95	UPPER .975	UPPER .95
47	2	2	2	11	9
47	3	3	3	13	12
47	4	4	4	16	14
47	5	5	6	18	17
47	6	7	7	20	19
47	7	8	9	23	21
47	8	10	11	25	23
47	9	11	12	27	26
47	10	13	14	29	28
47	11	15	16	31	30
47	12	16	17	34	32
47	13	18	19	36	34
47	14	20	21	38	36
47	15	22	23	40	38
47	16	23	25	42	40
47	17	25	26	44	42
47	18	27	28	46	44
47	19	29	30	48	46
47	20	31	32	50	48
47	21	33	34	52	50
47	22	34	36	54	52
47	23	36	38	56	54
47	24	38	40	58	56

CONFIDENCE BOUNDS FOR A

N = 96

n	a	LOWER .975	LOWER .95	UPPER .975	UPPER .95
1	0	0	0	93	91
1	1	3	5	96	96
2	0	0	0	80	74
2	1	2	3	94	93
3	0	0	0	67	59
3	1	1	2	86	82
3	2	10	14	95	94
4	0	0	0	56	49
4	1	1	2	76	71
4	2	7	10	89	86
5	0	0	0	49	42
5	1	1	1	67	62
5	2	6	8	81	77
5	3	15	19	90	88
6	0	0	0	42	36
6	1	1	1	60	54
6	2	5	7	73	69
6	3	13	16	83	80
7	0	0	0	38	32
7	1	1	1	54	48
7	2	4	6	66	62
7	3	11	14	77	73
7	4	19	23	85	82
8	0	0	0	34	28
8	1	1	1	49	44
8	2	4	5	61	56
8	3	9	12	71	67
8	4	17	20	79	76
9	0	0	0	30	26
9	1	1	1	44	39
9	2	4	5	56	51
9	3	8	11	65	61
9	4	15	18	74	70
9	5	22	26	81	78
10	0	0	0	28	23
10	1	1	1	41	36
10	2	3	4	51	47
10	3	8	10	61	56
10	4	13	16	69	65
10	5	20	23	76	73
11	0	0	0	25	21
11	1	1	1	38	33
11	2	3	4	48	43
11	3	7	9	56	52
11	4	12	14	64	61
11	5	18	21	72	68
11	6	24	28	78	75
12	0	0	0	23	19
12	1	1	1	35	31
12	2	3	4	44	40
12	3	7	8	53	49
12	4	11	13	60	57
12	5	16	19	67	64
12	6	22	25	74	71
13	0	0	0	22	18
13	1	1	1	32	28
13	2	3	4	41	37
13	3	6	8	49	45
13	4	10	12	57	53
13	5	15	17	64	60
13	6	20	23	70	67
13	7	26	29	76	73
14	0	0	0	20	17
14	1	1	1	30	27
14	2	3	3	39	35
14	3	6	7	46	43
14	4	10	11	53	50
14	5	14	16	60	56
14	6	19	22	66	63
14	7	24	27	72	69
15	0	0	0	19	16
15	1	1	1	28	25
15	2	3	3	36	33
15	3	5	7	44	40
15	4	9	11	50	47

N = 96

n	a	LOWER .975	LOWER .95	UPPER .975	UPPER .95
15	5	13	15	57	53
15	6	18	20	63	59
15	7	23	25	68	65
15	8	28	31	73	71
16	0	0	0	18	15
16	1	1	1	27	23
16	2	2	3	34	31
16	3	5	6	41	38
16	4	9	10	48	44
16	5	12	14	54	50
16	6	17	19	60	56
16	7	21	24	65	62
16	8	26	29	70	67
17	0	0	0	17	14
17	1	1	1	25	22
17	2	2	3	32	29
17	3	5	6	39	36
17	4	8	10	45	42
17	5	12	13	51	48
17	6	16	18	57	53
17	7	20	22	62	59
17	8	24	27	67	64
17	9	29	32	72	69
18	0	0	0	16	13
18	1	1	1	24	21
18	2	2	3	31	28
18	3	5	6	37	34
18	4	8	9	43	40
18	5	11	13	49	45
18	6	15	17	54	51
18	7	19	21	59	56
18	8	23	25	64	61
18	9	27	30	69	66
19	0	0	0	15	12
19	1	1	1	23	20
19	2	2	3	29	26
19	3	5	5	35	32
19	4	7	9	41	38
19	5	11	12	46	43
19	6	14	16	52	49
19	7	18	20	56	54
19	8	22	24	61	58
19	9	26	28	66	63
19	10	30	33	70	68
20	0	0	0	14	11
20	1	1	1	21	19
20	2	2	3	28	25
20	3	4	5	34	31
20	4	7	8	39	36
20	5	10	12	44	41
20	6	13	15	49	46
20	7	17	19	54	51
20	8	21	23	59	56
20	9	25	27	63	60
20	10	29	31	67	65
21	0	0	0	13	11
21	1	1	1	20	18
21	2	2	3	27	24
21	3	4	5	32	29
21	4	7	8	37	34
21	5	10	11	42	39
21	6	13	15	47	44
21	7	16	18	52	49
21	8	20	22	56	53
21	9	23	26	61	58
21	10	27	30	65	62
21	11	31	34	69	66
22	0	0	0	13	10
22	1	1	1	19	17
22	2	2	2	25	23
22	3	4	5	31	28
22	4	7	8	36	33
22	5	9	11	41	38
22	6	12	14	45	42
22	7	16	17	50	47

N = 96

n	a	LOWER .975	LOWER .95	UPPER .975	UPPER .95
22	8	19	21	54	51
22	9	22	25	58	56
22	10	26	28	62	60
22	11	30	32	66	64
23	0	0	0	12	10
23	1	1	1	19	16
23	2	2	2	24	22
23	3	4	5	29	27
23	4	6	7	34	32
23	5	9	10	39	36
23	6	12	13	43	41
23	7	15	17	48	45
23	8	18	20	52	49
23	9	21	23	56	53
23	10	25	27	60	57
23	11	28	31	64	61
23	12	32	35	68	65
24	0	0	0	11	9
24	1	1	1	18	15
24	2	2	2	23	21
24	3	4	5	28	26
24	4	6	7	33	30
24	5	9	10	37	35
24	6	11	13	42	39
24	7	14	16	46	43
24	8	17	19	50	47
24	9	21	23	54	51
24	10	24	26	58	55
24	11	27	30	62	59
24	12	31	33	65	63
25	0	0	0	11	9
25	1	1	1	17	15
25	2	2	2	22	20
25	3	4	4	27	25
25	4	6	7	32	29
25	5	8	10	36	33
25	6	11	12	40	38
25	7	14	15	44	42
25	8	17	18	48	46
25	9	20	22	52	50
25	10	23	25	56	53
25	11	26	28	59	57
25	12	30	32	63	61
25	13	33	35	66	64
26	0	0	0	10	9
26	1	1	1	16	14
26	2	2	2	21	19
26	3	4	4	26	24
26	4	6	7	30	28
26	5	8	9	35	32
26	6	11	12	39	36
26	7	13	15	43	40
26	8	16	18	47	44
26	9	19	21	50	48
26	10	22	24	54	51
26	11	25	27	57	55
26	12	28	31	61	59
26	13	32	34	64	62
27	0	0	0	10	8
27	1	1	1	16	14
27	2	2	2	21	18
27	3	4	4	25	23
27	4	6	6	29	27
27	5	8	9	33	31
27	6	10	12	37	35
27	7	13	14	41	39
27	8	16	17	45	42
27	9	18	20	49	46
27	10	21	23	52	50
27	11	24	26	56	53
27	12	27	29	59	57
27	13	31	33	62	60
27	14	34	36	65	63
28	0	0	0	10	8
28	1	1	1	15	13

N = 96

n	a	LOWER .975	LOWER .95	UPPER .975	UPPER .95
28	2	2	2	20	18
28	3	4	4	24	22
28	4	6	6	28	26
28	5	8	9	32	30
28	6	10	11	36	34
28	7	13	14	40	37
28	8	15	17	43	41
28	9	18	19	47	45
28	10	21	22	50	48
28	11	23	25	54	51
28	12	26	28	57	55
28	13	29	32	60	58
28	14	33	35	63	61
29	0	0	0	9	7
29	1	1	1	14	12
29	2	2	2	19	17
29	3	3	4	23	21
29	4	5	6	27	25
29	5	8	8	31	29
29	6	10	11	35	32
29	7	12	13	38	36
29	8	15	16	42	40
29	9	17	19	45	43
29	10	20	22	49	46
29	11	23	25	52	50
29	12	26	27	55	53
29	13	28	30	58	56
29	14	31	33	62	59
29	15	34	37	65	63
30	0	0	0	9	7
30	1	1	1	14	12
30	2	2	2	18	16
30	3	3	4	22	20
30	4	5	6	26	24
30	5	7	8	30	28
30	6	10	11	34	31
30	7	12	13	37	35
30	8	14	16	41	38
30	9	17	18	44	42
30	10	19	21	47	45
30	11	22	24	50	48
30	12	25	27	54	51
30	13	28	29	57	55
30	14	30	32	60	58
30	15	33	35	63	61
31	0	0	0	8	7
31	1	1	1	13	12
31	2	2	2	18	16
31	3	3	4	22	20
31	4	5	6	25	23
31	5	7	8	29	27
31	6	9	10	33	30
31	7	12	13	36	34
31	8	14	15	39	37
31	9	16	18	43	40
31	10	19	20	46	44
31	11	21	23	49	47
31	12	24	26	52	50
31	13	27	29	55	53
31	14	29	31	58	56
31	15	32	34	61	59
31	16	35	37	64	62
32	0	0	0	8	7
32	1	1	1	13	11
32	2	2	2	17	15
32	3	3	4	21	19
32	4	5	6	25	23
32	5	7	8	28	26
32	6	9	10	32	29
32	7	11	12	35	33
32	8	13	15	38	36
32	9	16	17	41	39
32	10	18	20	44	42
32	11	21	22	48	45
32	12	23	25	51	48

CONFIDENCE BOUNDS FOR A

N = 96

n	a	LOWER .975	LOWER .95	UPPER .975	UPPER .95
32	13	26	28	53	51
32	14	29	30	56	54
32	15	31	33	59	57
32	16	34	36	62	60
33	0	0	0	8	6
33	1	1	1	12	11
33	2	2	2	16	15
33	3	3	4	20	18
33	4	5	6	24	22
33	5	7	8	27	25
33	6	9	10	31	28
33	7	11	12	34	32
33	8	13	14	37	35
33	9	15	17	40	38
33	10	18	19	43	41
33	11	20	22	46	44
33	12	23	24	49	47
33	13	25	27	52	50
33	14	28	29	55	53
33	15	30	32	58	56
33	16	33	35	60	58
33	17	36	38	63	61
34	0	0	0	8	6
34	1	1	1	12	10
34	2	2	2	16	14
34	3	3	4	20	18
34	4	5	5	23	21
34	5	7	7	26	24
34	6	9	10	30	28
34	7	11	12	33	31
34	8	13	14	36	34
34	9	15	16	39	37
34	10	17	19	42	40
34	11	20	21	45	43
34	12	22	24	48	46
34	13	24	26	51	48
34	14	27	29	53	51
34	15	29	31	56	54
34	16	32	34	59	57
34	17	35	37	61	59
35	0	0	0	7	6
35	1	1	1	12	10
35	2	2	2	15	14
35	3	3	4	19	17
35	4	5	5	22	20
35	5	7	7	26	24
35	6	8	9	29	27
35	7	10	11	32	30
35	8	13	14	35	33
35	9	15	16	38	36
35	10	17	18	41	39
35	11	19	21	44	42
35	12	21	23	46	44
35	13	24	25	49	47
35	14	26	28	52	50
35	15	29	30	55	53
35	16	31	33	57	55
35	17	34	35	60	58
35	18	36	38	62	61
36	0	0	0	7	6
36	1	1	1	11	10
36	2	2	2	15	13
36	3	3	4	18	17
36	4	5	5	22	20
36	5	6	7	25	23
36	6	8	9	28	26
36	7	10	11	31	29
36	8	12	13	34	32
36	9	14	16	37	35
36	10	16	18	40	38
36	11	19	20	42	40
36	12	21	22	45	43
36	13	23	25	48	46
36	14	26	27	51	49
36	15	28	30	53	51
36	16	30	32	56	54
36	17	33	35	58	56
36	18	35	37	61	59
37	0	0	0	7	5
37	1	1	1	11	9
37	2	2	2	14	13
37	3	3	3	18	16
37	4	5	5	21	19
37	5	6	7	24	22
37	6	8	9	27	25
37	7	10	11	30	28
37	8	12	13	33	31
37	9	14	15	36	34
37	10	16	17	39	37
37	11	18	20	41	39
37	12	20	22	44	42
37	13	23	24	47	45
37	14	25	26	49	47
37	15	27	29	52	50
37	16	30	31	54	52
37	17	32	34	57	55
37	18	34	36	59	57
37	19	37	39	62	60
38	0	0	0	7	5
38	1	1	1	11	9
38	2	2	2	14	12
38	3	3	3	17	16
38	4	5	5	20	19
38	5	6	7	23	22
38	6	8	9	26	25
38	7	10	11	29	27
38	8	12	13	32	30
38	9	14	15	35	33
38	10	16	17	38	36
38	11	18	19	40	38
38	12	20	21	43	41
38	13	22	24	45	43
38	14	24	26	48	46
38	15	27	28	50	49
38	16	29	30	53	51
38	17	31	33	55	54
38	18	33	35	58	56
38	19	36	38	60	58
39	0	0	0	6	5
39	1	1	1	10	9
39	2	2	2	14	12
39	3	3	3	17	15
39	4	5	5	20	18
39	5	6	7	23	21
39	6	8	9	26	24
39	7	10	11	28	27
39	8	12	12	31	29
39	9	13	15	34	32
39	10	15	17	37	35
39	11	17	19	39	37
39	12	20	21	42	40
39	13	22	24	44	42
39	14	24	25	47	45
39	15	26	27	49	47
39	16	28	30	52	50
39	17	30	32	54	52
39	18	33	34	56	55
39	19	35	37	59	57
39	20	37	39	61	59
40	0	0	0	6	5
40	1	1	1	10	9
40	2	2	2	13	12
40	3	3	3	16	15
40	4	4	5	19	18
40	5	6	7	22	20
40	6	8	8	25	23
40	7	9	10	28	26
40	8	11	12	30	29
40	9	13	14	33	31
40	10	15	16	36	34
40	11	17	18	38	36
40	12	19	20	41	39
40	13	21	22	43	41
40	14	23	25	46	44
40	15	25	27	48	46
40	16	27	29	50	49
40	17	30	31	53	51
40	18	32	33	55	53
40	19	34	36	57	56
40	20	36	38	60	58
41	0	0	0	6	5
41	1	1	1	10	8
41	2	2	2	13	11
41	3	3	3	16	14
41	4	4	5	19	17
41	5	6	7	22	20
41	6	8	8	24	23
41	7	9	10	27	25
41	8	11	12	30	28
41	9	13	14	32	30
41	10	15	16	35	33
41	11	17	18	37	35
41	12	19	20	40	38
41	13	21	22	42	40
41	14	23	24	45	43
41	15	25	26	47	45
41	16	27	28	49	47
41	17	29	30	52	50
41	18	31	33	54	52
41	19	33	35	56	54
41	20	35	37	58	57
41	21	38	39	61	59
42	0	0	0	6	5
42	1	1	1	9	8
42	2	2	2	12	11
42	3	3	3	15	14
42	4	4	5	18	17
42	5	6	6	21	19
42	6	7	8	24	22
42	7	9	10	26	25
42	8	11	12	29	27
42	9	13	14	31	30
42	10	15	16	34	32
42	11	16	18	36	35
42	12	18	19	39	37
42	13	20	22	41	39
42	14	22	24	43	42
42	15	24	26	46	44
42	16	26	28	48	46
42	17	28	30	50	49
42	18	30	32	53	51
42	19	33	34	55	53
42	20	35	36	57	55
42	21	37	38	59	58
43	0	0	0	5	4
43	1	1	1	9	8
43	2	2	2	12	11
43	3	3	3	15	14
43	4	4	5	18	16
43	5	6	6	20	19
43	6	7	8	23	21
43	7	9	10	26	24
43	8	11	12	28	26
43	9	12	13	31	29
43	10	14	15	33	31
43	11	16	17	35	34
43	12	18	19	38	36
43	13	20	21	40	38
43	14	22	23	42	41
43	15	24	25	45	43
43	16	26	27	47	45
43	17	28	29	49	48
43	18	30	31	51	50
43	19	32	33	54	52
43	20	34	35	56	54
43	21	36	38	58	56
43	22	38	40	60	58
44	0	0	0	5	4
44	1	1	1	9	8
44	2	2	2	12	10
44	3	3	3	15	13
44	4	4	5	17	16
44	5	6	6	20	18
44	6	7	8	22	21
44	7	9	10	25	23
44	8	11	11	27	26
44	9	12	13	30	28
44	10	14	15	32	31
44	11	16	17	35	33
44	12	18	19	37	35
44	13	19	21	39	37
44	14	21	23	41	40
44	15	23	25	44	42
44	16	25	27	46	44
44	17	27	29	48	46
44	18	29	31	50	49
44	19	31	33	52	51
44	20	33	35	55	53
44	21	35	37	57	55
44	22	37	39	59	57
45	0	0	0	5	4
45	1	1	1	8	7
45	2	2	2	11	10
45	3	3	3	14	13
45	4	4	5	17	15
45	5	6	6	19	18
45	6	7	8	22	20
45	7	9	9	24	23
45	8	10	11	27	25
45	9	12	13	29	28
45	10	14	15	31	30
45	11	16	17	34	32
45	12	17	18	36	34
45	13	19	20	38	37
45	14	21	22	41	39
45	15	23	24	43	41
45	16	25	26	45	43
45	17	27	28	47	45
45	18	29	30	49	48
45	19	31	32	51	50
45	20	32	34	53	52
45	21	34	36	55	54
45	22	36	38	57	56
46	0	0	0	5	4
46	1	1	1	8	7
46	2	2	2	11	10
46	3	3	3	14	12
46	4	4	5	16	15
46	5	6	6	19	17
46	6	7	8	21	20
46	7	9	9	24	22
46	8	10	11	26	25
46	9	12	13	28	27
46	10	14	14	31	29
46	11	15	16	33	31
46	12	17	18	35	34
46	13	19	20	37	36
46	14	21	22	40	38
46	15	22	24	42	40
46	16	24	25	44	42
46	17	26	27	46	44
46	18	28	29	48	46
46	19	30	31	50	49
46	20	32	33	52	51
46	21	34	35	54	53
46	22	36	37	56	55
46	23	38	39	58	57
47	0	0	0	5	4
47	1	1	1	8	7

CONFIDENCE BOUNDS FOR A

N = 96

n	a	LOWER .975	LOWER .95	UPPER .975	UPPER .95
47	2	2	2	11	10
47	3	3	3	13	12
47	4	4	4	16	15
47	5	5	6	18	17
47	6	7	8	21	19
47	7	8	9	23	22
47	8	10	11	26	24
47	9	12	12	28	26
47	10	13	14	30	28
47	11	15	16	32	31
47	12	17	18	34	33
47	13	18	19	37	35
47	14	20	21	39	37
47	15	22	23	41	39
47	16	24	25	43	41
47	17	26	27	45	43
47	18	27	29	47	45
47	19	29	31	49	48
47	20	31	33	51	50
47	21	33	35	53	52
47	22	35	36	55	54
47	23	37	38	57	56
47	24	39	40	59	58
48	0	0	0	5	4
48	1	1	1	8	7
48	2	2	2	11	9
48	3	3	3	13	12
48	4	4	4	16	14
48	5	5	6	18	17
48	6	7	7	20	19
48	7	8	9	23	21
48	8	10	11	25	23
48	9	11	12	27	26
48	10	13	14	29	28
48	11	15	16	32	30
48	12	16	17	34	32
48	13	18	19	36	34
48	14	20	21	38	36
48	15	22	23	40	38
48	16	23	25	42	40
48	17	25	26	44	43
48	18	27	28	46	45
48	19	29	30	48	47
48	20	31	32	50	49
48	21	32	34	52	51
48	22	34	36	54	53
48	23	36	38	56	54
48	24	38	40	58	56

N = 98

n	a	LOWER .975	LOWER .95	UPPER .975	UPPER .95
1	0	0	0	95	93
1	1	3	5	98	98
2	0	0	0	82	75
2	1	2	3	96	95
3	0	0	0	68	61
3	1	1	2	88	84
3	2	10	14	97	96
4	0	0	0	58	50
4	1	1	2	78	72
4	2	8	10	90	88
5	0	0	0	50	43
5	1	1	1	69	63
5	2	6	8	82	78
5	3	16	20	92	90
6	0	0	0	43	37
6	1	1	1	61	56
6	2	5	7	75	70
6	3	13	16	85	82
7	0	0	0	38	33
7	1	1	1	55	49
7	2	5	6	68	63
7	3	11	14	78	75
7	4	20	23	87	84
8	0	0	0	34	29
8	1	1	1	50	44
8	2	4	5	62	57
8	3	10	12	72	68
8	4	17	20	81	78
9	0	0	0	31	26
9	1	1	1	45	40
9	2	4	5	57	52
9	3	9	11	67	63
9	4	15	18	76	72
9	5	22	26	83	80
10	0	0	0	28	24
10	1	1	1	42	37
10	2	3	4	52	48
10	3	8	10	62	58
10	4	13	16	70	67
10	5	20	23	78	75
11	0	0	0	26	22
11	1	1	1	38	34
11	2	3	4	49	44
11	3	7	9	58	53
11	4	12	15	66	62
11	5	18	21	73	70
11	6	25	28	80	77
12	0	0	0	24	20
12	1	1	1	36	31
12	2	3	4	45	41
12	3	7	8	54	50
12	4	11	13	62	58
12	5	17	19	69	65
12	6	23	26	75	72
13	0	0	0	22	18
13	1	1	1	33	29
13	2	3	4	42	38
13	3	6	8	50	46
13	4	10	12	58	54
13	5	15	18	65	61
13	6	21	24	71	68
13	7	27	30	77	74
14	0	0	0	21	17
14	1	1	1	31	27
14	2	3	3	40	36
14	3	6	7	47	44
14	4	10	12	55	51
14	5	14	17	61	58
14	6	19	22	68	64
14	7	25	28	73	70
15	0	0	0	19	16
15	1	1	1	29	25
15	2	3	3	37	34
15	3	6	7	45	41
15	4	9	11	52	48

N = 98

n	a	LOWER .975	LOWER .95	UPPER .975	UPPER .95
15	5	13	15	58	54
15	6	18	20	64	61
15	7	23	26	70	67
15	8	28	31	75	72
16	0	0	0	18	15
16	1	1	1	27	24
16	2	2	3	35	32
16	3	5	6	42	39
16	4	9	10	49	45
16	5	13	15	55	52
16	6	17	19	61	58
16	7	21	24	66	63
16	8	26	29	72	69
17	0	0	0	17	14
17	1	1	1	26	22
17	2	2	3	33	30
17	3	5	6	40	37
17	4	8	10	46	43
17	5	12	14	52	49
17	6	16	18	58	55
17	7	20	23	63	60
17	8	25	28	68	65
17	9	30	33	73	70
18	0	0	0	16	13
18	1	1	1	24	21
18	2	2	3	31	28
18	3	5	6	38	35
18	4	8	9	44	41
18	5	11	13	50	46
18	6	15	17	55	52
18	7	19	21	60	57
18	8	23	26	65	62
18	9	28	31	70	67
19	0	0	0	15	12
19	1	1	1	23	20
19	2	2	3	30	27
19	3	5	6	36	33
19	4	8	9	42	39
19	5	11	12	47	44
19	6	14	16	53	50
19	7	18	20	58	55
19	8	22	25	63	60
19	9	26	29	67	64
19	10	31	34	72	69
20	0	0	0	14	12
20	1	1	1	22	19
20	2	2	3	28	25
20	3	4	5	34	31
20	4	7	8	40	37
20	5	10	12	45	42
20	6	14	15	50	47
20	7	17	19	55	52
20	8	21	23	60	57
20	9	25	28	64	62
20	10	29	32	69	66
21	0	0	0	14	11
21	1	1	1	21	18
21	2	2	3	27	24
21	3	4	5	33	30
21	4	7	8	38	35
21	5	10	11	43	40
21	6	13	15	48	45
21	7	16	18	53	50
21	8	20	22	58	55
21	9	24	26	62	59
21	10	28	30	66	64
21	11	32	34	70	68
22	0	0	0	13	11
22	1	1	1	21	18
22	2	2	3	26	23
22	3	4	5	31	29
22	4	7	8	37	34
22	5	9	11	42	39
22	6	13	14	46	43
22	7	16	18	51	48

N = 98

n	a	LOWER .975	LOWER .95	UPPER .975	UPPER .95
22	8	19	21	55	52
22	9	23	25	60	57
22	10	27	29	64	61
22	11	30	33	68	65
23	0	0	0	12	10
23	1	1	1	19	16
23	2	2	2	25	22
23	3	4	5	30	27
23	4	6	7	35	32
23	5	9	10	40	37
23	6	12	14	44	42
23	7	15	17	49	46
23	8	18	20	53	50
23	9	22	24	57	55
23	10	25	28	61	59
23	11	29	31	65	63
23	12	33	35	69	67
24	0	0	0	12	10
24	1	1	1	18	16
24	2	2	2	24	21
24	3	4	5	29	26
24	4	6	7	34	31
24	5	9	10	38	36
24	6	12	13	43	40
24	7	15	16	47	44
24	8	18	20	51	48
24	9	21	23	55	53
24	10	24	26	59	57
24	11	28	30	63	60
24	12	31	34	67	64
25	0	0	0	11	9
25	1	1	1	17	15
25	2	2	2	23	20
25	3	4	5	28	25
25	4	6	7	32	30
25	5	9	10	37	34
25	6	11	13	41	38
25	7	14	16	45	43
25	8	17	19	49	47
25	9	20	22	53	51
25	10	23	25	57	54
25	11	27	29	61	58
25	12	30	32	64	62
25	13	34	36	68	66
26	0	0	0	11	9
26	1	1	1	17	14
26	2	2	2	22	19
26	3	4	4	27	24
26	4	6	7	31	29
26	5	8	9	35	33
26	6	11	12	40	37
26	7	14	15	44	41
26	8	16	18	48	45
26	9	19	21	51	49
26	10	23	24	55	53
26	11	26	28	59	56
26	12	29	31	62	60
26	13	32	35	66	63
27	0	0	0	10	8
27	1	1	1	16	14
27	2	2	2	21	19
27	3	4	4	26	23
27	4	6	7	30	28
27	5	8	9	34	32
27	6	11	12	38	36
27	7	13	15	42	40
27	8	16	18	46	43
27	9	19	21	50	47
27	10	22	24	53	51
27	11	25	27	57	54
27	12	28	30	60	58
27	13	31	33	64	61
27	14	34	37	67	65
28	0	0	0	10	8
28	1	1	1	15	13

CONFIDENCE BOUNDS FOR A

N = 98 LOWER		UPPER		N = 98 LOWER		UPPER		N = 98 LOWER		UPPER		N = 98 LOWER		UPPER	
n a .975	.95	.975	.95	n a .975	.95	.975	.95	n a .975	.95	.975	.95	n a .975	.95	.975	.95
28 2 2	2	20	18	32 13 26	28	55	52	36 16 31	33	57	55	40 11 17	19	39	37
28 3 4	4	25	22	32 14 29	31	58	55	36 17 33	35	60	58	40 12 19	21	42	40
28 4 6	6	29	27	32 15 32	34	61	58	36 18 36	38	62	60	40 13 21	23	44	42
28 5 8	9	33	31	32 16 35	37	63	61	37 0 0	0	7	6	40 14 24	25	47	45
28 6 10	11	37	34	33 0 0	0	8	7	37 1 1	1	11	10	40 15 26	27	49	47
28 7 13	14	41	38	33 1 1	1	13	11	37 2 2	2	15	13	40 16 28	29	52	50
28 8 15	17	44	42	33 2 2	2	17	15	37 3 3	3	18	17	40 17 30	32	54	52
28 9 18	20	48	46	33 3 3	4	21	19	37 4 5	5	22	20	40 18 32	34	56	55
28 10 21	23	52	49	33 4 5	6	24	22	37 5 6	7	25	23	40 19 35	36	59	57
28 11 24	26	55	53	33 5 7	8	28	26	37 6 8	9	28	26	40 20 37	39	61	59
28 12 27	29	58	56	33 6 9	10	31	29	37 7 10	11	31	29	41 0 0	0	6	5
28 13 30	32	62	59	33 7 11	12	35	32	37 8 12	13	34	32	41 1 1	1	10	8
28 14 33	35	65	63	33 8 13	15	38	36	37 9 14	15	37	35	41 2 2	2	13	12
29 0 0	0	9	8	33 9 16	17	41	39	37 10 16	18	39	37	41 3 3	3	16	15
29 1 1	1	15	13	33 10 18	20	44	42	37 11 19	20	42	40	41 4 4	5	19	18
29 2 2	2	19	17	33 11 21	22	47	45	37 12 21	22	45	43	41 5 6	7	22	20
29 3 4	4	24	22	33 12 23	25	50	48	37 13 23	25	48	46	41 6 8	8	25	23
29 4 5	6	28	26	33 13 26	27	53	51	37 14 25	27	50	48	41 7 9	10	28	26
29 5 8	9	32	29	33 14 28	30	56	54	37 15 28	29	53	51	41 8 11	12	30	29
29 6 10	11	36	33	33 15 31	33	59	57	37 16 30	32	56	54	41 9 13	14	33	31
29 7 12	14	39	37	33 16 34	36	62	60	37 17 32	34	58	56	41 10 15	16	36	34
29 8 15	16	43	41	33 17 36	38	64	62	37 18 35	37	61	59	41 11 17	18	38	36
29 9 18	19	46	44	34 0 0	0	8	6	37 19 37	39	63	61	41 12 19	20	41	39
29 10 20	22	50	47	34 1 1	1	12	11	38 0 0	0	7	5	41 13 21	22	43	41
29 11 23	25	53	51	34 2 2	2	16	15	38 1 1	1	11	9	41 14 23	24	46	44
29 12 26	28	57	54	34 3 3	4	20	18	38 2 2	2	14	13	41 15 25	27	48	46
29 13 29	31	60	58	34 4 5	6	24	22	38 3 3	3	18	16	41 16 27	29	50	49
29 14 32	34	63	61	34 5 7	8	27	25	38 4 5	5	21	19	41 17 29	31	53	51
29 15 35	37	66	64	34 6 9	10	30	28	38 5 6	7	24	22	41 18 32	33	55	53
30 0 0	0	9	7	34 7 11	12	34	31	38 6 8	9	27	25	41 19 34	36	57	56
30 1 1	1	14	12	34 8 13	14	37	35	38 7 10	11	30	28	41 20 36	38	60	58
30 2 2	2	19	17	34 9 15	17	40	38	38 8 12	13	33	31	41 21 38	40	62	60
30 3 3	4	23	21	34 10 18	19	43	41	38 9 14	15	36	34	42 0 0	0	6	5
30 4 5	6	27	24	34 11 20	21	46	44	38 10 16	17	38	36	42 1 1	1	10	8
30 5 7	8	31	28	34 12 22	24	49	47	38 11 18	19	41	39	42 2 2	2	13	11
30 6 10	11	34	32	34 13 25	27	52	50	38 12 20	22	44	42	42 3 3	3	16	14
30 7 12	13	38	36	34 14 27	29	55	52	38 13 22	24	46	44	42 4 4	5	19	17
30 8 14	16	42	39	34 15 30	32	57	55	38 14 25	26	49	47	42 5 6	6	22	20
30 9 17	19	45	43	34 16 33	34	60	58	38 15 27	29	52	50	42 6 8	8	24	23
30 10 20	21	48	46	34 17 35	37	63	61	38 16 29	31	54	52	42 7 9	10	27	25
30 11 22	24	52	49	35 0 0	0	7	6	38 17 32	33	57	55	42 8 11	12	30	28
30 12 25	27	55	53	35 1 1	1	12	10	38 18 34	36	59	57	42 9 13	14	32	30
30 13 28	30	58	56	35 2 2	2	16	14	38 19 36	38	62	60	42 10 15	16	35	33
30 14 31	33	61	59	35 3 3	4	19	18	39 0 0	0	6	5	42 11 17	18	37	35
30 15 34	36	64	62	35 4 5	5	23	21	39 1 1	1	10	9	42 12 19	20	40	38
31 0 0	0	9	7	35 5 7	7	26	24	39 2 2	2	14	12	42 13 21	22	42	40
31 1 1	1	14	12	35 6 9	9	29	27	39 3 3	3	17	16	42 14 23	24	44	43
31 2 2	2	18	16	35 7 11	12	33	31	39 4 5	5	20	19	42 15 25	26	47	45
31 3 3	4	22	20	35 8 13	14	36	34	39 5 6	7	23	22	42 16 27	28	49	47
31 4 5	6	26	24	35 9 15	16	39	37	39 6 8	9	26	24	42 17 29	30	51	50
31 5 7	8	30	28	35 10 17	19	42	40	39 7 10	11	29	27	42 18 31	33	54	52
31 6 9	10	33	31	35 11 19	21	45	42	39 8 12	13	32	30	42 19 33	35	56	54
31 7 12	13	37	35	35 12 22	23	47	45	39 9 14	15	35	33	42 20 35	37	58	57
31 8 14	15	40	38	35 13 24	26	50	48	39 10 16	17	37	35	42 21 37	39	61	59
31 9 17	18	44	41	35 14 27	28	53	51	39 11 18	19	40	38	43 0 0	0	6	5
31 10 19	21	47	45	35 15 29	31	56	54	39 12 20	21	43	41	43 1 1	1	9	8
31 11 22	23	50	48	35 16 32	34	58	56	39 13 22	23	45	43	43 2 2	2	12	11
31 12 24	26	53	51	35 17 34	36	61	59	39 14 24	26	48	46	43 3 3	3	15	14
31 13 27	29	56	54	35 18 37	39	64	62	39 15 26	28	50	48	43 4 4	5	18	17
31 14 30	32	59	57	36 0 0	0	7	6	39 16 29	30	53	51	43 5 6	6	21	19
31 15 33	35	62	60	36 1 1	1	12	10	39 17 31	33	55	53	43 6 7	8	24	22
31 16 36	38	65	63	36 2 2	2	15	14	39 18 33	35	58	56	43 7 9	10	26	25
32 0 0	0	8	7	36 3 3	4	19	17	39 19 36	37	60	58	43 8 11	12	29	27
32 1 1	1	13	11	36 4 5	5	22	20	39 20 38	40	62	61	43 9 13	14	31	30
32 2 2	2	17	16	36 5 7	7	25	24	40 0 0	0	6	5	43 10 14	16	34	32
32 3 3	4	21	19	36 6 8	9	29	27	40 1 1	1	10	9	43 11 16	17	36	34
32 4 5	6	25	23	36 7 10	11	32	30	40 2 2	2	14	12	43 12 18	19	39	37
32 5 7	8	29	27	36 8 12	14	35	33	40 3 3	3	17	15	43 13 20	21	41	39
32 6 9	10	32	30	36 9 15	16	38	36	40 4 4	5	20	18	43 14 22	23	43	42
32 7 11	13	36	33	36 10 17	18	41	38	40 5 6	7	23	21	43 15 24	26	46	44
32 8 14	15	39	37	36 11 19	20	43	41	40 6 8	9	26	24	43 16 26	28	48	46
32 9 16	18	42	40	36 12 21	23	46	44	40 7 10	10	28	27	43 17 28	30	50	49
32 10 19	20	45	43	36 13 24	25	49	47	40 8 11	12	31	29	43 18 30	32	53	51
32 11 21	23	49	46	36 14 26	28	52	50	40 9 13	14	34	32	43 19 32	34	55	53
32 12 24	25	52	49	36 15 28	30	54	52	40 10 15	16	36	35	43 20 34	36	57	55

CONFIDENCE BOUNDS FOR A

N = 98						N = 98						N = 100						N = 100					
		LOWER		UPPER				LOWER		UPPER				LOWER		UPPER				LOWER		UPPER	
n	a	.975	.95	.975	.95	n	a	.975	.95	.975	.95	n	a	.975	.95	.975	.95	n	a	.975	.95	.975	.95
43	21	37	38	59	58	47	2	2	2	11	10	1	0	0	0	97	95	15	5	14	16	59	56
43	22	39	40	61	60	47	3	3	3	14	12	1	1	3	5	100	100	15	6	18	21	65	62
44	0	0	0	5	4	47	4	4	5	16	15	2	0	0	0	83	77	15	7	23	26	71	68
44	1	1	1	9	8	47	5	6	6	19	17	2	1	2	3	98	97	15	8	29	32	77	74
44	2	2	2	12	11	47	6	7	8	21	20	3	0	0	0	70	62	16	0	0	0	18	15
44	3	3	3	15	14	47	7	9	9	24	22	3	1	1	2	90	86	16	1	1	1	28	24
44	4	4	5	18	16	47	8	10	11	26	25	3	2	10	14	99	98	16	2	3	3	36	32
44	5	6	6	20	19	47	9	12	13	28	27	4	0	0	0	59	51	16	3	5	6	43	39
44	6	7	8	23	21	47	10	14	14	31	29	4	1	1	2	79	74	16	4	9	10	50	46
44	7	9	10	26	24	47	11	15	16	33	31	4	2	8	11	92	89	16	5	13	15	56	53
44	8	11	12	28	26	47	12	17	18	35	34	5	0	0	0	51	44	16	6	17	20	62	59
44	9	12	13	31	29	47	13	19	20	37	36	5	1	1	1	70	64	16	7	22	25	68	65
44	10	14	15	33	31	47	14	21	22	40	38	5	2	6	9	84	80	16	8	27	30	73	70
44	11	16	17	35	34	47	15	22	24	42	40	5	3	16	20	94	91	17	0	0	0	17	14
44	12	18	19	38	36	47	16	24	25	44	42	6	0	0	0	44	38	17	1	1	1	26	23
44	13	20	21	40	38	47	17	26	27	46	44	6	1	1	1	62	57	17	2	2	3	34	30
44	14	22	23	42	41	47	18	28	29	48	47	6	2	5	7	76	72	17	3	5	6	41	37
44	15	24	25	45	43	47	19	30	31	50	49	6	3	13	16	87	84	17	4	8	10	47	44
44	16	26	27	47	45	47	20	32	33	52	51	7	0	0	0	39	33	17	5	12	14	53	50
44	17	28	29	49	47	47	21	34	35	54	53	7	1	1	1	56	50	17	6	16	18	59	56
44	18	30	31	51	50	47	22	36	37	56	55	7	2	5	6	69	64	17	7	21	23	65	61
44	19	32	33	54	52	47	23	38	39	58	57	7	3	11	14	80	76	17	8	25	28	70	67
44	20	34	35	56	54	47	24	40	41	60	59	7	4	20	24	89	86	17	9	30	33	75	72
44	21	36	37	58	56	48	0	0	0	5	4	8	0	0	0	35	30	18	0	0	0	16	13
44	22	38	40	60	58	48	1	1	1	8	7	8	1	1	1	51	45	18	1	1	1	25	22
45	0	0	0	5	4	48	2	2	2	11	10	8	2	4	6	63	58	18	2	2	3	32	29
45	1	1	1	9	7	48	3	3	3	13	12	8	3	10	12	74	70	18	3	5	6	39	35
45	2	2	2	12	10	48	4	4	4	16	15	8	4	17	21	83	79	18	4	8	9	45	42
45	3	3	3	15	13	48	5	5	6	18	17	9	1	1	1	46	41	18	5	11	13	51	47
45	4	4	5	17	16	48	6	7	8	21	19	9	2	4	5	58	53	18	6	15	17	56	53
45	5	6	6	20	18	48	7	8	9	23	22	9	3	9	11	68	64	18	7	19	22	62	59
45	6	7	8	22	21	48	8	10	11	26	24	9	4	15	18	77	73	18	8	24	26	67	64
45	7	9	10	25	23	48	9	12	12	28	26	9	5	23	27	85	82	18	9	28	31	72	69
45	8	11	11	27	26	48	10	13	14	30	28	10	0	0	0	29	24	19	0	0	0	15	13
45	9	12	13	30	28	48	11	15	16	32	31	10	1	1	1	42	38	19	1	1	1	24	21
45	10	14	15	32	31	48	12	17	18	34	33	10	2	3	5	54	49	19	2	2	3	31	27
45	11	16	17	35	33	48	13	18	19	37	35	10	3	8	10	63	59	19	3	5	6	37	34
45	12	18	19	37	35	48	14	20	21	39	37	10	4	14	16	72	68	19	4	8	9	43	40
45	13	19	21	39	37	48	15	22	23	41	39	10	5	20	24	80	76	19	5	11	13	48	45
45	14	21	23	41	40	48	16	24	25	43	41	11	0	0	0	27	22	19	6	15	17	54	51
45	15	23	24	44	42	48	17	26	27	45	43	11	1	1	1	39	35	19	7	18	21	59	56
45	16	25	26	46	44	48	18	27	29	47	46	11	2	3	4	50	45	19	8	23	25	64	61
45	17	27	28	48	46	48	19	29	31	49	48	11	3	7	9	59	55	19	9	27	30	69	66
45	18	29	30	50	49	48	20	31	33	51	50	11	4	12	15	67	63	19	10	31	34	73	70
45	19	31	33	52	51	48	21	33	34	53	52	11	5	18	22	75	71	20	0	0	0	15	12
45	20	33	35	55	53	48	22	35	36	55	54	11	6	25	29	82	78	20	1	1	1	22	19
45	21	35	37	57	55	48	23	37	38	57	56	12	0	0	0	24	20	20	2	2	3	29	26
45	22	37	39	59	57	48	24	39	40	59	58	12	1	1	1	36	32	20	3	5	5	35	32
45	23	39	41	61	59	49	0	0	0	5	4	12	2	3	4	46	42	20	4	7	9	41	38
46	0	0	0	5	4	49	1	1	1	8	7	12						20	5	10	12	46	43
46	1	1	1	8	7	49	2	2	2	11	9	12	3	7	8	55	51	20	6	14	16	51	48
46	2	2	2	11	10	49	3	3	3	13	12	12	4	11	14	63	59	20	7	18	20	56	53
46	3	3	3	14	13	49	4	4	4	16	14	12	5	17	20	70	67	20	8	21	24	61	58
46	4	4	5	17	15	49	5	5	6	18	17	12	6	23	26	77	74	20	9	26	28	66	63
46	5	6	6	19	18	49	6	7	7	20	19	13	0	0	0	23	19	20	10	30	32	70	68
46	6	7	8	22	20	49	7	8	9	23	21	13	1	1	1	34	30	21	0	0	0	14	11
46	7	9	9	24	23	49	8	10	11	25	23	13	2	3	4	43	39	21	1	1	1	21	19
46	8	10	11	27	25	49	9	11	12	27	26	13	3	6	8	52	47	21	2	2	3	28	25
46	9	12	13	29	28	49	10	13	14	29	28	13	4	11	13	59	55	21	3	4	5	34	31
46	10	14	15	31	30	49	11	15	16	32	30	13	5	16	18	66	63	21	4	7	8	39	36
46	11	15	16	34	32	49	12	16	17	34	32	13	6	21	24	73	69	21	5	10	12	44	41
46	12	17	18	36	34	49	13	18	19	36	34	13	7	27	31	79	76	21	6	13	15	49	46
46	13	19	20	38	37	49	14	20	21	38	36	14	0	0	0	21	17	21	7	17	19	54	51
46	14	21	22	41	39	49	15	22	22	40	38	14	1	1	1	32	28	21	8	20	23	59	56
46	15	23	24	43	41	49	16	23	25	42	41	14	2	3	3	40	36	21	9	24	27	63	60
46	16	25	26	45	43	49	17	25	26	44	43	14	3	6	7	48	44	21	10	28	31	68	65
46	17	27	28	47	45	49	18	27	28	46	45	14	4	10	12	56	52	21	11	32	35	72	69
46	18	28	30	49	48	49	19	29	30	48	47	14	5	15	17	63	59	22	0	0	0	13	11
46	19	30	32	51	50	49	20	31	32	50	49	14	6	20	22	69	66	22	1	1	1	20	18
46	20	32	34	53	52	49	21	32	34	52	51	14	7	25	28	75	72	22	2	2	2	26	24
46	21	34	36	55	54	49	22	34	36	54	53	15	0	0	0	20	16	22	3	4	5	32	29
46	22	36	38	58	56	49	23	36	38	56	55	15	1	1	1	30	26	22	4	7	8	37	34
46	23	38	40	60	58	49	24	38	40	58	57	15	2	3	3	38	34	22	5	10	11	42	39
47	0	0	0	5	4	49	25	40	41	60	58	15	3	6	7	46	42	22	6	13	14	47	44
47	1	1	1	8	7							15	4	9	11	53	49	22	7	16	18	52	49

CONFIDENCE BOUNDS FOR A

N = 100

n	a	LOWER .975	LOWER .95	UPPER .975	UPPER .95
22	8	20	22	56	54
22	9	23	25	61	58
22	10	27	29	65	62
22	11	31	33	69	67
23	0	0	0	13	10
23	1	1	1	19	17
23	2	2	2	25	23
23	3	4	5	31	28
23	4	7	8	36	33
23	5	9	11	41	38
23	6	12	14	45	43
23	7	15	17	50	47
23	8	19	21	54	51
23	9	22	24	59	56
23	10	26	28	63	60
23	11	30	32	67	64
23	12	33	36	70	68
24	0	0	0	12	10
24	1	1	1	19	16
24	2	2	2	24	22
24	3	4	5	30	27
24	4	6	7	34	32
24	5	9	10	39	36
24	6	12	13	44	41
24	7	15	17	48	45
24	8	18	20	52	50
24	9	21	23	56	54
24	10	25	27	60	58
24	11	28	31	64	62
24	12	32	34	68	66
25	0	0	0	11	9
25	1	1	1	18	15
25	2	2	2	23	21
25	3	4	5	28	26
25	4	6	7	33	30
25	5	9	10	38	35
25	6	11	13	42	39
25	7	14	16	46	44
25	8	17	19	50	48
25	9	21	22	54	52
25	10	24	26	58	56
25	11	27	29	62	60
25	12	31	33	66	63
25	13	34	37	69	67
26	0	0	0	11	9
26	1	1	1	17	15
26	2	2	2	22	20
26	3	4	4	27	25
26	4	6	7	32	29
26	5	8	10	36	34
26	6	11	12	41	38
26	7	14	15	45	42
26	8	17	18	49	46
26	9	20	22	53	50
26	10	23	25	56	54
26	11	26	28	60	57
26	12	29	32	64	61
26	13	33	35	67	65
27	0	0	0	11	9
27	1	1	1	16	14
27	2	2	2	21	19
27	3	4	4	26	24
27	4	6	7	31	28
27	5	8	9	35	32
27	6	11	12	39	36
27	7	13	15	43	40
27	8	16	18	47	44
27	9	19	21	51	48
27	10	22	24	54	52
27	11	25	27	58	55
27	12	28	31	62	59
27	13	32	34	65	63
27	14	35	37	68	66
28	0	0	0	10	8
28	1	1	1	16	14

N = 100

n	a	LOWER .975	LOWER .95	UPPER .975	UPPER .95
28	2	2	2	21	18
28	3	4	4	25	23
28	4	6	6	30	27
28	5	8	9	34	31
28	6	10	12	38	35
28	7	13	14	42	39
28	8	16	17	45	43
28	9	18	20	49	47
28	10	21	23	53	50
28	11	24	26	56	54
28	12	27	29	60	57
28	13	31	33	63	61
28	14	34	36	66	64
29	0	0	0	10	8
29	1	1	1	15	13
29	2	2	2	20	18
29	3	4	4	24	22
29	4	6	6	29	26
29	5	8	9	33	30
29	6	10	11	36	34
29	7	13	14	40	38
29	8	15	17	44	41
29	9	18	20	47	45
29	10	21	22	51	49
29	11	24	25	54	52
29	12	26	28	58	55
29	13	29	32	61	59
29	14	33	35	64	62
29	15	36	38	67	65
30	0	0	0	9	8
30	1	1	1	15	13
30	2	2	2	19	17
30	3	3	4	24	21
30	4	5	6	28	25
30	5	8	8	31	29
30	6	10	11	35	33
30	7	12	14	39	36
30	8	15	16	42	40
30	9	17	19	46	44
30	10	20	22	49	47
30	11	23	25	53	50
30	12	26	28	56	54
30	13	29	31	59	57
30	14	31	34	62	60
30	15	35	37	65	63
31	0	0	0	9	7
31	1	1	1	14	12
31	2	2	2	19	16
31	3	3	4	23	21
31	4	5	6	27	24
31	5	7	8	30	28
31	6	10	11	34	32
31	7	12	13	38	35
31	8	14	16	41	38
31	9	17	18	45	42
31	10	19	21	48	46
31	11	22	24	51	49
31	12	25	27	54	52
31	13	28	30	58	55
31	14	30	33	61	58
31	15	33	35	64	61
31	16	36	39	67	65
32	0	0	0	9	7
32	1	1	1	14	12
32	2	2	2	18	16
32	3	3	4	22	20
32	4	5	6	26	24
32	5	7	8	29	27
32	6	9	9	33	31
32	7	12	13	37	34
32	8	14	15	40	38
32	9	16	18	43	41
32	10	19	20	46	44
32	11	21	23	50	47
32	12	24	26	53	51

N = 100

n	a	LOWER .975	LOWER .95	UPPER .975	UPPER .95
32	13	27	29	56	54
32	14	30	32	59	57
32	15	32	34	62	60
32	16	35	37	65	63
33	0	0	0	8	7
33	1	1	1	13	11
33	2	2	2	17	15
33	3	3	4	21	19
33	4	5	6	25	23
33	5	7	8	29	26
33	6	9	10	32	30
33	7	11	12	35	33
33	8	14	15	39	36
33	9	16	17	42	40
33	10	18	20	45	43
33	11	21	22	48	46
33	12	23	25	51	49
33	13	26	28	54	52
33	14	29	31	57	55
33	15	31	33	60	58
33	16	34	36	63	61
33	17	37	39	66	64
34	0	0	0	8	6
34	1	1	1	13	11
34	2	2	2	17	15
34	3	3	4	21	19
34	4	5	6	24	22
34	5	7	8	28	26
34	6	9	10	31	29
34	7	11	12	34	32
34	8	13	14	38	35
34	9	16	17	41	39
34	10	18	19	44	42
34	11	20	22	47	45
34	12	23	24	50	48
34	13	25	27	53	51
34	14	28	30	56	54
34	15	31	32	59	56
34	16	33	35	61	59
34	17	36	38	64	62
35	0	0	0	8	6
35	1	1	1	12	11
35	2	2	2	16	14
35	3	3	4	20	18
35	4	5	6	23	21
35	5	7	8	27	25
35	6	9	10	30	28
35	7	11	12	33	31
35	8	13	14	37	34
35	9	15	16	40	37
35	10	17	19	43	40
35	11	20	21	46	43
35	12	22	24	49	46
35	13	25	26	51	49
35	14	27	29	54	52
35	15	30	31	57	55
35	16	32	34	60	58
35	17	35	37	62	60
35	18	38	40	65	63
36	0	0	0	7	6
36	1	1	1	12	10
36	2	2	2	16	14
36	3	3	4	19	17
36	4	5	5	23	21
36	5	7	7	26	24
36	6	9	9	29	27
36	7	11	12	32	30
36	8	13	14	35	33
36	9	15	16	39	36
36	10	17	18	41	39
36	11	19	21	44	42
36	12	22	23	47	45
36	13	24	26	50	48
36	14	26	28	53	51
36	15	29	31	56	53

N = 100

n	a	LOWER .975	LOWER .95	UPPER .975	UPPER .95
36	16	31	33	58	56
36	17	34	36	61	59
36	18	37	38	63	62
37	0	0	0	7	6
37	1	1	1	11	10
37	2	2	2	15	13
37	3	3	4	19	17
37	4	5	5	22	20
37	5	7	7	25	23
37	6	8	9	28	26
37	7	10	11	32	29
37	8	12	13	35	32
37	9	14	16	37	35
37	10	17	18	40	38
37	11	19	20	43	41
37	12	21	23	46	44
37	13	23	25	49	47
37	14	26	27	51	49
37	15	28	30	54	52
37	16	31	32	57	55
37	17	33	35	59	57
37	18	36	37	62	60
37	19	38	40	64	63
38	0	0	0	7	6
38	1	1	1	11	10
38	2	2	2	15	13
38	3	3	3	18	16
38	4	5	5	21	20
38	5	6	7	25	23
38	6	8	9	28	26
38	7	10	11	31	29
38	8	12	13	34	32
38	9	14	15	36	34
38	10	16	18	39	37
38	11	18	20	42	40
38	12	21	22	45	43
38	13	23	24	47	45
38	14	25	27	50	48
38	15	27	29	53	51
38	16	30	32	55	53
38	17	32	34	58	56
38	18	35	36	60	59
38	19	37	39	63	61
39	0	0	0	7	5
39	1	1	1	11	9
39	2	2	2	14	13
39	3	3	3	18	16
39	4	5	5	21	19
39	5	6	7	24	22
39	6	8	9	27	25
39	7	10	11	30	28
39	8	12	13	33	31
39	9	14	15	36	34
39	10	16	17	38	36
39	11	18	19	41	39
39	12	20	22	44	42
39	13	22	24	46	44
39	14	25	26	49	47
39	15	27	29	51	50
39	16	29	31	54	52
39	17	31	33	57	55
39	18	34	36	59	57
39	19	36	38	61	60
39	20	39	40	64	62
40	0	0	0	6	5
40	1	1	1	10	9
40	2	2	2	14	12
40	3	3	3	17	15
40	4	5	5	20	19
40	5	6	7	23	21
40	6	8	9	26	24
40	7	10	11	29	27
40	8	12	13	32	30
40	9	14	15	35	33
40	10	16	17	37	35

CONFIDENCE BOUNDS FOR A

N = 100

n	a	LOWER .975	LOWER .95	UPPER .975	UPPER .95
40	11	18	19	40	38
40	12	20	21	43	41
40	13	22	23	45	43
40	14	24	25	48	46
40	15	26	28	50	48
40	16	28	30	53	51
40	17	31	32	55	53
40	18	33	35	58	56
40	19	35	37	60	58
40	20	38	39	62	61
41	0	0	0	6	5
41	1	1	1	10	9
41	2	2	2	13	12
41	3	3	3	17	15
41	4	4	5	20	18
41	5	6	7	23	21
41	6	8	9	26	24
41	7	10	10	28	26
41	8	11	12	31	29
41	9	13	14	34	32
41	10	15	16	36	34
41	11	17	18	39	37
41	12	19	21	42	40
41	13	21	23	44	42
41	14	23	25	47	45
41	15	26	27	49	47
41	16	28	29	51	50
41	17	30	32	54	52
41	18	32	34	56	54
41	19	34	36	59	57
41	20	37	38	61	59
41	21	39	41	63	62
42	0	0	0	6	5
42	1	1	1	10	8
42	2	2	2	13	12
42	3	3	3	16	15
42	4	4	5	19	18
42	5	6	7	22	20
42	6	8	8	25	23
42	7	9	10	28	26
42	8	11	12	30	28
42	9	13	14	33	31
42	10	15	16	35	34
42	11	17	18	38	36
42	12	19	20	41	39
42	13	21	22	43	41
42	14	23	24	45	44
42	15	25	27	48	46
42	16	27	29	50	48
42	17	29	31	53	51
42	18	31	33	55	53
42	19	34	35	57	56
42	20	36	38	60	58
42	21	38	40	62	60
43	0	0	0	6	5
43	1	1	1	9	8
43	2	2	2	13	11
43	3	3	3	16	14
43	4	4	5	19	17
43	5	6	6	21	20
43	6	8	8	24	23
43	7	9	10	27	25
43	8	11	12	29	28
43	9	13	14	32	30
43	10	15	16	35	33
43	11	17	18	37	35
43	12	19	20	40	38
43	13	21	22	42	40
43	14	23	24	44	43
43	15	25	26	47	45
43	16	27	28	49	47
43	17	29	30	51	50
43	18	31	32	54	52
43	19	33	35	56	54
43	20	35	37	58	57

N = 100

n	a	LOWER .975	LOWER .95	UPPER .975	UPPER .95
43	21	37	39	61	59
43	22	39	41	63	61
44	0	0	0	6	5
44	1	1	1	9	8
44	2	2	2	12	11
44	3	3	3	15	14
44	4	4	5	18	17
44	5	6	6	21	19
44	6	7	8	24	22
44	7	9	10	26	25
44	8	11	12	29	27
44	9	13	14	31	30
44	10	14	15	34	32
44	11	16	17	36	34
44	12	18	19	39	37
44	13	20	21	41	39
44	14	22	23	43	42
44	15	24	25	46	44
44	16	26	27	48	46
44	17	28	30	50	49
44	18	30	32	53	51
44	19	32	34	55	53
44	20	34	36	57	55
44	21	36	38	59	58
44	22	39	40	61	60
45	0	0	0	5	4
45	1	1	1	9	8
45	2	2	2	12	11
45	3	3	3	15	13
45	4	4	5	18	16
45	5	6	6	20	19
45	6	7	8	23	21
45	7	9	10	26	24
45	8	11	11	28	26
45	9	12	13	31	29
45	10	14	15	33	31
45	11	16	17	35	34
45	12	18	19	38	36
45	13	20	21	40	38
45	14	22	23	42	41
45	15	24	25	45	43
45	16	26	27	47	45
45	17	28	29	49	47
45	18	30	31	51	50
45	19	32	33	54	52
45	20	34	35	56	54
45	21	36	37	58	56
45	22	38	39	60	58
45	23	40	42	62	61
46	0	0	0	5	4
46	1	1	1	9	7
46	2	2	2	12	10
46	3	3	3	15	13
46	4	4	5	17	16
46	5	6	6	20	18
46	6	7	8	22	21
46	7	9	10	25	23
46	8	10	11	27	26
46	9	12	13	30	28
46	10	14	15	32	31
46	11	16	17	35	33
46	12	18	19	37	35
46	13	19	21	39	37
46	14	21	22	41	40
46	15	23	24	44	42
46	16	25	26	46	44
46	17	27	28	48	46
46	18	29	30	50	49
46	19	31	32	52	51
46	20	33	34	55	53
46	21	35	37	57	55
46	22	37	39	59	57
46	23	39	41	61	59
47	0	0	0	5	4
47	1	1	1	8	7

N = 100

n	a	LOWER .975	LOWER .95	UPPER .975	UPPER .95
47	2	2	2	11	10
47	3	3	3	14	13
47	4	4	5	17	15
47	5	6	6	19	18
47	6	7	8	22	20
47	7	9	9	24	23
47	8	10	11	27	25
47	9	12	13	29	28
47	10	14	15	31	30
47	11	15	16	34	32
47	12	17	18	36	34
47	13	19	20	38	37
47	14	21	22	41	39
47	15	23	24	43	41
47	16	25	26	45	43
47	17	26	28	47	45
47	18	28	30	49	48
47	19	30	32	51	50
47	20	32	34	53	52
47	21	34	36	56	54
47	22	36	38	58	56
47	23	38	40	60	58
47	24	40	42	62	60
48	0	0	0	5	4
48	1	1	1	8	7
48	2	2	2	11	10
48	3	3	3	14	12
48	4	4	5	16	15
48	5	6	6	19	17
48	6	7	8	21	20
48	7	9	9	24	22
48	8	10	11	26	25
48	9	12	13	28	27
48	10	13	14	31	29
48	11	15	16	33	31
48	12	17	18	35	34
48	13	19	20	37	36
48	14	21	22	40	38
48	15	22	24	42	40
48	16	24	25	44	42
48	17	26	27	46	44
48	18	28	29	48	47
48	19	30	31	50	49
48	20	32	33	52	51
48	21	34	35	54	53
48	22	36	37	56	55
48	23	38	39	58	57
48	24	40	41	60	59
49	0	0	0	5	4
49	1	1	1	8	7
49	2	2	2	11	10
49	3	3	3	13	12
49	4	4	4	16	15
49	5	5	6	18	17
49	6	7	8	21	19
49	7	8	9	23	22
49	8	10	11	26	24
49	9	12	12	28	26
49	10	13	14	30	29
49	11	15	16	32	31
49	12	17	18	35	33
49	13	18	19	37	35
49	14	20	21	39	37
49	15	22	23	41	39
49	16	24	25	43	41
49	17	26	27	45	44
49	18	27	29	47	46
49	19	29	31	49	48
49	20	31	32	51	50
49	21	33	34	53	52
49	22	35	36	55	54
49	23	37	38	57	56
49	24	39	40	59	58
49	25	41	42	61	60
50	0	0	0	5	4

N = 100

n	a	LOWER .975	LOWER .95	UPPER .975	UPPER .95
50	1	1	1	8	7
50	2	2	2	11	9
50	3	3	3	13	12
50	4	4	4	16	14
50	5	5	6	18	17
50	6	7	7	20	19
50	7	8	9	23	21
50	8	10	11	25	24
50	9	11	12	27	26
50	10	13	14	29	28
50	11	15	16	32	30
50	12	16	17	34	32
50	13	18	19	36	34
50	14	20	21	38	36
50	15	22	23	40	39
50	16	23	24	42	41
50	17	25	26	44	43
50	18	27	28	46	45
50	19	29	30	48	47
50	20	31	32	50	49
50	21	32	34	52	51
50	22	34	36	54	53
50	23	36	38	56	55
50	24	38	39	58	57
50	25	40	41	60	59

CHAPTER 4

THE TABLE

OF LOWER AND UPPER CONFIDENCE BOUNDS

Section 4.3

$$N = 105(5)200$$

$$n = 1(1)\frac{2N}{5}$$

$a = 0(1)\dfrac{n}{2}$	$a = \dfrac{n}{2}(1)n$
(Displayed in Table)	(From Table by Subtraction Using (2.5) and (2.6))

CONFIDENCE BOUNDS FOR A

N = 105

n	a	LOWER .975	.95	UPPER .975	.95
1	0	0	0	102	99
1	1	3	6	105	105
2	0	0	0	87	81
2	1	2	3	103	102
3	0	0	0	73	65
3	1	1	2	94	90
3	2	11	15	104	103
4	0	0	0	62	54
4	1	1	2	83	78
4	2	8	11	97	94
5	0	0	0	53	46
5	1	1	2	74	68
5	2	6	9	88	84
5	3	17	21	99	96
6	0	0	0	47	40
6	1	1	1	66	60
6	2	5	7	80	75
6	3	14	17	91	88
7	0	0	0	41	35
7	1	1	1	59	53
7	2	5	6	73	68
7	3	12	15	84	80
7	4	21	25	93	90
8	0	0	0	37	31
8	1	1	1	53	48
8	2	4	6	67	61
8	3	10	13	78	73
8	4	18	22	87	83
9	0	0	0	33	28
9	1	1	1	49	43
9	2	4	5	61	56
9	3	9	11	72	67
9	4	16	19	81	77
9	5	24	28	89	86
10	0	0	0	30	25
10	1	1	1	45	40
10	2	4	5	56	51
10	3	8	10	67	62
10	4	14	17	76	71
10	5	21	25	84	80
11	0	0	0	28	23
11	1	1	1	41	36
11	2	3	4	52	47
11	3	8	9	62	57
11	4	13	16	71	66
11	5	19	23	79	75
11	6	26	30	86	82
12	0	0	0	26	21
12	1	1	1	38	34
12	2	3	4	49	44
12	3	7	9	58	53
12	4	12	14	66	62
12	5	18	21	74	70
12	6	24	27	81	78
13	0	0	0	24	20
13	1	1	1	36	31
13	2	3	4	45	41
13	3	7	8	54	50
13	4	11	13	62	58
13	5	16	19	70	66
13	6	22	25	77	73
13	7	28	32	83	80
14	0	0	0	22	18
14	1	1	1	33	29
14	2	3	4	43	38
14	3	6	8	51	47
14	4	10	12	59	55
14	5	15	18	66	62
14	6	20	23	72	69
14	7	26	30	79	75
15	0	0	0	21	17
15	1	1	1	31	27
15	2	3	3	40	36
15	3	6	7	48	44
15	4	10	12	55	51

N = 105

n	a	LOWER .975	.95	UPPER .975	.95
15	5	14	16	62	59
15	6	19	22	69	65
15	7	24	27	75	72
15	8	30	33	81	78
16	0	0	0	20	16
16	1	1	1	29	26
16	2	3	3	38	34
16	3	6	7	45	42
16	4	9	11	52	49
16	5	13	15	59	55
16	6	18	20	65	62
16	7	23	26	71	68
16	8	28	31	77	74
17	0	0	0	18	15
17	1	1	1	28	24
17	2	3	3	36	32
17	3	5	6	43	39
17	4	9	10	50	46
17	5	13	15	56	53
17	6	17	19	62	59
17	7	21	24	68	65
17	8	26	29	73	70
17	9	32	35	79	76
18	0	0	0	17	14
18	1	1	1	26	23
18	2	2	3	34	30
18	3	5	6	41	37
18	4	8	10	47	44
18	5	12	14	54	50
18	6	16	18	59	56
18	7	20	23	65	62
18	8	25	28	70	67
18	9	30	33	75	72
19	0	0	0	16	13
19	1	1	1	25	22
19	2	2	3	32	29
19	3	5	6	39	35
19	4	8	9	45	42
19	5	11	13	51	48
19	6	15	17	57	53
19	7	19	22	62	59
19	8	24	26	67	64
19	9	28	31	72	69
19	10	33	36	77	74
20	0	0	0	16	13
20	1	1	1	24	21
20	2	2	3	31	27
20	3	5	6	37	34
20	4	8	9	43	40
20	5	11	13	49	45
20	6	14	16	54	51
20	7	18	21	59	56
20	8	22	25	64	61
20	9	27	29	69	66
20	10	31	34	74	71
21	0	0	0	15	12
21	1	1	1	23	20
21	2	2	3	29	26
21	3	5	5	35	32
21	4	7	9	41	38
21	5	10	12	47	43
21	6	14	16	52	49
21	7	17	20	57	54
21	8	21	24	62	59
21	9	25	28	67	64
21	10	30	32	71	68
21	11	34	37	75	73
22	0	0	0	14	11
22	1	1	1	21	19
22	2	2	3	28	25
22	3	4	5	34	31
22	4	7	8	39	36
22	5	10	12	45	42
22	6	13	15	50	47
22	7	17	19	55	52

N = 105

n	a	LOWER .975	.95	UPPER .975	.95
22	8	20	23	59	56
22	9	24	27	64	61
22	10	28	31	68	66
22	11	32	35	73	70
23	0	0	0	13	11
23	1	1	1	21	18
23	2	2	3	27	24
23	3	4	5	32	29
23	4	7	8	38	35
23	5	10	11	43	40
23	6	13	14	48	45
23	7	16	18	53	50
23	8	20	22	57	54
23	9	23	25	62	59
23	10	27	29	66	63
23	11	31	33	70	67
23	12	35	38	74	72
24	0	0	0	13	10
24	1	1	1	20	17
24	2	2	2	26	23
24	3	4	5	31	28
24	4	7	8	36	33
24	5	9	11	41	38
24	6	12	14	46	43
24	7	15	17	51	48
24	8	19	21	55	52
24	9	22	24	59	56
24	10	26	28	64	61
24	11	30	32	68	65
24	12	33	36	72	69
25	0	0	0	12	10
25	1	1	1	19	16
25	2	2	2	25	22
25	3	4	5	30	27
25	4	6	7	35	32
25	5	9	10	40	37
25	6	12	13	44	41
25	7	15	17	49	46
25	8	18	20	53	50
25	9	21	23	57	54
25	10	25	27	61	59
25	11	28	31	65	63
25	12	32	35	69	67
25	13	36	38	73	70
26	0	0	0	12	9
26	1	1	1	18	16
26	2	2	2	24	21
26	3	4	5	29	26
26	4	6	7	34	31
26	5	9	10	38	35
26	6	11	13	43	40
26	7	14	16	47	44
26	8	17	19	51	48
26	9	21	23	55	53
26	10	24	26	59	57
26	11	27	30	63	60
26	12	31	33	67	64
26	13	34	37	71	68
27	0	0	0	11	9
27	1	1	1	17	15
27	2	2	2	23	20
27	3	4	4	28	25
27	4	6	7	32	30
27	5	8	10	37	34
27	6	11	12	41	38
27	7	14	15	45	43
27	8	17	19	49	47
27	9	20	22	53	51
27	10	23	25	57	55
27	11	26	28	61	58
27	12	30	32	65	62
27	13	33	35	68	66
27	14	37	39	72	70
28	0	0	0	11	9
28	1	1	1	17	14

N = 105

n	a	LOWER .975	.95	UPPER .975	.95
28	2	2	2	22	19
28	3	4	4	27	24
28	4	6	7	31	29
28	5	8	9	36	33
28	6	11	12	40	37
28	7	13	15	44	41
28	8	16	18	48	45
28	9	19	21	52	49
28	10	22	24	55	53
28	11	25	27	59	57
28	12	29	31	63	60
28	13	32	34	66	64
28	14	35	38	70	67
29	0	0	0	10	8
29	1	1	1	16	14
29	2	2	2	21	19
29	3	4	4	26	23
29	4	6	7	30	28
29	5	8	9	34	32
29	6	10	12	38	36
29	7	13	15	42	40
29	8	16	17	46	44
29	9	19	20	50	47
29	10	22	23	54	51
29	11	25	27	57	55
29	12	28	30	61	58
29	13	31	33	64	62
29	14	34	36	68	65
29	15	37	40	71	69
30	0	0	0	10	8
30	1	1	1	15	13
30	2	2	2	20	18
30	3	4	4	25	22
30	4	6	6	29	27
30	5	8	9	33	31
30	6	10	11	37	35
30	7	13	14	41	38
30	8	15	17	45	42
30	9	18	20	48	46
30	10	21	23	52	50
30	11	24	26	56	53
30	12	27	29	59	57
30	13	30	32	62	60
30	14	33	35	66	63
30	15	36	38	69	67
31	0	0	0	9	8
31	1	1	1	15	13
31	2	2	2	20	17
31	3	4	4	24	22
31	4	5	6	28	26
31	5	8	9	32	30
31	6	10	11	36	34
31	7	12	14	40	37
31	8	15	16	43	41
31	9	18	19	47	44
31	10	20	22	50	48
31	11	23	25	54	51
31	12	26	28	57	55
31	13	29	31	61	58
31	14	32	34	64	61
31	15	35	37	67	65
31	16	38	40	70	68
32	0	0	0	9	7
32	1	1	1	14	12
32	2	2	2	19	17
32	3	3	4	23	21
32	4	5	6	27	25
32	5	7	8	31	29
32	6	10	11	35	32
32	7	12	13	39	36
32	8	15	16	42	40
32	9	17	19	46	43
32	10	20	21	49	47
32	11	22	24	52	50
32	12	25	27	56	53

CONFIDENCE BOUNDS FOR A

N = 105

n	a	LOWER .975	LOWER .95	UPPER .975	UPPER .95
32	13	28	30	59	56
32	14	31	33	62	60
32	15	34	36	65	63
32	16	37	39	68	66
33	0	0	0	9	7
33	1	1	1	14	12
33	2	2	2	18	16
33	3	3	4	22	20
33	4	5	6	26	24
33	5	7	8	30	28
33	6	9	11	34	31
33	7	12	13	37	35
33	8	14	15	41	38
33	9	17	18	44	42
33	10	19	21	48	45
33	11	22	23	51	48
33	12	24	26	54	52
33	13	27	29	57	55
33	14	30	32	60	58
33	15	33	35	63	61
33	16	36	38	66	64
33	17	39	41	69	67
34	0	0	0	8	7
34	1	1	1	13	12
34	2	2	2	18	16
34	3	3	4	22	20
34	4	5	6	26	23
34	5	7	8	29	27
34	6	9	10	33	31
34	7	11	13	36	34
34	8	14	15	40	37
34	9	16	18	43	41
34	10	19	20	46	44
34	11	21	23	49	47
34	12	24	26	53	50
34	13	26	28	56	53
34	14	29	31	59	56
34	15	32	34	62	59
34	16	35	37	65	62
34	17	37	40	68	65
35	0	0	0	8	7
35	1	1	1	13	11
35	2	2	2	17	15
35	3	3	4	21	19
35	4	5	6	25	23
35	5	7	8	28	26
35	6	9	10	32	30
35	7	11	12	35	33
35	8	13	15	39	36
35	9	16	17	42	39
35	10	18	20	45	43
35	11	21	22	48	46
35	12	23	25	51	49
35	13	26	27	54	52
35	14	28	30	57	55
35	15	31	33	60	58
35	16	34	36	63	61
35	17	36	38	66	64
35	18	39	41	69	67
36	0	0	0	8	6
36	1	1	1	13	11
36	2	2	2	17	15
36	3	3	4	20	18
36	4	5	6	24	22
36	5	7	8	28	25
36	6	9	10	31	29
36	7	11	12	34	32
36	8	13	14	37	35
36	9	15	17	41	38
36	10	18	19	44	41
36	11	20	22	47	45
36	12	23	24	50	48
36	13	25	27	53	51
36	14	28	29	56	53
36	15	30	32	59	56

N = 105

n	a	LOWER .975	LOWER .95	UPPER .975	UPPER .95
36	16	33	35	61	59
36	17	35	37	64	62
36	18	38	40	67	65
37	0	0	0	8	6
37	1	1	1	12	10
37	2	2	2	16	14
37	3	3	4	20	18
37	4	5	5	23	21
37	5	7	7	27	25
37	6	9	10	30	28
37	7	11	12	33	31
37	8	13	14	36	34
37	9	15	16	40	37
37	10	17	19	43	40
37	11	20	21	46	43
37	12	22	24	48	46
37	13	24	26	51	49
37	14	27	29	54	52
37	15	29	31	57	55
37	16	32	34	60	58
37	17	34	36	63	60
37	18	37	39	65	63
37	19	40	42	68	66
38	0	0	0	7	6
38	1	1	1	12	10
38	2	2	2	16	14
38	3	3	4	19	17
38	4	5	5	23	21
38	5	7	7	26	24
38	6	8	9	29	27
38	7	10	12	32	30
38	8	13	14	35	33
38	9	15	16	38	36
38	10	17	18	41	39
38	11	19	21	44	42
38	12	21	23	47	45
38	13	24	25	50	48
38	14	26	28	53	51
38	15	29	30	56	54
38	16	31	33	58	56
38	17	34	35	61	59
38	18	36	38	64	62
38	19	39	41	66	64
39	0	0	0	7	6
39	1	1	1	11	10
39	2	2	2	15	13
39	3	3	4	19	17
39	4	5	5	22	20
39	5	6	7	25	23
39	6	8	9	28	26
39	7	10	11	32	29
39	8	12	13	35	32
39	9	14	16	37	35
39	10	17	18	40	38
39	11	19	20	43	41
39	12	21	22	46	44
39	13	23	25	49	47
39	14	26	27	52	49
39	15	28	30	54	52
39	16	30	32	57	55
39	17	33	35	60	58
39	18	35	37	62	60
39	19	38	40	65	63
39	20	40	42	67	65
40	0	0	0	7	6
40	1	1	1	11	10
40	2	2	2	15	13
40	3	3	3	18	16
40	4	5	5	21	20
40	5	6	7	25	23
40	6	8	9	28	26
40	7	10	11	31	29
40	8	12	13	34	32
40	9	14	15	37	34
40	10	16	17	39	37

N = 105

n	a	LOWER .975	LOWER .95	UPPER .975	UPPER .95
40	11	18	20	42	40
40	12	21	22	45	43
40	13	23	24	48	46
40	14	25	27	50	48
40	15	27	29	53	51
40	16	30	31	56	54
40	17	32	34	58	56
40	18	34	36	61	59
40	19	37	39	63	61
40	20	39	41	66	64
41	0	0	0	7	5
41	1	1	1	11	9
41	2	2	2	14	13
41	3	3	3	18	16
41	4	5	5	21	19
41	5	6	7	24	22
41	6	8	9	27	25
41	7	10	11	30	28
41	8	12	13	33	31
41	9	14	15	36	34
41	10	16	17	38	36
41	11	18	19	41	39
41	12	20	21	44	42
41	13	22	24	46	44
41	14	24	26	49	47
41	15	27	28	52	50
41	16	29	31	54	52
41	17	31	33	57	55
41	18	34	35	59	57
41	19	36	38	62	60
41	20	38	40	64	62
41	21	41	43	67	65
42	0	0	0	6	5
42	1	1	1	10	9
42	2	2	2	14	12
42	3	3	3	17	16
42	4	5	5	20	19
42	5	6	7	23	22
42	6	8	9	26	24
42	7	10	11	29	27
42	8	12	13	32	30
42	9	14	15	35	33
42	10	16	17	37	35
42	11	18	19	40	38
42	12	20	21	43	41
42	13	22	23	45	43
42	14	24	25	48	46
42	15	26	28	51	49
42	16	28	30	53	51
42	17	31	32	56	54
42	18	33	35	58	56
42	19	35	37	60	58
42	20	37	39	63	61
42	21	40	42	65	63

N = 110

n	a	LOWER .975	LOWER .95	UPPER .975	UPPER .95
1	0	0	0	107	104
1	1	3	6	110	110
2	0	0	0	92	85
2	1	2	3	108	107
3	0	0	0	77	68
3	1	1	2	99	94
3	2	11	16	109	108
4	0	0	0	65	57
4	1	1	2	87	82
4	2	8	12	102	98
5	0	0	0	56	48
5	1	1	2	77	71
5	2	7	9	93	88
5	3	17	22	103	101
6	0	0	0	49	42
6	1	1	1	69	63
6	2	6	8	84	79
6	3	14	18	96	92
7	0	0	0	43	37
7	1	1	1	62	56
7	2	5	7	76	71
7	3	12	15	88	84
7	4	22	26	98	95
8	0	0	0	39	33
8	1	1	1	56	50
8	2	4	6	70	64
8	3	11	13	81	77
8	4	19	23	91	87
9	0	0	0	35	29
9	1	1	1	51	45
9	2	4	5	64	59
9	3	9	12	75	70
9	4	17	20	85	81
9	5	25	29	93	90
10	0	0	0	32	27
10	1	1	1	47	42
10	2	4	5	59	54
10	3	9	11	70	65
10	4	15	18	79	75
10	5	22	26	88	84
11	0	0	0	29	25
11	1	1	1	43	38
11	2	3	5	55	50
11	3	8	10	65	60
11	4	14	16	74	70
11	5	20	23	82	78
11	6	28	32	90	87
12	0	0	0	27	23
12	1	1	1	40	35
12	2	3	4	51	46
12	3	7	9	61	56
12	4	12	15	69	65
12	5	18	21	78	74
12	6	25	29	85	81
13	0	0	0	25	21
13	1	1	1	37	33
13	2	3	4	48	43
13	3	7	8	57	52
13	4	12	14	65	61
13	5	17	20	73	69
13	6	23	26	80	77
13	7	30	33	87	84
14	0	0	0	23	19
14	1	1	1	35	31
14	2	3	4	45	40
14	3	6	8	54	49
14	4	11	13	62	57
14	5	16	18	69	65
14	6	21	24	76	72
14	7	27	31	83	79
15	0	0	0	22	18
15	1	1	1	33	29
15	2	3	4	42	38
15	3	6	7	50	46
15	4	10	12	58	54

CONFIDENCE BOUNDS FOR A

N = 110						N = 110						N = 110						N = 110					
		LOWER		UPPER				LOWER		UPPER				LOWER		UPPER				LOWER		UPPER	
n	a	.975	.95	.975	.95	n	a	.975	.95	.975	.95	n	a	.975	.95	.975	.95	n	a	.975	.95	.975	.95
15	5	15	17	65	61	22	8	21	24	62	59	28	2	2	2	23	20	32	13	29	31	62	59
15	6	20	23	72	68	22	9	25	28	67	64	28	3	4	4	28	25	32	14	32	34	65	63
15	7	25	29	79	75	22	10	29	32	72	69	28	4	6	7	33	30	32	15	35	38	68	66
15	8	31	35	85	81	22	11	34	37	76	73	28	5	9	10	37	35	32	16	38	41	72	69
16	0	0	0	21	17	23	0	0	0	14	12	28	6	11	13	42	39	33	0	0	0	9	8
16	1	1	1	31	27	23	1	1	1	22	19	28	7	14	16	46	43	33	1	1	1	15	13
16	2	3	3	40	36	23	2	2	3	28	25	28	8	17	19	50	47	33	2	2	2	19	17
16	3	6	7	48	44	23	3	4	5	34	31	28	9	20	22	54	51	33	3	3	4	24	21
16	4	10	11	55	51	23	4	7	8	40	37	28	10	23	25	58	55	33	4	5	6	28	25
16	5	14	16	62	58	23	5	10	11	45	42	28	11	26	29	62	59	33	5	8	8	32	29
16	6	19	21	69	65	23	6	13	15	50	47	28	12	30	32	66	63	33	6	10	11	36	33
16	7	24	27	75	71	23	7	17	19	55	52	28	13	33	36	70	67	33	7	12	13	39	37
16	8	29	33	81	77	23	8	20	23	60	57	28	14	37	39	73	71	33	8	15	16	43	40
17	0	0	0	19	16	23	9	24	27	65	62	29	0	0	0	11	9	33	9	17	19	47	44
17	1	1	1	29	25	23	10	28	31	69	66	29	1	1	1	17	15	33	10	20	22	50	47
17	2	3	3	38	34	23	11	32	35	74	71	29	2	2	2	22	20	33	11	23	24	53	51
17	3	5	7	45	41	23	12	36	39	78	75	29	3	4	4	27	25	33	12	25	27	57	54
17	4	9	11	52	48	24	0	0	0	13	11	29	4	6	7	32	29	33	13	28	30	60	58
17	5	13	15	59	55	24	1	1	1	21	18	29	5	8	9	36	33	33	14	31	33	63	61
17	6	18	20	65	62	24	2	2	3	27	24	29	6	11	12	40	38	33	15	34	36	67	64
17	7	22	25	71	68	24	3	4	5	33	30	29	7	14	15	45	42	33	16	37	39	70	67
17	8	28	31	77	74	24	4	7	8	38	35	29	8	16	18	49	46	33	17	40	43	73	71
17	9	33	36	82	79	24	5	10	11	43	40	29	9	19	21	53	50	34	0	0	0	9	7
18	0	0	0	18	15	24	6	13	14	48	45	29	10	22	24	56	54	34	1	1	1	14	12
18	1	1	1	28	24	24	7	16	18	53	50	29	11	26	28	60	58	34	2	2	2	19	17
18	2	2	3	36	32	24	8	20	22	58	55	29	12	29	31	64	61	34	3	3	4	23	21
18	3	5	6	43	39	24	9	23	25	62	59	29	13	32	34	68	65	34	4	5	6	27	25
18	4	9	10	50	46	24	10	27	29	67	64	29	14	35	38	71	69	34	5	7	8	31	28
18	5	12	14	56	52	24	11	31	33	71	68	29	15	39	41	75	72	34	6	10	11	35	32
18	6	17	19	62	59	24	12	35	38	75	72	30	0	0	0	10	8	34	7	12	13	38	36
18	7	21	24	68	65	25	0	0	0	13	11	30	1	1	1	16	14	34	8	14	16	42	39
18	8	26	29	74	70	25	1	1	1	20	17	30	2	2	2	21	19	34	9	17	18	45	43
18	9	31	34	79	76	25	2	2	2	26	23	30	3	4	4	26	24	34	10	19	21	49	46
19	0	0	0	17	14	25	3	4	5	31	29	30	4	6	7	31	28	34	11	22	24	52	49
19	1	1	1	26	23	25	4	7	8	37	34	30	5	8	9	35	32	34	12	25	27	55	53
19	2	2	3	34	30	25	5	9	11	42	39	30	6	11	12	39	36	34	13	28	29	58	56
19	3	5	6	41	37	25	6	12	14	47	43	30	7	13	15	43	40	34	14	30	32	62	59
19	4	8	10	47	44	25	7	15	17	51	48	30	8	16	18	47	44	34	15	33	35	65	62
19	5	12	14	54	50	25	8	19	21	56	53	30	9	19	21	51	48	34	16	36	38	68	66
19	6	16	18	60	56	25	9	22	24	60	57	30	10	22	24	55	52	34	17	39	41	71	69
19	7	20	23	65	62	25	10	26	28	64	62	30	11	25	27	58	56	35	0	0	0	9	7
19	8	25	27	71	67	25	11	30	32	69	66	30	12	28	30	62	59	35	1	1	1	14	12
19	9	29	32	76	73	25	12	33	36	73	70	30	13	31	33	66	63	35	2	2	2	18	16
19	10	34	37	81	78	25	13	37	40	77	74	30	14	34	37	69	66	35	3	3	4	22	20
20	0	0	0	16	13	26	0	0	0	12	10	30	15	38	40	72	70	35	4	5	6	26	24
20	1	1	1	25	22	26	1	1	1	19	16	31	0	0	0	10	8	35	5	7	8	30	28
20	2	2	3	32	29	26	2	2	2	25	22	31	1	1	1	16	14	35	6	9	10	34	31
20	3	5	6	39	35	26	3	4	5	30	27	31	2	2	2	21	18	35	7	12	13	37	35
20	4	8	9	45	42	26	4	6	7	35	32	31	3	4	4	25	23	35	8	14	15	41	38
20	5	11	13	51	48	26	5	9	10	40	37	31	4	6	6	30	27	35	9	16	18	44	42
20	6	15	17	57	53	26	6	12	13	45	42	31	5	8	9	34	31	35	10	19	20	47	45
20	7	19	21	62	59	26	7	15	17	49	46	31	6	10	12	38	35	35	11	21	23	51	48
20	8	23	26	68	64	26	8	18	20	54	51	31	7	13	14	42	39	35	12	24	26	54	51
20	9	28	31	73	70	26	9	21	24	58	55	31	8	15	17	46	43	35	13	27	29	57	55
20	10	32	35	78	75	26	10	25	27	62	59	31	9	18	20	49	47	35	14	29	31	60	58
21	0	0	0	16	13	26	11	28	31	66	64	31	10	21	23	53	50	35	15	32	34	63	61
21	1	1	1	24	21	26	12	32	35	70	68	31	11	24	26	57	54	35	16	35	37	66	64
21	2	2	3	31	27	26	13	36	39	74	71	31	12	27	29	60	58	35	17	38	40	69	67
21	3	5	6	37	34	27	0	0	0	12	10	31	13	30	32	64	61	35	18	41	43	72	70
21	4	8	9	43	40	27	1	1	1	18	16	31	14	33	35	67	65	36	0	0	0	8	7
21	5	11	12	49	46	27	2	2	2	24	21	31	15	36	39	70	68	36	1	1	1	13	11
21	6	14	16	55	51	27	3	4	5	29	26	31	16	40	42	74	71	36	2	2	2	18	16
21	7	18	20	60	56	27	4	6	7	34	31	32	0	0	0	10	8	36	3	3	4	22	19
21	8	22	25	65	62	27	5	9	10	39	36	32	1	1	1	15	13	36	4	5	6	25	23
21	9	26	29	70	67	27	6	12	13	43	40	32	2	2	2	20	18	36	5	7	8	29	27
21	10	31	34	75	72	27	7	14	16	48	45	32	3	4	4	24	22	36	6	9	10	33	30
21	11	35	38	79	76	27	8	18	19	52	49	32	4	6	6	29	26	36	7	11	12	36	34
22	0	0	0	15	12	27	9	21	23	56	53	32	5	8	9	33	30	36	8	14	15	39	37
22	1	1	1	23	20	27	10	24	26	60	57	32	6	10	11	37	34	36	9	16	17	43	40
22	2	2	3	29	26	27	11	27	30	64	61	32	7	12	14	41	38	36	10	18	20	46	44
22	3	5	5	36	32	27	12	31	33	68	65	32	8	15	17	44	42	36	11	21	23	49	47
22	4	7	9	41	38	27	13	35	37	72	69	32	9	18	19	48	45	36	12	23	25	52	50
22	5	10	12	47	44	27	14	38	41	75	73	32	10	20	22	52	49	36	13	26	28	55	53
22	6	14	16	52	49	28	0	0	0	11	9	32	11	23	25	55	52	36	14	29	31	58	56
22	7	17	20	57	54	28	1	1	1	18	15	32	12	26	28	58	56	36	15	31	33	61	59

CONFIDENCE BOUNDS FOR A

N = 110

n	a	LOWER .975	LOWER .95	UPPER .975	UPPER .95
36	16	34	36	64	62
36	17	37	39	67	65
36	18	40	42	70	68
37	0	0	0	8	7
37	1	1	1	13	11
37	2	2	2	17	15
37	3	3	4	21	19
37	4	5	6	25	23
37	5	7	8	28	26
37	6	9	10	32	29
37	7	11	12	35	33
37	8	13	15	38	36
37	9	16	17	42	39
37	10	18	19	45	42
37	11	20	22	48	46
37	12	23	25	51	49
37	13	25	27	54	52
37	14	28	30	57	55
37	15	31	33	60	58
37	16	33	35	63	61
37	17	36	38	66	64
37	18	39	41	69	66
37	19	41	44	71	69
38	0	0	0	8	6
38	1	1	1	12	11
38	2	2	2	17	15
38	3	3	4	20	18
38	4	5	6	24	22
38	5	7	8	27	25
38	6	9	10	31	29
38	7	11	12	34	32
38	8	13	14	37	35
38	9	15	17	41	38
38	10	18	19	44	41
38	11	20	21	47	44
38	12	22	24	50	47
38	13	25	27	53	50
38	14	27	29	56	53
38	15	30	32	58	56
38	16	32	34	61	59
38	17	35	37	64	62
38	18	38	40	67	65
38	19	40	42	70	68
39	0	0	0	8	6
39	1	1	1	12	10
39	2	2	2	16	14
39	3	3	4	20	18
39	4	5	5	23	21
39	5	7	7	27	25
39	6	9	10	30	28
39	7	11	12	33	31
39	8	13	14	36	34
39	9	15	16	39	37
39	10	17	19	43	40
39	11	19	21	46	43
39	12	22	23	48	46
39	13	24	26	51	49
39	14	27	28	54	52
39	15	29	31	57	55
39	16	32	33	60	58
39	17	34	36	63	60
39	18	37	39	65	63
39	19	39	41	68	66
39	20	42	44	71	69
40	0	0	0	7	6
40	1	1	1	12	10
40	2	2	2	16	14
40	3	3	4	19	17
40	4	5	5	23	21
40	5	7	7	26	24
40	6	8	9	29	27
40	7	10	11	32	30
40	8	13	14	35	33
40	9	15	16	38	36
40	10	17	18	41	39

N = 110

n	a	LOWER .975	LOWER .95	UPPER .975	UPPER .95
40	11	19	20	44	42
40	12	21	23	47	45
40	13	24	25	50	48
40	14	26	28	53	51
40	15	28	30	56	54
40	16	31	33	58	56
40	17	33	35	61	59
40	18	36	38	64	62
40	19	38	40	66	64
40	20	41	43	69	67
41	0	0	0	7	6
41	1	1	1	11	10
41	2	2	2	15	13
41	3	3	4	19	17
41	4	5	5	22	20
41	5	6	7	25	23
41	6	8	9	28	26
41	7	10	11	32	29
41	8	12	13	35	32
41	9	14	16	38	35
41	10	16	18	40	38
41	11	19	20	43	41
41	12	21	22	46	44
41	13	23	25	49	47
41	14	25	27	52	50
41	15	28	29	54	52
41	16	30	32	57	55
41	17	33	34	60	58
41	18	35	37	62	60
41	19	37	39	65	63
41	20	40	42	67	65
41	21	43	45	70	68
42	0	0	0	7	6
42	1	1	1	11	10
42	2	2	2	15	13
42	3	3	3	18	16
42	4	5	5	21	20
42	5	6	7	25	23
42	6	8	9	28	26
42	7	10	11	31	29
42	8	12	13	34	32
42	9	14	15	37	35
42	10	16	17	39	37
42	11	18	20	42	40
42	12	20	22	45	43
42	13	23	24	48	46
42	14	25	26	50	48
42	15	27	29	53	51
42	16	29	31	56	54
42	17	32	34	58	56
42	18	34	36	61	59
42	19	37	38	63	61
42	20	39	41	66	64
42	21	42	43	68	67
43	0	0	0	7	5
43	1	1	1	11	9
43	2	2	2	14	13
43	3	3	3	18	16
43	4	5	5	21	19
43	5	6	7	24	22
43	6	8	9	27	25
43	7	10	11	30	28
43	8	12	13	33	31
43	9	14	15	36	34
43	10	16	17	39	36
43	11	18	19	41	39
43	12	20	21	44	42
43	13	22	24	47	45
43	14	24	26	49	47
43	15	27	28	52	50
43	16	29	31	55	52
43	17	31	33	57	55
43	18	33	35	60	58
43	19	36	38	62	60
43	20	38	40	65	63

N = 110

n	a	LOWER .975	LOWER .95	UPPER .975	UPPER .95
43	21	41	42	67	65
43	22	43	45	69	68
44	0	0	0	6	5
44	1	1	1	10	9
44	2	2	2	14	12
44	3	3	3	17	16
44	4	5	5	20	19
44	5	6	7	23	22
44	6	8	9	26	24
44	7	10	11	29	27
44	8	12	13	32	30
44	9	14	15	35	33
44	10	16	17	38	36
44	11	18	19	40	38
44	12	20	21	43	41
44	13	22	23	46	44
44	14	24	25	48	46
44	15	26	28	51	49
44	16	28	30	53	51
44	17	30	32	56	54
44	18	33	34	58	56
44	19	35	37	61	59
44	20	37	39	63	61
44	21	40	42	66	64
44	22	42	44	68	66

N = 115

n	a	LOWER .975	LOWER .95	UPPER .975	UPPER .95
1	0	0	0	112	109
1	1	3	6	115	115
2	0	0	0	96	88
2	1	2	3	113	112
3	0	0	0	80	71
3	1	1	2	103	99
3	2	12	16	114	113
4	0	0	0	68	59
4	1	1	2	91	85
4	2	9	12	106	103
5	0	0	0	58	50
5	1	1	2	81	74
5	2	7	10	97	92
5	3	18	23	108	105
6	0	0	0	51	44
6	1	1	1	72	65
6	2	6	8	88	82
6	3	15	19	100	96
7	0	0	0	45	38
7	1	1	1	65	58
7	2	5	7	80	74
7	3	13	16	92	88
7	4	23	27	102	99
8	0	0	0	41	34
8	1	1	1	59	52
8	2	5	6	73	67
8	3	11	14	85	80
8	4	20	24	95	91
9	0	0	0	37	31
9	1	1	1	54	48
9	2	4	6	67	61
9	3	10	12	79	74
9	4	17	21	89	85
9	5	26	30	98	94
10	0	0	0	34	28
10	1	1	1	49	44
10	2	4	5	62	56
10	3	9	11	73	68
10	4	15	19	83	78
10	5	23	27	92	88
11	0	0	0	31	26
11	1	1	1	45	40
11	2	4	5	57	52
11	3	8	10	68	63
11	4	14	17	78	73
11	5	21	24	86	82
11	6	29	33	94	91
12	0	0	0	28	24
12	1	1	1	42	37
12	2	3	4	53	48
12	3	8	9	64	59
12	4	13	15	73	68
12	5	19	22	81	77
12	6	26	30	89	85
13	0	0	0	26	22
13	1	1	1	39	34
13	2	3	4	50	45
13	3	7	9	60	55
13	4	12	14	68	64
13	5	18	21	77	72
13	6	24	27	84	80
13	7	31	35	91	88
14	0	0	0	25	20
14	1	1	1	37	32
14	2	3	4	47	42
14	3	7	8	56	51
14	4	11	13	64	60
14	5	16	19	72	68
14	6	22	25	80	76
14	7	29	32	86	83
15	0	0	0	23	19
15	1	1	1	34	30
15	2	3	4	44	40
15	3	6	8	53	48
15	4	10	12	61	57

CONFIDENCE BOUNDS FOR A

N = 115						N = 115						N = 115						N = 115					
		LOWER		UPPER				LOWER		UPPER				LOWER		UPPER				LOWER		UPPER	
n	a	.975	.95	.975	.95	n	a	.975	.95	.975	.95	n	a	.975	.95	.975	.95	n	a	.975	.95	.975	.95
15	5	15	18	68	64	22	8	22	25	65	62	28	2	2	2	24	22	32	13	30	33	65	62
15	6	21	24	76	72	22	9	26	29	70	67	28	3	4	5	30	27	32	14	33	36	68	66
15	7	27	30	82	79	22	10	31	33	75	72	28	4	6	7	35	32	32	15	37	39	72	69
15	8	33	36	88	85	22	11	35	38	80	77	28	5	9	10	39	36	32	16	40	42	75	73
16	0	0	0	22	18	23	0	0	0	15	12	28	6	12	13	44	41	33	0	0	0	10	8
16	1	1	1	32	28	23	1	1	1	23	20	28	7	15	16	48	45	33	1	1	1	15	13
16	2	3	3	42	37	23	2	2	3	30	26	28	8	18	19	53	50	33	2	2	2	20	18
16	3	6	7	50	46	23	3	5	5	36	32	28	9	21	23	57	54	33	3	4	4	25	22
16	4	10	12	58	54	23	4	7	9	42	38	28	10	24	26	61	58	33	4	6	6	29	27
16	5	14	17	65	61	23	5	10	12	47	44	28	11	28	30	65	62	33	5	8	9	33	31
16	6	19	22	72	68	23	6	14	16	53	49	28	12	31	33	69	66	33	6	10	11	37	35
16	7	25	28	78	75	23	7	17	19	58	55	28	13	35	37	73	70	33	7	13	14	41	39
16	8	31	34	84	81	23	8	21	23	63	60	28	14	38	41	77	74	33	8	15	17	45	42
17	0	0	0	20	17	23	9	25	28	68	65	29	0	0	0	11	9	33	9	18	20	49	46
17	1	1	1	31	27	23	10	29	32	72	69	29	1	1	1	18	15	33	10	21	22	52	50
17	2	3	3	39	35	23	11	34	36	77	74	29	2	2	2	23	21	33	11	24	25	56	53
17	3	6	7	47	43	23	12	38	41	81	79	29	3	4	5	28	26	33	12	26	28	60	57
17	4	9	11	55	51	24	0	0	0	14	12	29	4	6	7	33	30	33	13	29	32	63	60
17	5	14	16	62	58	24	1	1	1	22	19	29	5	9	10	38	35	33	14	32	35	66	64
17	6	18	21	68	65	24	2	2	3	28	25	29	6	11	13	42	40	33	15	36	38	70	67
17	7	23	26	75	71	24	3	4	5	34	31	29	7	14	16	47	44	33	16	39	41	73	71
17	8	29	32	81	77	24	4	7	8	40	37	29	8	17	19	51	48	33	17	42	44	76	74
17	9	34	38	86	83	24	5	10	11	45	42	29	9	20	22	55	52	34	0	0	0	10	8
18	0	0	0	19	16	24	6	13	15	51	47	29	10	23	25	59	56	34	1	1	1	15	13
18	1	1	1	29	25	24	7	17	19	56	52	29	11	27	29	63	60	34	2	2	2	20	17
18	2	3	3	37	33	24	8	20	23	61	57	29	12	30	32	67	64	34	3	4	4	24	22
18	3	5	7	45	41	24	9	24	27	65	62	29	13	33	36	71	68	34	4	5	6	28	26
18	4	9	11	52	48	24	10	28	31	70	67	29	14	37	40	74	72	34	5	8	9	32	30
18	5	13	15	59	55	24	11	32	35	74	71	29	15	41	43	78	75	34	6	10	11	36	34
18	6	17	20	65	61	24	12	36	39	79	76	30	0	0	0	11	9	34	7	12	14	40	37
18	7	22	25	71	68	25	0	0	0	14	11	30	1	1	1	17	15	34	8	15	16	44	41
18	8	27	30	77	74	25	1	1	1	21	18	30	2	2	2	23	20	34	9	17	19	47	45
18	9	32	36	83	79	25	2	2	3	27	24	30	3	4	4	28	25	34	10	20	22	51	48
19	0	0	0	18	15	25	3	4	5	33	30	30	4	6	7	32	29	34	11	23	25	55	52
19	1	1	1	28	24	25	4	7	8	39	35	30	5	8	9	37	34	34	12	26	28	58	55
19	2	3	3	36	32	25	5	10	11	44	41	30	6	11	12	41	38	34	13	29	31	61	59
19	3	5	6	43	39	25	6	13	14	49	46	30	7	14	15	45	42	34	14	32	34	65	62
19	4	9	10	50	46	25	7	16	18	54	50	30	8	17	18	49	47	34	15	35	37	68	65
19	5	12	14	56	52	25	8	20	22	58	55	30	9	20	21	53	51	34	16	38	40	71	69
19	6	16	19	62	59	25	9	23	25	63	60	30	10	23	25	57	55	34	17	41	43	74	72
19	7	21	23	68	65	25	10	27	29	68	64	30	11	26	28	61	58	35	0	0	0	9	7
19	8	26	28	74	70	25	11	31	33	72	69	30	12	29	31	65	62	35	1	1	1	14	12
19	9	31	34	79	76	25	12	35	38	76	73	30	13	32	35	69	66	35	2	2	2	19	17
19	10	36	39	84	81	25	13	39	42	80	77	30	14	36	38	72	70	35	3	3	4	23	21
20	0	0	0	17	14	26	0	0	0	13	11	30	15	39	42	76	73	35	4	5	6	28	25
20	1	1	1	26	23	26	1	1	1	20	17	31	0	0	0	11	9	35	5	7	8	31	29
20	2	2	3	34	30	26	2	2	3	26	23	31	1	1	1	17	14	35	6	10	11	35	33
20	3	5	6	41	37	26	3	4	5	32	29	31	2	2	2	22	19	35	7	12	13	39	36
20	4	8	10	47	44	26	4	7	8	37	34	31	3	3	4	27	24	35	8	14	16	43	40
20	5	12	14	54	50	26	5	9	11	42	39	31	4	6	7	31	28	35	9	17	19	46	44
20	6	16	18	60	56	26	6	12	14	47	44	31	5	8	9	36	33	35	10	20	21	50	47
20	7	20	22	65	62	26	7	16	17	52	49	31	6	11	12	40	37	35	11	22	24	53	50
20	8	24	27	71	67	26	8	19	21	56	53	31	7	13	15	44	41	35	12	25	27	56	54
20	9	29	32	76	73	26	9	22	25	61	58	31	8	16	18	48	45	35	13	28	30	60	57
20	10	34	37	81	78	26	10	26	28	65	62	31	9	19	21	52	49	35	14	31	33	63	60
21	0	0	0	16	13	26	11	30	32	69	67	31	10	22	24	56	53	35	15	34	36	66	64
21	1	1	1	25	22	26	12	33	36	74	71	31	11	25	27	59	57	35	16	37	39	69	67
21	2	2	3	32	29	26	13	37	40	78	75	31	12	28	30	63	60	35	17	40	42	72	70
21	3	5	6	39	35	27	0	0	0	12	10	31	13	31	34	67	64	35	18	43	45	75	73
21	4	8	9	45	42	27	1	1	1	19	17	31	14	35	37	70	68	36	0	0	0	9	7
21	5	11	13	51	48	27	2	2	2	25	22	31	15	38	40	74	71	36	1	1	1	14	12
21	6	15	17	57	54	27	3	4	5	31	28	31	16	41	44	77	75	36	2	2	2	19	16
21	7	19	21	63	59	27	4	6	7	36	33	32	0	0	0	10	8	36	3	3	4	23	20
21	8	23	26	68	65	27	5	9	10	41	38	32	1	1	1	16	14	36	4	5	6	27	24
21	9	28	30	73	70	27	6	12	13	45	42	32	2	2	2	21	19	36	5	7	8	31	28
21	10	32	35	78	75	27	7	15	17	50	47	32	3	4	4	26	23	36	6	9	11	34	32
21	11	37	40	83	80	27	8	18	20	55	51	32	4	6	7	30	28	36	7	12	13	38	35
22	0	0	0	16	13	27	9	22	24	59	56	32	5	8	9	34	32	36	8	14	15	41	39
22	1	1	1	24	21	27	10	25	27	63	60	32	6	10	12	39	36	36	9	17	18	45	42
22	2	2	3	31	28	27	11	29	31	67	64	32	7	13	14	43	40	36	10	19	21	48	46
22	3	5	6	37	34	27	12	32	35	71	68	32	8	16	17	46	44	36	11	22	23	52	49
22	4	8	9	43	40	27	13	36	39	75	72	32	9	18	20	50	48	36	12	24	26	55	52
22	5	11	12	49	46	27	14	40	43	79	76	32	10	21	23	54	51	36	13	27	29	58	56
22	6	14	16	55	51	28	0	0	0	12	10	32	11	24	26	58	55	36	14	30	32	61	59
22	7	18	20	60	57	28	1	1	1	19	16	32	12	27	29	61	59	36	15	33	35	64	62

CONFIDENCE BOUNDS FOR A

		N = 115						N = 115						N = 115						N = 120			
		LOWER		UPPER				LOWER		UPPER				LOWER		UPPER				LOWER		UPPER	
n	a	.975	.95	.975	.95	n	a	.975	.95	.975	.95	n	a	.975	.95	.975	.95	n	a	.975	.95	.975	.95
36	16	36	38	68	65	40	11	20	21	47	44	43	21	42	44	70	68	1	0	0	0	117	114
36	17	38	41	71	68	40	12	22	24	50	47	43	22	45	47	73	71	1	1	3	6	120	120
36	18	41	44	74	71	40	13	25	26	53	50	44	0	0	0	7	6	2	0	0	0	100	92
37	0	0	0	9	7	40	14	27	29	56	53	44	1	1	1	11	10	2	1	2	4	118	116
37	1	1	1	14	12	40	15	30	31	58	56	44	2	2	2	15	13	3	0	0	0	84	75
37	2	2	2	18	16	40	16	32	34	61	59	44	3	3	3	18	16	3	1	1	3	108	103
37	3	3	4	22	20	40	17	35	37	64	62	44	4	5	5	21	20	3	2	12	17	119	117
37	4	5	6	26	24	40	18	37	39	67	65	44	5	6	7	25	23	4	0	0	0	71	62
37	5	7	8	30	27	40	19	40	42	70	67	44	6	8	9	28	26	4	1	1	2	95	89
37	6	9	10	33	31	40	20	43	45	72	70	44	7	10	11	31	29	4	2	9	13	111	107
37	7	11	13	37	34	41	0	0	0	8	6	44	8	12	13	34	32	5	0	0	0	61	53
37	8	14	15	40	38	41	1	1	1	12	10	44	9	14	15	37	35	5	1	1	2	85	78
37	9	16	18	44	41	41	2	2	2	16	14	44	10	16	17	40	37	5	2	7	10	101	96
37	10	19	20	47	45	41	3	3	4	20	18	44	11	18	20	42	40	5	3	19	24	113	110
37	11	21	23	50	48	41	4	5	5	23	21	44	12	20	22	45	43	6	0	0	0	53	46
37	12	24	26	53	51	41	5	7	7	27	25	44	13	23	24	48	46	6	1	1	1	75	68
37	13	26	28	57	54	41	6	9	9	30	28	44	14	25	26	51	48	6	2	6	8	92	86
37	14	29	31	60	57	41	7	11	12	33	31	44	15	27	29	53	51	6	3	15	20	105	100
37	15	32	34	63	60	41	8	13	14	36	34	44	16	29	31	56	54	7	0	0	0	47	40
37	16	35	37	66	64	41	9	15	16	39	37	44	17	32	33	59	56	7	1	1	1	68	61
37	17	37	40	69	67	41	10	17	18	42	40	44	18	34	36	61	59	7	2	5	7	83	78
37	18	40	43	72	70	41	11	19	21	45	43	44	19	36	38	64	62	7	3	13	17	96	92
37	19	43	45	75	72	41	12	22	23	48	46	44	20	39	41	66	64	7	4	24	28	107	103
38	0	0	0	8	7	41	13	24	26	51	49	44	21	41	43	69	67	8	0	0	0	43	36
38	1	1	1	13	11	41	14	26	28	54	52	44	22	44	46	71	69	8	1	1	1	61	55
38	2	2	2	17	15	41	15	29	31	57	55	45	0	0	0	7	5	8	2	5	6	76	70
38	3	3	4	21	19	41	16	31	33	60	58	45	1	1	1	11	9	8	3	11	14	89	84
38	4	5	6	25	23	41	17	34	36	63	60	45	2	2	2	14	13	8	4	20	24	100	96
38	5	7	8	29	27	41	18	36	38	65	63	45	3	3	3	18	16	9	0	0	0	38	32
38	6	9	10	32	30	41	19	39	41	68	66	45	4	5	5	21	19	9	1	1	1	56	50
38	7	11	12	36	33	41	20	42	44	71	69	45	5	6	7	24	22	9	2	4	6	70	64
38	8	13	15	39	37	41	21	44	46	73	71	45	6	8	9	27	25	9	3	10	13	82	77
38	9	16	17	43	40	42	0	0	0	7	6	45	7	10	11	30	28	9	4	18	22	93	88
38	10	18	20	46	43	42	1	1	1	12	10	45	8	12	13	33	31	9	5	27	32	102	98
38	11	21	22	49	47	42	2	2	2	16	14	45	9	14	15	36	34	10	0	0	0	35	29
38	12	23	25	52	50	42	3	3	4	19	17	45	10	16	17	39	37	10	1	1	1	51	45
38	13	26	28	55	53	42	4	5	5	23	21	45	11	18	19	41	39	10	2	4	5	65	59
38	14	28	30	58	56	42	5	7	7	26	24	45	12	20	21	44	42	10	3	9	12	76	71
38	15	31	33	61	59	42	6	8	9	29	27	45	13	22	24	47	45	10	4	16	19	87	82
38	16	34	36	64	62	42	7	10	11	32	30	45	14	24	26	49	47	10	5	24	28	96	92
38	17	36	39	67	65	42	8	12	14	35	33	45	15	27	28	52	50	11	0	0	0	32	27
38	18	39	41	70	68	42	9	15	16	38	36	45	16	29	30	55	53	11	1	1	1	47	42
38	19	42	44	73	71	42	10	17	18	41	39	45	17	31	33	57	55	11	2	4	5	60	55
39	0	0	0	8	6	42	11	19	20	44	42	45	18	33	35	60	58	11	3	8	11	71	66
39	1	1	1	13	11	42	12	21	23	47	45	45	19	36	37	62	60	11	4	15	18	81	76
39	2	2	2	17	15	42	13	24	25	50	48	45	20	38	40	65	63	11	5	22	25	90	86
39	3	3	4	21	19	42	14	26	28	53	51	45	21	40	42	67	65	12	0	0	0	30	25
39	4	5	6	25	22	42	15	28	30	56	54	45	22	43	45	70	68	12	1	1	1	44	39
39	5	7	8	28	26	42	16	31	32	59	56	45	23	45	47	72	70	12	2	3	5	56	51
39	6	9	10	32	29	42	17	33	35	61	59	46	0	0	0	6	5	12	3	8	10	66	61
39	7	11	12	35	33	42	18	36	38	64	62	46	1	1	1	10	9	12	4	13	16	76	71
39	8	13	14	38	36	42	19	38	40	67	64	46	2	2	2	14	12	12	5	20	23	85	80
39	9	15	17	41	39	42	20	41	43	69	67	46	3	3	3	17	16	12	6	27	31	93	89
39	10	18	19	45	42	42	21	43	45	72	70	46	4	5	5	20	19	13	0	0	0	28	23
39	11	20	22	48	45	43	0	0	0	7	6	46	5	6	7	23	22	13	1	1	1	41	36
39	12	23	24	51	48	43	1	1	1	11	10	46	6	8	9	26	25	13	2	3	4	52	47
39	13	25	27	54	52	43	2	2	2	15	13	46	7	10	11	29	27	13	3	7	9	62	57
39	14	28	30	57	55	43	3	3	4	19	17	46	8	12	13	32	30	13	4	12	15	71	67
39	15	30	32	60	57	43	4	5	5	22	20	46	9	14	15	35	33	13	5	18	21	80	76
39	16	33	35	63	60	43	5	6	7	25	23	46	10	16	17	38	36	13	6	25	29	88	84
39	17	36	38	66	63	43	6	8	9	28	26	46	11	18	19	40	38	13	7	32	36	95	91
39	18	38	40	68	66	43	7	10	11	32	29	46	12	20	21	43	41	14	0	0	0	26	21
39	19	41	43	71	69	43	8	12	13	35	32	46	13	22	23	46	44	14	1	1	1	38	34
39	20	44	46	74	72	43	9	14	15	38	35	46	14	24	25	48	46	14	2	3	4	49	44
40	0	0	0	8	6	43	10	16	18	40	38	46	15	26	28	51	49	14	3	7	8	59	54
40	1	1	1	12	11	43	11	19	20	43	41	46	16	28	30	54	51	14	4	12	14	67	63
40	2	2	2	16	15	43	12	21	22	46	44	46	17	30	32	56	54	14	5	17	20	76	71
40	3	3	4	20	18	43	13	23	25	49	47	46	18	33	34	59	57	14	6	23	26	83	79
40	4	5	6	24	22	43	14	25	27	52	50	46	19	35	37	61	59	14	7	30	33	90	87
40	5	7	8	27	25	43	15	28	29	54	52	46	20	37	39	64	62	15	0	0	0	24	20
40	6	9	10	31	29	43	16	30	32	57	55	46	21	40	41	66	64	15	1	1	1	36	32
40	7	11	12	34	32	43	17	32	34	60	58	46	22	42	44	68	66	15	2	3	4	46	42
40	8	13	14	37	35	43	18	35	37	63	60	46	23	44	46	71	69	15	3	6	8	55	51
40	9	15	16	40	38	43	19	37	39	65	63							15	4	11	13	64	59
40	10	17	19	44	41	43	20	40	42	68	66												

CONFIDENCE BOUNDS FOR A

N = 120

n	a	LOWER .975	LOWER .95	UPPER .975	UPPER .95
15	5	16	19	72	67
15	6	22	25	79	75
15	7	28	31	86	82
15	8	34	38	92	89
16	0	0	0	23	19
16	1	1	1	34	30
16	2	3	4	44	39
16	3	6	8	52	48
16	4	10	12	60	56
16	5	15	17	68	64
16	6	20	23	75	71
16	7	26	29	82	78
16	8	32	35	88	85
17	0	0	0	21	18
17	1	1	1	32	28
17	2	3	3	41	37
17	3	6	7	50	45
17	4	10	12	57	53
17	5	14	16	65	60
17	6	19	22	71	67
17	7	24	27	78	74
17	8	30	33	84	81
17	9	36	39	90	87
18	0	0	0	20	17
18	1	1	1	30	26
18	2	3	3	39	35
18	3	6	7	47	43
18	4	9	11	55	50
18	5	13	16	62	57
18	6	18	21	68	64
18	7	23	26	75	71
18	8	28	31	81	77
18	9	34	37	86	83
19	0	0	0	19	16
19	1	1	1	29	25
19	2	3	3	37	33
19	3	5	7	45	41
19	4	9	10	52	48
19	5	13	15	59	55
19	6	17	19	65	61
19	7	22	24	71	68
19	8	27	30	77	74
19	9	32	35	83	79
19	10	37	41	88	85
20	0	0	0	18	15
20	1	1	1	27	24
20	2	2	3	35	32
20	3	5	6	43	39
20	4	8	10	50	46
20	5	12	14	56	52
20	6	16	19	62	59
20	7	21	23	68	65
20	8	25	28	74	70
20	9	30	33	80	76
20	10	35	38	85	82
21	0	0	0	17	14
21	1	1	1	26	23
21	2	2	3	34	30
21	3	5	6	41	37
21	4	8	10	47	44
21	5	12	13	54	50
21	6	16	18	60	56
21	7	20	22	66	62
21	8	24	27	71	68
21	9	29	32	76	73
21	10	33	37	82	78
21	11	38	42	87	83
22	0	0	0	16	13
22	1	1	1	25	22
22	2	2	3	32	29
22	3	5	6	39	36
22	4	8	9	46	42
22	5	11	13	52	48
22	6	15	17	57	54
22	7	19	21	63	59

N = 120

n	a	LOWER .975	LOWER .95	UPPER .975	UPPER .95
22	8	23	26	68	65
22	9	27	30	74	70
22	10	32	35	79	75
22	11	37	40	83	80
23	0	0	0	16	13
23	1	1	1	24	21
23	2	2	3	31	28
23	3	5	6	38	34
23	4	8	9	44	40
23	5	11	12	50	46
23	6	14	16	55	52
23	7	18	20	61	57
23	8	22	24	66	62
23	9	26	29	71	67
23	10	30	33	76	72
23	11	35	38	81	77
23	12	39	43	85	82
24	0	0	0	15	12
24	1	1	1	23	20
24	2	2	3	30	26
24	3	5	5	36	33
24	4	7	8	42	38
24	5	10	12	48	44
24	6	14	16	53	50
24	7	17	19	58	55
24	8	21	23	63	60
24	9	25	28	68	65
24	10	29	32	73	70
24	11	33	36	78	75
24	12	38	41	82	79
25	0	0	0	14	12
25	1	1	1	22	19
25	2	2	3	29	25
25	3	4	5	35	31
25	4	7	8	40	37
25	5	10	11	46	42
25	6	13	15	51	48
25	7	17	19	56	53
25	8	20	23	61	58
25	9	24	26	66	63
25	10	28	31	71	67
25	11	32	35	75	72
25	12	36	39	80	76
25	13	40	44	84	81
26	0	0	0	14	11
26	1	1	1	21	18
26	2	2	3	27	24
26	3	4	5	33	30
26	4	7	8	39	36
26	5	10	11	44	41
26	6	13	14	49	46
26	7	16	18	54	51
26	8	20	22	59	56
26	9	23	25	64	60
26	10	27	29	68	65
26	11	31	33	73	70
26	12	35	38	77	74
26	13	39	42	81	78
27	0	0	0	13	11
27	1	1	1	20	17
27	2	2	3	26	23
27	3	4	5	32	29
27	4	7	8	37	34
27	5	9	11	43	39
27	6	12	14	48	44
27	7	16	17	52	49
27	8	19	21	57	54
27	9	22	25	62	58
27	10	26	28	66	63
27	11	30	32	70	67
27	12	33	36	75	72
27	13	37	40	79	76
27	14	41	44	83	80
28	0	0	0	13	10
28	1	1	1	19	17

N = 120

n	a	LOWER .975	LOWER .95	UPPER .975	UPPER .95
28	2	2	2	25	23
28	3	4	5	31	28
28	4	6	7	36	33
28	5	9	10	41	38
28	6	12	14	46	43
28	7	15	17	51	47
28	8	18	20	55	52
28	9	22	24	60	56
28	10	25	27	64	61
28	11	29	31	68	65
28	12	32	35	72	69
28	13	36	39	76	73
28	14	40	43	80	77
29	0	0	0	12	10
29	1	1	1	19	16
29	2	2	2	25	22
29	3	4	5	30	27
29	4	6	7	35	32
29	5	9	10	40	37
29	6	12	13	44	41
29	7	15	16	49	46
29	8	18	20	53	50
29	9	21	23	58	55
29	10	24	26	62	59
29	11	28	30	66	63
29	12	31	34	70	67
29	13	35	37	74	71
29	14	38	41	78	75
29	15	42	45	82	79
30	0	0	0	12	9
30	1	1	1	18	16
30	2	2	2	24	21
30	3	4	5	29	26
30	4	6	7	34	31
30	5	9	10	38	36
30	6	11	13	43	40
30	7	14	16	47	44
30	8	17	19	52	49
30	9	20	22	56	53
30	10	23	26	60	57
30	11	27	29	64	61
30	12	30	32	68	65
30	13	34	36	72	69
30	14	37	40	76	73
30	15	41	43	79	77
31	0	0	0	11	9
31	1	1	1	17	15
31	2	2	2	23	20
31	3	3	4	28	25
31	4	6	7	33	30
31	5	8	10	37	34
31	6	11	12	42	39
31	7	14	15	46	43
31	8	17	18	50	47
31	9	20	22	54	51
31	10	23	25	58	55
31	11	26	28	62	59
31	12	29	31	66	63
31	13	32	35	70	67
31	14	36	38	73	71
31	15	39	42	77	74
31	16	43	46	81	78
32	0	0	0	11	9
32	1	1	1	17	15
32	2	2	2	22	20
32	3	4	4	27	24
32	4	6	7	32	29
32	5	8	9	36	33
32	6	11	12	40	38
32	7	13	15	45	42
32	8	16	18	49	46
32	9	19	21	53	50
32	10	22	24	57	54
32	11	25	27	60	58
32	12	28	30	64	61

N = 120

n	a	LOWER .975	LOWER .95	UPPER .975	UPPER .95
32	13	31	34	68	65
32	14	35	37	71	69
32	15	38	41	75	72
32	16	42	44	78	76
33	0	0	0	10	8
33	1	1	1	16	14
33	2	2	2	21	19
33	3	4	4	26	24
33	4	6	7	31	28
33	5	8	9	35	32
33	6	10	12	39	36
33	7	13	14	43	40
33	8	16	17	47	44
33	9	19	20	51	48
33	10	21	23	55	52
33	11	24	26	59	56
33	12	27	30	62	60
33	13	31	33	66	63
33	14	34	36	69	67
33	15	37	39	73	70
33	16	40	43	76	74
33	17	44	46	80	77
34	0	0	0	10	8
34	1	1	1	16	14
34	2	2	2	21	18
34	3	4	4	25	23
34	4	6	6	30	27
34	5	8	9	34	31
34	6	10	11	38	35
34	7	13	14	42	39
34	8	15	17	46	43
34	9	18	20	50	47
34	10	21	23	53	51
34	11	24	26	57	54
34	12	27	29	61	58
34	13	30	32	64	61
34	14	33	35	68	65
34	15	36	38	71	68
34	16	39	42	74	72
34	17	42	45	78	75
35	0	0	0	10	8
35	1	1	1	15	13
35	2	2	2	20	18
35	3	4	4	25	22
35	4	5	6	29	26
35	5	8	9	33	30
35	6	10	11	37	34
35	7	12	14	41	38
35	8	15	16	45	42
35	9	18	19	48	46
35	10	20	22	52	49
35	11	23	25	56	53
35	12	26	28	59	56
35	13	29	31	62	60
35	14	32	34	66	63
35	15	35	37	69	67
35	16	38	40	72	70
35	17	41	44	76	73
36	0	0	0	9	8
36	1	1	1	15	13
36	2	2	2	19	17
36	3	3	3	24	22
36	4	5	6	28	26
36	5	8	8	32	30
36	6	10	11	36	33
36	7	12	13	40	37
36	8	15	16	43	41
36	9	17	19	47	44
36	10	20	22	51	48
36	11	23	24	54	51
36	12	25	27	57	55
36	13	28	30	61	58
36	14	31	33	64	62
36	15	34	36	67	65

CONFIDENCE BOUNDS FOR A

N = 120

n	a	LOWER .975	LOWER .95	UPPER .975	UPPER .95
36	16	37	39	71	68
36	17	40	42	74	71
36	18	43	45	77	75
37	0	0	0	9	7
37	1	1	1	14	12
37	2	2	2	19	17
37	3	3	4	23	21
37	4	5	6	27	25
37	5	7	8	31	29
37	6	10	11	35	32
37	7	12	13	39	36
37	8	14	16	42	40
37	9	17	18	46	43
37	10	19	21	49	47
37	11	22	24	53	50
37	12	25	27	56	53
37	13	27	29	59	57
37	14	30	32	63	60
37	15	33	35	66	63
37	16	36	38	69	66
37	17	39	41	72	70
37	18	42	44	75	73
37	19	45	47	78	76
38	0	0	0	9	7
38	1	1	1	14	12
38	2	2	2	18	16
38	3	3	4	23	20
38	4	5	6	26	24
38	5	7	8	30	28
38	6	9	10	34	32
38	7	12	13	38	35
38	8	14	15	41	39
38	9	16	18	45	42
38	10	19	20	48	45
38	11	21	23	51	49
38	12	24	26	55	52
38	13	27	29	58	55
38	14	29	31	61	58
38	15	32	34	64	62
38	16	35	37	67	65
38	17	38	40	70	68
38	18	41	43	73	71
38	19	44	46	76	74
39	0	0	0	8	7
39	1	1	1	13	12
39	2	2	2	18	16
39	3	3	4	22	20
39	4	5	6	26	23
39	5	7	8	29	27
39	6	9	10	33	31
39	7	11	13	37	34
39	8	14	15	40	38
39	9	16	17	43	41
39	10	18	20	47	44
39	11	21	23	50	48
39	12	23	25	53	51
39	13	26	28	56	54
39	14	29	31	60	57
39	15	31	33	63	60
39	16	34	36	66	63
39	17	37	39	69	66
39	18	40	42	72	69
39	19	43	45	75	72
39	20	45	48	77	75
40	0	0	0	8	7
40	1	1	1	13	11
40	2	2	2	17	15
40	3	3	4	21	19
40	4	5	6	25	23
40	5	7	8	29	26
40	6	9	10	32	30
40	7	11	12	36	33
40	8	13	15	39	37
40	9	16	17	42	40
40	10	18	20	46	43

N = 120

n	a	LOWER .975	LOWER .95	UPPER .975	UPPER .95
40	11	20	22	49	46
40	12	23	25	52	49
40	13	25	27	55	53
40	14	28	30	58	56
40	15	31	33	61	59
40	16	33	35	64	62
40	17	36	38	67	65
40	18	39	41	70	68
40	19	42	44	73	71
40	20	44	47	76	73
41	0	0	0	8	6
41	1	1	1	13	11
41	2	2	2	17	15
41	3	3	4	21	19
41	4	5	6	24	22
41	5	7	8	28	26
41	6	9	10	31	29
41	7	11	12	35	32
41	8	13	14	38	36
41	9	15	17	41	39
41	10	18	19	44	42
41	11	20	22	48	45
41	12	22	24	51	48
41	13	25	27	54	51
41	14	27	29	57	54
41	15	30	32	60	57
41	16	33	35	63	60
41	17	35	37	66	63
41	18	38	40	68	66
41	19	41	43	71	69
41	20	43	45	74	72
41	21	46	48	77	75
42	0	0	0	8	6
42	1	1	1	12	11
42	2	2	2	16	15
42	3	3	4	20	18
42	4	5	5	24	22
42	5	7	7	27	25
42	6	9	10	31	28
42	7	11	12	34	32
42	8	13	14	37	35
42	9	15	16	40	38
42	10	17	19	43	41
42	11	20	21	47	44
42	12	22	24	50	47
42	13	24	26	53	50
42	14	27	29	55	53
42	15	29	31	58	56
42	16	32	34	61	59
42	17	34	36	64	62
42	18	37	39	67	65
42	19	40	42	70	67
42	20	42	44	72	70
42	21	45	47	75	73
43	0	0	0	8	6
43	1	1	1	12	10
43	2	2	2	16	14
43	3	3	4	20	18
43	4	5	5	23	21
43	5	7	7	27	24
43	6	9	9	30	28
43	7	11	12	33	31
43	8	13	14	36	34
43	9	15	16	39	37
43	10	17	18	42	40
43	11	19	21	45	43
43	12	22	23	48	46
43	13	24	26	51	49
43	14	26	28	54	52
43	15	29	30	57	55
43	16	31	33	60	58
43	17	34	36	63	60
43	18	36	38	65	63
43	19	39	41	68	66
43	20	41	43	71	69

N = 120

n	a	LOWER .975	LOWER .95	UPPER .975	UPPER .95
43	21	44	46	74	71
43	22	46	49	76	74
44	0	0	0	7	6
44	1	1	1	12	10
44	2	2	2	16	14
44	3	3	4	19	17
44	4	5	5	23	21
44	5	7	7	26	24
44	6	8	9	29	27
44	7	10	11	32	30
44	8	12	13	35	33
44	9	14	16	38	36
44	10	17	18	41	39
44	11	19	20	44	42
44	12	21	23	47	45
44	13	23	25	50	48
44	14	26	27	53	51
44	15	28	30	56	54
44	16	30	32	59	56
44	17	33	35	61	59
44	18	35	37	64	62
44	19	38	40	67	64
44	20	40	42	69	67
44	21	43	45	72	70
44	22	45	48	75	72
45	0	0	0	7	6
45	1	1	1	11	10
45	2	2	2	15	13
45	3	3	3	19	17
45	4	5	5	22	20
45	5	6	7	25	23
45	6	8	9	28	26
45	7	10	11	32	29
45	8	12	13	35	32
45	9	14	15	38	35
45	10	16	18	40	38
45	11	18	20	43	41
45	12	21	22	46	44
45	13	23	24	49	47
45	14	25	27	52	50
45	15	27	29	55	52
45	16	30	32	57	55
45	17	32	34	60	58
45	18	35	36	63	60
45	19	37	39	65	63
45	20	39	41	68	66
45	21	42	44	70	68
45	22	44	46	73	71
45	23	47	49	76	74
46	0	0	0	7	6
46	1	1	1	11	9
46	2	2	2	15	13
46	3	3	3	18	16
46	4	5	5	22	20
46	5	6	7	25	23
46	6	8	9	28	26
46	7	10	11	31	29
46	8	12	13	34	32
46	9	14	15	37	35
46	10	16	17	40	37
46	11	18	19	42	40
46	12	20	22	45	43
46	13	22	24	48	46
46	14	25	26	51	49
46	15	27	29	53	51
46	16	29	31	56	54
46	17	32	33	59	57
46	18	34	36	61	59
46	19	36	38	64	62
46	20	39	41	67	64
46	21	41	43	69	67
46	22	43	45	72	69
46	23	46	48	74	72
47	0	0	0	7	5
47	1	1	1	11	9

N = 120

n	a	LOWER .975	LOWER .95	UPPER .975	UPPER .95
47	2	2	2	14	13
47	3	3	3	18	16
47	4	5	5	21	19
47	5	6	7	24	22
47	6	8	9	27	25
47	7	10	11	30	28
47	8	12	13	33	31
47	9	14	15	36	34
47	10	16	17	39	37
47	11	18	19	42	39
47	12	20	21	44	42
47	13	22	24	47	45
47	14	24	26	50	47
47	15	26	28	52	50
47	16	29	30	55	53
47	17	31	33	58	55
47	18	33	35	60	58
47	19	36	37	63	61
47	20	38	40	65	63
47	21	40	42	68	66
47	22	43	45	70	68
47	23	45	47	73	71
47	24	47	49	75	73
48	0	0	0	6	5
48	1	1	1	10	9
48	2	2	2	14	12
48	3	3	3	17	16
48	4	5	5	20	19
48	5	6	7	24	22
48	6	8	9	27	25
48	7	10	11	29	27
48	8	12	13	32	30
48	9	14	15	35	33
48	10	15	17	38	36
48	11	18	19	41	39
48	12	20	21	43	41
48	13	22	23	46	44
48	14	24	25	49	46
48	15	26	27	51	49
48	16	28	30	54	52
48	17	30	32	56	54
48	18	33	34	59	57
48	19	35	37	61	59
48	20	37	39	64	62
48	21	39	41	66	64
48	22	42	44	69	67
48	23	44	46	71	69
48	24	46	48	74	72

126

CONFIDENCE BOUNDS FOR A

N = 125

n	a	LOWER .975	.95	UPPER .975	.95
1	0	0	0	121	118
1	1	4	7	125	125
2	0	0	0	104	96
2	1	2	4	123	121
3	0	0	0	87	78
3	1	2	3	112	107
3	2	13	18	123	122
4	0	0	0	74	65
4	1	1	2	100	93
4	2	9	13	116	112
5	0	0	0	64	55
5	1	1	2	88	81
5	2	8	10	105	100
5	3	20	25	117	115
6	0	0	0	56	48
6	1	1	2	79	71
6	2	6	9	96	90
6	3	16	20	109	105
7	0	0	0	49	42
7	1	1	1	71	64
7	2	6	8	87	81
7	3	14	17	101	95
7	4	24	30	111	108
8	0	0	0	44	37
8	1	1	1	64	57
8	2	5	7	80	73
8	3	12	15	93	87
8	4	21	25	104	100
9	0	0	0	40	34
9	1	1	1	58	52
9	2	4	6	73	67
9	3	11	13	86	80
9	4	19	22	97	92
9	5	28	33	106	103
10	0	0	0	37	31
10	1	1	1	54	47
10	2	4	5	67	62
10	3	10	12	80	74
10	4	17	20	90	85
10	5	25	29	100	96
11	0	0	0	34	28
11	1	1	1	49	44
11	2	4	5	63	57
11	3	9	11	74	69
11	4	15	18	85	79
11	5	23	26	94	89
11	6	31	36	102	99
12	0	0	0	31	26
12	1	1	1	46	40
12	2	4	5	58	53
12	3	8	10	69	64
12	4	14	17	79	74
12	5	21	24	88	84
12	6	28	32	97	93
13	0	0	0	29	24
13	1	1	1	43	38
13	2	3	4	55	49
13	3	8	9	65	60
13	4	13	15	75	70
13	5	19	22	83	79
13	6	26	30	92	87
13	7	33	38	99	95
14	0	0	0	27	22
14	1	1	1	40	35
14	2	3	4	51	46
14	3	7	9	61	56
14	4	12	14	70	65
14	5	18	21	79	74
14	6	24	27	87	82
14	7	31	35	94	90
15	0	0	0	25	21
15	1	1	1	38	33
15	2	3	4	48	43
15	3	7	8	58	53
15	4	11	13	66	62

n	a	LOWER .975	.95	UPPER .975	.95
15	5	17	19	75	70
15	6	22	26	82	78
15	7	29	32	90	86
15	8	35	39	96	93
16	0	0	0	24	20
16	1	1	1	35	31
16	2	3	4	45	41
16	3	6	8	55	50
16	4	11	13	63	58
16	5	16	18	71	66
16	6	21	24	78	74
16	7	27	30	85	81
16	8	33	37	92	88
17	0	0	0	22	18
17	1	1	1	34	29
17	2	3	4	43	39
17	3	6	7	52	47
17	4	10	12	60	55
17	5	15	17	67	63
17	6	20	23	75	70
17	7	25	28	81	77
17	8	31	35	88	84
17	9	37	41	94	90
18	0	0	0	21	17
18	1	1	1	32	28
18	2	3	3	41	37
18	3	6	7	49	45
18	4	10	11	57	53
18	5	14	16	64	60
18	6	19	21	71	67
18	7	24	27	78	74
18	8	29	32	84	80
18	9	35	39	90	86
19	0	0	0	20	16
19	1	1	1	30	26
19	2	3	3	39	35
19	3	6	7	47	43
19	4	9	11	54	50
19	5	13	15	61	57
19	6	18	20	68	64
19	7	22	25	74	70
19	8	28	31	81	77
19	9	33	36	86	83
19	10	39	42	92	89
20	0	0	0	19	16
20	1	1	1	29	25
20	2	3	3	37	33
20	3	5	6	45	41
20	4	9	10	52	48
20	5	13	15	59	55
20	6	17	19	65	61
20	7	21	24	71	67
20	8	26	29	77	73
20	9	31	34	83	79
20	10	37	40	88	85
21	0	0	0	18	15
21	1	1	1	27	24
21	2	2	3	35	32
21	3	5	6	43	39
21	4	8	10	50	46
21	5	12	14	56	52
21	6	16	18	62	58
21	7	20	23	68	65
21	8	25	28	74	70
21	9	30	33	80	76
21	10	35	38	85	82
21	11	40	43	90	87
22	0	0	0	17	14
22	1	1	1	26	23
22	2	2	3	34	30
22	3	5	6	41	37
22	4	8	9	48	44
22	5	12	14	54	50
22	6	15	18	60	56
22	7	19	22	66	62

n	a	LOWER .975	.95	UPPER .975	.95
22	8	24	26	71	68
22	9	28	31	77	73
22	10	33	36	82	79
22	11	38	41	87	84
23	0	0	0	16	13
23	1	1	1	25	22
23	2	2	3	32	29
23	3	5	6	39	36
23	4	8	9	46	42
23	5	11	13	52	48
23	6	15	17	58	54
23	7	19	21	63	59
23	8	23	25	69	65
23	9	27	30	74	70
23	10	32	35	79	76
23	11	36	39	84	81
23	12	41	44	89	86
24	0	0	0	16	13
24	1	1	1	24	21
24	2	2	3	31	28
24	3	5	6	38	34
24	4	7	9	44	40
24	5	11	12	50	46
24	6	14	16	55	52
24	7	18	20	61	57
24	8	22	24	66	63
24	9	26	29	71	68
24	10	30	33	76	73
24	11	35	38	81	78
24	12	39	42	86	83
25	0	0	0	15	12
25	1	1	1	23	20
25	2	2	3	30	27
25	3	4	5	36	33
25	4	7	8	42	39
25	5	10	12	48	44
25	6	14	16	53	50
25	7	17	19	59	55
25	8	21	23	64	60
25	9	25	27	69	65
25	10	29	32	74	70
25	11	33	36	78	75
25	12	38	41	83	80
25	13	42	45	87	84
26	0	0	0	14	12
26	1	1	1	22	19
26	2	2	3	29	25
26	3	4	5	35	31
26	4	7	8	41	37
26	5	10	11	46	43
26	6	13	15	51	48
26	7	17	19	57	53
26	8	20	22	62	58
26	9	24	26	66	63
26	10	28	31	71	68
26	11	32	35	76	73
26	12	36	39	80	77
26	13	40	43	85	82
27	0	0	0	14	11
27	1	1	1	21	18
27	2	2	3	28	25
27	3	4	5	34	30
27	4	7	8	39	36
27	5	10	11	45	41
27	6	13	14	50	46
27	7	16	18	55	51
27	8	20	22	60	56
27	9	23	25	64	61
27	10	27	29	69	66
27	11	31	33	73	70
27	12	35	38	78	75
27	13	39	42	82	79
27	14	43	46	86	83
28	0	0	0	13	11
28	1	1	1	20	18

n	a	LOWER .975	.95	UPPER .975	.95
28	2	2	3	27	24
28	3	4	5	32	29
28	4	7	8	38	35
28	5	9	11	43	40
28	6	12	14	48	45
28	7	16	17	53	50
28	8	19	21	58	54
28	9	22	25	62	59
28	10	26	28	67	63
28	11	30	32	71	68
28	12	33	36	75	72
28	13	37	40	80	77
28	14	41	44	84	81
29	0	0	0	13	10
29	1	1	1	20	17
29	2	2	2	26	23
29	3	4	5	31	28
29	4	6	8	37	33
29	5	9	10	42	38
29	6	12	14	46	43
29	7	15	17	51	48
29	8	18	20	56	53
29	9	22	24	60	57
29	10	25	27	65	61
29	11	29	31	69	66
29	12	32	35	73	70
29	13	36	39	77	74
29	14	40	43	81	78
29	15	44	47	85	82
30	0	0	0	12	10
30	1	1	1	19	16
30	2	2	2	25	22
30	3	4	5	30	27
30	4	6	7	35	32
30	5	9	10	40	37
30	6	12	13	45	42
30	7	15	16	50	46
30	8	18	20	54	51
30	9	21	23	58	55
30	10	24	27	63	60
30	11	28	30	67	64
30	12	31	34	71	68
30	13	35	37	75	72
30	14	39	41	79	76
30	15	42	45	83	80
31	0	0	0	12	10
31	1	1	1	18	16
31	2	2	2	24	21
31	3	4	5	29	26
31	4	6	7	34	31
31	5	9	10	39	36
31	6	11	13	44	40
31	7	14	16	48	45
31	8	17	19	52	49
31	9	20	22	57	54
31	10	24	26	61	58
31	11	27	29	65	62
31	12	30	33	69	66
31	13	34	36	73	70
31	14	37	40	77	74
31	15	41	44	80	78
31	16	45	47	84	81
32	0	0	0	11	9
32	1	1	1	18	15
32	2	2	2	23	21
32	3	4	4	28	25
32	4	6	7	33	30
32	5	8	10	38	35
32	6	11	12	42	39
32	7	14	15	47	44
32	8	17	18	51	48
32	9	20	22	55	52
32	10	23	25	59	56
32	11	26	28	63	60
32	12	29	32	67	64

CONFIDENCE BOUNDS FOR A

N = 125

n	a	LOWER .975	LOWER .95	UPPER .975	UPPER .95
32	13	33	35	71	68
32	14	36	39	75	72
32	15	40	42	78	75
32	16	43	46	82	79
33	0	0	0	11	9
33	1	1	1	17	15
33	2	2	2	22	20
33	3	4	4	27	25
33	4	6	7	32	29
33	5	8	9	37	34
33	6	11	12	41	38
33	7	13	15	45	42
33	8	16	18	49	46
33	9	19	21	53	50
33	10	22	24	57	54
33	11	25	27	61	58
33	12	28	31	65	62
33	13	32	34	69	66
33	14	35	37	73	70
33	15	38	41	76	73
33	16	42	44	80	77
33	17	45	48	83	81
34	0	0	0	11	9
34	1	1	1	17	14
34	2	2	2	22	19
34	3	4	4	27	24
34	4	6	7	31	28
34	5	8	9	36	33
34	6	11	12	40	37
34	7	13	15	44	41
34	8	16	18	48	45
34	9	19	20	52	49
34	10	22	24	56	53
34	11	25	27	60	57
34	12	28	30	63	60
34	13	31	33	67	64
34	14	34	36	71	68
34	15	37	40	74	71
34	16	41	43	78	75
34	17	44	47	81	78
35	0	0	0	10	8
35	1	1	1	16	14
35	2	2	2	21	19
35	3	4	4	26	23
35	4	6	6	30	28
35	5	8	9	34	32
35	6	10	12	39	36
35	7	13	14	43	40
35	8	15	17	47	44
35	9	18	20	50	48
35	10	21	23	54	51
35	11	24	26	58	55
35	12	27	29	62	59
35	13	30	32	65	62
35	14	33	35	69	66
35	15	36	39	72	70
35	16	39	42	76	73
35	17	43	45	79	76
35	18	46	49	82	80
36	0	0	0	10	8
36	1	1	1	15	13
36	2	2	2	20	18
36	3	4	4	25	23
36	4	6	6	29	27
36	5	8	9	34	31
36	6	10	11	38	35
36	7	13	14	42	39
36	8	15	17	45	43
36	9	18	19	49	46
36	10	21	22	53	50
36	11	23	25	56	54
36	12	26	28	60	57
36	13	29	31	64	61
36	14	32	34	67	64
36	15	35	38	70	68

N = 125

n	a	LOWER .975	LOWER .95	UPPER .975	UPPER .95
36	16	38	41	74	71
36	17	41	44	77	74
36	18	45	47	80	78
37	0	0	0	10	8
37	1	1	1	15	13
37	2	2	2	20	18
37	3	4	4	24	22
37	4	5	6	29	26
37	5	8	9	33	30
37	6	10	11	37	34
37	7	12	14	40	38
37	8	15	16	44	41
37	9	17	19	48	45
37	10	20	22	51	49
37	11	23	25	55	52
37	12	26	28	59	56
37	13	28	30	62	59
37	14	31	33	65	63
37	15	34	37	69	66
37	16	37	40	72	69
37	17	40	43	75	73
37	18	43	46	78	76
37	19	47	49	82	79
38	0	0	0	9	7
38	1	1	1	15	13
38	2	2	2	19	17
38	3	3	4	24	21
38	4	5	6	28	25
38	5	7	8	32	29
38	6	10	11	36	33
38	7	12	13	39	37
38	8	14	16	43	40
38	9	17	19	47	44
38	10	20	21	50	47
38	11	22	24	54	51
38	12	25	27	57	54
38	13	28	30	60	58
38	14	31	33	64	61
38	15	33	36	67	64
38	16	36	39	70	68
38	17	39	42	73	71
38	18	42	45	77	74
38	19	45	48	80	77
39	0	0	0	9	7
39	1	1	1	14	12
39	2	2	2	19	17
39	3	3	4	23	21
39	4	5	6	27	25
39	5	7	8	31	28
39	6	9	11	35	32
39	7	12	13	38	36
39	8	14	15	42	39
39	9	17	18	45	43
39	10	19	21	49	46
39	11	22	23	52	50
39	12	24	26	56	53
39	13	27	29	59	56
39	14	30	32	62	60
39	15	33	35	65	63
39	16	35	38	69	66
39	17	38	41	72	69
39	18	41	44	75	72
39	19	44	47	78	75
39	20	47	50	81	78
40	0	0	0	9	7
40	1	1	1	14	12
40	2	2	2	19	16
40	3	3	4	22	20
40	4	5	6	26	24
40	5	7	8	30	28
40	6	9	10	34	31
40	7	11	13	37	35
40	8	14	15	41	38
40	9	16	18	44	42
40	10	19	20	48	45

N = 125

n	a	LOWER .975	LOWER .95	UPPER .975	UPPER .95
40	11	21	23	51	48
40	12	24	26	54	52
40	13	26	28	58	55
40	14	29	31	61	58
40	15	32	34	64	61
40	16	35	37	67	64
40	17	37	40	70	68
40	18	40	42	73	71
40	19	43	45	76	74
40	20	46	48	79	77
41	0	0	0	8	7
41	1	1	1	13	11
41	2	2	2	18	16
41	3	3	4	22	20
41	4	5	6	26	23
41	5	7	8	29	27
41	6	9	10	33	30
41	7	11	12	36	34
41	8	14	15	40	37
41	9	16	17	43	41
41	10	18	20	47	44
41	11	21	22	50	47
41	12	23	25	53	50
41	13	26	28	56	54
41	14	28	30	59	57
41	15	31	33	62	60
41	16	34	36	65	63
41	17	36	39	68	66
41	18	39	41	71	69
41	19	42	44	74	72
41	20	45	47	77	75
41	21	48	50	80	78
42	0	0	0	8	7
42	1	1	1	13	11
42	2	2	2	17	15
42	3	3	4	21	19
42	4	5	6	25	23
42	5	7	8	29	26
42	6	9	10	32	30
42	7	11	12	36	33
42	8	13	15	39	36
42	9	16	17	42	40
42	10	18	19	45	43
42	11	20	22	49	46
42	12	23	24	52	49
42	13	25	27	55	52
42	14	28	30	58	55
42	15	30	32	61	58
42	16	33	35	64	62
42	17	36	38	67	64
42	18	38	40	70	67
42	19	41	43	73	70
42	20	44	46	76	73
42	21	47	49	78	76
43	0	0	0	8	6
43	1	1	1	13	11
43	2	2	2	17	15
43	3	3	4	21	19
43	4	5	6	24	22
43	5	7	8	28	26
43	6	9	10	31	29
43	7	11	12	35	32
43	8	13	14	38	36
43	9	15	17	41	39
43	10	18	19	44	42
43	11	20	21	47	45
43	12	22	24	51	48
43	13	25	26	54	51
43	14	27	29	57	54
43	15	30	32	60	57
43	16	32	34	63	60
43	17	35	37	65	63
43	18	37	40	68	66
43	19	40	42	71	69
43	20	43	45	74	72

N = 125

n	a	LOWER .975	LOWER .95	UPPER .975	UPPER .95
43	21	45	48	77	74
43	22	48	51	80	77
44	0	0	0	8	6
44	1	1	1	12	11
44	2	2	2	16	14
44	3	3	4	20	18
44	4	5	5	24	22
44	5	7	7	27	25
44	6	9	10	31	28
44	7	11	12	34	32
44	8	13	14	37	35
44	9	15	16	40	38
44	10	17	19	43	41
44	11	19	21	46	44
44	12	22	23	49	47
44	13	24	26	52	50
44	14	27	28	55	53
44	15	29	31	58	56
44	16	32	33	61	59
44	17	34	36	64	62
44	18	37	39	67	65
44	19	39	41	70	67
44	20	42	44	72	70
44	21	44	47	75	73
44	22	47	49	78	76
45	0	0	0	7	6
45	1	1	1	12	10
45	2	2	2	16	14
45	3	3	4	20	18
45	4	5	5	23	21
45	5	7	7	27	24
45	6	8	9	30	28
45	7	10	12	33	31
45	8	13	14	36	34
45	9	15	16	39	37
45	10	17	18	42	40
45	11	19	21	45	43
45	12	21	23	48	46
45	13	24	25	51	49
45	14	26	28	54	52
45	15	28	30	57	55
45	16	31	33	60	58
45	17	33	35	63	60
45	18	36	38	65	63
45	19	38	40	68	66
45	20	41	43	71	69
45	21	43	46	74	71
45	22	46	48	76	74
45	23	49	51	79	77
46	0	0	0	7	6
46	1	1	1	12	10
46	2	2	2	15	14
46	3	3	4	19	17
46	4	5	5	23	21
46	5	6	7	26	24
46	6	8	9	29	27
46	7	10	11	32	30
46	8	12	13	35	33
46	9	14	16	38	36
46	10	17	18	41	39
46	11	19	20	44	42
46	12	21	22	47	45
46	13	23	25	50	48
46	14	26	27	53	51
46	15	28	30	56	54
46	16	30	32	59	56
46	17	33	35	61	59
46	18	35	37	64	62
46	19	38	40	67	65
46	20	40	42	69	67
46	21	43	45	72	70
46	22	45	47	75	73
46	23	48	50	77	75
47	0	0	0	7	6
47	1	1	1	11	10

CONFIDENCE BOUNDS FOR A

N = 125

n	a	LOWER .975	LOWER .95	UPPER .975	UPPER .95
47	2	2	2	15	13
47	3	3	3	19	17
47	4	5	5	22	20
47	5	6	7	25	23
47	6	8	9	28	26
47	7	10	11	32	29
47	8	12	13	35	32
47	9	14	15	38	35
47	10	16	18	41	38
47	11	18	20	43	41
47	12	21	22	46	44
47	13	23	24	49	47
47	14	25	27	52	50
47	15	27	29	55	52
47	16	30	31	57	55
47	17	32	34	60	58
47	18	34	36	63	61
47	19	37	39	65	63
47	20	39	41	68	66
47	21	42	44	71	68
47	22	44	46	73	71
47	23	47	49	76	74
47	24	49	51	78	76
48	0	0	0	7	6
48	1	1	1	11	9
48	2	2	2	15	13
48	3	3	3	18	16
48	4	5	5	22	20
48	5	6	7	25	23
48	6	8	9	28	26
48	7	10	11	31	29
48	8	12	13	34	32
48	9	14	15	37	35
48	10	16	17	40	37
48	11	18	19	42	40
48	12	20	22	45	43
48	13	22	24	48	46
48	14	25	26	51	49
48	15	27	28	54	51
48	16	29	31	56	54
48	17	31	33	59	57
48	18	34	36	62	59
48	19	36	38	64	62
48	20	38	40	67	65
48	21	41	43	69	67
48	22	43	45	72	70
48	23	46	48	74	72
48	24	48	50	77	75
49	0	0	0	7	5
49	1	1	1	11	9
49	2	2	2	14	13
49	3	3	3	18	16
49	4	5	5	21	19
49	5	6	7	24	22
49	6	8	9	27	25
49	7	10	11	30	28
49	8	12	13	33	31
49	9	14	15	36	34
49	10	16	17	39	37
49	11	18	19	42	39
49	12	20	21	44	42
49	13	22	23	47	45
49	14	24	26	50	48
49	15	26	28	52	50
49	16	29	30	55	53
49	17	31	33	58	56
49	18	33	35	60	58
49	19	35	37	63	61
49	20	38	40	65	63
49	21	40	42	68	66
49	22	42	44	70	68
49	23	45	47	73	71
49	24	47	49	75	73
49	25	50	52	78	76
50	0	0	0	6	5
50	1	1	1	10	9
50	2	2	2	14	12
50	3	3	3	17	16
50	4	5	5	21	19
50	5	6	7	24	22
50	6	8	9	27	25
50	7	10	11	30	28
50	8	12	13	32	30
50	9	13	15	35	33
50	10	15	17	38	36
50	11	17	19	41	39
50	12	20	21	43	41
50	13	22	23	46	44
50	14	24	25	49	47
50	15	26	27	51	49
50	16	28	30	54	52
50	17	30	32	57	54
50	18	32	34	59	57
50	19	35	37	62	59
50	20	37	39	64	62
50	21	39	41	67	64
50	22	42	44	69	67
50	23	44	46	72	69
50	24	46	48	74	72
50	25	49	51	76	74

N = 130

n	a	LOWER .975	LOWER .95	UPPER .975	UPPER .95
1	0	0	0	126	123
1	1	4	7	130	130
2	0	0	0	109	100
2	1	2	4	128	126
3	0	0	0	91	81
3	1	2	3	117	112
3	2	13	18	128	127
4	0	0	0	77	67
4	1	1	2	104	97
4	2	10	14	120	116
5	0	0	0	66	57
5	1	1	2	92	84
5	2	8	11	110	104
5	3	20	26	122	119
6	0	0	0	58	50
6	1	1	2	82	74
6	2	7	9	100	93
6	3	17	21	113	109
7	0	0	0	52	44
7	1	1	1	73	66
7	2	6	8	91	84
7	3	14	18	105	99
7	4	25	31	116	112
8	0	0	0	46	39
8	1	1	1	67	60
8	2	5	7	83	76
8	3	12	16	96	91
8	4	22	26	108	104
9	0	0	0	42	35
9	1	1	1	61	54
9	2	5	6	76	70
9	3	11	14	89	84
9	4	19	23	101	96
9	5	29	34	111	107
10	0	0	0	38	32
10	1	1	1	56	49
10	2	4	6	70	64
10	3	10	12	83	77
10	4	17	21	94	89
10	5	26	30	104	100
11	0	0	0	35	29
11	1	1	1	52	46
11	2	4	5	65	59
11	3	9	11	77	72
11	4	16	19	88	83
11	5	23	27	98	93
11	6	32	37	107	103
12	0	0	0	32	27
12	1	1	1	48	42
12	2	4	5	61	55
12	3	8	10	72	67
12	4	14	17	83	77
12	5	21	25	92	87
12	6	29	34	101	96
13	0	0	0	30	25
13	1	1	1	45	39
13	2	3	5	57	51
13	3	8	10	68	62
13	4	13	16	78	72
13	5	20	23	87	82
13	6	27	31	95	91
13	7	35	39	103	99
14	0	0	0	28	23
14	1	1	1	42	37
14	2	3	4	53	48
14	3	7	9	64	58
14	4	12	15	73	68
14	5	18	21	82	77
14	6	25	29	90	86
14	7	32	36	98	94
15	0	0	0	26	22
15	1	1	1	39	34
15	2	3	4	50	45
15	3	7	9	60	55
15	4	12	14	69	64
15	5	17	20	78	73
15	6	23	27	86	81
15	7	30	34	93	89
15	8	37	41	100	96
16	0	0	0	25	20
16	1	1	1	37	32
16	2	3	4	47	43
16	3	7	8	57	52
16	4	11	13	66	61
16	5	16	19	74	69
16	6	22	25	82	77
16	7	28	31	89	85
16	8	34	38	96	92
17	0	0	0	23	19
17	1	1	1	35	30
17	2	3	4	45	40
17	3	6	8	54	49
17	4	10	12	62	58
17	5	15	18	70	66
17	6	20	23	78	73
17	7	26	29	85	81
17	8	32	36	91	88
17	9	39	42	98	94
18	0	0	0	22	18
18	1	1	1	33	29
18	2	3	3	43	38
18	3	6	7	51	47
18	4	10	12	59	55
18	5	14	17	67	62
18	6	19	22	74	70
18	7	25	28	81	77
18	8	30	34	88	84
18	9	36	40	94	90
19	0	0	0	21	17
19	1	1	1	31	27
19	2	3	3	41	36
19	3	6	7	49	44
19	4	9	11	57	52
19	5	14	16	64	59
19	6	18	21	71	67
19	7	23	26	77	73
19	8	29	32	84	80
19	9	34	38	90	86
19	10	40	44	96	92
20	0	0	0	20	16
20	1	1	1	30	26
20	2	3	3	39	34
20	3	5	7	47	42
20	4	9	11	54	50
20	5	13	15	61	57
20	6	17	20	68	64
20	7	22	25	74	70
20	8	27	30	80	76
20	9	32	36	86	83
20	10	38	41	92	89
21	0	0	0	19	15
21	1	1	1	29	25
21	2	2	3	37	33
21	3	5	6	45	40
21	4	9	10	52	47
21	5	12	14	58	54
21	6	17	19	65	61
21	7	21	24	71	67
21	8	26	29	77	73
21	9	31	34	83	79
21	10	36	39	89	85
21	11	41	45	94	91
22	0	0	0	18	15
22	1	1	1	27	24
22	2	2	3	35	31
22	3	5	6	43	39
22	4	8	10	50	46
22	5	12	14	56	52
22	6	16	18	62	58
22	7	20	23	68	65

CONFIDENCE BOUNDS FOR A

N = 130					N = 130					N = 130					N = 130				
		LOWER		UPPER				LOWER		UPPER				LOWER		UPPER				LOWER		UPPER
n	a	.975	.95	.975	.95	n	a	.975	.95	.975	.95	n	a	.975	.95	.975	.95	n	a	.975	.95	.975	.95
22	8	25	27	74	70	28	2	2	3	28	25	32	13	34	36	74	71	36	16	40	42	77	74
22	9	29	32	80	76	28	3	4	5	34	31	32	14	37	40	78	75	36	17	43	46	80	78
22	10	34	38	85	82	28	4	7	8	39	36	32	15	41	44	82	79	36	18	46	49	84	81
22	11	39	43	91	87	28	5	10	11	45	41	32	16	45	48	85	82	37	0	0	0	10	8
23	0	0	0	17	14	28	6	13	15	50	47	33	0	0	0	11	9	37	1	1	1	16	14
23	1	1	1	26	23	28	7	16	18	55	52	33	1	1	1	18	15	37	2	2	2	21	18
23	2	2	3	34	30	28	8	20	22	60	57	33	2	2	2	23	21	37	3	4	4	25	23
23	3	5	6	41	37	28	9	23	25	65	61	33	3	4	4	29	26	37	4	6	6	30	27
23	4	8	9	48	44	28	10	27	29	69	66	33	4	6	7	33	31	37	5	8	9	34	31
23	5	11	13	54	50	28	11	31	33	74	71	33	5	9	10	38	35	37	6	10	11	38	35
23	6	15	17	60	56	28	12	35	37	79	75	33	6	11	13	43	40	37	7	13	14	42	39
23	7	19	22	66	62	28	13	39	42	83	80	33	7	14	16	47	44	37	8	15	17	46	43
23	8	24	26	72	68	28	14	43	46	87	84	33	8	17	19	51	48	37	9	18	20	50	47
23	9	28	31	77	73	29	0	0	0	13	11	33	9	20	22	56	53	37	10	21	23	54	51
23	10	33	36	82	79	29	1	1	1	21	18	33	10	23	25	60	57	37	11	24	25	57	54
23	11	38	41	87	84	29	2	2	3	27	24	33	11	26	28	64	61	37	12	26	28	61	58
23	12	43	46	92	89	29	3	4	5	33	29	33	12	29	32	68	65	37	13	29	32	65	62
24	0	0	0	16	13	29	4	7	8	38	35	33	13	33	35	72	69	37	14	32	35	68	65
24	1	1	1	25	22	29	5	9	11	43	40	33	14	36	39	76	73	37	15	35	38	72	69
24	2	2	3	32	29	29	6	12	14	48	45	33	15	40	42	79	76	37	16	39	41	75	72
24	3	5	6	39	36	29	7	16	17	53	50	33	16	43	46	83	80	37	17	42	44	78	76
24	4	8	9	46	42	29	8	19	21	58	55	33	17	47	50	87	84	37	18	45	48	82	79
24	5	11	13	52	48	29	9	22	25	63	59	34	0	0	0	11	9	37	19	48	51	85	82
24	6	15	17	58	54	29	10	26	28	67	64	34	1	1	1	17	15	38	0	0	0	10	8
24	7	19	21	63	60	29	11	30	32	72	69	34	2	2	2	23	20	38	1	1	1	15	13
24	8	23	25	69	65	29	12	33	36	76	73	34	3	4	4	28	25	38	2	2	2	20	18
24	9	27	30	74	71	29	13	37	40	80	77	34	4	6	7	32	30	38	3	4	4	25	22
24	10	31	34	79	76	29	14	41	44	85	82	34	5	8	9	37	34	38	4	5	6	29	26
24	11	36	39	84	81	29	15	45	48	89	86	34	6	11	12	42	39	38	5	8	9	33	30
24	12	41	44	89	86	30	0	0	0	13	10	34	7	14	15	46	43	38	6	10	11	37	34
25	0	0	0	16	13	30	1	1	1	20	17	34	8	16	18	50	47	38	7	12	14	41	38
25	1	1	1	24	21	30	2	2	2	26	23	34	9	19	21	54	51	38	8	15	16	45	42
25	2	2	3	31	28	30	3	4	5	32	28	34	10	22	24	58	55	38	9	18	19	49	46
25	3	5	6	38	34	30	4	6	8	37	34	34	11	25	28	62	59	38	10	20	22	52	49
25	4	7	9	44	40	30	5	9	10	42	39	34	12	29	31	66	63	38	11	23	25	56	53
25	5	11	12	50	46	30	6	12	14	47	44	34	13	32	34	70	67	38	12	26	28	59	57
25	6	14	16	56	52	30	7	15	17	52	48	34	14	35	38	74	71	38	13	29	31	63	60
25	7	18	20	61	57	30	8	18	20	56	53	34	15	39	41	77	74	38	14	32	34	66	64
25	8	22	24	66	63	30	9	22	24	61	58	34	16	42	45	81	78	38	15	35	37	70	67
25	9	26	28	72	68	30	10	25	27	65	62	34	17	46	48	84	82	38	16	38	40	73	70
25	10	30	33	77	73	30	11	29	31	70	66	35	0	0	0	11	9	38	17	41	43	77	74
25	11	34	37	82	78	30	12	32	35	74	71	35	1	1	1	17	14	38	18	44	46	80	77
25	12	39	42	86	83	30	13	36	39	78	75	35	2	2	2	22	19	38	19	47	50	83	80
25	13	44	47	91	88	30	14	40	43	82	79	35	3	3	4	27	24	39	0	0	0	9	8
26	0	0	0	15	12	30	15	44	47	86	83	35	4	6	7	32	29	39	1	1	1	15	13
26	1	1	1	23	20	31	0	0	0	12	10	35	5	8	9	36	33	39	2	2	2	20	17
26	2	2	3	30	27	31	1	1	1	19	16	35	6	11	12	40	37	39	3	3	4	24	22
26	3	4	5	36	33	31	2	2	2	25	22	35	7	13	15	45	42	39	4	5	6	28	26
26	4	7	8	42	39	31	3	4	5	30	28	35	8	16	18	49	46	39	5	7	8	32	30
26	5	10	12	48	44	31	4	6	7	36	33	35	9	19	21	53	50	39	6	10	11	36	34
26	6	14	16	54	50	31	5	9	10	41	37	35	10	22	24	57	54	39	7	12	13	40	37
26	7	17	19	59	55	31	6	12	13	45	42	35	11	25	27	60	57	39	8	15	16	44	41
26	8	21	23	64	61	31	7	15	16	50	47	35	12	28	30	64	61	39	9	17	19	47	45
26	9	25	27	69	66	31	8	18	20	55	51	35	13	31	33	68	65	39	10	20	21	51	48
26	10	29	32	74	71	31	9	21	23	59	56	35	14	34	37	72	69	39	11	22	24	55	52
26	11	33	36	79	76	31	10	24	27	63	60	35	15	37	40	75	72	39	12	25	27	58	55
26	12	37	40	84	80	31	11	28	30	68	64	35	16	41	43	79	76	39	13	28	30	61	59
26	13	42	45	88	85	31	12	31	34	72	69	35	17	44	47	82	80	39	14	31	33	65	62
27	0	0	0	14	12	31	13	35	38	76	73	35	18	48	50	86	83	39	15	34	36	68	65
27	1	1	1	22	19	31	14	39	41	80	77	36	0	0	0	10	8	39	16	37	39	71	69
27	2	2	3	29	26	31	15	42	45	84	81	36	1	1	1	16	14	39	17	40	42	75	72
27	3	4	5	35	32	31	16	46	49	88	85	36	2	2	2	21	19	39	18	43	45	78	75
27	4	7	8	41	37	32	0	0	0	12	10	36	3	4	4	26	24	39	19	46	48	81	79
27	5	10	11	46	43	32	1	1	1	18	16	36	4	6	7	31	28	39	20	49	51	84	82
27	6	13	15	52	48	32	2	2	2	24	21	36	5	8	9	35	32	40	0	0	0	9	7
27	7	17	19	57	53	32	3	4	5	30	27	36	6	10	12	39	36	40	1	1	1	14	12
27	8	20	22	62	59	32	4	6	7	35	32	36	7	13	14	43	40	40	2	2	2	19	17
27	9	24	26	67	63	32	5	9	10	39	36	36	8	16	17	47	44	40	3	3	4	23	21
27	10	28	30	72	68	32	6	11	13	44	41	36	9	18	20	51	48	40	4	5	6	27	25
27	11	32	35	76	73	32	7	14	16	49	45	36	10	21	23	55	52	40	5	7	8	31	29
27	12	36	39	81	78	32	8	17	19	53	50	36	11	24	26	59	56	40	6	10	11	35	33
27	13	40	43	85	82	32	9	20	22	57	54	36	12	27	29	63	60	40	7	12	13	39	36
27	14	45	48	90	87	32	10	24	26	62	58	36	13	30	32	66	63	40	8	14	16	43	40
28	0	0	0	14	11	32	11	27	29	66	63	36	14	33	36	70	67	40	9	17	18	46	44
28	1	1	1	21	18	32	12	30	33	70	67	36	15	36	39	73	71	40	10	19	21	50	47

CONFIDENCE BOUNDS FOR A

N = 130					N = 130					N = 130					N = 130				
		LOWER		UPPER				LOWER		UPPER				LOWER		UPPER				LOWER		UPPER	
n	a	.975	.95	.975	.95	n	a	.975	.95	.975	.95	n	a	.975	.95	.975	.95	n	a	.975	.95	.975	.95
40	11	22	24	53	51	43	21	47	50	80	78	47	2	2	2	16	14	50	1	1	1	11	9
40	12	25	26	57	54	43	22	50	52	83	80	47	3	3	4	20	18	50	2	2	2	15	13
40	13	27	29	60	57	44	0	0	0	8	7	47	4	5	5	23	21	50	3	3	3	18	16
40	14	30	32	63	61	44	1	1	1	13	11	47	5	7	7	26	24	50	4	5	5	22	20
40	15	33	35	67	64	44	2	2	2	17	15	47	6	8	9	30	28	50	5	6	7	25	23
40	16	36	38	70	67	44	3	3	4	21	19	47	7	10	11	33	31	50	6	8	9	28	26
40	17	39	41	73	70	44	4	5	6	25	23	47	8	12	14	36	34	50	7	10	11	31	29
40	18	42	44	76	74	44	5	7	8	28	26	47	9	15	16	39	37	50	8	12	13	34	32
40	19	45	47	79	77	44	6	9	10	32	30	47	10	17	18	42	40	50	9	14	15	37	35
40	20	48	50	82	80	44	7	11	12	35	33	47	11	19	20	45	43	50	10	16	17	40	37
41	0	0	0	9	7	44	8	13	14	39	36	47	12	21	23	48	46	50	11	18	19	43	40
41	1	1	1	14	12	44	9	15	17	42	40	47	13	24	25	51	49	50	12	20	22	45	43
41	2	2	2	19	16	44	10	18	19	45	43	47	14	26	28	54	52	50	13	22	24	48	46
41	3	3	4	23	20	44	11	20	22	48	46	47	15	28	30	57	55	50	14	25	26	51	49
41	4	5	6	27	24	44	12	23	24	52	49	47	16	31	33	60	57	50	15	27	28	54	51
41	5	7	8	31	28	44	13	25	27	55	52	47	17	33	35	63	60	50	16	29	31	56	54
41	6	9	10	34	32	44	14	28	29	58	55	47	18	36	38	65	63	50	17	31	33	59	57
41	7	12	13	38	35	44	15	30	32	61	58	47	19	38	40	68	66	50	18	34	35	62	59
41	8	14	15	42	39	44	16	33	35	64	61	47	20	41	43	71	69	50	19	36	38	64	62
41	9	16	18	45	42	44	17	35	37	67	64	47	21	43	45	74	71	50	20	38	40	67	65
41	10	19	20	49	46	44	18	38	40	70	67	47	22	46	48	76	74	50	21	41	43	69	67
41	11	21	23	52	49	44	19	41	43	73	70	47	23	48	51	79	77	50	22	43	45	72	70
41	12	24	26	55	53	44	20	43	46	75	73	47	24	51	53	82	79	50	23	46	48	75	72
41	13	27	29	59	56	44	21	46	48	78	76	48	0	0	0	7	6	50	24	48	50	77	75
41	14	29	31	62	59	44	22	49	51	81	79	48	1	1	1	12	10	50	25	50	53	80	77
41	15	32	34	65	62	45	0	0	0	8	6	48	2	2	2	15	14	51	0	0	0	7	5
41	16	35	37	68	66	45	1	1	1	13	11	48	3	3	4	19	17	51	1	1	1	11	9
41	17	38	40	71	69	45	2	2	2	17	15	48	4	5	5	23	21	51	2	2	2	14	13
41	18	41	43	74	72	45	3	3	4	21	18	48	5	6	7	26	24	51	3	3	3	18	16
41	19	44	46	78	75	45	4	5	6	24	22	48	6	8	9	29	27	51	4	5	5	21	19
41	20	46	49	81	78	45	5	7	8	28	25	48	7	10	11	32	30	51	5	6	7	24	22
41	21	49	52	84	81	45	6	9	10	31	29	48	8	12	13	35	33	51	6	8	9	27	25
42	0	0	0	9	7	45	7	11	12	35	32	48	9	14	16	38	36	51	7	10	11	30	28
42	1	1	1	14	12	45	8	13	14	38	35	48	10	16	18	41	39	51	8	12	13	33	31
42	2	2	2	18	16	45	9	15	16	41	39	48	11	19	20	44	42	51	9	14	15	36	34
42	3	3	4	22	20	45	10	17	19	44	42	48	12	21	22	47	45	51	10	16	17	39	37
42	4	5	6	26	24	45	11	20	21	47	45	48	13	23	25	50	48	51	11	18	19	42	40
42	5	7	8	30	27	45	12	22	24	50	48	48	14	25	27	53	51	51	12	20	21	44	42
42	6	9	10	34	31	45	13	25	26	54	51	48	15	28	29	56	54	51	13	22	23	47	45
42	7	11	13	37	35	45	14	27	29	57	54	48	16	30	32	59	56	51	14	24	26	50	48
42	8	14	15	41	38	45	15	29	31	60	57	48	17	32	34	61	59	51	15	26	28	53	50
42	9	16	17	44	41	45	16	32	34	62	60	48	18	35	37	64	62	51	16	28	30	55	53
42	10	18	20	47	45	45	17	35	37	65	63	48	19	37	39	67	65	51	17	31	32	58	56
42	11	21	23	51	48	45	18	37	39	68	66	48	20	40	42	70	67	51	18	33	35	60	58
42	12	24	25	54	51	45	19	40	42	71	69	48	21	42	44	72	70	51	19	35	37	63	61
42	13	26	28	57	55	45	20	42	45	74	72	48	22	45	47	75	73	51	20	38	39	66	63
42	14	29	31	60	58	45	21	45	47	77	74	48	23	47	50	77	75	51	21	40	42	68	66
42	15	31	33	64	61	45	22	48	50	79	77	48	24	50	52	80	78	51	22	42	44	71	68
42	16	34	36	67	64	45	23	51	53	82	80	49	0	0	0	7	6	51	23	45	47	73	71
42	17	37	39	70	67	46	0	0	0	8	6	49	1	1	1	11	10	51	24	47	49	76	74
42	18	40	42	73	70	46	1	1	1	12	11	49	2	2	2	15	13	51	25	49	52	78	76
42	19	43	45	76	73	46	2	2	2	16	14	49	3	3	3	19	17	51	26	52	54	81	78
42	20	45	48	79	76	46	3	3	4	20	18	49	4	5	5	22	20	52	0	0	0	7	5
42	21	48	51	82	79	46	4	5	5	24	22	49	5	6	7	25	23	52	1	1	1	11	9
43	0	0	0	8	7	46	5	7	7	27	25	49	6	8	9	28	26	52	2	2	2	14	12
43	1	1	1	13	11	46	6	9	9	30	28	49	7	10	11	32	29	52	3	3	3	17	16
43	2	2	2	18	16	46	7	11	12	34	31	49	8	12	13	35	32	52	4	5	5	21	19
43	3	3	4	22	19	46	8	13	14	37	35	49	9	14	15	38	35	52	5	6	7	24	22
43	4	5	6	25	23	46	9	15	16	40	38	49	10	16	17	41	38	52	6	8	9	27	25
43	5	7	8	29	27	46	10	17	18	43	41	49	11	18	20	43	41	52	7	10	11	30	28
43	6	9	10	33	30	46	11	19	21	46	44	49	12	21	22	46	44	52	8	12	13	32	30
43	7	11	12	36	34	46	12	22	23	49	47	49	13	23	24	49	47	52	9	13	15	35	33
43	8	13	15	40	37	46	13	24	26	52	50	49	14	25	27	52	50	52	10	15	17	38	36
43	9	16	17	43	40	46	14	26	28	55	53	49	15	27	29	55	52	52	11	17	19	41	39
43	10	18	20	46	44	46	15	29	31	58	56	49	16	30	31	57	55	52	12	20	21	44	41
43	11	21	22	50	47	46	16	31	33	61	59	49	17	32	34	60	58	52	13	22	23	46	44
43	12	23	25	53	50	46	17	34	36	64	62	49	18	34	36	63	61	52	14	24	25	49	47
43	13	26	27	56	53	46	18	36	38	67	64	49	19	37	39	66	63	52	15	26	27	52	50
43	14	28	30	59	57	46	19	39	41	70	67	49	20	39	41	68	66	52	16	28	30	54	52
43	15	31	33	62	60	46	20	41	44	72	70	49	21	41	44	71	69	52	17	30	32	57	55
43	16	33	35	65	63	46	21	44	46	75	73	49	22	44	46	73	71	52	18	32	34	59	57
43	17	36	38	68	66	46	22	47	49	78	76	49	23	46	49	76	74	52	19	35	36	62	60
43	18	39	41	71	69	46	23	49	52	81	78	49	24	49	51	79	76	52	20	37	39	64	62
43	19	42	44	74	72	47	0	0	0	7	6	49	25	51	54	81	79	52	21	39	41	67	65
43	20	44	47	77	75	47	1	1	1	12	10	50	0	0	0	7	6	52	22	41	43	69	67

CONFIDENCE BOUNDS FOR A

N = 130		LOWER		UPPER		N = 135		LOWER		UPPER		N = 135		LOWER		UPPER		N = 135		LOWER		UPPER	
n	a	.975	.95	.975	.95	n	a	.975	.95	.975	.95	n	a	.975	.95	.975	.95	n	a	.975	.95	.975	.95
52	23	44	46	72	70	1	0	0	0	131	128	15	5	18	21	81	76	22	8	26	28	77	73
52	24	46	48	74	72	1	1	4	7	135	135	15	6	24	27	89	84	22	9	30	34	83	79
52	25	49	51	77	75	2	0	0	0	113	104	15	7	31	35	97	93	22	10	35	39	89	85
52	26	51	53	79	77	2	1	2	4	133	131	15	8	38	42	104	100	22	11	41	44	94	91
						3	0	0	0	94	84	16	0	0	0	26	21	23	0	0	0	18	15
						3	1	2	3	121	116	16	1	1	1	38	34	23	1	1	1	27	24
						3	2	14	19	133	132	16	2	3	4	49	44	23	2	2	3	35	31
						4	0	0	0	80	70	16	3	7	8	59	54	23	3	5	6	43	39
						4	1	1	2	108	100	16	4	11	14	68	63	23	4	8	10	49	45
						4	2	10	14	125	121	16	5	17	19	77	72	23	5	12	14	56	52
						5	0	0	0	69	59	16	6	22	26	85	80	23	6	16	18	62	58
						5	1	1	2	95	87	16	7	29	32	92	88	23	7	20	23	69	64
						5	2	8	11	114	108	16	8	36	40	99	95	23	8	24	27	74	70
						5	3	21	27	127	124	17	0	0	0	24	20	23	9	29	32	80	76
						6	0	0	0	60	52	17	1	1	1	36	32	23	10	34	37	86	82
						6	1	1	2	85	77	17	2	3	4	47	42	23	11	39	42	91	87
						6	2	7	9	103	97	17	3	6	8	56	51	23	12	44	48	96	93
						6	3	17	22	118	113	17	4	11	13	65	60	24	0	0	0	17	14
						7	0	0	0	54	45	17	5	16	18	73	68	24	1	1	1	26	23
						7	1	1	1	76	69	17	6	21	24	81	76	24	2	2	3	34	30
						7	2	6	8	94	87	17	7	27	30	88	84	24	3	5	6	41	37
						7	3	15	19	109	103	17	8	33	37	95	91	24	4	8	9	48	44
						7	4	26	32	120	116	17	9	40	44	102	98	24	5	11	13	54	50
						8	0	0	0	48	41	18	0	0	0	23	19	24	6	15	17	60	56
						8	1	1	1	69	62	18	1	1	1	34	30	24	7	19	22	66	62
						8	2	5	7	86	79	18	2	3	4	44	40	24	8	23	26	72	68
						8	3	13	16	100	94	18	3	6	8	53	49	24	9	28	31	77	73
						8	4	23	27	112	108	18	4	10	12	62	57	24	10	32	36	83	79
						9	0	0	0	44	37	18	5	15	17	70	65	24	11	37	40	88	84
						9	1	1	1	63	56	18	6	20	23	77	73	24	12	42	46	93	89
						9	2	5	6	79	72	18	7	25	29	84	80	25	0	0	0	16	13
						9	3	11	14	93	87	18	8	31	35	91	87	25	1	1	1	25	22
						9	4	20	24	105	100	18	9	38	41	97	94	25	2	2	3	32	29
						9	5	30	35	115	111	19	0	0	0	22	18	25	3	5	6	39	36
						10	0	0	0	40	33	19	1	1	1	33	28	25	4	8	9	46	42
						10	1	1	1	58	51	19	2	3	3	42	38	25	5	11	13	52	48
						10	2	4	6	73	67	19	3	6	7	51	46	25	6	15	17	58	54
						10	3	10	13	86	80	19	4	10	12	59	54	25	7	18	21	64	60
						10	4	18	22	98	92	19	5	14	16	66	62	25	8	23	25	69	65
						10	5	27	32	108	103	19	6	19	22	74	69	25	9	27	30	75	71
						11	0	0	0	37	30	19	7	24	27	81	76	25	10	31	34	80	76
						11	1	1	1	54	47	19	8	30	33	87	83	25	11	36	39	85	81
						11	2	4	5	68	62	19	9	35	39	94	90	25	12	40	44	90	86
						11	3	9	12	80	74	19	10	41	45	100	96	25	13	45	49	95	91
						11	4	16	20	91	86	20	0	0	0	21	17	26	0	0	0	16	13
						11	5	24	28	102	97	20	1	1	1	31	27	26	1	1	1	24	21
						11	6	33	38	111	107	20	2	3	3	40	36	26	2	2	3	31	28
						12	0	0	0	34	28	20	3	6	7	48	44	26	3	5	6	38	34
						12	1	1	1	50	44	20	4	9	11	56	52	26	4	7	9	44	40
						12	2	4	5	63	57	20	5	13	16	64	59	26	5	11	12	50	46
						12	3	9	11	75	69	20	6	18	21	71	66	26	6	14	16	56	52
						12	4	15	18	86	80	20	7	23	26	77	73	26	7	18	20	61	58
						12	5	22	26	96	91	20	8	28	31	84	80	26	8	22	24	67	63
						12	6	30	35	105	100	20	9	34	37	90	86	26	9	26	28	72	68
						13	0	0	0	31	26	20	10	39	43	96	92	26	10	30	33	77	74
						13	1	1	1	46	41	21	0	0	0	20	16	26	11	34	37	82	79
						13	2	4	5	59	53	21	1	1	1	30	26	26	12	39	42	87	84
						13	3	8	10	70	65	21	2	3	3	38	34	26	13	43	47	92	88
						13	4	14	17	81	75	21	3	5	7	46	42	27	0	0	0	15	12
						13	5	20	24	90	85	21	4	9	11	54	49	27	1	1	1	23	20
						13	6	28	32	99	94	21	5	13	15	61	57	27	2	2	3	30	27
						13	7	36	41	107	103	21	6	17	20	68	63	27	3	4	5	36	33
						14	0	0	0	29	24	21	7	22	25	74	70	27	4	7	8	43	39
						14	1	1	1	43	38	21	8	27	30	80	76	27	5	10	12	48	45
						14	2	3	4	55	50	21	9	32	35	86	82	27	6	14	15	54	50
						14	3	8	9	66	61	21	10	37	41	92	88	27	7	17	19	59	56
						14	4	13	15	76	71	21	11	43	47	98	94	27	8	21	23	65	61
						14	5	19	22	85	80	22	0	0	0	19	15	27	9	25	27	70	66
						14	6	26	30	94	89	22	1	1	1	28	25	27	10	29	32	75	71
						14	7	33	37	102	98	22	2	2	3	37	33	27	11	33	36	80	76
						15	0	0	0	27	23	22	3	5	6	44	40	27	12	37	40	84	81
						15	1	1	1	41	36	22	4	9	10	52	47	27	13	42	45	89	86
						15	2	3	4	52	47	22	5	12	14	58	54	27	14	46	49	93	90
						15	3	7	9	62	57	22	6	16	19	65	61	28	0	0	0	14	12
						15	4	12	14	72	67	22	7	21	24	71	67	28	1	1	1	22	19

CONFIDENCE BOUNDS FOR A

N = 135

n	a	LOWER .975	LOWER .95	UPPER .975	UPPER .95
28	2	2	3	29	26
28	3	4	5	35	32
28	4	7	8	41	38
28	5	10	11	47	43
28	6	13	15	52	49
28	7	17	19	57	54
28	8	20	22	62	59
28	9	24	26	67	64
28	10	28	30	72	69
28	11	32	35	77	74
28	12	36	39	82	78
28	13	40	43	86	83
28	14	44	48	91	87
29	0	0	0	14	11
29	1	1	1	21	18
29	2	2	3	28	25
29	3	4	5	34	31
29	4	7	8	40	36
29	5	10	11	45	42
29	6	13	15	50	47
29	7	16	18	56	52
29	8	20	22	60	57
29	9	23	26	65	62
29	10	27	29	70	67
29	11	31	33	75	71
29	12	35	37	79	76
29	13	39	42	84	80
29	14	43	46	88	85
29	15	47	50	92	89
30	0	0	0	13	11
30	1	1	1	21	18
30	2	2	3	27	24
30	3	4	5	33	30
30	4	7	8	38	35
30	5	9	11	44	40
30	6	12	14	49	45
30	7	16	17	54	50
30	8	19	21	59	55
30	9	22	25	63	60
30	10	26	28	68	65
30	11	30	32	72	69
30	12	33	36	77	74
30	13	37	40	81	78
30	14	41	44	85	82
30	15	45	48	90	87
31	0	0	0	13	10
31	1	1	1	20	17
31	2	2	2	26	23
31	3	4	5	32	29
31	4	7	8	37	34
31	5	9	11	42	39
31	6	12	14	47	44
31	7	15	17	52	49
31	8	18	20	57	53
31	9	22	24	61	58
31	10	25	28	66	63
31	11	29	31	70	67
31	12	32	35	75	71
31	13	36	39	79	76
31	14	40	43	83	80
31	15	44	47	87	84
31	16	48	51	91	88
32	0	0	0	12	10
32	1	1	1	19	17
32	2	2	2	25	22
32	3	4	5	31	28
32	4	6	7	36	33
32	5	9	10	41	38
32	6	12	13	46	43
32	7	15	16	51	47
32	8	18	20	55	52
32	9	21	23	60	56
32	10	24	27	64	61
32	11	28	30	68	65
32	12	31	34	73	69
32	13	35	38	77	74
32	14	39	41	81	78
32	15	42	45	85	82
32	16	46	49	89	86
33	0	0	0	12	10
33	1	1	1	19	16
33	2	2	2	24	22
33	3	4	5	30	27
33	4	6	7	35	32
33	5	9	10	40	37
33	6	11	13	45	41
33	7	14	16	49	46
33	8	17	19	54	50
33	9	21	23	58	55
33	10	24	26	62	59
33	11	27	29	66	63
33	12	30	33	71	67
33	13	34	37	75	71
33	14	38	40	79	76
33	15	41	44	83	79
33	16	45	48	86	83
33	17	49	52	90	87
34	0	0	0	12	9
34	1	1	1	18	16
34	2	2	2	24	21
34	3	4	5	29	26
34	4	6	7	34	31
34	5	9	10	39	36
34	6	11	13	43	40
34	7	14	16	48	45
34	8	17	19	52	49
34	9	20	22	56	53
34	10	23	25	61	57
34	11	26	29	65	61
34	12	30	32	69	66
34	13	33	35	73	70
34	14	36	39	77	73
34	15	40	43	80	77
34	16	44	46	84	81
34	17	47	50	88	85
35	0	0	0	11	9
35	1	1	1	17	15
35	2	2	2	23	20
35	3	4	4	28	25
35	4	6	7	33	30
35	5	8	9	38	35
35	6	11	12	42	39
35	7	14	15	46	43
35	8	17	18	51	48
35	9	19	21	55	52
35	10	22	25	59	56
35	11	26	28	63	60
35	12	29	31	67	64
35	13	32	34	71	68
35	14	35	38	75	72
35	15	39	41	79	75
35	16	42	45	82	79
35	17	46	49	86	83
35	18	49	52	89	86
36	0	0	0	11	9
36	1	1	1	17	15
36	2	2	2	22	20
36	3	4	4	27	25
36	4	6	7	32	29
36	5	8	9	36	34
36	6	11	12	41	38
36	7	13	15	45	42
36	8	16	18	49	46
36	9	19	21	53	50
36	10	22	24	57	54
36	11	25	27	61	58
36	12	28	30	65	62
36	13	31	34	69	66
36	14	34	37	73	70
36	15	38	40	76	73
36	16	41	44	80	77
36	17	44	47	84	81
36	18	48	51	87	84
37	0	0	0	11	9
37	1	1	1	16	14
37	2	2	2	22	19
37	3	4	4	26	24
37	4	6	7	31	28
37	5	8	9	35	33
37	6	10	12	40	37
37	7	13	14	44	41
37	8	16	17	48	45
37	9	19	20	52	49
37	10	21	23	56	53
37	11	24	26	60	57
37	12	27	29	64	61
37	13	30	33	67	64
37	14	34	36	71	68
37	15	37	39	74	72
37	16	40	43	78	75
37	17	43	46	82	79
37	18	47	49	85	82
37	19	50	53	88	86
38	0	0	0	10	8
38	1	1	1	16	14
38	2	2	2	21	19
38	3	4	4	26	23
38	4	6	6	30	28
38	5	8	9	35	32
38	6	10	11	39	36
38	7	13	14	43	40
38	8	15	17	47	44
38	9	18	20	51	48
38	10	21	23	54	52
38	11	24	26	58	55
38	12	27	29	62	59
38	13	30	32	66	63
38	14	33	35	69	66
38	15	36	38	73	70
38	16	39	41	76	73
38	17	42	45	80	77
38	18	45	48	83	80
38	19	49	51	86	84
39	0	0	0	10	8
39	1	1	1	15	13
39	2	2	2	20	18
39	3	3	4	25	23
39	4	6	6	29	27
39	5	8	9	34	31
39	6	10	11	38	35
39	7	12	14	42	39
39	8	15	17	46	43
39	9	18	19	49	47
39	10	20	22	53	50
39	11	23	25	57	54
39	12	26	28	60	58
39	13	29	31	64	61
39	14	32	34	68	65
39	15	35	37	71	68
39	16	38	40	74	72
39	17	41	44	78	75
39	18	44	47	81	78
39	19	47	50	84	82
39	20	51	53	88	85
40	0	0	0	10	8
40	1	1	1	15	13
40	2	2	2	20	18
40	3	4	4	24	22
40	4	5	6	29	26
40	5	8	9	33	30
40	6	10	11	37	34
40	7	12	14	41	38
40	8	15	16	44	42
40	9	17	19	48	45
40	10	20	22	52	49
40	11	23	24	55	53
40	12	25	27	59	56
40	13	28	30	62	60
40	14	31	33	66	63
40	15	34	36	69	67
40	16	37	39	73	70
40	17	40	42	76	73
40	18	43	46	79	77
40	19	46	49	82	80
40	20	49	52	86	83
41	0	0	0	9	8
41	1	1	1	15	13
41	2	2	2	19	17
41	3	3	4	24	21
41	4	5	6	28	25
41	5	7	8	32	29
41	6	10	11	36	33
41	7	12	13	40	37
41	8	14	16	43	41
41	9	17	18	47	44
41	10	19	21	51	48
41	11	22	24	54	51
41	12	25	27	58	55
41	13	28	30	61	58
41	14	30	32	64	62
41	15	33	35	68	65
41	16	36	38	71	68
41	17	39	41	74	72
41	18	42	44	77	75
41	19	45	48	81	78
41	20	48	51	84	81
41	21	51	54	87	84
42	0	0	0	9	7
42	1	1	1	14	12
42	2	2	2	19	17
42	3	3	4	23	21
42	4	5	6	27	25
42	5	7	8	31	29
42	6	9	11	35	32
42	7	12	13	39	36
42	8	14	15	42	40
42	9	17	18	46	43
42	10	19	21	49	47
42	11	22	23	53	50
42	12	24	26	56	54
42	13	27	29	60	57
42	14	30	32	63	60
42	15	32	35	66	63
42	16	35	38	69	67
42	17	38	40	73	70
42	18	41	43	76	73
42	19	44	46	79	76
42	20	47	49	82	79
42	21	50	53	85	82
43	0	0	0	9	7
43	1	1	1	14	12
43	2	2	2	18	16
43	3	3	4	23	20
43	4	5	6	27	24
43	5	7	8	30	28
43	6	9	10	34	32
43	7	12	13	38	35
43	8	14	15	41	39
43	9	16	18	45	42
43	10	19	20	48	46
43	11	21	23	52	49
43	12	24	26	55	52
43	13	26	28	58	56
43	14	29	31	62	59
43	15	32	34	65	62
43	16	35	37	68	65
43	17	37	40	71	68
43	18	40	42	74	72
43	19	43	45	77	75
43	20	46	48	80	78

CONFIDENCE BOUNDS FOR A

N = 135

		LOWER		UPPER	
n	a	.975	.95	.975	.95
43	21	49	51	83	81
43	22	52	54	86	84
44	0	0	0	9	7
44	1	1	1	13	12
44	2	2	2	18	16
44	3	3	4	22	20
44	4	5	6	26	24
44	5	7	8	30	27
44	6	9	10	33	31
44	7	11	12	37	34
44	8	14	15	40	38
44	9	16	17	44	41
44	10	18	20	47	45
44	11	21	22	50	48
44	12	23	25	54	51
44	13	26	28	57	54
44	14	28	30	60	58
44	15	31	33	63	61
44	16	34	36	66	64
44	17	36	39	70	67
44	18	39	41	73	70
44	19	42	44	76	73
44	20	45	47	79	76
44	21	48	50	82	79
44	22	51	53	84	82
45	0	0	0	8	7
45	1	1	1	13	11
45	2	2	2	17	15
45	3	3	4	21	19
45	4	5	6	25	23
45	5	7	8	29	27
45	6	9	10	33	30
45	7	11	12	36	34
45	8	13	15	39	37
45	9	16	17	43	40
45	10	18	19	46	44
45	11	20	22	49	47
45	12	23	25	53	50
45	13	25	27	56	53
45	14	28	30	59	56
45	15	30	32	62	59
45	16	33	35	65	62
45	17	36	38	68	65
45	18	38	41	71	68
45	19	41	43	74	71
45	20	44	46	77	74
45	21	47	49	80	77
45	22	49	52	83	80
45	23	52	55	86	83
46	0	0	0	8	6
46	1	1	1	13	11
46	2	2	2	17	15
46	3	3	4	21	19
46	4	5	6	25	22
46	5	7	8	28	26
46	6	9	10	32	29
46	7	11	12	35	33
46	8	13	14	39	36
46	9	15	17	42	39
46	10	18	19	45	43
46	11	20	22	48	46
46	12	22	24	51	49
46	13	25	27	55	52
46	14	27	29	58	55
46	15	30	32	61	58
46	16	32	34	64	61
46	17	35	37	67	64
46	18	38	40	70	67
46	19	40	42	73	70
46	20	43	45	75	73
46	21	46	48	78	76
46	22	48	51	81	79
46	23	51	54	84	81
47	0	0	0	8	6
47	1	1	1	12	11

N = 135

		LOWER		UPPER	
n	a	.975	.95	.975	.95
47	2	2	2	17	15
47	3	3	4	20	18
47	4	5	6	24	22
47	5	7	8	28	25
47	6	9	10	31	29
47	7	11	12	34	32
47	8	13	14	38	35
47	9	15	16	41	39
47	10	17	19	44	42
47	11	20	21	47	45
47	12	22	24	50	48
47	13	24	26	53	51
47	14	27	29	56	54
47	15	29	31	59	57
47	16	32	34	62	60
47	17	34	36	65	63
47	18	37	39	68	66
47	19	39	42	71	69
47	20	42	44	74	71
47	21	45	47	77	74
47	22	47	50	79	77
47	23	50	52	82	80
47	24	53	55	85	83
48	0	0	0	8	6
48	1	1	1	12	10
48	2	2	2	16	14
48	3	3	4	20	18
48	4	5	5	24	21
48	5	7	7	27	25
48	6	9	9	30	28
48	7	11	12	34	31
48	8	13	14	37	35
48	9	15	16	40	38
48	10	17	18	43	41
48	11	19	21	46	44
48	12	22	23	49	47
48	13	24	26	52	50
48	14	26	28	55	53
48	15	29	30	58	56
48	16	31	33	61	59
48	17	34	36	64	62
48	18	36	38	67	64
48	19	39	41	70	67
48	20	41	43	72	70
48	21	44	46	75	73
48	22	46	49	78	76
48	23	49	51	81	78
48	24	52	54	83	81
49	0	0	0	7	6
49	1	1	1	12	10
49	2	2	2	16	14
49	3	3	4	19	18
49	4	5	5	23	21
49	5	7	7	26	24
49	6	8	9	30	28
49	7	10	11	33	31
49	8	12	14	36	34
49	9	15	16	39	37
49	10	17	18	42	40
49	11	19	20	45	43
49	12	21	23	48	46
49	13	23	25	51	49
49	14	26	27	54	52
49	15	28	30	57	55
49	16	31	32	60	57
49	17	33	35	63	60
49	18	35	37	66	63
49	19	38	40	68	66
49	20	40	42	71	69
49	21	43	45	74	71
49	22	45	48	76	74
49	23	48	50	79	77
49	24	51	53	82	79
49	25	53	56	84	82
50	0	0	0	7	6

N = 135

		LOWER		UPPER	
n	a	.975	.95	.975	.95
50	1	1	1	12	10
50	2	2	2	15	14
50	3	3	4	19	17
50	4	5	5	22	20
50	5	6	7	26	24
50	6	8	9	29	27
50	7	10	11	32	30
50	8	12	13	35	33
50	9	14	16	38	36
50	10	16	18	41	39
50	11	19	20	44	42
50	12	21	22	47	45
50	13	23	25	50	48
50	14	25	27	53	51
50	15	28	29	56	53
50	16	30	32	59	56
50	17	32	34	61	59
50	18	35	37	64	62
50	19	37	39	67	65
50	20	40	42	70	67
50	21	42	44	72	70
50	22	45	47	75	73
50	23	47	49	78	75
50	24	50	52	80	78
50	25	52	54	83	81
51	0	0	0	7	6
51	1	1	1	11	10
51	2	2	2	15	13
51	3	3	3	19	17
51	4	5	5	22	20
51	5	6	7	25	23
51	6	8	9	28	26
51	7	10	11	32	29
51	8	12	13	35	32
51	9	14	15	38	35
51	10	16	17	41	38
51	11	18	20	43	41
51	12	20	22	46	44
51	13	23	24	49	47
51	14	25	26	52	50
51	15	27	29	55	52
51	16	29	31	58	55
51	17	32	34	60	58
51	18	34	36	63	61
51	19	36	38	66	63
51	20	39	41	68	66
51	21	41	43	71	69
51	22	44	46	74	71
51	23	46	48	76	74
51	24	49	51	79	77
51	25	51	53	81	79
51	26	54	56	84	82
52	0	0	0	7	6
52	1	1	1	11	9
52	2	2	2	15	13
52	3	3	3	18	16
52	4	5	5	22	20
52	5	6	7	25	23
52	6	8	9	28	26
52	7	10	11	31	29
52	8	12	13	34	32
52	9	14	15	37	35
52	10	16	17	40	38
52	11	18	19	43	40
52	12	20	22	45	43
52	13	22	24	48	46
52	14	24	26	51	49
52	15	27	28	54	51
52	16	29	31	56	54
52	17	31	33	59	57
52	18	33	35	62	59
52	19	36	38	64	62
52	20	38	40	67	65
52	21	41	43	70	67
52	22	43	45	72	70

N = 135

		LOWER		UPPER	
n	a	.975	.95	.975	.95
52	23	45	47	75	73
52	24	48	50	77	75
52	25	50	52	80	78
52	26	53	55	82	80
53	0	0	0	7	5
53	1	1	1	11	9
53	2	2	2	14	13
53	3	3	3	18	16
53	4	5	5	21	19
53	5	6	7	24	22
53	6	8	9	27	25
53	7	10	11	30	28
53	8	12	13	33	31
53	9	14	15	36	34
53	10	16	17	39	37
53	11	18	19	42	40
53	12	20	21	45	42
53	13	22	23	47	45
53	14	24	26	50	48
53	15	26	28	53	50
53	16	28	30	55	53
53	17	31	32	58	56
53	18	33	35	61	58
53	19	35	37	63	61
53	20	37	39	66	64
53	21	40	42	68	66
53	22	42	44	71	69
53	23	44	47	73	71
53	24	47	49	76	74
53	25	49	51	78	76
53	26	52	54	81	79
53	27	54	56	83	81
54	0	0	0	7	5
54	1	1	1	11	9
54	2	2	2	14	12
54	3	3	3	17	16
54	4	5	5	21	19
54	5	6	7	24	22
54	6	8	9	27	25
54	7	10	11	30	28
54	8	12	13	33	30
54	9	13	15	35	33
54	10	15	17	38	36
54	11	17	19	41	39
54	12	19	21	44	42
54	13	22	23	46	44
54	14	24	25	49	47
54	15	26	27	52	49
54	16	28	30	54	52
54	17	30	32	57	55
54	18	32	34	60	57
54	19	35	36	62	60
54	20	37	39	65	62
54	21	39	41	67	65
54	22	41	43	70	67
54	23	44	46	72	70
54	24	46	48	75	72
54	25	48	50	77	75
54	26	51	53	79	77
54	27	53	55	82	80

CONFIDENCE BOUNDS FOR A

N = 140

n	a	LOWER .975	LOWER .95	UPPER .975	UPPER .95
1	0	0	0	136	133
1	1	4	7	140	140
2	0	0	0	117	108
2	1	2	4	138	136
3	0	0	0	98	87
3	1	2	3	126	120
3	2	14	20	138	137
4	0	0	0	83	72
4	1	1	2	112	104
4	2	10	15	130	125
5	0	0	0	71	62
5	1	1	2	99	91
5	2	8	12	118	112
5	3	22	28	132	128
6	0	0	0	63	54
6	1	1	2	88	80
6	2	7	10	107	101
6	3	18	23	122	117
7	0	0	0	56	47
7	1	1	1	79	71
7	2	6	8	98	91
7	3	15	19	113	107
7	4	27	33	125	121
8	0	0	0	50	42
8	1	1	1	72	64
8	2	5	7	89	82
8	3	13	17	104	98
8	4	23	28	117	112
9	0	0	0	45	38
9	1	1	1	66	58
9	2	5	7	82	75
9	3	12	15	96	90
9	4	21	25	109	103
9	5	31	37	119	115
10	0	0	0	41	35
10	1	1	1	60	53
10	2	4	6	76	69
10	3	11	13	89	83
10	4	19	22	101	96
10	5	28	33	112	107
11	0	0	0	38	32
11	1	1	1	56	49
11	2	4	6	70	64
11	3	10	12	83	77
11	4	17	20	95	89
11	5	25	29	105	100
11	6	35	40	115	111
12	0	0	0	35	29
12	1	1	1	52	46
12	2	4	5	66	59
12	3	9	11	78	72
12	4	15	19	89	83
12	5	23	27	99	94
12	6	31	36	109	104
13	0	0	0	33	27
13	1	1	1	48	42
13	2	4	5	61	55
13	3	8	10	73	67
13	4	14	17	84	78
13	5	21	25	94	88
13	6	29	33	103	98
13	7	37	42	111	107
14	0	0	0	30	25
14	1	1	1	45	40
14	2	3	5	58	52
14	3	8	10	69	63
14	4	13	16	79	74
14	5	20	23	89	83
14	6	27	31	97	93
14	7	34	39	106	101
15	0	0	0	28	24
15	1	1	1	42	37
15	2	3	4	54	49
15	3	7	9	65	59
15	4	12	15	75	69

N = 140

n	a	LOWER .975	LOWER .95	UPPER .975	UPPER .95
15	5	18	21	84	79
15	6	25	28	92	88
15	7	32	36	101	96
15	8	39	44	108	104
16	0	0	0	27	22
16	1	1	1	40	35
16	2	3	4	51	46
16	3	7	9	61	56
16	4	12	14	71	66
16	5	17	20	80	75
16	6	23	27	88	83
16	7	30	34	96	91
16	8	37	41	103	99
17	0	0	0	25	21
17	1	1	1	38	33
17	2	3	4	49	44
17	3	7	8	58	53
17	4	11	13	67	62
17	5	16	19	76	71
17	6	22	25	84	79
17	7	28	32	91	87
17	8	34	38	99	94
17	9	41	46	106	102
18	0	0	0	24	20
18	1	1	1	36	31
18	2	3	4	46	41
18	3	6	8	55	50
18	4	11	13	64	59
18	5	15	18	72	67
18	6	21	24	80	75
18	7	26	30	87	83
18	8	32	36	94	90
18	9	39	43	101	97
19	0	0	0	23	19
19	1	1	1	34	30
19	2	3	4	44	39
19	3	6	7	53	48
19	4	10	12	61	56
19	5	15	17	69	64
19	6	20	22	76	72
19	7	25	28	84	79
19	8	31	34	91	86
19	9	37	40	97	93
19	10	43	47	103	100
20	0	0	0	21	18
20	1	1	1	32	28
20	2	3	3	42	37
20	3	6	7	50	46
20	4	10	11	58	54
20	5	14	16	66	61
20	6	19	21	73	69
20	7	24	27	80	76
20	8	29	32	87	83
20	9	35	38	93	89
20	10	41	44	99	96
21	0	0	0	20	17
21	1	1	1	31	27
21	2	3	3	40	36
21	3	6	7	48	44
21	4	9	11	56	51
21	5	13	15	63	59
21	6	18	20	70	66
21	7	23	25	77	73
21	8	28	31	83	79
21	9	33	36	90	86
21	10	39	42	96	92
21	11	44	48	101	98
22	0	0	0	19	16
22	1	1	1	30	26
22	2	3	3	38	34
22	3	5	7	46	42
22	4	9	10	54	49
22	5	13	15	61	56
22	6	17	19	67	63
22	7	22	24	74	70

N = 140

n	a	LOWER .975	LOWER .95	UPPER .975	UPPER .95
22	8	26	29	80	76
22	9	31	35	86	82
22	10	37	40	92	88
22	11	42	46	98	94
23	0	0	0	19	15
23	1	1	1	28	24
23	2	2	3	37	33
23	3	5	6	44	40
23	4	8	10	51	47
23	5	12	14	58	54
23	6	16	19	65	61
23	7	21	23	71	67
23	8	25	28	77	73
23	9	30	33	83	79
23	10	35	38	89	85
23	11	40	44	94	91
23	12	46	49	100	96
24	0	0	0	18	15
24	1	1	1	27	23
24	2	2	3	35	31
24	3	5	6	42	38
24	4	8	10	49	45
24	5	12	14	56	52
24	6	16	18	62	58
24	7	20	22	69	64
24	8	24	27	74	70
24	9	29	32	80	76
24	10	34	37	86	82
24	11	38	42	91	87
24	12	44	47	96	93
25	0	0	0	17	14
25	1	1	1	26	22
25	2	2	3	34	30
25	3	5	6	41	37
25	4	8	9	48	44
25	5	11	13	54	50
25	6	15	17	60	56
25	7	19	21	66	62
25	8	23	26	72	68
25	9	28	31	77	74
25	10	32	35	83	79
25	11	37	40	88	84
25	12	42	45	93	90
25	13	47	50	98	95
26	0	0	0	16	13
26	1	1	1	25	22
26	2	2	3	32	29
26	3	5	6	39	36
26	4	8	9	46	42
26	5	11	13	52	48
26	6	15	17	58	54
26	7	18	21	64	60
26	8	22	25	69	65
26	9	27	29	75	71
26	10	31	34	80	76
26	11	35	39	85	82
26	12	40	43	90	87
26	13	45	48	95	92
27	0	0	0	16	13
27	1	1	1	24	21
27	2	2	3	31	28
27	3	5	6	38	34
27	4	7	9	44	40
27	5	11	12	50	46
27	6	14	16	56	52
27	7	18	20	62	58
27	8	22	24	67	63
27	9	26	28	72	69
27	10	30	33	78	74
27	11	34	37	83	79
27	12	39	42	87	84
27	13	43	46	92	89
27	14	48	51	97	94
28	0	0	0	15	12
28	1	1	1	23	20

N = 140

n	a	LOWER .975	LOWER .95	UPPER .975	UPPER .95
28	2	2	3	30	27
28	3	4	5	37	33
28	4	7	8	43	39
28	5	10	12	49	45
28	6	14	15	54	50
28	7	17	19	60	56
28	8	21	23	65	61
28	9	25	27	70	66
28	10	29	31	75	71
28	11	33	36	80	76
28	12	37	40	85	81
28	13	41	45	89	86
28	14	46	49	94	91
29	0	0	0	14	12
29	1	1	1	22	19
29	2	2	3	29	26
29	3	4	5	35	32
29	4	7	8	41	38
29	5	10	11	47	43
29	6	13	15	52	49
29	7	17	19	58	54
29	8	20	22	63	59
29	9	24	26	68	64
29	10	28	30	73	69
29	11	32	35	78	74
29	12	36	39	82	79
29	13	40	43	87	83
29	14	44	47	91	88
29	15	49	52	96	93
30	0	0	0	14	11
30	1	1	1	22	19
30	2	2	3	28	25
30	3	4	5	34	31
30	4	7	8	40	36
30	5	10	11	45	42
30	6	13	15	51	47
30	7	16	18	56	52
30	8	20	22	61	57
30	9	23	26	66	62
30	10	27	29	71	67
30	11	31	33	75	72
30	12	35	37	80	76
30	13	39	42	84	81
30	14	43	46	89	85
30	15	47	50	93	90
31	0	0	0	13	11
31	1	1	1	21	18
31	2	2	3	27	24
31	3	4	5	33	30
31	4	7	8	39	35
31	5	9	11	44	41
31	6	12	14	49	46
31	7	16	18	54	51
31	8	19	21	59	56
31	9	22	25	64	60
31	10	26	28	69	65
31	11	30	32	73	70
31	12	33	36	78	74
31	13	37	40	82	79
31	14	41	44	86	83
31	15	45	48	90	87
31	16	50	53	95	92
32	0	0	0	13	11
32	1	1	1	20	17
32	2	2	3	26	23
32	3	4	5	32	29
32	4	7	8	37	34
32	5	9	11	43	39
32	6	12	14	48	44
32	7	15	17	53	49
32	8	18	20	57	54
32	9	22	24	62	59
32	10	25	28	67	63
32	11	29	31	71	68
32	12	32	35	75	72

CONFIDENCE BOUNDS FOR A

N = 140						N = 140						N = 140						N = 140					
		LOWER		UPPER				LOWER		UPPER				LOWER		UPPER				LOWER		UPPER	
n	a	.975	.95	.975	.95	n	a	.975	.95	.975	.95	n	a	.975	.95	.975	.95	n	a	.975	.95	.975	.95
32	13	36	39	80	76	36	16	42	45	83	80	40	11	23	25	58	55	43	21	50	53	86	84
32	14	40	43	84	81	36	17	46	49	87	84	40	12	26	28	61	58	43	22	54	56	90	87
32	15	44	47	88	85	36	18	50	52	90	88	40	13	29	31	65	62	44	0	0	0	9	7
32	16	48	51	92	89	37	0	0	0	11	9	40	14	32	34	69	66	44	1	1	1	14	12
33	0	0	0	13	10	37	1	1	1	17	15	40	15	35	38	72	69	44	2	2	2	19	17
33	1	1	1	19	17	37	2	2	2	23	20	40	16	38	41	76	73	44	3	3	4	23	21
33	2	2	2	25	23	37	3	4	4	28	25	40	17	41	44	79	76	44	4	5	6	27	25
33	3	4	5	31	28	37	4	6	7	32	29	40	18	45	47	82	80	44	5	7	8	31	28
33	4	6	7	36	33	37	5	8	9	37	34	40	19	48	50	86	83	44	6	9	10	35	32
33	5	9	10	41	38	37	6	11	12	41	38	40	20	51	54	89	86	44	7	12	13	38	36
33	6	12	13	46	43	37	7	13	15	46	43	41	0	0	0	10	8	44	8	14	15	42	39
33	7	15	17	51	48	37	8	16	18	50	47	41	1	1	1	15	13	44	9	16	18	46	43
33	8	18	20	56	52	37	9	19	21	54	51	41	2	2	2	20	18	44	10	19	20	49	46
33	9	21	23	60	57	37	10	22	24	58	55	41	3	4	4	25	22	44	11	21	23	53	50
33	10	25	27	65	61	37	11	25	27	62	59	41	4	5	6	29	26	44	12	24	26	56	53
33	11	28	30	69	66	37	12	28	30	66	63	41	5	8	9	33	31	44	13	27	29	59	56
33	12	31	34	73	70	37	13	31	34	70	67	41	6	10	11	37	35	44	14	29	31	63	60
33	13	35	38	78	74	37	14	35	37	74	71	41	7	12	14	41	38	44	15	32	34	66	63
33	14	39	42	82	78	37	15	38	41	77	74	41	8	15	16	45	42	44	16	35	37	69	66
33	15	43	45	86	83	37	16	41	44	81	78	41	9	17	19	49	46	44	17	38	40	72	70
33	16	46	49	90	87	37	17	45	47	85	82	41	10	20	22	53	50	44	18	41	43	75	73
33	17	50	53	94	91	37	18	48	51	88	85	41	11	23	25	56	53	44	19	43	46	79	76
34	0	0	0	12	10	37	19	52	55	92	89	41	12	26	28	60	57	44	20	46	49	82	79
34	1	1	1	19	16	38	0	0	0	11	9	41	13	28	31	63	61	44	21	49	52	85	82
34	2	2	2	25	22	38	1	1	1	17	14	41	14	31	34	67	64	44	22	52	55	88	85
34	3	4	5	30	27	38	2	2	2	22	19	41	15	34	37	70	68	45	0	0	0	9	7
34	4	6	7	35	32	38	3	4	4	27	24	41	16	37	40	74	71	45	1	1	1	14	12
34	5	9	10	40	37	38	4	6	7	31	29	41	17	40	43	77	74	45	2	2	2	18	16
34	6	12	13	45	42	38	5	8	9	36	33	41	18	43	46	81	78	45	3	3	4	22	20
34	7	14	16	50	46	38	6	11	12	40	37	41	19	47	49	84	81	45	4	5	6	26	24
34	8	17	19	54	51	38	7	13	15	44	42	41	20	50	52	87	84	45	5	7	8	30	28
34	9	21	23	59	55	38	8	16	17	49	46	41	21	53	56	90	88	45	6	9	10	34	31
34	10	24	26	63	60	38	9	19	20	53	50	42	0	0	0	9	8	45	7	11	13	37	35
34	11	27	30	67	64	38	10	22	23	57	54	42	1	1	1	15	13	45	8	14	15	41	38
34	12	31	33	71	68	38	11	24	27	61	57	42	2	2	2	20	17	45	9	16	18	45	42
34	13	34	37	75	72	38	12	28	30	64	61	42	3	3	4	24	22	45	10	19	20	48	45
34	14	38	40	80	76	38	13	31	33	68	65	42	4	5	6	28	26	45	11	21	23	51	49
34	15	41	44	83	80	38	14	34	36	72	69	42	5	7	8	32	30	45	12	24	25	55	52
34	16	45	48	87	84	38	15	37	39	76	73	42	6	10	11	36	34	45	13	26	28	58	55
34	17	49	52	91	88	38	16	40	43	79	76	42	7	12	13	40	38	45	14	29	31	61	59
35	0	0	0	12	10	38	17	44	46	83	80	42	8	15	16	44	41	45	15	31	33	64	62
35	1	1	1	18	16	38	18	47	50	86	83	42	9	17	19	48	45	45	16	34	36	68	65
35	2	2	2	24	21	38	19	50	53	90	87	42	10	20	21	51	49	45	17	37	39	71	68
35	3	4	5	29	26	39	0	0	0	10	8	42	11	22	24	55	52	45	18	40	42	74	71
35	4	6	7	34	31	39	1	1	1	16	14	42	12	25	27	59	56	45	19	42	45	77	74
35	5	9	10	39	36	39	2	2	2	21	19	42	13	28	30	62	59	45	20	45	48	80	77
35	6	11	13	44	41	39	3	4	4	26	23	42	14	31	33	65	63	45	21	48	51	83	80
35	7	14	16	48	45	39	4	6	6	31	28	42	15	34	36	69	66	45	22	51	54	86	83
35	8	17	19	53	49	39	5	8	9	35	32	42	16	36	39	72	69	45	23	54	57	89	86
35	9	20	22	57	54	39	6	10	12	39	36	42	17	39	42	75	73	46	0	0	0	8	7
35	10	23	25	61	58	39	7	13	14	43	40	42	18	42	45	79	76	46	1	1	1	13	12
35	11	26	29	65	62	39	8	15	17	47	44	42	19	45	48	82	79	46	2	2	2	18	16
35	12	30	32	70	66	39	9	18	20	51	48	42	20	49	51	85	82	46	3	3	4	22	20
35	13	33	36	74	70	39	10	21	23	55	52	42	21	52	54	88	86	46	4	5	6	26	23
35	14	37	39	77	74	39	11	24	26	59	56	43	0	0	0	9	7	46	5	7	8	29	27
35	15	40	43	81	78	39	12	27	29	63	60	43	1	1	1	14	12	46	6	9	10	33	31
35	16	44	47	85	82	39	13	30	32	67	63	43	2	2	2	19	17	46	7	11	12	37	34
35	17	47	50	89	86	39	14	33	35	70	67	43	3	3	4	23	21	46	8	13	15	40	38
35	18	51	54	93	90	39	15	36	38	74	71	43	4	5	6	28	25	46	9	16	17	44	41
36	0	0	0	11	9	39	16	39	42	77	74	43	5	7	8	32	29	46	10	18	20	47	44
36	1	1	1	18	15	39	17	42	45	81	78	43	6	10	11	36	33	46	11	21	22	50	48
36	2	2	2	23	21	39	18	46	48	84	81	43	7	12	13	39	37	46	12	23	25	54	51
36	3	4	4	28	26	39	19	49	52	88	85	43	8	14	16	43	40	46	13	26	27	57	54
36	4	6	7	33	30	39	20	52	55	91	88	43	9	17	18	47	44	46	14	28	30	60	57
36	5	8	10	38	35	40	0	0	0	10	8	43	10	19	21	50	47	46	15	31	33	63	60
36	6	11	12	43	39	40	1	1	1	16	14	43	11	22	24	54	51	46	16	33	36	66	64
36	7	14	15	47	44	40	2	2	2	21	18	43	12	25	26	57	54	46	17	36	38	69	67
36	8	17	18	51	48	40	3	4	4	25	23	43	13	27	29	61	58	46	18	39	41	72	70
36	9	20	21	55	52	40	4	6	6	30	27	43	14	30	32	64	61	46	19	42	44	75	73
36	10	23	25	60	56	40	5	8	9	34	31	43	15	33	35	67	64	46	20	44	47	78	76
36	11	26	28	64	61	40	6	10	11	38	35	43	16	36	38	71	68	46	21	47	50	81	79
36	12	29	31	68	65	40	7	13	14	42	39	43	17	39	41	74	71	46	22	50	52	84	82
36	13	32	35	72	68	40	8	15	17	46	43	43	18	41	44	77	74	46	23	53	55	87	85
36	14	36	38	76	72	40	9	18	19	50	47	43	19	44	47	80	78	47	0	0	0	8	7
36	15	39	42	79	76	40	10	21	22	54	51	43	20	47	50	83	81	47	1	1	1	13	11

CONFIDENCE BOUNDS FOR A

N = 140

n	a	LOWER .975	LOWER .95	UPPER .975	UPPER .95
47	2	2	2	17	15
47	3	3	4	21	19
47	4	5	6	25	23
47	5	7	8	29	26
47	6	9	10	32	30
47	7	11	12	36	33
47	8	13	14	39	37
47	9	16	17	43	40
47	10	18	19	46	43
47	11	20	22	49	47
47	12	23	24	52	50
47	13	25	27	56	53
47	14	28	29	59	56
47	15	30	32	62	59
47	16	33	35	65	62
47	17	35	37	68	65
47	18	38	40	71	68
47	19	41	43	74	71
47	20	43	46	77	74
47	21	46	49	80	77
47	22	49	51	83	80
47	23	52	54	85	83
47	24	55	57	88	86
48	0	0	0	8	6
48	1	1	1	13	11
48	2	2	2	17	15
48	3	3	4	21	19
48	4	5	6	25	22
48	5	7	8	28	26
48	6	9	10	32	29
48	7	11	12	35	33
48	8	13	14	38	36
48	9	15	17	42	39
48	10	18	19	45	42
48	11	20	21	48	46
48	12	22	24	51	49
48	13	25	26	54	52
48	14	27	29	57	55
48	15	30	31	61	58
48	16	32	34	64	61
48	17	35	37	67	64
48	18	37	39	69	67
48	19	40	42	72	70
48	20	43	45	75	73
48	21	45	48	78	76
48	22	48	50	81	78
48	23	51	53	84	81
48	24	53	56	87	84
49	0	0	0	8	6
49	1	1	1	12	11
49	2	2	2	17	15
49	3	3	4	20	18
49	4	5	5	24	22
49	5	7	7	28	25
49	6	9	10	31	29
49	7	11	12	34	32
49	8	13	14	38	35
49	9	15	16	41	38
49	10	17	19	44	42
49	11	19	21	47	45
49	12	22	23	50	48
49	13	24	26	53	51
49	14	27	28	56	54
49	15	29	31	59	57
49	16	32	33	62	60
49	17	34	36	65	63
49	18	37	39	68	66
49	19	39	41	71	68
49	20	42	44	74	71
49	21	44	47	77	74
49	22	47	49	79	77
49	23	50	52	82	80
49	24	52	55	85	83
49	25	55	57	88	85
50	0	0	0	8	6

N = 140

n	a	LOWER .975	LOWER .95	UPPER .975	UPPER .95
50	1	1	1	12	10
50	2	2	2	16	14
50	3	3	4	20	18
50	4	5	5	23	21
50	5	7	7	27	25
50	6	9	9	30	28
50	7	11	12	34	31
50	8	13	14	37	34
50	9	15	16	40	38
50	10	17	18	43	41
50	11	19	21	46	44
50	12	21	23	49	47
50	13	24	25	52	50
50	14	26	28	55	53
50	15	29	30	58	56
50	16	31	33	61	59
50	17	33	35	64	61
50	18	36	38	67	64
50	19	38	40	70	67
50	20	41	43	72	70
50	21	43	46	75	73
50	22	46	48	78	76
50	23	49	51	81	78
50	24	51	54	83	81
50	25	54	56	86	84
51	0	0	0	7	6
51	1	1	1	12	10
51	2	2	2	16	14
51	3	3	4	19	17
51	4	5	5	23	21
51	5	7	7	26	24
51	6	8	9	30	27
51	7	10	11	33	31
51	8	12	14	36	34
51	9	14	16	39	37
51	10	17	18	42	40
51	11	19	20	45	43
51	12	21	23	48	46
51	13	23	25	51	49
51	14	26	27	54	52
51	15	28	30	57	55
51	16	30	32	60	57
51	17	33	35	63	60
51	18	35	37	66	63
51	19	38	40	68	66
51	20	40	42	71	69
51	21	43	45	74	71
51	22	45	47	77	74
51	23	48	50	79	77
51	24	50	53	82	79
51	25	53	55	85	82
51	26	55	58	87	85
52	0	0	0	7	6
52	1	1	1	12	10
52	2	2	2	15	14
52	3	3	4	19	17
52	4	5	5	22	20
52	5	6	7	26	24
52	6	8	9	29	27
52	7	10	11	32	30
52	8	12	13	35	33
52	9	14	15	38	36
52	10	16	18	41	39
52	11	19	20	44	42
52	12	21	22	47	45
52	13	23	25	50	48
52	14	25	27	53	51
52	15	28	29	56	53
52	16	30	32	59	56
52	17	32	34	62	59
52	18	35	36	64	62
52	19	37	39	67	65
52	20	39	41	70	67
52	21	42	44	72	70
52	22	44	46	75	73

N = 140

n	a	LOWER .975	LOWER .95	UPPER .975	UPPER .95
52	23	47	49	78	75
52	24	49	52	80	78
52	25	52	54	83	81
52	26	54	57	86	83
53	0	0	0	7	6
53	1	1	1	11	10
53	2	2	2	15	13
53	3	3	3	19	17
53	4	5	5	22	20
53	5	6	7	25	23
53	6	8	9	28	26
53	7	10	11	32	29
53	8	12	13	35	32
53	9	14	15	38	35
53	10	16	17	41	38
53	11	18	20	44	41
53	12	20	22	46	44
53	13	23	24	49	47
53	14	25	26	52	50
53	15	27	29	55	52
53	16	29	31	58	55
53	17	32	33	60	58
53	18	34	36	63	61
53	19	36	38	66	63
53	20	39	41	68	66
53	21	41	43	71	69
53	22	44	46	74	71
53	23	46	48	76	74
53	24	48	51	79	77
53	25	51	53	82	79
53	26	53	56	84	82
53	27	56	58	87	84
54	0	0	0	7	6
54	1	1	1	11	9
54	2	2	2	15	13
54	3	3	3	18	16
54	4	5	5	22	20
54	5	6	7	25	23
54	6	8	9	28	26
54	7	10	11	31	29
54	8	12	13	34	32
54	9	14	15	37	35
54	10	16	17	40	38
54	11	18	19	43	40
54	12	20	21	46	43
54	13	22	24	48	46
54	14	24	26	51	49
54	15	27	28	54	51
54	16	29	31	57	54
54	17	31	33	59	57
54	18	33	35	62	60
54	19	36	38	65	62
54	20	38	40	67	65
54	21	40	42	70	67
54	22	43	45	72	70
54	23	45	47	75	73
54	24	48	50	78	75
54	25	50	52	80	78
54	26	52	55	83	80
54	27	55	57	85	83
55	0	0	0	7	5
55	1	1	1	11	9
55	2	2	2	14	13
55	3	3	3	18	16
55	4	5	5	21	19
55	5	6	7	24	22
55	6	8	9	27	25
55	7	10	11	30	28
55	8	12	13	33	31
55	9	14	15	36	34
55	10	16	17	39	37
55	11	18	19	42	40
55	12	20	21	45	42
55	13	22	23	47	45
55	14	24	26	50	48

N = 140

n	a	LOWER .975	LOWER .95	UPPER .975	UPPER .95
55	15	26	28	53	51
55	16	28	30	56	53
55	17	31	32	58	56
55	18	33	35	61	58
55	19	35	37	63	61
55	20	37	39	66	64
55	21	40	42	69	66
55	22	42	44	71	69
55	23	44	46	74	71
55	24	47	49	76	74
55	25	49	51	79	76
55	26	51	54	81	79
55	27	54	56	84	81
55	28	56	59	86	84
56	0	0	0	7	5
56	1	1	1	11	9
56	2	2	2	14	12
56	3	3	3	17	16
56	4	5	5	21	19
56	5	6	7	24	22
56	6	8	9	27	25
56	7	10	11	30	28
56	8	12	13	33	31
56	9	13	15	35	33
56	10	15	17	38	36
56	11	17	19	41	39
56	12	19	21	44	42
56	13	22	23	47	44
56	14	24	25	49	47
56	15	26	27	52	50
56	16	28	30	55	52
56	17	30	32	57	55
56	18	32	34	60	57
56	19	35	36	62	60
56	20	37	39	65	63
56	21	39	41	67	65
56	22	41	43	70	68
56	23	44	46	72	70
56	24	46	48	75	73
56	25	48	50	77	75
56	26	51	53	80	78
56	27	53	55	82	80
56	28	55	58	85	82

CONFIDENCE BOUNDS FOR A

Each block: columns are n, a, then LOWER (.975, .95), then UPPER (.975, .95). N = 145 for all four blocks.

n	a	LOWER .975	LOWER .95	UPPER .975	UPPER .95	n	a	LOWER .975	LOWER .95	UPPER .975	UPPER .95	n	a	LOWER .975	LOWER .95	UPPER .975	UPPER .95	n	a	LOWER .975	LOWER .95	UPPER .975	UPPER .95
1	0	0	0	141	137	15	5	19	22	87	82	22	8	27	30	83	79	28	2	2	3	31	28
1	1	4	8	145	145	15	6	26	29	96	91	22	9	32	36	89	85	28	3	5	6	38	34
2	0	0	0	121	112	15	7	33	37	104	100	22	10	38	42	96	91	28	4	7	9	44	41
2	1	2	4	143	141	15	8	41	45	112	108	22	11	44	47	101	98	28	5	11	12	50	47
3	0	0	0	101	90	16	0	0	0	28	23	23	0	0	0	19	16	28	6	14	16	56	52
3	1	2	3	130	125	16	1	1	1	42	36	23	1	1	1	29	25	28	7	18	20	62	58
3	2	15	20	143	142	16	2	3	4	53	48	23	2	3	3	38	34	28	8	22	24	67	63
4	0	0	0	86	75	16	3	7	9	64	58	23	3	5	6	46	42	28	9	26	28	73	69
4	1	1	2	116	108	16	4	12	14	73	68	23	4	9	10	53	49	28	10	30	33	78	74
4	2	11	15	134	130	16	5	18	21	83	77	23	5	13	15	60	56	28	11	34	37	83	79
5	0	0	0	74	64	16	6	24	27	91	86	23	6	17	19	67	63	28	12	38	42	88	84
5	1	1	2	102	94	16	7	31	35	99	95	23	7	21	24	74	69	28	13	43	46	93	89
5	2	9	12	123	116	16	8	38	42	107	103	23	8	26	29	80	76	28	14	47	51	98	94
5	3	22	29	136	133	17	0	0	0	26	22	23	9	31	34	86	82	29	0	0	0	15	12
6	0	0	0	65	55	17	1	1	1	39	34	23	10	36	40	92	88	29	1	1	1	23	20
6	1	1	2	91	83	17	2	3	4	50	45	23	11	42	45	98	94	29	2	2	3	30	27
6	2	7	10	111	104	17	3	7	8	60	55	23	12	47	51	103	100	29	3	4	5	37	33
6	3	18	23	127	122	17	4	11	14	70	65	24	0	0	0	18	15	29	4	7	8	43	39
7	0	0	0	58	49	17	5	17	20	79	73	24	1	1	1	28	24	29	5	10	12	49	45
7	1	1	2	82	74	17	6	23	26	87	82	24	2	2	3	36	32	29	6	14	15	54	51
7	2	6	9	101	94	17	7	29	33	95	90	24	3	5	6	44	40	29	7	17	19	60	56
7	3	16	20	117	111	17	8	36	40	102	98	24	4	8	10	51	47	29	8	21	23	65	61
7	4	28	34	129	125	17	9	43	47	109	105	24	5	12	14	58	54	29	9	25	27	70	67
8	0	0	0	52	44	18	0	0	0	25	20	24	6	16	18	65	60	29	10	29	31	76	72
8	1	1	1	74	67	18	1	1	1	37	32	24	7	20	23	71	67	29	11	33	36	80	77
8	2	6	8	93	85	18	2	3	4	48	43	24	8	25	28	77	73	29	12	37	40	85	82
8	3	14	17	108	102	18	3	6	8	57	52	24	9	30	33	83	79	29	13	41	45	90	87
8	4	24	29	121	116	18	4	11	13	66	61	24	10	35	38	89	85	29	14	46	49	95	91
9	0	0	0	47	39	18	5	16	18	75	70	24	11	40	43	95	91	29	15	50	54	99	96
9	1	1	1	68	60	18	6	21	24	83	78	24	12	45	49	100	96	30	0	0	0	15	12
9	2	5	7	85	78	18	7	27	31	91	86	25	0	0	0	18	14	30	1	1	1	22	19
9	3	12	15	100	93	18	8	33	37	98	93	25	1	1	1	27	23	30	2	2	3	29	26
9	4	21	26	113	107	18	9	40	44	105	101	25	2	2	3	35	31	30	3	4	5	36	32
9	5	32	38	124	119	19	0	0	0	23	19	25	3	5	6	42	38	30	4	7	8	41	38
10	0	0	0	43	36	19	1	1	1	35	31	25	4	8	10	49	45	30	5	10	11	47	44
10	1	1	1	62	55	19	2	3	4	46	41	25	5	12	14	56	52	30	6	13	15	53	49
10	2	5	6	79	72	19	3	6	8	55	50	25	6	16	18	62	58	30	7	17	19	58	54
10	3	11	14	93	86	19	4	10	12	63	58	25	7	20	22	69	64	30	8	20	22	63	59
10	4	19	23	105	99	19	5	15	18	72	67	25	8	24	27	75	70	30	9	24	26	68	65
10	5	29	34	116	111	19	6	20	23	79	75	25	9	29	32	80	76	30	10	28	30	73	70
11	0	0	0	39	33	19	7	26	29	87	82	25	10	33	36	86	82	30	11	32	34	78	74
11	1	1	1	58	51	19	8	32	35	94	89	25	11	38	41	91	88	30	12	36	39	83	79
11	2	4	6	73	66	19	9	38	42	101	96	25	12	43	47	97	93	30	13	40	43	87	84
11	3	10	13	86	80	19	10	44	49	107	103	25	13	48	52	102	98	30	14	44	47	92	89
11	4	17	21	98	92	20	0	0	0	22	18	26	0	0	0	17	14	30	15	49	52	96	93
11	5	26	30	109	104	20	1	1	1	34	29	26	1	1	1	26	22	31	0	0	0	14	11
11	6	36	41	119	115	20	2	3	3	43	39	26	2	2	3	34	30	31	1	1	1	22	19
12	0	0	0	36	30	20	3	6	7	52	48	26	3	5	6	41	37	31	2	2	3	28	25
12	1	1	1	54	47	20	4	10	12	61	56	26	4	8	9	48	44	31	3	4	5	34	31
12	2	4	5	68	62	20	5	14	17	68	64	26	5	11	13	54	50	31	4	7	8	40	37
12	3	9	12	81	75	20	6	19	22	76	71	26	6	15	17	60	56	31	5	10	11	46	42
12	4	16	19	92	86	20	7	24	28	83	79	26	7	19	21	66	62	31	6	13	15	51	47
12	5	24	28	103	97	20	8	30	33	90	86	26	8	23	26	72	68	31	7	16	18	56	53
12	6	32	37	113	108	20	9	36	40	97	92	26	9	27	30	78	74	31	8	20	22	61	58
13	0	0	0	34	28	20	10	42	46	103	99	26	10	32	35	83	79	31	9	23	26	66	63
13	1	1	1	50	44	21	0	0	0	21	17	26	11	37	40	88	85	31	10	27	29	71	67
13	2	4	5	64	57	21	1	1	1	32	28	26	12	41	45	94	90	31	11	31	33	76	72
13	3	9	11	76	70	21	2	3	3	41	37	26	13	46	50	99	95	31	12	35	37	80	77
13	4	15	18	87	81	21	3	6	7	50	45	27	0	0	0	16	13	31	13	39	42	85	82
13	5	22	26	97	92	21	4	9	11	58	53	27	1	1	1	25	22	31	14	43	46	89	86
13	6	30	34	107	102	21	5	14	16	66	61	27	2	2	3	32	29	31	15	47	50	94	90
13	7	38	43	115	111	21	6	18	21	73	68	27	3	5	6	39	36	31	16	51	55	98	95
14	0	0	0	32	26	21	7	23	26	80	75	27	4	8	9	46	42	32	0	0	0	14	11
14	1	1	1	47	41	21	8	29	32	87	82	27	5	11	13	52	48	32	1	1	1	21	18
14	2	4	5	60	54	21	9	34	38	93	89	27	6	15	16	58	54	32	2	2	3	27	24
14	3	8	10	71	65	21	10	40	44	99	95	27	7	18	21	64	60	32	3	4	5	33	30
14	4	14	16	82	76	21	11	46	50	105	101	27	8	22	25	70	66	32	4	7	8	39	36
14	5	20	24	92	86	22	0	0	0	20	17	27	9	26	29	75	71	32	5	9	11	44	41
14	6	28	32	101	96	22	1	1	1	31	27	27	10	31	34	80	77	32	6	12	14	50	46
14	7	35	40	110	105	22	2	3	3	40	35	27	11	35	38	86	82	32	7	16	18	55	51
15	0	0	0	30	24	22	3	5	7	48	43	27	12	40	43	91	87	32	8	19	21	60	56
15	1	1	1	44	39	22	4	9	11	56	51	27	13	44	48	96	92	32	9	22	25	64	61
15	2	3	4	56	51	22	5	13	15	63	58	27	14	49	53	101	97	32	10	26	29	69	65
15	3	8	9	67	62	22	6	18	20	70	65	28	0	0	0	16	13	32	11	30	32	74	70
15	4	13	15	77	72	22	7	22	25	77	72	28	1	1	1	24	21	32	12	34	36	78	75

CONFIDENCE BOUNDS FOR A

N = 145

n	a	LOWER .975	LOWER .95	UPPER .975	UPPER .95
32	13	37	40	83	79
32	14	41	44	87	84
32	15	45	49	91	88
32	16	49	53	96	92
33	0	0	0	13	11
33	1	1	1	20	17
33	2	2	2	26	23
33	3	4	5	32	29
33	4	7	8	38	34
33	5	9	11	43	40
33	6	12	14	48	45
33	7	15	17	53	50
33	8	18	20	58	54
33	9	22	24	63	59
33	10	25	28	67	64
33	11	29	31	72	68
33	12	33	35	76	73
33	13	36	39	80	77
33	14	40	43	85	81
33	15	44	47	89	86
33	16	48	51	93	90
33	17	52	55	97	94
34	0	0	0	13	10
34	1	1	1	20	17
34	2	2	2	26	23
34	3	4	5	31	28
34	4	6	7	37	33
34	5	9	10	42	38
34	6	12	13	47	43
34	7	15	17	52	48
34	8	18	20	56	53
34	9	21	23	61	57
34	10	25	27	65	62
34	11	28	30	70	66
34	12	32	34	74	71
34	13	35	38	78	75
34	14	39	42	83	79
34	15	43	46	87	83
34	16	46	50	91	87
34	17	50	54	95	91
35	0	0	0	12	10
35	1	1	1	19	16
35	2	2	2	25	22
35	3	4	5	30	27
35	4	6	7	36	32
35	5	9	10	41	37
35	6	12	13	45	42
35	7	14	16	50	47
35	8	18	19	55	51
35	9	21	23	59	56
35	10	24	26	64	60
35	11	27	30	68	64
35	12	31	33	72	69
35	13	34	37	76	73
35	14	38	41	80	77
35	15	41	44	84	81
35	16	45	48	88	85
35	17	49	52	92	89
35	18	53	56	96	93
36	0	0	0	12	10
36	1	1	1	18	16
36	2	2	2	24	21
36	3	4	5	30	27
36	4	6	7	35	32
36	5	9	10	39	36
36	6	11	13	44	41
36	7	14	16	49	45
36	8	17	19	53	50
36	9	20	22	58	54
36	10	23	25	62	59
36	11	27	29	66	63
36	12	30	32	70	67
36	13	33	36	74	71
36	14	37	39	78	75
36	15	40	43	82	79

n	a	LOWER .975	LOWER .95	UPPER .975	UPPER .95
36	16	44	47	86	83
36	17	47	50	90	87
36	18	51	54	94	91
37	0	0	0	11	9
37	1	1	1	18	15
37	2	2	2	23	21
37	3	4	4	29	26
37	4	6	7	34	31
37	5	8	10	38	35
37	6	11	12	43	40
37	7	14	15	47	44
37	8	17	18	52	49
37	9	20	22	56	53
37	10	23	25	60	57
37	11	26	28	64	61
37	12	29	31	69	65
37	13	32	35	72	69
37	14	36	38	76	73
37	15	39	42	80	77
37	16	43	45	84	81
37	17	46	49	88	85
37	18	50	53	92	89
37	19	53	56	95	92
38	0	0	0	11	9
38	1	1	1	17	15
38	2	2	2	23	20
38	3	4	4	28	25
38	4	6	7	33	30
38	5	8	9	37	34
38	6	11	12	42	39
38	7	13	15	46	43
38	8	16	18	51	47
38	9	19	21	55	52
38	10	22	24	59	56
38	11	25	27	63	60
38	12	28	31	67	64
38	13	32	34	71	68
38	14	35	37	75	71
38	15	38	41	78	75
38	16	42	44	82	79
38	17	45	48	86	83
38	18	48	51	89	86
38	19	52	55	93	90
39	0	0	0	11	9
39	1	1	1	17	15
39	2	2	2	22	20
39	3	4	4	27	24
39	4	6	7	32	29
39	5	8	9	36	33
39	6	11	12	41	38
39	7	13	15	45	42
39	8	16	18	49	46
39	9	19	21	53	50
39	10	22	24	57	54
39	11	25	27	61	58
39	12	28	30	65	62
39	13	31	33	69	66
39	14	34	36	73	70
39	15	37	40	77	73
39	16	40	43	80	77
39	17	44	47	84	81
39	18	47	50	87	84
39	19	51	53	91	88
39	20	54	57	94	92
40	0	0	0	10	8
40	1	1	1	16	14
40	2	2	2	22	19
40	3	4	4	26	24
40	4	6	7	31	28
40	5	8	9	35	33
40	6	10	12	40	37
40	7	13	14	44	41
40	8	16	17	48	45
40	9	18	20	52	49
40	10	21	23	56	53

n	a	LOWER .975	LOWER .95	UPPER .975	UPPER .95
40	11	24	26	60	57
40	12	27	29	64	61
40	13	30	32	67	64
40	14	33	36	71	68
40	15	36	39	75	72
40	16	39	42	78	75
40	17	43	45	82	79
40	18	46	49	85	82
40	19	49	52	89	86
40	20	53	56	92	89
41	0	0	0	10	8
41	1	1	1	16	14
41	2	2	2	21	19
41	3	4	4	26	23
41	4	6	6	30	28
41	5	8	9	35	32
41	6	10	11	39	36
41	7	13	14	43	40
41	8	15	17	47	44
41	9	18	20	51	48
41	10	21	23	55	52
41	11	24	25	58	55
41	12	26	29	62	59
41	13	29	32	66	63
41	14	32	35	69	66
41	15	35	38	73	70
41	16	39	41	77	74
41	17	42	44	80	77
41	18	45	48	84	81
41	19	48	51	87	84
41	20	51	54	90	87
41	21	55	58	94	91
42	0	0	0	10	8
42	1	1	1	16	13
42	2	2	2	20	18
42	3	4	4	25	23
42	4	6	6	29	27
42	5	8	9	34	31
42	6	10	11	38	35
42	7	12	14	42	39
42	8	15	16	46	43
42	9	18	19	50	47
42	10	20	22	53	50
42	11	23	25	57	54
42	12	26	28	61	58
42	13	29	31	64	61
42	14	32	34	68	65
42	15	35	37	71	68
42	16	38	40	75	72
42	17	41	43	78	75
42	18	44	46	82	79
42	19	47	50	85	82
42	20	50	53	88	86
42	21	53	56	92	89
43	0	0	0	10	8
43	1	1	1	15	13
43	2	2	2	20	18
43	3	4	4	24	22
43	4	5	6	29	26
43	5	8	8	33	30
43	6	10	11	37	34
43	7	12	13	41	38
43	8	15	16	45	42
43	9	17	19	48	46
43	10	20	22	52	49
43	11	23	24	56	53
43	12	25	27	59	56
43	13	28	30	63	60
43	14	31	33	66	63
43	15	34	36	70	67
43	16	37	39	73	70
43	17	40	42	77	74
43	18	43	45	80	77
43	19	46	48	83	80
43	20	49	52	87	84

n	a	LOWER .975	LOWER .95	UPPER .975	UPPER .95
43	21	52	55	90	87
43	22	55	58	93	90
44	0	0	0	9	8
44	1	1	1	15	13
44	2	2	2	19	17
44	3	3	4	24	21
44	4	5	6	28	26
44	5	7	8	32	30
44	6	10	11	36	33
44	7	12	13	40	37
44	8	14	16	44	41
44	9	17	18	47	45
44	10	19	21	51	48
44	11	22	24	55	52
44	12	25	27	58	55
44	13	27	30	62	59
44	14	30	32	65	62
44	15	33	35	68	65
44	16	36	38	72	69
44	17	39	41	75	72
44	18	42	44	78	75
44	19	45	47	82	79
44	20	48	50	85	82
44	21	51	54	88	85
44	22	54	57	91	88
45	0	0	0	9	7
45	1	1	1	14	12
45	2	2	2	19	17
45	3	3	4	23	21
45	4	5	6	27	25
45	5	7	8	31	29
45	6	9	11	35	33
45	7	12	13	39	36
45	8	14	15	43	40
45	9	17	18	46	44
45	10	19	21	50	47
45	11	22	23	53	51
45	12	24	26	57	54
45	13	27	29	60	57
45	14	30	32	64	61
45	15	32	35	67	64
45	16	35	37	70	67
45	17	38	40	73	71
45	18	41	43	77	74
45	19	44	46	80	77
45	20	47	49	83	80
45	21	50	52	86	83
45	22	53	55	89	87
45	23	56	58	92	90
46	0	0	0	9	7
46	1	1	1	14	12
46	2	2	2	19	16
46	3	3	4	23	20
46	4	5	6	27	24
46	5	7	8	31	28
46	6	9	10	34	32
46	7	12	13	38	35
46	8	14	15	42	39
46	9	16	18	45	43
46	10	19	20	49	46
46	11	21	23	52	49
46	12	24	26	56	53
46	13	26	28	59	56
46	14	29	31	62	59
46	15	32	34	66	63
46	16	34	37	69	66
46	17	37	40	72	69
46	18	40	42	75	72
46	19	43	45	78	75
46	20	46	48	81	79
46	21	49	51	84	82
46	22	52	54	87	85
46	23	55	57	90	88
47	0	0	0	9	7
47	1	1	1	14	12

CONFIDENCE BOUNDS FOR A

N = 145		LOWER		UPPER	
n	a	.975	.95	.975	.95
47	2	2	2	18	16
47	3	3	4	22	20
47	4	5	6	26	24
47	5	7	8	30	28
47	6	9	10	34	31
47	7	11	13	37	35
47	8	14	15	41	38
47	9	16	17	44	42
47	10	18	20	48	45
47	11	21	22	51	48
47	12	23	25	54	52
47	13	26	28	58	55
47	14	28	30	61	58
47	15	31	33	64	61
47	16	34	36	67	65
47	17	36	39	70	68
47	18	39	42	74	71
47	19	42	44	77	74
47	20	45	47	80	77
47	21	48	50	83	80
47	22	51	53	86	83
47	23	53	56	89	86
47	24	56	59	92	89
48	0	0	0	8	7
48	1	1	1	13	11
48	2	2	2	18	16
48	3	3	4	22	20
48	4	5	6	26	24
48	5	7	8	29	27
48	6	9	10	33	30
48	7	11	12	36	34
48	8	13	15	40	37
48	9	16	17	43	41
48	10	18	20	47	44
48	11	20	22	50	47
48	12	23	25	53	51
48	13	25	27	57	54
48	14	28	30	60	57
48	15	31	33	63	60
48	16	33	35	66	63
48	17	36	38	69	66
48	18	38	41	72	69
48	19	41	43	75	72
48	20	44	46	78	75
48	21	47	49	81	78
48	22	49	52	84	81
48	23	52	55	87	84
48	24	55	58	90	87
49	0	0	0	8	7
49	1	1	1	13	11
49	2	2	2	17	15
49	3	3	4	21	19
49	4	5	6	25	23
49	5	7	8	29	26
49	6	9	10	32	30
49	7	11	12	36	33
49	8	13	14	39	37
49	9	15	17	42	40
49	10	18	19	46	43
49	11	20	22	49	46
49	12	22	24	52	50
49	13	25	27	55	53
49	14	27	29	59	56
49	15	30	32	62	59
49	16	32	35	65	62
49	17	35	37	68	65
49	18	38	40	71	68
49	19	40	43	74	71
49	20	43	45	77	74
49	21	46	48	80	77
49	22	48	51	82	80
49	23	51	54	85	83
49	24	54	57	88	86
49	25	57	59	91	88
50	0	0	0	8	6

N = 145		LOWER		UPPER	
n	a	.975	.95	.975	.95
50	1	1	1	13	11
50	2	2	2	17	15
50	3	3	4	21	19
50	4	5	6	24	22
50	5	7	8	28	26
50	6	9	10	32	29
50	7	11	12	35	33
50	8	13	14	38	36
50	9	15	16	42	39
50	10	17	19	45	42
50	11	20	21	48	45
50	12	22	24	51	49
50	13	24	26	54	52
50	14	27	29	57	55
50	15	29	31	60	58
50	16	32	34	63	61
50	17	34	36	66	64
50	18	37	39	69	67
50	19	40	42	72	70
50	20	42	44	75	73
50	21	45	47	78	75
50	22	48	50	81	78
50	23	50	53	84	81
50	24	53	55	87	84
50	25	56	58	89	87
51	0	0	0	8	6
51	1	1	1	12	11
51	2	2	2	16	15
51	3	3	4	20	18
51	4	5	5	24	22
51	5	7	7	27	25
51	6	9	10	31	29
51	7	11	12	34	32
51	8	13	14	38	35
51	9	15	16	41	38
51	10	17	19	44	41
51	11	19	21	47	45
51	12	22	23	50	48
51	13	24	26	53	51
51	14	26	28	56	54
51	15	29	31	59	57
51	16	31	33	62	60
51	17	34	36	65	63
51	18	36	38	68	65
51	19	39	41	71	68
51	20	41	44	74	71
51	21	44	46	77	74
51	22	47	49	79	77
51	23	49	52	82	80
51	24	52	54	85	82
51	25	55	57	88	85
51	26	57	60	90	88
52	1	1	1	12	10
52	2	2	2	16	14
52	3	3	4	20	18
52	4	5	5	23	21
52	5	7	7	27	25
52	6	8	9	30	28
52	7	10	12	34	31
52	8	13	14	37	34
52	9	15	16	40	38
52	10	17	18	43	41
52	11	19	21	46	44
52	12	21	23	49	47
52	13	24	25	52	50
52	14	26	28	55	53
52	15	28	30	58	56
52	16	31	33	61	58
52	17	33	35	64	61
52	18	36	38	67	64
52	19	38	40	70	67
52	20	41	43	72	70
52	21	43	45	75	73
52	22	46	48	78	75

N = 145		LOWER		UPPER	
n	a	.975	.95	.975	.95
52	23	48	51	81	78
52	24	51	53	83	81
52	25	54	56	86	84
52	26	56	59	89	86
53	0	0	0	7	6
53	1	1	1	12	10
53	2	2	2	16	14
53	3	3	4	19	17
53	4	5	5	23	21
53	5	7	7	26	24
53	6	8	9	30	27
53	7	10	11	33	31
53	8	12	13	36	34
53	9	14	16	39	37
53	10	17	18	42	40
53	11	19	20	45	43
53	12	21	23	48	46
53	13	23	25	51	49
53	14	26	27	54	52
53	15	28	30	57	54
53	16	30	32	60	57
53	17	33	35	63	60
53	18	35	37	66	63
53	19	37	39	68	66
53	20	40	42	71	69
53	21	42	45	74	71
53	22	45	47	77	74
53	23	47	50	79	77
53	24	50	52	82	80
53	25	53	55	85	82
53	26	55	57	87	85
53	27	58	60	90	88
54	0	0	0	7	6
54	1	1	1	12	10
54	2	2	2	15	14
54	3	3	4	19	17
54	4	5	5	22	20
54	5	6	7	26	24
54	6	8	9	29	27
54	7	10	11	32	30
54	8	12	13	35	33
54	9	14	15	38	36
54	10	16	18	41	39
54	11	18	20	44	42
54	12	21	22	47	45
54	13	23	24	50	48
54	14	25	27	53	51
54	15	27	29	56	53
54	16	30	32	59	56
54	17	32	34	62	59
54	18	34	36	64	62
54	19	37	39	67	65
54	20	39	41	70	67
54	21	42	44	73	70
54	22	44	46	75	73
54	23	47	49	78	75
54	24	49	51	81	78
54	25	52	54	83	81
54	26	54	56	86	83
54	27	57	59	88	86
55	0	0	0	7	6
55	1	1	1	11	10
55	2	2	2	15	13
55	3	3	3	19	17
55	4	5	5	22	20
55	5	6	7	25	23
55	6	8	9	28	26
55	7	10	11	32	29
55	8	12	13	35	32
55	9	14	15	38	35
55	10	16	17	41	38
55	11	18	20	44	41
55	12	20	22	46	44
55	13	23	24	49	47
55	14	25	26	52	50

N = 145		LOWER		UPPER	
n	a	.975	.95	.975	.95
55	15	27	29	55	52
55	16	29	31	58	55
55	17	32	33	60	58
55	18	34	36	63	61
55	19	36	38	66	63
55	20	39	41	69	66
55	21	41	43	71	69
55	22	43	45	74	71
55	23	46	48	77	74
55	24	48	50	79	77
55	25	51	53	82	79
55	26	53	55	84	82
55	27	56	58	87	84
55	28	58	61	89	87
56	0	0	0	7	5
56	1	1	1	11	9
56	2	2	2	15	13
56	3	3	3	18	16
56	4	5	5	22	20
56	5	6	7	25	23
56	6	8	9	28	26
56	7	10	11	31	29
56	8	12	13	34	32
56	9	14	15	37	35
56	10	16	17	40	38
56	11	18	19	43	40
56	12	20	21	46	43
56	13	22	24	48	46
56	14	24	26	51	49
56	15	27	28	54	52
56	16	29	30	57	54
56	17	31	33	59	57
56	18	33	35	62	60
56	19	36	37	65	62
56	20	38	40	67	65
56	21	40	42	70	68
56	22	43	45	73	70
56	23	45	47	75	73
56	24	47	50	78	75
56	25	50	52	80	78
56	26	52	54	83	81
56	27	55	57	85	83
56	28	57	59	88	86
57	0	0	0	7	5
57	1	1	1	11	9
57	2	2	2	14	13
57	3	3	3	18	16
57	4	5	5	21	19
57	5	6	7	24	22
57	6	8	9	27	25
57	7	10	11	30	28
57	8	12	13	33	31
57	9	14	15	36	34
57	10	16	17	39	37
57	11	18	19	42	40
57	12	20	21	45	42
57	13	22	23	48	45
57	14	24	26	50	48
57	15	26	28	53	51
57	16	28	30	56	53
57	17	31	32	58	56
57	18	33	35	61	59
57	19	35	37	64	61
57	20	37	39	66	64
57	21	40	42	69	66
57	22	42	44	71	69
57	23	44	46	74	72
57	24	47	49	76	74
57	25	49	51	79	77
57	26	51	53	81	79
57	27	54	56	84	82
57	28	56	58	86	84
57	29	59	61	89	87
58	0	0	0	7	5
58	1	1	1	11	9

CONFIDENCE BOUNDS FOR A

N = 145		LOWER		UPPER	
n	a	.975	.95	.975	.95
58	2	2	2	14	12
58	3	3	3	17	16
58	4	5	5	21	19
58	5	6	7	24	22
58	6	8	9	27	25
58	7	10	11	30	28
58	8	12	13	33	31
58	9	13	15	36	33
58	10	15	17	38	36
58	11	17	19	41	39
58	12	19	21	44	42
58	13	21	23	47	44
58	14	24	25	49	47
58	15	26	27	52	50
58	16	28	29	55	52
58	17	30	32	57	55
58	18	32	34	60	58
58	19	34	36	63	60
58	20	37	39	65	63
58	21	39	41	68	65
58	22	41	43	70	68
58	23	43	45	73	70
58	24	46	48	75	73
58	25	48	50	78	75
58	26	50	53	80	78
58	27	53	55	83	80
58	28	55	57	85	83
58	29	58	60	87	85

N = 150		LOWER		UPPER	
n	a	.975	.95	.975	.95
1	0	0	0	146	142
1	1	4	8	150	150
2	0	0	0	125	116
2	1	2	4	148	146
3	0	0	0	105	94
3	1	2	3	135	129
3	2	15	21	148	147
4	0	0	0	89	78
4	1	1	2	120	112
4	2	11	16	139	134
5	0	0	0	77	66
5	1	1	2	106	97
5	2	9	12	127	120
5	3	23	30	141	138
6	0	0	0	67	57
6	1	1	2	95	86
6	2	7	10	115	108
6	3	19	24	131	126
7	0	0	0	60	51
7	1	1	2	85	77
7	2	6	9	105	97
7	3	16	20	121	115
7	4	29	35	134	130
8	0	0	0	54	45
8	1	1	1	77	69
8	2	6	8	96	88
8	3	14	18	112	105
8	4	25	30	125	120
9	0	0	0	49	41
9	1	1	1	70	63
9	2	5	7	88	81
9	3	12	16	103	97
9	4	22	27	117	111
9	5	33	39	128	123
10	0	0	0	44	37
10	1	1	1	65	57
10	2	5	6	81	74
10	3	11	14	96	89
10	4	20	24	109	103
10	5	30	35	120	115
11	0	0	0	41	34
11	1	1	1	60	53
11	2	4	6	76	69
11	3	10	13	89	83
11	4	18	22	102	96
11	5	27	31	113	108
11	6	37	42	123	119
12	0	0	0	38	31
12	1	1	1	56	49
12	2	4	5	70	64
12	3	9	12	84	77
12	4	16	20	96	89
12	5	24	29	106	101
12	6	34	38	116	112
13	0	0	0	35	29
13	1	1	1	52	46
13	2	4	5	66	60
13	3	9	11	78	72
13	4	15	18	90	84
13	5	23	26	100	95
13	6	31	35	110	105
13	7	40	45	119	115
14	0	0	0	33	27
14	1	1	1	49	43
14	2	4	5	62	56
14	3	8	10	74	68
14	4	14	17	85	79
14	5	21	24	95	89
14	6	28	33	105	99
14	7	37	41	113	109
15	0	0	0	31	25
15	1	1	1	46	40
15	2	3	5	58	52
15	3	8	10	70	64
15	4	13	16	80	74

N = 150		LOWER		UPPER	
n	a	.975	.95	.975	.95
15	5	19	23	90	85
15	6	26	30	99	94
15	7	34	38	108	103
15	8	42	47	116	112
16	0	0	0	29	24
16	1	1	1	43	38
16	2	3	4	55	49
16	3	7	9	66	60
16	4	12	15	76	70
16	5	18	21	86	80
16	6	25	28	94	89
16	7	32	36	103	98
16	8	39	44	111	106
17	0	0	0	27	22
17	1	1	1	41	35
17	2	3	4	52	47
17	3	7	9	63	57
17	4	12	14	72	67
17	5	17	20	81	76
17	6	23	27	90	85
17	7	30	34	98	93
17	8	37	41	106	101
17	9	44	49	113	109
18	0	0	0	26	21
18	1	1	1	39	34
18	2	3	4	50	44
18	3	7	8	60	54
18	4	11	13	69	64
18	5	16	19	78	72
18	6	22	25	86	81
18	7	28	32	94	89
18	8	35	39	101	97
18	9	41	46	109	104
19	0	0	0	24	20
19	1	1	1	37	32
19	2	3	4	47	42
19	3	6	8	57	52
19	4	11	13	66	61
19	5	15	18	74	69
19	6	21	24	82	77
19	7	27	30	90	85
19	8	33	36	97	93
19	9	39	43	104	100
19	10	46	50	111	107
20	0	0	0	23	19
20	1	1	1	35	30
20	2	3	4	45	40
20	3	6	7	54	49
20	4	10	12	63	58
20	5	15	17	71	66
20	6	20	23	79	74
20	7	25	28	86	81
20	8	31	35	93	89
20	9	37	41	100	96
20	10	43	47	107	103
21	0	0	0	22	18
21	1	1	1	33	29
21	2	3	3	43	38
21	3	6	7	52	47
21	4	10	12	60	55
21	5	14	16	68	63
21	6	19	22	75	71
21	7	24	27	83	78
21	8	29	33	90	85
21	9	35	39	96	92
21	10	41	45	103	98
21	11	47	52	109	105
22	0	0	0	21	17
22	1	1	1	32	28
22	2	3	3	41	37
22	3	6	7	50	45
22	4	9	11	58	53
22	5	14	16	65	60
22	6	18	21	72	68
22	7	23	26	79	75

N = 150		LOWER		UPPER	
n	a	.975	.95	.975	.95
22	8	28	31	86	82
22	9	33	37	93	88
22	10	39	43	99	95
22	11	45	49	105	101
23	0	0	0	20	16
23	1	1	1	30	26
23	2	3	3	39	35
23	3	5	7	48	43
23	4	9	11	55	51
23	5	13	15	63	58
23	6	17	20	70	65
23	7	22	25	76	72
23	8	27	30	83	79
23	9	32	35	89	85
23	10	37	41	95	91
23	11	43	47	101	97
23	12	49	53	107	103
24	0	0	0	19	16
24	1	1	1	29	25
24	2	3	3	38	34
24	3	5	6	46	41
24	4	9	10	53	49
24	5	12	14	60	56
24	6	17	19	67	63
24	7	21	24	74	69
24	8	26	29	80	76
24	9	31	34	86	82
24	10	36	39	92	88
24	11	41	45	98	94
24	12	46	50	104	100
25	0	0	0	18	15
25	1	1	1	28	24
25	2	2	3	36	32
25	3	5	6	44	40
25	4	8	10	51	47
25	5	12	14	58	54
25	6	16	18	65	60
25	7	20	23	71	67
25	8	25	28	77	73
25	9	29	33	83	79
25	10	34	38	89	85
25	11	39	43	95	91
25	12	44	48	100	96
25	13	50	54	106	102
26	0	0	0	18	14
26	1	1	1	27	23
26	2	2	3	35	31
26	3	5	6	42	38
26	4	8	10	49	45
26	5	12	13	56	52
26	6	15	18	62	58
26	7	20	22	69	64
26	8	24	27	75	70
26	9	28	31	80	76
26	10	33	36	86	82
26	11	38	41	92	88
26	12	43	46	97	93
26	13	48	52	102	98
27	0	0	0	17	14
27	1	1	1	26	22
27	2	2	3	34	30
27	3	5	6	41	37
27	4	8	9	48	44
27	5	11	13	54	50
27	6	15	17	60	56
27	7	19	21	66	62
27	8	23	26	72	68
27	9	27	30	78	74
27	10	32	35	83	79
27	11	36	40	89	85
27	12	41	44	94	90
27	13	46	50	99	95
27	14	51	55	104	100
28	0	0	0	16	13
28	1	1	1	25	22

CONFIDENCE BOUNDS FOR A

N = 150						N = 150						N = 150						N = 150					
		LOWER		UPPER				LOWER		UPPER				LOWER		UPPER				LOWER		UPPER	
n	a	.975	.95	.975	.95	n	a	.975	.95	.975	.95	n	a	.975	.95	.975	.95	n	a	.975	.95	.975	.95
28	2	2	3	32	29	32	13	39	42	86	82	36	16	45	48	89	86	40	11	25	27	62	59
28	3	5	6	39	36	32	14	43	46	90	87	36	17	49	52	93	90	40	12	28	30	66	63
28	4	8	9	46	42	32	15	47	50	95	91	36	18	53	56	97	94	40	13	31	33	70	67
28	5	11	13	52	48	32	16	51	54	99	96	37	0	0	0	12	10	40	14	34	37	74	70
28	6	14	16	58	54	33	0	0	0	14	11	37	1	1	1	19	16	40	15	37	40	77	74
28	7	18	20	64	60	33	1	1	1	21	18	37	2	2	2	24	22	40	16	41	43	81	78
28	8	22	25	70	66	33	2	2	3	27	24	37	3	4	5	30	27	40	17	44	47	85	82
28	9	26	29	75	71	33	3	4	5	33	30	37	4	6	7	35	32	40	18	47	50	89	85
28	10	31	34	81	77	33	4	7	8	39	36	37	5	9	10	40	37	40	19	51	54	92	89
28	11	35	38	86	82	33	5	9	11	45	41	37	6	11	13	45	41	40	20	54	57	96	93
28	12	40	43	91	87	33	6	13	14	50	46	37	7	14	16	49	46	41	0	0	0	11	9
28	13	44	48	96	92	33	7	16	18	55	51	37	8	17	19	54	50	41	1	1	1	17	14
28	14	49	53	101	97	33	8	19	21	60	56	37	9	20	22	58	55	41	2	2	2	22	19
29	0	0	0	16	13	33	9	22	25	65	61	37	10	23	26	63	59	41	3	4	4	27	24
29	1	1	1	24	21	33	10	26	29	70	66	37	11	27	29	67	63	41	4	6	7	31	29
29	2	2	3	31	28	33	11	30	32	74	71	37	12	30	32	71	68	41	5	8	9	36	33
29	3	5	6	38	34	33	12	34	36	79	75	37	13	33	36	75	72	41	6	10	12	40	37
29	4	7	9	44	41	33	13	37	40	83	80	37	14	37	40	79	76	41	7	13	14	44	41
29	5	11	12	51	47	33	14	41	44	88	84	37	15	40	43	83	80	41	8	16	17	49	46
29	6	14	16	56	52	33	15	45	49	92	89	37	16	44	47	87	84	41	9	18	20	53	50
29	7	18	20	62	58	33	16	49	53	96	93	37	17	48	51	91	88	41	10	21	23	57	54
29	8	21	24	68	64	33	17	54	57	101	97	37	18	51	54	95	92	41	11	24	26	61	57
29	9	25	28	73	69	34	0	0	0	13	11	37	19	55	58	99	96	41	12	27	29	64	61
29	10	30	32	78	74	34	1	1	1	20	18	38	0	0	0	12	9	41	13	30	33	68	65
29	11	34	37	83	80	34	2	2	2	27	24	38	1	1	1	18	16	41	14	33	36	72	69
29	12	38	41	88	85	34	3	4	5	32	29	38	2	2	2	24	21	41	15	37	39	76	73
29	13	43	46	93	90	34	4	7	8	38	35	38	3	4	4	29	26	41	16	40	42	79	76
29	14	47	51	98	94	34	5	9	11	43	40	38	4	6	7	34	31	41	17	43	46	83	80
29	15	52	56	103	99	34	6	12	14	48	45	38	5	8	10	39	36	41	18	46	49	87	84
30	0	0	0	15	12	34	7	15	17	53	50	38	6	11	12	43	40	41	19	50	52	90	87
30	1	1	1	23	20	34	8	19	21	58	55	38	7	14	15	48	45	41	20	53	56	94	91
30	2	2	3	30	27	34	9	22	24	63	59	38	8	17	19	52	49	41	21	56	59	97	94
30	3	4	5	37	33	34	10	25	28	68	64	38	9	20	22	57	53	42	0	0	0	10	8
30	4	7	8	43	39	34	11	29	31	72	69	38	10	23	25	61	58	42	1	1	1	16	14
30	5	10	12	49	45	34	12	33	35	77	73	38	11	26	28	65	62	42	2	2	2	21	19
30	6	14	15	55	51	34	13	36	39	81	78	38	12	29	32	69	66	42	3	4	4	26	23
30	7	17	19	60	56	34	14	40	43	85	82	38	13	33	35	73	70	42	4	6	6	31	28
30	8	21	23	66	62	34	15	44	47	90	86	38	14	36	39	77	74	42	5	8	9	35	32
30	9	25	27	71	67	34	16	48	51	94	91	38	15	39	42	81	78	42	6	10	11	39	36
30	10	29	31	76	72	34	17	52	55	98	95	38	16	43	46	85	82	42	7	13	14	43	40
30	11	33	36	81	77	35	0	0	0	13	10	38	17	46	49	89	86	42	8	15	17	47	44
30	12	37	40	86	82	35	1	1	1	20	17	38	18	50	53	93	90	42	9	18	20	51	48
30	13	41	44	91	87	35	2	2	2	26	23	38	19	54	57	96	93	42	10	21	23	55	52
30	14	46	49	95	92	35	3	4	5	32	28	39	0	0	0	11	9	42	11	24	26	59	56
30	15	50	54	100	96	35	4	6	7	37	34	39	1	1	1	18	15	42	12	27	29	63	60
31	0	0	0	15	12	35	5	9	10	42	39	39	2	2	2	23	20	42	13	30	32	67	64
31	1	1	1	22	19	35	6	12	13	47	44	39	3	4	4	28	25	42	14	33	35	70	67
31	2	2	3	29	26	35	7	15	17	52	48	39	4	6	7	33	30	42	15	36	38	74	71
31	3	4	5	36	32	35	8	18	20	57	53	39	5	8	9	38	35	42	16	39	41	78	75
31	4	7	8	42	38	35	9	21	23	61	58	39	6	11	12	42	39	42	17	42	45	81	78
31	5	10	11	47	44	35	10	25	27	66	62	39	7	14	15	47	44	42	18	45	48	85	82
31	6	13	15	53	49	35	11	28	31	70	67	39	8	16	18	51	48	42	19	48	51	88	85
31	7	17	19	58	55	35	12	32	34	75	71	39	9	19	21	55	52	42	20	52	55	92	89
31	8	20	22	64	60	35	13	35	38	79	76	39	10	22	24	59	56	42	21	55	58	95	92
31	9	24	26	69	65	35	14	39	42	83	80	39	11	25	28	64	60	43	0	0	0	10	8
31	10	28	30	74	70	35	15	43	46	87	84	39	12	29	31	68	64	43	1	1	1	16	14
31	11	32	34	79	75	35	16	47	50	92	88	39	13	32	34	72	68	43	2	2	2	21	18
31	12	36	39	83	80	35	17	50	54	96	92	39	14	35	38	75	72	43	3	4	4	25	23
31	13	40	43	88	84	35	18	54	58	100	96	39	15	38	41	79	76	43	4	6	6	30	27
31	14	44	47	93	89	36	0	0	0	12	10	39	16	42	44	83	80	43	5	8	9	34	31
31	15	48	52	97	94	36	1	1	1	19	16	39	17	45	48	87	84	43	6	10	11	38	35
31	16	53	56	102	98	36	2	2	2	25	22	39	18	49	52	91	87	43	7	13	14	42	39
32	0	0	0	14	11	36	3	4	5	31	28	39	19	52	55	94	91	43	8	15	17	46	43
32	1	1	1	22	19	36	4	6	7	36	33	39	20	56	59	98	95	43	9	18	19	50	47
32	2	2	3	28	25	36	5	9	10	41	38	40	0	0	0	11	9	43	10	20	22	54	51
32	3	4	5	35	31	36	6	12	13	46	42	40	1	1	1	17	15	43	11	23	25	58	55
32	4	7	8	40	37	36	7	15	16	51	47	40	2	2	2	22	20	43	12	26	28	62	59
32	5	10	11	46	42	36	8	18	19	55	52	40	3	4	4	27	25	43	13	29	31	65	62
32	6	13	15	51	48	36	9	21	23	60	56	40	4	6	7	32	29	43	14	32	34	69	66
32	7	16	18	57	53	36	10	24	26	64	61	40	5	8	9	37	34	43	15	35	37	72	69
32	8	20	22	62	58	36	11	27	30	69	65	40	6	11	12	41	38	43	16	38	40	76	73
32	9	23	26	67	63	36	12	31	33	73	69	40	7	13	15	46	43	43	17	41	44	79	76
32	10	27	29	72	68	36	13	34	37	77	74	40	8	16	18	50	47	43	18	44	47	83	80
32	11	31	33	76	73	36	14	38	41	81	78	40	9	19	21	54	51	43	19	47	50	86	83
32	12	35	37	81	77	36	15	42	44	85	82	40	10	22	24	58	55	43	20	51	53	90	87

CONFIDENCE BOUNDS FOR A

N = 150

n	a	LOWER .975	.95	UPPER .975	.95
43	21	54	57	93	90
43	22	57	60	96	93
44	0	0	0	10	8
44	1	1	1	15	13
44	2	2	2	20	18
44	3	4	4	25	22
44	4	5	6	29	27
44	5	8	9	33	31
44	6	10	11	37	35
44	7	12	14	41	39
44	8	15	16	45	42
44	9	17	19	49	46
44	10	20	22	53	50
44	11	23	25	57	54
44	12	25	27	60	57
44	13	28	30	64	61
44	14	31	33	67	64
44	15	34	36	71	68
44	16	37	39	74	71
44	17	40	43	78	75
44	18	43	46	81	78
44	19	46	49	84	82
44	20	49	52	88	85
44	21	53	55	91	88
44	22	56	59	94	91
45	0	0	0	9	8
45	1	1	1	15	13
45	2	2	2	20	17
45	3	3	4	24	22
45	4	5	6	28	26
45	5	7	8	33	30
45	6	10	11	37	34
45	7	12	13	40	38
45	8	14	16	44	41
45	9	17	19	48	45
45	10	20	21	52	49
45	11	22	24	55	52
45	12	25	27	59	56
45	13	28	30	62	59
45	14	31	33	66	63
45	15	33	36	69	66
45	16	36	39	73	70
45	17	39	42	76	73
45	18	42	45	79	77
45	19	45	48	83	80
45	20	48	51	86	83
45	21	51	54	89	86
45	22	54	57	92	90
45	23	58	60	96	93
46	0	0	0	9	7
46	1	1	1	15	13
46	2	2	2	19	17
46	3	3	4	24	21
46	4	5	6	28	25
46	5	7	8	32	29
46	6	10	11	36	33
46	7	12	13	40	37
46	8	14	16	43	41
46	9	17	18	47	44
46	10	19	21	51	48
46	11	22	24	54	51
46	12	24	26	58	55
46	13	27	29	61	58
46	14	30	32	65	62
46	15	33	35	68	65
46	16	36	38	71	68
46	17	38	41	75	72
46	18	41	44	78	75
46	19	44	47	81	78
46	20	47	50	84	81
46	21	50	53	87	85
46	22	53	56	91	88
46	23	56	59	94	91
47	0	0	0	9	7
47	1	1	1	14	12

N = 150

n	a	LOWER .975	.95	UPPER .975	.95
47	2	2	2	19	17
47	3	3	4	23	21
47	4	5	6	27	25
47	5	7	8	31	29
47	6	9	10	35	32
47	7	12	13	39	36
47	8	14	15	42	40
47	9	16	18	46	43
47	10	19	20	50	47
47	11	21	23	53	50
47	12	24	26	56	54
47	13	27	29	60	57
47	14	29	31	63	60
47	15	32	34	67	64
47	16	35	37	70	67
47	17	38	40	73	70
47	18	40	43	76	73
47	19	43	46	79	77
47	20	46	49	83	80
47	21	49	52	86	83
47	22	52	55	89	86
47	23	55	58	92	89
48	0	0	0	9	7
48	1	1	1	14	12
48	2	2	2	18	16
48	3	3	4	23	20
48	4	5	6	27	24
48	5	7	8	30	28
48	6	9	10	34	32
48	7	11	13	38	35
48	8	14	15	41	39
48	9	16	18	45	42
48	10	19	20	48	46
48	11	21	23	52	49
48	12	24	25	55	52
48	13	26	28	59	56
48	14	29	31	62	59
48	15	31	34	65	62
48	16	34	36	68	66
48	17	37	39	72	69
48	18	40	42	75	72
48	19	42	45	78	75
48	20	45	48	81	78
48	21	48	51	84	81
48	22	51	54	87	84
48	23	54	57	90	87
48	24	57	60	93	90
49	0	0	0	9	7
49	1	1	1	14	12
49	2	2	2	18	16
49	3	3	4	22	20
49	4	5	6	26	24
49	5	7	8	30	27
49	6	9	10	33	31
49	7	11	12	37	34
49	8	14	15	41	38
49	9	16	17	44	41
49	10	18	20	47	45
49	11	21	22	51	48
49	12	23	25	54	51
49	13	26	28	57	55
49	14	28	30	61	58
49	15	31	33	64	61
49	16	33	36	67	64
49	17	36	38	70	67
49	18	39	41	73	71
49	19	42	44	76	74
49	20	44	47	79	77
49	21	47	50	82	80
49	22	50	52	85	83
49	23	53	55	88	86
49	24	56	58	91	89
49	25	59	61	94	92
50	0	0	0	8	7

N = 150

n	a	LOWER .975	.95	UPPER .975	.95
50	1	1	1	13	11
50	2	2	2	18	15
50	3	3	4	22	19
50	4	5	6	25	23
50	5	7	8	29	27
50	6	9	10	33	30
50	7	11	12	36	34
50	8	13	15	40	37
50	9	16	17	43	41
50	10	18	19	47	44
50	11	20	22	50	47
50	12	23	24	53	50
50	13	25	27	56	54
50	14	28	30	59	57
50	15	30	32	63	60
50	16	33	35	66	63
50	17	35	38	69	66
50	18	38	40	72	69
50	19	41	43	75	72
50	20	44	46	78	75
50	21	46	49	81	78
50	22	49	51	84	81
50	23	52	54	87	84
50	24	55	57	90	87
50	25	57	60	93	90
51	0	0	0	8	7
51	1	1	1	13	11
51	2	2	2	17	15
51	3	3	4	21	19
51	4	5	6	25	23
51	5	7	8	29	26
51	6	9	10	32	30
51	7	11	12	36	33
51	8	13	14	39	36
51	9	15	17	42	40
51	10	18	19	46	43
51	11	20	22	49	46
51	12	22	24	52	49
51	13	25	27	55	53
51	14	27	29	58	56
51	15	30	32	61	59
51	16	32	34	65	62
51	17	35	37	68	65
51	18	37	40	71	68
51	19	40	42	74	71
51	20	43	45	76	74
51	21	45	48	79	77
51	22	48	50	82	80
51	23	51	53	85	83
51	24	54	56	88	85
51	25	56	59	91	88
51	26	59	62	94	91
52	0	0	0	8	6
52	1	1	1	13	11
52	2	2	2	17	15
52	3	3	4	21	19
52	4	5	6	24	22
52	5	7	8	28	26
52	6	9	10	31	29
52	7	11	12	35	32
52	8	13	14	38	36
52	9	15	16	41	39
52	10	17	19	45	42
52	11	20	21	48	45
52	12	22	24	51	48
52	13	24	26	54	52
52	14	27	29	57	55
52	15	29	31	60	58
52	16	32	34	63	61
52	17	34	36	66	64
52	18	37	39	69	67
52	19	39	41	72	70
52	20	42	44	75	72
52	21	45	47	78	75
52	22	47	49	81	78

N = 150

n	a	LOWER .975	.95	UPPER .975	.95
52	23	50	52	84	81
52	24	53	55	86	84
52	25	55	58	89	87
52	26	58	60	92	90
53	0	0	0	8	6
53	1	1	1	12	11
53	2	2	2	16	14
53	3	3	4	20	18
53	4	5	5	24	22
53	5	7	7	27	25
53	6	9	9	31	28
53	7	11	12	34	32
53	8	13	14	37	35
53	9	15	16	41	38
53	10	17	18	44	41
53	11	19	21	47	44
53	12	22	23	50	47
53	13	24	26	53	51
53	14	26	28	56	54
53	15	29	31	59	57
53	16	31	33	62	59
53	17	34	36	65	62
53	18	36	38	68	65
53	19	39	41	71	68
53	20	41	43	74	71
53	21	44	46	77	74
53	22	46	49	79	77
53	23	49	51	82	80
53	24	52	54	85	82
53	25	54	57	88	85
53	26	57	59	90	88
53	27	60	62	93	91
54	0	0	0	8	6
54	1	1	1	12	10
54	2	2	2	16	14
54	3	3	4	20	18
54	4	5	5	23	21
54	5	7	7	27	25
54	6	8	9	30	28
54	7	10	11	33	31
54	8	12	14	37	34
54	9	15	16	40	37
54	10	17	18	43	41
54	11	19	20	46	44
54	12	21	23	49	47
54	13	24	25	52	50
54	14	26	28	55	53
54	15	28	30	58	55
54	16	31	32	61	58
54	17	33	35	64	61
54	18	35	37	67	64
54	19	38	40	70	67
54	20	40	43	72	70
54	21	43	45	75	73
54	22	45	48	78	75
54	23	48	50	81	78
54	24	51	53	83	81
54	25	53	56	86	84
54	26	56	58	89	86
54	27	58	61	92	89
55	0	0	0	7	6
55	1	1	1	12	10
55	2	2	2	16	14
55	3	3	4	19	17
55	4	5	5	23	21
55	5	6	7	26	24
55	6	8	9	30	27
55	7	10	11	33	31
55	8	12	13	36	34
55	9	14	16	39	37
55	10	17	18	42	40
55	11	19	20	45	43
55	12	21	22	48	46
55	13	23	25	51	49
55	14	25	27	54	52

CONFIDENCE BOUNDS FOR A

N = 150						N = 150						N = 150						N = 155					
		LOWER		UPPER				LOWER		UPPER				LOWER		UPPER				LOWER		UPPER	
n	a	.975	.95	.975	.95	n	a	.975	.95	.975	.95	n	a	.975	.95	.975	.95	n	a	.975	.95	.975	.95
55	15	28	30	57	54	58	2	2	2	15	13	60	16	28	29	55	52	1	0	0	0	151	147
55	16	30	32	60	57	58	3	3	3	18	16	60	17	30	32	57	55	1	1	4	8	155	155
55	17	32	34	63	60	58	4	4	5	22	20	60	18	32	34	60	58	2	0	0	0	130	119
55	18	35	37	66	63	58	5	6	7	25	23	60	19	34	36	63	60	2	1	2	4	153	151
55	19	37	39	68	66	58	6	8	9	28	26	60	20	37	38	65	63	3	0	0	0	108	97
55	20	40	42	71	69	58	7	10	11	31	29	60	21	39	41	68	65	3	1	2	3	139	133
55	21	42	44	74	71	58	8	12	13	34	32	60	22	41	43	70	68	3	2	16	22	153	152
55	22	45	47	77	74	58	9	14	15	37	35	60	23	43	45	73	71	4	0	0	0	92	80
55	23	47	49	79	77	58	10	16	17	40	38	60	24	46	48	75	73	4	1	1	2	124	115
55	24	50	52	82	80	58	11	18	19	43	40	60	25	48	50	78	76	4	2	11	16	144	139
55	25	52	55	85	82	58	12	20	21	46	43	60	26	50	52	80	78	5	0	0	0	79	68
55	26	55	57	87	85	58	13	22	24	48	46	60	27	53	55	83	81	5	1	1	2	110	101
55	27	57	60	90	88	58	14	24	26	51	49	60	28	55	57	85	83	5	2	9	13	131	125
55	28	60	62	93	90	58	15	26	28	54	52	60	29	57	60	88	85	5	3	24	30	146	142
56	0	0	0	7	6	58	16	29	30	57	54	60	30	60	62	90	88	6	0	0	0	70	59
56	1	1	1	12	10	58	17	31	33	59	57							6	1	1	2	98	89
56	2	2	2	15	14	58	18	33	35	62	60							6	2	8	11	119	112
56	3	3	3	19	17	58	19	35	37	65	62							6	3	20	25	135	130
56	4	5	5	22	20	58	20	38	40	68	65							7	0	0	0	62	52
56	5	6	7	26	24	58	21	40	42	70	68							7	1	1	2	88	79
56	6	8	9	29	27	58	22	42	45	73	70							7	2	7	9	108	101
56	7	10	11	32	30	58	23	45	47	75	73							7	3	17	21	125	119
56	8	12	13	35	33	58	24	47	49	78	76							7	4	30	36	138	134
56	9	14	15	38	36	58	25	50	52	81	78							8	0	0	0	55	47
56	10	16	18	41	39	58	26	52	54	83	81							8	1	1	1	80	71
56	11	18	20	44	42	58	27	54	57	86	83							8	2	6	8	99	91
56	12	21	22	47	45	58	28	57	59	88	86							8	3	14	18	115	109
56	13	23	24	50	48	58	29	59	62	91	88							8	4	26	31	129	124
56	14	25	27	53	51	59	0	0	0	7	5							9	0	0	0	50	42
56	15	27	29	56	53	59	1	1	1	11	9							9	1	1	1	73	65
56	16	30	31	59	56	59	2	2	2	14	13							9	2	5	7	91	83
56	17	32	34	62	59	59	3	3	3	18	16							9	3	13	16	107	100
56	18	34	36	64	62	59	4	5	5	21	19							9	4	23	28	120	115
56	19	37	39	67	65	59	5	6	7	24	22							9	5	35	40	132	127
56	20	39	41	70	67	59	6	8	9	27	25							10	0	0	0	46	38
56	21	41	44	73	70	59	7	10	11	30	28							10	1	1	1	67	59
56	22	44	46	75	73	59	8	12	13	33	31							10	2	5	7	84	77
56	23	46	49	78	75	59	9	14	15	36	34							10	3	12	15	99	92
56	24	49	51	81	78	59	10	16	17	39	37							10	4	20	25	112	106
56	25	51	54	83	81	59	11	18	19	42	40							10	5	31	36	124	119
56	26	54	56	86	83	59	12	20	21	45	43							11	0	0	0	42	35
56	27	56	59	88	86	59	13	22	23	48	45							11	1	1	1	62	55
56	28	59	61	91	89	59	14	24	25	50	48							11	2	4	6	78	71
57	0	0	0	7	6	59	15	26	28	53	51							11	3	11	13	92	86
57	1	1	1	11	10	59	16	28	30	56	53							11	4	18	22	105	99
57	2	2	2	15	13	59	17	30	32	58	56							11	5	28	32	117	111
57	3	3	3	19	17	59	18	33	34	61	59							11	6	38	44	127	123
57	4	5	5	22	20	59	19	35	37	64	61							12	0	0	0	39	33
57	5	6	7	25	23	59	20	37	39	66	64							12	1	1	1	57	51
57	6	8	9	28	26	59	21	39	41	69	67							12	2	4	6	73	66
57	7	10	11	32	29	59	22	42	44	72	69							12	3	10	12	86	80
57	8	12	13	35	32	59	23	44	46	74	72							12	4	17	20	99	93
57	9	14	15	38	35	59	24	46	49	77	74							12	5	25	30	110	104
57	10	16	17	41	38	59	25	49	51	79	77							12	6	35	40	120	115
57	11	18	19	44	41	59	26	51	53	82	79							13	0	0	0	36	30
57	12	20	22	46	44	59	27	54	56	84	82							13	1	1	1	54	47
57	13	22	24	49	47	59	28	56	58	87	84							13	2	4	5	68	62
57	14	25	26	52	50	59	29	58	61	89	87							13	3	9	11	81	75
57	15	27	29	55	53	59	30	61	63	92	89							13	4	16	19	93	87
57	16	29	31	58	55	60	0	0	0	7	5							13	5	23	27	104	98
57	17	31	33	61	58	60	1	1	1	11	9							13	6	32	36	114	109
57	18	34	36	63	61	60	2	2	2	14	13							13	7	41	46	123	119
57	19	36	38	66	64	60	3	3	3	18	16							14	0	0	0	34	28
57	20	38	40	69	66	60	4	5	5	21	19							14	1	1	1	50	44
57	21	41	43	71	69	60	5	6	7	24	22							14	2	4	5	64	58
57	22	43	45	74	72	60	6	8	9	27	25							14	3	8	11	76	70
57	23	46	48	77	74	60	7	10	11	30	28							14	4	15	17	88	82
57	24	48	50	79	77	60	8	12	13	33	31							14	5	22	25	98	92
57	25	50	53	82	79	60	9	13	15	36	33							14	6	29	34	108	103
57	26	53	55	84	82	60	10	15	17	38	36							14	7	38	43	117	112
57	27	55	58	87	85	60	11	17	19	41	39							15	0	0	0	32	26
57	28	58	60	90	87	60	12	19	21	44	42							15	1	1	1	47	41
57	29	60	63	92	90	60	13	21	23	47	44							15	2	4	5	60	54
58	0	0	0	7	5	60	14	24	25	49	47							15	3	8	10	72	66
58	1	1	1	11	9	60	15	26	27	52	50							15	4	14	16	83	77

CONFIDENCE BOUNDS FOR A

N = 155

n	a	LOWER .975	.95	UPPER .975	.95
15	5	20	24	93	87
15	6	27	31	103	97
15	7	35	40	112	107
15	8	43	48	120	115
16	0	0	0	30	25
16	1	1	1	45	39
16	2	3	4	57	51
16	3	8	9	68	62
16	4	13	15	79	73
16	5	19	22	88	83
16	6	25	29	98	92
16	7	33	37	106	101
16	8	40	45	115	110
17	0	0	0	28	23
17	1	1	1	42	37
17	2	3	4	54	48
17	3	7	9	65	59
17	4	12	14	75	69
17	5	18	21	84	79
17	6	24	28	93	88
17	7	31	35	102	96
17	8	38	42	110	105
17	9	45	50	117	113
18	0	0	0	27	22
18	1	1	1	40	35
18	2	3	4	51	46
18	3	7	8	62	56
18	4	11	14	71	66
18	5	17	20	80	75
18	6	23	26	89	84
18	7	29	33	97	92
18	8	36	40	105	100
18	9	43	47	112	108
19	0	0	0	25	21
19	1	1	1	38	33
19	2	3	4	49	44
19	3	7	8	59	53
19	4	11	13	68	63
19	5	16	19	77	71
19	6	21	25	85	80
19	7	27	31	93	88
19	8	34	38	101	96
19	9	40	45	108	103
19	10	47	52	115	110
20	0	0	0	24	20
20	1	1	1	36	31
20	2	3	4	47	42
20	3	6	8	56	51
20	4	10	12	65	60
20	5	15	18	73	68
20	6	20	23	81	76
20	7	26	29	89	84
20	8	32	36	96	92
20	9	38	42	104	99
20	10	45	49	110	106
21	0	0	0	23	19
21	1	1	1	34	30
21	2	3	4	44	40
21	3	6	7	54	49
21	4	10	12	62	57
21	5	15	17	70	65
21	6	19	22	78	73
21	7	25	28	86	81
21	8	30	34	93	88
21	9	36	40	100	95
21	10	42	47	106	102
21	11	49	53	113	108
22	0	0	0	22	18
22	1	1	1	33	29
22	2	3	3	43	38
22	3	6	7	51	47
22	4	10	11	60	55
22	5	14	16	67	63
22	6	19	21	75	70
22	7	24	27	82	77
22	8	29	32	89	84
22	9	35	38	96	91
22	10	40	44	102	98
22	11	46	51	109	104
23	0	0	0	21	17
23	1	1	1	32	27
23	2	3	3	41	36
23	3	6	7	49	45
23	4	9	11	57	53
23	5	13	16	65	60
23	6	18	20	72	67
23	7	23	26	79	74
23	8	28	31	86	81
23	9	33	37	92	88
23	10	39	42	99	94
23	11	44	48	105	101
23	12	50	54	111	107
24	0	0	0	20	16
24	1	1	1	30	26
24	2	3	3	39	35
24	3	5	7	47	43
24	4	9	11	55	50
24	5	13	15	62	58
24	6	17	20	69	65
24	7	22	24	76	72
24	8	27	30	83	78
24	9	32	35	89	85
24	10	37	40	95	91
24	11	42	46	101	97
24	12	48	52	107	103
25	0	0	0	19	16
25	1	1	1	29	25
25	2	2	3	38	33
25	3	5	6	46	41
25	4	9	10	53	49
25	5	12	14	60	56
25	6	16	19	67	62
25	7	21	24	74	69
25	8	25	28	80	75
25	9	30	34	86	82
25	10	35	39	92	88
25	11	41	44	98	94
25	12	46	50	104	100
25	13	51	55	109	105
26	0	0	0	18	15
26	1	1	1	28	24
26	2	2	3	36	32
26	3	5	6	44	40
26	4	8	10	51	47
26	5	12	14	58	54
26	6	16	18	65	60
26	7	20	23	71	67
26	8	25	27	77	73
26	9	29	32	83	79
26	10	34	37	89	85
26	11	39	42	95	91
26	12	44	48	100	96
26	13	49	53	106	102
27	0	0	0	18	14
27	1	1	1	27	23
27	2	2	3	35	31
27	3	5	6	42	38
27	4	8	10	49	45
27	5	12	13	56	52
27	6	15	18	62	58
27	7	19	22	69	64
27	8	24	26	75	70
27	9	28	31	80	76
27	10	33	36	86	82
27	11	37	41	92	88
27	12	42	46	97	93
27	13	47	51	102	99
27	14	53	56	108	104
28	0	0	0	17	14
28	1	1	1	26	22
28	2	2	3	34	30
28	3	5	6	41	37
28	4	8	9	48	44
28	5	11	13	54	50
28	6	15	17	60	56
28	7	19	21	66	62
28	8	23	25	72	68
28	9	27	30	78	74
28	10	32	35	84	79
28	11	36	39	89	85
28	12	41	44	94	90
28	13	46	49	99	96
28	14	51	54	104	101
29	0	0	0	16	13
29	1	1	1	25	22
29	2	2	3	33	29
29	3	5	6	39	36
29	4	8	9	46	42
29	5	11	13	52	48
29	6	14	16	58	54
29	7	18	20	64	60
29	8	22	25	70	66
29	9	26	29	76	71
29	10	30	33	81	77
29	11	35	38	86	82
29	12	39	43	91	88
29	13	44	47	97	93
29	14	49	52	101	98
29	15	54	57	106	103
30	0	0	0	16	13
30	1	1	1	24	21
30	2	2	3	31	28
30	3	5	5	38	34
30	4	7	9	45	41
30	5	11	12	51	47
30	6	14	16	57	53
30	7	18	20	62	58
30	8	21	24	68	64
30	9	25	28	73	69
30	10	29	32	79	75
30	11	34	37	84	80
30	12	38	41	89	85
30	13	42	46	94	90
30	14	47	50	99	95
30	15	52	55	103	100
31	0	0	0	15	12
31	1	1	1	23	20
31	2	2	3	30	27
31	3	4	5	37	33
31	4	7	8	43	39
31	5	10	12	49	45
31	6	14	15	55	51
31	7	17	19	60	56
31	8	21	23	66	62
31	9	25	27	71	67
31	10	29	31	76	72
31	11	33	36	81	77
31	12	37	40	86	82
31	13	41	44	91	87
31	14	45	49	96	92
31	15	50	53	101	97
31	16	54	58	105	102
32	0	0	0	15	12
32	1	1	1	23	19
32	2	2	3	29	26
32	3	4	5	36	32
32	4	7	8	42	38
32	5	10	11	48	44
32	6	13	15	53	49
32	7	17	19	59	55
32	8	20	22	64	60
32	9	24	26	69	65
32	10	28	30	74	70
32	11	32	34	79	75
32	12	36	39	84	80
32	13	40	43	89	85
32	14	44	47	93	90
32	15	48	52	98	94
32	16	53	56	102	99
33	0	0	0	14	12
33	1	1	1	22	19
33	2	2	3	29	25
33	3	4	5	35	31
33	4	7	8	41	37
33	5	10	11	46	43
33	6	13	15	52	48
33	7	16	18	57	53
33	8	20	22	62	58
33	9	23	26	67	63
33	10	27	29	72	68
33	11	31	33	77	73
33	12	35	37	82	78
33	13	39	42	86	83
33	14	43	46	91	87
33	15	47	50	95	92
33	16	51	54	100	96
33	17	55	59	104	101
34	0	0	0	14	11
34	1	1	1	21	18
34	2	2	3	28	24
34	3	4	5	34	30
34	4	7	8	39	36
34	5	10	11	45	41
34	6	13	14	50	47
34	7	16	18	55	52
34	8	19	21	60	57
34	9	23	25	65	62
34	10	26	29	70	66
34	11	30	32	75	71
34	12	34	36	79	76
34	13	37	40	84	80
34	14	41	44	88	85
34	15	45	49	93	89
34	16	49	53	97	94
34	17	54	57	101	98
35	0	0	0	13	11
35	1	1	1	20	18
35	2	2	3	27	24
35	3	4	5	33	30
35	4	7	8	38	35
35	5	9	11	44	40
35	6	12	14	49	46
35	7	15	17	54	50
35	8	19	21	59	55
35	9	22	24	64	60
35	10	25	28	68	65
35	11	29	32	73	69
35	12	33	35	77	74
35	13	36	39	82	78
35	14	40	43	86	83
35	15	44	47	90	87
35	16	48	51	95	91
35	17	52	55	99	96
35	18	56	59	103	100
36	0	0	0	13	10
36	1	1	1	20	17
36	2	2	2	26	23
36	3	4	5	32	29
36	4	6	7	37	34
36	5	9	10	42	39
36	6	12	13	47	44
36	7	15	17	52	49
36	8	18	20	57	54
36	9	21	24	62	59
36	10	25	27	66	63
36	11	28	31	71	67
36	12	32	34	75	72
36	13	35	38	80	76
36	14	39	42	84	81
36	15	43	46	88	85

CONFIDENCE BOUNDS FOR A

N = 155					N = 155					N = 155					N = 155			
		LOWER		UPPER				LOWER		UPPER				LOWER		UPPER				LOWER		UPPER	
n	a	.975	.95	.975	.95	n	a	.975	.95	.975	.95	n	a	.975	.95	.975	.95	n	a	.975	.95	.975	.95
36	16	47	50	92	89	40	11	26	28	64	61	43	21	55	58	96	93	47	2	2	2	20	17
36	17	51	54	96	93	40	12	29	31	68	65	43	22	59	62	100	97	47	3	3	4	24	22
36	18	54	58	101	97	40	13	32	34	72	69	44	0	0	0	10	8	47	4	5	6	28	26
37	0	0	0	12	10	40	14	35	38	76	73	44	1	1	1	16	14	47	5	7	8	32	30
37	1	1	1	19	17	40	15	39	41	80	77	44	2	2	2	21	19	47	6	10	11	36	34
37	2	2	2	25	22	40	16	42	45	84	81	44	3	4	4	26	23	47	7	12	13	40	37
37	3	4	5	31	28	40	17	45	48	88	85	44	4	6	6	30	28	47	8	14	16	44	41
37	4	6	7	36	33	40	18	49	52	92	88	44	5	8	9	35	32	47	9	17	18	48	45
37	5	9	10	41	38	40	19	52	55	95	92	44	6	10	11	39	36	47	10	19	21	51	48
37	6	12	13	46	43	40	20	56	59	99	96	44	7	13	14	43	40	47	11	22	24	55	52
37	7	15	16	51	48	41	0	0	0	11	9	44	8	15	17	47	44	47	12	25	27	58	56
37	8	18	20	56	52	41	1	1	1	17	15	44	9	18	20	51	48	47	13	27	29	62	59
37	9	21	23	60	57	41	2	2	2	23	20	44	10	21	22	55	52	47	14	30	32	65	62
37	10	24	26	65	61	41	3	4	4	28	25	44	11	23	25	59	55	47	15	33	35	69	66
37	11	27	30	69	66	41	4	6	7	33	30	44	12	26	28	62	59	47	16	36	38	72	69
37	12	31	33	73	70	41	5	8	9	37	34	44	13	29	31	66	63	47	17	39	41	76	73
37	13	34	37	78	74	41	6	11	12	42	39	44	14	32	34	70	67	47	18	42	44	79	76
37	14	38	41	82	78	41	7	13	15	46	43	44	15	35	38	73	70	47	19	45	47	82	79
37	15	42	45	86	83	41	8	16	18	50	47	44	16	38	41	77	74	47	20	48	50	86	83
37	16	45	48	90	87	41	9	19	21	55	51	44	17	41	44	80	77	47	21	51	53	89	86
37	17	49	52	94	91	41	10	22	24	59	55	44	18	44	47	84	81	47	22	54	56	92	89
37	18	53	56	98	95	41	11	25	27	63	59	44	19	48	50	87	84	47	23	57	60	95	92
37	19	57	60	102	99	41	12	28	30	67	63	44	20	51	54	91	88	47	24	60	63	98	95
38	0	0	0	12	10	41	13	31	34	71	67	44	21	54	57	94	91	48	0	0	0	9	7
38	1	1	1	19	16	41	14	34	37	75	71	44	22	57	60	98	95	48	1	1	1	14	12
38	2	2	2	25	22	41	15	38	40	78	75	45	0	0	0	10	8	48	2	2	2	19	17
38	3	4	5	30	27	41	16	41	44	82	79	45	1	1	1	16	13	48	3	3	4	23	21
38	4	6	7	35	32	41	17	44	47	86	83	45	2	2	2	20	18	48	4	5	6	28	25
38	5	9	10	40	37	41	18	48	51	90	86	45	3	4	4	25	23	48	5	7	8	32	29
38	6	11	13	45	42	41	19	51	54	93	90	45	4	5	6	30	27	48	6	9	11	35	33
38	7	14	16	50	46	41	20	55	58	97	94	45	5	8	9	34	31	48	7	12	13	39	37
38	8	17	19	54	51	41	21	58	61	100	97	45	6	10	11	38	35	48	8	14	15	43	40
38	9	20	22	59	55	42	0	0	0	11	9	45	7	12	14	42	39	48	9	17	18	47	44
38	10	24	26	63	60	42	1	1	1	17	14	45	8	15	16	46	43	48	10	19	21	50	47
38	11	27	29	67	64	42	2	2	2	22	20	45	9	17	19	50	47	48	11	22	23	54	51
38	12	30	33	72	68	42	3	4	4	27	24	45	10	20	22	54	51	48	12	24	26	57	54
38	13	34	36	76	72	42	4	6	7	32	29	45	11	23	25	57	54	48	13	27	29	61	58
38	14	37	40	80	77	42	5	8	9	36	33	45	12	26	28	61	58	48	14	30	32	64	61
38	15	41	43	84	81	42	6	11	12	41	38	45	13	29	31	65	62	48	15	32	35	68	65
38	16	44	47	88	85	42	7	13	15	45	42	45	14	31	34	68	65	48	16	35	37	71	68
38	17	48	51	92	89	42	8	16	17	49	46	45	15	34	37	72	69	48	17	38	40	74	71
38	18	52	55	96	93	42	9	19	20	53	50	45	16	37	40	75	72	48	18	41	43	77	74
38	19	55	58	100	97	42	10	21	23	57	54	45	17	40	43	79	76	48	19	44	46	81	78
39	0	0	0	12	9	42	11	24	26	61	58	45	18	43	46	82	79	48	20	47	49	84	81
39	1	1	1	18	16	42	12	27	30	65	62	45	19	47	49	86	83	48	21	50	52	87	84
39	2	2	2	24	21	42	13	30	33	69	66	45	20	50	52	89	86	48	22	53	55	90	87
39	3	4	5	29	26	42	14	34	36	73	70	45	21	53	56	92	89	48	23	56	58	93	90
39	4	6	7	34	31	42	15	37	39	77	73	45	22	56	59	96	93	48	24	59	61	96	94
39	5	9	10	39	36	42	17	43	46	84	81	45	23	59	62	99	96	49	0	0	0	9	7
39	6	11	13	44	41	42	18	47	49	88	85	46	0	0	0	10	8	49	1	1	1	14	12
39	7	14	16	48	45	42	19	50	53	91	88	46	1	1	1	15	13	49	2	2	2	19	16
39	8	17	19	53	50	42	20	53	56	95	92	46	2	2	2	20	18	49	3	3	4	23	21
39	9	20	22	57	54	42	21	57	60	98	95	46	3	4	4	25	22	49	4	5	6	27	25
39	10	23	25	62	58	43	0	0	0	10	8	46	4	5	6	29	26	49	5	7	8	31	28
39	11	26	28	66	62	43	1	1	1	16	14	46	5	8	8	33	30	49	6	9	10	35	32
39	12	29	32	70	67	43	2	2	2	22	19	46	6	10	11	37	34	49	7	12	13	38	36
39	13	33	35	74	71	43	3	4	4	26	24	46	7	12	13	41	38	49	8	14	15	42	39
39	14	36	39	78	75	43	4	6	6	31	28	46	8	15	16	45	42	49	9	16	18	46	43
39	15	40	42	82	79	43	5	8	9	35	33	46	9	17	19	49	46	49	10	19	20	49	46
39	16	43	46	86	83	43	6	10	12	40	37	46	10	20	22	52	49	49	11	21	23	53	50
39	17	47	49	90	87	43	7	13	14	44	41	46	11	22	24	56	53	49	12	24	26	56	53
39	18	50	53	94	90	43	8	15	17	48	45	46	12	25	27	60	57	49	13	26	28	60	57
39	19	54	57	97	94	43	9	18	20	52	49	46	13	28	30	63	60	49	14	29	31	63	60
39	20	58	61	101	98	43	10	21	23	56	53	46	14	31	33	67	64	49	15	32	34	66	63
40	0	0	0	11	9	43	11	24	26	60	57	46	15	34	36	70	67	49	16	34	37	69	67
40	1	1	1	18	15	43	12	27	29	64	61	46	16	37	39	74	71	49	17	37	39	73	70
40	2	2	2	23	21	43	13	30	32	68	64	46	17	40	42	77	74	49	18	40	42	76	73
40	3	4	4	28	26	43	14	33	35	71	68	46	18	43	45	81	78	49	19	43	45	79	76
40	4	6	7	33	30	43	15	36	38	75	72	46	19	46	48	84	81	49	20	46	48	82	79
40	5	8	9	38	35	43	16	39	42	79	75	46	20	49	51	87	84	49	21	49	51	85	83
40	6	11	12	43	40	43	17	42	45	82	79	46	21	52	54	90	88	49	22	52	54	88	86
40	7	14	15	47	44	43	18	45	48	86	83	46	22	55	58	94	91	49	23	54	57	92	89
40	8	16	18	52	48	43	19	49	52	89	86	46	23	58	61	97	94	49	24	57	60	95	92
40	9	19	21	56	53	43	20	52	55	93	90	47	0	0	0	9	8	49	25	60	63	98	95
40	10	22	24	60	57							47	1	1	1	15	13	50	0	0	0	9	7

CONFIDENCE BOUNDS FOR A

N = 155		LOWER		UPPER	
n	a	.975	.95	.975	.95
50	1	1	1	14	12
50	2	2	2	18	16
50	3	3	4	22	20
50	4	5	6	26	24
50	5	7	8	30	28
50	6	9	10	34	31
50	7	11	13	38	35
50	8	14	15	41	39
50	9	16	17	45	42
50	10	18	20	48	45
50	11	21	23	52	49
50	12	23	25	55	52
50	13	26	28	58	55
50	14	29	30	62	59
50	15	31	33	65	62
50	16	34	36	68	65
50	17	37	39	71	68
50	18	39	42	74	72
50	19	42	44	78	75
50	20	45	47	81	78
50	21	48	50	84	81
50	22	50	53	87	84
50	23	53	56	90	87
50	24	56	59	93	90
50	25	59	62	96	93
51	0	0	0	8	7
51	1	1	1	13	12
51	2	2	2	18	16
51	3	3	4	22	20
51	4	5	6	26	23
51	5	7	8	30	27
51	6	9	10	33	31
51	7	11	12	37	34
51	8	13	15	40	38
51	9	16	17	44	41
51	10	18	20	47	45
51	11	20	22	51	48
51	12	23	25	54	51
51	13	25	27	57	54
51	14	28	30	60	58
51	15	31	33	64	61
51	16	33	35	67	64
51	17	36	38	70	67
51	18	39	41	73	70
51	19	41	44	76	73
51	20	44	46	79	76
51	21	47	49	82	79
51	22	50	52	85	82
51	23	52	55	88	85
51	24	55	58	91	88
51	25	58	61	94	91
51	26	61	64	97	94
52	0	0	0	8	7
52	1	1	1	13	11
52	2	2	2	17	15
52	3	3	4	21	19
52	4	5	6	25	23
52	5	7	8	29	27
52	6	9	10	33	30
52	7	11	12	36	34
52	8	13	14	40	37
52	9	15	17	43	40
52	10	18	19	46	44
52	11	20	22	50	47
52	12	23	24	53	50
52	13	25	27	56	53
52	14	28	29	59	57
52	15	30	32	62	60
52	16	33	35	66	63
52	17	35	37	69	66
52	18	38	40	72	69
52	19	40	43	75	72
52	20	43	45	78	75
52	21	46	48	81	78
52	22	49	51	84	81

N = 155		LOWER		UPPER	
n	a	.975	.95	.975	.95
52	23	51	54	87	84
52	24	54	57	90	87
52	25	57	59	92	90
52	26	60	62	95	93
53	0	0	0	8	6
53	1	1	1	13	11
53	2	2	2	17	15
53	3	3	4	21	19
53	4	5	6	25	23
53	5	7	8	28	26
53	6	9	10	32	30
53	7	11	12	35	33
53	8	13	14	39	36
53	9	15	17	42	40
53	10	17	19	45	43
53	11	20	21	49	46
53	12	22	24	52	49
53	13	25	26	55	52
53	14	27	29	58	55
53	15	30	31	61	59
53	16	32	34	64	62
53	17	35	37	67	65
53	18	37	39	70	68
53	19	40	42	73	71
53	20	42	45	76	74
53	21	45	47	79	77
53	22	48	50	82	79
53	23	50	53	85	82
53	24	53	56	88	85
53	25	56	59	91	88
53	26	59	61	94	91
53	27	61	64	96	94
54	0	0	0	8	6
54	1	1	1	13	11
54	2	2	2	17	15
54	3	3	4	21	18
54	4	5	5	24	22
54	5	7	7	28	26
54	6	9	10	31	29
54	7	11	12	35	32
54	8	13	14	38	36
54	9	15	16	41	39
54	10	17	19	45	42
54	11	19	21	48	45
54	12	22	23	51	48
54	13	24	26	54	51
54	14	27	28	57	54
54	15	29	31	60	57
54	16	31	33	63	60
54	17	34	36	66	63
54	18	36	39	69	66
54	19	39	41	72	69
54	20	42	44	75	72
54	21	44	46	78	75
54	22	47	49	81	78
54	23	49	52	84	81
54	24	52	55	86	84
54	25	55	57	89	87
54	26	58	60	92	89
54	27	60	63	95	92
55	0	0	0	8	6
55	1	1	1	12	11
55	2	2	2	16	14
55	3	3	4	20	18
55	4	5	5	24	22
55	5	7	7	27	25
55	6	9	9	31	28
55	7	11	12	34	32
55	8	13	14	38	35
55	9	15	16	41	38
55	10	17	18	44	41
55	11	20	21	47	44
55	12	21	23	50	47
55	13	24	25	53	50
55	14	26	28	56	53

N = 155		LOWER		UPPER	
n	a	.975	.95	.975	.95
55	15	29	30	59	56
55	16	31	33	62	59
55	17	33	35	65	62
55	18	36	38	68	65
55	19	38	40	71	68
55	20	41	43	74	71
55	21	43	46	77	74
55	22	46	48	79	77
55	23	49	51	82	80
55	24	51	54	85	82
55	25	54	56	88	85
55	26	56	59	90	88
55	27	59	62	93	91
55	28	62	64	96	93
56	0	0	0	7	6
56	1	1	1	12	10
56	2	2	2	16	14
56	3	3	4	20	18
56	4	5	5	23	21
56	5	7	7	27	25
56	6	8	9	30	28
56	7	10	11	33	31
56	8	12	14	37	34
56	9	15	16	40	37
56	10	17	18	43	40
56	11	19	20	46	43
56	12	21	23	49	47
56	13	23	25	52	49
56	14	26	27	55	52
56	15	28	30	58	55
56	16	30	32	61	58
56	17	33	35	64	61
56	18	35	37	67	64
56	19	38	40	70	67
56	20	40	42	72	70
56	21	43	45	75	73
56	22	45	47	78	75
56	23	48	50	81	78
56	24	50	53	83	81
56	25	53	55	86	84
56	26	55	58	89	86
56	27	58	61	92	89
56	28	61	63	94	92
57	0	0	0	7	6
57	1	1	1	12	10
57	2	2	2	16	14
57	3	3	4	19	17
57	4	5	5	23	21
57	5	6	7	26	24
57	6	8	9	30	27
57	7	10	11	33	30
57	8	12	13	36	34
57	9	14	16	39	37
57	10	16	18	42	40
57	11	19	20	45	43
57	12	21	22	48	46
57	13	23	25	51	49
57	14	25	27	54	52
57	15	28	29	57	54
57	16	30	32	60	57
57	17	32	34	63	60
57	18	35	37	66	63
57	19	37	39	68	66
57	20	40	42	71	69
57	21	42	44	74	71
57	22	44	47	77	74
57	23	47	49	79	77
57	24	49	52	82	80
57	25	52	54	85	82
57	26	55	57	87	85
57	27	57	59	90	88
57	28	60	62	93	90
57	29	62	65	95	93
58	0	0	0	7	6
58	1	1	1	11	10

N = 155		LOWER		UPPER	
n	a	.975	.95	.975	.95
58	2	2	2	15	14
58	3	3	3	19	17
58	4	5	5	22	20
58	5	6	7	26	24
58	6	8	9	29	27
58	7	10	11	32	30
58	8	12	13	35	33
58	9	14	15	38	36
58	10	16	18	41	39
58	11	18	20	44	42
58	12	21	22	47	45
58	13	23	24	50	48
58	14	25	27	53	51
58	15	27	29	56	53
58	16	29	31	59	56
58	17	32	34	62	59
58	18	34	36	64	62
58	19	37	38	67	65
58	20	39	41	70	67
58	21	41	43	73	70
58	22	44	46	75	73
58	23	46	48	78	76
58	24	49	51	81	78
58	25	51	53	83	81
58	26	54	56	86	84
58	27	56	58	89	86
58	28	59	61	91	89
58	29	61	64	94	91
59	0	0	0	7	6
59	1	1	1	11	10
59	2	2	2	15	13
59	3	3	3	19	17
59	4	5	5	22	20
59	5	6	7	25	23
59	6	8	9	28	26
59	7	10	11	32	29
59	8	12	13	35	32
59	9	14	15	38	35
59	10	16	17	41	38
59	11	18	19	44	41
59	12	20	22	46	44
59	13	22	24	49	47
59	14	25	26	52	50
59	15	27	28	55	53
59	16	29	31	58	55
59	17	31	33	61	58
59	18	34	35	63	61
59	19	36	38	66	64
59	20	38	40	69	66
59	21	41	43	71	69
59	22	43	45	74	72
59	23	45	48	77	74
59	24	48	50	79	77
59	25	50	52	82	80
59	26	53	55	85	82
59	27	55	57	87	85
59	28	58	60	90	87
59	29	60	63	92	90
59	30	63	65	95	92
60	0	0	0	7	5
60	1	1	1	11	9
60	2	2	2	15	13
60	3	3	3	18	16
60	4	5	5	22	20
60	5	6	7	25	23
60	6	8	9	28	26
60	7	10	11	31	29
60	8	12	13	34	32
60	9	14	15	37	35
60	10	16	17	40	38
60	11	18	19	43	40
60	12	20	21	46	43
60	13	22	24	49	46
60	14	24	26	51	49
60	15	26	28	54	52

CONFIDENCE BOUNDS FOR A

N = 155

n	a	LOWER .975	.95	UPPER .975	.95
60	16	29	30	57	54
60	17	31	33	60	57
60	18	33	35	62	60
60	19	35	37	65	62
60	20	38	40	68	65
60	21	40	42	70	68
60	22	42	44	73	70
60	23	45	47	76	73
60	24	47	49	78	76
60	25	49	52	81	78
60	26	52	54	83	81
60	27	54	57	86	83
60	28	57	59	88	86
60	29	59	62	91	88
60	30	62	64	93	91
61	0	0	0	7	5
61	1	1	1	11	9
61	2	2	2	14	13
61	3	3	3	18	16
61	4	5	5	21	19
61	5	6	7	24	22
61	6	8	9	27	25
61	7	10	11	30	28
61	8	12	13	33	31
61	9	14	15	36	34
61	10	16	17	39	37
61	11	18	19	42	40
61	12	20	21	45	43
61	13	22	23	48	45
61	14	24	25	50	48
61	15	26	28	53	51
61	16	28	30	56	53
61	17	30	32	59	56
61	18	33	34	61	59
61	19	35	37	64	61
61	20	37	39	67	64
61	21	39	41	69	67
61	22	42	44	72	69
61	23	44	46	74	72
61	24	46	48	77	74
61	25	49	51	79	77
61	26	51	53	82	80
61	27	53	56	84	82
61	28	56	58	87	85
61	29	58	61	89	87
61	30	61	63	92	90
61	31	63	65	94	92
62	0	0	0	7	5
62	1	1	1	11	9
62	2	2	2	14	13
62	3	3	3	18	16
62	4	5	5	21	19
62	5	6	7	24	22
62	6	8	9	27	25
62	7	10	11	30	28
62	8	12	12	33	31
62	9	13	15	36	34
62	10	15	17	39	36
62	11	17	19	41	39
62	12	19	21	44	42
62	13	21	23	47	45
62	14	24	25	50	47
62	15	26	27	52	50
62	16	28	29	55	53
62	17	30	32	58	55
62	18	32	34	60	58
62	19	34	36	63	60
62	20	37	38	65	63
62	21	39	41	68	66
62	22	41	43	71	68
62	23	43	45	73	71
62	24	46	48	76	73
62	25	48	50	78	76
62	26	50	52	81	78
62	27	53	55	83	81

N = 155

n	a	LOWER .975	.95	UPPER .975	.95
62	28	55	57	86	83
62	29	57	60	88	86
62	30	60	62	90	88
62	31	62	64	93	91

N = 160

n	a	LOWER .975	.95	UPPER .975	.95
1	0	0	0	156	152
1	1	4	8	160	160
2	0	0	0	134	123
2	1	3	5	157	155
3	0	0	0	112	100
3	1	2	3	144	137
3	2	16	23	158	157
4	0	0	0	95	83
4	1	1	3	128	119
4	2	12	16	148	144
5	0	0	0	82	71
5	1	1	2	113	104
5	2	9	13	135	129
5	3	25	31	151	147
6	0	0	0	72	61
6	1	1	2	101	92
6	2	8	11	123	115
6	3	20	26	140	134
7	0	0	0	64	54
7	1	1	2	91	82
7	2	7	9	112	104
7	3	17	22	129	123
7	4	31	37	143	138
8	0	0	0	57	48
8	1	1	1	82	74
8	2	6	8	102	94
8	3	15	19	119	112
8	4	27	32	133	128
9	0	0	0	52	44
9	1	1	1	75	67
9	2	5	7	94	86
9	3	13	17	110	103
9	4	23	28	124	118
9	5	36	42	137	132
10	0	0	0	47	40
10	1	1	1	69	61
10	2	5	7	87	79
10	3	12	15	102	95
10	4	21	25	116	110
10	5	32	37	128	123
11	0	0	0	44	36
11	1	1	1	64	56
11	2	5	6	81	73
11	3	11	14	95	88
11	4	19	23	109	102
11	5	28	33	121	115
11	6	39	45	132	127
12	0	0	0	40	34
12	1	1	1	59	52
12	2	4	6	75	68
12	3	10	13	89	82
12	4	17	21	102	96
12	5	26	31	114	108
12	6	36	41	124	119
13	0	0	0	38	31
13	1	1	1	55	49
13	2	4	5	70	64
13	3	9	12	84	77
13	4	16	19	96	90
13	5	24	28	107	101
13	6	33	38	118	112
13	7	42	48	127	122
14	0	0	0	35	29
14	1	1	1	52	46
14	2	4	5	66	60
14	3	9	11	79	72
14	4	15	18	91	84
14	5	22	26	102	96
14	6	30	35	112	106
14	7	39	44	121	116
15	0	0	0	33	27
15	1	1	1	49	43
15	2	4	5	62	56
15	3	8	10	75	68
15	4	14	17	86	80

N = 160

n	a	LOWER .975	.95	UPPER .975	.95
15	5	21	24	96	90
15	6	28	32	106	100
15	7	36	41	115	110
15	8	45	50	124	119
16	0	0	0	31	26
16	1	1	1	46	40
16	2	3	4	59	53
16	3	8	10	71	64
16	4	13	16	81	75
16	5	19	23	91	86
16	6	26	30	101	95
16	7	34	38	110	105
16	8	42	47	118	113
17	0	0	0	29	24
17	1	1	1	44	38
17	2	3	4	56	50
17	3	7	9	67	61
17	4	12	15	77	71
17	5	18	21	87	81
17	6	25	28	96	91
17	7	32	36	105	100
17	8	39	44	113	108
17	9	47	52	121	116
18	0	0	0	28	23
18	1	1	1	41	36
18	2	3	4	53	47
18	3	7	9	64	58
18	4	12	14	74	68
18	5	17	20	83	77
18	6	23	27	92	86
18	7	30	34	100	95
18	8	37	41	108	103
18	9	44	49	116	111
19	0	0	0	26	21
19	1	1	1	39	34
19	2	3	4	50	45
19	3	7	8	61	55
19	4	11	13	70	65
19	5	16	19	79	74
19	6	22	25	88	82
19	7	28	32	96	91
19	8	35	39	104	99
19	9	41	46	111	107
19	10	49	53	119	114
20	0	0	0	25	20
20	1	1	1	37	32
20	2	3	4	48	43
20	3	6	8	58	53
20	4	11	13	67	62
20	5	16	18	76	71
20	6	21	24	84	79
20	7	27	30	92	87
20	8	33	37	100	95
20	9	39	43	107	102
20	10	46	51	114	109
21	0	0	0	24	19
21	1	1	1	36	31
21	2	3	4	46	41
21	3	6	8	55	50
21	4	10	12	64	59
21	5	15	17	73	67
21	6	20	23	81	76
21	7	25	29	88	83
21	8	31	35	96	91
21	9	37	41	103	98
21	10	44	48	110	105
21	11	50	55	116	112
22	0	0	0	23	18
22	1	1	1	34	30
22	2	3	4	44	39
22	3	6	7	53	48
22	4	10	12	62	57
22	5	14	17	70	65
22	6	19	22	77	72
22	7	24	27	85	80

CONFIDENCE BOUNDS FOR A

N = 160						N = 160						N = 160						N = 160			
		LOWER		UPPER				LOWER		UPPER				LOWER		UPPER				LOWER		UPPER	
n	a	.975	.95	.975	.95	n	a	.975	.95	.975	.95	n	a	.975	.95	.975	.95	n	a	.975	.95	.975	.95
22	8	30	33	92	87	28	2	2	3	35	31	32	13	41	44	92	88	36	16	48	51	96	92
22	9	36	39	99	94	28	3	5	6	42	38	32	14	45	49	96	93	36	17	52	55	100	96
22	10	42	46	106	101	28	4	8	9	49	45	32	15	50	53	101	97	36	18	56	60	104	100
22	11	48	52	112	108	28	5	11	13	56	52	32	16	54	58	106	102	37	0	0	0	13	10
23	0	0	0	22	18	28	6	15	17	62	58	33	0	0	0	15	12	37	1	1	1	20	17
23	1	1	1	33	28	28	7	19	22	69	64	33	1	1	1	23	19	37	2	2	2	26	23
23	2	3	3	42	38	28	8	23	26	75	70	33	2	2	3	30	26	37	3	4	5	32	29
23	3	6	7	51	46	28	9	28	31	81	76	33	3	4	5	36	32	37	4	6	7	37	34
23	4	9	11	59	54	28	10	32	36	86	82	33	4	7	8	42	38	37	5	9	10	43	39
23	5	14	16	67	62	28	11	37	41	92	88	33	5	10	11	48	44	37	6	12	14	48	44
23	6	18	21	75	70	28	12	42	46	97	93	33	6	13	15	53	50	37	7	15	17	53	49
23	7	23	26	82	77	28	13	47	51	103	99	33	7	17	19	59	55	37	8	18	20	58	54
23	8	28	32	89	84	28	14	52	56	108	104	33	8	20	22	64	60	37	9	21	24	62	59
23	9	34	38	95	91	29	0	0	0	17	14	33	9	24	26	69	65	37	10	25	27	67	63
23	10	40	44	102	97	29	1	1	1	26	22	33	10	28	30	74	71	37	11	28	31	72	68
23	11	46	50	108	104	29	2	2	3	34	30	33	11	32	34	79	76	37	12	32	34	76	72
23	12	52	56	114	110	29	3	5	6	41	37	33	12	36	39	84	80	37	13	35	38	80	77
24	0	0	0	21	17	29	4	8	9	48	44	33	13	40	43	89	85	37	14	39	42	85	81
24	1	1	1	31	27	29	5	11	13	54	50	33	14	44	47	94	90	37	15	43	46	89	85
24	2	3	3	41	36	29	6	15	17	60	56	33	15	48	52	98	95	37	16	47	50	93	90
24	3	6	7	49	44	29	7	19	21	66	62	33	16	53	56	103	99	37	17	51	54	97	94
24	4	9	11	57	52	29	8	23	25	72	68	33	17	57	61	107	104	37	18	55	58	101	98
24	5	13	15	65	60	29	9	27	30	78	74	34	0	0	0	14	12	37	19	59	62	105	102
24	6	18	20	72	67	29	10	31	34	84	79	34	1	1	1	22	19	38	0	0	0	13	10
24	7	22	25	79	74	29	11	36	39	89	85	34	2	2	3	29	25	38	1	1	1	19	17
24	8	27	31	86	81	29	12	40	44	95	90	34	3	4	5	35	31	38	2	2	2	25	23
24	9	33	36	92	88	29	13	45	49	100	96	34	4	7	8	41	37	38	3	4	5	31	28
24	10	38	42	98	94	29	14	50	54	105	101	34	5	10	11	46	43	38	4	6	7	36	33
24	11	44	48	105	100	29	15	55	59	110	106	34	6	13	15	52	48	38	5	9	10	42	38
24	12	49	54	111	106	30	0	0	0	16	13	34	7	16	18	57	53	38	6	12	13	47	43
25	0	0	0	20	16	30	1	1	1	25	22	34	8	20	22	62	59	38	7	15	16	51	48
25	1	1	1	30	26	30	2	2	3	33	29	34	9	23	26	67	64	38	8	18	20	56	53
25	2	3	3	39	35	30	3	5	6	39	36	34	10	27	29	72	69	38	9	21	23	61	57
25	3	5	7	47	43	30	4	8	9	46	42	34	11	31	33	77	73	38	10	24	26	65	62
25	4	9	10	55	50	30	5	11	13	52	48	34	12	35	37	82	78	38	11	28	30	70	66
25	5	13	15	62	57	30	6	14	16	58	54	34	13	38	42	87	83	38	12	31	34	74	71
25	6	17	19	69	65	30	7	18	20	64	60	34	14	43	46	91	88	38	13	34	37	78	75
25	7	21	24	76	71	30	8	22	25	70	66	34	15	47	50	96	92	38	14	38	41	83	79
25	8	26	29	83	78	30	9	26	29	76	72	34	16	51	54	100	97	38	15	42	45	87	83
25	9	31	35	89	84	30	10	30	33	81	77	34	17	55	59	105	101	38	16	45	48	91	88
25	10	36	40	95	91	30	11	35	38	87	82	35	0	0	0	14	11	38	17	49	52	95	92
25	11	42	46	101	97	30	12	39	42	92	88	35	1	1	1	21	18	38	18	53	56	99	96
25	12	47	51	107	103	30	13	44	47	97	93	35	2	2	3	28	25	38	19	57	60	103	100
25	13	53	57	113	109	30	14	48	52	102	98	35	3	4	5	34	30	39	0	0	0	12	10
26	0	0	0	19	16	30	15	53	57	107	103	35	4	7	8	40	36	39	1	1	1	19	16
26	1	1	1	29	25	31	0	0	0	16	13	35	5	10	11	45	42	39	2	2	2	25	22
26	2	2	3	37	33	31	1	1	1	24	21	35	6	13	14	50	47	39	3	4	5	30	27
26	3	5	6	45	41	31	2	2	3	31	28	35	7	16	18	56	52	39	4	6	7	35	32
26	4	9	10	53	48	31	3	5	5	38	34	35	8	19	21	61	57	39	5	9	10	41	37
26	5	12	14	60	55	31	4	7	9	45	41	35	9	23	25	66	62	39	6	11	13	45	42
26	6	16	19	67	62	31	5	11	12	51	47	35	10	26	29	71	67	39	7	14	16	50	47
26	7	21	23	73	69	31	6	14	16	57	53	35	11	30	32	75	72	39	8	17	19	55	51
26	8	25	28	80	75	31	7	18	20	62	58	35	12	34	36	80	76	39	9	20	22	59	56
26	9	30	33	86	82	31	8	21	24	68	64	35	13	37	40	85	81	39	10	24	26	64	60
26	10	35	38	92	88	31	9	25	28	74	69	35	14	41	44	89	85	39	11	27	29	68	65
26	11	40	44	98	94	31	10	29	32	79	75	35	15	45	49	94	90	39	12	30	33	72	69
26	12	45	49	104	99	31	11	34	37	84	80	35	16	49	53	98	94	39	13	34	36	77	73
26	13	51	55	109	105	31	12	38	41	89	85	35	17	54	57	102	99	39	14	37	40	81	77
27	0	0	0	18	15	31	13	42	46	94	90	35	18	58	61	106	103	39	15	41	44	85	81
27	1	1	1	28	24	31	14	47	50	99	95	36	0	0	0	13	11	39	16	44	47	89	85
27	2	2	3	36	32	31	15	51	55	104	100	36	1	1	1	21	18	39	17	48	51	93	90
27	3	5	6	44	40	31	16	56	60	109	105	36	2	2	3	27	24	39	18	52	55	97	94
27	4	8	10	51	47	32	0	0	0	15	12	36	3	4	5	33	30	39	19	55	59	101	97
27	5	12	14	58	53	32	1	1	1	23	20	36	4	7	8	38	35	39	20	59	63	105	101
27	6	16	18	65	60	32	2	2	3	30	27	36	5	9	11	44	40	40	0	0	0	12	10
27	7	20	22	71	66	32	3	4	5	37	33	36	6	12	14	49	45	40	1	1	1	18	16
27	8	24	27	77	73	32	4	7	8	43	39	36	7	15	17	54	51	40	2	2	2	24	21
27	9	29	32	83	79	32	5	10	12	49	45	36	8	19	21	59	55	40	3	4	5	29	27
27	10	34	37	89	85	32	6	14	15	55	51	36	9	22	24	64	60	40	4	6	7	35	32
27	11	39	42	95	91	32	7	17	19	61	57	36	10	25	28	69	65	40	5	9	10	39	36
27	12	44	47	100	96	32	8	21	23	66	62	36	11	29	32	73	70	40	6	11	13	44	41
27	13	49	53	106	102	32	9	25	27	71	67	36	12	33	35	78	74	40	7	14	16	49	46
27	14	54	58	111	107	32	10	28	31	77	73	36	13	36	39	82	79	40	8	17	19	53	50
28	0	0	0	18	14	32	11	32	35	82	78	36	14	40	43	87	83	40	9	20	22	58	54
28	1	1	1	27	23	32	12	37	40	87	83	36	15	44	47	91	88	40	10	23	25	62	59

CONFIDENCE BOUNDS FOR A

N = 160

n	a	LOWER .975	.95	UPPER .975	.95
40	11	26	29	66	63
40	12	29	32	71	67
40	13	33	35	75	71
40	14	36	39	79	75
40	15	40	42	83	79
40	16	43	46	87	83
40	17	47	50	91	87
40	18	50	53	95	91
40	19	54	57	99	95
40	20	58	61	102	99
41	0	0	0	11	9
41	1	1	1	18	15
41	2	2	2	24	21
41	3	4	4	29	26
41	4	6	7	34	31
41	5	8	10	39	35
41	6	11	12	43	40
41	7	14	15	48	44
41	8	17	18	52	49
41	9	19	21	56	53
41	10	23	25	61	57
41	11	26	28	65	61
41	12	29	31	69	66
41	13	32	35	73	70
41	14	35	38	77	74
41	15	39	41	81	78
41	16	42	45	85	82
41	17	46	48	89	85
41	18	49	52	93	89
41	19	53	56	96	93
41	20	56	59	100	97
41	21	60	63	104	101
42	0	0	0	11	9
42	1	1	1	17	15
42	2	2	2	23	20
42	3	4	4	28	25
42	4	6	7	33	30
42	5	8	9	38	35
42	6	11	12	42	39
42	7	13	15	47	43
42	8	16	18	51	48
42	9	19	21	55	52
42	10	22	24	59	56
42	11	25	27	63	60
42	12	28	30	67	64
42	13	31	34	71	68
42	14	35	37	75	72
42	15	38	40	79	76
42	16	41	44	83	80
42	17	45	47	87	84
42	18	48	51	91	87
42	19	51	54	94	91
42	20	55	58	98	95
42	21	58	62	102	98
43	0	0	0	11	9
43	1	1	1	17	15
43	2	2	2	22	20
43	3	4	4	27	25
43	4	6	7	32	29
43	5	8	9	37	34
43	6	11	12	41	38
43	7	13	15	45	42
43	8	16	18	50	47
43	9	19	20	54	51
43	10	22	24	58	55
43	11	25	27	62	59
43	12	28	30	66	63
43	13	31	33	70	67
43	14	34	36	74	70
43	15	37	40	78	74
43	16	40	43	81	78
43	17	43	46	85	82
43	18	47	50	89	85
43	19	50	53	92	89
43	20	54	57	96	93

N = 160

n	a	LOWER .975	.95	UPPER .975	.95
43	21	57	60	99	96
43	22	61	64	103	100
44	0	0	0	11	9
44	1	1	1	17	14
44	2	2	2	22	19
44	3	4	4	27	24
44	4	6	7	31	29
44	5	8	9	36	33
44	6	10	12	40	37
44	7	13	14	44	41
44	8	16	17	49	45
44	9	18	20	53	49
44	10	21	23	57	53
44	11	24	26	61	57
44	12	27	29	65	61
44	13	30	32	68	65
44	14	33	35	72	69
44	15	36	39	76	73
44	16	39	42	80	76
44	17	43	45	83	80
44	18	46	49	87	84
44	19	49	52	90	87
44	20	52	55	94	91
44	21	56	59	97	94
44	22	59	62	101	98
45	0	0	0	10	8
45	1	1	1	16	14
45	2	2	2	21	19
45	3	4	4	26	23
45	4	6	6	31	28
45	5	8	9	35	32
45	6	10	11	39	36
45	7	13	14	43	40
45	8	15	17	48	44
45	9	18	20	52	48
45	10	21	23	55	52
45	11	24	26	59	56
45	12	26	29	63	60
45	13	29	32	67	64
45	14	32	35	71	67
45	15	35	38	74	71
45	16	38	41	78	75
45	17	42	44	81	78
45	18	45	47	85	82
45	19	48	51	89	85
45	20	51	54	92	89
45	21	54	57	95	92
45	22	58	61	99	96
45	23	61	64	102	99
46	0	0	0	10	8
46	1	1	1	16	14
46	2	2	2	21	18
46	3	4	4	25	23
46	4	6	6	30	27
46	5	8	9	34	31
46	6	10	11	38	35
46	7	12	14	42	40
46	8	15	17	46	43
46	9	18	19	50	47
46	10	20	22	54	51
46	11	23	25	58	55
46	12	26	28	62	59
46	13	29	31	65	62
46	14	32	34	69	66
46	15	35	37	73	70
46	16	38	40	76	73
46	17	41	43	80	77
46	18	44	46	83	80
46	19	47	50	87	84
46	20	50	53	90	87
46	21	53	56	94	91
46	22	57	59	97	94
46	23	60	63	100	97
47	0	0	0	10	8
47	1	1	1	15	13

N = 160

n	a	LOWER .975	.95	UPPER .975	.95
47	2	2	2	20	18
47	3	4	4	25	22
47	4	6	7	29	27
47	5	8	9	33	31
47	6	10	11	38	35
47	7	12	14	42	39
47	8	15	16	45	43
47	9	17	19	49	46
47	10	20	22	53	50
47	11	23	25	57	54
47	12	25	27	61	57
47	13	28	30	64	61
47	14	31	33	68	65
47	15	34	36	71	68
47	16	37	39	75	72
47	17	40	42	78	75
47	18	43	45	82	79
47	19	46	49	85	82
47	20	49	52	88	85
47	21	52	55	92	89
47	22	55	58	95	92
47	23	58	61	98	95
47	24	62	65	102	99
48	0	0	0	9	8
48	1	1	1	15	13
48	2	2	2	20	17
48	3	3	4	24	22
48	4	5	6	29	26
48	5	7	8	33	30
48	6	10	11	37	34
48	7	12	13	41	38
48	8	14	16	45	42
48	9	17	19	48	45
48	10	20	21	52	49
48	11	22	24	56	53
48	12	25	27	59	56
48	13	28	30	63	60
48	14	30	33	66	63
48	15	33	36	70	67
48	16	36	38	73	70
48	17	39	41	77	74
48	18	42	45	80	77
48	19	45	48	83	80
48	20	48	51	87	84
48	21	51	54	90	87
48	22	54	57	93	90
48	23	57	60	96	94
48	24	60	63	100	97
49	0	0	0	9	7
49	1	1	1	15	13
49	2	2	2	19	17
49	3	3	4	24	21
49	4	5	6	28	25
49	5	7	8	32	29
49	6	10	11	36	33
49	7	12	13	40	37
49	8	14	16	44	41
49	9	17	18	47	44
49	10	19	21	51	48
49	11	22	24	55	52
49	12	24	26	58	55
49	13	27	29	62	59
49	14	30	32	65	62
49	15	33	35	68	65
49	16	35	38	72	69
49	17	38	41	75	72
49	18	41	44	79	76
49	19	44	47	82	79
49	20	47	50	85	82
49	21	50	53	88	85
49	22	53	56	91	89
49	23	56	59	95	92
49	24	59	62	98	95
49	25	62	65	101	98
50	0	0	0	9	7

N = 160

n	a	LOWER .975	.95	UPPER .975	.95
50	1	1	1	14	12
50	2	2	2	19	17
50	3	3	4	23	21
50	4	5	6	27	25
50	5	7	8	31	29
50	6	9	10	35	33
50	7	12	13	39	36
50	8	14	15	43	40
50	9	16	18	46	43
50	10	19	21	50	47
50	11	21	23	53	51
50	12	24	26	57	54
50	13	27	29	60	57
50	14	29	31	64	61
50	15	32	34	67	64
50	16	35	37	70	67
50	17	38	40	74	71
50	18	40	43	77	74
50	19	43	46	80	77
50	20	46	49	83	81
50	21	49	52	87	84
50	22	52	55	90	87
50	23	55	58	93	90
50	24	58	61	96	93
50	25	61	64	99	96
51	0	0	0	9	7
51	1	1	1	14	12
51	2	2	2	18	16
51	3	3	4	23	20
51	4	5	6	27	24
51	5	7	8	31	28
51	6	9	10	34	32
51	7	11	13	38	36
51	8	14	15	42	39
51	9	16	18	45	43
51	10	19	20	49	46
51	11	21	23	52	50
51	12	24	25	56	53
51	13	26	28	59	56
51	14	29	31	63	60
51	15	31	34	66	63
51	16	34	36	69	66
51	17	37	39	72	69
51	18	40	42	76	73
51	19	42	45	79	76
51	20	45	48	82	79
51	21	48	51	85	82
51	22	51	54	88	85
51	23	54	57	91	88
51	24	57	59	94	91
51	25	60	62	97	94
51	26	63	66	100	98
52	0	0	0	9	7
52	1	1	1	14	12
52	2	2	2	18	16
52	3	3	4	22	20
52	4	5	6	26	24
52	5	7	8	30	28
52	6	9	10	34	31
52	7	11	12	37	35
52	8	14	15	41	38
52	9	16	17	45	42
52	10	18	20	48	45
52	11	21	22	51	49
52	12	23	25	55	52
52	13	26	28	58	55
52	14	28	30	61	58
52	15	31	33	65	62
52	16	34	36	68	65
52	17	36	38	71	68
52	18	39	41	74	71
52	19	42	44	77	74
52	20	44	47	80	78
52	21	47	50	83	81
52	22	50	53	87	84

CONFIDENCE BOUNDS FOR A

N = 160						N = 160						N = 160						N = 160					
		LOWER		UPPER				LOWER		UPPER				LOWER		UPPER				LOWER		UPPER	
n	a	.975	.95	.975	.95	n	a	.975	.95	.975	.95	n	a	.975	.95	.975	.95	n	a	.975	.95	.975	.95
52	23	53	55	90	87	55	15	29	31	61	58	58	2	2	2	16	14	60	16	29	31	59	56
52	24	56	58	93	90	55	16	32	34	64	61	58	3	3	4	20	18	60	17	32	34	62	59
52	25	59	61	96	93	55	17	34	36	67	64	58	4	5	5	23	21	60	18	34	36	64	62
52	26	62	64	98	96	55	18	37	39	70	67	58	5	7	7	27	24	60	19	36	38	67	65
53	0	0	0	8	7	55	19	39	42	73	70	58	6	8	9	30	28	60	20	39	41	70	67
53	1	1	1	13	11	55	20	42	44	76	73	58	7	10	11	33	31	60	21	41	43	73	70
53	2	2	2	18	16	55	21	45	47	79	76	58	8	12	14	37	34	60	22	44	46	75	73
53	3	3	4	22	20	55	22	47	50	82	79	58	9	14	16	40	37	60	23	46	48	78	76
53	4	5	6	26	23	55	23	50	52	85	82	58	10	17	18	43	40	60	24	48	51	81	78
53	5	7	8	29	27	55	24	53	55	88	85	58	11	19	20	46	43	60	25	51	53	83	81
53	6	9	10	33	31	55	25	55	58	91	88	58	12	21	23	49	46	60	26	53	56	86	84
53	7	11	12	37	34	55	26	58	61	93	91	58	13	23	25	52	49	60	27	56	58	89	86
53	8	13	15	40	38	55	27	61	64	96	94	58	14	26	27	55	52	60	28	58	61	91	89
53	9	16	17	44	41	55	28	64	66	99	96	58	15	28	30	58	55	60	29	61	63	94	91
53	10	18	19	47	44	56	0	0	0	8	6	58	16	30	32	61	58	60	30	63	66	97	94
53	11	20	22	50	48	56	1	1	1	12	11	58	17	33	35	64	61	61	0	0	0	7	6
53	12	23	25	54	51	56	2	2	2	17	15	58	18	35	37	67	64	61	1	1	1	11	10
53	13	25	27	57	54	56	3	3	4	20	18	58	19	38	40	70	67	61	2	2	2	15	13
53	14	28	30	60	57	56	4	5	5	24	22	58	20	40	42	72	70	61	3	3	3	19	17
53	15	30	32	63	61	56	5	7	7	28	25	58	21	42	45	75	73	61	4	5	5	22	20
53	16	33	35	67	64	56	6	9	10	31	29	58	22	45	47	78	75	61	5	6	7	25	23
53	17	36	38	70	67	56	7	11	12	35	32	58	23	47	50	81	78	61	6	8	9	28	26
53	18	38	40	73	70	56	8	13	14	38	35	58	24	50	52	83	81	61	7	10	11	32	29
53	19	41	43	76	73	56	9	15	16	41	39	58	25	53	55	86	84	61	8	12	13	35	32
53	20	44	46	79	76	56	10	17	19	44	42	58	26	55	58	89	86	61	9	14	15	38	35
53	21	46	49	82	79	56	11	19	21	48	45	58	27	58	60	92	89	61	10	16	17	41	38
53	22	49	52	85	82	56	12	22	23	51	48	58	28	60	63	94	92	61	11	18	19	44	41
53	23	52	54	88	85	56	13	24	26	54	51	58	29	63	66	97	94	61	12	20	22	47	44
53	24	55	57	91	88	56	14	26	28	57	54	59	0	0	0	7	6	61	13	22	24	49	47
53	25	57	60	94	91	56	15	29	31	60	57	59	1	1	1	12	10	61	14	25	26	52	50
53	26	60	63	97	94	56	16	31	33	63	60	59	2	2	2	16	14	61	15	27	28	55	53
53	27	63	66	100	97	56	17	34	36	66	63	59	3	3	4	19	17	61	16	29	31	58	55
54	0	0	0	8	7	56	18	36	38	69	66	59	4	5	5	23	21	61	17	31	33	61	58
54	1	1	1	13	11	56	19	39	41	72	69	59	5	6	7	26	24	61	18	34	35	63	61
54	2	2	2	17	15	56	20	41	44	75	72	59	6	8	9	29	27	61	19	36	38	66	64
54	3	3	4	21	19	56	21	44	46	78	75	59	7	10	11	33	30	61	20	38	40	69	66
54	4	5	6	25	23	56	22	47	49	81	78	59	8	12	13	36	34	61	21	40	43	72	69
54	5	7	8	29	26	56	23	49	52	84	81	59	9	14	16	39	37	61	22	43	45	74	72
54	6	9	10	32	30	56	24	52	54	86	84	59	10	16	18	42	40	61	23	45	47	77	74
54	7	11	12	36	33	56	25	54	57	89	86	59	11	19	20	45	43	61	24	48	50	80	77
54	8	13	14	39	37	56	26	57	60	92	89	59	12	21	22	48	46	61	25	50	52	82	80
54	9	15	17	43	40	56	27	60	62	95	92	59	13	23	25	51	49	61	26	53	55	85	82
54	10	18	19	46	43	56	28	63	65	97	95	59	14	25	27	54	51	61	27	55	57	87	85
54	11	20	22	49	47	57	0	0	0	8	6	59	15	28	29	57	54	61	28	57	60	90	87
54	12	22	24	53	50	57	1	1	1	12	10	59	16	30	32	60	57	61	29	60	62	92	90
54	13	25	27	56	53	57	2	2	2	16	14	59	17	32	34	63	60	61	30	62	65	95	93
54	14	27	29	59	56	57	3	3	4	20	18	59	18	35	37	66	63	61	31	65	67	98	95
54	15	30	32	62	59	57	4	5	5	24	22	59	19	37	39	68	66	62	0	0	0	7	5
54	16	32	34	65	63	57	5	7	7	27	25	59	20	39	41	71	69	62	1	1	1	11	9
54	17	35	37	68	66	57	6	9	9	31	28	59	21	42	44	74	71	62	2	2	2	15	13
54	18	38	40	72	69	57	7	11	12	34	32	59	22	44	46	77	74	62	3	3	3	18	16
54	19	40	42	75	72	57	8	13	14	37	35	59	23	47	49	79	77	62	4	5	5	22	20
54	20	43	45	78	75	57	9	15	16	40	38	59	24	49	51	82	80	62	5	6	7	25	23
54	21	45	48	81	78	57	10	17	18	44	41	59	25	52	54	85	82	62	6	8	9	28	26
54	22	48	51	83	81	57	11	19	21	47	44	59	26	54	57	88	85	62	7	10	11	31	29
54	23	51	53	86	84	57	12	21	23	50	47	59	27	57	59	90	88	62	8	12	13	34	32
54	24	54	56	89	87	57	13	24	25	53	50	59	28	59	62	93	90	62	9	14	15	37	35
54	25	56	59	92	90	57	14	26	28	56	53	59	29	62	64	95	93	62	10	16	17	40	38
54	26	59	62	95	92	57	15	28	30	59	56	59	30	65	67	98	96	62	11	18	19	43	40
54	27	62	65	98	95	57	16	31	33	62	59	60	0	0	0	7	6	62	12	20	21	46	43
55	0	0	0	8	6	57	17	33	35	65	62	60	1	1	1	11	10	62	13	22	24	49	46
55	1	1	1	13	11	57	18	36	38	68	65	60	2	2	2	15	14	62	14	24	26	51	49
55	2	2	2	17	15	57	19	38	40	71	68	60	3	3	3	19	17	62	15	26	28	54	52
55	3	3	4	21	19	57	20	41	43	74	71	60	4	5	5	22	20	62	16	29	30	57	54
55	4	5	6	25	22	57	21	43	45	76	74	60	5	6	7	26	24	62	17	31	33	60	57
55	5	7	8	28	26	57	22	46	48	79	77	60	6	8	9	29	27	62	18	33	35	62	60
55	6	9	10	32	29	57	23	48	51	82	79	60	7	10	11	32	30	62	19	35	37	65	63
55	7	11	12	35	33	57	24	51	53	85	82	60	8	12	13	35	33	62	20	38	40	68	65
55	8	13	14	39	36	57	25	53	56	88	85	60	9	14	15	38	36	62	21	40	42	70	68
55	9	15	16	42	39	57	26	56	59	90	88	60	10	16	17	41	39	62	22	42	44	73	71
55	10	17	19	45	43	57	27	59	61	93	91	60	11	18	20	44	42	62	23	45	47	76	73
55	11	20	21	49	46	57	28	61	64	96	93	60	12	20	22	47	45	62	24	47	49	78	76
55	12	22	24	52	49	57	29	64	67	99	96	60	13	23	24	50	48	62	25	49	51	81	78
55	13	24	26	55	52	58	0	0	0	7	6	60	14	25	27	53	51	62	26	52	54	83	81
55	14	27	29	58	55	58	1	1	1	12	10	60	15	27	29	56	53	62	27	54	56	86	84

CONFIDENCE BOUNDS FOR A

		N = 160 LOWER		N = 160 UPPER				N = 165 LOWER		N = 165 UPPER				N = 165 LOWER		N = 165 UPPER				N = 165 LOWER		N = 165 UPPER	
n	a	.975	.95	.975	.95	n	a	.975	.95	.975	.95	n	a	.975	.95	.975	.95	n	a	.975	.95	.975	.95
62	28	57	59	89	86	1	0	0	0	160	156	15	5	21	25	99	93	22	8	31	34	95	90
62	29	59	61	91	89	1	1	5	9	165	165	15	6	29	33	109	104	22	9	37	41	102	97
62	30	61	64	94	91	2	0	0	0	138	127	15	7	37	42	119	114	22	10	43	47	109	104
62	31	64	66	96	94	2	1	3	5	162	160	15	8	46	51	128	123	22	11	49	54	116	111
63	0	0	0	7	5	3	0	0	0	116	103	16	0	0	0	32	26	23	0	0	0	22	18
63	1	1	1	11	9	3	1	2	3	149	142	16	1	1	1	48	42	23	1	1	1	34	29
63	2	2	2	14	13	3	2	16	23	163	162	16	2	3	5	61	55	23	2	3	3	44	39
63	3	3	3	18	16	4	0	0	0	98	86	16	3	8	10	73	67	23	3	6	7	53	48
63	4	5	5	21	19	4	1	2	3	132	123	16	4	14	16	84	78	23	4	10	12	61	56
63	5	6	7	24	22	4	2	12	17	153	148	16	5	20	23	94	88	23	5	14	16	69	64
63	6	8	9	27	25	5	0	0	0	85	73	16	6	27	31	104	98	23	6	19	22	77	72
63	7	10	11	30	28	5	1	1	2	117	107	16	7	35	39	113	108	23	7	24	27	84	79
63	8	12	13	33	31	5	2	10	13	140	133	16	8	43	48	122	117	23	8	29	33	92	87
63	9	14	15	36	34	5	3	25	32	155	152	17	0	0	0	30	25	23	9	35	39	99	94
63	10	16	17	39	37	6	0	0	0	74	63	17	1	1	1	45	39	23	10	41	45	105	101
63	11	18	19	42	40	6	1	1	2	104	95	17	2	3	4	58	52	23	11	47	51	112	107
63	12	20	21	45	43	6	2	8	11	127	119	17	3	8	9	69	63	23	12	53	58	118	114
63	13	22	23	48	45	6	3	21	26	144	139	17	4	13	15	80	74	24	0	0	0	21	17
63	14	24	25	51	48	7	0	0	0	66	56	17	5	19	22	90	84	24	1	1	1	32	28
63	15	26	28	53	51	7	1	1	2	94	84	17	6	25	29	99	94	24	2	3	3	42	37
63	16	28	30	56	54	7	2	7	10	115	107	17	7	33	37	108	103	24	3	6	7	51	46
63	17	30	32	59	56	7	3	18	22	133	126	17	8	40	45	117	112	24	4	9	11	59	54
63	18	33	34	61	59	7	4	32	39	147	143	17	9	48	53	125	120	24	5	14	16	67	62
63	19	35	37	64	62	8	0	0	0	59	50	18	0	0	0	28	23	24	6	18	21	74	69
63	20	37	39	67	64	8	1	1	2	85	76	18	1	1	1	43	37	24	7	23	26	81	76
63	21	39	41	69	67	8	2	6	9	106	97	18	2	3	4	55	49	24	8	28	31	88	83
63	22	42	44	72	69	8	3	15	19	123	116	18	3	7	9	66	60	24	9	33	37	95	90
63	23	44	46	74	72	8	4	27	33	138	132	18	4	12	15	76	70	24	10	39	43	102	97
63	24	46	48	77	75	9	0	0	0	54	45	18	5	18	21	86	80	24	11	45	49	108	104
63	25	49	51	80	77	9	1	1	1	78	69	18	6	24	28	95	89	24	12	51	55	114	110
63	26	51	53	82	80	9	2	6	8	97	89	18	7	31	35	103	98	25	0	0	0	20	17
63	27	53	56	85	82	9	3	14	17	114	106	18	8	38	42	112	107	25	1	1	1	31	27
63	28	56	58	87	85	9	4	24	29	128	122	18	9	45	50	120	115	25	2	3	3	40	36
63	29	58	60	90	87	9	5	37	43	141	136	19	0	0	0	27	22	25	3	5	7	49	44
63	30	60	63	92	90	10	0	0	0	49	41	19	1	1	1	41	35	25	4	9	11	57	52
63	31	63	65	95	92	10	1	1	1	71	63	19	2	3	4	52	47	25	5	13	15	64	59
63	32	65	68	97	95	10	2	5	7	90	82	19	3	7	8	63	57	25	6	17	20	71	67
64	0	0	0	7	5	10	3	12	16	106	98	19	4	12	14	73	67	25	7	22	25	78	74
64	1	1	1	11	9	10	4	22	26	120	113	19	5	17	20	82	76	25	8	27	30	85	80
64	2	2	2	14	13	10	5	33	38	132	127	19	6	23	26	91	85	25	9	32	36	92	87
64	3	3	3	18	16	11	0	0	0	45	38	19	7	29	33	99	94	25	10	37	41	98	94
64	4	5	5	21	19	11	1	1	1	66	58	19	8	36	40	107	102	25	11	43	47	104	100
64	5	6	7	24	22	11	2	5	6	83	76	19	9	43	47	115	110	25	12	49	53	110	106
64	6	8	9	27	25	11	3	11	14	99	91	19	10	50	55	122	118	25	13	55	59	116	112
64	7	10	11	30	28	11	4	20	24	112	106	20	0	0	0	26	21	26	0	0	0	20	16
64	8	12	12	33	31	11	5	29	34	125	119	20	1	1	1	39	34	26	1	1	1	30	26
64	9	13	14	36	34	11	6	40	46	136	131	20	2	3	4	50	44	26	2	3	3	39	34
64	10	15	17	39	36	12	0	0	0	42	35	20	3	7	8	60	54	26	3	5	6	47	42
64	11	17	19	41	39	12	1	1	1	61	54	20	4	11	13	69	64	26	4	9	10	55	50
64	12	19	21	44	42	12	2	4	6	78	70	20	5	16	19	78	73	26	5	13	15	62	57
64	13	21	23	47	45	12	3	10	13	92	85	20	6	22	25	87	81	26	6	17	19	69	64
64	14	24	25	50	47	12	4	18	22	105	99	20	7	28	31	95	90	26	7	21	24	76	71
64	15	26	27	52	50	12	5	27	31	117	111	20	8	34	38	103	98	26	8	26	29	82	78
64	16	28	29	55	53	12	6	37	42	128	123	20	9	40	45	110	105	26	9	31	34	89	84
64	17	30	32	58	55	13	0	0	0	39	32	20	10	47	52	118	113	26	10	36	40	95	90
64	18	32	34	60	58	13	1	1	1	57	50	21	0	0	0	24	20	26	11	41	45	101	97
64	19	34	36	63	61	13	2	4	5	73	66	21	1	1	1	37	32	26	12	47	51	107	103
64	20	36	38	66	63	13	3	10	12	87	80	21	2	3	4	48	42	26	13	52	56	113	109
64	21	39	41	68	66	13	4	17	20	99	93	21	3	6	8	57	52	27	0	0	0	19	15
64	22	41	43	71	68	13	5	25	29	111	105	21	4	11	13	66	61	27	1	1	1	29	25
64	23	43	45	73	71	13	6	34	39	121	116	21	5	15	18	75	70	27	2	2	3	37	33
64	24	46	48	76	73	13	7	44	49	131	126	21	6	21	24	83	78	27	3	5	6	45	41
64	25	48	50	78	76	14	0	0	0	36	30	21	7	26	30	91	86	27	4	8	10	53	48
64	26	50	52	81	78	14	1	1	1	54	47	21	8	32	36	99	94	27	5	12	14	60	55
64	27	52	55	83	81	14	2	4	5	68	62	21	9	38	43	106	101	27	6	16	19	67	62
64	28	55	57	86	83	14	3	9	11	81	75	21	10	45	49	113	109	27	7	21	23	73	69
64	29	57	59	88	86	14	4	15	19	94	87	21	11	52	56	120	116	27	8	25	28	80	75
64	30	60	62	91	88	14	5	23	27	105	99	22	0	0	0	23	19	27	9	30	33	86	81
64	31	62	64	93	91	14	6	31	36	115	109	22	1	1	1	35	31	27	10	35	38	92	87
64	32	64	67	96	93	14	7	40	45	125	120	22	2	3	4	45	41	27	11	40	43	98	93
						15	0	0	0	34	28	22	3	6	7	55	50	27	12	45	49	104	99
						15	1	1	1	50	44	22	4	10	12	64	58	27	13	50	54	109	105
						15	2	4	5	64	58	22	5	15	17	72	67	27	14	56	60	115	111
						15	3	8	11	77	70	22	6	20	23	80	75	28	0	0	0	18	15
						15	4	14	17	89	82	22	7	25	28	88	83	28	1	1	1	28	24

CONFIDENCE BOUNDS FOR A

N = 165		LOWER		UPPER		N = 165		LOWER		UPPER		N = 165		LOWER		UPPER		N = 165		LOWER		UPPER	
n	a	.975	.95	.975	.95	n	a	.975	.95	.975	.95	n	a	.975	.95	.975	.95	n	a	.975	.95	.975	.95
28	2	2	3	36	32	32	13	42	45	95	91	36	16	49	53	99	95	40	11	27	29	69	65
28	3	5	6	44	39	32	14	47	50	100	96	36	17	54	57	103	99	40	12	30	33	73	69
28	4	8	10	51	47	32	15	51	55	104	101	36	18	58	61	107	104	40	13	34	36	77	74
28	5	12	14	58	53	32	16	56	60	109	105	37	0	0	0	13	11	40	14	37	40	81	78
28	6	16	18	64	60	33	0	0	0	15	12	37	1	1	1	21	18	40	15	41	44	86	82
28	7	20	22	71	66	33	1	1	1	23	20	37	2	2	3	27	24	40	16	44	47	90	86
28	8	24	27	77	73	33	2	2	3	31	27	37	3	4	5	33	30	40	17	48	51	94	90
28	9	29	32	83	79	33	3	4	5	37	33	37	4	7	8	39	35	40	18	52	55	98	94
28	10	33	37	89	85	33	4	7	8	43	40	37	5	9	11	44	41	40	19	56	59	102	98
28	11	38	42	95	91	33	5	10	12	49	45	37	6	12	14	49	46	40	20	59	63	106	102
28	12	43	47	101	96	33	6	14	15	55	51	37	7	15	17	55	51	41	0	0	0	12	10
28	13	48	52	106	102	33	7	17	19	61	57	37	8	19	21	60	56	41	1	1	1	19	16
28	14	54	58	111	107	33	8	21	23	66	62	37	9	22	24	64	61	41	2	2	2	24	22
29	0	0	0	17	14	33	9	24	27	72	68	37	10	25	28	69	65	41	3	4	5	30	27
29	1	1	1	27	23	33	10	28	31	77	73	37	11	29	32	74	70	41	4	6	7	35	32
29	2	2	3	35	31	33	11	32	35	82	78	37	12	33	35	78	75	41	5	9	10	40	37
29	3	5	6	42	38	33	12	37	40	87	83	37	13	36	39	83	79	41	6	11	13	45	41
29	4	8	9	49	45	33	13	41	44	92	88	37	14	40	43	88	84	41	7	14	16	49	46
29	5	11	13	56	52	33	14	45	49	97	93	37	15	44	47	92	88	41	8	17	19	54	50
29	6	15	17	62	58	33	15	50	53	102	98	37	16	48	51	96	93	41	9	20	22	58	55
29	7	19	22	69	64	33	16	54	58	106	103	37	17	52	55	101	97	41	10	23	25	63	59
29	8	23	26	75	70	33	17	59	62	111	107	37	18	56	60	105	101	41	11	26	29	67	64
29	9	28	31	81	76	34	0	0	0	15	12	37	19	60	64	109	105	41	12	30	32	71	68
29	10	32	35	86	82	34	1	1	1	23	20	38	0	0	0	13	11	41	13	33	36	76	72
29	11	37	40	92	88	34	2	2	3	30	26	38	1	1	1	20	17	41	14	36	39	80	76
29	12	42	45	98	93	34	3	4	5	36	32	38	2	2	2	26	23	41	15	40	43	84	80
29	13	47	50	103	99	34	4	7	8	42	38	38	3	4	5	32	29	41	16	43	46	88	84
29	14	52	55	108	104	34	5	10	11	48	44	38	4	6	8	38	34	41	17	47	50	92	88
29	15	57	61	113	110	34	6	13	15	54	50	38	5	9	10	43	40	41	18	51	54	96	92
30	0	0	0	17	14	34	7	17	19	59	55	38	6	12	14	48	45	41	19	54	57	99	96
30	1	1	1	26	22	34	8	20	22	64	60	38	7	15	17	53	49	41	20	58	61	103	100
30	2	2	3	34	30	34	9	24	26	70	66	38	8	18	20	58	54	41	21	62	65	107	104
30	3	5	6	41	37	34	10	28	30	75	71	38	9	21	24	63	59	42	0	0	0	12	9
30	4	8	9	48	43	34	11	31	34	80	76	38	10	25	27	67	64	42	1	1	1	18	16
30	5	11	13	54	50	34	12	35	38	85	81	38	11	28	31	72	68	42	2	2	2	24	21
30	6	15	17	60	56	34	13	40	43	90	86	38	12	32	34	77	73	42	3	4	4	29	26
30	7	19	21	67	62	34	14	44	47	94	91	38	13	35	38	81	77	42	4	6	7	34	31
30	8	23	25	72	68	34	15	48	51	99	95	38	14	39	42	85	82	42	5	8	10	39	36
30	9	27	30	78	74	34	16	52	56	104	100	38	15	43	46	90	86	42	6	11	12	44	40
30	10	31	34	84	80	34	17	57	60	108	105	38	16	47	50	94	90	42	7	14	15	48	45
30	11	36	39	89	85	35	0	0	0	14	12	38	17	51	54	98	95	42	8	17	18	53	49
30	12	40	44	95	91	35	1	1	1	22	19	38	18	55	58	102	99	42	9	20	22	57	54
30	13	45	49	100	96	35	2	2	3	29	25	38	19	59	62	106	103	42	10	23	25	61	58
30	14	50	54	105	101	35	3	4	5	35	32	39	0	0	0	13	10	42	11	26	28	66	62
30	15	55	59	110	106	35	4	7	8	41	37	39	1	1	1	20	17	42	12	29	31	70	66
31	0	0	0	16	13	35	5	10	11	47	43	39	2	2	2	26	23	42	13	32	35	74	70
31	1	1	1	25	22	35	6	13	15	52	48	39	3	4	5	31	28	42	14	36	38	78	74
31	2	2	3	33	29	35	7	16	18	58	54	39	4	6	7	37	33	42	15	39	42	82	78
31	3	5	6	40	36	35	8	20	22	63	59	39	5	9	10	42	38	42	16	42	45	86	82
31	4	8	9	46	42	35	9	23	26	68	64	39	6	12	13	47	43	42	17	46	49	90	86
31	5	11	12	52	48	35	10	27	29	73	69	39	7	15	16	52	48	42	18	49	52	94	90
31	6	14	16	59	54	35	11	31	33	78	74	39	8	18	20	57	53	42	19	53	56	97	94
31	7	18	20	65	60	35	12	34	37	83	79	39	9	21	23	61	58	42	20	56	60	101	98
31	8	22	24	70	66	35	13	38	42	87	83	39	10	24	27	66	62	42	21	60	63	105	102
31	9	26	29	76	72	35	14	43	46	92	88	39	11	28	30	70	67	43	0	0	0	11	9
31	10	30	33	81	77	35	15	47	50	97	93	39	12	31	34	75	71	43	1	1	1	18	15
31	11	34	38	87	83	35	16	51	54	101	97	39	13	35	37	79	75	43	2	2	2	23	20
31	12	39	42	92	88	35	17	55	59	106	102	39	14	38	41	83	80	43	3	4	4	28	25
31	13	43	47	97	93	35	18	59	63	110	106	39	15	42	45	88	84	43	4	6	7	33	30
31	14	48	52	102	98	36	0	0	0	14	11	39	16	46	49	92	88	43	5	8	9	38	35
31	15	53	57	107	103	36	1	1	1	21	18	39	17	49	52	96	92	43	6	11	12	43	39
31	16	58	62	112	108	36	2	2	3	28	25	39	18	53	56	100	97	43	7	14	15	47	44
32	0	0	0	16	13	36	3	4	5	34	31	39	19	57	60	104	101	43	8	16	18	51	48
32	1	1	1	24	21	36	4	7	8	40	36	39	20	61	64	108	105	43	9	19	21	56	52
32	2	2	3	32	28	36	5	10	11	45	42	40	0	0	0	12	10	43	10	22	24	60	57
32	3	5	5	38	35	36	6	13	14	51	47	40	1	1	1	19	16	43	11	25	27	64	61
32	4	7	9	45	41	36	7	16	18	56	52	40	2	2	2	25	22	43	12	28	31	68	65
32	5	11	12	51	47	36	8	19	21	61	57	40	3	4	5	31	27	43	13	31	34	72	69
32	6	14	16	57	53	36	9	23	25	66	62	40	4	6	7	36	33	43	14	35	37	76	73
32	7	18	20	63	58	36	10	26	29	71	67	40	5	9	10	41	38	43	15	38	41	80	77
32	8	21	24	68	64	36	11	30	32	76	72	40	6	11	13	46	42	43	16	41	44	84	81
32	9	25	28	74	70	36	12	34	36	80	77	40	7	14	16	51	47	43	17	45	48	88	84
32	10	29	32	79	75	36	13	37	40	85	81	40	8	17	19	55	52	43	18	48	51	92	88
32	11	33	36	84	80	36	14	41	44	90	86	40	9	20	23	60	56	43	19	52	55	95	92
32	12	38	41	90	85	36	15	45	49	94	90	40	10	24	26	64	61	43	20	55	58	99	96

CONFIDENCE BOUNDS FOR A

N = 165					N = 165					N = 165					N = 165				
		LOWER		UPPER				LOWER		UPPER				LOWER		UPPER				LOWER		UPPER
n	a	.975	.95	.975	.95	n	a	.975	.95	.975	.95	n	a	.975	.95	.975	.95	n	a	.975	.95	.975	.95
43	21	59	62	103	99	47	2	2	2	21	19	50	1	1	1	15	13	52	23	54	57	92	90
43	22	62	66	106	103	47	3	4	4	26	23	50	2	2	2	20	17	52	24	57	60	96	93
44	0	0	0	11	9	47	4	6	6	30	28	50	3	3	4	24	22	52	25	60	63	99	96
44	1	1	1	17	15	47	5	8	9	35	32	50	4	5	6	28	26	52	26	63	66	102	99
44	2	2	2	23	20	47	6	10	11	39	36	50	5	7	8	32	30	53	0	0	0	9	7
44	3	4	4	28	25	47	7	13	14	43	40	50	6	10	11	36	34	53	1	1	1	14	12
44	4	6	7	32	29	47	8	15	17	47	44	50	7	12	13	40	37	53	2	2	2	18	16
44	5	8	9	37	34	47	9	18	19	51	48	50	8	14	16	44	41	53	3	3	4	23	20
44	6	11	12	42	38	47	10	20	22	55	52	50	9	17	18	48	45	53	4	5	6	27	24
44	7	13	15	46	43	47	11	23	25	59	56	50	10	19	21	52	49	53	5	7	8	30	28
44	8	16	18	50	47	47	12	26	28	63	59	50	11	22	24	55	52	53	6	9	10	34	32
44	9	19	21	54	51	47	13	29	31	66	63	50	12	25	27	59	56	53	7	11	13	38	35
44	10	22	24	59	55	47	14	32	34	70	67	50	13	27	29	62	59	53	8	14	15	42	39
44	11	25	27	63	59	47	15	35	37	74	70	50	14	30	32	66	63	53	9	16	17	45	42
44	12	28	30	67	63	47	16	38	40	77	74	50	15	33	35	69	66	53	10	18	20	49	46
44	13	31	33	71	67	47	17	41	44	81	78	50	16	36	38	73	70	53	11	21	23	52	49
44	14	34	36	75	71	47	18	44	47	84	81	50	17	39	41	76	73	53	12	23	25	56	53
44	15	37	40	78	75	47	19	47	50	88	85	50	18	42	44	80	76	53	13	26	28	59	56
44	16	40	43	82	79	47	20	50	53	91	88	50	19	44	47	83	80	53	14	29	31	62	59
44	17	44	46	86	83	47	21	54	57	95	92	50	20	47	50	86	83	53	15	31	33	66	63
44	18	47	50	90	86	47	22	57	60	98	95	50	21	50	53	89	86	53	16	34	36	69	66
44	19	50	53	93	90	47	23	60	63	101	98	50	22	53	56	93	90	53	17	37	39	72	69
44	20	54	57	97	94	47	24	64	67	105	102	50	23	57	59	96	93	53	18	39	42	75	72
44	21	57	60	101	97	48	0	0	0	10	8	50	24	60	62	99	96	53	19	42	44	78	75
44	22	61	64	104	101	48	1	1	1	16	13	50	25	63	66	102	99	53	20	45	47	82	79
45	0	0	0	11	9	48	2	2	2	21	18	51	0	0	0	9	7	53	21	48	50	85	82
45	1	1	1	17	14	48	3	4	4	25	23	51	1	1	1	14	12	53	22	50	53	88	85
45	2	2	2	22	19	48	4	5	6	30	27	51	2	2	2	19	17	53	23	53	56	91	88
45	3	4	4	27	24	48	5	8	9	34	31	51	3	3	4	24	21	53	24	56	59	94	91
45	4	6	7	32	29	48	6	10	11	38	35	51	4	5	6	28	25	53	25	59	62	97	94
45	5	8	9	36	33	48	7	12	14	42	39	51	5	7	8	32	29	53	26	62	65	100	97
45	6	10	12	41	38	48	8	15	16	46	43	51	6	9	11	36	33	53	27	65	68	103	100
45	7	13	14	45	42	48	9	17	19	50	47	51	7	12	13	40	37	54	0	0	0	9	7
45	8	16	17	49	46	48	10	20	22	54	51	51	8	14	15	43	40	54	1	1	1	14	12
45	9	18	20	53	50	48	11	23	25	58	54	51	9	17	18	47	44	54	2	2	2	18	16
45	10	21	23	57	54	48	12	26	28	61	58	51	10	19	21	51	48	54	3	3	4	22	20
45	11	24	26	61	58	48	13	28	31	65	62	51	11	22	23	54	51	54	4	5	6	26	24
45	12	27	29	65	62	48	14	31	34	69	65	51	12	24	26	58	55	54	5	7	8	30	27
45	13	30	32	69	66	48	15	34	37	72	69	51	13	27	29	61	58	54	6	9	10	34	31
45	14	33	36	73	70	48	16	37	40	76	73	51	14	30	32	65	62	54	7	11	12	37	35
45	15	36	39	77	73	48	17	40	43	79	76	51	15	32	34	68	65	54	8	13	15	41	38
45	16	40	42	80	77	48	18	43	46	83	80	51	16	35	37	71	68	54	9	16	17	44	42
45	17	43	45	84	81	48	19	46	49	86	83	51	17	38	40	75	72	54	10	18	20	48	45
45	18	46	49	88	85	48	20	49	52	90	86	51	18	41	43	78	75	54	11	21	22	51	48
45	19	49	52	91	88	48	21	53	55	93	90	51	19	44	46	81	78	54	12	23	25	54	52
45	20	53	56	95	92	48	22	56	59	96	93	51	20	47	49	85	82	54	13	26	27	58	55
45	21	56	59	99	95	48	23	59	62	100	97	51	21	49	52	88	85	54	14	28	30	61	58
45	22	59	63	102	99	48	24	62	65	103	100	51	22	52	55	91	88	54	15	31	33	64	61
45	23	63	66	106	102	49	0	0	0	10	8	51	23	55	58	94	91	54	16	33	35	68	65
46	0	0	0	10	8	49	1	1	1	15	13	51	24	58	61	97	94	54	17	36	38	71	68
46	1	1	1	16	14	49	2	2	2	20	18	51	25	61	64	100	98	54	18	39	41	74	71
46	2	2	2	21	19	49	3	3	4	25	22	51	26	65	67	104	101	54	19	41	44	77	74
46	3	4	4	26	24	49	4	5	6	29	26	52	0	0	0	9	7	54	20	44	46	80	77
46	4	6	6	31	28	49	5	8	8	33	30	52	1	1	1	14	12	54	21	47	49	83	80
46	5	8	9	35	32	49	6	10	11	37	34	52	2	2	2	19	17	54	22	50	52	86	83
46	6	10	11	40	37	49	7	12	13	41	38	52	3	3	4	23	21	54	23	52	55	89	86
46	7	13	14	44	41	49	8	15	16	45	42	52	4	5	6	27	25	54	24	55	58	92	89
46	8	15	17	48	45	49	9	17	19	49	46	52	5	7	8	31	29	54	25	58	61	95	92
46	9	18	20	52	49	49	10	20	21	53	50	52	6	9	10	35	32	54	26	61	64	98	95
46	10	21	23	56	53	49	11	22	24	56	53	52	7	12	13	39	36	54	27	64	67	101	98
46	11	24	26	60	57	49	12	25	27	60	57	52	8	14	15	42	40	55	0	0	0	8	7
46	12	27	29	64	61	49	13	28	30	64	61	52	9	16	18	46	43	55	1	1	1	13	11
46	13	30	32	68	64	49	14	31	33	67	64	52	10	19	20	50	47	55	2	2	2	18	16
46	14	33	35	71	68	49	15	34	36	71	68	52	11	21	23	53	50	55	3	3	4	22	19
46	15	36	38	75	72	49	16	36	39	74	71	52	12	24	26	57	54	55	4	5	6	26	23
46	16	39	41	79	76	49	17	39	42	78	75	52	13	26	28	60	57	55	5	7	8	29	27
46	17	42	44	82	79	49	18	42	45	81	78	52	14	29	31	63	60	55	6	9	10	33	30
46	18	45	48	86	83	49	19	45	48	84	81	52	15	32	34	67	64	55	7	11	12	37	34
46	19	48	51	90	86	49	20	48	51	88	85	52	16	34	37	70	67	55	8	13	15	40	37
46	20	52	54	93	90	49	21	51	54	91	88	52	17	37	39	73	70	55	9	16	17	43	41
46	21	55	58	97	93	49	22	55	57	94	91	52	18	40	42	77	74	55	10	18	19	47	44
46	22	58	61	100	97	49	23	58	61	98	95	52	19	43	45	80	77	55	11	20	22	50	47
46	23	62	65	103	100	49	24	61	64	101	98	52	20	46	48	83	80	55	12	23	24	53	51
47	0	0	0	10	8	49	25	64	67	104	101	52	21	49	51	86	83	55	13	25	27	57	54
47	1	1	1	16	14	50	0	0	0	9	8	52	22	51	54	89	86	55	14	28	29	60	57

CONFIDENCE BOUNDS FOR A

N = 165						N = 165						N = 165						N = 165					
		LOWER		UPPER				LOWER		UPPER				LOWER		UPPER				LOWER		UPPER	
n	a	.975	.95	.975	.95	n	a	.975	.95	.975	.95	n	a	.975	.95	.975	.95	n	a	.975	.95	.975	.95
55	15	30	32	63	60	58	2	2	2	17	15	60	16	30	32	61	58	62	28	58	61	91	89
55	16	33	35	66	63	58	3	3	4	20	18	60	17	33	34	64	61	62	29	61	63	94	92
55	17	35	37	69	67	58	4	5	5	24	22	60	18	35	37	67	64	62	30	63	66	97	94
55	18	38	40	73	70	58	5	7	7	28	25	60	19	37	39	69	67	62	31	66	68	99	97
55	19	41	43	76	73	58	6	9	10	31	29	60	20	40	42	72	70	63	0	0	0	7	6
55	20	43	46	79	76	58	7	11	12	35	32	60	21	42	44	75	72	63	1	1	1	11	10
55	21	46	48	82	79	58	8	13	14	38	35	60	22	45	47	78	75	63	2	2	2	15	13
55	22	49	51	85	82	58	9	15	16	41	39	60	23	47	50	81	78	63	3	3	3	19	17
55	23	51	54	88	85	58	10	17	18	44	42	60	24	50	52	83	81	63	4	5	5	22	20
55	24	54	57	91	88	58	11	19	21	48	45	60	25	52	55	86	84	63	5	6	7	25	23
55	25	57	60	94	91	58	12	22	23	51	48	60	26	55	57	89	86	63	6	8	9	28	26
55	26	60	62	97	94	58	13	24	26	54	51	60	27	57	60	92	89	63	7	10	11	32	29
55	27	63	65	99	97	58	14	26	28	57	54	60	28	60	63	94	92	63	8	12	13	35	32
55	28	66	68	102	100	58	15	29	31	60	57	60	29	63	65	97	94	63	9	14	15	38	35
56	0	0	0	8	7	58	16	31	33	63	60	60	30	65	68	100	97	63	10	16	17	41	38
56	1	1	1	13	11	58	17	34	36	66	63	61	0	0	0	7	6	63	11	18	19	44	41
56	2	2	2	17	15	58	18	36	38	69	66	61	1	1	1	12	10	63	12	20	22	47	44
56	3	3	4	21	19	58	19	39	41	72	69	61	2	2	2	16	14	63	13	22	24	49	47
56	4	5	6	25	23	58	20	41	43	75	72	61	3	3	4	19	17	63	14	24	26	52	50
56	5	7	8	29	26	58	21	44	46	78	75	61	4	5	5	23	21	63	15	27	28	55	53
56	6	9	10	32	30	58	22	46	49	81	78	61	5	6	7	26	24	63	16	29	31	58	55
56	7	11	12	36	33	58	23	49	51	83	81	61	6	8	9	29	27	63	17	31	33	61	58
56	8	13	14	39	37	58	24	51	54	86	84	61	7	10	11	33	30	63	18	33	35	63	61
56	9	15	17	43	40	58	25	54	57	89	86	61	8	12	13	36	33	63	19	36	38	66	64
56	10	18	19	46	43	58	26	57	59	92	89	61	9	14	15	39	37	63	20	38	40	69	66
56	11	20	21	49	47	58	27	59	62	95	92	61	10	16	18	42	40	63	21	40	42	72	69
56	12	22	24	53	50	58	28	62	65	97	95	61	11	19	20	45	43	63	22	43	45	74	72
56	13	25	26	56	53	58	29	65	67	100	98	61	12	21	22	48	46	63	23	45	47	77	74
56	14	27	29	59	56	59	0	0	0	8	6	61	13	23	24	51	49	63	24	48	50	80	77
56	15	30	32	62	59	59	1	1	1	12	10	61	14	25	27	54	51	63	25	50	52	82	80
56	16	32	34	65	62	59	2	2	2	16	14	61	15	27	29	57	54	63	26	52	55	85	82
56	17	35	37	68	65	59	3	3	4	20	18	61	16	30	32	60	57	63	27	55	57	87	85
56	18	37	39	71	68	59	4	5	5	24	21	61	17	32	34	63	60	63	28	57	60	90	88
56	19	40	42	74	72	59	5	7	7	27	25	61	18	34	36	66	63	63	29	60	62	93	90
56	20	42	45	77	75	59	6	8	9	31	28	61	19	37	39	68	66	63	30	62	65	95	93
56	21	45	48	80	78	59	7	10	11	34	31	61	20	39	41	71	69	63	31	65	67	98	95
56	22	48	50	83	81	59	8	13	14	37	35	61	21	42	44	74	71	63	32	67	70	100	98
56	23	51	53	86	83	59	9	15	16	40	38	61	22	44	46	77	74	64	0	0	0	7	5
56	24	53	56	89	86	59	10	17	18	44	41	61	23	47	49	79	77	64	1	1	1	11	9
56	25	56	59	92	89	59	11	19	21	47	44	61	24	49	51	82	80	64	2	2	2	15	13
56	26	59	61	95	92	59	12	21	23	50	47	61	25	51	54	85	82	64	3	3	3	18	16
56	27	62	64	98	95	59	13	24	25	53	50	61	26	54	56	88	85	64	4	5	5	22	20
56	28	64	67	101	98	59	14	26	28	56	53	61	27	57	59	90	88	64	5	6	7	25	23
57	0	0	0	8	6	59	15	28	30	59	56	61	28	59	62	93	90	64	6	8	9	28	26
57	1	1	1	13	11	59	16	31	33	62	59	61	29	62	64	96	93	64	7	10	11	31	29
57	2	2	2	17	15	59	17	33	35	65	62	61	30	64	67	98	95	64	8	12	13	34	32
57	3	3	4	21	19	59	18	35	38	68	65	61	31	67	69	101	98	64	9	14	15	37	35
57	4	5	6	25	22	59	19	38	40	71	68	62	0	0	0	7	6	64	10	16	17	40	38
57	5	7	8	28	26	59	20	40	43	74	71	62	1	1	1	11	10	64	11	18	19	43	41
57	6	9	10	32	29	59	21	43	45	76	74	62	2	2	2	15	14	64	12	20	21	46	43
57	7	11	12	35	33	59	22	45	48	79	77	62	3	3	3	19	17	64	13	22	23	49	46
57	8	13	14	39	36	59	23	48	50	82	79	62	4	5	5	22	20	64	14	24	26	51	49
57	9	15	16	42	39	59	24	51	53	85	82	62	5	6	7	26	24	64	15	26	28	54	52
57	10	17	19	45	43	59	25	53	56	88	85	62	6	8	9	29	27	64	16	28	30	57	54
57	11	20	21	48	46	59	26	56	58	90	88	62	7	10	11	32	30	64	17	31	32	60	57
57	12	22	24	52	49	59	27	58	61	93	90	62	8	12	13	35	33	64	18	33	35	62	60
57	13	24	26	55	52	59	28	61	64	96	93	62	9	14	15	38	36	64	19	35	37	65	63
57	14	27	29	58	55	59	29	64	66	99	96	62	10	16	17	41	39	64	20	37	39	68	65
57	15	29	31	61	58	59	30	66	69	101	99	62	11	18	20	44	42	64	21	40	42	71	68
57	16	32	34	64	61	60	0	0	0	7	6	62	12	20	22	47	45	64	22	42	44	73	71
57	17	34	36	67	64	60	1	1	1	12	10	62	13	23	24	50	48	64	23	44	47	76	73
57	18	37	39	70	67	60	2	2	2	16	14	62	14	25	26	53	51	64	24	47	49	78	76
57	19	39	41	73	70	60	3	3	4	20	18	62	15	27	29	56	53	64	25	49	51	81	78
57	20	42	44	76	73	60	4	5	5	23	21	62	16	29	31	59	56	64	26	52	54	84	81
57	21	44	47	79	76	60	5	7	7	27	24	62	17	32	33	62	59	64	27	54	56	86	84
57	22	47	49	82	79	60	6	8	9	30	28	62	18	34	36	64	62	64	28	56	59	89	86
57	23	50	52	85	82	60	7	10	11	33	31	62	19	36	38	67	65	64	29	59	61	91	89
57	24	52	55	88	85	60	8	12	13	37	34	62	20	39	41	70	67	64	30	61	64	94	91
57	25	55	58	91	88	60	9	14	16	40	37	62	21	41	43	73	70	64	31	64	66	96	94
57	26	58	60	93	91	60	10	17	18	43	40	62	22	43	46	75	73	64	32	66	69	99	96
57	27	60	63	96	94	60	11	19	20	46	43	62	23	46	48	78	76	65	0	0	0	7	5
57	28	63	66	99	96	60	12	21	23	49	46	62	24	48	50	81	78	65	1	1	1	11	9
57	29	66	69	102	99	60	13	23	25	52	49	62	25	51	53	84	81	65	2	2	2	14	13
58	0	0	0	8	6	60	14	26	27	55	52	62	26	53	55	86	84	65	3	3	3	18	16
58	1	1	1	12	11	60	15	28	30	58	55	62	27	56	58	89	86	65	4	5	5	21	19

CONFIDENCE BOUNDS FOR A

N = 165

n	a	LOWER .975	LOWER .95	UPPER .975	UPPER .95
65	5	6	7	24	22
65	6	8	9	27	25
65	7	10	11	31	28
65	8	12	13	33	31
65	9	14	15	36	34
65	10	16	17	39	37
65	11	18	19	42	40
65	12	20	21	45	43
65	13	22	23	48	45
65	14	24	25	51	48
65	15	26	28	53	51
65	16	28	30	56	54
65	17	30	32	59	56
65	18	32	34	61	59
65	19	35	37	64	62
65	20	37	39	67	64
65	21	39	41	69	67
65	22	42	44	72	70
65	23	44	46	75	72
65	24	46	48	77	75
65	25	48	51	80	77
65	26	51	53	82	80
65	27	53	55	85	82
65	28	56	58	87	85
65	29	58	60	90	87
65	30	60	63	92	90
65	31	63	65	95	92
65	32	65	68	97	95
65	33	68	70	100	97
66	0	0	0	7	5
66	1	1	1	11	9
66	2	2	2	14	13
66	3	3	3	18	16
66	4	5	5	21	19
66	5	6	7	24	22
66	6	8	9	27	25
66	7	10	11	30	28
66	8	11	12	33	31
66	9	13	14	36	34
66	10	15	17	39	36
66	11	17	19	42	39
66	12	19	21	44	42
66	13	21	23	47	45
66	14	23	25	50	47
66	15	26	27	53	50
66	16	28	29	55	53
66	17	30	32	58	55
66	18	32	34	61	58
66	19	34	36	63	61
66	20	36	38	66	63
66	21	39	41	68	66
66	22	41	43	71	68
66	23	43	45	74	71
66	24	45	48	76	74
66	25	48	50	79	76
66	26	50	52	81	79
66	27	52	55	84	81
66	28	55	57	86	84
66	29	57	59	89	86
66	30	59	62	91	89
66	31	62	64	94	91
66	32	64	67	96	94
66	33	67	69	98	96

N = 170

n	a	LOWER .975	LOWER .95	UPPER .975	UPPER .95
1	0	0	0	165	161
1	1	5	9	170	170
2	0	0	0	142	131
2	1	3	5	167	165
3	0	0	0	119	106
3	1	2	3	153	146
3	2	17	24	168	167
4	0	0	0	101	88
4	1	2	3	136	127
4	2	12	17	158	153
5	0	0	0	87	75
5	1	1	2	120	110
5	2	10	14	144	137
5	3	26	33	160	156
6	0	0	0	76	65
6	1	1	2	107	97
6	2	8	12	131	123
6	3	21	27	149	143
7	0	0	0	68	58
7	1	1	2	97	87
7	2	7	10	119	110
7	3	18	23	137	130
7	4	33	40	152	147
8	0	0	0	61	51
8	1	1	2	88	78
8	2	6	9	109	100
8	3	16	20	127	119
8	4	28	34	142	136
9	0	0	0	55	46
9	1	1	1	80	71
9	2	6	8	100	92
9	3	14	18	117	110
9	4	25	30	132	126
9	5	38	44	145	140
10	0	0	0	51	42
10	1	1	1	74	65
10	2	5	7	93	84
10	3	13	16	109	101
10	4	22	27	124	117
10	5	33	39	137	131
11	0	0	0	46	39
11	1	1	1	68	60
11	2	5	7	86	78
11	3	11	15	102	94
11	4	20	24	116	109
11	5	30	35	128	122
11	6	42	48	140	135
12	0	0	0	43	36
12	1	1	1	63	56
12	2	4	6	80	73
12	3	11	13	95	88
12	4	18	22	109	102
12	5	27	32	121	115
12	6	38	43	132	127
13	0	0	0	40	33
13	1	1	1	59	52
13	2	4	6	75	68
13	3	10	12	89	82
13	4	17	21	102	95
13	5	25	30	114	108
13	6	35	40	125	119
13	7	45	51	135	130
14	0	0	0	37	31
14	1	1	1	55	48
14	2	4	5	70	63
14	3	9	12	84	77
14	4	16	19	96	90
14	5	23	28	108	102
14	6	32	37	119	113
14	7	41	47	129	123
15	0	0	0	35	29
15	1	1	1	52	46
15	2	4	5	66	60
15	3	9	11	79	73
15	4	15	18	91	85

N = 170

n	a	LOWER .975	LOWER .95	UPPER .975	UPPER .95
15	5	22	26	102	96
15	6	30	34	113	107
15	7	38	43	123	117
15	8	47	53	132	127
16	0	0	0	33	27
16	1	1	1	49	43
16	2	4	5	63	56
16	3	8	10	75	69
16	4	14	17	87	80
16	5	20	24	97	91
16	6	28	32	107	101
16	7	36	40	117	111
16	8	44	49	126	121
17	0	0	0	31	26
17	1	1	1	46	40
17	2	3	4	59	53
17	3	8	10	71	65
17	4	13	16	82	76
17	5	19	23	93	87
17	6	26	30	102	96
17	7	33	38	112	106
17	8	41	46	120	115
17	9	50	55	129	124
18	0	0	0	29	24
18	1	1	1	44	38
18	2	3	4	57	51
18	3	7	9	68	62
18	4	12	15	78	72
18	5	18	21	88	82
18	6	25	28	98	92
18	7	32	36	107	101
18	8	39	43	115	110
18	9	47	52	123	118
19	0	0	0	28	23
19	1	1	1	42	36
19	2	3	4	54	48
19	3	7	9	65	59
19	4	12	14	75	69
19	5	17	20	84	79
19	6	23	27	93	88
19	7	30	34	102	97
19	8	37	41	110	105
19	9	44	49	118	113
19	10	52	57	126	121
20	0	0	0	26	22
20	1	1	1	40	35
20	2	3	4	51	46
20	3	7	8	62	56
20	4	11	14	72	66
20	5	16	19	81	75
20	6	22	25	90	84
20	7	28	32	98	93
20	8	35	39	106	101
20	9	42	46	114	109
20	10	49	54	121	116
21	0	0	0	25	21
21	1	1	1	38	33
21	2	3	4	49	44
21	3	6	8	59	54
21	4	11	13	68	63
21	5	15	18	77	72
21	6	21	24	86	80
21	7	27	30	94	89
21	8	33	37	102	97
21	9	39	44	109	104
21	10	46	51	117	112
21	11	53	58	124	119
22	0	0	0	24	20
22	1	1	1	36	32
22	2	3	4	47	42
22	3	6	8	57	51
22	4	10	12	66	60
22	5	15	18	74	69
22	6	20	23	83	77
22	7	26	29	90	85

N = 170

n	a	LOWER .975	LOWER .95	UPPER .975	UPPER .95
22	8	32	35	98	93
22	9	38	42	105	100
22	10	44	48	113	108
22	11	51	55	119	115
23	0	0	0	23	19
23	1	1	1	35	30
23	2	3	4	45	40
23	3	6	7	54	49
23	4	10	12	63	58
23	5	14	17	71	66
23	6	19	22	79	74
23	7	25	28	87	82
23	8	30	34	94	89
23	9	36	40	102	97
23	10	42	46	109	104
23	11	48	53	115	111
23	12	55	59	122	117
24	0	0	0	22	18
24	1	1	1	33	29
24	2	3	3	43	38
24	3	6	7	52	47
24	4	10	11	61	56
24	5	14	16	69	64
24	6	19	21	76	71
24	7	24	27	84	79
24	8	29	32	91	86
24	9	34	38	98	93
24	10	40	44	105	100
24	11	46	50	111	107
24	12	52	57	118	113
25	0	0	0	21	17
25	1	1	1	32	28
25	2	3	3	42	37
25	3	6	7	50	45
25	4	9	11	58	54
25	5	13	16	66	61
25	6	18	20	74	69
25	7	23	26	81	76
25	8	28	31	88	83
25	9	33	37	95	90
25	10	38	42	101	97
25	11	44	48	108	103
25	12	50	54	114	109
25	13	56	61	120	116
26	0	0	0	20	17
26	1	1	1	31	27
26	2	3	3	40	36
26	3	5	7	48	44
26	4	9	11	56	52
26	5	13	15	64	59
26	6	17	20	71	66
26	7	22	25	78	73
26	8	27	30	85	80
26	9	32	35	92	87
26	10	37	41	98	93
26	11	42	46	104	100
26	12	48	52	110	106
26	13	54	58	116	112
27	0	0	0	19	16
27	1	1	1	30	26
27	2	3	3	39	34
27	3	5	6	47	42
27	4	9	10	54	50
27	5	12	15	62	57
27	6	17	19	69	64
27	7	21	24	76	71
27	8	26	29	82	77
27	9	31	34	89	84
27	10	36	39	95	90
27	11	41	45	101	96
27	12	46	50	107	102
27	13	52	56	113	108
27	14	57	62	118	114
28	0	0	0	19	15
28	1	1	1	29	25

CONFIDENCE BOUNDS FOR A

N = 170						N = 170						N = 170						N = 170					
		LOWER		UPPER				LOWER		UPPER				LOWER		UPPER				LOWER		UPPER	
n	a	.975	.95	.975	.95	n	a	.975	.95	.975	.95	n	a	.975	.95	.975	.95	n	a	.975	.95	.975	.95
28	2	2	3	37	33	32	13	43	47	98	93	36	16	51	54	102	98	40	11	28	30	71	67
28	3	5	6	45	41	32	14	48	52	103	99	36	17	55	59	106	102	40	12	31	34	75	72
28	4	8	10	53	48	32	15	53	56	108	104	36	18	59	63	111	107	40	13	35	37	80	76
28	5	12	14	60	55	32	16	57	61	113	109	37	0	0	0	14	11	40	14	38	41	84	80
28	6	16	18	66	62	33	0	0	0	16	13	37	1	1	1	21	18	40	15	42	45	88	85
28	7	20	23	73	68	33	1	1	1	24	21	37	2	2	3	28	25	40	16	46	49	93	89
28	8	25	28	80	75	33	2	2	3	32	28	37	3	4	5	34	31	40	17	49	53	97	93
28	9	29	33	86	81	33	3	5	5	38	35	37	4	7	8	40	36	40	18	53	57	101	97
28	10	34	38	92	87	33	4	7	9	45	41	37	5	10	11	46	42	40	19	57	61	105	101
28	11	39	43	98	93	33	5	10	12	51	47	37	6	13	14	51	47	40	20	61	65	109	105
28	12	44	48	104	99	33	6	14	16	57	53	37	7	16	18	56	52	41	0	0	0	12	10
28	13	50	54	109	105	33	7	17	20	63	59	37	8	19	21	61	58	41	1	1	1	19	16
28	14	55	59	115	111	33	8	21	24	68	64	37	9	23	25	66	63	41	2	2	2	25	22
29	0	0	0	18	15	33	9	25	28	74	70	37	10	26	29	71	67	41	3	4	5	31	28
29	1	1	1	28	24	33	10	29	32	79	75	37	11	30	32	76	72	41	4	6	7	36	33
29	2	2	3	36	32	33	11	33	36	85	80	37	12	34	36	81	77	41	5	9	10	41	38
29	3	5	6	44	39	33	12	38	41	90	86	37	13	37	40	86	82	41	6	12	13	46	43
29	4	8	10	51	46	33	13	42	45	95	91	37	14	41	44	90	86	41	7	14	16	51	47
29	5	12	14	58	53	33	14	46	50	100	96	37	15	45	49	95	91	41	8	17	19	56	52
29	6	16	18	64	60	33	15	51	55	105	101	37	16	49	53	99	96	41	9	21	23	60	57
29	7	20	22	71	66	33	16	56	59	110	106	37	17	54	57	104	100	41	10	24	26	65	61
29	8	24	27	77	72	33	17	60	64	114	111	37	18	58	61	108	104	41	11	27	29	69	66
29	9	28	32	83	79	34	0	0	0	15	12	37	19	62	66	112	109	41	12	30	33	74	70
29	10	33	36	89	85	34	1	1	1	23	20	38	0	0	0	13	11	41	13	34	37	78	74
29	11	38	41	95	90	34	2	2	3	31	27	38	1	1	1	21	18	41	14	37	40	82	79
29	12	43	47	101	96	34	3	4	5	37	34	38	2	2	3	27	24	41	15	41	44	86	83
29	13	48	52	106	102	34	4	7	8	44	40	38	3	4	5	33	30	41	16	45	48	91	87
29	14	53	57	112	107	34	5	10	12	50	46	38	4	7	8	39	35	41	17	48	51	95	91
29	15	58	63	117	113	34	6	14	15	55	51	38	5	9	11	44	41	41	18	52	55	99	95
30	0	0	0	17	14	34	7	17	19	61	57	38	6	12	14	50	46	41	19	56	59	103	99
30	1	1	1	27	23	34	8	21	23	67	62	38	7	15	17	55	51	41	20	60	63	107	103
30	2	2	3	35	31	34	9	24	27	72	68	38	8	19	21	60	56	41	21	63	67	110	107
30	3	5	6	42	38	34	10	28	31	77	73	38	9	22	24	65	61	42	0	0	0	12	10
30	4	8	9	49	45	34	11	32	35	82	78	38	10	25	28	70	66	42	1	1	1	19	16
30	5	11	13	56	52	34	12	36	40	87	83	38	11	29	32	74	70	42	2	2	2	25	22
30	6	15	17	62	58	34	13	41	44	92	88	38	12	33	35	79	75	42	3	4	5	30	27
30	7	19	21	69	64	34	14	45	48	97	93	38	13	36	39	84	80	42	4	6	7	35	32
30	8	23	26	75	70	34	15	49	53	102	98	38	14	40	43	88	84	42	5	9	10	40	37
30	9	28	30	81	76	34	16	54	58	107	103	38	15	44	47	93	89	42	6	11	13	45	42
30	10	32	35	86	82	34	17	58	62	112	108	38	16	48	51	97	93	42	7	14	16	50	46
30	11	37	40	92	88	35	0	0	0	15	12	38	17	52	55	101	98	42	8	17	19	54	51
30	12	41	45	98	93	35	1	1	1	23	20	38	18	56	60	106	102	42	9	20	22	59	55
30	13	46	50	103	99	35	2	2	3	30	26	38	19	60	64	110	106	42	10	23	25	63	60
30	14	51	55	108	104	35	3	4	5	36	33	39	0	0	0	13	11	42	11	26	29	68	64
30	15	56	60	114	110	35	4	7	8	42	39	39	1	1	1	20	17	42	12	30	32	72	68
31	0	0	0	17	14	35	5	10	11	48	44	39	2	2	2	27	23	42	13	33	36	76	73
31	1	1	1	26	22	35	6	13	15	54	50	39	3	4	5	32	29	42	14	36	39	80	77
31	2	2	3	34	30	35	7	17	19	59	55	39	4	6	8	38	35	42	15	40	43	84	81
31	3	5	6	41	37	35	8	20	22	65	61	39	5	9	10	43	40	42	16	43	46	89	85
31	4	8	9	48	43	35	9	24	26	70	66	39	6	12	14	48	45	42	17	47	50	93	89
31	5	11	13	54	50	35	10	28	30	75	71	39	7	15	17	53	50	42	18	51	54	97	93
31	6	15	17	60	56	35	11	31	34	80	76	39	8	18	20	58	55	42	19	54	58	100	97
31	7	19	21	67	62	35	12	35	38	85	81	39	9	21	24	63	59	42	20	58	61	104	101
31	8	23	25	73	68	35	13	40	43	90	86	39	10	25	27	68	64	42	21	62	65	108	105
31	9	27	30	78	74	35	14	44	47	95	91	39	11	28	31	73	69	43	0	0	0	12	9
31	10	31	34	84	80	35	15	48	51	100	96	39	12	32	35	77	73	43	1	1	1	18	16
31	11	35	39	90	85	35	16	52	56	104	100	39	13	36	38	82	78	43	2	2	2	24	21
31	12	40	43	95	91	35	17	57	60	109	105	39	14	39	42	86	82	43	3	4	4	29	26
31	13	45	48	100	96	35	18	61	65	113	110	39	15	43	46	90	87	43	4	6	7	34	31
31	14	49	53	105	101	36	0	0	0	14	12	39	16	47	50	95	91	43	5	8	10	39	36
31	15	54	58	111	107	36	1	1	1	22	19	39	17	51	54	99	95	43	6	11	12	44	41
31	16	59	63	116	112	36	2	2	3	29	26	39	18	55	58	103	100	43	7	14	15	49	45
32	0	0	0	16	13	36	3	4	5	35	32	39	19	59	62	107	104	43	8	17	18	53	50
32	1	1	1	25	22	36	4	7	8	41	37	39	20	63	66	111	108	43	9	19	22	57	54
32	2	2	3	33	29	36	5	10	11	47	43	40	0	0	0	13	10	43	10	23	25	62	58
32	3	5	6	40	36	36	6	13	15	52	49	40	1	1	1	20	17	43	11	26	28	66	63
32	4	8	9	46	42	36	7	16	18	58	54	40	2	2	2	26	23	43	12	29	31	70	67
32	5	11	12	53	48	36	8	20	22	63	59	40	3	4	5	32	28	43	13	32	35	74	71
32	6	14	16	59	54	36	9	23	26	68	64	40	4	6	7	37	34	43	14	36	38	78	75
32	7	18	20	65	60	36	10	27	29	73	69	40	5	9	10	42	39	43	15	39	42	83	79
32	8	22	24	70	66	36	11	31	33	78	74	40	6	12	13	47	44	43	16	42	45	87	83
32	9	26	29	76	72	36	12	34	37	83	79	40	7	15	16	52	49	43	17	46	49	91	87
32	10	30	33	82	77	36	13	38	42	88	84	40	8	18	20	57	53	43	18	49	53	94	91
32	11	34	37	87	83	36	14	42	46	93	89	40	9	21	23	62	58	43	19	53	56	98	95
32	12	39	42	92	88	36	15	47	50	97	93	40	10	24	27	66	63	43	20	57	60	102	99

CONFIDENCE BOUNDS FOR A

N = 170				N = 170				N = 170				N = 170			
LOWER		UPPER		LOWER		UPPER		LOWER		UPPER		LOWER		UPPER	

n	a	.975	.95	.975	.95	n	a	.975	.95	.975	.95	n	a	.975	.95	.975	.95	n	a	.975	.95	.975	.95
43	21	60	64	106	103	47	2	2	2	22	19	50	1	1	1	15	13	52	23	56	59	95	92
43	22	64	67	110	106	47	3	4	4	27	24	50	2	2	2	20	18	52	24	59	62	99	96
44	0	0	0	11	9	47	4	6	6	31	28	50	3	4	4	25	22	52	25	62	65	102	99
44	1	1	1	18	15	47	5	8	9	36	33	50	4	5	6	29	27	52	26	65	68	105	102
44	2	2	2	23	21	47	6	10	12	40	37	50	5	8	9	34	31	53	0	0	0	9	7
44	3	4	4	29	26	47	7	13	14	44	41	50	6	10	11	38	35	53	1	1	1	14	12
44	4	6	7	34	30	47	8	15	17	49	45	50	7	12	14	42	39	53	2	2	2	19	17
44	5	8	9	38	35	47	9	18	20	53	49	50	8	15	16	46	43	53	3	3	4	23	21
44	6	11	12	43	40	47	10	21	23	57	53	50	9	17	19	49	46	53	4	5	6	28	25
44	7	14	15	47	44	47	11	24	26	61	57	50	10	20	22	53	50	53	5	7	8	32	29
44	8	16	18	52	49	47	12	27	29	65	61	50	11	23	24	57	54	53	6	9	10	35	33
44	9	19	21	56	53	47	13	30	32	68	65	50	12	25	27	61	58	53	7	12	13	39	36
44	10	22	24	60	57	47	14	33	35	72	69	50	13	28	30	64	61	53	8	14	15	43	40
44	11	25	28	65	61	47	15	36	38	76	73	50	14	31	33	68	65	53	9	16	18	47	44
44	12	28	31	69	65	47	16	39	42	80	76	50	15	34	36	72	68	53	10	19	21	50	47
44	13	32	34	73	69	47	17	42	45	83	80	50	16	37	39	75	72	53	11	21	23	54	51
44	14	35	37	77	73	47	18	45	48	87	84	50	17	40	42	79	75	53	12	24	26	57	54
44	15	38	41	81	77	47	19	49	51	91	87	50	18	43	45	82	79	53	13	27	29	61	58
44	16	42	44	85	81	47	20	52	55	94	91	50	19	46	48	86	82	53	14	29	31	64	61
44	17	45	48	89	85	47	21	55	58	98	95	50	20	49	51	89	86	53	15	32	34	68	65
44	18	48	51	93	89	47	22	58	62	101	98	50	21	52	55	92	89	53	16	35	37	71	68
44	19	52	55	96	93	47	23	62	65	105	102	50	22	55	58	96	93	53	17	38	40	74	71
44	20	55	59	100	97	47	24	65	68	108	105	50	23	58	61	99	96	53	18	40	43	78	75
44	21	59	62	104	100	48	0	0	0	10	8	50	24	61	64	102	99	53	19	43	46	81	78
44	22	63	66	107	104	48	1	1	1	16	14	50	25	65	68	105	102	53	20	46	49	84	81
45	0	0	0	11	9	48	2	2	2	21	19	51	0	0	0	10	8	53	21	49	52	87	84
45	1	1	1	17	15	48	3	4	4	26	23	51	1	1	1	15	13	53	22	52	55	91	88
45	2	2	2	23	20	48	4	6	6	31	28	51	2	2	2	20	18	53	23	55	58	94	91
45	3	4	4	28	25	48	5	8	9	35	32	51	3	3	4	24	22	53	24	58	61	97	94
45	4	6	7	33	30	48	6	10	11	39	36	51	4	5	6	29	26	53	25	61	64	100	97
45	5	8	9	37	34	48	7	13	14	43	40	51	5	7	8	33	30	53	26	64	67	103	100
45	6	11	12	42	39	48	8	15	17	48	44	51	6	10	11	37	34	53	27	67	70	106	103
45	7	13	15	46	43	48	9	18	20	52	48	51	7	12	13	41	38	54	0	0	0	9	7
45	8	16	18	51	47	48	10	21	22	56	52	51	8	14	16	45	42	54	1	1	1	14	12
45	9	19	21	55	52	48	11	23	25	59	56	51	9	17	19	49	46	54	2	2	2	19	16
45	10	22	24	59	56	48	12	26	28	63	60	51	10	20	21	52	49	54	3	3	4	23	21
45	11	25	27	63	60	48	13	29	31	67	64	51	11	22	24	56	53	54	4	5	6	27	25
45	12	28	30	67	64	48	14	32	34	71	67	51	12	25	27	60	56	54	5	7	8	31	28
45	13	31	33	71	68	48	15	35	38	74	71	51	13	28	30	63	60	54	6	9	10	35	32
45	14	34	37	75	72	48	16	38	41	78	75	51	14	30	33	67	64	54	7	11	13	38	36
45	15	37	40	79	76	48	17	41	44	82	78	51	15	33	35	70	67	54	8	14	15	42	39
45	16	41	43	83	80	48	18	44	47	85	82	51	16	36	38	74	71	54	9	16	18	46	43
45	17	44	47	87	83	48	19	48	50	89	86	51	17	39	41	77	74	54	10	19	20	49	46
45	18	47	50	91	87	48	20	51	54	92	89	51	18	42	44	81	77	54	11	21	23	53	50
45	19	51	54	94	91	48	21	54	57	96	93	51	19	45	47	84	81	54	12	24	25	56	53
45	20	54	57	98	95	48	22	57	60	99	96	51	20	48	50	87	84	54	13	26	28	60	57
45	21	58	61	102	98	48	23	61	64	103	100	51	21	51	54	91	88	54	14	29	31	63	60
45	22	61	64	105	102	48	24	64	67	106	103	51	22	54	57	94	91	54	15	31	34	66	63
45	23	65	68	109	106	49	0	0	0	10	8	51	23	57	60	97	94	54	16	34	36	70	67
46	0	0	0	11	9	49	1	1	1	16	13	51	24	60	63	100	97	54	17	37	39	73	70
46	1	1	1	17	15	49	2	2	2	21	18	51	25	63	66	104	101	54	18	40	42	76	73
46	2	2	2	22	20	49	3	4	4	25	23	51	26	66	69	107	104	54	19	42	45	80	76
46	3	4	4	27	24	49	4	6	6	30	27	52	0	0	0	9	7	54	20	45	48	83	80
46	4	6	7	32	29	49	5	8	9	34	31	52	1	1	1	15	13	54	21	48	51	86	83
46	5	8	9	37	34	49	6	10	11	38	36	52	2	2	2	19	17	54	22	51	54	89	86
46	6	10	12	41	38	49	7	12	14	43	40	52	3	3	4	24	21	54	23	54	56	92	89
46	7	13	15	45	42	49	8	15	17	47	44	52	4	5	6	28	26	54	24	57	59	95	92
46	8	16	17	50	46	49	9	18	19	51	47	52	5	7	8	32	30	54	25	60	62	98	95
46	9	19	20	54	51	49	10	20	22	54	51	52	6	10	11	36	33	54	26	63	65	101	98
46	10	21	23	58	55	49	11	23	25	58	55	52	7	12	13	40	37	54	27	66	68	104	102
46	11	24	26	62	59	49	12	26	28	62	59	52	8	14	16	44	41	55	0	0	0	9	7
46	12	27	30	66	63	49	13	29	31	66	62	52	9	17	18	48	45	55	1	1	1	14	12
46	13	30	33	70	66	49	14	31	34	69	66	52	10	19	21	51	48	55	2	2	2	18	16
46	14	33	36	74	70	49	15	34	37	73	70	52	11	22	24	55	52	55	3	3	4	22	20
46	15	37	39	78	74	49	16	37	40	77	73	52	12	24	26	58	55	55	4	5	6	26	24
46	16	40	42	81	78	49	17	40	43	80	77	52	13	27	29	62	59	55	5	7	8	30	28
46	17	43	46	85	82	49	18	43	46	84	80	52	14	30	32	65	62	55	6	9	10	34	31
46	18	46	49	89	85	49	19	47	49	87	84	52	15	33	35	69	66	55	7	11	12	38	35
46	19	50	52	92	89	49	20	50	52	91	87	52	16	35	38	72	69	55	8	14	15	41	39
46	20	53	56	96	93	49	21	53	56	94	91	52	17	38	41	76	73	55	9	16	17	45	42
46	21	56	59	100	96	49	22	56	59	97	94	52	18	41	44	79	76	55	10	18	20	48	46
46	22	60	63	103	100	49	23	59	62	101	98	52	19	44	46	82	79	55	11	21	22	52	49
46	23	63	66	107	104	49	24	63	65	104	101	52	20	47	49	86	83	55	12	23	25	55	52
47	0	0	0	10	8	49	25	66	69	107	104	52	21	50	53	89	86	55	13	26	28	59	56
47	1	1	1	16	14	50	0	0	0	10	8	52	22	53	56	92	89	55	14	28	30	62	59

CONFIDENCE BOUNDS FOR A

N = 170

n	a	LOWER .975	LOWER .95	UPPER .975	UPPER .95
55	15	31	33	65	62
55	16	34	36	69	66
55	17	36	38	72	69
55	18	39	41	75	72
55	19	42	44	78	75
55	20	44	47	81	78
55	21	47	50	84	81
55	22	50	53	87	85
55	23	53	55	91	88
55	24	56	58	94	91
55	25	59	61	97	94
55	26	61	64	100	97
55	27	64	67	103	100
55	28	67	70	106	103
56	0	0	0	8	7
56	1	1	1	13	12
56	2	2	2	18	16
56	3	3	4	22	20
56	4	5	6	26	24
56	5	7	8	30	27
56	6	9	10	33	31
56	7	11	12	37	34
56	8	13	15	41	38
56	9	16	17	44	41
56	10	18	20	48	45
56	11	20	22	51	48
56	12	23	25	54	51
56	13	25	27	58	55
56	14	28	30	61	58
56	15	30	32	64	61
56	16	33	35	67	64
56	17	36	38	70	68
56	18	38	41	74	71
56	19	41	43	77	74
56	20	44	46	80	77
56	21	46	49	83	80
56	22	49	52	86	83
56	23	52	54	89	86
56	24	55	57	92	89
56	25	58	60	95	92
56	26	60	63	98	95
56	27	63	66	101	98
56	28	66	69	104	101
57	0	0	0	8	7
57	1	1	1	13	11
57	2	2	2	18	15
57	3	3	4	22	19
57	4	5	6	25	23
57	5	7	8	29	27
57	6	9	10	33	30
57	7	11	12	36	34
57	8	13	14	40	37
57	9	15	17	43	41
57	10	18	19	47	44
57	11	20	22	50	47
57	12	22	24	53	50
57	13	25	27	57	54
57	14	27	29	60	57
57	15	30	32	63	60
57	16	32	35	66	63
57	17	35	37	69	66
57	18	38	40	72	69
57	19	40	43	75	73
57	20	43	45	79	76
57	21	46	48	82	79
57	22	48	51	85	82
57	23	51	54	88	85
57	24	54	56	91	88
57	25	57	59	93	91
57	26	59	62	96	94
57	27	62	65	99	96
57	28	65	68	102	99
57	29	68	71	105	102
58	0	0	0	8	7
58	1	1	1	13	11

N = 170

n	a	LOWER .975	LOWER .95	UPPER .975	UPPER .95
58	2	2	2	17	15
58	3	3	4	21	19
58	4	5	6	25	23
58	5	7	8	29	26
58	6	9	10	32	30
58	7	11	12	36	33
58	8	13	14	39	37
58	9	15	17	42	40
58	10	17	19	46	43
58	11	20	21	49	46
58	12	22	24	52	50
58	13	25	26	56	53
58	14	27	29	59	56
58	15	29	31	62	59
58	16	32	34	65	62
58	17	34	37	68	65
58	18	37	39	71	68
58	19	40	42	74	71
58	20	42	45	77	74
58	21	45	47	80	77
58	22	47	50	83	80
58	23	50	53	86	83
58	24	53	55	89	86
58	25	56	58	92	89
58	26	58	61	95	92
58	27	61	64	98	95
58	28	64	67	101	98
58	29	67	69	103	101
59	0	0	0	8	6
59	1	1	1	13	11
59	2	2	2	17	15
59	3	3	4	21	19
59	4	5	6	24	22
59	5	7	8	28	26
59	6	9	10	32	29
59	7	11	12	35	33
59	8	13	14	38	36
59	9	15	16	42	39
59	10	17	19	45	42
59	11	20	21	48	46
59	12	22	23	51	49
59	13	24	26	55	52
59	14	27	28	58	55
59	15	29	31	61	58
59	16	31	33	64	61
59	17	34	36	67	64
59	18	36	39	70	67
59	19	39	41	73	70
59	20	42	44	76	73
59	21	44	46	79	76
59	22	47	49	82	79
59	23	49	52	85	82
59	24	52	54	88	85
59	25	55	57	90	88
59	26	57	60	93	91
59	27	60	63	96	93
59	28	63	65	99	96
59	29	66	68	102	99
59	30	68	71	104	102
60	0	0	0	8	6
60	1	1	1	12	11
60	2	2	2	16	15
60	3	3	4	20	18
60	4	5	5	24	22
60	5	7	7	28	25
60	6	9	9	31	29
60	7	11	11	34	32
60	8	13	14	38	35
60	9	15	16	41	38
60	10	17	18	44	42
60	11	19	21	47	45
60	12	22	23	51	48
60	13	24	26	54	51
60	14	26	28	57	54
60	15	29	30	60	57

N = 170

n	a	LOWER .975	LOWER .95	UPPER .975	UPPER .95
60	16	31	33	63	60
60	17	33	35	66	63
60	18	36	38	69	66
60	19	38	41	72	69
60	20	41	43	75	72
60	21	43	46	78	75
60	22	46	48	80	78
60	23	49	51	83	81
60	24	51	54	86	83
60	25	54	56	89	86
60	26	56	59	92	89
60	27	59	62	95	92
60	28	62	64	97	95
60	29	64	67	100	97
60	30	67	70	103	100
61	0	0	0	8	6
61	1	1	1	12	10
61	2	2	2	16	14
61	3	3	4	20	18
61	4	5	5	24	21
61	5	7	7	27	25
61	6	8	9	30	28
61	7	10	11	34	31
61	8	12	14	37	35
61	9	15	16	40	38
61	10	17	18	43	41
61	11	19	20	47	44
61	12	21	23	50	47
61	13	23	25	53	50
61	14	26	28	56	53
61	15	28	30	59	56
61	16	31	32	62	59
61	17	33	35	65	62
61	18	35	37	68	65
61	19	38	40	71	68
61	20	40	42	73	71
61	21	43	45	76	74
61	22	45	48	79	76
61	23	48	50	82	79
61	24	50	53	85	82
61	25	53	55	88	85
61	26	55	58	90	88
61	27	58	61	93	90
61	28	61	63	96	93
61	29	63	66	99	96
61	30	66	69	101	99
61	31	69	71	104	101
62	0	0	0	7	6
62	1	1	1	12	10
62	2	2	2	16	14
62	3	3	4	20	18
62	4	5	5	23	21
62	5	7	7	27	24
62	6	8	9	30	28
62	7	10	11	33	31
62	8	12	13	36	34
62	9	14	16	40	37
62	10	17	18	43	40
62	11	19	20	46	43
62	12	21	22	49	46
62	13	23	25	52	49
62	14	25	27	55	52
62	15	28	30	58	55
62	16	30	32	61	58
62	17	32	34	64	61
62	18	35	37	67	64
62	19	37	39	69	67
62	20	40	42	72	70
62	21	42	44	75	72
62	22	45	47	78	75
62	23	47	49	81	78
62	24	50	52	84	81
62	25	52	54	86	84
62	26	55	57	89	86
62	27	57	60	92	89

N = 170

n	a	LOWER .975	LOWER .95	UPPER .975	UPPER .95
62	28	60	62	94	92
62	29	62	65	97	94
62	30	65	68	100	97
62	31	68	70	102	100
63	0	0	0	7	6
63	1	1	1	12	10
63	2	2	2	16	14
63	3	3	4	19	17
63	4	5	5	23	21
63	5	6	7	26	24
63	6	8	9	29	27
63	7	10	11	33	30
63	8	12	13	36	33
63	9	14	15	39	37
63	10	16	18	42	40
63	11	18	20	45	43
63	12	21	22	48	46
63	13	23	24	51	48
63	14	25	27	54	51
63	15	27	29	57	54
63	16	30	31	60	57
63	17	32	34	63	60
63	18	34	36	66	63
63	19	37	39	68	66
63	20	39	41	71	68
63	21	41	44	74	71
63	22	44	46	77	74
63	23	46	49	79	77
63	24	49	51	82	80
63	25	51	54	85	82
63	26	54	56	88	85
63	27	56	59	90	88
63	28	59	61	93	90
63	29	61	64	96	93
63	30	64	66	98	96
63	31	67	69	101	98
63	32	69	72	103	101
64	0	0	0	7	6
64	1	1	1	11	10
64	2	2	2	15	13
64	3	3	3	19	17
64	4	5	5	22	20
64	5	6	7	26	24
64	6	8	9	29	27
64	7	10	11	32	30
64	8	12	13	35	33
64	9	14	15	38	36
64	10	16	17	41	39
64	11	18	20	44	42
64	12	20	22	47	45
64	13	23	24	50	48
64	14	25	26	53	51
64	15	27	29	56	53
64	16	29	31	59	56
64	17	32	33	62	59
64	18	34	36	65	62
64	19	36	38	67	65
64	20	38	41	70	67
64	21	41	43	73	70
64	22	43	45	76	73
64	23	46	48	78	76
64	24	48	50	81	78
64	25	51	53	84	81
64	26	53	55	86	84
64	27	55	58	89	86
64	28	58	60	92	89
64	29	60	63	94	92
64	30	63	65	97	94
64	31	65	68	99	97
64	32	68	71	102	99
65	0	0	0	7	6
65	1	1	1	11	10
65	2	2	2	15	13
65	3	3	3	19	17
65	4	5	5	22	20

CONFIDENCE BOUNDS FOR A

N = 170 (first panel)

n	a	LOWER .975	LOWER .95	UPPER .975	UPPER .95
65	5	6	7	25	23
65	6	8	9	28	26
65	7	10	11	32	29
65	8	12	13	35	32
65	9	14	15	38	35
65	10	16	17	41	38
65	11	18	19	44	41
65	12	20	22	47	44
65	13	22	24	49	47
65	14	24	26	52	50
65	15	27	28	55	53
65	16	29	31	58	55
65	17	31	33	61	58
65	18	33	35	64	61
65	19	36	38	66	64
65	20	38	40	69	66
65	21	40	42	72	69
65	22	43	45	74	72
65	23	45	47	77	74
65	24	47	50	80	77
65	25	50	52	82	80
65	26	52	54	85	82
65	27	55	57	88	85
65	28	57	59	90	88
65	29	60	62	93	90
65	30	62	64	95	93
65	31	64	67	98	95
65	32	67	69	100	98
65	33	70	72	103	101
66	0	0	0	7	5
66	1	1	1	11	9
66	2	2	2	15	13
66	3	3	3	18	16
66	4	5	5	22	20
66	5	6	7	25	23
66	6	8	9	28	26
66	7	10	11	31	29
66	8	12	13	34	32
66	9	14	15	37	35
66	10	16	17	40	38
66	11	18	19	43	41
66	12	20	21	46	43
66	13	22	23	49	46
66	14	24	26	51	49
66	15	26	28	54	52
66	16	28	30	57	55
66	17	31	32	60	57
66	18	33	35	63	60
66	19	35	37	65	63
66	20	37	39	68	65
66	21	40	42	71	68
66	22	42	44	73	71
66	23	44	46	76	73
66	24	47	49	79	76
66	25	49	51	81	79
66	26	51	54	84	81
66	27	54	56	86	84
66	28	56	59	89	86
66	29	59	61	91	89
66	30	61	63	94	91
66	31	64	66	97	94
66	32	66	68	99	97
66	33	68	71	102	99
67	0	0	0	7	5
67	1	1	1	11	9
67	2	2	2	14	13
67	3	3	3	18	16
67	4	5	5	21	19
67	5	6	7	24	22
67	6	8	9	27	25
67	7	10	11	31	28
67	8	12	13	34	31
67	9	14	15	36	34
67	10	16	17	39	37
67	11	18	19	42	40

N = 170 (second panel)

n	a	LOWER .975	LOWER .95	UPPER .975	UPPER .95
67	12	20	21	45	43
67	13	22	23	48	45
67	14	24	25	51	48
67	15	26	28	53	51
67	16	28	30	56	54
67	17	30	32	59	56
67	18	32	34	62	59
67	19	35	37	64	62
67	20	37	39	67	64
67	21	39	41	70	67
67	22	41	43	72	70
67	23	44	46	75	72
67	24	46	48	77	75
67	25	48	51	80	77
67	26	51	53	83	80
67	27	53	55	85	83
67	28	55	58	88	85
67	29	58	60	90	88
67	30	60	63	93	90
67	31	63	65	95	93
67	32	65	67	98	95
67	33	67	70	100	98
67	34	70	72	103	100
68	0	0	0	7	5
68	1	1	1	11	9
68	2	2	2	14	13
68	3	3	3	18	16
68	4	5	5	21	19
68	5	6	7	24	22
68	6	8	9	27	25
68	7	10	11	30	28
68	8	11	12	33	31
68	9	13	14	36	34
68	10	15	17	39	36
68	11	17	19	42	39
68	12	19	21	44	42
68	13	21	23	47	45
68	14	23	25	50	47
68	15	26	27	53	50
68	16	28	29	55	53
68	17	30	32	58	56
68	18	32	34	61	58
68	19	34	36	63	61
68	20	36	38	66	63
68	21	39	41	69	66
68	22	41	43	71	69
68	23	43	45	74	71
68	24	45	47	76	74
68	25	48	50	79	76
68	26	50	52	81	79
68	27	52	54	84	81
68	28	55	57	86	84
68	29	57	59	89	86
68	30	59	62	91	89
68	31	62	64	94	91
68	32	64	66	96	94
68	33	66	69	99	96
68	34	69	71	101	99

N = 175 (third panel)

n	a	LOWER .975	LOWER .95	UPPER .975	UPPER .95
1	0	0	0	170	166
1	1	5	9	175	175
2	0	0	0	146	135
2	1	3	5	172	170
3	0	0	0	123	109
3	1	2	3	158	150
3	2	17	25	173	172
4	0	0	0	104	91
4	1	2	3	140	130
4	2	13	18	162	157
5	0	0	0	90	77
5	1	1	2	124	114
5	2	10	14	148	141
5	3	27	34	165	161
6	0	0	0	79	67
6	1	1	2	111	100
6	2	8	12	135	126
6	3	22	28	153	147
7	0	0	0	70	59
7	1	1	2	100	90
7	2	7	10	123	114
7	3	19	24	141	134
7	4	34	41	156	151
8	0	0	0	63	53
8	1	1	2	90	81
8	2	6	9	112	103
8	3	16	21	130	123
8	4	29	35	146	140
9	0	0	0	57	48
9	1	1	1	82	73
9	2	6	8	103	94
9	3	14	18	121	113
9	4	25	31	136	129
9	5	39	46	150	144
10	0	0	0	52	44
10	1	1	1	76	67
10	2	5	7	95	87
10	3	13	16	112	104
10	4	23	28	127	120
10	5	34	40	141	135
11	0	0	0	48	40
11	1	1	1	70	62
11	2	5	7	88	80
11	3	12	15	105	97
11	4	21	25	119	112
11	5	31	36	132	126
11	6	43	49	144	139
12	0	0	0	44	37
12	1	1	1	65	57
12	2	5	6	83	75
12	3	11	14	98	90
12	4	19	23	112	105
12	5	28	33	125	118
12	6	39	45	136	130
13	0	0	0	41	34
13	1	1	1	61	53
13	2	4	6	77	70
13	3	10	13	92	85
13	4	17	21	105	98
13	5	26	31	118	111
13	6	36	41	129	123
13	7	46	52	139	134
14	0	0	0	39	32
14	1	1	1	57	50
14	2	4	5	73	65
14	3	9	12	87	79
14	4	16	20	99	92
14	5	24	28	111	105
14	6	33	38	122	116
14	7	42	48	133	127
15	0	0	0	36	30
15	1	1	1	54	47
15	2	4	5	68	62
15	3	9	11	82	75
15	4	15	18	94	87

N = 175 (fourth panel)

n	a	LOWER .975	LOWER .95	UPPER .975	UPPER .95
15	5	22	26	105	99
15	6	30	35	116	110
15	7	39	44	126	121
15	8	49	54	136	131
16	0	0	0	34	28
16	1	1	1	51	44
16	2	4	5	65	58
16	3	8	10	77	71
16	4	14	17	89	83
16	5	21	25	100	94
16	6	29	33	111	104
16	7	37	42	120	115
16	8	45	51	130	124
17	0	0	0	32	26
17	1	1	1	48	42
17	2	3	5	61	55
17	3	8	10	73	67
17	4	13	16	85	78
17	5	20	23	95	89
17	6	27	31	105	99
17	7	34	39	115	109
17	8	42	47	124	119
17	9	51	56	133	128
18	0	0	0	29	24
18	1	1	1	45	40
18	2	3	4	58	52
18	3	8	9	70	64
18	4	13	15	81	75
18	5	19	22	91	85
18	6	25	29	101	95
18	7	32	37	110	104
18	8	40	45	119	113
18	9	48	53	127	122
19	0	0	0	29	24
19	1	1	1	43	38
19	2	3	4	55	50
19	3	7	9	67	61
19	4	12	15	77	71
19	5	18	21	87	81
19	6	24	28	96	90
19	7	31	35	105	100
19	8	38	42	114	108
19	9	45	50	122	117
19	10	53	58	130	125
20	0	0	0	27	22
20	1	1	1	41	36
20	2	3	4	53	47
20	3	7	9	64	58
20	4	12	14	74	68
20	5	17	20	83	77
20	6	23	26	92	86
20	7	29	33	101	95
20	8	36	40	109	104
20	9	43	47	117	112
20	10	50	55	125	120
21	0	0	0	26	21
21	1	1	1	39	34
21	2	3	4	51	45
21	3	7	8	61	55
21	4	11	13	71	65
21	5	16	19	80	74
21	6	22	25	89	83
21	7	28	31	97	91
21	8	34	38	105	100
21	9	41	45	113	108
21	10	48	52	120	115
21	11	55	60	127	123
22	0	0	0	25	20
22	1	1	1	38	33
22	2	3	4	48	43
22	3	6	8	58	53
22	4	11	13	68	62
22	5	15	18	77	71
22	6	21	24	85	80
22	7	26	30	93	88

CONFIDENCE BOUNDS FOR A

N = 175

n	a	LOWER .975	LOWER .95	UPPER .975	UPPER .95
22	8	32	36	101	96
22	9	39	43	109	103
22	10	45	50	116	111
22	11	52	57	123	118
23	0	0	0	24	19
23	1	1	1	36	31
23	2	3	4	46	41
23	3	6	8	56	51
23	4	10	12	65	60
23	5	15	17	74	68
23	6	20	23	82	76
23	7	25	29	90	84
23	8	31	35	97	92
23	9	37	41	105	100
23	10	43	47	112	107
23	11	50	54	119	114
23	12	56	61	125	121
24	0	0	0	23	19
24	1	1	1	34	30
24	2	3	4	45	40
24	3	6	7	54	49
24	4	10	12	63	57
24	5	14	17	71	66
24	6	19	22	79	73
24	7	24	27	86	81
24	8	30	33	94	89
24	9	35	39	101	96
24	10	41	45	108	103
24	11	47	52	115	110
24	12	54	58	121	117
25	0	0	0	22	18
25	1	1	1	33	29
25	2	3	3	43	38
25	3	6	7	52	47
25	4	9	11	60	55
25	5	14	16	68	63
25	6	18	21	76	71
25	7	23	26	83	78
25	8	28	32	91	86
25	9	34	38	98	93
25	10	40	43	104	99
25	11	45	50	111	106
25	12	51	56	117	113
25	13	58	62	124	119
26	0	0	0	21	17
26	1	1	1	32	28
26	2	3	3	41	37
26	3	6	7	50	45
26	4	9	11	58	53
26	5	13	15	66	61
26	6	18	20	73	68
26	7	22	25	81	76
26	8	27	31	88	83
26	9	33	36	94	89
26	10	38	42	101	96
26	11	44	48	107	103
26	12	49	54	114	109
26	13	55	60	120	115
27	0	0	0	20	16
27	1	1	1	31	27
27	2	3	3	40	35
27	3	5	7	48	43
27	4	9	11	56	51
27	5	13	15	64	59
27	6	17	20	71	66
27	7	22	24	78	73
27	8	26	29	85	80
27	9	31	35	91	86
27	10	37	40	98	93
27	11	42	46	104	99
27	12	47	51	110	106
27	13	53	57	116	112
27	14	59	63	122	118
28	0	0	0	19	16
28	1	1	1	30	26

N = 175

n	a	LOWER .975	LOWER .95	UPPER .975	UPPER .95
28	2	3	3	38	34
28	3	5	6	46	42
28	4	9	10	54	49
28	5	12	14	61	57
28	6	17	19	69	64
28	7	21	24	75	71
28	8	25	28	82	77
28	9	30	34	88	84
28	10	35	39	95	90
28	11	40	44	101	96
28	12	46	50	107	102
28	13	51	55	113	108
28	14	57	61	118	114
29	0	0	0	19	15
29	1	1	1	29	25
29	2	2	3	37	33
29	3	5	6	45	41
29	4	8	10	52	48
29	5	12	14	59	55
29	6	16	18	66	62
29	7	20	23	73	68
29	8	25	27	79	75
29	9	29	32	86	81
29	10	34	37	92	87
29	11	39	43	98	93
29	12	44	48	104	99
29	13	49	53	109	105
29	14	55	59	115	111
29	15	60	64	120	116
30	0	0	0	18	15
30	1	1	1	28	24
30	2	2	3	36	32
30	3	5	6	43	39
30	4	8	10	51	46
30	5	12	14	58	53
30	6	15	18	64	60
30	7	20	22	71	66
30	8	24	27	77	72
30	9	28	31	83	79
30	10	33	36	89	85
30	11	38	41	95	90
30	12	42	46	101	96
30	13	48	51	106	102
30	14	53	57	112	108
30	15	58	62	117	113
31	0	0	0	17	14
31	1	1	1	27	23
31	2	2	3	35	31
31	3	5	6	42	38
31	4	8	9	49	45
31	5	11	13	56	51
31	6	15	17	62	58
31	7	19	21	69	64
31	8	23	26	75	70
31	9	27	30	81	76
31	10	32	35	87	82
31	11	36	40	92	88
31	12	41	45	98	93
31	13	46	50	103	99
31	14	51	55	109	104
31	15	56	60	114	110
31	16	61	65	119	115
32	0	0	0	17	14
32	1	1	1	26	22
32	2	2	3	34	30
32	3	5	6	41	37
32	4	8	9	48	43
32	5	11	13	54	50
32	6	15	17	60	56
32	7	18	21	67	62
32	8	22	25	73	68
32	9	27	29	78	74
32	10	31	34	84	80
32	11	35	39	90	85
32	12	40	43	95	91

N = 175

n	a	LOWER .975	LOWER .95	UPPER .975	UPPER .95
32	13	44	48	101	96
32	14	49	53	106	102
32	15	54	58	111	107
32	16	59	63	116	112
33	0	0	0	16	13
33	1	1	1	25	22
33	2	2	3	33	29
33	3	5	6	40	36
33	4	8	9	46	42
33	5	11	12	53	48
33	6	14	16	59	54
33	7	18	20	65	60
33	8	22	24	71	66
33	9	26	29	76	72
33	10	30	33	82	77
33	11	34	37	87	83
33	12	39	42	93	88
33	13	43	47	98	94
33	14	48	51	103	99
33	15	52	56	108	104
33	16	57	61	113	109
33	17	62	66	118	114
34	0	0	0	16	13
34	1	1	1	24	21
34	2	2	3	32	28
34	3	5	5	38	35
34	4	7	9	45	41
34	5	10	12	51	47
34	6	14	16	57	53
34	7	17	20	63	59
34	8	21	24	69	64
34	9	25	28	74	70
34	10	29	32	80	75
34	11	33	36	85	81
34	12	37	41	90	86
34	13	42	45	95	91
34	14	46	50	100	96
34	15	51	54	105	101
34	16	55	59	110	106
34	17	60	64	115	111
35	0	0	0	15	12
35	1	1	1	23	20
35	2	2	3	31	27
35	3	4	5	37	34
35	4	7	8	44	40
35	5	10	12	50	46
35	6	14	15	56	51
35	7	17	19	61	57
35	8	21	23	67	63
35	9	24	27	72	68
35	10	28	31	78	73
35	11	32	35	83	79
35	12	36	40	88	84
35	13	41	44	93	89
35	14	45	48	98	94
35	15	49	53	103	99
35	16	54	57	107	103
35	17	58	62	112	108
35	18	63	67	117	113
36	0	0	0	15	12
36	1	1	1	23	20
36	2	2	3	30	26
36	3	4	5	36	33
36	4	7	8	42	39
36	5	10	11	48	44
36	6	13	15	54	50
36	7	17	19	60	56
36	8	20	22	65	61
36	9	24	26	70	66
36	10	28	30	76	71
36	11	31	34	81	76
36	12	35	38	86	81
36	13	39	43	91	86
36	14	44	47	95	91
36	15	48	51	100	96

N = 175

n	a	LOWER .975	LOWER .95	UPPER .975	UPPER .95
36	16	52	56	105	101
36	17	57	60	109	106
36	18	61	65	114	110
37	0	0	0	14	12
37	1	1	1	22	19
37	2	2	3	29	26
37	3	4	5	35	32
37	4	7	8	41	38
37	5	10	11	47	43
37	6	13	15	53	49
37	7	16	18	58	54
37	8	20	22	63	59
37	9	23	26	69	64
37	10	27	29	74	70
37	11	31	33	79	75
37	12	34	37	83	79
37	13	38	41	88	84
37	14	42	46	93	89
37	15	47	50	98	94
37	16	51	54	102	98
37	17	55	59	107	103
37	18	59	63	111	108
37	19	64	67	116	112
38	0	0	0	14	11
38	1	1	1	22	19
38	2	2	3	28	25
38	3	4	5	34	31
38	4	7	8	40	37
38	5	10	11	46	42
38	6	13	14	51	47
38	7	16	18	57	53
38	8	19	21	62	58
38	9	23	25	67	63
38	10	26	29	72	68
38	11	30	33	77	73
38	12	34	36	81	77
38	13	37	40	86	82
38	14	41	44	91	87
38	15	45	49	95	92
38	16	49	53	100	96
38	17	53	57	104	101
38	18	58	61	109	105
38	19	62	66	113	109
39	0	0	0	14	11
39	1	1	1	21	18
39	2	2	3	27	24
39	3	4	5	33	30
39	4	7	8	39	36
39	5	9	11	45	41
39	6	12	14	50	46
39	7	15	17	55	51
39	8	19	21	60	56
39	9	22	24	65	61
39	10	26	28	70	66
39	11	29	32	75	71
39	12	33	36	80	76
39	13	36	39	84	80
39	14	40	43	89	85
39	15	44	47	93	89
39	16	48	51	98	94
39	17	52	55	102	98
39	18	56	60	106	103
39	19	60	64	111	107
39	20	64	68	115	111
40	0	0	0	13	11
40	1	1	1	20	18
40	2	2	2	27	24
40	3	4	5	33	29
40	4	6	8	38	35
40	5	9	10	44	40
40	6	12	14	49	45
40	7	15	17	54	50
40	8	18	20	59	55
40	9	22	24	64	60
40	10	25	27	68	65

CONFIDENCE BOUNDS FOR A

N = 175

n	a	LOWER .975	.95	UPPER .975	.95
40	11	28	31	73	69
40	12	32	35	78	74
40	13	36	38	82	78
40	14	39	42	87	83
40	15	43	46	91	87
40	16	47	50	95	92
40	17	51	54	100	96
40	18	55	58	104	100
40	19	59	62	108	104
40	20	63	66	112	109
41	0	0	0	13	10
41	1	1	1	20	17
41	2	2	2	26	23
41	3	4	5	32	29
41	4	6	7	37	34
41	5	9	10	42	39
41	6	12	13	48	44
41	7	15	17	53	49
41	8	18	20	57	54
41	9	21	23	62	58
41	10	24	27	67	63
41	11	28	30	71	68
41	12	31	34	76	72
41	13	35	37	80	77
41	14	38	41	85	81
41	15	42	45	89	85
41	16	46	49	93	90
41	17	50	53	98	94
41	18	53	57	102	98
41	19	57	61	106	102
41	20	61	65	110	106
41	21	65	69	114	110
42	0	0	0	12	10
42	1	1	1	19	17
42	2	2	2	25	22
42	3	4	5	31	28
42	4	6	7	36	33
42	5	9	10	41	38
42	6	12	13	46	43
42	7	14	16	51	48
42	8	17	19	56	52
42	9	21	23	61	57
42	10	24	26	65	62
42	11	27	30	70	66
42	12	30	33	74	70
42	13	34	37	79	75
42	14	37	40	83	79
42	15	41	44	87	83
42	16	45	48	91	88
42	17	48	51	95	92
42	18	52	55	99	96
42	19	56	59	104	100
42	20	60	63	108	104
42	21	64	67	111	108
43	0	0	0	12	10
43	1	1	1	19	16
43	2	2	2	25	22
43	3	4	5	30	27
43	4	6	7	35	32
43	5	9	10	40	37
43	6	11	13	45	42
43	7	14	16	50	47
43	8	17	19	55	51
43	9	20	22	59	56
43	10	23	25	64	60
43	11	27	29	68	65
43	12	30	32	73	69
43	13	33	36	77	73
43	14	37	39	81	77
43	15	40	43	85	82
43	16	44	47	89	86
43	17	47	50	93	90
43	18	51	54	97	94
43	19	55	58	101	98
43	20	58	62	105	102

n	a	LOWER .975	.95	UPPER .975	.95
43	21	62	65	109	106
43	22	66	69	113	110
44	0	0	0	12	10
44	1	1	1	18	16
44	2	2	2	24	21
44	3	4	5	29	26
44	4	6	7	35	31
44	5	9	10	40	36
44	6	11	13	44	41
44	7	14	15	49	46
44	8	17	19	54	50
44	9	20	22	58	54
44	10	23	25	62	59
44	11	26	28	67	63
44	12	29	32	71	67
44	13	32	35	75	72
44	14	36	38	79	76
44	15	39	42	83	80
44	16	43	46	87	84
44	17	46	49	91	88
44	18	50	53	95	92
44	19	53	56	99	96
44	20	57	60	103	100
44	21	61	64	107	104
44	22	64	68	111	107
45	0	0	0	11	9
45	1	1	1	18	15
45	2	2	2	24	21
45	3	4	4	29	26
45	4	6	7	34	31
45	5	8	10	39	35
45	6	11	12	43	40
45	7	14	15	48	45
45	8	16	18	52	49
45	9	19	21	57	53
45	10	22	24	61	58
45	11	25	28	65	62
45	12	29	31	69	66
45	13	32	34	74	70
45	14	35	38	78	74
45	15	38	41	82	78
45	16	42	45	86	82
45	17	45	48	90	86
45	18	49	52	93	90
45	19	52	55	97	94
45	20	56	59	101	98
45	21	59	62	105	101
45	22	63	66	109	105
45	23	66	70	112	109
46	0	0	0	11	9
46	1	1	1	17	15
46	2	2	2	23	20
46	3	4	4	28	25
46	4	6	7	33	30
46	5	8	9	38	35
46	6	11	12	42	39
46	7	13	15	47	44
46	8	16	18	51	48
46	9	19	21	55	52
46	10	22	24	60	56
46	11	25	27	64	60
46	12	28	30	68	64
46	13	31	34	72	69
46	14	34	37	76	73
46	15	38	40	80	76
46	16	41	44	84	80
46	17	44	47	88	84
46	18	48	50	92	88
46	19	51	54	95	92
46	20	54	57	99	96
46	21	58	61	103	99
46	22	61	65	106	103
46	23	65	68	110	107
47	0	0	0	11	9
47	1	1	1	17	15

n	a	LOWER .975	.95	UPPER .975	.95
47	2	2	2	22	20
47	3	4	4	27	25
47	4	6	7	32	29
47	5	8	9	37	34
47	6	11	12	41	38
47	7	13	15	46	43
47	8	16	17	50	47
47	9	19	20	54	51
47	10	22	23	58	55
47	11	24	27	63	59
47	12	27	30	67	63
47	13	31	33	71	67
47	14	34	36	74	71
47	15	37	39	78	75
47	16	40	43	82	79
47	17	43	46	86	83
47	18	47	49	90	86
47	19	50	53	93	90
47	20	53	56	97	94
47	21	57	60	101	97
47	22	60	63	104	101
47	23	64	67	108	105
47	24	67	70	111	108
48	0	0	0	11	9
48	1	1	1	17	14
48	2	2	2	22	19
48	3	4	4	27	24
48	4	6	7	32	29
48	5	8	9	36	33
48	6	10	12	41	37
48	7	13	14	45	42
48	8	16	17	49	46
48	9	18	20	53	50
48	10	21	23	57	54
48	11	24	26	61	58
48	12	27	29	65	62
48	13	30	32	69	66
48	14	33	35	73	70
48	15	36	39	77	73
48	16	39	42	81	77
48	17	42	45	84	81
48	18	46	48	88	85
48	19	49	52	92	88
48	20	52	55	95	92
48	21	55	58	99	96
48	22	59	62	102	99
48	23	62	65	106	103
48	24	66	69	109	106
49	0	0	0	10	8
49	1	1	1	16	14
49	2	2	2	21	19
49	3	4	4	26	24
49	4	6	6	31	28
49	5	8	9	35	32
49	6	10	11	40	37
49	7	13	14	44	41
49	8	15	17	48	45
49	9	18	20	52	49
49	10	21	23	56	53
49	11	24	26	60	57
49	12	26	29	64	61
49	13	29	32	68	64
49	14	32	35	72	68
49	15	35	38	75	72
49	16	38	41	79	76
49	17	42	44	83	79
49	18	45	47	86	83
49	19	48	51	90	87
49	20	51	54	93	90
49	21	54	57	97	94
49	22	58	61	100	97
49	23	61	64	104	101
49	24	64	67	107	104
49	25	68	71	111	108
50	0	0	0	10	8

n	a	LOWER .975	.95	UPPER .975	.95
50	1	1	1	16	14
50	2	2	2	21	19
50	3	4	4	26	23
50	4	6	6	30	27
50	5	8	9	35	32
50	6	10	11	39	36
50	7	12	14	43	40
50	8	15	17	47	44
50	9	18	19	51	48
50	10	20	22	55	52
50	11	23	25	59	56
50	12	26	28	63	59
50	13	29	31	66	63
50	14	32	34	70	67
50	15	35	37	74	71
50	16	38	40	77	74
50	17	41	43	81	78
50	18	44	46	85	81
50	19	47	50	88	85
50	20	50	53	92	88
50	21	53	56	95	92
50	22	56	59	99	95
50	23	60	63	102	99
50	24	63	66	105	102
50	25	66	69	109	106
51	0	0	0	10	8
51	1	1	1	16	13
51	2	2	2	21	18
51	3	4	4	25	23
51	4	5	6	30	27
51	5	8	9	34	31
51	6	10	11	38	35
51	7	12	14	42	39
51	8	15	16	46	43
51	9	17	19	50	47
51	10	20	22	54	51
51	11	23	25	58	55
51	12	25	27	61	58
51	13	28	30	65	62
51	14	31	33	69	66
51	15	34	36	72	69
51	16	37	39	76	73
51	17	40	42	80	76
51	18	43	46	83	80
51	19	46	49	87	83
51	20	49	52	90	87
51	21	52	55	93	90
51	22	55	58	97	94
51	23	59	61	100	97
51	24	62	65	103	100
51	25	65	68	107	104
51	26	68	71	110	107
52	0	0	0	10	8
52	1	1	1	15	13
52	2	2	2	20	18
52	3	3	4	25	22
52	4	5	6	29	26
52	5	7	8	33	30
52	6	10	11	37	34
52	7	12	13	41	38
52	8	15	16	45	42
52	9	17	19	49	46
52	10	20	21	53	50
52	11	22	24	57	53
52	12	25	27	60	57
52	13	28	30	64	61
52	14	31	33	68	64
52	15	33	36	71	68
52	16	36	39	75	71
52	17	39	42	78	75
52	18	42	45	82	78
52	19	45	48	85	82
52	20	48	51	88	85
52	21	51	54	92	89
52	22	54	57	95	92

CONFIDENCE BOUNDS FOR A

N = 175						N = 175						N = 175						N = 175					
		LOWER		UPPER				LOWER		UPPER				LOWER		UPPER				LOWER		UPPER	
n	a	.975	.95	.975	.95	n	a	.975	.95	.975	.95	n	a	.975	.95	.975	.95	n	a	.975	.95	.975	.95
52	23	57	60	98	95	55	15	32	34	67	64	58	2	2	2	18	16	60	16	32	34	65	62
52	24	61	63	102	99	55	16	34	37	71	68	58	3	3	4	22	20	60	17	34	36	68	65
52	25	64	67	105	102	55	17	37	39	74	71	58	4	5	6	26	23	60	18	37	39	71	68
52	26	67	70	108	105	55	18	40	42	77	74	58	5	7	8	30	27	60	19	39	42	74	71
53	0	0	0	9	8	55	19	43	45	81	77	58	6	9	10	33	31	60	20	42	44	77	74
53	1	1	1	15	13	55	20	46	48	84	81	58	7	11	12	37	34	60	21	45	47	80	77
53	2	2	2	20	17	55	21	48	51	87	84	58	8	13	15	40	38	60	22	47	50	83	80
53	3	3	4	24	22	55	22	51	54	90	87	58	9	16	17	44	41	60	23	50	52	86	83
53	4	5	6	28	26	55	23	54	57	93	90	58	10	18	19	47	45	60	24	53	55	89	86
53	5	7	8	33	30	55	24	57	60	97	93	58	11	20	22	51	48	60	25	55	58	92	89
53	6	10	11	37	34	55	25	60	63	100	97	58	12	23	24	54	51	60	26	58	61	95	92
53	7	12	13	41	38	55	26	63	66	103	100	58	13	25	27	57	54	60	27	61	63	98	95
53	8	14	16	44	41	55	27	66	69	106	103	58	14	28	30	61	58	60	28	63	66	100	98
53	9	17	18	48	45	55	28	69	72	109	106	58	15	30	32	64	61	60	29	66	69	103	100
53	10	19	21	52	49	56	0	0	0	9	7	58	16	33	35	67	64	60	30	69	72	106	103
53	11	22	24	56	52	56	1	1	1	14	12	58	17	35	38	70	67	61	0	0	0	8	6
53	12	25	27	59	56	56	2	2	2	18	16	58	18	38	40	73	70	61	1	1	1	13	11
53	13	27	29	63	60	56	3	3	4	23	20	58	19	41	43	77	74	61	2	2	2	17	15
53	14	30	32	66	63	56	4	5	6	27	24	58	20	43	46	80	77	61	3	3	4	21	19
53	15	33	35	70	67	56	5	7	8	31	28	58	21	46	48	83	80	61	4	5	5	24	22
53	16	36	38	73	70	56	6	9	10	35	32	58	22	49	51	86	83	61	5	7	7	28	26
53	17	38	41	77	74	56	7	11	13	38	36	58	23	52	54	89	86	61	6	9	10	31	29
53	18	41	44	80	77	56	8	14	15	42	39	58	24	54	57	92	89	61	7	11	12	35	32
53	19	44	47	83	80	56	9	16	17	45	43	58	25	57	60	95	92	61	8	13	14	38	36
53	20	47	50	87	84	56	10	18	20	49	46	58	26	60	63	98	95	61	9	15	16	42	39
53	21	50	53	90	87	56	11	21	23	53	50	58	27	63	65	101	98	61	10	17	19	45	42
53	22	53	56	93	90	56	12	23	25	56	53	58	28	66	68	104	101	61	11	19	21	48	45
53	23	56	59	97	94	56	13	26	28	59	56	58	29	68	71	107	104	61	12	22	23	51	49
53	24	59	62	100	97	56	14	29	31	63	60	59	0	0	0	8	7	61	13	24	26	54	52
53	25	62	65	103	100	56	15	31	33	66	63	59	1	1	1	13	11	61	14	26	28	58	55
53	26	66	69	106	103	56	16	34	36	69	66	59	2	2	2	17	15	61	15	29	31	61	58
53	27	69	72	109	106	56	17	37	39	73	70	59	3	3	4	21	19	61	16	31	33	64	61
54	0	0	0	9	7	56	18	39	42	76	73	59	4	5	6	25	23	61	17	34	36	67	64
54	1	1	1	15	12	56	19	42	44	79	76	59	5	7	8	29	27	61	18	36	38	70	67
54	2	2	2	19	17	56	20	45	47	82	79	59	6	9	10	33	30	61	19	39	41	73	70
54	3	3	4	24	21	56	21	48	50	86	82	59	7	11	12	36	34	61	20	41	44	76	73
54	4	5	6	28	25	56	22	50	53	89	86	59	8	13	14	40	37	61	21	44	46	79	76
54	5	7	8	32	29	56	23	53	56	92	89	59	9	15	17	43	40	61	22	46	49	82	79
54	6	9	11	36	33	56	24	56	59	95	92	59	10	18	19	46	44	61	23	49	51	85	82
54	7	12	13	40	37	56	25	59	62	98	95	59	11	20	22	50	47	61	24	52	54	87	85
54	8	14	15	44	41	56	26	62	65	101	98	59	12	22	24	53	50	61	25	54	57	90	88
54	9	17	18	47	44	56	27	65	68	104	101	59	13	25	27	56	54	61	26	57	60	93	90
54	10	19	21	51	48	56	28	68	71	107	104	59	14	27	29	60	57	61	27	60	62	96	93
54	11	22	23	55	51	57	0	0	0	9	7	59	15	30	32	63	60	61	28	62	65	99	96
54	12	24	26	58	55	57	1	1	1	14	12	59	16	32	34	66	63	61	29	65	68	102	99
54	13	27	29	62	59	57	2	2	2	18	16	59	17	35	37	69	66	61	30	68	71	104	102
54	14	30	32	65	62	57	3	3	4	22	20	59	18	37	40	72	69	61	31	71	73	107	104
54	15	32	34	69	65	57	4	5	6	26	24	59	19	40	42	75	72	62	0	0	0	8	6
54	16	35	37	72	69	57	5	7	8	30	28	59	20	43	45	78	75	62	1	1	1	12	11
54	17	38	40	75	72	57	6	9	10	34	31	59	21	45	48	81	78	62	2	2	2	16	15
54	18	41	43	79	76	57	7	11	12	38	35	59	22	48	50	84	81	62	3	3	4	20	18
54	19	44	46	82	79	57	8	13	15	41	38	59	23	51	53	87	84	62	4	5	5	24	22
54	20	46	49	85	82	57	9	16	17	45	42	59	24	53	56	90	87	62	5	7	7	27	25
54	21	49	52	89	85	57	10	18	20	48	45	59	25	56	59	93	90	62	6	9	9	31	29
54	22	52	55	92	89	57	11	21	22	52	49	59	26	59	62	96	93	62	7	11	12	34	32
54	23	55	58	95	92	57	12	23	25	55	52	59	27	62	64	99	96	62	8	13	14	38	35
54	24	58	61	98	95	57	13	26	27	58	55	59	28	64	67	102	99	62	9	15	16	41	38
54	25	61	64	101	98	57	14	28	30	62	59	59	29	67	70	105	102	62	10	17	18	44	42
54	26	64	67	104	101	57	15	31	33	65	62	59	30	70	73	108	105	62	11	19	21	47	45
54	27	67	70	108	105	57	16	33	35	68	65	60	0	0	0	8	6	62	12	21	23	50	48
55	0	0	0	9	7	57	17	36	38	71	68	60	1	1	1	13	11	62	13	24	25	54	51
55	1	1	1	14	12	57	18	39	41	75	72	60	2	2	2	17	15	62	14	26	28	57	54
55	2	2	2	19	17	57	19	41	44	78	75	60	3	3	4	21	19	62	15	28	30	60	57
55	3	3	4	23	21	57	20	44	46	81	78	60	4	5	6	25	23	62	16	31	33	63	60
55	4	5	6	27	25	57	21	47	49	84	81	60	5	7	8	28	26	62	17	33	35	66	63
55	5	7	8	31	29	57	22	50	52	87	84	60	6	9	10	32	30	62	18	36	38	69	66
55	6	9	10	35	32	57	23	52	55	90	87	60	7	11	12	36	33	62	19	38	40	72	69
55	7	12	13	39	36	57	24	55	58	93	90	60	8	13	14	39	36	62	20	41	43	75	72
55	8	14	15	43	40	57	25	58	61	96	93	60	9	15	16	42	40	62	21	43	45	78	75
55	9	16	18	46	43	57	26	61	64	99	96	60	10	17	19	46	43	62	22	46	48	80	78
55	10	19	20	50	47	57	27	64	67	102	99	60	11	20	21	49	46	62	23	48	51	83	80
55	11	21	23	54	51	57	28	67	70	105	102	60	12	22	24	52	49	62	24	51	53	86	83
55	12	24	26	57	54	57	29	70	73	108	105	60	13	24	26	55	53	62	25	53	56	89	86
55	13	26	28	60	57	58	0	0	0	8	7	60	14	27	29	59	56	62	26	56	59	92	89
55	14	29	31	64	61	58	1	1	1	13	11	60	15	29	31	62	59	62	27	59	61	95	92

CONFIDENCE BOUNDS FOR A

N = 175						N = 175						N = 175						N = 175					
		LOWER		UPPER				LOWER		UPPER				LOWER		UPPER				LOWER		UPPER	
n	a	.975	.95	.975	.95	n	a	.975	.95	.975	.95	n	a	.975	.95	.975	.95	n	a	.975	.95	.975	.95
62	28	61	64	97	95	65	5	6	7	26	24	67	12	20	21	47	44	69	17	30	32	59	56
62	29	64	67	100	97	65	6	8	9	29	27	67	13	22	24	49	47	69	18	32	34	62	59
62	30	67	69	103	100	65	7	10	11	33	30	67	14	24	26	52	50	69	19	35	36	64	62
62	31	69	72	106	103	65	8	12	13	36	33	67	15	27	28	55	53	69	20	37	39	67	64
63	0	0	0	8	6	65	9	14	15	39	36	67	16	29	30	58	55	69	21	39	41	70	67
63	1	1	1	12	10	65	10	16	18	42	40	67	17	31	33	61	58	69	22	41	43	72	70
63	2	2	2	16	14	65	11	18	20	45	43	67	18	33	35	64	61	69	23	44	46	75	72
63	3	3	4	20	18	65	12	21	22	48	45	67	19	36	37	66	64	69	24	46	48	78	75
63	4	5	5	24	21	65	13	23	24	51	48	67	20	38	40	69	66	69	25	48	50	80	78
63	5	7	7	27	25	65	14	25	27	54	51	67	21	40	42	72	69	69	26	51	53	83	80
63	6	8	9	30	28	65	15	27	29	57	54	67	22	42	45	74	72	69	27	53	55	85	83
63	7	10	11	34	31	65	16	30	31	60	57	67	23	45	47	77	75	69	28	55	58	88	85
63	8	12	14	37	35	65	17	32	34	63	60	67	24	47	49	80	77	69	29	58	60	90	88
63	9	15	16	40	38	65	18	34	36	66	63	67	25	50	52	82	80	69	30	60	62	93	90
63	10	17	18	43	41	65	19	37	39	68	66	67	26	52	54	85	82	69	31	62	65	95	93
63	11	19	20	47	44	65	20	39	41	71	68	67	27	54	57	88	85	69	32	65	67	98	95
63	12	21	23	50	47	65	21	41	43	74	71	67	28	57	59	90	88	69	33	67	70	100	98
63	13	23	25	53	50	65	22	44	46	77	74	67	29	59	62	93	90	69	34	70	72	103	100
63	14	26	27	56	53	65	23	46	48	80	77	67	30	62	64	96	93	69	35	72	75	105	103
63	15	28	30	59	56	65	24	49	51	82	80	67	31	64	67	98	96	70	0	0	0	7	5
63	16	30	32	62	59	65	25	51	53	85	82	67	32	67	69	101	98	70	1	1	1	11	9
63	17	33	35	65	62	65	26	54	56	88	85	67	33	69	72	103	101	70	2	2	2	14	13
63	18	35	37	68	65	65	27	56	58	90	88	67	34	72	74	106	103	70	3	3	3	18	16
63	19	38	40	71	68	65	28	59	61	93	90	68	0	0	0	7	5	70	4	5	5	21	19
63	20	40	42	73	71	65	29	61	64	96	93	68	1	1	1	11	9	70	5	6	7	24	22
63	21	43	45	76	74	65	30	64	66	98	96	68	2	2	2	15	13	70	6	8	9	27	25
63	22	45	47	79	76	65	31	66	69	101	98	68	3	3	3	18	16	70	7	10	11	30	28
63	23	48	50	82	79	65	32	69	71	104	101	68	4	5	5	22	20	70	8	11	12	33	31
63	24	50	52	85	82	65	33	71	74	106	104	68	5	6	7	25	23	70	9	13	14	36	34
63	25	53	55	88	85	66	0	0	0	7	6	68	6	8	9	28	26	70	10	15	17	39	37
63	26	55	58	90	88	66	1	1	1	11	10	68	7	10	11	31	29	70	11	17	19	42	39
63	27	58	60	93	90	66	2	2	2	15	13	68	8	12	13	34	32	70	12	19	21	44	42
63	28	60	63	96	93	66	3	3	3	19	17	68	9	14	15	37	35	70	13	21	23	47	45
63	29	63	66	99	96	66	4	5	5	22	20	68	10	16	17	40	38	70	14	23	25	50	48
63	30	66	68	101	99	66	5	6	7	26	24	68	11	18	19	43	41	70	15	26	27	53	50
63	31	68	71	104	101	66	6	9	9	29	27	68	12	20	21	46	43	70	16	28	29	55	53
63	32	71	74	107	104	66	7	10	11	32	30	68	13	22	23	49	46	70	17	30	32	58	56
64	0	0	0	7	6	66	8	12	13	35	33	68	14	24	26	52	49	70	18	32	34	61	58
64	1	1	1	12	10	66	9	14	15	38	36	68	15	26	28	54	52	70	19	34	36	63	61
64	2	2	2	16	14	66	10	16	17	41	39	68	16	28	30	57	55	70	20	36	38	66	64
64	3	3	4	20	18	66	11	18	20	44	42	68	17	31	32	60	57	70	21	39	41	69	66
64	4	5	5	23	21	66	12	20	22	47	45	68	18	33	35	63	60	70	22	41	43	71	69
64	5	6	7	27	24	66	13	22	24	50	48	68	19	35	37	65	63	70	23	43	45	74	71
64	6	8	9	30	28	66	14	25	26	53	51	68	20	37	39	68	65	70	24	45	47	76	74
64	7	10	11	33	31	66	15	27	29	56	53	68	21	40	42	71	68	70	25	48	50	79	76
64	8	12	13	36	34	66	16	29	31	59	56	68	22	42	44	73	71	70	26	50	52	82	79
64	9	14	16	40	37	66	17	31	33	62	59	68	23	44	46	76	73	70	27	52	54	84	82
64	10	16	18	43	40	66	18	34	36	65	62	68	24	47	49	79	76	70	28	55	57	87	84
64	11	19	20	46	43	66	19	36	38	67	65	68	25	49	51	81	79	70	29	57	59	89	87
64	12	21	22	49	46	66	20	38	40	70	67	68	26	51	54	84	81	70	30	59	62	92	89
64	13	23	25	52	49	66	21	41	43	73	70	68	27	54	56	87	84	70	31	62	64	94	92
64	14	25	27	55	52	66	22	43	45	76	73	68	28	56	58	89	86	70	32	64	66	97	94
64	15	28	29	58	55	66	23	45	48	78	76	68	29	58	61	92	89	70	33	66	69	99	96
64	16	30	32	61	58	66	24	48	50	81	78	68	30	61	63	94	92	70	34	69	71	101	99
64	17	32	34	64	61	66	25	50	53	84	81	68	31	63	66	97	94	70	35	71	74	104	101
64	18	35	37	67	64	66	26	53	55	86	84	68	32	66	68	99	97						
64	19	37	39	69	67	66	27	55	58	89	86	68	33	68	71	102	99						
64	20	39	42	72	70	66	28	58	60	92	89	68	34	71	73	104	102						
64	21	42	44	75	72	66	29	60	63	94	92	69	0	0	0	7	5						
64	22	44	47	78	75	66	30	63	65	97	94	69	1	1	1	11	9						
64	23	47	49	81	78	66	31	65	68	100	97	69	2	2	2	14	13						
64	24	49	52	84	81	66	32	68	70	102	100	69	3	3	3	18	16						
64	25	52	54	86	84	66	33	70	73	105	102	69	4	5	5	21	19						
64	26	54	57	89	86	67	0	0	0	7	6	69	5	6	7	24	22						
64	27	57	59	92	89	67	1	1	1	11	10	69	6	8	9	28	25						
64	28	59	62	94	92	67	2	2	2	15	13	69	7	10	11	31	28						
64	29	62	65	97	94	67	3	3	3	19	17	69	8	12	13	34	31						
64	30	65	67	100	97	67	4	5	5	22	20	69	9	14	15	37	34						
64	31	67	70	102	100	67	5	6	7	25	23	69	10	16	17	39	37						
64	32	70	73	105	102	67	6	8	9	28	26	69	11	18	19	42	40						
65	0	0	0	7	6	67	7	10	11	32	29	69	12	20	21	45	43						
65	1	1	1	12	10	67	8	12	13	35	32	69	13	22	23	48	46						
65	2	2	2	16	14	67	9	14	15	38	35	69	14	24	25	51	48						
65	3	3	4	19	17	67	10	16	17	41	38	69	15	26	27	54	51						
65	4	5	5	23	21	67	11	18	19	44	41	69	16	28	30	56	54						

CONFIDENCE BOUNDS FOR A

N = 180

n	a	LOWER .975	LOWER .95	UPPER .975	UPPER .95
1	0	0	0	175	171
1	1	5	9	180	180
2	0	0	0	151	139
2	1	3	5	177	175
3	0	0	0	126	113
3	1	2	4	162	155
3	2	18	25	178	176
4	0	0	0	107	94
4	1	2	3	144	134
4	2	13	18	167	162
5	0	0	0	92	80
5	1	1	2	128	117
5	2	10	15	152	145
5	3	28	35	170	165
6	0	0	0	81	69
6	1	1	2	114	103
6	2	9	12	138	130
6	3	22	29	158	151
7	0	0	0	72	61
7	1	1	2	102	92
7	2	8	10	126	117
7	3	19	24	145	138
7	4	35	42	161	156
8	0	0	0	65	55
8	1	1	2	93	83
8	2	7	9	115	106
8	3	17	21	134	126
8	4	30	36	150	144
9	0	0	0	59	49
9	1	1	1	85	76
9	2	6	8	106	97
9	3	15	19	124	116
9	4	26	32	140	133
9	5	40	47	154	148
10	0	0	0	54	45
10	1	1	1	78	69
10	2	5	7	98	89
10	3	13	17	115	107
10	4	23	28	131	124
10	5	35	42	145	138
11	0	0	0	49	41
11	1	1	1	72	64
11	2	5	7	91	83
11	3	12	15	108	100
11	4	21	26	123	115
11	5	32	37	136	130
11	6	44	50	148	143
12	0	0	0	46	38
12	1	1	1	67	59
12	2	5	6	85	77
12	3	11	14	101	93
12	4	19	23	115	108
12	5	29	34	128	121
12	6	40	46	140	134
13	0	0	0	42	35
13	1	1	1	63	55
13	2	4	6	80	72
13	3	10	13	95	87
13	4	18	22	108	101
13	5	27	31	121	114
13	6	36	42	133	127
13	7	47	53	144	138
14	0	0	0	40	33
14	1	1	1	59	51
14	2	4	6	75	67
14	3	10	12	89	82
14	4	17	20	102	95
14	5	25	29	114	108
14	6	34	39	126	120
14	7	44	49	136	131
15	0	0	0	37	31
15	1	1	1	55	48
15	2	4	5	70	63
15	3	9	11	84	77
15	4	16	19	97	90

n	a	LOWER .975	LOWER .95	UPPER .975	UPPER .95
15	5	23	27	109	102
15	6	31	36	120	113
15	7	40	46	130	124
15	8	50	56	140	134
16	0	0	0	35	29
16	1	1	1	52	46
16	2	4	5	67	60
16	3	9	11	80	73
16	4	15	18	92	85
16	5	22	25	103	97
16	6	29	34	114	108
16	7	38	43	124	118
16	8	47	52	133	128
17	0	0	0	33	27
17	1	1	1	49	43
17	2	4	5	63	57
17	3	8	10	76	69
17	4	14	17	87	81
17	5	20	24	98	92
17	6	27	32	109	102
17	7	35	40	118	112
17	8	44	49	128	122
17	9	52	58	136	131
18	0	0	0	31	26
18	1	1	1	47	41
18	2	3	4	60	54
18	3	8	10	72	66
18	4	13	16	83	77
18	5	19	23	94	87
18	6	26	30	104	97
18	7	33	38	113	107
18	8	41	46	122	117
18	9	49	54	131	126
19	0	0	0	30	24
19	1	1	1	44	39
19	2	3	4	57	51
19	3	7	9	69	62
19	4	12	15	79	73
19	5	18	21	89	83
19	6	25	28	99	93
19	7	31	36	108	102
19	8	39	43	117	111
19	9	46	51	126	120
19	10	54	60	134	129
20	0	0	0	28	23
20	1	1	1	42	37
20	2	3	4	54	49
20	3	7	9	66	60
20	4	12	14	76	70
20	5	17	20	86	80
20	6	23	27	95	89
20	7	30	34	104	98
20	8	37	41	112	107
20	9	44	49	121	115
20	10	51	57	129	123
21	0	0	0	27	22
21	1	1	1	40	35
21	2	3	4	52	46
21	3	7	8	63	57
21	4	11	14	73	67
21	5	17	19	82	76
21	6	22	26	91	85
21	7	28	32	100	94
21	8	35	39	108	103
21	9	42	46	116	111
21	10	49	54	124	119
21	11	56	61	131	126
22	0	0	0	26	21
22	1	1	1	39	34
22	2	3	4	50	44
22	3	6	8	60	54
22	4	11	13	70	64
22	5	16	19	79	73
22	6	21	24	88	82
22	7	27	31	96	90

n	a	LOWER .975	LOWER .95	UPPER .975	UPPER .95
22	8	33	37	104	98
22	9	40	44	112	106
22	10	46	51	119	114
22	11	53	58	127	122
23	0	0	0	25	20
23	1	1	1	37	32
23	2	3	4	48	43
23	3	6	8	58	52
23	4	10	12	67	61
23	5	15	18	76	70
23	6	20	23	84	79
23	7	26	29	92	87
23	8	32	36	100	95
23	9	38	42	108	102
23	10	44	49	115	110
23	11	51	56	122	117
23	12	58	63	129	124
24	0	0	0	23	19
24	1	1	1	36	31
24	2	3	4	46	41
24	3	6	7	55	50
24	4	10	12	64	59
24	5	15	17	73	68
24	6	20	22	81	76
24	7	25	28	89	84
24	8	30	34	97	91
24	9	36	40	104	99
24	10	42	47	111	106
24	11	49	53	118	113
24	12	55	60	125	120
25	0	0	0	23	18
25	1	1	1	34	30
25	2	3	3	44	39
25	3	6	7	53	48
25	4	10	12	62	57
25	5	14	16	70	65
25	6	19	22	78	73
25	7	24	27	86	81
25	8	29	33	93	88
25	9	35	39	100	95
25	10	41	45	107	102
25	11	47	51	114	109
25	12	53	57	121	116
25	13	59	64	127	123
26	0	0	0	22	18
26	1	1	1	33	28
26	2	3	3	43	38
26	3	6	7	51	46
26	4	9	11	60	55
26	5	14	16	68	63
26	6	18	21	76	70
26	7	23	26	83	78
26	8	28	31	90	85
26	9	33	37	97	92
26	10	39	43	104	99
26	11	45	49	111	106
26	12	51	55	117	112
26	13	57	61	123	119
27	0	0	0	21	17
27	1	1	1	32	27
27	2	3	3	41	36
27	3	6	7	50	45
27	4	9	11	58	53
27	5	13	15	66	60
27	6	17	20	73	68
27	7	22	25	80	75
27	8	27	30	87	82
27	9	32	36	94	89
27	10	38	41	101	96
27	11	43	47	107	102
27	12	49	53	113	109
27	13	54	59	120	115
27	14	60	65	126	121
28	0	0	0	20	16
28	1	1	1	30	26

n	a	LOWER .975	LOWER .95	UPPER .975	UPPER .95
28	2	3	3	40	35
28	3	5	7	48	43
28	4	9	10	56	51
28	5	13	15	63	58
28	6	17	19	71	66
28	7	21	24	78	73
28	8	26	29	84	79
28	9	31	34	91	86
28	10	36	40	98	93
28	11	41	45	104	99
28	12	47	51	110	105
28	13	52	57	116	111
28	14	58	63	122	117
29	0	0	0	19	16
29	1	1	1	29	25
29	2	2	3	38	34
29	3	5	6	46	42
29	4	9	10	54	49
29	5	12	14	61	57
29	6	16	19	68	63
29	7	21	23	75	70
29	8	25	28	82	77
29	9	30	33	88	83
29	10	35	38	95	90
29	11	40	44	101	96
29	12	45	49	107	102
29	13	51	55	113	108
29	14	56	60	118	114
29	15	62	66	124	120
30	0	0	0	19	15
30	1	1	1	28	25
30	2	2	3	37	33
30	3	5	6	45	40
30	4	8	10	52	48
30	5	12	14	59	55
30	6	16	18	66	61
30	7	20	23	73	68
30	8	24	27	79	75
30	9	29	32	86	81
30	10	34	37	92	87
30	11	39	42	98	93
30	12	44	47	104	99
30	13	49	53	109	105
30	14	54	58	115	111
30	15	59	64	121	116
31	0	0	0	18	15
31	1	1	1	27	24
31	2	2	3	36	32
31	3	5	6	43	39
31	4	8	10	51	46
31	5	12	13	58	53
31	6	15	18	64	60
31	7	19	22	71	66
31	8	24	26	77	72
31	9	28	31	83	78
31	10	33	36	89	84
31	11	37	41	95	90
31	12	42	46	101	96
31	13	47	51	106	102
31	14	52	56	112	108
31	15	57	62	117	113
31	16	63	67	123	118
32	0	0	0	17	14
32	1	1	1	27	23
32	2	2	3	35	31
32	3	5	6	42	38
32	4	8	9	49	45
32	5	11	13	56	51
32	6	15	17	62	58
32	7	19	22	69	64
32	8	23	26	75	70
32	9	27	30	81	76
32	10	32	35	87	82
32	11	36	40	92	88
32	12	41	44	98	93

CONFIDENCE BOUNDS FOR A

N = 180					N = 180					N = 180					N = 180				
		LOWER		UPPER			LOWER		UPPER			LOWER		UPPER			LOWER		UPPER	
n	a	.975	.95	.975	.95	n	a	.975	.95	.975	.95	n	a	.975	.95	.975	.95	n	a	.975	.95	.975	.95
32	13	46	49	103	99	36	16	54	57	108	104	40	11	29	32	75	71	43	21	64	67	112	109
32	14	51	54	109	105	36	17	58	62	113	109	40	12	33	36	80	76	43	22	68	71	116	113
32	15	56	60	114	110	36	18	63	67	117	113	40	13	37	39	85	81	44	0	0	0	12	10
32	16	61	65	119	115	37	0	0	0	15	12	40	14	40	43	89	85	44	1	1	1	19	16
33	0	0	0	17	14	37	1	1	1	23	20	40	15	44	47	94	90	44	2	2	2	25	22
33	1	1	1	26	22	37	2	2	3	30	26	40	16	48	51	98	94	44	3	4	5	30	27
33	2	2	3	34	30	37	3	4	5	36	33	40	17	52	56	103	99	44	4	6	7	36	32
33	3	5	6	41	37	37	4	7	8	43	39	40	18	56	60	107	103	44	5	9	10	41	37
33	4	8	9	48	43	37	5	10	11	48	45	40	19	60	64	111	108	44	6	11	13	46	42
33	5	11	13	54	50	37	6	13	15	54	50	40	20	64	68	116	112	44	7	14	16	50	47
33	6	15	17	61	56	37	7	17	19	60	56	41	0	0	0	13	11	44	8	17	19	55	52
33	7	18	21	67	62	37	8	20	22	65	61	41	1	1	1	20	18	44	9	20	22	60	56
33	8	22	25	73	68	37	9	24	26	71	66	41	2	2	2	27	24	44	10	23	26	64	61
33	9	26	29	79	74	37	10	28	30	76	72	41	3	4	5	33	29	44	11	27	29	69	65
33	10	31	34	84	80	37	11	31	34	81	77	41	4	7	8	38	35	44	12	30	32	73	69
33	11	35	38	90	85	37	12	35	38	86	82	41	5	9	11	44	40	44	13	33	36	77	74
33	12	40	43	95	91	37	13	39	43	91	87	41	6	12	14	49	45	44	14	37	39	82	78
33	13	44	48	101	96	37	14	44	47	96	92	41	7	15	17	54	50	44	15	40	43	86	82
33	14	49	53	106	102	37	15	48	51	101	97	41	8	18	20	59	55	44	16	44	47	90	86
33	15	54	58	111	107	37	16	52	56	105	101	41	9	22	24	64	60	44	17	47	50	94	90
33	16	59	63	116	112	37	17	56	60	110	106	41	10	25	27	69	65	44	18	51	54	98	95
33	17	64	68	121	117	37	18	61	65	115	111	41	11	28	31	74	70	44	19	55	58	102	99
34	0	0	0	16	13	37	19	65	69	119	115	41	12	32	35	78	74	44	20	58	62	106	103
34	1	1	1	25	22	38	0	0	0	14	12	41	13	36	38	83	79	44	21	62	66	110	107
34	2	2	3	33	29	38	1	1	1	22	19	41	14	39	42	87	83	44	22	66	69	114	111
34	3	5	6	40	36	38	2	2	3	29	26	41	15	43	46	92	88	45	0	0	0	12	10
34	4	8	9	46	42	38	3	4	5	35	32	41	16	47	50	96	92	45	1	1	1	18	16
34	5	11	12	53	48	38	4	7	8	41	38	41	17	51	54	100	97	45	2	2	2	24	21
34	6	14	16	59	55	38	5	10	11	47	43	41	18	55	58	105	101	45	3	4	5	30	27
34	7	18	20	65	60	38	6	13	15	53	49	41	19	59	62	109	105	45	4	6	7	35	32
34	8	22	24	71	66	38	7	16	18	58	54	41	20	63	66	113	109	45	5	9	10	40	37
34	9	26	28	76	72	38	8	20	22	64	60	41	21	67	71	117	114	45	6	11	13	45	41
34	10	30	33	82	78	38	9	23	26	69	65	42	0	0	0	13	10	45	7	14	16	49	46
34	11	34	37	87	83	38	10	27	29	74	70	42	1	1	1	20	17	45	8	17	19	54	50
34	12	38	42	93	88	38	11	31	33	79	75	42	2	2	2	26	23	45	9	20	22	58	55
34	13	43	46	98	94	38	12	34	37	84	80	42	3	4	5	32	29	45	10	23	25	63	59
34	14	47	51	103	99	38	13	38	41	89	85	42	4	6	7	37	34	45	11	26	28	67	64
34	15	52	56	108	104	38	14	42	46	94	89	42	5	9	10	43	39	45	12	29	32	72	68
34	16	57	61	113	109	38	15	47	50	98	94	42	6	12	13	48	44	45	13	33	35	76	72
34	17	62	66	118	114	38	16	51	54	103	99	42	7	15	17	53	49	45	14	36	39	80	76
35	0	0	0	16	13	38	17	55	59	107	104	42	8	18	20	58	54	45	15	39	42	84	80
35	1	1	1	24	21	38	18	59	63	112	108	42	9	21	23	63	59	45	16	43	46	88	85
35	2	2	3	32	28	38	19	64	67	116	113	42	10	24	27	67	63	45	17	46	49	92	89
35	3	5	5	38	35	39	0	0	0	14	11	42	11	28	30	72	68	45	18	50	53	96	93
35	4	7	9	45	41	39	1	1	1	22	19	42	12	31	34	76	73	45	19	53	57	100	97
35	5	10	12	51	47	39	2	2	3	28	25	42	13	35	38	81	77	45	20	57	60	104	101
35	6	14	16	57	53	39	3	4	5	34	31	42	14	38	41	85	81	45	21	61	64	108	104
35	7	17	20	63	59	39	4	7	8	40	37	42	15	42	45	90	86	45	22	65	68	112	108
35	8	21	24	69	64	39	5	10	11	46	42	42	16	46	49	94	90	45	23	68	72	115	112
35	9	25	28	74	70	39	6	13	14	51	48	42	17	50	53	98	94	46	0	0	0	12	9
35	10	29	32	80	75	39	7	16	18	57	53	42	18	53	57	102	99	46	1	1	1	18	16
35	11	33	36	85	81	39	8	19	21	62	58	42	19	57	61	107	103	46	2	2	2	24	21
35	12	37	41	90	86	39	9	23	25	67	63	42	20	61	65	111	107	46	3	4	4	29	26
35	13	42	45	96	91	39	10	26	29	72	68	42	21	65	69	115	111	46	4	6	7	34	31
35	14	46	50	101	96	39	11	30	33	77	73	43	0	0	0	12	10	46	5	8	10	39	36
35	15	51	54	106	102	39	12	34	36	82	78	43	1	1	1	19	17	46	6	11	12	44	40
35	16	55	59	111	107	39	13	37	40	87	83	43	2	2	2	26	23	46	7	14	15	48	45
35	17	60	64	115	111	39	14	41	44	91	87	43	3	4	5	31	28	46	8	17	18	53	49
35	18	65	69	120	116	39	15	45	49	96	92	43	4	6	7	37	33	46	9	19	21	57	54
36	0	0	0	15	12	39	16	49	53	101	97	43	5	9	10	42	38	46	10	22	25	62	58
36	1	1	1	24	20	39	17	53	57	105	101	43	6	12	13	47	43	46	11	26	28	66	62
36	2	2	3	31	27	39	18	58	61	109	106	43	7	15	16	52	48	46	12	29	31	70	66
36	3	4	5	37	34	39	19	62	66	114	110	43	8	18	19	56	53	46	13	32	34	74	71
36	4	7	8	44	40	39	20	66	70	118	114	43	9	21	23	61	57	46	14	35	38	78	75
36	5	10	12	50	46	40	0	0	0	14	11	43	10	24	26	66	62	46	15	39	41	82	79
36	6	13	15	56	52	40	1	1	1	21	18	43	11	27	30	70	66	46	16	42	45	86	83
36	7	17	19	61	57	40	2	2	3	28	24	43	12	31	33	75	71	46	17	45	48	90	87
36	8	21	23	67	63	40	3	4	5	34	30	43	13	34	37	79	75	46	18	49	52	94	91
36	9	24	27	72	68	40	4	7	8	39	36	43	14	38	40	83	80	46	19	52	55	98	95
36	10	28	31	78	74	40	5	9	11	45	41	43	15	41	44	88	84	46	20	56	59	102	98
36	11	32	35	83	79	40	6	12	14	50	46	43	16	45	48	92	88	46	21	59	63	106	102
36	12	36	39	88	84	40	7	15	17	55	52	43	17	48	52	96	92	46	22	63	66	110	106
36	13	41	44	93	89	40	8	19	21	61	57	43	18	52	55	100	97	46	23	67	70	113	110
36	14	45	48	98	94	40	9	22	24	66	62	43	19	56	59	104	101	47	0	0	0	11	9
36	15	49	53	103	99	40	10	26	28	70	66	43	20	60	63	108	105	47	1	1	1	18	15

CONFIDENCE BOUNDS FOR A

N = 180

n	a	LOWER .975	LOWER .95	UPPER .975	UPPER .95
47	2	2	2	23	20
47	3	4	4	28	25
47	4	6	7	33	30
47	5	8	9	38	35
47	6	11	12	43	39
47	7	13	15	47	44
47	8	16	18	52	48
47	9	19	21	56	53
47	10	22	24	60	57
47	11	25	27	64	61
47	12	28	30	69	65
47	13	31	34	73	69
47	14	34	37	77	73
47	15	38	40	81	77
47	16	41	44	85	81
47	17	44	47	89	85
47	18	48	51	92	89
47	19	51	54	96	93
47	20	55	58	100	97
47	21	58	61	104	100
47	22	62	65	107	104
47	23	65	69	111	108
47	24	69	72	115	111
48	0	0	0	11	9
48	1	1	1	17	15
48	2	2	2	23	20
48	3	4	4	28	25
48	4	6	7	33	30
48	5	8	9	37	34
48	6	11	12	42	39
48	7	13	15	46	43
48	8	16	18	51	47
48	9	19	21	55	51
48	10	22	24	59	56
48	11	25	27	63	60
48	12	28	30	67	64
48	13	31	33	71	68
48	14	34	36	75	72
48	15	37	40	79	76
48	16	40	43	83	79
48	17	44	46	87	83
48	18	47	50	91	87
48	19	50	53	94	91
48	20	53	57	98	95
48	21	57	60	102	98
48	22	60	64	105	102
48	23	64	67	109	106
48	24	67	71	113	109
49	0	0	0	11	9
49	1	1	1	17	14
49	2	2	2	22	20
49	3	4	4	27	24
49	4	6	7	32	29
49	5	8	9	36	33
49	6	10	12	41	38
49	7	13	14	45	42
49	8	16	17	50	46
49	9	18	20	54	50
49	10	21	23	58	54
49	11	24	26	62	58
49	12	27	29	66	62
49	13	30	32	70	66
49	14	33	36	74	70
49	15	36	39	78	74
49	16	39	42	81	78
49	17	43	45	85	82
49	18	46	49	89	85
49	19	49	52	93	89
49	20	52	55	96	93
49	21	56	59	100	96
49	22	59	62	103	100
49	23	63	66	107	104
49	24	66	69	111	107
49	25	69	73	114	111
50	0	0	0	10	8

N = 180

n	a	LOWER .975	LOWER .95	UPPER .975	UPPER .95
50	1	1	1	16	14
50	2	2	2	22	19
50	3	4	4	27	24
50	4	6	6	31	28
50	5	8	9	36	33
50	6	10	11	40	37
50	7	13	14	44	41
50	8	15	17	49	45
50	9	18	20	53	49
50	10	21	23	57	53
50	11	24	26	61	57
50	12	27	29	65	61
50	13	30	32	68	65
50	14	33	35	72	69
50	15	36	38	76	73
50	16	39	41	80	76
50	17	42	44	84	80
50	18	45	48	87	84
50	19	48	51	91	87
50	20	51	54	94	91
50	21	55	58	98	95
50	22	58	61	102	98
50	23	61	64	105	102
50	24	65	68	109	105
50	25	68	71	112	109
51	0	0	0	10	8
51	1	1	1	16	14
51	2	2	2	21	19
51	3	4	4	26	23
51	4	6	6	31	28
51	5	8	9	35	32
51	6	10	11	39	36
51	7	13	14	43	40
51	8	15	17	48	44
51	9	18	19	52	48
51	10	20	22	56	52
51	11	23	25	59	56
51	12	26	28	63	60
51	13	29	31	67	64
51	14	32	34	71	68
51	15	35	37	75	71
51	16	38	40	78	75
51	17	41	44	82	79
51	18	44	47	86	82
51	19	47	50	89	86
51	20	50	53	93	89
51	21	54	56	96	93
51	22	57	60	100	96
51	23	60	63	103	100
51	24	63	66	107	103
51	25	67	70	110	107
51	26	70	73	113	110
52	0	0	0	10	8
52	1	1	1	16	13
52	2	2	2	21	18
52	3	4	4	25	23
52	4	5	6	30	27
52	5	8	9	34	31
52	6	10	11	38	36
52	7	12	14	43	40
52	8	15	16	47	44
52	9	17	19	51	47
52	10	20	22	55	51
52	11	23	25	58	55
52	12	26	28	62	59
52	13	28	31	66	63
52	14	31	34	70	66
52	15	34	37	73	70
52	16	37	40	77	74
52	17	40	43	80	77
52	18	43	46	84	81
52	19	46	49	88	84
52	20	49	52	91	88
52	21	53	55	95	91
52	22	56	59	98	95

N = 180

n	a	LOWER .975	LOWER .95	UPPER .975	UPPER .95
52	23	59	62	101	98
52	24	62	65	105	101
52	25	65	68	108	105
52	26	69	72	111	108
53	0	0	0	10	8
53	1	1	1	15	13
53	2	2	2	20	18
53	3	4	4	25	22
53	4	5	6	29	27
53	5	8	9	34	31
53	6	10	11	38	35
53	7	12	13	42	39
53	8	15	16	46	43
53	9	17	19	50	47
53	10	20	22	53	50
53	11	22	24	57	54
53	12	25	27	61	58
53	13	28	30	65	61
53	14	31	33	68	65
53	15	34	36	72	69
53	16	37	39	75	72
53	17	39	42	79	76
53	18	42	45	83	79
53	19	45	48	86	83
53	20	48	51	89	86
53	21	52	54	93	90
53	22	55	58	96	93
53	23	58	61	100	96
53	24	61	64	103	100
53	25	64	67	106	103
53	26	67	70	109	106
53	27	71	74	113	110
54	0	0	0	10	8
54	1	1	1	15	13
54	2	2	2	20	18
54	3	3	4	24	22
54	4	5	6	29	26
54	5	7	8	33	30
54	6	10	11	37	34
54	7	12	13	41	38
54	8	14	16	45	42
54	9	17	18	49	46
54	10	19	21	52	49
54	11	22	24	56	53
54	12	25	27	60	57
54	13	27	30	63	60
54	14	30	32	67	64
54	15	33	35	71	67
54	16	36	38	74	71
54	17	39	41	78	74
54	18	42	44	81	78
54	19	45	47	84	81
54	20	48	50	88	85
54	21	51	53	91	88
54	22	54	56	95	91
54	23	57	60	98	95
54	24	60	63	101	98
54	25	63	66	104	101
54	26	66	69	108	104
54	27	69	72	111	108
55	0	0	0	9	8
55	1	1	1	15	13
55	2	2	2	19	17
55	3	3	4	24	21
55	4	5	6	28	26
55	5	7	8	32	30
55	6	10	11	36	34
55	7	12	13	40	37
55	8	14	16	44	41
55	9	17	18	48	45
55	10	19	21	52	48
55	11	22	24	55	52
55	12	24	26	59	56
55	13	27	29	62	59
55	14	30	32	66	63

N = 180

n	a	LOWER .975	LOWER .95	UPPER .975	UPPER .95
55	15	33	35	69	66
55	16	35	38	73	70
55	17	38	41	76	73
55	18	41	43	80	76
55	19	44	46	83	80
55	20	47	49	86	83
55	21	50	52	90	86
55	22	53	55	93	90
55	23	56	58	96	93
55	24	59	62	99	96
55	25	62	65	103	100
55	26	65	68	106	103
55	27	68	71	109	106
55	28	71	74	112	109
56	0	0	0	9	7
56	1	1	1	14	12
56	2	2	2	19	17
56	3	3	4	23	21
56	4	5	6	28	25
56	5	7	8	32	29
56	6	9	10	36	33
56	7	12	13	39	37
56	8	14	15	43	40
56	9	16	18	47	44
56	10	19	21	51	48
56	11	21	23	54	51
56	12	24	26	58	55
56	13	27	29	61	58
56	14	29	31	65	62
56	15	32	34	68	65
56	16	35	37	72	68
56	17	37	40	75	72
56	18	40	43	78	75
56	19	43	46	82	78
56	20	46	49	85	82
56	21	49	51	88	85
56	22	52	54	91	88
56	23	55	57	95	91
56	24	58	60	98	95
56	25	61	64	101	98
56	26	64	67	104	101
56	27	67	70	107	104
56	28	70	73	110	107
57	0	0	0	9	7
57	1	1	1	14	12
57	2	2	2	19	17
57	3	3	4	23	21
57	4	5	6	27	25
57	5	7	8	31	29
57	6	9	10	35	32
57	7	11	13	39	36
57	8	14	15	42	40
57	9	16	18	46	43
57	10	19	20	50	47
57	11	21	23	53	50
57	12	24	25	57	54
57	13	26	28	60	57
57	14	29	31	64	61
57	15	31	34	67	64
57	16	34	36	70	67
57	17	37	39	74	71
57	18	40	42	77	74
57	19	42	45	80	77
57	20	45	48	83	80
57	21	48	51	87	84
57	22	51	54	90	87
57	23	54	56	93	90
57	24	57	59	96	93
57	25	60	62	99	96
57	26	63	65	102	99
57	27	66	68	105	102
57	28	69	71	108	105
57	29	72	75	111	109
58	0	0	0	9	7
58	1	1	1	14	12

CONFIDENCE BOUNDS FOR A

N = 180						N = 180						N = 180						N = 180					
		LOWER		UPPER				LOWER		UPPER				LOWER		UPPER				LOWER		UPPER	
n	a	.975	.95	.975	.95	n	a	.975	.95	.975	.95	n	a	.975	.95	.975	.95	n	a	.975	.95	.975	.95
58	2	2	2	18	16	60	16	33	35	67	64	62	28	63	66	100	97	65	5	7	7	27	25
58	3	3	4	23	20	60	17	35	37	70	67	62	29	66	68	103	100	65	6	8	9	30	28
58	4	5	6	27	24	60	18	38	40	73	70	62	30	68	71	106	103	65	7	10	11	34	31
58	5	7	8	31	28	60	19	40	43	76	73	62	31	71	74	109	106	65	8	12	14	37	34
58	6	9	10	34	32	60	20	43	45	79	76	63	0	0	0	8	6	65	9	15	16	40	38
58	7	11	13	38	35	60	21	46	48	82	79	63	1	1	1	13	11	65	10	17	18	43	41
58	8	14	15	42	39	60	22	48	51	86	83	63	2	2	2	17	15	65	11	19	20	46	44
58	9	16	17	45	42	60	23	51	54	89	86	63	3	3	4	21	18	65	12	21	23	50	47
58	10	18	20	49	46	60	24	54	56	92	89	63	4	5	5	24	22	65	13	23	25	53	50
58	11	21	22	52	49	60	25	57	59	95	92	63	5	7	7	28	26	65	14	26	27	56	53
58	12	23	25	56	53	60	26	59	62	98	95	63	6	9	10	31	29	65	15	28	30	59	56
58	13	26	28	59	56	60	27	62	65	100	98	63	7	11	12	35	32	65	16	30	32	62	59
58	14	28	30	62	59	60	28	65	68	103	101	63	8	13	14	38	36	65	17	33	35	65	62
58	15	31	33	66	63	60	29	68	71	106	103	63	9	15	16	42	39	65	18	35	37	68	65
58	16	34	36	69	66	60	30	71	74	109	106	63	10	17	18	45	42	65	19	37	40	70	68
58	17	36	39	72	69	61	0	0	0	8	7	63	11	19	21	48	45	65	20	40	42	73	71
58	18	39	41	76	73	61	1	1	1	13	11	63	12	22	23	51	48	65	21	42	45	76	73
58	19	42	44	79	76	61	2	2	2	17	15	63	13	24	26	54	52	65	22	45	47	79	76
58	20	44	47	82	79	61	3	3	4	21	19	63	14	26	28	57	55	65	23	47	50	82	79
58	21	47	50	85	82	61	4	5	6	25	23	63	15	29	31	61	58	65	24	50	52	85	82
58	22	50	53	88	85	61	5	7	8	29	26	63	16	31	33	64	61	65	25	52	55	88	85
58	23	53	55	91	88	61	6	9	10	33	30	63	17	34	36	67	64	65	26	55	57	90	88
58	24	56	58	95	92	61	7	11	12	36	33	63	18	36	38	70	67	65	27	58	60	93	90
58	25	59	61	98	95	61	8	13	14	40	37	63	19	39	41	73	70	65	28	60	63	96	93
58	26	61	64	101	98	61	9	15	17	43	40	63	20	41	43	76	73	65	29	63	65	99	96
58	27	64	67	104	101	61	10	18	19	46	44	63	21	44	46	79	76	65	30	65	68	101	99
58	28	67	70	107	104	61	11	20	21	50	47	63	22	46	49	82	79	65	31	68	71	104	101
58	29	70	73	110	107	61	12	22	24	53	50	63	23	49	51	84	82	65	32	71	73	107	104
59	0	0	0	9	7	61	13	25	26	56	53	63	24	51	54	87	84	65	33	73	76	109	107
59	1	1	1	14	12	61	14	27	29	59	57	63	25	54	57	90	87	66	0	0	0	7	6
59	2	2	2	18	16	61	15	30	32	63	60	63	26	57	59	93	90	66	1	1	1	12	10
59	3	3	4	22	20	61	16	32	34	66	63	63	27	59	62	96	93	66	2	2	2	16	14
59	4	5	6	26	24	61	17	35	37	69	66	63	28	62	65	99	96	66	3	3	4	20	18
59	5	7	8	30	27	61	18	37	39	72	69	63	29	65	67	102	99	66	4	4	5	23	21
59	6	9	10	34	31	61	19	40	42	75	72	63	30	67	70	104	102	66	5	6	7	27	24
59	7	11	12	37	35	61	20	42	45	78	75	63	31	70	73	107	104	66	6	8	9	30	28
59	8	13	15	41	38	61	21	45	47	81	78	63	32	73	76	110	107	66	7	10	11	33	31
59	9	16	17	44	42	61	22	48	50	84	81	64	0	0	0	8	6	66	8	12	13	36	34
59	10	18	20	48	45	61	23	50	53	87	84	64	1	1	1	12	11	66	9	14	16	40	37
59	11	20	22	51	48	61	24	53	56	90	87	64	2	2	2	16	14	66	10	16	18	43	40
59	12	23	25	55	52	61	25	56	58	93	90	64	3	3	4	20	18	66	11	19	20	46	43
59	13	25	27	58	55	61	26	58	61	96	93	64	4	5	5	24	22	66	12	21	22	49	46
59	14	28	30	61	58	61	27	61	64	99	96	64	5	7	7	27	25	66	13	23	25	52	49
59	15	30	33	65	62	61	28	64	67	102	99	64	6	9	9	31	28	66	14	25	27	55	52
59	16	33	35	68	65	61	29	67	70	105	102	64	7	11	12	34	32	66	15	28	29	58	55
59	17	36	38	71	68	61	30	70	72	108	105	64	8	13	14	38	35	66	16	30	32	61	58
59	18	38	41	74	71	61	31	72	75	110	108	64	9	15	16	41	38	66	17	32	34	64	61
59	19	41	43	78	75	62	0	0	0	8	6	64	10	17	18	44	41	66	18	35	37	67	64
59	20	44	46	81	78	62	1	1	1	13	11	64	11	19	21	47	45	66	19	37	39	69	67
59	21	46	49	84	81	62	2	2	2	17	15	64	12	21	23	50	48	66	20	39	41	72	69
59	22	49	52	87	84	62	3	3	4	21	19	64	13	24	25	53	51	66	21	42	44	75	72
59	23	52	55	90	87	62	4	5	6	25	22	64	14	26	28	57	54	66	22	44	46	78	75
59	24	55	57	93	90	62	5	7	8	28	26	64	15	28	30	60	57	66	23	47	49	81	78
59	25	58	60	96	93	62	6	9	10	32	29	64	16	31	33	63	60	66	24	49	51	84	81
59	26	60	63	99	96	62	7	11	12	35	33	64	17	33	35	66	63	66	25	52	54	86	83
59	27	63	66	102	99	62	8	13	14	39	36	64	18	36	38	69	66	66	26	54	57	89	86
59	28	66	69	105	102	62	9	15	16	42	40	64	19	38	40	72	69	66	27	57	59	92	89
59	29	69	72	108	105	62	10	17	19	46	43	64	20	40	43	75	72	66	28	59	62	94	92
59	30	72	75	111	108	62	11	20	21	49	46	64	21	43	45	77	75	66	29	62	64	97	94
60	0	0	0	8	7	62	12	22	24	52	49	64	22	46	48	80	77	66	30	64	67	100	97
60	1	1	1	13	11	62	13	24	26	55	52	64	23	48	50	83	80	66	31	67	70	103	100
60	2	2	2	18	16	62	14	27	29	58	56	64	24	51	53	86	83	66	32	70	72	105	103
60	3	3	4	22	20	62	15	29	31	62	59	64	25	53	56	89	86	66	33	72	75	108	105
60	4	5	6	26	23	62	16	32	34	65	62	64	26	56	58	92	89	67	0	0	0	7	6
60	5	7	8	29	27	62	17	34	36	68	65	64	27	58	61	95	92	67	1	1	1	12	10
60	6	9	10	33	31	62	18	37	39	71	68	64	28	61	64	97	94	67	2	2	2	16	14
60	7	11	12	37	34	62	19	39	41	74	71	64	29	64	66	100	97	67	3	3	3	19	17
60	8	13	14	40	38	62	20	42	44	77	74	64	30	66	69	103	100	67	4	5	5	23	21
60	9	15	17	44	41	62	21	44	47	80	77	64	31	69	72	106	103	67	5	6	7	26	24
60	10	18	19	47	44	62	22	47	49	83	80	64	32	72	74	108	106	67	6	8	9	29	27
60	11	20	22	50	48	62	23	50	52	86	83	65	0	0	0	8	6	67	7	10	11	33	30
60	12	23	24	54	51	62	24	52	55	89	86	65	1	1	1	12	10	67	8	12	13	36	33
60	13	25	27	57	54	62	25	55	57	92	89	65	2	2	2	16	14	67	9	14	15	39	36
60	14	27	29	60	57	62	26	58	60	95	92	65	3	3	4	20	18	67	10	16	18	42	39
60	15	30	32	64	61	62	27	60	63	97	95	65	4	5	5	23	21	67	11	18	20	45	42

CONFIDENCE BOUNDS FOR A

N = 180

n	a	LOWER .975	LOWER .95	UPPER .975	UPPER .95
67	12	21	22	48	45
67	13	23	24	51	48
67	14	25	27	54	51
67	15	27	29	57	54
67	16	29	31	60	57
67	17	32	34	63	60
67	18	34	36	66	63
67	19	36	38	68	66
67	20	39	41	71	68
67	21	41	43	74	71
67	22	44	46	77	74
67	23	46	48	80	77
67	24	48	51	82	80
67	25	51	53	85	82
67	26	53	56	88	85
67	27	56	58	90	88
67	28	58	61	93	90
67	29	61	63	96	93
67	30	63	66	98	96
67	31	66	69	101	98
67	32	69	71	104	101
67	33	71	74	106	104
67	34	74	76	109	106
68	0	0	0	7	6
68	1	1	1	11	10
68	2	2	2	15	13
68	3	3	3	19	17
68	4	5	5	22	20
68	5	6	7	26	24
68	6	8	9	29	27
68	7	10	11	32	30
68	8	12	13	35	33
68	9	14	15	38	36
68	10	16	17	41	39
68	11	18	20	44	42
68	12	20	22	47	45
68	13	22	24	50	48
68	14	25	26	53	51
68	15	27	29	56	53
68	16	29	31	59	56
68	17	31	33	62	59
68	18	34	36	65	62
68	19	36	38	67	65
68	20	38	40	70	67
68	21	41	43	73	70
68	22	43	45	76	73
68	23	45	48	78	76
68	24	48	50	81	78
68	25	50	52	84	81
68	26	53	55	86	84
68	27	55	57	89	86
68	28	58	60	92	89
68	29	60	62	94	92
68	30	62	65	97	94
68	31	65	68	100	97
68	32	68	70	102	100
68	33	70	73	105	102
68	34	73	75	107	105
69	0	0	0	7	6
69	1	1	1	11	10
69	2	2	2	15	13
69	3	3	3	19	17
69	4	5	5	22	20
69	5	6	7	25	23
69	6	8	9	28	26
69	7	10	11	32	29
69	8	12	13	35	32
69	9	14	15	38	35
69	10	16	17	41	38
69	11	18	19	44	41
69	12	20	21	47	44
69	13	22	24	49	47
69	14	24	26	52	50
69	15	26	28	55	53
69	16	29	30	58	55
69	17	31	33	61	58
69	18	33	35	64	61
69	19	35	37	66	64
69	20	38	40	69	66
69	21	40	42	72	69
69	22	42	44	75	72
69	23	45	47	77	75
69	24	47	49	80	77
69	25	49	52	83	80
69	26	52	54	85	83
69	27	54	57	88	85
69	28	57	59	90	88
69	29	59	62	93	90
69	30	62	64	96	93
69	31	64	67	98	96
69	32	67	69	101	98
69	33	69	72	103	101
69	34	72	74	106	103
69	35	74	77	108	106
70	0	0	0	7	5
70	1	1	1	11	9
70	2	2	2	15	13
70	3	3	3	18	16
70	4	5	5	22	20
70	5	6	7	25	23
70	6	8	9	28	26
70	7	10	11	31	29
70	8	12	13	34	32
70	9	14	15	37	35
70	10	16	17	40	38
70	11	18	19	43	41
70	12	20	21	46	43
70	13	22	23	49	46
70	14	24	26	52	49
70	15	26	28	54	52
70	16	28	30	57	55
70	17	31	32	60	57
70	18	33	35	63	60
70	19	35	37	65	63
70	20	37	39	68	65
70	21	40	42	71	68
70	22	42	44	73	71
70	23	44	46	76	73
70	24	46	49	79	76
70	25	49	51	81	79
70	26	51	53	84	81
70	27	54	56	87	84
70	28	56	58	89	87
70	29	58	61	92	89
70	30	61	63	94	92
70	31	63	66	97	94
70	32	66	68	99	97
70	33	68	71	102	99
70	34	71	73	104	102
70	35	73	76	107	104
71	0	0	0	7	5
71	1	1	1	11	9
71	2	2	2	14	13
71	3	3	3	18	16
71	4	5	5	21	19
71	5	6	7	24	22
71	6	8	9	28	25
71	7	10	11	31	28
71	8	12	13	34	31
71	9	14	15	37	34
71	10	15	17	39	37
71	11	17	19	42	40
71	12	20	21	45	43
71	13	22	23	48	46
71	14	24	25	51	48
71	15	26	27	54	51
71	16	28	30	56	54
71	17	30	32	59	57
71	18	32	34	62	59
71	19	35	36	64	62
71	20	37	39	67	65
71	21	39	41	70	67
71	22	41	43	72	70
71	23	44	46	75	72
71	24	46	48	78	75
71	25	48	50	80	78
71	26	50	53	83	80
71	27	53	55	85	83
71	28	55	57	88	85
71	29	58	60	91	88
71	30	60	62	93	90
71	31	62	65	96	93
71	32	65	67	98	96
71	33	67	70	101	98
71	34	70	72	103	101
71	35	72	74	106	103
71	36	74	77	108	106
72	0	0	0	7	5
72	1	1	1	11	9
72	2	2	2	14	13
72	3	3	3	18	16
72	4	5	5	21	19
72	5	6	7	24	22
72	6	8	9	27	25
72	7	10	11	30	28
72	8	11	12	33	31
72	9	13	14	36	34
72	10	15	16	39	37
72	11	17	19	42	39
72	12	19	21	45	42
72	13	21	23	47	45
72	14	23	25	50	48
72	15	26	27	53	50
72	16	28	29	56	53
72	17	30	31	58	56
72	18	32	34	61	58
72	19	34	36	64	61
72	20	36	38	66	64
72	21	39	40	69	66
72	22	41	43	71	69
72	23	43	45	74	71
72	24	45	47	77	74
72	25	48	50	79	77
72	26	50	52	82	79
72	27	52	54	84	82
72	28	54	57	87	84
72	29	57	59	89	87
72	30	59	61	92	89
72	31	61	64	94	92
72	32	64	66	97	94
72	33	66	69	99	97
72	34	69	71	102	99
72	35	71	73	104	102
72	36	73	76	107	104

N = 185

n	a	LOWER .975	LOWER .95	UPPER .975	UPPER .95
1	0	0	0	180	175
1	1	5	10	185	185
2	0	0	0	155	143
2	1	3	5	182	180
3	0	0	0	130	116
3	1	2	4	167	159
3	2	18	26	183	181
4	0	0	0	110	96
4	1	2	3	148	138
4	2	13	19	172	166
5	0	0	0	95	82
5	1	1	2	131	120
5	2	11	15	157	149
5	3	28	36	174	170
6	0	0	0	83	71
6	1	1	2	117	106
6	2	9	12	142	133
6	3	23	29	162	156
7	0	0	0	74	63
7	1	1	2	105	95
7	2	8	11	130	120
7	3	20	25	149	142
7	4	36	43	165	160
8	0	0	0	67	56
8	1	1	2	96	85
8	2	7	9	119	109
8	3	17	22	138	130
8	4	31	37	154	148
9	0	0	0	60	51
9	1	1	2	87	78
9	2	6	8	109	100
9	3	15	19	128	120
9	4	27	33	144	137
9	5	41	48	158	152
10	0	0	0	55	46
10	1	1	1	80	71
10	2	6	8	101	92
10	3	14	17	119	110
10	4	24	29	135	127
10	5	36	43	149	142
11	0	0	0	51	42
11	1	1	1	74	66
11	2	5	7	94	85
11	3	12	16	111	103
11	4	22	26	126	119
11	5	33	38	140	133
11	6	45	52	152	147
12	0	0	0	47	39
12	1	1	1	69	61
12	2	5	6	87	79
12	3	11	14	104	96
12	4	20	24	118	111
12	5	30	35	132	125
12	6	41	47	144	138
13	0	0	0	44	36
13	1	1	1	64	57
13	2	4	6	82	74
13	3	11	13	97	90
13	4	18	22	111	104
13	5	27	32	124	117
13	6	37	43	136	130
13	7	49	55	148	142
14	0	0	0	41	34
14	1	1	1	60	53
14	2	4	6	77	69
14	3	10	12	92	84
14	4	17	21	105	98
14	5	25	30	118	111
14	6	35	40	129	123
14	7	45	51	140	134
15	0	0	0	38	32
15	1	1	1	57	50
15	2	4	5	72	65
15	3	9	12	87	79
15	4	16	19	100	92

CONFIDENCE BOUNDS FOR A

N = 185

n	a	LOWER .975	LOWER .95	UPPER .975	UPPER .95
15	5	24	28	112	105
15	6	32	37	123	116
15	7	41	47	134	128
15	8	51	57	144	138
16	0	0	0	36	30
16	1	1	1	54	47
16	2	4	5	69	61
16	3	9	11	82	75
16	4	15	18	94	87
16	5	22	26	106	99
16	6	30	35	117	111
16	7	39	44	127	121
16	8	48	53	137	132
17	0	0	0	34	28
17	1	1	1	51	44
17	2	4	5	65	58
17	3	8	10	78	71
17	4	14	17	90	83
17	5	21	24	101	94
17	6	28	32	112	105
17	7	36	41	122	116
17	8	45	50	131	125
17	9	54	60	140	135
18	0	0	0	32	27
18	1	1	1	48	42
18	2	3	5	62	55
18	3	8	10	74	67
18	4	13	16	86	79
18	5	20	23	96	90
18	6	27	31	107	100
18	7	34	39	116	110
18	8	42	47	126	120
18	9	50	56	135	129
19	0	0	0	31	25
19	1	1	1	46	40
19	2	3	4	59	53
19	3	8	9	71	64
19	4	13	15	82	75
19	5	19	22	92	86
19	6	25	29	102	96
19	7	32	37	111	105
19	8	40	44	120	115
19	9	48	53	129	124
19	10	56	61	137	132
20	0	0	0	29	24
20	1	1	1	44	38
20	2	3	4	56	50
20	3	7	9	67	61
20	4	12	15	78	72
20	5	18	21	88	82
20	6	24	28	98	92
20	7	31	35	107	101
20	8	38	42	116	110
20	9	45	50	124	119
20	10	53	58	132	127
21	0	0	0	28	23
21	1	1	1	42	36
21	2	3	4	54	48
21	3	7	9	65	59
21	4	12	14	75	69
21	5	17	20	84	78
21	6	23	26	94	88
21	7	29	33	103	97
21	8	36	40	111	105
21	9	43	47	119	114
21	10	50	55	127	122
21	11	58	63	135	130
22	0	0	0	26	22
22	1	1	1	40	35
22	2	3	4	51	46
22	3	7	8	62	56
22	4	11	13	72	66
22	5	16	19	81	75
22	6	22	25	90	84
22	7	28	31	99	93

N = 185

n	a	LOWER .975	LOWER .95	UPPER .975	UPPER .95
22	8	34	38	107	101
22	9	41	45	115	109
22	10	48	52	123	117
22	11	55	60	130	125
23	0	0	0	25	21
23	1	1	1	38	33
23	2	3	4	49	44
23	3	6	8	59	54
23	4	11	13	69	63
23	5	16	18	78	72
23	6	21	24	87	81
23	7	27	30	95	89
23	8	33	36	103	97
23	9	39	43	111	105
23	10	45	50	118	113
23	11	52	57	126	121
23	12	59	64	133	128
24	0	0	0	24	20
24	1	1	1	37	32
24	2	3	4	47	42
24	3	6	8	57	52
24	4	10	12	66	61
24	5	15	17	75	69
24	6	20	23	83	78
24	7	25	29	92	86
24	8	31	35	99	94
24	9	37	41	107	102
24	10	43	48	114	109
24	11	50	55	121	116
24	12	57	61	128	124
25	0	0	0	23	19
25	1	1	1	35	30
25	2	3	4	45	40
25	3	6	7	55	50
25	4	10	12	64	58
25	5	14	17	72	67
25	6	19	22	80	75
25	7	24	28	88	83
25	8	30	34	96	91
25	9	36	40	103	98
25	10	42	46	111	105
25	11	48	52	117	112
25	12	54	59	124	119
25	13	61	66	131	126
26	0	0	0	22	18
26	1	1	1	34	29
26	2	3	4	44	39
26	3	6	7	53	48
26	4	10	11	62	56
26	5	14	16	70	64
26	6	19	21	78	72
26	7	24	27	85	80
26	8	29	32	93	87
26	9	34	38	100	95
26	10	40	44	107	102
26	11	46	50	114	109
26	12	52	56	120	115
26	13	58	63	127	122
27	0	0	0	21	18
27	1	1	1	33	28
27	2	3	3	42	37
27	3	6	7	51	46
27	4	9	11	59	54
27	5	13	16	67	62
27	6	18	21	75	70
27	7	23	26	83	77
27	8	28	31	90	84
27	9	33	37	97	92
27	10	38	42	104	98
27	11	44	48	110	105
27	12	50	54	117	112
27	13	56	60	123	118
27	14	62	67	129	125
28	0	0	0	21	17
28	1	1	1	31	27

N = 185

n	a	LOWER .975	LOWER .95	UPPER .975	UPPER .95
28	2	3	3	41	36
28	3	5	7	49	45
28	4	9	11	57	52
28	5	13	15	65	60
28	6	17	20	73	68
28	7	22	25	80	75
28	8	27	30	87	82
28	9	32	35	94	89
28	10	37	41	100	95
28	11	42	46	107	102
28	12	48	52	113	108
28	13	54	58	119	115
28	14	60	64	125	121
29	0	0	0	20	16
29	1	1	1	30	26
29	2	3	3	39	35
29	3	5	6	48	43
29	4	9	10	56	51
29	5	13	15	63	58
29	6	17	19	70	65
29	7	21	24	77	72
29	8	26	29	84	79
29	9	31	34	91	86
29	10	36	39	97	92
29	11	41	45	104	99
29	12	46	50	110	105
29	13	52	56	116	111
29	14	57	62	122	117
29	15	63	68	128	123
30	0	0	0	19	16
30	1	1	1	29	25
30	2	3	3	38	34
30	3	5	6	46	42
30	4	9	10	54	49
30	5	12	14	61	56
30	6	16	19	68	63
30	7	21	23	75	70
30	8	25	28	82	77
30	9	30	33	88	83
30	10	35	38	94	90
30	11	40	43	101	96
30	12	45	49	107	102
30	13	50	54	113	108
30	14	55	60	118	114
30	15	61	65	124	120
31	0	0	0	19	15
31	1	1	1	28	24
31	2	2	3	37	33
31	3	5	6	45	40
31	4	8	10	52	48
31	5	12	14	59	55
31	6	16	18	66	61
31	7	20	22	73	68
31	8	24	27	79	74
31	9	29	32	86	81
31	10	33	37	92	87
31	11	38	42	98	93
31	12	43	47	104	99
31	13	48	52	109	105
31	14	54	58	115	111
31	15	59	63	121	116
31	16	64	69	126	122
32	0	0	0	18	15
32	1	1	1	27	24
32	2	2	3	36	32
32	3	5	6	43	39
32	4	8	10	51	46
32	5	12	13	57	53
32	6	15	17	64	60
32	7	19	22	71	66
32	8	24	26	77	72
32	9	28	31	83	78
32	10	32	36	89	84
32	11	37	41	95	90
32	12	42	46	101	96

N = 185

n	a	LOWER .975	LOWER .95	UPPER .975	UPPER .95
32	13	47	51	106	102
32	14	52	56	112	108
32	15	57	61	117	113
32	16	62	66	123	119
33	0	0	0	17	14
33	1	1	1	27	23
33	2	2	3	35	31
33	3	5	6	42	38
33	4	8	9	49	45
33	5	11	13	56	51
33	6	15	17	62	58
33	7	19	21	69	64
33	8	23	26	75	70
33	9	27	30	81	76
33	10	31	35	87	82
33	11	36	39	92	88
33	12	41	44	98	94
33	13	45	49	104	99
33	14	50	54	109	105
33	15	55	59	114	110
33	16	60	64	120	115
33	17	65	70	125	121
34	0	0	0	17	14
34	1	1	1	26	22
34	2	2	3	34	30
34	3	5	6	41	37
34	4	8	9	48	43
34	5	11	13	54	50
34	6	15	17	61	56
34	7	18	21	67	62
34	8	22	25	73	68
34	9	26	29	79	74
34	10	31	34	84	80
34	11	35	38	90	85
34	12	39	43	96	91
34	13	44	48	101	96
34	14	49	52	106	102
34	15	53	57	112	107
34	16	58	62	117	112
34	17	63	67	122	118
35	0	0	0	16	13
35	1	1	1	25	22
35	2	2	3	33	29
35	3	5	6	40	36
35	4	8	9	46	42
35	5	11	12	53	48
35	6	14	16	59	55
35	7	18	20	65	61
35	8	22	24	71	66
35	9	26	28	77	72
35	10	30	33	82	78
35	11	34	37	88	83
35	12	38	42	93	89
35	13	43	46	98	94
35	14	47	51	104	99
35	15	52	56	109	104
35	16	57	60	114	110
35	17	61	65	119	115
35	18	66	70	124	120
36	0	0	0	16	13
36	1	1	1	24	21
36	2	2	3	32	28
36	3	5	5	39	35
36	4	7	9	45	41
36	5	10	12	51	47
36	6	14	16	57	53
36	7	17	19	63	59
36	8	21	23	69	65
36	9	25	28	75	70
36	10	29	32	80	76
36	11	33	36	85	81
36	12	37	40	91	86
36	13	42	45	96	92
36	14	46	49	101	97
36	15	50	54	106	102

CONFIDENCE BOUNDS FOR A

N = 185						N = 185						N = 185						N = 185					
		LOWER		UPPER				LOWER		UPPER				LOWER		UPPER				LOWER		UPPER	
n	a	.975	.95	.975	.95	n	a	.975	.95	.975	.95	n	a	.975	.95	.975	.95	n	a	.975	.95	.975	.95
36	16	55	59	111	107	40	11	30	33	77	73	43	21	65	69	116	112	47	2	2	2	24	21
36	17	60	64	116	112	40	12	34	36	82	78	43	22	69	73	120	116	47	3	4	4	29	26
36	18	64	68	121	117	40	13	37	40	87	83	44	0	0	0	13	10	47	4	6	7	34	31
37	0	0	0	15	12	40	14	41	44	92	88	44	1	1	1	20	17	47	5	8	10	39	36
37	1	1	1	24	20	40	15	45	49	97	92	44	2	2	2	26	23	47	6	11	12	44	41
37	2	2	3	31	27	40	16	49	53	101	97	44	3	4	5	31	28	47	7	14	15	49	45
37	3	4	5	37	34	40	17	53	57	106	102	44	4	6	7	37	33	47	8	17	18	53	50
37	4	7	8	44	40	40	18	58	61	110	106	44	5	9	10	42	39	47	9	20	21	58	54
37	5	10	12	50	46	40	19	62	66	115	111	44	6	12	13	47	43	47	10	23	25	62	58
37	6	13	15	56	52	40	20	66	70	119	115	44	7	15	16	52	48	47	11	26	28	66	63
37	7	17	19	62	57	41	0	0	0	14	11	44	8	18	19	57	53	47	12	29	31	71	67
37	8	21	23	67	63	41	1	1	1	21	18	44	9	21	23	62	58	47	13	32	35	75	71
37	9	24	27	73	68	41	2	2	3	28	24	44	10	24	26	66	62	47	14	35	38	79	75
37	10	28	31	78	74	41	3	4	5	34	30	44	11	27	30	71	67	47	15	39	41	83	79
37	11	32	35	83	79	41	4	7	8	40	36	44	12	31	33	75	71	47	16	42	45	87	83
37	12	36	39	88	84	41	5	9	11	45	41	44	13	34	37	80	76	47	17	45	48	91	87
37	13	40	44	94	89	41	6	12	14	50	47	44	14	38	40	84	80	47	18	49	52	95	91
37	14	45	48	99	94	41	7	15	17	56	52	44	15	41	44	88	85	47	19	52	56	99	95
37	15	49	53	104	99	41	8	19	21	61	57	44	16	45	48	93	89	47	20	56	59	103	99
37	16	53	57	108	104	41	9	22	24	66	62	44	17	49	52	97	93	47	21	60	63	107	103
37	17	58	62	113	109	41	10	26	28	71	67	44	18	52	56	101	97	47	22	63	67	111	107
37	18	62	66	118	114	41	11	29	32	76	72	44	19	56	59	105	101	47	23	67	70	114	111
37	19	67	71	123	119	41	12	33	36	80	76	44	20	60	63	109	106	47	24	71	74	118	115
38	0	0	0	15	12	41	13	37	39	85	81	44	21	64	67	113	110	48	0	0	0	11	9
38	1	1	1	23	20	41	14	40	43	90	86	44	22	68	71	117	114	48	1	1	1	18	15
38	2	2	3	30	26	41	15	44	47	94	90	45	0	0	0	12	10	48	2	2	2	23	21
38	3	4	5	36	33	41	16	48	51	99	95	45	1	1	1	19	16	48	3	4	4	29	26
38	4	7	8	43	39	41	17	52	56	103	99	45	2	2	2	25	22	48	4	6	7	34	31
38	5	10	11	49	45	41	18	56	60	108	104	45	3	4	5	31	28	48	5	8	9	38	35
38	6	13	15	54	50	41	19	60	64	112	108	45	4	6	7	36	33	48	6	11	12	43	40
38	7	17	19	60	56	41	20	64	68	116	113	45	5	9	10	41	38	48	7	14	15	48	44
38	8	20	22	65	61	41	21	69	72	121	117	45	6	11	13	46	42	48	8	16	18	52	49
38	9	24	26	71	67	42	0	0	0	13	11	45	7	14	16	51	47	48	9	19	21	56	53
38	10	27	30	76	72	42	1	1	1	21	18	45	8	17	19	56	52	48	10	22	24	61	57
38	11	31	34	81	77	42	2	2	2	27	24	45	9	20	22	60	56	48	11	25	27	65	61
38	12	35	38	86	82	42	3	4	5	33	30	45	10	23	26	65	61	48	12	28	31	69	66
38	13	39	43	91	87	42	4	7	8	39	35	45	11	27	29	69	65	48	13	31	34	73	70
38	14	43	47	96	92	42	5	9	11	44	40	45	12	30	33	74	70	48	14	35	37	77	74
38	15	48	51	101	97	42	6	12	14	49	46	45	13	33	36	78	74	48	15	38	41	81	78
38	16	52	56	106	102	42	7	15	17	54	51	45	14	37	40	82	79	48	16	41	44	85	82
38	17	56	60	111	107	42	8	18	20	59	56	45	15	40	43	87	83	48	17	45	47	89	86
38	18	61	65	115	111	42	9	22	24	64	60	45	16	44	47	91	87	48	18	48	51	93	90
38	19	65	69	120	116	42	10	25	27	69	65	45	17	47	51	95	91	48	19	51	54	97	94
39	0	0	0	14	12	42	11	28	31	74	70	45	18	51	54	99	95	48	20	55	58	101	97
39	1	1	1	22	19	42	12	32	35	79	75	45	19	55	58	103	99	48	21	58	62	105	101
39	2	2	3	29	26	42	13	36	39	83	79	45	20	59	62	107	103	48	22	62	65	108	105
39	3	4	5	36	32	42	14	39	42	88	84	45	21	62	66	111	107	48	23	66	69	112	109
39	4	7	8	42	38	42	15	43	46	92	88	45	22	66	70	115	111	48	24	69	73	116	112
39	5	10	11	47	44	42	16	47	50	97	93	45	23	70	74	119	115	49	0	0	0	11	9
39	6	13	15	53	49	42	17	51	54	101	97	46	0	0	0	12	10	49	1	1	1	17	15
39	7	16	18	59	54	42	18	55	58	105	102	46	1	1	1	19	16	49	2	2	2	23	20
39	8	20	22	64	60	42	19	59	62	110	106	46	2	2	2	24	22	49	3	4	4	28	25
39	9	23	26	69	65	42	20	63	66	114	110	46	3	4	5	30	27	49	4	6	7	33	30
39	10	27	29	74	70	42	21	67	71	118	114	46	4	6	7	35	32	49	5	8	9	38	34
39	11	31	33	79	75	43	0	0	0	13	10	46	5	9	10	40	37	49	6	11	12	42	39
39	12	34	37	84	80	43	1	1	1	20	17	46	6	11	13	45	42	49	7	13	15	47	43
39	13	38	41	89	85	43	2	2	2	26	23	46	7	14	16	50	46	49	8	16	18	51	48
39	14	42	46	94	90	43	3	4	5	32	29	46	8	17	19	54	51	49	9	19	21	55	52
39	15	46	50	99	95	43	4	6	7	38	34	46	9	20	22	59	55	49	10	22	24	60	56
39	16	51	54	103	99	43	5	9	10	43	39	46	10	23	25	63	60	49	11	25	27	64	60
39	17	55	58	108	104	43	6	12	13	48	44	46	11	26	28	68	64	49	12	28	30	68	64
39	18	59	63	113	109	43	7	15	17	53	49	46	12	29	32	72	68	49	13	31	33	72	68
39	19	64	67	117	113	43	8	18	20	58	54	46	13	33	35	76	73	49	14	34	36	76	72
39	20	68	72	121	118	43	9	21	23	63	59	46	14	36	39	81	77	49	15	37	40	80	76
40	0	0	0	14	11	43	10	24	27	68	64	46	15	39	42	85	81	49	16	40	43	84	80
40	1	1	1	22	19	43	11	28	30	72	68	46	16	43	46	89	85	49	17	44	46	88	84
40	2	2	3	28	25	43	12	31	34	77	73	46	17	46	49	93	89	49	18	47	50	91	88
40	3	4	5	35	31	43	13	35	38	81	78	46	18	50	53	97	93	49	19	50	53	95	92
40	4	7	8	41	37	43	14	38	41	86	82	46	19	54	57	101	97	49	20	54	57	99	95
40	5	10	11	46	42	43	15	42	45	90	86	46	20	57	61	105	101	49	21	57	60	103	99
40	6	13	14	52	48	43	16	46	49	95	91	46	21	61	64	109	105	49	22	61	64	106	103
40	7	16	18	57	53	43	17	50	53	99	95	46	22	65	68	113	109	49	23	64	67	110	107
40	8	19	21	62	58	43	18	54	57	103	99	46	23	68	72	117	113	49	24	68	71	114	110
40	9	23	25	67	63	43	19	57	61	107	104	47	0	0	0	12	9	49	25	71	75	117	114
40	10	26	29	73	68	43	20	61	65	112	108	47	1	1	1	18	16	50	0	0	0	11	9

CONFIDENCE BOUNDS FOR A

| N = 185 | | | | N = 185 | | | | N = 185 | | | | N = 185 | | | |
| LOWER | | UPPER | | LOWER | | UPPER | | LOWER | | UPPER | | LOWER | | UPPER | |
n a	.975	.95	.975	.95	n a	.975	.95	.975	.95	n a	.975	.95	.975	.95	n a	.975	.95	.975	.95
50 1	1	1	17	15	52 23	60	63	104	101	55 15	33	36	71	68	58 2	2	2	19	17
50 2	2	2	22	20	52 24	64	67	108	104	55 16	36	39	75	72	58 3	3	4	23	21
50 3	4	4	27	25	52 25	67	70	111	108	55 17	39	42	78	75	58 4	5	6	27	25
50 4	6	7	32	29	52 26	70	74	115	111	55 18	42	45	82	79	58 5	7	8	31	29
50 5	8	9	37	34	53 0	0	0	10	8	55 19	45	48	85	82	58 6	9	10	35	33
50 6	10	12	41	38	53 1	1	1	16	14	55 20	48	51	89	86	58 7	12	13	39	36
50 7	13	15	46	42	53 2	2	2	21	19	55 21	51	54	92	89	58 8	14	15	43	40
50 8	16	17	50	47	53 3	4	4	26	23	55 22	54	57	96	92	58 9	16	18	47	44
50 9	18	20	54	51	53 4	6	6	30	27	55 23	57	60	99	96	58 10	19	20	50	47
50 10	21	23	58	55	53 5	8	9	35	32	55 24	60	63	102	99	58 11	21	23	54	51
50 11	24	26	62	59	53 6	10	11	39	36	55 25	63	66	106	102	58 12	24	26	57	54
50 12	27	29	67	63	53 7	12	14	43	40	55 26	67	70	109	106	58 13	26	28	61	58
50 13	30	33	70	67	53 8	15	16	47	44	55 27	70	73	112	109	58 14	29	31	64	61
50 14	33	36	74	71	53 9	18	19	51	48	55 28	73	76	115	112	58 15	32	34	68	65
50 15	36	39	78	75	53 10	20	22	55	52	56 0	0	0	9	8	58 16	34	37	71	68
50 16	40	42	82	79	53 11	23	25	59	56	56 1	1	1	15	13	58 17	37	39	75	71
50 17	43	46	86	82	53 12	26	28	63	59	56 2	2	2	20	17	58 18	40	42	78	75
50 18	46	49	90	86	53 13	29	31	67	63	56 3	3	4	24	22	58 19	43	45	81	78
50 19	49	52	94	90	53 14	32	34	70	67	56 4	5	6	29	26	58 20	46	48	84	81
50 20	53	56	97	94	53 15	34	37	74	71	56 5	7	8	33	30	58 21	48	51	88	85
50 21	56	59	101	97	53 16	37	40	78	74	56 6	10	11	37	34	58 22	51	54	91	88
50 22	59	63	105	101	53 17	40	43	81	78	56 7	12	13	41	38	58 23	54	57	94	91
50 23	63	66	108	105	53 18	44	46	85	82	56 8	14	16	45	42	58 24	57	60	97	94
50 24	66	70	112	108	53 19	47	49	89	85	56 9	17	18	48	45	58 25	60	63	100	97
50 25	70	73	115	112	53 20	50	53	92	89	56 10	19	21	52	49	58 26	63	66	104	101
51 0	0	0	11	9	53 21	53	56	96	92	56 11	22	24	56	53	58 27	66	69	107	104
51 1	1	1	17	14	53 22	56	59	99	96	56 12	25	26	59	56	58 28	69	72	110	107
51 2	2	2	22	19	53 23	59	62	102	99	56 13	27	29	63	60	58 29	72	75	113	110
51 3	4	4	27	24	53 24	62	66	106	103	56 14	30	32	67	63	59 0	0	0	9	7
51 4	6	7	32	29	53 25	66	69	109	106	56 15	33	35	70	67	59 1	1	1	14	12
51 5	8	9	36	33	53 26	69	72	113	109	56 16	36	38	74	70	59 2	2	2	19	16
51 6	10	12	40	37	53 27	72	76	116	113	56 17	38	41	77	74	59 3	3	4	23	21
51 7	13	14	45	42	54 0	0	0	10	8	56 18	41	44	81	77	59 4	5	6	27	24
51 8	15	17	49	46	54 1	1	1	16	14	56 19	44	47	84	81	59 5	7	8	31	28
51 9	18	20	53	50	54 2	2	2	21	18	56 20	47	50	87	84	59 6	9	10	35	32
51 10	21	23	57	54	54 3	4	4	25	23	56 21	50	53	91	87	59 7	11	13	39	36
51 11	24	26	61	58	54 4	6	6	30	27	56 22	53	56	94	91	59 8	14	15	42	39
51 12	27	29	65	62	54 5	8	9	34	31	56 23	56	59	97	94	59 9	16	18	46	43
51 13	30	32	69	66	54 6	10	11	38	35	56 24	59	62	101	97	59 10	18	20	49	46
51 14	33	35	73	70	54 7	12	14	42	39	56 25	62	65	104	101	59 11	21	23	53	50
51 15	36	38	77	73	54 8	15	16	46	43	56 26	65	68	107	104	59 12	23	25	56	53
51 16	39	41	81	77	54 9	17	19	50	47	56 27	68	71	110	107	59 13	26	28	60	57
51 17	42	45	84	81	54 10	20	22	54	51	56 28	72	75	113	110	59 14	29	31	63	60
51 18	45	48	88	85	54 11	23	25	58	55	57 0	0	0	9	7	59 15	31	33	67	64
51 19	48	51	92	88	54 12	25	27	62	58	57 1	1	1	15	13	59 16	34	36	70	67
51 20	52	55	95	92	54 13	28	30	65	62	57 2	2	2	19	17	59 17	37	39	73	70
51 21	55	58	99	96	54 14	31	33	69	66	57 3	3	4	24	21	59 18	39	42	77	73
51 22	58	61	103	99	54 15	34	36	73	69	57 4	5	6	28	25	59 19	42	44	80	77
51 23	62	65	106	103	54 16	37	39	76	73	57 5	7	8	32	29	59 20	45	47	83	80
51 24	65	68	110	106	54 17	40	42	80	77	57 6	9	11	36	33	59 21	48	50	86	83
51 25	68	72	113	110	54 18	43	45	83	80	57 7	12	13	40	37	59 22	50	53	89	86
51 26	72	75	117	113	54 19	46	48	87	84	57 8	14	15	44	41	59 23	53	56	93	89
52 0	0	0	10	8	54 20	49	52	90	87	57 9	17	18	47	44	59 24	56	59	96	93
52 1	1	1	16	14	54 21	52	55	94	91	57 10	19	21	51	48	59 25	59	62	99	96
52 2	2	2	21	19	54 22	55	58	97	94	57 11	22	23	55	52	59 26	62	65	102	99
52 3	4	4	26	24	54 23	58	61	101	97	57 12	24	26	58	55	59 27	65	68	105	102
52 4	6	6	31	28	54 24	61	64	104	101	57 13	27	29	62	59	59 28	68	71	108	105
52 5	8	9	35	32	54 25	65	68	107	104	57 14	29	32	65	62	59 29	71	74	111	108
52 6	10	11	40	37	54 26	68	71	111	108	57 15	32	34	69	66	59 30	74	77	114	111
52 7	13	14	44	41	54 27	71	74	114	111	57 16	35	37	72	69	60 0	0	0	9	7
52 8	15	17	48	45	55 0	0	0	10	8	57 17	38	40	76	73	60 1	1	1	14	12
52 9	18	20	52	49	55 1	1	1	15	13	57 18	41	43	79	76	60 2	2	2	18	16
52 10	21	22	56	53	55 2	2	2	20	18	57 19	43	46	83	79	60 3	3	4	22	20
52 11	23	25	60	57	55 3	3	4	25	22	57 20	46	49	86	83	60 4	5	6	26	24
52 12	26	28	64	61	55 4	5	6	29	26	57 21	49	52	89	86	60 5	7	8	30	28
52 13	29	31	68	64	55 5	7	8	33	31	57 22	52	55	92	89	60 6	9	10	34	32
52 14	32	34	72	68	55 6	10	11	37	35	57 23	55	58	96	93	60 7	11	12	38	35
52 15	35	38	75	72	55 7	12	13	41	38	57 24	58	61	99	96	60 8	14	15	41	39
52 16	38	41	79	76	55 8	15	16	45	42	57 25	61	64	102	99	60 9	16	17	45	42
52 17	41	44	83	79	55 9	17	19	49	46	57 26	64	67	105	102	60 10	18	20	48	46
52 18	44	47	86	83	55 10	20	21	53	50	57 27	67	70	108	105	60 11	21	22	52	49
52 19	47	50	90	87	55 11	22	24	57	54	57 28	70	73	112	109	60 12	23	25	55	52
52 20	51	54	94	90	55 12	25	27	61	57	57 29	73	76	115	112	60 13	26	27	59	56
52 21	54	57	97	94	55 13	28	30	64	61	58 0	0	0	9	7	60 14	28	30	62	59
52 22	57	60	101	97	55 14	30	33	68	65	58 1	1	1	14	12	60 15	31	33	66	62

CONFIDENCE BOUNDS FOR A

N = 185					N = 185					N = 185					N = 185			
		LOWER		UPPER			LOWER		UPPER			LOWER		UPPER			LOWER		UPPER
n	a	.975	.95	.975	.95	n	a	.975	.95	.975	.95	n	a	.975	.95	.975	.95	n	a	.975	.95	.975	.95
60	16	33	35	69	66	62	28	65	67	103	100	65	5	7	7	28	25	67	12	21	23	50	47
60	17	36	38	72	69	62	29	67	70	106	103	65	6	9	9	31	29	67	13	23	25	53	50
60	18	39	41	75	72	62	30	70	73	109	106	65	7	11	12	35	32	67	14	26	27	56	53
60	19	41	44	79	75	62	31	73	76	112	109	65	8	13	14	38	36	67	15	28	30	59	56
60	20	44	47	82	79	63	0	0	0	8	7	65	9	15	16	41	39	67	16	30	32	62	59
60	21	47	49	85	82	63	1	1	1	13	11	65	10	17	18	45	42	67	17	33	34	65	62
60	22	50	52	88	85	63	2	2	2	17	15	65	11	19	21	48	45	67	18	35	37	68	65
60	23	52	55	91	88	63	3	3	4	21	19	65	12	22	23	51	48	67	19	37	39	70	68
60	24	55	58	94	91	63	4	5	6	25	23	65	13	24	26	54	51	67	20	40	42	73	70
60	25	58	61	97	94	63	5	7	8	29	26	65	14	26	28	57	55	67	21	42	44	76	73
60	26	61	64	100	97	63	6	9	10	32	30	65	15	29	30	60	58	67	22	45	47	79	76
60	27	64	67	103	100	63	7	11	12	36	33	65	16	31	33	64	61	67	23	47	49	82	79
60	28	67	70	106	103	63	8	13	14	39	37	65	17	33	35	67	64	67	24	50	52	85	82
60	29	70	73	109	106	63	9	15	17	43	40	65	18	36	38	70	67	67	25	52	55	88	85
60	30	73	76	112	109	63	10	17	19	46	43	65	19	38	41	73	70	67	26	55	57	90	87
61	0	0	0	8	7	63	11	20	21	49	47	65	20	41	43	76	73	67	27	57	60	93	90
61	1	1	1	13	12	63	12	22	24	53	50	65	21	43	46	79	76	67	28	60	62	96	93
61	2	2	2	18	16	63	13	25	26	56	53	65	22	46	48	81	79	67	29	62	65	99	96
61	3	3	4	22	20	63	14	27	29	59	56	65	23	49	51	84	81	67	30	65	68	101	99
61	4	5	6	26	24	63	15	29	31	62	59	65	24	51	54	87	84	67	31	68	70	104	101
61	5	7	8	30	27	63	16	32	34	66	63	65	25	54	56	90	87	67	32	70	73	107	104
61	6	9	10	34	31	63	17	34	37	69	66	65	26	56	59	93	90	67	33	73	76	109	107
61	7	11	12	37	35	63	18	37	39	72	69	65	27	59	62	96	93	67	34	76	78	112	109
61	8	13	15	41	38	63	19	40	42	75	72	65	28	62	64	99	96	68	0	0	0	7	6
61	9	16	17	44	41	63	20	42	44	78	75	65	29	64	67	101	99	68	1	1	1	12	10
61	10	18	19	48	45	63	21	45	47	81	78	65	30	67	70	104	101	68	2	2	2	16	14
61	11	20	22	51	48	63	22	47	50	84	81	65	31	70	72	107	104	68	3	3	4	19	17
61	12	23	24	55	52	63	23	50	52	87	84	65	32	72	75	110	107	68	4	5	5	23	21
61	13	25	27	58	55	63	24	53	55	90	87	65	33	75	78	113	110	68	5	6	7	26	24
61	14	28	30	61	58	63	25	55	58	93	90	66	0	0	0	8	6	68	6	8	9	30	28
61	15	30	32	64	61	63	26	58	61	96	93	66	1	1	1	12	11	68	7	10	11	33	31
61	16	33	35	68	65	63	27	61	64	99	96	66	2	2	2	16	14	68	8	12	13	36	34
61	17	35	38	71	68	63	28	64	66	102	99	66	3	3	4	20	18	68	9	14	16	39	37
61	18	38	40	74	71	63	29	66	69	105	102	66	4	5	5	24	22	68	10	16	18	43	40
61	19	41	43	77	74	63	30	69	72	107	105	66	5	7	7	27	25	68	11	19	20	46	43
61	20	43	46	80	77	63	31	72	75	110	107	66	6	8	9	31	28	68	12	21	22	49	46
61	21	46	49	84	80	63	32	75	78	113	110	66	7	10	11	34	32	68	13	23	25	52	49
61	22	49	51	87	84	64	0	0	0	8	6	66	8	13	14	37	35	68	14	25	27	55	52
61	23	52	54	90	87	64	1	1	1	13	11	66	9	15	16	41	38	68	15	27	29	58	55
61	24	54	57	93	90	64	2	2	2	17	15	66	10	17	18	44	41	68	16	30	32	61	58
61	25	57	60	96	93	64	3	3	4	21	19	66	11	19	20	47	44	68	17	32	34	64	61
61	26	60	63	99	96	64	4	5	6	25	22	66	12	21	23	50	48	68	18	34	36	67	64
61	27	63	66	102	99	64	5	7	8	28	26	66	13	24	25	53	51	68	19	37	39	69	67
61	28	66	68	105	102	64	6	9	10	32	29	66	14	26	28	56	54	68	20	39	41	72	69
61	29	69	71	108	105	64	7	11	12	35	33	66	15	28	30	60	57	68	21	42	44	75	72
61	30	71	74	111	108	64	8	13	14	39	36	66	16	31	32	63	60	68	22	44	46	78	75
61	31	74	77	114	111	64	9	15	16	42	39	66	17	33	35	66	63	68	23	46	49	81	78
62	0	0	0	8	7	64	10	17	19	45	43	66	18	35	37	69	66	68	24	49	51	84	81
62	1	1	1	13	11	64	11	20	21	49	46	66	19	38	40	71	69	68	25	51	54	86	83
62	2	2	2	18	15	64	12	22	23	52	49	66	20	40	42	74	72	68	26	54	56	89	86
62	3	3	4	22	19	64	13	24	26	55	52	66	21	43	45	77	74	68	27	56	59	92	89
62	4	5	6	26	23	64	14	27	28	58	55	66	22	45	48	80	77	68	28	59	61	94	92
62	5	7	8	29	27	64	15	29	31	61	59	66	23	48	50	83	80	68	29	62	64	97	94
62	6	9	10	33	30	64	16	31	33	65	62	66	24	50	53	86	83	68	30	64	67	100	97
62	7	11	12	37	34	64	17	34	36	68	65	66	25	53	55	89	86	68	31	67	69	103	100
62	8	13	14	40	37	64	18	36	39	71	68	66	26	56	58	92	89	68	32	69	72	105	103
62	9	15	17	44	41	64	19	39	41	74	71	66	27	58	61	94	92	68	33	72	75	108	105
62	10	18	19	47	44	64	20	41	44	77	74	66	28	61	63	97	94	68	34	74	77	111	108
62	11	20	22	50	47	64	21	44	46	80	77	66	29	63	66	100	97	69	0	0	0	7	6
62	12	22	24	54	51	64	22	47	49	83	80	66	30	66	69	103	100	69	1	1	1	12	10
62	13	25	27	57	54	64	23	49	52	86	83	66	31	69	71	106	103	69	2	2	2	16	14
62	14	27	29	60	57	64	24	52	54	89	86	66	32	71	74	108	105	69	3	3	3	19	17
62	15	30	32	63	60	64	25	55	57	92	89	66	33	74	77	111	108	69	4	5	5	23	21
62	16	32	34	67	64	64	26	57	60	94	91	67	0	0	0	8	6	69	5	6	7	26	24
62	17	35	37	70	67	64	27	60	63	97	94	67	1	1	1	12	10	69	6	8	9	29	27
62	18	37	40	73	70	64	28	63	65	100	97	67	2	2	2	16	14	69	7	10	11	33	30
62	19	40	42	76	73	64	29	65	68	103	100	67	3	3	4	20	18	69	8	12	13	36	33
62	20	43	45	79	76	64	30	68	71	106	103	67	4	5	5	23	21	69	9	14	15	39	36
62	21	45	48	82	79	64	31	71	74	109	106	67	5	7	7	27	25	69	10	16	17	42	39
62	22	48	51	85	82	64	32	74	76	111	109	67	6	8	9	30	28	69	11	18	20	45	42
62	23	51	53	88	85	65	0	0	0	8	6	67	7	10	11	34	31	69	12	20	22	48	45
62	24	53	56	91	88	65	1	1	1	12	11	67	8	12	14	37	34	69	13	23	24	51	48
62	25	56	59	94	91	65	2	2	2	17	15	67	9	14	16	40	38	69	14	25	27	54	51
62	26	59	62	97	94	65	3	3	4	21	18	67	10	17	18	43	41	69	15	27	29	57	54
62	27	62	65	100	97	65	4	5	5	24	22	67	11	19	20	46	44	69	16	29	31	60	57

CONFIDENCE BOUNDS FOR A

N = 185

n	a	LOWER .975	.95	UPPER .975	.95
69	17	32	34	63	60
69	18	34	36	66	63
69	19	36	38	68	66
69	20	39	41	71	68
69	21	41	43	74	71
69	22	43	46	77	74
69	23	46	48	80	77
69	24	48	51	82	80
69	25	51	53	85	82
69	26	53	56	88	85
69	27	56	58	90	88
69	28	58	61	93	90
69	29	61	63	96	93
69	30	63	66	99	96
69	31	66	68	101	98
69	32	68	71	104	101
69	33	71	73	106	104
69	34	73	76	109	106
69	35	76	79	112	109
70	0	0	0	7	6
70	1	1	1	11	10
70	2	2	2	15	13
70	3	3	3	19	17
70	4	5	5	22	20
70	5	6	7	26	23
70	6	8	9	29	27
70	7	10	11	32	30
70	8	12	13	35	33
70	9	14	15	38	36
70	10	16	17	41	39
70	11	18	19	44	42
70	12	20	22	47	45
70	13	22	24	50	48
70	14	25	26	53	51
70	15	27	28	56	53
70	16	29	31	59	56
70	17	31	33	62	59
70	18	34	35	65	62
70	19	36	38	67	65
70	20	38	40	70	67
70	21	40	43	73	70
70	22	43	45	76	73
70	23	45	47	78	76
70	24	48	50	81	78
70	25	50	52	84	81
70	26	52	55	87	84
70	27	55	57	89	86
70	28	57	60	92	89
70	29	60	62	95	92
70	30	62	65	97	94
70	31	65	67	100	97
70	32	67	70	102	100
70	33	70	72	105	102
70	34	72	75	108	105
70	35	75	78	110	107
71	0	0	0	7	6
71	1	1	1	11	10
71	2	2	2	15	13
71	3	3	3	19	17
71	4	5	5	22	20
71	5	6	7	25	23
71	6	8	9	28	26
71	7	10	11	32	29
71	8	12	13	35	32
71	9	14	15	38	35
71	10	16	17	41	38
71	11	18	19	44	41
71	12	20	21	47	44
71	13	22	24	49	47
71	14	24	26	52	50
71	15	26	28	55	53
71	16	29	30	58	55
71	17	31	33	61	58
71	18	33	35	64	61
71	19	35	37	66	64

N = 185

n	a	LOWER .975	.95	UPPER .975	.95
71	20	38	40	69	66
71	21	40	42	72	69
71	22	42	44	75	72
71	23	45	47	77	75
71	24	47	49	80	77
71	25	49	52	83	80
71	26	52	54	85	83
71	27	54	56	88	85
71	28	57	59	91	88
71	29	59	61	93	91
71	30	61	64	96	93
71	31	64	66	98	96
71	32	66	69	101	98
71	33	69	71	104	101
71	34	71	74	106	103
71	35	74	76	109	106
71	36	76	79	111	109
72	0	0	0	7	5
72	1	1	1	11	9
72	2	2	2	15	13
72	3	3	3	18	16
72	4	5	5	22	20
72	5	6	7	25	23
72	6	8	9	28	26
72	7	10	11	31	29
72	8	12	13	34	32
72	9	14	15	37	35
72	10	16	17	40	38
72	11	18	19	43	41
72	12	20	21	46	43
72	13	22	23	49	46
72	14	24	26	52	49
72	15	26	28	54	52
72	16	28	30	57	55
72	17	30	32	60	57
72	18	33	35	63	60
72	19	35	37	65	63
72	20	37	39	68	66
72	21	39	41	71	68
72	22	42	44	74	71
72	23	44	46	76	74
72	24	46	49	79	76
72	25	49	51	82	79
72	26	51	53	84	81
72	27	53	56	87	84
72	28	56	58	89	87
72	29	58	61	92	89
72	30	61	63	95	92
72	31	63	65	97	94
72	32	65	68	100	97
72	33	68	70	102	100
72	34	70	73	105	102
72	35	73	75	107	105
72	36	75	78	110	107
73	0	0	0	7	5
73	1	1	1	11	9
73	2	2	2	14	13
73	3	3	3	18	16
73	4	5	5	21	19
73	5	6	7	24	22
73	6	8	9	28	25
73	7	10	11	31	28
73	8	12	13	34	31
73	9	14	15	37	34
73	10	15	17	40	37
73	11	17	19	42	40
73	12	20	21	45	43
73	13	22	23	48	46
73	14	24	25	51	48
73	15	26	27	54	51
73	16	28	30	56	54
73	17	30	32	59	57
73	18	32	34	62	59
73	19	34	36	65	62
73	20	37	39	67	65

N = 185

n	a	LOWER .975	.95	UPPER .975	.95
73	21	39	41	70	67
73	22	41	43	73	70
73	23	43	46	75	73
73	24	46	48	78	75
73	25	48	50	80	78
73	26	50	53	83	80
73	27	53	55	86	83
73	28	55	57	88	86
73	29	57	60	91	88
73	30	60	62	93	91
73	31	62	65	96	93
73	32	65	67	98	96
73	33	67	69	101	98
73	34	69	72	103	101
73	35	72	74	106	103
73	36	74	77	108	106
73	37	77	79	111	108
74	0	0	0	7	5
74	1	1	1	11	9
74	2	2	2	14	13
74	3	3	3	18	16
74	4	5	5	21	19
74	5	6	7	24	22
74	6	8	9	27	25
74	7	10	11	30	28
74	8	11	12	33	31
74	9	13	14	36	34
74	10	15	16	39	37
74	11	17	19	42	39
74	12	19	21	45	42
74	13	21	23	47	45
74	14	23	25	50	48
74	15	25	27	53	50
74	16	28	29	56	53
74	17	30	31	58	56
74	18	32	34	61	58
74	19	34	36	64	61
74	20	36	38	66	64
74	21	38	40	69	66
74	22	41	43	72	69
74	23	43	45	74	72
74	24	45	47	77	74
74	25	47	50	79	77
74	26	50	52	82	79
74	27	52	54	84	82
74	28	54	57	87	84
74	29	57	59	90	87
74	30	59	61	92	89
74	31	61	64	95	92
74	32	64	66	97	94
74	33	66	69	100	97
74	34	68	71	102	99
74	35	71	73	104	102
74	36	73	76	107	104
74	37	76	78	109	107

N = 190

n	a	LOWER .975	.95	UPPER .975	.95
1	0	0	0	185	180
1	1	5	10	190	190
2	0	0	0	159	147
2	1	3	5	187	185
3	0	0	0	133	119
3	1	2	4	171	163
3	2	19	27	188	186
4	0	0	0	113	99
4	1	2	3	152	142
4	2	14	19	176	171
5	0	0	0	98	84
5	1	1	2	135	124
5	2	11	15	161	153
5	3	29	37	179	175
6	0	0	0	86	73
6	1	1	2	120	109
6	2	9	13	146	137
6	3	24	30	166	160
7	0	0	0	76	65
7	1	1	2	108	97
7	2	8	11	133	124
7	3	20	26	154	146
7	4	36	44	170	164
8	0	0	0	68	58
8	1	1	2	98	88
8	2	7	10	122	112
8	3	17	22	142	134
8	4	31	38	159	152
9	0	0	0	62	52
9	1	1	2	90	80
9	2	6	9	112	103
9	3	15	20	131	123
9	4	28	33	148	141
9	5	42	49	162	157
10	0	0	0	57	48
10	1	1	1	83	73
10	2	6	8	104	95
10	3	14	18	122	114
10	4	25	30	138	131
10	5	37	44	153	146
11	0	0	0	52	44
11	1	1	1	76	67
11	2	5	7	96	87
11	3	13	16	114	105
11	4	22	27	130	122
11	5	34	39	144	137
11	6	46	53	156	151
12	0	0	0	48	40
12	1	1	1	71	62
12	2	5	7	90	81
12	3	12	15	106	98
12	4	20	25	122	114
12	5	31	36	135	128
12	6	42	48	148	142
13	0	0	0	45	37
13	1	1	1	66	58
13	2	5	6	84	76
13	3	11	14	100	92
13	4	19	23	114	107
13	5	28	33	128	121
13	6	38	44	140	134
13	7	50	56	152	146
14	0	0	0	42	35
14	1	1	1	62	54
14	2	4	6	79	71
14	3	10	13	94	86
14	4	17	21	108	101
14	5	26	31	121	114
14	6	35	41	133	126
14	7	46	52	144	138
15	0	0	0	39	33
15	1	1	1	58	51
15	2	4	5	75	67
15	3	9	12	89	81
15	4	16	20	102	95

CONFIDENCE BOUNDS FOR A

N = 190						N = 190						N = 190						N = 190				
		LOWER		UPPER				LOWER		UPPER				LOWER		UPPER				LOWER		UPPER	
n	a	.975	.95	.975	.95	n	a	.975	.95	.975	.95	n	a	.975	.95	.975	.95	n	a	.975	.95	.975	.95
15	5	24	28	115	108	22	8	35	39	110	104	28	2	3	3	42	37	32	13	48	52	109	105
15	6	33	38	126	120	22	9	42	46	118	113	28	3	6	7	51	46	32	14	53	57	115	111
15	7	42	48	137	131	22	10	49	54	126	121	28	4	9	11	59	54	32	15	58	63	121	116
15	8	53	59	148	142	22	11	56	61	134	129	28	5	13	15	67	62	32	16	64	68	126	122
16	0	0	0	37	31	23	0	0	0	26	21	28	6	18	20	75	69	33	0	0	0	18	15
16	1	1	1	55	48	23	1	1	1	39	34	28	7	22	25	82	77	33	1	1	1	27	24
16	2	4	5	70	63	23	2	3	4	51	45	28	8	27	31	89	84	33	2	2	3	36	32
16	3	9	11	84	77	23	3	7	8	61	55	28	9	33	36	96	91	33	3	5	6	43	39
16	4	15	19	97	90	23	4	11	13	71	65	28	10	38	42	103	98	33	4	8	9	50	46
16	5	23	27	109	102	23	5	16	19	80	74	28	11	44	48	110	105	33	5	12	13	57	53
16	6	31	35	120	114	23	6	21	25	89	83	28	12	49	54	116	111	33	6	15	17	64	59
16	7	40	45	131	125	23	7	27	31	98	92	28	13	55	60	123	118	33	7	19	22	71	66
16	8	49	55	141	135	23	8	33	37	106	100	28	14	61	66	129	124	33	8	23	26	77	72
17	0	0	0	35	29	23	9	40	44	114	108	29	0	0	0	20	17	33	9	28	31	83	78
17	1	1	1	52	45	23	10	47	51	122	116	29	1	1	1	31	27	33	10	32	35	89	84
17	2	4	5	67	60	23	11	54	59	129	124	29	2	3	3	40	36	33	11	37	40	95	90
17	3	8	11	80	73	23	12	61	66	136	131	29	3	5	7	49	44	33	12	42	45	101	96
17	4	14	17	92	85	24	0	0	0	25	20	29	4	9	11	57	52	33	13	47	50	107	102
17	5	21	25	104	97	24	1	1	1	38	33	29	5	13	15	65	60	33	14	51	55	112	108
17	6	29	33	115	108	24	2	3	4	49	43	29	6	17	20	72	67	33	15	57	61	118	113
17	7	37	42	125	119	24	3	6	8	59	53	29	7	22	25	80	74	33	16	62	66	123	119
17	8	46	51	135	129	24	4	11	13	68	62	29	8	27	30	87	81	33	17	67	71	128	124
17	9	55	61	144	139	24	5	15	18	77	71	29	9	32	35	93	88	34	0	0	0	17	14
18	0	0	0	33	27	24	6	21	24	86	80	29	10	37	40	100	95	34	1	1	1	27	23
18	1	1	1	50	43	24	7	26	30	94	88	29	11	42	46	107	101	34	2	2	3	35	31
18	2	4	5	63	57	24	8	32	36	102	97	29	12	48	52	113	108	34	3	5	6	42	38
18	3	8	10	76	69	24	9	38	42	110	104	29	13	53	58	119	114	34	4	8	9	49	45
18	4	14	17	88	81	24	10	45	49	118	112	29	14	59	63	125	120	34	5	11	13	56	51
18	5	20	24	99	92	24	11	51	56	125	120	29	15	65	70	131	127	34	6	15	17	62	58
18	6	27	31	110	103	24	12	58	63	132	127	30	0	0	0	20	16	34	7	19	21	69	64
18	7	35	40	120	113	25	0	0	0	24	20	30	1	1	1	30	26	34	8	23	25	75	70
18	8	43	48	129	123	25	1	1	1	36	31	30	2	3	3	39	35	34	9	27	30	81	76
18	9	52	57	138	133	25	2	3	4	47	42	30	3	5	6	47	43	34	10	31	34	87	82
19	0	0	0	31	26	25	3	6	8	56	51	30	4	9	10	55	50	34	11	36	39	93	88
19	1	1	1	47	41	25	4	10	12	66	60	30	5	13	15	63	58	34	12	40	44	98	94
19	2	3	4	60	54	25	5	15	17	74	69	30	6	17	19	70	65	34	13	45	49	104	99
19	3	8	10	73	66	25	6	20	23	83	77	30	7	21	24	77	72	34	14	50	54	109	105
19	4	13	16	84	77	25	7	25	28	91	85	30	8	26	29	84	79	34	15	55	59	115	110
19	5	19	22	95	88	25	8	31	34	99	93	30	9	30	34	91	86	34	16	60	64	120	116
19	6	26	30	105	98	25	9	37	41	106	101	30	10	35	39	97	92	34	17	65	69	125	121
19	7	33	37	115	108	25	10	43	47	114	108	30	11	41	44	103	98	35	0	0	0	17	14
19	8	41	46	124	118	25	11	49	54	121	116	30	12	46	50	110	105	35	1	1	1	26	22
19	9	49	54	133	127	25	12	56	60	128	123	30	13	51	56	116	111	35	2	2	3	34	30
19	10	57	63	141	136	25	13	62	67	134	130	30	14	57	61	122	117	35	3	5	6	41	37
20	0	0	0	30	25	26	0	0	0	23	19	30	15	63	67	127	123	35	4	8	9	48	43
20	1	1	1	45	39	26	1	1	1	35	30	31	0	0	0	19	16	35	5	11	13	54	50
20	2	3	4	58	51	26	2	3	4	45	40	31	1	1	1	29	25	35	6	14	16	61	56
20	3	7	9	69	63	26	3	6	7	54	49	31	2	2	3	38	34	35	7	18	21	67	62
20	4	12	15	80	74	26	4	10	12	63	58	31	3	5	6	46	41	35	8	22	25	73	68
20	5	18	21	91	84	26	5	14	17	72	66	31	4	8	10	54	49	35	9	26	29	79	74
20	6	25	28	100	94	26	6	19	22	80	74	31	5	12	14	61	56	35	10	30	33	84	80
20	7	31	36	110	104	26	7	24	27	88	82	31	6	16	18	68	63	35	11	35	38	90	86
20	8	39	43	119	113	26	8	30	33	95	90	31	7	20	23	75	70	35	12	39	43	96	91
20	9	46	51	128	122	26	9	35	39	103	97	31	8	25	28	81	76	35	13	44	47	101	97
20	10	54	60	136	130	26	10	41	45	110	105	31	9	30	33	88	83	35	14	48	52	106	102
21	0	0	0	28	23	26	11	47	51	117	112	31	10	34	38	94	89	35	15	53	57	112	107
21	1	1	1	43	37	26	12	53	58	124	119	31	11	39	43	100	96	35	16	58	62	117	113
21	2	3	4	55	49	26	13	60	65	130	125	31	12	44	48	107	102	35	17	63	67	122	118
21	3	7	9	66	60	27	0	0	0	22	18	31	13	50	54	112	108	35	18	68	72	127	123
21	4	12	14	77	71	27	1	1	1	34	29	31	14	55	59	118	114	36	0	0	0	16	13
21	5	17	20	87	81	27	2	3	3	43	39	31	15	60	65	124	119	36	1	1	1	25	22
21	6	23	27	96	90	27	3	6	7	53	47	31	16	66	71	130	125	36	2	2	3	33	29
21	7	30	34	105	99	27	4	10	11	61	56	32	0	0	0	18	15	36	3	5	6	40	36
21	8	37	41	114	108	27	5	14	16	69	64	32	1	1	1	28	24	36	4	7	9	46	42
21	9	44	49	123	117	27	6	18	21	77	72	32	2	2	3	37	33	36	5	11	12	53	48
21	10	51	57	131	125	27	7	23	26	85	79	32	3	5	6	45	40	36	6	14	16	59	55
21	11	59	65	139	133	27	8	28	32	92	87	32	4	8	10	52	47	36	7	18	20	65	61
22	0	0	0	27	22	27	9	34	38	99	94	32	5	12	14	59	54	36	8	22	24	71	66
22	1	1	1	41	36	27	10	39	43	106	101	32	6	16	18	66	61	36	9	26	28	77	72
22	2	3	4	53	47	27	11	45	49	113	108	32	7	20	22	73	68	36	10	30	33	82	78
22	3	7	8	64	58	27	12	51	56	120	115	32	8	24	27	79	74	36	11	34	37	88	83
22	4	11	14	74	68	27	13	57	62	126	121	32	9	29	32	85	81	36	12	38	41	93	89
22	5	17	19	83	77	27	14	64	69	133	128	32	10	33	37	92	87	36	13	43	46	99	94
22	6	22	26	93	87	28	0	0	0	21	17	32	11	38	42	98	93	36	14	47	51	104	99
22	7	28	32	101	95	28	1	1	1	32	28	32	12	43	47	104	99	36	15	52	55	109	105

CONFIDENCE BOUNDS FOR A

N = 190						N = 190						N = 190						N = 190			
		LOWER		UPPER				LOWER		UPPER				LOWER		UPPER				LOWER		UPPER	
n	a	.975	.95	.975	.95	n	a	.975	.95	.975	.95	n	a	.975	.95	.975	.95	n	a	.975	.95	.975	.95
36	16	56	60	114	110	40	11	31	33	80	75	43	21	67	71	119	115	47	2	2	2	25	22
36	17	61	65	119	115	40	12	34	37	85	80	43	22	71	75	123	119	47	3	4	5	30	27
36	18	66	70	124	120	40	13	38	41	90	85	44	0	0	0	13	11	47	4	6	7	35	32
37	0	0	0	16	13	40	14	42	46	94	90	44	1	1	1	20	17	47	5	9	10	40	37
37	1	1	1	24	21	40	15	46	50	99	95	44	2	2	2	26	23	47	6	11	13	45	42
37	2	2	3	32	28	40	16	51	54	104	100	44	3	4	5	32	29	47	7	14	16	50	47
37	3	5	5	39	35	40	17	55	58	109	104	44	4	6	7	38	34	47	8	17	19	55	51
37	4	7	9	45	41	40	18	59	63	113	109	44	5	9	10	43	40	47	9	20	22	59	56
37	5	10	12	51	47	40	19	63	67	118	114	44	6	12	13	48	45	47	10	23	25	64	60
37	6	14	16	57	53	40	20	68	72	122	118	44	7	15	17	53	50	47	11	26	29	68	65
37	7	17	19	63	59	41	0	0	0	14	11	44	8	18	20	58	55	47	12	30	32	73	69
37	8	21	23	69	65	41	1	1	1	22	19	44	9	21	23	63	59	47	13	33	35	77	73
37	9	25	28	75	70	41	2	2	3	28	25	44	10	25	27	68	64	47	14	36	39	81	77
37	10	29	32	80	76	41	3	4	5	35	31	44	11	28	30	73	69	47	15	40	42	85	82
37	11	33	36	86	81	41	4	7	8	41	37	44	12	31	34	77	73	47	16	43	46	90	86
37	12	37	40	91	87	41	5	10	11	46	43	44	13	35	38	82	78	47	17	47	50	94	90
37	13	41	45	96	92	41	6	13	14	52	48	44	14	39	41	86	82	47	18	50	53	98	94
37	14	46	49	101	97	41	7	16	18	57	53	44	15	42	45	91	87	47	19	54	57	102	98
37	15	50	54	106	102	41	8	19	21	63	59	44	16	46	49	95	91	47	20	57	61	106	102
37	16	55	59	111	107	41	9	23	25	68	64	44	17	50	53	100	96	47	21	61	65	110	106
37	17	59	63	116	112	41	10	26	29	73	69	44	18	54	57	104	100	47	22	65	68	114	110
37	18	64	68	121	117	41	11	30	33	78	74	44	19	57	61	108	104	47	23	69	72	118	114
37	19	69	73	126	122	41	12	34	36	83	79	44	20	61	65	112	109	47	24	72	76	121	118
38	0	0	0	15	12	41	13	37	40	88	83	44	21	65	69	116	113	48	0	0	0	12	10
38	1	1	1	24	20	41	14	41	44	92	88	44	22	69	73	121	117	48	1	1	1	18	16
38	2	2	3	31	27	41	15	45	49	97	93	45	0	0	0	13	10	48	2	2	2	24	21
38	3	4	5	38	34	41	16	49	53	102	98	45	1	1	1	20	17	48	3	4	4	29	26
38	4	7	8	44	40	41	17	53	57	106	102	45	2	2	2	26	23	48	4	6	7	35	31
38	5	10	12	50	46	41	18	58	61	111	107	45	3	4	5	32	28	48	5	8	10	40	36
38	6	13	15	56	52	41	19	62	66	115	111	45	4	6	7	37	34	48	6	11	12	44	41
38	7	17	19	62	57	41	20	66	70	120	116	45	5	9	10	42	39	48	7	14	15	49	46
38	8	21	23	67	63	41	21	70	74	124	120	45	6	12	13	47	44	48	8	17	18	54	50
38	9	24	27	73	69	42	0	0	0	14	11	45	7	15	16	52	49	48	9	20	22	58	55
38	10	28	31	78	74	42	1	1	1	21	18	45	8	18	20	57	53	48	10	23	25	63	59
38	11	32	35	84	79	42	2	2	3	28	25	45	9	21	23	62	58	48	11	26	28	67	63
38	12	36	39	89	84	42	3	4	5	34	30	45	10	24	26	67	63	48	12	29	31	71	67
38	13	40	44	94	90	42	4	7	8	40	36	45	11	27	30	71	67	48	13	32	35	75	72
38	14	45	48	99	95	42	5	9	11	45	42	45	12	31	33	76	72	48	14	35	38	80	76
38	15	49	52	104	100	42	6	12	14	51	47	45	13	34	37	80	76	48	15	39	42	84	80
38	16	53	57	109	105	42	7	15	17	56	52	45	14	38	41	85	81	48	16	42	45	88	84
38	17	58	62	114	109	42	8	19	21	61	57	45	15	41	44	89	85	48	17	46	49	92	88
38	18	62	66	118	114	42	9	22	24	66	62	45	16	45	48	93	89	48	18	49	52	96	92
38	19	67	71	123	119	42	10	26	28	71	67	45	17	49	52	98	94	48	19	53	56	100	96
39	0	0	0	15	12	42	11	29	32	76	72	45	18	52	56	102	98	48	20	56	59	104	100
39	1	1	1	23	20	42	12	33	36	81	77	45	19	56	60	106	102	48	21	60	63	108	104
39	2	2	3	30	27	42	13	37	40	86	82	45	20	60	64	110	106	48	22	63	67	112	108
39	3	4	5	37	33	42	14	40	43	90	86	45	21	64	67	114	110	48	23	67	71	115	112
39	4	7	8	43	39	42	15	44	47	95	91	45	22	68	71	118	114	48	24	71	74	119	116
39	5	10	11	49	45	42	16	48	51	99	95	45	23	72	76	122	119	49	0	0	0	11	9
39	6	13	15	55	50	42	17	52	56	104	100	46	0	0	0	12	10	49	1	1	1	18	15
39	7	17	19	60	56	42	18	56	60	108	104	46	1	1	1	19	16	49	2	2	2	24	21
39	8	20	22	66	61	42	19	60	64	113	109	46	2	2	2	25	22	49	3	4	4	29	26
39	9	24	26	71	67	42	20	64	68	117	113	46	3	4	5	31	28	49	4	6	7	34	31
39	10	27	30	76	72	42	21	69	72	121	118	46	4	6	7	36	33	49	5	8	9	39	35
39	11	31	34	82	77	43	0	0	0	13	11	46	5	9	10	41	38	49	6	11	12	43	40
39	12	35	38	87	82	43	1	1	1	21	18	46	6	11	13	46	43	49	7	14	15	48	45
39	13	39	43	92	87	43	2	2	2	27	24	46	7	14	16	51	48	49	8	16	18	53	49
39	14	43	47	97	92	43	3	4	5	33	30	46	8	17	19	56	52	49	9	19	21	57	53
39	15	48	51	102	97	43	4	7	8	39	35	46	9	20	22	61	57	49	10	22	24	61	58
39	16	52	56	106	102	43	5	10	11	44	41	46	10	24	26	65	61	49	11	25	27	66	62
39	17	56	60	111	107	43	6	13	15	50	46	46	11	27	29	70	66	49	12	28	31	70	66
39	18	61	64	116	112	43	7	15	17	55	51	46	12	30	33	74	70	49	13	32	34	74	70
39	19	65	69	120	116	43	8	18	20	60	56	46	13	34	36	79	75	49	14	35	37	78	74
39	20	70	74	125	121	43	9	22	24	65	61	46	14	37	40	83	79	49	15	38	41	82	78
40	0	0	0	14	12	43	10	25	27	70	66	46	15	40	43	87	83	49	16	41	44	86	82
40	1	1	1	22	19	43	11	29	31	74	70	46	16	44	47	91	88	49	17	45	47	90	86
40	2	2	3	29	26	43	12	32	35	79	75	46	17	48	51	96	92	49	18	48	51	94	90
40	3	4	5	36	32	43	13	36	39	84	80	46	18	51	54	100	96	49	19	52	55	98	94
40	4	7	8	42	38	43	14	39	42	88	84	46	19	55	58	104	100	49	20	55	58	102	98
40	5	10	11	48	44	43	15	43	46	93	89	46	20	59	62	108	104	49	21	59	62	106	102
40	6	13	15	53	49	43	16	47	50	97	93	46	21	62	66	112	108	49	22	62	65	109	106
40	7	16	18	59	55	43	17	51	54	102	98	46	22	66	70	116	112	49	23	66	69	113	110
40	8	20	22	64	60	43	18	55	58	106	102	46	23	70	74	120	116	49	24	69	73	117	113
40	9	23	26	69	65	43	19	59	62	110	106	47	0	0	0	12	10	49	25	73	77	121	117
40	10	27	29	75	70	43	20	63	67	115	111	47	1	1	1	19	16	50	0	0	0	11	9

CONFIDENCE BOUNDS FOR A

N = 190						N = 190						N = 190						N = 190					
		LOWER		UPPER				LOWER		UPPER				LOWER		UPPER				LOWER		UPPER	
n	a	.975	.95	.975	.95	n	a	.975	.95	.975	.95	n	a	.975	.95	.975	.95	n	a	.975	.95	.975	.95
50	1	1	1	18	15	52	23	62	65	107	104	55	15	34	36	73	70	58	2	2	2	20	17
50	2	2	2	23	20	52	24	65	69	111	107	55	16	37	40	77	74	58	3	3	4	24	22
50	3	4	4	28	25	52	25	69	72	114	111	55	17	40	43	81	77	58	4	5	6	28	26
50	4	6	7	33	30	52	26	72	76	118	114	55	18	43	46	84	81	58	5	7	8	32	30
50	5	8	9	38	35	53	0	0	0	10	8	55	19	46	49	88	84	58	6	10	11	36	34
50	6	11	12	43	39	53	1	1	1	16	14	55	20	49	52	91	88	58	7	12	13	40	37
50	7	13	15	47	44	53	2	2	2	22	19	55	21	52	55	95	91	58	8	14	16	44	41
50	8	16	18	51	48	53	3	4	4	27	24	55	22	55	58	98	95	58	9	17	18	48	45
50	9	19	21	56	52	53	4	6	6	31	28	55	23	59	62	102	98	58	10	19	21	52	49
50	10	22	24	60	57	53	5	8	9	36	33	55	24	62	65	105	102	58	11	22	24	55	52
50	11	25	27	64	61	53	6	10	11	40	37	55	25	65	68	109	105	58	12	24	26	59	56
50	12	28	30	68	65	53	7	13	14	44	41	55	26	68	71	112	109	58	13	27	29	63	59
50	13	31	33	73	69	53	8	15	17	49	45	55	27	71	75	115	112	58	14	30	32	66	63
50	14	34	37	77	73	53	9	18	20	53	49	55	28	75	78	119	115	58	15	32	35	70	66
50	15	37	40	81	77	53	10	21	23	57	53	56	0	0	0	10	8	58	16	35	38	73	70
50	16	41	44	85	81	53	11	24	26	61	57	56	1	1	1	15	13	58	17	38	40	77	73
50	17	44	47	88	85	53	12	26	29	65	61	56	2	2	2	20	18	58	18	41	43	80	77
50	18	47	50	92	89	53	13	29	32	69	65	56	3	4	4	25	22	58	19	44	46	84	80
50	19	51	54	96	93	53	14	32	35	72	69	56	4	5	6	29	27	58	20	47	49	87	84
50	20	54	57	100	96	53	15	35	38	76	73	56	5	8	8	34	31	58	21	50	52	90	87
50	21	57	61	104	100	53	16	38	41	80	76	56	6	10	11	38	35	58	22	53	55	94	90
50	22	61	64	107	104	53	17	41	44	84	80	56	7	12	13	42	39	58	23	56	58	97	94
50	23	64	68	111	108	53	18	45	47	87	84	56	8	15	16	46	43	58	24	59	61	100	97
50	24	68	71	115	111	53	19	48	51	91	88	56	9	17	19	50	47	58	25	62	65	103	100
50	25	72	75	118	115	53	20	51	54	95	91	56	10	20	22	54	50	58	26	65	68	107	103
51	0	0	0	11	9	53	21	54	57	98	95	56	11	22	24	57	54	58	27	68	71	110	107
51	1	1	1	17	15	53	22	57	60	102	98	56	12	25	27	61	58	58	28	71	74	113	110
51	2	2	2	23	20	53	23	61	64	105	102	56	13	28	30	65	62	58	29	74	77	116	113
51	3	4	4	28	25	53	24	64	67	109	105	56	14	31	33	69	65	59	0	0	0	9	7
51	4	6	7	32	29	53	25	67	71	112	109	56	15	34	36	72	69	59	1	1	1	14	12
51	5	8	9	37	34	53	26	71	74	116	112	56	16	36	39	76	72	59	2	2	2	19	17
51	6	11	12	42	38	53	27	74	78	119	116	56	17	39	42	79	76	59	3	3	4	24	21
51	7	13	15	46	43	54	0	0	0	10	8	56	18	42	45	83	79	59	4	5	6	28	25
51	8	16	17	50	47	54	1	1	1	16	14	56	19	45	48	86	83	59	5	7	8	32	30
51	9	19	20	55	51	54	2	2	2	21	19	56	20	48	51	90	86	59	6	9	10	36	33
51	10	21	23	59	55	54	3	4	4	26	23	56	21	51	54	93	90	59	7	12	13	40	37
51	11	24	26	63	60	54	4	6	6	31	28	56	22	54	57	97	93	59	8	14	15	43	41
51	12	27	30	67	64	54	5	8	9	35	32	56	23	57	60	100	97	59	9	16	18	47	44
51	13	30	33	71	68	54	6	10	11	39	36	56	24	61	64	103	100	59	10	19	21	51	48
51	14	33	36	75	72	54	7	13	14	43	40	56	25	64	67	107	103	59	11	21	23	54	51
51	15	37	39	79	75	54	8	15	17	48	44	56	26	67	70	110	107	59	12	24	26	58	55
51	16	40	42	83	79	54	9	18	19	52	48	56	27	70	73	113	110	59	13	27	29	62	58
51	17	43	46	87	83	54	10	20	22	56	52	56	28	73	77	117	113	59	14	29	31	65	62
51	18	46	49	91	87	54	11	23	25	60	56	57	0	0	0	10	8	59	15	32	34	69	65
51	19	50	53	94	91	54	12	26	28	63	60	57	1	1	1	15	13	59	16	35	37	72	69
51	20	53	56	98	95	54	13	29	31	67	64	57	2	2	2	20	18	59	17	37	40	75	72
51	21	56	59	102	98	54	14	32	34	71	68	57	3	3	4	24	22	59	18	40	43	79	76
51	22	60	63	106	102	54	15	35	37	75	71	57	4	5	6	29	26	59	19	43	46	82	79
51	23	63	66	109	106	54	16	38	40	79	75	57	5	7	8	33	30	59	20	46	48	85	82
51	24	67	70	113	109	54	17	41	43	82	79	57	6	10	11	37	34	59	21	49	51	89	85
51	25	70	73	116	113	54	18	44	46	86	82	57	7	12	13	41	38	59	22	52	54	92	89
51	26	74	77	120	117	54	19	47	50	89	86	57	8	14	16	45	42	59	23	55	57	95	92
52	0	0	0	11	9	54	20	50	53	93	90	57	9	17	18	49	46	59	24	58	60	98	95
52	1	1	1	17	14	54	21	53	56	97	93	57	10	19	21	53	50	59	25	61	63	102	98
52	2	2	2	22	19	54	22	56	59	100	97	57	11	22	24	56	53	59	26	64	66	105	102
52	3	4	4	27	24	54	23	60	63	104	100	57	12	25	27	60	57	59	27	67	70	108	105
52	4	6	7	32	29	54	24	63	66	107	104	57	13	27	30	64	61	59	28	70	73	111	108
52	5	8	9	36	33	54	25	66	69	110	107	57	14	30	32	67	64	59	29	73	76	114	111
52	6	10	12	41	38	54	26	69	73	114	111	57	15	33	35	71	68	59	30	76	79	117	114
52	7	13	14	45	42	54	27	73	76	117	114	57	16	36	38	74	71	60	0	0	0	9	7
52	8	16	17	49	46	55	0	0	0	10	8	57	17	39	41	78	75	60	1	1	1	14	12
52	9	18	20	54	50	55	1	1	1	16	13	57	18	42	44	81	78	60	2	2	2	19	17
52	10	21	23	58	54	55	2	2	2	21	18	57	19	44	47	85	82	60	3	3	4	23	21
52	11	24	26	62	58	55	3	4	4	25	23	57	20	47	50	88	85	60	4	5	6	27	25
52	12	27	29	66	62	55	4	5	6	30	27	57	21	50	53	92	88	60	5	7	8	31	29
52	13	30	32	70	66	55	5	8	9	34	31	57	22	53	56	95	92	60	6	9	10	35	32
52	14	33	35	74	70	55	6	10	11	39	36	57	23	56	59	98	95	60	7	11	13	39	36
52	15	36	38	78	74	55	7	12	14	43	40	57	24	60	62	102	98	60	8	14	15	43	40
52	16	39	42	81	78	55	8	15	16	47	44	57	25	63	66	105	102	60	9	16	18	46	43
52	17	42	45	85	82	55	9	17	19	51	48	57	26	66	69	108	105	60	10	19	20	50	47
52	18	45	48	89	85	55	10	20	22	55	51	57	27	69	72	112	108	60	11	21	23	54	51
52	19	49	52	93	89	55	11	23	25	58	55	57	28	72	75	115	112	60	12	24	26	57	54
52	20	52	55	96	93	55	12	26	28	62	59	57	29	75	78	118	115	60	13	26	28	61	57
52	21	55	58	100	97	55	13	28	31	66	63	58	0	0	0	9	8	60	14	29	31	64	61
52	22	59	62	104	100	55	14	31	33	70	66	58	1	1	1	15	13	60	15	31	34	67	64

CONFIDENCE BOUNDS FOR A

N = 190

n	a	LOWER .975	.95	UPPER .975	.95
60	16	34	36	71	68
60	17	37	39	74	71
60	18	40	42	78	74
60	19	42	45	81	78
60	20	45	48	84	81
60	21	48	51	87	84
60	22	51	53	91	87
60	23	54	56	94	91
60	24	57	59	97	94
60	25	60	62	100	97
60	26	62	65	103	100
60	27	65	68	106	103
60	28	68	71	109	106
60	29	71	74	113	109
60	30	74	77	116	113
61	0	0	0	9	7
61	1	1	1	14	12
61	2	2	2	18	16
61	3	3	4	23	20
61	4	5	6	27	24
61	5	7	8	31	28
61	6	9	10	35	32
61	7	11	13	38	36
61	8	14	15	42	39
61	9	16	17	46	43
61	10	18	20	49	46
61	11	21	22	53	50
61	12	23	25	56	53
61	13	26	28	60	57
61	14	28	30	63	60
61	15	31	33	66	63
61	16	34	36	70	67
61	17	36	39	73	70
61	18	39	41	76	73
61	19	42	44	80	76
61	20	44	47	83	80
61	21	47	50	86	83
61	22	50	53	89	86
61	23	53	56	92	89
61	24	56	58	95	92
61	25	59	61	99	95
61	26	61	64	102	99
61	27	64	67	105	102
61	28	67	70	108	105
61	29	70	73	111	108
61	30	73	76	114	111
61	31	76	79	117	114
62	0	0	0	9	7
62	1	1	1	14	12
62	2	2	2	18	16
62	3	3	4	22	20
62	4	5	6	26	24
62	5	7	8	30	28
62	6	9	10	34	31
62	7	11	12	38	35
62	8	13	15	41	38
62	9	16	17	45	42
62	10	18	20	48	45
62	11	20	22	52	49
62	12	23	25	55	52
62	13	25	27	59	56
62	14	28	30	62	59
62	15	31	33	65	62
62	16	33	35	69	65
62	17	36	38	72	69
62	18	38	41	75	72
62	19	41	43	78	75
62	20	44	46	81	78
62	21	46	49	85	81
62	22	49	52	88	85
62	23	52	55	91	88
62	24	55	57	94	91
62	25	58	60	97	94
62	26	60	63	100	97
62	27	63	66	103	100

N = 190

n	a	LOWER .975	.95	UPPER .975	.95
62	28	66	69	106	103
62	29	69	72	109	106
62	30	72	75	112	109
62	31	75	78	115	112
63	0	0	0	8	7
63	1	1	1	13	11
63	2	2	2	18	16
63	3	3	4	22	20
63	4	5	6	26	23
63	5	7	8	30	27
63	6	9	10	33	31
63	7	11	12	37	34
63	8	13	15	41	38
63	9	16	17	44	41
63	10	18	19	48	45
63	11	20	22	51	48
63	12	23	24	54	51
63	13	25	27	58	55
63	14	28	29	61	58
63	15	30	32	64	61
63	16	33	35	67	64
63	17	35	37	71	68
63	18	38	40	74	71
63	19	40	43	77	74
63	20	43	46	80	77
63	21	46	48	83	80
63	22	48	51	86	83
63	23	51	54	89	86
63	24	54	57	93	89
63	25	57	59	96	92
63	26	60	62	99	96
63	27	62	65	102	99
63	28	65	68	105	102
63	29	68	71	107	104
63	30	71	74	110	107
63	31	74	77	113	110
63	32	77	80	116	113
64	0	0	0	8	7
64	1	1	1	13	11
64	2	2	2	17	15
64	3	3	4	22	19
64	4	5	6	25	23
64	5	7	8	29	27
64	6	9	10	33	30
64	7	11	12	36	34
64	8	13	14	40	37
64	9	15	17	43	41
64	10	18	19	47	44
64	11	20	22	50	47
64	12	22	24	53	51
64	13	25	27	57	54
64	14	27	29	60	57
64	15	30	32	63	60
64	16	32	34	66	63
64	17	35	37	70	67
64	18	37	39	73	70
64	19	40	42	76	73
64	20	42	45	79	76
64	21	45	48	82	79
64	22	48	50	85	82
64	23	50	53	88	85
64	24	53	56	91	88
64	25	56	59	94	91
64	26	59	61	97	94
64	27	61	64	100	97
64	28	64	67	103	100
64	29	67	70	106	103
64	30	70	73	109	106
64	31	73	75	112	109
64	32	75	78	115	112
65	0	0	0	8	7
65	1	1	1	13	11
65	2	2	2	17	15
65	3	3	4	21	19
65	4	5	6	25	23

N = 190

n	a	LOWER .975	.95	UPPER .975	.95
65	5	7	8	29	26
65	6	9	10	32	30
65	7	11	12	36	33
65	8	13	14	39	37
65	9	15	16	43	40
65	10	17	19	46	43
65	11	20	21	49	47
65	12	22	24	53	50
65	13	24	26	56	53
65	14	27	29	59	56
65	15	29	31	62	59
65	16	32	34	65	62
65	17	34	36	69	66
65	18	37	39	72	69
65	19	39	42	75	72
65	20	42	44	78	75
65	21	44	47	81	78
65	22	47	49	84	81
65	23	50	52	87	84
65	24	52	55	90	87
65	25	55	58	93	90
65	26	58	60	96	93
65	27	60	63	99	96
65	28	63	66	101	99
65	29	66	69	104	101
65	30	69	71	107	104
65	31	71	74	110	107
65	32	74	77	113	110
65	33	77	80	116	113
66	0	0	0	8	6
66	1	1	1	13	11
66	2	2	2	17	15
66	3	3	4	21	19
66	4	5	5	25	22
66	5	7	7	28	26
66	6	9	10	32	29
66	7	11	12	35	33
66	8	13	14	39	36
66	9	15	16	42	39
66	10	17	19	45	43
66	11	19	21	49	46
66	12	22	23	52	49
66	13	24	26	55	52
66	14	26	28	58	55
66	15	29	31	61	58
66	16	31	33	64	61
66	17	34	36	67	65
66	18	36	38	71	68
66	19	39	41	74	71
66	20	41	44	77	74
66	21	44	46	80	77
66	22	46	49	83	80
66	23	49	51	86	83
66	24	52	54	88	85
66	25	54	57	91	88
66	26	57	59	94	91
66	27	60	62	97	94
66	28	62	65	100	97
66	29	65	68	103	100
66	30	68	70	106	103
66	31	70	73	109	106
66	32	73	76	111	108
66	33	76	79	114	111
67	0	0	0	8	6
67	1	1	1	12	11
67	2	2	2	17	15
67	3	3	4	20	18
67	4	5	5	24	22
67	5	7	7	28	25
67	6	9	9	31	29
67	7	11	12	35	32
67	8	13	14	38	35
67	9	15	16	41	39
67	10	17	18	45	42
67	11	19	21	48	45

N = 190

n	a	LOWER .975	.95	UPPER .975	.95
67	12	21	23	51	48
67	13	24	25	54	51
67	14	26	28	57	54
67	15	28	30	60	57
67	16	31	33	63	61
67	17	33	35	66	64
67	18	36	38	69	67
67	19	38	40	72	70
67	20	41	43	75	73
67	21	43	45	78	75
67	22	46	48	81	78
67	23	48	51	84	81
67	24	51	53	87	84
67	25	53	56	90	87
67	26	56	59	93	90
67	27	59	61	96	93
67	28	61	64	99	96
67	29	64	67	101	98
67	30	67	69	104	101
67	31	69	72	107	104
67	32	72	75	110	107
67	33	75	78	113	110
67	34	77	80	115	112
68	0	0	0	8	6
68	1	1	1	12	10
68	2	2	2	16	14
68	3	3	4	20	18
68	4	5	5	24	22
68	5	7	7	27	25
68	6	8	9	31	28
68	7	10	11	34	32
68	8	12	14	37	35
68	9	15	16	41	38
68	10	17	18	44	41
68	11	19	20	47	44
68	12	21	23	50	47
68	13	23	25	53	51
68	14	26	28	56	54
68	15	28	30	59	57
68	16	30	32	62	60
68	17	33	35	65	63
68	18	35	37	68	66
68	19	38	40	71	69
68	20	40	42	74	71
68	21	43	45	77	74
68	22	45	47	80	77
68	23	48	50	83	80
68	24	50	53	86	83
68	25	53	55	89	86
68	26	55	58	92	89
68	27	58	60	94	91
68	28	60	63	97	94
68	29	63	66	100	97
68	30	66	68	103	100
68	31	68	71	105	103
68	32	71	74	108	105
68	33	74	76	111	108
68	34	76	78	114	111
69	0	0	0	7	6
69	1	1	1	12	10
69	2	2	2	16	14
69	3	3	4	20	18
69	4	5	5	23	21
69	5	7	7	27	25
69	6	8	9	30	28
69	7	10	11	34	31
69	8	12	13	37	34
69	9	14	16	40	38
69	10	17	18	43	41
69	11	19	20	46	44
69	12	21	22	49	47
69	13	23	25	53	50
69	14	25	27	56	53
69	15	28	30	59	56
69	16	30	32	62	59

CONFIDENCE BOUNDS FOR A

N = 190					N = 190					N = 190					N = 190				
		LOWER		UPPER				LOWER		UPPER				LOWER		UPPER				LOWER		UPPER	
n	a	.975	.95	.975	.95	n	a	.975	.95	.975	.95	n	a	.975	.95	.975	.95	n	a	.975	.95	.975	.95
69	17	32	34	65	62	71	20	39	41	71	68	73	21	40	42	72	69	75	20	37	39	67	65
69	18	35	37	67	65	71	21	41	43	74	71	73	22	42	44	75	72	75	21	39	41	70	67
69	19	37	39	70	68	71	22	43	45	77	74	73	23	45	47	77	75	75	22	41	43	73	70
69	20	40	42	73	70	71	23	46	48	80	77	73	24	47	49	80	77	75	23	43	46	75	73
69	21	42	44	76	73	71	24	48	50	82	80	73	25	49	51	83	80	75	24	46	48	78	75
69	22	44	47	79	76	71	25	51	53	85	82	73	26	52	54	85	83	75	25	48	50	81	78
69	23	47	49	82	79	71	26	53	55	88	85	73	27	54	56	88	85	75	26	50	53	83	80
69	24	49	52	85	82	71	27	55	58	91	88	73	28	56	59	91	88	75	27	53	55	86	83
69	25	52	54	88	85	71	28	58	60	93	90	73	29	59	61	93	91	75	28	55	57	88	86
69	26	54	57	90	87	71	29	60	63	96	93	73	30	61	64	96	93	75	29	57	60	91	88
69	27	57	60	93	90	71	30	63	65	99	96	73	31	64	66	99	96	75	30	60	62	93	91
69	28	60	62	96	93	71	31	65	68	101	98	73	32	66	69	101	98	75	31	62	64	96	93
69	29	62	65	99	96	71	32	68	71	104	101	73	33	69	71	104	101	75	32	64	67	99	96
69	30	65	67	101	98	71	33	71	73	107	104	73	34	71	74	106	104	75	33	67	69	101	98
69	31	67	70	104	101	71	34	73	76	109	106	73	35	74	76	109	106	75	34	69	72	104	101
69	32	70	73	107	104	71	35	76	78	112	109	73	36	76	79	111	109	75	35	72	74	106	103
69	33	73	75	109	107	71	36	78	81	114	112	73	37	79	81	114	111	75	36	74	77	109	106
69	34	75	78	112	109	72	0	0	0	7	6	74	0	0	0	7	5	75	37	77	79	111	108
69	35	78	81	115	112	72	1	1	1	11	10	74	1	1	1	11	9	75	38	79	82	113	111
70	0	0	0	7	6	72	2	2	2	15	13	74	2	2	2	15	13	76	0	0	0	7	5
70	1	1	1	12	10	72	3	3	3	19	17	74	3	3	3	18	16	76	1	1	1	11	9
70	2	2	2	16	14	72	4	4	5	22	20	74	4	4	5	22	20	76	2	2	2	14	13
70	3	3	4	19	17	72	5	6	7	26	23	74	5	6	7	25	23	76	3	3	3	18	16
70	4	5	5	23	21	72	6	8	9	29	27	74	6	8	9	28	26	76	4	5	5	21	19
70	5	6	7	26	24	72	7	10	11	32	30	74	7	10	11	31	29	76	5	6	7	24	22
70	6	8	9	30	27	72	8	12	13	35	33	74	8	12	13	34	32	76	6	8	9	27	25
70	7	10	11	33	31	72	9	14	15	38	36	74	9	14	15	37	35	76	7	10	10	30	28
70	8	12	13	36	34	72	10	16	17	41	39	74	10	16	17	40	38	76	8	11	12	33	31
70	9	14	15	39	37	72	11	18	19	44	42	74	11	18	19	43	41	76	9	13	14	36	34
70	10	16	18	43	40	72	12	20	22	47	45	74	12	20	21	46	43	76	10	15	16	39	37
70	11	18	20	46	43	72	13	22	24	50	48	74	13	22	23	49	46	76	11	17	19	42	39
70	12	21	22	49	46	72	14	24	26	53	51	74	14	24	25	52	49	76	12	19	21	45	42
70	13	23	24	52	49	72	15	27	28	56	53	74	15	26	28	54	52	76	13	21	23	47	45
70	14	25	27	55	52	72	16	29	31	59	56	74	16	28	30	57	55	76	14	23	25	50	48
70	15	27	29	58	55	72	17	31	33	62	59	74	17	30	32	60	57	76	15	25	27	53	50
70	16	30	32	61	58	72	18	33	35	65	62	74	18	33	34	63	60	76	16	28	29	56	53
70	17	32	34	64	61	72	19	36	38	67	65	74	19	35	37	66	63	76	17	30	31	58	56
70	18	34	36	66	64	72	20	38	40	70	67	74	20	37	39	68	66	76	18	32	34	61	59
70	19	37	39	69	67	72	21	40	42	73	70	74	21	39	41	71	68	76	19	34	36	64	61
70	20	39	41	72	69	72	22	43	45	76	73	74	22	42	44	74	71	76	20	36	38	66	64
70	21	41	44	75	72	72	23	45	47	78	76	74	23	44	46	76	74	76	21	38	40	69	66
70	22	44	46	78	75	72	24	47	50	81	78	74	24	46	48	79	76	76	22	41	43	72	69
70	23	46	49	81	78	72	25	50	52	84	81	74	25	49	51	82	79	76	23	43	45	74	72
70	24	49	51	83	81	72	26	52	55	87	84	74	26	51	53	84	82	76	24	45	47	77	74
70	25	51	54	86	83	72	27	55	57	89	87	74	27	53	56	87	84	76	25	47	50	80	77
70	26	54	56	89	86	72	28	57	60	92	89	74	28	56	58	90	87	76	26	50	52	82	79
70	27	56	59	92	89	72	29	60	62	95	92	74	29	58	60	92	89	76	27	52	54	85	82
70	28	59	61	95	92	72	30	62	65	97	94	74	30	60	63	95	92	76	28	54	57	87	85
70	29	61	64	97	94	72	31	65	67	100	97	74	31	63	65	97	95	76	29	57	59	90	87
70	30	64	66	100	97	72	32	67	70	102	100	74	32	65	68	100	97	76	30	59	61	92	90
70	31	66	69	103	100	72	33	70	72	105	102	74	33	68	70	102	100	76	31	61	64	95	92
70	32	69	72	105	103	72	34	72	75	108	105	74	34	70	73	105	102	76	32	64	66	97	95
70	33	72	74	108	105	72	35	75	77	110	108	74	35	73	75	107	105	76	33	66	68	100	97
70	34	74	77	111	108	72	36	77	80	113	110	74	36	75	78	110	107	76	34	68	71	102	100
70	35	77	79	113	111	73	0	0	0	7	6	74	37	78	80	112	110	76	35	71	73	105	102
71	0	0	0	7	6	73	1	1	1	11	10	75	0	0	0	7	5	76	36	73	76	107	105
71	1	1	1	12	10	73	2	2	2	15	13	75	1	1	1	11	9	76	37	76	78	110	107
71	2	2	2	15	14	73	3	3	3	19	17	75	2	2	2	15	13	76	38	78	81	112	109
71	3	3	3	19	17	73	4	5	5	22	20	75	3	3	3	18	16						
71	4	5	5	23	21	73	5	6	7	25	23	75	4	5	5	21	19						
71	5	6	7	26	24	73	6	8	9	28	26	75	5	6	7	24	22						
71	6	8	9	29	27	73	7	10	11	32	29	75	6	8	9	28	25						
71	7	10	11	33	30	73	8	12	13	35	32	75	7	10	11	31	28						
71	8	12	13	36	33	73	9	14	15	38	35	75	8	12	13	34	31						
71	9	14	15	39	36	73	10	16	17	41	38	75	9	14	15	37	34						
71	10	16	17	42	39	73	11	18	19	44	41	75	10	15	17	40	37						
71	11	18	20	45	42	73	12	20	21	47	44	75	11	17	19	42	40						
71	12	20	22	48	45	73	13	22	24	50	47	75	12	19	21	45	43						
71	13	23	24	51	48	73	14	24	26	52	50	75	13	22	23	48	46						
71	14	25	26	54	51	73	15	26	28	55	53	75	14	24	25	51	48						
71	15	27	29	57	54	73	16	29	30	58	55	75	15	26	27	54	51						
71	16	29	31	60	57	73	17	31	33	61	58	75	16	28	30	56	54						
71	17	32	33	63	60	73	18	33	35	64	61	75	17	30	32	59	57						
71	18	34	36	66	63	73	19	35	37	66	64	75	18	32	34	62	59						
71	19	36	38	68	66	73	20	38	40	69	67	75	19	34	36	65	62						

CONFIDENCE BOUNDS FOR A

		N = 195 LOWER		N = 195 UPPER	
n	a	.975	.95	.975	.95
1	0	0	0	190	185
1	1	5	10	195	195
2	0	0	0	163	151
2	1	3	5	192	190
3	0	0	0	137	122
3	1	2	4	176	168
3	2	19	27	193	191
4	0	0	0	116	101
4	1	2	3	156	145
4	2	14	20	181	175
5	0	0	0	100	86
5	1	1	2	138	127
5	2	11	16	165	157
5	3	30	38	184	179
6	0	0	0	88	75
6	1	1	2	123	112
6	2	9	13	150	141
6	3	24	31	171	164
7	0	0	0	78	66
7	1	1	2	111	100
7	2	8	11	137	127
7	3	21	26	158	150
7	4	37	45	174	169
8	0	0	0	70	59
8	1	1	2	101	90
8	2	7	10	125	115
8	3	18	23	146	137
8	4	32	39	163	156
9	0	0	0	64	54
9	1	1	2	92	82
9	2	6	9	115	105
9	3	16	20	135	126
9	4	28	34	152	144
9	5	43	51	167	161
10	0	0	0	58	49
10	1	1	1	85	75
10	2	6	8	106	97
10	3	14	18	125	117
10	4	25	31	142	134
10	5	38	45	157	150
11	0	0	0	54	45
11	1	1	1	78	69
11	2	5	7	99	90
11	3	13	16	117	108
11	4	23	28	133	125
11	5	34	40	148	140
11	6	47	55	161	155
12	0	0	0	50	41
12	1	1	1	73	64
12	2	5	7	92	83
12	3	12	15	109	101
12	4	21	25	125	117
12	5	31	37	139	132
12	6	43	50	152	145
13	0	0	0	46	38
13	1	1	1	68	60
13	2	5	6	86	78
13	3	11	14	103	94
13	4	19	23	118	110
13	5	29	34	131	124
13	6	39	45	144	137
13	7	51	58	156	150
14	0	0	0	43	36
14	1	1	1	64	56
14	2	4	6	81	73
14	3	10	13	97	89
14	4	18	22	111	103
14	5	27	31	124	117
14	6	36	42	137	130
14	7	47	53	148	142
15	0	0	0	40	34
15	1	1	1	60	53
15	2	4	6	77	69
15	3	10	12	91	84
15	4	17	20	105	97

		N = 195 LOWER		N = 195 UPPER	
n	a	.975	.95	.975	.95
15	5	25	29	118	111
15	6	34	39	130	123
15	7	44	49	141	135
15	8	54	60	151	146
16	0	0	0	38	31
16	1	1	1	57	49
16	2	4	5	72	65
16	3	9	11	87	79
16	4	16	19	100	92
16	5	23	27	112	105
16	6	32	36	124	117
16	7	41	46	134	128
16	8	50	56	145	139
17	0	0	0	36	30
17	1	1	1	54	47
17	2	4	5	69	61
17	3	9	11	82	75
17	4	15	18	95	88
17	5	22	26	107	100
17	6	30	34	118	111
17	7	38	43	128	122
17	8	47	53	138	132
17	9	57	63	148	142
18	0	0	0	34	28
18	1	1	1	51	44
18	2	4	5	65	58
18	3	8	10	78	71
18	4	14	17	90	83
18	5	21	24	102	95
18	6	28	32	112	106
18	7	36	41	123	116
18	8	44	50	133	126
18	9	53	59	142	136
19	0	0	0	32	27
19	1	1	1	48	42
19	2	3	5	62	55
19	3	8	10	75	68
19	4	13	16	86	79
19	5	20	23	97	90
19	6	26	30	108	101
19	7	34	38	118	111
19	8	42	47	127	121
19	9	50	56	136	130
19	10	59	65	145	139
20	0	0	0	31	25
20	1	1	1	46	40
20	2	3	4	59	53
20	3	8	9	71	65
20	4	13	15	82	76
20	5	19	22	93	86
20	6	25	29	103	97
20	7	32	36	113	106
20	8	40	44	122	116
20	9	47	53	131	125
20	10	56	61	139	134
21	0	0	0	29	24
21	1	1	1	44	38
21	2	3	4	57	51
21	3	7	9	68	62
21	4	12	15	79	73
21	5	18	21	89	83
21	6	24	28	99	93
21	7	31	35	108	102
21	8	38	42	117	111
21	9	45	50	126	120
21	10	53	58	134	129
21	11	61	66	142	137
22	0	0	0	28	23
22	1	1	1	42	37
22	2	3	4	54	48
22	3	7	9	65	59
22	4	12	14	76	70
22	5	17	20	86	79
22	6	23	26	95	89
22	7	29	33	104	98

		N = 195 LOWER		N = 195 UPPER	
n	a	.975	.95	.975	.95
22	8	36	40	113	107
22	9	43	47	121	116
22	10	50	55	129	124
22	11	58	63	137	132
23	0	0	0	27	22
23	1	1	1	40	35
23	2	3	4	52	46
23	3	7	8	63	57
23	4	11	13	73	67
23	5	16	19	82	76
23	6	22	25	91	85
23	7	28	32	100	94
23	8	34	38	109	103
23	9	41	45	117	111
23	10	48	53	125	119
23	11	55	60	133	127
23	12	62	68	140	135
24	0	0	0	26	21
24	1	1	1	39	34
24	2	3	4	50	44
24	3	6	8	60	55
24	4	11	13	70	64
24	5	16	18	79	73
24	6	21	24	88	82
24	7	27	30	97	91
24	8	33	37	105	99
24	9	39	43	113	107
24	10	46	50	121	115
24	11	52	57	128	123
24	12	60	65	135	130
25	0	0	0	25	20
25	1	1	1	37	32
25	2	3	4	48	43
25	3	6	8	58	52
25	4	10	12	67	62
25	5	15	18	76	71
25	6	20	23	85	79
25	7	26	29	93	88
25	8	31	35	101	96
25	9	37	42	109	103
25	10	44	48	117	111
25	11	50	55	124	119
25	12	57	62	131	126
25	13	64	69	138	133
26	0	0	0	24	19
26	1	1	1	36	31
26	2	3	4	46	41
26	3	6	7	56	51
26	4	10	12	65	60
26	5	15	17	74	68
26	6	19	22	82	76
26	7	25	28	90	84
26	8	30	34	98	92
26	9	36	40	105	100
26	10	42	46	113	107
26	11	48	53	120	115
26	12	55	59	127	122
26	13	61	66	134	129
27	0	0	0	23	19
27	1	1	1	34	30
27	2	3	3	45	40
27	3	6	7	54	49
27	4	10	12	63	57
27	5	14	16	71	66
27	6	19	22	79	74
27	7	24	27	87	82
27	8	29	33	95	89
27	9	35	38	102	97
27	10	40	45	109	104
27	11	46	51	116	111
27	12	52	57	123	118
27	13	59	64	130	125
27	14	65	70	136	131
28	0	0	0	22	18
28	1	1	1	33	29

		N = 195 LOWER		N = 195 UPPER	
n	a	.975	.95	.975	.95
28	2	3	3	43	38
28	3	6	7	52	47
28	4	9	11	61	55
28	5	14	16	69	64
28	6	18	21	77	71
28	7	23	26	84	79
28	8	28	31	92	86
28	9	33	37	99	94
28	10	39	43	106	101
28	11	45	49	113	108
28	12	51	55	119	114
28	13	57	61	126	121
28	14	63	68	132	127
29	0	0	0	21	17
29	1	1	1	32	28
29	2	3	3	42	37
29	3	6	7	50	45
29	4	9	11	59	54
29	5	13	15	67	61
29	6	18	20	74	69
29	7	22	25	82	76
29	8	27	30	89	84
29	9	32	36	96	91
29	10	38	41	103	97
29	11	43	47	109	104
29	12	49	53	116	111
29	13	54	59	122	117
29	14	60	65	129	124
29	15	66	71	135	130
30	0	0	0	20	17
30	1	1	1	31	27
30	2	3	3	40	36
30	3	5	7	49	44
30	4	9	11	57	52
30	5	13	15	65	59
30	6	17	19	72	67
30	7	22	24	79	74
30	8	26	29	86	81
30	9	31	35	93	88
30	10	36	40	100	95
30	11	42	45	106	101
30	12	47	51	113	108
30	13	53	57	119	114
30	14	58	63	125	120
30	15	64	69	131	126
31	0	0	0	20	16
31	1	1	1	30	26
31	2	3	3	39	35
31	3	5	6	47	43
31	4	9	10	55	50
31	5	12	14	63	58
31	6	17	19	70	65
31	7	21	24	77	72
31	8	25	28	84	79
31	9	30	34	90	85
31	10	35	39	97	92
31	11	40	44	103	98
31	12	45	49	109	104
31	13	51	55	116	111
31	14	56	61	122	117
31	15	62	66	127	123
31	16	68	72	133	129
32	0	0	0	19	15
32	1	1	1	29	25
32	2	2	3	38	33
32	3	5	6	46	41
32	4	8	10	53	49
32	5	12	14	61	56
32	6	16	18	68	63
32	7	20	23	75	70
32	8	25	28	81	76
32	9	29	32	88	83
32	10	34	37	94	89
32	11	39	43	100	95
32	12	44	48	106	102

CONFIDENCE BOUNDS FOR A

N = 195

n	a	LOWER .975	.95	UPPER .975	.95
32	13	49	53	112	108
32	14	54	59	118	114
32	15	60	64	124	119
32	16	65	70	130	125
33	0	0	0	18	15
33	1	1	1	28	24
33	2	2	3	37	32
33	3	5	6	44	40
33	4	8	10	52	47
33	5	12	14	59	54
33	6	16	18	66	61
33	7	20	22	73	68
33	8	24	27	79	74
33	9	28	32	85	80
33	10	33	36	92	87
33	11	38	41	98	93
33	12	43	46	104	99
33	13	48	52	109	105
33	14	53	57	115	110
33	15	58	62	121	116
33	16	63	68	126	122
33	17	69	73	132	127
34	0	0	0	18	15
34	1	1	1	27	24
34	2	2	3	36	31
34	3	5	6	43	39
34	4	8	9	50	46
34	5	11	13	57	53
34	6	15	17	64	59
34	7	19	22	71	66
34	8	23	26	77	72
34	9	28	31	83	78
34	10	32	35	89	84
34	11	37	40	95	90
34	12	41	45	101	96
34	13	46	50	107	102
34	14	51	55	112	108
34	15	56	60	118	113
34	16	61	66	123	119
34	17	67	71	128	124
35	0	0	0	17	14
35	1	1	1	26	23
35	2	2	3	35	31
35	3	5	6	42	38
35	4	8	9	49	45
35	5	11	13	56	51
35	6	15	17	62	58
35	7	19	21	69	64
35	8	23	25	75	70
35	9	27	30	81	76
35	10	31	34	87	82
35	11	36	39	93	88
35	12	40	44	98	94
35	13	45	49	104	99
35	14	50	53	109	105
35	15	55	59	115	110
35	16	59	64	120	116
35	17	65	69	125	121
35	18	70	74	130	126
36	0	0	0	17	14
36	1	1	1	26	22
36	2	2	3	34	30
36	3	5	6	41	37
36	4	8	9	48	43
36	5	11	13	54	50
36	6	14	16	61	56
36	7	18	20	67	62
36	8	22	25	73	68
36	9	26	29	79	74
36	10	30	33	85	80
36	11	35	38	90	86
36	12	39	42	96	91
36	13	44	47	101	97
36	14	48	52	107	102
36	15	53	57	112	107

N = 195

n	a	LOWER .975	.95	UPPER .975	.95
36	16	58	62	117	113
36	17	63	67	122	118
36	18	68	72	127	123
37	0	0	0	16	13
37	1	1	1	25	22
37	2	2	3	33	29
37	3	5	6	40	36
37	4	7	9	46	42
37	5	11	12	53	49
37	6	14	16	59	55
37	7	18	20	65	61
37	8	22	24	71	66
37	9	25	28	77	72
37	10	30	32	82	78
37	11	34	37	88	83
37	12	38	41	93	89
37	13	42	46	99	94
37	14	47	51	104	100
37	15	51	55	109	105
37	16	56	60	114	110
37	17	61	65	119	115
37	18	66	70	124	120
37	19	71	75	129	125
38	0	0	0	16	13
38	1	1	1	24	21
38	2	2	3	32	28
38	3	5	5	39	35
38	4	7	9	45	41
38	5	10	12	51	47
38	6	14	16	58	53
38	7	17	19	63	59
38	8	21	23	69	65
38	9	25	27	75	70
38	10	29	32	80	76
38	11	33	36	86	81
38	12	37	40	91	87
38	13	41	45	96	92
38	14	46	49	102	97
38	15	50	54	107	102
38	16	55	58	112	107
38	17	59	63	117	112
38	18	64	68	122	117
38	19	69	73	126	122
39	0	0	0	15	12
39	1	1	1	24	20
39	2	2	3	31	27
39	3	4	5	38	34
39	4	7	8	44	40
39	5	10	12	50	46
39	6	13	15	56	52
39	7	17	19	62	58
39	8	21	23	68	63
39	9	24	27	73	69
39	10	28	31	78	74
39	11	32	35	84	79
39	12	36	39	89	85
39	13	40	44	94	90
39	14	44	48	99	95
39	15	49	52	104	100
39	16	53	57	109	105
39	17	58	61	114	110
39	18	62	66	119	115
39	19	67	71	124	119
39	20	71	76	128	124
40	0	0	0	15	12
40	1	1	1	23	20
40	2	2	3	30	27
40	3	4	5	37	33
40	4	7	8	43	39
40	5	10	11	49	45
40	6	13	15	55	51
40	7	17	19	60	56
40	8	20	22	66	62
40	9	24	26	71	67
40	10	27	30	77	72

N = 195

n	a	LOWER .975	.95	UPPER .975	.95
40	11	31	34	82	77
40	12	35	38	87	83
40	13	39	42	92	88
40	14	43	47	97	93
40	15	48	51	102	98
40	16	52	55	107	103
40	17	56	60	112	107
40	18	61	64	116	112
40	19	65	69	121	117
40	20	70	74	125	121
41	0	0	0	14	12
41	1	1	1	22	19
41	2	2	3	29	26
41	3	4	5	36	32
41	4	7	8	42	38
41	5	10	11	48	44
41	6	13	15	53	49
41	7	16	18	59	55
41	8	20	22	64	60
41	9	23	26	70	65
41	10	27	29	75	71
41	11	31	33	80	76
41	12	34	37	85	81
41	13	38	41	90	86
41	14	42	46	95	91
41	15	46	50	100	95
41	16	51	54	104	100
41	17	55	58	109	105
41	18	59	63	114	110
41	19	63	67	118	114
41	20	68	72	123	119
41	21	72	76	127	123
42	0	0	0	14	11
42	1	1	1	22	19
42	2	2	3	29	25
42	3	4	5	35	31
42	4	7	8	41	37
42	5	10	11	47	43
42	6	13	14	52	48
42	7	16	18	58	54
42	8	19	21	63	59
42	9	23	25	68	64
42	10	26	29	73	69
42	11	30	33	78	74
42	12	34	36	83	79
42	13	37	40	88	84
42	14	41	45	93	89
42	15	45	49	97	93
42	16	49	53	102	98
42	17	53	57	107	103
42	18	58	61	111	107
42	19	62	66	116	112
42	20	66	70	120	116
42	21	70	74	125	121
43	0	0	0	14	11
43	1	1	1	21	18
43	2	2	3	28	25
43	3	4	5	34	31
43	4	7	8	40	36
43	5	9	11	45	42
43	6	12	14	51	47
43	7	16	17	56	52
43	8	19	21	61	57
43	9	22	24	67	62
43	10	26	28	72	67
43	11	29	32	76	72
43	12	33	36	81	77
43	13	37	40	86	82
43	14	40	43	91	87
43	15	44	47	95	91
43	16	48	52	100	96
43	17	52	56	105	100
43	18	56	60	109	105
43	19	60	64	113	109
43	20	64	68	118	114

N = 195

n	a	LOWER .975	.95	UPPER .975	.95
43	21	69	72	122	118
43	22	73	77	126	123
44	0	0	0	13	11
44	1	1	1	21	18
44	2	2	2	27	24
44	3	4	5	33	30
44	4	7	8	39	35
44	5	9	11	44	41
44	6	12	14	50	46
44	7	15	17	55	51
44	8	18	20	60	56
44	9	22	24	65	61
44	10	25	28	70	66
44	11	29	31	75	71
44	12	32	35	80	75
44	13	36	39	84	80
44	14	39	43	89	85
44	15	43	46	93	89
44	16	47	50	98	94
44	17	51	54	102	98
44	18	55	58	107	103
44	19	59	62	111	107
44	20	63	67	115	111
44	21	67	71	120	116
44	22	71	75	124	120
45	0	0	0	13	11
45	1	1	1	20	17
45	2	2	2	27	23
45	3	4	5	32	29
45	4	6	7	38	35
45	5	9	10	43	40
45	6	12	13	49	45
45	7	15	17	54	50
45	8	18	20	59	55
45	9	21	23	64	60
45	10	25	27	68	64
45	11	28	30	73	69
45	12	31	34	78	74
45	13	35	38	82	78
45	14	39	42	87	83
45	15	42	45	91	87
45	16	46	49	96	92
45	17	50	53	100	96
45	18	54	57	105	101
45	19	58	61	109	105
45	20	62	65	113	109
45	21	65	69	117	113
45	22	70	73	121	118
45	23	74	77	125	122
46	0	0	0	13	10
46	1	1	1	20	17
46	2	2	2	26	23
46	3	4	5	32	28
46	4	6	7	37	34
46	5	9	10	42	39
46	6	12	13	48	44
46	7	15	16	53	49
46	8	18	20	58	54
46	9	21	23	62	58
46	10	24	26	67	63
46	11	27	30	72	68
46	12	31	33	76	72
46	13	34	37	81	77
46	14	38	41	85	81
46	15	41	44	90	86
46	16	45	48	94	90
46	17	49	52	98	94
46	18	53	56	102	99
46	19	56	60	107	103
46	20	60	64	111	107
46	21	64	68	115	111
46	22	68	72	119	115
46	23	72	76	123	119
47	0	0	0	12	10
47	1	1	1	19	17

CONFIDENCE BOUNDS FOR A

N = 195

n	a	LOWER .975	LOWER .95	UPPER .975	UPPER .95
47	2	2	2	25	22
47	3	4	5	31	28
47	4	6	7	36	33
47	5	9	10	42	38
47	6	11	13	47	43
47	7	14	16	52	48
47	8	17	19	56	53
47	9	20	22	61	57
47	10	24	26	66	62
47	11	27	29	70	66
47	12	30	33	75	71
47	13	34	36	79	75
47	14	37	40	83	80
47	15	41	43	88	84
47	16	44	47	92	88
47	17	48	51	96	92
47	18	51	55	100	97
47	19	55	58	105	101
47	20	59	62	109	105
47	21	63	66	113	109
47	22	66	70	117	113
47	23	70	74	121	117
47	24	74	78	125	121
48	0	0	0	12	10
48	1	1	1	19	16
48	2	2	2	25	22
48	3	4	5	30	27
48	4	6	7	36	32
48	5	9	10	41	37
48	6	11	13	46	42
48	7	14	16	50	47
48	8	17	19	55	51
48	9	20	22	60	56
48	10	23	25	64	61
48	11	26	29	69	65
48	12	30	32	73	69
48	13	33	36	78	74
48	14	36	39	82	78
48	15	40	43	86	82
48	16	43	46	90	86
48	17	47	50	94	91
48	18	50	53	99	95
48	19	54	57	103	99
48	20	58	61	107	103
48	21	61	65	111	107
48	22	65	69	115	111
48	23	69	72	118	115
48	24	73	76	122	119
49	0	0	0	12	10
49	1	1	1	18	16
49	2	2	2	24	21
49	3	4	5	30	27
49	4	6	7	35	32
49	5	8	10	40	37
49	6	11	13	45	41
49	7	14	15	49	46
49	8	17	19	54	50
49	9	20	22	59	55
49	10	23	25	63	59
49	11	26	28	67	64
49	12	29	31	72	68
49	13	32	35	76	72
49	14	36	38	80	76
49	15	39	42	84	81
49	16	42	45	89	85
49	17	46	49	93	89
49	18	49	52	97	93
49	19	53	56	101	97
49	20	56	60	105	101
49	21	60	63	109	105
49	22	64	67	112	109
49	23	67	71	116	113
49	24	71	75	120	117
49	25	75	78	124	120
50	0	0	0	12	9

N = 195

n	a	LOWER .975	LOWER .95	UPPER .975	UPPER .95
50	1	1	1	18	15
50	2	2	2	24	21
50	3	4	4	29	26
50	4	6	7	34	31
50	5	8	10	39	36
50	6	11	12	44	40
50	7	14	15	48	45
50	8	16	18	53	49
50	9	19	21	57	54
50	10	22	24	62	58
50	11	25	28	66	62
50	12	29	31	70	67
50	13	32	34	75	71
50	14	35	38	79	75
50	15	38	41	83	79
50	16	42	44	87	83
50	17	45	48	91	87
50	18	48	51	95	91
50	19	52	55	99	95
50	20	55	58	103	99
50	21	59	62	107	103
50	22	62	66	110	107
50	23	66	69	114	111
50	24	70	73	118	114
50	25	73	77	122	118
51	0	0	0	11	9
51	1	1	1	18	15
51	2	2	2	23	21
51	3	4	4	28	26
51	4	6	7	33	30
51	5	8	9	38	35
51	6	11	12	43	40
51	7	13	15	47	44
51	8	16	18	52	48
51	9	19	21	56	53
51	10	22	24	61	57
51	11	25	27	65	61
51	12	28	30	69	65
51	13	31	34	73	69
51	14	34	37	77	74
51	15	37	40	81	78
51	16	41	44	85	82
51	17	44	47	89	85
51	18	47	50	93	89
51	19	51	54	97	93
51	20	54	57	101	97
51	21	58	61	105	101
51	22	61	64	108	105
51	23	65	68	112	109
51	24	68	72	116	112
51	25	72	75	120	116
51	26	75	79	123	120
52	0	0	0	11	9
52	1	1	1	17	15
52	2	2	2	23	20
52	3	4	4	28	25
52	4	6	7	33	30
52	5	8	9	37	34
52	6	11	12	42	39
52	7	13	15	47	43
52	8	16	18	51	47
52	9	19	21	55	52
52	10	22	24	59	56
52	11	24	27	64	60
52	12	27	30	68	64
52	13	31	33	72	68
52	14	34	36	76	72
52	15	37	39	80	76
52	16	40	43	84	80
52	17	43	46	88	84
52	18	47	49	91	88
52	19	50	53	95	92
52	20	53	56	99	95
52	21	57	60	103	99
52	22	60	63	106	103

N = 195

n	a	LOWER .975	LOWER .95	UPPER .975	UPPER .95
52	23	63	67	110	107
52	24	67	70	114	110
52	25	70	74	117	114
52	26	74	77	121	118
53	0	0	0	11	9
53	1	1	1	17	15
53	2	2	2	22	20
53	3	4	4	27	24
53	4	6	7	32	29
53	5	8	9	37	34
53	6	10	12	41	38
53	7	13	14	46	42
53	8	16	17	50	47
53	9	18	20	54	51
53	10	21	23	58	55
53	11	24	26	62	59
53	12	27	29	66	63
53	13	30	32	70	67
53	14	33	35	74	71
53	15	36	39	78	75
53	16	39	42	82	79
53	17	42	45	86	82
53	18	46	48	90	86
53	19	49	52	94	90
53	20	52	55	97	94
53	21	55	59	101	97
53	22	59	62	105	101
53	23	62	65	108	105
53	24	66	69	112	108
53	25	69	72	115	112
53	26	73	76	119	116
53	27	76	79	122	119
54	0	0	0	11	9
54	1	1	1	17	14
54	2	2	2	22	19
54	3	4	4	27	24
54	4	6	6	31	29
54	5	8	9	36	33
54	6	10	12	40	37
54	7	13	14	45	42
54	8	15	17	49	46
54	9	18	20	53	50
54	10	21	23	57	54
54	11	24	26	61	58
54	12	27	29	65	62
54	13	29	32	69	66
54	14	32	35	73	70
54	15	36	38	77	73
54	16	39	41	81	77
54	17	42	44	84	81
54	18	45	48	88	85
54	19	48	51	92	88
54	20	51	54	96	92
54	21	54	57	99	96
54	22	58	61	103	99
54	23	61	64	106	103
54	24	64	68	110	106
54	25	68	71	113	110
54	26	71	74	117	114
54	27	75	78	120	117
55	0	0	0	10	8
55	1	1	1	16	14
55	2	2	2	21	19
55	3	4	4	26	24
55	4	6	6	31	28
55	5	8	9	35	32
55	6	10	11	40	37
55	7	13	14	44	41
55	8	15	17	48	45
55	9	18	20	52	49
55	10	21	22	56	53
55	11	23	25	60	57
55	12	26	28	64	61
55	13	29	31	68	64
55	14	32	34	72	68

N = 195

n	a	LOWER .975	LOWER .95	UPPER .975	UPPER .95
55	15	35	37	76	72
55	16	38	40	79	76
55	17	41	44	83	79
55	18	44	47	87	83
55	19	47	50	90	87
55	20	50	53	94	90
55	21	53	56	98	94
55	22	57	60	101	98
55	23	60	63	105	101
55	24	63	66	108	105
55	25	67	70	112	108
55	26	70	73	115	112
55	27	73	77	118	115
55	28	77	80	122	118
56	0	0	0	10	8
56	1	1	1	16	14
56	2	2	2	21	18
56	3	4	4	26	23
56	4	6	6	30	27
56	5	8	9	35	32
56	6	10	11	39	36
56	7	12	14	43	40
56	8	15	16	47	44
56	9	18	19	51	48
56	10	20	22	55	52
56	11	23	25	59	56
56	12	26	28	63	60
56	13	29	31	67	63
56	14	31	34	70	67
56	15	34	37	74	71
56	16	37	40	78	74
56	17	40	43	82	78
56	18	43	46	85	82
56	19	46	49	89	85
56	20	49	52	92	89
56	21	53	55	96	92
56	22	56	59	99	96
56	23	59	62	103	99
56	24	62	65	106	103
56	25	65	68	110	106
56	26	69	72	113	110
56	27	72	75	116	113
56	28	75	78	120	117
57	0	0	0	10	8
57	1	1	1	16	13
57	2	2	2	21	18
57	3	4	4	25	23
57	4	5	6	30	27
57	5	8	9	34	31
57	6	10	11	38	35
57	7	12	14	42	39
57	8	15	16	46	43
57	9	17	19	50	47
57	10	20	22	54	51
57	11	23	24	58	55
57	12	25	27	62	58
57	13	28	30	66	62
57	14	31	33	69	66
57	15	34	36	73	70
57	16	37	39	77	73
57	17	40	42	80	77
57	18	43	45	84	80
57	19	46	48	87	84
57	20	49	51	91	87
57	21	52	54	94	91
57	22	55	58	98	94
57	23	58	61	101	98
57	24	61	64	105	101
57	25	64	67	108	105
57	26	67	71	111	108
57	27	71	74	115	111
57	28	74	77	118	115
57	29	77	80	121	118
58	0	0	0	10	8
58	1	1	1	15	13

CONFIDENCE BOUNDS FOR A

N = 195

n	a	LOWER .975	LOWER .95	UPPER .975	UPPER .95
58	2	2	2	20	18
58	3	3	4	25	22
58	4	5	6	29	26
58	5	7	8	33	31
58	6	10	11	38	35
58	7	12	13	42	39
58	8	14	16	46	42
58	9	17	19	49	46
58	10	20	21	53	50
58	11	22	24	57	54
58	12	25	27	61	57
58	13	28	30	64	61
58	14	30	33	68	65
58	15	33	36	72	68
58	16	36	38	75	72
58	17	39	41	79	75
58	18	42	44	82	79
58	19	45	47	86	82
58	20	48	50	89	86
58	21	51	54	93	89
58	22	54	57	96	93
58	23	57	60	100	96
58	24	60	63	103	100
58	25	63	66	106	103
58	26	66	69	109	106
58	27	69	72	113	109
58	28	73	76	116	113
58	29	76	79	119	116
59	0	0	0	9	8
59	1	1	1	15	13
59	2	2	2	20	17
59	3	3	4	24	22
59	4	5	6	29	26
59	5	7	8	33	30
59	6	10	11	37	34
59	7	12	13	41	38
59	8	14	16	45	42
59	9	17	18	49	45
59	10	19	21	52	49
59	11	22	24	56	53
59	12	25	26	60	56
59	13	27	29	63	60
59	14	30	32	67	64
59	15	33	35	71	67
59	16	35	38	74	71
59	17	38	41	78	74
59	18	41	44	81	78
59	19	44	47	84	81
59	20	47	50	88	84
59	21	50	53	91	88
59	22	53	56	95	91
59	23	56	59	98	95
59	24	59	62	101	98
59	25	62	65	104	101
59	26	65	68	108	104
59	27	68	71	111	108
59	28	71	74	114	111
59	29	74	78	117	114
59	30	78	81	121	117
60	0	0	0	9	7
60	1	1	1	15	13
60	2	2	2	19	17
60	3	3	4	24	21
60	4	5	6	28	26
60	5	7	8	32	29
60	6	9	11	36	33
60	7	12	13	40	37
60	8	14	15	44	41
60	9	17	18	48	45
60	10	19	21	51	48
60	11	22	23	55	52
60	12	24	26	59	56
60	13	27	29	62	59
60	14	29	32	66	63
60	15	32	34	69	66

N = 195

n	a	LOWER .975	LOWER .95	UPPER .975	UPPER .95
60	16	35	37	73	70
60	17	38	40	76	73
60	18	41	43	80	76
60	19	43	46	83	80
60	20	46	49	86	83
60	21	49	52	90	86
60	22	52	55	93	90
60	23	55	58	96	93
60	24	58	61	100	96
60	25	61	64	103	100
60	26	64	67	106	103
60	27	67	70	109	106
60	28	70	73	112	109
60	29	73	76	116	112
60	30	76	79	119	116
61	0	0	0	9	7
61	1	1	1	14	12
61	2	2	2	19	17
61	3	3	4	23	21
61	4	5	6	28	25
61	5	7	8	32	29
61	6	9	10	36	33
61	7	12	13	39	37
61	8	14	15	43	40
61	9	16	18	47	44
61	10	19	20	51	48
61	11	21	23	54	51
61	12	24	26	58	55
61	13	26	28	61	58
61	14	29	31	65	62
61	15	32	34	68	65
61	16	34	37	72	68
61	17	37	39	75	72
61	18	40	42	78	75
61	19	43	45	82	78
61	20	46	48	85	82
61	21	48	51	88	85
61	22	51	54	92	88
61	23	54	57	95	92
61	24	57	60	98	95
61	25	60	63	101	98
61	26	63	66	104	101
61	27	66	69	108	104
61	28	69	72	111	108
61	29	72	75	114	111
61	30	75	78	117	114
61	31	78	81	120	117
62	0	0	0	9	7
62	1	1	1	14	12
62	2	2	2	19	16
62	3	3	4	23	21
62	4	5	6	27	25
62	5	7	8	31	28
62	6	9	10	35	32
62	7	11	13	39	36
62	8	14	15	42	40
62	9	16	18	46	43
62	10	18	20	50	47
62	11	21	23	53	50
62	12	23	25	57	54
62	13	26	28	60	57
62	14	29	31	64	61
62	15	31	33	67	64
62	16	34	36	70	67
62	17	37	39	74	71
62	18	39	42	77	74
62	19	42	44	80	77
62	20	45	47	84	80
62	21	48	50	87	84
62	22	50	53	90	87
62	23	53	56	93	90
62	24	56	59	97	93
62	25	59	62	100	97
62	26	62	65	103	100
62	27	65	68	106	103

N = 195

n	a	LOWER .975	LOWER .95	UPPER .975	UPPER .95
62	28	68	71	109	106
62	29	71	74	112	109
62	30	74	77	115	112
62	31	77	80	118	115
63	0	0	0	9	7
63	1	1	1	14	12
63	2	2	2	18	16
63	3	3	4	23	20
63	4	5	6	27	24
63	5	7	8	31	28
63	6	9	10	34	32
63	7	11	12	38	35
63	8	14	15	42	39
63	9	16	17	45	42
63	10	18	20	49	46
63	11	21	22	52	49
63	12	23	25	56	53
63	13	26	28	59	56
63	14	28	30	63	60
63	15	31	33	66	63
63	16	33	36	69	66
63	17	36	38	73	70
63	18	39	41	76	73
63	19	41	44	79	76
63	20	44	47	82	79
63	21	47	49	86	82
63	22	50	52	89	86
63	23	52	55	92	89
63	24	55	58	95	92
63	25	58	61	98	95
63	26	61	64	101	98
63	27	64	67	104	101
63	28	67	70	107	104
63	29	70	73	110	107
63	30	73	76	113	110
63	31	76	79	116	113
63	32	79	82	119	116
64	0	0	0	9	7
64	1	1	1	14	12
64	2	2	2	18	16
64	3	3	4	22	20
64	4	5	6	26	24
64	5	7	8	30	28
64	6	9	10	34	31
64	7	11	12	37	35
64	8	13	15	41	38
64	9	16	17	45	42
64	10	18	20	48	45
64	11	20	22	52	49
64	12	23	25	55	52
64	13	25	27	58	55
64	14	28	30	62	59
64	15	30	32	65	62
64	16	33	35	68	65
64	17	36	38	72	68
64	18	38	40	75	72
64	19	41	43	78	75
64	20	43	46	81	78
64	21	46	49	84	81
64	22	49	51	87	84
64	23	52	54	91	87
64	24	54	57	94	91
64	25	57	60	97	94
64	26	60	63	100	97
64	27	63	66	103	100
64	28	66	69	106	103
64	29	69	71	109	106
64	30	71	74	112	109
64	31	74	77	115	112
64	32	77	80	118	115
65	0	0	0	8	7
65	1	1	1	13	11
65	2	2	2	18	16
65	3	3	4	22	20
65	4	5	6	26	23

N = 195

n	a	LOWER .975	LOWER .95	UPPER .975	UPPER .95
65	5	7	8	30	27
65	6	9	10	33	31
65	7	11	12	37	34
65	8	13	14	40	38
65	9	15	17	44	41
65	10	18	19	47	44
65	11	20	22	51	48
65	12	23	24	54	51
65	13	25	27	57	54
65	14	27	29	61	58
65	15	30	32	64	61
65	16	32	35	67	64
65	17	35	37	70	67
65	18	38	40	74	71
65	19	40	43	77	74
65	20	43	45	80	77
65	21	45	48	83	80
65	22	48	51	86	83
65	23	51	53	89	86
65	24	54	56	92	89
65	25	56	59	95	92
65	26	59	62	98	95
65	27	62	65	101	98
65	28	65	68	104	101
65	29	68	70	107	104
65	30	70	73	110	107
65	31	73	76	113	110
65	32	76	79	116	113
65	33	79	82	119	116
66	0	0	0	8	7
66	1	1	1	13	11
66	2	2	2	17	15
66	3	3	4	21	19
66	4	5	6	25	23
66	5	7	8	29	27
66	6	9	10	33	30
66	7	11	12	36	34
66	8	13	14	40	37
66	9	15	17	43	40
66	10	18	19	47	44
66	11	20	21	50	47
66	12	22	24	53	50
66	13	25	26	57	54
66	14	27	29	60	57
66	15	29	31	63	60
66	16	32	34	66	63
66	17	35	37	69	66
66	18	37	39	73	69
66	19	40	42	76	73
66	20	42	45	79	76
66	21	45	47	82	79
66	22	47	50	85	82
66	23	50	53	88	85
66	24	53	55	91	88
66	25	56	58	94	91
66	26	58	61	97	94
66	27	61	64	100	97
66	28	64	66	103	100
66	29	66	69	106	103
66	30	69	72	109	106
66	31	72	75	112	109
66	32	75	78	114	111
66	33	78	81	117	114
67	0	0	0	8	6
67	1	1	1	13	11
67	2	2	2	17	15
67	3	3	4	21	19
67	4	5	6	25	23
67	5	7	8	29	26
67	6	9	10	32	30
67	7	11	12	36	33
67	8	13	14	39	36
67	9	15	16	43	40
67	10	17	19	46	43
67	11	20	21	49	46

CONFIDENCE BOUNDS FOR A

N = 195

n	a	LOWER .975	LOWER .95	UPPER .975	UPPER .95
67	12	22	24	52	50
67	13	24	26	56	53
67	14	27	29	59	56
67	15	29	31	62	59
67	16	32	34	65	62
67	17	34	36	68	65
67	18	37	39	71	68
67	19	39	41	75	71
67	20	42	44	78	75
67	21	44	47	81	78
67	22	47	49	84	81
67	23	49	52	87	84
67	24	52	55	90	87
67	25	55	57	93	90
67	26	57	60	96	92
67	27	60	63	98	95
67	28	63	66	101	98
67	29	66	68	104	101
67	30	68	71	107	104
67	31	71	74	110	107
67	32	74	77	113	110
67	33	77	79	116	113
67	34	79	82	118	116
68	0	0	0	8	6
68	1	1	1	13	11
68	2	2	2	17	15
68	3	3	4	21	19
68	4	5	5	24	22
68	5	7	7	28	26
68	6	9	10	32	29
68	7	11	12	35	33
68	8	13	14	39	36
68	9	15	16	42	39
68	10	17	19	45	42
68	11	19	21	48	46
68	12	22	23	52	49
68	13	24	26	55	52
68	14	26	28	58	55
68	15	29	31	61	58
68	16	31	33	64	61
68	17	34	36	67	64
68	18	36	38	70	67
68	19	39	41	73	70
68	20	41	43	76	73
68	21	44	46	79	76
68	22	46	49	82	79
68	23	49	51	85	82
68	24	51	54	88	85
68	25	54	56	91	88
68	26	57	59	94	91
68	27	59	62	97	94
68	28	62	65	100	97
68	29	65	67	103	100
68	30	67	70	106	103
68	31	70	73	108	105
68	32	73	76	111	108
68	33	75	78	114	111
68	34	78	81	117	114
69	0	0	0	8	6
69	1	1	1	12	11
69	2	2	2	17	15
69	3	3	4	20	18
69	4	5	5	24	22
69	5	7	7	28	25
69	6	9	9	31	29
69	7	11	12	35	32
69	8	13	14	38	35
69	9	15	16	41	39
69	10	17	18	44	42
69	11	19	21	48	45
69	12	21	23	51	48
69	13	24	25	54	51
69	14	26	28	57	54
69	15	28	30	60	57
69	16	31	33	63	60
69	17	33	35	66	63
69	18	36	38	69	66
69	19	38	40	72	69
69	20	41	43	75	72
69	21	43	45	78	75
69	22	46	48	81	78
69	23	48	50	84	81
69	24	51	53	87	84
69	25	53	56	90	87
69	26	56	58	93	90
69	27	58	61	96	93
69	28	61	64	99	96
69	29	64	66	101	98
69	30	66	69	104	101
69	31	69	72	107	104
69	32	72	74	110	107
69	33	74	77	112	110
69	34	77	80	115	112
69	35	80	83	118	115
70	0	0	0	8	6
70	1	1	1	12	10
70	2	2	2	16	14
70	3	3	4	20	18
70	4	5	5	24	22
70	5	7	7	27	25
70	6	8	9	31	28
70	7	10	11	34	32
70	8	12	14	37	35
70	9	15	16	41	38
70	10	17	18	44	41
70	11	19	20	47	44
70	12	21	23	50	47
70	13	23	25	53	50
70	14	26	27	56	54
70	15	28	30	59	57
70	16	30	32	62	60
70	17	33	35	65	63
70	18	35	37	68	65
70	19	38	40	71	68
70	20	40	42	74	71
70	21	42	45	77	74
70	22	45	47	80	77
70	23	47	50	83	80
70	24	50	52	86	83
70	25	52	55	89	86
70	26	55	58	92	89
70	27	58	60	94	91
70	28	60	63	97	94
70	29	63	65	100	97
70	30	65	68	103	100
70	31	68	71	105	103
70	32	71	73	108	105
70	33	73	76	111	108
70	34	76	79	114	111
70	35	79	81	116	114
71	0	0	0	7	6
71	1	1	1	12	10
71	2	2	2	16	14
71	3	3	4	20	18
71	4	5	5	23	21
71	5	7	7	27	25
71	6	8	9	30	28
71	7	10	11	34	31
71	8	12	13	37	34
71	9	14	16	40	37
71	10	16	18	43	41
71	11	19	20	46	44
71	12	21	22	49	47
71	13	23	25	52	50
71	14	25	27	55	53
71	15	28	29	59	56
71	16	30	32	61	59
71	17	32	34	64	62
71	18	35	37	67	65
71	19	37	39	70	67
71	20	39	42	73	70
71	21	42	44	76	73
71	22	44	47	79	76
71	23	47	49	82	79
71	24	49	52	85	82
71	25	52	54	87	85
71	26	54	57	90	87
71	27	57	59	93	90
71	28	59	62	96	93
71	29	62	64	99	96
71	30	64	67	101	98
71	31	67	70	104	101
71	32	70	72	107	104
71	33	72	75	109	107
71	34	75	78	112	109
71	35	78	80	115	112
71	36	80	83	117	115
72	0	0	0	7	6
72	1	1	1	12	10
72	2	2	2	16	14
72	3	3	4	19	17
72	4	5	5	23	21
72	5	6	7	26	24
72	6	8	9	30	27
72	7	10	11	33	31
72	8	12	13	36	34
72	9	14	15	39	37
72	10	16	18	43	40
72	11	18	20	46	43
72	12	21	22	49	46
72	13	23	24	52	49
72	14	25	27	55	52
72	15	27	29	58	55
72	16	30	31	61	58
72	17	32	34	64	61
72	18	34	36	66	64
72	19	37	39	69	66
72	20	39	41	72	69
72	21	41	43	75	72
72	22	44	46	78	75
72	23	46	48	81	78
72	24	49	51	83	81
72	25	51	53	86	83
72	26	54	56	89	86
72	27	56	58	92	89
72	28	59	61	95	92
72	29	61	64	97	94
72	30	64	66	100	97
72	31	66	69	103	100
72	32	69	71	105	103
72	33	71	74	108	105
72	34	74	77	111	108
72	35	76	79	113	111
72	36	79	82	116	113
73	0	0	0	7	6
73	1	1	1	12	10
73	2	2	2	15	14
73	3	3	3	19	17
73	4	5	5	23	21
73	5	6	7	26	24
73	6	8	9	29	27
73	7	10	11	33	30
73	8	12	13	36	33
73	9	14	15	39	36
73	10	16	17	42	39
73	11	18	20	45	42
73	12	20	22	48	45
73	13	23	24	51	48
73	14	25	26	54	51
73	15	27	29	57	54
73	16	29	31	60	57
73	17	31	33	63	60
73	18	34	36	66	63
73	19	36	38	68	66
73	20	38	41	71	68
73	21	41	43	74	71
73	22	43	45	77	74
73	23	46	48	80	77
73	24	48	50	82	80
73	25	50	53	85	82
73	26	53	55	88	85
73	27	55	58	91	88
73	28	58	60	93	90
73	29	60	63	96	93
73	30	63	65	99	96
73	31	65	68	101	98
73	32	68	70	104	101
73	33	70	73	107	104
73	34	73	76	109	106
73	35	75	78	112	109
73	36	78	81	114	112
73	37	81	83	117	114
74	0	0	0	7	6
74	1	1	1	11	10
74	2	2	2	15	13
74	3	3	3	19	17
74	4	5	5	22	20
74	5	6	7	26	23
74	6	8	9	29	27
74	7	10	11	32	30
74	8	12	13	35	33
74	9	14	15	38	36
74	10	16	17	41	39
74	11	18	19	44	42
74	12	20	22	47	45
74	13	22	24	50	48
74	14	24	26	53	51
74	15	27	28	56	53
74	16	29	31	59	56
74	17	31	33	62	59
74	18	33	35	65	62
74	19	36	38	67	65
74	20	38	40	70	67
74	21	40	42	73	70
74	22	43	45	76	73
74	23	45	47	79	76
74	24	47	50	81	78
74	25	50	52	84	81
74	26	52	54	87	84
74	27	55	57	89	87
74	28	57	59	92	89
74	29	59	62	95	92
74	30	62	64	97	95
74	31	64	67	100	97
74	32	67	69	103	100
74	33	69	72	105	102
74	34	72	74	108	105
74	35	74	77	110	108
74	36	77	80	113	110
74	37	79	82	116	113
75	0	0	0	7	6
75	1	1	1	11	10
75	2	2	2	15	13
75	3	3	3	19	17
75	4	5	5	22	20
75	5	6	7	25	23
75	6	8	9	28	26
75	7	10	11	32	29
75	8	12	13	35	32
75	9	14	15	38	35
75	10	16	17	41	38
75	11	18	19	44	41
75	12	20	21	47	44
75	13	22	24	50	47
75	14	24	26	52	50
75	15	26	28	55	53
75	16	29	30	58	55
75	17	31	33	61	58
75	18	33	35	64	61
75	19	35	37	67	64

CONFIDENCE BOUNDS FOR A

N = 195

n	a	LOWER .975	LOWER .95	UPPER .975	UPPER .95
75	20	38	40	69	67
75	21	40	42	72	69
75	22	42	44	75	72
75	23	44	47	77	75
75	24	47	49	80	77
75	25	49	51	83	80
75	26	51	54	86	83
75	27	54	56	88	85
75	28	56	59	91	88
75	29	59	61	93	91
75	30	61	64	96	93
75	31	64	66	99	96
75	32	66	69	101	99
75	33	68	71	104	101
75	34	71	74	106	104
75	35	73	76	109	106
75	36	76	79	112	109
75	37	78	81	114	111
75	38	81	84	117	114
76	0	0	0	7	5
76	1	1	1	11	9
76	2	2	2	15	13
76	3	3	3	18	16
76	4	5	5	22	20
76	5	6	7	25	23
76	6	8	9	28	26
76	7	10	11	31	29
76	8	12	13	34	32
76	9	14	15	37	35
76	10	16	17	40	38
76	11	18	19	43	41
76	12	20	21	46	43
76	13	22	23	49	46
76	14	24	25	52	49
76	15	26	28	55	52
76	16	28	30	57	55
76	17	30	32	60	57
76	18	33	34	63	60
76	19	35	37	66	63
76	20	37	39	68	66
76	21	39	41	71	68
76	22	42	44	74	71
76	23	44	46	76	74
76	24	46	48	79	76
76	25	49	51	82	79
76	26	51	53	84	82
76	27	53	56	87	84
76	28	56	58	90	87
76	29	58	60	92	89
76	30	60	63	95	92
76	31	63	65	97	95
76	32	65	68	100	97
76	33	68	70	103	100
76	34	70	73	105	102
76	35	72	75	108	105
76	36	75	78	110	107
76	37	77	80	113	110
76	38	80	83	115	112
77	0	0	0	7	5
77	1	1	1	11	9
77	2	2	2	15	13
77	3	3	3	18	16
77	4	5	5	21	19
77	5	6	7	24	22
77	6	8	9	28	25
77	7	10	11	31	28
77	8	12	13	34	31
77	9	13	15	37	34
77	10	15	17	40	37
77	11	17	19	42	40
77	12	19	21	45	43
77	13	22	23	48	46
77	14	24	25	51	48
77	15	26	27	54	51
77	16	28	30	57	54

N = 195

n	a	LOWER .975	LOWER .95	UPPER .975	UPPER .95
77	17	30	32	59	57
77	18	32	34	62	59
77	19	34	36	65	62
77	20	37	39	67	65
77	21	39	41	70	67
77	22	41	43	73	70
77	23	43	45	75	73
77	24	46	48	78	75
77	25	48	50	81	78
77	26	50	52	83	81
77	27	53	55	86	83
77	28	55	57	89	86
77	29	57	60	91	88
77	30	60	62	94	91
77	31	62	64	96	93
77	32	64	67	99	96
77	33	67	69	101	99
77	34	69	72	104	101
77	35	72	74	106	104
77	36	74	77	109	106
77	37	76	79	111	109
77	38	79	81	114	111
77	39	81	84	116	114
78	0	0	0	7	5
78	1	1	1	11	9
78	2	2	2	14	13
78	3	3	3	18	16
78	4	4	5	21	19
78	5	6	7	24	22
78	6	8	9	27	25
78	7	10	10	30	28
78	8	11	12	33	31
78	9	13	14	36	34
78	10	15	16	39	37
78	11	17	19	42	39
78	12	19	21	45	42
78	13	21	23	48	45
78	14	23	25	50	48
78	15	25	27	53	51
78	16	28	29	56	53
78	17	30	31	59	56
78	18	32	34	61	59
78	19	34	36	64	61
78	20	36	38	67	64
78	21	38	40	69	67
78	22	41	43	72	69
78	23	43	45	74	72
78	24	45	47	77	74
78	25	47	49	80	77
78	26	50	52	82	80
78	27	52	54	85	82
78	28	54	56	87	85
78	29	57	59	90	87
78	30	59	61	92	90
78	31	61	64	95	92
78	32	64	66	97	95
78	33	66	68	100	97
78	34	68	71	102	100
78	35	71	73	105	102
78	36	73	76	107	105
78	37	75	78	110	107
78	38	78	80	112	110
78	39	80	83	115	112

N = 200

n	a	LOWER .975	LOWER .95	UPPER .975	UPPER .95
1	0	0	0	195	190
1	1	5	10	200	200
2	0	0	0	167	154
2	1	3	6	197	194
3	0	0	0	140	125
3	1	2	4	180	172
3	2	20	28	198	196
4	0	0	0	119	104
4	1	2	3	160	149
4	2	14	20	186	180
5	0	0	0	103	89
5	1	1	3	142	130
5	2	11	16	169	161
5	3	31	39	189	184
6	0	0	0	90	77
6	1	1	2	127	115
6	2	10	13	154	144
6	3	25	32	175	168
7	0	0	0	80	68
7	1	1	2	114	103
7	2	8	12	140	130
7	3	21	27	162	154
7	4	38	46	179	173
8	0	0	0	72	61
8	1	1	2	103	92
8	2	7	10	128	118
8	3	18	23	149	141
8	4	33	40	167	160
9	0	0	0	65	55
9	1	1	2	95	84
9	2	7	9	118	108
9	3	16	21	138	129
9	4	29	35	156	148
9	5	44	52	171	165
10	0	0	0	60	50
10	1	1	1	87	77
10	2	6	8	109	100
10	3	15	19	129	120
10	4	26	31	146	138
10	5	39	46	161	154
11	0	0	0	55	46
11	1	1	1	80	71
11	2	5	8	101	92
11	3	13	17	120	111
11	4	23	28	136	128
11	5	35	41	151	144
11	6	49	56	165	159
12	0	0	0	51	42
12	1	1	1	75	66
12	2	5	7	95	86
12	3	12	16	112	104
12	4	21	26	128	120
12	5	32	38	143	135
12	6	44	51	156	149
13	0	0	0	47	39
13	1	1	1	70	61
13	2	5	6	89	80
13	3	11	14	105	97
13	4	20	24	121	113
13	5	29	35	135	127
13	6	40	46	148	141
13	7	52	59	160	154
14	0	0	0	44	37
14	1	1	1	66	57
14	2	4	6	83	75
14	3	11	13	99	91
14	4	18	22	114	106
14	5	27	32	127	120
14	6	37	43	140	133
14	7	48	55	152	145
15	0	0	0	42	34
15	1	1	1	62	54
15	2	4	6	79	71
15	3	10	13	94	86
15	4	17	21	108	100

N = 200

n	a	LOWER .975	LOWER .95	UPPER .975	UPPER .95
15	5	25	30	121	113
15	6	35	40	133	126
15	7	45	51	145	138
15	8	55	62	155	149
16	0	0	0	39	32
16	1	1	1	58	51
16	2	4	5	74	67
16	3	9	12	89	81
16	4	16	19	102	95
16	5	24	28	115	108
16	6	32	37	127	120
16	7	42	47	138	131
16	8	52	58	148	142
17	0	0	0	37	30
17	1	1	1	55	48
17	2	4	5	70	63
17	3	9	11	84	77
17	4	15	18	97	90
17	5	22	26	109	102
17	6	30	35	121	114
17	7	39	44	132	125
17	8	48	54	142	136
17	9	58	64	152	146
18	0	0	0	35	29
18	1	1	1	52	45
18	2	4	5	67	60
18	3	8	11	80	73
18	4	14	17	93	86
18	5	21	25	104	97
18	6	29	33	115	109
18	7	37	42	126	119
18	8	45	51	136	130
18	9	54	60	146	140
19	0	0	0	33	27
19	1	1	1	50	43
19	2	4	5	64	57
19	3	8	10	77	70
19	4	14	16	88	82
19	5	20	24	100	93
19	6	27	31	110	104
19	7	35	39	121	114
19	8	43	48	130	124
19	9	51	57	140	134
19	10	60	66	149	143
20	0	0	0	32	26
20	1	1	1	47	41
20	2	3	4	61	54
20	3	8	10	73	66
20	4	13	16	85	78
20	5	19	22	95	89
20	6	26	30	106	99
20	7	33	37	116	109
20	8	40	45	125	119
20	9	48	54	134	128
20	10	57	63	143	137
21	0	0	0	30	25
21	1	1	1	45	39
21	2	3	4	58	52
21	3	7	9	70	64
21	4	12	15	81	74
21	5	18	21	92	85
21	6	25	28	102	95
21	7	31	36	111	105
21	8	38	43	120	114
21	9	46	51	129	123
21	10	54	59	138	132
21	11	62	68	146	141
22	0	0	0	29	24
22	1	1	1	43	38
22	2	3	4	56	50
22	3	7	9	67	61
22	4	12	14	78	71
22	5	17	20	88	81
22	6	23	27	98	91
22	7	30	34	107	101

CONFIDENCE BOUNDS FOR A

N = 200						N = 200						N = 200						N = 200					
		LOWER		UPPER				LOWER		UPPER				LOWER		UPPER				LOWER		UPPER	
n	a	.975	.95	.975	.95	n	a	.975	.95	.975	.95	n	a	.975	.95	.975	.95	n	a	.975	.95	.975	.95
22	8	37	41	116	110	28	2	3	3	44	39	32	13	50	55	115	110	36	16	59	63	120	116
22	9	44	49	125	119	28	3	6	7	54	48	32	14	56	60	121	117	36	17	64	68	126	121
22	10	51	56	133	127	28	4	10	11	62	57	32	15	61	66	127	123	36	18	69	74	131	126
22	11	59	65	141	135	28	5	14	16	71	65	32	16	67	72	133	128	37	0	0	0	17	14
23	0	0	0	27	23	28	6	19	21	79	73	33	0	0	0	19	15	37	1	1	1	26	22
23	1	1	1	41	36	28	7	24	27	87	81	33	1	1	1	29	25	37	2	2	3	34	30
23	2	3	4	53	48	28	8	29	32	94	89	33	2	2	3	38	33	37	3	5	6	41	37
23	3	7	8	64	58	28	9	34	38	102	96	33	3	5	6	46	41	37	4	8	9	48	43
23	4	11	14	75	69	28	10	40	44	109	103	33	4	8	10	53	49	37	5	11	13	54	50
23	5	17	20	85	78	28	11	46	50	116	110	33	5	12	14	61	56	37	6	14	16	61	56
23	6	22	26	94	88	28	12	52	56	123	117	33	6	16	18	68	63	37	7	18	20	67	62
23	7	29	32	103	97	28	13	58	63	129	124	33	7	20	23	74	69	37	8	22	25	73	68
23	8	35	39	112	106	28	14	64	69	136	131	33	8	25	27	81	76	37	9	26	29	79	74
23	9	42	46	120	114	29	0	0	0	22	18	33	9	29	32	88	83	37	10	30	33	85	80
23	10	49	54	128	122	29	1	1	1	33	28	33	10	34	37	94	89	37	11	35	38	90	86
23	11	56	62	136	131	29	2	3	3	43	38	33	11	39	42	100	95	37	12	39	42	96	91
23	12	64	69	144	138	29	3	6	7	52	47	33	12	44	48	106	101	37	13	43	47	101	97
24	0	0	0	26	22	29	4	9	11	60	55	33	13	49	53	112	107	37	14	48	52	107	102
24	1	1	1	40	34	29	5	13	16	68	63	33	14	54	58	118	113	37	15	53	57	112	108
24	2	3	4	51	46	29	6	18	21	76	71	33	15	59	64	124	119	37	16	57	62	117	113
24	3	7	8	62	56	29	7	23	26	84	78	33	16	65	69	130	125	37	17	62	66	123	118
24	4	11	13	72	66	29	8	28	31	91	86	33	17	70	75	135	131	37	18	67	72	128	123
24	5	16	19	81	75	29	9	33	37	98	93	34	0	0	0	18	15	37	19	72	77	133	128
24	6	22	25	90	84	29	10	38	42	105	100	34	1	1	1	28	24	38	0	0	0	16	13
24	7	27	31	99	93	29	11	44	48	112	107	34	2	2	3	37	32	38	1	1	1	25	22
24	8	34	38	108	102	29	12	50	54	119	114	34	3	5	6	44	40	38	2	2	3	33	29
24	9	40	44	116	110	29	13	56	60	125	120	34	4	8	10	52	47	38	3	5	6	40	36
24	10	47	52	124	118	29	14	62	67	132	127	34	5	12	14	59	54	38	4	7	9	46	42
24	11	54	59	132	126	29	15	68	73	138	133	34	6	16	18	66	61	38	5	11	12	53	49
24	12	61	66	139	134	30	0	0	0	21	17	34	7	20	22	72	68	38	6	14	16	59	55
25	0	0	0	25	21	30	1	1	1	32	28	34	8	24	27	79	74	38	7	18	20	65	61
25	1	1	1	38	33	30	2	3	3	41	37	34	9	28	31	85	80	38	8	21	24	71	67
25	2	3	4	49	44	30	3	6	7	50	45	34	10	33	36	91	87	38	9	25	28	77	72
25	3	6	8	60	54	30	4	9	11	58	53	34	11	38	41	98	93	38	10	29	32	83	78
25	4	11	13	69	63	30	5	13	15	66	61	34	12	42	46	104	99	38	11	34	37	88	84
25	5	15	18	78	73	30	6	17	20	74	69	34	13	47	51	109	105	38	12	38	41	94	89
25	6	21	24	87	81	30	7	22	25	81	76	34	14	52	56	115	110	38	13	42	46	99	94
25	7	26	30	96	90	30	8	27	30	89	83	34	15	58	62	121	116	38	14	47	50	104	100
25	8	32	36	104	98	30	9	32	35	96	90	34	16	63	67	126	122	38	15	51	55	110	105
25	9	38	43	112	106	30	10	37	41	102	97	34	17	68	73	132	127	38	16	56	60	115	110
25	10	45	49	120	114	30	11	43	47	109	104	35	0	0	0	18	14	38	17	61	65	120	115
25	11	51	56	127	122	30	12	48	52	116	110	35	1	1	1	27	23	38	18	65	70	125	120
25	12	58	63	135	129	30	13	54	58	122	117	35	2	2	3	35	31	38	19	70	75	130	125
25	13	65	71	142	137	30	14	60	64	128	123	35	3	5	6	43	39	39	0	0	0	16	13
26	0	0	0	24	20	30	15	66	70	134	130	35	4	8	9	50	46	39	1	1	1	24	21
26	1	1	1	37	32	31	0	0	0	20	16	35	5	11	13	57	53	39	2	2	3	32	28
26	2	3	4	48	42	31	1	1	1	31	27	35	6	15	17	64	59	39	3	5	5	39	35
26	3	6	8	57	52	31	2	3	3	40	35	35	7	19	22	70	66	39	4	7	9	45	41
26	4	10	12	67	61	31	3	5	7	49	44	35	8	23	26	77	72	39	5	10	12	52	47
26	5	15	17	76	70	31	4	9	10	57	52	35	9	27	30	83	78	39	6	14	16	58	53
26	6	20	23	84	78	31	5	13	15	64	59	35	10	32	35	89	84	39	7	17	19	64	59
26	7	25	29	93	87	31	6	17	19	72	67	35	11	36	40	95	90	39	8	21	23	69	65
26	8	31	35	101	95	31	7	21	24	79	74	35	12	41	45	101	96	39	9	25	27	75	71
26	9	37	41	108	103	31	8	26	29	86	81	35	13	46	50	107	102	39	10	29	32	81	76
26	10	43	47	116	110	31	9	31	34	93	88	35	14	51	55	112	108	39	11	33	36	86	81
26	11	49	54	123	118	31	10	36	40	99	94	35	15	56	60	118	113	39	12	37	40	91	87
26	12	56	61	130	125	31	11	41	45	106	101	35	16	61	65	123	119	39	13	41	45	97	92
26	13	63	68	137	132	31	12	47	51	112	107	35	17	66	70	129	124	39	14	46	49	102	97
27	0	0	0	23	19	31	13	52	56	119	114	35	18	71	76	134	130	39	15	50	54	107	103
27	1	1	1	35	31	31	14	58	62	125	120	36	0	0	0	17	14	39	16	54	58	112	108
27	2	3	4	46	41	31	15	63	68	131	126	36	1	1	1	26	23	39	17	59	63	117	113
27	3	6	7	55	50	31	16	69	74	137	132	36	2	2	3	34	30	39	18	64	68	122	118
27	4	10	12	64	59	32	0	0	0	20	16	36	3	5	6	42	38	39	19	68	72	127	123
27	5	14	17	73	67	32	1	1	1	30	26	36	4	8	9	49	45	39	20	73	77	132	128
27	6	19	22	81	76	32	2	3	3	39	34	36	5	11	13	56	51	40	0	0	0	15	12
27	7	24	28	89	84	32	3	5	6	47	42	36	6	15	17	62	58	40	1	1	1	24	20
27	8	30	33	97	92	32	4	9	10	55	50	36	7	19	21	69	64	40	2	2	3	31	27
27	9	35	39	105	99	32	5	12	14	62	57	36	8	23	25	75	70	40	3	4	5	38	34
27	10	41	46	112	107	32	6	16	19	70	65	36	9	27	30	81	76	40	4	7	8	44	40
27	11	47	52	119	114	32	7	21	23	77	72	36	10	31	34	87	82	40	5	10	12	50	46
27	12	54	58	126	121	32	8	25	28	83	78	36	11	35	39	93	88	40	6	13	15	56	52
27	13	60	65	133	128	32	9	30	33	90	85	36	12	39	44	98	94	40	7	17	19	62	58
27	14	67	72	140	135	32	10	35	38	97	92	36	13	45	48	104	99	40	8	20	23	68	63
28	0	0	0	22	18	32	11	40	44	103	98	36	14	49	53	110	105	40	9	24	27	73	69
28	1	1	1	34	30	32	12	45	49	109	104	36	15	54	58	115	110	40	10	28	31	79	74

CONFIDENCE BOUNDS FOR A

N = 200						N = 200						N = 200						N = 200				
		LOWER		UPPER				LOWER		UPPER				LOWER		UPPER				LOWER		UPPER	
n	a	.975	.95	.975	.95	n	a	.975	.95	.975	.95	n	a	.975	.95	.975	.95	n	a	.975	.95	.975	.95
40	11	32	35	84	80	43	21	70	74	125	121	47	2	2	2	26	23	50	1	1	1	19	16
40	12	36	39	89	85	43	22	75	79	130	126	47	3	4	5	32	29	50	2	2	2	24	22
40	13	40	43	95	90	44	0	0	0	14	11	47	4	6	7	37	34	50	3	4	5	30	27
40	14	44	48	100	95	44	1	1	1	21	18	47	5	9	10	43	39	50	4	6	7	35	32
40	15	49	52	105	100	44	2	2	3	28	25	47	6	12	13	48	44	50	5	9	10	40	37
40	16	53	57	110	105	44	3	4	5	34	31	47	7	15	16	53	49	50	6	11	13	45	42
40	17	57	61	115	110	44	4	7	8	40	36	47	8	18	20	58	54	50	7	14	16	50	46
40	18	62	66	119	115	44	5	9	11	46	42	47	9	21	23	63	59	50	8	17	19	54	51
40	19	67	71	124	120	44	6	12	14	51	47	47	10	24	26	67	63	50	9	20	22	59	55
40	20	71	75	129	125	44	7	16	17	57	53	47	11	27	30	72	68	50	10	23	25	63	60
41	0	0	0	15	12	44	8	19	21	62	58	47	12	31	34	77	73	50	11	26	28	68	64
41	1	1	1	23	20	44	9	22	24	67	63	47	13	34	37	81	77	50	12	29	32	72	68
41	2	2	3	30	27	44	10	26	28	72	68	47	14	38	41	86	82	50	13	32	35	77	73
41	3	4	5	37	33	44	11	29	32	77	73	47	15	42	45	90	86	50	14	36	38	81	77
41	4	7	8	43	39	44	12	33	36	82	77	47	16	45	48	95	91	50	15	39	42	85	81
41	5	10	11	49	45	44	13	37	40	86	82	47	17	49	52	99	95	50	16	43	45	89	85
41	6	13	15	55	51	44	14	40	44	91	87	47	18	53	56	103	99	50	17	46	49	93	89
41	7	17	19	61	56	44	15	44	48	96	92	47	19	56	60	107	103	50	18	49	53	97	94
41	8	20	22	66	62	44	16	48	52	101	96	47	20	60	64	112	108	50	19	53	56	101	98
41	9	24	26	72	67	44	17	52	56	105	101	47	21	64	68	116	112	50	20	57	60	105	102
41	10	27	30	77	72	44	18	56	60	110	105	47	22	68	72	120	116	50	21	60	64	109	106
41	11	31	34	82	78	44	19	60	64	114	110	47	23	72	76	124	120	50	22	64	67	113	110
41	12	35	38	87	83	44	20	64	68	118	114	47	24	76	80	128	124	50	23	68	71	117	113
41	13	39	42	92	88	44	21	69	73	123	119	48	0	0	0	12	10	50	24	71	75	121	117
41	14	43	47	97	93	44	22	73	77	127	123	48	1	1	1	19	17	50	25	75	79	125	121
41	15	48	51	102	98	45	0	0	0	13	11	48	2	2	2	26	23	51	0	0	0	12	9
41	16	52	55	107	103	45	1	1	1	21	18	48	3	4	5	31	28	51	1	1	1	18	16
41	17	56	60	112	108	45	2	2	3	27	24	48	4	6	7	37	33	51	2	2	2	24	21
41	18	60	64	117	113	45	3	4	5	33	30	48	5	9	10	42	38	51	3	4	4	29	26
41	19	65	69	121	117	45	4	7	8	39	36	48	6	12	13	47	43	51	4	6	7	34	31
41	20	69	73	126	122	45	5	9	11	45	41	48	7	14	16	52	48	51	5	8	10	39	36
41	21	74	78	131	127	45	6	12	14	50	46	48	8	17	19	57	53	51	6	11	12	44	41
42	0	0	0	15	12	45	7	15	17	55	51	48	9	20	23	61	58	51	7	14	15	49	45
42	1	1	1	22	19	45	8	18	20	60	56	48	10	24	26	66	62	51	8	17	18	53	50
42	2	2	3	29	26	45	9	22	24	65	61	48	11	27	29	71	67	51	9	19	21	58	54
42	3	4	5	36	32	45	10	25	28	70	66	48	12	30	33	75	71	51	10	22	25	62	59
42	4	7	8	42	38	45	11	29	31	75	71	48	13	34	36	80	76	51	11	25	28	67	63
42	5	10	11	48	44	45	12	32	35	80	76	48	14	37	40	84	80	51	12	29	31	71	67
42	6	13	15	54	50	45	13	36	39	85	81	48	15	41	44	88	84	51	13	32	34	75	71
42	7	16	18	59	55	45	14	40	43	89	85	48	16	44	47	93	89	51	14	35	38	79	75
42	8	20	22	65	60	45	15	43	46	94	90	48	17	48	51	97	93	51	15	38	41	83	80
42	9	23	26	70	66	45	16	47	50	98	94	48	18	52	55	101	97	51	16	42	45	88	84
42	10	27	29	75	71	45	17	51	54	103	99	48	19	55	59	105	101	51	17	45	48	92	88
42	11	31	33	80	76	45	18	55	58	107	103	48	20	59	62	109	106	51	18	49	52	96	92
42	12	34	37	85	81	45	19	59	63	112	108	48	21	63	66	114	110	51	19	52	55	100	96
42	13	38	41	90	86	45	20	63	67	116	112	48	22	67	70	118	114	51	20	55	59	104	100
42	14	42	46	95	91	45	21	67	71	120	116	48	23	70	74	122	118	51	21	59	62	107	104
42	15	46	50	100	96	45	22	71	75	125	121	48	24	74	78	126	122	51	22	63	66	111	108
42	16	51	54	105	101	45	23	75	79	129	125	49	0	0	0	12	10	51	23	66	70	115	111
42	17	55	58	110	105	46	0	0	0	13	11	49	1	1	1	19	16	51	24	70	73	119	115
42	18	59	63	114	110	46	1	1	1	20	17	49	2	2	2	25	22	51	25	74	77	123	119
42	19	63	67	119	115	46	2	2	2	27	24	49	3	4	5	31	27	51	26	77	81	126	123
42	20	68	72	123	119	46	3	4	5	33	29	49	4	6	7	36	33	52	0	0	0	11	9
42	21	72	76	128	124	46	4	6	7	38	35	49	5	9	10	41	38	52	1	1	1	18	15
43	0	0	0	14	11	46	5	9	10	44	40	49	6	11	13	46	42	52	2	2	2	23	21
43	1	1	1	22	19	46	6	12	13	49	45	49	7	14	16	51	47	52	3	4	4	29	26
43	2	2	3	29	25	46	7	15	17	54	50	49	8	17	19	55	52	52	4	6	7	34	31
43	3	4	5	35	31	46	8	18	20	59	55	49	9	20	22	60	56	52	5	8	9	39	35
43	4	7	8	41	37	46	9	21	23	64	60	49	10	23	25	65	61	52	6	11	12	43	40
43	5	10	11	47	43	46	10	25	27	69	65	49	11	26	29	69	65	52	7	13	15	48	44
43	6	13	14	52	48	46	11	28	31	74	70	49	12	30	32	74	70	52	8	16	18	52	49
43	7	16	18	58	54	46	12	32	34	78	74	49	13	33	36	78	74	52	9	19	21	57	53
43	8	19	21	63	59	46	13	35	38	83	79	49	14	36	39	82	78	52	10	22	24	61	57
43	9	23	25	68	64	46	14	39	42	88	83	49	15	40	43	87	83	52	11	25	27	65	62
43	10	26	29	73	69	46	15	42	45	92	88	49	16	43	46	91	87	52	12	28	30	70	66
43	11	30	33	79	74	46	16	46	49	96	92	49	17	47	50	95	91	52	13	31	34	74	70
43	12	34	37	83	79	46	17	50	53	101	97	49	18	50	54	99	95	52	14	34	37	78	74
43	13	37	40	88	84	46	18	54	57	105	101	49	19	54	57	103	99	52	15	38	40	82	78
43	14	41	45	93	89	46	19	58	61	110	106	49	20	58	61	107	104	52	16	41	44	86	82
43	15	45	49	98	94	46	20	62	65	114	110	49	21	61	65	111	108	52	17	44	47	90	86
43	16	49	53	103	98	46	21	66	69	118	114	49	22	65	69	115	112	52	18	48	51	94	90
43	17	53	57	107	103	46	22	70	73	122	118	49	23	69	73	119	116	52	19	51	54	98	94
43	18	58	61	112	108	46	23	74	78	126	122	49	24	73	76	123	120	52	20	54	58	102	98
43	19	62	66	116	112	47	0	0	0	13	10	49	25	77	80	127	124	52	21	58	61	106	102
43	20	66	70	121	117	47	1	1	1	20	17	50	0	0	0	12	10	52	22	61	65	109	106

CONFIDENCE BOUNDS FOR A

N = 200

n	a	LOWER .975	LOWER .95	UPPER .975	UPPER .95
52	23	65	68	113	109
52	24	69	72	117	113
52	25	72	76	121	117
52	26	76	79	124	121
53	0	0	0	11	9
53	1	1	1	17	15
53	2	2	2	23	20
53	3	4	4	28	25
53	4	6	7	33	30
53	5	8	9	38	35
53	6	11	12	42	39
53	7	13	15	47	44
53	8	16	18	51	48
53	9	19	21	56	52
53	10	22	24	60	56
53	11	25	27	64	60
53	12	28	30	68	65
53	13	31	33	72	69
53	14	34	36	76	73
53	15	37	40	80	77
53	16	40	43	84	81
53	17	43	46	88	85
53	18	47	50	92	88
53	19	50	53	96	92
53	20	53	57	100	96
53	21	57	60	104	100
53	22	60	63	107	104
53	23	64	67	111	107
53	24	67	71	115	111
53	25	71	74	118	115
53	26	74	78	122	119
53	27	78	81	126	122
54	0	0	0	11	9
54	1	1	1	17	15
54	2	2	2	22	20
54	3	4	4	28	25
54	4	6	7	32	29
54	5	8	9	37	34
54	6	10	12	42	38
54	7	13	15	46	43
54	8	16	17	50	47
54	9	18	20	55	51
54	10	21	23	59	55
54	11	24	26	63	59
54	12	27	29	67	63
54	13	30	33	71	67
54	14	33	36	75	71
54	15	36	39	79	75
54	16	39	42	83	79
54	17	43	45	87	83
54	18	46	49	91	87
54	19	49	52	94	91
54	20	52	55	98	94
54	21	56	59	102	98
54	22	59	62	106	102
54	23	63	66	109	106
54	24	66	69	113	109
54	25	69	73	116	113
54	26	73	76	120	117
54	27	76	80	124	120
55	0	0	0	11	9
55	1	1	1	17	14
55	2	2	2	22	19
55	3	4	4	27	24
55	4	6	7	32	29
55	5	8	9	36	33
55	6	10	12	41	38
55	7	13	14	45	42
55	8	15	17	49	46
55	9	18	20	54	50
55	10	21	23	58	54
55	11	24	26	62	58
55	12	27	29	66	62
55	13	30	32	70	66
55	14	33	35	74	70

N = 200

n	a	LOWER .975	LOWER .95	UPPER .975	UPPER .95
55	15	36	38	78	74
55	16	39	41	81	78
55	17	42	45	85	82
55	18	45	48	89	85
55	19	48	51	93	89
55	20	51	54	96	93
55	21	55	58	100	97
55	22	58	61	104	100
55	23	61	65	107	104
55	24	65	68	111	107
55	25	68	71	115	111
55	26	72	75	118	115
55	27	75	78	122	118
55	28	78	82	125	122
56	0	0	0	10	8
56	1	1	1	16	14
56	2	2	2	22	19
56	3	4	4	26	24
56	4	6	6	31	28
56	5	8	9	36	33
56	6	10	11	40	37
56	7	13	14	44	41
56	8	15	17	48	45
56	9	18	20	53	49
56	10	21	22	57	53
56	11	23	25	61	57
56	12	26	28	65	61
56	13	29	31	69	65
56	14	32	34	72	69
56	15	35	38	76	73
56	16	38	41	80	76
56	17	41	44	84	80
56	18	44	47	87	84
56	19	47	50	91	88
56	20	51	54	95	91
56	21	54	57	98	95
56	22	57	60	102	98
56	23	60	63	106	102
56	24	64	67	109	106
56	25	67	70	113	109
56	26	70	74	116	113
56	27	74	77	120	116
56	28	77	80	123	120
57	0	0	0	10	8
57	1	1	1	16	14
57	2	2	2	21	19
57	3	4	4	26	23
57	4	6	6	31	28
57	5	8	9	35	32
57	6	10	11	39	36
57	7	12	14	44	40
57	8	15	17	48	44
57	9	18	19	52	48
57	10	20	22	56	52
57	11	23	25	60	56
57	12	26	28	64	60
57	13	29	31	67	64
57	14	32	34	71	68
57	15	35	37	75	71
57	16	37	40	79	75
57	17	40	43	82	79
57	18	44	46	86	82
57	19	47	49	90	86
57	20	50	53	93	90
57	21	53	56	97	93
57	22	56	59	100	97
57	23	59	62	104	100
57	24	62	66	107	104
57	25	66	69	111	107
57	26	69	72	114	111
57	27	72	76	118	114
57	28	76	79	121	118
57	29	79	82	124	121
58	0	0	0	10	8
58	1	1	1	16	13

N = 200

n	a	LOWER .975	LOWER .95	UPPER .975	UPPER .95
58	2	2	2	21	18
58	3	4	4	25	23
58	4	5	6	30	27
58	5	8	9	34	31
58	6	10	11	39	36
58	7	12	14	43	40
58	8	15	16	47	44
58	9	17	19	51	48
58	10	20	22	55	51
58	11	23	25	59	55
58	12	25	27	62	59
58	13	28	30	66	63
58	14	31	33	70	67
58	15	34	36	74	70
58	16	37	39	77	74
58	17	40	42	81	77
58	18	43	45	85	81
58	19	46	49	88	85
58	20	49	52	92	88
58	21	52	55	95	92
58	22	55	58	99	95
58	23	58	61	102	99
58	24	61	64	106	102
58	25	65	68	109	106
58	26	68	71	112	109
58	27	71	74	116	112
58	28	74	78	119	116
58	29	78	81	122	119
59	0	0	0	10	8
59	1	1	1	15	13
59	2	2	2	20	18
59	3	4	4	25	22
59	4	5	6	29	27
59	5	8	8	34	31
59	6	10	11	38	35
59	7	12	13	42	39
59	8	15	16	46	43
59	9	17	19	50	47
59	10	20	21	54	51
59	11	22	24	58	54
59	12	25	27	61	58
59	13	28	30	65	62
59	14	31	33	69	65
59	15	33	36	72	69
59	16	36	39	76	73
59	17	39	42	80	76
59	18	42	45	83	80
59	19	45	48	87	83
59	20	48	51	90	87
59	22	54	57	97	94
59	23	57	60	101	97
59	24	60	63	104	101
59	25	63	67	107	104
59	26	67	70	111	107
59	27	70	73	114	111
59	28	73	76	117	114
59	29	76	79	121	117
59	30	79	83	124	121
60	0	0	0	10	8
60	1	1	1	15	13
60	2	2	2	20	18
60	3	3	4	25	22
60	4	5	6	29	26
60	5	7	8	33	30
60	6	10	11	37	34
60	7	12	13	41	38
60	8	14	16	45	42
60	9	17	18	49	46
60	10	19	21	53	50
60	11	22	24	57	53
60	12	25	27	60	57
60	13	27	29	64	61
60	14	30	32	68	64
60	15	33	35	71	68

N = 200

n	a	LOWER .975	LOWER .95	UPPER .975	UPPER .95
60	16	36	38	75	71
60	17	39	41	78	75
60	18	41	44	82	78
60	19	44	47	85	82
60	20	47	50	89	85
60	21	50	53	92	89
60	22	53	56	96	92
60	23	56	59	99	96
60	24	59	62	102	99
60	25	62	65	106	102
60	26	66	69	109	106
60	27	69	72	112	109
60	28	72	75	115	112
60	29	75	78	119	115
60	30	78	81	122	119
61	0	0	0	9	8
61	1	1	1	15	13
61	2	2	2	20	17
61	3	3	4	24	22
61	4	5	6	28	26
61	5	7	8	33	30
61	6	10	11	37	34
61	7	12	13	41	38
61	8	14	16	44	41
61	9	17	19	48	45
61	10	19	21	52	49
61	11	22	24	56	52
61	12	24	26	59	56
61	13	27	29	63	60
61	14	30	32	67	63
61	15	32	35	70	67
61	16	35	38	74	70
61	17	38	40	77	74
61	18	41	43	81	77
61	19	44	46	84	81
61	20	47	49	87	84
61	21	49	52	91	87
61	22	52	55	94	91
61	23	55	58	97	94
61	24	58	61	101	97
61	25	61	64	104	101
61	26	64	67	107	104
61	27	67	71	110	107
61	28	71	74	114	110
61	29	74	77	117	114
61	30	77	80	120	117
61	31	80	83	123	120
62	0	0	0	9	7
62	1	1	1	15	12
62	2	2	2	19	17
62	3	3	4	24	21
62	4	5	6	28	25
62	5	7	8	32	29
62	6	9	10	36	33
62	7	12	13	40	37
62	8	14	15	44	41
62	9	16	18	47	44
62	10	19	21	51	48
62	11	21	23	55	52
62	12	24	26	58	55
62	13	27	29	62	59
62	14	29	31	65	62
62	15	32	34	69	66
62	16	35	37	72	69
62	17	37	40	76	73
62	18	40	43	79	76
62	19	43	46	83	79
62	20	46	48	86	83
62	21	49	51	89	86
62	22	52	54	93	89
62	23	55	57	96	93
62	24	57	60	99	96
62	25	60	63	102	99
62	26	63	66	106	102
62	27	66	69	109	106

CONFIDENCE BOUNDS FOR A

N = 200

n	a	LOWER .975	LOWER .95	UPPER .975	UPPER .95
62	28	69	72	112	109
62	29	72	76	115	112
62	30	76	79	118	115
62	31	79	82	121	118
63	0	0	0	9	7
63	1	1	1	14	12
63	2	2	2	19	17
63	3	3	4	23	21
63	4	5	6	27	25
63	5	7	8	31	29
63	6	9	10	35	33
63	7	12	13	39	36
63	8	14	15	43	40
63	9	16	18	47	44
63	10	19	20	50	47
63	11	21	23	54	51
63	12	24	25	57	54
63	13	26	28	61	58
63	14	29	31	64	61
63	15	31	34	68	65
63	16	34	36	71	68
63	17	37	39	75	71
63	18	40	42	78	75
63	19	42	45	81	78
63	20	45	48	85	81
63	21	48	51	88	85
63	22	51	53	91	88
63	23	54	56	94	91
63	24	57	59	98	94
63	25	59	62	101	98
63	26	62	65	104	101
63	27	65	68	107	104
63	28	68	71	110	107
63	29	71	74	113	110
63	30	74	77	117	113
63	31	77	80	120	116
63	32	80	84	123	120
64	0	0	0	9	7
64	1	1	1	14	12
64	2	2	2	19	16
64	3	3	4	23	21
64	4	5	6	27	24
64	5	7	8	31	28
64	6	9	10	35	32
64	7	11	13	39	36
64	8	14	15	42	39
64	9	16	17	46	43
64	10	18	20	49	46
64	11	21	23	53	50
64	12	23	25	57	53
64	13	26	28	60	57
64	14	28	30	63	60
64	15	31	33	67	64
64	16	34	36	70	67
64	17	36	39	74	70
64	18	39	41	77	74
64	19	42	44	80	77
64	20	44	47	83	80
64	21	47	50	87	83
64	22	50	53	90	87
64	23	53	56	93	90
64	24	56	58	96	93
64	25	59	61	99	96
64	26	61	64	102	99
64	27	64	67	106	102
64	28	67	70	109	105
64	29	70	73	112	109
64	30	73	76	115	112
64	31	76	79	118	115
64	32	79	82	121	118
65	0	0	0	9	7
65	1	1	1	14	12
65	2	2	2	18	16
65	3	3	4	22	20
65	4	5	6	26	24

N = 200

n	a	LOWER .975	LOWER .95	UPPER .975	UPPER .95
65	5	7	8	30	28
65	6	9	10	34	32
65	7	11	12	38	35
65	8	13	15	42	39
65	9	16	17	45	42
65	10	18	20	49	46
65	11	21	22	52	49
65	12	23	25	56	53
65	13	25	27	59	56
65	14	28	30	62	59
65	15	31	33	66	63
65	16	33	35	69	66
65	17	36	38	72	69
65	18	38	41	76	72
65	19	41	44	79	76
65	20	44	46	82	79
65	21	47	49	85	82
65	22	49	52	88	85
65	23	52	55	92	88
65	24	55	58	95	92
65	25	58	60	98	95
65	26	61	63	101	98
65	27	63	66	104	101
65	28	66	69	107	104
65	29	69	72	110	107
65	30	72	75	113	110
65	31	75	78	116	113
65	32	78	81	119	116
65	33	81	84	122	119
66	0	0	0	8	7
66	1	1	1	14	12
66	2	2	2	18	16
66	3	3	4	22	20
66	4	5	6	26	24
66	5	7	8	30	27
66	6	9	10	34	31
66	7	11	12	37	35
66	8	13	15	41	38
66	9	16	17	44	42
66	10	18	19	48	45
66	11	20	22	51	48
66	12	23	24	55	52
66	13	25	27	58	55
66	14	28	30	61	58
66	15	30	32	65	62
66	16	33	35	68	65
66	17	35	37	71	68
66	18	38	40	75	71
66	19	41	43	78	75
66	20	43	46	81	78
66	21	46	48	84	81
66	22	49	51	87	84
66	23	51	54	90	87
66	24	54	57	93	90
66	25	57	60	96	93
66	26	60	62	100	96
66	27	62	65	103	99
66	28	65	68	106	102
66	29	68	71	109	105
66	30	71	74	112	108
66	31	74	77	115	111
66	32	77	80	117	114
66	33	80	83	120	117
67	0	0	0	8	7
67	1	1	1	13	11
67	2	2	2	18	16
67	3	3	4	22	19
67	4	5	6	26	23
67	5	7	8	29	27
67	6	9	10	33	31
67	7	11	12	37	34
67	8	13	14	40	38
67	9	15	17	44	41
67	10	18	19	47	44
67	11	20	22	51	48

N = 200

n	a	LOWER .975	LOWER .95	UPPER .975	UPPER .95
67	12	22	24	54	51
67	13	25	27	57	54
67	14	27	29	61	58
67	15	30	32	64	61
67	16	32	34	67	64
67	17	35	37	70	67
67	18	37	40	73	70
67	19	40	42	77	73
67	20	43	45	80	77
67	21	45	48	83	80
67	22	48	50	86	83
67	23	51	53	89	86
67	24	53	56	92	89
67	25	56	59	95	92
67	26	59	61	98	95
67	27	61	64	101	98
67	28	64	67	104	101
67	29	67	70	107	104
67	30	70	73	110	107
67	31	73	76	113	110
67	32	76	79	116	113
67	33	78	81	119	116
67	34	81	84	122	119
68	0	0	0	8	7
68	1	1	1	13	11
68	2	2	2	17	15
68	3	3	4	21	19
68	4	5	6	25	23
68	5	7	8	29	26
68	6	9	10	33	30
68	7	11	12	36	34
68	8	13	14	40	37
68	9	15	17	43	40
68	10	17	19	46	44
68	11	20	21	50	47
68	12	22	24	53	50
68	13	24	26	56	53
68	14	27	29	60	57
68	15	29	31	63	60
68	16	32	34	66	63
68	17	34	36	69	66
68	18	37	39	72	69
68	19	39	42	75	72
68	20	42	44	79	75
68	21	45	47	82	79
68	22	47	50	85	82
68	23	50	52	88	85
68	24	53	55	91	88
68	25	55	58	94	91
68	26	58	61	97	94
68	27	61	63	100	97
68	28	63	66	103	100
68	29	66	69	106	102
68	30	69	72	108	105
68	31	72	75	111	108
68	32	74	77	114	111
68	33	77	80	117	114
68	34	80	83	120	117
69	0	0	0	8	6
69	1	1	1	13	11
69	2	2	2	17	15
69	3	3	4	21	19
69	4	5	6	25	23
69	5	7	8	28	26
69	6	9	10	32	30
69	7	11	12	36	33
69	8	13	14	39	36
69	9	15	16	42	40
69	10	17	19	46	43
69	11	20	21	49	46
69	12	22	23	52	49
69	13	24	26	56	53
69	14	27	28	59	56
69	15	29	31	62	59
69	16	31	33	65	62

N = 200

n	a	LOWER .975	LOWER .95	UPPER .975	UPPER .95
69	17	34	36	68	65
69	18	36	39	71	68
69	19	39	41	74	71
69	20	41	44	77	74
69	21	44	46	80	77
69	22	47	49	83	80
69	23	49	52	86	83
69	24	52	54	89	86
69	25	54	57	92	89
69	26	57	60	95	92
69	27	60	62	98	95
69	28	62	65	101	98
69	29	65	68	104	101
69	30	68	71	107	104
69	31	71	73	110	107
69	32	73	76	113	110
69	33	76	79	115	113
69	34	79	82	118	115
69	35	82	85	121	118
70	0	0	0	8	6
70	1	1	1	13	11
70	2	2	2	17	15
70	3	3	4	21	19
70	4	5	5	24	22
70	5	7	7	28	26
70	6	9	10	32	29
70	7	11	12	35	32
70	8	13	14	38	36
70	9	15	16	42	39
70	10	17	18	45	42
70	11	19	21	48	46
70	12	22	23	52	49
70	13	24	26	55	52
70	14	26	28	58	55
70	15	29	30	61	58
70	16	31	33	64	61
70	17	33	35	67	64
70	18	36	38	70	67
70	19	38	41	73	70
70	20	41	43	76	73
70	21	43	46	79	76
70	22	46	48	82	79
70	23	48	51	85	82
70	24	51	54	88	85
70	25	54	56	91	88
70	26	56	59	94	91
70	27	59	62	97	94
70	28	62	64	100	97
70	29	64	67	103	100
70	30	67	70	105	102
70	31	70	72	108	105
70	32	72	75	111	108
70	33	75	78	114	111
70	34	78	81	117	114
70	35	81	83	119	117
71	0	0	0	8	6
71	1	1	1	12	11
71	2	2	2	16	15
71	3	3	4	20	18
71	4	5	5	24	22
71	5	7	7	28	25
71	6	9	9	31	29
71	7	10	12	34	32
71	8	13	14	38	35
71	9	15	16	41	39
71	10	17	18	44	42
71	11	19	21	48	45
71	12	21	23	51	48
71	13	24	25	54	51
71	14	26	28	57	54
71	15	28	30	60	57
71	16	31	33	63	60
71	17	33	35	66	63
71	18	35	38	69	66
71	19	38	40	72	69

189

CONFIDENCE BOUNDS FOR A

N = 200 (Block 1)

n	a	LOWER .975	LOWER .95	UPPER .975	UPPER .95
71	20	40	43	75	72
71	21	43	45	78	75
71	22	45	48	81	78
71	23	48	50	84	81
71	24	50	53	87	84
71	25	53	55	90	87
71	26	56	58	93	90
71	27	58	61	96	93
71	28	61	63	98	95
71	29	63	66	101	98
71	30	66	69	104	101
71	31	69	71	107	104
71	32	71	74	110	107
71	33	74	77	112	109
71	34	77	80	115	112
71	35	79	82	118	115
71	36	82	85	121	118
72	0	0	0	8	6
72	1	1	1	12	10
72	2	2	2	16	14
72	3	3	4	20	18
72	4	5	5	24	21
72	5	7	7	27	25
72	6	8	9	31	28
72	7	10	11	34	32
72	8	12	14	37	35
72	9	15	16	41	38
72	10	17	18	44	41
72	11	19	20	47	44
72	12	21	23	50	47
72	13	23	25	53	50
72	14	26	27	56	53
72	15	28	30	59	56
72	16	30	32	62	59
72	17	33	35	65	62
72	18	35	37	68	65
72	19	37	39	71	68
72	20	40	42	74	71
72	21	42	45	77	74
72	22	45	47	80	77
72	23	47	50	83	80
72	24	50	52	86	83
72	25	52	55	89	86
72	26	55	57	91	88
72	27	57	60	94	91
72	28	60	62	97	94
72	29	62	65	100	97
72	30	65	68	103	100
72	31	68	70	105	102
72	32	70	73	108	105
72	33	73	76	111	108
72	34	76	78	114	111
72	35	78	81	116	113
72	36	81	84	119	116
73	0	0	0	7	6
73	1	1	1	12	10
73	2	2	2	16	14
73	3	3	4	20	18
73	4	5	5	23	21
73	5	6	7	27	25
73	6	8	9	30	28
73	7	10	11	33	31
73	8	12	13	37	34
73	9	14	16	40	37
73	10	16	18	43	40
73	11	19	20	46	44
73	12	21	22	49	47
73	13	23	25	52	50
73	14	25	27	55	53
73	15	28	29	58	56
73	16	30	32	61	59
73	17	32	34	64	62
73	18	35	37	67	64
73	19	37	39	70	67
73	20	39	41	73	70

N = 200 (Block 2)

n	a	LOWER .975	LOWER .95	UPPER .975	UPPER .95
73	21	42	44	76	73
73	22	44	46	79	76
73	23	47	49	82	79
73	24	49	51	85	82
73	25	52	54	87	84
73	26	54	57	90	87
73	27	57	59	93	90
73	28	59	62	96	93
73	29	62	64	99	96
73	30	64	67	101	98
73	31	67	69	104	101
73	32	69	72	107	104
73	33	72	75	109	107
73	34	75	77	112	109
73	35	77	80	115	112
73	36	80	83	118	115
73	37	82	85	120	117
74	0	0	0	7	6
74	1	1	1	12	10
74	2	2	2	16	14
74	3	3	4	19	17
74	4	5	5	23	21
74	5	6	7	26	24
74	6	8	9	30	27
74	7	10	11	33	31
74	8	12	13	36	34
74	9	14	15	39	37
74	10	16	18	42	40
74	11	18	20	46	43
74	12	21	22	49	46
74	13	23	24	52	49
74	14	25	27	55	52
74	15	27	29	58	55
74	16	30	31	61	58
74	17	32	34	64	61
74	18	34	36	66	64
74	19	36	39	69	66
74	20	39	41	72	69
74	21	41	43	75	72
74	22	44	46	78	75
74	23	46	48	81	78
74	24	48	51	83	81
74	25	51	53	86	83
74	26	53	56	89	86
74	27	56	58	92	89
74	28	58	61	95	92
74	29	61	63	97	94
74	30	63	66	100	97
74	31	66	69	103	100
74	32	68	71	105	103
74	33	71	74	108	105
74	34	74	76	111	108
74	35	76	79	113	111
74	36	79	82	116	113
74	37	81	84	119	116
75	0	0	0	7	6
75	1	1	1	12	10
75	2	2	2	15	14
75	3	3	3	19	17
75	4	5	5	23	20
75	5	6	7	26	24
75	6	8	9	29	27
75	7	10	11	32	30
75	8	12	13	36	33
75	9	14	15	39	36
75	10	16	17	42	39
75	11	18	20	45	42
75	12	20	22	48	45
75	13	22	24	51	48
75	14	25	26	54	51
75	15	27	29	57	54
75	16	29	31	60	57
75	17	31	33	63	60
75	18	34	36	66	63
75	19	36	38	68	66

N = 200 (Block 3)

n	a	LOWER .975	LOWER .95	UPPER .975	UPPER .95
75	20	38	40	71	68
75	21	41	43	74	71
75	22	43	45	77	74
75	23	45	48	80	77
75	24	48	50	82	79
75	25	50	53	85	82
75	26	53	55	88	85
75	27	55	58	91	88
75	28	58	60	93	90
75	29	60	63	96	93
75	30	63	65	99	96
75	31	65	68	101	98
75	32	68	70	104	101
75	33	70	73	107	104
75	34	73	75	109	106
75	35	75	78	112	109
75	36	78	80	115	112
75	37	80	83	117	114
75	38	83	86	120	117
76	0	0	0	7	6
76	1	1	1	11	10
76	2	2	2	15	13
76	3	3	3	19	17
76	4	5	5	22	20
76	5	6	7	26	23
76	6	8	9	29	27
76	7	10	11	32	30
76	8	12	13	35	33
76	9	14	15	38	36
76	10	16	17	41	39
76	11	18	19	44	42
76	12	20	22	47	45
76	13	22	24	50	48
76	14	24	26	53	50
76	15	27	28	56	53
76	16	29	31	59	56
76	17	31	33	62	59
76	18	33	35	65	62
76	19	36	38	67	65
76	20	38	40	70	67
76	21	40	42	73	70
76	22	43	45	76	73
76	23	45	47	79	76
76	24	47	49	81	78
76	25	50	52	84	81
76	26	52	54	87	84
76	27	54	57	89	87
76	28	57	59	92	89
76	29	59	62	95	92
76	30	62	64	97	95
76	31	64	67	100	97
76	32	67	69	103	100
76	33	69	72	105	103
76	34	72	74	108	105
76	35	74	77	111	108
76	36	77	79	113	110
76	37	79	82	116	113
76	38	82	85	118	115
77	0	0	0	7	6
77	1	1	1	11	10
77	2	2	2	15	13
77	3	3	3	19	17
77	4	5	5	22	20
77	5	6	7	25	23
77	6	8	9	28	26
77	7	10	11	32	29
77	8	12	13	35	32
77	9	14	15	38	35
77	10	16	17	41	38
77	11	18	19	44	41
77	12	20	21	47	44
77	13	22	24	50	47
77	14	24	26	52	50
77	15	26	28	55	53
77	16	28	30	58	55

N = 200 (Block 4)

n	a	LOWER .975	LOWER .95	UPPER .975	UPPER .95
77	17	31	32	61	58
77	18	33	35	64	61
77	19	35	37	67	64
77	20	37	39	69	67
77	21	40	42	72	69
77	22	42	44	75	72
77	23	44	47	78	75
77	24	47	49	80	77
77	25	49	51	83	80
77	26	51	54	86	83
77	27	54	56	88	85
77	28	56	59	91	88
77	29	59	61	94	91
77	30	61	63	96	93
77	31	63	66	99	96
77	32	66	68	101	99
77	33	68	71	104	101
77	34	71	73	107	104
77	35	73	76	109	106
77	36	76	78	112	109
77	37	78	81	114	112
77	38	81	83	117	114
77	39	83	86	119	117
78	0	0	0	7	5
78	1	1	1	11	9
78	2	2	2	15	13
78	3	3	3	18	16
78	4	5	5	22	20
78	5	6	7	25	23
78	6	8	9	28	26
78	7	10	11	31	29
78	8	12	13	34	32
78	9	14	15	37	35
78	10	16	17	40	38
78	11	18	19	43	41
78	12	20	21	46	43
78	13	22	23	49	46
78	14	24	25	52	49
78	15	26	28	55	52
78	16	28	30	57	55
78	17	30	32	60	57
78	18	33	34	63	60
78	19	35	37	66	63
78	20	37	39	68	66
78	21	39	41	71	68
78	22	42	44	74	71
78	23	44	46	77	74
78	24	46	48	79	76
78	25	48	51	82	79
78	26	51	53	85	82
78	27	53	55	87	84
78	28	55	58	90	87
78	29	58	60	92	90
78	30	60	63	95	92
78	31	63	65	98	95
78	32	65	68	100	97
78	33	67	70	103	100
78	34	70	72	105	102
78	35	72	75	108	105
78	36	75	77	110	108
78	37	77	80	113	110
78	38	80	82	115	113
78	39	82	85	118	115
79	0	0	0	7	5
79	1	1	1	11	9
79	2	2	2	15	13
79	3	3	3	18	16
79	4	5	5	21	19
79	5	6	7	24	22
79	6	8	9	28	25
79	7	10	11	31	28
79	8	12	13	34	31
79	9	13	15	37	34
79	10	15	17	40	37
79	11	17	19	43	40

CONFIDENCE BOUNDS FOR A

		N =	200		
		LOWER		UPPER	
n	a	.975	.95	.975	.95
79	12	19	21	45	43
79	13	22	23	48	46
79	14	24	25	51	48
79	15	26	27	54	51
79	16	28	30	57	54
79	17	30	32	59	57
79	18	32	34	62	59
79	19	34	36	65	62
79	20	37	39	68	65
79	21	39	41	70	68
79	22	41	43	73	70
79	23	43	45	76	73
79	24	46	48	78	75
79	25	48	50	81	78
79	26	50	52	83	81
79	27	52	55	86	83
79	28	55	57	89	86
79	29	57	59	91	88
79	30	59	62	94	91
79	31	62	64	96	94
79	32	64	67	99	96
79	33	67	69	101	99
79	34	69	72	104	101
79	35	71	74	106	104
79	36	74	76	109	106
79	37	76	79	111	109
79	38	79	81	114	111
79	39	81	84	116	114
79	40	84	86	119	116
80	0	0	0	7	5
80	1	1	1	11	9
80	2	2	2	14	13
80	3	3	3	18	16
80	4	5	5	21	19
80	5	6	7	24	22
80	6	8	9	27	25
80	7	10	10	30	28
80	8	11	12	33	31
80	9	13	14	36	34
80	10	15	16	39	37
80	11	17	19	42	40
80	12	19	21	45	42
80	13	21	23	48	45
80	14	23	25	50	48
80	15	25	27	53	51
80	16	28	29	56	53
80	17	30	31	59	56
80	18	32	34	61	59
80	19	34	36	64	61
80	20	36	38	67	64
80	21	38	40	69	67
80	22	41	43	72	69
80	23	43	45	75	72
80	24	45	47	77	74
80	25	47	49	80	77
80	26	50	52	82	80
80	27	52	54	85	82
80	28	54	56	88	85
80	29	56	59	90	87
80	30	59	61	93	90
80	31	61	63	95	92
80	32	63	66	98	95
80	33	66	68	100	97
80	34	68	71	103	100
80	35	71	73	105	102
80	36	73	75	108	105
80	37	75	78	110	107
80	38	78	80	113	110
80	39	80	83	115	112
80	40	83	85	117	115

CHAPTER 4

THE TABLE

OF LOWER AND UPPER CONFIDENCE BOUNDS

Section 4.4

$$N = 210(10)500$$

$$n = 1(1)\frac{N}{5}$$

$$a = 0(1)\frac{n}{2}$$

(Displayed in Table)

$$a = \frac{n}{2}(1)n$$

(From Table by Subtraction
Using (2.5) and (2.6))

CONFIDENCE BOUNDS FOR A

N = 210

n	a	LOWER .975	LOWER .95	UPPER .975	UPPER .95
1	0	0	0	204	199
1	1	6	11	210	210
2	0	0	0	176	162
2	1	3	6	207	204
3	0	0	0	147	131
3	1	2	4	189	181
3	2	21	29	208	206
4	0	0	0	125	109
4	1	2	3	168	157
4	2	15	21	195	189
5	0	0	0	108	93
5	1	2	3	149	137
5	2	12	17	178	169
5	3	32	41	198	193
6	0	0	0	95	81
6	1	1	2	133	121
6	2	10	14	162	152
6	3	26	33	184	177
7	0	0	0	84	72
7	1	1	2	120	108
7	2	9	12	147	137
7	3	22	28	170	161
7	4	40	49	188	182
8	0	0	0	76	64
8	1	1	2	109	97
8	2	8	11	135	124
8	3	19	24	157	148
8	4	34	42	176	168
9	0	0	0	69	58
9	1	1	2	99	88
9	2	7	9	124	114
9	3	17	22	145	136
9	4	30	37	164	156
9	5	46	54	180	173
10	0	0	0	63	53
10	1	1	2	91	81
10	2	6	9	115	105
10	3	15	19	135	126
10	4	27	33	153	145
10	5	41	48	169	162
11	0	0	0	58	48
11	1	1	1	85	75
11	2	6	8	107	97
11	3	14	18	126	117
11	4	24	30	143	135
11	5	37	43	159	151
11	6	51	59	173	167
12	0	0	0	54	45
12	1	1	1	79	69
12	2	5	7	99	90
12	3	13	16	118	109
12	4	22	27	135	126
12	5	34	40	150	142
12	6	46	53	164	157
13	0	0	0	50	41
13	1	1	1	73	65
13	2	5	7	93	84
13	3	12	15	111	102
13	4	21	25	127	118
13	5	31	36	142	134
13	6	42	49	155	148
13	7	55	62	168	161
14	0	0	0	47	39
14	1	1	1	69	60
14	2	5	6	88	79
14	3	11	14	104	96
14	4	19	23	120	111
14	5	29	34	134	126
14	6	39	45	147	140
14	7	50	57	160	153
15	0	0	0	44	36
15	1	1	1	65	57
15	2	4	6	83	74
15	3	10	13	99	90
15	4	18	22	113	105

N = 210

n	a	LOWER .975	LOWER .95	UPPER .975	UPPER .95
15	5	27	31	127	119
15	6	36	42	140	132
15	7	47	53	152	145
15	8	58	65	163	157
16	0	0	0	41	34
16	1	1	1	61	53
16	2	4	6	78	70
16	3	10	12	93	85
16	4	17	20	108	100
16	5	25	29	121	113
16	6	34	39	133	126
16	7	44	49	145	138
16	8	54	60	156	150
17	0	0	0	39	32
17	1	1	1	58	50
17	2	4	5	74	66
17	3	9	12	89	81
17	4	16	19	102	94
17	5	23	28	115	107
17	6	32	37	127	120
17	7	41	46	138	131
17	8	50	57	149	143
17	9	61	67	160	153
18	0	0	0	37	30
18	1	1	1	55	48
18	2	4	5	70	63
18	3	9	11	84	77
18	4	15	18	97	90
18	5	22	26	110	102
18	6	30	35	121	114
18	7	38	44	132	125
18	8	47	53	143	136
18	9	57	63	153	147
19	0	0	0	35	29
19	1	1	1	52	45
19	2	4	5	67	60
19	3	8	10	81	73
19	4	14	17	93	86
19	5	21	25	105	98
19	6	28	33	116	109
19	7	36	41	127	120
19	8	45	50	137	130
19	9	54	60	147	141
19	10	63	69	156	150
20	0	0	0	33	27
20	1	1	1	50	43
20	2	4	5	64	57
20	3	8	10	77	70
20	4	14	16	89	82
20	5	20	23	100	93
20	6	27	31	111	104
20	7	34	39	122	115
20	8	42	48	132	125
20	9	51	56	141	135
20	10	60	66	150	144
21	0	0	0	32	26
21	1	1	1	48	41
21	2	3	4	61	55
21	3	8	10	74	67
21	4	13	16	85	78
21	5	19	22	96	89
21	6	26	30	107	100
21	7	33	37	117	110
21	8	40	45	127	120
21	9	48	54	136	130
21	10	56	62	145	139
21	11	65	71	154	148
22	0	0	0	30	25
22	1	1	1	46	39
22	2	3	4	59	52
22	3	7	9	71	64
22	4	12	15	82	75
22	5	18	21	92	86
22	6	24	28	103	96
22	7	31	35	112	106

N = 210

n	a	LOWER .975	LOWER .95	UPPER .975	UPPER .95
22	8	38	43	122	115
22	9	46	51	131	125
22	10	54	59	140	134
22	11	62	68	148	142
23	0	0	0	29	24
23	1	1	1	44	38
23	2	3	4	56	50
23	3	7	9	68	61
23	4	12	14	79	72
23	5	17	20	89	82
23	6	23	27	99	92
23	7	30	34	108	102
23	8	37	41	117	111
23	9	44	49	126	120
23	10	51	56	135	129
23	11	59	64	143	137
23	12	67	73	151	146
24	0	0	0	28	23
24	1	1	1	42	36
24	2	3	4	54	48
24	3	7	8	65	59
24	4	11	14	76	69
24	5	17	20	86	79
24	6	22	26	95	89
24	7	29	32	104	98
24	8	35	39	113	107
24	9	42	47	122	116
24	10	49	54	130	124
24	11	56	62	138	132
24	12	64	69	146	141
25	0	0	0	27	22
25	1	1	1	40	35
25	2	3	4	52	46
25	3	7	8	63	57
25	4	11	13	73	67
25	5	16	19	83	76
25	6	22	25	92	86
25	7	27	31	101	94
25	8	34	38	109	103
25	9	40	45	118	112
25	10	47	52	126	120
25	11	54	59	134	128
25	12	61	66	141	136
25	13	69	74	149	144
26	0	0	0	26	21
26	1	1	1	39	33
26	2	3	4	50	44
26	3	6	8	60	55
26	4	11	13	70	64
26	5	16	18	80	74
26	6	21	24	89	82
26	7	26	30	97	91
26	8	32	36	106	100
26	9	39	43	114	108
26	10	45	50	122	116
26	11	52	57	129	124
26	12	59	64	137	131
26	13	66	71	144	139
27	0	0	0	25	20
27	1	1	1	37	32
27	2	3	4	48	43
27	3	6	8	58	53
27	4	10	12	68	62
27	5	15	18	77	71
27	6	20	23	86	80
27	7	25	29	94	88
27	8	31	35	102	96
27	9	37	41	110	104
27	10	43	48	118	112
27	11	50	54	125	120
27	12	56	61	133	127
27	13	63	68	140	135
27	14	70	75	147	142
28	0	0	0	24	19
28	1	1	1	36	31

N = 210

n	a	LOWER .975	LOWER .95	UPPER .975	UPPER .95
28	2	3	4	47	41
28	3	6	7	56	51
28	4	10	12	66	60
28	5	15	17	74	69
28	6	19	22	83	77
28	7	25	28	91	85
28	8	30	34	99	93
28	9	36	40	107	101
28	10	42	46	114	109
28	11	48	52	122	116
28	12	54	59	129	123
28	13	61	66	136	130
28	14	67	73	143	137
29	0	0	0	23	19
29	1	1	1	35	30
29	2	3	3	45	40
29	3	6	7	55	49
29	4	10	12	63	58
29	5	14	16	72	66
29	6	19	22	80	75
29	7	24	27	88	82
29	8	29	33	96	90
29	9	35	38	104	98
29	10	40	44	111	105
29	11	46	51	118	112
29	12	52	57	125	120
29	13	58	63	132	127
29	14	65	70	139	133
29	15	71	77	145	140
30	0	0	0	22	18
30	1	1	1	34	29
30	2	3	3	44	39
30	3	6	7	53	48
30	4	9	11	61	56
30	5	14	16	70	64
30	6	18	21	78	72
30	7	23	26	86	80
30	8	28	31	93	87
30	9	33	37	100	95
30	10	39	43	108	102
30	11	45	49	115	109
30	12	50	55	122	116
30	13	56	61	128	123
30	14	63	67	135	130
30	15	69	74	141	136
31	0	0	0	21	17
31	1	1	1	33	28
31	2	3	3	42	37
31	3	6	7	51	46
31	4	9	11	60	54
31	5	13	15	68	62
31	6	18	20	75	70
31	7	22	25	83	78
31	8	27	30	90	85
31	9	32	36	98	92
31	10	38	41	105	99
31	11	43	47	111	106
31	12	49	53	118	113
31	13	54	59	125	119
31	14	60	65	131	126
31	15	66	71	137	132
31	16	73	78	144	139
32	0	0	0	21	17
32	1	1	1	31	27
32	2	3	3	41	36
32	3	5	7	50	45
32	4	9	11	58	53
32	5	13	15	66	60
32	6	17	20	73	68
32	7	22	24	81	75
32	8	26	30	88	82
32	9	31	35	95	89
32	10	36	40	102	96
32	11	42	46	108	103
32	12	47	51	115	110

CONFIDENCE BOUNDS FOR A

		N = 210 LOWER		N = 210 UPPER				N = 210 LOWER		N = 210 UPPER				N = 210 LOWER		N = 210 UPPER				N = 220 LOWER		N = 220 UPPER	
n	a	.975	.95	.975	.95	n	a	.975	.95	.975	.95	n	a	.975	.95	.975	.95	n	a	.975	.95	.975	.95
32	13	53	57	121	116	36	16	62	66	127	122	40	11	33	37	88	84	1	0	0	0	214	208
32	14	58	63	128	122	36	17	67	72	132	127	40	12	38	41	94	89	1	1	6	12	220	220
32	15	64	69	134	129	36	18	73	77	137	133	40	13	42	46	99	95	2	0	0	0	184	170
32	16	70	75	140	135	37	0	0	0	18	14	40	14	46	50	105	100	2	1	3	6	217	214
33	0	0	0	20	16	37	1	1	1	27	23	40	15	51	55	110	105	3	0	0	0	154	138
33	1	1	1	31	26	37	2	2	3	35	31	40	16	56	59	115	111	3	1	2	4	198	189
33	2	3	3	40	35	37	3	5	6	43	39	40	17	60	64	120	116	3	2	22	31	218	216
33	3	5	6	48	43	37	4	8	9	50	46	40	18	65	69	126	121	4	0	0	0	131	115
33	4	9	10	56	51	37	5	11	13	57	52	40	19	70	74	131	126	4	1	2	3	176	164
33	5	13	15	64	59	37	6	15	17	64	59	40	20	75	79	135	131	4	2	16	22	204	198
33	6	17	19	71	66	37	7	19	21	70	66	41	0	0	0	16	13	5	0	0	0	113	98
33	7	21	24	78	73	37	8	23	26	77	72	41	1	1	1	24	21	5	1	2	3	156	143
33	8	26	29	85	80	37	9	27	30	83	78	41	2	2	3	32	28	5	2	13	18	187	177
33	9	30	34	92	87	37	10	32	35	89	84	41	3	5	5	39	35	5	3	33	43	207	202
33	10	35	39	99	94	37	11	36	40	95	90	41	4	7	9	45	41	6	0	0	0	99	85
33	11	40	44	105	100	37	12	41	44	101	96	41	5	10	12	52	47	6	1	1	2	139	127
33	12	46	50	112	107	37	13	45	49	107	102	41	6	14	16	58	53	6	2	10	15	170	159
33	13	51	55	118	113	37	14	50	54	112	108	41	7	17	19	64	59	6	3	27	35	193	185
33	14	57	61	124	119	37	15	55	59	118	113	41	8	21	23	70	65	7	0	0	0	88	75
33	15	62	67	130	125	37	16	60	64	124	119	41	9	25	27	75	71	7	1	1	2	126	113
33	16	68	73	136	131	37	17	65	70	129	124	41	10	29	31	81	76	7	2	9	13	154	143
33	17	74	79	142	137	37	18	70	75	134	130	41	11	33	36	86	82	7	3	23	29	178	169
34	0	0	0	19	16	37	19	76	80	140	135	41	12	37	40	92	87	7	4	42	51	197	191
34	1	1	1	30	25	38	0	0	0	17	14	41	13	41	44	97	93	8	0	0	0	79	67
34	2	2	3	38	34	38	1	1	1	26	23	41	14	45	49	102	98	8	1	1	2	114	102
34	3	5	6	47	42	38	2	2	3	34	30	41	15	50	53	108	103	8	2	8	11	141	130
34	4	8	10	55	50	38	3	5	6	42	38	41	16	54	58	113	108	8	3	20	26	164	155
34	5	12	14	62	57	38	4	8	9	49	44	41	17	59	63	118	113	8	4	36	44	184	176
34	6	16	19	69	64	38	5	11	13	56	51	41	18	63	67	123	118	9	0	0	0	72	61
34	7	20	23	76	71	38	6	15	17	62	58	41	19	68	72	128	123	9	1	1	2	104	93
34	8	25	28	83	78	38	7	18	21	69	64	41	20	73	77	133	128	9	2	7	10	130	119
34	9	30	33	90	84	38	8	22	25	75	70	41	21	77	82	137	133	9	3	18	23	152	142
34	10	34	38	96	91	38	9	27	29	81	76	42	0	0	0	15	12	9	4	32	38	172	163
34	11	39	43	103	97	38	10	31	34	87	82	42	1	1	1	24	20	9	5	48	57	188	182
34	12	44	48	109	104	38	11	35	38	93	88	42	2	2	3	31	27	10	0	0	0	66	55
34	13	50	54	115	110	38	12	40	43	99	94	42	3	4	5	38	34	10	1	1	2	96	85
34	14	55	59	121	116	38	13	44	48	104	99	42	4	7	8	44	40	10	2	6	9	120	110
34	15	60	65	127	122	38	14	49	53	110	105	42	5	10	12	50	46	10	3	16	20	142	132
34	16	66	70	133	128	38	15	54	58	115	110	42	6	13	15	56	52	10	4	28	34	160	152
34	17	71	76	139	134	38	16	59	63	121	116	42	7	17	19	62	58	10	5	43	50	177	170
35	0	0	0	19	15	38	17	63	68	126	121	42	8	20	23	68	64	11	0	0	0	61	51
35	1	1	1	29	25	38	18	68	73	131	127	42	9	24	27	74	69	11	1	1	2	89	78
35	2	2	3	37	33	38	19	74	78	136	132	42	10	28	31	79	75	11	2	6	8	112	102
35	3	5	6	45	41	39	0	0	0	17	14	42	11	32	35	84	80	11	3	14	18	132	122
35	4	8	10	53	48	39	1	1	1	26	22	42	12	36	39	90	85	11	4	26	31	150	141
35	5	12	14	60	55	39	2	2	3	33	30	42	13	40	43	95	90	11	5	39	45	167	159
35	6	16	18	67	62	39	3	5	6	41	37	42	14	44	48	100	96	11	6	53	61	181	175
35	7	20	22	74	69	39	4	8	9	48	43	42	15	49	52	105	101	12	0	0	0	56	47
35	8	24	27	81	76	39	5	11	13	54	50	42	16	53	57	110	106	12	1	1	1	83	73
35	9	29	32	87	82	39	6	14	16	61	56	42	17	57	61	115	111	12	2	6	8	104	94
35	10	33	37	94	89	39	7	18	20	67	62	42	18	62	66	120	116	12	3	13	17	124	114
35	11	38	42	100	95	39	8	22	24	73	68	42	19	66	70	125	121	12	4	23	28	141	132
35	12	43	47	106	101	39	9	26	29	79	74	42	20	71	75	130	125	12	5	35	41	157	149
35	13	48	52	112	107	39	10	30	33	85	80	42	21	75	80	135	130	12	6	48	56	172	164
35	14	53	57	118	113	39	11	34	38	91	86							13	0	0	0	52	44
35	15	58	63	124	119	39	12	39	42	96	91							13	1	1	1	77	68
35	16	64	68	130	125	39	13	43	47	102	97							13	2	5	7	98	88
35	17	69	74	135	131	39	14	48	51	107	102							13	3	12	16	116	107
35	18	75	79	141	136	39	15	52	56	113	108							13	4	21	26	133	124
36	0	0	0	18	15	39	16	57	61	118	113							13	5	32	38	148	140
36	1	1	1	28	24	39	17	62	66	123	119							13	6	44	51	163	155
36	2	2	3	36	32	39	18	67	71	128	124							13	7	57	65	176	169
36	3	5	6	44	40	39	19	72	76	133	129							14	0	0	0	49	41
36	4	8	10	52	47	39	20	77	81	138	134							14	1	1	1	72	63
36	5	12	13	59	54	40	0	0	0	16	13							14	2	5	7	92	83
36	6	15	18	66	61	40	1	1	1	25	21							14	3	11	15	109	100
36	7	19	22	72	67	40	2	2	3	33	29							14	4	20	24	126	117
36	8	24	26	79	74	40	3	5	6	40	36							14	5	30	35	140	132
36	9	28	31	85	80	40	4	7	9	46	42							14	6	41	47	154	147
36	10	32	36	91	86	40	5	11	12	53	49							14	7	53	60	167	160
36	11	37	41	97	92	40	6	14	16	59	55							15	0	0	0	46	38
36	12	42	46	103	98	40	7	18	20	65	61							15	1	1	1	68	59
36	13	47	51	109	104	40	8	21	24	71	67							15	2	5	6	87	78
36	14	52	56	115	110	40	9	25	28	77	72							15	3	11	14	103	95
36	15	57	61	121	116	40	10	29	32	83	78							15	4	19	23	119	110

CONFIDENCE BOUNDS FOR A

N = 220

n	a	LOWER .975	LOWER .95	UPPER .975	UPPER .95
15	5	28	33	133	125
15	6	38	44	147	139
15	7	49	55	159	152
15	8	61	68	171	165
16	0	0	0	43	36
16	1	1	1	64	56
16	2	4	6	82	74
16	3	10	13	98	89
16	4	17	21	113	104
16	5	26	31	127	118
16	6	35	41	140	132
16	7	46	52	152	145
16	8	56	63	164	157
17	0	0	0	41	34
17	1	1	1	61	53
17	2	4	6	78	70
17	3	10	12	93	85
17	4	16	20	107	99
17	5	24	29	121	113
17	6	33	38	133	125
17	7	43	48	145	138
17	8	53	59	156	150
17	9	64	70	167	161
18	0	0	0	39	32
18	1	1	1	58	50
18	2	4	5	74	66
18	3	9	11	89	81
18	4	16	19	102	94
18	5	23	27	115	107
18	6	31	36	127	120
18	7	40	46	139	132
18	8	50	56	150	143
18	9	60	66	160	154
19	0	0	0	37	30
19	1	1	1	55	48
19	2	4	5	70	63
19	3	9	11	84	77
19	4	15	18	98	90
19	5	22	26	110	102
19	6	30	34	122	114
19	7	38	43	133	126
19	8	47	53	144	137
19	9	56	62	154	147
19	10	66	73	164	158
20	0	0	0	35	29
20	1	1	1	52	45
20	2	4	5	67	60
20	3	8	10	81	73
20	4	14	17	93	86
20	5	21	24	105	98
20	6	28	32	117	109
20	7	36	41	128	120
20	8	44	50	138	131
20	9	53	59	148	141
20	10	62	69	158	151
21	0	0	0	33	27
21	1	1	1	50	43
21	2	4	5	64	57
21	3	8	10	77	70
21	4	13	16	89	82
21	5	20	23	101	94
21	6	27	31	112	105
21	7	34	39	123	115
21	8	42	47	133	126
21	9	50	56	142	136
21	10	59	65	152	146
21	11	68	74	161	155
22	0	0	0	32	26
22	1	1	1	48	41
22	2	3	4	62	55
22	3	8	10	74	67
22	4	13	16	86	79
22	5	19	22	97	90
22	6	26	29	108	101
22	7	33	37	118	111

N = 220

n	a	LOWER .975	LOWER .95	UPPER .975	UPPER .95
22	8	40	45	128	121
22	9	48	53	137	131
22	10	56	62	146	140
22	11	65	71	155	149
23	0	0	0	30	25
23	1	1	1	46	40
23	2	3	4	59	53
23	3	7	9	71	64
23	4	12	15	82	76
23	5	18	21	93	86
23	6	24	28	104	97
23	7	31	35	114	107
23	8	38	43	123	116
23	9	46	51	132	126
23	10	54	59	141	135
23	11	62	67	150	144
23	12	70	76	158	153
24	0	0	0	29	24
24	1	1	1	44	38
24	2	3	4	57	50
24	3	7	9	68	62
24	4	12	14	79	73
24	5	17	20	90	83
24	6	23	27	100	93
24	7	30	34	109	103
24	8	37	41	119	112
24	9	44	49	128	121
24	10	51	56	137	130
24	11	59	64	145	139
24	12	67	73	153	147
25	0	0	0	28	23
25	1	1	1	42	37
25	2	3	4	55	49
25	3	7	9	66	60
25	4	12	14	76	70
25	5	17	20	87	80
25	6	23	26	96	90
25	7	29	33	106	99
25	8	35	39	115	108
25	9	42	47	123	117
25	10	49	54	132	126
25	11	56	62	140	134
25	12	64	70	148	142
25	13	72	78	156	150
26	0	0	0	27	22
26	1	1	1	41	35
26	2	3	4	53	47
26	3	7	8	64	57
26	4	11	13	74	67
26	5	16	19	84	77
26	6	22	25	93	87
26	7	28	31	102	96
26	8	34	38	111	104
26	9	40	45	119	113
26	10	47	52	128	122
26	11	54	59	136	130
26	12	61	67	144	138
26	13	69	74	151	146
27	0	0	0	26	21
27	1	1	1	39	34
27	2	3	4	51	45
27	3	6	8	61	55
27	4	11	13	71	65
27	5	16	18	81	75
27	6	21	24	90	84
27	7	27	30	99	92
27	8	33	37	107	101
27	9	39	43	116	109
27	10	45	50	124	118
27	11	52	57	132	126
27	12	59	64	139	133
27	13	66	71	147	141
27	14	73	79	154	149
28	0	0	0	25	20
28	1	1	1	38	33

N = 220

n	a	LOWER .975	LOWER .95	UPPER .975	UPPER .95
28	2	3	4	49	43
28	3	6	8	59	53
28	4	10	12	69	63
28	5	15	18	78	72
28	6	20	23	87	81
28	7	26	29	96	89
28	8	31	35	104	98
28	9	37	42	112	106
28	10	44	48	120	114
28	11	50	55	128	122
28	12	57	62	135	129
28	13	63	69	142	137
28	14	70	76	150	144
29	0	0	0	24	20
29	1	1	1	37	32
29	2	3	4	47	42
29	3	6	7	57	52
29	4	10	12	67	61
29	5	15	17	76	70
29	6	20	22	84	78
29	7	25	28	93	87
29	8	30	34	101	95
29	9	36	40	109	103
29	10	42	46	116	110
29	11	48	53	124	118
29	12	55	59	131	125
29	13	61	66	138	133
29	14	68	73	145	140
29	15	75	80	152	147
30	0	0	0	23	19
30	1	1	1	35	30
30	2	3	4	46	41
30	3	6	7	55	50
30	4	10	12	65	59
30	5	14	17	73	67
30	6	19	22	82	76
30	7	24	27	90	84
30	8	29	33	98	92
30	9	35	39	105	99
30	10	41	45	113	107
30	11	47	51	120	114
30	12	53	57	127	122
30	13	59	64	134	129
30	14	65	70	141	136
30	15	72	77	148	143
31	0	0	0	22	18
31	1	1	1	34	29
31	2	3	4	44	39
31	3	6	7	54	48
31	4	10	11	63	57
31	5	14	16	71	65
31	6	18	21	79	73
31	7	23	26	87	81
31	8	28	32	95	89
31	9	34	38	102	97
31	10	39	43	110	104
31	11	45	49	117	111
31	12	51	55	124	118
31	13	57	62	131	125
31	14	63	68	138	132
31	15	69	75	144	139
31	16	76	81	151	145
32	0	0	0	22	18
32	1	1	1	33	29
32	2	3	4	43	38
32	3	6	7	52	47
32	4	9	11	61	55
32	5	13	16	69	63
32	6	18	20	77	71
32	7	23	26	85	79
32	8	28	31	92	86
32	9	33	36	99	94
32	10	38	42	107	101
32	11	44	48	114	108
32	12	49	54	121	115

N = 220

n	a	LOWER .975	LOWER .95	UPPER .975	UPPER .95
32	13	55	60	127	122
32	14	61	66	134	128
32	15	67	72	140	135
32	16	73	78	147	142
33	0	0	0	21	17
33	1	1	1	32	28
33	2	3	3	42	37
33	3	5	7	51	46
33	4	9	11	59	54
33	5	13	15	67	62
33	6	17	20	75	69
33	7	22	25	82	77
33	8	27	30	90	84
33	9	32	35	97	91
33	10	37	41	104	98
33	11	42	46	111	105
33	12	48	52	117	112
33	13	53	58	124	118
33	14	59	64	130	125
33	15	65	70	137	131
33	16	71	76	143	138
33	17	77	82	149	144
34	0	0	0	20	17
34	1	1	1	31	27
34	2	3	3	40	36
34	3	5	7	49	44
34	4	9	10	57	52
34	5	13	15	65	60
34	6	17	19	73	67
34	7	21	24	80	75
34	8	26	29	87	82
34	9	31	34	94	89
34	10	36	40	101	95
34	11	41	45	108	102
34	12	46	50	114	109
34	13	52	56	121	115
34	14	57	62	127	122
34	15	63	68	133	128
34	16	69	74	139	134
34	17	75	80	145	140
35	0	0	0	20	16
35	1	1	1	30	26
35	2	3	3	39	35
35	3	5	6	48	43
35	4	9	10	56	51
35	5	12	14	63	58
35	6	16	19	71	65
35	7	21	23	78	73
35	8	25	28	85	79
35	9	30	33	92	86
35	10	35	38	98	93
35	11	40	44	105	100
35	12	45	49	111	106
35	13	50	54	118	112
35	14	56	60	124	119
35	15	61	66	130	125
35	16	67	71	136	131
35	17	72	77	142	137
35	18	78	83	148	143
36	0	0	0	19	16
36	1	1	1	29	25
36	2	2	3	38	34
36	3	5	6	46	42
36	4	8	10	54	49
36	5	12	14	62	57
36	6	16	18	69	64
36	7	20	23	76	71
36	8	25	28	83	77
36	9	29	32	89	84
36	10	34	37	96	91
36	11	39	42	102	97
36	12	44	48	109	103
36	13	49	53	115	110
36	14	54	58	121	116
36	15	59	64	127	122

CONFIDENCE BOUNDS FOR A

	N = 220						N = 220						N = 220						N = 230			
		LOWER		UPPER				LOWER		UPPER				LOWER		UPPER				LOWER		UPPER	
n	a	.975	.95	.975	.95	n	a	.975	.95	.975	.95	n	a	.975	.95	.975	.95	n	a	.975	.95	.975	.95
36	16	65	69	133	128	40	11	35	38	93	88	43	21	77	81	138	134	1	0	0	0	224	218
36	17	70	75	138	134	40	12	39	43	99	94	43	22	82	86	143	139	1	1	6	12	230	230
36	18	76	81	144	139	40	13	44	48	104	99	44	0	0	0	15	13	2	0	0	0	193	178
37	0	0	0	19	15	40	14	49	52	110	105	44	1	1	1	24	20	2	1	3	6	227	224
37	1	1	1	29	25	40	15	53	57	116	111	44	2	2	3	31	27	3	0	0	0	162	144
37	2	2	3	37	33	40	16	58	62	121	116	44	3	4	5	38	34	3	1	2	4	207	198
37	3	5	6	45	41	40	17	63	67	126	122	44	4	7	8	44	40	3	2	23	32	228	226
37	4	8	10	53	48	40	18	68	72	132	127	44	5	10	12	51	46	4	0	0	0	137	120
37	5	12	14	60	55	40	19	73	77	137	132	44	6	13	15	57	52	4	1	2	3	184	172
37	6	16	18	67	62	40	20	78	83	142	137	44	7	17	19	63	58	4	2	16	23	214	207
37	7	20	22	74	69	41	0	0	0	17	14	44	8	20	23	68	64	5	0	0	0	118	102
37	8	24	27	81	75	41	1	1	1	26	22	44	9	24	27	74	69	5	1	2	3	163	150
37	9	28	32	87	82	41	2	2	3	33	30	44	10	28	31	79	75	5	2	13	18	195	185
37	10	33	36	93	88	41	3	5	6	41	37	44	11	32	35	85	80	5	3	35	45	217	212
37	11	38	41	100	95	41	4	8	9	48	43	44	12	36	39	90	86	6	0	0	0	104	89
37	12	43	46	106	101	41	5	11	12	54	50	44	13	40	43	96	91	6	1	1	2	146	132
37	13	47	51	112	107	41	6	14	16	61	56	44	14	44	48	101	96	6	2	11	15	177	166
37	14	53	57	118	113	41	7	18	20	67	62	44	15	48	52	106	101	6	3	28	36	202	194
37	15	58	62	124	119	41	8	22	24	73	68	44	16	53	56	111	106	7	0	0	0	92	79
37	16	63	67	130	125	41	9	26	29	79	74	44	17	57	61	116	111	7	1	1	2	131	118
37	17	68	73	135	130	41	10	30	33	85	80	44	18	61	65	121	116	7	2	9	13	162	150
37	18	74	78	141	136	41	11	34	37	91	86	44	19	66	70	126	121	7	3	24	31	186	177
37	19	79	84	146	142	41	12	38	42	96	91	44	20	71	75	131	126	7	4	44	53	206	199
38	0	0	0	18	15	41	13	43	46	102	97	44	21	75	79	135	131	8	0	0	0	83	70
38	1	1	1	28	24	41	14	47	51	108	103	44	22	80	84	140	136	8	1	1	2	119	107
38	2	2	3	36	32	41	15	52	56	113	108							8	2	8	12	148	136
38	3	5	6	44	40	41	16	57	61	118	113							8	3	21	27	172	162
38	4	8	9	51	47	41	17	61	65	124	119							8	4	38	46	192	184
38	5	12	13	58	54	41	18	66	70	129	124							9	0	0	0	75	63
38	6	15	17	65	60	41	19	71	75	134	129							9	1	1	2	109	97
38	7	19	22	72	67	41	20	76	80	139	134							9	2	7	10	136	125
38	8	23	26	79	73	41	21	81	86	144	140							9	3	18	24	159	149
38	9	28	31	85	80	42	0	0	0	16	13							9	4	33	40	180	171
38	10	32	35	91	86	42	1	1	1	25	21							9	5	50	59	197	190
38	11	37	40	97	92	42	2	2	3	33	29							10	0	0	0	69	58
38	12	41	45	103	98	42	3	5	6	40	36							10	1	1	2	100	89
38	13	46	50	109	104	42	4	7	9	47	42							10	2	7	9	126	115
38	14	51	55	115	110	42	5	11	12	53	49							10	3	17	21	148	138
38	15	56	60	121	116	42	6	14	16	59	55							10	4	29	36	168	159
38	16	61	66	127	122	42	7	18	20	65	61							10	5	45	53	185	177
38	17	66	71	132	127	42	8	21	24	71	67							11	0	0	0	64	53
38	18	72	76	138	133	42	9	25	28	77	73							11	1	1	2	93	82
38	19	77	82	143	138	42	10	29	32	83	78							11	2	6	9	117	106
39	0	0	0	18	14	42	11	33	36	89	84							11	3	15	19	138	128
39	1	1	1	27	23	42	12	38	41	94	89							11	4	27	32	157	148
39	2	2	3	35	31	42	13	42	45	100	95							11	5	40	47	174	166
39	3	5	6	43	39	42	14	46	50	105	100							11	6	56	64	190	183
39	4	8	9	50	46	42	15	51	54	111	106							12	0	0	0	59	49
39	5	11	13	57	52	42	16	55	59	116	111							12	1	1	1	86	76
39	6	15	17	64	59	42	17	60	64	121	116							12	2	6	8	109	99
39	7	19	21	70	65	42	18	64	69	126	121							12	3	14	18	129	119
39	8	23	25	77	72	42	19	69	74	131	127							12	4	24	30	148	138
39	9	27	30	83	78	42	20	74	78	136	132							12	5	37	43	164	156
39	10	31	35	89	84	42	21	79	83	141	137							12	6	50	58	180	172
39	11	36	39	95	90	43	0	0	0	16	13							13	0	0	0	55	46
39	12	40	44	101	96	43	1	1	1	24	21							13	1	1	1	81	71
39	13	45	49	107	102	43	2	2	3	32	28							13	2	5	7	102	92
39	14	50	54	113	107	43	3	5	5	39	35							13	3	13	16	122	112
39	15	55	59	118	113	43	4	7	9	45	41							13	4	22	27	139	130
39	16	60	64	124	119	43	5	10	12	52	47							13	5	34	40	155	147
39	17	65	69	129	124	43	6	14	16	58	54							13	6	46	53	170	162
39	18	70	74	135	130	43	7	17	19	64	59							13	7	60	68	184	177
39	19	75	79	140	135	43	8	21	23	70	65							14	0	0	0	51	43
39	20	80	85	145	141	43	9	25	27	76	71							14	1	1	1	76	66
40	0	0	0	17	14	43	10	29	31	81	76							14	2	5	7	96	87
40	1	1	1	26	23	43	11	33	36	87	82							14	3	12	15	115	105
40	2	2	3	34	30	43	12	37	40	92	87							14	4	21	25	131	122
40	3	5	6	42	38	43	13	41	44	98	93							14	5	31	37	147	138
40	4	8	9	49	44	43	14	45	49	103	98							14	6	43	49	161	153
40	5	11	13	56	51	43	15	49	53	108	103							14	7	55	62	175	168
40	6	15	17	62	57	43	16	54	58	113	109							15	0	0	0	48	40
40	7	18	21	69	64	43	17	58	62	118	114							15	1	1	1	71	62
40	8	22	25	75	70	43	18	63	67	123	119							15	2	5	6	91	82
40	9	26	29	81	76	43	19	68	72	128	124							15	3	11	14	108	99
40	10	31	34	87	82	43	20	72	77	133	129							15	4	19	24	124	115

CONFIDENCE BOUNDS FOR A

N = 230

n	a	LOWER .975	LOWER .95	UPPER .975	UPPER .95
15	5	29	34	139	131
15	6	39	46	153	145
15	7	51	58	167	159
15	8	63	71	179	172
16	0	0	0	45	37
16	1	1	1	67	59
16	2	4	6	86	77
16	3	11	13	103	94
16	4	18	22	118	109
16	5	27	32	132	124
16	6	37	43	146	138
16	7	47	54	159	151
16	8	59	66	171	164
17	0	0	0	43	35
17	1	1	1	64	56
17	2	4	6	81	73
17	3	10	13	97	89
17	4	17	21	112	104
17	5	25	30	126	118
17	6	35	40	139	131
17	7	44	51	152	144
17	8	55	62	164	156
17	9	66	74	175	168
18	0	0	0	41	33
18	1	1	1	60	53
18	2	4	5	77	69
18	3	9	12	93	84
18	4	16	20	107	99
18	5	24	28	120	112
18	6	33	38	133	125
18	7	42	48	145	138
18	8	52	58	157	150
18	9	62	69	168	161
19	0	0	0	38	32
19	1	1	1	57	50
19	2	4	5	74	66
19	3	9	11	88	80
19	4	15	19	102	94
19	5	23	27	115	107
19	6	31	36	127	120
19	7	40	45	139	132
19	8	49	55	150	143
19	9	59	65	161	154
19	10	69	76	171	165
20	0	0	0	37	30
20	1	1	1	55	48
20	2	4	5	70	63
20	3	9	11	85	77
20	4	15	18	98	90
20	5	22	25	110	102
20	6	29	34	122	114
20	7	37	43	134	126
20	8	46	52	144	137
20	9	55	62	155	148
20	10	65	72	165	158
21	0	0	0	35	29
21	1	1	1	52	45
21	2	4	5	67	60
21	3	8	10	81	73
21	4	14	17	94	86
21	5	21	24	106	98
21	6	28	32	117	110
21	7	36	41	128	121
21	8	44	49	139	132
21	9	53	58	149	142
21	10	62	68	159	152
21	11	71	78	168	162
22	0	0	0	33	27
22	1	1	1	50	43
22	2	4	5	64	57
22	3	8	10	78	70
22	4	13	16	90	82
22	5	20	23	102	94
22	6	27	31	113	105
22	7	34	39	123	116

N = 230

n	a	LOWER .975	LOWER .95	UPPER .975	UPPER .95
22	8	42	47	134	127
22	9	50	56	144	137
22	10	59	65	153	147
22	11	68	74	162	156
23	0	0	0	32	26
23	1	1	1	48	42
23	2	3	4	62	55
23	3	8	10	75	67
23	4	13	16	86	79
23	5	19	22	98	90
23	6	25	29	108	101
23	7	32	37	119	112
23	8	40	45	129	122
23	9	48	53	139	132
23	10	56	62	148	141
23	11	64	70	157	151
23	12	73	79	166	160
24	0	0	0	31	25
24	1	1	1	46	40
24	2	3	4	59	53
24	3	7	9	72	65
24	4	12	15	83	76
24	5	18	21	94	87
24	6	24	28	104	97
24	7	31	35	115	108
24	8	38	43	124	117
24	9	46	51	134	127
24	10	53	59	143	136
24	11	61	67	152	145
24	12	70	76	160	154
25	0	0	0	29	24
25	1	1	1	44	38
25	2	3	4	57	51
25	3	7	9	69	62
25	4	12	14	80	73
25	5	17	20	91	84
25	6	23	27	101	94
25	7	30	34	111	104
25	8	37	41	120	113
25	9	44	49	129	123
25	10	51	56	138	132
25	11	59	64	147	140
25	12	67	73	155	149
25	13	75	81	163	157
26	0	0	0	28	23
26	1	1	1	43	37
26	2	3	4	55	49
26	3	7	9	67	60
26	4	12	14	77	71
26	5	17	20	88	81
26	6	23	26	97	91
26	7	29	33	107	100
26	8	35	40	116	109
26	9	42	47	125	118
26	10	49	54	134	127
26	11	56	62	142	136
26	12	64	70	150	144
26	13	72	78	158	152
27	0	0	0	27	22
27	1	1	1	41	36
27	2	3	4	53	47
27	3	7	8	64	58
27	4	11	13	75	68
27	5	16	19	85	78
27	6	22	25	94	88
27	7	28	31	103	97
27	8	34	38	112	106
27	9	40	45	121	114
27	10	47	52	129	123
27	11	54	59	138	131
27	12	61	67	146	140
27	13	69	75	154	148
27	14	76	82	161	155
28	0	0	0	26	21
28	1	1	1	40	34

N = 230

n	a	LOWER .975	LOWER .95	UPPER .975	UPPER .95
28	2	3	4	51	46
28	3	6	8	62	56
28	4	11	13	72	66
28	5	16	18	82	75
28	6	21	24	91	85
28	7	27	30	100	94
28	8	33	37	109	102
28	9	39	43	117	111
28	10	45	50	126	119
28	11	52	57	134	127
28	12	59	64	141	135
28	13	66	72	149	143
28	14	73	79	157	151
29	0	0	0	25	21
29	1	1	1	38	33
29	2	3	4	50	44
29	3	6	8	60	54
29	4	10	13	70	64
29	5	15	18	79	73
29	6	20	23	88	82
29	7	26	29	97	91
29	8	32	35	105	99
29	9	38	42	114	107
29	10	44	48	122	116
29	11	50	55	130	123
29	12	57	62	137	131
29	13	64	69	145	139
29	14	71	76	152	146
29	15	78	84	159	154
30	0	0	0	24	20
30	1	1	1	37	32
30	2	3	4	48	43
30	3	6	8	58	52
30	4	10	12	68	62
30	5	15	17	77	71
30	6	20	23	86	79
30	7	25	28	94	88
30	8	31	34	102	96
30	9	36	40	110	104
30	10	42	47	118	112
30	11	49	53	126	120
30	12	55	60	133	127
30	13	61	67	141	135
30	14	68	74	148	142
30	15	75	81	155	149
31	0	0	0	24	19
31	1	1	1	36	31
31	2	3	4	46	41
31	3	6	7	56	51
31	4	10	12	66	60
31	5	14	17	74	69
31	6	19	22	83	77
31	7	24	27	91	85
31	8	30	33	99	93
31	9	35	39	107	101
31	10	41	45	115	109
31	11	47	51	122	116
31	12	53	58	130	124
31	13	59	64	137	131
31	14	66	71	144	138
31	15	72	78	151	145
31	16	79	85	158	152
32	0	0	0	23	19
32	1	1	1	35	30
32	2	3	3	45	40
32	3	6	7	55	49
32	4	10	11	64	58
32	5	14	16	72	66
32	6	19	21	81	75
32	7	23	27	89	83
32	8	29	32	97	91
32	9	34	38	104	98
32	10	40	44	112	106
32	11	45	50	119	113
32	12	51	56	126	120

N = 230

n	a	LOWER .975	LOWER .95	UPPER .975	UPPER .95
32	13	57	62	133	127
32	14	64	69	140	134
32	15	70	75	147	141
32	16	77	82	153	148
33	0	0	0	22	18
33	1	1	1	34	29
33	2	3	3	44	39
33	3	6	7	53	48
33	4	9	11	62	56
33	5	14	16	70	65
33	6	18	21	78	73
33	7	23	26	86	80
33	8	28	31	94	88
33	9	33	37	101	95
33	10	38	42	109	103
33	11	44	48	116	110
33	12	50	54	123	117
33	13	56	60	130	124
33	14	62	67	136	131
33	15	68	73	143	138
33	16	74	79	150	144
33	17	80	86	156	151
34	0	0	0	21	17
34	1	1	1	33	28
34	2	3	3	42	38
34	3	6	7	51	46
34	4	9	11	60	55
34	5	13	15	68	63
34	6	18	20	76	70
34	7	22	25	84	78
34	8	27	30	91	86
34	9	32	36	99	93
34	10	37	41	106	100
34	11	43	47	113	107
34	12	48	53	120	114
34	13	54	59	126	121
34	14	60	64	133	127
34	15	66	71	139	134
34	16	72	77	146	141
34	17	78	83	152	147
35	0	0	0	21	17
35	1	1	1	32	27
35	2	3	3	41	36
35	3	5	7	50	45
35	4	9	11	58	53
35	5	13	15	66	61
35	6	17	20	74	69
35	7	22	24	82	76
35	8	26	29	89	83
35	9	31	35	96	90
35	10	36	40	103	97
35	11	42	45	110	104
35	12	47	51	117	111
35	13	52	57	123	118
35	14	58	63	130	124
35	15	64	68	136	131
35	16	70	74	142	137
35	17	75	81	148	143
35	18	82	87	155	149
36	0	0	0	20	16
36	1	1	1	31	27
36	2	3	3	40	35
36	3	5	6	49	44
36	4	9	10	57	52
36	5	13	15	65	59
36	6	17	19	72	67
36	7	21	24	79	74
36	8	26	29	87	81
36	9	30	34	94	88
36	10	35	39	100	95
36	11	40	44	107	102
36	12	46	50	114	108
36	13	51	55	120	115
36	14	56	61	127	121
36	15	62	67	133	127

CONFIDENCE BOUNDS FOR A

N = 230

n	a	LOWER .975	.95	UPPER .975	.95
36	16	67	72	139	134
36	17	73	78	145	140
36	18	79	84	151	146
37	0	0	0	20	16
37	1	1	1	30	26
37	2	2	3	39	34
37	3	5	6	47	43
37	4	9	10	55	50
37	5	12	14	63	58
37	6	16	19	70	65
37	7	20	23	77	72
37	8	25	28	84	79
37	9	30	33	91	86
37	10	34	38	98	92
37	11	39	43	104	99
37	12	44	48	111	105
37	13	49	54	117	112
37	14	55	59	123	118
37	15	60	65	130	124
37	16	66	70	136	130
37	17	71	76	142	136
37	18	77	82	147	142
37	19	83	88	153	148
38	0	0	0	19	15
38	1	1	1	29	25
38	2	2	3	38	34
38	3	5	6	46	41
38	4	8	10	54	49
38	5	12	14	61	56
38	6	16	18	68	63
38	7	20	23	75	70
38	8	24	27	82	77
38	9	29	32	89	84
38	10	33	37	96	90
38	11	38	42	102	97
38	12	43	47	108	103
38	13	48	52	114	109
38	14	53	58	121	115
38	15	58	63	127	121
38	16	64	68	133	127
38	17	69	74	138	133
38	18	75	80	144	139
38	19	80	85	150	145
39	0	0	0	18	15
39	1	1	1	28	24
39	2	2	3	37	33
39	3	5	6	45	40
39	4	8	10	53	48
39	5	12	14	60	55
39	6	15	18	67	62
39	7	20	22	74	68
39	8	24	27	80	75
39	9	28	31	87	82
39	10	33	36	93	88
39	11	37	41	100	94
39	12	42	46	106	100
39	13	47	51	112	107
39	14	52	56	118	113
39	15	57	61	124	118
39	16	62	67	130	124
39	17	67	72	135	130
39	18	73	77	141	136
39	19	78	83	146	142
39	20	84	88	152	147
40	0	0	0	18	15
40	1	1	1	28	24
40	2	2	3	36	32
40	3	5	6	44	39
40	4	8	9	51	47
40	5	11	13	58	53
40	6	15	17	65	60
40	7	19	22	72	67
40	8	23	26	78	73
40	9	27	30	85	80
40	10	32	35	91	86

N = 230

n	a	LOWER .975	.95	UPPER .975	.95
40	11	36	40	97	92
40	12	41	45	103	98
40	13	46	50	109	104
40	14	51	55	115	110
40	15	55	60	121	116
40	16	60	65	127	122
40	17	66	70	132	127
40	18	71	75	138	133
40	19	76	81	143	138
40	20	81	86	149	144
41	0	0	0	18	14
41	1	1	1	27	23
41	2	2	3	35	31
41	3	5	6	43	38
41	4	8	9	50	45
41	5	11	13	57	52
41	6	15	17	64	59
41	7	19	21	70	65
41	8	23	25	77	72
41	9	27	30	83	78
41	10	31	34	89	84
41	11	36	39	95	90
41	12	40	44	101	96
41	13	45	48	107	102
41	14	49	53	113	107
41	15	54	58	118	113
41	16	59	63	124	119
41	17	64	68	129	124
41	18	69	73	135	130
41	19	74	79	140	135
41	20	79	84	146	141
41	21	84	89	151	146
42	0	0	0	17	14
42	1	1	1	26	23
42	2	2	3	34	30
42	3	5	6	42	37
42	4	8	9	49	44
42	5	11	13	56	51
42	6	15	17	62	57
42	7	18	21	69	64
42	8	22	25	75	70
42	9	26	29	81	76
42	10	30	33	87	82
42	11	35	38	93	88
42	12	39	43	99	94
42	13	44	47	104	99
42	14	48	52	110	105
42	15	53	57	116	111
42	16	58	62	121	116
42	17	62	67	127	122
42	18	67	72	132	127
42	19	72	77	137	132
42	20	77	82	143	138
42	21	82	87	148	143
43	0	0	0	17	14
43	1	1	1	26	22
43	2	2	3	33	30
43	3	5	6	41	37
43	4	8	9	48	43
43	5	11	12	54	50
43	6	14	16	61	56
43	7	18	20	67	62
43	8	22	24	73	68
43	9	26	28	79	74
43	10	30	33	85	80
43	11	34	37	91	86
43	12	38	42	97	92
43	13	43	46	102	97
43	14	47	51	108	103
43	15	52	55	113	108
43	16	56	60	119	114
43	17	61	65	124	119
43	18	66	70	129	124
43	19	70	75	134	130
43	20	75	80	140	135

N = 230

n	a	LOWER .975	.95	UPPER .975	.95
43	21	80	85	145	140
43	22	85	90	150	145
44	0	0	0	16	13
44	1	1	1	25	21
44	2	2	3	33	29
44	3	5	6	40	36
44	4	7	9	47	42
44	5	11	12	53	49
44	6	14	16	59	55
44	7	17	20	66	61
44	8	21	24	72	67
44	9	25	28	77	73
44	10	29	32	83	78
44	11	33	36	89	84
44	12	37	41	95	90
44	13	42	45	100	95
44	14	46	50	106	101
44	15	50	54	111	106
44	16	55	59	116	111
44	17	59	64	121	117
44	18	64	68	127	122
44	19	69	73	132	127
44	20	74	78	137	132
44	21	78	83	142	137
44	22	83	88	147	142
45	0	0	0	16	13
45	1	1	1	24	21
45	2	2	3	32	28
45	3	5	5	39	35
45	4	7	9	46	41
45	5	10	12	52	48
45	6	14	16	58	54
45	7	17	19	64	60
45	8	21	23	70	65
45	9	25	27	76	71
45	10	28	31	81	77
45	11	32	35	87	82
45	12	37	40	93	88
45	13	41	44	98	93
45	14	45	49	103	98
45	15	49	53	109	104
45	16	54	58	114	109
45	17	58	62	119	114
45	18	63	67	124	119
45	19	67	71	129	124
45	20	72	76	134	129
45	21	77	81	139	134
45	22	81	86	144	139
45	23	86	91	149	144
46	0	0	0	15	13
46	1	1	1	24	20
46	2	2	3	31	28
46	3	4	5	38	34
46	4	7	8	45	40
46	5	10	12	51	47
46	6	13	15	57	52
46	7	17	19	63	58
46	8	20	23	69	64
46	9	24	27	74	70
46	10	28	31	80	75
46	11	32	35	85	81
46	12	36	39	91	86
46	13	40	43	96	91
46	14	44	47	101	96
46	15	48	52	106	102
46	16	52	56	112	107
46	17	57	61	117	112
46	18	61	65	122	117
46	19	66	70	127	122
46	20	70	74	132	127
46	21	75	79	136	132
46	22	79	84	141	137
46	23	84	89	146	141

N = 240

n	a	LOWER .975	.95	UPPER .975	.95
1	0	0	0	234	228
1	1	6	12	240	240
2	0	0	0	201	185
2	1	4	7	236	233
3	0	0	0	169	150
3	1	3	5	216	207
3	2	24	33	237	235
4	0	0	0	143	125
4	1	2	4	192	179
4	2	17	24	223	216
5	0	0	0	124	107
5	1	2	3	170	156
5	2	14	19	204	193
5	3	36	47	226	221
6	0	0	0	109	93
6	1	1	3	152	138
6	2	11	16	185	174
6	3	30	38	210	202
7	0	0	0	97	82
7	1	1	2	137	123
7	2	10	14	169	157
7	3	25	32	194	185
7	4	46	55	215	208
8	0	0	0	87	73
8	1	1	2	125	111
8	2	9	12	154	142
8	3	22	28	180	169
8	4	39	48	201	192
9	0	0	0	79	66
9	1	1	2	114	101
9	2	8	11	142	130
9	3	19	25	166	156
9	4	34	42	187	178
9	5	53	62	206	198
10	0	0	0	72	60
10	1	1	2	105	93
10	2	7	10	131	120
10	3	17	22	155	144
10	4	31	37	175	166
10	5	47	55	193	185
11	0	0	0	66	56
11	1	1	2	97	86
11	2	6	9	122	111
11	3	16	20	144	134
11	4	28	34	164	154
11	5	42	49	182	173
11	6	58	67	198	191
12	0	0	0	62	51
12	1	1	1	90	79
12	2	6	8	114	103
12	3	14	18	135	125
12	4	25	31	154	144
12	5	38	45	172	163
12	6	52	61	188	179
13	0	0	0	57	48
13	1	1	1	84	74
13	2	6	8	107	96
13	3	13	17	127	117
13	4	23	28	145	135
13	5	35	41	162	153
13	6	48	55	178	169
13	7	62	71	192	185
14	0	0	0	54	44
14	1	1	1	79	69
14	2	5	7	100	90
14	3	12	16	120	110
14	4	22	26	137	128
14	5	32	38	153	144
14	6	44	51	169	160
14	7	57	65	183	175
15	0	0	0	50	42
15	1	1	1	74	65
15	2	5	7	95	85
15	3	12	15	113	103
15	4	20	25	130	120

CONFIDENCE BOUNDS FOR A

N = 240

n	a	LOWER .975	.95	UPPER .975	.95
15	5	30	36	146	137
15	6	41	48	160	152
15	7	53	60	174	166
15	8	66	74	187	180
16	0	0	0	47	39
16	1	1	1	70	61
16	2	5	6	90	80
16	3	11	14	107	98
16	4	19	23	123	114
16	5	28	33	138	129
16	6	38	44	153	144
16	7	49	56	166	158
16	8	61	69	179	171
17	0	0	0	45	37
17	1	1	1	67	58
17	2	4	6	85	76
17	3	10	13	102	93
17	4	18	22	117	108
17	5	26	31	132	123
17	6	36	42	146	137
17	7	46	53	159	151
17	8	57	64	171	163
17	9	69	77	183	176
18	0	0	0	42	35
18	1	1	1	63	55
18	2	4	6	81	72
18	3	10	12	97	88
18	4	17	20	112	103
18	5	25	29	126	117
18	6	34	39	139	131
18	7	44	50	152	144
18	8	54	61	164	156
18	9	65	72	175	168
19	0	0	0	40	33
19	1	1	1	60	52
19	2	4	5	77	69
19	3	9	12	92	84
19	4	16	19	107	98
19	5	24	28	120	112
19	6	32	37	133	125
19	7	41	47	145	137
19	8	51	57	157	149
19	9	61	68	168	161
19	10	72	79	179	172
20	0	0	0	38	32
20	1	1	1	57	50
20	2	4	5	74	66
20	3	9	11	88	80
20	4	15	18	102	94
20	5	23	27	115	107
20	6	30	35	128	120
20	7	39	44	139	132
20	8	48	54	151	143
20	9	58	64	162	154
20	10	68	75	172	165
21	0	0	0	37	30
21	1	1	1	55	48
21	2	4	5	70	63
21	3	9	11	85	77
21	4	15	18	98	90
21	5	21	25	110	102
21	6	29	34	122	115
21	7	37	42	134	126
21	8	46	51	145	137
21	9	55	61	156	148
21	10	64	71	166	159
21	11	74	81	176	169
22	0	0	0	35	29
22	1	1	1	52	45
22	2	4	5	67	60
22	3	8	10	81	73
22	4	14	17	94	86
22	5	21	24	106	98
22	6	28	32	118	110
22	7	35	40	129	121
22	8	44	49	140	132
22	9	52	58	150	143
22	10	61	67	160	153
22	11	70	77	170	163
23	0	0	0	33	27
23	1	1	1	50	44
23	2	4	5	65	58
23	3	8	10	78	70
23	4	13	16	90	83
23	5	20	23	102	94
23	6	26	31	113	106
23	7	34	38	124	117
23	8	42	47	135	127
23	9	50	55	145	137
23	10	58	64	154	147
23	11	67	73	164	157
23	12	76	83	173	167
24	0	0	0	32	26
24	1	1	1	48	42
24	2	3	4	62	55
24	3	8	10	75	68
24	4	13	16	87	80
24	5	19	22	98	91
24	6	25	29	109	102
24	7	32	37	120	112
24	8	40	45	130	123
24	9	48	53	140	133
24	10	56	61	149	142
24	11	64	70	158	152
24	12	73	79	167	161
25	0	0	0	31	25
25	1	1	1	46	40
25	2	3	4	60	53
25	3	7	9	72	65
25	4	12	15	84	77
25	5	18	21	95	88
25	6	24	28	105	98
25	7	31	35	116	108
25	8	38	43	125	118
25	9	46	51	135	128
25	10	53	59	144	137
25	11	61	67	153	147
25	12	69	76	162	156
25	13	78	84	171	164
26	0	0	0	30	24
26	1	1	1	45	39
26	2	3	4	58	51
26	3	7	9	70	63
26	4	12	14	81	74
26	5	17	21	91	84
26	6	23	27	102	95
26	7	30	34	112	105
26	8	37	41	121	114
26	9	44	49	131	124
26	10	51	56	140	133
26	11	59	64	148	142
26	12	67	73	157	151
26	13	75	81	165	159
27	0	0	0	28	23
27	1	1	1	43	37
27	2	3	4	56	49
27	3	7	9	67	61
27	4	12	14	78	71
27	5	17	20	88	82
27	6	23	26	98	91
27	7	29	33	108	101
27	8	35	40	117	110
27	9	42	47	126	120
27	10	49	54	135	129
27	11	56	62	144	137
27	12	64	70	152	146
27	13	72	78	160	154
27	14	80	86	168	162
28	0	0	0	27	22
28	1	1	1	42	36
28	2	3	4	54	48
28	3	7	8	65	59
28	4	11	13	75	69
28	5	16	19	85	79
28	6	22	25	95	88
28	7	28	32	105	98
28	8	34	38	114	107
28	9	41	45	122	116
28	10	47	52	131	124
28	11	54	60	140	133
28	12	61	67	148	141
28	13	69	75	156	149
28	14	77	83	163	157
29	0	0	0	26	22
29	1	1	1	40	35
29	2	3	4	52	46
29	3	7	8	63	57
29	4	11	13	73	67
29	5	16	18	83	76
29	6	21	24	92	86
29	7	27	30	101	95
29	8	33	37	110	104
29	9	39	44	119	112
29	10	46	50	127	121
29	11	52	57	135	129
29	12	59	65	143	137
29	13	66	72	151	145
29	14	74	79	159	153
29	15	81	87	166	161
30	0	0	0	26	21
30	1	1	1	39	33
30	2	3	4	50	44
30	3	6	8	61	55
30	4	11	13	71	64
30	5	15	18	80	74
30	6	20	24	89	83
30	7	26	29	98	92
30	8	32	36	107	100
30	9	38	42	115	109
30	10	44	49	123	117
30	11	51	55	132	125
30	12	57	62	139	133
30	13	64	69	147	141
30	14	71	77	154	148
30	15	78	84	162	156
31	0	0	0	25	20
31	1	1	1	38	32
31	2	3	4	49	43
31	3	6	8	59	53
31	4	10	12	69	62
31	5	15	17	78	72
31	6	20	23	87	80
31	7	25	29	95	89
31	8	31	35	104	97
31	9	37	41	112	106
31	10	43	47	120	114
31	11	49	54	128	122
31	12	55	60	135	129
31	13	62	67	143	137
31	14	69	74	150	144
31	15	75	81	158	152
31	16	82	88	165	159
32	0	0	0	24	20
32	1	1	1	36	31
32	2	3	4	47	42
32	3	6	7	57	51
32	4	10	12	67	61
32	5	14	17	76	69
32	6	19	22	84	78
32	7	24	28	93	86
32	8	30	33	101	95
32	9	35	39	109	103
32	10	41	46	117	110
32	11	47	52	124	118
32	12	53	58	132	126
32	13	60	65	139	133
32	14	66	72	146	140
32	15	73	78	153	148
32	16	80	85	160	155
33	0	0	0	23	19
33	1	1	1	35	30
33	2	3	3	46	40
33	3	6	7	55	50
33	4	10	12	65	59
33	5	14	16	73	67
33	6	19	22	82	76
33	7	24	27	90	84
33	8	29	32	98	92
33	9	34	38	106	100
33	10	40	44	114	107
33	11	46	50	121	115
33	12	52	56	128	122
33	13	58	63	135	130
33	14	64	69	143	137
33	15	71	76	149	144
33	16	77	83	156	151
33	17	84	89	163	157
34	0	0	0	22	18
34	1	1	1	34	29
34	2	3	3	44	39
34	3	6	7	54	48
34	4	9	11	63	57
34	5	14	16	71	66
34	6	18	21	80	74
34	7	23	26	88	82
34	8	28	32	95	89
34	9	33	37	103	97
34	10	39	43	111	104
34	11	44	49	118	112
34	12	50	55	125	119
34	13	56	61	132	126
34	14	62	67	139	133
34	15	68	74	146	140
34	16	75	80	152	147
34	17	81	87	159	153
35	0	0	0	22	18
35	1	1	1	33	29
35	2	3	3	43	38
35	3	6	7	52	47
35	4	9	11	61	56
35	5	13	16	69	64
35	6	18	20	77	72
35	7	22	25	85	79
35	8	27	31	93	87
35	9	32	36	100	94
35	10	38	42	108	102
35	11	43	47	115	109
35	12	49	53	122	116
35	13	55	59	129	123
35	14	60	65	135	130
35	15	66	71	142	136
35	16	72	78	149	143
35	17	79	84	155	150
35	18	85	90	161	156
36	0	0	0	21	17
36	1	1	1	32	28
36	2	3	3	42	37
36	3	5	7	51	46
36	4	9	11	59	54
36	5	13	15	68	62
36	6	17	20	75	70
36	7	22	25	83	77
36	8	27	30	91	85
36	9	32	35	98	92
36	10	37	41	105	99
36	11	42	46	112	106
36	12	47	52	119	113
36	13	53	57	126	120
36	14	59	63	132	126
36	15	64	69	139	133

CONFIDENCE BOUNDS FOR A

N = 240

n	a	LOWER .975	LOWER .95	UPPER .975	UPPER .95
36	16	70	75	145	140
36	17	76	81	151	146
36	18	82	88	158	152
37	0	0	0	21	17
37	1	1	1	31	27
37	2	3	3	41	36
37	3	5	7	50	45
37	4	9	10	58	53
37	5	13	15	66	60
37	6	17	19	73	68
37	7	21	24	81	75
37	8	26	29	88	83
37	9	31	34	95	90
37	10	36	39	102	97
37	11	41	45	109	103
37	12	46	50	116	110
37	13	51	56	123	117
37	14	57	62	129	123
37	15	63	67	135	130
37	16	68	73	142	136
37	17	74	79	148	142
37	18	80	85	154	149
37	19	86	91	160	155
38	0	0	0	20	16
38	1	1	1	31	26
38	2	3	3	40	35
38	3	5	6	48	43
38	4	9	10	56	51
38	5	12	14	64	59
38	6	16	19	72	66
38	7	21	23	79	73
38	8	25	28	86	80
38	9	30	33	93	87
38	10	35	38	100	94
38	11	40	44	107	101
38	12	45	49	113	107
38	13	50	54	120	114
38	14	55	60	126	120
38	15	61	66	132	127
38	16	66	71	138	133
38	17	72	77	145	139
38	18	78	83	151	145
38	19	84	89	156	151
39	0	0	0	19	16
39	1	1	1	30	26
39	2	2	3	39	34
39	3	5	6	47	42
39	4	8	10	55	50
39	5	12	14	63	57
39	6	16	18	70	65
39	7	20	23	77	72
39	8	25	28	84	78
39	9	29	32	91	85
39	10	34	37	97	92
39	11	39	43	104	98
39	12	44	48	110	105
39	13	49	53	117	111
39	14	54	58	123	118
39	15	59	64	129	124
39	16	65	69	135	130
39	17	70	75	141	136
39	18	76	81	147	142
39	19	81	86	153	148
39	20	87	92	159	154
40	0	0	0	19	15
40	1	1	1	29	25
40	2	2	3	38	33
40	3	5	6	46	41
40	4	8	10	54	49
40	5	12	14	61	56
40	6	16	18	68	63
40	7	20	22	75	70
40	8	24	27	82	77
40	9	29	32	89	83
40	10	33	37	95	90

N = 240

n	a	LOWER .975	LOWER .95	UPPER .975	UPPER .95
40	11	38	41	102	96
40	12	43	46	108	102
40	13	48	52	114	109
40	14	53	57	120	115
40	15	58	62	126	121
40	16	63	68	132	127
40	17	68	73	138	133
40	18	74	78	144	139
40	19	79	84	150	145
40	20	85	90	155	150
41	0	0	0	18	15
41	1	1	1	28	24
41	2	2	3	37	32
41	3	5	6	45	40
41	4	8	10	52	48
41	5	12	13	60	55
41	6	15	18	67	61
41	7	19	22	73	68
41	8	24	26	80	75
41	9	28	31	87	81
41	10	32	36	93	88
41	11	37	40	99	94
41	12	42	45	106	100
41	13	46	50	112	106
41	14	51	55	118	112
41	15	56	61	124	118
41	16	61	66	129	124
41	17	67	71	135	130
41	18	72	77	141	136
41	19	77	82	147	141
41	20	82	87	152	147
41	21	88	93	158	153
42	0	0	0	18	15
42	1	1	1	28	24
42	2	2	3	36	32
42	3	5	6	44	39
42	4	8	9	51	46
42	5	11	13	58	53
42	6	15	17	65	60
42	7	19	21	72	67
42	8	23	26	78	73
42	9	27	30	85	79
42	10	32	35	91	86
42	11	36	40	97	92
42	12	41	44	103	98
42	13	45	49	109	104
42	14	50	54	115	110
42	15	55	59	121	116
42	16	60	64	127	121
42	17	65	69	132	127
42	18	70	75	138	133
42	19	75	80	143	138
42	20	80	85	149	144
42	21	86	91	154	149
43	0	0	0	17	14
43	1	1	1	27	23
43	2	2	3	35	31
43	3	5	6	43	38
43	4	8	9	50	45
43	5	11	13	57	52
43	6	15	17	64	59
43	7	19	21	70	65
43	8	23	25	77	71
43	9	27	30	83	78
43	10	31	34	89	84
43	11	35	39	95	90
43	12	40	43	101	96
43	13	44	48	107	102
43	14	49	53	113	107
43	15	54	58	118	113
43	16	58	63	124	119
43	17	63	68	130	124
43	18	68	73	135	130
43	19	73	78	141	135
43	20	78	83	146	141

N = 240

n	a	LOWER .975	LOWER .95	UPPER .975	UPPER .95
43	21	84	88	151	146
43	22	89	94	156	152
44	0	0	0	17	14
44	1	1	1	26	23
44	2	2	3	34	30
44	3	5	6	42	37
44	4	8	9	49	44
44	5	11	13	56	51
44	6	14	16	62	57
44	7	18	20	69	64
44	8	22	25	75	70
44	9	26	29	81	76
44	10	30	33	87	82
44	11	34	38	93	88
44	12	39	42	99	94
44	13	43	47	105	99
44	14	48	52	110	105
44	15	52	56	116	111
44	16	57	61	121	116
44	17	62	66	127	122
44	18	67	71	132	127
44	19	72	76	138	133
44	20	77	81	143	138
44	21	82	86	148	143
44	22	87	92	153	148
45	0	0	0	17	13
45	1	1	1	26	22
45	2	2	3	33	29
45	3	5	6	41	37
45	4	8	9	48	43
45	5	11	12	54	50
45	6	14	16	61	56
45	7	18	20	67	62
45	8	22	24	73	68
45	9	26	28	79	74
45	10	30	33	85	80
45	11	34	37	91	86
45	12	38	41	97	92
45	13	42	46	102	97
45	14	47	50	108	103
45	15	51	55	114	108
45	16	56	60	119	114
45	17	60	65	124	119
45	18	65	69	130	125
45	19	70	74	135	130
45	20	75	79	140	135
45	21	80	84	145	140
45	22	85	89	150	146
45	23	90	94	155	151
46	0	0	0	16	13
46	1	1	1	25	21
46	2	2	3	33	29
46	3	5	6	40	36
46	4	7	9	47	42
46	5	11	12	53	49
46	6	14	16	59	55
46	7	17	20	66	61
46	8	21	24	72	67
46	9	25	28	78	73
46	10	29	32	83	78
46	11	33	36	89	84
46	12	37	40	95	90
46	13	41	45	100	95
46	14	46	49	106	101
46	15	50	54	111	106
46	16	55	59	117	112
46	17	59	63	122	117
46	18	64	68	127	122
46	19	68	73	132	127
46	20	73	78	137	133
46	21	78	82	142	138
46	22	83	87	147	143
46	23	88	92	152	148
47	0	0	0	16	13
47	1	1	1	24	21

N = 240

n	a	LOWER .975	LOWER .95	UPPER .975	UPPER .95
47	2	2	3	32	28
47	3	5	5	39	35
47	4	7	9	46	41
47	5	10	12	52	48
47	6	14	16	58	54
47	7	17	19	64	60
47	8	21	23	70	65
47	9	25	27	76	71
47	10	28	31	82	77
47	11	32	35	87	82
47	12	36	40	93	88
47	13	41	44	98	93
47	14	45	48	104	99
47	15	49	53	109	104
47	16	53	57	114	109
47	17	58	62	120	115
47	18	62	66	125	120
47	19	67	71	130	125
47	20	72	76	135	130
47	21	76	81	140	135
47	22	81	85	145	140
47	23	86	90	150	145
47	24	90	95	154	150
48	0	0	0	15	13
48	1	1	1	24	21
48	2	2	3	31	28
48	3	4	5	38	34
48	4	7	8	45	41
48	5	10	12	51	47
48	6	13	15	57	53
48	7	17	19	63	58
48	8	20	23	69	64
48	9	24	27	74	70
48	10	28	31	80	75
48	11	32	35	86	81
48	12	36	39	91	86
48	13	40	43	96	92
48	14	44	47	102	97
48	15	48	52	107	102
48	16	52	56	112	107
48	17	57	61	117	112
48	18	61	65	122	117
48	19	65	70	127	122
48	20	70	74	132	127
48	21	75	79	137	132
48	22	79	84	142	137
48	23	84	88	147	142
48	24	88	93	152	147

CONFIDENCE BOUNDS FOR A

N = 250				
		LOWER		UPPER	
n	a	.975	.95	.975	.95
1	0	0	0	243	237
1	1	7	13	250	250
2	0	0	0	210	193
2	1	4	7	246	243
3	0	0	0	176	157
3	1	3	5	226	215
3	2	24	35	247	245
4	0	0	0	149	130
4	1	2	4	200	187
4	2	18	25	232	225
5	0	0	0	129	111
5	1	2	3	178	163
5	2	14	20	212	202
5	3	38	48	236	230
6	0	0	0	113	97
6	1	2	3	159	144
6	2	12	17	193	181
6	3	31	39	219	211
7	0	0	0	101	85
7	1	1	2	143	129
7	2	10	14	176	163
7	3	26	33	203	192
7	4	47	58	224	217
8	0	0	0	91	76
8	1	1	2	130	116
8	2	9	12	161	148
8	3	23	29	187	176
8	4	41	50	209	200
9	0	0	0	82	69
9	1	1	2	119	106
9	2	8	11	148	136
9	3	20	26	173	162
9	4	36	44	195	186
9	5	55	64	214	206
10	0	0	0	75	63
10	1	1	2	109	97
10	2	7	10	137	125
10	3	18	23	161	150
10	4	32	39	183	172
10	5	48	57	202	193
11	0	0	0	69	58
11	1	1	2	101	89
11	2	7	9	127	116
11	3	16	21	150	139
11	4	29	35	171	161
11	5	44	51	190	181
11	6	60	69	206	199
12	0	0	0	64	54
12	1	1	2	94	83
12	2	6	8	119	108
12	3	15	19	141	130
12	4	26	32	161	150
12	5	40	47	179	169
12	6	55	63	195	187
13	0	0	0	60	50
13	1	1	1	88	77
13	2	6	8	111	101
13	3	14	18	132	122
13	4	24	30	151	141
13	5	36	43	169	159
13	6	50	58	185	176
13	7	65	74	200	192
14	0	0	0	56	46
14	1	1	1	82	72
14	2	5	7	105	94
14	3	13	16	125	114
14	4	22	27	143	133
14	5	34	40	160	150
14	6	46	53	176	167
14	7	60	68	190	182
15	0	0	0	52	43
15	1	1	1	78	68
15	2	5	7	99	89
15	3	12	15	118	108
15	4	21	26	135	126

N = 250				
		LOWER		UPPER	
n	a	.975	.95	.975	.95
15	5	31	37	152	142
15	6	43	49	167	158
15	7	55	63	181	173
15	8	69	77	195	187
16	0	0	0	49	41
16	1	1	1	73	64
16	2	5	7	93	84
16	3	11	14	112	102
16	4	20	24	128	119
16	5	29	35	144	135
16	6	40	46	159	150
16	7	51	59	173	165
16	8	64	72	186	178
17	0	0	0	47	39
17	1	1	1	69	61
17	2	5	6	89	79
17	3	11	14	106	97
17	4	19	23	122	113
17	5	27	32	137	128
17	6	37	43	152	143
17	7	48	55	165	157
17	8	60	67	178	170
17	9	72	80	190	183
18	0	0	0	44	37
18	1	1	1	66	57
18	2	4	6	84	75
18	3	10	13	101	92
18	4	18	21	117	107
18	5	26	31	131	122
18	6	35	41	145	136
18	7	45	52	158	150
18	8	56	63	171	163
18	9	67	75	183	175
19	0	0	0	42	35
19	1	1	1	63	55
19	2	4	6	80	72
19	3	10	12	96	88
19	4	17	20	111	102
19	5	25	29	125	117
19	6	33	39	139	130
19	7	43	49	152	143
19	8	53	59	164	156
19	9	63	71	175	168
19	10	75	82	187	179
20	0	0	0	40	33
20	1	1	1	60	52
20	2	4	5	77	68
20	3	9	12	92	84
20	4	16	19	106	98
20	5	23	28	120	112
20	6	32	37	133	125
20	7	41	46	145	137
20	8	50	56	157	149
20	9	60	67	169	161
20	10	70	78	180	172
21	0	0	0	38	31
21	1	1	1	57	50
21	2	4	5	73	65
21	3	9	11	88	80
21	4	15	18	102	94
21	5	22	26	115	107
21	6	30	35	128	119
21	7	39	44	140	132
21	8	48	53	151	143
21	9	57	63	162	155
21	10	67	74	173	166
21	11	77	84	183	176
22	0	0	0	36	30
22	1	1	1	55	47
22	2	4	5	70	63
22	3	9	11	85	77
22	4	14	18	98	90
22	5	21	25	111	102
22	6	29	33	123	115
22	7	37	42	134	126

N = 250				
		LOWER		UPPER	
n	a	.975	.95	.975	.95
22	8	45	51	146	138
22	9	54	60	156	149
22	10	63	70	167	160
22	11	73	80	177	170
23	0	0	0	35	29
23	1	1	1	52	45
23	2	4	5	67	60
23	3	8	10	81	74
23	4	14	17	94	86
23	5	20	24	106	98
23	6	28	32	118	110
23	7	35	40	129	122
23	8	43	49	140	133
23	9	52	58	151	143
23	10	60	67	161	154
23	11	70	76	171	164
23	12	79	86	180	174
24	0	0	0	33	27
24	1	1	1	50	44
24	2	3	5	65	58
24	3	8	10	78	71
24	4	13	16	91	83
24	5	20	23	102	95
24	6	26	30	114	106
24	7	34	38	125	117
24	8	41	46	135	128
24	9	49	55	146	138
24	10	58	64	156	148
24	11	67	73	165	158
24	12	76	82	174	168
25	0	0	0	32	26
25	1	1	1	48	42
25	2	3	4	62	55
25	3	8	10	75	68
25	4	13	16	87	80
25	5	19	22	99	91
25	6	25	29	110	102
25	7	32	37	120	113
25	8	40	45	131	123
25	9	47	53	141	133
25	10	55	61	150	143
25	11	64	70	160	153
25	12	72	79	169	162
25	13	81	88	178	171
26	0	0	0	31	25
26	1	1	1	47	40
26	2	3	4	60	53
26	3	7	9	73	66
26	4	12	15	84	77
26	5	18	21	95	88
26	6	24	28	106	99
26	7	31	35	116	109
26	8	38	43	126	119
26	9	45	51	136	129
26	10	53	59	146	138
26	11	61	67	155	148
26	12	69	75	164	157
26	13	78	84	172	166
27	0	0	0	30	24
27	1	1	1	45	39
27	2	3	4	58	51
27	3	7	9	70	63
27	4	12	14	81	74
27	5	17	21	92	85
27	6	24	27	103	95
27	7	30	34	113	105
27	8	37	41	122	115
27	9	44	49	132	125
27	10	51	56	141	134
27	11	59	64	150	143
27	12	66	72	159	152
27	13	75	81	167	161
27	14	83	89	175	169
28	0	0	0	29	23
28	1	1	1	43	37

N = 250				
		LOWER		UPPER	
n	a	.975	.95	.975	.95
28	2	3	4	56	50
28	3	7	9	68	61
28	4	12	14	79	72
28	5	17	20	89	82
28	6	23	26	99	92
28	7	29	33	109	102
28	8	35	40	119	111
28	9	42	47	128	121
28	10	49	54	137	130
28	11	56	62	145	139
28	12	64	70	154	147
28	13	72	78	162	156
28	14	80	86	170	164
29	0	0	0	28	23
29	1	1	1	42	36
29	2	3	4	54	48
29	3	7	8	65	59
29	4	11	14	76	69
29	5	16	19	86	80
29	6	22	25	96	89
29	7	28	32	106	99
29	8	34	38	115	108
29	9	41	45	124	117
29	10	47	52	133	126
29	11	54	60	141	134
29	12	62	67	150	143
29	13	69	75	158	151
29	14	77	83	166	159
29	15	84	91	173	167
30	0	0	0	27	22
30	1	1	1	40	35
30	2	3	4	52	46
30	3	7	8	63	57
30	4	11	13	74	67
30	5	16	19	84	77
30	6	21	24	93	87
30	7	27	31	102	96
30	8	33	37	111	105
30	9	39	44	120	113
30	10	46	51	129	122
30	11	53	58	137	130
30	12	59	65	145	139
30	13	67	72	153	147
30	14	74	80	161	155
30	15	81	87	169	163
31	0	0	0	26	21
31	1	1	1	39	34
31	2	3	4	51	45
31	3	6	8	61	55
31	4	11	13	72	65
31	5	15	18	81	75
31	6	21	24	90	84
31	7	26	30	99	93
31	8	32	36	108	102
31	9	38	42	117	110
31	10	44	49	125	118
31	11	51	56	133	127
31	12	57	63	141	135
31	13	64	70	149	143
31	14	71	77	157	150
31	15	78	84	164	158
31	16	86	92	172	166
32	0	0	0	25	20
32	1	1	1	38	33
32	2	3	4	49	44
32	3	6	8	60	54
32	4	10	12	69	63
32	5	15	17	79	72
32	6	20	23	88	81
32	7	25	29	97	90
32	8	31	35	105	99
32	9	37	41	114	107
32	10	43	47	122	115
32	11	49	54	130	123
32	12	56	61	137	131

CONFIDENCE BOUNDS FOR A

n	a	N=250 LOWER .975	N=250 LOWER .95	N=250 UPPER .975	N=250 UPPER .95
32	13	62	67	145	139
32	14	69	74	153	146
32	15	76	82	160	154
32	16	83	89	167	161
33	0	0	0	24	20
33	1	1	1	37	32
33	2	3	4	48	42
33	3	6	7	58	52
33	4	10	12	67	61
33	5	15	17	77	70
33	6	19	22	85	79
33	7	25	28	94	88
33	8	30	34	102	96
33	9	36	40	110	104
33	10	42	46	118	112
33	11	48	52	126	120
33	12	54	59	134	127
33	13	60	65	141	135
33	14	67	72	149	142
33	15	73	79	156	150
33	16	80	86	163	157
33	17	87	93	170	164
34	0	0	0	23	19
34	1	1	1	36	31
34	2	3	4	46	41
34	3	6	7	56	51
34	4	10	12	66	60
34	5	14	17	74	68
34	6	19	22	83	77
34	7	24	27	91	85
34	8	29	33	100	93
34	9	35	39	107	101
34	10	40	45	115	109
34	11	46	51	123	117
34	12	52	57	130	124
34	13	58	63	138	131
34	14	65	70	145	139
34	15	71	76	152	146
34	16	78	83	159	153
34	17	84	90	166	160
35	0	0	0	23	19
35	1	1	1	35	30
35	2	3	3	45	40
35	3	6	7	55	49
35	4	10	11	64	58
35	5	14	16	72	67
35	6	18	21	81	75
35	7	23	26	89	83
35	8	28	32	97	91
35	9	34	37	105	98
35	10	39	43	112	106
35	11	45	49	120	114
35	12	51	55	127	121
35	13	57	61	134	128
35	14	63	68	141	135
35	15	69	74	148	142
35	16	75	81	155	149
35	17	82	87	162	156
35	18	88	94	168	163
36	0	0	0	22	18
36	1	1	1	34	29
36	2	3	3	44	39
36	3	6	7	53	48
36	4	9	11	62	56
36	5	13	16	70	65
36	6	18	21	79	73
36	7	23	26	87	81
36	8	28	31	94	88
36	9	33	36	102	96
36	10	38	42	109	103
36	11	44	48	117	111
36	12	49	54	124	118
36	13	55	60	131	125
36	14	61	66	138	132
36	15	67	72	145	139

n	a	N=250 LOWER .975	N=250 LOWER .95	N=250 UPPER .975	N=250 UPPER .95
36	16	73	78	151	145
36	17	79	85	158	152
36	18	86	91	164	159
37	0	0	0	21	18
37	1	1	1	33	28
37	2	3	3	43	38
37	3	6	7	52	47
37	4	9	11	60	55
37	5	13	15	69	63
37	6	17	20	77	71
37	7	22	25	84	79
37	8	27	30	92	86
37	9	32	35	99	93
37	10	37	41	107	101
37	11	42	47	114	108
37	12	48	52	121	115
37	13	54	58	128	122
37	14	59	64	135	129
37	15	65	70	141	135
37	16	71	76	148	142
37	17	77	82	154	149
37	18	83	89	161	155
37	19	89	95	167	161
38	0	0	0	21	17
38	1	1	1	32	27
38	2	3	3	42	37
38	3	5	7	50	45
38	4	9	11	59	53
38	5	13	15	67	61
38	6	17	20	75	69
38	7	22	24	82	77
38	8	26	29	90	84
38	9	31	35	97	91
38	10	36	40	104	98
38	11	41	45	111	105
38	12	47	51	118	112
38	13	52	57	125	119
38	14	58	62	131	126
38	15	63	68	138	132
38	16	69	74	144	139
38	17	75	80	151	145
38	18	81	86	157	151
38	19	87	92	163	158
39	0	0	0	20	17
39	1	1	1	31	27
39	2	3	3	40	36
39	3	5	6	49	44
39	4	9	10	57	52
39	5	13	15	65	60
39	6	17	19	73	67
39	7	21	24	80	75
39	8	26	29	88	82
39	9	30	34	95	89
39	10	35	39	102	96
39	11	40	44	109	103
39	12	45	50	115	109
39	13	51	55	122	116
39	14	56	61	128	123
39	15	62	66	135	129
39	16	67	72	141	135
39	17	73	78	147	142
39	18	79	84	153	148
39	19	85	90	160	154
39	20	90	96	165	160
40	0	0	0	20	16
40	1	1	1	30	26
40	2	2	3	39	35
40	3	5	6	48	43
40	4	9	11	56	50
40	5	12	14	64	58
40	6	16	19	71	66
40	7	21	23	78	73
40	8	25	28	86	80
40	9	30	33	93	87
40	10	34	38	99	94

n	a	N=250 LOWER .975	N=250 LOWER .95	N=250 UPPER .975	N=250 UPPER .95
40	11	39	43	106	100
40	12	44	48	113	107
40	13	49	54	119	113
40	14	55	59	125	120
40	15	60	65	132	126
40	16	65	70	138	132
40	17	71	76	144	139
40	18	77	82	150	145
40	19	82	87	156	151
40	20	88	93	162	157
41	0	0	0	19	16
41	1	1	1	29	25
41	2	2	3	38	34
41	3	5	6	47	42
41	4	8	10	55	50
41	5	12	14	62	57
41	6	16	18	69	64
41	7	20	23	77	71
41	8	24	27	84	78
41	9	29	32	90	85
41	10	34	37	97	91
41	11	38	42	104	98
41	12	43	47	110	104
41	13	48	52	116	111
41	14	53	58	123	117
41	15	59	63	129	123
41	16	64	68	135	129
41	17	69	74	141	135
41	18	75	80	147	141
41	19	80	85	153	147
41	20	86	91	159	153
41	21	91	97	164	159
42	0	0	0	19	15
42	1	1	1	29	25
42	2	2	3	38	33
42	3	5	6	46	41
42	4	8	10	53	48
42	5	12	14	61	56
42	6	16	18	68	63
42	7	20	22	75	70
42	8	24	27	82	76
42	9	28	31	88	83
42	10	33	36	95	89
42	11	37	41	101	96
42	12	42	46	108	102
42	13	47	51	114	108
42	14	52	56	120	114
42	15	57	61	126	121
42	16	62	67	132	127
42	17	67	72	138	133
42	18	73	78	144	138
42	19	78	83	150	144
42	20	84	89	155	150
42	21	89	94	161	156
43	0	0	0	18	15
43	1	1	1	28	24
43	2	2	3	37	32
43	3	5	6	45	40
43	4	8	10	52	47
43	5	12	13	59	54
43	6	15	17	66	61
43	7	19	22	73	68
43	8	23	26	80	75
43	9	28	31	86	81
43	10	32	35	93	87
43	11	37	40	99	94
43	12	41	45	105	100
43	13	46	50	111	106
43	14	51	55	118	112
43	15	56	60	123	118
43	16	61	65	129	124
43	17	66	70	135	130
43	18	71	76	141	136
43	19	76	81	147	141
43	20	82	86	152	147

n	a	N=250 LOWER .975	N=250 LOWER .95	N=250 UPPER .975	N=250 UPPER .95
43	21	87	92	158	152
43	22	92	98	163	158
44	0	0	0	18	14
44	1	1	1	27	24
44	2	2	3	36	32
44	3	5	6	44	39
44	4	8	9	51	46
44	5	11	13	58	53
44	6	15	17	65	60
44	7	19	21	72	66
44	8	23	26	78	73
44	9	27	30	85	79
44	10	31	35	91	85
44	11	36	39	97	92
44	12	40	44	103	98
44	13	45	49	109	104
44	14	50	54	115	110
44	15	54	59	121	115
44	16	59	64	127	121
44	17	64	69	132	127
44	18	69	74	138	133
44	19	74	79	144	138
44	20	80	84	149	144
44	21	85	90	154	149
44	22	90	95	160	155
45	0	0	0	17	14
45	1	1	1	27	23
45	2	2	3	35	31
45	3	5	6	43	38
45	4	8	9	50	45
45	5	11	13	57	52
45	6	15	17	63	59
45	7	18	21	70	65
45	8	22	25	76	71
45	9	26	29	83	78
45	10	31	34	89	84
45	11	35	38	95	90
45	12	39	43	101	96
45	13	44	48	107	102
45	14	49	52	113	107
45	15	53	57	118	113
45	16	58	62	124	119
45	17	63	67	130	124
45	18	68	72	135	130
45	19	73	77	141	136
45	20	78	82	146	141
45	21	83	88	151	146
45	22	88	93	157	152
45	23	93	98	162	157
46	0	0	0	17	14
46	1	1	1	26	22
46	2	2	3	34	30
46	3	5	6	42	37
46	4	8	9	49	44
46	5	11	13	55	51
46	6	14	16	62	57
46	7	18	20	69	64
46	8	22	24	75	70
46	9	26	29	81	76
46	10	30	33	87	82
46	11	34	38	93	88
46	12	39	42	99	94
46	13	43	47	105	99
46	14	48	51	110	105
46	15	52	56	116	111
46	16	57	61	122	116
46	17	61	66	127	122
46	18	66	71	133	127
46	19	71	76	138	133
46	20	76	81	143	138
46	21	81	86	149	144
46	22	86	91	154	149
46	23	91	96	159	154
47	0	0	0	17	13
47	1	1	1	26	22

CONFIDENCE BOUNDS FOR A

		N = 250						N = 250						N = 260						N = 260			
		LOWER		UPPER				LOWER		UPPER				LOWER		UPPER				LOWER		UPPER	
n	a	.975	.95	.975	.95	n	a	.975	.95	.975	.95	n	a	.975	.95	.975	.95	n	a	.975	.95	.975	.95
47	2	2	3	33	29	50	1	1	1	24	21	1	0	0	0	253	247	15	5	32	38	158	148
47	3	5	6	41	37	50	2	2	3	31	28	1	1	7	13	260	260	15	6	44	51	174	165
47	4	7	9	48	43	50	3	4	5	38	34	2	0	0	0	218	201	15	7	57	65	189	180
47	5	11	12	54	50	50	4	7	8	45	41	2	1	4	7	256	253	15	8	71	80	203	195
47	6	14	16	61	56	50	5	10	12	51	47	3	0	0	0	183	163	16	0	0	0	51	43
47	7	18	20	67	62	50	6	13	15	57	53	3	1	3	5	235	224	16	1	1	1	76	67
47	8	22	24	73	68	50	7	17	19	63	59	3	2	25	36	257	255	16	2	5	7	97	87
47	9	25	28	79	74	50	8	20	23	69	64	4	0	0	0	155	136	16	3	12	15	116	106
47	10	29	32	85	80	50	9	24	27	75	70	4	1	2	4	208	194	16	4	20	25	134	124
47	11	34	37	91	86	50	10	28	31	80	76	4	2	18	26	242	234	16	5	30	36	150	140
47	12	38	41	97	92	50	11	32	35	86	81	5	0	0	0	134	116	16	6	41	48	165	156
47	13	42	46	103	97	50	12	36	39	91	86	5	1	2	3	185	170	16	7	53	61	180	171
47	14	47	50	108	103	50	13	40	43	97	92	5	2	15	21	221	210	16	8	66	74	194	186
47	15	51	55	114	109	50	14	44	47	102	97	5	3	39	50	245	239	17	0	0	0	49	40
47	16	56	60	119	114	50	15	48	52	107	102	6	0	0	0	118	101	17	1	1	1	72	63
47	17	60	64	125	119	50	16	52	56	113	108	6	1	2	3	165	150	17	2	5	6	92	83
47	18	65	69	130	125	50	17	57	60	118	113	6	2	12	17	201	188	17	3	11	14	110	101
47	19	70	74	135	130	50	18	61	65	123	118	6	3	32	41	228	219	17	4	19	23	127	118
47	20	74	79	141	135	50	19	65	69	128	123	7	0	0	0	105	89	17	5	29	34	143	133
47	21	79	84	146	141	50	20	70	74	133	128	7	1	1	2	149	134	17	6	39	45	158	149
47	22	84	89	151	146	50	21	74	79	138	133	7	2	10	15	183	170	17	7	50	57	172	163
47	23	89	94	156	151	50	22	79	83	143	138	7	3	27	35	211	200	17	8	62	70	185	177
47	24	94	99	161	156	50	23	83	88	148	143	7	4	49	60	233	225	17	9	75	83	198	190
48	0	0	0	16	13	50	24	88	93	152	148	8	0	0	0	94	80	18	0	0	0	46	38
48	1	1	1	25	21	50	25	93	98	157	152	8	1	1	2	135	121	18	1	1	1	69	60
48	2	2	3	33	29							8	2	9	13	167	154	18	2	4	6	88	79
48	3	5	5	40	36							8	3	23	30	195	183	18	3	11	13	105	96
48	4	7	9	47	42							8	4	42	51	218	209	18	4	18	22	121	112
48	5	10	12	53	49							9	0	0	0	86	72	18	5	27	32	136	127
48	6	14	16	60	55							9	1	1	2	124	110	18	6	37	42	151	142
48	7	17	20	66	61							9	2	8	12	154	141	18	7	47	54	165	156
48	8	21	24	72	67							9	3	21	27	180	169	18	8	58	65	178	169
48	9	25	28	78	73							9	4	37	45	203	193	18	9	70	78	190	182
48	10	29	32	84	79							9	5	57	67	223	215	19	0	0	0	44	36
48	11	33	36	89	84							10	0	0	0	78	66	19	1	1	1	65	57
48	12	37	40	95	90							10	1	1	2	114	101	19	2	4	6	84	75
48	13	41	45	101	95							10	2	7	10	143	130	19	3	10	13	100	91
48	14	46	49	106	101							10	3	19	24	168	156	19	4	17	21	116	107
48	15	50	54	112	106							10	4	33	40	190	179	19	5	26	30	130	121
48	16	54	58	117	112							10	5	50	59	210	201	19	6	35	40	144	135
48	17	59	63	122	117							11	0	0	0	72	60	19	7	44	51	158	149
48	18	63	68	128	122							11	1	1	2	105	93	19	8	55	62	170	162
48	19	68	72	133	128							11	2	7	10	133	120	19	9	66	73	183	175
48	20	73	77	138	133							11	3	17	22	156	145	19	10	77	85	194	187
48	21	77	82	143	138							11	4	30	36	178	167	20	0	0	0	42	34
48	22	82	87	148	143							11	5	45	53	197	188	20	1	1	1	62	54
48	23	87	92	153	148							11	6	63	72	215	207	20	2	4	6	80	71
48	24	92	97	158	153							12	0	0	0	67	56	20	3	10	12	96	87
49	0	0	0	16	13							12	1	1	2	98	86	20	4	16	20	111	102
49	1	1	1	24	21							12	2	6	9	124	112	20	5	24	29	125	116
49	2	2	3	32	28							12	3	15	20	147	135	20	6	33	38	138	130
49	3	5	5	39	35							12	4	27	33	167	157	20	7	42	48	151	143
49	4	7	9	46	41							12	5	41	49	186	176	20	8	52	58	164	155
49	5	10	12	52	48							12	6	57	65	203	195	20	9	62	69	175	168
49	6	14	15	58	54							13	0	0	0	62	52	20	10	73	81	187	179
49	7	17	19	64	60							13	1	1	1	91	80	21	0	0	0	40	33
49	8	21	23	70	66							13	2	6	8	116	105	21	1	1	1	60	52
49	9	24	27	76	71							13	3	14	18	138	127	21	2	4	5	76	68
49	10	28	31	82	77							13	4	25	31	157	147	21	3	9	12	92	83
49	11	32	35	88	83							13	5	38	45	176	166	21	4	16	19	106	98
49	12	36	40	93	88							13	6	52	60	193	184	21	5	23	27	120	111
49	13	40	44	99	94							13	7	67	76	208	200	21	6	31	36	133	124
49	14	45	48	104	99							14	0	0	0	58	48	21	7	40	46	145	137
49	15	49	53	109	104							14	1	1	1	86	75	21	8	49	55	157	149
49	16	53	57	115	110							14	2	6	8	109	98	21	9	59	66	169	161
49	17	58	62	120	115							14	3	13	17	130	119	21	10	69	76	180	172
49	18	62	66	125	120							14	4	23	28	149	138	21	11	80	88	191	184
49	19	67	71	130	125							14	5	35	41	166	157	22	0	0	0	38	31
49	20	71	76	135	130							14	6	48	55	183	174	22	1	1	1	57	49
49	21	76	80	140	135							14	7	62	70	198	190	22	2	4	5	73	65
49	22	80	85	145	140							15	0	0	0	55	45	22	3	9	11	88	80
49	23	85	90	150	145							15	1	1	1	81	71	22	4	15	18	102	94
49	24	90	95	155	150							15	2	5	7	103	92	22	5	22	26	115	107
49	25	95	100	160	155							15	3	12	16	123	112	22	6	30	34	128	119
50	0	0	0	15	13							15	4	22	26	141	131	22	7	38	43	140	132

CONFIDENCE BOUNDS FOR A

N = 260

n	a	LOWER .975	LOWER .95	UPPER .975	UPPER .95
22	8	47	53	152	143
22	9	56	63	163	155
22	10	66	73	174	166
22	11	76	83	184	177
23	0	0	0	36	30
23	1	1	1	55	47
23	2	4	5	70	63
23	3	8	11	85	77
23	4	14	17	98	90
23	5	21	25	111	103
23	6	29	33	123	115
23	7	36	42	135	127
23	8	45	50	146	138
23	9	54	60	157	149
23	10	63	69	168	160
23	11	72	79	178	170
23	12	82	90	188	181
24	0	0	0	35	29
24	1	1	1	52	45
24	2	4	5	68	60
24	3	8	10	81	74
24	4	14	17	94	86
24	5	20	24	107	99
24	6	27	32	119	110
24	7	35	40	130	122
24	8	43	48	141	133
24	9	51	57	152	144
24	10	60	66	162	154
24	11	69	76	172	165
24	12	78	85	182	175
25	0	0	0	33	27
25	1	1	1	50	44
25	2	3	5	65	58
25	3	8	10	78	71
25	4	13	16	91	83
25	5	20	23	103	95
25	6	26	30	114	106
25	7	34	38	125	118
25	8	41	46	136	128
25	9	49	55	146	139
25	10	57	63	157	149
25	11	66	72	166	159
25	12	75	82	176	169
25	13	84	91	185	178
26	0	0	0	32	26
26	1	1	1	49	42
26	2	3	4	63	56
26	3	8	10	76	68
26	4	13	15	88	80
26	5	19	22	99	92
26	6	25	29	110	103
26	7	32	37	121	114
26	8	40	44	132	124
26	9	47	53	142	134
26	10	55	61	152	144
26	11	63	70	161	154
26	12	72	78	170	163
26	13	81	87	179	173
27	0	0	0	31	25
27	1	1	1	47	40
27	2	3	4	60	54
27	3	7	9	73	66
27	4	12	15	85	77
27	5	18	21	96	89
27	6	24	28	107	99
27	7	31	35	117	110
27	8	38	43	127	120
27	9	45	51	137	130
27	10	53	59	147	139
27	11	61	67	156	149
27	12	69	75	165	158
27	13	77	84	174	167
27	14	86	93	183	176
28	0	0	0	30	24
28	1	1	1	45	39

N = 260

n	a	LOWER .975	LOWER .95	UPPER .975	UPPER .95
28	2	3	4	58	52
28	3	7	9	71	64
28	4	12	14	82	75
28	5	18	21	93	86
28	6	24	27	103	96
28	7	30	34	114	106
28	8	37	41	123	116
28	9	44	49	133	126
28	10	51	56	142	135
28	11	59	64	151	144
28	12	66	72	160	153
28	13	74	81	169	162
28	14	83	89	177	171
29	0	0	0	29	24
29	1	1	1	44	38
29	2	3	4	56	50
29	3	7	9	68	62
29	4	12	14	79	72
29	5	17	20	90	83
29	6	23	26	100	93
29	7	29	33	110	103
29	8	35	40	120	112
29	9	42	47	129	122
29	10	49	54	138	131
29	11	56	62	147	140
29	12	64	70	156	149
29	13	72	78	164	157
29	14	80	86	172	166
29	15	88	94	180	174
30	0	0	0	28	23
30	1	1	1	42	36
30	2	3	4	55	48
30	3	7	8	66	60
30	4	11	14	77	70
30	5	16	19	87	80
30	6	22	25	97	90
30	7	28	32	107	100
30	8	34	38	116	109
30	9	41	45	125	118
30	10	48	53	134	127
30	11	55	60	143	136
30	12	62	67	151	144
30	13	69	75	160	153
30	14	77	83	168	161
30	15	84	91	176	169
31	0	0	0	27	22
31	1	1	1	41	35
31	2	3	4	53	47
31	3	7	8	64	58
31	4	11	13	75	68
31	5	16	19	85	78
31	6	21	25	94	87
31	7	27	31	104	97
31	8	33	37	113	106
31	9	39	44	122	115
31	10	46	51	130	123
31	11	53	58	139	132
31	12	60	65	147	140
31	13	67	72	155	149
31	14	74	80	163	157
31	15	81	88	171	165
31	16	89	95	179	172
32	0	0	0	26	21
32	1	1	1	40	34
32	2	3	4	51	45
32	3	6	8	62	56
32	4	11	13	72	66
32	5	15	18	82	75
32	6	21	24	92	85
32	7	26	30	101	94
32	8	32	36	110	103
32	9	38	43	118	111
32	10	45	49	127	120
32	11	51	56	135	128
32	12	58	63	143	136

N = 260

n	a	LOWER .975	LOWER .95	UPPER .975	UPPER .95
32	13	65	70	151	144
32	14	72	77	159	152
32	15	79	85	166	160
32	16	86	92	174	168
33	0	0	0	25	21
33	1	1	1	38	33
33	2	3	4	50	44
33	3	6	8	60	54
33	4	10	12	70	64
33	5	15	18	80	73
33	6	20	23	89	82
33	7	26	29	98	91
33	8	31	35	107	100
33	9	37	41	115	108
33	10	43	48	123	117
33	11	49	54	131	125
33	12	56	61	139	133
33	13	62	68	147	141
33	14	69	75	155	148
33	15	76	82	162	156
33	16	83	89	170	163
33	17	90	97	177	171
34	0	0	0	24	20
34	1	1	1	37	32
34	2	3	4	48	43
34	3	6	8	59	53
34	4	10	12	68	62
34	5	15	17	78	71
34	6	20	22	86	80
34	7	25	28	95	89
34	8	30	34	104	97
34	9	36	40	112	105
34	10	42	46	120	113
34	11	48	53	128	121
34	12	54	59	136	129
34	13	61	66	143	137
34	14	67	73	151	144
34	15	74	79	158	152
34	16	81	86	165	159
34	17	88	94	172	166
35	0	0	0	24	19
35	1	1	1	36	31
35	2	3	4	47	42
35	3	6	7	57	51
35	4	10	12	66	60
35	5	14	17	75	69
35	6	19	22	84	78
35	7	24	27	93	86
35	8	29	33	101	94
35	9	35	39	109	103
35	10	41	45	117	110
35	11	47	51	125	118
35	12	53	57	132	126
35	13	59	64	140	133
35	14	65	70	147	141
35	15	72	77	154	148
35	16	78	84	161	155
35	17	85	91	168	162
36	0	0	0	23	19
36	1	1	1	35	30
36	2	3	3	46	40
36	3	6	7	55	50
36	4	10	11	65	59
36	5	14	16	73	67
36	6	19	21	82	76
36	7	23	27	90	84
36	8	29	32	98	92
36	9	34	38	106	100
36	10	40	44	114	108
36	11	45	50	122	115
36	12	51	56	129	123
36	13	57	62	136	130
36	14	63	68	143	137
36	15	69	75	151	144

N = 260

n	a	LOWER .975	LOWER .95	UPPER .975	UPPER .95
36	16	76	81	157	151
36	17	82	88	164	158
36	18	89	95	171	165
37	0	0	0	22	18
37	1	1	1	34	29
37	2	3	3	44	39
37	3	6	7	54	48
37	4	9	11	63	57
37	5	14	16	72	66
37	6	18	21	80	74
37	7	23	26	88	82
37	8	28	31	96	90
37	9	33	37	104	97
37	10	38	42	111	105
37	11	44	48	119	112
37	12	50	54	126	120
37	13	56	60	133	127
37	14	61	66	140	134
37	15	68	73	147	141
37	16	74	79	154	148
37	17	80	86	161	155
37	18	86	92	167	161
37	19	93	99	174	168
38	0	0	0	22	18
38	1	1	1	33	29
38	2	3	3	43	38
38	3	6	7	53	47
38	4	9	11	61	56
38	5	13	15	70	64
38	6	18	20	78	72
38	7	22	25	86	80
38	8	27	30	94	87
38	9	32	36	101	95
38	10	37	41	108	102
38	11	43	47	116	110
38	12	48	53	123	117
38	13	54	59	130	124
38	14	60	65	137	131
38	15	66	71	144	138
38	16	72	77	150	144
38	17	78	83	157	151
38	18	84	89	163	158
38	19	90	96	170	164
39	0	0	0	21	17
39	1	1	1	32	28
39	2	3	3	42	37
39	3	5	7	51	46
39	4	9	11	60	54
39	5	13	15	68	62
39	6	17	20	76	70
39	7	22	25	84	78
39	8	27	30	91	85
39	9	31	35	99	93
39	10	37	40	106	100
39	11	42	46	113	107
39	12	47	51	120	114
39	13	53	57	127	121
39	14	58	63	134	128
39	15	64	69	140	134
39	16	70	75	147	141
39	17	76	81	153	148
39	18	82	87	160	154
39	19	88	93	166	160
39	20	94	100	172	167
40	0	0	0	21	17
40	1	1	1	32	27
40	2	3	4	41	36
40	3	5	7	50	45
40	4	9	10	58	53
40	5	13	15	66	61
40	6	17	19	74	68
40	7	21	24	82	76
40	8	26	29	89	83
40	9	31	34	96	90
40	10	36	39	103	97

CONFIDENCE BOUNDS FOR A

N = 260

n	a	LOWER .975	LOWER .95	UPPER .975	UPPER .95
40	11	41	45	110	104
40	12	46	50	117	111
40	13	51	56	124	118
40	14	57	61	131	125
40	15	62	67	137	131
40	16	68	73	144	138
40	17	74	79	150	144
40	18	80	85	156	151
40	19	85	91	162	157
40	20	91	97	169	163
41	0	0	0	0	16
41	1	1	1	31	26
41	2	3	3	40	35
41	3	5	6	49	44
41	4	9	10	57	52
41	5	12	14	65	59
41	6	16	19	72	67
41	7	21	24	80	74
41	8	25	28	87	81
41	9	30	33	94	88
41	10	35	38	101	95
41	11	40	44	108	102
41	12	45	49	115	109
41	13	50	54	121	115
41	14	55	60	128	122
41	15	61	65	134	128
41	16	66	71	141	135
41	17	72	77	147	141
41	18	77	83	153	147
41	19	83	88	159	153
41	20	89	94	165	160
41	21	95	100	171	166
42	0	0	0	20	16
42	1	1	1	30	26
42	2	2	3	39	35
42	3	5	6	48	43
42	4	8	10	56	50
42	5	12	14	63	58
42	6	16	18	71	65
42	7	20	23	78	72
42	8	25	28	85	79
42	9	29	33	92	86
42	10	34	37	99	93
42	11	39	43	106	100
42	12	44	48	112	106
42	13	49	53	119	113
42	14	54	58	125	119
42	15	59	64	131	126
42	16	65	69	138	132
42	17	70	75	144	138
42	18	76	81	150	144
42	19	81	86	156	150
42	20	87	92	162	156
42	21	93	98	167	162
43	0	0	0	19	16
43	1	1	1	29	25
43	2	2	3	38	34
43	3	5	6	46	42
43	4	8	10	54	49
43	5	12	14	62	57
43	6	16	18	69	64
43	7	20	22	76	71
43	8	24	27	83	78
43	9	29	32	90	84
43	10	33	37	97	91
43	11	38	42	103	98
43	12	43	47	110	104
43	13	48	52	116	110
43	14	53	57	122	117
43	15	58	62	129	123
43	16	63	68	135	129
43	17	68	73	141	135
43	18	74	79	147	141
43	19	79	84	153	147
43	20	85	90	158	153
43	21	90	96	164	159
43	22	96	101	170	164
44	0	0	0	19	15
44	1	1	1	29	25
44	2	2	3	37	33
44	3	5	6	45	41
44	4	8	10	53	48
44	5	12	14	60	55
44	6	15	18	68	62
44	7	19	22	75	69
44	8	24	26	81	76
44	9	28	31	88	83
44	10	33	36	95	89
44	11	37	41	101	95
44	12	42	46	107	102
44	13	47	51	114	108
44	14	52	56	120	114
44	15	57	61	126	120
44	16	62	66	132	126
44	17	67	71	138	132
44	18	72	77	144	138
44	19	77	82	149	144
44	20	83	88	155	150
44	21	88	93	161	155
44	22	94	99	166	161
45	0	0	0	18	15
45	1	1	1	28	24
45	2	2	3	36	32
45	3	5	6	44	40
45	4	8	9	52	47
45	5	11	13	59	54
45	6	15	17	66	61
45	7	19	22	73	68
45	8	23	26	80	74
45	9	27	30	86	81
45	10	32	35	93	87
45	11	36	40	99	93
45	12	41	45	105	100
45	13	46	49	111	106
45	14	50	54	117	112
45	15	55	60	123	118
45	16	60	65	129	124
45	17	65	70	135	130
45	18	70	75	141	135
45	19	75	80	147	141
45	20	81	86	152	147
45	21	86	91	158	152
45	22	91	97	163	158
45	23	97	102	169	163
46	0	0	0	18	14
46	1	1	1	27	23
46	2	2	3	36	31
46	3	5	6	43	39
46	4	8	9	51	46
46	5	11	13	58	53
46	6	15	17	65	60
46	7	19	21	71	66
46	8	23	25	78	73
46	9	27	30	84	79
46	10	31	34	91	85
46	11	36	39	97	91
46	12	40	44	103	98
46	13	45	48	109	104
46	14	49	53	115	109
46	15	54	58	121	115
46	16	59	63	127	121
46	17	64	68	132	127
46	18	69	73	138	133
46	19	74	79	144	138
46	20	79	84	149	144
46	21	84	89	155	149
46	22	89	94	160	155
46	23	95	100	165	160
47	0	0	0	17	14
47	1	1	1	27	23
47	2	2	3	35	31
47	3	5	6	42	38
47	4	8	9	50	45
47	5	11	13	57	52
47	6	15	17	63	58
47	7	18	21	70	65
47	8	22	25	76	71
47	9	26	29	83	77
47	10	31	34	89	84
47	11	35	38	95	90
47	12	39	43	101	96
47	13	44	47	107	101
47	14	48	52	113	107
47	15	53	57	119	113
47	16	58	62	124	119
47	17	62	67	130	124
47	18	67	72	135	130
47	19	72	77	141	136
47	20	77	82	146	141
47	21	82	87	152	146
47	22	87	92	157	152
47	23	92	97	162	157
47	24	98	103	168	163
48	0	0	0	17	14
48	1	1	1	26	22
48	2	2	3	34	30
48	3	5	6	42	37
48	4	8	9	49	44
48	5	11	13	55	51
48	6	14	16	62	57
48	7	18	20	69	64
48	8	22	24	75	70
48	9	26	29	81	76
48	10	30	33	87	82
48	11	34	37	93	88
48	12	38	42	99	94
48	13	43	46	105	99
48	14	47	51	111	105
48	15	52	56	116	111
48	16	56	61	122	116
48	17	61	65	127	122
48	18	66	70	133	128
48	19	71	75	138	133
48	20	75	80	144	138
48	21	80	85	149	144
48	22	85	90	154	149
48	23	90	95	159	154
48	24	95	101	165	159
49	0	0	0	17	13
49	1	1	1	26	22
49	2	2	3	33	29
49	3	5	6	41	36
49	4	7	9	48	43
49	5	11	12	54	50
49	6	14	16	61	56
49	7	18	20	67	62
49	8	21	24	73	68
49	9	25	28	79	74
49	10	29	32	85	80
49	11	33	37	91	86
49	12	38	41	97	92
49	13	42	45	103	98
49	14	46	50	108	103
49	15	51	55	114	109
49	16	55	59	120	114
49	17	60	64	125	120
49	18	64	69	130	125
49	19	69	74	136	130
49	20	74	78	141	136
49	21	79	83	146	141
49	22	84	88	151	146
49	23	88	93	156	151
49	24	93	98	162	157
49	25	98	103	167	162
50	0	0	0	16	13
50	1	1	1	25	21
50	2	2	3	33	29
50	3	5	5	40	36
50	4	7	9	47	42
50	5	10	12	53	49
50	6	14	16	60	55
50	7	17	20	66	61
50	8	21	23	72	67
50	9	25	28	78	73
50	10	29	32	84	79
50	11	33	36	90	84
50	12	37	40	95	90
50	13	41	45	101	96
50	14	45	49	106	101
50	15	50	54	112	107
50	16	54	58	117	112
50	17	59	63	123	117
50	18	63	67	128	123
50	19	68	72	133	128
50	20	72	77	138	133
50	21	77	82	144	138
50	22	82	86	149	144
50	23	87	91	154	149
50	24	91	96	159	154
50	25	96	101	164	159
51	0	0	0	16	13
51	1	1	1	24	21
51	2	2	3	32	28
51	3	5	5	39	35
51	4	7	8	46	41
51	5	10	12	52	48
51	6	14	15	58	54
51	7	17	19	65	60
51	8	21	23	71	66
51	9	24	27	76	71
51	10	28	31	82	77
51	11	32	35	88	83
51	12	36	39	93	88
51	13	40	44	99	94
51	14	45	48	104	99
51	15	49	53	110	105
51	16	53	57	115	110
51	17	57	61	120	115
51	18	62	66	126	120
51	19	66	71	131	126
51	20	71	75	136	131
51	21	76	80	141	136
51	22	80	85	146	141
51	23	85	90	151	146
51	24	90	94	156	151
51	25	94	99	161	156
51	26	99	104	166	161
52	0	0	0	15	13
52	1	1	1	24	21
52	2	2	3	31	28
52	3	4	5	38	34
52	4	7	8	45	41
52	5	10	12	51	47
52	6	13	15	57	53
52	7	17	19	63	59
52	8	20	23	69	64
52	9	24	27	75	70
52	10	28	31	81	76
52	11	32	35	86	81
52	12	36	39	92	87
52	13	40	43	97	92
52	14	44	47	103	97
52	15	48	52	108	103
52	16	52	56	113	108
52	17	56	60	118	113
52	18	61	65	123	118
52	19	65	69	128	123
52	20	70	74	134	128
52	21	74	78	139	133
52	22	79	83	143	138

CONFIDENCE BOUNDS FOR A

N = 260

n	a	LOWER .975	LOWER .95	UPPER .975	UPPER .95
52	23	83	88	148	143
52	24	88	92	153	148
52	25	92	97	158	153
52	26	97	102	163	158

N = 270

n	a	LOWER .975	LOWER .95	UPPER .975	UPPER .95
1	0	0	0	263	256
1	1	7	14	270	270
2	0	0	0	226	209
2	1	4	7	266	263
3	0	0	0	190	169
3	1	3	5	244	233
3	2	26	37	267	265
4	0	0	0	161	141
4	1	2	4	216	202
4	2	19	27	251	243
5	0	0	0	139	120
5	1	2	3	192	176
5	2	15	21	229	218
5	3	41	52	255	249
6	0	0	0	122	105
6	1	2	3	172	156
6	2	13	18	208	195
6	3	33	42	237	228
7	0	0	0	109	92
7	1	1	2	155	139
7	2	11	15	190	176
7	3	28	36	219	208
7	4	51	62	242	234
8	0	0	0	98	83
8	1	1	2	140	125
8	2	10	13	174	160
8	3	24	31	202	190
8	4	44	53	226	217
9	0	0	0	89	75
9	1	1	2	128	114
9	2	9	12	160	147
9	3	21	28	187	175
9	4	38	47	211	201
9	5	59	69	232	223
10	0	0	0	81	68
10	1	1	2	118	105
10	2	8	11	148	135
10	3	19	25	174	162
10	4	34	42	197	186
10	5	52	62	218	208
11	0	0	0	75	63
11	1	1	2	109	97
11	2	7	10	138	125
11	3	17	22	163	151
11	4	31	38	185	174
11	5	47	55	205	195
11	6	65	75	223	215
12	0	0	0	69	58
12	1	1	2	102	90
12	2	7	9	129	116
12	3	16	21	152	140
12	4	28	35	174	163
12	5	43	50	193	183
12	6	59	68	211	202
13	0	0	0	65	54
13	1	1	2	95	83
13	2	6	8	120	109
13	3	15	19	143	132
13	4	26	32	164	153
13	5	39	46	183	172
13	6	54	62	200	191
13	7	70	79	216	208
14	0	0	0	61	50
14	1	1	1	89	78
14	2	6	8	113	102
14	3	14	18	135	124
14	4	24	29	155	144
14	5	36	43	173	163
14	6	50	57	190	180
14	7	64	73	206	197
15	0	0	0	57	47
15	1	1	1	84	73
15	2	5	7	107	96
15	3	13	16	127	117
15	4	23	27	146	136

N = 270

n	a	LOWER .975	LOWER .95	UPPER .975	UPPER .95
15	5	34	40	164	154
15	6	46	53	181	171
15	7	59	68	196	187
15	8	74	83	211	202
16	0	0	0	54	44
16	1	1	1	79	69
16	2	5	7	101	91
16	3	12	15	121	110
16	4	21	26	139	129
16	5	31	37	156	146
16	6	43	50	172	162
16	7	55	63	187	178
16	8	69	77	201	193
17	0	0	0	51	42
17	1	1	1	75	66
17	2	5	7	96	86
17	3	11	15	115	105
17	4	20	24	132	122
17	5	30	35	149	139
17	6	40	47	164	155
17	7	52	59	179	170
17	8	64	72	193	184
17	9	77	86	206	198
18	0	0	0	48	40
18	1	1	1	71	62
18	2	5	6	91	82
18	3	11	14	109	99
18	4	19	23	126	116
18	5	28	33	142	132
18	6	38	44	157	147
18	7	49	56	171	162
18	8	60	68	185	176
18	9	73	81	197	189
19	0	0	0	46	38
19	1	1	1	68	59
19	2	4	6	87	78
19	3	10	13	104	95
19	4	18	22	120	111
19	5	26	31	136	126
19	6	36	42	150	141
19	7	46	52	164	155
19	8	57	64	177	168
19	9	68	76	190	181
19	10	80	89	202	194
20	0	0	0	43	36
20	1	1	1	65	56
20	2	4	6	83	74
20	3	10	13	100	90
20	4	17	21	115	106
20	5	25	30	130	121
20	6	34	40	144	135
20	7	44	50	157	148
20	8	54	61	170	161
20	9	65	72	182	174
20	10	76	84	194	186
21	0	0	0	41	34
21	1	1	1	62	54
21	2	4	5	79	71
21	3	9	12	95	87
21	4	16	20	110	101
21	5	24	28	125	116
21	6	32	37	138	129
21	7	41	47	151	142
21	8	51	58	164	155
21	9	61	68	175	167
21	10	72	79	187	179
21	11	83	91	198	191
22	0	0	0	40	33
22	1	1	1	59	51
22	2	4	5	76	68
22	3	9	11	92	83
22	4	16	19	106	97
22	5	23	27	120	111
22	6	31	36	133	124
22	7	40	45	145	137

N = 270

n	a	LOWER .975	LOWER .95	UPPER .975	UPPER .95
22	8	49	55	157	149
22	9	58	65	169	161
22	10	68	75	180	172
22	11	79	86	191	184
23	0	0	0	38	31
23	1	1	1	57	49
23	2	4	5	73	65
23	3	9	11	88	80
23	4	15	18	102	93
23	5	22	26	115	107
23	6	30	34	128	119
23	7	38	43	140	132
23	8	46	52	152	143
23	9	56	62	163	155
23	10	65	72	174	166
23	11	75	82	185	177
23	12	85	93	195	188
24	0	0	0	36	30
24	1	1	1	55	47
24	2	4	5	70	62
24	3	8	11	85	77
24	4	14	17	98	90
24	5	21	25	111	103
24	6	28	33	123	115
24	7	36	41	135	127
24	8	44	50	146	138
24	9	53	59	158	149
24	10	62	69	168	160
24	11	72	79	179	171
24	12	81	89	189	181
25	0	0	0	35	29
25	1	1	1	52	45
25	2	4	5	68	60
25	3	8	10	81	74
25	4	14	17	95	86
25	5	20	24	107	99
25	6	27	31	119	111
25	7	35	40	130	122
25	8	43	48	141	133
25	9	51	57	152	144
25	10	60	66	163	155
25	11	69	75	173	165
25	12	78	85	183	175
25	13	87	95	192	185
26	0	0	0	34	27
26	1	1	1	51	44
26	2	3	5	65	58
26	3	8	10	79	71
26	4	13	16	91	83
26	5	19	23	103	95
26	6	26	30	115	107
26	7	33	38	126	118
26	8	41	46	137	129
26	9	49	54	147	139
26	10	57	63	157	150
26	11	66	72	167	160
26	12	75	81	177	170
26	13	84	91	186	179
27	0	0	0	32	26
27	1	1	1	49	42
27	2	3	4	63	56
27	3	8	10	76	68
27	4	13	15	88	81
27	5	19	22	100	92
27	6	25	29	111	103
27	7	32	37	122	114
27	8	39	44	132	125
27	9	47	52	143	135
27	10	55	61	153	145
27	11	63	69	162	155
27	12	72	78	172	164
27	13	80	87	181	174
27	14	89	96	190	183
28	0	0	0	31	25
28	1	1	1	47	41

CONFIDENCE BOUNDS FOR A

N = 270

n	a	LOWER .975	LOWER .95	UPPER .975	UPPER .95
28	2	3	4	61	54
28	3	7	9	73	66
28	4	12	15	85	78
28	5	18	21	97	89
28	6	24	28	107	100
28	7	31	35	118	110
28	8	38	43	128	121
28	9	45	50	138	131
28	10	53	58	148	140
28	11	61	67	157	150
28	12	69	75	167	159
28	13	77	84	176	169
28	14	86	93	184	177
29	0	0	0	30	25
29	1	1	1	45	39
29	2	3	4	59	52
29	3	7	9	71	64
29	4	12	14	82	75
29	5	18	21	94	86
29	6	24	27	104	97
29	7	30	34	114	107
29	8	37	41	124	117
29	9	44	49	134	127
29	10	51	56	144	136
29	11	59	64	153	145
29	12	66	72	162	155
29	13	74	81	171	164
29	14	82	89	179	172
29	15	91	98	188	181
30	0	0	0	29	24
30	1	1	1	44	38
30	2	3	4	57	50
30	3	7	9	69	62
30	4	12	14	80	73
30	5	17	20	91	83
30	6	23	26	101	94
30	7	29	33	111	104
30	8	35	40	121	113
30	9	42	47	130	123
30	10	49	54	139	132
30	11	57	62	148	141
30	12	64	70	157	150
30	13	72	78	166	159
30	14	79	86	174	167
30	15	88	94	182	176
31	0	0	0	28	23
31	1	1	1	43	37
31	2	3	4	55	49
31	3	7	8	67	60
31	4	11	14	78	71
31	5	16	19	88	81
31	6	22	25	98	91
31	7	28	32	108	101
31	8	34	39	117	110
31	9	41	46	126	119
31	10	48	53	135	128
31	11	55	60	144	137
31	12	62	67	153	146
31	13	69	75	161	154
31	14	77	83	170	163
31	15	84	91	178	171
31	16	92	99	186	179
32	0	0	0	27	22
32	1	1	1	41	36
32	2	3	4	53	47
32	3	7	8	65	58
32	4	11	13	75	69
32	5	16	19	85	79
32	6	21	25	95	88
32	7	27	31	105	98
32	8	33	37	114	107
32	9	40	44	123	116
32	10	46	51	132	125
32	11	53	58	140	133
32	12	60	65	149	142

N = 270

n	a	LOWER .975	LOWER .95	UPPER .975	UPPER .95
32	13	67	73	157	158
32	14	74	80	165	158
32	15	82	88	173	166
32	16	89	96	181	174
33	0	0	0	26	22
33	1	1	1	40	34
33	2	3	4	52	46
33	3	6	8	63	56
33	4	11	13	73	67
33	5	16	18	83	76
33	6	21	24	92	86
33	7	26	30	102	95
33	8	32	36	111	104
33	9	38	43	120	113
33	10	45	49	128	121
33	11	51	56	137	130
33	12	58	63	145	138
33	13	65	70	153	146
33	14	72	78	161	154
33	15	79	85	169	162
33	16	86	93	176	170
33	17	94	100	184	177
34	0	0	0	26	21
34	1	1	1	39	33
34	2	3	4	50	45
34	3	6	8	61	55
34	4	10	13	71	65
34	5	15	18	81	74
34	6	20	23	90	83
34	7	26	29	99	92
34	8	31	35	108	101
34	9	37	41	116	109
34	10	43	48	125	118
34	11	50	55	133	126
34	12	56	61	141	134
34	13	63	68	149	142
34	14	70	75	157	150
34	15	77	82	164	158
34	16	84	90	172	165
34	17	91	97	179	173
35	0	0	0	25	20
35	1	1	1	38	32
35	2	3	4	49	43
35	3	6	8	59	53
35	4	10	12	69	63
35	5	15	17	78	72
35	6	20	23	88	81
35	7	25	28	96	90
35	8	30	34	105	98
35	9	36	40	113	107
35	10	42	47	122	115
35	11	48	53	130	123
35	12	55	60	137	131
35	13	61	66	145	139
35	14	67	73	153	146
35	15	74	80	160	154
35	16	81	87	168	161
35	17	88	94	175	169
35	18	95	101	182	176
36	0	0	0	24	20
36	1	1	1	37	32
36	2	3	4	48	42
36	3	6	7	58	52
36	4	10	12	67	61
36	5	14	17	76	70
36	6	19	22	85	79
36	7	24	28	94	87
36	8	30	33	102	96
36	9	35	39	110	104
36	10	41	45	118	112
36	11	47	51	126	120
36	12	53	58	134	127
36	13	59	64	142	135
36	14	66	71	149	143
36	15	72	78	156	150

N = 270

n	a	LOWER .975	LOWER .95	UPPER .975	UPPER .95
36	16	79	84	164	157
36	17	85	91	171	165
36	18	92	98	178	172
37	0	0	0	23	19
37	1	1	1	36	31
37	2	3	3	46	41
37	3	6	7	56	50
37	4	10	12	65	60
37	5	14	16	74	68
37	6	19	21	83	77
37	7	24	27	91	85
37	8	29	32	100	93
37	9	34	38	108	101
37	10	40	44	116	109
37	11	46	50	123	117
37	12	52	56	131	124
37	13	58	63	138	132
37	14	64	69	146	139
37	15	70	75	153	146
37	16	76	82	160	154
37	17	83	89	167	161
37	18	90	95	174	168
37	19	96	102	180	175
38	0	0	0	23	19
38	1	1	1	35	30
38	2	3	3	45	40
38	3	6	7	55	49
38	4	9	11	64	58
38	5	14	16	73	67
38	6	18	21	81	75
38	7	23	26	89	83
38	8	28	32	97	91
38	9	33	37	105	99
38	10	39	43	113	106
38	11	44	49	120	114
38	12	50	55	128	121
38	13	56	61	135	129
38	14	62	67	142	136
38	15	68	73	149	143
38	16	74	80	156	150
38	17	81	86	163	157
38	18	87	93	170	164
38	19	94	99	176	171
39	0	0	0	22	18
39	1	1	1	34	29
39	2	3	3	44	39
39	3	6	7	53	48
39	4	9	11	62	57
39	5	13	16	71	65
39	6	18	20	79	73
39	7	23	26	87	81
39	8	27	31	95	89
39	9	33	36	103	96
39	10	38	42	110	104
39	11	43	47	118	111
39	12	49	53	125	118
39	13	55	59	132	126
39	14	60	65	139	133
39	15	66	71	146	140
39	16	72	78	153	147
39	17	78	84	159	153
39	18	85	90	166	160
39	19	91	97	173	167
39	20	97	103	179	173
40	0	0	0	22	18
40	1	1	1	33	28
40	2	3	3	43	38
40	3	6	7	52	47
40	4	9	11	61	55
40	5	13	15	69	63
40	6	17	20	77	71
40	7	22	25	85	79
40	8	27	30	93	87
40	9	32	35	100	94
40	10	37	41	108	101

N = 270

n	a	LOWER .975	LOWER .95	UPPER .975	UPPER .95
40	11	42	46	115	109
40	12	48	52	122	116
40	13	53	58	129	123
40	14	59	64	136	130
40	15	65	70	143	136
40	16	70	76	149	143
40	17	76	82	156	150
40	18	82	88	162	156
40	19	89	94	169	163
40	20	95	101	175	169
41	0	0	0	21	17
41	1	1	1	32	28
41	2	3	3	42	37
41	3	5	7	51	46
41	4	9	11	59	54
41	5	13	15	67	62
41	6	17	20	75	70
41	7	21	24	83	77
41	8	26	29	91	85
41	9	31	34	98	92
41	10	36	40	105	99
41	11	41	45	112	106
41	12	46	51	119	113
41	13	52	56	126	120
41	14	57	62	133	127
41	15	63	68	140	133
41	16	69	74	146	140
41	17	74	80	153	147
41	18	80	86	159	153
41	19	86	92	165	159
41	20	92	98	172	166
41	21	98	104	178	172
42	0	0	0	20	17
42	1	1	1	31	27
42	2	3	3	41	36
42	3	5	6	50	44
42	4	9	10	58	53
42	5	13	15	66	60
42	6	17	19	74	68
42	7	21	24	81	75
42	8	26	29	89	83
42	9	30	34	96	90
42	10	35	39	103	97
42	11	40	44	110	104
42	12	45	49	117	111
42	13	51	55	123	117
42	14	56	61	130	124
42	15	61	66	137	131
42	16	67	72	143	137
42	17	73	78	149	143
42	18	78	84	156	150
42	19	84	89	162	156
42	20	90	95	168	162
42	21	96	102	174	168
43	0	0	0	20	16
43	1	1	1	31	26
43	2	3	3	40	35
43	3	5	6	48	43
43	4	9	10	57	51
43	5	12	14	64	59
43	6	16	19	72	66
43	7	21	23	79	74
43	8	25	28	87	81
43	9	30	33	94	88
43	10	34	38	101	95
43	11	39	43	107	101
43	12	44	48	114	108
43	13	49	54	121	115
43	14	55	59	127	121
43	15	60	65	134	128
43	16	65	70	140	134
43	17	71	76	146	140
43	18	76	82	152	147
43	19	82	87	159	153
43	20	88	93	165	159

CONFIDENCE BOUNDS FOR A

N = 270

n	a	LOWER .975	LOWER .95	UPPER .975	UPPER .95
43	21	94	99	171	165
43	22	99	105	176	171
44	0	0	0	19	16
44	1	1	1	30	26
44	2	2	3	39	34
44	3	5	6	47	42
44	4	8	10	55	50
44	5	12	14	63	58
44	6	16	18	70	65
44	7	20	23	78	72
44	8	24	27	85	79
44	9	29	32	92	86
44	10	34	37	98	93
44	11	38	42	105	99
44	12	43	47	112	106
44	13	48	52	118	112
44	14	53	58	125	119
44	15	59	63	131	125
44	16	64	69	137	131
44	17	69	74	143	137
44	18	75	80	149	144
44	19	80	85	155	150
44	20	86	91	161	156
44	21	91	97	167	162
44	22	97	103	173	167
45	0	0	0	19	15
45	1	1	1	29	25
45	2	2	3	38	34
45	3	5	6	46	41
45	4	8	10	54	49
45	5	12	14	62	56
45	6	16	18	69	63
45	7	20	22	76	70
45	8	24	27	83	77
45	9	28	32	90	84
45	10	33	36	96	91
45	11	38	41	103	97
45	12	42	46	109	104
45	13	47	51	116	110
45	14	52	56	122	116
45	15	57	62	128	122
45	16	62	67	134	129
45	17	68	72	140	135
45	18	73	78	146	141
45	19	78	83	152	147
45	20	84	89	158	153
45	21	89	94	164	158
45	22	95	100	170	164
45	23	100	106	175	170
46	0	0	0	19	15
46	1	1	1	28	24
46	2	2	3	37	33
46	3	5	6	45	41
46	4	8	10	53	48
46	5	12	13	60	55
46	6	15	18	67	62
46	7	19	22	74	69
46	8	23	26	81	76
46	9	28	31	88	82
46	10	32	36	94	89
46	11	37	40	101	95
46	12	41	45	107	101
46	13	46	50	113	108
46	14	51	55	120	114
46	15	56	60	126	120
46	16	61	66	132	126
46	17	66	71	138	132
46	18	71	76	144	138
46	19	76	81	149	144
46	20	82	87	155	150
46	21	87	92	161	155
46	22	93	98	166	161
46	23	98	103	172	167
47	0	0	0	18	15
47	1	1	1	28	24

N = 270

n	a	LOWER .975	LOWER .95	UPPER .975	UPPER .95
47	2	2	3	36	32
47	3	5	6	44	40
47	4	8	9	52	47
47	5	11	13	59	54
47	6	15	17	66	61
47	7	19	21	73	68
47	8	23	26	79	74
47	9	27	30	86	81
47	10	32	35	92	87
47	11	36	39	99	93
47	12	41	44	105	99
47	13	45	49	111	106
47	14	50	54	117	112
47	15	55	59	123	118
47	16	60	64	129	123
47	17	65	69	135	129
47	18	70	74	141	135
47	19	75	80	146	141
47	20	80	85	152	147
47	21	85	90	158	152
47	22	90	96	163	158
47	23	96	101	169	163
47	24	101	107	174	169
48	0	0	0	18	14
48	1	1	1	27	23
48	2	2	3	36	31
48	3	5	6	43	39
48	4	8	9	51	46
48	5	11	13	58	53
48	6	15	17	65	60
48	7	19	21	71	66
48	8	23	25	78	73
48	9	27	30	84	79
48	10	31	34	91	85
48	11	35	39	97	91
48	12	40	43	103	97
48	13	44	48	109	103
48	14	49	53	115	109
48	15	54	58	121	115
48	16	58	63	127	121
48	17	63	68	132	127
48	18	68	73	138	133
48	19	73	78	144	138
48	20	78	83	149	144
48	21	83	88	155	149
48	22	89	94	160	155
48	23	94	99	166	160
48	24	99	104	171	166
49	0	0	0	17	14
49	1	1	1	27	23
49	2	2	3	35	31
49	3	5	6	42	38
49	4	8	9	50	45
49	5	11	13	57	52
49	6	15	17	63	58
49	7	18	21	70	65
49	8	22	25	76	71
49	9	26	29	83	77
49	10	30	33	89	83
49	11	35	38	95	90
49	12	39	42	101	95
49	13	43	47	107	101
49	14	48	52	113	107
49	15	53	57	119	113
49	16	57	61	124	119
49	17	62	66	130	124
49	18	67	71	136	130
49	19	72	76	141	136
49	20	77	81	147	141
49	21	82	86	152	147
49	22	87	92	157	152
49	23	92	97	163	157
49	24	97	102	168	163
49	25	102	107	173	168
50	0	0	0	17	14

N = 270

n	a	LOWER .975	LOWER .95	UPPER .975	UPPER .95
50	1	1	1	26	22
50	2	2	3	34	30
50	3	5	6	42	37
50	4	8	9	49	44
50	5	11	12	55	51
50	6	14	16	62	57
50	7	18	20	69	64
50	8	22	24	75	70
50	9	26	28	81	76
50	10	30	33	87	82
50	11	34	37	93	88
50	12	38	42	99	94
50	13	43	46	105	99
50	14	47	51	111	105
50	15	52	55	116	111
50	16	56	60	122	117
50	17	61	65	128	122
50	18	65	70	133	128
50	19	70	75	139	133
50	20	75	80	144	139
50	21	80	85	149	144
50	22	85	90	155	149
50	23	90	95	160	155
50	24	95	100	165	160
50	25	100	105	170	165
51	0	0	0	17	13
51	1	1	1	26	22
51	2	2	3	33	29
51	3	5	6	41	36
51	4	7	9	48	43
51	5	11	12	54	50
51	6	14	16	61	56
51	7	18	20	67	62
51	8	21	24	73	68
51	9	25	28	79	74
51	10	29	32	85	80
51	11	33	36	91	86
51	12	38	41	97	92
51	13	42	45	103	98
51	14	46	50	109	103
51	15	51	54	114	109
51	16	55	59	120	114
51	17	60	64	125	120
51	18	64	68	131	125
51	19	69	73	136	131
51	20	74	78	141	136
51	21	78	83	147	141
51	22	83	88	152	147
51	23	88	93	157	152
51	24	93	98	162	157
51	25	98	103	167	162
51	26	103	108	172	167
52	0	0	0	16	13
52	1	1	1	25	21
52	2	2	3	33	29
52	3	5	5	40	36
52	4	7	9	47	42
52	5	10	12	53	49
52	6	14	16	60	55
52	7	17	19	66	61
52	8	21	23	72	67
52	9	25	27	78	73
52	10	29	32	84	79
52	11	33	36	90	85
52	12	37	40	95	90
52	13	41	44	101	96
52	14	45	49	107	101
52	15	50	53	112	107
52	16	54	58	118	112
52	17	58	62	123	118
52	18	63	67	128	123
52	19	67	72	134	128
52	20	72	77	139	134
52	21	77	81	144	139
52	22	81	86	149	144

N = 270

n	a	LOWER .975	LOWER .95	UPPER .975	UPPER .95
52	23	86	91	154	149
52	24	91	96	159	154
52	25	96	101	164	159
52	26	101	106	169	164
53	0	0	0	16	13
53	1	1	1	24	21
53	2	2	3	32	28
53	3	5	5	39	35
53	4	7	8	46	42
53	5	10	12	52	48
53	6	14	15	59	54
53	7	17	19	65	60
53	8	21	23	71	66
53	9	24	27	77	72
53	10	28	31	82	77
53	11	32	35	88	83
53	12	36	39	94	89
53	13	40	44	99	94
53	14	44	48	105	99
53	15	49	52	110	105
53	16	53	57	116	110
53	17	57	61	121	116
53	18	62	66	126	121
53	19	66	70	131	126
53	20	71	75	136	131
53	21	75	80	142	136
53	22	80	84	147	141
53	23	85	89	152	146
53	24	89	94	157	152
53	25	94	99	162	156
53	26	99	104	166	161
53	27	104	109	171	166
54	0	0	0	16	13
54	1	1	1	24	21
54	2	2	3	31	28
54	3	4	5	38	34
54	4	7	8	45	41
54	5	10	12	51	47
54	6	13	15	57	53
54	7	17	19	63	59
54	8	20	23	69	65
54	9	24	26	75	70
54	10	28	30	81	76
54	11	32	35	86	81
54	12	36	39	92	87
54	13	40	43	97	92
54	14	44	47	103	98
54	15	48	51	108	103
54	16	52	56	113	108
54	17	56	60	119	114
54	18	61	65	124	119
54	19	65	69	129	124
54	20	69	74	134	129
54	21	74	78	139	134
54	22	78	83	144	139
54	23	83	87	149	144
54	24	87	92	154	149
54	25	92	97	159	154
54	26	97	102	164	159
54	27	102	106	168	164

CONFIDENCE BOUNDS FOR A

N = 280

n	a	LOWER .975	LOWER .95	UPPER .975	UPPER .95
1	0	0	0	273	266
1	1	7	14	280	280
2	0	0	0	235	216
2	1	4	8	276	272
3	0	0	0	197	176
3	1	3	5	253	241
3	2	27	39	277	275
4	0	0	0	167	146
4	1	2	4	224	209
4	2	20	28	260	252
5	0	0	0	145	125
5	1	2	3	199	183
5	2	16	22	238	226
5	3	42	54	264	258
6	0	0	0	127	109
6	1	2	3	178	161
6	2	13	18	216	203
6	3	34	44	246	236
7	0	0	0	113	96
7	1	1	3	160	144
7	2	11	16	197	183
7	3	29	37	227	216
7	4	53	64	251	243
8	0	0	0	102	86
8	1	1	2	146	130
8	2	10	14	180	166
8	3	25	32	210	198
8	4	45	55	235	225
9	0	0	0	92	78
9	1	1	2	133	118
9	2	9	12	166	152
9	3	22	28	194	182
9	4	40	49	219	208
9	5	61	72	240	231
10	0	0	0	84	71
10	1	1	2	123	109
10	2	8	11	154	140
10	3	20	26	181	168
10	4	36	43	205	193
10	5	54	64	226	216
11	0	0	0	78	65
11	1	1	2	113	100
11	2	7	10	143	130
11	3	18	23	169	156
11	4	32	39	192	180
11	5	49	57	213	202
11	6	67	78	231	223
12	0	0	0	72	60
12	1	1	2	106	93
12	2	7	9	133	121
12	3	17	21	158	146
12	4	29	36	180	169
12	5	44	52	201	190
12	6	61	70	219	210
13	0	0	0	67	56
13	1	1	2	99	87
13	2	6	9	125	113
13	3	15	20	148	137
13	4	27	33	170	158
13	5	40	48	189	179
13	6	56	64	208	198
13	7	72	82	224	216
14	0	0	0	63	52
14	1	1	1	93	81
14	2	6	8	118	106
14	3	14	18	140	128
14	4	25	30	160	149
14	5	37	44	179	169
14	6	51	59	197	187
14	7	67	76	213	204
15	0	0	0	59	49
15	1	1	1	87	76
15	2	6	8	111	100
15	3	13	17	132	121
15	4	23	28	152	141

N = 280

n	a	LOWER .975	LOWER .95	UPPER .975	UPPER .95
15	5	35	41	170	160
15	6	48	55	187	177
15	7	62	70	203	194
15	8	77	86	218	210
16	0	0	0	56	46
16	1	1	1	82	72
16	2	5	7	105	94
16	3	13	16	125	114
16	4	22	27	144	133
16	5	33	39	162	151
16	6	44	51	178	168
16	7	57	65	194	185
16	8	71	80	209	200
17	0	0	0	53	43
17	1	1	1	78	68
17	2	5	7	100	89
17	3	12	15	119	109
17	4	21	25	137	127
17	5	31	36	154	144
17	6	42	48	170	160
17	7	54	61	185	176
17	8	67	75	200	191
17	9	80	89	213	205
18	0	0	0	50	41
18	1	1	1	74	65
18	2	5	6	95	85
18	3	11	14	113	103
18	4	19	24	131	121
18	5	29	34	147	137
18	6	39	45	163	153
18	7	51	58	177	168
18	8	62	70	191	182
18	9	75	84	205	196
19	0	0	0	47	39
19	1	1	1	71	61
19	2	5	6	90	81
19	3	11	14	108	98
19	4	18	22	125	115
19	5	27	32	141	131
19	6	37	43	156	146
19	7	48	54	170	161
19	8	59	66	184	175
19	9	71	79	197	188
19	10	83	92	209	201
20	0	0	0	45	37
20	1	1	1	67	58
20	2	4	6	86	77
20	3	10	13	103	94
20	4	18	21	120	110
20	5	26	31	135	125
20	6	35	41	149	140
20	7	45	51	163	154
20	8	56	63	176	167
20	9	67	75	189	181
20	10	79	87	201	193
21	0	0	0	43	35
21	1	1	1	64	56
21	2	4	6	82	74
21	3	10	12	99	90
21	4	17	20	115	105
21	5	25	29	129	120
21	6	34	39	143	134
21	7	43	49	157	148
21	8	53	60	170	161
21	9	63	71	182	174
21	10	74	82	194	186
21	11	86	94	206	198
22	0	0	0	41	34
22	1	1	1	62	53
22	2	4	5	79	70
22	3	9	12	95	86
22	4	16	19	110	101
22	5	24	28	124	115
22	6	32	37	138	129
22	7	41	47	151	142

N = 280

n	a	LOWER .975	LOWER .95	UPPER .975	UPPER .95
22	8	50	57	163	155
22	9	60	67	175	167
22	10	71	78	187	179
22	11	82	89	198	191
23	0	0	0	39	32
23	1	1	1	59	51
23	2	4	5	76	68
23	3	9	11	91	83
23	4	15	19	106	97
23	5	23	27	120	111
23	6	31	35	133	124
23	7	39	45	145	136
23	8	48	54	157	149
23	9	58	64	169	161
23	10	67	75	181	172
23	11	78	85	192	184
23	12	88	96	202	195
24	0	0	0	38	31
24	1	1	1	57	49
24	2	4	5	73	65
24	3	9	11	88	79
24	4	15	18	102	93
24	5	22	26	115	106
24	6	29	34	128	119
24	7	37	43	140	131
24	8	46	52	152	143
24	9	55	61	163	155
24	10	64	71	175	166
24	11	74	81	185	177
24	12	84	92	196	188
25	0	0	0	36	30
25	1	1	1	55	47
25	2	4	5	70	62
25	3	8	11	85	76
25	4	14	17	98	90
25	5	21	25	111	103
25	6	28	33	123	115
25	7	36	41	135	127
25	8	44	50	147	138
25	9	53	59	158	150
25	10	62	68	169	161
25	11	71	78	179	171
25	12	81	88	190	182
25	13	90	98	199	192
26	0	0	0	35	29
26	1	1	1	52	45
26	2	4	5	68	60
26	3	8	10	82	74
26	4	14	17	95	87
26	5	20	24	107	99
26	6	27	31	119	111
26	7	35	39	131	122
26	8	42	48	142	134
26	9	51	56	153	145
26	10	59	65	163	155
26	11	68	75	174	166
26	12	77	84	184	176
26	13	87	94	193	186
27	0	0	0	34	28
27	1	1	1	51	44
27	2	3	5	65	58
27	3	8	10	79	71
27	4	13	16	92	84
27	5	19	23	104	96
27	6	26	30	115	107
27	7	33	38	127	118
27	8	41	46	137	129
27	9	49	54	148	140
27	10	57	63	158	150
27	11	65	72	168	161
27	12	74	81	178	171
27	13	83	90	188	180
27	14	92	100	197	190
28	0	0	0	32	27
28	1	1	1	49	42

N = 280

n	a	LOWER .975	LOWER .95	UPPER .975	UPPER .95
28	2	3	4	63	56
28	3	8	9	76	69
28	4	13	15	88	81
28	5	19	22	100	92
28	6	25	29	112	104
28	7	32	37	123	115
28	8	39	44	133	125
28	9	47	52	143	136
28	10	55	61	153	146
28	11	63	69	163	156
28	12	71	78	173	165
28	13	80	87	182	175
28	14	89	96	191	184
29	0	0	0	31	26
29	1	1	1	47	41
29	2	3	4	61	54
29	3	7	9	74	66
29	4	12	15	86	78
29	5	18	21	97	89
29	6	24	28	108	100
29	7	31	35	119	111
29	8	38	43	129	121
29	9	45	50	139	131
29	10	53	58	149	141
29	11	61	67	159	151
29	12	69	75	168	160
29	13	77	84	177	170
29	14	85	92	186	179
29	15	94	101	195	188
30	0	0	0	30	25
30	1	1	1	46	39
30	2	3	4	59	52
30	3	7	9	71	64
30	4	12	14	83	76
30	5	18	21	94	87
30	6	24	27	105	97
30	7	30	34	115	108
30	8	37	41	125	118
30	9	44	49	135	127
30	10	51	56	145	137
30	11	58	64	154	146
30	12	66	72	163	156
30	13	74	81	172	165
30	14	82	89	181	174
30	15	91	98	189	182
31	0	0	0	29	24
31	1	1	1	44	38
31	2	3	4	57	51
31	3	7	9	69	62
31	4	12	14	80	73
31	5	17	20	91	84
31	6	23	26	102	94
31	7	29	33	112	104
31	8	35	40	122	114
31	9	42	47	131	124
31	10	49	55	141	133
31	11	57	62	150	142
31	12	64	70	159	151
31	13	72	78	167	160
31	14	79	86	176	169
31	15	87	94	184	177
31	16	96	103	193	186
32	0	0	0	28	23
32	1	1	1	43	37
32	2	3	4	55	49
32	3	7	8	67	60
32	4	11	14	78	71
32	5	17	19	89	82
32	6	22	26	99	92
32	7	28	32	109	101
32	8	34	39	118	111
32	9	41	46	128	120
32	10	48	53	137	129
32	11	55	60	146	138
32	12	62	68	154	147

CONFIDENCE BOUNDS FOR A

N = 280

n	a	LOWER .975	.95	UPPER .975	.95
32	13	69	75	163	156
32	14	77	83	171	164
32	15	85	91	180	173
32	16	92	99	188	181
33	0	0	0	27	22
33	1	1	1	42	36
33	2	3	4	54	48
33	3	7	8	65	59
33	4	11	13	76	69
33	5	16	19	86	79
33	6	22	25	96	89
33	7	27	31	106	98
33	8	33	38	115	108
33	9	40	44	124	117
33	10	46	51	133	126
33	11	53	58	142	135
33	12	60	65	150	143
33	13	67	73	159	152
33	14	74	80	167	160
33	15	82	88	175	168
33	16	89	96	183	176
33	17	97	104	191	184
34	0	0	0	27	22
34	1	1	1	40	35
34	2	3	4	52	46
34	3	6	8	63	57
34	4	11	13	74	67
34	5	16	18	84	77
34	6	21	24	93	86
34	7	27	30	103	96
34	8	32	36	112	105
34	9	39	43	121	114
34	10	45	50	130	122
34	11	51	56	138	131
34	12	58	63	146	139
34	13	65	71	155	148
34	14	72	78	163	156
34	15	79	85	171	164
34	16	87	93	178	172
34	17	94	101	186	179
35	0	0	0	26	21
35	1	1	1	39	34
35	2	3	4	51	45
35	3	6	8	62	55
35	4	11	13	72	65
35	5	15	18	81	75
35	6	20	23	91	84
35	7	26	29	100	93
35	8	31	35	109	102
35	9	37	42	118	111
35	10	44	48	126	119
35	11	50	55	135	128
35	12	56	62	143	136
35	13	63	69	151	144
35	14	70	76	159	152
35	15	77	83	166	160
35	16	84	90	174	167
35	17	91	97	182	175
35	18	98	105	189	183
36	0	0	0	25	20
36	1	1	1	38	33
36	2	3	4	49	44
36	3	6	8	60	54
36	4	10	12	70	64
36	5	15	17	79	73
36	6	20	23	89	82
36	7	25	29	97	91
36	8	31	34	106	99
36	9	36	41	115	108
36	10	42	47	123	116
36	11	49	53	131	124
36	12	55	60	139	132
36	13	61	67	147	140
36	14	68	73	155	148
36	15	75	80	162	156

N = 280

n	a	LOWER .975	.95	UPPER .975	.95
36	16	81	87	170	163
36	17	88	95	177	171
36	18	96	102	184	178
37	0	0	0	24	20
37	1	1	1	37	32
37	2	3	4	48	43
37	3	6	7	58	52
37	4	10	12	68	62
37	5	14	17	77	71
37	6	19	22	86	80
37	7	24	28	95	88
37	8	30	34	104	97
37	9	35	39	112	105
37	10	41	46	120	113
37	11	47	52	128	121
37	12	53	58	136	129
37	13	60	65	144	137
37	14	66	71	151	144
37	15	72	78	159	152
37	16	79	85	166	159
37	17	86	92	173	167
37	18	93	99	180	174
37	19	100	106	187	181
38	0	0	0	24	19
38	1	1	1	36	31
38	2	3	4	47	41
38	3	6	7	57	51
38	4	10	12	66	60
38	5	14	17	75	69
38	6	19	22	84	78
38	7	24	27	93	86
38	8	29	33	101	94
38	9	35	38	109	102
38	10	40	44	117	110
38	11	46	50	125	118
38	12	52	57	133	126
38	13	58	63	140	134
38	14	64	69	148	141
38	15	70	76	155	148
38	16	77	83	162	156
38	17	83	89	169	163
38	18	90	96	176	170
38	19	97	103	183	177
39	0	0	0	23	19
39	1	1	1	35	30
39	2	3	4	46	40
39	3	6	7	55	50
39	4	10	11	65	59
39	5	14	16	74	67
39	6	18	21	82	76
39	7	23	26	90	84
39	8	28	32	99	92
39	9	34	37	107	100
39	10	39	43	114	108
39	11	45	49	122	115
39	12	51	55	130	123
39	13	56	61	137	130
39	14	62	68	144	138
39	15	69	74	151	145
39	16	75	80	158	152
39	17	81	87	165	159
39	18	88	94	172	166
39	19	94	100	179	173
39	20	101	107	186	180
40	0	0	0	22	18
40	1	1	1	34	29
40	2	3	3	45	39
40	3	6	7	54	48
40	4	9	11	63	57
40	5	13	16	72	66
40	6	18	21	80	74
40	7	23	26	88	82
40	8	28	31	96	90
40	9	33	37	104	98
40	10	38	42	112	105

N = 280

n	a	LOWER .975	.95	UPPER .975	.95
40	11	44	48	119	113
40	12	49	54	127	120
40	13	55	60	134	127
40	14	61	66	141	135
40	15	67	72	148	142
40	16	73	78	155	149
40	17	79	85	162	156
40	18	85	91	169	162
40	19	92	98	175	169
40	20	98	104	182	176
41	0	0	0	22	18
41	1	1	1	33	29
41	2	3	3	43	38
41	3	6	7	53	47
41	4	9	11	62	56
41	5	13	15	70	64
41	6	18	20	78	72
41	7	22	25	86	80
41	8	27	30	94	88
41	9	32	36	102	95
41	10	37	41	109	103
41	11	43	47	117	110
41	12	48	52	124	117
41	13	54	58	131	124
41	14	59	64	138	132
41	15	65	70	145	138
41	16	71	76	152	145
41	17	77	82	158	152
41	18	83	89	165	159
41	19	89	95	172	165
41	20	96	101	178	172
41	21	102	108	184	179
42	0	0	0	21	17
42	1	1	1	33	28
42	2	3	3	42	37
42	3	5	7	51	46
42	4	9	11	60	55
42	5	13	15	68	63
42	6	17	20	76	71
42	7	22	25	84	78
42	8	26	30	92	86
42	9	31	35	99	93
42	10	36	40	107	100
42	11	42	46	114	108
42	12	47	51	121	115
42	13	52	57	128	122
42	14	58	63	135	129
42	15	64	69	142	135
42	16	69	74	148	142
42	17	75	80	155	149
42	18	81	87	162	155
42	19	87	93	168	162
42	20	93	99	174	168
42	21	99	105	181	175
43	0	0	0	21	17
43	1	1	1	32	27
43	2	3	3	41	37
43	3	5	7	50	45
43	4	9	10	59	53
43	5	13	15	67	61
43	6	17	19	75	69
43	7	21	24	82	76
43	8	26	29	90	84
43	9	31	34	97	91
43	10	36	39	104	98
43	11	41	45	112	105
43	12	46	50	118	112
43	13	51	56	125	119
43	14	57	61	132	126
43	15	62	67	139	133
43	16	68	73	145	139
43	17	73	79	152	146
43	18	79	84	158	152
43	19	85	90	165	159
43	20	91	96	171	165

N = 280

n	a	LOWER .975	.95	UPPER .975	.95
43	21	97	103	177	171
43	22	103	109	183	177
44	0	0	0	20	16
44	1	1	1	31	27
44	2	3	3	40	36
44	3	5	6	49	44
44	4	9	10	57	52
44	5	12	14	65	60
44	6	16	19	73	67
44	7	21	24	81	75
44	8	25	28	88	82
44	9	30	33	95	89
44	10	35	38	102	96
44	11	40	44	109	103
44	12	45	49	116	110
44	13	50	54	123	117
44	14	55	60	129	123
44	15	61	65	136	130
44	16	66	71	142	136
44	17	72	77	149	143
44	18	77	82	155	149
44	19	83	88	161	155
44	20	89	94	167	162
44	21	95	100	174	168
44	22	100	106	180	174
45	0	0	0	20	16
45	1	1	1	30	26
45	2	3	3	40	35
45	3	5	6	48	43
45	4	8	10	56	51
45	5	12	14	64	59
45	6	16	18	72	66
45	7	20	23	79	73
45	8	25	28	86	80
45	9	29	33	93	87
45	10	34	38	100	94
45	11	39	43	107	101
45	12	44	48	114	108
45	13	49	53	120	114
45	14	54	58	127	121
45	15	59	64	133	127
45	16	65	69	140	133
45	17	70	75	146	140
45	18	75	81	152	146
45	19	81	86	158	152
45	20	87	92	164	158
45	21	92	98	170	164
45	22	98	104	176	170
45	23	104	110	182	176
46	0	0	0	19	16
46	1	1	1	30	25
46	2	2	3	39	34
46	3	5	6	47	42
46	4	8	10	55	50
46	5	12	14	63	57
46	6	16	18	70	65
46	7	20	23	77	72
46	8	24	27	84	79
46	9	29	32	91	85
46	10	33	37	98	92
46	11	38	42	105	99
46	12	43	47	111	105
46	13	48	52	118	112
46	14	53	57	124	118
46	15	58	62	130	125
46	16	63	68	137	131
46	17	68	73	143	137
46	18	74	79	149	143
46	19	79	84	155	149
46	20	85	90	161	155
46	21	90	96	167	161
46	22	96	101	173	167
46	23	102	107	178	173
47	0	0	0	19	15
47	1	1	1	29	25

CONFIDENCE BOUNDS FOR A

N = 280

n	a	LOWER .975	LOWER .95	UPPER .975	UPPER .95
47	2	2	3	38	33
47	3	5	6	46	41
47	4	8	10	54	49
47	5	12	14	61	56
47	6	16	18	69	63
47	7	20	22	76	70
47	8	24	27	83	77
47	9	28	31	89	84
47	10	33	36	96	90
47	11	37	41	103	97
47	12	42	46	109	103
47	13	47	51	115	110
47	14	52	56	122	116
47	15	57	61	128	122
47	16	62	66	134	128
47	17	67	72	140	134
47	18	72	77	146	140
47	19	77	82	152	146
47	20	83	88	158	152
47	21	88	93	164	158
47	22	94	99	169	164
47	23	99	105	175	170
47	24	105	110	181	175
48	0	0	0	18	15
48	1	1	1	28	24
48	2	2	3	37	33
48	3	5	6	45	40
48	4	8	10	53	48
48	5	12	13	60	55
48	6	15	17	67	62
48	7	19	22	74	69
48	8	23	26	81	75
48	9	28	31	88	82
48	10	32	35	94	88
48	11	37	40	101	95
48	12	41	45	107	101
48	13	46	50	113	107
48	14	51	55	119	114
48	15	56	60	125	120
48	16	60	65	132	126
48	17	66	70	137	132
48	18	71	75	143	138
48	19	76	81	149	143
48	20	81	86	155	149
48	21	86	91	161	155
48	22	92	97	166	161
48	23	97	102	172	166
48	24	103	108	177	172
49	0	0	0	18	15
49	1	1	1	28	24
49	2	2	3	36	32
49	3	5	6	44	39
49	4	8	9	52	47
49	5	11	13	59	54
49	6	15	17	66	61
49	7	19	21	73	67
49	8	23	26	79	74
49	9	27	30	86	80
49	10	31	35	92	87
49	11	36	39	99	93
49	12	40	44	105	99
49	13	45	49	111	105
49	14	50	54	117	111
49	15	54	59	123	117
49	16	59	64	129	123
49	17	64	69	135	129
49	18	69	74	141	135
49	19	74	79	146	141
49	20	79	84	152	146
49	21	84	90	158	152
49	22	90	95	163	158
49	23	95	100	169	163
49	24	100	106	174	169
49	25	106	111	180	174
50	0	0	0	18	14

N = 280

n	a	LOWER .975	LOWER .95	UPPER .975	UPPER .95
50	1	1	1	27	23
50	2	2	3	35	31
50	3	5	6	43	39
50	4	8	9	51	46
50	5	11	13	58	53
50	6	15	17	64	59
50	7	19	21	71	66
50	8	22	25	78	72
50	9	27	29	84	79
50	10	31	34	91	85
50	11	35	38	97	91
50	12	40	43	103	97
50	13	44	48	109	103
50	14	49	53	115	109
50	15	53	57	121	115
50	16	58	62	127	121
50	17	63	67	132	127
50	18	68	72	138	132
50	19	73	77	144	138
50	20	78	82	149	144
50	21	83	88	155	149
50	22	88	93	160	155
50	23	93	98	166	160
50	24	98	103	171	166
50	25	103	109	177	171
51	0	0	0	17	14
51	1	1	1	27	23
51	2	2	3	35	31
51	3	5	6	42	38
51	4	8	9	50	45
51	5	11	13	56	52
51	6	14	16	63	58
51	7	18	20	70	65
51	8	22	25	76	71
51	9	26	29	83	77
51	10	30	33	89	83
51	11	34	38	95	89
51	12	39	42	101	95
51	13	43	47	107	101
51	14	48	52	113	107
51	15	52	56	119	113
51	16	57	61	124	119
51	17	62	66	130	124
51	18	66	71	136	130
51	19	71	76	141	136
51	20	76	81	147	141
51	21	81	86	152	147
51	22	86	91	158	152
51	23	91	96	163	158
51	24	96	101	168	163
51	25	101	107	173	168
51	26	107	112	179	173
52	0	0	0	17	14
52	1	1	1	26	22
52	2	2	3	34	30
52	3	5	6	41	37
52	4	8	9	49	44
52	5	11	12	55	51
52	6	14	16	62	57
52	7	18	20	68	63
52	8	22	24	75	70
52	9	26	28	81	76
52	10	30	33	87	82
52	11	34	37	93	88
52	12	38	41	99	94
52	13	42	46	105	99
52	14	47	51	111	105
52	15	51	55	116	111
52	16	56	60	122	117
52	17	60	65	128	122
52	18	65	69	133	128
52	19	70	74	139	133
52	20	75	79	144	139
52	21	79	84	150	144
52	22	84	89	155	149

N = 280

n	a	LOWER .975	LOWER .95	UPPER .975	UPPER .95
52	23	89	94	160	155
52	24	94	99	165	160
52	25	99	104	171	165
52	26	104	110	176	170
53	0	0	0	17	13
53	1	1	1	25	22
53	2	2	3	33	29
53	3	5	6	41	36
53	4	7	9	48	43
53	5	11	12	54	50
53	6	14	16	61	56
53	7	18	20	67	62
53	8	21	24	73	68
53	9	25	28	80	74
53	10	29	32	86	80
53	11	33	36	91	86
53	12	37	41	97	92
53	13	42	45	103	98
53	14	46	50	109	103
53	15	50	54	114	109
53	16	55	59	120	114
53	17	59	63	125	120
53	18	64	68	131	125
53	19	68	73	136	131
53	20	73	78	142	136
53	21	78	83	147	142
53	22	83	87	152	147
53	23	87	92	157	152
53	24	92	97	163	157
53	25	97	102	168	162
53	26	102	107	173	168
53	27	107	112	178	173
54	0	0	0	16	13
54	1	1	1	25	21
54	2	2	3	33	29
54	3	5	5	40	36
54	4	7	9	47	42
54	5	10	12	53	49
54	6	14	16	60	55
54	7	17	19	66	61
54	8	21	23	72	67
54	9	25	27	78	73
54	10	29	32	84	79
54	11	33	36	90	85
54	12	37	40	96	90
54	13	41	44	101	96
54	14	45	49	107	101
54	15	49	53	112	107
54	16	54	58	118	112
54	17	58	62	123	118
54	18	63	67	129	123
54	19	67	72	134	129
54	20	72	76	139	134
54	21	76	81	144	139
54	22	81	86	150	144
54	23	86	91	155	149
54	24	91	95	160	155
54	25	95	100	165	160
54	26	100	105	170	165
54	27	105	110	175	170
55	0	0	0	16	13
55	1	1	1	25	21
55	2	2	3	32	28
55	3	5	5	39	35
55	4	7	8	46	42
55	5	10	12	52	48
55	6	14	15	59	54
55	7	17	19	65	60
55	8	21	23	71	66
55	9	24	27	77	72
55	10	28	31	83	77
55	11	32	35	88	83
55	12	36	39	94	89
55	13	40	44	99	94
55	14	44	48	105	100

N = 280

n	a	LOWER .975	LOWER .95	UPPER .975	UPPER .95
55	15	49	52	110	105
55	16	53	57	116	110
55	17	57	61	121	116
55	18	62	66	126	121
55	19	66	70	132	126
55	20	70	75	137	132
55	21	75	79	142	137
55	22	80	84	147	142
55	23	84	89	152	147
55	24	89	94	157	152
55	25	94	98	162	157
55	26	98	103	167	162
55	27	103	108	172	167
55	28	108	113	177	172
56	0	0	0	16	13
56	1	1	1	24	21
56	2	2	3	31	28
56	3	4	5	38	34
56	4	7	8	45	41
56	5	10	12	51	47
56	6	13	15	58	53
56	7	17	19	64	59
56	8	20	23	70	65
56	9	24	26	75	70
56	10	28	30	81	76
56	11	32	34	87	82
56	12	35	39	92	87
56	13	39	43	98	93
56	14	44	47	103	98
56	15	48	51	109	103
56	16	52	56	114	109
56	17	56	60	119	114
56	18	60	64	124	119
56	19	65	69	130	124
56	20	69	73	135	129
56	21	74	78	140	134
56	22	78	83	145	139
56	23	83	87	150	144
56	24	87	92	155	149
56	25	92	97	160	154
56	26	97	101	164	159
56	27	101	106	169	164
56	28	106	111	174	169

CONFIDENCE BOUNDS FOR A

N = 290

n	a	LOWER .975	LOWER .95	UPPER .975	UPPER .95
1	0	0	0	282	275
1	1	8	15	290	290
2	0	0	0	243	224
2	1	4	8	286	282
3	0	0	0	204	182
3	1	3	5	262	250
3	2	28	40	287	285
4	0	0	0	173	152
4	1	2	4	232	217
4	2	21	29	269	261
5	0	0	0	150	129
5	1	2	3	206	189
5	2	16	23	246	234
5	3	44	56	274	267
6	0	0	0	132	112
6	1	2	3	184	167
6	2	13	19	224	210
6	3	35	46	255	244
7	0	0	0	117	99
7	1	2	3	166	149
7	2	12	16	204	190
7	3	30	38	235	223
7	4	55	67	260	252
8	0	0	0	105	89
8	1	1	2	151	135
8	2	10	14	187	172
8	3	26	33	217	205
8	4	47	57	243	233
9	0	0	0	96	80
9	1	1	2	138	123
9	2	9	13	172	158
9	3	23	29	201	188
9	4	41	50	227	216
9	5	63	74	249	240
10	0	0	0	88	73
10	1	1	2	127	113
10	2	8	12	159	145
10	3	21	26	187	174
10	4	37	45	212	200
10	5	56	66	234	224
11	0	0	0	81	67
11	1	1	2	118	104
11	2	8	11	148	134
11	3	19	24	175	162
11	4	33	41	199	187
11	5	50	59	220	210
11	6	70	80	240	231
12	0	0	0	75	62
12	1	1	2	109	96
12	2	7	10	138	125
12	3	17	22	164	151
12	4	30	37	187	175
12	5	46	54	208	197
12	6	63	73	227	217
13	0	0	0	70	58
13	1	1	2	102	90
13	2	6	9	130	117
13	3	16	20	154	141
13	4	28	34	176	164
13	5	42	50	196	185
13	6	58	67	215	205
13	7	75	85	232	223
14	0	0	0	65	54
14	1	1	2	96	84
14	2	6	8	122	110
14	3	15	19	145	133
14	4	26	32	166	155
14	5	39	46	186	175
14	6	53	61	204	194
14	7	69	78	221	212
15	0	0	0	61	51
15	1	1	1	90	79
15	2	6	8	115	103
15	3	14	18	137	125
15	4	24	29	157	146

N = 290

n	a	LOWER .975	LOWER .95	UPPER .975	UPPER .95
15	5	36	43	176	165
15	6	49	57	194	184
15	7	64	72	211	201
15	8	79	89	226	218
16	0	0	0	58	48
16	1	1	1	85	75
16	2	5	7	109	98
16	3	13	17	130	119
16	4	23	28	149	138
16	5	34	40	168	157
16	6	46	53	185	175
16	7	59	68	201	191
16	8	74	83	216	207
17	0	0	0	54	45
17	1	1	1	81	71
17	2	5	7	103	92
17	3	12	16	123	113
17	4	21	26	142	131
17	5	32	37	160	149
17	6	43	50	176	166
17	7	56	63	192	182
17	8	69	77	207	198
17	9	83	92	221	213
18	0	0	0	52	43
18	1	1	1	77	67
18	2	5	7	98	88
18	3	12	15	118	107
18	4	20	24	136	125
18	5	30	35	153	142
18	6	41	47	169	158
18	7	52	60	184	174
18	8	65	73	198	189
18	9	78	87	212	203
19	0	0	0	49	40
19	1	1	1	73	64
19	2	5	6	94	84
19	3	11	14	112	102
19	4	19	23	130	119
19	5	28	33	146	136
19	6	38	44	161	151
19	7	49	56	176	166
19	8	61	69	190	181
19	9	73	82	204	195
19	10	86	95	217	208
20	0	0	0	47	39
20	1	1	1	70	61
20	2	5	6	89	80
20	3	11	13	107	97
20	4	18	22	124	114
20	5	27	32	140	130
20	6	36	42	155	145
20	7	47	53	169	159
20	8	58	65	183	174
20	9	69	77	196	187
20	10	81	90	209	200
21	0	0	0	45	37
21	1	1	1	67	58
21	2	4	6	86	76
21	3	10	13	103	93
21	4	17	21	119	109
21	5	26	30	134	124
21	6	35	40	149	139
21	7	44	51	162	153
21	8	55	62	176	167
21	9	66	73	189	180
21	10	77	85	201	193
21	11	89	97	213	205
22	0	0	0	43	35
22	1	1	1	64	55
22	2	4	6	82	73
22	3	10	12	99	89
22	4	17	20	114	105
22	5	24	29	129	119
22	6	33	38	143	133
22	7	42	48	156	147

N = 290

n	a	LOWER .975	LOWER .95	UPPER .975	UPPER .95
22	8	52	59	169	160
22	9	62	70	182	173
22	10	73	81	194	185
22	11	84	93	206	197
23	0	0	0	41	34
23	1	1	1	61	53
23	2	4	5	79	70
23	3	9	12	95	86
23	4	16	19	110	100
23	5	23	28	124	115
23	6	32	37	138	128
23	7	40	46	151	141
23	8	50	56	163	154
23	9	60	66	175	167
23	10	70	77	187	179
23	11	80	88	199	190
23	12	91	100	210	202
24	0	0	0	39	32
24	1	1	1	59	51
24	2	4	5	76	67
24	3	9	11	91	82
24	4	15	18	106	97
24	5	22	26	119	110
24	6	30	35	133	124
24	7	39	44	145	136
24	8	48	54	158	149
24	9	57	63	169	161
24	10	67	74	181	172
24	11	77	84	192	184
24	12	87	95	203	195
25	0	0	0	38	31
25	1	1	1	57	49
25	2	4	5	73	65
25	3	9	11	88	79
25	4	15	18	102	93
25	5	22	25	115	106
25	6	29	34	128	119
25	7	37	42	140	131
25	8	46	51	152	143
25	9	55	61	164	155
25	10	64	71	175	167
25	11	73	81	186	178
25	12	83	91	196	189
25	13	94	101	207	199
26	0	0	0	36	30
26	1	1	1	54	47
26	2	4	5	70	62
26	3	8	10	85	76
26	4	14	17	98	90
26	5	21	24	111	103
26	6	28	32	124	115
26	7	36	41	136	127
26	8	44	49	147	139
26	9	52	58	158	150
26	10	61	68	169	161
26	11	70	77	180	172
26	12	80	87	190	182
26	13	90	97	200	193
27	0	0	0	35	29
27	1	1	1	53	45
27	2	4	5	68	60
27	3	8	10	82	74
27	4	14	17	95	87
27	5	20	24	107	99
27	6	27	31	119	111
27	7	34	39	131	123
27	8	42	47	142	134
27	9	50	56	153	145
27	10	59	65	164	156
27	11	68	74	174	166
27	12	77	84	185	177
27	13	86	93	194	187
27	14	96	103	204	197
28	0	0	0	34	28
28	1	1	1	51	44

N = 290

n	a	LOWER .975	LOWER .95	UPPER .975	UPPER .95
28	2	3	5	65	58
28	3	8	10	79	71
28	4	13	16	92	84
28	5	19	23	104	96
28	6	26	30	116	107
28	7	33	38	127	119
28	8	41	46	138	130
28	9	48	54	149	140
28	10	57	63	159	151
28	11	65	71	169	161
28	12	74	80	179	171
28	13	83	90	189	181
28	14	92	99	198	191
29	0	0	0	32	27
29	1	1	1	49	42
29	2	3	4	63	56
29	3	8	9	76	69
29	4	13	15	89	81
29	5	19	22	101	93
29	6	25	29	112	104
29	7	32	36	123	115
29	8	39	44	134	126
29	9	47	52	144	136
29	10	55	60	154	146
29	11	63	69	164	156
29	12	71	78	174	166
29	13	80	86	183	176
29	14	88	95	193	185
29	15	97	105	202	195
30	0	0	0	31	26
30	1	1	1	47	41
30	2	3	4	61	54
30	3	7	9	74	67
30	4	12	15	86	78
30	5	18	21	98	90
30	6	24	28	109	101
30	7	31	35	119	111
30	8	38	43	130	122
30	9	45	50	140	132
30	10	53	58	150	142
30	11	60	66	160	152
30	12	68	75	169	161
30	13	77	83	178	171
30	14	85	92	187	180
30	15	94	101	196	189
31	0	0	0	30	25
31	1	1	1	46	40
31	2	3	4	59	53
31	3	7	9	72	65
31	4	12	15	83	76
31	5	18	21	95	87
31	6	24	27	105	98
31	7	30	34	116	108
31	8	37	41	126	118
31	9	44	49	136	128
31	10	51	56	146	138
31	11	58	64	155	147
31	12	66	72	164	157
31	13	74	80	173	166
31	14	82	89	182	175
31	15	91	97	191	184
31	16	99	106	199	193
32	0	0	0	29	24
32	1	1	1	44	38
32	2	3	4	58	51
32	3	7	9	70	63
32	4	12	14	81	74
32	5	17	20	92	85
32	6	23	26	102	95
32	7	29	33	113	105
32	8	36	40	123	115
32	9	42	47	132	125
32	10	49	55	142	134
32	11	57	62	151	143
32	12	64	70	160	152

CONFIDENCE BOUNDS FOR A

N = 290

n	a	LOWER .975	LOWER .95	UPPER .975	UPPER .95
32	13	72	78	169	161
32	14	79	86	178	170
32	15	87	94	186	179
32	16	96	103	194	187
33	0	0	0	28	23
33	1	1	1	43	37
33	2	3	4	56	49
33	3	7	8	68	61
33	4	11	14	79	72
33	5	17	19	89	82
33	6	22	26	100	92
33	7	28	32	110	102
33	8	34	39	119	112
33	9	41	46	129	121
33	10	48	53	138	130
33	11	55	60	147	139
33	12	62	68	156	148
33	13	69	75	164	157
33	14	77	83	173	166
33	15	85	91	181	174
33	16	92	99	189	183
33	17	101	107	198	191
34	0	0	0	28	23
34	1	1	1	42	36
34	2	3	4	54	48
34	3	7	8	66	59
34	4	11	13	77	70
34	5	16	19	87	80
34	6	22	25	97	90
34	7	27	31	107	99
34	8	33	38	116	109
34	9	40	44	125	118
34	10	46	51	134	127
34	11	53	58	143	136
34	12	60	66	152	144
34	13	67	73	160	153
34	14	75	81	169	161
34	15	82	88	177	170
34	16	90	96	185	178
34	17	97	104	193	186
35	0	0	0	27	22
35	1	1	1	41	35
35	2	3	4	53	47
35	3	6	8	64	57
35	4	11	13	74	68
35	5	16	18	85	78
35	6	21	24	94	87
35	7	27	30	104	97
35	8	33	37	113	106
35	9	39	43	122	115
35	10	45	50	131	124
35	11	52	57	139	132
35	12	58	64	148	141
35	13	65	71	156	149
35	14	72	78	164	157
35	15	79	86	172	165
35	16	87	93	180	173
35	17	94	101	188	181
35	18	102	109	196	189
36	0	0	0	26	21
36	1	1	1	40	34
36	2	3	4	51	45
36	3	6	8	62	56
36	4	11	13	72	66
36	5	15	18	82	76
36	6	20	24	92	85
36	7	26	29	101	94
36	8	32	36	110	103
36	9	38	42	119	112
36	10	44	48	128	120
36	11	50	55	136	129
36	12	57	62	144	137
36	13	63	69	152	145
36	14	70	76	160	153
36	15	77	83	168	161

N = 290

n	a	LOWER .975	LOWER .95	UPPER .975	UPPER .95
36	16	84	90	176	169
36	17	91	98	184	177
36	18	99	105	191	185
37	0	0	0	25	21
37	1	1	1	38	33
37	2	3	4	50	44
37	3	6	8	61	54
37	4	10	12	71	64
37	5	15	17	80	74
37	6	20	23	89	83
37	7	25	29	99	92
37	8	31	35	107	100
37	9	37	41	116	109
37	10	43	47	124	117
37	11	49	54	133	126
37	12	55	60	141	134
37	13	62	67	149	142
37	14	68	74	157	150
37	15	75	81	164	158
37	16	82	88	172	165
37	17	89	95	179	173
37	18	96	102	187	180
37	19	103	110	194	188
38	0	0	0	25	20
38	1	1	1	37	32
38	2	3	4	49	43
38	3	6	7	59	53
38	4	10	12	69	62
38	5	15	17	78	72
38	6	19	22	87	81
38	7	25	28	96	89
38	8	30	34	105	98
38	9	36	40	113	106
38	10	41	46	121	114
38	11	47	52	130	123
38	12	54	59	137	131
38	13	60	65	145	138
38	14	66	72	153	146
38	15	73	79	161	154
38	16	80	85	168	161
38	17	86	92	175	169
38	18	93	99	183	176
38	19	100	107	190	183
39	0	0	0	24	20
39	1	1	1	36	31
39	2	3	4	47	42
39	3	6	7	57	52
39	4	10	12	67	61
39	5	14	17	76	70
39	6	19	22	85	79
39	7	24	27	94	87
39	8	29	33	102	95
39	9	35	39	110	104
39	10	40	45	119	112
39	11	46	51	126	120
39	12	52	57	134	127
39	13	58	63	142	135
39	14	65	70	150	143
39	15	71	76	157	150
39	16	77	83	164	158
39	17	84	90	172	165
39	18	91	97	179	172
39	19	97	104	186	179
39	20	104	111	193	186
40	0	0	0	23	19
40	1	1	1	36	31
40	2	3	3	46	41
40	3	6	7	56	50
40	4	10	12	65	59
40	5	14	16	74	68
40	6	19	21	83	77
40	7	23	27	92	85
40	8	29	32	100	93
40	9	34	38	108	101
40	10	39	44	116	109

N = 290

n	a	LOWER .975	LOWER .95	UPPER .975	UPPER .95
40	11	45	50	124	117
40	12	51	56	131	125
40	13	57	62	139	132
40	14	63	68	146	139
40	15	69	74	153	147
40	16	75	81	161	154
40	17	82	88	168	161
40	18	88	94	175	168
40	19	95	101	182	175
40	20	102	108	188	182
41	0	0	0	23	18
41	1	1	1	35	30
41	2	3	3	45	40
41	3	6	7	55	49
41	4	9	11	64	58
41	5	14	16	73	67
41	6	18	21	81	75
41	7	23	26	89	83
41	8	28	31	98	91
41	9	33	37	105	99
41	10	38	43	113	107
41	11	44	48	121	114
41	12	50	54	128	122
41	13	55	60	136	129
41	14	61	66	143	136
41	15	67	73	150	144
41	16	73	79	157	151
41	17	80	85	164	158
41	18	86	92	171	165
41	19	92	98	178	172
41	20	99	105	185	178
41	21	105	112	191	185
42	0	0	0	22	18
42	1	1	1	34	29
42	2	3	3	44	39
42	3	6	7	53	48
42	4	9	11	62	57
42	5	13	16	71	65
42	6	18	20	79	73
42	7	22	25	87	81
42	8	27	31	95	89
42	9	32	36	103	97
42	10	38	42	111	104
42	11	43	47	118	112
42	12	48	53	126	119
42	13	54	59	133	126
42	14	60	65	140	133
42	15	66	71	147	140
42	16	72	77	154	147
42	17	78	83	161	154
42	18	84	90	167	161
42	19	90	96	174	168
42	20	96	102	181	175
42	21	103	109	187	181
43	0	0	0	22	18
43	1	1	1	33	28
43	2	3	3	43	38
43	3	6	7	52	47
43	4	9	11	61	55
43	5	13	15	69	64
43	6	17	20	78	72
43	7	22	25	85	79
43	8	27	30	93	87
43	9	32	35	101	95
43	10	37	41	108	102
43	11	42	46	116	109
43	12	47	52	123	116
43	13	53	57	130	123
43	14	58	63	137	130
43	15	64	69	144	137
43	16	70	75	151	144
43	17	76	81	157	151
43	18	82	87	164	158
43	19	88	94	171	164
43	20	94	100	177	171

N = 290

n	a	LOWER .975	LOWER .95	UPPER .975	UPPER .95
43	21	100	106	183	177
43	22	107	113	190	184
44	0	0	0	21	17
44	1	1	1	32	28
44	2	3	3	42	37
44	3	5	7	51	46
44	4	9	11	60	54
44	5	13	15	68	62
44	6	17	19	76	70
44	7	21	24	84	78
44	8	26	29	91	85
44	9	31	34	99	92
44	10	36	40	106	100
44	11	41	45	113	107
44	12	46	51	120	114
44	13	52	56	127	121
44	14	57	62	134	128
44	15	63	68	141	135
44	16	68	73	148	141
44	17	74	79	154	148
44	18	80	85	161	154
44	19	86	91	167	161
44	20	92	97	174	167
44	21	98	104	180	174
44	22	104	110	186	180
45	0	0	0	21	17
45	1	1	1	31	27
45	2	3	3	41	36
45	3	5	7	50	45
45	4	9	10	58	53
45	5	13	15	66	61
45	6	17	19	74	68
45	7	21	24	82	76
45	8	26	29	89	83
45	9	30	34	97	90
45	10	35	39	104	98
45	11	40	44	111	105
45	12	45	49	118	112
45	13	50	55	125	118
45	14	56	60	131	125
45	15	61	66	138	132
45	16	67	72	145	138
45	17	72	77	151	145
45	18	78	83	158	151
45	19	84	89	164	158
45	20	90	95	170	164
45	21	95	101	176	170
45	22	101	107	182	177
45	23	108	113	189	183
46	0	0	0	20	16
46	1	1	1	31	26
46	2	3	3	40	35
46	3	5	6	49	44
46	4	9	10	57	52
46	5	12	14	65	59
46	6	16	19	73	67
46	7	21	23	80	74
46	8	25	28	87	82
46	9	30	33	95	89
46	10	34	38	102	96
46	11	39	43	109	102
46	12	44	48	115	109
46	13	49	54	122	116
46	14	54	59	129	123
46	15	60	65	135	129
46	16	65	70	142	136
46	17	71	76	148	142
46	18	76	81	154	148
46	19	82	87	161	155
46	20	88	93	167	161
46	21	93	99	173	167
46	22	99	105	179	173
46	23	105	111	185	179
47	0	0	0	20	16
47	1	1	1	30	26

CONFIDENCE BOUNDS FOR A

N = 290

n	a	LOWER .975	LOWER .95	UPPER .975	UPPER .95
47	2	2	3	39	35
47	3	5	6	48	43
47	4	8	10	56	51
47	5	12	14	64	58
47	6	16	18	71	66
47	7	20	23	78	73
47	8	25	27	86	80
47	9	29	32	93	87
47	10	34	37	100	94
47	11	38	42	106	100
47	12	43	47	113	107
47	13	48	53	120	114
47	14	53	58	126	120
47	15	59	63	133	127
47	16	64	69	139	133
47	17	69	74	145	139
47	18	75	80	152	145
47	19	80	85	158	152
47	20	86	91	164	158
47	21	91	97	170	164
47	22	97	102	176	170
47	23	103	108	182	176
47	24	108	114	187	182
48	0	0	0	19	16
48	1	1	1	29	25
48	2	2	3	38	34
48	3	5	6	47	42
48	4	8	10	55	50
48	5	12	14	62	57
48	6	16	18	70	64
48	7	20	22	77	71
48	8	24	27	84	78
48	9	28	32	91	85
48	10	33	36	98	92
48	11	38	41	104	98
48	12	42	46	111	105
48	13	47	51	117	111
48	14	52	57	124	118
48	15	57	62	130	124
48	16	63	67	136	130
48	17	68	73	143	136
48	18	73	78	149	143
48	19	78	83	155	149
48	20	84	89	161	155
48	21	89	95	167	161
48	22	95	100	172	167
48	23	100	106	178	172
48	24	106	112	184	178
49	0	0	0	19	15
49	1	1	1	29	25
49	2	2	3	38	33
49	3	5	6	46	41
49	4	8	10	54	49
49	5	12	14	61	56
49	6	15	18	68	63
49	7	19	22	75	70
49	8	24	26	82	77
49	9	28	31	89	83
49	10	32	36	96	90
49	11	37	41	102	96
49	12	42	45	109	103
49	13	46	50	115	109
49	14	51	55	121	115
49	15	56	61	128	122
49	16	61	66	134	128
49	17	66	71	140	134
49	18	71	76	146	140
49	19	77	82	152	146
49	20	82	87	158	152
49	21	87	93	164	158
49	22	93	98	169	164
49	23	98	104	175	169
49	24	104	109	181	175
49	25	109	115	186	181
50	0	0	0	18	15

N = 290

n	a	LOWER .975	LOWER .95	UPPER .975	UPPER .95
50	1	1	1	28	24
50	2	2	3	37	32
50	3	5	6	45	40
50	4	8	9	52	48
50	5	11	13	60	55
50	6	15	17	67	62
50	7	19	22	74	68
50	8	23	26	81	75
50	9	27	30	87	82
50	10	32	35	94	88
50	11	36	40	100	95
50	12	41	45	107	101
50	13	45	49	113	107
50	14	50	54	119	113
50	15	55	59	125	119
50	16	60	64	131	125
50	17	65	70	137	131
50	18	70	75	143	137
50	19	75	80	149	143
50	20	80	85	155	149
50	21	86	91	161	155
50	22	91	96	166	161
50	23	96	102	172	166
50	24	102	107	177	172
50	25	107	113	183	177
51	0	0	0	18	15
51	1	1	1	28	24
51	2	2	3	36	32
51	3	5	6	44	39
51	4	8	9	51	47
51	5	11	13	59	54
51	6	15	17	66	60
51	7	19	21	72	67
51	8	23	25	79	74
51	9	27	30	86	80
51	10	31	34	92	86
51	11	36	39	98	93
51	12	40	44	105	99
51	13	45	48	111	105
51	14	49	53	117	111
51	15	54	58	123	117
51	16	59	63	129	123
51	17	64	68	135	129
51	18	69	73	141	135
51	19	74	78	146	141
51	20	79	84	152	146
51	21	84	89	158	152
51	22	89	94	163	158
51	23	94	99	169	163
51	24	99	105	174	169
51	25	105	110	180	174
51	26	110	116	185	180
52	0	0	0	18	14
52	1	1	1	27	23
52	2	2	3	35	31
52	3	5	6	43	39
52	4	8	9	50	46
52	5	11	13	58	53
52	6	15	17	64	59
52	7	18	21	71	66
52	8	22	25	78	72
52	9	26	29	84	79
52	10	31	34	90	85
52	11	35	38	97	91
52	12	39	43	103	97
52	13	44	48	109	103
52	14	48	52	115	109
52	15	53	57	121	115
52	16	58	62	127	121
52	17	62	67	132	127
52	18	67	72	138	132
52	19	72	77	144	138
52	20	77	82	149	144
52	21	82	87	155	149
52	22	87	92	161	155

N = 290

n	a	LOWER .975	LOWER .95	UPPER .975	UPPER .95
52	23	92	97	166	160
52	24	97	103	171	166
52	25	103	108	177	171
52	26	108	113	182	177
53	0	0	0	17	14
53	1	1	1	27	23
53	2	2	3	35	31
53	3	5	6	42	38
53	4	8	9	49	45
53	5	11	13	56	52
53	6	14	16	63	58
53	7	18	20	70	65
53	8	22	25	76	71
53	9	26	29	83	77
53	10	30	33	89	83
53	11	34	38	95	89
53	12	39	42	101	95
53	13	43	47	107	101
53	14	47	51	113	107
53	15	52	56	119	113
53	16	57	61	124	119
53	17	61	66	130	124
53	18	66	70	136	130
53	19	71	75	141	136
53	20	76	80	147	141
53	21	81	85	152	147
53	22	85	90	158	152
53	23	90	96	163	158
53	24	96	101	169	163
53	25	101	106	174	168
53	26	106	111	179	174
53	27	111	116	184	179
54	0	0	0	17	14
54	1	1	1	26	22
54	2	2	3	34	30
54	3	5	6	41	37
54	4	8	9	49	44
54	5	11	12	55	51
54	6	14	16	62	57
54	7	18	20	68	63
54	8	22	24	75	70
54	9	26	28	81	76
54	10	30	33	87	82
54	11	34	37	93	88
54	12	38	41	99	94
54	13	42	46	105	99
54	14	47	50	111	105
54	15	51	55	117	111
54	16	56	60	122	117
54	17	60	64	128	122
54	18	65	69	133	128
54	19	69	74	139	133
54	20	74	79	144	139
54	21	79	84	150	144
54	22	84	89	155	150
54	23	89	94	160	155
54	24	94	99	166	160
54	25	99	104	171	166
54	26	104	109	176	171
54	27	109	114	181	176
55	0	0	0	16	13
55	1	1	1	25	22
55	2	2	3	33	29
55	3	5	6	41	36
55	4	7	9	48	43
55	5	11	12	54	50
55	6	14	16	61	56
55	7	18	20	67	62
55	8	21	24	73	68
55	9	25	28	80	74
55	10	29	32	86	80
55	11	33	36	92	86
55	12	37	41	97	92
55	13	41	45	103	98
55	14	46	49	109	103

N = 290

n	a	LOWER .975	LOWER .95	UPPER .975	UPPER .95
55	15	50	54	115	109
55	16	55	59	120	115
55	17	59	63	126	120
55	18	64	68	131	126
55	19	68	73	137	131
55	20	73	77	142	136
55	21	78	82	147	142
55	22	82	87	153	147
55	23	87	92	158	152
55	24	92	97	163	158
55	25	97	102	168	163
55	26	102	107	173	168
55	27	107	112	178	173
55	28	112	117	183	178
56	0	0	0	16	13
56	1	1	1	25	21
56	2	2	3	33	29
56	3	5	5	40	36
56	4	7	9	47	42
56	5	10	12	53	49
56	6	14	16	60	55
56	7	17	19	66	61
56	8	21	23	72	67
56	9	25	27	78	73
56	10	29	31	84	79
56	11	33	36	90	85
56	12	37	40	96	90
56	13	41	44	101	96
56	14	45	49	107	102
56	15	49	53	113	107
56	16	54	58	118	113
56	17	58	62	124	118
56	18	62	67	129	123
56	19	67	71	134	129
56	20	72	76	140	134
56	21	76	81	145	139
56	22	81	85	150	145
56	23	85	90	155	150
56	24	90	95	160	155
56	25	95	100	165	160
56	26	100	105	170	165
56	27	105	110	175	170
56	28	110	115	180	175
57	0	0	0	16	13
57	1	1	1	25	21
57	2	2	3	32	28
57	3	5	5	39	35
57	4	7	8	46	42
57	5	10	12	52	48
57	6	14	15	59	54
57	7	17	19	65	60
57	8	21	23	71	66
57	9	24	27	77	72
57	10	28	31	83	78
57	11	32	35	88	83
57	12	36	39	94	89
57	13	40	43	100	94
57	14	44	48	105	100
57	15	48	52	111	105
57	16	53	57	116	111
57	17	57	61	122	116
57	18	61	66	127	121
57	19	66	70	132	127
57	20	70	75	137	132
57	21	75	79	143	137
57	22	79	84	148	142
57	23	84	89	153	147
57	24	89	93	158	152
57	25	93	98	163	157
57	26	98	103	168	162
57	27	103	108	173	167
57	28	108	113	178	172
57	29	112	118	182	177
58	0	0	0	16	13
58	1	1	1	24	21

CONFIDENCE BOUNDS FOR A

N = 290

n	a	LOWER .975	LOWER .95	UPPER .975	UPPER .95
58	2	2	3	32	28
58	3	4	5	38	34
58	4	7	8	45	41
58	5	10	12	52	47
58	6	13	15	58	53
58	7	17	19	64	59
58	8	20	23	70	65
58	9	24	26	76	71
58	10	28	30	81	76
58	11	31	34	87	82
58	12	35	39	93	87
58	13	39	43	98	93
58	14	43	47	104	98
58	15	48	51	109	104
58	16	52	56	114	109
58	17	56	60	120	114
58	18	60	64	125	119
58	19	65	69	130	125
58	20	69	73	135	130
58	21	73	78	140	135
58	22	78	82	145	140
58	23	82	87	150	145
58	24	87	92	155	150
58	25	92	96	160	155
58	26	96	101	165	160
58	27	101	106	170	165
58	28	106	111	175	170
58	29	110	115	180	175

N = 300

n	a	LOWER .975	LOWER .95	UPPER .975	UPPER .95
1	0	0	0	292	285
1	1	8	15	300	300
2	0	0	0	252	232
2	1	4	8	296	292
3	0	0	0	211	188
3	1	3	6	271	259
3	2	29	41	297	294
4	0	0	0	179	157
4	1	2	4	241	224
4	2	21	30	279	270
5	0	0	0	155	134
5	1	2	4	213	196
5	2	17	24	255	242
5	3	45	58	283	276
6	0	0	0	136	116
6	1	2	3	191	173
6	2	14	20	232	217
6	3	37	47	263	253
7	0	0	0	121	103
7	1	2	3	172	155
7	2	12	17	211	196
7	3	31	40	243	231
7	4	57	69	269	260
8	0	0	0	109	92
8	1	1	2	156	140
8	2	10	15	193	178
8	3	27	34	225	212
8	4	49	59	251	241
9	0	0	0	99	83
9	1	1	2	143	127
9	2	9	13	178	163
9	3	24	30	208	195
9	4	43	52	235	223
9	5	65	77	257	248
10	0	0	0	91	76
10	1	1	2	131	116
10	2	8	12	165	150
10	3	21	27	194	180
10	4	38	46	219	207
10	5	58	68	242	232
11	0	0	0	84	70
11	1	1	2	122	107
11	2	8	11	153	139
11	3	19	25	181	167
11	4	34	42	206	193
11	5	52	61	228	217
11	6	72	83	248	239
12	0	0	0	77	65
12	1	1	2	113	100
12	2	7	10	143	130
12	3	18	23	169	156
12	4	31	38	193	181
12	5	47	56	215	204
12	6	65	75	235	225
13	0	0	0	72	60
13	1	1	2	106	93
13	2	7	9	134	121
13	3	16	21	159	146
13	4	29	35	182	170
13	5	43	51	203	192
13	6	60	69	223	212
13	7	77	88	240	231
14	0	0	0	67	56
14	1	1	2	99	87
14	2	6	9	126	114
14	3	15	19	150	138
14	4	27	33	172	160
14	5	40	47	192	181
14	6	55	64	211	201
14	7	71	81	229	219
15	0	0	0	63	53
15	1	1	1	94	82
15	2	6	8	119	107
15	3	14	18	142	130
15	4	25	30	163	151

N = 300

n	a	LOWER .975	LOWER .95	UPPER .975	UPPER .95
15	5	37	44	183	171
15	6	51	59	201	190
15	7	66	75	218	208
15	8	82	92	234	225
16	0	0	0	60	49
16	1	1	1	88	77
16	2	6	8	113	101
16	3	13	17	134	123
16	4	23	28	155	143
16	5	35	41	174	162
16	6	47	55	191	181
16	7	61	70	208	198
16	8	76	86	224	214
17	0	0	0	56	47
17	1	1	1	84	73
17	2	5	7	107	96
17	3	13	16	128	117
17	4	22	27	147	136
17	5	33	39	165	154
17	6	45	52	183	172
17	7	57	65	199	189
17	8	71	80	214	205
17	9	86	95	229	220
18	0	0	0	53	44
18	1	1	1	80	69
18	2	5	7	102	91
18	3	12	15	122	111
18	4	21	25	140	129
18	5	31	36	158	147
18	6	42	49	174	164
18	7	54	62	190	180
18	8	67	75	205	196
18	9	80	89	220	211
19	0	0	0	51	42
19	1	1	1	76	66
19	2	5	7	97	87
19	3	11	14	116	106
19	4	20	24	134	123
19	5	29	35	151	140
19	6	40	46	167	157
19	7	51	58	182	172
19	8	63	71	197	187
19	9	76	84	211	202
19	10	89	98	224	216
20	0	0	0	48	40
20	1	1	1	72	63
20	2	5	6	93	83
20	3	11	14	111	101
20	4	19	23	128	118
20	5	28	33	145	134
20	6	38	44	160	150
20	7	48	55	175	165
20	8	60	67	189	180
20	9	72	80	203	194
20	10	84	93	216	207
21	0	0	0	46	38
21	1	1	1	69	60
21	2	4	6	89	79
21	3	10	13	106	96
21	4	18	22	123	113
21	5	26	31	139	129
21	6	36	41	154	144
21	7	46	52	168	158
21	8	57	64	182	172
21	9	68	76	195	186
21	10	80	88	208	199
21	11	92	101	220	212
22	0	0	0	44	36
22	1	1	1	66	57
22	2	4	6	85	76
22	3	10	13	102	92
22	4	17	21	118	108
22	5	25	30	133	123
22	6	34	40	148	138
22	7	44	50	162	152

N = 300

n	a	LOWER .975	LOWER .95	UPPER .975	UPPER .95
22	8	54	61	175	166
22	9	65	72	188	179
22	10	76	84	201	192
22	11	87	96	213	204
23	0	0	0	42	35
23	1	1	1	63	55
23	2	4	6	81	73
23	3	10	12	98	89
23	4	16	20	114	104
23	5	24	28	128	119
23	6	33	38	142	133
23	7	42	48	156	146
23	8	51	58	169	160
23	9	62	69	182	172
23	10	72	80	194	185
23	11	83	91	206	197
23	12	94	103	217	209
24	0	0	0	41	33
24	1	1	1	61	53
24	2	4	5	78	70
24	3	9	12	94	85
24	4	16	19	109	100
24	5	23	27	124	114
24	6	31	36	137	128
24	7	40	46	150	141
24	8	49	55	163	154
24	9	59	66	175	166
24	10	69	76	187	178
24	11	79	87	199	190
24	12	90	98	210	202
25	0	0	0	39	32
25	1	1	1	59	51
25	2	4	5	75	67
25	3	9	11	91	82
25	4	15	18	105	96
25	5	22	26	119	110
25	6	30	35	132	123
25	7	38	44	145	136
25	8	47	53	158	149
25	9	56	63	169	161
25	10	66	73	181	172
25	11	76	83	192	184
25	12	86	94	203	195
25	13	97	105	214	206
26	0	0	0	38	31
26	1	1	1	56	49
26	2	4	5	73	65
26	3	9	11	88	79
26	4	15	18	102	93
26	5	21	25	115	106
26	6	29	33	128	119
26	7	37	42	140	131
26	8	45	51	152	143
26	9	54	60	164	155
26	10	63	70	175	167
26	11	73	80	186	178
26	12	83	90	197	189
26	13	93	100	207	200
27	0	0	0	36	30
27	1	1	1	54	47
27	2	4	5	70	62
27	3	8	10	85	76
27	4	14	17	98	90
27	5	21	24	111	103
27	6	28	32	124	115
27	7	35	40	136	127
27	8	44	49	147	139
27	9	52	58	159	150
27	10	61	67	170	161
27	11	70	77	181	172
27	12	79	86	191	183
27	13	89	96	201	193
27	14	99	107	211	204
28	0	0	0	35	29
28	1	1	1	53	45

CONFIDENCE BOUNDS FOR A

N = 300						N = 300						N = 300						N = 300					
		LOWER		UPPER				LOWER		UPPER				LOWER		UPPER				LOWER		UPPER	
n	a	.975	.95	.975	.95	n	a	.975	.95	.975	.95	n	a	.975	.95	.975	.95	n	a	.975	.95	.975	.95
28	2	4	5	68	60	32	13	74	80	175	167	36	16	87	93	182	175	40	11	47	51	128	121
28	3	8	10	82	74	32	14	82	89	184	176	36	17	94	101	190	183	40	12	53	57	136	129
28	4	14	16	95	87	32	15	90	97	193	185	36	18	102	109	198	191	40	13	59	64	144	137
28	5	20	23	108	99	32	16	99	106	201	194	37	0	0	0	26	21	40	14	65	70	151	144
28	6	27	31	120	111	33	0	0	0	30	24	37	1	1	1	40	34	40	15	71	77	159	152
28	7	34	39	131	123	33	1	1	1	45	39	37	2	3	4	52	46	40	16	78	84	166	159
28	8	42	47	143	134	33	2	3	4	58	51	37	3	6	8	63	56	40	17	84	90	174	167
28	9	50	56	154	145	33	3	7	9	70	63	37	4	11	13	73	66	40	18	91	97	181	174
28	10	58	65	165	156	33	4	12	14	82	74	37	5	15	18	83	76	40	19	98	104	188	181
28	11	67	74	175	167	33	5	17	20	93	85	37	6	21	24	93	86	40	20	105	111	195	189
28	12	76	83	185	177	33	6	23	26	103	95	37	7	26	30	102	95	41	0	0	0	24	19
28	13	85	93	195	188	33	7	29	33	113	106	37	8	32	36	111	104	41	1	1	1	36	31
28	14	95	102	205	198	33	8	36	40	123	116	37	9	38	42	120	113	41	2	3	3	47	41
29	0	0	0	34	28	33	9	42	47	133	125	37	10	44	49	129	121	41	3	6	7	57	51
29	1	1	1	51	44	33	10	49	55	143	135	37	11	50	55	137	130	41	4	10	12	66	60
29	2	3	5	66	58	33	11	57	62	152	144	37	12	57	62	146	138	41	5	14	16	75	69
29	3	8	10	79	71	33	12	64	70	161	154	37	13	64	69	154	147	41	6	19	21	84	78
29	4	13	16	92	84	33	13	72	78	170	163	37	14	70	76	162	155	41	7	24	27	93	86
29	5	19	23	104	96	33	14	79	86	179	172	37	15	77	83	170	163	41	8	29	32	101	94
29	6	26	30	116	108	33	15	87	94	188	180	37	16	85	91	178	171	41	9	34	38	109	102
29	7	33	38	127	119	33	16	96	103	196	189	37	17	92	98	186	179	41	10	40	44	117	110
29	8	40	46	139	130	33	17	104	111	204	197	37	18	99	106	193	187	41	11	45	50	125	118
29	9	48	54	149	141	34	0	0	0	29	23	37	19	107	113	201	194	41	12	51	56	133	126
29	10	56	62	160	152	34	1	1	1	43	37	38	0	0	0	26	21	41	13	57	62	141	134
29	11	65	71	170	162	34	2	3	4	56	50	38	1	1	1	39	33	41	14	63	69	148	141
29	12	73	80	180	172	34	3	7	8	68	61	38	2	3	4	50	45	41	15	70	75	155	149
29	13	82	89	190	182	34	4	11	14	79	72	38	3	6	8	61	55	41	16	76	82	163	156
29	14	91	99	199	192	34	5	17	20	90	83	38	4	10	12	71	65	41	17	82	88	170	163
29	15	101	108	209	201	34	6	22	26	100	93	38	5	15	18	81	74	41	18	89	95	177	170
30	0	0	0	33	27	34	7	28	32	110	103	38	6	20	23	90	84	41	19	95	102	184	178
30	1	1	1	49	42	34	8	35	39	120	112	38	7	25	29	100	93	41	20	102	108	191	185
30	2	3	4	63	56	34	9	41	46	130	122	38	8	31	35	108	101	41	21	109	115	198	192
30	3	8	9	77	69	34	10	48	53	139	131	38	9	37	41	117	110	42	0	0	0	23	19
30	4	13	15	89	81	34	11	55	60	148	140	38	10	43	47	126	119	42	1	1	1	35	30
30	5	19	22	101	93	34	12	62	68	157	150	38	11	49	54	134	127	42	2	3	3	46	40
30	6	25	29	113	104	34	13	69	75	166	158	38	12	55	61	142	135	42	3	6	7	55	50
30	7	32	36	124	115	34	14	77	83	175	167	38	13	62	67	150	143	42	4	10	11	65	59
30	8	39	44	134	126	34	15	85	91	183	176	38	14	69	74	158	151	42	5	14	16	74	67
30	9	47	52	145	137	34	16	93	99	191	184	38	15	75	81	166	159	42	6	18	21	82	76
30	10	54	60	155	147	34	17	101	108	199	192	38	16	82	88	174	167	42	7	23	26	91	84
30	11	62	69	165	157	35	0	0	0	28	23	38	17	89	95	182	175	42	8	28	32	99	92
30	12	71	77	175	167	35	1	1	1	42	36	38	18	96	103	189	182	42	9	33	37	107	100
30	13	79	86	185	177	35	2	3	4	55	48	38	19	104	110	196	190	42	10	39	43	115	108
30	14	88	95	194	186	35	3	7	8	66	59	39	0	0	0	25	20	42	11	44	49	122	116
30	15	97	104	203	196	35	4	11	13	77	70	39	1	1	1	38	33	42	12	50	55	130	123
31	0	0	0	31	26	35	5	16	19	88	80	39	2	3	4	49	43	42	13	56	61	137	131
31	1	1	1	48	41	35	6	22	25	98	90	39	3	6	8	60	53	42	14	62	67	145	138
31	2	3	4	62	54	35	7	27	31	107	100	39	4	10	12	69	63	42	15	68	73	152	145
31	3	7	9	74	67	35	8	34	38	117	109	39	5	15	17	79	72	42	16	74	80	159	153
31	4	12	15	86	79	35	9	40	45	126	119	39	6	20	23	88	81	42	17	80	86	166	160
31	5	18	21	98	90	35	10	47	51	135	128	39	7	25	28	97	90	42	18	87	92	173	167
31	6	24	28	109	101	35	11	53	59	144	137	39	8	30	34	106	99	42	19	93	99	180	174
31	7	31	35	120	112	35	12	60	66	153	146	39	9	36	40	114	107	42	20	100	106	187	181
31	8	38	43	131	122	35	13	67	73	162	154	39	10	42	46	123	116	42	21	106	112	194	188
31	9	45	50	141	133	35	14	75	81	170	163	39	11	48	52	131	124	43	0	0	0	22	18
31	10	53	58	151	143	35	15	82	88	179	171	39	12	54	59	139	132	43	1	1	1	34	29
31	11	60	66	161	153	35	16	90	96	187	180	39	13	60	66	147	140	43	2	3	3	45	39
31	12	68	75	170	162	35	17	97	104	195	188	39	14	67	72	155	148	43	3	6	7	54	49
31	13	77	83	180	172	35	18	105	112	203	196	39	15	73	79	163	156	43	4	9	11	63	57
31	14	85	92	189	181	36	0	0	0	27	22	39	16	80	86	170	163	43	5	13	16	72	66
31	15	94	101	198	190	36	1	1	1	41	35	39	17	87	93	178	171	43	6	18	20	80	74
31	16	102	110	206	199	36	2	3	4	53	47	39	18	94	100	185	178	43	7	23	26	89	82
32	0	0	0	30	25	36	3	7	8	64	58	39	19	101	107	192	186	43	8	28	31	97	90
32	1	1	1	46	40	36	4	11	13	75	68	39	20	108	114	199	193	43	9	33	36	104	98
32	2	3	4	60	53	36	5	16	18	85	78	40	0	0	0	24	20	43	10	38	42	112	106
32	3	7	9	72	65	36	6	21	24	95	88	40	1	1	1	37	32	43	11	43	48	120	113
32	4	12	15	84	76	36	7	27	30	105	97	40	2	3	4	48	42	43	12	49	54	127	121
32	5	18	21	95	88	36	8	33	37	114	107	40	3	6	7	58	52	43	13	55	59	135	128
32	6	24	27	106	98	36	9	39	43	123	116	40	4	10	12	68	62	43	14	60	65	142	135
32	7	30	34	117	109	36	10	45	50	132	125	40	5	14	17	77	71	43	15	66	71	149	142
32	8	37	41	127	119	36	11	52	57	141	133	40	6	19	22	86	79	43	16	72	78	156	149
32	9	44	49	137	129	36	12	59	64	149	142	40	7	24	27	95	88	43	17	78	84	163	156
32	10	51	56	147	139	36	13	65	71	158	150	40	8	29	33	103	97	43	18	84	90	170	163
32	11	58	64	156	148	36	14	72	78	166	159	40	9	35	39	112	105	43	19	91	97	177	170
32	12	66	72	166	158	36	15	80	86	174	167	40	10	41	45	120	113	43	20	97	103	183	177

CONFIDENCE BOUNDS FOR A

N = 300

n	a	LOWER .975	.95	UPPER .975	.95
43	21	104	110	190	184
43	22	110	116	196	190
44	0	0	0	22	18
44	1	1	1	33	29
44	2	3	3	44	38
44	3	6	7	53	47
44	4	9	11	62	56
44	5	13	15	70	64
44	6	18	20	79	72
44	7	22	25	87	80
44	8	27	30	94	88
44	9	32	36	102	96
44	10	37	41	110	103
44	11	42	47	117	111
44	12	48	52	125	118
44	13	53	58	132	125
44	14	59	64	139	132
44	15	65	70	146	139
44	16	71	76	153	146
44	17	76	82	160	153
44	18	82	88	166	160
44	19	89	94	173	167
44	20	95	101	180	173
44	21	101	107	186	180
44	22	107	114	193	186
45	0	0	0	21	17
45	1	1	1	33	28
45	2	3	3	43	38
45	3	5	7	52	46
45	4	9	11	60	55
45	5	13	15	69	63
45	6	17	20	77	71
45	7	22	25	85	79
45	8	26	30	92	86
45	9	31	35	100	94
45	10	36	40	107	101
45	11	41	46	115	108
45	12	47	51	122	115
45	13	52	57	129	123
45	14	58	62	136	130
45	15	63	68	143	136
45	16	69	74	150	143
45	17	75	80	156	150
45	18	81	86	163	157
45	19	87	92	170	163
45	20	93	98	176	170
45	21	99	105	183	176
45	22	105	111	189	183
45	23	111	117	195	189
46	0	0	0	21	17
46	1	1	1	32	27
46	2	3	3	42	37
46	3	5	7	51	45
46	4	9	10	59	54
46	5	13	15	67	62
46	6	17	19	75	69
46	7	21	24	83	77
46	8	26	29	91	84
46	9	31	34	98	92
46	10	36	39	105	99
46	11	41	45	112	106
46	12	46	50	120	113
46	13	51	55	126	120
46	14	56	61	133	127
46	15	62	67	140	134
46	16	67	72	147	140
46	17	73	78	153	147
46	18	79	84	160	154
46	19	85	90	166	160
46	20	90	96	173	167
46	21	96	102	179	173
46	22	102	108	185	179
46	23	109	115	191	185
47	0	0	0	20	17
47	1	1	1	31	27

N = 300

n	a	LOWER .975	.95	UPPER .975	.95
47	2	3	3	41	36
47	3	5	6	49	44
47	4	9	10	58	52
47	5	12	14	66	60
47	6	16	19	74	68
47	7	21	24	81	75
47	8	25	28	89	83
47	9	30	33	96	90
47	10	35	38	103	97
47	11	40	44	110	104
47	12	45	49	117	111
47	13	50	54	124	118
47	14	55	60	131	124
47	15	61	65	137	131
47	16	66	71	144	138
47	17	71	77	150	144
47	18	77	82	157	151
47	19	83	88	163	157
47	20	88	94	170	163
47	21	94	100	176	170
47	22	100	106	182	176
47	23	106	112	188	182
47	24	112	118	194	188
48	0	0	0	20	16
48	1	1	1	31	26
48	2	2	3	40	35
48	3	5	6	48	43
48	4	9	10	57	51
48	5	12	14	65	59
48	6	16	19	72	67
48	7	20	23	80	74
48	8	25	28	87	81
48	9	29	33	94	88
48	10	34	38	101	95
48	11	39	43	108	102
48	12	44	48	115	109
48	13	49	53	122	115
48	14	54	58	128	122
48	15	59	64	135	128
48	16	65	69	141	135
48	17	70	75	148	141
48	18	75	81	154	148
48	19	81	86	160	154
48	20	87	92	166	160
48	21	92	98	172	166
48	22	98	104	179	172
48	23	104	109	185	179
48	24	110	115	190	185
49	0	0	0	19	16
49	1	1	1	30	26
49	2	2	3	39	34
49	3	5	6	47	43
49	4	8	10	55	50
49	5	12	14	63	58
49	6	16	19	71	65
49	7	20	23	78	72
49	8	24	27	85	79
49	9	29	32	92	86
49	10	33	37	99	93
49	11	38	42	106	100
49	12	43	47	113	107
49	13	48	52	119	113
49	14	53	57	126	120
49	15	58	63	132	126
49	16	63	68	139	132
49	17	68	73	145	139
49	18	74	79	151	145
49	19	79	84	157	151
49	20	85	90	163	157
49	21	90	96	169	163
49	22	96	101	175	169
49	23	101	107	181	175
49	24	107	113	187	181
49	25	113	119	193	187
50	0	0	0	19	15

N = 300

n	a	LOWER .975	.95	UPPER .975	.95
50	1	1	1	29	25
50	2	2	3	38	34
50	3	5	6	46	42
50	4	8	10	54	49
50	5	12	14	62	57
50	6	16	18	69	64
50	7	20	22	77	71
50	8	24	27	84	78
50	9	28	31	90	85
50	10	33	36	97	91
50	11	37	41	104	98
50	12	42	46	111	104
50	13	47	51	117	111
50	14	52	56	123	117
50	15	57	61	130	124
50	16	62	67	136	130
50	17	67	72	142	136
50	18	72	77	148	142
50	19	78	83	154	148
50	20	83	88	160	154
50	21	88	94	166	160
50	22	94	99	172	166
50	23	99	105	178	172
50	24	105	111	184	178
50	25	111	116	189	184
51	0	0	0	19	15
51	1	1	1	29	25
51	2	2	3	37	33
51	3	5	6	46	41
51	4	8	10	53	48
51	5	12	13	61	56
51	6	15	18	68	63
51	7	19	22	75	70
51	8	23	26	82	76
51	9	28	31	89	83
51	10	32	35	95	90
51	11	37	40	102	96
51	12	41	45	108	102
51	13	46	50	115	109
51	14	51	55	121	115
51	15	56	60	127	121
51	16	61	65	134	127
51	17	66	70	140	134
51	18	71	76	146	140
51	19	76	81	152	146
51	20	81	86	158	152
51	21	87	92	163	157
51	22	92	97	169	163
51	23	97	103	175	169
51	24	103	108	181	175
51	25	108	114	186	180
51	26	114	120	192	186
52	0	0	0	18	15
52	1	1	1	28	24
52	2	2	3	37	32
52	3	5	6	45	40
52	4	8	9	52	47
52	5	11	13	60	54
52	6	15	17	67	61
52	7	19	21	74	68
52	8	23	26	80	75
52	9	27	30	87	81
52	10	32	35	94	88
52	11	36	39	100	94
52	12	41	44	106	101
52	13	45	49	113	107
52	14	50	54	119	113
52	15	55	59	125	119
52	16	60	64	131	125
52	17	64	69	137	131
52	18	69	74	143	137
52	19	75	79	149	143
52	20	80	85	155	149
52	21	85	90	161	155
52	22	90	95	166	160

N = 300

n	a	LOWER .975	.95	UPPER .975	.95
52	23	95	101	172	166
52	24	101	106	177	172
52	25	106	112	183	177
52	26	111	117	189	183
53	0	0	0	18	15
53	1	1	1	28	24
53	2	2	3	36	32
53	3	5	6	44	39
53	4	8	9	51	46
53	5	11	13	58	53
53	6	15	17	65	60
53	7	19	21	72	67
53	8	23	25	79	74
53	9	27	30	86	80
53	10	31	34	92	86
53	11	35	39	98	93
53	12	40	43	105	99
53	13	44	48	111	105
53	14	49	53	117	111
53	15	54	58	123	117
53	16	58	63	129	123
53	17	63	68	135	129
53	18	68	73	141	135
53	19	73	78	146	140
53	20	78	83	152	146
53	21	83	88	158	152
53	22	88	93	163	158
53	23	93	99	169	163
53	24	99	104	174	169
53	25	104	109	180	174
53	26	109	115	185	180
53	27	115	120	191	185
54	0	0	0	17	14
54	1	1	1	27	23
54	2	2	3	35	31
54	3	5	6	43	38
54	4	8	9	50	46
54	5	11	13	57	52
54	6	15	17	64	59
54	7	18	21	71	66
54	8	22	25	78	72
54	9	26	29	84	78
54	10	30	34	90	85
54	11	35	38	97	91
54	12	39	43	103	97
54	13	44	47	109	103
54	14	48	52	115	109
54	15	53	57	121	115
54	16	57	62	127	121
54	17	62	66	132	127
54	18	67	71	138	132
54	19	72	76	144	138
54	20	77	81	150	144
54	21	82	87	155	149
54	22	87	92	161	155
54	23	92	97	166	160
54	24	97	102	172	166
54	25	102	107	177	171
54	26	107	113	182	177
54	27	112	118	188	182
55	0	0	0	17	14
55	1	1	1	26	23
55	2	2	3	35	30
55	3	5	6	42	38
55	4	8	9	49	45
55	5	11	13	56	51
55	6	14	16	63	58
55	7	18	20	70	65
55	8	22	24	76	71
55	9	26	29	82	77
55	10	30	33	89	83
55	11	34	37	95	89
55	12	38	42	101	95
55	13	43	46	107	101
55	14	47	51	113	107

CONFIDENCE BOUNDS FOR A

N = 300

n	a	LOWER .975	LOWER .95	UPPER .975	UPPER .95
55	15	52	56	119	113
55	16	56	60	124	119
55	17	61	65	130	124
55	18	66	70	136	130
55	19	70	75	141	136
55	20	75	80	147	141
55	21	80	85	153	147
55	22	85	90	158	152
55	23	90	95	163	158
55	24	95	100	169	163
55	25	100	105	174	168
55	26	105	110	179	174
55	27	110	116	185	179
55	28	115	121	190	184
56	0	0	0	17	14
56	1	1	1	26	22
56	2	2	3	34	30
56	3	5	6	41	37
56	4	8	9	48	44
56	5	11	12	55	51
56	6	14	16	62	57
56	7	18	20	68	63
56	8	22	24	75	70
56	9	25	28	81	76
56	10	29	32	87	82
56	11	34	37	93	88
56	12	38	41	99	94
56	13	42	46	105	99
56	14	46	50	111	105
56	15	51	55	117	111
56	16	55	59	122	117
56	17	60	64	128	122
56	18	64	69	134	128
56	19	69	74	139	133
56	20	74	78	145	139
56	21	79	83	150	144
56	22	83	88	155	150
56	23	88	93	161	155
56	24	93	98	166	160
56	25	98	103	171	166
56	26	103	108	177	171
56	27	108	113	182	176
56	28	113	119	187	181
57	0	0	0	16	13
57	1	1	1	25	22
57	2	2	3	33	29
57	3	5	6	41	36
57	4	7	9	48	43
57	5	11	12	54	50
57	6	14	16	61	56
57	7	17	20	67	62
57	8	21	24	74	68
57	9	25	28	80	74
57	10	29	32	86	80
57	11	33	36	92	86
57	12	37	40	98	92
57	13	41	45	103	98
57	14	46	49	109	103
57	15	50	54	115	109
57	16	54	58	120	115
57	17	59	63	126	120
57	18	63	68	131	126
57	19	68	72	137	131
57	20	73	77	142	137
57	21	77	82	148	142
57	22	82	87	153	147
57	23	87	92	158	153
57	24	91	96	163	158
57	25	96	101	169	163
57	26	101	106	174	168
57	27	106	111	179	173
57	28	111	116	184	178
57	29	116	122	189	184
58	0	0	0	16	13
58	1	1	1	25	21

N = 300

n	a	LOWER .975	LOWER .95	UPPER .975	UPPER .95
58	2	2	3	33	29
58	3	5	5	40	36
58	4	7	9	47	42
58	5	10	12	53	49
58	6	14	16	60	55
58	7	17	19	66	61
58	8	21	23	72	67
58	9	25	27	78	73
58	10	28	31	84	79
58	11	32	36	90	85
58	12	37	40	96	90
58	13	41	44	102	96
58	14	45	48	107	102
58	15	49	53	113	107
58	16	53	57	118	113
58	17	58	62	124	118
58	18	62	66	129	124
58	19	67	71	135	129
58	20	71	76	140	134
58	21	76	80	145	140
58	22	80	85	150	145
58	23	85	90	156	150
58	24	90	95	161	155
58	25	95	100	166	160
58	26	99	104	171	166
58	27	104	109	176	171
58	28	109	114	181	176
58	29	114	119	186	181
59	0	0	0	16	13
59	1	1	1	25	21
59	2	2	3	32	28
59	3	4	5	39	35
59	4	7	8	46	42
59	5	10	12	52	48
59	6	14	15	59	54
59	7	17	19	65	60
59	8	21	23	71	66
59	9	24	27	77	72
59	10	28	31	83	78
59	11	32	35	89	83
59	12	36	39	94	89
59	13	40	43	100	95
59	14	44	48	105	100
59	15	48	52	111	106
59	16	53	56	116	111
59	17	57	61	122	116
59	18	61	65	127	122
59	19	66	70	132	127
59	20	70	74	138	132
59	21	75	79	143	137
59	22	79	84	148	143
59	23	84	88	153	148
59	24	88	93	158	153
59	25	93	98	163	158
59	26	98	103	168	163
59	27	102	107	173	168
59	28	107	112	178	173
59	29	112	117	183	178
59	30	117	122	188	183
60	0	0	0	16	13
60	1	1	1	24	21
60	2	2	3	32	28
60	3	4	5	39	34
60	4	7	8	45	41
60	5	10	12	52	47
60	6	13	15	58	53
60	7	17	19	64	59
60	8	20	23	70	65
60	9	24	26	76	71
60	10	28	30	81	76
60	11	31	34	87	82
60	12	35	39	93	88
60	13	39	43	98	93
60	14	43	47	104	98
60	15	48	51	109	104

N = 300

n	a	LOWER .975	LOWER .95	UPPER .975	UPPER .95
60	16	52	55	115	109
60	17	56	60	120	114
60	18	60	64	125	120
60	19	65	69	130	125
60	20	69	73	136	130
60	21	73	78	141	135
60	22	78	82	146	140
60	23	82	87	151	145
60	24	87	92	156	150
60	25	91	96	161	155
60	26	96	101	166	160
60	27	101	106	171	165
60	28	105	110	176	170
60	29	110	115	180	175
60	30	115	120	185	180

N = 310

n	a	LOWER .975	LOWER .95	UPPER .975	UPPER .95
1	0	0	0	302	294
1	1	8	16	310	310
2	0	0	0	260	240
2	1	4	8	306	302
3	0	0	0	218	195
3	1	3	6	280	267
3	2	30	43	307	304
4	0	0	0	185	162
4	1	2	4	249	232
4	2	22	31	288	279
5	0	0	0	160	138
5	1	2	4	221	202
5	2	17	25	263	250
5	3	47	60	293	285
6	0	0	0	141	120
6	1	2	3	197	179
6	2	14	20	239	225
6	3	38	49	272	261
7	0	0	0	125	106
7	1	2	3	178	160
7	2	12	17	218	203
7	3	32	41	251	239
7	4	59	71	278	269
8	0	0	0	113	95
8	1	1	2	161	144
8	2	11	15	200	184
8	3	28	36	232	219
8	4	50	61	260	249
9	0	0	0	102	86
9	1	1	2	148	131
9	2	10	14	184	169
9	3	24	31	215	201
9	4	44	54	243	231
9	5	67	79	266	256
10	0	0	0	94	79
10	1	1	2	136	120
10	2	9	12	170	155
10	3	22	28	200	186
10	4	39	48	227	214
10	5	60	70	250	240
11	0	0	0	86	72
11	1	1	2	126	111
11	2	8	11	158	144
11	3	20	26	187	173
11	4	35	43	213	200
11	5	54	63	236	224
11	6	74	86	256	247
12	0	0	0	80	67
12	1	1	2	117	103
12	2	7	10	148	134
12	3	18	23	175	162
12	4	32	39	200	187
12	5	49	58	222	210
12	6	67	78	243	232
13	0	0	0	75	62
13	1	1	2	110	96
13	2	7	10	139	125
13	3	17	22	165	151
13	4	30	36	188	176
13	5	45	53	210	198
13	6	61	71	230	219
13	7	80	91	249	239
14	0	0	0	70	58
14	1	1	2	103	90
14	2	6	9	130	117
14	3	16	20	155	142
14	4	27	34	178	165
14	5	41	49	199	187
14	6	57	66	218	207
14	7	73	84	237	226
15	0	0	0	66	54
15	1	1	2	97	85
15	2	6	8	123	111
15	3	15	19	147	134
15	4	26	31	168	156

CONFIDENCE BOUNDS FOR A

N = 310

n	a	LOWER .975	LOWER .95	UPPER .975	UPPER .95
15	5	38	45	189	177
15	6	53	61	208	197
15	7	68	77	225	215
15	8	85	95	242	233
16	0	0	0	62	51
16	1	1	1	91	80
16	2	6	8	116	104
16	3	14	18	139	127
16	4	24	29	160	148
16	5	36	42	179	168
16	6	49	57	198	187
16	7	63	72	215	205
16	8	79	88	231	222
17	0	0	0	58	48
17	1	1	1	87	76
17	2	5	7	111	99
17	3	13	17	132	120
17	4	23	28	152	141
17	5	34	40	171	160
17	6	46	53	189	178
17	7	59	68	206	195
17	8	73	83	221	212
17	9	89	98	237	227
18	0	0	0	55	46
18	1	1	1	82	72
18	2	5	7	105	94
18	3	12	16	126	115
18	4	21	26	145	134
18	5	32	38	163	152
18	6	43	50	180	170
18	7	56	64	197	186
18	8	69	78	212	202
18	9	83	92	227	218
19	0	0	0	53	43
19	1	1	1	78	68
19	2	5	7	100	90
19	3	12	15	120	109
19	4	20	25	139	128
19	5	30	36	156	145
19	6	41	47	173	162
19	7	53	60	189	178
19	8	65	73	204	194
19	9	78	87	218	209
19	10	92	101	232	223
20	0	0	0	50	41
20	1	1	1	75	65
20	2	5	6	96	85
20	3	11	14	115	104
20	4	19	23	133	122
20	5	29	34	150	139
20	6	39	45	166	155
20	7	50	57	181	171
20	8	61	69	196	186
20	9	74	82	210	200
20	10	87	96	223	214
21	0	0	0	48	39
21	1	1	1	71	62
21	2	5	6	92	82
21	3	11	14	110	100
21	4	18	22	127	117
21	5	27	32	143	133
21	6	37	43	159	149
21	7	47	54	174	164
21	8	58	66	188	178
21	9	70	78	202	192
21	10	82	91	215	206
21	11	95	104	228	219
22	0	0	0	46	38
22	1	1	1	68	59
22	2	4	6	88	78
22	3	10	13	106	96
22	4	18	21	122	112
22	5	26	31	138	128
22	6	35	41	153	143
22	7	45	51	167	157

N = 310

n	a	LOWER .975	LOWER .95	UPPER .975	UPPER .95
22	8	56	63	181	171
22	9	67	74	195	185
22	10	78	86	207	198
22	11	90	99	220	211
23	0	0	0	44	36
23	1	1	1	66	57
23	2	4	6	84	75
23	3	10	12	101	92
23	4	17	20	117	108
23	5	25	29	133	123
23	6	34	39	147	137
23	7	43	49	161	151
23	8	53	60	175	165
23	9	63	71	188	178
23	10	74	82	200	191
23	11	86	94	212	204
23	12	98	106	224	216
24	0	0	0	42	35
24	1	1	1	63	55
24	2	4	6	81	72
24	3	9	12	98	88
24	4	16	20	113	103
24	5	24	28	128	118
24	6	32	37	142	132
24	7	41	47	155	146
24	8	51	57	169	159
24	9	61	68	181	172
24	10	71	79	194	185
24	11	82	90	205	197
24	12	93	101	217	209
25	0	0	0	40	33
25	1	1	1	61	52
25	2	4	5	78	69
25	3	9	12	94	85
25	4	16	19	109	100
25	5	23	27	123	114
25	6	31	36	137	127
25	7	40	45	150	141
25	8	49	55	163	154
25	9	58	65	175	166
25	10	68	75	187	178
25	11	78	86	199	190
25	12	89	97	210	202
25	13	100	108	221	213
26	0	0	0	39	32
26	1	1	1	58	50
26	2	4	5	75	67
26	3	9	11	91	82
26	4	15	18	105	96
26	5	22	26	119	110
26	6	30	34	132	123
26	7	38	43	145	136
26	8	47	53	158	148
26	9	56	62	170	160
26	10	65	72	181	172
26	11	75	82	193	184
26	12	85	93	204	195
26	13	96	104	214	206
27	0	0	0	37	31
27	1	1	1	56	49
27	2	4	5	73	64
27	3	9	11	88	79
27	4	14	18	102	93
27	5	21	25	115	106
27	6	29	33	128	119
27	7	37	42	140	131
27	8	45	51	152	143
27	9	54	60	164	155
27	10	63	69	176	167
27	11	72	79	187	178
27	12	82	89	198	189
27	13	92	100	208	200
27	14	102	110	218	210
28	0	0	0	36	30
28	1	1	1	54	47

N = 310

n	a	LOWER .975	LOWER .95	UPPER .975	UPPER .95
28	2	4	5	70	62
28	3	8	10	85	76
28	4	14	17	98	90
28	5	21	24	111	103
28	6	28	32	124	115
28	7	35	40	136	127
28	8	43	49	148	139
28	9	52	58	159	150
28	10	60	67	170	162
28	11	69	76	181	173
28	12	79	86	192	183
28	13	88	96	202	194
28	14	98	106	212	204
29	0	0	0	35	29
29	1	1	1	53	45
29	2	4	5	68	60
29	3	8	10	82	74
29	4	14	16	95	87
29	5	20	23	108	99
29	6	27	31	120	111
29	7	34	39	132	123
29	8	42	47	143	135
29	9	50	56	154	146
29	10	58	64	165	157
29	11	67	73	176	167
29	12	76	83	186	178
29	13	85	92	196	188
29	14	94	102	206	198
29	15	104	112	216	208
30	0	0	0	34	28
30	1	1	1	51	44
30	2	3	5	66	58
30	3	8	10	79	71
30	4	13	16	92	84
30	5	19	23	105	96
30	6	26	30	116	108
30	7	33	38	128	119
30	8	40	45	139	130
30	9	48	54	150	141
30	10	56	62	160	152
30	11	64	71	171	162
30	12	73	80	181	173
30	13	82	89	191	183
30	14	91	98	200	193
30	15	100	108	210	202
31	0	0	0	33	27
31	1	1	1	49	42
31	2	3	4	64	56
31	3	8	9	77	69
31	4	13	15	89	82
31	5	19	22	101	93
31	6	25	29	113	105
31	7	32	36	124	116
31	8	39	44	135	127
31	9	47	52	146	137
31	10	54	60	156	148
31	11	62	69	166	158
31	12	71	77	176	168
31	13	79	86	186	178
31	14	88	95	195	187
31	15	97	104	204	197
31	16	106	113	213	206
32	0	0	0	32	26
32	1	1	1	48	41
32	2	3	4	62	55
32	3	7	9	75	67
32	4	12	15	87	79
32	5	18	21	98	91
32	6	24	28	110	102
32	7	31	35	121	112
32	8	38	43	131	123
32	9	45	50	142	133
32	10	53	58	152	143
32	11	60	66	162	153
32	12	68	75	171	163

N = 310

n	a	LOWER .975	LOWER .95	UPPER .975	UPPER .95
32	13	76	83	181	173
32	14	85	92	190	182
32	15	93	100	199	191
32	16	102	109	208	201
33	0	0	0	31	25
33	1	1	1	46	40
33	2	3	4	60	53
33	3	7	9	72	65
33	4	12	15	84	77
33	5	18	21	96	88
33	6	24	27	107	99
33	7	30	34	117	109
33	8	37	41	128	120
33	9	44	49	138	130
33	10	51	56	148	140
33	11	58	64	157	149
33	12	66	72	167	159
33	13	74	80	176	168
33	14	82	89	185	177
33	15	90	97	194	186
33	16	99	106	203	195
33	17	107	115	211	204
34	0	0	0	30	24
34	1	1	1	45	39
34	2	3	4	58	51
34	3	7	9	70	63
34	4	12	14	82	75
34	5	17	20	93	85
34	6	23	26	104	96
34	7	29	33	114	106
34	8	36	40	124	116
34	9	42	47	134	126
34	10	49	55	144	136
34	11	57	62	153	145
34	12	64	70	162	155
34	13	72	78	172	164
34	14	79	86	180	173
34	15	87	94	189	182
34	16	95	103	198	190
34	17	104	111	206	199
35	0	0	0	29	24
35	1	1	1	44	38
35	2	3	4	57	50
35	3	7	9	68	62
35	4	11	14	80	73
35	5	17	20	91	83
35	6	22	26	101	93
35	7	28	32	111	103
35	8	35	39	121	113
35	9	41	46	131	123
35	10	48	53	140	132
35	11	55	60	149	142
35	12	62	68	158	151
35	13	70	76	167	160
35	14	77	83	176	168
35	15	85	91	185	177
35	16	93	99	193	186
35	17	101	108	201	194
35	18	109	116	209	202
36	0	0	0	28	23
36	1	1	1	42	37
36	2	3	4	55	49
36	3	7	8	67	60
36	4	11	13	78	71
36	5	16	19	88	81
36	6	22	25	98	91
36	7	28	31	108	101
36	8	34	38	118	110
36	9	40	45	127	120
36	10	47	52	137	129
36	11	53	59	146	138
36	12	60	66	154	147
36	13	67	73	163	156
36	14	75	81	172	164
36	15	82	89	180	173

CONFIDENCE BOUNDS FOR A

N = 310						N = 310						N = 310						N = 310				
		LOWER		UPPER				LOWER		UPPER				LOWER		UPPER				LOWER		UPPER	
n	a	.975	.95	.975	.95	n	a	.975	.95	.975	.95	n	a	.975	.95	.975	.95	n	a	.975	.95	.975	.95
36	16	90	96	188	181	40	11	48	53	132	125	43	21	107	113	196	190	47	2	3	3	42	37
36	17	98	104	197	189	40	12	54	59	141	133	43	22	114	120	203	197	47	3	5	7	51	46
36	18	105	112	205	198	40	13	61	66	149	141	44	0	0	0	23	18	47	4	9	11	60	54
37	0	0	0	27	22	40	14	67	73	157	149	44	1	1	1	35	30	47	5	13	15	68	62
37	1	1	1	41	36	40	15	74	79	164	157	44	2	3	3	45	40	47	6	17	19	76	70
37	2	3	4	54	47	40	16	80	86	172	165	44	3	6	7	55	49	47	7	21	24	84	78
37	3	7	8	65	58	40	17	87	93	180	173	44	4	9	11	64	58	47	8	26	29	92	86
37	4	11	13	76	69	40	18	94	100	187	180	44	5	14	16	73	67	47	9	31	34	99	93
37	5	16	19	86	79	40	19	101	108	194	188	44	6	18	21	81	75	47	10	36	40	107	100
37	6	21	24	96	89	40	20	108	115	202	195	44	7	23	26	90	83	47	11	41	45	114	108
37	7	27	31	106	98	41	0	0	0	24	20	44	8	28	31	98	91	47	12	46	50	121	115
37	8	33	37	115	108	41	1	1	1	37	32	44	9	33	37	106	99	47	13	51	56	128	122
37	9	39	43	124	117	41	2	3	4	48	43	44	10	38	42	114	107	47	14	57	62	135	129
37	10	45	50	133	126	41	3	6	7	59	53	44	11	44	48	121	114	47	15	62	67	142	135
37	11	52	57	142	134	41	4	10	12	69	62	44	12	49	54	129	122	47	16	68	73	149	142
37	12	59	64	151	143	41	5	14	17	78	71	44	13	55	60	136	129	47	17	74	79	156	149
37	13	66	71	159	152	41	6	19	22	87	80	44	14	61	66	144	137	47	18	79	85	162	156
37	14	73	79	168	160	41	7	24	28	96	89	44	15	67	72	151	144	47	19	85	91	169	162
37	15	80	86	176	169	41	8	30	33	105	98	44	16	73	78	158	151	47	20	91	97	175	169
37	16	87	94	184	177	41	9	35	39	113	106	44	17	79	85	165	158	47	21	97	103	182	175
37	17	95	101	192	185	41	10	41	45	121	114	44	18	85	91	172	165	47	22	103	109	188	182
37	18	102	109	200	193	41	11	47	52	129	122	44	19	91	97	179	172	47	23	109	116	194	188
37	19	110	117	208	201	41	12	53	58	137	130	44	20	98	104	186	179	47	24	116	122	201	194
38	0	0	0	26	22	41	13	59	64	145	138	44	21	104	111	193	186	48	0	0	0	21	17
38	1	1	1	40	35	41	14	65	71	153	146	44	22	111	117	199	193	48	1	1	1	32	27
38	2	3	4	52	46	41	15	72	77	161	154	45	0	0	0	22	18	48	2	3	3	41	36
38	3	6	8	63	57	41	16	78	84	168	161	45	1	1	1	34	29	48	3	5	7	50	45
38	4	11	13	74	67	41	17	85	91	176	169	45	2	3	3	44	39	48	4	9	10	59	53
38	5	15	18	84	77	41	18	92	98	183	176	45	3	6	7	54	48	48	5	13	15	67	61
38	6	21	24	94	86	41	19	99	105	190	184	45	4	9	11	63	57	48	6	17	19	75	69
38	7	26	30	103	96	41	20	105	112	197	191	45	5	13	15	71	65	48	7	21	24	82	76
38	8	32	36	112	105	41	21	113	119	205	198	45	6	18	20	80	73	48	8	26	29	90	84
38	9	38	42	121	114	42	0	0	0	24	19	45	7	22	25	88	81	48	9	30	34	97	91
38	10	44	49	130	123	42	1	1	1	36	31	45	8	27	30	96	89	48	10	35	39	105	98
38	11	51	56	139	131	42	2	3	4	47	42	45	9	32	36	104	97	48	11	40	44	112	105
38	12	57	62	147	140	42	3	6	7	57	51	45	10	37	41	111	105	48	12	45	49	119	112
38	13	64	69	156	148	42	4	10	12	67	61	45	11	43	47	119	112	48	13	50	55	126	119
38	14	71	77	164	156	42	5	14	16	76	70	45	12	48	53	126	119	48	14	56	60	133	126
38	15	78	84	172	165	42	6	19	22	85	78	45	13	54	58	134	127	48	15	61	66	139	133
38	16	85	91	180	173	42	7	24	27	94	87	45	14	59	64	141	134	48	16	67	72	146	140
38	17	92	99	188	181	42	8	29	33	102	95	45	15	65	70	148	141	48	17	72	77	153	146
38	18	99	106	195	188	42	9	34	38	110	104	45	16	71	76	155	148	48	18	78	83	159	153
38	19	107	114	203	196	42	10	40	44	119	112	45	17	77	83	162	155	48	19	83	89	166	159
39	0	0	0	26	21	42	11	46	50	127	120	45	18	83	89	169	162	48	20	89	95	172	166
39	1	1	1	39	34	42	12	52	56	134	127	45	19	89	95	175	169	48	21	95	101	178	172
39	2	3	4	51	45	42	13	58	63	142	135	45	20	96	102	182	176	48	22	101	107	185	178
39	3	6	8	62	55	42	14	64	69	150	143	45	21	102	108	189	182	48	23	107	113	191	185
39	4	10	12	72	65	42	15	70	76	157	150	45	22	108	114	195	189	48	24	113	119	197	191
39	5	15	18	82	75	42	16	76	82	165	158	45	23	115	121	202	196	49	0	0	0	20	16
39	6	20	23	91	84	42	17	83	89	172	165	46	0	0	0	22	18	49	1	1	1	31	27
39	7	26	29	100	93	42	18	89	95	179	172	46	1	1	1	33	28	49	2	3	3	40	36
39	8	31	35	110	102	42	19	96	102	186	180	46	2	3	3	43	38	49	3	5	6	49	44
39	9	37	41	118	111	42	20	103	109	193	187	46	3	6	7	52	47	49	4	9	10	57	52
39	10	43	48	127	120	42	21	110	116	200	194	46	4	9	11	61	55	49	5	12	14	65	60
39	11	49	54	135	128	43	0	0	0	23	19	46	5	13	15	70	64	49	6	16	19	73	67
39	12	56	61	144	136	43	1	1	1	35	30	46	6	17	20	78	72	49	7	21	23	81	75
39	13	62	68	152	145	43	2	3	3	46	41	46	7	22	25	86	80	49	8	25	28	88	82
39	14	69	75	160	153	43	3	6	7	56	50	46	8	27	30	94	87	49	9	30	33	95	89
39	15	76	82	168	161	43	4	10	11	65	59	46	9	32	35	101	95	49	10	34	38	103	96
39	16	83	89	176	169	43	5	14	16	74	68	46	10	37	40	109	102	49	11	39	43	110	103
39	17	90	96	184	177	43	6	18	21	83	77	46	11	42	46	116	110	49	12	44	48	117	110
39	18	97	103	191	184	43	7	23	26	92	85	46	12	47	52	124	117	49	13	49	54	123	117
39	19	104	111	199	192	43	8	28	32	100	93	46	13	53	57	131	124	49	14	55	59	130	124
39	20	111	118	206	199	43	9	34	37	108	101	46	14	58	63	138	131	49	15	60	65	137	130
40	0	0	0	25	20	43	10	39	43	116	109	46	15	64	69	145	138	49	16	65	70	143	137
40	1	1	1	38	33	43	11	45	49	124	117	46	16	70	75	152	145	49	17	71	76	150	143
40	2	3	4	50	44	43	12	50	55	132	125	46	17	75	81	159	152	49	18	76	81	156	150
40	3	6	8	60	54	43	13	56	61	139	132	46	18	81	87	165	159	49	19	82	87	163	156
40	4	10	12	70	64	43	14	62	67	147	140	46	19	87	93	172	166	49	20	87	93	169	163
40	5	15	17	80	73	43	15	68	74	154	147	46	20	93	99	179	172	49	21	93	99	175	169
40	6	20	23	89	82	43	16	75	80	161	154	46	21	99	105	185	179	49	22	99	105	181	175
40	7	25	28	98	91	43	17	81	87	169	162	46	22	106	112	192	185	49	23	105	111	187	181
40	8	30	34	107	100	43	18	87	93	176	169	46	23	112	118	198	192	49	24	111	117	193	187
40	9	36	40	116	108	43	19	94	100	183	176	47	0	0	0	21	17	49	25	117	123	199	193
40	10	42	46	124	117	43	20	100	106	190	183	47	1	1	1	32	28	50	0	0	0	20	16

CONFIDENCE BOUNDS FOR A

N = 310				
		LOWER		UPPER
n	a	.975	.95	.975	.95
---	---	---	---	---	---
50	1	1	1	30	26
50	2	2	3	40	35
50	3	5	6	48	43
50	4	8	10	56	51
50	5	12	14	64	59
50	6	16	18	72	66
50	7	20	23	79	73
50	8	25	28	86	81
50	9	29	32	94	88
50	10	34	37	101	94
50	11	39	42	108	101
50	12	43	47	114	108
50	13	48	53	121	115
50	14	53	58	128	121
50	15	59	63	134	128
50	16	64	69	141	134
50	17	69	74	147	141
50	18	75	80	153	147
50	19	80	85	160	153
50	20	86	91	166	160
50	21	91	97	172	166
50	22	97	102	178	172
50	23	102	108	184	178
50	24	108	114	190	184
50	25	114	120	196	190
51	0	0	0	19	16
51	1	1	1	30	25
51	2	2	3	39	34
51	3	5	6	47	42
51	4	8	10	55	50
51	5	12	14	63	58
51	6	16	18	70	65
51	7	20	22	78	72
51	8	24	27	85	79
51	9	29	32	92	86
51	10	33	37	99	93
51	11	38	42	106	99
51	12	43	47	112	106
51	13	47	52	119	113
51	14	52	57	125	119
51	15	57	62	132	125
51	16	63	67	138	132
51	17	68	73	144	138
51	18	73	78	151	144
51	19	78	84	157	151
51	20	84	89	163	157
51	21	89	95	169	163
51	22	95	100	175	169
51	23	100	106	181	175
51	24	106	112	187	181
51	25	112	118	193	187
51	26	117	123	198	192
52	0	0	0	19	15
52	1	1	1	29	25
52	2	2	3	38	33
52	3	5	6	46	41
52	4	8	10	54	49
52	5	12	14	62	56
52	6	16	18	69	64
52	7	20	22	76	71
52	8	24	27	83	78
52	9	28	31	90	84
52	10	33	36	97	91
52	11	37	41	104	98
52	12	42	46	110	104
52	13	47	51	117	111
52	14	51	56	123	117
52	15	56	61	129	123
52	16	61	66	136	129
52	17	66	71	142	136
52	18	72	77	148	142
52	19	77	82	154	148
52	20	82	87	160	154
52	21	87	93	166	160
52	22	93	98	172	166

N = 310				
		LOWER		UPPER
n	a	.975	.95	.975	.95
---	---	---	---	---	---
52	23	98	104	178	172
52	24	104	110	184	178
52	25	109	115	189	183
52	26	115	121	195	189
53	0	0	0	19	15
53	1	1	1	29	24
53	2	2	3	37	33
53	3	5	6	45	41
53	4	8	10	53	48
53	5	12	13	61	55
53	6	15	17	68	62
53	7	19	22	75	69
53	8	23	26	82	76
53	9	28	31	89	83
53	10	32	35	95	89
53	11	36	40	102	96
53	12	41	45	108	102
53	13	46	50	115	109
53	14	50	55	121	115
53	15	55	60	127	121
53	16	60	65	133	127
53	17	65	70	139	133
53	18	70	75	145	139
53	19	75	80	151	145
53	20	81	86	157	151
53	21	86	91	163	157
53	22	91	96	169	163
53	23	96	102	175	169
53	24	102	107	180	175
53	25	107	113	186	180
53	26	113	118	192	186
53	27	118	124	197	192
54	0	0	0	18	15
54	1	1	1	28	24
54	2	2	3	37	32
54	3	5	6	45	40
54	4	8	9	52	47
54	5	11	13	59	54
54	6	15	17	67	61
54	7	19	21	73	68
54	8	23	26	80	75
54	9	27	30	87	81
54	10	31	35	93	88
54	11	36	39	100	94
54	12	40	44	106	100
54	13	45	49	113	107
54	14	50	54	119	113
54	15	54	59	125	119
54	16	59	64	131	125
54	17	64	69	137	131
54	18	69	74	143	137
54	19	74	79	149	143
54	20	79	84	155	149
54	21	84	89	160	154
54	22	89	95	166	160
54	23	95	100	172	166
54	24	100	105	177	172
54	25	105	111	183	177
54	26	111	116	189	183
54	27	116	122	194	188
55	0	0	0	18	14
55	1	1	1	27	24
55	2	2	3	36	32
55	3	5	6	44	39
55	4	8	9	51	46
55	5	11	13	58	53
55	6	15	17	65	60
55	7	19	21	72	67
55	8	23	25	79	73
55	9	27	30	85	80
55	10	31	34	92	86
55	11	35	39	98	92
55	12	40	43	104	99
55	13	44	48	111	105
55	14	49	53	117	111

N = 310				
		LOWER		UPPER
n	a	.975	.95	.975	.95
---	---	---	---	---	---
55	15	53	58	123	117
55	16	58	62	129	123
55	17	63	67	135	129
55	18	68	72	141	135
55	19	73	77	146	140
55	20	78	82	152	146
55	21	83	88	158	152
55	22	88	93	163	157
55	23	93	98	169	163
55	24	98	103	175	169
55	25	103	109	180	174
55	26	108	114	185	180
55	27	114	119	191	185
55	28	119	125	196	191
56	0	0	0	17	14
56	1	1	1	27	23
56	2	2	3	35	31
56	3	5	6	43	38
56	4	8	9	50	45
56	5	11	13	57	52
56	6	15	17	64	59
56	7	18	21	71	66
56	8	22	25	77	72
56	9	26	29	84	78
56	10	30	33	90	85
56	11	35	38	96	91
56	12	39	42	103	97
56	13	43	47	109	103
56	14	48	52	115	109
56	15	52	56	121	115
56	16	57	61	127	121
56	17	62	66	132	126
56	18	66	71	138	132
56	19	71	76	144	138
56	20	76	81	150	144
56	21	81	86	155	149
56	22	86	91	161	155
56	23	91	96	166	160
56	24	96	101	172	166
56	25	101	107	177	171
56	26	106	112	183	177
56	27	112	117	188	182
56	28	117	122	193	188
57	0	0	0	17	14
57	1	1	1	26	23
57	2	2	3	35	30
57	3	5	6	42	38
57	4	8	9	49	45
57	5	11	13	56	51
57	6	14	16	63	58
57	7	18	20	70	64
57	8	22	24	76	71
57	9	26	29	82	77
57	10	30	33	89	83
57	11	34	37	95	89
57	12	38	42	101	95
57	13	43	46	107	101
57	14	47	51	113	107
57	15	51	56	119	113
57	16	56	60	124	119
57	17	61	65	130	124
57	18	65	70	136	130
57	19	70	75	142	136
57	20	75	80	147	141
57	21	80	84	153	147
57	22	84	89	158	152
57	23	89	95	164	158
57	24	94	100	169	163
57	25	99	105	174	169
57	26	104	110	180	174
57	27	110	115	185	179
57	28	115	120	190	185
57	29	120	125	195	190
58	0	0	0	17	14
58	1	1	1	26	22

N = 310				
		LOWER		UPPER
n	a	.975	.95	.975	.95
---	---	---	---	---	---
58	2	2	3	34	30
58	3	5	6	41	37
58	4	8	9	48	44
58	5	11	12	55	51
58	6	14	16	62	57
58	7	18	20	68	63
58	8	21	24	75	70
58	9	25	28	81	76
58	10	29	32	87	82
58	11	33	37	93	88
58	12	38	41	99	94
58	13	42	45	105	99
58	14	46	50	111	105
58	15	51	55	117	111
58	16	55	59	122	117
58	17	60	64	128	122
58	18	64	69	134	128
58	19	69	73	139	133
58	20	74	78	145	139
58	21	78	83	150	144
58	22	83	88	156	150
58	23	88	93	161	155
58	24	93	98	166	161
58	25	98	103	172	166
58	26	103	108	177	171
58	27	108	113	182	176
58	28	113	118	187	182
58	29	118	123	192	187
59	0	0	0	16	13
59	1	1	1	25	22
59	2	2	3	33	29
59	3	5	6	41	36
59	4	7	9	48	43
59	5	11	12	54	50
59	6	14	16	61	56
59	7	17	20	67	62
59	8	21	24	74	68
59	9	25	28	80	74
59	10	29	32	86	80
59	11	33	36	92	86
59	12	37	40	98	92
59	13	41	45	103	98
59	14	45	49	109	104
59	15	50	54	115	109
59	16	54	58	120	115
59	17	59	63	126	120
59	18	63	67	132	126
59	19	68	72	137	131
59	20	72	77	142	137
59	21	77	82	148	142
59	22	82	86	153	147
59	23	86	91	158	153
59	24	91	96	164	158
59	25	96	101	169	163
59	26	101	106	174	169
59	27	106	111	179	174
59	28	111	116	184	179
59	29	116	121	189	184
59	30	121	126	194	189
60	0	0	0	16	13
60	1	1	1	25	21
60	2	2	3	33	29
60	3	5	5	40	36
60	4	7	9	47	42
60	5	10	12	53	49
60	6	14	16	60	55
60	7	17	19	66	61
60	8	21	23	72	67
60	9	25	27	78	73
60	10	28	31	84	79
60	11	32	35	90	85
60	12	36	40	96	91
60	13	41	44	102	96
60	14	45	48	107	102
60	15	49	53	113	107

CONFIDENCE BOUNDS FOR A

N = 310

n	a	LOWER .975	LOWER .95	UPPER .975	UPPER .95
60	16	53	57	119	113
60	17	58	62	124	118
60	18	62	66	130	124
60	19	67	71	135	129
60	20	71	76	140	135
60	21	76	80	146	140
60	22	80	85	151	145
60	23	85	90	156	150
60	24	90	94	161	156
60	25	94	99	166	161
60	26	99	104	171	166
60	27	104	109	177	171
60	28	109	114	182	176
60	29	114	119	187	181
60	30	118	124	192	186
61	0	0	0	16	13
61	1	1	1	25	21
61	2	2	3	32	28
61	3	4	5	39	35
61	4	7	8	46	42
61	5	10	12	53	48
61	6	13	15	59	54
61	7	17	19	65	60
61	8	20	23	71	66
61	9	24	27	77	72
61	10	28	31	83	78
61	11	32	35	89	83
61	12	36	39	94	89
61	13	40	43	100	95
61	14	44	48	106	100
61	15	48	52	111	106
61	16	52	56	117	111
61	17	57	61	122	117
61	18	61	65	127	122
61	19	65	70	133	127
61	20	70	74	138	132
61	21	74	79	143	138
61	22	79	84	149	143
61	23	83	88	154	148
61	24	88	93	159	153
61	25	93	98	164	158
61	26	97	102	169	163
61	27	102	107	174	168
61	28	107	112	179	173
61	29	112	117	184	178
61	30	116	122	189	183
61	31	121	127	194	188
62	0	0	0	16	13
62	1	1	1	24	21
62	2	2	3	32	28
62	3	4	5	39	35
62	4	7	8	45	41
62	5	10	12	52	47
62	6	13	15	58	53
62	7	17	19	64	59
62	8	20	23	70	65
62	9	24	26	76	71
62	10	28	30	82	77
62	11	31	34	87	82
62	12	35	38	93	88
62	13	39	43	99	93
62	14	43	47	104	99
62	15	47	51	110	104
62	16	52	55	115	109
62	17	56	60	120	115
62	18	60	64	126	120
62	19	64	69	131	125
62	20	69	73	136	130
62	21	73	78	141	136
62	22	78	82	146	141
62	23	82	87	151	146
62	24	87	91	156	151
62	25	91	96	161	156
62	26	96	101	166	161
62	27	100	105	171	166
62	28	105	110	176	171
62	29	110	115	181	176
62	30	114	120	186	181
62	31	119	124	191	186

N = 320

n	a	LOWER .975	LOWER .95	UPPER .975	UPPER .95
1	0	0	0	312	304
1	1	8	16	320	320
2	0	0	0	268	248
2	1	5	9	315	311
3	0	0	0	225	201
3	1	3	6	289	276
3	2	31	44	317	314
4	0	0	0	191	167
4	1	3	5	257	239
4	2	23	32	297	288
5	0	0	0	165	143
5	1	2	4	228	209
5	2	18	25	272	258
5	3	48	62	302	295
6	0	0	0	145	124
6	1	2	3	204	185
6	2	15	21	247	232
6	3	39	50	281	270
7	0	0	0	129	110
7	1	2	3	183	165
7	2	13	18	225	209
7	3	33	42	260	247
7	4	60	73	287	278
8	0	0	0	116	98
8	1	1	3	167	149
8	2	11	16	206	190
8	3	28	37	240	226
8	4	52	63	268	257
9	0	0	0	106	89
9	1	1	2	152	136
9	2	10	14	190	174
9	3	25	32	222	208
9	4	45	55	250	238
9	5	70	82	275	265
10	0	0	0	97	81
10	1	1	2	140	124
10	2	9	13	176	160
10	3	23	29	207	192
10	4	40	49	234	221
10	5	62	73	258	247
11	0	0	0	89	75
11	1	1	2	130	115
11	2	8	12	164	149
11	3	20	26	193	179
11	4	36	45	219	206
11	5	55	65	243	232
11	6	77	88	265	255
12	0	0	0	83	69
12	1	1	2	121	107
12	2	8	11	153	138
12	3	19	24	181	167
12	4	33	41	206	193
12	5	50	59	229	217
12	6	69	80	251	240
13	0	0	0	77	64
13	1	1	2	113	99
13	2	7	10	143	129
13	3	17	22	170	156
13	4	31	37	194	181
13	5	46	55	217	205
13	6	63	73	238	226
13	7	82	94	257	247
14	0	0	0	72	60
14	1	1	2	106	93
14	2	7	9	135	121
14	3	16	21	160	147
14	4	28	35	184	171
14	5	43	50	205	193
14	6	58	68	225	214
14	7	76	86	244	234
15	0	0	0	68	56
15	1	1	2	100	87
15	2	6	9	127	114
15	3	15	19	151	139
15	4	26	32	174	161
15	5	40	47	195	183
15	6	54	63	214	203
15	7	70	80	233	222
15	8	87	98	250	240
16	0	0	0	64	53
16	1	1	1	94	82
16	2	6	8	120	108
16	3	14	18	144	131
16	4	25	30	165	153
16	5	37	44	185	173
16	6	51	59	204	193
16	7	65	74	222	211
16	8	81	91	239	229
17	0	0	0	60	50
17	1	1	1	89	78
17	2	6	8	114	102
17	3	13	17	136	124
17	4	23	28	157	145
17	5	35	41	177	165
17	6	47	55	195	184
17	7	61	70	212	201
17	8	76	85	229	218
17	9	91	102	244	235
18	0	0	0	57	47
18	1	1	1	85	74
18	2	5	7	109	97
18	3	13	16	130	118
18	4	22	27	150	138
18	5	33	39	169	157
18	6	45	52	186	175
18	7	57	66	203	192
18	8	71	80	219	209
18	9	86	95	234	225
19	0	0	0	54	45
19	1	1	1	81	70
19	2	5	7	104	92
19	3	12	15	124	113
19	4	21	25	143	132
19	5	31	37	161	150
19	6	42	49	178	167
19	7	54	62	195	184
19	8	67	75	210	200
19	9	81	90	225	215
19	10	95	105	239	230
20	0	0	0	52	43
20	1	1	1	77	67
20	2	5	7	99	88
20	3	11	15	119	108
20	4	20	24	137	126
20	5	29	35	154	143
20	6	40	46	171	160
20	7	51	59	187	176
20	8	63	71	202	192
20	9	76	85	217	207
20	10	89	99	231	221
21	0	0	0	49	41
21	1	1	1	74	64
21	2	5	6	95	84
21	3	11	14	114	103
21	4	19	23	131	121
21	5	28	33	148	137
21	6	38	44	164	154
21	7	49	56	180	169
21	8	60	68	194	184
21	9	72	80	208	199
21	10	85	94	222	213
21	11	98	107	235	226
22	0	0	0	47	39
22	1	1	1	71	61
22	2	5	6	91	81
22	3	11	13	109	99
22	4	18	22	126	116
22	5	27	32	142	132
22	6	36	42	158	147
22	7	46	53	173	162

CONFIDENCE BOUNDS FOR A

All four panels are headed **N = 320**. Within each panel, columns labeled "LOWER" carry the .975 and .95 lower bounds, and columns labeled "UPPER" carry the .975 and .95 upper bounds.

n	a	L.975	L.95	U.975	U.95	n	a	L.975	L.95	U.975	U.95	n	a	L.975	L.95	U.975	U.95	n	a	L.975	L.95	U.975	U.95
22	8	57	65	187	177	28	2	4	5	72	64	32	13	79	86	187	178	36	16	93	99	195	187
22	9	69	77	201	191	28	3	8	11	87	79	32	14	87	95	196	188	36	17	101	108	203	196
22	10	81	89	214	205	28	4	14	17	102	93	32	15	96	104	206	198	36	18	109	116	211	204
22	11	93	102	227	218	28	5	21	25	115	106	32	16	105	113	215	207	37	0	0	0	28	23
23	0	0	0	45	37	28	6	28	33	128	119	33	0	0	0	32	26	37	1	1	1	43	37
23	1	1	1	68	59	28	7	36	41	140	131	33	1	1	1	48	41	37	2	3	4	55	49
23	2	4	6	87	77	28	8	45	50	153	143	33	2	3	4	62	55	37	3	7	8	67	60
23	3	10	13	105	95	28	9	53	59	164	155	33	3	7	9	75	67	37	4	11	13	78	71
23	4	17	21	121	111	28	10	62	69	176	167	33	4	12	15	87	79	37	5	16	19	89	81
23	5	26	30	137	127	28	11	71	79	187	178	33	5	18	21	99	91	37	6	22	25	99	92
23	6	35	40	152	142	28	12	81	89	198	189	33	6	24	28	110	102	37	7	28	31	109	101
23	7	44	51	166	156	28	13	91	99	209	200	33	7	31	35	121	113	37	8	34	38	119	111
23	8	55	62	180	170	28	14	101	109	219	211	33	8	38	43	132	124	37	9	40	45	128	121
23	9	65	73	194	184	29	0	0	0	36	30	33	9	45	50	142	134	37	10	47	52	138	130
23	10	77	85	207	197	29	1	1	1	54	47	33	10	52	58	153	144	37	11	54	59	147	139
23	11	88	97	219	210	29	2	4	5	70	62	33	11	60	66	162	154	37	12	60	66	156	148
23	12	101	110	232	223	29	3	8	10	85	76	33	12	68	74	172	164	37	13	68	74	165	157
24	0	0	0	43	36	29	4	14	17	98	90	33	13	76	83	182	174	37	14	75	81	173	166
24	1	1	1	65	56	29	5	20	24	111	103	33	14	85	92	191	183	37	15	82	89	182	174
24	2	4	6	84	74	29	6	28	32	124	115	33	15	93	100	200	193	37	16	90	97	190	183
24	3	10	12	101	91	29	7	35	40	136	127	33	16	102	109	209	202	37	17	98	105	198	191
24	4	17	20	117	107	29	8	43	49	148	139	33	17	111	118	218	211	37	18	106	113	207	199
24	5	25	29	132	122	29	9	51	57	159	151	34	0	0	0	31	25	37	19	113	121	214	207
24	6	33	38	147	137	29	10	60	66	171	162	34	1	1	1	46	40	38	0	0	0	27	22
24	7	42	48	161	151	29	11	69	76	182	173	34	2	3	4	60	53	38	1	1	1	42	36
24	8	52	59	174	164	29	12	78	85	192	184	34	3	7	9	73	65	38	2	3	4	54	48
24	9	63	70	187	178	29	13	87	95	203	194	34	4	12	15	85	77	38	3	7	8	65	59
24	10	73	81	200	191	29	14	97	105	213	205	34	5	18	21	96	88	38	4	11	13	76	69
24	11	84	93	212	203	29	15	107	115	223	215	34	6	24	27	107	99	38	5	16	19	87	79
24	12	96	105	224	215	30	0	0	0	35	29	34	7	30	34	118	110	38	6	21	24	97	89
25	0	0	0	42	34	30	1	1	1	53	45	34	8	37	41	128	120	38	7	27	31	106	99
25	1	1	1	63	54	30	2	4	5	68	60	34	9	44	49	139	130	38	8	33	37	116	108
25	2	4	5	81	72	30	3	8	10	82	74	34	10	51	56	149	140	38	9	39	44	125	118
25	3	9	12	97	88	30	4	14	16	95	87	34	11	58	64	158	150	38	10	46	50	134	127
25	4	16	19	113	103	30	5	20	23	108	99	34	12	66	72	168	160	38	11	52	57	143	136
25	5	24	28	127	118	30	6	27	31	120	112	34	13	74	80	177	169	38	12	59	64	152	144
25	6	32	37	141	132	30	7	34	39	132	123	34	14	82	89	186	178	38	13	66	72	161	153
25	7	41	46	155	145	30	8	42	47	144	135	34	15	90	97	195	188	38	14	73	79	169	162
25	8	50	56	168	159	30	9	50	55	155	146	34	16	98	106	204	197	38	15	80	86	178	170
25	9	60	67	181	171	30	10	58	64	166	157	34	17	107	114	213	206	38	16	87	94	186	178
25	10	70	78	193	184	30	11	66	73	176	168	35	0	0	0	30	24	38	17	95	102	194	187
25	11	81	89	205	196	30	12	75	82	187	178	35	1	1	1	45	39	38	18	103	109	202	195
25	12	92	100	217	208	30	13	84	92	197	189	35	2	3	4	58	52	38	19	110	117	210	203
25	13	103	112	228	220	30	14	94	101	207	199	35	3	7	9	71	64	39	0	0	0	27	22
26	0	0	0	40	33	30	15	103	111	217	209	35	4	12	14	82	75	39	1	1	1	41	35
26	1	1	1	60	52	31	0	0	0	34	28	35	5	17	20	94	86	39	2	3	4	53	46
26	2	4	5	78	69	31	1	1	1	51	44	35	6	23	27	104	97	39	3	6	8	64	57
26	3	9	11	94	85	31	2	3	5	66	58	35	7	29	33	115	107	39	4	11	13	74	68
26	4	15	19	109	99	31	3	8	10	79	72	35	8	36	40	125	117	39	5	16	18	84	77
26	5	23	27	123	113	31	4	13	16	92	84	35	9	42	47	135	127	39	6	21	24	94	87
26	6	31	36	137	127	31	5	19	23	105	96	35	10	49	55	145	137	39	7	26	30	104	96
26	7	39	45	150	140	31	6	26	30	117	108	35	11	57	62	154	146	39	8	32	36	113	106
26	8	48	54	163	153	31	7	33	37	128	120	35	12	64	70	164	156	39	9	38	43	122	115
26	9	57	64	175	166	31	8	40	45	140	131	35	13	72	78	173	165	39	10	44	49	131	124
26	10	67	74	187	178	31	9	48	54	150	142	35	14	79	86	182	174	39	11	51	56	140	132
26	11	77	85	199	190	31	10	56	62	161	152	35	15	87	94	191	183	39	12	57	63	149	141
26	12	88	96	210	202	31	11	64	71	172	163	35	16	95	103	199	192	39	13	64	70	157	149
26	13	99	107	221	213	31	12	73	79	182	173	35	17	104	111	208	200	39	14	71	77	165	158
27	0	0	0	39	32	31	13	81	89	192	183	35	18	112	120	216	209	39	15	78	84	174	166
27	1	1	1	58	50	31	14	90	98	202	193	36	0	0	0	29	24	39	16	85	91	182	174
27	2	4	5	75	67	31	15	100	107	211	203	36	1	1	1	44	38	39	17	92	99	190	182
27	3	9	11	90	82	31	16	109	117	220	213	36	2	3	4	57	50	39	18	100	106	197	190
27	4	15	18	105	96	32	0	0	0	33	27	36	3	7	9	69	62	39	19	107	114	205	198
27	5	22	26	119	110	32	1	1	1	49	43	36	4	11	14	80	73	39	20	115	122	213	206
27	6	30	34	132	123	32	2	3	4	64	56	36	5	17	20	91	84	40	0	0	0	26	21
27	7	38	43	145	136	32	3	8	9	77	69	36	6	22	26	102	94	40	1	1	1	39	34
27	8	46	52	157	148	32	4	13	15	90	82	36	7	28	32	112	104	40	2	3	4	51	45
27	9	55	62	170	160	32	5	19	22	102	94	36	8	35	39	122	114	40	3	6	8	62	56
27	10	65	72	181	172	32	6	25	29	113	105	36	9	41	46	132	124	40	4	10	13	73	66
27	11	74	82	193	184	32	7	32	36	125	116	36	10	48	53	141	133	40	5	15	18	82	76
27	12	84	92	204	195	32	8	39	44	136	127	36	11	55	61	150	142	40	6	20	23	92	85
27	13	95	103	215	206	32	9	46	52	146	138	36	12	62	68	160	152	40	7	26	29	101	94
27	14	105	114	225	217	32	10	54	60	157	148	36	13	70	76	169	161	40	8	31	35	111	103
28	0	0	0	37	31	32	11	62	68	167	158	36	14	77	84	177	170	40	9	37	41	119	112
28	1	1	1	56	49	32	12	70	77	177	169	36	15	85	91	186	178	40	10	43	48	128	121

CONFIDENCE BOUNDS FOR A

N = 320

n	a	LOWER .975	.95	UPPER .975	.95
40	11	49	54	137	129
40	12	56	61	145	138
40	13	62	68	154	146
40	14	69	75	162	154
40	15	76	82	170	162
40	16	83	89	178	170
40	17	90	96	186	178
40	18	97	104	193	186
40	19	104	111	201	194
40	20	112	119	208	201
41	0	0	0	25	21
41	1	1	1	39	33
41	2	3	4	50	44
41	3	6	8	61	54
41	4	10	12	71	64
41	5	15	17	81	74
41	6	20	23	90	83
41	7	25	28	99	92
41	8	31	34	108	101
41	9	36	40	117	109
41	10	42	47	125	118
41	11	48	53	134	126
41	12	54	60	142	135
41	13	61	66	150	143
41	14	67	73	158	151
41	15	74	80	166	159
41	16	81	87	174	167
41	17	88	94	182	174
41	18	95	101	189	182
41	19	102	108	197	190
41	20	109	116	204	197
41	21	116	123	211	204
42	0	0	0	25	20
42	1	1	1	38	32
42	2	3	4	49	43
42	3	6	7	59	53
42	4	10	12	69	63
42	5	15	17	79	72
42	6	19	22	88	81
42	7	24	28	97	90
42	8	30	34	106	99
42	9	35	40	114	107
42	10	41	46	123	115
42	11	47	52	131	124
42	12	53	58	139	132
42	13	59	65	147	140
42	14	66	71	155	148
42	15	72	78	163	155
42	16	79	85	170	163
42	17	85	91	178	171
42	18	92	98	185	178
42	19	99	105	193	186
42	20	106	113	200	193
42	21	113	120	207	200
43	0	0	0	24	20
43	1	1	1	37	32
43	2	3	4	48	42
43	3	6	7	58	52
43	4	10	12	68	61
43	5	14	17	77	70
43	6	19	22	86	79
43	7	24	27	95	88
43	8	29	33	103	96
43	9	35	39	112	105
43	10	40	45	120	113
43	11	46	51	128	121
43	12	52	57	136	129
43	13	58	63	144	137
43	14	64	70	152	144
43	15	70	76	159	152
43	16	77	83	167	160
43	17	83	89	174	167
43	18	90	96	181	174
43	19	97	103	189	182
43	20	103	110	196	189

N = 320

n	a	LOWER .975	.95	UPPER .975	.95
43	21	110	117	203	196
43	22	117	124	210	203
44	0	0	0	23	19
44	1	1	1	36	31
44	2	3	3	47	41
44	3	6	7	57	51
44	4	10	12	66	60
44	5	14	16	75	69
44	6	19	21	84	77
44	7	23	27	93	86
44	8	29	32	101	94
44	9	34	38	109	102
44	10	39	44	117	110
44	11	45	49	125	118
44	12	51	56	133	126
44	13	57	62	141	134
44	14	63	68	148	141
44	15	69	74	156	149
44	16	75	81	163	156
44	17	81	87	171	164
44	18	88	94	178	171
44	19	94	100	185	178
44	20	101	107	192	185
44	21	108	114	199	192
44	22	114	121	206	199
45	0	0	0	23	19
45	1	1	1	35	30
45	2	3	3	46	40
45	3	6	7	55	50
45	4	9	11	65	59
45	5	14	16	74	67
45	6	18	21	82	76
45	7	23	26	91	84
45	8	28	31	99	92
45	9	33	37	107	100
45	10	39	43	115	108
45	11	44	48	123	116
45	12	50	54	130	123
45	13	55	60	138	131
45	14	61	66	145	138
45	15	67	73	153	146
45	16	73	79	160	153
45	17	79	85	167	160
45	18	86	92	174	167
45	19	92	98	181	174
45	20	98	105	188	181
45	21	105	111	195	188
45	22	112	118	202	195
45	23	118	125	208	202
46	0	0	0	22	18
46	1	1	1	34	29
46	2	3	3	45	39
46	3	6	7	54	49
46	4	9	11	63	57
46	5	13	16	72	66
46	6	18	20	81	74
46	7	22	25	89	82
46	8	27	31	97	90
46	9	32	36	105	98
46	10	38	42	113	106
46	11	43	47	120	113
46	12	49	53	128	121
46	13	54	59	135	128
46	14	60	65	142	136
46	15	66	71	150	143
46	16	72	77	157	150
46	17	78	83	164	157
46	18	84	90	171	164
46	19	90	96	178	171
46	20	96	102	185	178
46	21	103	109	191	185
46	22	109	115	198	191
46	23	115	122	205	198
47	0	0	0	22	18
47	1	1	1	33	29

N = 320

n	a	LOWER .975	.95	UPPER .975	.95
47	2	3	3	44	38
47	3	6	7	53	47
47	4	9	11	62	56
47	5	13	15	71	65
47	6	17	20	79	73
47	7	22	25	87	81
47	8	27	30	95	88
47	9	32	35	103	96
47	10	37	41	110	104
47	11	42	46	118	111
47	12	48	52	125	118
47	13	53	58	133	126
47	14	59	64	140	133
47	15	64	69	147	140
47	16	70	75	154	147
47	17	76	81	161	154
47	18	82	88	168	161
47	19	88	94	174	168
47	20	94	100	181	174
47	21	100	106	188	181
47	22	107	113	194	188
47	23	113	119	201	194
47	24	119	126	207	201
48	0	0	0	21	17
48	1	1	1	33	28
48	2	3	3	43	38
48	3	5	7	52	46
48	4	9	11	61	55
48	5	13	15	69	63
48	6	17	20	77	71
48	7	22	24	85	79
48	8	26	30	93	87
48	9	31	35	101	94
48	10	36	40	108	102
48	11	41	45	116	109
48	12	47	51	123	116
48	13	52	56	130	123
48	14	57	62	137	130
48	15	63	68	144	137
48	16	69	74	151	144
48	17	74	80	158	151
48	18	80	86	164	158
48	19	86	92	171	164
48	20	92	98	178	171
48	21	98	104	184	178
48	22	104	110	191	184
48	23	110	117	197	191
48	24	117	123	203	197
49	0	0	0	21	17
49	1	1	1	32	28
49	2	3	3	42	37
49	3	5	7	51	46
49	4	9	10	59	54
49	5	13	15	68	62
49	6	17	19	76	70
49	7	21	24	84	77
49	8	26	29	91	85
49	9	31	34	99	92
49	10	35	39	106	100
49	11	40	44	113	107
49	12	46	50	120	114
49	13	51	55	127	121
49	14	56	61	134	128
49	15	62	67	141	135
49	16	67	72	148	141
49	17	73	78	155	148
49	18	78	84	161	155
49	19	84	90	168	161
49	20	90	96	174	168
49	21	96	102	181	174
49	22	102	108	187	181
49	23	108	114	194	187
49	24	114	120	200	194
49	25	120	126	206	200
50	0	0	0	20	17

N = 320

n	a	LOWER .975	.95	UPPER .975	.95
50	1	1	1	31	27
50	2	3	3	41	36
50	3	5	6	50	45
50	4	9	10	58	53
50	5	12	14	66	61
50	6	17	19	74	68
50	7	21	24	82	76
50	8	25	28	89	83
50	9	30	33	97	91
50	10	35	38	104	98
50	11	40	44	111	105
50	12	45	49	118	112
50	13	50	54	125	119
50	14	55	60	132	125
50	15	60	65	139	132
50	16	66	71	145	139
50	17	71	76	152	145
50	18	77	82	158	152
50	19	82	88	165	158
50	20	88	94	171	165
50	21	94	100	178	171
50	22	100	106	184	178
50	23	106	112	190	184
50	24	112	118	196	190
50	25	118	124	202	196
51	0	0	0	20	16
51	1	1	1	31	26
51	2	3	3	40	35
51	3	5	6	49	44
51	4	9	10	57	52
51	5	12	14	65	59
51	6	16	19	73	67
51	7	20	23	80	74
51	8	25	28	88	82
51	9	29	33	95	89
51	10	34	38	102	96
51	11	39	43	109	103
51	12	44	48	116	110
51	13	49	53	123	116
51	14	54	59	130	123
51	15	59	64	136	130
51	16	65	69	143	136
51	17	70	75	149	143
51	18	75	81	156	149
51	19	81	86	162	156
51	20	86	92	168	162
51	21	92	98	175	168
51	22	98	103	181	174
51	23	103	109	187	181
51	24	109	115	193	187
51	25	115	121	199	193
51	26	121	127	205	199
52	0	0	0	20	16
52	1	1	1	30	26
52	2	2	3	39	35
52	3	5	6	48	43
52	4	8	10	56	51
52	5	12	14	64	58
52	6	16	18	71	66
52	7	20	23	79	73
52	8	24	28	86	80
52	9	29	32	93	87
52	10	33	37	100	94
52	11	38	42	107	101
52	12	43	47	114	108
52	13	48	52	121	114
52	14	53	57	127	121
52	15	58	63	134	127
52	16	63	68	140	134
52	17	69	73	147	140
52	18	74	79	153	146
52	19	79	84	159	153
52	20	85	90	165	159
52	21	90	96	172	165
52	22	96	101	178	171

CONFIDENCE BOUNDS FOR A

N = 320

n	a	LOWER .975	LOWER .95	UPPER .975	UPPER .95
52	23	101	107	184	177
52	24	107	113	190	183
52	25	113	119	196	189
52	26	119	125	201	195
53	0	0	0	19	16
53	1	1	1	30	25
53	2	2	3	39	34
53	3	5	6	47	42
53	4	8	10	55	50
53	5	12	14	63	57
53	6	16	18	70	65
53	7	20	22	77	72
53	8	24	27	84	79
53	9	28	32	91	86
53	10	33	36	98	92
53	11	38	41	105	99
53	12	42	46	112	106
53	13	47	51	118	112
53	14	52	56	125	119
53	15	57	62	131	125
53	16	62	67	138	131
53	17	67	72	144	138
53	18	72	77	150	144
53	19	78	83	156	150
53	20	83	88	163	156
53	21	88	94	169	162
53	22	94	99	175	168
53	23	99	105	181	174
53	24	105	111	186	180
53	25	111	116	192	186
53	26	116	122	198	192
53	27	122	128	204	198
54	0	0	0	19	15
54	1	1	1	29	25
54	2	2	3	38	33
54	3	5	6	46	41
54	4	8	10	54	49
54	5	12	14	61	56
54	6	15	18	69	63
54	7	19	22	76	70
54	8	24	26	83	77
54	9	28	31	90	84
54	10	32	36	97	91
54	11	37	40	103	97
54	12	41	45	110	104
54	13	46	50	116	110
54	14	51	55	123	117
54	15	56	60	129	123
54	16	61	66	135	129
54	17	66	71	142	135
54	18	71	76	148	141
54	19	76	81	154	147
54	20	81	87	160	154
54	21	87	92	166	160
54	22	92	98	172	165
54	23	97	103	178	171
54	24	103	109	183	177
54	25	108	114	189	183
54	26	114	120	195	189
54	27	120	125	200	195
55	0	0	0	18	15
55	1	1	1	28	24
55	2	2	3	37	33
55	3	5	6	45	40
55	4	8	9	53	48
55	5	11	13	60	55
55	6	15	17	68	62
55	7	19	22	75	69
55	8	23	26	81	76
55	9	27	30	88	82
55	10	32	35	95	89
55	11	36	40	101	95
55	12	41	45	108	102
55	13	45	49	114	108
55	14	50	54	121	114

N = 320

n	a	LOWER .975	LOWER .95	UPPER .975	UPPER .95
55	15	55	59	127	121
55	16	60	64	133	127
55	17	65	69	139	133
55	18	70	75	145	139
55	19	75	80	151	145
55	20	80	85	157	151
55	21	85	90	163	157
55	22	90	96	169	163
55	23	96	101	175	168
55	24	101	107	180	174
55	25	106	112	186	180
55	26	112	118	192	186
55	27	117	123	197	191
55	28	123	129	203	197
56	0	0	0	18	15
56	1	1	1	28	24
56	2	2	3	36	32
56	3	5	6	44	40
56	4	8	9	52	47
56	5	11	13	59	54
56	6	15	17	66	61
56	7	19	21	73	68
56	8	23	25	80	74
56	9	27	30	87	81
56	10	31	34	93	87
56	11	36	39	100	94
56	12	40	44	106	100
56	13	45	48	112	106
56	14	49	53	119	113
56	15	54	58	125	119
56	16	59	63	131	125
56	17	64	68	137	131
56	18	69	73	143	137
56	19	73	78	149	143
56	20	78	83	155	148
56	21	84	89	160	154
56	22	89	94	166	160
56	23	94	99	172	166
56	24	99	105	177	171
56	25	104	110	183	177
56	26	110	115	189	183
56	27	115	121	194	188
56	28	120	126	200	194
57	0	0	0	18	14
57	1	1	1	27	23
57	2	2	3	36	31
57	3	5	6	44	39
57	4	8	9	51	46
57	5	11	13	58	53
57	6	15	17	65	60
57	7	18	21	72	67
57	8	22	25	79	73
57	9	26	29	85	80
57	10	31	34	92	86
57	11	35	38	98	92
57	12	39	43	104	98
57	13	44	48	110	105
57	14	48	52	117	111
57	15	53	57	123	117
57	16	58	62	129	123
57	17	62	67	135	128
57	18	67	72	140	134
57	19	72	77	146	140
57	20	77	82	152	146
57	21	82	87	158	152
57	22	87	92	163	157
57	23	92	97	169	163
57	24	97	103	175	169
57	25	102	108	180	174
57	26	108	113	186	180
57	27	113	119	191	185
57	28	118	124	196	191
57	29	124	129	202	196
58	0	0	0	17	14
58	1	1	1	27	23

N = 320

n	a	LOWER .975	LOWER .95	UPPER .975	UPPER .95
58	2	2	3	35	31
58	3	5	6	43	38
58	4	8	9	50	45
58	5	11	13	57	52
58	6	14	17	64	59
58	7	18	21	71	65
58	8	22	25	77	72
58	9	26	29	84	78
58	10	30	33	90	85
58	11	34	38	96	91
58	12	39	42	103	97
58	13	43	47	109	103
58	14	48	52	115	109
58	15	52	56	121	115
58	16	57	61	127	121
58	17	61	66	132	126
58	18	66	71	138	132
58	19	71	76	144	138
58	20	76	81	150	144
58	21	81	86	155	149
58	22	86	91	161	155
58	23	91	96	166	160
58	24	96	101	172	166
58	25	101	106	177	171
58	26	106	111	183	177
58	27	111	116	188	182
58	28	116	122	193	188
58	29	121	127	199	193
59	0	0	0	17	14
59	1	1	1	26	23
59	2	2	3	34	30
59	3	5	6	42	38
59	4	8	9	49	45
59	5	11	12	56	51
59	6	14	16	63	58
59	7	18	20	70	64
59	8	22	24	76	71
59	9	26	28	82	77
59	10	30	33	89	83
59	11	34	37	95	89
59	12	38	42	101	95
59	13	42	46	107	101
59	14	47	51	113	107
59	15	51	55	119	113
59	16	56	60	125	119
59	17	60	65	130	124
59	18	65	69	136	130
59	19	70	74	142	136
59	20	74	79	147	141
59	21	79	84	153	147
59	22	84	89	158	152
59	23	89	94	164	158
59	24	94	99	169	163
59	25	99	104	175	169
59	26	104	109	180	174
59	27	109	114	185	179
59	28	114	120	190	185
59	29	119	125	196	190
59	30	124	130	201	195
60	0	0	0	17	14
60	1	1	1	26	22
60	2	2	3	34	30
60	3	5	6	41	37
60	4	7	9	48	44
60	5	11	12	55	50
60	6	14	16	62	57
60	7	18	20	68	63
60	8	21	24	75	70
60	9	25	28	81	76
60	10	29	32	87	82
60	11	33	37	93	88
60	12	37	41	99	94
60	13	42	45	105	99
60	14	46	50	111	105
60	15	50	54	117	111

N = 320

n	a	LOWER .975	LOWER .95	UPPER .975	UPPER .95
60	16	55	59	123	117
60	17	59	64	128	122
60	18	64	68	134	128
60	19	69	73	139	134
60	20	73	78	145	139
60	21	78	83	150	145
60	22	83	88	156	150
60	23	87	92	161	155
60	24	92	97	167	161
60	25	97	102	172	166
60	26	102	107	177	171
60	27	107	112	182	177
60	28	112	117	188	182
60	29	117	123	193	187
60	30	122	128	198	192
61	0	0	0	16	13
61	1	1	1	25	22
61	2	2	3	33	29
61	3	5	6	41	36
61	4	7	9	48	43
61	5	11	12	54	50
61	6	14	16	61	56
61	7	17	20	67	62
61	8	21	24	74	68
61	9	25	28	80	74
61	10	29	32	86	80
61	11	33	36	92	86
61	12	37	40	98	92
61	13	41	45	103	98
61	14	45	49	109	104
61	15	50	54	115	109
61	16	54	58	121	115
61	17	58	63	126	120
61	18	63	67	132	126
61	19	67	72	137	131
61	20	72	77	143	137
61	21	77	81	148	142
61	22	81	86	153	148
61	23	86	91	159	153
61	24	91	96	164	158
61	25	96	101	169	164
61	26	100	106	175	169
61	27	105	110	180	174
61	28	110	115	185	179
61	29	115	120	190	184
61	30	120	126	195	189
61	31	125	131	200	194
62	0	0	0	16	13
62	1	1	1	25	21
62	2	2	3	33	29
62	3	5	5	40	36
62	4	7	9	47	42
62	5	10	12	53	49
62	6	14	16	60	55
62	7	17	19	66	61
62	8	21	23	72	67
62	9	25	27	78	73
62	10	28	31	84	79
62	11	32	35	90	85
62	12	36	40	96	91
62	13	40	44	102	96
62	14	45	48	108	102
62	15	49	53	113	108
62	16	53	57	119	113
62	17	57	62	124	119
62	18	62	66	130	124
62	19	66	71	135	129
62	20	71	75	141	135
62	21	75	80	146	140
62	22	80	85	151	145
62	23	85	89	156	151
62	24	89	94	162	156
62	25	94	99	167	161
62	26	99	104	172	166
62	27	103	109	177	171

CONFIDENCE BOUNDS FOR A

N = 320

n	a	LOWER .975	.95	UPPER .975	.95
62	28	108	114	182	176
62	29	113	118	187	182
62	30	118	123	192	187
62	31	123	128	197	192
63	0	0	0	16	13
63	1	1	1	25	21
63	2	2	3	32	28
63	3	4	5	39	35
63	4	7	8	46	42
63	5	10	12	53	48
63	6	13	15	59	54
63	7	17	19	65	60
63	8	20	23	71	66
63	9	24	27	77	72
63	10	28	31	83	78
63	11	32	35	89	84
63	12	36	39	95	89
63	13	40	43	100	95
63	14	44	48	106	100
63	15	48	52	111	106
63	16	52	56	117	111
63	17	57	61	122	117
63	18	61	65	128	122
63	19	65	70	133	127
63	20	70	74	138	133
63	21	74	79	144	138
63	22	79	83	149	143
63	23	83	88	154	148
63	24	88	93	159	154
63	25	92	97	164	159
63	26	97	102	169	164
63	27	102	107	174	169
63	28	106	112	179	174
63	29	111	117	184	179
63	30	116	121	189	184
63	31	121	126	194	189
63	32	126	131	199	194
64	0	0	0	16	13
64	1	1	1	24	21
64	2	2	3	32	28
64	3	4	5	39	35
64	4	7	8	45	41
64	5	10	12	52	47
64	6	13	15	58	53
64	7	17	19	64	59
64	8	20	23	70	65
64	9	24	26	76	71
64	10	28	30	82	77
64	11	31	34	88	82
64	12	35	38	93	88
64	13	39	43	99	93
64	14	43	47	104	99
64	15	47	51	110	104
64	16	52	55	115	110
64	17	56	60	121	115
64	18	60	64	126	120
64	19	64	69	131	126
64	20	69	73	136	131
64	21	73	77	142	136
64	22	77	82	147	141
64	23	82	87	152	146
64	24	86	91	157	151
64	25	91	96	162	156
64	26	95	100	167	161
64	27	100	105	172	166
64	28	105	110	177	171
64	29	109	115	182	176
64	30	114	119	187	181
64	31	119	124	192	186
64	32	124	129	196	191

N = 330

n	a	LOWER .975	.95	UPPER .975	.95
1	0	0	0	321	313
1	1	9	17	330	330
2	0	0	0	277	255
2	1	5	9	325	321
3	0	0	0	232	207
3	1	3	6	298	284
3	2	32	46	327	324
4	0	0	0	197	173
4	1	3	5	265	247
4	2	23	33	307	297
5	0	0	0	171	147
5	1	2	4	235	216
5	2	18	26	280	266
5	3	50	64	312	304
6	0	0	0	150	128
6	1	2	3	210	191
6	2	15	22	255	239
6	3	40	52	290	278
7	0	0	0	133	113
7	1	2	3	189	170
7	2	13	18	233	216
7	3	34	44	268	254
7	4	62	76	296	286
8	0	0	0	120	101
8	1	2	3	172	154
8	2	11	16	213	196
8	3	29	38	248	233
8	4	53	65	277	265
9	0	0	0	109	92
9	1	1	2	157	140
9	2	10	14	196	180
9	3	26	33	229	215
9	4	47	57	258	246
9	5	72	84	283	273
10	0	0	0	100	84
10	1	1	2	145	128
10	2	9	13	181	165
10	3	23	30	213	198
10	4	42	51	242	228
10	5	63	75	267	255
11	0	0	0	92	77
11	1	1	2	134	118
11	2	8	12	169	153
11	3	21	27	199	184
11	4	38	46	226	213
11	5	57	67	251	239
11	6	79	91	273	263
12	0	0	0	85	71
12	1	1	2	125	110
12	2	8	11	158	143
12	3	19	25	187	172
12	4	34	42	213	199
12	5	52	61	237	224
12	6	71	83	259	247
13	0	0	0	80	66
13	1	1	2	117	102
13	2	7	10	148	133
13	3	18	23	175	161
13	4	31	39	201	187
13	5	47	56	224	211
13	6	65	76	245	233
13	7	85	97	265	254
14	0	0	0	74	62
14	1	1	2	110	96
14	2	7	9	139	125
14	3	17	21	165	152
14	4	29	36	189	176
14	5	44	52	212	199
14	6	60	70	233	221
14	7	78	89	252	241
15	0	0	0	70	58
15	1	1	2	103	90
15	2	6	9	131	118
15	3	16	20	156	143
15	4	27	33	179	166

N = 330

n	a	LOWER .975	.95	UPPER .975	.95
15	5	41	48	201	188
15	6	56	65	221	209
15	7	72	82	240	229
15	8	90	101	258	248
16	0	0	0	66	55
16	1	1	2	97	85
16	2	6	8	124	111
16	3	15	19	148	135
16	4	25	31	170	158
16	5	38	45	191	179
16	6	52	60	211	199
16	7	67	77	229	218
16	8	84	94	246	236
17	0	0	0	62	52
17	1	1	1	92	81
17	2	6	8	118	106
17	3	14	18	141	128
17	4	24	29	162	150
17	5	36	42	182	170
17	6	49	57	201	189
17	7	63	72	219	208
17	8	78	88	236	225
17	9	94	105	252	242
18	0	0	0	59	49
18	1	1	1	88	76
18	2	5	7	112	100
18	3	13	17	134	122
18	4	23	28	155	143
18	5	34	40	174	162
18	6	46	53	192	181
18	7	59	67	210	198
18	8	73	82	226	215
18	9	88	98	242	232
19	0	0	0	56	46
19	1	1	1	84	73
19	2	5	7	107	95
19	3	12	16	128	116
19	4	21	26	148	136
19	5	32	38	166	155
19	6	43	50	184	173
19	7	56	64	201	190
19	8	69	78	217	206
19	9	83	92	232	222
19	10	98	108	247	238
20	0	0	0	53	44
20	1	1	1	80	69
20	2	5	7	102	91
20	3	12	15	122	111
20	4	20	25	141	130
20	5	30	36	159	148
20	6	41	48	176	165
20	7	53	60	193	182
20	8	65	74	208	198
20	9	78	87	223	213
20	10	92	102	238	228
21	0	0	0	51	42
21	1	1	1	76	66
21	2	5	7	98	87
21	3	11	14	117	106
21	4	19	24	136	124
21	5	29	34	153	142
21	6	39	45	169	158
21	7	50	57	185	174
21	8	62	70	200	190
21	9	74	83	215	205
21	10	87	96	229	219
21	11	101	111	243	234
22	0	0	0	49	40
22	1	1	1	73	63
22	2	5	6	94	83
22	3	11	14	113	102
22	4	19	23	130	119
22	5	28	33	147	136
22	6	37	43	163	152
22	7	48	55	178	168

N = 330

n	a	LOWER .975	.95	UPPER .975	.95
22	8	59	67	193	183
22	9	71	79	207	197
22	10	83	92	221	211
22	11	96	105	234	225
23	0	0	0	47	38
23	1	1	1	70	61
23	2	4	6	90	80
23	3	10	13	108	98
23	4	18	22	125	115
23	5	26	31	141	131
23	6	36	41	157	146
23	7	46	52	172	161
23	8	56	63	186	176
23	9	67	75	200	190
23	10	79	87	213	204
23	11	91	100	226	217
23	12	104	113	239	230
24	0	0	0	45	37
24	1	1	1	67	58
24	2	4	6	86	77
24	3	10	13	104	94
24	4	17	21	121	110
24	5	25	30	136	126
24	6	34	40	151	141
24	7	44	50	166	155
24	8	54	61	180	170
24	9	64	72	193	183
24	10	75	84	206	197
24	11	87	95	219	210
24	12	99	108	231	222
25	0	0	0	43	35
25	1	1	1	65	56
25	2	4	6	83	74
25	3	10	12	100	91
25	4	16	20	116	106
25	5	24	29	131	121
25	6	33	38	146	136
25	7	42	48	160	150
25	8	52	58	174	164
25	9	62	69	187	177
25	10	72	80	199	190
25	11	83	91	212	203
25	12	94	103	224	215
25	13	106	115	236	227
26	0	0	0	41	34
26	1	1	1	62	54
26	2	4	5	80	71
26	3	9	12	97	87
26	4	16	19	112	103
26	5	23	28	127	117
26	6	32	37	141	131
26	7	40	46	155	145
26	8	50	56	168	158
26	9	59	66	181	171
26	10	69	77	193	184
26	11	80	88	205	196
26	12	90	99	217	208
26	13	102	110	228	220
27	0	0	0	40	33
27	1	1	1	60	52
27	2	4	5	77	69
27	3	9	11	93	84
27	4	15	19	108	99
27	5	23	27	123	113
27	6	30	35	136	127
27	7	39	44	150	140
27	8	48	54	163	153
27	9	57	64	175	165
27	10	67	74	187	178
27	11	77	84	199	190
27	12	87	95	210	201
27	13	97	106	222	213
27	14	108	117	233	224
28	0	0	0	39	32
28	1	1	1	58	50

CONFIDENCE BOUNDS FOR A

N = 330 (block 1)

n	a	LOWER .975	LOWER .95	UPPER .975	UPPER .95
28	2	4	5	75	66
28	3	9	11	90	81
28	4	15	18	105	96
28	5	22	26	119	109
28	6	29	34	132	123
28	7	37	43	145	135
28	8	46	52	157	148
28	9	55	61	170	160
28	10	64	71	181	172
28	11	74	81	193	184
28	12	83	91	204	195
28	13	94	102	215	207
28	14	104	112	226	218
29	0	0	0	37	30
29	1	1	1	56	48
29	2	4	5	72	64
29	3	8	11	87	79
29	4	14	17	102	93
29	5	21	25	115	106
29	6	28	33	128	119
29	7	36	41	141	131
29	8	44	50	153	143
29	9	53	59	165	155
29	10	62	68	176	167
29	11	71	78	187	178
29	12	80	88	198	190
29	13	90	98	209	200
29	14	100	108	220	211
29	15	110	119	230	222
30	0	0	0	36	29
30	1	1	1	54	47
30	2	4	5	70	62
30	3	8	10	85	76
30	4	14	17	98	90
30	5	20	24	111	103
30	6	27	32	124	115
30	7	35	40	136	127
30	8	43	48	148	139
30	9	51	57	160	151
30	10	60	66	171	162
30	11	68	75	182	173
30	12	78	85	193	184
30	13	87	94	203	195
30	14	96	104	214	205
30	15	106	114	224	216
31	0	0	0	35	28
31	1	1	1	53	45
31	2	4	5	68	60
31	3	8	10	82	74
31	4	13	16	95	87
31	5	20	23	108	99
31	6	27	31	120	112
31	7	34	39	132	123
31	8	41	47	144	135
31	9	49	55	155	146
31	10	58	64	166	157
31	11	66	73	177	168
31	12	75	82	188	179
31	13	84	91	198	189
31	14	93	101	208	200
31	15	103	110	218	210
31	16	112	120	227	220
32	0	0	0	34	28
32	1	1	1	51	44
32	2	3	5	66	58
32	3	8	10	80	72
32	4	13	16	93	84
32	5	19	23	105	97
32	6	26	30	117	108
32	7	33	37	129	120
32	8	40	45	140	131
32	9	48	53	151	142
32	10	56	62	162	153
32	11	64	70	172	164
32	12	72	79	183	174

N = 330 (block 2)

n	a	LOWER .975	LOWER .95	UPPER .975	UPPER .95
32	13	81	88	193	184
32	14	90	97	202	194
32	15	99	107	212	204
32	16	108	116	222	214
33	0	0	0	33	27
33	1	1	1	49	43
33	2	3	4	64	57
33	3	8	9	77	70
33	4	13	15	90	82
33	5	19	22	102	94
33	6	25	29	114	105
33	7	32	36	125	117
33	8	39	44	136	127
33	9	46	52	147	138
33	10	54	60	157	149
33	11	62	68	168	159
33	12	70	77	178	169
33	13	79	85	188	179
33	14	87	94	197	189
33	15	96	103	207	199
33	16	105	112	216	208
33	17	114	122	225	218
34	0	0	0	32	26
34	1	1	1	48	41
34	2	3	4	62	55
34	3	7	9	75	68
34	4	12	15	87	80
34	5	18	21	99	91
34	6	24	28	111	102
34	7	31	35	122	113
34	8	38	43	132	124
34	9	45	50	143	134
34	10	52	58	153	145
34	11	60	66	163	155
34	12	68	74	173	165
34	13	76	83	183	175
34	14	84	91	192	184
34	15	93	100	202	194
34	16	101	109	211	203
34	17	110	118	220	212
35	0	0	0	31	25
35	1	1	1	47	40
35	2	3	4	60	53
35	3	7	9	73	66
35	4	12	15	85	77
35	5	18	21	97	89
35	6	24	27	108	100
35	7	30	34	119	110
35	8	37	41	129	121
35	9	44	49	139	131
35	10	51	56	149	141
35	11	58	64	159	151
35	12	66	72	169	161
35	13	74	80	178	170
35	14	82	89	188	179
35	15	90	97	197	189
35	16	98	106	206	198
35	17	107	114	215	207
35	18	115	123	223	216
36	0	0	0	30	24
36	1	1	1	45	39
36	2	3	4	59	52
36	3	7	9	71	64
36	4	12	14	83	75
36	5	17	20	94	86
36	6	23	27	105	97
36	7	29	33	116	107
36	8	36	40	126	118
36	9	42	47	136	128
36	10	49	55	146	137
36	11	57	62	155	147
36	12	64	70	165	156
36	13	72	78	174	166
36	14	79	86	183	175
36	15	87	94	192	184

N = 330 (block 3)

n	a	LOWER .975	LOWER .95	UPPER .975	UPPER .95
36	16	95	103	201	193
36	17	104	111	210	202
36	18	112	119	218	211
37	0	0	0	29	24
37	1	1	1	44	38
37	2	3	4	57	51
37	3	7	9	69	62
37	4	12	14	81	73
37	5	17	20	92	84
37	6	22	26	102	95
37	7	28	32	113	105
37	8	35	39	123	115
37	9	41	46	132	124
37	10	48	53	142	134
37	11	55	61	151	143
37	12	62	68	161	153
37	13	70	76	170	162
37	14	77	84	179	171
37	15	85	92	188	180
37	16	93	100	196	188
37	17	101	108	205	197
37	18	109	116	213	206
37	19	117	124	221	214
38	0	0	0	28	23
38	1	1	1	43	37
38	2	3	4	56	49
38	3	7	8	68	61
38	4	11	14	79	71
38	5	16	19	89	82
38	6	22	25	100	92
38	7	28	32	110	102
38	8	34	38	120	112
38	9	40	45	129	121
38	10	47	52	139	131
38	11	54	59	148	140
38	12	61	66	157	149
38	13	68	74	166	158
38	14	75	81	175	167
38	15	82	89	183	175
38	16	90	97	192	184
38	17	98	105	200	192
38	18	106	113	208	201
38	19	114	121	216	209
39	0	0	0	28	22
39	1	1	1	42	36
39	2	3	4	54	48
39	3	7	8	66	59
39	4	11	13	77	70
39	5	16	19	87	80
39	6	21	25	97	90
39	7	27	31	107	100
39	8	33	37	117	109
39	9	39	44	126	118
39	10	46	51	135	128
39	11	52	57	144	137
39	12	59	65	153	145
39	13	66	72	162	154
39	14	73	79	171	163
39	15	80	87	179	171
39	16	88	94	187	180
39	17	95	102	196	188
39	18	103	110	204	196
39	19	110	118	212	204
39	20	118	126	220	212
40	0	0	0	27	22
40	1	1	1	41	35
40	2	3	4	53	47
40	3	6	8	64	58
40	4	11	13	75	68
40	5	16	18	85	78
40	6	21	24	95	88
40	7	26	30	105	97
40	8	32	36	114	107
40	9	38	43	123	116
40	10	45	49	132	125

N = 330 (block 4)

n	a	LOWER .975	LOWER .95	UPPER .975	UPPER .95
40	11	51	56	141	133
40	12	58	63	150	142
40	13	64	70	158	151
40	14	71	77	167	159
40	15	78	84	175	168
40	16	85	92	183	176
40	17	93	99	191	184
40	18	100	107	199	192
40	19	107	114	207	200
40	20	115	122	215	208
41	0	0	0	26	21
41	1	1	1	40	34
41	2	3	4	52	46
41	3	6	8	63	56
41	4	11	13	73	66
41	5	15	18	83	76
41	6	20	23	93	86
41	7	26	29	102	95
41	8	31	35	111	104
41	9	37	42	121	113
41	10	43	48	129	122
41	11	50	55	138	130
41	12	56	61	147	139
41	13	63	68	155	147
41	14	69	75	163	156
41	15	76	82	171	164
41	16	83	89	179	172
41	17	90	97	187	180
41	18	97	104	195	188
41	19	105	111	203	196
41	20	112	119	210	203
41	21	120	127	218	211
42	0	0	0	25	21
42	1	1	1	39	33
42	2	3	4	50	45
42	3	6	8	61	55
42	4	10	12	71	65
42	5	15	17	81	74
42	6	20	23	91	84
42	7	25	29	100	93
42	8	31	35	109	102
42	9	36	41	118	110
42	10	42	47	126	119
42	11	49	53	135	127
42	12	55	60	143	136
42	13	61	67	152	144
42	14	68	73	160	152
42	15	74	80	168	160
42	16	81	87	176	168
42	17	88	94	183	176
42	18	95	101	191	184
42	19	102	109	199	191
42	20	109	116	206	199
42	21	116	123	214	207
43	0	0	0	25	20
43	1	1	1	38	33
43	2	3	4	49	43
43	3	6	8	60	54
43	4	10	12	70	63
43	5	15	17	79	73
43	6	19	22	89	82
43	7	25	28	98	91
43	8	30	34	107	99
43	9	36	40	115	108
43	10	41	46	124	116
43	11	47	52	132	125
43	12	53	58	140	133
43	13	60	65	148	141
43	14	66	72	156	149
43	15	73	78	164	157
43	16	79	85	172	165
43	17	86	92	180	172
43	18	93	99	187	180
43	19	99	106	195	188
43	20	106	113	202	195

CONFIDENCE BOUNDS FOR A

N = 330					N = 330					N = 330					N = 330			
		LOWER		UPPER				LOWER		UPPER				LOWER		UPPER			
n	a	.975	.95	.975	.95	n	a	.975	.95	.975	.95	n	a	.975	.95	.975	.95		

n	a	.975	.95	.975	.95
43	21	114	120	209	202
43	22	121	128	216	210
44	0	0	0	24	20
44	1	1	1	37	32
44	2	3	4	48	42
44	3	6	7	58	52
44	4	10	12	68	62
44	5	14	17	78	71
44	6	19	22	87	80
44	7	24	27	96	89
44	8	29	33	104	97
44	9	35	39	113	106
44	10	41	45	121	114
44	11	46	51	129	122
44	12	52	57	137	130
44	13	58	63	145	138
44	14	65	70	153	146
44	15	71	76	161	154
44	16	77	83	169	161
44	17	84	90	176	169
44	18	90	97	183	176
44	19	97	103	191	184
44	20	104	110	198	191
44	21	111	117	205	198
44	22	118	125	212	205
45	0	0	0	24	19
45	1	1	1	36	31
45	2	3	4	47	42
45	3	6	7	57	51
45	4	10	12	67	61
45	5	14	16	76	70
45	6	19	21	85	78
45	7	24	27	94	87
45	8	29	32	102	95
45	9	34	38	110	103
45	10	40	44	119	112
45	11	45	50	127	119
45	12	51	56	135	127
45	13	57	62	142	135
45	14	63	68	150	143
45	15	69	75	158	150
45	16	75	81	165	158
45	17	82	88	173	165
45	18	88	94	180	173
45	19	95	101	187	180
45	20	101	108	194	187
45	21	108	115	201	194
45	22	115	122	208	201
45	23	122	129	215	208
46	0	0	0	23	19
46	1	1	1	35	30
46	2	3	3	46	41
46	3	6	7	56	50
46	4	10	11	65	59
46	5	14	16	74	68
46	6	18	21	83	77
46	7	23	26	92	85
46	8	28	32	100	93
46	9	33	37	108	101
46	10	39	43	116	109
46	11	44	49	124	117
46	12	50	55	132	125
46	13	56	61	140	132
46	14	62	67	147	140
46	15	68	73	155	147
46	16	74	79	162	155
46	17	80	86	169	162
46	18	86	92	176	169
46	19	93	99	183	176
46	20	99	105	190	184
46	21	106	112	197	191
46	22	112	119	204	197
46	23	119	126	211	204
47	0	0	0	23	18
47	1	1	1	35	30

n	a	.975	.95	.975	.95
47	2	3	3	45	40
47	3	6	7	55	49
47	4	9	11	64	58
47	5	13	16	73	67
47	6	18	21	81	75
47	7	23	26	90	83
47	8	28	31	98	91
47	9	33	36	106	99
47	10	38	42	114	107
47	11	43	48	122	115
47	12	49	54	129	122
47	13	55	59	137	130
47	14	60	65	144	137
47	15	66	71	152	144
47	16	72	78	159	152
47	17	78	84	166	159
47	18	84	90	173	166
47	19	91	97	180	173
47	20	97	103	187	180
47	21	103	110	194	187
47	22	110	116	200	194
47	23	116	123	207	201
47	24	123	129	214	207
48	0	0	0	22	18
48	1	1	1	34	29
48	2	3	3	44	39
48	3	6	7	54	48
48	4	9	11	63	57
48	5	13	15	71	65
48	6	18	20	80	73
48	7	22	25	88	82
48	8	27	30	96	89
48	9	32	36	104	97
48	10	37	41	112	105
48	11	43	47	119	112
48	12	48	52	127	120
48	13	53	58	134	127
48	14	59	64	141	134
48	15	65	70	149	142
48	16	71	76	156	149
48	17	77	82	163	156
48	18	83	88	170	163
48	19	89	95	177	170
48	20	95	101	183	177
48	21	101	107	190	183
48	22	107	114	197	190
48	23	114	120	203	197
48	24	120	127	210	203
49	0	0	0	22	18
49	1	1	1	33	28
49	2	3	3	43	38
49	3	6	7	53	47
49	4	9	11	61	56
49	5	13	15	70	64
49	6	17	20	78	72
49	7	22	25	86	80
49	8	27	30	94	88
49	9	31	35	102	95
49	10	36	40	109	103
49	11	42	46	117	110
49	12	47	51	124	118
49	13	52	57	132	125
49	14	58	63	139	132
49	15	63	69	146	139
49	16	69	74	153	146
49	17	75	80	160	153
49	18	81	86	167	160
49	19	87	93	173	167
49	20	93	99	180	173
49	21	99	105	187	180
49	22	105	111	193	187
49	23	111	117	200	193
49	24	117	124	206	200
49	25	124	130	213	206
50	0	0	0	21	17

n	a	.975	.95	.975	.95
50	1	1	1	32	28
50	2	3	3	42	37
50	3	5	7	51	46
50	4	9	11	60	55
50	5	13	15	69	63
50	6	17	19	77	71
50	7	21	24	85	78
50	8	26	29	92	86
50	9	31	34	100	93
50	10	36	40	107	101
50	11	41	45	115	108
50	12	46	50	122	115
50	13	51	56	129	122
50	14	57	61	136	129
50	15	62	67	143	136
50	16	68	73	150	143
50	17	73	79	157	150
50	18	79	85	164	157
50	19	85	91	170	163
50	20	91	97	177	170
50	21	97	103	183	177
50	22	103	109	190	183
50	23	109	115	196	190
50	24	115	121	203	196
50	25	121	128	209	202
51	0	0	0	21	17
51	1	1	1	32	27
51	2	3	3	41	37
51	3	5	7	50	45
51	4	9	10	59	53
51	5	13	15	67	61
51	6	17	19	75	69
51	7	21	24	83	77
51	8	26	29	91	84
51	9	30	34	98	92
51	10	35	39	105	99
51	11	40	44	113	106
51	12	45	49	120	113
51	13	50	55	127	120
51	14	56	60	134	127
51	15	61	66	141	134
51	16	66	71	147	141
51	17	72	77	154	147
51	18	78	83	161	154
51	19	83	89	167	161
51	20	89	95	174	167
51	21	95	101	180	174
51	22	101	107	186	180
51	23	107	113	193	186
51	24	113	119	199	193
51	25	119	125	205	199
51	26	125	131	211	205
52	0	0	0	20	17
52	1	1	1	31	27
52	2	3	3	41	36
52	3	5	6	49	44
52	4	9	10	58	52
52	5	12	14	66	60
52	6	16	19	74	68
52	7	21	23	81	75
52	8	25	28	89	83
52	9	30	33	96	90
52	10	34	38	103	97
52	11	39	43	111	104
52	12	44	48	118	111
52	13	49	54	124	118
52	14	55	59	131	125
52	15	60	65	138	131
52	16	65	70	145	138
52	17	71	76	151	145
52	18	76	81	158	151
52	19	82	87	164	158
52	20	87	93	171	164
52	21	93	99	177	170
52	22	99	104	183	177

n	a	.975	.95	.975	.95
52	23	104	110	189	183
52	24	110	116	196	189
52	25	116	122	202	195
52	26	122	128	208	202
53	0	0	0	20	16
53	1	1	1	31	26
53	2	2	3	40	35
53	3	5	6	49	43
53	4	8	10	57	51
53	5	12	14	65	59
53	6	16	18	72	67
53	7	20	23	80	74
53	8	25	28	87	81
53	9	29	32	94	88
53	10	34	37	102	95
53	11	39	42	109	102
53	12	43	48	115	109
53	13	48	53	122	116
53	14	54	58	129	122
53	15	59	63	136	129
53	16	64	69	142	136
53	17	69	74	149	142
53	18	75	80	155	148
53	19	80	85	161	155
53	20	86	91	168	161
53	21	91	97	174	167
53	22	97	102	180	174
53	23	102	108	186	180
53	24	108	114	192	186
53	25	114	120	198	192
53	26	120	126	204	198
53	27	126	132	210	204
54	0	0	0	19	16
54	1	1	1	30	26
54	2	2	3	39	34
54	3	5	6	48	43
54	4	8	10	56	50
54	5	12	14	64	58
54	6	16	18	71	65
54	7	20	23	78	73
54	8	24	27	86	80
54	9	29	32	93	87
54	10	33	37	100	94
54	11	38	42	107	100
54	12	43	47	113	107
54	13	48	52	120	114
54	14	53	57	127	120
54	15	58	62	133	127
54	16	63	67	140	133
54	17	68	73	146	140
54	18	73	78	152	146
54	19	78	84	159	152
54	20	84	89	165	158
54	21	89	95	171	165
54	22	95	100	177	171
54	23	100	106	183	177
54	24	106	112	189	183
54	25	112	118	195	189
54	26	117	123	201	195
54	27	123	129	207	201
55	0	0	0	19	16
55	1	1	1	29	25
55	2	2	3	38	34
55	3	5	6	47	42
55	4	8	10	55	50
55	5	12	14	62	57
55	6	16	18	70	64
55	7	20	22	77	71
55	8	24	27	84	78
55	9	28	31	91	85
55	10	33	36	98	92
55	11	37	41	105	99
55	12	42	46	111	105
55	13	47	51	118	112
55	14	52	56	125	118

CONFIDENCE BOUNDS FOR A

N = 330

n	a	LOWER .975	LOWER .95	UPPER .975	UPPER .95
55	15	57	61	131	125
55	16	62	66	137	131
55	17	67	71	144	137
55	18	72	77	150	143
55	19	77	82	156	150
55	20	82	88	162	156
55	21	88	93	168	162
55	22	93	99	174	168
55	23	98	104	180	174
55	24	104	110	186	180
55	25	110	115	192	186
55	26	115	121	198	192
55	27	121	127	204	197
55	28	126	133	209	203
56	0	0	0	19	15
56	1	1	1	29	25
56	2	2	3	38	33
56	3	5	6	46	41
56	4	8	10	54	49
56	5	12	13	61	56
56	6	15	18	69	63
56	7	19	22	76	70
56	8	23	26	83	77
56	9	28	31	90	84
56	10	32	35	96	90
56	11	37	40	103	97
56	12	41	45	110	103
56	13	46	50	116	110
56	14	51	55	122	116
56	15	56	60	129	122
56	16	60	65	135	129
56	17	65	70	141	135
56	18	71	75	147	141
56	19	76	81	153	147
56	20	81	86	159	153
56	21	86	91	165	159
56	22	91	97	171	165
56	23	97	102	177	171
56	24	102	108	183	177
56	25	107	113	189	183
56	26	113	119	195	188
56	27	119	124	200	194
56	28	124	130	206	200
57	0	0	0	18	15
57	1	1	1	28	24
57	2	2	3	37	33
57	3	5	6	45	40
57	4	8	9	53	48
57	5	11	13	60	55
57	6	15	17	67	62
57	7	19	21	74	69
57	8	23	26	81	76
57	9	27	30	88	82
57	10	32	35	95	89
57	11	36	39	101	95
57	12	41	44	108	102
57	13	45	49	114	108
57	14	50	54	120	114
57	15	55	59	127	120
57	16	59	64	133	127
57	17	64	69	139	133
57	18	69	74	145	139
57	19	74	79	151	145
57	20	79	84	157	151
57	21	85	90	163	157
57	22	90	95	169	162
57	23	95	100	174	168
57	24	100	106	180	174
57	25	106	111	186	180
57	26	111	117	192	185
57	27	116	122	197	191
57	28	122	128	203	197
57	29	127	133	208	202
58	0	0	0	18	15
58	1	1	1	28	24

N = 330

n	a	LOWER .975	LOWER .95	UPPER .975	UPPER .95
58	2	2	3	36	32
58	3	5	6	44	40
58	4	8	9	52	47
58	5	11	13	59	54
58	6	15	17	66	61
58	7	19	21	73	68
58	8	23	25	80	74
58	9	27	30	87	81
58	10	31	34	93	87
58	11	35	39	100	94
58	12	40	43	106	100
58	13	44	48	112	106
58	14	49	53	118	112
58	15	54	58	125	118
58	16	58	63	131	124
58	17	63	68	137	130
58	18	68	73	143	136
58	19	73	78	149	142
58	20	78	83	154	148
58	21	83	88	160	154
58	22	88	93	166	160
58	23	93	99	172	166
58	24	98	104	177	171
58	25	104	109	183	177
58	26	109	115	189	182
58	27	114	120	194	188
58	28	120	125	200	194
58	29	125	131	205	199
59	0	0	0	18	14
59	1	1	1	27	23
59	2	2	3	36	31
59	3	5	6	43	39
59	4	8	9	51	46
59	5	11	13	58	53
59	6	15	17	65	60
59	7	18	21	72	66
59	8	22	25	79	73
59	9	26	29	85	79
59	10	31	34	92	86
59	11	35	38	98	92
59	12	39	43	104	98
59	13	44	47	110	104
59	14	48	52	116	110
59	15	53	57	123	116
59	16	57	62	129	122
59	17	62	67	134	128
59	18	67	72	140	134
59	19	72	77	146	140
59	20	77	82	152	146
59	21	82	87	158	152
59	22	87	92	163	157
59	23	92	97	169	163
59	24	97	102	175	169
59	25	102	107	180	174
59	26	107	113	186	180
59	27	112	118	191	185
59	28	117	123	197	191
59	29	123	129	202	196
59	30	128	134	207	201
60	0	0	0	17	14
60	1	1	1	27	23
60	2	2	3	35	31
60	3	5	6	43	38
60	4	8	9	50	45
60	5	11	13	57	52
60	6	14	16	64	59
60	7	18	20	71	65
60	8	22	25	77	72
60	9	26	29	84	78
60	10	30	33	90	84
60	11	34	38	96	91
60	12	39	42	102	97
60	13	43	47	109	103
60	14	47	51	115	109
60	15	52	56	121	115

N = 330

n	a	LOWER .975	LOWER .95	UPPER .975	UPPER .95
60	16	56	61	127	120
60	17	61	66	132	126
60	18	66	70	138	132
60	19	71	75	144	138
60	20	75	80	150	144
60	21	80	85	155	149
60	22	85	90	161	155
60	23	90	95	166	160
60	24	95	100	172	166
60	25	100	105	177	171
60	26	105	111	183	177
60	27	110	116	188	182
60	28	115	121	194	188
60	29	121	126	199	193
60	30	126	132	204	198
61	0	0	0	17	14
61	1	1	1	26	23
61	2	2	3	34	30
61	3	5	6	42	38
61	4	8	9	49	45
61	5	11	12	56	51
61	6	14	16	63	58
61	7	18	20	70	64
61	8	22	24	76	71
61	9	26	28	82	77
61	10	30	33	89	83
61	11	34	37	95	89
61	12	38	41	101	95
61	13	42	46	107	101
61	14	47	50	113	107
61	15	51	55	119	113
61	16	56	60	125	119
61	17	60	64	130	124
61	18	65	69	136	130
61	19	69	74	142	136
61	20	74	79	147	141
61	21	79	84	153	147
61	22	84	89	158	152
61	23	89	94	164	158
61	24	93	99	169	163
61	25	98	104	175	169
61	26	103	109	180	174
61	27	108	114	185	180
61	28	113	119	191	185
61	29	118	124	196	190
61	30	124	129	201	195
61	31	129	135	206	201
62	0	0	0	17	14
62	1	1	1	26	22
62	2	2	3	34	30
62	3	5	6	41	37
62	4	7	9	48	44
62	5	11	12	55	50
62	6	14	16	62	57
62	7	18	20	68	63
62	8	21	24	75	70
62	9	25	28	81	76
62	10	29	32	87	82
62	11	33	36	93	88
62	12	37	41	99	94
62	13	42	45	105	99
62	14	46	50	111	105
62	15	50	54	117	111
62	16	55	59	123	117
62	17	59	63	128	122
62	18	64	68	134	128
62	19	68	73	140	134
62	20	73	78	145	139
62	21	78	82	151	145
62	22	82	87	156	150
62	23	87	92	161	155
62	24	92	97	167	161
62	25	97	102	172	166
62	26	102	107	177	172
62	27	107	112	183	177

N = 330

n	a	LOWER .975	LOWER .95	UPPER .975	UPPER .95
62	28	111	117	188	182
62	29	116	122	193	187
62	30	122	127	198	193
62	31	127	132	203	198
63	0	0	0	16	13
63	1	1	1	25	22
63	2	2	3	33	29
63	3	5	6	41	36
63	4	7	9	48	43
63	5	10	12	54	50
63	6	14	16	61	56
63	7	17	20	67	62
63	8	21	23	74	68
63	9	25	28	80	74
63	10	29	32	86	80
63	11	33	36	92	86
63	12	37	40	98	92
63	13	41	44	104	98
63	14	45	49	109	104
63	15	49	53	115	109
63	16	54	58	121	115
63	17	58	62	126	121
63	18	63	67	132	126
63	19	67	72	137	132
63	20	72	76	143	137
63	21	76	81	148	142
63	22	81	86	154	148
63	23	86	91	159	153
63	24	90	95	164	158
63	25	95	100	170	164
63	26	100	105	175	169
63	27	105	110	180	174
63	28	110	115	185	179
63	29	115	120	190	185
63	30	119	125	195	190
63	31	124	130	201	195
63	32	129	135	206	200
64	0	0	0	16	13
64	1	1	1	25	21
64	2	2	3	33	29
64	3	5	5	40	36
64	4	7	9	47	42
64	5	10	12	54	49
64	6	14	16	60	55
64	7	17	19	66	61
64	8	21	23	72	67
64	9	24	27	79	73
64	10	28	31	85	79
64	11	32	35	90	85
64	12	36	40	96	91
64	13	40	44	102	96
64	14	45	48	108	102
64	15	49	53	113	108
64	16	53	57	119	113
64	17	57	61	124	119
64	18	62	66	130	124
64	19	66	71	135	130
64	20	71	75	141	135
64	21	75	80	146	140
64	22	80	84	151	146
64	23	84	89	157	151
64	24	89	94	162	156
64	25	94	99	167	161
64	26	98	103	172	167
64	27	103	108	178	172
64	28	108	113	183	177
64	29	113	118	188	182
64	30	118	123	193	187
64	31	122	128	198	192
64	32	127	133	203	197
65	0	0	0	16	13
65	1	1	1	25	21
65	2	2	3	32	28
65	3	4	5	39	35
65	4	7	8	46	42

CONFIDENCE BOUNDS FOR A

N = 330

n	a	LOWER .975	LOWER .95	UPPER .975	UPPER .95
65	5	10	12	53	48
65	6	13	15	59	54
65	7	17	19	65	60
65	8	20	23	71	66
65	9	24	27	77	72
65	10	28	31	83	78
65	11	32	35	89	84
65	12	36	39	95	89
65	13	40	43	100	95
65	14	44	47	106	101
65	15	48	52	112	106
65	16	52	56	117	112
65	17	56	61	123	117
65	18	61	65	128	122
65	19	65	69	133	128
65	20	70	74	139	133
65	21	74	79	144	138
65	22	78	83	149	143
65	23	83	88	155	149
65	24	88	92	160	154
65	25	92	97	165	159
65	26	97	102	170	164
65	27	101	107	175	169
65	28	106	111	180	174
65	29	111	116	185	179
65	30	116	121	190	184
65	31	120	126	195	189
65	32	125	131	200	194
65	33	130	136	205	199
66	0	0	0	16	13
66	1	1	1	24	21
66	2	2	3	32	28
66	3	4	5	39	35
66	4	7	8	45	41
66	5	10	12	52	47
66	6	13	15	58	53
66	7	17	19	64	59
66	8	20	23	70	65
66	9	24	26	76	71
66	10	28	30	82	77
66	11	31	34	88	82
66	12	35	38	93	88
66	13	39	43	99	94
66	14	43	47	105	99
66	15	47	51	110	104
66	16	51	55	115	110
66	17	56	60	121	115
66	18	60	64	126	121
66	19	64	68	132	126
66	20	68	73	137	131
66	21	73	77	142	136
66	22	77	82	147	141
66	23	82	86	152	147
66	24	86	91	157	152
66	25	91	96	163	157
66	26	95	100	168	162
66	27	100	105	173	167
66	28	104	110	178	172
66	29	109	114	182	177
66	30	114	119	187	182
66	31	119	124	192	187
66	32	123	129	197	192
66	33	128	134	202	196

N = 340

n	a	LOWER .975	LOWER .95	UPPER .975	UPPER .95
1	0	0	0	331	323
1	1	9	17	340	340
2	0	0	0	285	263
2	1	5	9	335	331
3	0	0	0	239	214
3	1	3	6	307	293
3	2	33	47	337	334
4	0	0	0	203	178
4	1	3	5	273	254
4	2	24	34	316	306
5	0	0	0	176	152
5	1	2	4	242	222
5	2	19	27	289	275
5	3	51	65	321	313
6	0	0	0	154	132
6	1	2	3	216	196
6	2	16	22	263	246
6	3	41	53	299	287
7	0	0	0	138	117
7	1	2	3	195	175
7	2	13	19	240	222
7	3	35	45	276	262
7	4	64	78	305	295
8	0	0	0	124	105
8	1	2	3	177	158
8	2	12	17	220	202
8	3	30	39	255	240
8	4	55	67	285	273
9	0	0	0	112	95
9	1	1	2	162	144
9	2	10	15	202	185
9	3	27	34	236	221
9	4	48	59	266	253
9	5	74	87	292	281
10	0	0	0	103	86
10	1	1	2	149	132
10	2	9	13	187	171
10	3	24	31	220	205
10	4	43	52	249	235
10	5	65	77	275	263
11	0	0	0	95	79
11	1	1	2	138	122
11	2	9	12	174	158
11	3	22	28	205	190
11	4	39	47	233	219
11	5	59	69	259	246
11	6	81	94	281	271
12	0	0	0	88	73
12	1	1	2	129	113
12	2	8	11	162	147
12	3	20	26	192	177
12	4	35	43	219	205
12	5	53	63	244	231
12	6	74	85	266	255
13	0	0	0	82	68
13	1	1	2	120	106
13	2	7	10	152	137
13	3	18	24	181	166
13	4	32	40	207	193
13	5	49	58	231	217
13	6	67	78	253	241
13	7	87	99	273	262
14	0	0	0	77	64
14	1	1	2	113	99
14	2	7	10	143	129
14	3	17	22	170	156
14	4	30	37	195	182
14	5	45	53	218	205
14	6	62	72	240	228
14	7	80	91	260	249
15	0	0	0	72	60
15	1	1	2	106	93
15	2	7	9	135	122
15	3	16	20	161	147
15	4	28	34	185	172

N = 340

n	a	LOWER .975	LOWER .95	UPPER .975	UPPER .95
15	5	42	50	207	194
15	6	57	67	228	216
15	7	74	85	247	236
15	8	93	104	266	255
16	0	0	0	68	56
16	1	1	2	101	88
16	2	6	9	128	115
16	3	15	19	153	139
16	4	26	32	176	163
16	5	39	46	197	184
16	6	54	62	217	205
16	7	69	79	236	225
16	8	86	97	254	243
17	0	0	0	64	53
17	1	1	1	95	83
17	2	6	8	121	109
17	3	14	18	145	132
17	4	25	30	167	154
17	5	37	44	188	175
17	6	50	58	207	195
17	7	65	74	226	214
17	8	80	90	243	232
17	9	97	108	260	250
18	0	0	0	61	50
18	1	1	1	90	79
18	2	6	8	116	103
18	3	13	17	138	126
18	4	23	28	159	147
18	5	35	41	179	167
18	6	47	55	198	186
18	7	61	69	216	204
18	8	75	85	233	222
18	9	91	101	249	239
19	0	0	0	58	48
19	1	1	1	86	75
19	2	5	7	110	98
19	3	13	16	132	120
19	4	22	27	152	140
19	5	33	39	171	159
19	6	45	52	190	178
19	7	57	66	207	196
19	8	71	80	224	213
19	9	85	95	239	229
19	10	101	111	255	245
20	0	0	0	55	45
20	1	1	1	82	71
20	2	5	7	105	94
20	3	12	15	126	115
20	4	21	26	146	134
20	5	31	37	164	153
20	6	42	49	182	170
20	7	54	62	199	187
20	8	67	76	215	204
20	9	81	90	230	220
20	10	95	105	245	235
21	0	0	0	53	43
21	1	1	1	79	68
21	2	5	7	101	90
21	3	12	15	121	110
21	4	20	24	140	128
21	5	30	35	158	146
21	6	40	47	175	163
21	7	52	59	191	180
21	8	64	72	207	196
21	9	77	85	222	211
21	10	90	99	236	226
21	11	104	114	250	241
22	0	0	0	50	41
22	1	1	1	75	65
22	2	5	6	97	86
22	3	11	14	116	105
22	4	19	23	134	123
22	5	28	34	151	140
22	6	38	45	168	157
22	7	49	56	184	173

N = 340

n	a	LOWER .975	LOWER .95	UPPER .975	UPPER .95
22	8	61	68	199	188
22	9	73	81	214	203
22	10	85	94	228	218
22	11	99	108	241	232
23	0	0	0	48	40
23	1	1	1	72	63
23	2	5	6	93	82
23	3	11	14	111	101
23	4	18	22	129	118
23	5	27	32	146	135
23	6	37	43	162	151
23	7	47	54	177	166
23	8	58	65	192	181
23	9	69	77	206	196
23	10	81	90	220	210
23	11	94	103	233	224
23	12	107	116	246	237
24	0	0	0	46	38
24	1	1	1	69	60
24	2	4	6	89	79
24	3	10	13	107	97
24	4	18	21	124	114
24	5	26	31	140	130
24	6	35	41	156	145
24	7	45	51	171	160
24	8	55	62	185	175
24	9	66	74	199	189
24	10	78	86	213	203
24	11	89	98	226	216
24	12	102	111	238	229
25	0	0	0	44	37
25	1	1	1	67	58
25	2	4	6	86	76
25	3	10	13	103	93
25	4	17	21	120	110
25	5	25	30	135	125
25	6	34	39	150	140
25	7	43	49	165	155
25	8	53	60	179	169
25	9	63	71	192	182
25	10	74	82	206	196
25	11	86	94	218	209
25	12	97	106	231	221
25	13	109	119	243	234
26	0	0	0	43	35
26	1	1	1	64	56
26	2	4	6	83	73
26	3	10	12	100	90
26	4	16	20	116	106
26	5	24	28	131	121
26	6	32	38	145	135
26	7	41	47	159	149
26	8	51	58	173	163
26	9	61	68	186	176
26	10	71	79	199	189
26	11	82	90	212	202
26	12	93	102	224	214
26	13	105	114	235	226
27	0	0	0	41	34
27	1	1	1	62	54
27	2	4	5	80	71
27	3	9	12	96	87
27	4	16	19	112	102
27	5	23	27	126	117
27	6	31	36	141	131
27	7	40	46	154	144
27	8	49	55	168	158
27	9	59	65	180	171
27	10	68	76	193	183
27	11	79	87	205	196
27	12	89	98	217	208
27	13	100	109	228	219
27	14	112	121	240	231
28	0	0	0	40	33
28	1	1	1	60	52

CONFIDENCE BOUNDS FOR A

N = 340

n	a	LOWER .975	LOWER .95	UPPER .975	UPPER .95
28	2	4	5	77	68
28	3	9	11	93	84
28	4	15	18	108	99
28	5	22	26	122	113
28	6	30	35	136	126
28	7	38	44	149	140
28	8	47	53	162	153
28	9	56	63	175	165
28	10	66	73	187	177
28	11	76	83	199	190
28	12	86	94	211	201
28	13	96	105	222	213
28	14	107	116	233	224
29	0	0	0	38	31
29	1	1	1	58	50
29	2	4	5	75	66
29	3	9	11	90	81
29	4	15	18	105	95
29	5	22	26	119	109
29	6	29	34	132	122
29	7	37	42	145	135
29	8	46	51	157	148
29	9	54	61	170	160
29	10	64	70	182	172
29	11	73	80	193	184
29	12	83	90	205	195
29	13	93	101	216	207
29	14	103	111	226	218
29	15	114	122	237	229
30	0	0	0	37	30
30	1	1	1	56	48
30	2	4	5	72	64
30	3	8	11	87	79
30	4	14	17	101	92
30	5	21	25	115	106
30	6	28	33	128	119
30	7	36	41	141	131
30	8	44	50	153	143
30	9	53	59	165	155
30	10	61	68	176	167
30	11	70	78	188	178
30	12	80	87	199	190
30	13	89	97	210	201
30	14	99	107	220	212
30	15	109	118	231	222
31	0	0	0	36	29
31	1	1	1	54	47
31	2	4	5	70	62
31	3	8	10	85	76
31	4	14	17	98	90
31	5	20	24	112	103
31	6	27	32	124	115
31	7	35	40	137	127
31	8	43	48	148	139
31	9	51	57	160	151
31	10	59	66	171	162
31	11	68	75	182	173
31	12	77	84	193	184
31	13	86	94	204	195
31	14	96	104	214	206
31	15	106	114	224	216
31	16	116	124	234	226
32	0	0	0	35	28
32	1	1	1	53	45
32	2	4	5	68	60
32	3	8	10	82	74
32	4	13	16	96	87
32	5	20	23	108	100
32	6	26	31	121	112
32	7	34	38	133	124
32	8	41	47	144	135
32	9	49	55	156	147
32	10	57	64	167	158
32	11	66	72	178	169
32	12	75	82	188	179

N = 340

n	a	LOWER .975	LOWER .95	UPPER .975	UPPER .95
32	13	83	91	199	190
32	14	93	100	209	200
32	15	102	110	219	210
32	16	112	120	228	220
33	0	0	0	34	28
33	1	1	1	51	44
33	2	3	5	66	58
33	3	8	10	80	72
33	4	13	16	93	84
33	5	19	23	105	97
33	6	26	30	117	109
33	7	33	37	129	120
33	8	40	45	140	131
33	9	48	53	151	142
33	10	56	62	162	153
33	11	64	70	173	164
33	12	72	79	183	174
33	13	81	88	193	185
33	14	90	97	203	195
33	15	99	106	213	205
33	16	108	116	223	215
33	17	117	125	232	224
34	0	0	0	33	27
34	1	1	1	50	43
34	2	3	4	64	57
34	3	8	9	78	70
34	4	13	15	90	82
34	5	19	22	102	94
34	6	25	29	114	106
34	7	32	36	126	117
34	8	39	44	137	128
34	9	46	52	147	139
34	10	54	60	158	149
34	11	62	68	168	160
34	12	70	77	179	170
34	13	78	85	188	180
34	14	87	94	198	190
34	15	96	103	208	200
34	16	104	112	217	209
34	17	113	121	227	219
35	0	0	0	32	26
35	1	1	1	48	41
35	2	3	4	62	55
35	3	7	9	75	68
35	4	12	15	88	80
35	5	18	21	100	91
35	6	24	28	111	103
35	7	31	35	122	114
35	8	38	43	133	124
35	9	45	50	144	135
35	10	52	58	154	145
35	11	60	66	164	155
35	12	68	74	174	165
35	13	76	83	184	175
35	14	84	91	193	185
35	15	93	100	203	195
35	16	101	109	212	204
35	17	110	118	221	213
35	18	119	127	230	222
36	0	0	0	31	25
36	1	1	1	47	40
36	2	3	4	61	54
36	3	7	9	73	66
36	4	12	15	85	78
36	5	18	21	97	89
36	6	24	27	108	100
36	7	30	34	119	111
36	8	37	41	130	121
36	9	44	49	140	132
36	10	51	56	150	142
36	11	58	64	160	152
36	12	66	72	170	161
36	13	74	80	179	171
36	14	82	89	189	180
36	15	90	97	198	190

N = 340

n	a	LOWER .975	LOWER .95	UPPER .975	UPPER .95
36	16	98	106	207	199
36	17	107	114	216	208
36	18	115	123	225	217
37	0	0	0	30	25
37	1	1	1	46	39
37	2	3	4	59	52
37	3	7	9	71	64
37	4	12	14	83	76
37	5	17	20	95	87
37	6	23	27	106	97
37	7	29	33	116	108
37	8	36	40	126	118
37	9	42	47	137	128
37	10	49	55	146	138
37	11	57	62	156	148
37	12	64	70	166	157
37	13	72	78	175	167
37	14	79	86	184	176
37	15	87	94	193	185
37	16	95	102	202	194
37	17	104	111	211	203
37	18	112	119	220	212
37	19	120	128	228	221
38	0	0	0	29	24
38	1	1	1	44	38
38	2	3	4	58	51
38	3	7	9	70	63
38	4	12	14	81	74
38	5	17	20	92	85
38	6	22	26	103	95
38	7	28	32	113	105
38	8	35	39	123	115
38	9	41	46	133	125
38	10	48	53	143	135
38	11	55	61	152	144
38	12	62	68	162	154
38	13	70	76	171	163
38	14	77	84	180	172
38	15	85	92	189	181
38	16	93	100	198	190
38	17	101	108	206	198
38	18	109	116	215	207
38	19	117	124	223	216
39	0	0	0	28	23
39	1	1	1	43	37
39	2	3	4	56	49
39	3	7	8	68	61
39	4	11	14	79	72
39	5	16	19	90	82
39	6	22	25	100	93
39	7	28	32	111	103
39	8	34	38	120	113
39	9	40	45	130	122
39	10	47	52	140	132
39	11	54	59	149	141
39	12	61	66	158	150
39	13	68	74	167	159
39	14	75	81	176	168
39	15	83	89	185	177
39	16	90	97	193	185
39	17	98	105	202	194
39	18	106	113	210	202
39	19	114	121	218	211
39	20	122	129	226	219
40	0	0	0	28	23
40	1	1	1	42	36
40	2	3	4	55	48
40	3	7	8	66	59
40	4	11	13	77	70
40	5	16	19	88	80
40	6	21	25	98	90
40	7	27	31	108	100
40	8	33	37	118	110
40	9	39	44	127	119
40	10	46	51	136	128

N = 340

n	a	LOWER .975	LOWER .95	UPPER .975	UPPER .95
40	11	52	58	146	138
40	12	59	65	155	147
40	13	66	72	163	155
40	14	73	79	172	164
40	15	80	87	181	173
40	16	88	94	189	181
40	17	95	102	197	190
40	18	103	110	206	198
40	19	111	118	214	206
40	20	118	126	222	214
41	0	0	0	27	22
41	1	1	1	41	35
41	2	3	4	53	47
41	3	6	8	65	58
41	4	11	13	75	68
41	5	16	18	86	79
41	6	21	24	96	88
41	7	26	30	105	98
41	8	32	36	115	107
41	9	38	43	124	116
41	10	45	49	133	126
41	11	51	56	142	134
41	12	58	63	151	143
41	13	64	70	160	152
41	14	71	77	168	160
41	15	78	85	177	169
41	16	86	92	185	177
41	17	93	100	193	185
41	18	100	107	201	194
41	19	108	115	209	202
41	20	115	123	217	210
41	21	123	130	225	217
42	0	0	0	26	21
42	1	1	1	40	34
42	2	3	4	52	46
42	3	6	8	63	57
42	4	11	13	74	67
42	5	15	18	84	77
42	6	20	24	94	86
42	7	26	29	103	96
42	8	32	36	112	105
42	9	37	42	122	114
42	10	44	48	130	123
42	11	50	55	139	131
42	12	56	62	148	140
42	13	63	69	156	149
42	14	70	75	165	157
42	15	76	83	173	165
42	16	83	90	181	173
42	17	90	97	189	181
42	18	98	104	197	189
42	19	105	112	205	197
42	20	112	119	213	205
42	21	119	127	220	213
43	0	0	0	26	21
43	1	1	1	39	34
43	2	3	4	51	45
43	3	6	8	62	55
43	4	10	12	72	65
43	5	15	18	82	75
43	6	20	23	92	84
43	7	25	29	101	94
43	8	31	35	110	103
43	9	37	41	119	111
43	10	43	47	128	120
43	11	49	54	136	129
43	12	55	60	145	137
43	13	61	67	153	145
43	14	68	74	161	154
43	15	75	81	169	162
43	16	81	88	177	170
43	17	88	95	185	178
43	18	95	102	193	186
43	19	102	109	201	193
43	20	110	116	208	201

CONFIDENCE BOUNDS FOR A

N = 340		LOWER		UPPER		N = 340		LOWER		UPPER		N = 340		LOWER		UPPER		N = 340		LOWER		UPPER	
n	a	.975	.95	.975	.95	n	a	.975	.95	.975	.95	n	a	.975	.95	.975	.95	n	a	.975	.95	.975	.95
43	21	117	124	216	209	47	2	3	3	47	41	50	1	1	1	34	29	52	23	107	114	195	189
43	22	124	131	223	216	47	3	6	7	57	51	50	2	3	3	44	38	52	24	114	120	202	195
44	0	0	0	25	20	47	4	10	11	66	60	50	3	6	7	53	48	52	25	120	126	208	201
44	1	1	1	38	33	47	5	14	16	75	69	50	4	9	11	62	56	52	26	126	132	214	208
44	2	3	4	50	44	47	6	18	21	84	77	50	5	13	15	71	65	53	0	0	0	21	17
44	3	6	8	60	54	47	7	23	26	93	86	50	6	17	20	79	73	53	1	1	1	32	27
44	4	10	12	70	64	47	8	28	32	101	94	50	7	22	25	87	81	53	2	3	3	41	36
44	5	15	17	80	73	47	9	34	37	109	102	50	8	27	30	95	89	53	3	5	6	50	45
44	6	20	23	90	83	47	10	39	43	117	110	50	9	32	35	103	96	53	4	9	10	59	53
44	7	25	28	99	92	47	11	45	49	125	118	50	10	37	41	111	104	53	5	12	14	67	61
44	8	30	34	108	100	47	12	50	55	133	126	50	11	42	46	118	111	53	6	17	19	75	69
44	9	36	40	116	109	47	13	56	61	141	134	50	12	47	52	126	119	53	7	21	24	82	76
44	10	42	46	125	117	47	14	62	67	149	141	50	13	53	57	133	126	53	8	25	28	90	84
44	11	48	52	133	126	47	15	68	74	156	149	50	14	58	63	140	133	53	9	30	33	97	91
44	12	54	59	142	134	47	16	74	80	164	156	50	15	64	69	148	141	53	10	35	38	105	98
44	13	60	65	150	142	47	17	80	86	171	164	50	16	70	75	155	148	53	11	40	44	112	105
44	14	66	72	158	150	47	18	87	93	178	171	50	17	76	81	162	155	53	12	45	49	119	112
44	15	73	79	166	158	47	19	93	99	186	178	50	18	81	87	169	162	53	13	50	54	126	119
44	16	79	86	174	166	47	20	100	106	193	186	50	19	87	93	176	169	53	14	55	60	133	126
44	17	86	92	181	174	47	21	106	113	200	193	50	20	93	99	182	175	53	15	60	65	140	133
44	18	93	99	189	182	47	22	113	120	207	200	50	21	100	106	189	182	53	16	66	71	147	140
44	19	100	107	197	189	47	23	120	126	214	207	50	22	106	112	196	189	53	17	71	76	153	146
44	20	107	114	204	197	47	24	126	133	220	214	50	23	112	118	202	196	53	18	77	82	160	153
44	21	114	121	212	204	48	0	0	0	23	19	50	24	118	125	209	202	53	19	82	88	166	160
44	22	121	128	219	212	48	1	1	1	35	30	50	25	125	131	215	209	53	20	88	94	173	166
45	0	0	0	24	20	48	2	3	3	46	40	51	0	0	0	21	17	53	21	94	100	179	173
45	1	1	1	37	32	48	3	6	7	55	50	51	1	1	1	33	28	53	22	100	105	186	179
45	2	3	4	49	43	48	4	9	11	65	59	51	2	3	3	43	38	53	23	105	111	192	185
45	3	6	7	59	53	48	5	14	16	74	67	51	3	5	7	52	47	53	24	111	117	198	192
45	4	10	12	69	62	48	6	18	21	82	76	51	4	9	11	61	55	53	25	117	123	205	198
45	5	14	17	78	72	48	7	23	26	91	84	51	5	13	15	69	63	53	26	123	130	211	204
45	6	19	22	88	81	48	8	28	31	99	92	51	6	17	20	78	71	53	27	129	136	217	210
45	7	24	28	97	90	48	9	33	37	107	100	51	7	22	24	86	79	54	0	0	0	20	16
45	8	30	33	105	98	48	10	38	42	115	108	51	8	26	29	93	87	54	1	1	1	31	27
45	9	35	39	114	107	48	11	44	48	123	116	51	9	31	35	101	95	54	2	3	3	40	36
45	10	41	45	122	115	48	12	49	54	131	124	51	10	36	40	109	102	54	3	5	6	49	44
45	11	47	51	131	123	48	13	55	60	138	131	51	11	41	45	116	109	54	4	9	10	57	52
45	12	53	58	139	131	48	14	61	66	146	139	51	12	46	51	123	117	54	5	12	14	66	60
45	13	59	64	147	139	48	15	67	72	153	146	51	13	52	56	131	124	54	6	16	19	73	67
45	14	65	70	155	147	48	16	73	78	161	153	51	14	57	62	138	131	54	7	20	23	81	75
45	15	71	77	163	155	48	17	79	84	168	161	51	15	63	68	145	138	54	8	25	28	88	82
45	16	78	84	170	163	48	18	85	91	175	168	51	16	68	74	152	145	54	9	29	33	96	89
45	17	84	90	178	170	48	19	91	97	182	175	51	17	74	79	159	152	54	10	34	38	103	97
45	18	91	97	185	178	48	20	98	104	189	182	51	18	80	85	166	159	54	11	39	43	110	104
45	19	98	104	193	186	48	21	104	110	196	189	51	19	86	91	172	165	54	12	44	48	117	110
45	20	104	111	200	193	48	22	110	117	203	196	51	20	92	97	179	172	54	13	49	53	124	117
45	21	111	118	207	200	48	23	117	124	210	203	51	21	98	104	186	179	54	14	54	59	131	124
45	22	118	125	215	208	48	24	124	130	216	210	51	22	104	110	192	185	54	15	59	64	137	131
45	23	125	132	222	215	49	0	0	0	22	18	51	23	110	116	199	192	54	16	65	69	144	137
46	0	0	0	24	19	49	1	1	1	34	29	51	24	116	122	205	199	54	17	70	75	151	144
46	1	1	1	37	31	49	2	3	3	45	39	51	25	122	129	212	205	54	18	75	81	157	150
46	2	3	4	48	42	49	3	6	7	54	49	51	26	128	135	218	211	54	19	81	86	164	157
46	3	6	7	58	52	49	4	9	11	63	57	52	0	0	0	21	17	54	20	86	92	170	163
46	4	10	12	67	61	49	5	13	16	72	66	52	1	1	1	32	28	54	21	92	98	176	170
46	5	14	16	77	70	49	6	18	20	81	74	52	2	3	3	42	37	54	22	98	103	183	176
46	6	19	22	86	79	49	7	22	25	89	82	52	3	5	7	51	46	54	23	103	109	189	182
46	7	24	27	95	88	49	8	27	31	97	90	52	4	9	10	60	54	54	24	109	115	195	189
46	8	29	33	103	96	49	9	32	36	105	98	52	5	13	15	68	62	54	25	115	121	201	195
46	9	34	38	112	104	49	10	37	41	113	106	52	6	17	19	76	70	54	26	121	127	207	201
46	10	40	44	120	113	49	11	43	47	121	114	52	7	21	24	84	78	54	27	127	133	213	207
46	11	46	50	128	121	49	12	48	53	128	121	52	8	26	29	92	85	55	0	0	0	20	16
46	12	51	56	136	129	49	13	54	59	136	129	52	9	31	34	99	93	55	1	1	1	30	26
46	13	57	62	144	136	49	14	60	65	143	136	52	10	35	39	107	100	55	2	2	3	40	35
46	14	63	69	152	144	49	15	65	71	150	143	52	11	40	44	114	107	55	3	5	6	48	43
46	15	70	75	159	152	49	16	71	77	158	150	52	12	46	50	121	114	55	4	8	10	56	51
46	16	76	82	167	160	49	17	77	83	165	158	52	13	51	55	128	122	55	5	12	14	64	59
46	17	82	88	174	167	49	18	83	89	172	165	52	14	56	61	135	129	55	6	16	18	72	66
46	18	89	95	182	175	49	19	89	95	179	172	52	15	62	66	142	135	55	7	20	23	80	74
46	19	95	102	189	182	49	20	95	102	186	179	52	16	67	72	149	142	55	8	24	27	87	81
46	20	102	108	196	189	49	21	102	108	192	186	52	17	73	78	156	149	55	9	29	32	94	88
46	21	109	115	204	196	49	22	108	114	199	192	52	18	78	84	163	156	55	10	34	37	101	95
46	22	116	122	211	204	49	23	114	121	206	199	52	19	84	90	169	163	55	11	38	42	108	102
46	23	122	129	218	211	49	24	121	128	213	206	52	20	90	95	176	169	55	12	43	47	115	108
47	0	0	0	23	19	49	25	127	134	219	212	52	21	96	101	183	176	55	13	48	52	122	115
47	1	1	1	36	31	50	0	0	0	22	18	52	22	102	108	189	182	55	14	53	57	128	122

CONFIDENCE BOUNDS FOR A

n	a	N = 340 LOWER .975	.95	UPPER .975	.95	n	a	N = 340 LOWER .975	.95	UPPER .975	.95	n	a	N = 340 LOWER .975	.95	UPPER .975	.95	n	a	N = 340 LOWER .975	.95	UPPER .975	.95
55	15	58	63	135	128	58	2	2	3	38	33	60	16	58	62	130	124	62	28	115	120	194	188
55	16	63	68	142	135	58	3	5	6	46	41	60	17	63	67	137	130	62	29	120	126	199	193
55	17	69	74	148	141	58	4	8	10	53	48	60	18	68	72	142	136	62	30	125	131	204	199
55	18	74	79	155	148	58	5	12	13	61	56	60	19	73	77	148	142	62	31	130	136	210	204
55	19	79	85	161	154	58	6	15	17	68	63	60	20	78	83	154	148	63	0	0	0	17	14
55	20	85	90	167	161	58	7	19	22	75	70	60	21	83	88	160	154	63	1	1	1	26	23
55	21	90	96	173	167	58	8	23	26	82	77	60	22	88	93	166	160	63	2	2	3	34	30
55	22	96	101	180	173	58	9	28	31	89	83	60	23	93	98	172	165	63	3	5	6	42	38
55	23	101	107	186	179	58	10	32	35	96	90	60	24	98	103	177	171	63	4	8	9	49	44
55	24	107	113	192	185	58	11	36	40	103	97	60	25	103	109	183	177	63	5	11	12	56	51
55	25	113	119	198	191	58	12	41	45	109	103	60	26	108	114	189	182	63	6	14	16	63	58
55	26	119	125	204	197	58	13	46	50	116	109	60	27	113	119	194	188	63	7	18	20	69	64
55	27	124	131	210	203	58	14	50	55	122	116	60	28	119	125	200	194	63	8	22	24	76	71
55	28	130	137	216	209	58	15	55	60	128	122	60	29	124	130	205	199	63	9	25	28	82	77
56	0	0	0	19	16	58	16	60	65	135	128	60	30	129	135	211	205	63	10	30	33	89	83
56	1	1	1	30	26	58	17	65	70	141	135	61	0	0	0	18	14	63	11	34	37	95	89
56	2	2	3	39	34	58	18	70	75	147	141	61	1	1	1	27	23	63	12	38	41	101	95
56	3	5	6	47	42	58	19	75	80	153	147	61	2	2	3	36	31	63	13	42	46	107	101
56	4	8	10	55	50	58	20	80	85	159	153	61	3	5	6	43	39	63	14	46	50	113	107
56	5	12	14	63	58	58	21	85	91	165	159	61	4	8	9	51	46	63	15	51	55	119	113
56	6	16	18	71	65	58	22	91	96	171	165	61	5	11	13	58	53	63	16	55	60	125	119
56	7	20	22	78	72	58	23	96	101	177	171	61	6	15	17	65	60	63	17	60	64	130	124
56	8	24	27	85	79	58	24	101	107	183	177	61	7	18	21	72	66	63	18	64	69	136	130
56	9	28	32	92	86	58	25	107	112	189	182	61	8	22	25	78	73	63	19	69	74	142	136
56	10	33	36	99	93	58	26	112	118	194	188	61	9	26	29	85	79	63	20	74	79	147	141
56	11	38	41	106	100	58	27	118	123	200	194	61	10	30	34	91	86	63	21	79	83	153	147
56	12	42	46	113	107	58	28	123	129	206	200	61	11	35	38	98	92	63	22	83	88	159	152
56	13	47	51	120	113	58	29	129	135	211	205	61	12	39	43	104	98	63	23	88	93	164	158
56	14	52	56	126	120	59	0	0	0	18	15	61	13	43	47	110	104	63	24	93	98	170	163
56	15	57	62	133	126	59	1	1	1	28	24	61	14	48	52	116	110	63	25	98	103	175	169
56	16	62	67	139	133	59	2	2	3	37	32	61	15	53	57	122	116	63	26	103	108	180	174
56	17	67	72	146	139	59	3	5	6	45	40	61	16	57	61	128	122	63	27	108	113	186	180
56	18	73	78	152	145	59	4	8	9	53	48	61	17	62	66	134	128	63	28	113	118	191	185
56	19	78	83	158	152	59	5	11	13	60	55	61	18	67	71	140	134	63	29	118	124	196	190
56	20	83	89	164	158	59	6	15	17	67	62	61	19	71	76	146	140	63	30	123	129	202	196
56	21	89	94	171	164	59	7	19	21	74	69	61	20	76	81	152	146	63	31	128	134	207	201
56	22	94	100	177	170	59	8	23	26	81	75	61	21	81	86	158	151	63	32	133	139	212	206
56	23	99	105	183	176	59	9	27	30	88	82	61	22	86	91	163	157	64	0	0	0	17	14
56	24	105	111	189	182	59	10	31	35	94	89	61	23	91	96	169	163	64	1	1	1	26	22
56	25	111	117	195	188	59	11	36	39	101	95	61	24	96	101	175	168	64	2	2	3	34	30
56	26	116	122	201	194	59	12	40	44	107	101	61	25	101	107	180	174	64	3	5	6	41	37
56	27	122	128	206	200	59	13	45	49	114	108	61	26	106	112	186	180	64	4	7	9	48	44
56	28	128	134	212	206	59	14	50	54	120	114	61	27	111	117	191	185	64	5	11	12	55	50
57	0	0	0	19	15	59	15	54	59	126	120	61	28	117	122	197	191	64	6	14	16	62	57
57	1	1	1	29	25	59	16	59	64	133	126	61	29	122	128	202	196	64	7	18	20	68	63
57	2	2	3	38	34	59	17	64	69	139	132	61	30	127	133	207	201	64	8	21	24	75	69
57	3	5	6	47	42	59	18	69	74	145	138	61	31	133	139	213	207	64	9	25	28	81	76
57	4	8	10	54	49	59	19	74	79	151	144	62	0	0	0	17	14	64	10	.29	32	87	82
57	5	12	14	62	57	59	20	79	84	157	150	62	1	1	1	27	23	64	11	33	36	93	88
57	6	15	18	70	64	59	21	84	89	163	156	62	2	2	3	35	31	64	12	37	41	99	94
57	7	19	22	77	71	59	22	89	94	168	162	62	3	5	6	43	38	64	13	41	45	105	99
57	8	24	27	84	78	59	23	94	100	174	168	62	4	8	9	50	45	64	14	46	50	111	105
57	9	28	31	91	85	59	24	99	105	180	174	62	5	11	13	57	52	64	15	50	54	117	111
57	10	32	36	98	92	59	25	105	110	186	179	62	6	14	16	64	59	64	16	55	59	123	117
57	11	37	41	104	98	59	26	110	116	191	185	62	7	18	20	71	65	64	17	59	63	128	122
57	12	42	46	111	105	59	27	115	121	197	191	62	8	22	24	77	72	64	18	63	68	134	128
57	13	46	50	118	111	59	28	121	127	203	197	62	9	26	29	84	78	64	19	68	73	140	134
57	14	51	55	124	118	59	29	126	132	208	202	62	10	30	33	90	84	64	20	73	77	145	139
57	15	56	61	131	124	59	30	132	138	214	208	62	11	34	37	96	90	64	21	77	82	151	145
57	16	61	66	137	130	60	0	0	0	18	15	62	12	38	42	102	97	64	22	82	87	156	150
57	17	66	71	143	137	60	1	1	1	28	24	62	13	43	46	109	103	64	23	87	92	162	156
57	18	71	76	149	143	60	2	2	3	36	32	62	14	47	51	115	109	64	24	92	97	167	161
57	19	76	82	156	149	60	3	5	6	44	39	62	15	52	56	121	115	64	25	96	102	172	166
57	20	82	87	162	155	60	4	8	9	52	47	62	16	56	60	126	120	64	26	101	106	178	172
57	21	87	92	168	161	60	5	11	13	59	54	62	17	61	65	132	126	64	27	106	111	183	177
57	22	92	98	174	167	60	6	15	17	66	61	62	18	66	70	138	132	64	28	111	116	188	182
57	23	98	103	180	173	60	7	19	21	73	67	62	19	70	75	144	138	64	29	116	122	193	188
57	24	103	109	186	179	60	8	23	25	80	74	62	20	75	80	150	143	64	30	121	127	199	193
57	25	109	114	192	185	60	9	27	30	86	81	62	21	80	85	155	149	64	31	126	132	204	198
57	26	114	120	197	191	60	10	31	34	93	87	62	22	85	90	161	155	64	32	131	137	209	203
57	27	120	126	203	197	60	11	35	39	99	93	62	23	90	95	167	160	65	0	0	0	16	13
57	28	125	131	209	203	60	12	40	43	106	100	62	24	95	100	172	166	65	1	1	1	25	22
57	29	131	137	215	209	60	13	44	48	112	106	62	25	100	105	178	171	65	2	2	3	33	29
58	0	0	0	19	15	60	14	49	53	118	112	62	26	105	110	183	177	65	3	5	5	41	36
58	1	1	1	29	25	60	15	53	58	124	118	62	27	110	115	188	182	65	4	7	9	48	43

CONFIDENCE BOUNDS FOR A

N = 340

n	a	LOWER .975	.95	UPPER .975	.95
65	5	10	12	54	50
65	6	14	16	61	56
65	7	17	20	67	62
65	8	21	23	74	68
65	9	25	27	80	74
65	10	29	32	86	80
65	11	33	36	92	86
65	12	37	40	98	92
65	13	41	44	104	98
65	14	45	49	109	104
65	15	49	53	115	109
65	16	54	58	121	115
65	17	58	62	127	121
65	18	63	67	132	126
65	19	67	71	138	132
65	20	72	76	143	137
65	21	76	81	149	143
65	22	81	86	154	148
65	23	85	90	159	153
65	24	90	95	165	159
65	25	95	100	170	164
65	26	100	105	175	169
65	27	104	110	180	175
65	28	109	115	186	180
65	29	114	120	191	185
65	30	119	125	196	190
65	31	124	130	201	195
65	32	129	135	206	200
65	33	134	140	211	205
66	0	0	0	16	13
66	1	1	1	25	21
66	2	2	3	33	29
66	3	5	5	40	36
66	4	7	9	47	42
66	5	10	12	54	49
66	6	14	16	60	55
66	7	17	19	66	61
66	8	21	23	73	67
66	9	24	27	79	73
66	10	28	31	85	79
66	11	32	35	91	85
66	12	36	39	96	91
66	13	40	44	102	97
66	14	44	48	108	102
66	15	49	52	114	108
66	16	53	57	119	113
66	17	57	61	125	119
66	18	62	66	130	124
66	19	66	70	136	130
66	20	70	75	141	135
66	21	75	80	146	141
66	22	79	84	152	146
66	23	84	89	157	151
66	24	89	94	162	156
66	25	93	98	168	162
66	26	98	103	173	167
66	27	103	108	178	172
66	28	108	113	183	177
66	29	112	118	188	182
66	30	117	123	193	187
66	31	122	128	198	192
66	32	127	133	203	198
66	33	132	137	208	203
67	0	0	0	16	13
67	1	1	1	25	21
67	2	2	3	32	28
67	3	4	5	39	35
67	4	7	8	46	42
67	5	10	12	53	48
67	6	13	15	59	54
67	7	17	19	65	60
67	8	20	23	71	66
67	9	24	27	77	72
67	10	28	31	83	78
67	11	32	35	89	84

N = 340

n	a	LOWER .975	.95	UPPER .975	.95
67	12	36	39	95	89
67	13	40	43	101	95
67	14	44	47	106	101
67	15	48	52	112	106
67	16	52	56	117	112
67	17	56	60	123	117
67	18	61	65	128	123
67	19	65	69	134	128
67	20	69	74	139	133
67	21	74	78	144	138
67	22	78	83	150	144
67	23	83	88	155	149
67	24	87	92	160	154
67	25	92	97	165	159
67	26	97	102	170	165
67	27	101	106	175	170
67	28	106	111	181	175
67	29	111	116	186	180
67	30	115	121	191	185
67	31	120	126	196	190
67	32	125	130	200	195
67	33	130	135	205	200
67	34	135	140	210	205
68	0	0	0	16	13
68	1	1	1	24	21
68	2	2	3	32	28
68	3	4	5	39	35
68	4	7	8	45	41
68	5	10	12	52	47
68	6	13	15	58	53
68	7	17	19	64	59
68	8	20	22	70	65
68	9	24	26	76	71
68	10	27	30	82	77
68	11	31	34	88	83
68	12	35	38	94	88
68	13	39	43	99	94
68	14	43	47	105	99
68	15	47	51	110	105
68	16	51	55	116	110
68	17	56	60	121	115
68	18	60	64	127	121
68	19	64	68	132	126
68	20	68	73	137	131
68	21	73	77	142	137
68	22	77	82	148	142
68	23	82	86	153	147
68	24	86	91	158	152
68	25	91	95	163	157
68	26	95	100	168	162
68	27	100	105	173	167
68	28	104	109	178	172
68	29	109	114	183	177
68	30	114	119	188	182
68	31	118	124	193	187
68	32	123	128	198	192
68	33	128	133	203	197
68	34	133	138	207	202

N = 350

n	a	LOWER .975	.95	UPPER .975	.95
1	0	0	0	341	332
1	1	9	18	350	350
2	0	0	0	294	271
2	1	5	9	345	341
3	0	0	0	246	220
3	1	3	6	316	302
3	2	34	48	347	344
4	0	0	0	209	183
4	1	3	5	281	262
4	2	25	35	325	315
5	0	0	0	181	156
5	1	2	4	249	229
5	2	19	28	297	283
5	3	53	67	331	322
6	0	0	0	159	136
6	1	2	3	223	202
6	2	16	23	271	254
6	3	43	55	307	295
7	0	0	0	142	120
7	1	2	3	201	181
7	2	14	20	247	229
7	3	36	46	284	270
7	4	66	80	314	304
8	0	0	0	127	108
8	1	2	3	182	163
8	2	12	17	226	208
8	3	31	40	263	247
8	4	56	69	294	281
9	0	0	0	116	97
9	1	1	2	167	148
9	2	11	15	208	191
9	3	27	35	243	228
9	4	49	60	274	261
9	5	76	89	301	290
10	0	0	0	106	89
10	1	1	2	154	136
10	2	10	14	193	176
10	3	25	32	226	211
10	4	44	54	256	242
10	5	67	79	283	271
11	0	0	0	98	82
11	1	1	2	142	126
11	2	9	13	179	163
11	3	22	29	211	196
11	4	40	49	240	226
11	5	60	71	266	253
11	6	84	97	290	279
12	0	0	0	91	76
12	1	1	2	133	117
12	2	8	12	167	151
12	3	20	26	198	183
12	4	36	44	226	211
12	5	55	65	251	238
12	6	76	88	274	262
13	0	0	0	84	70
13	1	1	2	124	109
13	2	8	11	157	142
13	3	19	24	186	171
13	4	33	41	213	198
13	5	50	60	237	224
13	6	69	80	260	248
13	7	90	102	281	270
14	0	0	0	79	66
14	1	1	2	116	102
14	2	7	10	148	133
14	3	18	23	175	161
14	4	31	38	201	187
14	5	46	55	225	211
14	6	64	74	247	234
14	7	83	94	267	256
15	0	0	0	74	62
15	1	1	2	110	96
15	2	7	9	139	125
15	3	16	21	166	152
15	4	29	35	190	177

N = 350

n	a	LOWER .975	.95	UPPER .975	.95
15	5	43	51	213	200
15	6	59	68	235	222
15	7	76	87	255	243
15	8	95	107	274	263
16	0	0	0	70	58
16	1	1	2	104	90
16	2	6	9	132	118
16	3	15	20	157	144
16	4	27	33	181	167
16	5	40	48	203	190
16	6	55	64	224	211
16	7	71	81	243	231
16	8	88	99	262	251
17	0	0	0	66	55
17	1	1	2	98	86
17	2	6	8	125	112
17	3	15	19	150	136
17	4	25	31	172	159
17	5	38	45	193	180
17	6	52	60	213	201
17	7	67	76	232	220
17	8	83	93	250	239
17	9	100	111	267	257
18	0	0	0	63	52
18	1	1	1	93	81
18	2	6	8	119	106
18	3	14	18	142	130
18	4	24	29	164	151
18	5	36	42	185	172
18	6	49	56	204	192
18	7	63	71	222	211
18	8	78	87	240	229
18	9	93	104	257	246
19	0	0	0	60	49
19	1	1	1	89	77
19	2	5	8	113	101
19	3	13	17	136	124
19	4	23	28	157	144
19	5	34	40	177	164
19	6	46	53	195	183
19	7	59	67	213	201
19	8	73	82	230	219
19	9	88	98	247	236
19	10	103	114	262	252
20	0	0	0	57	47
20	1	1	1	85	74
20	2	5	7	108	97
20	3	12	16	130	118
20	4	22	26	150	138
20	5	32	38	169	157
20	6	44	51	187	175
20	7	56	64	205	193
20	8	69	78	221	210
20	9	83	93	237	226
20	10	98	108	252	242
21	0	0	0	54	45
21	1	1	1	81	70
21	2	5	7	104	92
21	3	12	15	125	113
21	4	21	25	144	132
21	5	30	36	162	151
21	6	41	48	180	168
21	7	53	61	197	185
21	8	66	74	213	202
21	9	79	88	228	218
21	10	92	102	243	233
21	11	107	117	258	248
22	0	0	0	52	43
22	1	1	1	78	67
22	2	5	7	99	89
22	3	11	15	119	108
22	4	20	24	138	127
22	5	29	34	156	144
22	6	39	46	173	162
22	7	51	58	189	178

CONFIDENCE BOUNDS FOR A

N = 350

n	a	LOWER .975	LOWER .95	UPPER .975	UPPER .95
22	8	62	70	205	194
22	9	75	84	220	209
22	10	88	97	235	224
22	11	101	111	249	239
23	0	0	0	50	41
23	1	1	1	74	64
23	2	5	6	96	85
23	3	11	14	115	104
23	4	19	23	133	122
23	5	28	33	150	139
23	6	38	44	167	155
23	7	48	55	182	171
23	8	60	67	198	187
23	9	71	80	212	202
23	10	84	93	227	216
23	11	96	106	240	230
23	12	110	120	254	244
24	0	0	0	48	39
24	1	1	1	71	62
24	2	5	6	92	82
24	3	11	13	111	100
24	4	18	22	128	117
24	5	27	32	145	134
24	6	36	42	161	150
24	7	46	53	176	165
24	8	57	64	191	180
24	9	68	76	205	195
24	10	80	88	219	209
24	11	92	101	232	222
24	12	105	114	245	236
25	0	0	0	46	38
25	1	1	1	69	60
25	2	4	6	88	79
25	3	10	13	106	96
25	4	17	21	123	113
25	5	26	30	140	129
25	6	35	40	155	144
25	7	44	51	170	159
25	8	55	62	184	174
25	9	65	73	198	188
25	10	76	85	212	202
25	11	88	97	225	215
25	12	100	109	238	228
25	13	112	122	250	241
26	0	0	0	44	36
26	1	1	1	66	57
26	2	4	6	85	76
26	3	10	12	103	93
26	4	17	20	119	109
26	5	25	29	135	124
26	6	33	39	150	139
26	7	43	49	164	154
26	8	52	59	178	168
26	9	63	70	192	182
26	10	73	81	205	195
26	11	84	93	218	208
26	12	96	105	230	221
26	13	108	117	242	233
27	0	0	0	43	35
27	1	1	1	64	55
27	2	4	6	82	73
27	3	9	12	99	90
27	4	16	20	115	105
27	5	24	28	130	120
27	6	32	37	145	135
27	7	41	47	159	149
27	8	50	57	173	162
27	9	60	67	186	176
27	10	70	78	199	189
27	11	81	89	211	201
27	12	92	100	223	214
27	13	103	112	235	226
27	14	115	124	247	238
28	0	0	0	41	34
28	1	1	1	62	53

N = 350

n	a	LOWER .975	LOWER .95	UPPER .975	UPPER .95
28	2	4	5	80	71
28	3	9	12	96	86
28	4	16	19	111	102
28	5	23	27	126	116
28	6	31	36	140	130
28	7	40	45	154	144
28	8	49	55	167	157
28	9	58	65	180	170
28	10	68	75	193	183
28	11	78	86	205	195
28	12	88	97	217	207
28	13	99	108	228	219
28	14	110	119	240	231
29	0	0	0	40	32
29	1	1	1	60	52
29	2	4	5	77	68
29	3	9	11	93	84
29	4	15	18	108	98
29	5	22	26	122	112
29	6	30	35	136	126
29	7	38	44	149	139
29	8	47	53	162	152
29	9	56	62	175	165
29	10	65	72	187	177
29	11	75	83	199	189
29	12	85	93	211	201
29	13	95	104	222	213
29	14	106	115	233	224
29	15	117	126	244	235
30	0	0	0	38	31
30	1	1	1	58	50
30	2	4	5	75	66
30	3	9	11	90	81
30	4	15	18	105	95
30	5	21	25	118	109
30	6	29	34	132	122
30	7	37	42	145	135
30	8	45	51	157	148
30	9	54	60	170	160
30	10	63	70	182	172
30	11	72	80	193	184
30	12	82	90	205	195
30	13	92	100	216	207
30	14	102	111	227	218
30	15	113	121	237	229
31	0	0	0	37	30
31	1	1	1	56	48
31	2	4	5	72	64
31	3	8	11	87	79
31	4	14	17	101	92
31	5	21	25	115	106
31	6	28	32	128	119
31	7	36	41	141	131
31	8	44	49	153	143
31	9	52	58	165	155
31	10	61	68	177	167
31	11	70	77	188	179
31	12	79	87	199	190
31	13	89	97	210	201
31	14	99	107	221	212
31	15	109	117	231	222
31	16	119	128	241	233
32	0	0	0	36	29
32	1	1	1	54	47
32	2	4	5	70	62
32	3	8	10	85	76
32	4	14	17	98	90
32	5	20	24	112	103
32	6	27	31	124	115
32	7	35	39	137	127
32	8	42	48	149	139
32	9	51	56	160	151
32	10	59	65	172	162
32	11	68	75	183	174
32	12	77	84	194	185

N = 350

n	a	LOWER .975	LOWER .95	UPPER .975	UPPER .95
32	13	86	93	204	195
32	14	95	103	215	206
32	15	105	113	225	217
32	16	115	123	235	227
33	0	0	0	35	28
33	1	1	1	53	45
33	2	4	5	68	60
33	3	8	10	82	74
33	4	13	16	96	87
33	5	20	23	108	100
33	6	26	31	121	112
33	7	34	38	133	124
33	8	41	46	145	135
33	9	49	55	156	147
33	10	57	63	167	158
33	11	66	72	178	169
33	12	74	81	189	180
33	13	83	90	199	190
33	14	92	100	209	201
33	15	101	109	220	211
33	16	111	119	229	221
33	17	121	129	239	231
34	0	0	0	34	28
34	1	1	1	51	44
34	2	3	5	66	58
34	3	8	10	80	72
34	4	13	16	93	85
34	5	19	22	106	97
34	6	26	30	118	109
34	7	33	37	129	120
34	8	40	45	141	132
34	9	48	53	152	143
34	10	55	61	163	154
34	11	64	70	173	164
34	12	72	79	184	175
34	13	81	88	194	185
34	14	89	97	204	195
34	15	98	106	214	205
34	16	107	115	224	215
34	17	117	125	233	225
35	0	0	0	33	27
35	1	1	1	50	43
35	2	3	4	64	57
35	3	8	9	78	70
35	4	13	15	90	82
35	5	19	22	103	94
35	6	25	29	114	106
35	7	32	36	126	117
35	8	39	44	137	128
35	9	46	52	148	139
35	10	54	60	159	150
35	11	62	68	169	160
35	12	70	76	179	170
35	13	78	85	189	181
35	14	87	94	199	191
35	15	95	103	209	200
35	16	104	112	218	210
35	17	113	121	228	220
35	18	122	130	237	229
36	0	0	0	32	26
36	1	1	1	48	42
36	2	3	4	63	55
36	3	7	9	76	68
36	4	12	15	88	80
36	5	18	21	100	92
36	6	24	28	112	103
36	7	31	35	123	114
36	8	38	43	134	125
36	9	45	50	144	136
36	10	52	58	155	146
36	11	60	66	165	156
36	12	68	74	175	166
36	13	76	83	185	176
36	14	84	91	194	186
36	15	92	100	204	195

N = 350

n	a	LOWER .975	LOWER .95	UPPER .975	UPPER .95
36	16	101	109	213	205
36	17	110	117	222	214
36	18	119	127	231	223
37	0	0	0	31	25
37	1	1	1	47	40
37	2	3	4	61	54
37	3	7	9	74	66
37	4	12	15	86	78
37	5	18	21	97	89
37	6	24	27	109	100
37	7	30	34	120	111
37	8	37	41	130	122
37	9	44	49	141	132
37	10	51	56	151	142
37	11	58	64	161	152
37	12	66	72	171	162
37	13	74	80	180	172
37	14	82	89	190	181
37	15	90	97	199	191
37	16	98	105	208	200
37	17	106	114	217	209
37	18	115	123	226	218
37	19	124	132	235	227
38	0	0	0	30	25
38	1	1	1	46	39
38	2	3	4	59	52
38	3	7	9	72	64
38	4	12	14	84	76
38	5	17	20	95	87
38	6	23	27	106	98
38	7	29	33	117	108
38	8	36	40	127	119
38	9	43	47	137	129
38	10	50	55	147	139
38	11	57	62	157	149
38	12	64	70	167	158
38	13	72	78	176	168
38	14	79	86	185	177
38	15	87	94	195	186
38	16	95	102	204	195
38	17	103	111	212	204
38	18	112	119	221	213
38	19	120	128	230	222
39	0	0	0	29	24
39	1	1	1	45	38
39	2	3	4	58	51
39	3	7	9	70	63
39	4	12	14	82	74
39	5	17	20	93	85
39	6	22	26	103	96
39	7	29	32	114	106
39	8	35	39	124	116
39	9	41	46	134	126
39	10	48	53	144	136
39	11	55	61	153	145
39	12	62	68	163	154
39	13	70	76	172	164
39	14	77	84	181	173
39	15	85	92	190	182
39	16	93	100	199	191
39	17	101	108	208	200
39	18	109	116	216	208
39	19	117	125	225	217
39	20	125	133	233	225
40	0	0	0	29	23
40	1	1	1	43	37
40	2	3	4	56	50
40	3	7	8	68	61
40	4	11	14	80	72
40	5	16	19	91	83
40	6	22	25	101	93
40	7	28	32	111	103
40	8	34	38	121	113
40	9	40	45	131	123
40	10	47	52	141	132

CONFIDENCE BOUNDS FOR A

n	a	N=350 LOWER .975	.95	UPPER .975	.95	n	a	N=350 LOWER .975	.95	UPPER .975	.95	n	a	N=350 LOWER .975	.95	UPPER .975	.95	n	a	N=350 LOWER .975	.95	UPPER .975	.95
40	11	54	59	150	142	43	21	120	127	222	215	47	2	3	4	48	42	50	1	1	1	35	30
40	12	61	67	159	151	43	22	128	135	230	223	47	3	6	7	58	52	50	2	3	3	45	40
40	13	68	74	168	160	44	0	0	0	26	21	47	4	10	12	68	62	50	3	6	7	55	49
40	14	75	82	177	169	44	1	1	1	39	34	47	5	14	17	77	71	50	4	9	11	64	58
40	15	83	89	186	178	44	2	3	4	51	45	47	6	19	22	87	80	50	5	13	16	73	67
40	16	90	97	195	187	44	3	6	8	62	56	47	7	24	27	95	88	50	6	18	21	82	75
40	17	98	105	203	195	44	4	10	12	73	66	47	8	29	33	104	97	50	7	23	26	90	83
40	18	106	113	212	204	44	5	15	18	83	76	47	9	35	38	113	105	50	8	27	31	98	91
40	19	114	121	220	212	44	6	20	23	92	85	47	10	40	44	121	114	50	9	33	36	106	99
40	20	122	129	228	221	44	7	25	29	102	94	47	11	46	50	129	122	50	10	38	42	114	107
41	0	0	0	28	23	44	8	31	35	111	103	47	12	52	57	137	130	50	11	43	47	122	115
41	1	1	1	42	36	44	9	37	41	120	112	47	13	58	63	145	138	50	12	49	53	130	122
41	2	3	4	55	49	44	10	43	47	129	121	47	14	64	69	153	146	50	13	54	59	137	130
41	3	7	8	67	60	44	11	49	54	137	130	47	15	70	76	161	153	50	14	60	65	145	137
41	4	11	13	78	71	44	12	55	60	146	138	47	16	76	82	169	161	50	15	66	71	152	145
41	5	16	19	88	81	44	13	62	67	154	147	47	17	83	89	176	169	50	16	72	77	159	152
41	6	21	25	99	91	44	14	68	74	163	155	47	18	89	95	184	176	50	17	78	83	167	159
41	7	27	31	109	101	44	15	75	81	171	163	47	19	96	102	191	184	50	18	84	90	174	167
41	8	33	37	118	111	44	16	82	88	179	171	47	20	103	109	198	191	50	19	90	96	181	174
41	9	39	44	128	120	44	17	89	95	187	179	47	21	109	116	206	198	50	20	96	102	188	181
41	10	46	51	137	129	44	18	96	102	195	187	47	22	116	123	213	206	50	21	102	109	195	188
41	11	53	58	147	138	44	19	103	110	203	195	47	23	123	130	220	213	50	22	109	115	202	195
41	12	59	65	156	148	44	20	110	117	210	203	47	24	130	137	227	220	50	23	115	122	208	201
41	13	66	72	165	156	44	21	117	124	218	210	48	0	0	0	24	19	50	24	122	128	215	208
41	14	73	80	173	165	44	22	125	132	225	218	48	1	1	1	36	31	50	25	128	135	222	215
41	15	81	87	182	174	45	0	0	0	25	21	48	2	3	4	47	41	51	0	0	0	22	18
41	16	88	95	191	183	45	1	1	1	39	33	48	3	6	7	57	51	51	1	1	1	34	29
41	17	95	102	199	191	45	2	3	4	50	44	48	4	10	12	67	60	51	2	3	3	44	39
41	18	103	110	207	199	45	3	6	8	61	55	48	5	14	16	76	69	51	3	6	7	54	48
41	19	111	118	215	208	45	4	10	12	71	64	48	6	19	21	85	78	51	4	9	11	63	57
41	20	119	126	223	216	45	5	15	17	81	74	48	7	23	27	94	87	51	5	13	15	72	65
41	21	127	134	231	224	45	6	20	23	90	83	48	8	29	32	102	95	51	6	18	20	80	74
42	0	0	0	27	22	45	7	25	28	100	92	48	9	34	38	110	103	51	7	22	25	88	82
42	1	1	1	41	36	45	8	30	34	109	101	48	10	39	43	119	111	51	8	27	30	96	90
42	2	3	4	54	47	45	9	36	40	117	110	48	11	45	49	127	119	51	9	32	36	104	97
42	3	7	8	65	58	45	10	42	46	126	118	48	12	51	55	135	127	51	10	37	41	112	105
42	4	11	13	76	69	45	11	48	53	135	127	48	13	57	62	143	135	51	11	42	47	120	113
42	5	16	18	86	79	45	12	54	59	143	135	48	14	62	68	150	143	51	12	48	52	127	120
42	6	21	24	96	89	45	13	60	66	151	144	48	15	69	74	158	150	51	13	53	58	135	128
42	7	27	30	106	99	45	14	67	72	159	152	48	16	75	80	165	158	51	14	59	64	142	135
42	8	32	37	116	108	45	15	73	79	167	160	48	17	81	87	173	165	51	15	64	70	149	142
42	9	39	43	125	117	45	16	80	86	175	168	48	18	87	93	180	173	51	16	70	76	156	149
42	10	45	50	134	126	45	17	87	93	183	176	48	19	94	100	188	180	51	17	76	82	164	156
42	11	51	56	143	135	45	18	93	100	191	183	48	20	100	107	195	187	51	18	82	88	171	163
42	12	58	63	152	144	45	19	100	107	199	191	48	21	107	113	202	195	51	19	88	94	178	170
42	13	65	70	161	153	45	20	107	114	206	199	48	22	114	120	209	202	51	20	94	100	184	177
42	14	72	78	170	162	45	21	114	121	214	206	48	23	120	127	216	209	51	21	100	106	191	184
42	15	79	85	178	170	45	22	122	129	221	214	48	24	127	134	223	216	51	22	107	113	198	191
42	16	86	92	187	179	45	23	129	136	228	221	49	0	0	0	23	19	51	23	113	119	205	198
42	17	93	100	195	187	46	0	0	0	25	20	49	1	1	1	35	30	51	24	119	126	211	205
42	18	100	107	203	195	46	1	1	1	38	32	49	2	3	4	46	41	51	25	126	132	218	211
42	19	108	115	211	203	46	2	3	4	49	43	49	3	6	7	56	50	51	26	132	139	224	218
42	20	116	123	219	211	46	3	6	7	60	53	49	4	9	11	65	59	52	0	0	0	22	18
42	21	123	131	227	219	46	4	10	12	70	63	49	5	14	16	74	68	52	1	1	1	33	29
43	0	0	0	27	22	46	5	14	17	79	72	49	6	18	21	83	77	52	2	3	3	43	38
43	1	1	1	40	35	46	6	19	22	88	81	49	7	23	26	92	85	52	3	6	7	53	47
43	2	3	4	52	46	46	7	24	28	97	90	49	8	28	31	100	93	52	4	9	11	62	56
43	3	6	8	64	57	46	8	30	33	106	99	49	9	33	37	108	101	52	5	13	15	70	64
43	4	11	13	74	67	46	9	35	39	115	108	49	10	39	43	116	109	52	6	17	20	78	72
43	5	15	18	84	77	46	10	41	45	123	116	49	11	44	48	124	117	52	7	22	25	87	80
43	6	21	24	94	87	46	11	47	52	132	124	49	12	50	54	132	125	52	8	26	30	95	88
43	7	26	30	104	96	46	12	53	58	140	133	49	13	55	60	140	133	52	9	31	35	102	96
43	8	32	36	113	106	46	13	59	64	148	141	49	14	61	66	147	140	52	10	36	40	110	103
43	9	38	42	122	115	46	14	65	71	156	149	49	15	67	73	155	148	52	11	42	46	117	111
43	10	44	48	131	124	46	15	72	77	164	157	49	16	73	79	162	155	52	12	47	51	125	118
43	11	50	55	140	132	46	16	78	84	172	164	49	17	79	85	170	162	52	13	52	57	132	125
43	12	57	62	149	141	46	17	85	91	180	172	49	18	85	91	177	170	52	14	58	63	139	132
43	13	63	69	158	150	46	18	91	98	187	180	49	19	92	98	184	177	52	15	63	68	147	140
43	14	70	76	166	158	46	19	98	105	195	187	49	20	98	104	191	184	52	16	69	74	154	147
43	15	77	83	174	167	46	20	105	112	202	195	49	21	105	111	198	191	52	17	75	80	161	154
43	16	84	90	183	175	46	21	112	119	210	202	49	22	111	118	205	198	52	18	80	86	168	161
43	17	91	97	191	183	46	22	119	126	217	210	49	23	118	124	212	205	52	19	86	92	174	167
43	18	98	105	199	191	46	23	126	133	224	217	49	24	124	131	219	212	52	20	92	98	181	174
43	19	105	112	207	199	47	0	0	0	24	20	49	25	131	138	226	219	52	21	98	104	188	181
43	20	113	120	215	207	47	1	1	1	37	32	50	0	0	0	23	18	52	22	104	111	195	188

CONFIDENCE BOUNDS FOR A

N = 350

n	a	LOWER .975	LOWER .95	UPPER .975	UPPER .95
52	23	111	117	201	194
52	24	117	123	208	201
52	25	123	130	214	207
52	26	129	136	221	214
53	0	0	0	21	17
53	1	1	1	33	28
53	2	3	3	42	37
53	3	5	7	52	46
53	4	9	11	60	55
53	5	13	15	69	63
53	6	17	19	77	71
53	7	21	24	85	79
53	8	26	29	93	86
53	9	31	34	100	94
53	10	36	39	108	101
53	11	41	45	115	109
53	12	46	50	123	116
53	13	51	56	130	123
53	14	57	61	137	130
53	15	62	67	144	137
53	16	68	73	151	144
53	17	73	79	158	151
53	18	79	84	165	158
53	19	85	90	171	164
53	20	90	96	178	171
53	21	96	102	185	178
53	22	102	108	191	184
53	23	108	115	198	191
53	24	114	121	204	198
53	25	121	127	211	204
53	26	127	133	217	210
53	27	133	140	223	217
54	0	0	0	21	17
54	1	1	1	32	27
54	2	3	3	42	37
54	3	5	7	51	45
54	4	9	10	59	54
54	5	13	15	68	62
54	6	17	19	76	70
54	7	21	24	83	77
54	8	26	29	91	85
54	9	30	34	99	92
54	10	35	39	106	99
54	11	40	44	113	107
54	12	45	49	121	114
54	13	50	55	128	121
54	14	56	60	135	128
54	15	61	66	142	135
54	16	66	71	148	142
54	17	72	77	155	148
54	18	77	83	162	155
54	19	83	89	169	162
54	20	89	94	175	168
54	21	95	100	182	175
54	22	100	106	188	181
54	23	106	112	195	188
54	24	112	118	201	194
54	25	118	125	207	201
54	26	124	131	213	207
54	27	130	137	220	213
55	0	0	0	20	17
55	1	1	1	31	27
55	2	3	3	41	36
55	3	5	6	50	45
55	4	9	10	58	53
55	5	12	14	66	61
55	6	16	19	74	68
55	7	21	23	82	76
55	8	25	28	90	83
55	9	30	33	97	91
55	10	34	38	104	98
55	11	39	43	111	105
55	12	44	48	118	112
55	13	49	54	125	119
55	14	55	59	132	126

N = 350

n	a	LOWER .975	LOWER .95	UPPER .975	UPPER .95
55	15	60	65	139	132
55	16	65	70	146	139
55	17	70	76	153	146
55	18	76	81	159	152
55	19	81	87	166	159
55	20	87	93	172	165
55	21	93	98	179	172
55	22	98	104	185	178
55	23	104	110	191	185
55	24	110	116	198	191
55	25	116	122	204	197
55	26	122	128	210	203
55	27	128	134	216	210
55	28	134	140	222	216
56	0	0	0	20	16
56	1	1	1	31	26
56	2	2	3	40	35
56	3	5	6	49	44
56	4	8	10	57	52
56	5	12	14	65	60
56	6	16	18	73	67
56	7	20	23	81	74
56	8	25	28	88	82
56	9	29	32	95	89
56	10	34	37	102	96
56	11	39	42	109	103
56	12	44	48	116	110
56	13	49	53	123	117
56	14	54	58	130	123
56	15	59	63	137	130
56	16	64	69	143	137
56	17	69	74	150	143
56	18	75	80	157	150
56	19	80	85	163	156
56	20	85	91	169	163
56	21	91	97	176	169
56	22	97	102	182	175
56	23	102	108	188	182
56	24	108	114	194	188
56	25	114	120	201	194
56	26	120	126	207	200
56	27	125	132	213	206
56	28	131	138	219	212
57	0	0	0	20	16
57	1	1	1	30	26
57	2	2	3	39	35
57	3	5	6	48	43
57	4	8	10	56	51
57	5	12	14	64	58
57	6	16	18	72	66
57	7	20	23	79	73
57	8	24	27	86	80
57	9	29	32	94	87
57	10	33	37	101	94
57	11	38	42	108	101
57	12	43	47	114	108
57	13	48	52	121	115
57	14	53	57	128	121
57	15	58	62	135	128
57	16	63	68	141	134
57	17	68	73	148	141
57	18	73	78	154	147
57	19	79	84	160	154
57	20	84	89	167	160
57	21	89	95	173	166
57	22	95	101	179	172
57	23	100	106	185	179
57	24	106	112	191	185
57	25	112	118	197	191
57	26	117	123	203	197
57	27	123	129	209	203
57	28	129	135	215	209
57	29	135	141	221	215
58	0	0	0	19	16
58	1	1	1	30	25

N = 350

n	a	LOWER .975	LOWER .95	UPPER .975	UPPER .95
58	2	2	3	39	34
58	3	5	6	47	42
58	4	8	10	55	50
58	5	12	14	63	57
58	6	16	18	70	65
58	7	20	22	78	72
58	8	24	27	85	79
58	9	28	31	92	86
58	10	33	36	99	93
58	11	37	41	106	100
58	12	42	46	113	106
58	13	47	51	119	113
58	14	52	56	126	119
58	15	57	61	132	126
58	16	62	66	139	132
58	17	67	72	145	139
58	18	72	77	152	145
58	19	77	82	158	151
58	20	82	88	164	157
58	21	88	93	170	164
58	22	93	99	176	170
58	23	99	104	182	176
58	24	104	110	188	182
58	25	110	116	194	188
58	26	115	121	200	194
58	27	121	127	206	200
58	28	127	133	212	206
58	29	132	139	218	211
59	0	0	0	19	15
59	1	1	1	29	25
59	2	2	3	38	33
59	3	5	6	46	41
59	4	8	10	54	49
59	5	12	14	62	56
59	6	15	18	69	64
59	7	19	22	76	71
59	8	24	26	84	78
59	9	28	31	91	84
59	10	32	36	97	91
59	11	37	40	104	98
59	12	41	45	111	104
59	13	46	50	117	111
59	14	51	55	124	117
59	15	56	60	130	124
59	16	61	65	137	130
59	17	66	70	143	136
59	18	71	76	149	143
59	19	76	81	155	149
59	20	81	86	161	155
59	21	86	92	168	161
59	22	92	97	174	167
59	23	97	103	180	173
59	24	102	108	185	179
59	25	108	114	191	185
59	26	113	119	197	191
59	27	119	125	203	197
59	28	124	130	209	202
59	29	130	136	214	208
59	30	136	142	220	214
60	0	0	0	19	15
60	1	1	1	29	25
60	2	2	3	37	33
60	3	5	6	46	41
60	4	8	9	53	48
60	5	11	13	61	56
60	6	15	17	68	63
60	7	19	22	75	70
60	8	23	26	82	76
60	9	27	30	89	83
60	10	32	35	96	90
60	11	36	40	102	96
60	12	41	44	109	103
60	13	45	49	115	109
60	14	50	54	122	115
60	15	55	59	128	122

N = 350

n	a	LOWER .975	LOWER .95	UPPER .975	UPPER .95
60	16	60	64	134	128
60	17	65	69	141	134
60	18	70	74	147	140
60	19	75	80	153	146
60	20	80	85	159	152
60	21	85	90	165	158
60	22	90	95	171	164
60	23	95	101	177	170
60	24	101	106	183	176
60	25	106	112	188	182
60	26	111	117	194	188
60	27	117	123	200	194
60	28	122	128	206	199
60	29	128	134	211	205
60	30	133	139	217	211
61	0	0	0	18	15
61	1	1	1	28	24
61	2	2	3	37	32
61	3	5	6	45	40
61	4	8	9	52	47
61	5	11	13	60	55
61	6	15	17	67	62
61	7	19	21	74	68
61	8	23	26	81	75
61	9	27	30	88	82
61	10	31	34	94	88
61	11	36	39	101	95
61	12	40	44	107	101
61	13	45	49	114	107
61	14	49	53	120	114
61	15	54	58	126	120
61	16	59	63	132	126
61	17	64	68	138	132
61	18	68	73	145	138
61	19	73	78	151	144
61	20	78	83	157	150
61	21	83	89	162	156
61	22	88	94	168	162
61	23	94	99	174	168
61	24	99	104	180	174
61	25	104	110	186	179
61	26	109	115	191	185
61	27	115	120	197	191
61	28	120	126	203	196
61	29	125	131	208	202
61	30	131	137	214	208
61	31	136	142	219	213
62	0	0	0	18	15
62	1	1	1	28	24
62	2	2	3	36	32
62	3	5	6	44	39
62	4	8	9	52	47
62	5	11	13	59	54
62	6	15	17	66	61
62	7	19	21	73	67
62	8	22	25	80	74
62	9	27	29	86	80
62	10	31	34	93	87
62	11	35	38	99	93
62	12	39	43	106	100
62	13	44	48	112	106
62	14	48	53	118	112
62	15	53	57	124	118
62	16	58	62	130	124
62	17	63	67	136	130
62	18	67	72	142	136
62	19	72	77	148	142
62	20	77	82	154	148
62	21	82	87	160	154
62	22	87	92	166	159
62	23	92	97	172	165
62	24	97	103	177	171
62	25	102	108	183	177
62	26	107	113	189	182
62	27	113	118	194	188

CONFIDENCE BOUNDS FOR A

N = 350					N = 350					N = 350					N = 350			
		LOWER		UPPER			LOWER		UPPER			LOWER		UPPER			LOWER		UPPER
n	a	.975	.95	.975	.95	n	a	.975	.95	.975	.95	n	a	.975	.95	.975	.95	n	a	.975	.95	.975	.95

n	a	.975	.95	.975	.95
62	28	118	124	200	193
62	29	123	129	205	199
62	30	129	135	211	204
62	31	134	140	216	210
63	0	0	0	18	14
63	1	1	1	27	23
63	2	2	3	36	31
63	3	5	6	43	39
63	4	8	9	51	46
63	5	11	13	58	53
63	6	15	17	65	60
63	7	18	21	72	66
63	8	22	25	78	73
63	9	26	29	85	79
63	10	30	33	91	86
63	11	35	38	98	92
63	12	39	42	104	98
63	13	43	47	110	104
63	14	48	52	116	110
63	15	52	56	122	116
63	16	57	61	128	122
63	17	62	66	134	128
63	18	66	71	140	134
63	19	71	76	146	140
63	20	76	81	152	146
63	21	81	86	158	151
63	22	86	91	163	157
63	23	91	96	169	163
63	24	96	101	175	168
63	25	101	106	180	174
63	26	106	111	186	180
63	27	111	117	191	185
63	28	116	122	197	191
63	29	121	127	202	196
63	30	126	132	208	201
63	31	132	138	213	207
63	32	137	143	218	212
64	0	0	0	17	14
64	1	1	1	27	23
64	2	2	3	35	31
64	3	5	6	43	38
64	4	8	9	50	45
64	5	11	13	57	52
64	6	14	16	64	59
64	7	18	20	71	65
64	8	22	24	77	72
64	9	26	29	84	78
64	10	30	33	90	84
64	11	34	37	96	90
64	12	38	42	102	96
64	13	43	46	108	102
64	14	47	51	115	108
64	15	51	56	121	114
64	16	56	60	126	120
64	17	61	65	132	126
64	18	65	70	138	132
64	19	70	75	144	138
64	20	75	79	150	143
64	21	79	84	155	149
64	22	84	89	161	155
64	23	89	94	167	160
64	24	94	99	172	166
64	25	99	104	178	171
64	26	104	110	183	177
64	27	109	115	189	182
64	28	114	120	194	188
64	29	119	125	199	193
64	30	124	130	205	199
64	31	130	135	210	204
64	32	135	141	215	209
65	0	0	0	17	14
65	1	1	1	26	22
65	2	2	3	34	30
65	3	5	6	42	37
65	4	8	9	49	44

n	a	.975	.95	.975	.95
65	5	11	12	56	51
65	6	14	16	63	58
65	7	18	20	69	64
65	8	22	24	76	71
65	9	25	28	82	77
65	10	29	32	89	83
65	11	34	37	95	89
65	12	38	41	101	95
65	13	42	46	107	101
65	14	46	50	113	107
65	15	51	55	119	113
65	16	55	59	125	119
65	17	60	64	130	124
65	18	64	69	136	130
65	19	69	73	142	136
65	20	74	78	147	141
65	21	78	83	153	147
65	22	83	88	159	152
65	23	88	93	164	158
65	24	93	98	170	163
65	25	97	103	175	169
65	26	102	108	181	174
65	27	107	113	186	180
65	28	112	118	191	185
65	29	117	123	197	190
65	30	122	128	202	196
65	31	127	133	207	201
65	32	133	138	212	206
65	33	138	144	217	212
66	0	0	0	17	14
66	1	1	1	26	22
66	2	2	3	34	30
66	3	5	6	41	37
66	4	7	9	48	44
66	5	11	12	55	50
66	6	14	16	62	57
66	7	18	20	68	63
66	8	21	24	75	69
66	9	25	28	81	76
66	10	29	32	87	82
66	11	33	36	93	88
66	12	37	41	99	94
66	13	41	45	105	99
66	14	46	49	111	105
66	15	50	54	117	111
66	16	54	58	123	117
66	17	59	63	128	122
66	18	63	68	134	128
66	19	68	72	140	134
66	20	72	77	145	139
66	21	77	82	151	145
66	22	82	87	156	150
66	23	86	91	162	156
66	24	91	96	167	161
66	25	96	101	173	167
66	26	101	106	178	172
66	27	106	111	183	177
66	28	111	116	189	183
66	29	115	121	194	188
66	30	120	126	199	193
66	31	125	131	204	198
66	32	130	136	209	203
66	33	136	141	214	209
67	0	0	0	16	13
67	1	1	1	25	22
67	2	2	3	33	29
67	3	5	5	41	36
67	4	7	9	48	43
67	5	10	12	54	50
67	6	14	16	61	56
67	7	17	19	67	62
67	8	21	23	74	68
67	9	25	27	80	74
67	10	29	32	86	80
67	11	33	36	92	86

n	a	.975	.95	.975	.95
67	12	37	40	98	92
67	13	41	44	104	98
67	14	45	49	110	104
67	15	49	53	115	109
67	16	54	58	121	115
67	17	58	62	127	121
67	18	62	67	132	126
67	19	67	71	138	132
67	20	71	76	143	137
67	21	76	81	149	143
67	22	80	85	154	148
67	23	85	90	160	153
67	24	90	95	165	159
67	25	94	100	170	164
67	26	99	104	176	169
67	27	104	109	181	175
67	28	109	114	186	180
67	29	114	119	191	185
67	30	119	124	196	190
67	31	123	129	201	196
67	32	128	134	207	201
67	33	133	139	212	206
67	34	138	144	217	211
68	0	0	0	16	13
68	1	1	1	25	21
68	2	2	3	33	29
68	3	5	5	40	36
68	4	7	9	47	42
68	5	10	12	54	49
68	6	14	15	60	55
68	7	17	19	66	61
68	8	21	23	73	67
68	9	24	27	79	73
68	10	28	31	85	79
68	11	32	35	91	85
68	12	36	39	96	91
68	13	40	44	102	97
68	14	44	48	108	102
68	15	49	52	114	108
68	16	53	57	119	113
68	17	57	61	125	119
68	18	61	66	130	124
68	19	66	70	136	130
68	20	70	75	141	135
68	21	75	79	147	141
68	22	79	84	152	146
68	23	84	89	157	151
68	24	88	93	163	157
68	25	93	98	168	162
68	26	98	103	173	167
68	27	102	108	178	172
68	28	107	113	183	177
68	29	112	117	189	183
68	30	117	122	194	188
68	31	122	127	199	193
68	32	126	132	204	198
68	33	131	137	209	203
68	34	136	142	214	208
69	0	0	0	16	13
69	1	1	1	25	21
69	2	2	3	32	28
69	3	4	5	39	35
69	4	7	8	46	42
69	5	10	12	53	48
69	6	13	15	59	54
69	7	17	19	65	60
69	8	20	23	72	66
69	9	24	27	78	72
69	10	28	31	83	78
69	11	32	35	89	84
69	12	36	39	95	90
69	13	40	43	101	95
69	14	44	47	106	101
69	15	48	52	112	106
69	16	52	56	118	112

n	a	.975	.95	.975	.95
69	17	56	60	123	117
69	18	61	65	129	123
69	19	65	69	134	128
69	20	69	74	139	133
69	21	74	78	145	139
69	22	78	83	150	144
69	23	83	87	155	149
69	24	87	92	160	154
69	25	92	97	166	160
69	26	96	101	171	165
69	27	101	106	176	170
69	28	106	111	181	175
69	29	110	116	186	180
69	30	115	120	191	185
69	31	120	125	196	190
69	32	125	130	201	195
69	33	129	135	206	200
69	34	134	140	211	205
69	35	139	145	216	210
70	0	0	0	16	13
70	1	1	1	24	21
70	2	2	3	32	28
70	3	4	5	39	35
70	4	7	8	46	41
70	5	10	12	52	47
70	6	13	15	58	54
70	7	17	19	64	60
70	8	20	22	70	65
70	9	24	26	76	71
70	10	27	30	82	77
70	11	31	34	88	83
70	12	35	38	94	88
70	13	39	42	99	94
70	14	43	47	105	99
70	15	47	51	111	105
70	16	51	55	116	110
70	17	55	59	121	116
70	18	60	64	127	121
70	19	64	68	132	126
70	20	68	73	137	132
70	21	73	77	143	137
70	22	77	82	148	142
70	23	81	86	153	147
70	24	86	91	158	152
70	25	90	95	163	158
70	26	95	100	169	163
70	27	99	105	174	168
70	28	104	109	179	173
70	29	109	114	184	178
70	30	113	119	189	183
70	31	118	123	194	188
70	32	123	128	198	193
70	33	127	133	203	198
70	34	132	138	208	202
70	35	137	143	213	207

CONFIDENCE BOUNDS FOR A

N = 360						N = 360						N = 360						N = 360					
		LOWER		UPPER				LOWER		UPPER				LOWER		UPPER				LOWER		UPPER	
n	a	.975	.95	.975	.95	n	a	.975	.95	.975	.95	n	a	.975	.95	.975	.95	n	a	.975	.95	.975	.95
1	0	0	0	350	341	15	5	44	53	219	206	22	8	64	72	211	199	28	2	4	5	82	73
1	1	10	19	360	360	15	6	61	70	242	229	22	9	77	86	226	215	28	3	9	12	99	89
2	0	0	0	302	279	15	7	79	90	262	250	22	10	90	100	241	231	28	4	16	19	115	105
2	1	5	10	355	350	15	8	98	110	281	270	22	11	104	114	256	246	28	5	24	28	130	120
3	0	0	0	254	226	16	0	0	0	72	60	23	0	0	0	51	42	28	6	32	37	144	134
3	1	4	7	325	310	16	1	1	2	107	93	23	1	1	1	77	66	28	7	41	46	158	148
3	2	35	50	356	353	16	2	6	9	136	122	23	2	5	6	98	87	28	8	50	56	172	162
4	0	0	0	215	188	16	3	16	20	162	148	23	3	11	14	118	107	28	9	60	67	185	175
4	1	3	5	289	269	16	4	28	34	186	172	23	4	19	24	137	125	28	10	70	77	198	188
4	2	25	36	335	324	16	5	41	49	209	195	23	5	29	34	154	143	28	11	80	88	211	201
5	0	0	0	186	161	16	6	57	66	230	217	23	6	39	45	171	160	28	12	91	99	223	213
5	1	2	4	256	235	16	7	73	83	250	238	23	7	50	57	188	176	28	13	102	111	235	226
5	2	20	28	306	291	16	8	91	102	269	258	23	8	61	69	203	192	28	14	113	122	247	238
5	3	54	69	340	332	17	0	0	0	68	56	23	9	73	82	218	207	29	0	0	0	41	33
6	0	0	0	164	140	17	1	1	2	101	88	23	10	86	95	233	222	29	1	1	1	61	53
6	1	2	4	229	208	17	2	6	9	129	115	23	11	99	109	247	237	29	2	4	5	79	70
6	2	16	23	278	261	17	3	15	19	154	140	23	12	113	123	261	251	29	3	9	11	96	86
6	3	44	56	316	304	17	4	26	32	177	164	24	0	0	0	49	40	29	4	16	19	111	101
7	0	0	0	146	124	17	5	39	46	199	186	24	1	1	1	74	64	29	5	23	27	126	116
7	1	2	3	207	186	17	6	53	62	220	207	24	2	5	6	95	84	29	6	31	36	140	130
7	2	14	20	254	236	17	7	68	78	239	227	24	3	11	14	114	103	29	7	39	45	154	143
7	3	37	47	292	278	17	8	85	96	258	246	24	4	19	23	132	121	29	8	48	54	167	157
7	4	68	82	323	313	17	9	102	114	275	264	24	5	27	32	149	138	29	9	57	64	180	170
8	0	0	0	131	111	18	0	0	0	65	53	24	6	37	43	165	154	29	10	67	74	192	182
8	1	2	3	188	168	18	1	1	2	96	84	24	7	48	54	181	170	29	11	77	85	205	195
8	2	12	18	233	214	18	2	6	8	122	110	24	8	59	66	196	185	29	12	87	96	217	207
8	3	32	41	270	254	18	3	14	18	147	133	24	9	70	78	211	200	29	13	98	107	228	219
8	4	58	71	302	289	18	4	25	30	169	156	24	10	82	91	225	215	29	14	109	118	240	231
9	0	0	0	119	100	18	5	37	43	190	177	24	11	95	104	239	229	29	15	120	129	251	242
9	1	2	3	172	153	18	6	50	58	210	197	24	12	108	117	252	243	30	0	0	0	39	32
9	2	11	16	214	196	18	7	64	73	229	217	25	0	0	0	47	39	30	1	1	1	59	51
9	3	28	36	250	234	18	8	80	90	247	235	25	1	1	1	71	61	30	2	4	5	77	68
9	4	51	62	282	268	18	9	96	107	264	253	25	2	4	6	91	81	30	3	9	11	93	83
9	5	78	92	309	298	19	0	0	0	61	51	25	3	10	13	110	99	30	4	15	18	108	98
10	0	0	0	109	92	19	1	1	1	91	79	25	4	18	22	127	116	30	5	22	26	122	112
10	1	1	2	158	140	19	2	6	8	117	104	25	5	26	31	144	133	30	6	30	34	136	126
10	2	10	14	198	181	19	3	13	17	140	127	25	6	36	41	160	148	30	7	38	43	149	139
10	3	25	33	233	217	19	4	23	28	161	149	25	7	46	52	175	164	30	8	46	52	162	152
10	4	45	55	264	249	19	5	35	41	182	169	25	8	56	63	190	179	30	9	55	62	175	165
10	5	69	82	291	278	19	6	47	55	201	188	25	9	67	75	204	193	30	10	65	72	187	177
11	0	0	0	101	84	19	7	61	69	219	207	25	10	79	87	218	207	30	11	74	82	199	189
11	1	1	2	147	129	19	8	75	85	237	225	25	11	90	99	231	221	30	12	84	92	211	201
11	2	9	13	184	167	19	9	90	101	254	243	25	12	103	112	245	235	30	13	95	103	222	213
11	3	23	29	217	201	19	10	106	117	270	259	25	13	115	125	257	248	30	14	105	114	233	224
11	4	41	50	247	232	20	0	0	0	59	48	26	0	0	0	45	37	30	15	116	125	244	235
11	5	62	73	274	261	20	1	1	1	87	76	26	1	1	1	68	59	31	0	0	0	38	31
11	6	86	99	298	287	20	2	5	7	112	100	26	2	4	6	88	78	31	1	1	1	58	50
12	0	0	0	93	78	20	3	13	16	134	121	26	3	10	13	106	95	31	2	4	5	74	66
12	1	1	2	136	120	20	4	22	27	155	142	26	4	17	21	123	112	31	3	9	11	90	81
12	2	8	12	172	156	20	5	33	39	174	162	26	5	25	30	139	128	31	4	15	18	104	95
12	3	21	27	204	188	20	6	45	52	193	180	26	6	34	40	154	143	31	5	21	25	118	109
12	4	37	46	232	217	20	7	57	66	211	199	26	7	44	50	169	158	31	6	29	33	132	122
12	5	56	67	258	245	20	8	71	80	228	216	26	8	54	61	183	173	31	7	37	42	145	135
12	6	78	90	282	270	20	9	85	95	244	233	26	9	64	72	197	187	31	8	45	51	157	148
13	0	0	0	87	72	20	10	100	111	260	249	26	10	75	83	211	201	31	9	54	60	170	160
13	1	1	2	128	112	21	0	0	0	56	46	26	11	87	95	224	214	31	10	63	69	182	172
13	2	8	11	161	146	21	1	1	1	83	72	26	12	98	108	237	227	31	11	72	79	193	184
13	3	19	25	191	176	21	2	5	7	107	95	26	13	111	120	249	240	31	12	81	89	205	195
13	4	34	42	219	204	21	3	12	16	128	116	27	0	0	0	44	36	31	13	91	99	216	207
13	5	52	61	244	230	21	4	21	26	148	136	27	1	1	1	66	57	31	14	101	110	227	218
13	6	71	82	268	255	21	5	31	37	167	155	27	2	4	6	85	75	31	15	112	120	238	229
13	7	92	105	289	278	21	6	43	49	185	173	27	3	10	12	102	92	31	16	122	131	248	240
14	0	0	0	81	68	21	7	55	62	202	191	27	4	17	20	119	108	32	0	0	0	37	30
14	1	1	2	120	105	21	8	67	76	219	207	27	5	24	29	134	124	32	1	1	1	56	48
14	2	7	10	152	137	21	9	81	90	235	224	27	6	33	38	149	139	32	2	4	5	72	64
14	3	18	23	181	166	21	10	95	105	250	240	27	7	42	48	164	153	32	3	8	11	87	78
14	4	32	39	207	192	21	11	110	120	265	255	27	8	52	58	178	167	32	4	14	17	101	92
14	5	48	57	231	217	22	0	0	0	53	44	27	9	62	69	191	181	32	5	21	24	115	106
14	6	65	76	254	241	22	1	1	1	80	69	27	10	72	80	204	194	32	6	28	32	128	119
14	7	85	97	275	263	22	2	5	7	102	91	27	11	83	92	217	207	32	7	36	41	141	131
15	0	0	0	76	63	22	3	12	15	123	111	27	12	94	103	230	220	32	8	44	49	153	143
15	1	1	2	113	99	22	4	20	25	142	130	27	13	106	115	242	233	32	9	52	58	165	155
15	2	7	10	143	129	22	5	30	35	161	149	27	14	118	127	254	245	32	10	61	67	177	167
15	3	17	22	171	156	22	6	41	47	178	166	28	0	0	0	42	35	32	11	70	77	188	179
15	4	30	36	196	182	22	7	52	59	195	183	28	1	1	1	64	55	32	12	79	86	199	190

CONFIDENCE BOUNDS FOR A

N = 360

n	a	LOWER .975	LOWER .95	UPPER .975	UPPER .95
32	13	88	96	210	201
32	14	98	106	221	212
32	15	108	116	232	223
32	16	118	127	242	233
33	0	0	0	36	29
33	1	1	1	54	47
33	2	4	5	70	62
33	3	8	10	85	76
33	4	14	17	98	90
33	5	20	24	112	103
33	6	27	31	124	115
33	7	34	39	137	127
33	8	42	48	149	139
33	9	50	56	161	151
33	10	59	65	172	163
33	11	67	74	183	174
33	12	76	83	194	185
33	13	85	93	205	196
33	14	95	103	216	206
33	15	104	112	226	217
33	16	114	122	236	227
33	17	124	133	246	238
34	0	0	0	35	28
34	1	1	1	53	45
34	2	4	5	68	60
34	3	8	10	82	74
34	4	13	16	96	87
34	5	20	23	109	100
34	6	26	30	121	112
34	7	33	38	133	124
34	8	41	46	145	136
34	9	49	55	156	147
34	10	57	63	168	158
34	11	65	72	178	169
34	12	74	81	189	180
34	13	83	90	200	191
34	14	92	99	210	201
34	15	101	109	220	211
34	16	110	119	230	222
34	17	120	128	240	232
35	0	0	0	34	28
35	1	1	1	51	44
35	2	3	5	66	58
35	3	8	10	80	72
35	4	13	16	93	85
35	5	19	22	106	97
35	6	26	30	118	109
35	7	33	37	130	121
35	8	40	45	141	132
35	9	47	53	152	143
35	10	55	61	163	154
35	11	63	70	174	165
35	12	72	79	185	175
35	13	80	87	195	186
35	14	89	96	205	196
35	15	98	106	215	206
35	16	107	115	225	216
35	17	116	124	234	226
35	18	126	134	244	236
36	0	0	0	33	27
36	1	1	1	50	43
36	2	3	4	64	57
36	3	8	9	78	70
36	4	13	15	91	82
36	5	19	22	103	94
36	6	25	29	115	106
36	7	32	36	126	117
36	8	39	44	138	129
36	9	46	52	148	139
36	10	54	60	159	150
36	11	62	68	170	161
36	12	70	76	180	171
36	13	78	85	190	181
36	14	86	94	200	191
36	15	95	103	210	201
36	16	104	112	219	211
36	17	113	121	229	220
36	18	122	130	238	230
37	0	0	0	32	26
37	1	1	1	48	42
37	2	3	4	63	55
37	3	7	9	76	68
37	4	12	15	88	80
37	5	18	21	100	92
37	6	24	28	112	103
37	7	31	35	123	114
37	8	38	43	134	125
37	9	45	50	145	136
37	10	52	58	155	146
37	11	60	66	166	157
37	12	68	74	176	167
37	13	76	82	186	177
37	14	84	91	195	187
37	15	92	100	205	196
37	16	101	108	214	206
37	17	109	117	224	215
37	18	118	126	233	225
37	19	127	135	242	234
38	0	0	0	31	25
38	1	1	1	47	41
38	2	3	4	61	54
38	3	7	9	74	66
38	4	12	15	86	78
38	5	18	21	98	90
38	6	24	27	109	101
38	7	30	34	120	112
38	8	37	41	131	122
38	9	44	49	141	133
38	10	51	56	152	143
38	11	58	64	162	153
38	12	66	72	172	163
38	13	74	80	181	173
38	14	82	88	191	182
38	15	90	97	200	192
38	16	98	105	210	201
38	17	106	114	219	210
38	18	115	123	228	219
38	19	124	132	236	228
39	0	0	0	30	25
39	1	1	1	46	40
39	2	3	4	60	53
39	3	7	9	72	65
39	4	12	14	84	76
39	5	17	20	95	87
39	6	23	27	107	98
39	7	29	33	117	109
39	8	36	40	128	119
39	9	43	48	138	129
39	10	50	55	148	139
39	11	57	62	158	149
39	12	64	70	168	159
39	13	72	78	177	169
39	14	79	86	187	178
39	15	87	94	196	187
39	16	95	102	205	196
39	17	103	111	214	206
39	18	112	119	223	214
39	19	120	128	231	223
39	20	129	137	240	232
40	0	0	0	29	24
40	1	1	1	45	39
40	2	3	4	58	51
40	3	7	9	70	63
40	4	12	14	82	74
40	5	17	20	93	85
40	6	23	26	104	96
40	7	29	33	115	106
40	8	35	39	125	116
40	9	41	46	135	126
40	10	48	54	145	136
40	11	55	61	154	146
40	12	62	68	164	155
40	13	70	76	173	165
40	14	77	84	182	174
40	15	85	92	191	183
40	16	93	100	200	192
40	17	101	108	209	201
40	18	109	116	218	210
40	19	117	125	226	218
40	20	125	133	235	227
41	0	0	0	29	23
41	1	1	1	44	38
41	2	3	4	57	50
41	3	7	8	69	62
41	4	11	14	80	73
41	5	16	19	91	83
41	6	22	25	102	94
41	7	28	32	112	104
41	8	34	38	122	114
41	9	40	45	132	124
41	10	47	52	141	133
41	11	54	59	151	143
41	12	61	67	160	152
41	13	68	74	169	161
41	14	75	82	178	170
41	15	83	89	187	179
41	16	90	97	196	188
41	17	98	105	205	197
41	18	106	113	213	205
41	19	114	121	222	214
41	20	122	130	230	222
41	21	130	138	238	230
42	0	0	0	28	23
42	1	1	1	43	37
42	2	3	4	55	49
42	3	7	8	67	60
42	4	11	13	78	71
42	5	16	19	89	81
42	6	22	25	99	92
42	7	27	31	109	102
42	8	33	38	119	111
42	9	40	44	129	121
42	10	46	51	138	130
42	11	53	58	148	139
42	12	59	65	157	148
42	13	66	72	166	157
42	14	74	80	175	166
42	15	81	87	183	175
42	16	88	95	192	184
42	17	96	103	200	192
42	18	103	110	209	201
42	19	111	118	217	209
42	20	119	126	225	217
42	21	127	134	233	226
43	0	0	0	27	22
43	1	1	1	42	36
43	2	3	4	54	48
43	3	7	8	66	59
43	4	11	13	76	69
43	5	16	18	87	80
43	6	21	24	97	90
43	7	27	30	107	99
43	8	33	37	117	109
43	9	39	43	126	118
43	10	45	50	135	127
43	11	51	57	144	136
43	12	58	64	153	145
43	13	65	71	162	154
43	14	72	78	171	163
43	15	79	85	180	171
43	16	86	93	188	180
43	17	93	100	196	188
43	18	101	108	205	197
43	19	108	115	213	205
43	20	116	123	221	213
43	21	124	131	229	221
43	22	131	139	236	229
44	0	0	0	27	22
44	1	1	1	41	35
44	2	3	4	53	47
44	3	6	8	64	57
44	4	11	13	75	68
44	5	15	18	85	78
44	6	21	24	95	88
44	7	26	30	105	97
44	8	32	36	114	106
44	9	38	42	123	116
44	10	44	49	133	125
44	11	50	55	141	133
44	12	57	62	150	142
44	13	63	69	159	151
44	14	70	76	167	159
44	15	77	83	176	168
44	16	84	90	184	176
44	17	91	98	192	184
44	18	98	105	200	193
44	19	106	113	208	201
44	20	113	120	216	209
44	21	120	128	224	217
44	22	128	136	232	224
45	0	0	0	26	21
45	1	1	1	40	34
45	2	3	4	52	46
45	3	6	8	63	56
45	4	10	13	73	66
45	5	15	18	83	76
45	6	20	23	93	86
45	7	26	29	102	95
45	8	31	35	112	104
45	9	37	41	121	113
45	10	43	48	130	122
45	11	49	54	139	131
45	12	55	61	147	139
45	13	62	67	156	148
45	14	69	74	164	156
45	15	75	81	172	164
45	16	82	88	181	173
45	17	89	95	189	181
45	18	96	103	197	189
45	19	103	110	204	197
45	20	110	117	212	205
45	21	118	125	220	212
45	22	125	132	227	220
45	23	133	140	235	228
46	0	0	0	25	21
46	1	1	1	39	33
46	2	3	4	51	45
46	3	6	8	61	55
46	4	10	12	72	65
46	5	15	17	81	75
46	6	20	23	91	84
46	7	25	28	100	93
46	8	30	34	109	102
46	9	36	40	118	111
46	10	42	47	127	119
46	11	48	53	136	128
46	12	54	59	144	136
46	13	61	66	153	145
46	14	67	73	161	153
46	15	74	79	169	161
46	16	80	86	177	169
46	17	87	93	185	177
46	18	94	100	193	185
46	19	101	107	200	193
46	20	108	115	208	201
46	21	115	122	216	208
46	22	122	129	223	216
46	23	129	137	231	223
47	0	0	0	25	20
47	1	1	1	38	33

CONFIDENCE BOUNDS FOR A

N = 360

n	a	LOWER .975	LOWER .95	UPPER .975	UPPER .95
47	2	3	4	49	44
47	3	6	7	60	54
47	4	10	12	70	64
47	5	15	17	80	73
47	6	19	22	89	82
47	7	25	28	98	91
47	8	30	34	107	100
47	9	35	40	116	109
47	10	41	46	125	117
47	11	47	52	133	125
47	12	53	58	141	134
47	13	59	65	150	142
47	14	66	71	158	150
47	15	72	78	166	158
47	16	78	84	174	166
47	17	85	91	181	174
47	18	92	98	189	181
47	19	98	105	197	189
47	20	105	112	204	197
47	21	112	119	212	204
47	22	119	126	219	212
47	23	126	134	226	219
47	24	134	141	234	226
48	0	0	0	24	20
48	1	1	1	37	32
48	2	3	4	48	43
48	3	6	7	59	53
48	4	10	12	69	62
48	5	14	17	78	71
48	6	19	22	87	80
48	7	24	27	96	89
48	8	29	33	105	98
48	9	35	39	114	106
48	10	40	45	122	115
48	11	46	51	130	123
48	12	52	57	139	131
48	13	58	63	147	139
48	14	64	70	155	147
48	15	70	76	163	155
48	16	77	83	170	163
48	17	83	89	178	170
48	18	90	96	186	178
48	19	96	103	193	185
48	20	103	110	200	193
48	21	110	117	208	200
48	22	117	124	215	208
48	23	124	131	222	215
48	24	131	138	229	222
49	0	0	0	24	19
49	1	1	1	36	31
49	2	3	4	47	42
49	3	6	7	58	52
49	4	10	12	67	61
49	5	14	16	77	70
49	6	19	21	86	79
49	7	24	27	94	87
49	8	29	32	103	96
49	9	34	38	111	104
49	10	40	44	120	112
49	11	45	50	128	121
49	12	51	56	136	129
49	13	57	62	144	136
49	14	63	68	152	144
49	15	69	74	159	152
49	16	75	81	167	160
49	17	81	87	175	167
49	18	88	94	182	175
49	19	94	101	190	182
49	20	101	107	197	189
49	21	107	114	204	197
49	22	114	121	211	204
49	23	121	128	218	211
49	24	128	135	225	218
49	25	135	142	232	225
50	0	0	0	23	19

N = 360

n	a	LOWER .975	LOWER .95	UPPER .975	UPPER .95
50	1	1	1	36	31
50	2	3	3	46	41
50	3	6	7	56	51
50	4	10	11	66	60
50	5	14	16	75	69
50	6	18	21	84	77
50	7	23	26	93	86
50	8	28	32	101	94
50	9	33	37	109	102
50	10	39	43	118	110
50	11	44	49	126	118
50	12	50	55	133	126
50	13	56	61	141	134
50	14	62	67	149	141
50	15	68	73	157	149
50	16	74	79	164	157
50	17	80	86	171	164
50	18	86	92	179	171
50	19	92	99	186	179
50	20	99	105	193	186
50	21	105	112	200	193
50	22	112	118	207	200
50	23	118	125	214	207
50	24	125	132	221	214
50	25	132	139	228	221
51	0	0	0	23	19
51	1	1	1	35	30
51	2	3	3	46	40
51	3	6	7	55	50
51	4	9	11	65	59
51	5	14	16	74	67
51	6	18	21	82	76
51	7	23	26	91	84
51	8	28	31	99	92
51	9	33	37	107	100
51	10	38	42	115	108
51	11	43	48	123	116
51	12	49	54	131	124
51	13	55	59	139	131
51	14	60	65	146	139
51	15	66	72	154	146
51	16	72	78	161	154
51	17	78	84	168	161
51	18	84	90	176	168
51	19	90	97	183	175
51	20	97	103	190	183
51	21	103	109	197	190
51	22	109	116	204	197
51	23	116	123	211	204
51	24	122	129	218	210
51	25	129	136	224	217
51	26	136	143	231	224
52	0	0	0	22	18
52	1	1	1	34	29
52	2	3	3	45	39
52	3	6	7	54	49
52	4	9	11	63	57
52	5	13	16	72	66
52	6	18	20	81	74
52	7	22	25	89	83
52	8	27	30	97	91
52	9	32	36	105	98
52	10	37	41	113	106
52	11	43	47	121	114
52	12	48	53	129	121
52	13	54	58	136	129
52	14	59	64	144	136
52	15	65	70	151	144
52	16	71	76	158	151
52	17	77	82	165	158
52	18	83	88	173	165
52	19	89	95	180	172
52	20	95	101	187	179
52	21	101	107	193	186
52	22	107	114	200	193

N = 360

n	a	LOWER .975	LOWER .95	UPPER .975	UPPER .95
52	23	114	120	207	200
52	24	120	127	214	207
52	25	126	133	220	214
52	26	133	140	227	220
53	0	0	0	22	18
53	1	1	1	34	29
53	2	3	3	44	39
53	3	6	7	53	48
53	4	9	11	62	56
53	5	13	15	71	65
53	6	17	20	79	73
53	7	22	25	88	81
53	8	27	30	96	89
53	9	32	35	103	97
53	10	37	41	111	104
53	11	42	46	119	112
53	12	47	52	126	119
53	13	53	57	134	127
53	14	58	63	141	134
53	15	64	69	148	141
53	16	69	75	155	148
53	17	75	81	163	155
53	18	81	87	170	162
53	19	87	93	177	169
53	20	93	99	183	176
53	21	99	105	190	183
53	22	105	111	197	190
53	23	111	118	204	197
53	24	118	124	210	203
53	25	124	131	217	210
53	26	130	137	223	216
53	27	137	144	230	223
54	0	0	0	21	17
54	1	1	1	33	28
54	2	3	3	43	38
54	3	5	7	52	47
54	4	9	11	61	55
54	5	13	15	70	64
54	6	17	20	78	72
54	7	22	24	86	80
54	8	26	29	94	87
54	9	31	35	102	95
54	10	36	40	109	102
54	11	41	45	117	110
54	12	46	51	124	117
54	13	52	56	131	124
54	14	57	62	139	132
54	15	63	68	146	139
54	16	68	73	153	146
54	17	74	79	160	153
54	18	79	85	167	160
54	19	85	91	174	166
54	20	91	97	180	173
54	21	97	103	187	180
54	22	103	109	194	187
54	23	109	115	200	193
54	24	115	122	207	200
54	25	121	128	213	206
54	26	128	134	220	213
54	27	134	141	226	219
55	0	0	0	21	17
55	1	1	1	32	28
55	2	3	3	42	37
55	3	5	7	51	46
55	4	9	10	60	54
55	5	13	15	68	62
55	6	17	19	76	70
55	7	21	24	84	78
55	8	26	29	92	86
55	9	30	34	100	93
55	10	35	39	107	101
55	11	40	44	115	108
55	12	45	50	122	115
55	13	51	55	129	122
55	14	56	61	136	129

N = 360

n	a	LOWER .975	LOWER .95	UPPER .975	UPPER .95
55	15	61	66	143	136
55	16	67	72	150	143
55	17	72	78	157	150
55	18	78	83	164	157
55	19	84	89	171	164
55	20	89	95	177	170
55	21	95	101	184	177
55	22	101	107	190	183
55	23	107	113	197	190
55	24	113	119	203	197
55	25	119	126	210	203
55	26	125	132	216	209
55	27	131	138	222	216
55	28	138	144	229	222
56	0	0	0	21	17
56	1	1	1	32	27
56	2	3	3	41	36
56	3	5	6	50	45
56	4	9	10	59	53
56	5	12	15	67	61
56	6	17	19	75	69
56	7	21	24	83	77
56	8	25	28	91	84
56	9	30	33	98	92
56	10	35	38	105	99
56	11	40	44	113	106
56	12	45	49	120	113
56	13	50	54	127	120
56	14	55	60	134	127
56	15	60	65	141	134
56	16	66	71	148	141
56	17	71	76	154	147
56	18	77	82	161	154
56	19	82	88	168	161
56	20	88	94	174	167
56	21	94	99	181	174
56	22	99	105	187	180
56	23	105	111	194	187
56	24	111	117	200	193
56	25	117	123	206	200
56	26	123	129	213	206
56	27	129	135	219	212
56	28	135	142	225	218
57	0	0	0	20	16
57	1	1	1	31	27
57	2	3	3	41	36
57	3	5	6	49	44
57	4	9	10	58	52
57	5	12	14	66	60
57	6	16	19	74	68
57	7	20	23	81	75
57	8	25	28	89	83
57	9	29	33	96	90
57	10	34	38	104	97
57	11	39	43	111	104
57	12	44	48	118	111
57	13	49	53	125	118
57	14	54	59	132	125
57	15	59	64	139	132
57	16	65	69	145	138
57	17	70	75	152	145
57	18	75	81	159	152
57	19	81	86	165	158
57	20	86	92	172	165
57	21	92	98	178	171
57	22	97	103	184	178
57	23	103	109	191	184
57	24	109	115	197	190
57	25	115	121	203	196
57	26	121	127	209	203
57	27	126	133	215	209
57	28	132	139	222	215
57	29	138	145	228	221
58	0	0	0	20	16
58	1	1	1	31	26

CONFIDENCE BOUNDS FOR A

N = 360						N = 360						N = 360						N = 360					
		LOWER		UPPER				LOWER		UPPER				LOWER		UPPER				LOWER		UPPER	
n	a	.975	.95	.975	.95	n	a	.975	.95	.975	.95	n	a	.975	.95	.975	.95	n	a	.975	.95	.975	.95
58	2	2	3	40	35	60	16	61	66	138	132	62	28	121	127	205	199	65	5	11	13	58	53
58	3	5	6	49	43	60	17	66	71	145	138	62	29	127	133	211	205	65	6	14	17	65	59
58	4	8	10	57	51	60	18	71	76	151	144	62	30	132	138	217	210	65	7	18	21	72	66
58	5	12	14	65	59	60	19	77	82	157	151	62	31	138	144	222	216	65	8	22	25	78	73
58	6	16	18	73	67	60	20	82	87	164	157	63	0	0	0	18	15	65	9	26	29	85	79
58	7	20	23	80	74	60	21	87	93	170	163	63	1	1	1	28	24	65	10	30	33	91	85
58	8	25	27	88	81	60	22	92	98	176	169	63	2	2	3	37	32	65	11	34	38	98	92
58	9	29	32	95	88	60	23	98	104	182	175	63	3	5	6	45	40	65	12	39	42	104	98
58	10	34	37	102	96	60	24	103	109	188	181	63	4	8	9	52	47	65	13	43	47	110	104
58	11	38	42	109	102	60	25	109	115	194	187	63	5	11	13	60	54	65	14	48	51	116	110
58	12	43	47	116	109	60	26	114	120	200	193	63	6	15	17	67	61	65	15	52	56	122	116
58	13	48	52	123	116	60	27	120	126	206	199	63	7	19	21	74	68	65	16	57	61	128	122
58	14	53	58	130	123	60	28	125	132	212	205	63	8	23	25	81	75	65	17	61	66	134	128
58	15	58	63	136	130	60	29	131	137	217	211	63	9	27	30	87	82	65	18	66	71	140	134
58	16	63	68	143	136	60	30	137	143	223	217	63	10	31	34	94	88	65	19	71	75	146	140
58	17	69	74	149	143	61	0	0	0	19	15	63	11	35	39	101	94	65	20	75	80	152	145
58	18	74	79	156	149	61	1	1	1	29	25	63	12	40	44	107	101	65	21	80	85	158	151
58	19	79	85	162	156	61	2	2	3	38	33	63	13	44	48	113	107	65	22	85	90	163	157
58	20	85	90	169	162	61	3	5	6	46	41	63	14	49	53	120	113	65	23	90	95	169	163
58	21	90	96	175	168	61	4	8	10	54	49	63	15	54	58	126	120	65	24	95	100	175	168
58	22	96	102	181	175	61	5	12	13	62	56	63	16	58	63	132	126	65	25	100	106	180	174
58	23	101	107	188	181	61	6	15	18	69	63	63	17	63	68	138	132	65	26	105	111	186	179
58	24	107	113	194	187	61	7	19	22	76	70	63	18	68	73	144	138	65	27	110	116	191	185
58	25	113	119	200	193	61	8	23	26	83	77	63	19	73	78	150	144	65	28	115	121	197	191
58	26	118	125	206	199	61	9	28	31	90	84	63	20	78	83	156	150	65	29	121	126	202	196
58	27	124	131	212	206	61	10	32	35	97	91	63	21	83	88	162	156	65	30	126	132	208	201
58	28	130	136	218	212	61	11	37	40	104	98	63	22	88	93	168	162	65	31	131	137	213	207
58	29	136	142	224	218	61	12	41	45	110	104	63	23	93	99	174	167	65	32	136	142	218	212
59	0	0	0	20	16	61	13	46	50	117	111	63	24	98	104	180	173	65	33	142	148	224	218
59	1	1	1	30	26	61	14	51	55	123	117	63	25	103	109	186	179	66	0	0	0	17	14
59	2	2	3	39	34	61	15	55	60	130	123	63	26	109	114	191	185	66	1	1	1	27	23
59	3	5	6	48	43	61	16	60	65	136	130	63	27	114	120	197	190	66	2	2	3	35	31
59	4	8	10	56	51	61	17	65	70	143	136	63	28	119	125	203	196	66	3	5	6	43	38
59	5	12	14	64	58	61	18	70	75	149	142	63	29	125	131	208	202	66	4	8	9	50	45
59	6	16	18	71	66	61	19	75	80	155	148	63	30	130	136	214	207	66	5	11	13	57	52
59	7	20	22	79	73	61	20	80	86	161	154	63	31	135	142	219	213	66	6	14	16	64	59
59	8	24	27	86	80	61	21	86	91	167	161	63	32	141	147	225	218	66	7	18	20	70	65
59	9	29	32	93	87	61	22	91	96	173	167	64	0	0	0	18	14	66	8	22	24	77	72
59	10	33	37	100	94	61	23	96	102	179	173	64	1	1	1	28	24	66	9	26	29	83	78
59	11	38	41	107	101	61	24	102	107	185	179	64	2	2	3	36	32	66	10	30	33	90	84
59	12	42	46	114	108	61	25	107	113	191	185	64	3	5	6	44	39	66	11	34	37	96	90
59	13	47	51	121	114	61	26	112	118	197	190	64	4	8	9	51	47	66	12	38	42	102	96
59	14	52	57	127	121	61	27	118	124	203	196	64	5	11	13	59	54	66	13	42	46	108	102
59	15	57	62	134	127	61	28	123	129	209	202	64	6	15	17	66	60	66	14	47	51	114	108
59	16	62	67	141	134	61	29	129	135	214	208	64	7	18	21	73	67	66	15	51	55	120	114
59	17	67	72	147	140	61	30	134	141	220	214	64	8	22	25	79	74	66	16	56	60	126	120
59	18	73	78	154	147	61	31	140	146	226	219	64	9	26	29	86	80	66	17	60	65	132	126
59	19	78	83	160	153	62	0	0	0	18	15	64	10	31	34	93	87	66	18	65	70	138	132
59	20	83	89	166	159	62	1	1	1	28	24	64	11	35	38	99	93	66	19	69	74	144	138
59	21	89	94	172	166	62	2	2	3	37	33	64	12	39	43	105	99	66	20	74	79	150	143
59	22	94	100	179	172	62	3	5	6	45	41	64	13	44	48	112	106	66	21	79	84	155	149
59	23	100	105	185	178	62	4	8	9	53	48	64	14	48	52	118	112	66	22	84	89	161	155
59	24	105	111	191	184	62	5	11	13	61	55	64	15	53	57	124	118	66	23	89	94	167	160
59	25	111	117	197	190	62	6	15	17	68	62	64	16	58	62	130	124	66	24	94	99	172	166
59	26	116	122	203	196	62	7	19	21	75	69	64	17	62	67	136	130	66	25	99	104	178	171
59	27	122	128	209	202	62	8	23	26	82	76	64	18	67	72	142	136	66	26	104	109	183	177
59	28	128	134	215	208	62	9	27	30	89	83	64	19	72	77	148	142	66	27	109	114	189	182
59	29	133	140	221	214	62	10	32	35	96	89	64	20	77	82	154	148	66	28	114	119	194	188
59	30	139	146	227	220	62	11	36	39	102	96	64	21	82	87	160	153	66	29	119	124	199	193
60	0	0	0	19	16	62	12	40	44	109	102	64	22	87	92	166	159	66	30	124	130	205	199
60	1	1	1	29	25	62	13	45	49	115	109	64	23	92	97	171	165	66	31	129	135	210	204
60	2	2	3	39	34	62	14	50	54	122	115	64	24	97	102	177	171	66	32	134	140	215	209
60	3	5	6	47	42	62	15	55	59	128	121	64	25	102	107	183	176	66	33	139	145	221	215
60	4	8	10	55	50	62	16	59	64	134	128	64	26	107	113	188	182	67	0	0	0	17	14
60	5	12	14	63	57	62	17	64	69	140	134	64	27	112	118	194	188	67	1	1	1	26	22
60	6	16	18	70	64	62	18	69	74	147	140	64	28	117	123	200	193	67	2	2	3	34	30
60	7	20	22	77	72	62	19	74	79	153	146	64	29	123	128	205	199	67	3	5	6	42	37
60	8	24	27	85	79	62	20	79	84	159	152	64	30	128	134	211	204	67	4	8	9	49	44
60	9	28	31	92	86	62	21	84	90	165	158	64	31	133	139	216	210	67	5	11	12	56	51
60	10	33	36	99	92	62	22	89	95	171	164	64	32	139	145	221	215	67	6	14	16	63	58
60	11	37	41	105	99	62	23	95	100	177	170	65	0	0	0	18	14	67	7	18	20	69	64
60	12	42	46	112	106	62	24	100	105	182	176	65	1	1	1	27	23	67	8	21	24	76	70
60	13	47	51	119	112	62	25	105	111	188	182	65	2	2	3	35	31	67	9	25	28	82	77
60	14	51	56	125	119	62	26	110	116	194	188	65	3	5	6	43	39	67	10	29	32	89	83
60	15	56	61	132	125	62	27	116	122	200	193	65	4	8	9	51	46	67	11	33	37	95	89

CONFIDENCE BOUNDS FOR A

N = 360

n	a	LOWER .975	LOWER .95	UPPER .975	UPPER .95
67	12	38	41	101	95
67	13	42	45	107	101
67	14	46	50	113	107
67	15	51	55	119	113
67	16	55	59	125	118
67	17	59	64	130	124
67	18	64	68	136	130
67	19	69	73	142	136
67	20	73	78	148	141
67	21	78	83	153	147
67	22	83	88	159	152
67	23	87	93	164	158
67	24	92	97	170	164
67	25	97	102	175	169
67	26	102	107	181	174
67	27	107	112	186	180
67	28	112	117	191	185
67	29	117	122	197	191
67	30	122	128	202	196
67	31	127	133	207	201
67	32	132	138	213	206
67	33	137	143	218	212
67	34	142	148	223	217
68	0	0	0	17	14
68	1	1	1	26	22
68	2	2	3	34	30
68	3	5	6	41	37
68	4	7	9	48	44
68	5	11	12	55	50
68	6	14	16	62	57
68	7	17	20	68	63
68	8	21	24	75	69
68	9	25	28	81	76
68	10	29	32	87	82
68	11	33	36	93	88
68	12	37	40	99	94
68	13	41	45	105	99
68	14	46	49	111	105
68	15	50	54	117	111
68	16	54	58	123	117
68	17	59	63	129	122
68	18	63	67	134	128
68	19	68	72	140	134
68	20	72	77	145	139
68	21	77	82	151	145
68	22	81	86	157	150
68	23	86	91	162	156
68	24	91	96	167	161
68	25	96	101	173	167
68	26	100	106	178	172
68	27	105	111	184	177
68	28	110	116	189	183
68	29	115	121	194	188
68	30	120	126	199	193
68	31	125	131	205	198
68	32	130	136	210	204
68	33	135	141	215	209
68	34	140	146	220	214
69	0	0	0	16	13
69	1	1	1	25	22
69	2	2	3	33	29
69	3	5	5	41	36
69	4	7	9	48	43
69	5	10	12	54	50
69	6	14	16	61	56
69	7	17	19	67	62
69	8	21	23	74	68
69	9	25	27	80	74
69	10	29	31	86	80
69	11	33	36	92	86
69	12	37	40	98	92
69	13	41	44	104	98
69	14	45	49	110	104
69	15	49	53	115	109
69	16	53	57	121	115

N = 360

n	a	LOWER .975	LOWER .95	UPPER .975	UPPER .95
69	17	58	62	127	121
69	18	62	67	132	126
69	19	67	71	138	132
69	20	71	76	143	137
69	21	76	80	149	143
69	22	80	85	154	148
69	23	85	90	160	154
69	24	90	95	165	159
69	25	94	99	171	164
69	26	99	104	176	170
69	27	104	109	181	175
69	28	108	114	186	180
69	29	113	119	192	185
69	30	118	124	197	191
69	31	123	129	202	196
69	32	128	134	207	201
69	33	133	139	212	206
69	34	138	144	217	211
69	35	143	149	222	216
70	0	0	0	16	13
70	1	1	1	25	21
70	2	2	3	33	29
70	3	5	5	40	36
70	4	7	9	47	42
70	5	10	12	54	49
70	6	14	15	60	55
70	7	17	19	66	61
70	8	21	23	73	67
70	9	24	27	79	73
70	10	28	31	85	79
70	11	32	35	91	85
70	12	36	39	97	91
70	13	40	44	102	97
70	14	44	48	108	102
70	15	48	52	114	108
70	16	53	57	119	114
70	17	57	61	125	119
70	18	61	66	131	125
70	19	66	70	136	130
70	20	70	75	142	135
70	21	75	79	147	141
70	22	79	84	152	146
70	23	84	89	158	152
70	24	88	93	163	157
70	25	93	98	168	162
70	26	97	103	173	167
70	27	102	107	179	173
70	28	107	112	184	178
70	29	112	117	189	183
70	30	116	122	194	188
70	31	121	127	199	193
70	32	126	132	204	198
70	33	131	137	209	203
70	34	136	142	214	208
70	35	141	147	219	213
71	0	0	0	16	13
71	1	1	1	25	21
71	2	2	3	32	28
71	3	4	5	39	35
71	4	7	8	46	42
71	5	10	12	53	48
71	6	13	15	59	54
71	7	17	19	65	60
71	8	20	23	72	66
71	9	24	27	78	72
71	10	28	31	84	78
71	11	32	35	89	84
71	12	36	39	95	90
71	13	40	43	101	95
71	14	44	47	107	101
71	15	48	52	112	106
71	16	52	56	118	112
71	17	56	60	123	117
71	18	60	65	129	123
71	19	65	69	134	128

N = 360

n	a	LOWER .975	LOWER .95	UPPER .975	UPPER .95
71	20	69	74	140	134
71	21	74	78	145	139
71	22	78	83	150	144
71	23	82	87	156	150
71	24	87	92	161	155
71	25	92	97	166	160
71	26	96	101	171	165
71	27	101	106	176	170
71	28	105	111	181	175
71	29	110	115	187	181
71	30	115	120	192	186
71	31	119	125	197	191
71	32	124	130	202	196
71	33	129	135	207	201
71	34	134	140	212	206
71	35	139	144	216	211
71	36	144	149	221	216
72	0	0	0	16	13
72	1	1	1	24	21
72	2	2	3	32	28
72	3	4	5	39	35
72	4	7	8	46	41
72	5	10	12	52	47
72	6	13	15	58	54
72	7	17	19	65	60
72	8	20	22	71	66
72	9	24	26	77	71
72	10	27	30	82	77
72	11	31	34	88	83
72	12	35	38	94	88
72	13	39	42	100	94
72	14	43	47	105	100
72	15	47	51	111	105
72	16	51	55	116	110
72	17	55	59	122	116
72	18	60	64	127	121
72	19	64	68	132	127
72	20	68	73	138	132
72	21	73	77	143	137
72	22	77	82	148	142
72	23	81	86	154	148
72	24	86	91	159	153
72	25	90	95	164	158
72	26	95	100	169	163
72	27	99	104	174	168
72	28	104	109	179	173
72	29	108	114	184	178
72	30	113	118	189	183
72	31	118	123	194	188
72	32	122	128	199	193
72	33	127	133	204	198
72	34	132	138	209	203
72	35	137	142	214	208
72	36	141	147	219	213

N = 370

n	a	LOWER .975	LOWER .95	UPPER .975	UPPER .95
1	0	0	0	360	351
1	1	10	19	370	370
2	0	0	0	311	286
2	1	5	10	365	360
3	0	0	0	261	233
3	1	4	7	334	319
3	2	36	51	366	363
4	0	0	0	221	194
4	1	3	5	297	277
4	2	26	37	344	333
5	0	0	0	192	165
5	1	2	4	264	242
5	2	20	29	315	299
5	3	55	71	350	341
6	0	0	0	168	144
6	1	2	4	236	214
6	2	17	24	286	268
6	3	45	58	325	312
7	0	0	0	150	127
7	1	2	3	212	191
7	2	14	21	261	242
7	3	38	49	300	285
7	4	70	85	332	321
8	0	0	0	135	114
8	1	2	3	193	172
8	2	13	18	239	220
8	3	33	42	278	261
8	4	60	73	310	297
9	0	0	0	123	103
9	1	2	3	177	157
9	2	11	16	220	202
9	3	29	37	257	241
9	4	52	64	290	275
9	5	80	95	318	306
10	0	0	0	112	94
10	1	1	2	163	144
10	2	10	14	204	186
10	3	26	33	239	223
10	4	46	57	271	256
10	5	71	84	299	286
11	0	0	0	103	87
11	1	1	2	151	133
11	2	9	13	189	172
11	3	23	30	224	207
11	4	42	51	254	239
11	5	64	75	282	268
11	6	88	102	306	295
12	0	0	0	96	80
12	1	1	2	140	123
12	2	9	12	177	160
12	3	22	28	209	193
12	4	38	47	239	224
12	5	58	68	266	252
12	6	80	92	290	278
13	0	0	0	89	74
13	1	1	2	131	115
13	2	8	11	166	150
13	3	20	26	197	181
13	4	35	43	225	210
13	5	53	63	251	237
13	6	73	85	275	262
13	7	95	108	297	285
14	0	0	0	84	70
14	1	1	2	123	108
14	2	7	10	156	141
14	3	18	24	186	170
14	4	33	40	213	198
14	5	49	58	238	224
14	6	67	78	261	248
14	7	87	99	283	271
15	0	0	0	79	65
15	1	1	2	116	101
15	2	7	10	147	132
15	3	17	22	176	161
15	4	30	37	201	187

CONFIDENCE BOUNDS FOR A

		N = 370						N = 370						N = 370						N = 370			
		LOWER		UPPER				LOWER		UPPER				LOWER		UPPER				LOWER		UPPER	
n	a	.975	.95	.975	.95	n	a	.975	.95	.975	.95	n	a	.975	.95	.975	.95	n	a	.975	.95	.975	.95
15	5	45	54	226	212	22	8	66	74	217	205	28	2	4	6	84	75	32	13	91	99	216	207
15	6	62	72	248	235	22	9	79	88	233	221	28	3	10	12	102	92	32	14	101	109	227	218
15	7	81	92	269	257	22	10	93	103	248	237	28	4	16	20	118	108	32	15	111	119	238	229
15	8	101	113	289	278	22	11	107	117	263	253	28	5	24	29	133	123	32	16	121	130	249	240
16	0	0	0	74	61	23	0	0	0	53	43	28	6	33	38	148	138	33	0	0	0	37	30
16	1	1	2	110	96	23	1	1	1	79	68	28	7	42	48	163	152	33	1	1	1	56	48
16	2	7	9	139	125	23	2	5	7	101	90	28	8	51	58	177	166	33	2	4	5	72	64
16	3	16	21	166	152	23	3	11	15	122	110	28	9	61	68	191	180	33	3	8	10	87	78
16	4	28	35	191	177	23	4	20	24	141	129	28	10	72	79	204	193	33	4	14	17	101	92
16	5	42	50	215	201	23	5	29	35	159	147	28	11	82	90	217	207	33	5	21	24	115	106
16	6	58	67	237	223	23	6	40	46	176	164	28	12	93	102	229	219	33	6	28	32	128	118
16	7	75	86	257	245	23	7	51	58	193	181	28	13	105	114	242	232	33	7	35	40	141	131
16	8	93	105	277	265	23	8	63	71	209	197	28	14	116	126	254	244	33	8	43	49	153	143
17	0	0	0	70	58	23	9	75	84	225	213	29	0	0	0	42	34	33	9	52	58	165	155
17	1	1	2	104	91	23	10	88	98	240	229	29	1	1	1	63	55	33	10	60	67	177	167
17	2	6	9	132	119	23	11	102	112	254	244	29	2	4	5	82	72	33	11	69	76	188	179
17	3	15	20	158	144	23	12	116	126	268	258	29	3	9	12	98	89	33	12	78	86	200	190
17	4	27	33	182	168	24	0	0	0	51	42	29	4	16	19	114	104	33	13	88	95	211	201
17	5	40	47	205	191	24	1	1	1	76	66	29	5	23	28	129	119	33	14	97	105	222	212
17	6	54	63	226	213	24	2	5	6	97	86	29	6	32	37	144	133	33	15	107	115	232	223
17	7	70	80	246	233	24	3	11	14	117	106	29	7	40	46	158	147	33	16	117	126	243	234
17	8	87	98	265	253	24	4	19	23	135	124	29	8	49	56	172	161	33	17	127	136	253	244
17	9	105	117	283	272	24	5	28	33	153	141	29	9	59	66	185	174	34	0	0	0	36	29
18	0	0	0	66	55	24	6	38	44	170	158	29	10	69	76	198	188	34	1	1	1	54	47
18	1	1	2	99	86	24	7	49	56	186	175	29	11	79	87	210	200	34	2	4	5	70	62
18	2	6	8	126	113	24	8	60	68	202	190	29	12	90	98	223	213	34	3	8	10	85	76
18	3	14	19	151	137	24	9	72	80	217	206	29	13	101	110	235	225	34	4	14	17	98	90
18	4	25	31	174	160	24	10	84	93	232	221	29	14	112	121	247	237	34	5	20	24	112	103
18	5	38	45	195	182	24	11	97	107	246	235	29	15	123	133	258	249	34	6	27	31	125	115
18	6	51	60	216	203	24	12	110	121	260	249	30	0	0	0	41	33	34	7	34	39	137	127
18	7	66	75	235	223	25	0	0	0	49	40	30	1	1	1	61	53	34	8	42	47	149	139
18	8	82	92	254	242	25	1	1	1	73	63	30	2	4	5	79	70	34	9	50	56	161	151
18	9	99	110	271	260	25	2	5	6	94	83	30	3	9	11	95	86	34	10	58	65	172	163
19	0	0	0	63	52	25	3	11	14	113	102	30	4	15	19	111	101	34	11	67	74	184	174
19	1	1	1	94	82	25	4	18	22	131	119	30	5	23	27	125	115	34	12	76	83	195	185
19	2	6	8	120	107	25	5	27	32	148	136	30	6	30	35	140	129	34	13	85	92	205	196
19	3	14	18	144	131	25	6	37	42	164	153	30	7	39	44	153	143	34	14	94	102	216	207
19	4	24	29	166	153	25	7	47	53	180	168	30	8	48	54	167	156	34	15	104	112	226	217
19	5	36	42	187	174	25	8	58	65	195	184	30	9	57	64	180	169	34	16	113	122	237	228
19	6	48	56	207	194	25	9	69	77	210	199	30	10	67	74	192	182	34	17	123	132	247	238
19	7	62	71	225	213	25	10	81	89	224	213	30	11	76	84	205	194	35	0	0	0	35	28
19	8	77	87	244	232	25	11	93	102	238	227	30	12	87	95	217	207	35	1	1	1	53	45
19	9	93	103	261	249	25	12	106	115	251	241	30	13	97	106	228	219	35	2	4	5	68	60
19	10	109	121	277	267	25	13	119	129	264	255	30	14	108	117	240	230	35	3	8	10	82	74
20	0	0	0	60	50	26	0	0	0	47	38	30	15	119	128	251	242	35	4	13	16	96	87
20	1	1	1	90	78	26	1	1	1	70	61	31	0	0	0	39	32	35	5	20	23	109	100
20	2	5	8	115	102	26	2	4	6	90	80	31	1	1	1	59	51	35	6	26	30	121	112
20	3	13	17	138	125	26	3	10	13	109	98	31	2	4	5	77	68	35	7	33	38	133	124
20	4	23	28	159	146	26	4	18	21	126	115	31	3	9	11	92	83	35	8	41	46	145	136
20	5	34	40	179	166	26	5	26	31	143	132	31	4	15	18	107	98	35	9	49	54	157	147
20	6	46	53	198	186	26	6	35	41	158	147	31	5	22	26	122	112	35	10	57	63	168	158
20	7	59	67	216	204	26	7	45	51	174	163	31	6	30	34	135	126	35	11	65	72	179	169
20	8	73	82	234	222	26	8	55	62	189	178	31	7	38	43	149	139	35	12	74	81	190	180
20	9	88	98	251	239	26	9	66	74	203	192	31	8	46	52	162	152	35	13	82	90	200	191
20	10	103	114	267	256	26	10	77	86	217	206	31	9	55	62	174	164	35	14	91	99	211	202
21	0	0	0	57	47	26	11	89	98	230	220	31	10	64	71	187	177	35	15	100	108	221	212
21	1	1	1	86	74	26	12	101	110	244	234	31	11	74	81	199	189	35	16	110	118	231	222
21	2	5	7	110	98	26	13	114	123	256	247	31	12	84	92	211	201	35	17	119	128	241	232
21	3	13	16	132	119	27	0	0	0	45	37	31	13	94	102	222	213	35	18	129	138	251	242
21	4	22	26	152	140	27	1	1	1	68	59	31	14	104	113	234	224	36	0	0	0	34	28
21	5	32	38	172	159	27	2	4	6	87	77	31	15	115	124	245	235	36	1	1	1	51	44
21	6	44	51	190	178	27	3	10	13	105	95	31	16	125	135	255	246	36	2	3	5	66	59
21	7	56	64	208	196	27	4	17	21	122	111	32	0	0	0	38	31	36	3	8	10	80	72
21	8	69	78	225	213	27	5	25	30	138	127	32	1	1	1	57	50	36	4	13	16	93	85
21	9	83	93	241	230	27	6	34	39	153	142	32	2	4	5	74	66	36	5	19	22	106	97
21	10	98	108	257	246	27	7	43	49	168	157	32	3	9	11	90	81	36	6	26	30	118	109
21	11	113	124	272	262	27	8	53	60	183	172	32	4	15	18	104	95	36	7	32	37	130	121
22	0	0	0	55	45	27	9	64	71	197	186	32	5	21	25	118	109	36	8	40	45	141	132
22	1	1	1	82	71	27	10	74	82	210	200	32	6	29	33	132	122	36	9	47	53	153	143
22	2	5	7	105	94	27	11	85	94	223	213	32	7	36	42	145	135	36	10	55	61	164	154
22	3	12	15	126	115	27	12	97	106	236	226	32	8	45	50	157	147	36	11	63	70	175	165
22	4	21	25	146	134	27	13	109	118	249	239	32	9	53	60	170	160	36	12	71	78	185	176
22	5	31	36	165	153	27	14	121	131	261	252	32	10	62	69	182	172	36	13	80	87	195	186
22	6	42	48	183	171	28	0	0	0	43	36	32	11	71	79	194	184	36	14	89	96	206	197
22	7	53	61	200	188	28	1	1	1	65	56	32	12	81	89	205	195	36	15	98	105	216	207

CONFIDENCE BOUNDS FOR A

N = 370						N = 370						N = 370						N = 370					
		LOWER		UPPER				LOWER		UPPER				LOWER		UPPER				LOWER		UPPER	
n	a	.975	.95	.975	.95	n	a	.975	.95	.975	.95	n	a	.975	.95	.975	.95	n	a	.975	.95	.975	.95
36	16	107	115	226	217	40	11	57	63	159	150	43	21	127	135	235	227	47	2	3	4	51	45
36	17	116	124	235	227	40	12	64	70	169	160	43	22	135	143	243	235	47	3	6	8	62	55
36	18	125	134	245	236	40	13	72	78	178	169	44	0	0	0	27	22	47	4	10	12	72	65
37	0	0	0	33	27	40	14	79	86	188	179	44	1	1	1	42	36	47	5	15	17	82	75
37	1	1	1	50	43	40	15	87	94	197	188	44	2	3	4	54	48	47	6	20	23	92	84
37	2	3	4	64	57	40	16	95	103	206	197	44	3	7	8	66	59	47	7	25	29	101	94
37	3	8	9	78	70	40	17	103	111	215	207	44	4	11	13	77	70	47	8	31	34	110	103
37	4	13	15	91	83	40	18	112	119	224	216	44	5	16	19	88	80	47	9	36	41	119	112
37	5	19	22	103	95	40	19	120	128	233	225	44	6	21	24	98	90	47	10	42	47	128	120
37	6	25	29	115	106	40	20	129	137	241	233	44	7	27	30	108	100	47	11	48	53	137	129
37	7	32	36	127	118	41	0	0	0	30	24	44	8	33	37	117	109	47	12	54	60	145	137
37	8	39	44	138	129	41	1	1	1	45	39	44	9	39	43	127	119	47	13	61	66	154	146
37	9	46	51	149	140	41	2	3	4	58	51	44	10	45	50	136	128	47	14	67	73	162	154
37	10	54	59	160	151	41	3	7	9	71	63	44	11	52	57	145	137	47	15	74	80	170	162
37	11	61	68	170	161	41	4	12	14	82	75	44	12	58	64	155	146	47	16	81	87	179	171
37	12	69	76	181	172	41	5	17	20	94	86	44	13	65	71	163	155	47	17	87	94	187	179
37	13	78	85	191	182	41	6	23	26	105	96	44	14	72	78	172	164	47	18	94	101	194	187
37	14	86	93	201	192	41	7	29	33	115	107	44	15	79	85	181	173	47	19	101	108	202	194
37	15	95	102	211	202	41	8	35	39	125	117	44	16	86	93	189	181	47	20	108	115	210	202
37	16	103	111	220	212	41	9	42	46	136	127	44	17	93	100	198	190	47	21	115	122	218	210
37	17	112	120	230	221	41	10	48	54	145	137	44	18	101	108	206	198	47	22	123	130	225	218
37	18	121	130	239	231	41	11	55	61	155	147	44	19	108	116	214	206	47	23	130	137	233	225
37	19	131	139	249	240	41	12	63	69	165	156	44	20	116	123	223	215	47	24	137	145	240	233
38	0	0	0	32	26	41	13	70	76	174	166	44	21	124	131	231	223	48	0	0	0	25	20
38	1	1	1	48	42	41	14	77	84	183	175	44	22	132	139	238	231	48	1	1	1	38	33
38	2	3	4	63	55	41	15	85	92	193	184	45	0	0	0	27	22	48	2	3	4	50	44
38	3	7	9	76	68	41	16	93	100	202	193	45	1	1	1	41	35	48	3	6	8	61	54
38	4	12	15	89	81	41	17	101	108	211	202	45	2	3	4	53	47	48	4	10	12	71	64
38	5	18	21	101	92	41	18	109	116	219	211	45	3	6	8	65	58	48	5	15	17	80	74
38	6	24	28	112	104	41	19	117	125	228	220	45	4	11	13	75	68	48	6	19	22	90	83
38	7	31	35	124	115	41	20	125	133	236	228	45	5	15	18	86	78	48	7	25	28	99	92
38	8	38	42	135	126	41	21	134	142	245	237	45	6	21	24	96	88	48	8	30	34	108	101
38	9	45	50	145	136	42	0	0	0	29	24	45	7	26	30	105	98	48	9	36	40	117	109
38	10	52	58	156	147	42	1	1	1	44	38	45	8	32	36	115	107	48	10	41	46	126	118
38	11	60	66	166	157	42	2	3	4	57	50	45	9	38	42	124	116	48	11	47	52	134	126
38	12	68	74	176	167	42	3	7	8	69	62	45	10	44	49	133	125	48	12	53	58	143	135
38	13	76	82	186	177	42	4	11	14	80	73	45	11	50	56	142	134	48	13	60	65	151	143
38	14	84	91	196	187	42	5	16	19	92	84	45	12	57	62	151	143	48	14	66	71	159	151
38	15	92	99	206	197	42	6	22	25	102	94	45	13	64	69	160	152	48	15	72	78	167	159
38	16	101	108	215	207	42	7	28	32	113	104	45	14	70	76	169	161	48	16	79	85	175	167
38	17	109	117	225	216	42	8	34	38	123	114	45	15	77	83	177	169	48	17	85	92	183	175
38	18	118	126	234	226	42	9	41	45	133	124	45	16	84	91	186	177	48	18	92	99	191	183
38	19	127	135	243	235	42	10	47	52	142	134	45	17	91	98	194	186	48	19	99	106	199	191
39	0	0	0	31	25	42	11	54	60	152	143	45	18	99	105	202	194	48	20	106	113	206	198
39	1	1	1	47	41	42	12	61	67	161	153	45	19	106	113	210	202	48	21	113	120	214	206
39	2	3	4	61	54	42	13	68	74	170	162	45	20	113	121	218	210	48	22	120	127	221	214
39	3	7	9	74	67	42	14	75	82	180	171	45	21	121	128	226	218	48	23	127	134	229	221
39	4	12	15	86	79	42	15	83	90	189	180	45	22	128	136	234	226	48	24	134	142	236	228
39	5	18	21	98	90	42	16	90	97	197	189	45	23	136	144	242	234	49	0	0	0	25	20
39	6	24	27	110	101	42	17	98	105	206	198	46	0	0	0	26	21	49	1	1	1	37	32
39	7	30	34	121	112	42	18	106	113	215	206	46	1	1	1	40	34	49	2	3	4	49	43
39	8	37	41	131	123	42	19	114	121	223	215	46	2	3	4	52	46	49	3	6	7	59	53
39	9	44	49	142	133	42	20	122	130	232	224	46	3	6	8	63	57	49	4	10	12	69	63
39	10	51	56	152	143	42	21	130	138	240	232	46	4	10	13	74	67	49	5	14	17	79	72
39	11	58	64	162	154	43	0	0	0	28	23	46	5	15	18	84	77	49	6	19	22	88	81
39	12	66	72	172	163	43	1	1	1	43	37	46	6	20	23	94	86	49	7	24	27	97	90
39	13	74	80	182	173	43	2	3	4	56	49	46	7	26	29	103	96	49	8	29	33	106	99
39	14	82	88	192	183	43	3	7	8	67	60	46	8	31	35	113	105	49	9	35	39	115	107
39	15	90	97	201	193	43	4	11	13	79	71	46	9	37	41	122	114	49	10	41	45	123	116
39	16	98	105	211	202	43	5	16	19	89	82	46	10	43	48	131	123	49	11	46	51	132	124
39	17	106	114	220	211	43	6	22	25	100	92	46	11	49	54	140	132	49	12	52	57	140	132
39	18	115	123	229	220	43	7	27	31	110	102	46	12	56	61	148	140	49	13	58	64	148	140
39	19	123	131	238	230	43	8	33	38	120	112	46	13	62	68	157	149	49	14	64	70	156	148
39	20	132	140	247	239	43	9	40	44	130	121	46	14	69	75	165	157	49	15	71	76	164	156
40	0	0	0	30	25	43	10	46	51	139	131	46	15	75	82	174	166	49	16	77	83	172	164
40	1	1	1	46	40	43	11	53	58	149	140	46	16	82	89	182	174	49	17	84	90	180	172
40	2	3	4	60	53	43	12	60	65	158	149	46	17	89	96	190	182	49	18	90	97	187	180
40	3	7	9	72	65	43	13	67	73	167	158	46	18	96	103	198	190	49	19	97	103	195	187
40	4	12	14	84	77	43	14	74	80	176	167	46	19	103	110	206	198	49	20	104	110	202	195
40	5	17	20	96	88	43	15	81	87	185	176	46	20	111	118	214	206	49	21	110	117	210	202
40	6	23	27	107	99	43	16	88	95	193	185	46	21	118	125	222	214	49	22	117	124	217	210
40	7	29	33	118	109	43	17	96	103	202	194	46	22	125	133	229	222	49	23	124	131	224	217
40	8	36	40	128	120	43	18	103	111	210	202	46	23	133	140	237	230	49	24	131	138	232	224
40	9	43	48	139	130	43	19	111	118	219	211	47	0	0	0	26	21	49	25	138	146	239	232
40	10	50	55	149	140	43	20	119	126	227	219	47	1	1	1	39	34	50	0	0	0	24	20

CONFIDENCE BOUNDS FOR A

N = 370 (Group 1)

n	a	LOWER .975	LOWER .95	UPPER .975	UPPER .95
50	1	1	1	37	32
50	2	3	4	48	42
50	3	6	7	58	52
50	4	10	12	68	61
50	5	14	16	77	71
50	6	19	22	86	80
50	7	24	27	95	88
50	8	29	32	104	97
50	9	34	38	113	105
50	10	40	44	121	113
50	11	45	50	129	122
50	12	51	56	137	130
50	13	57	62	145	138
50	14	63	69	153	146
50	15	69	75	161	153
50	16	76	81	169	161
50	17	82	88	176	169
50	18	88	95	184	176
50	19	95	101	191	184
50	20	101	108	199	191
50	21	108	115	206	199
50	22	115	122	213	206
50	23	122	129	221	213
50	24	128	136	228	220
50	25	135	143	235	227
51	0	0	0	24	19
51	1	1	1	36	31
51	2	3	3	47	41
51	3	6	7	57	51
51	4	10	11	67	60
51	5	14	16	76	69
51	6	18	21	85	78
51	7	23	26	93	87
51	8	28	32	102	95
51	9	34	37	110	103
51	10	39	43	119	111
51	11	45	49	127	119
51	12	50	55	135	127
51	13	56	61	143	135
51	14	62	67	150	143
51	15	68	73	158	150
51	16	74	80	166	158
51	17	80	86	173	166
51	18	87	93	181	173
51	19	93	99	188	180
51	20	99	106	195	188
51	21	106	112	202	195
51	22	112	119	210	202
51	23	119	126	217	209
51	24	126	133	224	216
51	25	133	140	231	223
51	26	139	147	237	230
52	0	0	0	23	19
52	1	1	1	35	30
52	2	3	3	46	40
52	3	6	7	56	50
52	4	9	11	65	59
52	5	14	16	74	68
52	6	18	21	83	77
52	7	23	26	92	85
52	8	28	31	100	93
52	9	33	37	108	101
52	10	38	42	116	109
52	11	44	48	124	117
52	12	49	54	132	125
52	13	55	60	140	133
52	14	61	66	148	140
52	15	67	72	155	148
52	16	73	78	163	155
52	17	79	84	170	163
52	18	85	91	177	170
52	19	91	97	185	177
52	20	97	104	192	184
52	21	104	110	199	192
52	22	110	117	206	199

N = 370 (Group 2)

n	a	LOWER .975	LOWER .95	UPPER .975	UPPER .95
52	23	117	123	213	206
52	24	123	130	220	213
52	25	130	137	227	220
52	26	137	144	233	226
53	0	0	0	23	18
53	1	1	1	35	30
53	2	3	3	45	40
53	3	6	7	55	49
53	4	9	11	64	58
53	5	13	16	73	67
53	6	18	20	82	75
53	7	22	25	90	83
53	8	27	31	98	91
53	9	32	36	106	99
53	10	38	42	114	107
53	11	43	47	122	115
53	12	48	53	130	123
53	13	54	59	138	130
53	14	60	65	145	138
53	15	65	71	153	145
53	16	71	77	160	152
53	17	77	83	167	160
53	18	83	89	174	167
53	19	89	95	182	174
53	20	95	102	189	181
53	21	102	108	196	188
53	22	108	114	203	195
53	23	114	121	209	202
53	24	121	127	216	209
53	25	127	134	223	216
53	26	134	141	230	223
53	27	140	147	236	229
54	0	0	0	22	18
54	1	1	1	34	29
54	2	3	3	44	39
54	3	6	7	54	48
54	4	9	11	63	57
54	5	13	15	72	65
54	6	17	20	80	74
54	7	22	25	88	82
54	8	27	30	97	90
54	9	32	35	105	98
54	10	37	41	112	105
54	11	42	46	120	113
54	12	47	52	128	120
54	13	53	58	135	128
54	14	59	63	143	135
54	15	64	69	150	143
54	16	70	75	157	150
54	17	76	81	164	157
54	18	82	87	171	164
54	19	88	93	178	171
54	20	94	100	185	178
54	21	100	106	192	185
54	22	106	112	199	192
54	23	112	119	206	199
54	24	118	125	213	205
54	25	125	131	219	212
54	26	131	138	226	219
54	27	138	145	232	225
55	0	0	0	22	18
55	1	1	1	33	29
55	2	3	3	43	38
55	3	5	7	53	47
55	4	9	11	62	56
55	5	13	15	70	64
55	6	17	20	79	72
55	7	22	25	87	80
55	8	26	30	95	88
55	9	31	35	103	96
55	10	36	40	110	103
55	11	41	46	118	111
55	12	47	51	125	118
55	13	52	57	133	126
55	14	57	62	140	133

N = 370 (Group 3)

n	a	LOWER .975	LOWER .95	UPPER .975	UPPER .95
55	15	63	68	147	140
55	16	69	74	154	147
55	17	74	80	162	154
55	18	80	86	169	161
55	19	86	92	175	168
55	20	92	98	182	175
55	21	98	104	189	182
55	22	104	110	196	189
55	23	110	116	203	195
55	24	116	123	209	202
55	25	122	129	216	209
55	26	129	135	222	215
55	27	135	142	229	222
55	28	141	148	235	228
56	0	0	0	21	17
56	1	1	1	33	28
56	2	3	3	43	37
56	3	5	7	52	46
56	4	9	11	61	55
56	5	13	15	69	63
56	6	17	19	77	71
56	7	21	24	85	79
56	8	26	29	93	87
56	9	31	34	101	94
56	10	36	39	108	102
56	11	41	45	116	109
56	12	46	50	123	116
56	13	51	56	131	124
56	14	56	61	138	131
56	15	62	67	145	138
56	16	67	73	152	145
56	17	73	78	159	152
56	18	79	84	166	159
56	19	84	90	173	165
56	20	90	96	179	172
56	21	96	102	186	179
56	22	102	108	193	186
56	23	108	114	199	192
56	24	114	120	206	199
56	25	120	127	212	205
56	26	126	133	219	212
56	27	132	139	225	218
56	28	139	145	231	225
57	0	0	0	21	17
57	1	1	1	32	27
57	2	3	3	42	37
57	3	5	7	51	46
57	4	9	10	60	54
57	5	13	15	68	62
57	6	17	19	76	70
57	7	21	24	84	78
57	8	26	29	92	85
57	9	30	34	99	93
57	10	35	39	107	100
57	11	40	44	114	107
57	12	45	49	121	114
57	13	50	55	128	121
57	14	55	60	136	128
57	15	61	66	143	135
57	16	66	71	149	142
57	17	72	77	156	149
57	18	77	83	163	156
57	19	83	88	170	163
57	20	89	94	176	169
57	21	94	100	183	176
57	22	100	106	190	183
57	23	106	112	196	189
57	24	112	118	203	196
57	25	118	124	209	202
57	26	124	130	215	208
57	27	130	137	222	215
57	28	136	143	228	221
57	29	142	149	234	227
58	0	0	0	20	17
58	1	1	1	31	27

N = 370 (Group 4)

n	a	LOWER .975	LOWER .95	UPPER .975	UPPER .95
58	2	3	3	41	36
58	3	5	6	50	45
58	4	9	10	59	53
58	5	12	14	67	61
58	6	16	19	75	69
58	7	21	23	82	76
58	8	25	28	90	84
58	9	30	33	98	91
58	10	34	38	105	98
58	11	39	43	112	105
58	12	44	48	119	112
58	13	49	54	126	119
58	14	55	59	133	126
58	15	60	65	140	133
58	16	65	70	147	140
58	17	70	76	154	147
58	18	76	81	160	153
58	19	81	87	167	160
58	20	87	93	174	167
58	21	93	98	180	173
58	22	98	104	187	180
58	23	104	110	193	186
58	24	110	116	199	192
58	25	116	122	206	199
58	26	122	128	212	205
58	27	128	134	218	211
58	28	134	140	224	218
58	29	140	146	230	224
59	0	0	0	20	16
59	1	1	1	31	27
59	2	2	3	40	36
59	3	5	6	49	44
59	4	9	10	58	52
59	5	12	14	66	60
59	6	16	19	73	67
59	7	20	23	81	75
59	8	25	28	89	82
59	9	29	33	96	90
59	10	34	37	103	97
59	11	39	43	110	104
59	12	44	48	117	111
59	13	49	53	124	117
59	14	54	58	131	124
59	15	59	63	138	131
59	16	64	69	145	138
59	17	69	74	151	144
59	18	75	80	158	151
59	19	80	85	164	157
59	20	85	91	171	164
59	21	91	97	177	170
59	22	97	102	184	177
59	23	102	108	190	183
59	24	108	114	196	189
59	25	114	120	203	196
59	26	119	126	209	202
59	27	125	132	215	208
59	28	131	138	221	214
59	29	137	144	227	220
59	30	143	150	233	226
60	0	0	0	20	16
60	1	1	1	30	26
60	2	2	3	40	35
60	3	5	6	48	43
60	4	8	10	57	51
60	5	12	14	64	59
60	6	16	18	72	66
60	7	20	23	80	74
60	8	24	27	87	81
60	9	29	32	94	88
60	10	33	37	101	95
60	11	38	42	109	102
60	12	43	47	115	109
60	13	48	52	122	116
60	14	53	57	129	122
60	15	58	62	136	129

CONFIDENCE BOUNDS FOR A

N = 370

n	a	LOWER .975	LOWER .95	UPPER .975	UPPER .95
60	16	63	68	142	136
60	17	68	73	149	142
60	18	73	78	155	149
60	19	79	84	162	155
60	20	84	89	168	161
60	21	89	95	175	168
60	22	95	101	181	174
60	23	100	106	187	180
60	24	106	112	193	186
60	25	112	118	199	193
60	26	117	124	206	199
60	27	123	129	212	205
60	28	129	135	218	211
60	29	135	141	224	217
60	30	141	147	229	223
61	0	0	0	19	16
61	1	1	1	30	26
61	2	2	3	39	34
61	3	5	6	48	42
61	4	8	10	56	50
61	5	12	14	63	58
61	6	16	18	71	65
61	7	20	22	78	73
61	8	24	27	86	80
61	9	28	32	93	87
61	10	33	36	100	94
61	11	37	41	107	100
61	12	42	46	114	107
61	13	47	51	120	114
61	14	52	56	127	120
61	15	57	61	134	127
61	16	62	67	140	133
61	17	67	72	147	140
61	18	72	77	153	146
61	19	77	83	159	153
61	20	83	88	166	159
61	21	88	93	172	165
61	22	93	99	178	171
61	23	99	105	184	178
61	24	104	110	190	184
61	25	110	116	197	190
61	26	115	121	203	196
61	27	121	127	209	202
61	28	127	133	214	208
61	29	132	139	220	214
61	30	138	145	226	220
61	31	144	150	232	225
62	0	0	0	19	15
62	1	1	1	29	25
62	2	2	3	38	34
62	3	5	6	47	42
62	4	8	10	55	49
62	5	12	14	62	57
62	6	15	18	70	64
62	7	19	22	77	71
62	8	24	26	84	78
62	9	28	31	91	85
62	10	32	36	98	92
62	11	37	41	105	99
62	12	42	45	112	105
62	13	46	50	118	112
62	14	51	55	125	118
62	15	56	60	132	125
62	16	61	66	138	131
62	17	66	71	144	138
62	18	71	76	151	144
62	19	76	81	157	150
62	20	81	87	163	156
62	21	86	92	169	163
62	22	92	97	176	169
62	23	97	103	182	175
62	24	102	108	188	181
62	25	108	114	194	187
62	26	113	119	200	193
62	27	119	125	205	199

N = 370

n	a	LOWER .975	LOWER .95	UPPER .975	UPPER .95
62	28	124	131	211	205
62	29	130	136	217	211
62	30	136	142	223	216
62	31	141	148	229	222
63	0	0	0	19	15
63	1	1	1	29	25
63	2	2	3	38	33
63	3	5	6	46	41
63	4	8	10	54	49
63	5	12	13	61	56
63	6	15	17	69	63
63	7	19	22	76	70
63	8	23	26	83	77
63	9	28	31	90	84
63	10	32	35	97	91
63	11	36	40	103	97
63	12	41	45	110	104
63	13	46	50	117	110
63	14	50	54	123	117
63	15	55	59	130	123
63	16	60	64	136	129
63	17	65	70	142	136
63	18	70	75	148	142
63	19	75	80	155	148
63	20	80	85	161	154
63	21	85	90	167	160
63	22	90	96	173	166
63	23	96	101	179	172
63	24	101	107	185	178
63	25	106	112	191	184
63	26	112	117	197	190
63	27	117	123	202	196
63	28	122	129	208	202
63	29	128	134	214	207
63	30	133	140	220	213
63	31	139	145	225	219
63	32	145	151	231	225
64	0	0	0	18	15
64	1	1	1	28	24
64	2	2	3	37	33
64	3	5	6	45	40
64	4	8	9	53	48
64	5	11	13	60	55
64	6	15	17	68	62
64	7	19	21	75	69
64	8	23	26	82	76
64	9	27	30	89	83
64	10	31	35	95	90
64	11	36	39	102	96
64	12	40	44	108	102
64	13	45	49	115	109
64	14	49	54	121	115
64	15	54	59	128	121
64	16	59	63	134	127
64	17	64	69	140	134
64	18	69	74	146	140
64	19	74	79	152	146
64	20	79	84	158	152
64	21	84	89	164	158
64	22	89	94	170	164
64	23	94	100	176	170
64	24	99	105	182	176
64	25	104	110	188	181
64	26	110	116	194	187
64	27	115	121	200	193
64	28	120	126	205	199
64	29	126	132	211	204
64	30	131	137	217	210
64	31	137	143	222	216
64	32	142	149	228	221
65	0	0	0	18	15
65	1	1	1	28	24
65	2	2	3	36	32
65	3	5	6	45	40
65	4	8	9	52	47

N = 370

n	a	LOWER .975	LOWER .95	UPPER .975	UPPER .95
65	5	11	13	59	54
65	6	15	17	67	61
65	7	19	21	74	68
65	8	23	25	80	75
65	9	27	30	87	81
65	10	31	34	94	88
65	11	35	39	100	94
65	12	40	43	107	101
65	13	44	48	113	107
65	14	49	53	120	113
65	15	53	58	126	119
65	16	58	63	132	126
65	17	63	67	138	132
65	18	68	72	144	138
65	19	73	77	150	144
65	20	77	83	156	150
65	21	82	88	162	156
65	22	87	93	168	161
65	23	93	98	174	167
65	24	98	103	180	173
65	25	103	108	185	179
65	26	108	114	191	185
65	27	113	119	197	190
65	28	118	124	202	196
65	29	124	130	208	202
65	30	129	135	214	207
65	31	134	141	219	213
65	32	140	146	225	218
65	33	145	152	230	224
66	0	0	0	18	14
66	1	1	1	27	24
66	2	2	3	36	32
66	3	5	6	44	39
66	4	8	9	51	46
66	5	11	13	59	53
66	6	15	17	66	60
66	7	18	21	73	67
66	8	22	25	79	74
66	9	26	29	86	80
66	10	31	34	92	87
66	11	35	38	99	93
66	12	39	43	105	99
66	13	44	47	112	105
66	14	48	52	118	112
66	15	53	57	124	118
66	16	57	62	130	124
66	17	62	66	136	130
66	18	67	71	142	136
66	19	71	76	148	142
66	20	76	81	154	147
66	21	81	86	160	153
66	22	86	91	166	159
66	23	91	96	171	165
66	24	96	102	177	171
66	25	101	107	183	176
66	26	106	112	188	182
66	27	111	117	194	188
66	28	117	122	200	193
66	29	122	128	205	199
66	30	127	133	211	204
66	31	132	138	216	210
66	32	138	144	222	215
66	33	143	149	227	221
67	0	0	0	17	14
67	1	1	1	27	23
67	2	2	3	35	31
67	3	5	6	43	39
67	4	8	9	51	46
67	5	11	13	58	53
67	6	14	16	65	59
67	7	18	20	71	66
67	8	22	25	78	73
67	9	26	29	85	79
67	10	30	33	91	85
67	11	34	38	97	92

N = 370

n	a	LOWER .975	LOWER .95	UPPER .975	UPPER .95
67	12	39	42	104	98
67	13	43	47	110	104
67	14	47	51	116	110
67	15	52	56	122	116
67	16	56	61	128	122
67	17	61	65	134	128
67	18	66	70	140	134
67	19	70	75	146	140
67	20	75	80	152	145
67	21	80	85	158	151
67	22	85	90	163	157
67	23	90	95	169	163
67	24	95	100	175	168
67	25	100	105	180	174
67	26	105	110	186	179
67	27	110	115	191	185
67	28	115	121	197	190
67	29	120	126	202	196
67	30	125	131	208	201
67	31	130	136	213	207
67	32	136	142	219	212
67	33	141	147	224	218
67	34	146	152	229	223
68	0	0	0	17	14
68	1	1	1	27	23
68	2	2	3	35	31
68	3	5	6	42	38
68	4	8	9	50	45
68	5	11	12	57	52
68	6	14	16	64	58
68	7	18	20	70	65
68	8	22	24	77	71
68	9	26	28	83	78
68	10	30	33	90	84
68	11	34	37	96	90
68	12	38	42	102	96
68	13	42	46	108	102
68	14	47	51	114	108
68	15	51	55	120	114
68	16	56	60	126	120
68	17	60	65	132	126
68	18	65	69	138	132
68	19	69	74	144	138
68	20	74	79	150	143
68	21	79	84	155	149
68	22	84	89	161	155
68	23	88	94	167	160
68	24	93	99	172	166
68	25	98	104	178	171
68	26	103	109	183	177
68	27	108	114	189	182
68	28	113	119	194	188
68	29	118	124	200	193
68	30	123	129	205	199
68	31	128	134	210	204
68	32	133	139	216	209
68	33	139	145	221	215
68	34	144	150	226	220
69	0	0	0	17	14
69	1	1	1	26	22
69	2	2	3	34	30
69	3	5	6	42	37
69	4	8	9	49	44
69	5	11	12	56	51
69	6	14	16	63	58
69	7	18	20	69	64
69	8	21	24	76	70
69	9	25	28	82	77
69	10	29	32	88	83
69	11	33	37	95	89
69	12	37	41	101	95
69	13	42	45	107	101
69	14	46	50	113	107
69	15	50	54	119	113
69	16	55	59	125	118

CONFIDENCE BOUNDS FOR A

N = 370

n	a	LOWER .975	LOWER .95	UPPER .975	UPPER .95
69	17	59	64	130	124
69	18	64	68	136	130
69	19	68	73	142	136
69	20	73	78	148	141
69	21	78	83	153	147
69	22	82	87	159	152
69	23	87	92	164	158
69	24	92	97	170	164
69	25	97	102	175	169
69	26	102	107	181	174
69	27	106	112	186	180
69	28	111	117	192	185
69	29	116	122	197	191
69	30	121	127	202	196
69	31	126	132	208	201
69	32	131	137	213	207
69	33	136	142	218	212
69	34	142	148	223	217
69	35	147	153	228	222
70	0	0	0	17	14
70	1	1	1	26	22
70	2	2	3	34	30
70	3	5	6	41	37
70	4	7	9	48	44
70	5	11	12	55	50
70	6	14	16	62	57
70	7	17	20	68	63
70	8	21	24	75	69
70	9	25	28	81	76
70	10	29	32	87	82
70	11	33	36	93	88
70	12	37	40	99	94
70	13	41	45	105	99
70	14	45	49	111	105
70	15	50	54	117	111
70	16	54	58	123	117
70	17	58	63	129	122
70	18	63	67	134	128
70	19	67	72	140	134
70	20	72	77	146	139
70	21	77	81	151	145
70	22	81	86	157	150
70	23	86	91	162	156
70	24	91	96	168	161
70	25	95	101	173	167
70	26	100	105	178	172
70	27	105	110	184	178
70	28	110	115	189	183
70	29	115	120	194	188
70	30	120	125	200	193
70	31	124	130	205	199
70	32	129	135	210	204
70	33	134	140	215	209
70	34	139	145	220	214
70	35	145	151	225	219
71	0	0	0	16	13
71	1	1	1	25	22
71	2	2	3	33	29
71	3	5	5	41	36
71	4	7	9	48	43
71	5	10	12	54	50
71	6	14	16	61	56
71	7	17	19	67	62
71	8	21	23	74	68
71	9	25	27	80	74
71	10	29	31	86	80
71	11	32	36	92	86
71	12	36	40	98	92
71	13	41	44	104	98
71	14	45	48	110	104
71	15	49	53	115	110
71	16	53	57	121	115
71	17	58	62	127	121
71	18	62	66	133	126
71	19	66	71	138	132

N = 370

n	a	LOWER .975	LOWER .95	UPPER .975	UPPER .95
71	20	71	76	144	137
71	21	75	80	149	143
71	22	80	85	155	148
71	23	85	90	160	154
71	24	89	94	165	159
71	25	94	99	171	165
71	26	99	104	176	170
71	27	103	109	181	175
71	28	108	114	187	180
71	29	113	118	192	186
71	30	118	123	197	191
71	31	123	128	202	196
71	32	128	133	207	201
71	33	132	138	212	206
71	34	137	143	218	211
71	35	142	148	223	217
71	36	147	153	228	222
72	0	0	0	16	13
72	1	1	1	25	21
72	2	2	3	33	29
72	3	5	5	40	36
72	4	7	9	47	42
72	5	10	12	54	49
72	6	14	15	60	55
72	7	17	19	66	61
72	8	21	23	73	67
72	9	24	27	79	73
72	10	28	31	85	79
72	11	32	35	91	85
72	12	36	39	97	91
72	13	40	44	102	97
72	14	44	48	108	102
72	15	48	52	114	108
72	16	53	57	120	114
72	17	57	61	125	119
72	18	61	65	131	125
72	19	66	70	136	130
72	20	70	74	142	136
72	21	74	79	147	141
72	22	79	84	153	146
72	23	83	88	158	152
72	24	88	93	163	157
72	25	93	98	169	162
72	26	97	102	174	168
72	27	102	107	179	173
72	28	107	112	184	178
72	29	111	117	189	183
72	30	116	122	195	188
72	31	121	126	200	194
72	32	126	131	205	199
72	33	131	136	210	204
72	34	135	141	215	209
72	35	140	146	220	214
72	36	145	151	225	219
73	0	0	0	16	13
73	1	1	1	25	21
73	2	2	3	32	28
73	3	4	5	39	35
73	4	7	8	46	42
73	5	10	12	53	48
73	6	13	15	59	54
73	7	17	19	66	61
73	8	20	23	72	67
73	9	24	27	78	72
73	10	28	31	84	78
73	11	32	35	90	84
73	12	36	39	95	90
73	13	40	43	101	95
73	14	44	47	107	101
73	15	48	51	112	107
73	16	52	56	118	112
73	17	56	60	124	118
73	18	60	65	129	123
73	19	65	69	134	128
73	20	69	73	140	134

N = 370

n	a	LOWER .975	LOWER .95	UPPER .975	UPPER .95
73	21	73	78	145	139
73	22	78	83	151	144
73	23	82	87	156	150
73	24	87	92	161	155
73	25	91	96	166	160
73	26	96	101	172	165
73	27	100	106	177	171
73	28	105	110	182	176
73	29	110	115	187	181
73	30	114	120	192	186
73	31	119	125	197	191
73	32	124	130	202	196
73	33	129	134	207	201
73	34	133	139	212	206
73	35	138	144	217	211
73	36	143	149	222	216
73	37	148	154	227	221
74	0	0	0	16	13
74	1	1	1	24	21
74	2	2	3	32	28
74	3	4	5	39	35
74	4	7	8	46	41
74	5	10	12	52	48
74	6	13	15	58	54
74	7	17	19	65	60
74	8	20	22	71	66
74	9	24	26	77	71
74	10	27	30	83	77
74	11	31	34	88	83
74	12	35	38	94	89
74	13	39	42	100	94
74	14	43	47	105	100
74	15	47	51	111	105
74	16	51	55	116	111
74	17	55	59	122	116
74	18	60	64	127	121
74	19	64	68	133	127
74	20	68	72	138	132
74	21	72	77	143	137
74	22	77	81	149	143
74	23	81	86	154	148
74	24	86	90	159	153
74	25	90	95	164	158
74	26	95	100	169	163
74	27	99	104	174	168
74	28	104	109	180	173
74	29	108	114	185	179
74	30	113	118	190	184
74	31	118	123	195	189
74	32	122	128	200	194
74	33	127	132	205	199
74	34	132	137	209	204
74	35	136	142	214	208
74	36	141	147	219	213
74	37	146	152	224	218

N = 380

n	a	LOWER .975	LOWER .95	UPPER .975	UPPER .95
1	0	0	0	370	360
1	1	10	20	380	380
2	0	0	0	319	294
2	1	5	10	375	370
3	0	0	0	268	239
3	1	4	7	343	328
3	2	37	52	376	373
4	0	0	0	227	199
4	1	3	5	305	284
4	2	27	38	353	342
5	0	0	0	197	170
5	1	2	4	271	248
5	2	21	30	323	307
5	3	57	73	359	350
6	0	0	0	173	148
6	1	2	4	242	220
6	2	17	25	294	276
6	3	46	59	334	321
7	0	0	0	154	131
7	1	2	3	218	196
7	2	15	21	268	249
7	3	39	50	309	293
7	4	71	87	341	330
8	0	0	0	139	117
8	1	2	3	198	177
8	2	13	18	246	226
8	3	34	43	285	269
8	4	61	75	319	305
9	0	0	0	126	106
9	1	2	3	181	161
9	2	12	16	226	207
9	3	30	38	264	247
9	4	54	65	298	283
9	5	82	97	326	315
10	0	0	0	115	97
10	1	1	2	167	148
10	2	10	15	209	191
10	3	27	34	246	229
10	4	48	58	278	263
10	5	73	86	307	294
11	0	0	0	106	89
11	1	1	2	155	137
11	2	10	14	195	177
11	3	24	31	230	213
11	4	43	53	261	245
11	5	65	77	289	275
11	6	91	105	315	303
12	0	0	0	99	82
12	1	1	2	144	127
12	2	9	12	182	165
12	3	22	28	215	198
12	4	39	48	245	230
12	5	59	70	273	258
12	6	82	95	298	285
13	0	0	0	92	76
13	1	1	2	135	118
13	2	8	12	170	154
13	3	20	26	202	186
13	4	36	44	231	216
13	5	54	64	258	243
13	6	75	87	282	269
13	7	98	111	305	293
14	0	0	0	86	71
14	1	1	2	126	111
14	2	8	11	160	144
14	3	19	24	191	175
14	4	33	41	218	203
14	5	50	60	244	230
14	6	69	80	268	255
14	7	90	102	290	278
15	0	0	0	81	67
15	1	1	2	119	104
15	2	7	10	151	136
15	3	18	23	180	165
15	4	31	38	207	192

248

CONFIDENCE BOUNDS FOR A

N = 380

n	a	LOWER .975	LOWER .95	UPPER .975	UPPER .95
15	5	47	55	232	217
15	6	64	74	255	241
15	7	83	94	277	264
15	8	103	116	297	286
16	0	0	0	76	63
16	1	1	2	113	98
16	2	7	9	143	129
16	3	17	21	171	156
16	4	29	36	197	182
16	5	44	52	220	206
16	6	60	69	243	229
16	7	77	88	264	251
16	8	96	108	284	272
17	0	0	0	72	60
17	1	1	2	107	93
17	2	6	9	136	122
17	3	16	20	163	148
17	4	27	34	187	173
17	5	41	49	210	196
17	6	56	65	232	218
17	7	72	82	252	240
17	8	90	101	272	260
17	9	108	120	290	279
18	0	0	0	68	56
18	1	1	2	101	88
18	2	6	8	129	116
18	3	15	19	155	141
18	4	26	32	178	165
18	5	39	46	201	187
18	6	53	61	222	208
18	7	68	77	242	229
18	8	84	95	261	248
18	9	101	113	279	267
19	0	0	0	65	54
19	1	1	2	97	84
19	2	6	8	123	110
19	3	14	18	148	134
19	4	24	30	171	157
19	5	36	43	192	178
19	6	50	58	212	199
19	7	64	73	232	219
19	8	79	89	250	238
19	9	95	106	268	256
19	10	112	124	285	274
20	0	0	0	62	51
20	1	1	1	92	80
20	2	6	8	118	105
20	3	13	17	141	128
20	4	23	28	163	150
20	5	35	41	184	171
20	6	47	55	204	191
20	7	61	69	222	210
20	8	75	84	240	228
20	9	90	100	258	246
20	10	106	117	274	263
21	0	0	0	59	49
21	1	1	1	88	76
21	2	5	7	113	101
21	3	13	16	135	123
21	4	22	27	157	144
21	5	33	39	176	164
21	6	45	52	196	183
21	7	58	66	214	201
21	8	71	80	231	219
21	9	85	95	248	236
21	10	100	111	264	253
21	11	116	127	280	269
22	0	0	0	57	47
22	1	1	1	84	73
22	2	5	7	108	96
22	3	12	16	130	118
22	4	21	26	150	138
22	5	31	37	170	157
22	6	43	50	188	176
22	7	55	63	206	193

N = 380

n	a	LOWER .975	LOWER .95	UPPER .975	UPPER .95
22	8	68	76	223	211
22	9	81	91	239	227
22	10	95	105	255	244
22	11	110	121	270	259
23	0	0	0	54	45
23	1	1	1	81	70
23	2	5	7	104	92
23	3	12	15	125	113
23	4	20	25	145	132
23	5	30	36	163	151
23	6	41	47	181	169
23	7	52	60	198	186
23	8	64	73	215	203
23	9	77	86	231	219
23	10	91	100	246	235
23	11	105	115	261	250
23	12	119	130	275	265
24	0	0	0	52	43
24	1	1	1	78	67
24	2	5	7	100	89
24	3	11	14	120	109
24	4	19	24	139	127
24	5	29	34	157	145
24	6	39	45	175	163
24	7	50	57	191	179
24	8	62	70	207	196
24	9	74	82	223	211
24	10	87	96	238	227
24	11	100	110	253	242
24	12	113	124	267	256
25	0	0	0	50	41
25	1	1	1	75	65
25	2	5	6	96	85
25	3	11	14	116	105
25	4	19	23	134	123
25	5	28	33	152	140
25	6	37	44	169	157
25	7	48	55	185	173
25	8	59	67	200	189
25	9	71	79	215	204
25	10	83	92	230	219
25	11	95	105	244	234
25	12	108	118	258	248
25	13	122	132	272	262
26	0	0	0	48	39
26	1	1	1	72	62
26	2	5	6	93	82
26	3	11	13	112	101
26	4	18	22	130	118
26	5	27	32	147	135
26	6	36	42	163	151
26	7	46	53	179	167
26	8	57	64	194	182
26	9	68	76	209	197
26	10	79	88	223	212
26	11	91	101	237	226
26	12	104	113	250	240
26	13	117	127	263	253
27	0	0	0	46	38
27	1	1	1	70	60
27	2	4	6	90	79
27	3	10	13	108	97
27	4	17	21	125	114
27	5	26	30	142	131
27	6	35	40	158	146
27	7	44	51	173	162
27	8	55	62	188	176
27	9	65	73	202	191
27	10	76	85	216	205
27	11	88	97	230	219
27	12	100	109	243	232
27	13	112	121	256	246
27	14	124	134	268	259
28	0	0	0	45	37
28	1	1	1	67	58

N = 380

n	a	LOWER .975	LOWER .95	UPPER .975	UPPER .95
28	2	4	6	87	77
28	3	10	12	104	94
28	4	17	20	121	111
28	5	25	29	137	126
28	6	33	39	153	142
28	7	43	49	167	156
28	8	53	59	182	171
28	9	63	70	196	185
28	10	73	81	209	199
28	11	84	93	223	212
28	12	96	105	236	225
28	13	107	117	248	238
28	14	119	129	261	251
29	0	0	0	43	35
29	1	1	1	65	56
29	2	4	6	84	74
29	3	10	12	101	91
29	4	16	20	117	107
29	5	24	28	133	122
29	6	32	38	148	137
29	7	41	47	162	152
29	8	51	57	176	166
29	9	60	68	190	179
29	10	71	78	203	193
29	11	81	89	216	206
29	12	92	101	229	219
29	13	103	112	241	231
29	14	115	124	253	244
29	15	127	136	265	256
30	0	0	0	42	34
30	1	1	1	63	54
30	2	4	5	81	72
30	3	9	12	98	88
30	4	16	19	114	104
30	5	23	27	129	119
30	6	31	36	143	133
30	7	40	46	157	147
30	8	49	55	171	161
30	9	58	65	184	174
30	10	68	76	197	187
30	11	78	86	210	200
30	12	89	97	223	212
30	13	100	108	235	225
30	14	111	120	246	237
30	15	122	131	258	249
31	0	0	0	40	33
31	1	1	1	61	53
31	2	4	5	79	70
31	3	9	11	95	85
31	4	15	19	110	101
31	5	22	27	125	115
31	6	30	35	139	129
31	7	39	44	153	143
31	8	47	53	166	156
31	9	56	63	179	169
31	10	66	73	192	182
31	11	76	83	204	194
31	12	86	94	216	206
31	13	96	105	228	218
31	14	107	116	240	230
31	15	118	127	251	242
31	16	129	138	262	253
32	0	0	0	39	32
32	1	1	1	59	51
32	2	4	5	76	68
32	3	9	11	92	83
32	4	15	18	107	98
32	5	22	26	121	112
32	6	29	34	135	125
32	7	37	43	149	139
32	8	46	52	162	151
32	9	55	61	174	164
32	10	64	71	187	177
32	11	73	81	199	189
32	12	83	91	211	201

N = 380

n	a	LOWER .975	LOWER .95	UPPER .975	UPPER .95
32	13	93	101	222	212
32	14	103	112	234	224
32	15	114	123	245	235
32	16	124	133	256	247
33	0	0	0	38	31
33	1	1	1	57	49
33	2	4	5	74	66
33	3	9	11	90	80
33	4	14	18	104	95
33	5	21	25	118	108
33	6	28	33	132	122
33	7	36	41	145	135
33	8	44	50	157	147
33	9	53	59	170	160
33	10	62	69	182	172
33	11	71	78	194	184
33	12	80	88	205	195
33	13	90	98	217	207
33	14	100	108	228	218
33	15	110	119	239	229
33	16	120	129	249	240
33	17	131	140	260	251
34	0	0	0	37	30
34	1	1	1	56	48
34	2	4	5	72	64
34	3	8	10	87	78
34	4	14	17	101	92
34	5	21	24	115	105
34	6	28	32	128	118
34	7	35	40	141	131
34	8	43	49	153	143
34	9	51	57	165	155
34	10	60	67	177	167
34	11	69	76	189	179
34	12	78	85	200	190
34	13	87	95	211	201
34	14	97	105	222	212
34	15	106	115	233	223
34	16	116	125	243	234
34	17	126	135	254	245
35	0	0	0	36	29
35	1	1	1	54	47
35	2	4	5	70	62
35	3	8	10	85	76
35	4	14	17	99	90
35	5	20	24	112	103
35	6	27	31	125	115
35	7	34	39	137	127
35	8	42	47	149	139
35	9	50	56	161	151
35	10	58	65	173	163
35	11	67	74	184	174
35	12	76	83	195	185
35	13	85	92	206	196
35	14	94	102	217	207
35	15	103	111	227	218
35	16	113	121	237	228
35	17	122	131	248	239
35	18	132	141	258	249
36	0	0	0	35	28
36	1	1	1	53	45
36	2	4	5	68	60
36	3	8	10	82	74
36	4	13	16	96	87
36	5	19	23	109	100
36	6	26	30	121	112
36	7	33	38	134	124
36	8	41	46	145	136
36	9	49	54	157	147
36	10	57	63	168	159
36	11	65	71	179	170
36	12	73	80	190	181
36	13	82	89	201	191
36	14	91	99	211	202
36	15	100	108	222	212

249

CONFIDENCE BOUNDS FOR A

N = 380					N = 380					N = 380					N = 380			
		LOWER		UPPER			LOWER		UPPER			LOWER		UPPER			LOWER		UPPER
n	a	.975	.95	.975	.95	n	a	.975	.95	.975	.95	n	a	.975	.95	.975	.95	n	a	.975	.95	.975	.95
36	16	109	118	232	223	40	11	58	64	163	154	43	21	130	138	242	233	47	2	3	4	52	46
36	17	119	127	242	233	40	12	66	72	173	164	43	22	138	147	250	242	47	3	6	8	64	57
36	18	128	137	252	243	40	13	74	80	183	174	44	0	0	0	28	23	47	4	11	13	74	67
37	0	0	0	34	28	40	14	81	88	193	184	44	1	1	1	43	37	47	5	15	18	84	77
37	1	1	1	51	44	40	15	90	97	202	193	44	2	3	4	56	49	47	6	20	23	94	87
37	2	3	5	66	59	40	16	98	105	212	203	44	3	7	8	68	61	47	7	26	29	104	96
37	3	8	10	80	72	40	17	106	114	221	212	44	4	11	13	79	72	47	8	31	35	113	106
37	4	13	16	93	85	40	18	115	122	230	222	44	5	16	19	90	82	47	9	37	42	123	115
37	5	19	22	106	97	40	19	123	131	239	231	44	6	22	25	100	93	47	10	43	48	132	124
37	6	25	30	118	109	40	20	132	140	248	240	44	7	27	31	111	103	47	11	50	55	141	133
37	7	32	37	130	121	41	0	0	0	30	25	44	8	33	38	121	112	47	12	56	61	149	141
37	8	40	45	142	132	41	1	1	1	46	40	44	9	40	44	130	122	47	13	62	68	158	150
37	9	47	53	153	144	41	2	3	4	60	53	44	10	46	51	140	132	47	14	69	75	167	158
37	10	55	61	164	155	41	3	7	9	73	65	44	11	53	58	150	141	47	15	76	82	175	167
37	11	63	69	175	166	41	4	12	14	85	77	44	12	60	65	159	150	47	16	83	89	183	175
37	12	71	78	186	176	41	5	17	20	96	88	44	13	67	73	168	159	47	17	90	96	192	183
37	13	80	87	196	187	41	6	23	27	107	99	44	14	74	80	177	168	47	18	97	103	200	192
37	14	88	96	206	197	41	7	29	33	118	110	44	15	81	88	186	177	47	19	104	111	208	200
37	15	97	105	217	207	41	8	36	40	129	120	44	16	88	95	195	186	47	20	111	118	216	208
37	16	106	114	226	217	41	9	43	48	139	131	44	17	96	103	203	195	47	21	118	126	224	216
37	17	115	124	236	227	41	10	50	55	150	141	44	18	104	111	212	203	47	22	126	133	231	224
37	18	125	133	246	237	41	11	57	63	160	151	44	19	111	119	220	212	47	23	133	141	239	231
37	19	134	143	255	247	41	12	64	70	169	160	44	20	119	127	229	220	47	24	141	149	247	239
38	0	0	0	33	27	41	13	72	78	179	170	44	21	127	135	237	229	48	0	0	0	26	21
38	1	1	1	50	43	41	14	79	86	189	180	44	22	135	143	245	237	48	1	1	1	39	34
38	2	3	4	65	57	41	15	87	94	198	189	45	0	0	0	28	23	48	2	3	4	51	45
38	3	8	9	78	70	41	16	95	103	207	198	45	1	1	1	42	36	48	3	6	8	62	56
38	4	13	15	91	83	41	17	103	111	216	208	45	2	3	4	55	48	48	4	10	12	73	66
38	5	19	22	103	95	41	18	112	119	225	217	45	3	7	8	66	59	48	5	15	18	83	76
38	6	25	29	115	107	41	19	120	128	234	226	45	4	11	13	77	70	48	6	20	23	92	85
38	7	32	36	127	118	41	20	128	137	243	235	45	5	16	19	88	81	48	7	25	29	102	94
38	8	39	44	138	129	41	21	137	145	252	243	45	6	21	24	98	91	48	8	31	35	111	103
38	9	46	51	149	140	42	0	0	0	30	24	45	7	27	31	108	100	48	9	37	41	120	112
38	10	54	59	160	151	42	1	1	1	45	39	45	8	33	37	118	110	48	10	42	47	129	121
38	11	61	68	171	162	42	2	3	4	59	52	45	9	39	43	128	120	48	11	49	53	138	130
38	12	69	76	181	172	42	3	7	9	71	64	45	10	45	50	137	129	48	12	55	60	147	139
38	13	78	85	192	182	42	4	12	14	83	75	45	11	52	57	146	138	48	13	61	67	155	147
38	14	86	93	202	192	42	5	17	20	94	86	45	12	58	64	156	147	48	14	68	73	163	155
38	15	94	102	212	202	42	6	23	26	105	97	45	13	65	71	165	156	48	15	74	80	172	164
38	16	103	111	221	212	42	7	29	33	116	107	45	14	72	78	173	165	48	16	81	87	180	172
38	17	112	120	231	222	42	8	35	39	126	118	45	15	79	86	182	174	48	17	88	94	188	180
38	18	121	129	240	232	42	9	42	46	136	128	45	16	86	93	191	182	48	18	95	101	196	188
38	19	130	139	250	241	42	10	48	54	146	138	45	17	94	101	199	191	48	19	101	108	204	196
39	0	0	0	32	26	42	11	55	61	156	147	45	18	101	108	208	199	48	20	109	116	212	204
39	1	1	1	49	42	42	12	63	69	166	157	45	19	109	116	216	208	48	21	116	123	220	212
39	2	3	4	63	56	42	13	70	76	175	166	45	20	116	124	224	216	48	22	123	130	227	219
39	3	7	9	76	68	42	14	77	84	185	176	45	21	124	132	232	224	48	23	130	138	235	227
39	4	12	15	89	81	42	15	85	92	194	185	45	22	132	140	240	232	48	24	138	145	242	235
39	5	18	21	101	93	42	16	93	100	203	194	45	23	140	148	248	240	49	0	0	0	25	21
39	6	24	28	113	104	42	17	101	108	212	203	46	0	0	0	27	22	49	1	1	1	39	33
39	7	31	35	124	115	42	18	109	116	221	212	46	1	1	1	41	35	49	2	3	4	50	44
39	8	38	42	135	126	42	19	117	125	229	221	46	2	3	4	53	47	49	3	6	8	61	55
39	9	45	50	146	137	42	20	125	133	238	230	46	3	6	8	65	58	49	4	10	12	71	65
39	10	52	58	157	147	42	21	134	142	246	238	46	4	11	13	76	69	49	5	15	17	81	74
39	11	60	66	167	158	43	0	0	0	29	24	46	5	16	18	86	79	49	6	20	23	91	83
39	12	68	74	177	168	43	1	1	1	44	38	46	6	21	24	96	89	49	7	25	28	100	93
39	13	75	82	187	178	43	2	3	4	57	50	46	7	26	30	106	98	49	8	30	34	109	101
39	14	84	91	197	188	43	3	7	8	69	62	46	8	32	36	116	108	49	9	36	40	118	110
39	15	92	99	207	198	43	4	11	14	81	73	46	9	38	42	125	117	49	10	42	46	127	119
39	16	100	108	216	208	43	5	17	19	92	84	46	10	44	49	134	126	49	11	48	52	135	127
39	17	109	117	226	217	43	6	22	26	103	95	46	11	51	56	143	135	49	12	54	59	144	136
39	18	118	126	235	227	43	7	28	32	113	105	46	12	57	63	152	144	49	13	60	65	152	144
39	19	127	135	244	236	43	8	34	39	123	115	46	13	64	69	161	153	49	14	66	72	160	152
39	20	136	144	253	245	43	9	41	45	133	125	46	14	71	77	170	162	49	15	73	78	169	161
40	0	0	0	31	25	43	10	47	52	143	135	46	15	77	84	179	170	49	16	79	85	177	169
40	1	1	1	47	41	43	11	54	60	153	144	46	16	84	91	187	179	49	17	86	92	185	177
40	2	3	4	61	54	43	12	61	67	162	154	46	17	92	98	195	187	49	18	93	99	192	184
40	3	7	9	74	67	43	13	68	74	171	163	46	18	99	106	204	195	49	19	99	106	200	192
40	4	12	15	87	79	43	14	76	82	181	172	46	19	106	113	212	204	49	20	106	113	208	200
40	5	18	21	99	90	43	15	83	90	190	181	46	20	114	121	220	212	49	21	113	120	216	208
40	6	24	27	110	101	43	16	91	98	199	190	46	21	121	129	228	220	49	22	120	127	223	215
40	7	30	34	121	112	43	17	98	105	207	199	46	22	129	136	236	228	49	23	127	135	231	223
40	8	37	41	132	123	43	18	106	113	216	208	46	23	136	144	244	236	49	24	135	142	238	230
40	9	44	49	143	134	43	19	114	122	225	216	47	0	0	0	26	22	49	25	142	150	245	238
40	10	51	56	153	144	43	20	122	130	233	225	47	1	1	1	40	35	50	0	0	0	25	20

CONFIDENCE BOUNDS FOR A

N = 380					N = 380					N = 380					N = 380			
		LOWER		UPPER				LOWER		UPPER				LOWER		UPPER			
n	a	.975	.95	.975	.95	n	a	.975	.95	.975	.95	n	a	.975	.95	.975	.95		
50	1	1	1	38	32	52	23	120	127	219	211	55	15	65	70	151	144		
50	2	3	4	49	43	52	24	126	133	226	218	55	16	70	76	159	151		
50	3	6	7	60	53	52	25	133	140	233	226	55	17	76	82	166	159		
50	4	10	12	70	63	52	26	140	147	240	233	55	18	82	88	173	166		
50	5	14	17	79	73	53	0	0	0	23	19	55	19	88	94	180	173		
50	6	19	22	89	82	53	1	1	1	36	31	55	20	94	100	187	180		
50	7	24	28	98	91	53	2	3	3	46	41	55	21	100	107	194	187		
50	8	30	33	107	99	53	3	6	7	56	50	55	22	107	113	201	194		
50	9	35	39	116	108	53	4	10	11	66	60	55	23	113	119	208	201		
50	10	41	45	124	117	53	5	14	16	75	69	55	24	119	126	215	208		
50	11	47	51	133	125	53	6	18	21	84	77	55	25	126	132	222	214		
50	12	53	58	141	133	53	7	23	26	93	86	55	26	132	139	228	221		
50	13	59	64	149	141	53	8	28	31	101	94	55	27	138	145	235	228		
50	14	65	70	157	150	53	9	33	37	109	102	55	28	145	152	242	235		
50	15	71	77	165	158	53	10	39	43	118	110	56	0	0	0	22	18		
50	16	78	84	173	165	53	11	44	48	126	118	56	1	1	1	34	29		
50	17	84	90	181	173	53	12	50	54	134	126	56	2	3	3	44	39		
50	18	91	97	189	181	53	13	55	60	141	134	56	3	6	7	53	48		
50	19	97	104	197	189	53	14	61	66	149	142	56	4	9	11	62	56		
50	20	104	111	204	196	53	15	67	72	157	149	56	5	13	15	71	65		
50	21	111	118	212	204	53	16	73	79	164	157	56	6	17	20	80	73		
50	22	118	125	219	212	53	17	79	85	172	164	56	7	22	25	88	81		
50	23	125	132	227	219	53	18	85	91	179	172	56	8	27	30	96	89		
50	24	132	139	234	226	53	19	92	98	187	179	56	9	31	35	104	97		
50	25	139	146	241	234	53	20	98	104	194	186	56	10	37	40	112	105		
51	0	0	0	24	20	53	21	104	111	201	193	56	11	42	46	119	112		
51	1	1	1	37	32	53	22	111	117	208	201	56	12	47	51	127	120		
51	2	3	4	48	42	53	23	117	124	215	208	56	13	52	57	134	127		
51	3	6	7	59	52	53	24	124	131	222	215	56	14	58	63	142	134		
51	4	10	12	68	62	53	25	131	138	229	222	56	15	63	69	149	142		
51	5	14	17	78	71	53	26	137	144	236	229	56	16	69	74	156	149		
51	6	19	22	87	80	53	27	144	151	243	236	56	17	75	80	163	156		
51	7	24	27	96	89	54	0	0	0	23	19	56	18	81	86	170	163		
51	8	29	33	105	98	54	1	1	1	35	30	56	19	87	92	177	170		
51	9	34	38	113	106	54	2	3	3	45	40	56	20	92	99	184	177		
51	10	40	44	122	114	54	3	6	7	55	49	56	21	98	105	191	184		
51	11	46	50	130	123	54	4	9	11	65	59	56	22	105	111	198	191		
51	12	52	56	138	131	54	5	13	16	74	67	56	23	111	117	205	197		
51	13	57	63	147	139	54	6	18	21	82	76	56	24	117	123	212	204		
51	14	64	69	155	147	54	7	23	26	91	84	56	25	123	130	218	211		
51	15	70	75	162	155	54	8	28	31	99	92	56	26	129	136	225	218		
51	16	76	82	170	162	54	9	33	36	107	100	56	27	136	143	231	224		
51	17	82	88	178	170	54	10	38	42	115	108	56	28	142	149	238	231		
51	18	89	95	186	178	54	11	43	48	123	116	57	0	0	0	22	17		
51	19	95	102	193	185	54	12	49	53	131	124	57	1	1	1	33	28		
51	20	102	109	201	193	54	13	54	59	139	131	57	2	3	3	43	38		
51	21	109	115	208	200	54	14	60	65	147	139	57	3	5	7	52	47		
51	22	115	122	215	208	54	15	66	71	154	147	57	4	9	11	61	55		
51	23	122	129	223	215	54	16	72	77	162	154	57	5	13	15	70	64		
51	24	129	136	230	222	54	17	78	83	169	161	57	6	17	20	78	72		
51	25	136	143	237	230	54	18	84	90	176	169	57	7	22	24	86	80		
51	26	143	150	244	237	54	19	90	96	183	176	57	8	26	29	94	88		
52	0	0	0	24	19	54	20	96	102	191	183	57	9	31	34	102	95		
52	1	1	1	36	31	54	21	102	109	198	190	57	10	36	40	110	103		
52	2	3	3	47	42	54	22	109	115	205	197	57	11	41	45	117	110		
52	3	6	7	57	51	54	23	115	122	212	204	57	12	46	51	125	118		
52	4	10	12	67	61	54	24	121	128	219	211	57	13	51	56	132	125		
52	5	14	16	76	70	54	25	128	135	225	218	57	14	57	62	139	132		
52	6	19	21	86	79	54	26	135	142	232	225	57	15	62	67	146	139		
52	7	23	27	94	87	54	27	141	148	239	232	57	16	68	73	154	146		
52	8	29	32	103	96	55	0	0	0	22	18	57	17	74	79	161	153		
52	9	34	38	111	104	55	1	1	1	34	29	57	18	79	85	168	160		
52	10	39	43	120	112	55	2	3	3	45	39	57	19	85	91	175	167		
52	11	45	49	128	120	55	3	6	7	54	49	57	20	91	97	181	174		
52	12	51	55	136	128	55	4	9	11	63	57	57	21	97	103	188	181		
52	13	56	61	144	136	55	5	13	15	72	66	57	22	103	109	195	188		
52	14	62	68	152	144	55	6	18	20	81	74	57	23	109	115	202	194		
52	15	68	74	160	152	55	7	22	25	89	83	57	24	115	121	208	201		
52	16	74	80	167	160	55	8	27	30	98	91	57	25	121	127	215	208		
52	17	81	87	175	167	55	9	32	36	106	99	57	26	127	134	221	214		
52	18	87	93	182	175	55	10	37	41	113	106	57	27	133	140	228	221		
52	19	93	100	190	182	55	11	42	47	121	114	57	28	140	146	234	227		
52	20	100	106	197	189	55	12	48	52	129	122	57	29	146	153	240	234		
52	21	106	113	204	197	55	13	53	58	137	129	58	0	0	0	21	17		
52	22	113	120	212	204	55	14	59	64	144	137	58	1	1	1	32	28		

n	a	LOWER .975	LOWER .95	UPPER .975	UPPER .95
58	2	3	3	42	37
58	3	5	7	51	46
58	4	9	10	60	54
58	5	13	15	69	63
58	6	17	19	77	71
58	7	21	24	85	78
58	8	26	29	93	86
58	9	30	34	100	94
58	10	35	39	108	101
58	11	40	44	115	108
58	12	45	50	123	116
58	13	51	55	130	123
58	14	56	61	137	130
58	15	61	66	144	137
58	16	67	72	151	144
58	17	72	78	158	151
58	18	78	83	165	158
58	19	83	89	172	164
58	20	89	95	178	171
58	21	95	101	185	178
58	22	101	107	192	185
58	23	107	113	198	191
58	24	113	119	205	198
58	25	119	125	211	204
58	26	125	131	218	211
58	27	131	138	224	217
58	28	137	144	231	224
58	29	143	150	237	230
59	0	0	0	21	17
59	1	1	1	32	27
59	2	3	3	42	37
59	3	5	6	51	45
59	4	9	10	59	54
59	5	12	15	67	62
59	6	16	19	76	69
59	7	21	24	83	77
59	8	25	28	91	85
59	9	30	33	99	92
59	10	35	38	106	99
59	11	40	44	113	107
59	12	45	49	121	114
59	13	50	54	128	121
59	14	55	60	135	128
59	15	60	65	142	135
59	16	66	71	149	142
59	17	71	76	156	148
59	18	76	82	162	155
59	19	82	88	169	162
59	20	88	93	176	168
59	21	93	99	182	175
59	22	99	105	189	182
59	23	105	111	195	188
59	24	111	117	202	195
59	25	117	123	208	201
59	26	123	129	214	207
59	27	129	135	221	214
59	28	135	141	227	220
59	29	141	147	233	226
59	30	147	154	239	233
60	0	0	0	20	17
60	1	1	1	31	27
60	2	3	3	41	36
60	3	5	6	50	44
60	4	9	10	58	53
60	5	12	14	66	61
60	6	16	19	74	68
60	7	21	23	82	76
60	8	25	28	90	83
60	9	29	33	97	91
60	10	34	38	104	98
60	11	39	43	112	105
60	12	44	48	119	112
60	13	49	53	126	119
60	14	54	59	133	126
60	15	59	64	140	133

CONFIDENCE BOUNDS FOR A

N = 380						N = 380						N = 380						N = 380				
		LOWER		UPPER				LOWER		UPPER				LOWER		UPPER				LOWER		UPPER	
n	a	.975	.95	.975	.95	n	a	.975	.95	.975	.95	n	a	.975	.95	.975	.95	n	a	.975	.95	.975	.95
60	16	64	69	146	139	62	28	128	134	217	210	65	5	11	13	61	56	67	12	40	43	107	100
60	17	70	75	153	146	62	29	133	140	223	216	65	6	15	17	69	63	67	13	44	48	113	107
60	18	75	81	160	153	62	30	139	146	229	222	65	7	19	22	76	70	67	14	49	53	119	113
60	19	81	86	166	159	62	31	145	152	235	228	65	8	23	26	83	77	67	15	53	57	126	119
60	20	86	92	173	166	63	0	0	0	19	16	65	9	27	30	90	84	67	16	58	62	132	125
60	21	92	98	179	172	63	1	1	1	30	25	65	10	32	35	96	90	67	17	63	67	138	131
60	22	97	103	186	179	63	2	2	3	39	34	65	11	36	40	103	97	67	18	67	72	144	137
60	23	103	109	192	185	63	3	5	6	47	42	65	12	41	44	110	103	67	19	72	77	150	143
60	24	109	115	199	192	63	4	8	10	55	50	65	13	45	49	116	110	67	20	77	82	156	149
60	25	115	121	205	198	63	5	12	14	63	58	65	14	50	54	123	116	67	21	82	87	162	155
60	26	120	127	211	204	63	6	16	18	71	65	65	15	55	59	129	123	67	22	87	92	168	161
60	27	126	133	217	211	63	7	20	22	78	72	65	16	60	64	136	129	67	23	92	97	174	167
60	28	132	139	224	217	63	8	24	27	85	79	65	17	64	69	142	135	67	24	97	103	179	173
60	29	138	145	230	223	63	9	28	31	92	86	65	18	69	74	148	141	67	25	102	108	185	179
60	30	144	151	236	229	63	10	33	36	99	93	65	19	74	79	154	148	67	26	107	113	191	184
61	0	0	0	20	16	63	11	37	41	106	100	65	20	79	85	161	154	67	27	113	118	197	190
61	1	1	1	31	26	63	12	42	46	113	107	65	21	85	90	167	160	67	28	118	124	202	196
61	2	2	3	40	35	63	13	47	51	120	113	65	22	90	95	173	166	67	29	123	129	208	201
61	3	5	6	49	44	63	14	52	56	127	120	65	23	95	101	179	172	67	30	128	134	214	207
61	4	8	10	57	52	63	15	56	61	133	126	65	24	100	106	185	178	67	31	134	140	219	213
61	5	12	14	65	60	63	16	61	66	140	133	65	25	105	111	191	184	67	32	139	145	225	218
61	6	16	18	73	67	63	17	66	71	146	139	65	26	111	117	196	190	67	33	144	151	230	224
61	7	20	23	81	75	63	18	72	77	153	146	65	27	116	122	202	196	67	34	150	156	236	229
61	8	25	28	88	82	63	19	77	82	159	152	65	28	122	128	208	201	68	0	0	0	18	14
61	9	29	32	95	89	63	20	82	87	165	158	65	29	127	133	214	207	68	1	1	1	27	23
61	10	34	37	103	96	63	21	87	93	172	165	65	30	132	139	220	213	68	2	2	3	36	32
61	11	38	42	110	103	63	22	93	98	178	171	65	31	138	144	225	219	68	3	5	6	44	39
61	12	43	47	117	110	63	23	98	104	184	177	65	32	144	150	231	224	68	4	8	9	51	46
61	13	48	52	124	117	63	24	103	109	190	183	65	33	149	156	236	230	68	5	11	13	58	53
61	14	53	58	131	124	63	25	109	115	196	189	66	0	0	0	18	15	68	6	15	17	66	60
61	15	58	63	137	130	63	26	114	121	202	195	66	1	1	1	28	24	68	7	18	21	72	67
61	16	63	68	144	137	63	27	120	126	208	201	66	2	2	3	37	33	68	8	22	25	79	73
61	17	69	74	151	144	63	28	126	132	214	207	66	3	5	6	45	40	68	9	26	29	86	80
61	18	74	79	157	150	63	29	131	138	220	213	66	4	8	9	53	48	68	10	30	34	92	86
61	19	79	85	164	157	63	30	137	143	226	219	66	5	11	13	60	55	68	11	35	38	99	93
61	20	85	90	170	163	63	31	143	149	232	225	66	6	15	17	68	62	68	12	39	43	105	99
61	21	90	96	177	170	63	32	148	155	237	231	66	7	19	21	75	69	68	13	43	47	111	105
61	22	96	102	183	176	64	0	0	0	19	15	66	8	23	26	82	76	68	14	48	52	118	111
61	23	101	107	189	182	64	1	1	1	29	25	66	9	27	30	88	82	68	15	52	57	124	117
61	24	107	113	196	189	64	2	2	3	38	34	66	10	31	35	95	89	68	16	57	61	130	123
61	25	113	119	202	195	64	3	5	6	47	42	66	11	36	39	102	95	68	17	62	66	136	129
61	26	118	125	208	201	64	4	8	10	54	49	66	12	40	44	108	102	68	18	66	71	142	135
61	27	124	130	214	207	64	5	12	13	62	57	66	13	45	49	115	108	68	19	71	76	148	141
61	28	130	136	220	214	64	6	15	18	70	64	66	14	49	53	121	115	68	20	76	81	154	147
61	29	136	142	226	220	64	7	19	22	77	71	66	15	54	58	127	121	68	21	81	86	160	153
61	30	142	148	232	226	64	8	23	26	84	78	66	16	59	63	134	127	68	22	86	91	166	159
61	31	148	154	238	232	64	9	28	31	91	85	66	17	63	68	140	133	68	23	91	96	171	165
62	0	0	0	20	16	64	10	32	36	98	92	66	18	68	73	146	139	68	24	96	101	177	170
62	1	1	1	30	26	64	11	37	40	105	98	66	19	73	78	152	145	68	25	101	106	183	176
62	2	2	3	39	35	64	12	41	45	112	105	66	20	78	83	158	152	68	26	106	111	188	182
62	3	5	6	48	43	64	13	46	50	118	112	66	21	83	89	164	158	68	27	111	117	194	187
62	4	8	10	56	51	64	14	51	55	125	118	66	22	88	94	170	163	68	28	116	122	200	193
62	5	12	14	64	59	64	15	56	60	131	125	66	23	93	99	176	169	68	29	121	127	205	199
62	6	16	18	72	66	64	16	60	65	138	131	66	24	99	104	182	175	68	30	126	132	211	204
62	7	20	23	79	73	64	17	65	70	144	137	66	25	104	110	188	181	68	31	132	138	216	210
62	8	24	27	87	81	64	18	70	75	150	144	66	26	109	115	194	187	68	32	137	143	222	215
62	9	29	32	94	88	64	19	76	81	157	150	66	27	114	120	199	193	68	33	142	148	227	221
62	10	33	37	101	95	64	20	81	86	163	156	66	28	120	126	205	199	68	34	148	154	232	226
62	11	38	42	108	102	64	21	86	91	169	162	66	29	125	131	211	204	69	0	0	0	17	14
62	12	43	47	115	108	64	22	91	97	175	168	66	30	130	137	217	210	69	1	1	1	27	23
62	13	47	52	122	115	64	23	96	102	181	174	66	31	136	142	222	216	69	2	2	3	35	31
62	14	52	57	129	122	64	24	102	108	187	180	66	32	141	148	228	221	69	3	5	6	43	38
62	15	57	62	135	128	64	25	107	113	193	186	66	33	147	153	233	227	69	4	8	9	50	46
62	16	62	67	142	135	64	26	113	119	199	192	67	0	0	0	18	15	69	5	11	13	58	53
62	17	68	73	148	142	64	27	118	124	205	198	67	1	1	1	28	24	69	6	14	16	65	59
62	18	73	78	155	148	64	28	124	130	211	204	67	2	2	3	36	32	69	7	18	20	71	66
62	19	78	83	161	154	64	29	129	135	217	210	67	3	5	6	44	40	69	8	22	25	78	72
62	20	83	89	168	161	64	30	135	141	223	216	67	4	8	9	52	47	69	9	26	29	85	79
62	21	89	94	174	167	64	31	140	147	228	222	67	5	11	13	59	54	69	10	30	33	91	85
62	22	94	100	180	173	64	32	146	152	234	228	67	6	15	17	66	61	69	11	34	37	97	91
62	23	100	105	187	180	65	0	0	0	19	15	67	7	19	21	73	68	69	12	38	42	104	98
62	24	105	111	193	186	65	1	1	1	29	25	67	8	23	25	80	75	69	13	43	46	110	104
62	25	111	117	199	192	65	2	2	3	38	33	67	9	27	30	87	81	69	14	47	51	116	110
62	26	116	123	205	198	65	3	5	6	46	41	67	10	31	34	94	88	69	15	52	56	122	116
62	27	122	128	211	204	65	4	8	9	54	49	67	11	35	39	100	94	69	16	56	60	128	122

CONFIDENCE BOUNDS FOR A

		N = 380						N = 380						N = 380						N = 380			
		LOWER		UPPER				LOWER		UPPER				LOWER		UPPER				LOWER		UPPER	
n	a	.975	.95	.975	.95	n	a	.975	.95	.975	.95	n	a	.975	.95	.975	.95	n	a	.975	.95	.975	.95
69	17	61	65	134	128	71	20	73	77	148	141	73	21	75	80	149	143	75	20	69	73	140	134
69	18	65	70	140	134	71	21	77	82	153	147	73	22	80	85	155	148	75	21	73	78	145	139
69	19	70	75	146	139	71	22	82	87	159	152	73	23	84	89	160	154	75	22	78	82	151	145
69	20	75	80	152	145	71	23	87	92	164	158	73	24	89	94	166	159	75	23	82	87	156	150
69	21	80	85	158	151	71	24	92	97	170	164	73	25	94	99	171	165	75	24	87	92	161	155
69	22	84	90	163	157	71	25	96	102	176	169	73	26	98	104	176	170	75	25	91	96	167	160
69	23	89	95	169	162	71	26	101	107	181	175	73	27	103	108	182	175	75	26	96	101	172	166
69	24	94	100	175	168	71	27	106	112	186	180	73	28	108	113	187	181	75	27	100	106	177	171
69	25	99	105	180	174	71	28	111	117	192	185	73	29	113	118	192	186	75	28	105	110	182	176
69	26	104	110	186	179	71	29	116	122	197	191	73	30	117	123	197	191	75	29	110	115	187	181
69	27	109	115	191	185	71	30	121	127	203	196	73	31	122	128	203	196	75	30	114	120	192	186
69	28	114	120	197	190	71	31	126	132	208	201	73	32	127	133	208	202	75	31	119	124	198	191
69	29	119	125	202	196	71	32	131	137	213	207	73	33	132	138	213	207	75	32	124	129	203	196
69	30	124	130	208	201	71	33	136	142	218	212	73	34	137	143	218	212	75	33	128	134	208	202
69	31	130	136	213	207	71	34	141	147	224	217	73	35	142	148	223	217	75	34	133	139	213	207
69	32	135	141	219	212	71	35	146	152	229	223	73	36	147	153	228	222	75	35	138	144	218	212
69	33	140	146	224	218	71	36	151	157	234	228	73	37	152	158	233	227	75	36	143	149	223	217
69	34	145	152	229	223	72	0	0	0	17	13	74	0	0	0	16	13	75	37	148	154	227	221
69	35	151	157	235	228	72	1	1	1	26	22	74	1	1	1	25	21	75	38	153	159	232	226
70	0	0	0	17	14	72	2	2	3	34	30	74	2	2	3	33	29	76	0	0	0	16	13
70	1	1	1	27	23	72	3	5	6	41	37	74	3	5	5	40	36	76	1	1	1	24	21
70	2	2	3	35	31	72	4	7	9	48	44	74	4	7	9	47	42	76	2	2	3	32	28
70	3	5	6	42	38	72	5	11	12	55	50	74	5	10	12	54	49	76	3	4	5	39	35
70	4	8	9	50	45	72	6	14	16	62	57	74	6	14	15	60	55	76	4	7	8	46	41
70	5	11	12	57	52	72	7	17	20	68	63	74	7	17	19	66	61	76	5	10	12	52	48
70	6	14	16	64	58	72	8	21	24	75	69	74	8	21	23	73	67	76	6	13	15	59	54
70	7	18	20	70	65	72	9	25	28	81	76	74	9	24	27	79	73	76	7	17	19	65	60
70	8	22	24	77	71	72	10	29	32	87	82	74	10	28	31	85	79	76	8	20	22	71	66
70	9	26	28	83	78	72	11	33	36	93	88	74	11	32	35	91	85	76	9	24	26	77	72
70	10	30	33	90	84	72	12	37	40	99	94	74	12	36	39	97	91	76	10	27	30	83	77
70	11	34	37	96	90	72	13	41	45	105	99	74	13	40	43	103	97	76	11	31	34	88	83
70	12	38	41	102	96	72	14	45	49	111	105	74	14	44	48	108	102	76	12	35	38	94	89
70	13	42	46	108	102	72	15	50	53	117	111	74	15	48	52	114	108	76	13	39	42	100	94
70	14	47	50	114	108	72	16	54	58	123	117	74	16	52	56	120	114	76	14	43	47	106	100
70	15	51	55	120	114	72	17	58	63	129	123	74	17	57	61	125	119	76	15	47	51	111	105
70	16	55	60	126	120	72	18	63	67	134	128	74	18	61	65	131	125	76	16	51	55	117	111
70	17	60	64	132	126	72	19	67	72	140	134	74	19	65	70	136	130	76	17	55	59	122	116
70	18	64	69	138	132	72	20	72	76	146	139	74	20	70	74	142	136	76	18	59	64	128	122
70	19	69	74	144	137	72	21	76	81	151	145	74	21	74	79	147	141	76	19	64	68	133	127
70	20	74	79	150	143	72	22	81	86	157	150	74	22	79	84	153	147	76	20	68	72	138	132
70	21	78	83	155	149	72	23	86	91	162	156	74	23	83	88	158	152	76	21	72	77	144	138
70	22	83	88	161	155	72	24	90	95	168	161	74	24	88	93	164	157	76	22	77	81	149	143
70	23	88	93	167	160	72	25	95	100	173	167	74	25	92	98	169	163	76	23	81	86	154	148
70	24	93	98	172	166	72	26	100	105	179	172	74	26	97	102	174	168	76	24	85	90	159	153
70	25	98	103	178	171	72	27	105	110	184	178	74	27	102	107	179	173	76	25	90	95	165	158
70	26	103	108	183	177	72	28	109	115	189	183	74	28	106	112	185	178	76	26	94	100	170	164
70	27	108	113	189	182	72	29	114	120	195	188	74	29	111	117	190	184	76	27	99	104	175	169
70	28	113	118	194	188	72	30	119	125	200	194	74	30	116	121	195	189	76	28	103	109	180	174
70	29	118	123	200	193	72	31	124	130	205	199	74	31	121	126	200	194	76	29	108	113	185	179
70	30	123	128	205	199	72	32	129	135	210	204	74	32	125	131	205	199	76	30	113	118	190	184
70	31	128	134	211	204	72	33	134	140	216	209	74	33	130	136	210	204	76	31	117	123	195	189
70	32	133	139	216	210	72	34	139	145	221	215	74	34	135	141	215	209	76	32	122	128	200	194
70	33	138	144	221	215	72	35	144	150	226	220	74	35	140	146	220	214	76	33	127	132	205	199
70	34	143	149	226	220	72	36	149	155	231	225	74	36	145	151	225	219	76	34	131	137	210	204
70	35	148	155	232	225	73	0	0	0	16	13	74	37	150	156	230	224	76	35	136	142	215	209
71	0	0	0	17	14	73	1	1	1	25	22	75	0	0	0	16	13	76	36	141	147	220	214
71	1	1	1	26	22	73	2	2	3	33	29	75	1	1	1	25	21	76	37	146	151	225	219
71	2	2	3	34	30	73	3	5	5	41	36	75	2	2	3	32	28	76	38	150	156	230	224
71	3	5	6	42	37	73	4	7	9	48	43	75	3	4	5	39	35						
71	4	7	9	49	44	73	5	10	12	54	50	75	4	7	8	46	42						
71	5	11	12	56	51	73	6	14	16	61	56	75	5	10	12	53	48						
71	6	14	16	63	58	73	7	17	19	67	62	75	6	13	15	59	54						
71	7	18	20	69	64	73	8	21	23	74	68	75	7	17	19	66	61						
71	8	21	24	76	70	73	9	25	27	80	74	75	8	20	23	72	67						
71	9	25	28	82	77	73	10	28	31	86	80	75	9	24	27	78	72						
71	10	29	32	88	83	73	11	32	36	92	86	75	10	28	31	84	78						
71	11	33	36	95	89	73	12	36	40	98	92	75	11	32	35	90	84						
71	12	37	41	101	95	73	13	41	44	104	98	75	12	36	39	95	90						
71	13	42	45	107	101	73	14	45	48	110	104	75	13	39	43	101	95						
71	14	46	50	113	107	73	15	49	53	116	110	75	14	44	47	107	101						
71	15	50	54	119	113	73	16	53	57	121	115	75	15	48	51	113	107						
71	16	55	59	125	118	73	17	58	62	127	121	75	16	52	56	118	112						
71	17	59	63	130	124	73	18	62	66	133	126	75	17	56	60	124	118						
71	18	64	68	136	130	73	19	66	71	138	132	75	18	60	64	129	123						
71	19	68	73	142	136	73	20	71	75	144	138	75	19	65	69	135	129						

CONFIDENCE BOUNDS FOR A

N = 390

n	a	LOWER .975	LOWER .95	UPPER .975	UPPER .95
1	0	0	0	380	370
1	1	10	20	390	390
2	0	0	0	327	302
2	1	5	10	385	380
3	0	0	0	275	245
3	1	4	7	352	336
3	2	38	54	386	383
4	0	0	0	234	204
4	1	3	5	313	292
4	2	27	39	363	351
5	0	0	0	202	174
5	1	2	4	278	255
5	2	21	31	332	315
5	3	58	75	369	359
6	0	0	0	177	152
6	1	2	4	248	225
6	2	18	25	302	283
6	3	47	61	343	329
7	0	0	0	158	134
7	1	2	3	224	202
7	2	15	22	275	255
7	3	40	51	317	301
7	4	73	89	350	339
8	0	0	0	142	120
8	1	2	3	203	182
8	2	13	19	252	232
8	3	34	44	293	276
8	4	63	77	327	313
9	0	0	0	129	109
9	1	2	3	186	166
9	2	12	17	232	213
9	3	30	39	271	254
9	4	55	67	306	290
9	5	84	100	335	323
10	0	0	0	118	99
10	1	1	2	172	152
10	2	11	15	215	196
10	3	27	35	253	235
10	4	49	60	286	270
10	5	75	88	315	302
11	0	0	0	109	91
11	1	1	2	159	140
11	2	10	14	200	181
11	3	25	32	236	218
11	4	44	54	268	252
11	5	67	79	297	283
11	6	93	107	323	311
12	0	0	0	101	84
12	1	1	2	148	130
12	2	9	13	187	169
12	3	23	29	221	204
12	4	40	49	252	236
12	5	61	72	280	265
12	6	84	97	306	293
13	0	0	0	94	79
13	1	1	2	138	121
13	2	8	12	175	158
13	3	21	27	208	191
13	4	37	45	237	221
13	5	56	66	265	250
13	6	77	89	290	276
13	7	100	114	313	301
14	0	0	0	88	73
14	1	1	2	130	114
14	2	8	11	165	148
14	3	19	25	196	180
14	4	34	42	224	209
14	5	51	61	251	236
14	6	71	82	275	261
14	7	92	105	298	285
15	0	0	0	83	69
15	1	1	2	122	107
15	2	7	10	155	140
15	3	18	23	185	169
15	4	32	39	213	197

N = 390

n	a	LOWER .975	LOWER .95	UPPER .975	UPPER .95
15	5	48	57	238	223
15	6	66	76	262	248
15	7	85	97	284	271
15	8	106	119	305	293
16	0	0	0	78	65
16	1	1	2	116	101
16	2	7	10	147	132
16	3	17	22	176	160
16	4	30	37	202	187
16	5	45	53	226	212
16	6	61	71	249	235
16	7	79	90	271	258
16	8	98	111	292	279
17	0	0	0	74	61
17	1	1	2	110	96
17	2	7	9	140	125
17	3	16	21	167	152
17	4	28	34	192	177
17	5	42	50	216	201
17	6	57	67	238	224
17	7	74	84	259	246
17	8	92	103	279	267
17	9	111	123	298	287
18	0	0	0	70	58
18	1	1	2	104	91
18	2	6	9	133	119
18	3	15	19	159	145
18	4	26	32	183	169
18	5	40	47	206	192
18	6	54	63	228	214
18	7	70	79	248	235
18	8	86	97	268	255
18	9	104	116	286	274
19	0	0	0	67	55
19	1	1	2	99	86
19	2	6	8	127	113
19	3	14	18	152	138
19	4	25	31	175	161
19	5	37	44	197	183
19	6	51	59	218	204
19	7	66	75	238	225
19	8	81	92	257	244
19	9	98	109	275	263
19	10	115	127	292	281
20	0	0	0	64	52
20	1	1	1	95	82
20	2	6	8	121	108
20	3	14	18	145	132
20	4	24	29	168	154
20	5	35	42	189	175
20	6	48	56	209	196
20	7	62	71	228	215
20	8	77	87	247	234
20	9	92	103	265	252
20	10	109	120	281	270
21	0	0	0	61	50
21	1	1	1	90	79
21	2	5	8	116	103
21	3	13	17	139	126
21	4	23	28	161	148
21	5	34	40	181	168
21	6	46	53	201	188
21	7	59	67	219	207
21	8	73	82	237	225
21	9	87	98	255	243
21	10	103	114	271	260
21	11	119	130	287	276
22	0	0	0	58	48
22	1	1	1	87	75
22	2	5	7	111	99
22	3	13	16	133	121
22	4	22	27	154	142
22	5	32	38	174	161
22	6	44	51	193	180
22	7	56	64	211	199

N = 390

n	a	LOWER .975	LOWER .95	UPPER .975	UPPER .95
22	8	69	78	229	216
22	9	83	93	245	234
22	10	98	108	262	250
22	11	113	124	277	266
23	0	0	0	56	46
23	1	1	1	83	72
23	2	5	7	107	95
23	3	12	15	128	116
23	4	21	25	148	136
23	5	31	37	168	155
23	6	42	49	186	173
23	7	54	61	204	191
23	8	66	75	220	208
23	9	79	89	237	225
23	10	93	103	253	241
23	11	107	118	268	257
23	12	122	133	283	272
24	0	0	0	53	44
24	1	1	1	80	69
24	2	5	7	103	91
24	3	12	15	123	112
24	4	20	24	143	131
24	5	30	35	162	149
24	6	40	47	179	167
24	7	51	59	196	184
24	8	63	71	213	201
24	9	76	85	229	217
24	10	89	98	244	233
24	11	102	112	259	248
24	12	116	127	274	263
25	0	0	0	51	42
25	1	1	1	77	67
25	2	5	6	99	88
25	3	11	14	119	107
25	4	19	23	138	126
25	5	28	34	156	144
25	6	38	45	173	161
25	7	49	56	190	178
25	8	61	68	206	194
25	9	72	81	221	210
25	10	85	94	236	225
25	11	98	108	251	240
25	12	111	121	265	254
25	13	125	136	279	269
26	0	0	0	49	41
26	1	1	1	74	64
26	2	5	6	95	85
26	3	11	14	115	104
26	4	18	23	133	122
26	5	27	32	151	139
26	6	37	43	167	155
26	7	47	54	183	172
26	8	58	66	199	187
26	9	70	78	214	203
26	10	81	90	229	217
26	11	94	103	243	232
26	12	106	116	257	246
26	13	120	130	270	260
27	0	0	0	48	39
27	1	1	1	71	62
27	2	4	6	92	82
27	3	10	13	111	100
27	4	18	22	129	117
27	5	26	31	146	134
27	6	36	41	162	150
27	7	45	52	177	166
27	8	56	63	193	181
27	9	67	75	207	196
27	10	78	87	222	211
27	11	90	99	236	225
27	12	102	112	249	239
27	13	115	125	262	252
27	14	128	138	275	265
28	0	0	0	46	38
28	1	1	1	69	60

N = 390

n	a	LOWER .975	LOWER .95	UPPER .975	UPPER .95
28	2	4	6	89	79
28	3	10	13	107	97
28	4	17	21	124	114
28	5	25	30	141	130
28	6	34	40	157	145
28	7	44	50	172	161
28	8	54	61	187	175
28	9	64	72	201	190
28	10	75	83	215	204
28	11	87	95	229	218
28	12	98	107	242	231
28	13	110	120	255	245
28	14	122	132	268	258
29	0	0	0	44	36
29	1	1	1	67	58
29	2	4	6	86	76
29	3	10	12	104	94
29	4	17	20	121	110
29	5	25	29	136	126
29	6	33	38	152	141
29	7	42	48	167	156
29	8	52	59	181	170
29	9	62	69	195	184
29	10	73	80	209	198
29	11	83	92	222	211
29	12	95	103	235	224
29	13	106	115	248	237
29	14	118	127	260	250
29	15	130	140	272	263
30	0	0	0	43	35
30	1	1	1	65	56
30	2	4	6	83	74
30	3	9	12	101	91
30	4	16	20	117	106
30	5	24	28	132	122
30	6	32	37	147	137
30	7	41	47	162	151
30	8	50	57	176	165
30	9	60	67	189	179
30	10	70	78	203	192
30	11	80	89	216	205
30	12	91	100	228	218
30	13	102	111	241	231
30	14	113	123	253	243
30	15	125	135	265	255
31	0	0	0	42	34
31	1	1	1	63	54
31	2	4	5	81	72
31	3	9	12	98	88
31	4	16	19	113	103
31	5	23	27	128	118
31	6	31	36	143	132
31	7	40	45	157	146
31	8	49	55	171	160
31	9	58	65	184	173
31	10	68	75	197	186
31	11	78	86	210	199
31	12	88	96	222	212
31	13	99	107	234	224
31	14	109	119	246	236
31	15	121	130	258	248
31	16	132	142	269	260
32	0	0	0	40	33
32	1	1	1	61	52
32	2	4	5	78	69
32	3	9	11	95	85
32	4	15	18	110	100
32	5	22	26	125	115
32	6	30	35	139	129
32	7	38	44	153	142
32	8	47	53	166	156
32	9	56	63	179	169
32	10	65	73	192	181
32	11	75	83	204	194
32	12	85	93	216	206

CONFIDENCE BOUNDS FOR A

		N = 390						N = 390						N = 390						N = 390			
		LOWER		UPPER				LOWER		UPPER				LOWER		UPPER				LOWER		UPPER	
n	a	.975	.95	.975	.95	n	a	.975	.95	.975	.95	n	a	.975	.95	.975	.95	n	a	.975	.95	.975	.95
32	13	95	104	228	218	36	16	112	121	238	229	40	11	60	66	168	158	43	21	133	142	248	240
32	14	106	115	240	230	36	17	122	131	248	239	40	12	67	74	178	169	43	22	142	150	257	248
32	15	117	126	251	242	36	18	132	141	258	249	40	13	75	82	188	179	44	0	0	0	29	24
32	16	127	137	263	253	37	0	0	0	35	28	40	14	84	91	198	189	44	1	1	1	44	38
33	0	0	0	39	32	37	1	1	1	53	45	40	15	92	99	208	199	44	2	3	4	57	51
33	1	1	1	59	51	37	2	4	5	68	60	40	16	100	108	217	208	44	3	7	8	70	62
33	2	4	5	76	67	37	3	8	10	82	74	40	17	109	117	227	218	44	4	11	14	81	74
33	3	9	11	92	83	37	4	13	16	96	87	40	18	117	126	236	227	44	5	17	19	92	85
33	4	15	18	107	97	37	5	19	23	109	100	40	19	126	135	246	237	44	6	22	26	103	95
33	5	22	26	121	111	37	6	26	30	122	112	40	20	135	144	255	246	44	7	28	32	114	105
33	6	29	34	135	125	37	7	33	38	134	124	41	0	0	0	31	26	44	8	34	39	124	116
33	7	37	42	148	138	37	8	41	46	146	136	41	1	1	1	48	41	44	9	41	46	134	125
33	8	46	51	161	151	37	9	48	54	157	148	41	2	3	4	62	54	44	10	47	53	144	135
33	9	54	61	174	164	37	10	56	63	169	159	41	3	7	9	75	67	44	11	54	60	154	145
33	10	63	70	187	176	37	11	65	71	180	170	41	4	12	15	87	79	44	12	61	67	163	154
33	11	73	80	199	189	37	12	73	80	191	181	41	5	18	21	99	91	44	13	68	75	172	164
33	12	82	90	211	201	37	13	82	89	201	192	41	6	24	27	110	102	44	14	76	82	182	173
33	13	92	100	222	212	37	14	91	98	212	202	41	7	30	34	122	113	44	15	83	90	191	182
33	14	102	111	234	224	37	15	100	108	222	213	41	8	37	41	132	124	44	16	91	98	200	191
33	15	113	122	245	235	37	16	109	117	233	223	41	9	44	49	143	134	44	17	98	106	209	200
33	16	123	132	256	247	37	17	118	127	243	233	41	10	51	56	154	144	44	18	106	114	218	209
33	17	134	143	267	258	37	18	128	137	252	244	41	11	58	64	164	155	44	19	114	122	226	218
34	0	0	0	38	31	37	19	138	146	262	253	41	12	66	72	174	165	44	20	122	130	235	226
34	1	1	1	57	49	38	0	0	0	34	28	41	13	74	80	184	175	44	21	130	138	243	235
34	2	4	5	74	65	38	1	1	1	51	44	41	14	81	88	194	185	44	22	138	147	252	243
34	3	8	11	89	80	38	2	3	5	66	59	41	15	89	97	203	194	45	0	0	0	28	23
34	4	14	17	104	95	38	3	8	10	80	72	41	16	98	105	213	204	45	1	1	1	43	37
34	5	21	25	118	108	38	4	13	16	94	85	41	17	106	114	222	213	45	2	3	4	56	50
34	6	28	33	131	122	38	5	19	22	106	97	41	18	114	122	231	223	45	3	7	8	68	61
34	7	36	41	144	134	38	6	25	29	119	109	41	19	123	131	240	232	45	4	11	13	80	72
34	8	44	50	157	147	38	7	32	37	130	121	41	20	132	140	249	241	45	5	16	19	90	83
34	9	53	59	170	159	38	8	40	45	142	133	41	21	141	149	258	250	45	6	22	25	101	93
34	10	61	68	182	172	38	9	47	53	153	144	42	0	0	0	31	25	45	7	27	31	111	103
34	11	71	78	194	184	38	10	55	61	165	155	42	1	1	1	46	40	45	8	34	38	121	113
34	12	80	87	205	195	38	11	63	69	175	166	42	2	3	4	60	53	45	9	40	45	131	123
34	13	89	97	217	207	38	12	71	78	186	177	42	3	7	9	73	65	45	10	46	51	141	132
34	14	99	107	228	218	38	13	80	87	197	187	42	4	12	14	85	77	45	11	53	58	150	142
34	15	109	118	239	229	38	14	88	96	207	198	42	5	17	20	97	88	45	12	60	66	160	151
34	16	119	128	250	240	38	15	97	105	217	208	42	6	23	27	108	99	45	13	67	73	169	160
34	17	130	139	260	251	38	16	106	114	227	218	42	7	29	33	119	110	45	14	74	80	178	169
35	0	0	0	37	30	38	17	115	123	237	228	42	8	36	40	129	121	45	15	81	88	187	178
35	1	1	1	56	48	38	18	124	133	247	238	42	9	43	48	140	131	45	16	89	95	196	187
35	2	4	5	72	64	38	19	134	142	256	248	42	10	50	55	150	141	45	17	96	103	205	196
35	3	8	10	87	78	39	0	0	0	33	27	42	11	57	63	160	151	45	18	104	111	213	205
35	4	14	17	101	92	39	1	1	1	50	43	42	12	64	70	170	161	45	19	111	119	222	213
35	5	20	24	115	105	39	2	3	4	65	57	42	13	72	78	180	171	45	20	119	127	230	222
35	6	28	32	128	118	39	3	8	9	78	70	42	14	79	86	189	180	45	21	127	135	239	230
35	7	35	40	141	131	39	4	13	15	91	83	42	15	87	94	199	190	45	22	135	143	247	239
35	8	43	48	153	143	39	5	19	22	104	95	42	16	95	103	208	199	45	23	143	151	255	247
35	9	51	57	165	155	39	6	25	29	116	107	42	17	103	111	217	209	46	0	0	0	28	23
35	10	60	66	177	167	39	7	32	36	127	118	42	18	112	119	227	218	46	1	1	1	42	36
35	11	68	75	189	179	39	8	39	44	139	130	42	19	120	128	236	227	46	2	3	4	55	48
35	12	77	85	200	190	39	9	46	51	150	141	42	20	128	137	244	236	46	3	7	8	67	60
35	13	87	94	211	202	39	10	53	59	161	151	42	21	137	145	253	245	46	4	11	13	78	71
35	14	96	104	222	213	39	11	61	67	171	162	43	0	0	0	30	24	46	5	16	19	89	81
35	15	106	114	233	224	39	12	69	76	182	173	43	1	1	1	45	39	46	6	21	25	99	91
35	16	116	124	244	234	39	13	77	84	192	183	43	2	3	4	59	52	46	7	27	31	109	101
35	17	126	135	254	245	39	14	86	93	202	193	43	3	7	9	71	64	46	8	33	37	119	111
35	18	136	145	264	255	39	15	94	102	212	203	43	4	12	14	83	75	46	9	39	44	129	120
36	0	0	0	36	29	39	16	103	111	222	213	43	5	17	20	94	86	46	10	45	50	138	130
36	1	1	1	54	47	39	17	112	120	232	223	43	6	23	26	105	97	46	11	52	57	147	139
36	2	4	5	70	62	39	18	121	129	241	233	43	7	29	33	116	108	46	12	59	64	157	148
36	3	8	10	85	76	39	19	130	138	251	242	43	8	35	40	127	118	46	13	65	71	166	157
36	4	14	17	99	90	39	20	139	148	260	252	43	9	42	47	137	128	46	14	72	78	175	166
36	5	20	24	112	103	40	0	0	0	32	26	43	10	48	54	147	138	46	15	79	86	183	175
36	6	27	31	125	115	40	1	1	1	49	42	43	11	55	61	157	148	46	16	87	93	192	184
36	7	34	39	137	128	40	2	3	4	63	56	43	12	63	69	167	158	46	17	94	101	201	192
36	8	42	47	149	140	40	3	7	9	76	69	43	13	70	76	176	167	46	18	101	108	209	201
36	9	50	56	161	151	40	4	12	15	89	81	43	14	77	84	186	177	46	19	109	116	218	209
36	10	58	64	173	163	40	5	18	21	101	93	43	15	85	92	195	186	46	20	116	124	226	218
36	11	66	73	184	174	40	6	24	28	113	104	43	16	93	100	204	195	46	21	124	132	234	226
36	12	75	82	195	186	40	7	31	35	124	115	43	17	101	108	213	204	46	22	132	140	242	234
36	13	84	92	206	197	40	8	38	42	136	126	43	18	109	116	222	213	46	23	140	148	250	242
36	14	93	101	217	207	40	9	45	50	146	137	43	19	117	125	231	222	47	0	0	0	27	22
36	15	103	111	228	218	40	10	52	58	157	148	43	20	125	133	239	231	47	1	1	1	41	36

CONFIDENCE BOUNDS FOR A

N = 390

n	a	LOWER .975	LOWER .95	UPPER .975	UPPER .95
47	2	3	4	54	47
47	3	6	8	65	58
47	4	11	13	76	69
47	5	16	18	87	79
47	6	21	24	97	89
47	7	26	30	107	99
47	8	32	36	116	108
47	9	38	43	126	118
47	10	44	49	135	127
47	11	51	56	144	136
47	12	57	63	153	145
47	13	64	70	162	154
47	14	71	77	171	163
47	15	78	84	180	171
47	16	85	91	188	180
47	17	92	99	197	188
47	18	99	106	205	197
47	19	106	114	213	205
47	20	114	121	222	213
47	21	121	129	230	222
47	22	129	137	238	230
47	23	137	144	246	238
47	24	144	152	253	246
48	0	0	0	27	22
48	1	1	1	41	35
48	2	3	4	53	46
48	3	6	8	64	57
48	4	11	13	75	68
48	5	15	18	85	78
48	6	20	24	95	87
48	7	26	29	105	97
48	8	32	35	114	106
48	9	37	42	123	115
48	10	43	48	133	125
48	11	50	55	142	133
48	12	56	61	151	142
48	13	63	68	159	151
48	14	69	75	168	160
48	15	76	82	176	168
48	16	83	89	185	176
48	17	90	96	193	185
48	18	97	104	201	193
48	19	104	111	209	201
48	20	111	119	218	209
48	21	119	126	225	217
48	22	126	134	233	225
48	23	134	141	241	233
48	24	141	149	249	241
49	0	0	0	26	21
49	1	1	1	40	34
49	2	3	4	52	45
49	3	6	8	63	56
49	4	10	12	73	66
49	5	15	18	83	76
49	6	20	23	93	86
49	7	25	29	103	95
49	8	31	35	112	104
49	9	37	41	121	113
49	10	43	47	130	122
49	11	49	54	139	131
49	12	55	60	148	140
49	13	61	67	156	148
49	14	68	74	165	156
49	15	74	80	173	165
49	16	81	87	181	173
49	17	88	94	190	181
49	18	95	102	198	189
49	19	102	109	206	197
49	20	109	116	214	205
49	21	116	123	221	213
49	22	123	131	229	221
49	23	131	138	237	229
49	24	138	146	244	237
49	25	146	153	252	244
50	0	0	0	25	21
50	1	1	1	39	33
50	2	3	4	51	45
50	3	6	8	61	55
50	4	10	12	72	65
50	5	15	17	82	75
50	6	20	23	91	84
50	7	25	28	101	93
50	8	30	34	110	102
50	9	36	40	119	111
50	10	42	46	128	120
50	11	48	53	136	128
50	12	54	59	145	137
50	13	60	66	153	145
50	14	66	72	162	154
50	15	73	79	170	162
50	16	79	86	178	170
50	17	86	92	186	178
50	18	93	99	194	186
50	19	100	106	202	194
50	20	107	114	210	202
50	21	114	121	217	209
50	22	121	128	225	217
50	23	128	135	233	225
50	24	135	143	240	232
50	25	142	150	248	240
51	0	0	0	25	20
51	1	1	1	38	33
51	2	3	4	50	44
51	3	6	7	60	54
51	4	10	12	70	64
51	5	14	17	80	73
51	6	19	22	90	82
51	7	24	28	99	91
51	8	30	33	108	100
51	9	35	39	117	109
51	10	41	45	125	118
51	11	47	52	134	126
51	12	53	58	142	134
51	13	59	64	151	143
51	14	65	71	159	151
51	15	71	77	167	159
51	16	78	84	175	167
51	17	84	91	183	175
51	18	91	97	191	183
51	19	98	104	198	190
51	20	104	111	206	198
51	21	111	118	214	206
51	22	118	125	221	213
51	23	125	133	229	221
51	24	132	140	236	228
51	25	139	147	243	236
51	26	147	154	251	243
52	0	0	0	24	20
52	1	1	1	37	32
52	2	3	4	49	43
52	3	6	7	59	53
52	4	10	12	69	62
52	5	14	17	79	72
52	6	19	22	88	81
52	7	24	27	97	90
52	8	29	33	106	98
52	9	35	39	114	107
52	10	40	45	123	115
52	11	46	51	131	124
52	12	52	57	140	132
52	13	58	63	148	140
52	14	64	69	156	148
52	15	70	76	164	156
52	16	76	82	172	164
52	17	83	89	180	172
52	18	89	96	187	179
52	19	96	102	195	187
52	20	102	109	202	195
52	21	109	116	210	202
52	22	116	123	217	210
52	23	123	130	225	217
52	24	130	137	232	224
52	25	137	144	239	232
52	26	144	151	246	239
53	0	0	0	24	19
53	1	1	1	37	31
53	2	3	4	48	42
53	3	6	7	58	52
53	4	10	12	68	61
53	5	14	16	77	70
53	6	19	21	86	79
53	7	24	27	95	88
53	8	29	32	104	97
53	9	34	38	112	105
53	10	39	44	121	113
53	11	45	50	129	121
53	12	51	56	137	129
53	13	57	62	145	137
53	14	63	68	153	145
53	15	69	74	161	153
53	16	75	81	169	161
53	17	81	87	176	169
53	18	87	94	184	176
53	19	94	100	192	184
53	20	100	107	199	191
53	21	107	114	206	199
53	22	114	120	214	206
53	23	120	127	221	213
53	24	127	134	228	220
53	25	134	141	235	228
53	26	141	148	242	235
53	27	148	155	249	242
54	0	0	0	23	19
54	1	1	1	36	31
54	2	3	3	47	41
54	3	6	7	57	51
54	4	10	11	66	60
54	5	14	16	76	69
54	6	18	21	85	78
54	7	23	26	93	86
54	8	28	32	102	95
54	9	33	37	110	103
54	10	39	43	119	111
54	11	44	49	127	119
54	12	50	55	135	127
54	13	56	61	143	135
54	14	61	67	151	143
54	15	67	73	158	150
54	16	73	79	166	158
54	17	80	85	173	166
54	18	86	92	181	173
54	19	92	98	188	181
54	20	98	105	196	188
54	21	105	111	203	195
54	22	111	118	210	202
54	23	118	125	217	210
54	24	125	132	224	217
54	25	131	138	231	224
54	26	138	145	238	231
54	27	145	152	245	238
55	0	0	0	23	19
55	1	1	1	35	30
55	2	3	3	46	40
55	3	6	7	56	50
55	4	9	11	65	59
55	5	14	16	74	68
55	6	18	21	83	76
55	7	23	26	92	85
55	8	28	31	100	93
55	9	33	37	108	101
55	10	38	42	117	109
55	11	43	48	125	117
55	12	49	54	132	125
55	13	55	60	140	133
55	14	60	66	148	140
55	15	66	72	156	148
55	16	72	78	163	155
55	17	78	84	171	163
55	18	84	90	178	170
55	19	90	97	185	177
55	20	97	103	192	185
55	21	103	109	200	192
55	22	109	116	207	199
55	23	116	122	214	206
55	24	122	129	221	213
55	25	129	136	228	220
55	26	135	142	234	227
55	27	142	149	241	234
55	28	149	156	248	241
56	0	0	0	23	18
56	1	1	1	35	30
56	2	3	3	45	40
56	3	6	7	55	49
56	4	9	11	64	58
56	5	13	16	73	67
56	6	18	20	82	75
56	7	22	25	90	83
56	8	27	31	98	92
56	9	32	36	107	99
56	10	37	41	115	107
56	11	43	47	122	115
56	12	48	53	130	123
56	13	54	58	138	130
56	14	59	64	145	138
56	15	65	70	153	145
56	16	71	76	160	153
56	17	77	82	168	160
56	18	83	89	175	167
56	19	89	95	182	175
56	20	95	101	189	182
56	21	101	107	196	189
56	22	107	114	203	196
56	23	113	120	210	203
56	24	120	127	217	210
56	25	126	133	224	217
56	26	133	140	231	223
56	27	139	146	237	230
56	28	146	153	244	237
57	0	0	0	22	18
57	1	1	1	34	29
57	2	3	3	44	39
57	3	6	7	54	48
57	4	9	11	63	57
57	5	13	15	72	65
57	6	17	20	80	74
57	7	22	25	89	82
57	8	27	30	97	90
57	9	32	35	105	98
57	10	37	41	113	106
57	11	42	46	120	113
57	12	47	52	128	121
57	13	53	57	136	128
57	14	58	63	143	136
57	15	64	69	150	143
57	16	70	75	158	150
57	17	75	81	165	157
57	18	81	87	172	165
57	19	87	93	179	172
57	20	93	99	186	179
57	21	99	105	193	186
57	22	105	112	200	193
57	23	111	118	207	199
57	24	118	124	214	206
57	25	124	131	220	213
57	26	130	137	227	220
57	27	137	144	234	227
57	28	143	150	240	233
57	29	150	157	247	240
58	0	0	0	22	18
58	1	1	1	33	29

CONFIDENCE BOUNDS FOR A

N = 390

n	a	LOWER .975	.95	UPPER .975	.95
58	2	3	3	43	38
58	3	5	7	53	47
58	4	9	11	62	56
58	5	13	15	71	64
58	6	17	20	79	73
58	7	22	25	87	81
58	8	26	30	95	88
58	9	31	35	103	96
58	10	36	40	111	104
58	11	41	45	118	111
58	12	47	51	126	119
58	13	52	56	133	126
58	14	57	62	141	133
58	15	63	68	148	141
58	16	68	74	155	148
58	17	74	80	162	155
58	18	80	85	169	162
58	19	86	91	176	169
58	20	91	97	183	176
58	21	97	104	190	183
58	22	103	110	197	190
58	23	109	116	204	196
58	24	116	122	210	203
58	25	122	128	217	210
58	26	128	135	224	216
58	27	134	141	230	223
58	28	141	147	237	230
58	29	147	154	243	236
59	0	0	0	21	17
59	1	1	1	33	28
59	2	3	3	43	38
59	3	5	7	52	46
59	4	9	11	61	55
59	5	13	15	69	63
59	6	17	19	78	71
59	7	21	24	86	79
59	8	26	29	94	87
59	9	31	34	101	95
59	10	36	39	109	102
59	11	41	45	116	109
59	12	46	50	124	117
59	13	51	56	131	124
59	14	56	61	138	131
59	15	62	67	146	138
59	16	67	72	153	145
59	17	73	78	160	152
59	18	78	84	167	159
59	19	84	90	174	166
59	20	90	96	180	173
59	21	96	102	187	180
59	22	102	108	194	187
59	23	107	114	201	193
59	24	113	120	207	200
59	25	120	126	214	206
59	26	126	132	220	213
59	27	132	139	227	220
59	28	138	145	233	226
59	29	144	151	239	232
59	30	151	158	246	239
60	0	0	0	21	17
60	1	1	1	32	28
60	2	3	3	42	37
60	3	5	7	51	46
60	4	9	10	60	54
60	5	13	15	68	62
60	6	17	19	76	70
60	7	21	24	84	78
60	8	26	29	92	86
60	9	30	34	100	93
60	10	35	39	107	100
60	11	40	44	115	108
60	12	45	49	122	115
60	13	50	55	129	122
60	14	55	60	136	129
60	15	61	66	143	136

N = 390

n	a	LOWER .975	.95	UPPER .975	.95
60	16	66	71	150	143
60	17	72	77	157	150
60	18	77	83	164	157
60	19	83	88	171	164
60	20	88	94	178	170
60	21	94	100	184	177
60	22	100	106	191	184
60	23	106	112	198	190
60	24	112	118	204	197
60	25	117	124	211	203
60	26	123	130	217	210
60	27	129	136	223	216
60	28	136	142	230	223
60	29	142	149	236	229
60	30	148	155	242	235
61	0	0	0	21	17
61	1	1	1	32	27
61	2	3	3	41	36
61	3	5	6	50	45
61	4	9	10	59	53
61	5	12	14	67	61
61	6	16	19	75	69
61	7	21	23	83	77
61	8	25	28	91	84
61	9	30	33	98	91
61	10	34	38	105	99
61	11	39	43	113	106
61	12	44	48	120	113
61	13	49	54	127	120
61	14	54	59	134	127
61	15	60	65	141	134
61	16	65	70	148	141
61	17	70	76	155	148
61	18	76	81	162	154
61	19	81	87	168	161
61	20	87	93	175	168
61	21	92	98	182	174
61	22	98	104	188	181
61	23	104	110	195	187
61	24	110	116	201	194
61	25	115	122	207	200
61	26	121	128	214	207
61	27	127	134	220	213
61	28	133	140	226	219
61	29	139	146	232	225
61	30	145	152	239	232
61	31	151	158	245	238
62	0	0	0	20	16
62	1	1	1	31	27
62	2	3	3	41	36
62	3	5	6	49	44
62	4	9	10	58	52
62	5	12	14	66	60
62	6	16	19	74	68
62	7	20	23	82	75
62	8	25	28	89	83
62	9	29	33	97	90
62	10	34	38	104	97
62	11	39	43	111	104
62	12	44	48	118	111
62	13	49	53	125	118
62	14	54	58	132	125
62	15	59	64	139	132
62	16	64	69	146	139
62	17	69	74	152	145
62	18	75	80	159	152
62	19	80	85	166	159
62	20	85	91	172	165
62	21	91	97	179	172
62	22	97	102	185	178
62	23	102	108	192	185
62	24	108	114	198	191
62	25	114	120	204	197
62	26	119	126	211	204
62	27	125	132	217	210

N = 390

n	a	LOWER .975	.95	UPPER .975	.95
62	28	131	138	223	216
62	29	137	144	229	222
62	30	143	150	235	228
62	31	149	156	241	234
63	0	0	0	20	16
63	1	1	1	31	26
63	2	2	3	40	35
63	3	5	6	49	43
63	4	8	10	57	51
63	5	12	14	65	59
63	6	16	18	73	67
63	7	20	23	80	74
63	8	24	27	88	81
63	9	29	32	95	89
63	10	33	37	102	96
63	11	38	42	109	103
63	12	43	47	116	110
63	13	48	52	123	116
63	14	53	57	130	123
63	15	58	63	137	130
63	16	63	68	144	137
63	17	68	73	150	143
63	18	73	79	157	150
63	19	79	84	163	156
63	20	84	90	170	163
63	21	89	95	176	169
63	22	95	101	183	175
63	23	100	106	189	182
63	24	106	112	195	188
63	25	112	118	201	194
63	26	117	124	208	201
63	27	123	129	214	207
63	28	129	135	220	213
63	29	135	141	226	219
63	30	140	147	232	225
63	31	146	153	238	231
63	32	152	159	244	237
64	0	0	0	20	16
64	1	1	1	30	26
64	2	2	3	39	35
64	3	5	6	48	43
64	4	8	10	56	51
64	5	12	14	64	58
64	6	16	18	72	66
64	7	20	22	79	73
64	8	24	27	86	80
64	9	28	32	94	87
64	10	33	36	101	94
64	11	38	41	108	101
64	12	42	46	115	108
64	13	47	51	121	115
64	14	52	56	128	121
64	15	57	62	135	128
64	16	62	67	141	134
64	17	67	72	148	141
64	18	72	77	154	147
64	19	77	83	161	154
64	20	83	88	167	160
64	21	88	94	174	167
64	22	93	99	180	173
64	23	99	105	186	179
64	24	104	110	192	185
64	25	110	116	198	191
64	26	115	122	205	198
64	27	121	127	211	204
64	28	127	133	217	210
64	29	132	139	223	216
64	30	138	145	229	222
64	31	144	150	234	228
64	32	150	156	240	234
65	0	0	0	19	16
65	1	1	1	30	25
65	2	2	3	39	34
65	3	5	6	47	42
65	4	8	10	55	50

N = 390

n	a	LOWER .975	.95	UPPER .975	.95
65	5	12	14	63	57
65	6	16	18	70	65
65	7	20	22	78	72
65	8	24	27	85	79
65	9	28	31	92	86
65	10	32	36	99	93
65	11	37	41	106	100
65	12	42	46	113	106
65	13	46	51	120	113
65	14	51	56	126	120
65	15	56	61	133	126
65	16	61	66	139	133
65	17	66	71	146	139
65	18	71	76	152	145
65	19	76	81	159	152
65	20	81	87	165	158
65	21	87	92	171	164
65	22	92	98	177	170
65	23	97	103	183	177
65	24	103	109	190	183
65	25	108	114	196	189
65	26	114	120	202	195
65	27	119	125	208	201
65	28	125	131	214	207
65	29	130	137	220	213
65	30	136	142	225	219
65	31	142	148	231	225
65	32	147	154	237	230
65	33	153	160	243	236
66	0	0	0	19	15
66	1	1	1	29	25
66	2	2	3	38	33
66	3	5	6	46	41
66	4	8	10	54	49
66	5	12	13	62	56
66	6	15	18	69	64
66	7	19	22	77	71
66	8	23	26	84	78
66	9	28	31	91	85
66	10	32	35	98	91
66	11	36	40	104	98
66	12	41	45	111	105
66	13	46	50	118	111
66	14	50	55	124	118
66	15	55	60	131	124
66	16	60	65	137	131
66	17	65	70	144	137
66	18	70	75	150	143
66	19	75	80	156	149
66	20	80	85	163	156
66	21	85	91	169	162
66	22	91	96	175	168
66	23	96	101	181	174
66	24	101	107	187	180
66	25	106	112	193	186
66	26	112	118	199	192
66	27	117	123	205	198
66	28	123	129	211	204
66	29	128	134	217	210
66	30	134	140	222	216
66	31	139	146	228	221
66	32	145	151	234	227
66	33	151	157	239	233
67	0	0	0	19	15
67	1	1	1	29	25
67	2	2	3	37	33
67	3	5	6	46	41
67	4	8	9	53	48
67	5	11	13	61	56
67	6	15	17	68	63
67	7	19	21	76	70
67	8	23	26	83	77
67	9	27	30	89	83
67	10	32	35	96	90
67	11	36	39	103	97

CONFIDENCE BOUNDS FOR A

N = 390

n	a	LOWER .975	LOWER .95	UPPER .975	UPPER .95
67	12	40	44	110	103
67	13	45	49	116	110
67	14	50	54	123	116
67	15	54	59	129	122
67	16	59	64	135	129
67	17	64	69	142	135
67	18	69	74	148	141
67	19	74	79	154	147
67	20	79	84	160	153
67	21	84	89	166	159
67	22	89	95	172	166
67	23	94	100	178	172
67	24	100	105	184	177
67	25	105	111	190	183
67	26	110	116	196	189
67	27	115	121	202	195
67	28	121	127	208	201
67	29	126	132	214	207
67	30	132	138	219	213
67	31	137	143	225	218
67	32	143	149	231	224
67	33	148	155	236	230
67	34	154	160	242	235
68	0	0	0	18	15
68	1	1	1	28	24
68	2	2	3	37	32
68	3	5	6	45	40
68	4	8	9	53	48
68	5	11	13	60	55
68	6	15	17	67	62
68	7	19	21	74	69
68	8	23	25	81	75
68	9	27	30	88	82
68	10	31	34	95	89
68	11	35	39	101	95
68	12	40	44	108	102
68	13	44	48	114	108
68	14	49	53	121	114
68	15	54	58	127	121
68	16	58	63	133	127
68	17	63	68	140	133
68	18	68	73	146	139
68	19	73	78	152	145
68	20	78	83	158	151
68	21	83	88	164	157
68	22	88	93	170	163
68	23	93	98	176	169
68	24	98	104	182	175
68	25	103	109	188	181
68	26	108	114	193	187
68	27	114	120	199	193
68	28	119	125	205	198
68	29	124	130	211	204
68	30	130	136	216	210
68	31	135	141	222	215
68	32	140	147	228	221
68	33	146	152	233	227
68	34	151	158	239	232
69	0	0	0	18	15
69	1	1	1	28	24
69	2	2	3	36	32
69	3	5	6	44	40
69	4	8	9	52	47
69	5	11	13	59	54
69	6	15	17	66	61
69	7	19	21	73	68
69	8	22	25	80	74
69	9	27	29	87	81
69	10	31	34	93	87
69	11	35	38	100	94
69	12	39	43	106	100
69	13	44	48	113	107
69	14	48	52	119	113
69	15	53	57	125	119
69	16	58	62	132	125
69	17	62	67	138	131
69	18	67	72	144	137
69	19	72	77	150	143
69	20	77	82	156	149
69	21	82	87	162	155
69	22	87	92	168	161
69	23	92	97	174	167
69	24	97	102	179	173
69	25	102	107	185	178
69	26	107	113	191	184
69	27	112	118	197	190
69	28	117	123	202	196
69	29	122	128	208	201
69	30	128	134	214	207
69	31	133	139	219	212
69	32	138	145	225	218
69	33	144	150	230	224
69	34	149	155	236	229
69	35	154	161	241	235
70	0	0	0	18	14
70	1	1	1	27	23
70	2	2	3	36	31
70	3	5	6	44	39
70	4	8	9	51	46
70	5	11	13	58	53
70	6	15	17	65	60
70	7	18	21	72	67
70	8	22	25	79	73
70	9	26	29	86	80
70	10	30	33	92	86
70	11	35	38	99	93
70	12	39	42	105	99
70	13	43	47	111	105
70	14	48	52	118	111
70	15	52	56	124	117
70	16	57	61	130	123
70	17	61	66	136	129
70	18	66	71	142	135
70	19	71	76	148	141
70	20	76	81	154	147
70	21	80	86	160	153
70	22	85	91	165	159
70	23	90	96	171	165
70	24	95	101	177	170
70	25	100	106	183	176
70	26	105	111	188	182
70	27	110	116	194	187
70	28	115	121	200	193
70	29	121	127	205	199
70	30	126	132	211	204
70	31	131	137	216	210
70	32	136	142	222	215
70	33	141	148	227	221
70	34	147	153	233	226
70	35	152	158	238	232
71	0	0	0	17	14
71	1	1	1	27	23
71	2	2	3	35	31
71	3	5	6	43	38
71	4	8	9	50	46
71	5	11	13	58	52
71	6	14	16	64	59
71	7	18	20	71	66
71	8	22	24	78	72
71	9	26	29	84	79
71	10	30	33	91	85
71	11	34	37	97	91
71	12	38	42	104	97
71	13	43	46	110	104
71	14	47	51	116	110
71	15	51	56	122	116
71	16	56	60	128	122
71	17	61	65	134	128
71	18	65	70	140	133
71	19	70	75	146	139
71	20	75	79	152	145
71	21	79	84	157	151
71	22	84	89	163	157
71	23	89	94	169	162
71	24	94	99	175	168
71	25	99	104	180	174
71	26	104	109	186	179
71	27	109	114	191	185
71	28	114	120	197	190
71	29	119	125	203	196
71	30	124	130	208	201
71	31	129	135	213	207
71	32	134	140	219	212
71	33	139	146	224	218
71	34	145	151	230	223
71	35	150	156	235	229
71	36	155	161	240	234
72	0	0	0	17	14
72	1	1	1	26	23
72	2	2	3	35	31
72	3	5	6	42	38
72	4	8	9	50	45
72	5	11	12	57	52
72	6	14	16	64	58
72	7	18	20	70	65
72	8	22	24	77	71
72	9	25	28	83	78
72	10	30	33	90	84
72	11	34	37	96	90
72	12	38	41	102	96
72	13	42	46	108	102
72	14	46	50	114	108
72	15	51	55	120	114
72	16	55	59	126	120
72	17	60	64	132	126
72	18	64	69	138	132
72	19	69	74	144	137
72	20	74	78	150	143
72	21	78	83	155	149
72	22	83	88	161	155
72	23	88	93	167	160
72	24	93	98	172	166
72	25	97	103	178	171
72	26	102	108	183	177
72	27	107	113	189	182
72	28	112	118	194	188
72	29	117	123	200	193
72	30	122	128	205	199
72	31	127	133	211	204
72	32	132	138	216	210
72	33	137	143	221	215
72	34	142	149	227	220
72	35	148	154	232	226
72	36	153	159	237	231
73	0	0	0	17	14
73	1	1	1	26	22
73	2	2	3	34	30
73	3	5	6	42	37
73	4	7	9	49	44
73	5	11	12	56	51
73	6	14	16	63	58
73	7	18	20	69	64
73	8	21	24	76	70
73	9	25	28	82	77
73	10	29	32	88	83
73	11	33	36	95	89
73	12	37	41	101	95
73	13	42	45	107	101
73	14	46	50	113	107
73	15	50	54	119	113
73	16	54	59	125	118
73	17	59	63	130	124
73	18	63	68	136	130
73	19	68	73	142	136
73	20	73	77	148	141
73	21	77	82	153	147
73	22	82	87	159	153
73	23	87	92	165	158
73	24	91	96	170	164
73	25	96	101	176	169
73	26	101	106	181	175
73	27	106	111	187	180
73	28	111	116	192	185
73	29	115	121	197	191
73	30	120	126	203	196
73	31	125	131	208	202
73	32	130	136	213	207
73	33	135	141	219	212
73	34	140	147	224	217
73	35	146	152	229	223
73	36	151	157	234	228
73	37	156	162	239	233
74	0	0	0	17	13
74	1	1	1	26	22
74	2	2	3	34	30
74	3	5	6	41	37
74	4	7	9	48	44
74	5	11	12	55	50
74	6	14	16	62	57
74	7	17	20	68	63
74	8	21	24	75	69
74	9	25	28	81	75
74	10	29	32	87	82
74	11	33	36	93	88
74	12	37	40	99	94
74	13	41	45	105	99
74	14	45	49	111	105
74	15	49	53	117	111
74	16	54	58	123	117
74	17	58	62	129	123
74	18	63	67	134	128
74	19	67	72	140	134
74	20	72	76	146	139
74	21	76	81	151	145
74	22	81	86	157	151
74	23	85	90	162	156
74	24	90	95	168	161
74	25	95	100	173	167
74	26	99	105	179	172
74	27	104	110	184	178
74	28	109	115	190	183
74	29	114	119	195	188
74	30	119	124	200	194
74	31	124	129	205	199
74	32	129	134	211	204
74	33	133	139	216	210
74	34	138	144	221	215
74	35	143	150	226	220
74	36	148	155	231	225
74	37	154	160	236	230
75	0	0	0	16	13
75	1	1	1	25	22
75	2	2	3	33	29
75	3	5	5	41	36
75	4	7	9	48	43
75	5	11	13	54	50
75	6	14	16	61	56
75	7	17	19	67	62
75	8	21	23	74	68
75	9	25	27	80	74
75	10	28	31	86	80
75	11	32	35	92	86
75	12	36	40	98	92
75	13	40	44	104	98
75	14	45	48	110	104
75	15	49	53	116	110
75	16	53	57	121	115
75	17	57	62	127	121
75	18	62	66	133	127
75	19	66	71	138	132

CONFIDENCE BOUNDS FOR A

N = 390					N = 390					N = 400					N = 400			
	LOWER		UPPER			LOWER		UPPER			LOWER		UPPER			LOWER		UPPER
n a	.975	.95	.975	.95	n a	.975	.95	.975	.95	n a	.975	.95	.975	.95	n a	.975	.95	.975	.95
75 20	71	75	144	138	77 17	56	60	124	118	1 0	0	0	390	380	15 5	49	58	244	229
75 21	75	80	149	143	77 18	60	64	129	123	1 1	10	20	400	400	15 6	67	78	269	254
75 22	80	84	155	149	77 19	64	69	135	129	2 0	0	0	336	310	15 7	87	99	291	278
75 23	84	89	160	154	77 20	69	73	140	134	2 1	6	11	394	389	15 8	109	122	313	301
75 24	89	94	166	159	77 21	73	78	146	140	3 0	0	0	282	252	16 0	0	0	80	67
75 25	93	99	171	165	77 22	78	82	151	145	3 1	4	7	361	345	16 1	1	2	119	104
75 26	98	103	177	170	77 23	82	87	156	150	3 2	39	55	396	393	16 2	7	10	151	135
75 27	103	108	182	175	77 24	86	91	162	155	4 0	0	0	240	210	16 3	17	22	180	164
75 28	108	113	187	181	77 25	91	96	167	161	4 1	3	6	321	299	16 4	31	37	207	192
75 29	112	118	192	186	77 26	96	101	172	166	4 2	28	40	372	360	16 5	46	54	232	217
75 30	117	123	198	191	77 27	100	105	177	171	5 0	0	0	207	179	16 6	63	73	256	242
75 31	122	128	203	197	77 28	105	110	183	176	5 1	3	5	285	262	16 7	81	92	278	265
75 32	127	133	208	202	77 29	109	115	188	181	5 2	22	31	340	323	16 8	101	113	299	287
75 33	132	137	213	207	77 30	114	119	193	187	5 3	60	77	378	369	17 0	0	0	76	63
75 34	137	142	218	212	77 31	119	124	198	192	6 0	0	0	182	156	17 1	1	2	112	98
75 35	141	147	223	217	77 32	123	129	203	197	6 1	2	4	255	231	17 2	7	9	143	128
75 36	146	152	229	222	77 33	128	134	208	202	6 2	18	26	309	290	17 3	16	21	171	156
75 37	151	158	234	227	77 34	133	139	213	207	6 3	48	62	352	338	17 4	29	35	197	182
75 38	156	163	239	232	77 35	138	143	218	212	7 0	0	0	162	138	17 5	43	51	221	207
76 0	0	0	16	13	77 36	142	148	223	217	7 1	2	3	230	207	17 6	59	68	244	230
76 1	1	1	25	21	77 37	147	153	228	222	7 2	16	22	282	262	17 7	76	87	266	252
76 2	2	3	33	29	77 38	152	158	233	227	7 3	41	53	325	309	17 8	94	106	286	274
76 3	5	5	40	36	77 39	157	163	238	232	7 4	75	91	359	347	17 9	114	126	306	294
76 4	7	9	47	42	78 0	0	0	16	13	8 0	0	0	146	123	18 0	0	0	72	60
76 5	10	12	54	49	78 1	1	1	24	21	8 1	2	3	209	187	18 1	1	2	107	93
76 6	14	15	60	55	78 2	2	3	32	28	8 2	14	19	259	238	18 2	6	9	136	122
76 7	17	19	67	61	78 3	4	5	39	35	8 3	35	46	300	283	18 3	16	20	163	148
76 8	21	23	73	67	78 4	7	8	46	41	8 4	64	78	336	322	18 4	27	33	188	173
76 9	24	27	79	73	78 5	10	12	52	48	9 0	0	0	133	112	18 5	40	48	211	197
76 10	28	31	85	79	78 6	13	15	59	54	9 1	2	3	191	170	18 6	55	64	233	219
76 11	32	35	91	85	78 7	17	19	65	60	9 2	12	17	238	218	18 7	71	81	255	241
76 12	36	39	97	91	78 8	20	22	71	66	9 3	31	40	278	260	18 8	88	100	275	262
76 13	40	43	103	97	78 9	24	26	77	72	9 4	56	69	314	298	18 9	106	119	294	281
76 14	44	48	108	103	78 10	27	30	83	77	9 5	86	102	344	331	19 0	0	0	68	57
76 15	48	52	114	108	78 11	31	34	89	83	10 0	0	0	122	102	19 1	1	2	102	88
76 16	52	56	120	114	78 12	35	38	94	89	10 1	1	3	176	156	19 2	6	8	130	116
76 17	57	61	125	119	78 13	39	42	100	94	10 2	11	16	220	201	19 3	15	19	156	142
76 18	61	65	131	125	78 14	43	46	106	100	10 3	28	36	259	241	19 4	26	31	180	165
76 19	65	70	137	130	78 15	47	51	111	105	10 4	50	61	293	277	19 5	38	45	202	188
76 20	70	74	142	136	78 16	51	55	117	111	10 5	77	90	323	310	19 6	52	61	224	210
76 21	74	79	148	141	78 17	55	59	122	116	11 0	0	0	112	94	19 7	67	77	244	231
76 22	79	83	153	147	78 18	59	64	128	122	11 1	1	2	163	144	19 8	83	94	263	251
76 23	83	88	158	152	78 19	64	68	133	127	11 2	10	14	205	186	19 9	100	112	282	270
76 24	88	93	164	157	78 20	68	72	139	132	11 3	25	33	242	224	19 10	118	130	300	288
76 25	92	97	169	163	78 21	72	77	144	138	11 4	45	55	275	258	20 0	0	0	65	54
76 26	97	102	174	168	78 22	77	81	149	143	11 5	69	81	305	290	20 1	1	1	97	84
76 27	101	107	180	173	78 23	81	86	155	148	11 6	95	110	331	319	20 2	6	8	124	111
76 28	106	111	185	179	78 24	85	90	160	154	12 0	0	0	104	87	20 3	14	18	149	135
76 29	111	116	190	184	78 25	90	95	165	159	12 1	1	2	152	134	20 4	24	30	172	158
76 30	115	121	195	189	78 26	94	99	170	164	12 2	9	13	191	173	20 5	36	43	194	180
76 31	120	126	200	194	78 27	99	104	175	169	12 3	23	30	227	209	20 6	49	58	214	201
76 32	125	131	206	199	78 28	103	109	180	174	12 4	41	50	258	242	20 7	64	73	234	221
76 33	130	136	211	204	78 29	108	113	186	179	12 5	62	74	287	272	20 8	79	89	253	240
76 34	135	141	216	209	78 30	112	118	191	184	12 6	86	100	314	300	20 9	95	106	271	259
76 35	140	145	221	215	78 31	117	123	196	189	13 0	0	0	97	81	20 10	111	123	289	277
76 36	144	150	226	220	78 32	122	127	201	194	13 1	1	2	142	125	21 0	0	0	62	51
76 37	149	155	231	225	78 33	126	132	206	199	13 2	9	12	180	162	21 1	1	1	93	81
76 38	154	160	236	230	78 34	131	137	211	204	13 3	21	28	213	196	21 2	6	8	119	106
77 0	0	0	16	13	78 35	136	142	216	209	13 4	38	46	244	227	21 3	13	17	143	129
77 1	1	1	25	21	78 36	141	146	220	214	13 5	57	68	272	256	21 4	23	28	165	151
77 2	2	3	32	28	78 37	145	151	225	219	13 6	79	91	297	283	21 5	35	41	186	172
77 3	4	5	39	35	78 38	150	156	230	224	13 7	103	117	321	309	21 6	47	55	206	193
77 4	7	8	46	42	78 39	155	161	235	229	14 0	0	0	91	75	21 7	60	69	225	212
77 5	10	12	53	48						14 1	1	2	133	117	21 8	75	84	244	231
77 6	13	15	59	54						14 2	8	11	169	152	21 9	90	100	261	249
77 7	17	19	66	61						14 3	20	26	201	184	21 10	105	116	278	267
77 8	20	23	72	67						14 4	35	43	230	214	21 11	122	133	295	284
77 9	24	27	78	73						14 5	53	63	257	242	22 0	0	0	60	49
77 10	28	31	84	78						14 6	73	84	282	268	22 1	1	1	89	77
77 11	32	35	90	84						14 7	94	107	306	293	22 2	5	7	114	102
77 12	35	39	96	90						15 0	0	0	85	71	22 3	13	16	137	124
77 13	39	43	101	96						15 1	1	2	126	110	22 4	22	27	158	145
77 14	43	47	107	101						15 2	8	11	159	143	22 5	33	39	179	165
77 15	48	51	113	107						15 3	19	24	190	174	22 6	45	52	198	185
77 16	52	56	118	112						15 4	33	40	218	202	22 7	58	66	217	204

CONFIDENCE BOUNDS FOR A

N = 400

n	a	LOWER .975	.95	UPPER .975	.95
22	8	71	80	235	222
22	9	85	95	252	240
22	10	100	111	269	257
22	11	115	127	285	273
23	0	0	0	57	47
23	1	1	1	85	74
23	2	5	7	110	97
23	3	12	16	132	119
23	4	21	26	152	140
23	5	32	37	172	159
23	6	43	50	191	178
23	7	55	63	209	196
23	8	68	77	226	214
23	9	81	91	243	231
23	10	95	105	259	247
23	11	110	121	275	264
23	12	125	136	290	279
24	0	0	0	55	45
24	1	1	1	82	71
24	2	5	7	105	94
24	3	12	15	127	115
24	4	20	25	147	134
24	5	30	36	166	153
24	6	41	48	184	171
24	7	53	60	201	189
24	8	65	73	218	206
24	9	78	87	235	223
24	10	91	101	251	239
24	11	105	115	266	255
24	12	119	130	281	270
25	0	0	0	53	43
25	1	1	1	79	68
25	2	5	7	101	90
25	3	11	15	122	110
25	4	20	24	141	129
25	5	29	34	160	148
25	6	39	46	178	165
25	7	50	58	195	182
25	8	62	70	211	199
25	9	74	83	227	215
25	10	87	96	242	231
25	11	100	110	257	246
25	12	114	124	272	261
25	13	128	139	286	276
26	0	0	0	51	42
26	1	1	1	76	66
26	2	5	6	98	87
26	3	11	14	118	106
26	4	19	23	137	125
26	5	28	33	154	142
26	6	38	44	172	160
26	7	48	55	188	176
26	8	60	67	204	192
26	9	71	80	220	208
26	10	83	92	235	223
26	11	96	106	249	238
26	12	109	119	264	253
26	13	123	133	277	267
27	0	0	0	49	40
27	1	1	1	73	63
27	2	5	6	94	84
27	3	11	14	114	103
27	4	18	22	132	121
27	5	27	32	149	138
27	6	36	42	166	154
27	7	47	53	182	170
27	8	57	65	198	186
27	9	68	77	213	201
27	10	80	89	227	216
27	11	92	101	242	231
27	12	105	114	256	245
27	13	117	128	269	259
27	14	131	141	283	272
28	0	0	0	47	39
28	1	1	1	71	61

N = 400

n	a	LOWER .975	.95	UPPER .975	.95
28	2	4	6	91	81
28	3	10	13	110	99
28	4	18	21	128	117
28	5	26	31	145	133
28	6	35	41	161	149
28	7	45	51	176	165
28	8	55	62	192	180
28	9	66	74	206	195
28	10	77	86	221	209
28	11	89	98	235	223
28	12	101	110	248	237
28	13	113	123	262	251
28	14	126	136	274	264
29	0	0	0	46	37
29	1	1	1	69	59
29	2	4	6	88	78
29	3	10	13	107	96
29	4	17	21	124	113
29	5	25	30	140	129
29	6	34	39	156	145
29	7	43	50	171	160
29	8	53	60	186	174
29	9	64	71	200	189
29	10	74	82	214	203
29	11	85	94	228	217
29	12	97	106	241	230
29	13	109	118	254	244
29	14	121	131	267	257
29	15	133	143	279	269
30	0	0	0	44	36
30	1	1	1	66	57
30	2	4	6	86	76
30	3	10	12	103	93
30	4	17	20	120	109
30	5	24	29	136	125
30	6	33	38	151	140
30	7	42	48	166	155
30	8	51	58	180	169
30	9	61	69	194	183
30	10	72	80	208	197
30	11	82	91	221	210
30	12	93	102	234	224
30	13	105	114	247	237
30	14	116	126	260	249
30	15	128	138	272	262
31	0	0	0	43	35
31	1	1	1	64	55
31	2	4	5	83	73
31	3	9	12	100	90
31	4	16	19	116	106
31	5	24	28	132	121
31	6	32	37	147	136
31	7	40	46	161	150
31	8	50	56	175	164
31	9	59	66	189	178
31	10	69	77	202	191
31	11	80	88	215	204
31	12	90	99	228	217
31	13	101	110	240	230
31	14	112	122	253	242
31	15	124	133	265	255
31	16	135	145	276	267
32	0	0	0	41	34
32	1	1	1	62	54
32	2	4	5	80	71
32	3	9	12	97	87
32	4	16	19	113	103
32	5	23	27	128	118
32	6	31	36	143	132
32	7	39	45	157	146
32	8	48	54	170	160
32	9	57	64	184	173
32	10	67	74	197	186
32	11	77	85	209	199
32	12	87	95	222	211

N = 400

n	a	LOWER .975	.95	UPPER .975	.95
32	13	98	106	234	224
32	14	108	118	246	236
32	15	119	129	258	248
32	16	131	140	269	260
33	0	0	0	40	33
33	1	1	1	60	52
33	2	4	5	78	69
33	3	9	11	94	85
33	4	15	18	110	100
33	5	22	26	124	114
33	6	30	35	139	128
33	7	38	43	152	142
33	8	47	53	166	155
33	9	56	62	179	168
33	10	65	72	191	181
33	11	75	82	204	193
33	12	84	92	216	206
33	13	95	103	228	218
33	14	105	114	240	230
33	15	115	125	251	241
33	16	126	136	263	253
33	17	137	147	274	264
34	0	0	0	39	32
34	1	1	1	59	51
34	2	4	5	76	67
34	3	9	11	92	82
34	4	15	18	107	97
34	5	22	25	121	111
34	6	29	34	135	125
34	7	37	42	148	138
34	8	45	51	161	151
34	9	54	60	174	164
34	10	63	70	187	176
34	11	72	80	199	188
34	12	82	90	211	200
34	13	92	100	222	212
34	14	102	110	234	224
34	15	112	121	245	235
34	16	122	131	256	247
34	17	133	142	267	258
35	0	0	0	38	31
35	1	1	1	57	49
35	2	4	5	74	65
35	3	8	11	89	80
35	4	14	17	104	94
35	5	21	25	118	108
35	6	28	33	131	121
35	7	36	41	144	134
35	8	44	50	157	147
35	9	52	59	170	159
35	10	61	68	182	172
35	11	70	77	194	183
35	12	79	87	205	195
35	13	89	97	217	207
35	14	98	107	228	218
35	15	108	117	239	229
35	16	118	127	250	240
35	17	129	138	261	251
35	18	139	149	271	262
36	0	0	0	37	30
36	1	1	1	56	48
36	2	4	5	72	63
36	3	8	10	87	78
36	4	14	17	101	92
36	5	20	24	115	105
36	6	27	32	128	118
36	7	35	40	141	131
36	8	43	48	153	143
36	9	51	57	165	155
36	10	59	66	177	167
36	11	68	75	189	179
36	12	77	84	200	190
36	13	86	94	212	202
36	14	96	104	223	213
36	15	105	114	234	224

N = 400

n	a	LOWER .975	.95	UPPER .975	.95
36	16	115	124	244	235
36	17	125	134	255	245
36	18	135	144	265	256
37	0	0	0	36	29
37	1	1	1	54	47
37	2	4	5	70	62
37	3	8	10	85	76
37	4	14	16	99	90
37	5	20	23	112	103
37	6	27	31	125	115
37	7	34	39	137	128
37	8	42	47	149	140
37	9	50	55	161	151
37	10	58	64	173	163
37	11	66	73	184	174
37	12	75	82	196	186
37	13	84	91	207	197
37	14	93	101	217	208
37	15	102	110	228	218
37	16	112	120	239	229
37	17	121	130	249	240
37	18	131	140	259	250
37	19	141	150	269	260
38	0	0	0	35	28
38	1	1	1	53	45
38	2	4	5	68	60
38	3	8	10	83	74
38	4	13	16	96	87
38	5	19	23	109	100
38	6	26	30	122	112
38	7	33	38	134	124
38	8	41	46	146	136
38	9	48	54	157	148
38	10	56	62	169	159
38	11	64	71	180	170
38	12	73	80	191	181
38	13	81	89	202	192
38	14	90	98	212	203
38	15	99	107	223	213
38	16	108	117	233	224
38	17	118	126	243	234
38	18	127	136	253	244
38	19	137	146	263	254
39	0	0	0	34	28
39	1	1	1	51	44
39	2	3	5	66	59
39	3	8	10	80	72
39	4	13	16	94	85
39	5	19	23	106	98
39	6	25	29	119	110
39	7	32	37	131	121
39	8	39	45	142	133
39	9	47	53	154	144
39	10	55	61	165	155
39	11	63	69	176	166
39	12	71	78	187	177
39	13	79	86	197	188
39	14	88	95	208	198
39	15	97	104	218	208
39	16	105	114	228	219
39	17	115	123	238	229
39	18	124	132	248	239
39	19	133	142	257	248
39	20	143	152	267	258
40	0	0	0	33	27
40	1	1	1	50	43
40	2	3	4	65	57
40	3	8	9	79	70
40	4	13	15	91	83
40	5	18	22	104	95
40	6	25	29	116	107
40	7	31	36	128	119
40	8	39	43	139	130
40	9	46	51	150	141
40	10	53	59	161	152

CONFIDENCE BOUNDS FOR A

n	a	LOWER .975	LOWER .95	UPPER .975	UPPER .95	n	a	LOWER .975	LOWER .95	UPPER .975	UPPER .95	n	a	LOWER .975	LOWER .95	UPPER .975	UPPER .95	n	a	LOWER .975	LOWER .95	UPPER .975	UPPER .95
		N = 400						N = 400						N = 400						N = 400			
40	11	61	67	172	162	43	21	137	145	254	246	47	2	3	4	55	49	50	1	1	1	40	34
40	12	69	76	182	173	43	22	146	154	263	255	47	3	7	8	67	60	50	2	3	4	52	46
40	13	77	84	193	183	44	0	0	0	30	24	47	4	11	13	78	71	50	3	6	8	63	56
40	14	86	93	203	194	44	1	1	1	45	39	47	5	16	19	89	81	50	4	10	12	74	67
40	15	94	102	213	204	44	2	3	4	59	52	47	6	21	25	99	92	50	5	15	18	84	77
40	16	103	111	223	214	44	3	7	9	72	64	47	7	27	31	110	102	50	6	20	23	94	86
40	17	111	120	233	224	44	4	12	14	83	76	47	8	33	37	120	111	50	7	25	29	103	96
40	18	120	129	242	233	44	5	17	20	95	87	47	9	39	44	129	121	50	8	31	35	113	105
40	19	129	138	252	243	44	6	23	26	106	98	47	10	45	50	139	130	50	9	37	41	122	114
40	20	139	147	261	253	44	7	29	33	117	108	47	11	52	57	148	140	50	10	43	47	131	123
41	0	0	0	32	26	44	8	35	40	127	119	47	12	59	64	158	149	50	11	49	54	140	132
41	1	1	1	49	42	44	9	42	47	138	129	47	13	66	71	167	158	50	12	55	60	149	140
41	2	3	4	63	56	44	10	49	54	148	139	47	14	72	79	176	167	50	13	62	67	157	149
41	3	7	9	77	69	44	11	56	61	158	149	47	15	80	86	185	176	50	14	68	74	166	158
41	4	12	15	89	81	44	12	63	69	167	158	47	16	87	93	193	185	50	15	75	81	174	166
41	5	18	21	102	93	44	13	70	76	177	168	47	17	94	101	202	193	50	16	81	88	183	174
41	6	24	28	113	104	44	14	78	84	186	177	47	18	101	109	211	202	50	17	88	95	191	183
41	7	31	35	125	116	44	15	85	92	196	187	47	19	109	116	219	210	50	18	95	102	199	191
41	8	38	42	136	127	44	16	93	100	205	196	47	20	117	124	227	219	50	19	102	109	207	199
41	9	45	50	147	138	44	17	101	108	214	205	47	21	124	132	236	227	50	20	109	116	215	207
41	10	52	58	158	148	44	18	109	116	223	214	47	22	132	140	244	236	50	21	116	124	223	215
41	11	60	66	168	159	44	19	117	125	232	223	47	23	140	148	252	244	50	22	124	131	231	223
41	12	67	74	178	169	44	20	125	133	241	232	47	24	148	156	260	252	50	23	131	139	239	231
41	13	75	82	189	179	44	21	133	142	250	241	48	0	0	0	27	22	50	24	139	146	246	238
41	14	83	91	199	189	44	22	142	150	258	250	48	1	1	1	42	36	50	25	146	154	254	246
41	15	92	99	209	199	45	0	0	0	29	24	48	2	3	4	54	48	51	0	0	0	26	21
41	16	100	108	218	209	45	1	1	1	44	38	48	3	6	8	66	59	51	1	1	1	39	34
41	17	109	117	228	219	45	2	3	4	58	51	48	4	11	13	77	69	51	2	3	4	51	45
41	18	117	125	237	228	45	3	7	9	70	63	48	5	16	18	87	80	51	3	6	8	62	55
41	19	126	134	247	238	45	4	11	14	82	74	48	6	21	24	97	90	51	4	10	12	72	65
41	20	135	144	256	247	45	5	17	19	93	85	48	7	26	30	107	100	51	5	15	17	82	75
41	21	144	153	265	256	45	6	22	26	104	96	48	8	32	36	117	109	51	6	20	23	92	85
42	0	0	0	31	26	45	7	28	32	114	106	48	9	38	43	127	119	51	7	25	28	101	94
42	1	1	1	48	41	45	8	34	39	125	116	48	10	45	49	136	128	51	8	30	34	111	103
42	2	3	4	62	55	45	9	41	46	135	126	48	11	51	56	145	137	51	9	36	40	120	112
42	3	7	9	75	67	45	10	47	53	145	136	48	12	57	63	154	146	51	10	42	46	129	121
42	4	12	15	87	79	45	11	54	60	154	146	48	13	64	70	163	155	51	11	48	53	137	129
42	5	18	21	99	91	45	12	61	67	164	155	48	14	71	77	172	164	51	12	54	59	146	138
42	6	24	27	111	102	45	13	68	75	173	165	48	15	78	84	181	172	51	13	60	66	155	146
42	7	30	34	122	113	45	14	76	82	183	174	48	16	85	91	190	181	51	14	67	72	163	155
42	8	37	41	133	124	45	15	83	90	192	183	48	17	92	99	198	190	51	15	73	79	171	163
42	9	44	49	144	135	45	16	91	98	201	192	48	18	99	106	207	198	51	16	80	86	179	171
42	10	51	56	154	145	45	17	98	106	210	201	48	19	107	114	215	206	51	17	86	93	188	179
42	11	58	64	164	155	45	18	106	114	219	210	48	20	114	121	223	215	51	18	93	100	196	187
42	12	66	72	175	165	45	19	114	122	228	219	48	21	122	129	231	223	51	19	100	107	204	195
42	13	73	80	185	175	45	20	122	130	236	228	48	22	129	137	239	231	51	20	107	114	211	203
42	14	81	88	194	185	45	21	130	138	245	236	48	23	137	145	247	239	51	21	114	121	219	211
42	15	89	97	204	195	45	22	139	147	253	245	48	24	145	153	255	247	51	22	121	128	227	219
42	16	98	105	214	205	45	23	147	155	261	253	49	0	0	0	27	22	51	23	128	136	235	227
42	17	106	114	223	214	46	0	0	0	29	23	49	1	1	1	41	35	51	24	136	143	242	234
42	18	114	122	232	223	46	1	1	1	43	37	49	2	3	4	53	47	51	25	143	151	250	242
42	19	123	131	242	233	46	2	3	4	56	50	49	3	6	8	64	58	51	26	150	158	257	249
42	20	132	140	251	242	46	3	7	8	68	61	49	4	11	13	75	68	52	0	0	0	25	20
42	21	140	149	260	251	46	4	11	13	80	72	49	5	15	18	85	78	52	1	1	1	38	33
43	0	0	0	31	25	46	5	16	19	91	83	49	6	20	24	96	88	52	2	3	4	50	44
43	1	1	1	47	40	46	6	22	25	102	94	49	7	26	30	105	98	52	3	6	8	61	54
43	2	3	4	60	53	46	7	28	31	112	104	49	8	32	36	115	107	52	4	10	12	71	64
43	3	7	9	73	66	46	8	34	38	122	114	49	9	38	42	124	116	52	5	15	17	81	74
43	4	12	14	85	77	46	9	40	45	132	123	49	10	44	48	134	125	52	6	19	22	90	83
43	5	17	20	97	89	46	10	46	51	142	133	49	11	50	55	143	134	52	7	25	28	99	92
43	6	23	27	108	100	46	11	53	59	151	143	49	12	56	62	152	143	52	8	30	34	109	101
43	7	29	33	119	111	46	12	60	66	161	152	49	13	63	68	160	152	52	9	35	40	117	110
43	8	36	40	130	121	46	13	67	73	170	161	49	14	69	75	169	161	52	10	41	46	126	118
43	9	43	48	141	132	46	14	74	80	179	170	49	15	76	82	178	169	52	11	47	52	135	127
43	10	50	55	151	142	46	15	81	88	188	179	49	16	83	90	186	178	52	12	53	58	143	135
43	11	57	63	161	152	46	16	89	96	197	188	49	17	90	97	195	186	52	13	59	65	152	144
43	12	64	70	171	162	46	17	96	103	206	197	49	18	97	104	203	194	52	14	65	71	160	152
43	13	72	78	181	172	46	18	104	111	215	206	49	19	104	111	211	203	52	15	72	78	168	160
43	14	79	86	190	181	46	19	112	119	223	215	49	20	112	119	219	211	52	16	78	84	176	168
43	15	87	94	200	191	46	20	119	127	232	223	49	21	119	126	227	219	52	17	85	91	184	176
43	16	95	103	209	200	46	21	127	135	240	232	49	22	126	134	235	227	52	18	91	98	192	184
43	17	103	111	219	210	46	22	135	143	248	240	49	23	134	142	243	235	52	19	98	105	200	192
43	18	111	119	228	219	46	23	143	152	257	248	49	24	142	149	251	243	52	20	105	112	208	200
43	19	120	128	237	228	47	0	0	0	28	23	49	25	149	157	258	251	52	21	112	119	215	207
43	20	128	136	246	237	47	1	1	1	43	37	50	0	0	0	26	21	52	22	119	126	223	215

CONFIDENCE BOUNDS FOR A

n	a	N = 400 LOWER .975	.95	UPPER .975	.95	n	a	N = 400 LOWER .975	.95	UPPER .975	.95	n	a	N = 400 LOWER .975	.95	UPPER .975	.95	n	a	N = 400 LOWER .975	.95	UPPER .975	.95
52	23	126	133	231	223	55	15	68	73	160	152	58	2	3	3	45	39	60	16	68	73	154	147
52	24	133	140	238	230	55	16	74	80	167	159	58	3	6	7	54	49	60	17	73	79	161	154
52	25	140	148	245	238	55	17	80	86	175	167	58	4	9	11	64	57	60	18	79	85	168	161
52	26	147	155	253	245	55	18	86	92	183	175	58	5	13	15	72	66	60	19	85	91	175	168
53	0	0	0	25	20	55	19	93	99	190	182	58	6	18	20	81	74	60	20	91	96	182	175
53	1	1	1	38	32	55	20	99	105	197	190	58	7	22	25	89	83	60	21	96	102	189	182
53	2	3	4	49	43	55	21	105	112	205	197	58	8	27	30	98	91	60	22	102	109	196	188
53	3	6	7	60	53	55	22	112	119	212	204	58	9	32	36	106	99	60	23	108	115	203	195
53	4	10	12	70	63	55	23	119	125	219	212	58	10	37	41	114	107	60	24	114	121	209	202
53	5	14	17	79	72	55	24	125	132	227	219	58	11	42	47	122	114	60	25	120	127	216	209
53	6	19	22	89	81	55	25	132	139	234	226	58	12	48	52	129	122	60	26	126	133	223	215
53	7	24	27	98	90	55	26	139	146	241	233	58	13	53	58	137	129	60	27	133	140	229	222
53	8	29	33	107	99	55	27	146	153	248	240	58	14	59	64	144	137	60	28	139	146	236	228
53	9	35	39	115	108	55	28	152	160	254	247	58	15	64	70	152	144	60	29	145	152	242	235
53	10	40	45	124	116	56	0	0	0	23	19	58	16	70	75	159	152	60	30	152	159	248	241
53	11	46	51	132	125	56	1	1	1	36	30	58	17	76	81	167	159	61	0	0	0	21	17
53	12	52	57	141	133	56	2	3	3	46	41	58	18	82	88	174	166	61	1	1	1	32	28
53	13	58	63	149	141	56	3	6	7	56	50	58	19	88	94	181	173	61	2	3	3	42	37
53	14	64	70	157	149	56	4	9	11	66	60	58	20	94	100	188	180	61	3	5	7	52	46
53	15	70	76	165	157	56	5	14	16	75	68	58	21	100	106	195	187	61	4	9	10	60	55
53	16	77	83	173	165	56	6	18	21	84	77	58	22	106	112	202	194	61	5	13	15	69	63
53	17	83	89	181	173	56	7	23	26	93	86	58	23	112	119	209	201	61	6	17	19	77	71
53	18	90	96	189	181	56	8	28	31	101	94	58	24	118	125	216	208	61	7	21	24	85	79
53	19	96	103	197	189	56	9	33	37	109	102	58	25	125	132	223	215	61	8	26	29	93	86
53	20	103	110	204	196	56	10	38	42	118	110	58	26	131	138	230	222	61	9	30	34	101	94
53	21	110	116	212	204	56	11	44	48	126	118	58	27	138	145	236	229	61	10	35	39	108	101
53	22	116	123	219	211	56	12	49	54	134	126	58	28	144	151	243	236	61	11	40	44	116	109
53	23	123	130	227	219	56	13	55	60	142	134	58	29	151	158	249	242	61	12	45	50	123	116
53	24	130	138	234	226	56	14	61	66	149	142	59	0	0	0	22	18	61	13	51	55	130	123
53	25	137	145	241	234	56	15	67	72	157	149	59	1	1	1	34	29	61	14	56	61	138	130
53	26	144	152	249	241	56	16	73	78	165	157	59	2	3	3	44	39	61	15	61	66	145	138
53	27	151	159	256	248	56	17	79	84	172	164	59	3	6	7	53	48	61	16	67	72	152	145
54	0	0	0	24	20	56	18	85	91	180	172	59	4	9	11	62	57	61	17	72	77	159	152
54	1	1	1	37	32	56	19	91	97	187	179	59	5	13	15	71	65	61	18	78	83	166	158
54	2	3	4	48	42	56	20	97	104	194	186	59	6	17	20	80	73	61	19	83	89	173	165
54	3	6	7	58	52	56	21	103	110	202	194	59	7	22	25	88	81	61	20	89	95	180	172
54	4	10	12	68	62	56	22	110	117	209	201	59	8	27	30	96	89	61	21	95	101	186	179
54	5	14	16	78	71	56	23	116	123	216	208	59	9	31	35	104	97	61	22	101	107	193	186
54	6	19	22	87	80	56	24	123	130	223	215	59	10	36	40	112	105	61	23	106	113	200	192
54	7	24	27	96	89	56	25	129	136	230	222	59	11	42	46	120	112	61	24	112	119	206	199
54	8	29	32	105	97	56	26	136	143	237	229	59	12	47	51	127	120	61	25	118	125	213	205
54	9	34	38	113	106	56	27	143	150	244	236	59	13	52	57	135	127	61	26	124	131	219	212
54	10	40	44	122	114	56	28	149	157	251	243	59	14	58	63	142	135	61	27	130	137	226	218
54	11	45	50	130	122	57	0	0	0	23	19	59	15	63	68	149	142	61	28	137	143	232	225
54	12	51	56	138	131	57	1	1	1	35	30	59	16	69	74	157	149	61	29	143	150	239	231
54	13	57	62	146	139	57	2	3	3	45	40	59	17	75	80	164	156	61	30	149	156	245	238
54	14	63	68	154	147	57	3	6	7	55	49	59	18	80	86	171	164	61	31	155	162	251	244
54	15	69	75	162	154	57	4	9	11	65	59	59	19	86	92	178	171	62	0	0	0	21	17
54	16	75	81	170	162	57	5	13	16	74	67	59	20	92	98	185	178	62	1	1	1	32	27
54	17	82	88	178	170	57	6	18	21	82	76	59	21	98	104	192	185	62	2	3	3	42	37
54	18	88	94	186	178	57	7	23	26	91	84	59	22	104	110	199	191	62	3	5	6	51	45
54	19	94	101	193	185	57	8	27	31	99	92	59	23	110	117	206	198	62	4	9	10	59	54
54	20	101	107	201	193	57	9	32	36	108	100	59	24	116	123	213	205	62	5	12	15	68	62
54	21	107	114	208	200	57	10	38	42	116	108	59	25	122	129	219	212	62	6	17	19	76	70
54	22	114	121	216	208	57	11	43	47	124	116	59	26	129	136	226	219	62	7	21	24	84	77
54	23	121	128	223	215	57	12	48	53	131	124	59	27	135	142	233	225	62	8	25	28	92	85
54	24	128	135	230	222	57	13	54	59	139	132	59	28	141	148	239	232	62	9	30	33	99	92
54	25	134	142	237	230	57	14	60	65	147	139	59	29	148	155	246	238	62	10	35	38	107	100
54	26	141	149	245	237	57	15	65	71	154	147	59	30	154	162	252	245	62	11	40	44	114	107
54	27	148	156	252	244	57	16	71	77	162	154	60	0	0	0	22	18	62	12	45	49	121	114
55	0	0	0	24	19	57	17	77	83	169	162	60	1	1	1	33	28	62	13	50	54	128	121
55	1	1	1	36	31	57	18	83	89	177	169	60	2	3	3	43	38	62	14	55	60	136	128
55	2	3	3	47	42	57	19	89	95	184	176	60	3	5	7	53	47	62	15	60	65	143	135
55	3	6	7	57	51	57	20	95	102	191	183	60	4	9	11	61	56	62	16	66	71	150	142
55	4	10	11	67	61	57	21	102	108	198	191	60	5	13	15	70	64	62	17	71	76	157	149
55	5	14	16	76	70	57	22	108	114	205	198	60	6	17	20	78	72	62	18	76	82	163	156
55	6	18	21	85	79	57	23	114	121	212	205	60	7	21	24	87	80	62	19	82	88	170	163
55	7	23	26	94	87	57	24	121	127	219	212	60	8	26	29	94	88	62	20	88	93	177	169
55	8	28	32	103	96	57	25	127	134	226	219	60	9	31	34	102	95	62	21	93	99	184	176
55	9	34	37	111	104	57	26	134	141	233	226	60	10	36	40	110	103	62	22	99	105	190	183
55	10	39	43	120	112	57	27	140	147	240	232	60	11	41	45	118	111	62	23	105	111	197	189
55	11	45	49	128	120	57	28	147	154	247	239	60	12	46	50	125	118	62	24	110	117	203	196
55	12	50	55	136	128	57	29	153	161	253	246	60	13	51	56	133	125	62	25	116	123	210	202
55	13	56	61	144	136	58	0	0	0	22	18	60	14	57	62	140	133	62	26	122	129	216	209
55	14	62	67	152	144	58	1	1	1	34	29	60	15	62	67	147	140	62	27	128	135	222	215

CONFIDENCE BOUNDS FOR A

N = 400					N = 400					N = 400					N = 400				
		LOWER		UPPER			LOWER		UPPER			LOWER		UPPER			LOWER		UPPER	
n	a	.975	.95	.975	.95	n	a	.975	.95	.975	.95	n	a	.975	.95	.975	.95	n	a	.975	.95	.975	.95
62	28	134	141	229	222	65	5	12	14	65	59	67	12	41	45	112	106	69	17	64	68	141	135
62	29	140	147	235	228	65	6	16	18	72	66	67	13	46	50	119	113	69	18	69	74	148	141
62	30	146	153	241	234	65	7	20	23	80	74	67	14	51	55	126	119	69	19	74	79	154	147
62	31	152	159	248	241	65	8	24	27	87	81	67	15	56	60	132	126	69	20	79	84	160	153
63	0	0	0	20	17	65	9	29	32	95	88	67	16	61	65	139	132	69	21	84	89	166	159
63	1	1	1	31	27	65	10	33	37	102	95	67	17	66	71	145	138	69	22	89	94	172	165
63	2	3	3	41	36	65	11	38	42	109	102	67	18	71	76	152	145	69	23	94	99	178	171
63	3	5	6	50	45	65	12	43	47	116	109	67	19	76	81	158	151	69	24	99	105	184	177
63	4	9	10	58	53	65	13	48	52	123	116	67	20	81	86	164	157	69	25	104	110	190	183
63	5	12	14	67	61	65	14	52	57	130	123	67	21	86	92	171	164	69	26	109	115	196	189
63	6	16	19	75	69	65	15	57	62	136	129	67	22	91	97	177	170	69	27	115	121	202	195
63	7	21	23	82	76	65	16	63	67	143	136	67	23	97	102	183	176	69	28	120	126	208	201
63	8	25	28	90	84	65	17	68	73	150	143	67	24	102	108	189	182	69	29	125	132	213	207
63	9	30	33	98	91	65	18	73	78	156	149	67	25	107	113	195	188	69	30	131	137	219	212
63	10	34	38	105	98	65	19	78	83	163	156	67	26	113	119	201	194	69	31	136	143	225	218
63	11	39	43	112	105	65	20	83	89	169	162	67	27	118	124	207	200	69	32	142	148	230	224
63	12	44	48	119	112	65	21	89	94	176	168	67	28	124	130	213	206	69	33	147	154	236	229
63	13	49	53	127	120	65	22	94	100	182	175	67	29	129	136	219	212	69	34	153	159	242	235
63	14	54	59	134	126	65	23	100	106	188	181	67	30	135	141	225	218	69	35	158	165	247	241
63	15	59	64	140	133	65	24	105	111	195	187	67	31	140	147	231	224	70	0	0	0	18	15
63	16	64	69	147	140	65	25	111	117	201	194	67	32	146	153	237	230	70	1	1	1	28	24
63	17	70	75	154	147	65	26	116	123	207	200	67	33	152	158	242	236	70	2	2	3	37	32
63	18	75	81	161	154	65	27	122	128	213	206	67	34	158	164	248	242	70	3	5	6	45	40
63	19	81	86	168	160	65	28	128	134	219	212	68	0	0	0	19	15	70	4	8	9	53	47
63	20	86	92	174	167	65	29	133	140	225	218	68	1	1	1	29	25	70	5	11	13	60	55
63	21	92	98	181	174	65	30	139	146	231	224	68	2	2	3	38	33	70	6	15	17	67	62
63	22	97	103	187	180	65	31	145	152	237	230	68	3	5	6	46	41	70	7	19	21	74	69
63	23	103	109	194	187	65	32	151	158	243	236	68	4	8	10	54	49	70	8	23	25	81	75
63	24	109	115	200	193	65	33	157	164	249	242	68	5	12	13	62	56	70	9	27	30	88	82
63	25	114	121	207	199	66	0	0	0	19	16	68	6	15	17	69	64	70	10	31	34	95	89
63	26	120	127	213	206	66	1	1	1	30	26	68	7	19	22	76	71	70	11	35	39	101	95
63	27	126	133	219	212	66	2	2	3	39	34	68	8	23	26	84	78	70	12	40	43	108	101
63	28	132	139	226	218	66	3	5	6	48	43	68	9	27	31	91	84	70	13	44	48	114	108
63	29	138	145	232	225	66	4	8	10	56	50	68	10	32	35	97	91	70	14	49	53	121	114
63	30	144	151	238	231	66	5	12	14	64	58	68	11	36	40	104	98	70	15	53	58	127	120
63	31	150	157	244	237	66	6	16	18	71	65	68	12	41	45	111	104	70	16	58	63	133	127
63	32	156	163	250	243	66	7	20	22	79	73	68	13	45	49	118	111	70	17	63	68	139	133
64	0	0	0	20	16	66	8	24	27	86	80	68	14	50	54	124	117	70	18	68	72	146	139
64	1	1	1	31	26	66	9	28	31	93	87	68	15	55	59	131	124	70	19	73	77	152	145
64	2	2	3	40	35	66	10	33	36	100	94	68	16	60	64	137	130	70	20	77	83	158	151
64	3	5	6	49	44	66	11	37	41	107	101	68	17	65	69	143	137	70	21	82	88	164	157
64	4	8	10	58	52	66	12	42	46	114	107	68	18	70	75	150	143	70	22	87	93	170	163
64	5	12	14	66	60	66	13	47	51	121	114	68	19	75	80	156	149	70	23	92	98	176	169
64	6	16	18	73	68	66	14	52	56	128	121	68	20	80	85	162	155	70	24	98	103	182	175
64	7	20	23	81	75	66	15	57	61	134	127	68	21	85	90	168	161	70	25	103	108	187	181
64	8	25	28	89	82	66	16	62	66	141	134	68	22	90	96	174	167	70	26	108	114	193	186
64	9	29	32	96	90	66	17	67	72	148	141	68	23	95	101	181	174	70	27	113	119	199	192
64	10	34	37	103	97	66	18	72	77	154	147	68	24	100	106	187	180	70	28	118	124	205	198
64	11	38	42	111	104	66	19	77	82	160	153	68	25	106	112	193	186	70	29	124	130	211	204
64	12	43	47	118	111	66	20	82	88	167	160	68	26	111	117	199	192	70	30	129	135	216	209
64	13	48	53	125	118	66	21	87	93	173	166	68	27	116	123	205	198	70	31	134	140	222	215
64	14	53	58	132	125	66	22	93	98	179	172	68	28	122	128	210	203	70	32	140	146	227	221
64	15	58	63	138	131	66	23	98	104	186	179	68	29	127	134	216	209	70	33	145	151	233	226
64	16	63	68	145	138	66	24	104	110	192	185	68	30	133	139	222	215	70	34	151	157	239	232
64	17	69	74	152	145	66	25	109	115	198	191	68	31	138	145	228	221	70	35	156	162	244	238
64	18	74	79	159	151	66	26	115	121	204	197	68	32	144	150	234	227	71	0	0	0	18	14
64	19	79	85	165	158	66	27	120	126	210	203	68	33	149	156	239	233	71	1	1	1	28	24
64	20	85	90	172	164	66	28	126	132	216	209	68	34	155	162	245	238	71	2	2	3	36	32
64	21	90	96	178	171	66	29	131	138	222	215	69	0	0	0	18	15	71	3	5	6	44	39
64	22	96	102	185	177	66	30	137	144	228	221	69	1	1	1	29	24	71	4	8	9	52	47
64	23	101	107	191	184	66	31	143	149	234	227	69	2	2	3	37	33	71	5	11	13	59	54
64	24	107	113	197	190	66	32	148	155	240	233	69	3	5	6	45	41	71	6	15	17	66	61
64	25	113	119	204	196	66	33	154	161	246	239	69	4	8	9	53	48	71	7	18	21	73	68
64	26	118	125	210	203	67	0	0	0	19	16	69	5	11	13	61	55	71	8	22	25	80	74
64	27	124	130	216	209	67	1	1	1	29	25	69	6	15	17	68	63	71	9	26	29	87	81
64	28	130	136	222	215	67	2	2	3	38	34	69	7	19	21	75	70	71	10	31	34	93	87
64	29	136	142	228	221	67	3	5	6	47	42	69	8	23	26	82	76	71	11	35	38	100	94
64	30	141	148	235	228	67	4	8	10	55	50	69	9	27	30	89	83	71	12	39	43	106	100
64	31	147	154	241	234	67	5	12	14	63	57	69	10	31	35	96	90	71	13	44	47	113	106
64	32	153	160	247	240	67	6	15	18	70	64	69	11	36	39	103	96	71	14	48	52	119	113
65	0	0	0	20	16	67	7	19	22	78	72	69	12	40	44	109	103	71	15	53	57	125	119
65	1	1	1	30	26	67	8	24	26	85	79	69	13	45	49	116	109	71	16	57	62	131	125
65	2	2	3	40	35	67	9	28	31	92	86	69	14	49	54	122	116	71	17	62	67	138	131
65	3	5	6	48	43	67	10	32	36	99	92	69	15	54	59	129	122	71	18	67	71	144	137
65	4	8	10	57	51	67	11	37	40	106	99	69	16	59	63	135	128	71	19	72	76	150	143

CONFIDENCE BOUNDS FOR A

N = 400

n	a	LOWER .975	LOWER .95	UPPER .975	UPPER .95
71	20	76	81	156	149
71	21	81	86	162	155
71	22	86	91	168	161
71	23	91	97	173	167
71	24	96	102	179	172
71	25	101	107	185	178
71	26	106	112	191	184
71	27	111	117	196	190
71	28	117	122	202	195
71	29	122	128	208	201
71	30	127	133	213	207
71	31	132	138	219	212
71	32	137	144	225	218
71	33	143	149	230	223
71	34	148	155	236	229
71	35	154	160	241	234
71	36	159	166	246	240
72	0	0	0	18	14
72	1	1	1	27	23
72	2	2	3	36	31
72	3	5	6	44	39
72	4	8	9	51	46
72	5	11	13	58	53
72	6	15	17	65	60
72	7	18	21	72	67
72	8	22	25	79	73
72	9	26	29	86	80
72	10	30	33	92	86
72	11	34	38	98	92
72	12	39	42	105	99
72	13	43	47	111	105
72	14	47	51	117	111
72	15	52	56	124	117
72	16	57	61	130	123
72	17	61	66	136	129
72	18	66	70	142	135
72	19	71	75	148	141
72	20	75	80	154	147
72	21	80	85	159	153
72	22	85	90	165	159
72	23	90	95	171	164
72	24	95	100	177	170
72	25	100	105	183	176
72	26	105	110	188	182
72	27	110	116	194	187
72	28	115	121	200	193
72	29	120	126	205	198
72	30	125	131	211	204
72	31	130	136	216	210
72	32	135	142	222	215
72	33	141	147	227	221
72	34	146	152	233	226
72	35	151	158	238	231
72	36	157	163	243	237
73	0	0	0	17	14
73	1	1	1	27	23
73	2	2	3	35	31
73	3	5	6	43	38
73	4	8	9	50	45
73	5	11	13	57	52
73	6	14	16	64	59
73	7	18	20	71	66
73	8	22	24	78	72
73	9	26	29	84	79
73	10	30	33	91	85
73	11	34	37	97	91
73	12	38	42	103	97
73	13	42	46	110	103
73	14	47	51	116	110
73	15	51	55	122	116
73	16	56	60	128	122
73	17	60	65	134	127
73	18	65	70	140	133
73	19	70	74	146	139
73	20	74	79	152	145

N = 400

n	a	LOWER .975	LOWER .95	UPPER .975	UPPER .95
73	21	79	84	157	151
73	22	84	89	163	157
73	23	89	94	169	162
73	24	93	99	175	168
73	25	98	104	180	174
73	26	103	109	186	179
73	27	108	114	191	185
73	28	113	119	197	190
73	29	118	124	203	196
73	30	123	129	208	201
73	31	128	134	214	207
73	32	134	140	219	212
73	33	139	145	224	218
73	34	144	150	230	223
73	35	149	155	235	229
73	36	154	161	240	234
73	37	160	166	246	239
74	0	0	0	17	14
74	1	1	1	26	23
74	2	2	3	35	30
74	3	5	6	42	38
74	4	8	9	50	45
74	5	11	12	57	52
74	6	14	16	63	58
74	7	18	20	70	65
74	8	22	24	77	71
74	9	25	28	83	78
74	10	29	32	90	84
74	11	34	37	96	90
74	12	38	41	102	96
74	13	42	46	108	102
74	14	46	50	114	108
74	15	51	55	120	114
74	16	55	59	126	120
74	17	60	64	132	126
74	18	64	69	138	132
74	19	69	73	144	137
74	20	73	78	150	143
74	21	78	83	155	149
74	22	83	88	161	154
74	23	87	93	167	160
74	24	92	98	172	166
74	25	97	102	178	171
74	26	102	107	184	177
74	27	107	112	189	182
74	28	112	117	195	188
74	29	117	122	200	193
74	30	122	128	205	199
74	31	127	133	211	204
74	32	132	138	216	210
74	33	137	143	222	215
74	34	142	148	227	220
74	35	147	153	232	226
74	36	152	158	237	231
74	37	157	164	243	236
75	0	0	0	17	14
75	1	1	1	26	22
75	2	2	3	34	30
75	3	5	6	42	37
75	4	7	9	49	44
75	5	11	12	56	51
75	6	14	16	63	57
75	7	18	20	69	64
75	8	21	24	76	70
75	9	25	28	82	76
75	10	29	32	88	83
75	11	33	36	95	89
75	12	37	41	101	95
75	13	41	45	107	101
75	14	46	49	113	107
75	15	50	54	119	113
75	16	54	58	125	118
75	17	59	63	130	124
75	18	63	68	136	130
75	19	68	72	142	136

N = 400

n	a	LOWER .975	LOWER .95	UPPER .975	UPPER .95
75	20	72	77	148	141
75	21	77	82	153	147
75	22	82	87	159	153
75	23	86	91	165	158
75	24	91	96	170	164
75	25	96	101	176	169
75	26	100	106	181	175
75	27	105	111	187	180
75	28	110	116	192	186
75	29	115	121	198	191
75	30	120	126	203	196
75	31	125	131	208	202
75	32	130	136	214	207
75	33	135	141	219	212
75	34	140	146	224	218
75	35	145	151	229	223
75	36	150	156	235	228
75	37	155	161	240	233
75	38	160	167	245	239
76	0	0	0	17	13
76	1	1	1	26	22
76	2	2	3	34	30
76	3	5	6	41	37
76	4	7	9	48	44
76	5	11	12	55	50
76	6	14	16	62	57
76	7	17	20	68	63
76	8	21	24	75	69
76	9	25	28	81	75
76	10	29	32	87	82
76	11	33	36	93	88
76	12	37	40	99	94
76	13	41	44	105	99
76	14	45	49	111	105
76	15	49	53	117	111
76	16	54	58	123	117
76	17	58	62	129	123
76	18	62	67	135	128
76	19	67	71	140	134
76	20	71	76	146	139
76	21	76	81	151	145
76	22	80	85	157	151
76	23	85	90	163	156
76	24	90	95	168	162
76	25	94	100	174	167
76	26	99	105	179	172
76	27	104	109	184	178
76	28	109	114	190	183
76	29	113	119	195	189
76	30	118	124	200	194
76	31	123	129	206	199
76	32	128	134	211	204
76	33	133	139	216	210
76	34	138	144	221	215
76	35	143	149	227	220
76	36	148	154	232	225
76	37	153	159	237	231
76	38	158	164	242	236
77	0	0	0	16	13
77	1	1	1	25	22
77	2	2	3	33	29
77	3	5	5	41	36
77	4	7	9	48	43
77	5	10	12	54	50
77	6	14	16	61	56
77	7	17	19	67	62
77	8	21	23	74	68
77	9	25	27	80	74
77	10	28	31	86	80
77	11	32	35	92	86
77	12	36	40	98	92
77	13	40	44	104	98
77	14	45	48	110	104
77	15	49	53	116	110
77	16	53	57	121	115

N = 400

n	a	LOWER .975	LOWER .95	UPPER .975	UPPER .95
77	17	57	61	127	121
77	18	62	66	133	127
77	19	66	70	138	132
77	20	70	75	144	138
77	21	75	80	150	143
77	22	79	84	155	149
77	23	84	89	161	154
77	24	89	94	166	160
77	25	93	98	171	165
77	26	98	103	177	170
77	27	103	108	182	176
77	28	107	113	187	181
77	29	112	118	193	186
77	30	117	122	198	192
77	31	122	127	203	197
77	32	126	132	208	202
77	33	131	137	214	207
77	34	136	142	219	212
77	35	141	147	224	218
77	36	146	152	229	223
77	37	151	157	234	228
77	38	156	162	239	233
77	39	161	167	244	238
78	0	0	0	16	13
78	1	1	1	25	21
78	2	2	3	33	29
78	3	5	5	40	36
78	4	7	8	47	42
78	5	10	12	54	49
78	6	14	15	60	55
78	7	17	19	67	61
78	8	21	23	73	68
78	9	24	27	79	74
78	10	28	31	85	79
78	11	32	35	91	85
78	12	36	39	97	91
78	13	40	43	103	97
78	14	44	48	109	103
78	15	48	52	114	108
78	16	52	56	120	114
78	17	57	61	126	119
78	18	61	65	131	125
78	19	65	70	137	131
78	20	70	74	142	136
78	21	74	79	148	141
78	22	78	83	153	147
78	23	83	88	159	152
78	24	87	92	164	158
78	25	92	97	169	163
78	26	97	102	175	168
78	27	101	107	180	174
78	28	106	111	185	179
78	29	111	116	190	184
78	30	115	121	196	189
78	31	120	126	201	194
78	32	125	130	206	200
78	33	130	135	211	205
78	34	134	140	216	210
78	35	139	145	221	215
78	36	144	150	226	220
78	37	149	155	231	225
78	38	154	160	236	230
78	39	159	165	241	235
79	0	0	0	16	13
79	1	1	1	25	21
79	2	2	3	32	28
79	3	4	5	40	35
79	4	7	8	46	42
79	5	10	12	53	48
79	6	13	15	59	54
79	7	17	19	66	61
79	8	20	23	72	67
79	9	24	27	78	73
79	10	28	31	84	78
79	11	32	35	90	84

CONFIDENCE BOUNDS FOR A

N = 400						N = 410						N = 410						N = 410					
		LOWER		UPPER				LOWER		UPPER				LOWER		UPPER				LOWER		UPPER	
n	a	.975	.95	.975	.95	n	a	.975	.95	.975	.95	n	a	.975	.95	.975	.95	n	a	.975	.95	.975	.95
79	12	35	39	96	90	1	0	0	0	399	389	15	5	50	60	250	235	22	8	73	82	241	228
79	13	39	43	101	96	1	1	11	21	410	410	15	6	69	80	275	261	22	9	87	98	258	246
79	14	43	47	107	101	2	0	0	0	344	317	15	7	89	102	299	285	22	10	102	113	275	263
79	15	48	51	113	107	2	1	6	11	404	399	15	8	111	125	321	308	22	11	118	130	292	280
79	16	52	56	118	112	3	0	0	0	289	258	16	0	0	0	82	68	23	0	0	0	59	48
79	17	56	60	124	118	3	1	4	7	370	354	16	1	1	2	122	106	23	1	1	1	88	76
79	18	60	64	130	123	3	2	40	56	406	403	16	2	7	10	155	139	23	2	5	7	112	100
79	19	64	69	135	129	4	0	0	0	246	215	16	3	18	23	185	169	23	3	13	16	135	122
79	20	69	73	141	134	4	1	3	6	329	307	16	4	31	38	212	196	23	4	22	27	156	143
79	21	73	78	146	140	4	2	29	41	381	369	16	5	47	56	238	223	23	5	32	38	176	163
79	22	77	82	151	145	5	0	0	0	212	183	16	6	64	75	262	248	23	6	44	51	196	182
79	23	82	87	157	150	5	1	3	5	292	268	16	7	83	95	285	271	23	7	56	64	214	201
79	24	86	91	162	156	5	2	23	32	349	331	16	8	103	116	307	294	23	8	69	78	232	219
79	25	91	96	167	161	5	3	61	79	387	378	17	0	0	0	78	64	23	9	83	93	249	237
79	26	95	101	173	166	6	0	0	0	187	160	17	1	1	2	115	101	23	10	98	108	266	254
79	27	100	105	178	171	6	1	2	4	261	237	17	2	7	10	147	132	23	11	113	124	282	270
79	28	104	110	183	177	6	2	19	27	317	297	17	3	17	22	176	160	23	12	128	140	297	286
79	29	109	115	188	182	6	3	50	64	360	346	17	4	29	36	202	187	24	0	0	0	56	46
79	30	114	119	193	187	7	0	0	0	166	141	17	5	44	52	227	212	24	1	1	1	84	73
79	31	118	124	198	192	7	1	2	3	236	212	17	6	60	70	250	236	24	2	5	7	108	96
79	32	123	129	204	197	7	2	16	23	289	269	17	7	78	89	273	259	24	3	12	15	130	117
79	33	128	134	209	202	7	3	42	54	333	316	17	8	96	109	294	281	24	4	21	26	150	138
79	34	133	138	214	207	7	4	77	94	368	356	17	9	116	129	314	301	24	5	31	37	170	157
79	35	137	143	219	212	8	0	0	0	150	126	18	0	0	0	74	61	24	6	42	49	189	176
79	36	142	148	224	217	8	1	2	3	214	191	18	1	1	2	110	95	24	7	54	62	207	194
79	37	147	153	229	222	8	2	14	20	265	244	18	2	7	9	140	125	24	8	66	75	224	211
79	38	152	158	234	227	8	3	36	47	308	290	18	3	16	20	167	152	24	9	79	89	241	228
79	39	157	163	238	232	8	4	66	80	344	330	18	4	28	34	193	178	24	10	93	103	257	245
79	40	162	168	243	237	9	0	0	0	136	114	18	5	41	49	217	202	24	11	107	118	273	261
80	0	0	0	16	13	9	1	2	3	196	174	18	6	57	66	239	225	24	12	122	133	288	277
80	1	1	1	24	21	9	2	12	18	244	224	18	7	73	83	261	247	25	0	0	0	54	44
80	2	2	3	32	28	9	3	32	41	285	267	18	8	90	102	281	268	25	1	1	1	81	70
80	3	4	5	39	35	9	4	58	71	321	305	18	9	109	121	301	289	25	2	5	7	104	92
80	4	7	8	46	41	9	5	89	105	352	339	19	0	0	0	70	58	25	3	12	15	125	113
80	5	10	12	52	48	10	0	0	0	125	104	19	1	1	2	104	91	25	4	20	25	145	133
80	6	13	15	59	54	10	1	2	3	180	160	19	2	6	9	133	119	25	5	30	35	164	151
80	7	17	19	65	60	10	2	11	16	226	206	19	3	15	19	160	145	25	6	40	47	182	169
80	8	20	22	71	66	10	3	29	37	266	247	19	4	26	32	184	170	25	7	52	59	200	187
80	9	24	26	77	72	10	4	51	63	301	284	19	5	39	47	207	193	25	8	64	72	216	204
80	10	27	30	83	77	10	5	78	93	332	317	19	6	53	62	229	215	25	9	76	85	233	220
80	11	31	34	89	83	11	0	0	0	115	96	19	7	69	79	250	236	25	10	89	99	249	237
80	12	35	38	94	89	11	1	1	2	167	148	19	8	85	96	270	257	25	11	103	113	264	252
80	13	39	42	100	94	11	2	10	15	210	191	19	9	103	114	289	277	25	12	117	127	279	268
80	14	43	46	106	100	11	3	26	33	248	230	19	10	121	133	307	296	25	13	131	142	293	283
80	15	47	51	111	106	11	4	46	57	282	265	20	0	0	0	67	55	26	0	0	0	52	43
80	16	51	55	117	111	11	5	70	83	312	297	20	1	1	2	100	87	26	1	1	1	78	67
80	17	55	59	123	117	11	6	98	113	340	327	20	2	6	8	127	114	26	2	5	7	100	89
80	18	59	64	128	122	12	0	0	0	107	89	20	3	14	18	153	139	26	3	11	14	121	109
80	19	64	68	133	127	12	1	1	2	156	137	20	4	25	31	176	162	26	4	19	24	140	128
80	20	68	72	139	133	12	2	9	13	196	178	20	5	37	44	199	184	26	5	29	34	158	146
80	21	72	77	144	138	12	3	24	31	232	214	20	6	51	59	220	206	26	6	39	45	176	164
80	22	76	81	150	143	12	4	42	52	265	248	20	7	65	75	240	226	26	7	50	57	193	181
80	23	81	86	155	149	12	5	64	76	295	279	20	8	81	91	260	246	26	8	61	69	209	197
80	24	85	90	160	154	12	6	88	102	322	308	20	9	97	108	278	266	26	9	73	82	225	213
80	25	90	95	165	159	13	0	0	0	99	83	20	10	114	126	296	284	26	10	85	95	241	229
80	26	94	99	170	164	13	1	1	2	146	128	21	0	0	0	64	53	26	11	98	108	256	244
80	27	99	104	176	169	13	2	9	12	184	166	21	1	1	1	95	83	26	12	112	122	270	259
80	28	103	108	181	174	13	3	22	28	218	201	21	2	6	8	122	109	26	13	126	136	284	274
80	29	108	113	186	180	13	4	39	48	250	233	21	3	14	18	146	133	27	0	0	0	50	41
80	30	112	118	191	185	13	5	59	69	278	263	21	4	24	29	169	155	27	1	1	1	75	65
80	31	117	122	196	190	13	6	81	93	305	291	21	5	35	42	191	177	27	2	5	6	97	86
80	32	122	127	201	195	13	7	105	119	329	317	21	6	48	56	211	197	27	3	11	14	117	105
80	33	126	132	206	200	14	0	0	0	93	77	21	7	62	71	231	217	27	4	19	23	135	124
80	34	131	137	211	205	14	1	1	2	137	120	21	8	76	86	250	237	27	5	28	33	153	141
80	35	136	141	216	210	14	2	8	11	173	156	21	9	92	103	268	255	27	6	37	43	170	158
80	36	140	146	221	215	14	3	20	26	206	189	21	10	108	119	285	273	27	7	48	55	187	175
80	37	145	151	226	220	14	4	36	44	236	219	21	11	125	137	302	291	27	8	59	66	203	191
80	38	150	156	231	225	14	5	54	64	264	248	22	0	0	0	61	50	27	9	70	78	218	206
80	39	155	161	236	230	14	6	74	86	290	275	22	1	1	1	91	79	27	10	82	91	233	221
80	40	159	166	241	234	14	7	96	110	314	300	22	2	6	8	117	104	27	11	94	104	248	236
						15	0	0	0	87	72	22	3	13	17	140	127	27	12	107	117	262	251
						15	1	1	2	129	113	22	4	23	28	162	149	27	13	120	131	276	265
						15	2	8	11	164	147	22	5	34	40	183	170	27	14	134	145	290	279
						15	3	19	24	195	178	22	6	46	53	203	190	28	0	0	0	48	40
						15	4	33	41	224	207	22	7	59	67	222	209	28	1	1	1	73	63

CONFIDENCE BOUNDS FOR A

N = 410

n	a	LOWER .975	LOWER .95	UPPER .975	UPPER .95
28	2	5	6	94	83
28	3	11	13	113	102
28	4	18	22	131	120
28	5	27	32	148	137
28	6	36	42	165	153
28	7	46	53	181	169
28	8	56	64	196	185
28	9	68	76	212	200
28	10	79	88	226	215
28	11	91	100	241	229
28	12	103	113	255	243
28	13	116	126	268	257
28	14	129	139	281	271
29	0	0	0	47	38
29	1	1	1	70	61
29	2	4	6	91	80
29	3	10	13	109	98
29	4	17	21	127	116
29	5	26	30	144	132
29	6	35	40	160	148
29	7	44	51	175	164
29	8	54	62	191	179
29	9	65	73	205	194
29	10	76	84	220	208
29	11	87	96	234	222
29	12	99	109	247	236
29	13	111	121	261	250
29	14	124	134	274	263
29	15	136	147	286	276
30	0	0	0	45	37
30	1	1	1	68	59
30	2	4	6	88	78
30	3	10	13	106	95
30	4	17	21	123	112
30	5	25	29	139	128
30	6	34	39	155	144
30	7	43	49	170	159
30	8	53	59	185	173
30	9	63	70	199	188
30	10	73	81	213	202
30	11	84	93	227	216
30	12	96	105	240	229
30	13	107	117	253	243
30	14	119	129	266	256
30	15	131	142	279	268
31	0	0	0	44	36
31	1	1	1	66	57
31	2	4	6	85	75
31	3	10	12	103	92
31	4	16	20	119	109
31	5	24	29	135	124
31	6	32	38	150	139
31	7	41	47	165	154
31	8	51	58	180	168
31	9	61	68	194	182
31	10	71	79	207	196
31	11	82	90	221	210
31	12	92	101	234	223
31	13	104	113	247	236
31	14	115	125	259	249
31	15	127	137	271	261
31	16	139	149	283	273
32	0	0	0	42	35
32	1	1	1	64	55
32	2	4	5	83	73
32	3	9	12	100	90
32	4	16	19	116	105
32	5	23	28	131	121
32	6	31	37	146	135
32	7	40	46	161	150
32	8	49	56	175	164
32	9	59	66	188	177
32	10	69	76	202	191
32	11	79	87	215	204
32	12	89	98	228	217

N = 410

n	a	LOWER .975	LOWER .95	UPPER .975	UPPER .95
32	13	100	109	240	229
32	14	111	120	252	242
32	15	122	131	264	254
32	16	134	144	276	266
33	0	0	0	41	34
33	1	1	1	62	53
33	2	4	5	80	71
33	3	9	11	97	87
33	4	15	19	113	102
33	5	23	27	128	117
33	6	31	35	142	132
33	7	39	45	156	145
33	8	48	54	170	159
33	9	57	64	183	172
33	10	66	74	196	186
33	11	76	84	209	198
33	12	86	95	222	211
33	13	97	105	234	223
33	14	107	116	246	236
33	15	118	128	258	248
33	16	129	139	269	259
33	17	141	151	281	271
34	0	0	0	40	33
34	1	1	1	60	52
34	2	4	5	78	69
34	3	9	11	94	85
34	4	15	18	109	100
34	5	22	26	124	114
34	6	30	34	138	128
34	7	38	43	152	142
34	8	46	52	165	155
34	9	55	62	179	168
34	10	64	72	191	181
34	11	74	82	204	193
34	12	84	92	216	205
34	13	94	102	228	218
34	14	104	113	240	229
34	15	115	124	251	241
34	16	125	135	263	253
34	17	136	146	274	264
35	0	0	0	39	32
35	1	1	1	59	50
35	2	4	5	76	67
35	3	9	11	92	82
35	4	15	18	107	97
35	5	21	25	121	111
35	6	29	33	135	125
35	7	37	42	148	138
35	8	45	51	161	151
35	9	54	60	174	163
35	10	63	69	186	176
35	11	72	79	199	188
35	12	81	89	211	200
35	13	91	99	222	212
35	14	101	109	234	224
35	15	111	120	245	235
35	16	121	131	256	247
35	17	132	141	267	258
35	18	143	152	278	269
36	0	0	0	38	31
36	1	1	1	57	49
36	2	4	5	74	65
36	3	8	11	89	80
36	4	14	17	104	94
36	5	21	25	118	108
36	6	28	33	131	121
36	7	36	41	144	134
36	8	44	49	157	147
36	9	52	58	170	159
36	10	61	68	182	171
36	11	70	77	194	183
36	12	79	86	205	195
36	13	88	96	217	207
36	14	98	106	228	218
36	15	108	116	239	229

N = 410

n	a	LOWER .975	LOWER .95	UPPER .975	UPPER .95
36	16	118	127	250	241
36	17	128	137	261	251
36	18	138	148	272	262
37	0	0	0	37	30
37	1	1	1	55	48
37	2	4	5	72	63
37	3	8	10	87	78
37	4	14	17	101	92
37	5	20	24	115	105
37	6	27	32	128	118
37	7	35	40	141	131
37	8	43	48	153	143
37	9	51	57	165	155
37	10	59	66	177	167
37	11	68	75	189	179
37	12	77	84	201	190
37	13	86	94	212	202
37	14	95	103	223	213
37	15	105	113	234	224
37	16	114	123	245	235
37	17	124	133	255	246
37	18	134	143	266	256
37	19	144	154	276	267
38	0	0	0	36	29
38	1	1	1	54	46
38	2	4	5	70	62
38	3	8	10	85	76
38	4	14	16	99	90
38	5	20	23	112	103
38	6	27	31	125	115
38	7	34	39	137	128
38	8	41	47	150	140
38	9	49	55	161	152
38	10	58	64	173	163
38	11	66	73	185	175
38	12	75	82	196	186
38	13	83	91	207	197
38	14	92	100	218	208
38	15	102	110	229	219
38	16	111	120	239	229
38	17	121	129	249	240
38	18	130	139	260	250
38	19	140	149	270	261
39	0	0	0	35	28
39	1	1	1	53	45
39	2	4	5	68	60
39	3	8	10	83	74
39	4	13	16	96	87
39	5	19	23	109	100
39	6	26	30	122	112
39	7	33	38	134	124
39	8	40	46	146	136
39	9	48	54	158	148
39	10	56	62	169	159
39	11	64	71	180	170
39	12	73	80	191	182
39	13	81	89	202	192
39	14	90	98	213	203
39	15	99	107	223	214
39	16	108	116	234	224
39	17	117	126	244	234
39	18	127	136	254	245
39	19	136	145	264	255
39	20	146	155	274	265
40	0	0	0	34	28
40	1	1	1	51	44
40	2	3	5	67	59
40	3	8	10	81	72
40	4	13	16	94	85
40	5	19	22	107	98
40	6	25	29	119	110
40	7	32	37	131	122
40	8	39	45	143	133
40	9	47	52	154	144
40	10	55	61	165	156

N = 410

n	a	LOWER .975	LOWER .95	UPPER .975	UPPER .95
40	11	63	69	176	167
40	12	71	78	187	177
40	13	79	86	198	188
40	14	88	95	208	199
40	15	96	104	219	209
40	16	105	113	229	219
40	17	114	123	239	229
40	18	123	132	249	239
40	19	133	141	258	249
40	20	142	151	268	259
41	0	0	0	33	27
41	1	1	1	50	43
41	2	3	4	65	57
41	3	8	9	79	71
41	4	13	15	92	83
41	5	18	22	104	95
41	6	25	29	116	107
41	7	31	36	128	119
41	8	38	43	139	130
41	9	46	51	151	141
41	10	53	59	162	152
41	11	61	67	172	163
41	12	69	76	183	173
41	13	77	84	193	184
41	14	85	93	204	194
41	15	94	101	214	204
41	16	102	110	224	214
41	17	111	119	234	224
41	18	120	129	243	234
41	19	129	138	253	244
41	20	138	147	262	253
41	21	148	157	272	263
42	0	0	0	32	26
42	1	1	1	49	42
42	2	3	4	63	56
42	3	7	9	77	69
42	4	12	15	90	81
42	5	18	21	102	93
42	6	24	28	114	105
42	7	31	35	125	116
42	8	38	42	136	127
42	9	45	50	147	138
42	10	52	58	158	149
42	11	60	66	169	159
42	12	67	74	179	170
42	13	75	82	189	180
42	14	83	90	199	190
42	15	92	99	209	200
42	16	100	108	219	210
42	17	108	116	229	220
42	18	117	125	238	229
42	19	126	134	248	239
42	20	135	143	257	248
42	21	144	153	266	257
43	0	0	0	31	26
43	1	1	1	48	41
43	2	3	4	62	55
43	3	7	9	75	67
43	4	12	15	88	79
43	5	18	21	100	91
43	6	24	27	111	102
43	7	30	34	122	113
43	8	37	41	133	124
43	9	44	49	144	135
43	10	51	56	155	145
43	11	58	64	165	156
43	12	66	72	175	166
43	13	73	80	185	176
43	14	81	88	195	186
43	15	89	97	205	196
43	16	97	105	215	205
43	17	106	114	224	215
43	18	114	122	234	224
43	19	123	131	243	234
43	20	131	140	252	243

CONFIDENCE BOUNDS FOR A

N = 410

n	a	LOWER .975	LOWER .95	UPPER .975	UPPER .95
43	21	140	149	261	252
43	22	149	158	270	261
44	0	0	0	31	25
44	1	1	1	47	40
44	2	3	4	61	53
44	3	7	9	73	66
44	4	12	14	86	78
44	5	17	20	97	89
44	6	23	27	109	100
44	7	29	34	120	111
44	8	36	41	131	122
44	9	43	48	141	132
44	10	50	55	151	142
44	11	57	63	162	152
44	12	64	70	172	162
44	13	72	78	182	172
44	14	79	86	191	182
44	15	87	94	201	192
44	16	95	103	210	201
44	17	103	111	220	211
44	18	111	119	229	220
44	19	120	128	238	229
44	20	128	136	247	238
44	21	137	145	256	247
44	22	145	154	265	256
45	0	0	0	30	24
45	1	1	1	46	39
45	2	3	4	59	52
45	3	7	9	72	64
45	4	12	14	84	76
45	5	17	20	95	87
45	6	23	26	106	98
45	7	29	33	117	109
45	8	35	40	128	119
45	9	42	47	138	129
45	10	49	54	148	139
45	11	56	61	158	149
45	12	63	69	168	159
45	13	70	76	178	169
45	14	78	84	187	178
45	15	85	92	197	188
45	16	93	100	206	197
45	17	101	108	215	206
45	18	109	116	224	215
45	19	117	125	233	224
45	20	125	133	242	233
45	21	133	142	251	242
45	22	142	150	260	251
45	23	150	159	268	260
46	0	0	0	29	24
46	1	1	1	45	38
46	2	3	4	58	51
46	3	7	9	70	63
46	4	11	14	82	74
46	5	17	20	93	85
46	6	22	26	104	96
46	7	28	32	115	106
46	8	34	39	125	117
46	9	41	46	135	127
46	10	48	53	145	136
46	11	54	60	155	146
46	12	61	67	165	156
46	13	69	75	174	165
46	14	76	82	184	175
46	15	83	90	193	184
46	16	91	98	202	193
46	17	99	106	211	202
46	18	106	114	220	211
46	19	114	122	229	220
46	20	122	130	238	229
46	21	130	138	246	238
46	22	139	147	255	246
46	23	147	155	263	255
47	0	0	0	29	23
47	1	1	1	44	37

N = 410

n	a	LOWER .975	LOWER .95	UPPER .975	UPPER .95
47	2	3	4	57	50
47	3	7	8	69	62
47	4	11	14	80	73
47	5	16	19	91	84
47	6	22	25	102	94
47	7	28	31	112	104
47	8	34	38	123	114
47	9	40	45	133	124
47	10	47	52	142	134
47	11	53	59	152	143
47	12	60	66	162	153
47	13	67	73	171	162
47	14	74	81	180	171
47	15	81	88	189	180
47	16	89	96	198	189
47	17	96	103	207	198
47	18	104	111	216	207
47	19	112	119	225	216
47	20	119	127	233	224
47	21	127	135	242	233
47	22	135	143	250	242
47	23	143	152	258	250
47	24	152	160	267	258
48	0	0	0	28	23
48	1	1	1	43	37
48	2	3	4	56	49
48	3	7	8	67	60
48	4	11	13	79	71
48	5	16	19	89	82
48	6	21	25	100	92
48	7	27	31	110	102
48	8	33	37	120	112
48	9	39	44	130	122
48	10	46	51	140	131
48	11	52	57	149	140
48	12	59	64	158	150
48	13	66	72	168	159
48	14	73	79	177	168
48	15	80	86	186	177
48	16	87	94	195	186
48	17	94	101	203	194
48	18	102	109	212	203
48	19	109	117	220	212
48	20	117	124	229	220
48	21	125	132	237	229
48	22	132	140	245	237
48	23	140	148	254	245
48	24	148	156	262	254
49	0	0	0	27	22
49	1	1	1	42	36
49	2	3	4	54	48
49	3	7	8	66	59
49	4	11	13	77	70
49	5	16	18	88	80
49	6	21	24	98	90
49	7	27	30	108	100
49	8	32	36	118	110
49	9	38	43	128	119
49	10	45	50	137	129
49	11	51	56	146	138
49	12	58	63	155	147
49	13	64	70	164	156
49	14	71	77	173	165
49	15	78	84	182	173
49	16	85	92	191	182
49	17	92	99	199	191
49	18	100	107	208	199
49	19	107	114	216	208
49	20	114	122	225	216
49	21	122	129	233	224
49	22	129	137	241	233
49	23	137	145	249	241
49	24	145	153	257	249
49	25	153	161	265	257
50	0	0	0	27	22

N = 410

n	a	LOWER .975	LOWER .95	UPPER .975	UPPER .95
50	1	1	1	41	35
50	2	3	4	53	47
50	3	6	8	65	58
50	4	11	13	76	68
50	5	15	18	86	79
50	6	21	24	96	88
50	7	26	30	106	98
50	8	32	36	116	108
50	9	38	42	125	117
50	10	44	49	134	126
50	11	50	55	144	135
50	12	56	62	153	144
50	13	63	69	161	153
50	14	70	76	170	162
50	15	76	83	179	170
50	16	83	90	187	179
50	17	90	97	196	187
50	18	97	104	204	196
50	19	105	112	213	204
50	20	112	119	221	212
50	21	119	127	229	220
50	22	127	134	237	228
50	23	134	142	245	237
50	24	142	150	253	244
50	25	150	158	260	252
51	0	0	0	26	21
51	1	1	1	40	34
51	2	3	4	52	46
51	3	6	8	63	57
51	4	10	13	74	67
51	5	15	18	84	77
51	6	20	23	94	87
51	7	26	29	104	96
51	8	31	35	113	106
51	9	37	41	123	115
51	10	43	48	132	124
51	11	49	54	141	133
51	12	55	61	150	141
51	13	62	67	158	150
51	14	68	74	167	159
51	15	75	81	176	167
51	16	82	88	184	176
51	17	89	95	192	184
51	18	95	102	201	192
51	19	103	110	209	200
51	20	110	117	217	208
51	21	117	124	225	216
51	22	124	132	233	224
51	23	131	139	241	232
51	24	139	147	248	240
51	25	146	154	256	248
51	26	154	162	264	256
52	0	0	0	26	21
52	1	1	1	39	34
52	2	3	4	51	45
52	3	6	8	62	56
52	4	10	12	73	66
52	5	15	17	83	76
52	6	20	23	93	85
52	7	25	29	102	94
52	8	31	34	111	104
52	9	36	40	121	113
52	10	42	47	129	121
52	11	48	53	138	130
52	12	54	59	147	139
52	13	61	66	156	147
52	14	67	73	164	156
52	15	73	79	173	164
52	16	80	86	181	172
52	17	87	93	189	181
52	18	94	100	197	189
52	19	100	107	205	197
52	20	107	114	213	205
52	21	114	122	221	213
52	22	122	129	229	221

N = 410

n	a	LOWER .975	LOWER .95	UPPER .975	UPPER .95
52	23	129	136	236	228
52	24	136	144	244	236
52	25	143	151	252	244
52	26	151	159	259	251
53	0	0	0	25	21
53	1	1	1	39	33
53	2	3	4	50	44
53	3	6	8	61	55
53	4	10	12	71	65
53	5	15	17	81	74
53	6	19	22	91	84
53	7	25	28	100	93
53	8	30	34	109	102
53	9	36	40	118	111
53	10	41	46	127	119
53	11	47	52	136	128
53	12	53	58	144	136
53	13	59	65	153	145
53	14	66	71	161	153
53	15	72	78	169	161
53	16	79	85	178	169
53	17	85	91	186	177
53	18	92	98	194	185
53	19	98	105	202	193
53	20	105	112	209	201
53	21	112	119	217	209
53	22	119	126	225	217
53	23	126	134	233	224
53	24	133	141	240	232
53	25	141	148	248	240
53	26	148	156	255	247
53	27	155	163	262	254
54	0	0	0	25	20
54	1	1	1	38	32
54	2	3	4	49	43
54	3	6	7	60	54
54	4	10	12	70	63
54	5	14	17	80	73
54	6	19	22	89	82
54	7	24	28	98	91
54	8	29	33	107	100
54	9	35	39	116	109
54	10	41	45	125	117
54	11	46	51	133	126
54	12	52	57	142	134
54	13	58	64	150	142
54	14	64	70	158	150
54	15	71	77	167	158
54	16	77	83	175	166
54	17	83	90	183	174
54	18	90	96	190	182
54	19	97	103	198	190
54	20	103	110	206	198
54	21	110	117	214	205
54	22	117	124	221	213
54	23	124	131	229	221
54	24	131	138	236	228
54	25	138	145	243	236
54	26	145	152	251	243
54	27	152	160	258	250
55	0	0	0	24	20
55	1	1	1	37	32
55	2	3	4	48	43
55	3	6	7	59	53
55	4	10	12	69	62
55	5	14	17	78	72
55	6	19	22	88	81
55	7	24	27	97	89
55	8	29	33	106	98
55	9	34	38	114	107
55	10	40	44	123	115
55	11	46	50	131	123
55	12	51	56	139	132
55	13	57	62	148	140
55	14	63	69	156	148

CONFIDENCE BOUNDS FOR A

N = 410

n	a	LOWER .975	LOWER .95	UPPER .975	UPPER .95
55	15	69	75	164	156
55	16	76	82	172	164
55	17	82	88	180	171
55	18	88	95	187	179
55	19	95	101	195	187
55	20	101	108	203	194
55	21	108	115	210	202
55	22	115	122	218	209
55	23	121	129	225	217
55	24	128	135	232	224
55	25	135	142	240	232
55	26	142	150	247	239
55	27	149	157	254	246
55	28	156	164	261	253
56	0	0	0	24	19
56	1	1	1	36	31
56	2	3	3	48	42
56	3	6	7	58	52
56	4	10	12	68	61
56	5	14	16	77	70
56	6	19	21	86	79
56	7	23	27	95	88
56	8	28	32	104	96
56	9	34	38	112	105
56	10	39	43	121	113
56	11	45	49	129	121
56	12	50	55	137	129
56	13	56	61	145	137
56	14	62	68	153	145
56	15	68	74	161	153
56	16	74	80	169	161
56	17	80	86	177	168
56	18	87	93	184	176
56	19	93	99	192	184
56	20	99	106	199	191
56	21	106	113	207	199
56	22	112	119	214	206
56	23	119	126	221	213
56	24	126	133	229	221
56	25	133	140	236	228
56	26	139	147	243	235
56	27	146	154	250	242
56	28	153	161	257	249
57	0	0	0	23	19
57	1	1	1	36	31
57	2	3	3	47	41
57	3	6	7	57	51
57	4	10	11	66	60
57	5	14	16	76	69
57	6	18	21	85	78
57	7	23	26	93	86
57	8	28	32	102	95
57	9	33	37	110	103
57	10	39	43	119	111
57	11	44	48	127	119
57	12	50	54	135	127
57	13	55	60	143	135
57	14	61	66	151	143
57	15	67	72	158	150
57	16	73	79	166	158
57	17	79	85	174	166
57	18	85	91	181	173
57	19	91	98	189	181
57	20	98	104	196	188
57	21	104	111	203	195
57	22	110	117	211	203
57	23	117	124	218	210
57	24	123	131	225	217
57	25	130	137	232	224
57	26	137	144	239	231
57	27	143	151	246	238
57	28	150	158	253	245
57	29	157	165	260	252
58	0	0	0	23	19
58	1	1	1	35	30

N = 410

n	a	LOWER .975	LOWER .95	UPPER .975	UPPER .95
58	2	3	3	46	40
58	3	6	7	56	50
58	4	9	11	65	59
58	5	14	16	74	68
58	6	18	21	83	76
58	7	23	26	92	85
58	8	28	31	100	93
58	9	33	36	109	101
58	10	38	42	117	109
58	11	43	48	125	117
58	12	49	53	133	125
58	13	54	59	140	133
58	14	60	65	148	140
58	15	66	71	156	148
58	16	72	77	163	156
58	17	78	83	171	163
58	18	84	90	178	170
58	19	90	96	186	178
58	20	96	102	193	185
58	21	102	109	200	192
58	22	108	115	207	199
58	23	115	122	214	207
58	24	121	128	221	214
58	25	128	135	228	221
58	26	134	141	235	228
58	27	141	148	242	235
58	28	147	155	249	242
58	29	154	162	256	248
59	0	0	0	23	18
59	1	1	1	35	30
59	2	3	3	45	40
59	3	6	7	55	49
59	4	9	11	64	58
59	5	13	16	73	67
59	6	18	20	82	75
59	7	22	25	90	83
59	8	27	30	99	92
59	9	32	36	107	100
59	10	37	41	115	107
59	11	43	47	123	115
59	12	48	52	130	123
59	13	53	58	138	131
59	14	59	64	146	138
59	15	65	70	153	146
59	16	70	76	161	153
59	17	76	82	168	160
59	18	82	88	175	168
59	19	88	94	183	175
59	20	94	101	190	182
59	21	100	107	197	189
59	22	107	113	204	196
59	23	113	119	211	203
59	24	119	126	218	210
59	25	125	132	225	217
59	26	132	139	232	224
59	27	138	145	239	231
59	28	145	152	245	238
59	29	151	159	252	245
59	30	158	165	259	251
60	0	0	0	22	18
60	1	1	1	34	29
60	2	3	3	44	39
60	3	6	7	54	48
60	4	9	11	63	57
60	5	13	15	72	66
60	6	17	20	80	74
60	7	22	25	89	82
60	8	27	30	97	90
60	9	32	35	105	98
60	10	37	41	113	106
60	11	42	46	121	113
60	12	47	52	128	121
60	13	53	57	136	129
60	14	58	63	143	136
60	15	64	69	151	143

N = 410

n	a	LOWER .975	LOWER .95	UPPER .975	UPPER .95
60	16	69	75	158	151
60	17	75	81	166	158
60	18	81	87	173	165
60	19	87	93	180	172
60	20	93	99	187	179
60	21	99	105	194	186
60	22	105	111	201	193
60	23	111	117	208	200
60	24	117	124	215	207
60	25	123	130	222	214
60	26	130	136	228	221
60	27	136	143	235	227
60	28	142	149	242	234
60	29	149	156	248	241
60	30	155	163	255	247
61	0	0	0	22	18
61	1	1	1	33	29
61	2	3	3	44	38
61	3	5	7	53	47
61	4	9	11	62	56
61	5	13	15	71	64
61	6	17	20	79	73
61	7	22	25	87	81
61	8	26	30	95	89
61	9	31	35	103	96
61	10	36	40	111	104
61	11	41	45	119	112
61	12	46	51	126	119
61	13	52	56	134	126
61	14	57	62	141	134
61	15	63	68	149	141
61	16	68	73	156	148
61	17	74	79	163	155
61	18	80	85	170	162
61	19	85	91	177	170
61	20	91	97	184	176
61	21	97	103	191	183
61	22	103	109	198	190
61	23	109	115	205	197
61	24	115	122	212	204
61	25	121	128	218	211
61	26	127	134	225	217
61	27	134	140	232	224
61	28	140	147	238	231
61	29	146	153	245	237
61	30	152	160	251	244
61	31	159	166	258	250
62	0	0	0	21	17
62	1	1	1	33	28
62	2	3	3	43	38
62	3	5	7	52	47
62	4	9	11	61	55
62	5	13	15	70	63
62	6	17	19	78	72
62	7	21	24	86	79
62	8	26	29	94	87
62	9	31	34	102	95
62	10	36	39	109	102
62	11	41	45	117	110
62	12	46	50	124	117
62	13	51	55	132	124
62	14	56	61	139	132
62	15	62	67	146	139
62	16	67	72	153	146
62	17	73	78	161	153
62	18	78	84	168	160
62	19	84	90	174	167
62	20	90	96	181	174
62	21	95	101	188	181
62	22	101	107	195	187
62	23	107	114	202	194
62	24	113	120	208	201
62	25	119	126	215	208
62	26	125	132	222	214
62	27	131	138	228	221

N = 410

n	a	LOWER .975	LOWER .95	UPPER .975	UPPER .95
62	28	137	144	235	227
62	29	144	151	241	234
62	30	150	157	247	240
62	31	156	163	254	247
63	0	0	0	21	17
63	1	1	1	32	28
63	2	3	3	42	37
63	3	5	7	51	46
63	4	9	10	60	54
63	5	13	15	68	62
63	6	17	19	77	70
63	7	21	24	85	78
63	8	26	29	92	86
63	9	30	34	100	93
63	10	35	39	108	101
63	11	40	44	115	108
63	12	45	49	123	115
63	13	50	55	130	123
63	14	55	60	137	130
63	15	61	66	144	137
63	16	66	71	151	144
63	17	71	77	158	151
63	18	77	82	165	158
63	19	83	88	172	164
63	20	88	94	179	171
63	21	94	100	185	178
63	22	100	106	192	185
63	23	105	112	199	191
63	24	111	118	205	198
63	25	117	124	212	204
63	26	123	130	218	211
63	27	129	136	225	217
63	28	135	142	231	224
63	29	141	148	238	230
63	30	147	154	244	237
63	31	154	161	250	243
63	32	160	167	256	249
64	0	0	0	21	17
64	1	1	1	32	27
64	2	3	3	41	36
64	3	5	6	50	45
64	4	9	10	59	53
64	5	12	14	67	61
64	6	16	19	75	69
64	7	21	23	83	77
64	8	25	28	91	84
64	9	30	33	99	92
64	10	34	38	106	99
64	11	39	43	113	106
64	12	44	48	121	114
64	13	49	54	128	121
64	14	54	59	135	128
64	15	60	65	142	135
64	16	65	70	149	142
64	17	70	76	156	148
64	18	76	81	163	155
64	19	81	87	169	162
64	20	87	93	176	169
64	21	92	98	183	175
64	22	98	104	189	182
64	23	104	110	196	188
64	24	109	116	202	195
64	25	115	122	209	201
64	26	121	128	215	208
64	27	127	134	222	214
64	28	133	140	228	221
64	29	139	146	234	227
64	30	145	152	241	233
64	31	151	158	247	240
64	32	157	164	253	246
65	0	0	0	20	16
65	1	1	1	31	27
65	2	3	3	41	36
65	3	5	6	50	44
65	4	9	10	58	53

CONFIDENCE BOUNDS FOR A

N = 410						N = 410						N = 410						N = 410				
		LOWER		UPPER				LOWER		UPPER				LOWER		UPPER				LOWER		UPPER	
n	a	.975	.95	.975	.95	n	a	.975	.95	.975	.95	n	a	.975	.95	.975	.95	n	a	.975	.95	.975	.95
65	5	12	14	66	60	67	12	42	46	115	109	69	17	65	70	145	138	71	20	78	83	160	153
65	6	16	19	74	68	67	13	47	51	122	115	69	18	70	75	151	144	71	21	83	88	166	159
65	7	20	23	82	76	67	14	52	57	129	122	69	19	75	80	158	151	71	22	88	94	172	165
65	8	25	28	90	83	67	15	57	62	136	129	69	20	80	86	164	157	71	23	93	99	178	171
65	9	29	33	97	91	67	16	62	67	143	135	69	21	86	91	170	163	71	24	98	104	184	177
65	10	34	38	104	98	67	17	67	72	149	142	69	22	91	96	177	169	71	25	104	109	190	183
65	11	39	43	112	105	67	18	72	78	156	149	69	23	96	102	183	176	71	26	109	115	196	189
65	12	44	48	119	112	67	19	78	83	162	155	69	24	101	107	189	182	71	27	114	120	202	195
65	13	49	53	126	119	67	20	83	88	169	161	69	25	107	113	195	188	71	28	119	125	207	200
65	14	54	58	133	126	67	21	88	94	175	168	69	26	112	118	201	194	71	29	125	131	213	206
65	15	59	64	140	133	67	22	94	99	181	174	69	27	117	124	207	200	71	30	130	136	219	212
65	16	64	69	147	140	67	23	99	105	188	181	69	28	123	129	213	206	71	31	135	142	225	218
65	17	69	74	154	146	67	24	104	110	194	187	69	29	128	135	219	212	71	32	141	147	230	223
65	18	75	80	160	153	67	25	110	116	200	193	69	30	134	140	225	218	71	33	146	153	236	229
65	19	80	85	167	160	67	26	115	122	206	199	69	31	139	146	231	224	71	34	152	158	242	235
65	20	85	91	174	166	67	27	121	127	213	205	69	32	145	152	236	229	71	35	157	164	247	240
65	21	91	97	180	173	67	28	127	133	219	212	69	33	151	157	242	235	71	36	163	170	253	246
65	22	96	102	187	179	67	29	132	139	225	218	69	34	156	163	248	241	72	0	0	0	18	15
65	23	102	108	193	186	67	30	138	145	231	224	69	35	162	169	254	247	72	1	1	1	28	24
65	24	108	114	200	192	67	31	144	151	237	230	70	0	0	0	19	15	72	2	2	3	37	32
65	25	113	120	206	199	67	32	150	156	243	236	70	1	1	1	29	25	72	3	5	6	45	40
65	26	119	126	212	205	67	33	155	162	249	242	70	2	2	3	38	33	72	4	8	9	52	47
65	27	125	132	219	211	67	34	161	168	255	248	70	3	5	6	46	41	72	5	11	13	60	55
65	28	131	137	225	218	68	0	0	0	19	16	70	4	8	10	54	49	72	6	15	17	67	62
65	29	137	143	231	224	68	1	1	1	30	25	70	5	11	13	62	56	72	7	19	21	74	68
65	30	143	149	237	230	68	2	2	3	39	34	70	6	15	17	69	63	72	8	23	25	81	75
65	31	149	155	243	236	68	3	5	6	47	42	70	7	19	22	76	70	72	9	27	30	88	82
65	32	155	162	249	242	68	4	8	10	56	50	70	8	23	26	83	77	72	10	31	34	94	88
65	33	161	168	255	248	68	5	12	14	63	58	70	9	27	30	90	84	72	11	35	39	101	95
66	0	0	0	20	16	68	6	16	18	71	65	70	10	32	35	97	91	72	12	40	43	108	101
66	1	1	1	31	26	68	7	20	22	78	72	70	11	36	40	104	98	72	13	44	48	114	108
66	2	2	3	40	35	68	8	24	27	86	80	70	12	41	44	111	104	72	14	49	53	120	114
66	3	5	6	49	44	68	9	28	31	93	87	70	13	45	49	117	111	72	15	53	57	127	120
66	4	8	10	57	52	68	10	33	36	100	93	70	14	50	54	124	117	72	16	58	62	133	126
66	5	12	14	65	60	68	11	37	41	107	100	70	15	55	59	130	123	72	17	63	67	139	133
66	6	16	18	73	67	68	12	42	46	114	107	70	16	59	64	137	130	72	18	67	72	145	139
66	7	20	23	81	75	68	13	47	51	121	114	70	17	64	69	143	136	72	19	72	77	152	145
66	8	24	27	88	82	68	14	51	56	127	120	70	18	69	74	149	142	72	20	77	82	158	151
66	9	29	32	96	89	68	15	56	61	134	127	70	19	74	79	156	149	72	21	82	87	164	157
66	10	33	37	103	96	68	16	61	66	141	134	70	20	79	85	162	155	72	22	87	92	170	163
66	11	38	42	110	103	68	17	66	71	147	140	70	21	84	90	168	161	72	23	92	97	176	169
66	12	43	47	117	110	68	18	71	76	154	146	70	22	89	95	174	167	72	24	97	103	181	175
66	13	48	52	124	117	68	19	76	82	160	153	70	23	95	100	180	173	72	25	102	108	187	180
66	14	53	57	131	124	68	20	82	87	166	159	70	24	100	106	186	179	72	26	107	113	193	186
66	15	58	63	138	131	68	21	87	92	173	166	70	25	105	111	192	185	72	27	112	118	199	192
66	16	63	68	145	137	68	22	92	98	179	172	70	26	110	116	198	191	72	28	118	124	205	198
66	17	68	73	151	144	68	23	97	103	185	178	70	27	116	122	204	197	72	29	123	129	210	204
66	18	73	79	158	151	68	24	103	109	191	184	70	28	121	127	210	203	72	30	128	134	216	209
66	19	79	84	165	157	68	25	108	114	198	190	70	29	126	133	216	209	72	31	133	140	222	215
66	20	84	90	171	164	68	26	114	120	204	196	70	30	132	138	222	215	72	32	139	145	227	221
66	21	90	95	178	170	68	27	119	126	210	203	70	31	137	144	228	221	72	33	144	151	233	226
66	22	95	101	184	177	68	28	125	131	216	209	70	32	143	149	233	226	72	34	150	156	239	232
66	23	100	106	190	183	68	29	130	137	222	215	70	33	148	155	239	232	72	35	155	162	244	237
66	24	106	112	197	189	68	30	136	143	228	221	70	34	154	161	245	238	72	36	160	167	250	243
66	25	112	118	203	196	68	31	142	148	234	227	70	35	160	166	250	244	73	0	0	0	18	14
66	26	117	124	209	202	68	32	147	154	240	233	71	0	0	0	18	15	73	1	1	1	28	24
66	27	123	129	216	208	68	33	153	160	245	238	71	1	1	1	28	24	73	2	2	3	36	32
66	28	129	135	222	215	68	34	159	166	251	244	71	2	2	3	37	33	73	3	5	6	44	39
66	29	134	141	228	221	69	0	0	0	19	15	71	3	5	6	45	41	73	4	8	9	52	47
66	30	140	147	234	227	69	1	1	1	29	25	71	4	8	9	53	48	73	5	11	13	59	54
66	31	146	153	240	233	69	2	2	3	38	34	71	5	11	13	61	55	73	6	15	17	66	61
66	32	152	159	246	239	69	3	5	6	47	42	71	6	15	17	68	62	73	7	18	21	73	67
66	33	158	165	252	245	69	4	8	10	55	49	71	7	19	21	75	69	73	8	22	25	80	74
67	0	0	0	20	16	69	5	12	13	62	57	71	8	23	26	82	76	73	9	26	29	87	81
67	1	1	1	30	26	69	6	15	18	70	64	71	9	27	30	89	83	73	10	30	34	93	87
67	2	2	3	40	35	69	7	19	22	77	71	71	10	31	35	96	90	73	11	35	38	100	94
67	3	5	6	48	43	69	8	23	26	84	78	71	11	36	39	102	96	73	12	39	43	106	100
67	4	8	10	56	51	69	9	28	31	92	85	71	12	40	44	109	103	73	13	43	47	113	106
67	5	12	14	64	59	69	10	32	35	99	92	71	13	45	49	116	109	73	14	48	52	119	112
67	6	16	18	72	66	69	11	37	40	105	99	71	14	49	53	122	115	73	15	52	57	125	119
67	7	20	22	80	74	69	12	41	45	112	106	71	15	54	58	128	122	73	16	57	61	131	125
67	8	24	27	87	81	69	13	46	50	119	112	71	16	59	63	135	128	73	17	62	66	137	131
67	9	29	32	94	88	69	14	51	55	126	119	71	17	63	68	141	134	73	18	66	71	143	137
67	10	33	37	101	95	69	15	55	60	132	125	71	18	68	73	147	141	73	19	71	76	150	143
67	11	38	41	108	102	69	16	60	65	139	132	71	19	73	78	154	147	73	20	76	81	156	149

CONFIDENCE BOUNDS FOR A

n	a	LOWER .975	LOWER .95	UPPER .975	UPPER .95	n	a	LOWER .975	LOWER .95	UPPER .975	UPPER .95	n	a	LOWER .975	LOWER .95	UPPER .975	UPPER .95	n	a	LOWER .975	LOWER .95	UPPER .975	UPPER .95
		N = 410						N = 410						N = 410						N = 410			
73	21	81	86	161	155	75	20	74	79	152	145	77	17	59	63	130	124	79	12	36	40	98	92
73	22	86	91	167	161	75	21	79	84	157	151	77	18	63	68	136	130	79	13	40	44	104	98
73	23	91	96	173	166	75	22	83	89	163	156	77	19	68	72	142	136	79	14	44	48	110	104
73	24	96	101	179	172	75	23	88	94	169	162	77	20	72	77	148	141	79	15	49	52	116	110
73	25	101	106	185	178	75	24	93	98	175	168	77	21	77	82	153	147	79	16	53	57	122	115
73	26	106	112	191	184	75	25	98	103	180	173	77	22	81	86	159	153	79	17	57	61	127	121
73	27	111	117	196	190	75	26	103	108	186	179	77	23	86	91	165	158	79	18	62	66	133	127
73	28	116	122	202	195	75	27	108	114	191	185	77	24	91	96	170	164	79	19	66	70	139	132
73	29	121	127	208	201	75	28	113	119	197	190	77	25	95	101	176	169	79	20	70	75	144	138
73	30	126	132	213	207	75	29	118	124	203	196	77	26	100	106	181	175	79	21	75	80	150	143
73	31	132	138	219	212	75	30	123	129	208	201	77	27	105	111	187	180	79	22	79	84	155	149
73	32	137	143	225	218	75	31	128	134	214	207	77	28	110	115	192	186	79	23	84	89	161	154
73	33	142	148	230	223	75	32	133	139	219	212	77	29	115	120	198	191	79	24	88	93	166	160
73	34	147	154	236	229	75	33	138	144	224	218	77	30	120	125	203	196	79	25	93	98	172	165
73	35	153	159	241	234	75	34	143	150	230	223	77	31	124	130	208	202	79	26	98	103	177	170
73	36	158	165	246	240	75	35	148	155	235	229	77	32	129	135	214	207	79	27	102	108	182	176
73	37	164	170	252	245	75	36	154	160	241	234	77	33	134	140	219	212	79	28	107	112	188	181
74	0	0	0	18	14	75	37	159	165	246	239	77	34	139	146	224	218	79	29	112	117	193	186
74	1	1	1	27	23	75	38	164	171	251	245	77	35	144	151	230	223	79	30	116	122	198	192
74	2	2	3	36	31	76	0	0	0	17	14	77	36	149	156	235	228	79	31	121	127	204	197
74	3	5	6	43	39	76	1	1	1	26	23	77	37	155	161	240	234	79	32	126	132	209	202
74	4	8	9	51	46	76	2	2	3	35	30	77	38	160	166	245	239	79	33	131	137	214	207
74	5	11	13	58	53	76	3	5	6	42	38	77	39	165	171	250	244	79	34	136	142	219	213
74	6	14	17	65	60	76	4	8	9	50	45	78	0	0	0	17	13	79	35	141	147	224	218
74	7	18	21	72	67	76	5	11	12	57	52	78	1	1	1	26	22	79	36	146	152	229	223
74	8	22	25	79	73	76	6	14	16	63	58	78	2	2	3	34	30	79	37	150	157	234	228
74	9	26	29	85	80	76	7	18	20	70	65	78	3	5	6	41	37	79	38	155	162	240	233
74	10	30	33	92	86	76	8	21	24	77	71	78	4	7	9	48	44	79	39	160	167	245	238
74	11	34	38	98	92	76	9	25	28	83	77	78	5	10	12	55	50	79	40	165	172	250	243
74	12	39	42	105	99	76	10	29	32	90	84	78	6	14	16	62	57	80	0	0	0	16	13
74	13	43	47	111	105	76	11	33	37	96	90	78	7	17	20	68	63	80	1	1	1	25	21
74	14	47	51	117	111	76	12	38	41	102	96	78	8	21	23	75	69	80	2	2	3	33	29
74	15	52	56	123	117	76	13	42	45	108	102	78	9	25	27	81	75	80	3	5	5	40	36
74	16	56	61	130	123	76	14	46	50	114	108	78	10	29	32	87	82	80	4	7	8	47	42
74	17	61	65	136	129	76	15	50	55	120	114	78	11	33	36	93	88	80	5	10	12	54	49
74	18	66	70	142	135	76	16	55	59	126	120	78	12	37	40	99	94	80	6	14	16	60	55
74	19	70	75	148	141	76	17	59	64	132	126	78	13	41	44	105	99	80	7	17	19	67	61
74	20	75	80	154	147	76	18	64	68	138	132	78	14	45	49	111	105	80	8	21	23	73	68
74	21	80	85	159	153	76	19	68	73	144	137	78	15	49	53	117	111	80	9	24	27	79	74
74	22	85	90	165	158	76	20	73	78	150	143	78	16	54	58	123	117	80	10	28	31	85	79
74	23	89	95	171	164	76	21	78	83	155	149	78	17	58	62	129	123	80	11	32	35	91	85
74	24	94	100	177	170	76	22	82	87	161	154	78	18	62	67	135	128	80	12	36	39	97	91
74	25	99	105	183	176	76	23	87	92	167	160	78	19	67	71	140	134	80	13	40	43	103	97
74	26	104	110	188	181	76	24	92	97	172	166	78	20	71	76	146	139	80	14	44	48	109	103
74	27	109	115	194	187	76	25	97	102	178	171	78	21	76	81	152	145	80	15	48	52	114	108
74	28	114	120	200	193	76	26	102	107	184	177	78	22	80	85	157	151	80	16	52	56	120	114
74	29	119	125	205	198	76	27	106	112	189	182	78	23	85	90	163	156	80	17	56	61	126	120
74	30	125	131	211	204	76	28	111	117	195	188	78	24	90	95	168	162	80	18	61	65	131	125
74	31	130	136	216	209	76	29	116	122	200	193	78	25	94	99	174	167	80	19	65	69	137	131
74	32	135	141	222	215	76	30	121	127	206	199	78	26	99	104	179	173	80	20	69	74	142	136
74	33	140	146	227	221	76	31	126	132	211	204	78	27	104	109	185	178	80	21	74	79	148	142
74	34	145	152	233	226	76	32	131	137	216	210	78	28	108	114	190	183	80	22	78	83	153	147
74	35	151	157	238	231	76	33	136	142	222	215	78	29	113	119	195	189	80	23	83	88	159	152
74	36	156	162	243	237	76	34	141	148	227	220	78	30	118	124	201	194	80	24	87	92	164	158
74	37	161	168	249	242	76	35	146	153	232	226	78	31	123	129	206	199	80	25	92	97	170	163
75	0	0	0	17	14	76	36	152	158	238	231	78	32	128	134	211	205	80	26	96	102	175	168
75	1	1	1	27	23	76	37	157	163	243	236	78	33	133	139	216	210	80	27	101	106	180	174
75	2	2	3	35	31	76	38	162	168	248	242	78	34	138	144	222	215	80	28	106	111	185	179
75	3	5	6	43	38	77	0	0	0	17	14	78	35	143	149	227	220	80	29	110	116	191	184
75	4	8	9	50	45	77	1	1	1	26	22	78	36	147	154	232	226	80	30	115	121	196	189
75	5	11	13	57	52	77	2	2	3	34	30	78	37	153	159	237	231	80	31	120	125	201	195
75	6	14	16	64	59	77	3	5	6	42	37	78	38	158	164	242	236	80	32	124	130	206	200
75	7	18	20	71	66	77	4	7	9	49	44	78	39	163	169	247	241	80	33	129	135	211	205
75	8	22	24	78	72	77	5	11	12	56	51	79	0	0	0	16	13	80	34	134	140	217	210
75	9	26	29	84	78	77	6	14	16	63	57	79	1	1	1	25	22	80	35	139	145	222	215
75	10	30	33	91	85	77	7	18	20	69	64	79	2	2	3	33	29	80	36	144	150	227	220
75	11	34	37	97	91	77	8	21	24	76	70	79	3	5	5	41	36	80	37	149	155	232	225
75	12	38	42	103	97	77	9	25	28	82	76	79	4	7	9	48	43	80	38	153	160	237	230
75	13	42	46	110	103	77	10	29	32	88	83	79	5	10	12	54	50	80	39	158	165	242	235
75	14	47	51	116	109	77	11	33	36	95	89	79	6	14	16	61	56	80	40	163	170	247	240
75	15	51	55	122	115	77	12	37	41	101	95	79	7	17	19	67	62	81	0	0	0	16	13
75	16	56	60	128	121	77	13	41	45	107	101	79	8	21	23	74	68	81	1	1	1	25	21
75	17	60	65	134	127	77	14	46	49	113	107	79	9	24	27	80	74	81	2	2	3	32	28
75	18	65	69	140	133	77	15	50	54	119	112	79	10	28	31	86	81	81	3	4	5	40	35
75	19	69	74	146	139	77	16	54	58	125	118	79	11	32	35	92	86	81	4	7	8	46	42

CONFIDENCE BOUNDS FOR A

	N = 410	LOWER		UPPER				N = 410	LOWER		UPPER				N = 420	LOWER		UPPER				N = 420	LOWER		UPPER	
n	a	.975	.95	.975	.95	n	a	.975	.95	.975	.95	n	a	.975	.95	.975	.95	n	a	.975	.95	.975	.95
81	5	10	12	53	48	82	38	150	156	231	225	1	0	0	0	409	399	15	5	51	61	256	240
81	6	13	15	59	55	82	39	154	160	236	230	1	1	11	21	420	420	15	6	70	82	282	267
81	7	17	19	66	61	82	40	159	165	241	235	2	0	0	0	353	325	15	7	91	104	306	292
81	8	20	23	72	67	82	41	164	170	246	240	2	1	6	11	414	409	15	8	114	128	329	316
81	9	24	27	78	73							3	0	0	0	296	264	16	0	0	0	84	70
81	10	28	30	84	79							3	1	4	8	379	362	16	1	1	2	125	109
81	11	32	35	90	84							3	2	41	58	416	412	16	2	7	10	159	142
81	12	35	39	96	90							4	0	0	0	252	220	16	3	18	23	189	173
81	13	39	43	102	96							4	1	3	6	337	314	16	4	32	39	218	201
81	14	43	47	107	101							4	2	29	42	391	378	16	5	48	57	244	228
81	15	47	51	113	107							5	0	0	0	218	188	16	6	66	76	269	254
81	16	52	56	119	113							5	1	3	5	299	275	16	7	85	97	292	278
81	17	56	60	124	118							5	2	23	33	357	339	16	8	106	119	314	301
81	18	60	64	130	124							5	3	63	81	397	387	17	0	0	0	80	66
81	19	64	69	135	129							6	0	0	0	191	164	17	1	1	2	118	103
81	20	69	73	141	134							6	1	2	4	268	243	17	2	7	10	151	135
81	21	73	78	146	140							6	2	19	27	325	305	17	3	17	22	180	164
81	22	77	82	152	145							6	3	51	65	369	355	17	4	30	37	207	191
81	23	82	87	157	151							7	0	0	0	170	145	17	5	45	54	233	217
81	24	86	91	162	156							7	1	2	4	241	217	17	6	62	72	257	242
81	25	91	96	168	161							7	2	16	23	296	275	17	7	80	91	279	265
81	26	95	100	173	166							7	3	43	55	341	324	17	8	99	111	301	287
81	27	100	105	178	172							7	4	79	96	377	365	17	9	119	133	321	309
81	28	104	110	183	177							8	0	0	0	153	130	18	0	0	0	76	63
81	29	109	114	188	182							8	1	2	3	219	196	18	1	1	2	112	98
81	30	114	119	194	187							8	2	14	20	272	250	18	2	7	9	143	128
81	31	118	124	199	192							8	3	37	48	316	297	18	3	16	21	171	156
81	32	123	129	204	197							8	4	67	82	353	338	18	4	28	35	198	182
81	33	128	133	209	203							9	0	0	0	139	117	18	5	42	50	222	207
81	34	132	138	214	208							9	1	2	3	201	179	18	6	58	67	245	230
81	35	137	143	219	213							9	2	13	18	250	229	18	7	75	85	267	253
81	36	142	148	224	218							9	3	33	42	292	273	18	8	93	104	288	275
81	37	147	153	229	223							9	4	59	72	329	313	18	9	112	124	308	296
81	38	151	158	234	228							9	5	91	107	361	348	19	0	0	0	72	59
81	39	156	162	239	233							10	0	0	0	128	107	19	1	1	2	107	93
81	40	161	167	244	238							10	1	2	3	185	164	19	2	6	9	137	122
81	41	166	172	249	243							10	2	11	16	232	211	19	3	15	20	164	149
82	0	0	0	16	13							10	3	29	38	272	253	19	4	27	33	189	174
82	1	1	1	24	21							10	4	53	64	308	291	19	5	40	48	212	198
82	2	2	3	32	28							10	5	80	95	340	325	19	6	55	64	235	220
82	3	4	5	39	35							11	0	0	0	118	98	19	7	70	81	256	242
82	4	7	8	46	41							11	1	1	2	171	151	19	8	87	98	277	263
82	5	10	12	52	48							11	2	10	15	215	196	19	9	105	117	296	283
82	6	13	15	59	54							11	3	27	34	254	235	19	10	124	137	315	303
82	7	17	19	65	60							11	4	47	58	289	271	20	0	0	0	69	57
82	8	20	22	71	66							11	5	72	85	320	304	20	1	1	2	102	89
82	9	24	26	77	72							11	6	100	116	348	335	20	2	6	8	131	116
82	10	27	30	83	78							12	0	0	0	109	91	20	3	15	19	157	142
82	11	31	34	89	83							12	1	1	2	159	140	20	4	26	31	181	166
82	12	35	38	95	89							12	2	10	14	201	182	20	5	38	45	204	189
82	13	39	42	100	95							12	3	24	31	238	220	20	6	52	60	225	211
82	14	43	46	106	100							12	4	43	53	271	254	20	7	67	76	246	232
82	15	47	51	112	106							12	5	65	78	302	286	20	8	83	93	266	252
82	16	51	55	117	111							12	6	90	105	330	315	20	9	99	111	285	272
82	17	55	59	123	117							13	0	0	0	102	85	20	10	117	129	303	291
82	18	59	63	128	122							13	1	1	2	149	131	21	0	0	0	66	54
82	19	64	68	134	127							13	2	9	13	189	170	21	1	1	1	98	85
82	20	68	72	139	133							13	3	22	29	224	206	21	2	6	8	125	111
82	21	72	77	144	138							13	4	40	49	256	239	21	3	14	18	150	136
82	22	76	81	150	143							13	5	60	71	285	269	21	4	24	30	173	159
82	23	81	86	155	149							13	6	83	96	312	298	21	5	36	43	195	181
82	24	85	90	160	154							13	7	108	122	337	324	21	6	49	57	216	202
82	25	90	95	166	159							14	0	0	0	95	79	21	7	63	72	237	223
82	26	94	99	171	164							14	1	1	2	140	123	21	8	78	88	256	242
82	27	99	104	176	170							14	2	8	12	178	160	21	9	94	105	274	261
82	28	103	108	181	175							14	3	21	27	211	194	21	10	110	122	292	280
82	29	108	113	186	180							14	4	37	45	242	225	21	11	128	140	310	298
82	30	112	118	191	185							14	5	55	66	270	254	22	0	0	0	63	52
82	31	117	122	197	190							14	6	76	88	297	282	22	1	1	1	94	81
82	32	121	127	202	195							14	7	99	113	321	307	22	2	6	8	120	107
82	33	126	132	207	200							15	0	0	0	90	74	22	3	13	17	144	130
82	34	131	136	212	205							15	1	1	2	132	115	22	4	23	28	166	153
82	35	135	141	217	210							15	2	8	11	168	151	22	5	35	41	188	174
82	36	140	146	222	215							15	3	19	25	200	183	22	6	47	55	208	194
82	37	145	151	227	220							15	4	34	42	229	212	22	7	60	69	228	214

CONFIDENCE BOUNDS FOR A

n	a	LOWER .975	LOWER .95	UPPER .975	UPPER .95
22	8	74	84	246	233
22	9	89	100	265	252
22	10	105	116	282	270
22	11	121	133	299	287
23	0	0	0	60	49
23	1	1	1	90	78
23	2	5	7	115	102
23	3	13	16	138	125
23	4	22	27	160	147
23	5	33	39	181	167
23	6	45	52	200	187
23	7	58	66	219	206
23	8	71	80	238	225
23	9	85	95	255	242
23	10	100	111	272	260
23	11	115	127	289	277
23	12	131	143	305	293
24	0	0	0	58	47
24	1	1	1	86	75
24	2	5	7	111	98
24	3	12	16	133	120
24	4	21	26	154	141
24	5	32	38	174	161
24	6	43	50	193	180
24	7	55	63	212	199
24	8	68	77	229	216
24	9	81	91	247	234
24	10	95	106	263	251
24	11	110	121	279	267
24	12	125	137	295	283
25	0	0	0	55	46
25	1	1	1	83	72
25	2	5	7	107	95
25	3	12	15	128	116
25	4	21	25	149	136
25	5	30	36	168	155
25	6	41	48	187	174
25	7	53	60	204	192
25	8	65	74	222	209
25	9	78	87	238	226
25	10	91	101	255	242
25	11	105	116	270	258
25	12	119	131	286	274
25	13	134	146	301	289
26	0	0	0	53	44
26	1	1	1	80	69
26	2	5	7	103	91
26	3	12	15	124	112
26	4	20	24	144	131
26	5	29	35	162	150
26	6	40	46	180	168
26	7	51	58	198	185
26	8	62	71	215	202
26	9	75	84	231	218
26	10	87	97	247	234
26	11	101	111	262	250
26	12	114	125	277	265
26	13	128	140	292	280
27	0	0	0	51	42
27	1	1	1	77	67
27	2	5	6	99	88
27	3	11	14	120	108
27	4	19	23	139	127
27	5	28	33	157	145
27	6	38	44	174	162
27	7	49	56	191	179
27	8	60	68	208	195
27	9	72	80	224	211
27	10	84	93	239	227
27	11	97	106	254	242
27	12	110	120	269	257
27	13	123	134	283	272
27	14	137	148	297	286
28	0	0	0	50	41
28	1	1	1	75	64

n	a	LOWER .975	LOWER .95	UPPER .975	UPPER .95
28	2	5	6	96	85
28	3	11	14	116	104
28	4	18	22	134	122
28	5	27	32	152	140
28	6	37	43	169	157
28	7	47	54	185	173
28	8	58	65	201	189
28	9	69	77	217	205
28	10	81	90	232	220
28	11	93	102	247	235
28	12	105	115	261	249
28	13	118	129	275	264
28	14	132	142	288	278
29	0	0	0	48	39
29	1	1	1	72	62
29	2	4	6	93	82
29	3	10	13	112	101
29	4	18	22	130	119
29	5	26	31	147	135
29	6	36	41	164	152
29	7	45	52	180	168
29	8	56	63	195	183
29	9	67	75	210	198
29	10	78	86	225	213
29	11	90	99	239	228
29	12	102	111	253	242
29	13	114	124	267	256
29	14	127	137	280	270
29	15	140	150	293	283
30	0	0	0	46	38
30	1	1	1	70	60
30	2	4	6	90	80
30	3	10	13	109	98
30	4	17	21	126	115
30	5	25	30	143	131
30	6	34	40	159	147
30	7	44	50	174	163
30	8	54	61	190	178
30	9	64	72	204	193
30	10	75	83	219	207
30	11	86	95	233	221
30	12	98	107	246	235
30	13	110	120	260	249
30	14	122	132	273	262
30	15	134	145	286	275
31	0	0	0	45	37
31	1	1	1	68	58
31	2	4	6	87	77
31	3	10	12	105	95
31	4	17	20	122	111
31	5	25	29	139	127
31	6	33	39	154	143
31	7	42	49	169	158
31	8	52	59	184	173
31	9	62	70	198	187
31	10	73	81	213	201
31	11	83	92	226	215
31	12	95	104	240	228
31	13	106	115	253	242
31	14	118	128	266	255
31	15	130	140	278	268
31	16	142	152	290	280
32	0	0	0	44	36
32	1	1	1	66	57
32	2	4	6	85	75
32	3	10	12	102	92
32	4	16	20	119	108
32	5	24	28	135	124
32	6	32	37	150	139
32	7	41	47	165	153
32	8	50	57	179	168
32	9	60	67	193	182
32	10	70	78	207	195
32	11	81	89	220	209
32	12	91	100	233	222

n	a	LOWER .975	LOWER .95	UPPER .975	UPPER .95
32	13	102	112	246	235
32	14	114	123	259	248
32	15	125	135	271	260
32	16	137	147	283	273
33	0	0	0	42	35
33	1	1	1	64	55
33	2	4	5	82	73
33	3	9	12	99	89
33	4	16	19	115	105
33	5	23	27	131	120
33	6	31	36	146	135
33	7	40	46	160	149
33	8	49	55	174	163
33	9	58	65	188	177
33	10	68	76	201	190
33	11	78	86	214	203
33	12	88	97	227	216
33	13	99	108	240	229
33	14	110	119	252	241
33	15	121	131	264	254
33	16	132	142	276	266
33	17	144	154	288	278
34	0	0	0	41	34
34	1	1	1	62	53
34	2	4	5	80	71
34	3	9	11	96	87
34	4	15	19	112	102
34	5	23	27	127	117
34	6	30	35	142	131
34	7	39	44	156	145
34	8	47	54	170	159
34	9	57	63	183	172
34	10	66	73	196	185
34	11	76	84	209	198
34	12	86	94	221	211
34	13	96	105	234	223
34	14	107	116	246	235
34	15	117	127	258	247
34	16	128	138	269	259
34	17	139	149	281	271
35	0	0	0	40	33
35	1	1	1	60	52
35	2	4	5	78	69
35	3	9	11	94	84
35	4	15	18	109	99
35	5	22	26	124	114
35	6	30	34	138	128
35	7	38	43	152	141
35	8	46	52	165	154
35	9	55	61	178	167
35	10	64	71	191	180
35	11	73	81	204	193
35	12	83	91	216	205
35	13	93	102	228	217
35	14	103	112	240	229
35	15	114	123	251	241
35	16	124	134	263	253
35	17	135	145	274	264
35	18	146	156	285	275
36	0	0	0	39	32
36	1	1	1	58	50
36	2	4	5	76	67
36	3	9	11	91	82
36	4	15	18	106	97
36	5	21	25	121	111
36	6	29	33	135	124
36	7	37	42	148	138
36	8	45	51	161	151
36	9	53	60	174	163
36	10	62	69	186	176
36	11	71	79	199	188
36	12	81	89	211	200
36	13	90	99	222	212
36	14	100	109	234	224
36	15	110	119	245	235

n	a	LOWER .975	LOWER .95	UPPER .975	UPPER .95
36	16	121	130	257	246
36	17	131	140	268	258
36	18	142	151	278	269
37	0	0	0	38	31
37	1	1	1	57	49
37	2	4	5	74	65
37	3	8	11	89	80
37	4	14	17	104	94
37	5	21	25	118	108
37	6	28	32	131	121
37	7	36	41	144	134
37	8	44	49	157	147
37	9	52	58	170	159
37	10	61	67	182	171
37	11	69	77	194	183
37	12	78	86	206	195
37	13	88	96	217	207
37	14	97	106	229	218
37	15	107	116	240	230
37	16	117	126	251	241
37	17	127	136	262	252
37	18	137	147	272	262
37	19	148	158	283	273
38	0	0	0	37	30
38	1	1	1	55	48
38	2	4	5	72	63
38	3	8	10	87	78
38	4	14	17	101	92
38	5	20	24	115	105
38	6	27	32	128	118
38	7	35	40	141	131
38	8	42	48	153	143
38	9	51	57	166	155
38	10	59	65	177	167
38	11	68	74	189	179
38	12	76	84	201	190
38	13	85	93	212	202
38	14	95	103	223	213
38	15	104	113	234	224
38	16	114	122	245	235
38	17	124	132	256	246
38	18	133	143	266	256
38	19	144	153	276	267
39	0	0	0	36	29
39	1	1	1	54	46
39	2	4	5	70	62
39	3	8	10	85	76
39	4	14	16	99	89
39	5	20	23	112	103
39	6	27	31	125	115
39	7	34	39	137	128
39	8	41	47	150	140
39	9	49	55	162	152
39	10	57	64	173	163
39	11	66	73	185	175
39	12	74	81	196	186
39	13	83	91	207	197
39	14	92	100	218	208
39	15	101	109	229	219
39	16	111	119	240	230
39	17	120	129	250	240
39	18	130	139	260	251
39	19	140	149	270	261
39	20	150	159	280	271
40	0	0	0	35	28
40	1	1	1	53	45
40	2	4	5	68	60
40	3	8	10	83	74
40	4	13	16	96	87
40	5	19	23	109	100
40	6	26	30	122	112
40	7	33	38	134	125
40	8	40	46	146	136
40	9	48	54	158	148
40	10	56	62	169	159

CONFIDENCE BOUNDS FOR A

N = 420

n	a	LOWER .975	LOWER .95	UPPER .975	UPPER .95
40	11	64	71	181	171
40	12	72	79	192	182
40	13	81	88	203	193
40	14	90	97	213	203
40	15	99	107	224	214
40	16	108	116	234	225
40	17	117	125	245	235
40	18	126	135	255	245
40	19	136	145	265	255
40	20	145	155	275	265
41	0	0	0	34	28
41	1	1	1	51	44
41	2	3	5	67	59
41	3	8	10	81	72
41	4	13	16	94	85
41	5	19	22	107	98
41	6	25	29	119	110
41	7	32	37	131	122
41	8	39	44	143	133
41	9	47	52	154	145
41	10	55	61	166	156
41	11	62	69	177	167
41	12	71	77	188	178
41	13	79	86	198	188
41	14	87	95	209	199
41	15	96	104	219	209
41	16	105	113	229	220
41	17	114	122	239	230
41	18	123	132	249	240
41	19	132	141	259	250
41	20	142	151	269	260
41	21	151	160	278	269
42	0	0	0	33	27
42	1	1	1	50	43
42	2	3	4	65	57
42	3	8	9	79	71
42	4	13	15	92	83
42	5	18	22	104	95
42	6	25	29	116	107
42	7	31	36	128	119
42	8	38	43	140	130
42	9	46	51	151	141
42	10	53	59	162	152
42	11	61	67	173	163
42	12	69	76	184	174
42	13	77	84	194	184
42	14	85	93	204	195
42	15	94	101	215	205
42	16	102	110	225	215
42	17	111	119	235	225
42	18	120	128	244	235
42	19	129	137	254	245
42	20	138	147	263	254
42	21	147	156	273	264
43	0	0	0	32	26
43	1	1	1	49	42
43	2	3	4	64	56
43	3	7	9	77	69
43	4	12	15	90	81
43	5	18	21	102	93
43	6	24	28	114	105
43	7	31	35	125	116
43	8	38	42	137	127
43	9	45	50	148	138
43	10	52	58	159	149
43	11	60	66	169	160
43	12	67	74	180	170
43	13	75	82	190	180
43	14	83	90	200	190
43	15	91	99	210	201
43	16	100	107	220	210
43	17	108	116	230	220
43	18	117	125	239	230
43	19	126	134	249	240
43	20	134	143	258	249

N = 420

n	a	LOWER .975	LOWER .95	UPPER .975	UPPER .95
43	21	143	152	267	258
43	22	153	162	277	268
44	0	0	0	32	26
44	1	1	1	48	41
44	2	3	4	62	55
44	3	7	9	75	67
44	4	12	15	88	80
44	5	18	21	100	91
44	6	24	27	111	103
44	7	30	34	123	114
44	8	37	41	134	125
44	9	44	49	145	135
44	10	51	56	155	146
44	11	58	64	166	156
44	12	66	72	176	166
44	13	73	80	186	177
44	14	81	88	196	187
44	15	89	97	206	196
44	16	97	105	216	206
44	17	106	113	225	216
44	18	114	122	235	225
44	19	123	131	244	235
44	20	131	140	253	244
44	21	140	149	262	253
44	22	149	158	271	262
45	0	0	0	31	25
45	1	1	1	47	40
45	2	3	4	61	54
45	3	7	9	74	66
45	4	12	14	86	78
45	5	17	20	98	89
45	6	23	27	109	100
45	7	29	34	120	111
45	8	36	41	131	122
45	9	43	48	142	133
45	10	50	55	152	143
45	11	57	63	162	153
45	12	64	70	172	163
45	13	72	78	182	173
45	14	79	86	192	183
45	15	87	94	202	192
45	16	95	103	211	202
45	17	103	111	221	211
45	18	111	119	230	221
45	19	120	128	239	230
45	20	128	136	248	239
45	21	137	145	257	248
45	22	145	154	266	257
45	23	154	163	275	266
46	0	0	0	30	25
46	1	1	1	46	39
46	2	3	4	59	52
46	3	7	9	72	65
46	4	12	14	84	76
46	5	17	20	96	87
46	6	23	26	107	98
46	7	29	33	118	109
46	8	35	40	128	119
46	9	42	47	139	130
46	10	49	54	149	140
46	11	56	61	159	150
46	12	63	69	169	160
46	13	70	77	179	169
46	14	78	84	188	179
46	15	85	92	198	189
46	16	93	100	207	198
46	17	101	108	216	207
46	18	109	117	226	216
46	19	117	125	235	226
46	20	125	133	243	235
46	21	133	142	252	243
46	22	142	150	261	252
46	23	150	159	270	261
47	0	0	0	29	24
47	1	1	1	45	38

N = 420

n	a	LOWER .975	LOWER .95	UPPER .975	UPPER .95
47	2	3	4	58	51
47	3	7	9	71	63
47	4	11	14	82	75
47	5	17	20	94	86
47	6	22	26	105	96
47	7	28	32	115	107
47	8	34	39	126	117
47	9	41	46	136	127
47	10	48	53	146	137
47	11	54	60	156	147
47	12	61	67	166	157
47	13	69	75	175	166
47	14	76	82	185	175
47	15	83	90	194	185
47	16	91	98	203	194
47	17	99	106	212	203
47	18	106	114	221	212
47	19	114	122	230	221
47	20	122	130	239	230
47	21	130	139	248	239
47	22	139	147	256	248
47	23	147	155	265	256
47	24	155	164	273	265
48	0	0	0	29	23
48	1	1	1	44	38
48	2	3	4	57	50
48	3	7	8	69	62
48	4	11	14	81	73
48	5	16	19	92	84
48	6	22	25	103	94
48	7	28	32	113	105
48	8	34	38	123	115
48	9	40	45	133	125
48	10	47	52	143	134
48	11	53	59	153	144
48	12	60	66	162	153
48	13	67	73	172	163
48	14	74	81	181	172
48	15	82	88	190	181
48	16	89	96	199	190
48	17	96	104	208	199
48	18	104	111	217	208
48	19	112	119	226	217
48	20	120	127	235	226
48	21	127	135	243	234
48	22	135	144	252	243
48	23	144	152	260	251
48	24	152	160	268	260
49	0	0	0	28	23
49	1	1	1	43	37
49	2	3	4	56	49
49	3	7	8	68	61
49	4	11	14	79	72
49	5	16	19	90	82
49	6	21	25	101	93
49	7	27	31	111	103
49	8	33	37	121	112
49	9	39	44	131	122
49	10	46	51	140	132
49	11	52	58	150	141
49	12	59	65	159	151
49	13	66	72	169	160
49	14	73	79	178	169
49	15	80	86	187	178
49	16	87	94	196	187
49	17	94	101	204	196
49	18	102	109	213	204
49	19	109	117	222	213
49	20	117	125	230	222
49	21	125	133	239	230
49	22	133	141	247	238
49	23	140	149	255	247
49	24	148	157	263	255
49	25	157	165	272	263
50	0	0	0	28	22

N = 420

n	a	LOWER .975	LOWER .95	UPPER .975	UPPER .95
50	1	1	1	42	36
50	2	3	4	55	48
50	3	7	8	66	59
50	4	11	13	77	70
50	5	16	18	88	81
50	6	21	24	99	91
50	7	27	30	109	101
50	8	32	37	119	110
50	9	39	43	128	120
50	10	45	50	138	129
50	11	51	56	147	139
50	12	58	63	156	148
50	13	64	70	165	157
50	14	71	77	174	166
50	15	78	85	183	174
50	16	85	92	192	183
50	17	92	99	201	192
50	18	100	107	209	201
50	19	107	114	218	209
50	20	115	122	226	217
50	21	122	130	235	226
50	22	130	138	243	234
50	23	137	145	251	242
50	24	145	153	259	251
50	25	153	161	267	259
51	0	0	0	27	22
51	1	1	1	41	35
51	2	3	4	54	47
51	3	6	8	65	58
51	4	11	13	76	69
51	5	15	18	87	79
51	6	21	24	97	89
51	7	26	30	107	99
51	8	32	36	116	108
51	9	38	42	126	118
51	10	44	49	135	127
51	11	50	55	144	136
51	12	57	62	153	145
51	13	63	69	162	154
51	14	70	76	171	163
51	15	77	83	180	171
51	16	84	90	189	180
51	17	91	97	197	188
51	18	98	105	206	197
51	19	105	112	214	205
51	20	112	120	222	214
51	21	120	127	230	222
51	22	127	135	239	230
51	23	135	142	247	238
51	24	142	150	254	246
51	25	150	158	262	254
51	26	158	166	270	262
52	0	0	0	26	22
52	1	1	1	40	35
52	2	3	4	53	46
52	3	6	8	64	57
52	4	11	13	75	67
52	5	15	18	85	78
52	6	20	23	95	87
52	7	26	29	105	97
52	8	31	35	114	106
52	9	37	41	124	115
52	10	43	48	133	124
52	11	49	54	142	133
52	12	56	61	151	142
52	13	62	68	160	151
52	14	69	74	168	160
52	15	75	81	177	168
52	16	82	88	185	177
52	17	89	95	194	185
52	18	96	103	202	193
52	19	103	110	210	202
52	20	110	117	218	210
52	21	117	125	226	218
52	22	124	132	234	226

CONFIDENCE BOUNDS FOR A

N = 420						N = 420						N = 420						N = 420					
		LOWER		UPPER				LOWER		UPPER				LOWER		UPPER				LOWER		UPPER	
n	a	.975	.95	.975	.95	n	a	.975	.95	.975	.95	n	a	.975	.95	.975	.95	n	a	.975	.95	.975	.95
52	23	132	140	242	234	55	15	71	77	168	160	58	2	3	3	47	41	60	16	71	76	162	154
52	24	139	147	250	242	55	16	77	83	176	168	58	3	6	7	57	51	60	17	77	83	170	162
52	25	147	155	258	250	55	17	84	90	184	176	58	4	10	11	67	61	60	18	83	89	177	169
52	26	154	163	266	257	55	18	90	97	192	184	58	5	14	16	76	70	60	19	89	95	184	176
53	0	0	0	26	21	55	19	97	104	200	191	58	6	18	21	85	78	60	20	95	101	192	184
53	1	1	1	40	34	55	20	104	111	208	199	58	7	23	26	94	87	60	21	101	107	199	191
53	2	3	4	52	45	55	21	110	118	215	207	58	8	28	32	103	95	60	22	107	114	206	198
53	3	6	8	63	56	55	22	117	125	223	215	58	9	33	37	111	104	60	23	113	120	213	205
53	4	10	12	73	66	55	23	124	132	231	222	58	10	39	43	120	112	60	24	120	127	220	212
53	5	15	18	83	76	55	24	131	139	238	230	58	11	44	49	128	120	60	25	126	133	227	219
53	6	20	23	93	86	55	25	138	146	245	237	58	12	50	55	136	128	60	26	133	140	234	226
53	7	25	29	103	95	55	26	145	153	253	245	58	13	56	61	144	136	60	27	139	146	241	233
53	8	31	35	112	104	55	27	153	160	260	252	58	14	61	67	152	144	60	28	146	153	248	240
53	9	36	41	121	113	55	28	160	168	267	260	58	15	67	73	160	152	60	29	152	160	254	247
53	10	42	47	130	122	56	0	0	0	24	20	58	16	73	79	167	159	60	30	159	166	261	254
53	11	48	53	139	131	56	1	1	1	37	32	58	17	79	85	175	167	61	0	0	0	22	18
53	12	55	60	148	140	56	2	3	4	49	43	58	18	86	92	183	175	61	1	1	1	34	29
53	13	61	66	157	148	56	3	6	7	59	53	58	19	92	98	190	182	61	2	3	3	45	39
53	14	67	73	165	157	56	4	10	12	69	63	58	20	98	105	198	190	61	3	6	7	54	49
53	15	74	80	174	165	56	5	14	17	79	72	58	21	105	111	205	197	61	4	9	11	64	58
53	16	80	87	182	174	56	6	19	22	88	81	58	22	111	118	212	204	61	5	13	15	72	66
53	17	87	94	190	182	56	7	24	27	97	90	58	23	118	125	220	212	61	6	18	20	81	75
53	18	94	101	199	190	56	8	29	33	106	99	58	24	124	131	227	219	61	7	22	25	90	83
53	19	101	108	207	198	56	9	35	39	115	107	58	25	131	138	234	226	61	8	27	30	98	91
53	20	108	115	215	206	56	10	40	44	124	116	58	26	137	145	241	233	61	9	32	35	106	99
53	21	115	122	223	214	56	11	46	50	132	124	58	27	144	152	248	240	61	10	37	41	114	107
53	22	122	129	230	222	56	12	52	57	141	133	58	28	151	159	255	247	61	11	42	46	122	114
53	23	129	137	238	230	56	13	58	63	149	141	58	29	158	166	262	254	61	12	47	52	130	122
53	24	136	144	246	238	56	14	64	69	157	149	59	0	0	0	23	19	61	13	53	58	137	130
53	25	144	152	254	245	56	15	70	75	165	157	59	1	1	1	35	30	61	14	58	63	145	137
53	26	151	159	261	253	56	16	76	82	173	165	59	2	3	3	46	41	61	15	64	69	152	145
53	27	159	167	269	261	56	17	82	88	181	173	59	3	6	7	56	50	61	16	70	75	160	152
54	0	0	0	25	21	56	18	89	95	189	181	59	4	9	11	66	59	61	17	76	81	167	159
54	1	1	1	39	33	56	19	95	102	197	188	59	5	14	16	75	68	61	18	81	87	174	167
54	2	3	4	51	45	56	20	102	109	204	196	59	6	18	21	84	77	61	19	87	93	182	174
54	3	6	8	61	55	56	21	108	115	212	204	59	7	23	26	93	86	61	20	93	99	189	181
54	4	10	12	72	65	56	22	115	122	219	211	59	8	28	31	101	94	61	21	99	106	196	188
54	5	15	17	82	75	56	23	122	129	227	219	59	9	33	37	109	102	61	22	105	112	203	195
54	6	20	23	91	84	56	24	129	136	234	226	59	10	38	42	118	110	61	23	112	118	210	202
54	7	25	28	101	93	56	25	136	143	242	234	59	11	44	48	126	118	61	24	118	125	217	209
54	8	30	34	110	102	56	26	143	150	249	241	59	12	49	54	134	126	61	25	124	131	224	216
54	9	36	40	119	111	56	27	150	157	256	248	59	13	55	60	142	134	61	26	130	137	231	223
54	10	42	46	128	120	56	28	157	165	263	255	59	14	60	66	149	142	61	27	137	144	237	230
54	11	47	52	137	129	57	0	0	0	24	20	59	15	66	72	157	149	61	28	143	150	244	236
54	12	54	59	145	137	57	1	1	1	37	32	59	16	72	78	165	157	61	29	150	157	251	243
54	13	60	65	154	146	57	2	3	4	48	42	59	17	78	84	172	164	61	30	156	164	257	250
54	14	66	72	162	154	57	3	6	7	58	52	59	18	84	90	180	172	61	31	163	170	264	256
54	15	72	78	171	162	57	4	10	12	68	62	59	19	90	97	187	179	62	0	0	0	22	18
54	16	79	85	179	171	57	5	14	16	78	71	59	20	96	103	195	187	62	1	1	1	34	29
54	17	85	92	187	179	57	6	19	21	87	80	59	21	103	109	202	194	62	2	3	3	44	39
54	18	92	99	195	187	57	7	24	27	96	89	59	22	109	116	209	201	62	3	6	7	53	48
54	19	99	106	203	195	57	8	29	32	105	97	59	23	115	122	216	208	62	4	9	11	63	57
54	20	106	113	211	203	57	9	34	38	113	106	59	24	122	129	223	216	62	5	13	15	71	65
54	21	113	120	219	211	57	10	39	44	122	114	59	25	128	136	231	223	62	6	17	20	80	73
54	22	120	127	227	218	57	11	45	50	130	122	59	26	135	142	238	230	62	7	22	25	88	81
54	23	127	134	234	226	57	12	51	56	138	130	59	27	142	149	245	237	62	8	26	30	96	89
54	24	134	141	242	234	57	13	57	62	146	138	59	28	148	156	251	244	62	9	31	35	104	97
54	25	141	149	250	241	57	14	63	68	154	146	59	29	155	163	258	251	62	10	36	40	112	105
54	26	148	156	257	249	57	15	69	74	162	154	59	30	162	169	265	257	62	11	41	46	120	113
54	27	156	164	264	256	57	16	75	80	170	162	60	0	0	0	23	18	62	12	47	51	128	120
55	0	0	0	25	20	57	17	81	87	178	170	60	1	1	1	35	30	62	13	52	57	135	128
55	1	1	1	38	33	57	18	87	93	186	178	60	2	3	3	45	40	62	14	58	62	143	135
55	2	3	4	50	44	57	19	94	100	193	185	60	3	6	7	55	49	62	15	63	68	150	142
55	3	6	7	60	54	57	20	100	107	201	193	60	4	9	11	65	58	62	16	69	74	157	150
55	4	10	12	71	64	57	21	106	113	208	200	60	5	13	16	74	67	62	17	74	80	165	157
55	5	14	17	80	73	57	22	113	120	216	208	60	6	18	20	82	76	62	18	80	86	172	164
55	6	19	22	90	83	57	23	120	127	223	215	60	7	22	25	91	84	62	19	86	92	179	171
55	7	24	28	99	92	57	24	126	134	231	222	60	8	27	31	99	92	62	20	92	98	186	178
55	8	30	33	108	101	57	25	133	141	238	230	60	9	32	36	108	100	62	21	98	104	193	185
55	9	35	39	117	109	57	26	140	147	245	237	60	10	38	42	116	108	62	22	104	110	200	192
55	10	41	45	126	118	57	27	147	154	252	244	60	11	43	47	124	116	62	23	110	116	207	199
55	11	47	51	134	126	57	28	154	161	259	251	60	12	48	53	132	124	62	24	116	122	214	206
55	12	53	58	143	135	57	29	161	169	266	259	60	13	54	59	139	132	62	25	122	129	220	213
55	13	59	64	151	143	58	0	0	0	24	19	60	14	59	64	147	139	62	26	128	135	227	219
55	14	65	70	160	151	58	1	1	1	36	31	60	15	65	70	155	147	62	27	134	141	234	226

CONFIDENCE BOUNDS FOR A

N = 420

n	a	LOWER .975	LOWER .95	UPPER .975	UPPER .95
62	28	141	148	240	233
62	29	147	154	247	240
62	30	153	161	254	246
62	31	160	167	260	253
63	0	0	0	22	18
63	1	1	1	33	28
63	2	3	3	43	38
63	3	5	7	53	47
63	4	9	11	62	56
63	5	13	15	70	64
63	6	17	20	79	72
63	7	21	24	87	80
63	8	26	29	95	88
63	9	31	34	103	96
63	10	36	40	110	103
63	11	41	45	118	111
63	12	46	50	126	118
63	13	51	56	133	126
63	14	57	61	140	133
63	15	62	67	148	140
63	16	68	73	155	147
63	17	73	79	162	154
63	18	79	84	169	162
63	19	84	90	176	169
63	20	90	96	183	175
63	21	96	102	190	182
63	22	102	108	197	189
63	23	108	114	204	196
63	24	114	120	211	203
63	25	120	127	217	210
63	26	126	133	224	216
63	27	132	139	230	223
63	28	138	145	237	230
63	29	145	152	244	236
63	30	151	158	250	243
63	31	157	164	256	249
63	32	164	171	263	256
64	0	0	0	21	17
64	1	1	1	33	28
64	2	3	3	43	37
64	3	5	7	52	46
64	4	9	10	61	55
64	5	13	15	69	63
64	6	17	19	77	71
64	7	21	24	85	79
64	8	26	29	93	87
64	9	30	34	101	94
64	10	35	39	109	102
64	11	40	44	116	109
64	12	45	50	124	117
64	13	50	55	131	124
64	14	56	60	138	131
64	15	61	66	146	138
64	16	66	72	153	145
64	17	72	77	160	152
64	18	78	83	167	159
64	19	83	89	174	166
64	20	89	95	181	173
64	21	95	101	187	180
64	22	100	107	194	186
64	23	106	112	201	193
64	24	112	118	207	200
64	25	118	125	214	207
64	26	124	131	221	213
64	27	130	137	227	220
64	28	136	143	234	226
64	29	142	149	240	233
64	30	148	155	247	239
64	31	155	162	253	246
64	32	161	168	259	252
65	0	0	0	21	17
65	1	1	1	32	27
65	2	3	3	42	37
65	3	5	6	51	46
65	4	9	10	60	54

N = 420

n	a	LOWER .975	LOWER .95	UPPER .975	UPPER .95
65	5	12	15	68	62
65	6	17	19	76	70
65	7	21	24	84	78
65	8	25	28	92	85
65	9	30	33	100	93
65	10	35	38	107	100
65	11	40	44	115	108
65	12	45	49	122	115
65	13	50	54	129	122
65	14	55	60	136	129
65	15	60	65	143	136
65	16	65	71	150	143
65	17	71	76	157	150
65	18	76	82	164	157
65	19	82	87	171	164
65	20	87	93	178	170
65	21	93	99	185	177
65	22	99	105	191	184
65	23	104	111	198	190
65	24	110	117	205	197
65	25	116	123	211	204
65	26	122	129	218	210
65	27	128	135	224	217
65	28	134	141	230	223
65	29	140	147	237	229
65	30	146	153	243	236
65	31	152	159	249	242
65	32	158	165	256	248
65	33	164	172	262	255
66	0	0	0	21	17
66	1	1	1	32	27
66	2	3	3	41	36
66	3	5	6	50	45
66	4	9	10	59	53
66	5	12	14	67	61
66	6	16	19	75	69
66	7	21	23	83	77
66	8	25	28	91	84
66	9	30	33	98	91
66	10	34	38	106	99
66	11	39	43	113	106
66	12	44	48	120	113
66	13	49	53	127	120
66	14	54	59	134	127
66	15	59	64	141	134
66	16	64	69	148	141
66	17	70	75	155	148
66	18	75	81	162	155
66	19	81	86	169	161
66	20	86	92	175	168
66	21	92	97	182	175
66	22	97	103	189	181
66	23	103	109	195	188
66	24	109	115	202	194
66	25	114	121	208	201
66	26	120	127	215	207
66	27	126	133	221	213
66	28	132	138	227	220
66	29	138	144	234	226
66	30	144	151	240	232
66	31	150	157	246	239
66	32	156	163	252	245
66	33	162	169	258	251
67	0	0	0	20	16
67	1	1	1	31	27
67	2	3	3	41	36
67	3	5	6	49	44
67	4	8	10	58	52
67	5	12	14	66	60
67	6	16	18	74	68
67	7	20	23	82	75
67	8	25	28	89	83
67	9	29	32	97	90
67	10	34	37	104	97
67	11	39	42	111	104

N = 420

n	a	LOWER .975	LOWER .95	UPPER .975	UPPER .95
67	12	43	47	118	111
67	13	48	53	125	118
67	14	53	58	132	125
67	15	58	63	139	132
67	16	64	68	146	139
67	17	69	74	153	146
67	18	74	79	160	152
67	19	79	85	166	159
67	20	85	90	173	166
67	21	90	96	179	172
67	22	96	102	186	179
67	23	101	107	192	185
67	24	107	113	199	191
67	25	113	119	205	198
67	26	118	125	212	204
67	27	124	130	218	211
67	28	130	136	224	217
67	29	136	142	230	223
67	30	141	148	237	229
67	31	147	154	243	235
67	32	153	160	249	242
67	33	159	166	255	248
67	34	165	172	261	254
68	0	0	0	20	16
68	1	1	1	31	26
68	2	2	3	40	35
68	3	5	6	49	43
68	4	8	10	57	51
68	5	12	14	65	59
68	6	16	18	73	67
68	7	20	23	80	74
68	8	24	27	88	82
68	9	29	32	95	89
68	10	33	37	102	96
68	11	38	42	110	103
68	12	43	47	117	110
68	13	48	52	124	117
68	14	53	57	131	123
68	15	58	62	137	130
68	16	63	67	144	137
68	17	68	73	151	144
68	18	73	78	157	150
68	19	78	84	164	157
68	20	84	89	171	163
68	21	89	95	177	170
68	22	94	100	183	176
68	23	100	106	190	182
68	24	105	111	196	189
68	25	111	117	202	195
68	26	116	123	209	201
68	27	122	128	215	208
68	28	128	134	221	214
68	29	133	140	227	220
68	30	139	146	233	226
68	31	145	152	239	232
68	32	151	158	245	238
68	33	157	164	251	244
68	34	163	170	257	250
69	0	0	0	20	16
69	1	1	1	30	26
69	2	2	3	39	35
69	3	5	6	48	43
69	4	8	10	56	51
69	5	12	14	64	58
69	6	16	18	72	66
69	7	20	22	79	73
69	8	24	27	87	80
69	9	28	32	94	87
69	10	33	36	101	94
69	11	37	41	108	101
69	12	42	46	115	108
69	13	47	51	122	115
69	14	52	56	129	122
69	15	57	61	135	128
69	16	62	66	142	135

N = 420

n	a	LOWER .975	LOWER .95	UPPER .975	UPPER .95
69	17	67	72	149	142
69	18	72	77	155	148
69	19	77	82	162	155
69	20	82	88	168	161
69	21	88	93	175	167
69	22	93	99	181	174
69	23	98	104	187	180
69	24	104	110	194	186
69	25	109	115	200	192
69	26	115	121	206	199
69	27	120	127	212	205
69	28	126	132	218	211
69	29	131	138	224	217
69	30	137	144	230	223
69	31	143	150	236	229
69	32	149	155	242	235
69	33	154	161	248	241
69	34	160	167	254	247
69	35	166	173	260	253
70	0	0	0	19	16
70	1	1	1	30	25
70	2	2	3	39	34
70	3	5	6	47	42
70	4	8	10	55	50
70	5	12	14	63	58
70	6	15	18	71	65
70	7	19	22	78	72
70	8	24	27	85	79
70	9	28	31	93	86
70	10	32	36	100	93
70	11	37	41	107	100
70	12	42	45	113	107
70	13	46	50	120	113
70	14	51	55	127	120
70	15	56	60	134	127
70	16	61	66	140	133
70	17	66	71	147	140
70	18	71	76	153	146
70	19	76	81	160	152
70	20	81	87	166	159
70	21	86	92	172	165
70	22	92	97	179	171
70	23	97	103	185	178
70	24	102	108	191	184
70	25	108	114	197	190
70	26	113	119	203	196
70	27	118	125	209	202
70	28	124	130	215	208
70	29	129	136	221	214
70	30	135	142	227	220
70	31	141	147	233	226
70	32	146	153	239	232
70	33	152	159	245	238
70	34	158	165	251	244
70	35	163	170	257	250
71	0	0	0	19	15
71	1	1	1	29	25
71	2	2	3	38	34
71	3	5	6	47	42
71	4	8	10	55	49
71	5	12	13	62	57
71	6	15	18	70	64
71	7	19	22	77	71
71	8	23	26	84	78
71	9	28	31	91	85
71	10	32	35	98	92
71	11	36	40	105	99
71	12	41	45	112	105
71	13	46	50	119	112
71	14	50	55	125	118
71	15	55	60	132	125
71	16	60	65	138	131
71	17	65	70	145	138
71	18	70	75	151	144
71	19	75	80	157	150

CONFIDENCE BOUNDS FOR A

N = 420

n	a	LOWER .975	LOWER .95	UPPER .975	UPPER .95
71	20	80	85	164	157
71	21	85	91	170	163
71	22	90	96	176	169
71	23	95	101	182	175
71	24	101	107	188	181
71	25	106	112	195	187
71	26	111	117	201	193
71	27	117	123	207	199
71	28	122	128	213	205
71	29	128	134	218	211
71	30	133	140	224	217
71	31	139	145	230	223
71	32	144	151	236	229
71	33	150	156	242	235
71	34	155	162	248	241
71	35	161	168	253	246
71	36	167	174	259	252
72	0	0	0	19	15
72	1	1	1	29	25
72	2	2	3	38	33
72	3	5	6	46	41
72	4	8	9	54	49
72	5	11	13	61	56
72	6	15	17	69	63
72	7	19	21	76	70
72	8	23	26	83	77
72	9	27	30	90	84
72	10	32	35	97	91
72	11	36	40	104	97
72	12	40	44	110	104
72	13	45	49	117	110
72	14	50	54	123	117
72	15	54	59	130	123
72	16	59	64	136	130
72	17	64	69	143	136
72	18	69	74	149	142
72	19	74	79	155	148
72	20	79	84	162	155
72	21	84	89	168	161
72	22	89	95	174	167
72	23	94	100	180	173
72	24	99	105	186	179
72	25	105	110	192	185
72	26	110	116	198	191
72	27	115	121	204	197
72	28	120	127	210	203
72	29	126	132	216	209
72	30	131	138	222	214
72	31	137	143	227	220
72	32	142	149	233	226
72	33	148	154	239	232
72	34	153	160	244	238
72	35	159	165	250	243
72	36	164	171	256	249
73	0	0	0	18	15
73	1	1	1	28	24
73	2	2	3	37	33
73	3	5	6	45	40
73	4	8	9	53	48
73	5	11	13	60	55
73	6	15	17	68	62
73	7	19	21	75	69
73	8	23	26	82	76
73	9	27	30	89	83
73	10	31	34	96	89
73	11	35	39	102	96
73	12	40	44	109	102
73	13	44	48	115	109
73	14	49	53	122	115
73	15	54	58	128	122
73	16	58	63	135	128
73	17	63	68	141	134
73	18	68	73	147	140
73	19	73	78	153	146
73	20	78	83	159	152

N = 420

n	a	LOWER .975	LOWER .95	UPPER .975	UPPER .95
73	21	83	88	166	159
73	22	88	93	172	165
73	23	93	98	178	171
73	24	98	104	184	177
73	25	103	109	190	182
73	26	108	114	195	188
73	27	113	119	201	194
73	28	119	125	207	200
73	29	124	130	213	206
73	30	129	136	219	212
73	31	135	141	224	217
73	32	140	146	230	223
73	33	145	152	236	229
73	34	151	157	241	235
73	35	156	163	247	240
73	36	162	169	253	246
73	37	167	174	258	251
74	0	0	0	18	15
74	1	1	1	28	24
74	2	2	3	37	32
74	3	5	6	45	40
74	4	8	9	52	47
74	5	11	13	60	54
74	6	15	17	67	61
74	7	19	21	74	68
74	8	22	25	81	75
74	9	27	30	88	82
74	10	31	34	94	88
74	11	35	38	101	95
74	12	39	43	107	101
74	13	44	48	114	107
74	14	48	52	120	114
74	15	53	57	127	120
74	16	58	62	133	126
74	17	62	67	139	132
74	18	67	72	145	138
74	19	72	77	151	144
74	20	77	82	157	150
74	21	82	87	163	156
74	22	87	92	169	162
74	23	92	97	175	168
74	24	97	102	181	174
74	25	102	107	187	180
74	26	107	113	193	186
74	27	112	118	199	192
74	28	117	123	205	198
74	29	122	128	210	203
74	30	127	134	216	209
74	31	133	139	222	215
74	32	138	144	227	220
74	33	143	150	233	226
74	34	149	155	238	232
74	35	154	161	244	237
74	36	160	166	250	243
74	37	165	172	255	248
75	0	0	0	18	14
75	1	1	1	28	24
75	2	2	3	36	32
75	3	5	6	44	39
75	4	8	9	52	47
75	5	11	13	59	54
75	6	15	17	66	61
75	7	18	21	73	67
75	8	22	25	80	74
75	9	26	29	86	80
75	10	30	34	93	87
75	11	35	38	100	93
75	12	39	43	106	100
75	13	43	47	112	106
75	14	48	52	119	112
75	15	52	56	125	118
75	16	57	61	131	124
75	17	62	66	137	131
75	18	66	71	143	137
75	19	71	76	149	143

N = 420

n	a	LOWER .975	LOWER .95	UPPER .975	UPPER .95
75	20	76	81	155	149
75	21	81	86	161	154
75	22	85	91	167	160
75	23	90	96	173	166
75	24	95	101	179	172
75	25	100	106	185	178
75	26	105	111	191	184
75	27	110	116	196	189
75	28	115	121	202	195
75	29	121	127	208	201
75	30	126	132	213	206
75	31	131	137	219	212
75	32	136	142	224	218
75	33	141	148	230	223
75	34	147	153	236	229
75	35	152	158	241	234
75	36	157	164	247	240
75	37	163	169	252	245
75	38	168	175	257	251
76	0	0	0	18	14
76	1	1	1	27	23
76	2	2	3	36	31
76	3	5	6	43	39
76	4	8	9	51	46
76	5	11	13	58	53
76	6	14	16	65	60
76	7	18	20	72	66
76	8	22	25	79	73
76	9	26	29	85	79
76	10	30	33	92	86
76	11	34	38	98	92
76	12	38	42	105	98
76	13	43	47	111	105
76	14	47	51	117	111
76	15	52	56	123	117
76	16	56	60	129	123
76	17	61	65	135	129
76	18	65	70	142	135
76	19	70	75	147	141
76	20	75	80	153	147
76	21	79	85	159	153
76	22	84	90	165	158
76	23	89	94	171	164
76	24	94	99	177	170
76	25	99	105	182	176
76	26	104	110	188	181
76	27	109	115	194	187
76	28	114	120	200	193
76	29	119	125	205	198
76	30	124	130	211	204
76	31	129	135	216	209
76	32	134	140	222	215
76	33	139	146	227	220
76	34	145	151	233	226
76	35	150	156	238	231
76	36	155	162	244	237
76	37	160	167	249	242
76	38	166	172	254	248
77	0	0	0	17	14
77	1	1	1	27	23
77	2	2	3	35	31
77	3	5	6	43	38
77	4	8	9	50	45
77	5	11	13	57	52
77	6	14	16	64	59
77	7	18	20	71	66
77	8	22	24	78	72
77	9	26	28	84	78
77	10	30	33	91	85
77	11	34	37	97	91
77	12	38	41	103	97
77	13	42	46	109	103
77	14	47	50	116	109
77	15	51	55	122	115
77	16	55	60	128	121

N = 420

n	a	LOWER .975	LOWER .95	UPPER .975	UPPER .95
77	17	60	64	134	127
77	18	65	69	140	133
77	19	69	74	146	139
77	20	74	79	152	145
77	21	78	83	157	151
77	22	83	88	163	156
77	23	88	93	169	162
77	24	93	98	175	168
77	25	98	103	180	173
77	26	103	108	186	179
77	27	107	113	192	185
77	28	112	118	197	190
77	29	117	123	203	196
77	30	122	128	208	201
77	31	127	133	214	207
77	32	132	139	219	212
77	33	138	144	225	218
77	34	143	149	230	223
77	35	148	154	235	229
77	36	153	159	241	234
77	37	158	165	246	239
77	38	163	170	251	245
77	39	169	175	257	250
78	0	0	0	17	14
78	1	1	1	26	23
78	2	2	3	35	30
78	3	5	6	42	38
78	4	8	9	49	45
78	5	11	12	57	52
78	6	14	16	63	58
78	7	18	20	70	65
78	8	21	24	77	71
78	9	25	28	83	77
78	10	29	32	89	84
78	11	33	37	96	90
78	12	37	41	102	96
78	13	42	45	108	102
78	14	46	50	114	108
78	15	50	54	120	114
78	16	55	59	126	120
78	17	59	64	132	126
78	18	64	68	138	131
78	19	68	73	144	137
78	20	73	78	150	143
78	21	77	82	155	149
78	22	82	87	161	154
78	23	87	92	167	160
78	24	92	97	172	166
78	25	96	102	178	171
78	26	101	107	184	177
78	27	106	112	189	182
78	28	111	117	195	188
78	29	116	122	200	193
78	30	121	127	206	199
78	31	126	132	211	204
78	32	131	137	216	210
78	33	136	142	222	215
78	34	141	147	227	221
78	35	146	152	233	226
78	36	151	157	238	231
78	37	156	163	243	237
78	38	161	168	248	242
78	39	166	173	254	247
79	0	0	0	17	14
79	1	1	1	26	22
79	2	2	3	34	30
79	3	5	6	42	37
79	4	7	9	49	44
79	5	11	12	56	51
79	6	14	16	63	57
79	7	18	20	69	64
79	8	21	24	76	70
79	9	25	28	82	76
79	10	29	32	88	83
79	11	33	36	95	89

CONFIDENCE BOUNDS FOR A

N = 420		LOWER		UPPER	
n	a	.975	.95	.975	.95
79	12	37	40	101	95
79	13	41	45	107	101
79	14	45	49	113	107
79	15	50	54	119	112
79	16	54	58	125	118
79	17	58	63	130	124
79	18	63	67	136	130
79	19	67	72	142	136
79	20	72	77	148	141
79	21	76	81	154	147
79	22	81	86	159	153
79	23	86	91	165	158
79	24	90	96	170	164
79	25	95	100	176	169
79	26	100	105	181	175
79	27	105	110	187	180
79	28	109	115	192	186
79	29	114	120	198	191
79	30	119	125	203	197
79	31	124	130	209	202
79	32	129	135	214	207
79	33	134	140	219	213
79	34	139	145	225	218
79	35	144	150	230	223
79	36	149	155	235	228
79	37	154	160	240	234
79	38	159	166	245	239
79	39	164	171	251	244
79	40	169	176	256	249
80	0	0	0	17	13
80	1	1	1	26	22
80	2	2	3	34	30
80	3	5	6	41	37
80	4	7	9	48	44
80	5	10	12	55	50
80	6	14	16	62	57
80	7	17	20	68	63
80	8	21	23	75	69
80	9	25	27	81	75
80	10	29	32	87	82
80	11	33	36	93	88
80	12	37	40	99	94
80	13	41	44	105	99
80	14	45	49	111	105
80	15	49	53	117	111
80	16	53	57	123	117
80	17	58	62	129	123
80	18	62	67	135	128
80	19	67	71	140	134
80	20	71	76	146	140
80	21	76	80	152	145
80	22	80	85	157	151
80	23	85	90	163	156
80	24	89	94	168	162
80	25	94	99	174	167
80	26	99	104	179	173
80	27	103	109	185	178
80	28	108	114	190	183
80	29	113	119	196	189
80	30	118	123	201	194
80	31	122	128	206	199
80	32	127	133	211	205
80	33	132	138	217	210
80	34	137	143	222	215
80	35	142	148	227	221
80	36	147	153	232	226
80	37	152	158	238	231
80	38	157	163	243	236
80	39	162	168	248	241
80	40	167	174	253	246
81	0	0	0	16	13
81	1	1	1	25	22
81	2	2	3	33	29
81	3	5	5	41	36
81	4	7	9	48	43

N = 420		LOWER		UPPER	
n	a	.975	.95	.975	.95
81	5	10	12	54	50
81	6	14	16	61	56
81	7	17	19	67	62
81	8	21	23	74	68
81	9	24	27	80	74
81	10	28	31	86	81
81	11	32	35	92	86
81	12	36	39	98	92
81	13	40	44	104	98
81	14	44	48	110	104
81	15	49	52	116	110
81	16	53	57	122	115
81	17	57	61	127	121
81	18	61	66	133	127
81	19	66	70	139	132
81	20	70	75	144	138
81	21	75	79	150	143
81	22	79	84	155	149
81	23	84	89	161	154
81	24	88	93	166	160
81	25	93	98	172	165
81	26	97	103	177	171
81	27	102	107	183	176
81	28	107	112	188	181
81	29	111	117	193	187
81	30	116	122	199	192
81	31	121	127	204	197
81	32	126	132	209	202
81	33	131	136	214	208
81	34	135	141	219	213
81	35	140	146	225	218
81	36	145	151	230	223
81	37	150	156	235	228
81	38	155	161	240	233
81	39	160	166	245	239
81	40	165	171	250	244
81	41	170	176	255	249
82	0	0	0	16	13
82	1	1	1	25	21
82	2	2	3	33	29
82	3	5	5	40	36
82	4	7	8	47	42
82	5	10	12	54	49
82	6	14	15	60	55
82	7	17	19	67	61
82	8	21	23	73	68
82	9	24	27	79	74
82	10	28	31	85	80
82	11	32	35	91	85
82	12	36	39	97	91
82	13	40	43	103	97
82	14	44	47	109	103
82	15	48	52	114	108
82	16	52	56	120	114
82	17	56	61	126	120
82	18	61	65	131	125
82	19	65	69	137	131
82	20	69	74	143	136
82	21	74	78	148	142
82	22	78	83	154	147
82	23	83	88	159	153
82	24	87	92	164	158
82	25	92	97	170	163
82	26	96	101	175	169
82	27	101	106	180	174
82	28	105	111	186	179
82	29	110	116	191	184
82	30	115	120	196	190
82	31	119	125	201	195
82	32	124	130	207	200
82	33	129	135	212	205
82	34	134	140	217	210
82	35	138	144	222	216
82	36	143	149	227	221
82	37	148	154	232	226

N = 420		LOWER		UPPER	
n	a	.975	.95	.975	.95
82	38	153	159	237	231
82	39	158	164	242	236
82	40	163	169	247	241
82	41	168	174	252	246
83	0	0	0	16	13
83	1	1	1	25	21
83	2	2	3	32	28
83	3	4	5	40	35
83	4	7	8	46	42
83	5	10	12	53	48
83	6	13	15	59	55
83	7	17	19	66	61
83	8	20	23	72	67
83	9	24	27	78	73
83	10	28	30	84	79
83	11	31	35	90	84
83	12	35	39	96	90
83	13	39	43	102	96
83	14	43	47	107	101
83	15	47	51	113	107
83	16	52	55	119	113
83	17	56	60	124	118
83	18	60	64	130	124
83	19	64	69	135	129
83	20	69	73	141	135
83	21	73	77	146	140
83	22	77	82	152	145
83	23	82	86	157	151
83	24	86	91	163	156
83	25	91	96	168	161
83	26	95	100	173	167
83	27	100	105	178	172
83	28	104	110	184	177
83	29	109	114	189	182
83	30	113	119	194	187
83	31	118	124	199	193
83	32	123	128	204	198
83	33	127	133	209	203
83	34	132	138	214	208
83	35	137	143	220	213
83	36	142	148	225	218
83	37	146	152	230	223
83	38	151	157	235	228
83	39	156	162	240	233
83	40	161	167	245	238
83	41	166	172	249	243
83	42	171	177	254	248
84	0	0	0	16	13
84	1	1	1	24	21
84	2	2	3	32	28
84	3	4	5	39	35
84	4	7	8	46	41
84	5	10	12	52	48
84	6	13	15	59	54
84	7	17	19	65	60
84	8	20	22	71	66
84	9	24	26	77	72
84	10	27	30	83	78
84	11	31	34	89	83
84	12	35	38	95	89
84	13	39	42	100	95
84	14	43	46	106	100
84	15	47	51	112	106
84	16	51	55	117	111
84	17	55	59	123	117
84	18	59	63	128	122
84	19	63	68	134	128
84	20	68	72	139	133
84	21	72	77	145	138
84	22	76	81	150	144
84	23	81	85	155	149
84	24	85	90	161	154
84	25	89	94	166	159
84	26	94	99	171	165
84	27	98	104	176	170

N = 420		LOWER		UPPER	
n	a	.975	.95	.975	.95
84	28	103	108	182	175
84	29	107	113	187	180
84	30	112	117	192	185
84	31	117	122	197	190
84	32	121	127	202	196
84	33	126	131	207	201
84	34	130	136	212	206
84	35	135	141	217	211
84	36	140	146	222	216
84	37	145	150	227	221
84	38	149	155	232	226
84	39	154	160	237	231
84	40	159	165	242	236
84	41	164	170	247	240
84	42	168	175	252	245

CONFIDENCE BOUNDS FOR A

N = 430

n	a	LOWER .975	LOWER .95	UPPER .975	UPPER .95
1	0	0	0	419	408
1	1	11	22	430	430
2	0	0	0	361	333
2	1	6	11	424	419
3	0	0	0	303	270
3	1	4	8	389	371
3	2	41	59	426	422
4	0	0	0	258	225
4	1	3	6	345	322
4	2	30	43	400	387
5	0	0	0	223	192
5	1	3	5	307	281
5	2	24	34	366	347
5	3	64	83	406	396
6	0	0	0	196	168
6	1	2	4	274	249
6	2	20	28	333	312
6	3	52	67	378	363
7	0	0	0	174	148
7	1	2	4	247	222
7	2	17	24	303	282
7	3	44	56	349	332
7	4	81	98	386	374
8	0	0	0	157	133
8	1	2	3	225	201
8	2	15	21	278	256
8	3	38	49	323	304
8	4	69	84	361	346
9	0	0	0	143	120
9	1	2	3	206	183
9	2	13	18	256	235
9	3	33	43	299	280
9	4	60	74	337	320
9	5	93	110	370	356
10	0	0	0	131	110
10	1	2	3	189	168
10	2	12	17	237	216
10	3	30	39	279	259
10	4	54	66	315	298
10	5	82	97	348	333
11	0	0	0	121	101
11	1	1	2	175	155
11	2	11	15	221	200
11	3	27	35	260	241
11	4	48	59	296	278
11	5	74	87	328	312
11	6	102	118	356	343
12	0	0	0	112	93
12	1	1	2	163	144
12	2	10	14	206	186
12	3	25	32	244	225
12	4	44	54	278	260
12	5	67	79	309	293
12	6	93	107	337	323
13	0	0	0	104	87
13	1	1	2	153	134
13	2	9	13	193	174
13	3	23	30	229	211
13	4	41	50	262	244
13	5	61	73	292	276
13	6	85	98	320	305
13	7	110	125	345	332
14	0	0	0	98	81
14	1	1	2	143	126
14	2	9	12	182	164
14	3	21	27	216	198
14	4	38	46	248	230
14	5	57	67	277	260
14	6	78	90	304	288
14	7	101	115	329	315
15	0	0	0	92	76
15	1	1	2	135	118
15	2	8	11	172	154
15	3	20	26	204	187
15	4	35	43	235	218
15	5	53	62	263	246
15	6	72	84	289	273
15	7	93	107	314	299
15	8	116	131	337	323
16	0	0	0	86	72
16	1	1	2	128	112
16	2	8	11	163	146
16	3	19	24	194	177
16	4	33	40	223	206
16	5	49	58	250	234
16	6	67	78	275	260
16	7	87	99	299	285
16	8	108	122	322	308
17	0	0	0	82	68
17	1	1	2	121	106
17	2	7	10	154	138
17	3	18	23	184	168
17	4	31	38	212	196
17	5	46	55	238	222
17	6	63	73	263	247
17	7	81	93	286	271
17	8	101	114	308	294
17	9	122	136	329	316
18	0	0	0	78	64
18	1	1	2	115	100
18	2	7	9	147	131
18	3	17	21	176	160
18	4	29	36	202	186
18	5	43	52	227	212
18	6	59	69	251	236
18	7	76	87	274	259
18	8	95	107	295	281
18	9	114	127	316	303
19	0	0	0	74	61
19	1	1	2	110	95
19	2	7	9	140	125
19	3	16	20	168	152
19	4	28	34	193	178
19	5	41	49	218	202
19	6	56	65	241	226
19	7	72	82	262	248
19	8	89	101	283	270
19	9	107	120	303	290
19	10	127	140	323	310
20	0	0	0	70	58
20	1	1	2	105	91
20	2	6	9	134	119
20	3	15	19	160	145
20	4	26	32	185	170
20	5	39	46	208	194
20	6	53	62	231	216
20	7	68	78	252	238
20	8	84	95	272	258
20	9	101	113	292	279
20	10	119	132	311	298
21	0	0	0	67	55
21	1	1	2	100	87
21	2	6	8	128	114
21	3	14	18	154	139
21	4	25	31	177	163
21	5	37	44	200	186
21	6	50	59	222	207
21	7	65	74	242	228
21	8	80	90	262	248
21	9	96	107	281	268
21	10	113	125	299	287
21	11	131	143	317	305
22	0	0	0	64	53
22	1	1	1	96	83
22	2	6	8	123	109
22	3	14	18	147	134
22	4	24	29	170	156
22	5	35	42	192	178
22	6	48	56	213	199
22	7	62	71	233	219
22	8	76	86	252	239
22	9	91	102	271	258
22	10	107	119	289	276
22	11	124	136	306	294
23	0	0	0	62	51
23	1	1	1	92	80
23	2	6	8	118	105
23	3	13	17	142	128
23	4	23	28	164	150
23	5	34	40	185	171
23	6	46	53	205	191
23	7	59	67	225	211
23	8	73	82	243	230
23	9	87	97	261	248
23	10	102	113	279	266
23	11	118	130	296	284
23	12	134	146	312	300
24	0	0	0	59	49
24	1	1	1	88	77
24	2	5	7	113	101
24	3	13	16	136	123
24	4	22	27	158	145
24	5	32	38	178	165
24	6	44	51	198	184
24	7	56	64	217	203
24	8	69	79	235	222
24	9	83	93	253	240
24	10	98	108	270	257
24	11	112	124	286	274
24	12	128	140	302	290
25	0	0	0	57	47
25	1	1	1	85	74
25	2	5	7	109	97
25	3	12	16	131	119
25	4	21	26	152	139
25	5	31	37	172	159
25	6	42	49	191	178
25	7	54	62	209	196
25	8	67	75	227	214
25	9	80	89	244	231
25	10	93	104	261	248
25	11	108	118	277	265
25	12	122	134	293	281
25	13	137	149	308	296
26	0	0	0	55	45
26	1	1	1	82	71
26	2	5	7	105	94
26	3	12	15	127	114
26	4	20	25	147	134
26	5	30	36	166	153
26	6	41	47	185	172
26	7	52	59	202	189
26	8	64	72	220	207
26	9	76	86	236	224
26	10	89	99	253	240
26	11	103	113	268	256
26	12	117	128	284	272
26	13	131	143	299	287
27	0	0	0	53	43
27	1	1	1	79	68
27	2	5	7	102	90
27	3	11	14	123	111
27	4	20	24	142	130
27	5	29	34	161	148
27	6	39	45	179	166
27	7	50	57	196	183
27	8	61	69	213	200
27	9	73	82	229	216
27	10	86	95	245	232
27	11	99	109	260	248
27	12	112	123	275	263
27	13	126	137	290	278
27	14	140	152	304	293
28	0	0	0	51	42
28	1	1	1	76	66
28	2	5	6	98	87
28	3	11	14	119	107
28	4	19	23	138	125
28	5	28	33	156	143
28	6	38	44	173	161
28	7	48	55	190	177
28	8	59	67	206	194
28	9	71	79	222	210
28	10	83	92	237	225
28	11	95	105	252	240
28	12	108	118	267	255
28	13	121	132	281	270
28	14	135	146	295	284
29	0	0	0	49	40
29	1	1	1	74	64
29	2	5	6	95	84
29	3	11	14	115	103
29	4	18	22	133	121
29	5	27	32	151	139
29	6	36	42	168	156
29	7	46	53	184	172
29	8	57	64	200	188
29	9	68	76	215	203
29	10	80	88	230	218
29	11	92	101	245	233
29	12	104	114	259	248
29	13	117	127	273	262
29	14	130	140	287	276
29	15	143	154	300	290
30	0	0	0	48	39
30	1	1	1	72	62
30	2	4	6	92	82
30	3	10	13	111	100
30	4	18	22	129	118
30	5	26	31	146	134
30	6	35	41	163	151
30	7	45	51	179	167
30	8	55	62	194	182
30	9	66	74	209	197
30	10	77	85	224	212
30	11	88	97	238	226
30	12	100	110	252	241
30	13	112	122	266	255
30	14	125	135	279	268
30	15	138	148	292	282
31	0	0	0	46	38
31	1	1	1	69	60
31	2	4	6	89	79
31	3	10	13	108	97
31	4	17	21	125	114
31	5	25	30	142	130
31	6	34	39	158	146
31	7	43	50	174	162
31	8	53	60	189	177
31	9	64	71	203	191
31	10	74	82	218	206
31	11	85	94	232	220
31	12	97	106	245	234
31	13	108	118	259	247
31	14	120	131	272	261
31	15	133	143	285	274
31	16	145	156	297	287
32	0	0	0	45	37
32	1	1	1	67	58
32	2	4	6	87	77
32	3	10	12	105	94
32	4	17	20	122	111
32	5	24	29	138	127
32	6	33	38	153	142
32	7	42	48	169	157
32	8	52	58	183	172
32	9	62	69	198	186
32	10	72	80	212	200
32	11	83	91	225	214
32	12	94	102	239	227

CONFIDENCE BOUNDS FOR A

N = 430 (Group 1)

n	a	LOWER .975	LOWER .95	UPPER .975	UPPER .95
32	13	105	114	252	241
32	14	116	126	265	254
32	15	128	138	277	267
32	16	140	151	290	279
33	0	0	0	43	35
33	1	1	1	65	56
33	2	4	6	84	74
33	3	9	12	102	91
33	4	16	20	118	108
33	5	24	28	134	123
33	6	32	37	149	138
33	7	41	47	164	153
33	8	50	57	178	167
33	9	60	67	192	181
33	10	70	77	206	195
33	11	80	88	220	208
33	12	91	99	233	221
33	13	101	111	245	234
33	14	113	122	258	247
33	15	124	134	270	260
33	16	136	146	283	272
33	17	147	158	294	284
34	0	0	0	42	34
34	1	1	1	63	55
34	2	4	5	82	72
34	3	9	12	99	89
34	4	16	19	115	105
34	5	23	27	130	120
34	6	31	36	145	134
34	7	40	45	160	149
34	8	48	55	174	163
34	9	58	65	187	176
34	10	67	75	201	190
34	11	77	85	214	203
34	12	88	96	227	216
34	13	98	107	239	228
34	14	109	118	252	241
34	15	120	130	264	253
34	16	131	141	276	265
34	17	143	153	287	277
35	0	0	0	41	33
35	1	1	1	62	53
35	2	4	5	80	70
35	3	9	11	96	86
35	4	15	19	112	102
35	5	22	27	127	116
35	6	30	35	141	131
35	7	38	44	155	145
35	8	47	53	169	158
35	9	56	63	183	172
35	10	66	73	196	185
35	11	75	83	208	197
35	12	85	93	221	210
35	13	95	104	233	223
35	14	106	115	246	235
35	15	116	126	257	247
35	16	127	137	269	259
35	17	138	148	281	270
35	18	149	160	292	282
36	0	0	0	40	32
36	1	1	1	60	52
36	2	4	5	77	68
36	3	9	11	94	84
36	4	15	18	109	99
36	5	22	26	124	113
36	6	29	34	138	127
36	7	37	43	152	141
36	8	46	52	165	154
36	9	55	61	178	167
36	10	64	71	191	180
36	11	73	81	203	193
36	12	83	91	216	205
36	13	92	101	228	217
36	14	103	111	240	229
36	15	113	122	251	241

N = 430 (Group 2)

n	a	LOWER .975	LOWER .95	UPPER .975	UPPER .95
36	16	123	133	263	252
36	17	134	144	274	264
36	18	145	155	285	275
37	0	0	0	39	32
37	1	1	1	58	50
37	2	4	5	75	67
37	3	9	11	91	82
37	4	15	18	106	96
37	5	21	25	120	110
37	6	29	33	134	124
37	7	36	42	148	137
37	8	45	50	161	150
37	9	53	59	174	163
37	10	62	69	186	175
37	11	71	78	198	188
37	12	80	88	211	200
37	13	90	98	222	212
37	14	100	108	234	223
37	15	110	118	245	235
37	16	120	129	257	246
37	17	130	139	268	258
37	18	141	150	279	269
37	19	151	161	289	280
38	0	0	0	38	31
38	1	1	1	57	49
38	2	4	5	73	65
38	3	8	11	89	80
38	4	14	17	104	94
38	5	21	24	118	108
38	6	28	32	131	121
38	7	35	40	144	134
38	8	43	49	157	147
38	9	52	58	170	159
38	10	60	67	182	171
38	11	69	76	194	183
38	12	78	86	206	195
38	13	87	95	217	207
38	14	97	105	229	218
38	15	106	115	240	230
38	16	116	125	251	241
38	17	126	136	262	252
38	18	137	146	273	263
38	19	147	157	283	273
39	0	0	0	37	30
39	1	1	1	55	48
39	2	4	5	72	63
39	3	8	10	87	78
39	4	14	17	101	92
39	5	20	24	115	105
39	6	27	31	128	118
39	7	35	39	141	131
39	8	42	48	153	143
39	9	50	56	166	155
39	10	59	65	178	167
39	11	67	74	189	179
39	12	76	83	201	191
39	13	85	93	212	202
39	14	94	102	224	213
39	15	104	112	235	224
39	16	113	122	245	235
39	17	123	132	256	246
39	18	133	142	267	257
39	19	143	152	277	267
39	20	153	163	287	278
40	0	0	0	36	29
40	1	1	1	54	46
40	2	4	5	70	62
40	3	8	10	85	76
40	4	14	16	99	89
40	5	20	23	112	103
40	6	27	31	125	115
40	7	34	38	137	128
40	8	41	47	150	140
40	9	49	55	162	152
40	10	57	64	174	163

N = 430 (Group 3)

n	a	LOWER .975	LOWER .95	UPPER .975	UPPER .95
40	11	66	72	185	175
40	12	74	81	196	186
40	13	83	90	208	197
40	14	92	100	219	208
40	15	101	109	229	219
40	16	110	119	240	230
40	17	120	128	251	241
40	18	129	138	261	251
40	19	139	148	271	261
40	20	149	158	281	272
41	0	0	0	35	28
41	1	1	1	53	45
41	2	3	5	68	60
41	3	8	10	83	74
41	4	13	16	96	87
41	5	19	23	109	100
41	6	26	30	122	113
41	7	33	38	134	125
41	8	40	45	146	137
41	9	48	54	158	148
41	10	56	62	170	160
41	11	64	70	181	171
41	12	72	79	192	182
41	13	81	88	203	193
41	14	89	97	214	204
41	15	98	106	224	214
41	16	107	116	235	225
41	17	116	125	245	235
41	18	126	135	255	246
41	19	135	144	265	256
41	20	145	154	275	266
41	21	155	164	285	276
42	0	0	0	34	28
42	1	1	1	51	44
42	2	3	5	67	59
42	3	8	10	81	72
42	4	13	16	94	85
42	5	19	22	107	98
42	6	25	29	119	110
42	7	32	37	131	122
42	8	39	44	143	133
42	9	47	52	155	145
42	10	54	60	166	156
42	11	62	69	177	167
42	12	70	77	188	178
42	13	79	86	199	189
42	14	87	95	209	199
42	15	96	104	220	210
42	16	105	113	230	220
42	17	114	122	240	230
42	18	123	131	250	241
42	19	132	141	260	250
42	20	141	150	270	260
42	21	151	160	279	270
43	0	0	0	33	27
43	1	1	1	50	43
43	2	3	4	65	57
43	3	8	9	79	71
43	4	13	15	92	83
43	5	18	22	105	96
43	6	25	29	117	108
43	7	31	36	128	119
43	8	38	43	140	131
43	9	46	51	151	142
43	10	53	59	162	153
43	11	61	67	173	164
43	12	69	75	184	174
43	13	77	84	195	185
43	14	85	92	205	195
43	15	94	101	215	205
43	16	102	110	225	216
43	17	111	119	235	226
43	18	120	128	245	236
43	19	129	137	255	245
43	20	138	146	264	255

N = 430 (Group 4)

n	a	LOWER .975	LOWER .95	UPPER .975	UPPER .95
43	21	147	156	274	265
43	22	156	165	283	274
44	0	0	0	32	26
44	1	1	1	49	42
44	2	3	4	64	56
44	3	7	9	77	69
44	4	12	15	90	82
44	5	18	21	102	94
44	6	24	28	114	105
44	7	31	35	126	117
44	8	38	42	137	128
44	9	45	50	148	139
44	10	52	58	159	149
44	11	59	66	170	160
44	12	67	74	180	171
44	13	75	82	191	181
44	14	83	90	201	191
44	15	91	99	211	201
44	16	100	107	221	211
44	17	108	116	231	221
44	18	117	125	240	231
44	19	125	134	250	240
44	20	134	143	259	250
44	21	143	152	269	259
44	22	152	161	278	269
45	0	0	0	32	26
45	1	1	1	48	41
45	2	3	4	62	55
45	3	7	9	75	68
45	4	12	15	88	80
45	5	18	21	100	92
45	6	24	27	112	103
45	7	30	34	123	114
45	8	37	41	134	125
45	9	44	49	145	136
45	10	51	56	156	146
45	11	58	64	166	157
45	12	66	72	177	167
45	13	73	80	187	177
45	14	81	88	197	187
45	15	89	97	207	197
45	16	97	105	216	207
45	17	106	113	226	216
45	18	114	122	236	226
45	19	122	131	245	236
45	20	131	140	254	245
45	21	140	148	263	254
45	22	149	157	272	263
45	23	158	167	281	273
46	0	0	0	31	25
46	1	1	1	47	40
46	2	3	4	61	54
46	3	7	9	74	66
46	4	12	14	86	78
46	5	17	20	98	90
46	6	23	27	109	101
46	7	29	34	121	112
46	8	36	41	131	122
46	9	43	48	142	133
46	10	50	55	153	143
46	11	57	63	163	154
46	12	64	70	173	164
46	13	72	78	183	174
46	14	79	86	193	183
46	15	87	94	203	193
46	16	95	103	212	203
46	17	103	111	222	212
46	18	111	119	231	222
46	19	120	128	240	231
46	20	128	136	249	240
46	21	137	145	258	249
46	22	145	154	267	258
46	23	154	163	276	267
47	0	0	0	30	25
47	1	1	1	46	39

CONFIDENCE BOUNDS FOR A

N = 430

n	a	LOWER .975	.95	UPPER .975	.95
47	2	3	4	60	53
47	3	7	9	72	65
47	4	12	14	84	76
47	5	17	20	96	88
47	6	23	26	107	99
47	7	29	33	118	109
47	8	35	40	129	120
47	9	42	47	139	130
47	10	49	54	150	140
47	11	56	61	160	150
47	12	63	69	170	160
47	13	70	77	179	170
47	14	78	84	189	180
47	15	85	92	199	189
47	16	93	100	208	199
47	17	101	108	217	208
47	18	109	117	227	217
47	19	117	125	236	227
47	20	125	133	245	236
47	21	133	142	254	245
47	22	142	150	262	253
47	23	150	159	271	262
47	24	159	168	280	271
48	0	0	0	30	24
48	1	1	1	45	39
48	2	3	4	58	51
48	3	7	9	71	63
48	4	11	14	83	75
48	5	17	20	94	86
48	6	22	26	105	97
48	7	28	32	116	107
48	8	34	39	126	118
48	9	41	46	137	128
48	10	48	53	147	138
48	11	55	60	157	147
48	12	62	67	166	157
48	13	69	75	176	167
48	14	76	83	186	176
48	15	83	90	195	186
48	16	91	98	204	195
48	17	99	106	213	204
48	18	106	114	222	213
48	19	114	122	231	222
48	20	122	130	240	231
48	21	130	139	249	240
48	22	139	147	258	249
48	23	147	155	266	257
48	24	155	164	275	266
49	0	0	0	29	24
49	1	1	1	44	38
49	2	3	4	57	50
49	3	7	8	69	62
49	4	11	14	81	73
49	5	16	19	92	84
49	6	22	25	103	95
49	7	28	32	114	105
49	8	34	38	124	115
49	9	40	45	134	125
49	10	47	52	144	135
49	11	53	59	154	145
49	12	60	66	163	154
49	13	67	73	173	164
49	14	74	81	182	173
49	15	82	88	191	182
49	16	89	96	200	191
49	17	97	104	209	200
49	18	104	112	218	209
49	19	112	120	227	218
49	20	120	128	236	227
49	21	128	136	245	236
49	22	136	144	253	244
49	23	144	152	262	253
49	24	152	160	270	261
49	25	160	169	278	270
50	0	0	0	28	23

N = 430

n	a	LOWER .975	.95	UPPER .975	.95
50	1	1	1	43	37
50	2	3	4	56	49
50	3	7	8	68	61
50	4	11	13	79	72
50	5	16	19	90	83
50	6	21	25	101	93
50	7	27	31	111	103
50	8	33	37	121	113
50	9	39	44	131	123
50	10	46	51	141	132
50	11	52	58	151	142
50	12	59	65	160	151
50	13	66	72	169	161
50	14	73	79	179	170
50	15	80	87	188	179
50	16	87	94	197	188
50	17	95	102	206	197
50	18	102	109	214	205
50	19	110	117	223	214
50	20	117	125	232	223
50	21	125	133	240	231
50	22	133	141	249	240
50	23	141	149	257	248
50	24	149	157	265	257
50	25	157	165	273	265
51	0	0	0	28	23
51	1	1	1	42	36
51	2	3	4	55	48
51	3	7	8	67	60
51	4	11	13	78	71
51	5	16	19	89	81
51	6	21	24	99	91
51	7	27	30	109	101
51	8	33	37	119	111
51	9	39	43	129	120
51	10	45	50	139	130
51	11	51	57	148	139
51	12	58	63	157	148
51	13	65	71	166	158
51	14	71	78	175	167
51	15	78	85	184	175
51	16	86	92	193	184
51	17	93	100	202	193
51	18	100	107	211	202
51	19	107	115	219	210
51	20	115	122	228	219
51	21	122	130	236	227
51	22	130	138	244	236
51	23	138	146	252	244
51	24	145	154	261	252
51	25	153	162	269	260
51	26	161	170	277	268
52	0	0	0	27	22
52	1	1	1	41	36
52	2	3	4	54	47
52	3	6	8	65	59
52	4	11	13	76	69
52	5	16	18	87	79
52	6	21	24	97	89
52	7	26	30	107	99
52	8	32	36	117	109
52	9	38	42	127	118
52	10	44	49	136	128
52	11	50	55	145	137
52	12	57	62	154	146
52	13	63	69	163	155
52	14	70	76	172	164
52	15	77	83	181	172
52	16	84	90	190	181
52	17	91	98	198	190
52	18	98	105	207	198
52	19	105	112	215	207
52	20	112	120	224	215
52	21	120	127	232	223
52	22	127	135	240	231

N = 430

n	a	LOWER .975	.95	UPPER .975	.95
52	23	135	143	248	240
52	24	142	151	256	248
52	25	150	158	264	256
52	26	158	166	272	264
53	0	0	0	27	22
53	1	1	1	41	35
53	2	3	4	53	47
53	3	6	8	64	57
53	4	11	13	75	68
53	5	15	18	85	78
53	6	20	23	95	88
53	7	26	29	105	97
53	8	31	35	115	107
53	9	37	42	124	116
53	10	43	48	134	125
53	11	49	54	143	134
53	12	56	61	152	143
53	13	62	68	161	152
53	14	69	75	169	161
53	15	75	82	178	169
53	16	82	89	187	178
53	17	89	96	195	186
53	18	96	103	203	195
53	19	103	110	212	203
53	20	110	118	220	211
53	21	117	125	228	219
53	22	125	132	236	227
53	23	132	140	244	236
53	24	140	148	252	243
53	25	147	155	260	251
53	26	155	163	268	259
53	27	162	171	275	267
54	0	0	0	26	21
54	1	1	1	40	34
54	2	3	4	52	46
54	3	6	8	63	56
54	4	10	12	74	67
54	5	15	18	84	77
54	6	20	23	94	86
54	7	25	29	103	96
54	8	31	35	113	105
54	9	37	41	122	114
54	10	42	47	131	123
54	11	49	53	140	132
54	12	55	60	149	141
54	13	61	67	158	149
54	14	67	73	166	158
54	15	74	80	175	166
54	16	81	87	183	175
54	17	87	94	192	183
54	18	94	101	200	191
54	19	101	108	208	199
54	20	108	115	216	208
54	21	115	123	224	216
54	22	122	130	232	224
54	23	130	137	240	232
54	24	137	145	248	239
54	25	144	152	256	247
54	26	152	160	263	255
54	27	159	167	271	263
55	0	0	0	26	21
55	1	1	1	39	34
55	2	3	4	51	45
55	3	6	8	62	55
55	4	10	12	72	65
55	5	15	17	82	75
55	6	20	23	92	85
55	7	25	28	102	94
55	8	30	34	111	103
55	9	36	40	120	112
55	10	42	46	129	121
55	11	48	52	138	130
55	12	54	59	146	138
55	13	60	65	155	147
55	14	66	72	164	155

N = 430

n	a	LOWER .975	.95	UPPER .975	.95
55	15	73	79	172	163
55	16	79	85	180	172
55	17	86	92	188	180
55	18	92	99	197	188
55	19	99	106	205	196
55	20	106	113	213	204
55	21	113	120	221	212
55	22	120	127	228	220
55	23	127	135	236	228
55	24	134	142	244	235
55	25	141	149	251	243
55	26	149	157	259	251
55	27	156	164	266	258
55	28	164	172	274	266
56	0	0	0	25	20
56	1	1	1	38	33
56	2	3	4	50	44
56	3	6	7	61	54
56	4	10	12	71	64
56	5	15	17	81	74
56	6	19	22	90	83
56	7	24	28	100	92
56	8	30	34	109	101
56	9	35	39	118	110
56	10	41	45	127	119
56	11	47	52	135	127
56	12	53	58	144	136
56	13	59	64	152	144
56	14	65	71	161	152
56	15	71	77	169	161
56	16	78	84	177	169
56	17	84	91	185	177
56	18	91	97	193	185
56	19	97	104	201	193
56	20	104	111	209	201
56	21	111	118	217	209
56	22	118	125	225	216
56	23	125	132	232	224
56	24	132	139	240	232
56	25	139	146	247	239
56	26	146	154	255	247
56	27	153	161	262	254
56	28	160	168	270	262
57	0	0	0	25	20
57	1	1	1	38	32
57	2	3	4	49	43
57	3	6	7	60	53
57	4	10	12	70	63
57	5	14	17	79	73
57	6	19	22	89	82
57	7	24	27	98	91
57	8	29	33	107	100
57	9	35	39	116	108
57	10	40	45	125	117
57	11	46	51	133	125
57	12	52	57	142	134
57	13	58	63	150	142
57	14	64	69	158	150
57	15	70	76	166	158
57	16	76	82	174	166
57	17	83	89	182	174
57	18	89	96	190	182
57	19	96	102	198	190
57	20	102	109	206	197
57	21	109	116	214	205
57	22	116	123	221	213
57	23	122	130	229	220
57	24	129	137	236	228
57	25	136	144	244	235
57	26	143	151	251	243
57	27	150	158	258	250
57	28	157	165	265	257
57	29	165	173	273	265
58	0	0	0	24	20
58	1	1	1	37	32

CONFIDENCE BOUNDS FOR A

N = 430

n	a	LOWER .975	LOWER .95	UPPER .975	UPPER .95
58	2	3	4	48	42
58	3	6	7	59	52
58	4	10	12	69	62
58	5	14	16	78	71
58	6	19	22	87	80
58	7	24	27	96	89
58	8	29	32	105	98
58	9	34	38	114	106
58	10	40	44	123	115
58	11	45	50	131	123
58	12	51	56	139	131
58	13	57	62	147	139
58	14	63	68	156	147
58	15	69	75	164	155
58	16	75	81	172	163
58	17	81	87	179	171
58	18	88	94	187	179
58	19	94	100	195	187
58	20	100	107	203	194
58	21	107	114	210	202
58	22	114	121	218	209
58	23	120	127	225	217
58	24	127	134	232	224
58	25	134	141	240	232
58	26	141	148	247	239
58	27	148	155	254	246
58	28	154	162	261	253
58	29	161	169	269	261
59	0	0	0	24	19
59	1	1	1	36	31
59	2	3	3	47	42
59	3	6	7	58	52
59	4	10	11	67	61
59	5	14	16	77	70
59	6	18	21	86	79
59	7	23	26	95	88
59	8	28	32	104	96
59	9	34	37	112	105
59	10	39	43	121	113
59	11	44	49	129	121
59	12	50	55	137	129
59	13	56	61	145	137
59	14	62	67	153	145
59	15	68	73	161	153
59	16	74	80	169	161
59	17	80	86	177	168
59	18	86	92	184	176
59	19	92	99	192	184
59	20	99	105	199	191
59	21	105	112	207	199
59	22	112	118	214	206
59	23	118	125	222	213
59	24	125	132	229	221
59	25	131	139	236	228
59	26	138	146	243	235
59	27	145	152	250	242
59	28	152	159	257	250
59	29	159	166	264	257
59	30	166	173	271	264
60	0	0	0	23	19
60	1	1	1	36	31
60	2	3	3	47	41
60	3	6	7	57	51
60	4	9	11	66	60
60	5	14	16	76	69
60	6	18	21	85	78
60	7	23	26	93	86
60	8	28	31	102	95
60	9	33	37	110	103
60	10	38	42	119	111
60	11	44	48	127	119
60	12	49	54	135	127
60	13	55	60	143	135
60	14	61	66	151	143
60	15	67	72	158	150

N = 430

n	a	LOWER .975	LOWER .95	UPPER .975	UPPER .95
60	16	73	78	166	158
60	17	79	84	174	166
60	18	85	91	181	173
60	19	91	97	189	181
60	20	97	103	196	188
60	21	103	110	204	196
60	22	110	116	211	203
60	23	116	123	218	210
60	24	123	130	225	217
60	25	129	136	233	225
60	26	136	143	240	232
60	27	142	150	247	239
60	28	149	157	254	246
60	29	156	163	261	253
60	30	163	170	267	260
61	0	0	0	23	19
61	1	1	1	35	30
61	2	3	3	46	40
61	3	6	7	56	50
61	4	9	11	65	59
61	5	13	16	74	68
61	6	18	21	83	76
61	7	23	26	92	85
61	8	27	31	100	93
61	9	33	36	109	101
61	10	38	42	117	109
61	11	43	47	125	117
61	12	49	53	133	125
61	13	54	59	141	133
61	14	60	65	148	141
61	15	65	71	156	148
61	16	71	77	164	156
61	17	77	83	171	163
61	18	83	89	179	171
61	19	89	95	186	178
61	20	95	102	193	185
61	21	102	108	201	193
61	22	108	114	208	200
61	23	114	121	215	207
61	24	120	127	222	214
61	25	127	134	229	221
61	26	133	141	236	228
61	27	140	147	243	235
61	28	146	154	250	242
61	29	153	161	257	249
61	30	160	167	264	256
61	31	166	174	270	263
62	0	0	0	23	18
62	1	1	1	35	30
62	2	3	3	45	40
62	3	6	7	55	49
62	4	9	11	64	58
62	5	13	15	73	67
62	6	18	20	82	75
62	7	22	25	90	83
62	8	27	30	99	92
62	9	32	36	107	100
62	10	37	41	115	108
62	11	42	47	123	115
62	12	48	52	131	123
62	13	53	58	138	131
62	14	59	64	146	138
62	15	64	70	154	146
62	16	70	76	161	153
62	17	76	82	169	161
62	18	82	88	176	168
62	19	88	94	183	175
62	20	94	100	190	182
62	21	100	106	198	190
62	22	106	113	205	197
62	23	112	119	212	204
62	24	118	125	219	211
62	25	125	132	226	218
62	26	131	138	233	225
62	27	137	145	240	232

N = 430

n	a	LOWER .975	LOWER .95	UPPER .975	UPPER .95
62	28	144	151	246	239
62	29	150	158	253	245
62	30	157	164	260	252
62	31	164	171	266	259
63	0	0	0	22	18
63	1	1	1	34	29
63	2	3	3	44	39
63	3	6	7	54	48
63	4	9	11	63	57
63	5	13	15	72	66
63	6	17	20	81	74
63	7	22	25	89	82
63	8	27	30	97	90
63	9	32	35	105	98
63	10	37	41	113	106
63	11	42	46	121	114
63	12	47	51	129	121
63	13	52	57	136	129
63	14	58	63	144	136
63	15	63	69	151	144
63	16	69	74	159	151
63	17	75	80	166	158
63	18	81	86	173	165
63	19	86	92	181	173
63	20	92	98	188	180
63	21	98	105	195	187
63	22	104	111	202	194
63	23	110	117	209	201
63	24	116	123	216	208
63	25	123	130	223	215
63	26	129	136	229	221
63	27	135	142	236	228
63	28	142	149	243	235
63	29	148	155	249	242
63	30	154	162	256	248
63	31	161	168	263	255
63	32	167	175	269	262
64	0	0	0	22	18
64	1	1	1	33	29
64	2	3	3	44	38
64	3	5	7	53	47
64	4	9	11	62	56
64	5	13	15	71	65
64	6	17	20	79	73
64	7	22	24	88	81
64	8	26	29	96	89
64	9	31	35	104	97
64	10	36	40	111	104
64	11	41	45	119	112
64	12	46	51	127	119
64	13	52	56	134	127
64	14	57	62	142	134
64	15	62	68	149	141
64	16	68	73	156	149
64	17	74	79	164	156
64	18	79	85	171	163
64	19	85	91	178	170
64	20	91	97	185	177
64	21	97	103	192	184
64	22	103	109	199	191
64	23	109	115	206	198
64	24	115	121	213	205
64	25	121	127	219	212
64	26	127	134	226	218
64	27	133	140	233	225
64	28	139	146	239	232
64	29	145	153	246	238
64	30	152	159	253	245
64	31	158	166	259	251
64	32	165	172	265	258
65	0	0	0	21	17
65	1	1	1	33	28
65	2	3	3	43	38
65	3	5	7	52	47
65	4	9	11	61	55

N = 430

n	a	LOWER .975	LOWER .95	UPPER .975	UPPER .95
65	5	13	15	70	64
65	6	17	19	78	72
65	7	21	24	86	80
65	8	26	29	94	87
65	9	31	34	102	95
65	10	36	39	110	103
65	11	41	45	117	110
65	12	46	50	125	118
65	13	51	55	132	125
65	14	56	61	140	132
65	15	61	67	147	139
65	16	67	72	154	146
65	17	72	78	161	154
65	18	78	84	168	161
65	19	84	89	175	168
65	20	89	95	182	175
65	21	95	101	189	181
65	22	101	107	196	188
65	23	107	113	203	195
65	24	113	119	210	202
65	25	119	125	216	208
65	26	125	132	223	215
65	27	131	138	229	222
65	28	137	144	236	228
65	29	143	150	243	235
65	30	149	157	249	241
65	31	156	163	255	248
65	32	162	169	262	254
65	33	168	176	268	261
66	0	0	0	21	17
66	1	1	1	32	28
66	2	3	3	42	37
66	3	5	7	51	46
66	4	9	10	60	54
66	5	13	15	69	63
66	6	17	19	77	71
66	7	21	24	85	78
66	8	26	29	93	86
66	9	30	34	101	94
66	10	35	39	108	101
66	11	40	44	116	109
66	12	45	49	123	116
66	13	50	55	130	123
66	14	55	60	138	130
66	15	61	66	145	137
66	16	66	71	152	144
66	17	71	77	159	151
66	18	77	82	166	158
66	19	82	88	173	165
66	20	88	94	180	172
66	21	94	100	186	179
66	22	99	106	193	186
66	23	105	112	200	192
66	24	111	117	207	199
66	25	117	123	213	206
66	26	123	129	220	212
66	27	129	136	226	219
66	28	135	142	233	225
66	29	141	148	239	232
66	30	147	154	246	238
66	31	153	160	252	245
66	32	159	167	258	251
66	33	165	173	265	257
67	0	0	0	21	17
67	1	1	1	32	27
67	2	3	3	42	37
67	3	5	6	51	45
67	4	9	10	59	54
67	5	12	14	68	62
67	6	16	19	76	70
67	7	21	23	84	77
67	8	25	28	91	85
67	9	30	33	99	92
67	10	34	38	107	100
67	11	39	43	114	107

CONFIDENCE BOUNDS FOR A

n	a	LOWER .975	LOWER .95	UPPER .975	UPPER .95	n	a	LOWER .975	LOWER .95	UPPER .975	UPPER .95	n	a	LOWER .975	LOWER .95	UPPER .975	UPPER .95	n	a	LOWER .975	LOWER .95	UPPER .975	UPPER .95
67	12	44	48	121	114	69	17	68	73	152	145	71	20	82	87	168	160	73	21	85	90	170	162
67	13	49	54	128	121	69	18	74	79	159	152	71	21	87	93	174	167	73	22	90	95	176	169
67	14	54	59	136	128	69	19	79	84	166	158	71	22	92	98	180	173	73	23	95	101	182	175
67	15	60	65	143	135	69	20	84	90	172	165	71	23	98	104	187	179	73	24	100	106	188	181
67	16	65	70	150	142	69	21	90	95	179	171	71	24	103	109	193	186	73	25	105	111	194	187
67	17	70	76	157	149	69	22	95	101	185	178	71	25	108	115	199	192	73	26	111	117	200	193
67	18	76	81	164	156	69	23	101	107	192	184	71	26	114	120	205	198	73	27	116	122	206	199
67	19	81	87	170	163	69	24	106	112	198	191	71	27	119	126	212	204	73	28	121	128	212	205
67	20	87	92	177	170	69	25	112	118	205	197	71	28	125	131	218	210	73	29	127	133	218	211
67	21	92	98	184	176	69	26	117	124	211	203	71	29	130	137	224	216	73	30	132	139	224	217
67	22	98	104	191	183	69	27	123	129	217	210	71	30	136	143	230	223	73	31	138	144	230	223
67	23	104	110	197	190	69	28	129	135	224	216	71	31	142	148	236	229	73	32	143	150	236	229
67	24	109	116	204	196	69	29	134	141	230	222	71	32	147	154	242	235	73	33	149	155	242	234
67	25	115	122	210	203	69	30	140	147	236	229	71	33	153	160	248	241	73	34	154	161	247	240
67	26	121	127	217	209	69	31	146	153	242	235	71	34	159	166	254	246	73	35	160	167	253	246
67	27	127	133	223	216	69	32	152	159	248	241	71	35	165	172	259	252	73	36	166	172	259	252
67	28	133	139	230	222	69	33	158	165	254	247	71	36	171	178	265	258	73	37	171	178	264	258
67	29	139	146	236	228	69	34	164	171	260	253	72	0	0	0	19	16	74	0	0	0	19	15
67	30	145	152	242	235	69	35	170	177	266	259	72	1	1	1	30	25	74	1	1	1	29	25
67	31	151	158	249	241	70	0	0	0	20	16	72	2	2	3	39	34	74	2	2	3	37	33
67	32	157	164	255	247	70	1	1	1	30	26	72	3	5	6	47	42	74	3	5	6	46	41
67	33	163	170	261	254	70	2	2	3	40	35	72	4	8	10	55	50	74	4	8	9	54	48
67	34	169	176	267	260	70	3	5	6	48	43	72	5	12	14	63	57	74	5	11	13	61	56
68	0	0	0	20	17	70	4	8	10	57	51	72	6	15	18	70	65	74	6	15	17	69	63
68	1	1	1	31	27	70	5	12	14	65	59	72	7	19	22	78	72	74	7	19	21	76	70
68	2	3	3	41	36	70	6	16	18	73	67	72	8	24	26	85	79	74	8	23	26	83	77
68	3	5	6	50	45	70	7	20	23	80	74	72	9	28	31	92	86	74	9	27	30	90	84
68	4	9	10	58	53	70	8	24	27	88	81	72	10	32	36	99	93	74	10	31	35	97	90
68	5	12	14	67	61	70	9	29	32	95	88	72	11	37	40	106	100	74	11	36	39	103	97
68	6	16	19	75	69	70	10	33	37	102	95	72	12	41	45	113	106	74	12	40	44	110	104
68	7	20	23	82	76	70	11	38	41	109	102	72	13	46	50	120	113	74	13	45	49	117	110
68	8	25	28	90	84	70	12	42	46	116	109	72	14	51	55	127	120	74	14	49	54	123	116
68	9	29	33	98	91	70	13	47	52	123	116	72	15	56	60	133	126	74	15	54	59	130	123
68	10	34	38	105	98	70	14	52	57	130	123	72	16	61	65	140	133	74	16	59	63	136	129
68	11	39	43	112	105	70	15	57	62	137	130	72	17	65	70	146	139	74	17	64	68	142	136
68	12	44	48	120	113	70	16	62	67	144	136	72	18	70	76	153	146	74	18	69	73	149	142
68	13	49	53	127	120	70	17	67	72	150	143	72	19	76	81	159	152	74	19	74	79	155	148
68	14	54	58	134	127	70	18	72	78	157	150	72	20	81	86	166	158	74	20	78	84	161	154
68	15	59	64	141	133	70	19	78	83	163	156	72	21	86	91	172	165	74	21	83	89	167	160
68	16	64	69	148	140	70	20	83	88	170	163	72	22	91	97	178	171	74	22	89	94	174	166
68	17	69	74	154	147	70	21	88	94	176	169	72	23	96	102	184	177	74	23	94	99	180	172
68	18	75	80	161	154	70	22	94	99	183	175	72	24	102	107	191	183	74	24	99	105	186	179
68	19	80	86	168	161	70	23	99	105	189	182	72	25	107	113	197	189	74	25	104	110	192	185
68	20	85	91	175	167	70	24	105	111	196	188	72	26	112	118	203	195	74	26	109	115	198	190
68	21	91	97	181	174	70	25	110	116	202	194	72	27	118	124	209	202	74	27	114	121	204	196
68	22	96	102	188	180	70	26	116	122	208	201	72	28	123	129	215	208	74	28	120	126	210	202
68	23	102	108	194	187	70	27	121	128	214	207	72	29	129	135	221	214	74	29	125	131	215	208
68	24	108	114	201	193	70	28	127	133	221	213	72	30	134	141	227	220	74	30	130	137	221	214
68	25	113	120	207	200	70	29	132	139	227	219	72	31	140	146	233	226	74	31	136	142	227	220
68	26	119	126	214	206	70	30	138	145	233	225	72	32	145	152	239	232	74	32	141	148	233	226
68	27	125	131	220	213	70	31	144	151	239	232	72	33	151	158	245	237	74	33	147	153	239	231
68	28	131	137	227	219	70	32	150	157	245	238	72	34	157	163	250	243	74	34	152	159	244	237
68	29	136	143	233	225	70	33	155	162	251	244	72	35	162	169	256	249	74	35	158	164	250	243
68	30	142	149	239	232	70	34	161	168	257	250	72	36	168	175	262	255	74	36	163	170	256	249
68	31	148	155	245	238	70	35	167	174	263	256	73	0	0	0	19	15	74	37	169	176	261	254
68	32	154	161	251	244	71	0	0	0	19	16	73	1	1	1	29	25	75	0	0	0	18	15
68	33	160	167	258	250	71	1	1	1	30	26	73	2	2	3	38	33	75	1	1	1	28	24
68	34	166	174	264	256	71	2	2	3	39	34	73	3	5	6	46	41	75	2	2	3	37	32
69	0	0	0	20	16	71	3	5	6	48	43	73	4	8	10	54	49	75	3	5	6	45	40
69	1	1	1	31	26	71	4	8	10	56	51	73	5	12	13	62	57	75	4	8	9	53	48
69	2	2	3	40	35	71	5	12	14	64	58	73	6	15	17	70	64	75	5	11	13	60	55
69	3	5	6	49	44	71	6	16	18	71	66	73	7	19	22	77	71	75	6	15	17	68	62
69	4	8	10	58	52	71	7	20	22	79	73	73	8	23	26	84	78	75	7	19	21	75	69
69	5	12	14	66	60	71	8	24	27	86	80	73	9	27	31	91	85	75	8	23	25	82	76
69	6	16	18	74	68	71	9	28	31	94	87	73	10	32	35	98	92	75	9	27	30	89	83
69	7	20	23	81	75	71	10	33	36	101	94	73	11	36	40	105	98	75	10	31	34	95	89
69	8	24	27	89	82	71	11	37	41	108	101	73	12	41	45	112	105	75	11	35	39	102	96
69	9	29	32	96	90	71	12	42	46	115	108	73	13	45	49	118	112	75	12	40	43	109	102
69	10	34	37	104	97	71	13	47	51	121	115	73	14	50	54	125	118	75	13	44	48	115	109
69	11	38	42	111	104	71	14	51	56	128	121	73	15	55	59	131	125	75	14	49	53	122	115
69	12	43	47	118	111	71	15	56	61	135	128	73	16	60	64	138	131	75	15	53	58	128	121
69	13	48	52	125	118	71	16	61	66	142	135	73	17	65	69	144	137	75	16	58	63	134	128
69	14	53	57	132	125	71	17	66	71	148	141	73	18	70	74	151	144	75	17	63	68	141	134
69	15	58	63	139	132	71	18	71	77	155	148	73	19	75	80	157	150	75	18	68	73	147	140
69	16	63	68	146	138	71	19	77	82	161	154	73	20	80	85	163	156	75	19	73	78	153	146

CONFIDENCE BOUNDS FOR A

n	a	LOWER .975	LOWER .95	UPPER .975	UPPER .95	n	a	LOWER .975	LOWER .95	UPPER .975	UPPER .95	n	a	LOWER .975	LOWER .95	UPPER .975	UPPER .95	n	a	LOWER .975	LOWER .95	UPPER .975	UPPER .95
		N = 430						N = 430						N = 430						N = 430			
75	20	77	83	159	152	77	17	61	66	137	130	79	12	38	41	103	97	81	5	11	12	56	51
75	21	82	88	165	158	77	18	66	71	143	136	79	13	42	46	109	103	81	6	14	16	63	57
75	22	87	93	171	164	77	19	71	76	149	142	79	14	46	50	116	109	81	7	17	20	69	64
75	23	92	98	177	170	77	20	75	80	155	148	79	15	51	55	122	115	81	8	21	24	76	70
75	24	97	103	183	176	77	21	80	85	161	154	79	16	55	60	128	121	81	9	25	28	82	76
75	25	103	108	189	182	77	22	85	90	167	160	79	17	60	64	134	127	81	10	29	32	88	83
75	26	108	114	195	188	77	23	90	95	173	166	79	18	64	69	140	133	81	11	33	36	95	89
75	27	113	119	201	194	77	24	95	100	179	172	79	19	69	74	146	139	81	12	37	40	101	95
75	28	118	124	207	200	77	25	100	105	185	178	79	20	74	78	151	145	81	13	41	45	107	101
75	29	123	130	213	206	77	26	105	111	190	183	79	21	78	83	157	150	81	14	45	49	113	107
75	30	129	135	219	211	77	27	110	116	196	189	79	22	83	88	163	156	81	15	50	54	119	112
75	31	134	140	224	217	77	28	115	121	202	195	79	23	88	93	169	162	81	16	54	58	125	118
75	32	139	146	230	223	77	29	120	126	208	201	79	24	92	98	175	168	81	17	58	63	131	124
75	33	145	151	236	229	77	30	125	131	213	206	79	25	97	103	180	173	81	18	63	67	136	130
75	34	150	157	241	234	77	31	130	137	219	212	79	26	102	108	186	179	81	19	67	72	142	136
75	35	155	162	247	240	77	32	135	142	224	217	79	27	107	113	192	185	81	20	72	76	148	141
75	36	161	168	252	246	77	33	141	147	230	223	79	28	112	118	197	190	81	21	76	81	154	147
75	37	166	173	258	251	77	34	146	152	236	229	79	29	117	123	203	196	81	22	81	86	159	153
75	38	172	179	264	257	77	35	151	158	241	234	79	30	122	128	208	201	81	23	86	91	165	158
76	0	0	0	18	15	77	36	157	163	247	240	79	31	127	133	214	207	81	24	90	95	170	164
76	1	1	1	28	24	77	37	162	169	252	245	79	32	132	138	219	212	81	25	95	100	176	169
76	2	2	3	36	32	77	38	167	174	257	251	79	33	137	143	225	218	81	26	100	105	182	175
76	3	5	6	44	40	77	39	173	179	263	256	79	34	142	148	230	223	81	27	104	110	187	180
76	4	8	9	52	47	78	0	0	0	18	14	79	35	147	154	235	229	81	28	109	115	193	186
76	5	11	13	60	54	78	1	1	1	27	23	79	36	152	159	241	234	81	29	114	120	198	191
76	6	15	17	67	61	78	2	2	3	35	31	79	37	158	164	246	239	81	30	119	125	203	197
76	7	18	21	74	68	78	3	5	6	43	39	79	38	163	169	251	245	81	31	124	130	209	202
76	8	22	25	81	75	78	4	8	9	51	46	79	39	168	175	257	250	81	32	129	135	214	207
76	9	26	29	87	81	78	5	11	13	58	53	79	40	173	180	262	255	81	33	134	140	219	213
76	10	31	34	94	88	78	6	14	16	65	60	80	0	0	0	17	14	81	34	138	145	225	218
76	11	35	38	101	94	78	7	18	20	72	66	80	1	1	1	26	23	81	35	143	150	230	223
76	12	39	43	107	101	78	8	22	25	79	73	80	2	2	3	35	30	81	36	148	155	235	229
76	13	44	48	114	107	78	9	26	29	85	79	80	3	5	6	42	38	81	37	154	160	241	234
76	14	48	52	120	113	78	10	30	33	92	86	80	4	8	9	49	45	81	38	159	165	246	239
76	15	53	57	126	120	78	11	34	37	98	92	80	5	11	12	56	51	81	39	164	170	251	244
76	16	57	62	133	126	78	12	38	42	105	98	80	6	14	16	63	58	81	40	169	175	256	250
76	17	62	67	139	132	78	13	43	46	111	104	80	7	18	20	70	65	81	41	174	180	261	255
76	18	67	72	145	138	78	14	47	51	117	111	80	8	21	24	77	71	82	0	0	0	17	13
76	19	72	77	151	144	78	15	51	56	123	117	80	9	25	28	83	77	82	1	1	1	26	22
76	20	76	81	157	150	78	16	56	60	129	123	80	10	29	32	89	84	82	2	2	3	34	30
76	21	81	86	163	156	78	17	61	65	135	129	80	11	33	37	96	90	82	3	5	6	41	37
76	22	86	92	169	162	78	18	65	70	141	135	80	12	37	41	102	96	82	4	7	9	48	44
76	23	91	97	175	168	78	19	70	75	147	141	80	13	42	45	108	102	82	5	10	12	55	50
76	24	96	102	181	174	78	20	74	79	153	147	80	14	46	50	114	108	82	6	14	16	62	57
76	25	101	107	187	180	78	21	79	84	159	152	80	15	50	54	120	114	82	7	17	19	68	63
76	26	106	112	193	186	78	22	84	89	165	158	80	16	55	59	126	120	82	8	21	23	75	69
76	27	111	117	199	192	78	23	89	94	171	164	80	17	59	63	132	126	82	9	25	27	81	75
76	28	116	123	204	197	78	24	94	99	177	170	80	18	64	68	138	131	82	10	29	31	87	82
76	29	122	128	210	203	78	25	99	104	182	175	80	19	68	73	144	137	82	11	33	36	93	88
76	30	127	133	216	209	78	26	103	109	188	181	80	20	73	77	150	143	82	12	37	40	99	93
76	31	132	138	222	214	78	27	108	114	194	187	80	21	77	82	155	149	82	13	41	44	105	99
76	32	137	144	227	220	78	28	113	119	199	193	80	22	82	87	161	154	82	14	45	49	111	105
76	33	143	149	233	226	78	29	118	124	205	198	80	23	87	92	167	160	82	15	49	53	117	111
76	34	148	155	238	231	78	30	124	130	211	204	80	24	91	97	172	166	82	16	53	57	123	117
76	35	153	160	244	237	78	31	129	135	216	209	80	25	96	102	178	171	82	17	58	62	129	123
76	36	159	165	249	243	78	32	134	140	222	215	80	26	101	106	184	177	82	18	62	66	135	128
76	37	164	171	255	248	78	33	139	145	227	220	80	27	106	111	189	182	82	19	66	71	140	134
76	38	170	176	260	254	78	34	144	150	233	226	80	28	111	116	195	188	82	20	71	76	146	140
77	0	0	0	18	14	78	35	149	156	238	231	80	29	115	121	200	193	82	21	75	80	152	145
77	1	1	1	27	24	78	36	154	161	244	237	80	30	120	126	206	199	82	22	80	85	157	151
77	2	2	3	36	32	78	37	160	166	249	242	80	31	125	131	211	204	82	23	84	90	163	156
77	3	5	6	44	39	78	38	165	172	254	248	80	32	130	136	217	210	82	24	89	94	168	162
77	4	8	9	51	46	78	39	170	177	260	253	80	33	135	141	222	215	82	25	94	99	174	167
77	5	11	13	59	54	79	0	0	0	17	14	80	34	140	147	227	221	82	26	98	104	179	173
77	6	15	17	66	60	79	1	1	1	27	23	80	35	145	152	233	226	82	27	103	109	185	178
77	7	18	21	73	67	79	2	2	3	35	31	80	36	150	157	238	231	82	28	108	113	190	184
77	8	22	25	80	74	79	3	5	6	43	38	80	37	156	162	243	237	82	29	113	118	196	189
77	9	26	29	86	80	79	4	8	9	50	45	80	38	161	167	249	242	82	30	117	123	201	194
77	10	30	33	93	87	79	5	11	12	57	52	80	39	166	172	254	247	82	31	122	128	206	200
77	11	34	38	99	93	79	6	14	16	64	59	80	40	171	178	259	252	82	32	127	133	212	205
77	12	39	42	106	100	79	7	18	20	71	65	81	0	0	0	17	14	82	33	132	138	217	210
77	13	43	47	112	106	79	8	22	25	78	72	81	1	1	1	26	22	82	34	137	143	222	216
77	14	48	52	119	112	79	9	26	28	84	78	81	2	2	3	34	30	82	35	142	148	227	221
77	15	52	56	125	118	79	10	30	33	91	85	81	3	5	6	42	37	82	36	147	153	233	226
77	16	57	61	131	124	79	11	34	37	97	91	81	4	7	9	49	44	82	37	152	158	238	231

CONFIDENCE BOUNDS FOR A

		N = 430						N = 430						N = 430						N = 440			
		LOWER		UPPER				LOWER		UPPER				LOWER		UPPER				LOWER		UPPER	
n	a	.975	.95	.975	.95	n	a	.975	.95	.975	.95	n	a	.975	.95	.975	.95	n	a	.975	.95	.975	.95
82	38	157	163	243	236	84	28	105	111	186	179	86	16	51	55	118	111	1	0	0	0	429	418
82	39	162	168	248	242	84	29	110	115	191	185	86	17	55	59	123	117	1	1	11	22	440	440
82	40	167	173	253	247	84	30	115	120	197	190	86	18	59	63	129	122	2	0	0	0	370	341
82	41	172	178	258	252	84	31	119	125	202	195	86	19	63	68	134	128	2	1	6	12	434	428
83	0	0	0	16	13	84	32	124	130	207	200	86	20	68	72	139	133	3	0	0	0	310	277
83	1	1	1	25	22	84	33	129	135	212	205	86	21	72	76	145	139	3	1	4	8	398	380
83	2	2	3	33	29	84	34	133	139	217	211	86	22	76	81	150	144	3	2	42	60	436	432
83	3	5	5	41	36	84	35	138	144	222	216	86	23	81	85	156	149	4	0	0	0	264	231
83	4	7	9	48	43	84	36	143	149	228	221	86	24	85	90	161	154	4	1	3	6	353	329
83	5	10	12	54	50	84	37	148	154	233	226	86	25	89	94	166	160	4	2	31	44	409	396
83	6	14	16	61	56	84	38	153	159	238	231	86	26	94	99	171	165	5	0	0	0	228	197
83	7	17	19	67	62	84	39	158	164	243	236	86	27	98	103	177	170	5	1	3	5	314	288
83	8	21	23	74	68	84	40	162	169	248	241	86	28	103	108	182	175	5	2	24	34	374	356
83	9	24	27	80	75	84	41	167	174	253	246	86	29	107	113	187	181	5	3	66	84	416	406
83	10	28	31	86	81	84	42	172	179	258	251	86	30	112	117	192	186	6	0	0	0	200	171
83	11	32	35	92	86	85	0	0	0	16	13	86	31	116	122	197	191	6	1	2	4	281	255
83	12	36	39	98	92	85	1	1	1	25	21	86	32	121	127	202	196	6	2	20	29	341	319
83	13	40	44	104	98	85	2	2	3	32	28	86	33	126	131	208	201	6	3	53	69	387	371
83	14	44	48	110	104	85	3	4	5	40	35	86	34	130	136	213	206	7	0	0	0	178	152
83	15	48	52	116	110	85	4	7	8	46	42	86	35	135	141	218	211	7	1	2	4	253	228
83	16	53	57	122	115	85	5	10	12	53	48	86	36	140	146	223	216	7	2	17	24	311	288
83	17	57	61	127	121	85	6	13	15	60	55	86	37	144	150	228	221	7	3	45	58	358	340
83	18	61	66	133	127	85	7	17	19	66	61	86	38	149	155	233	226	7	4	82	100	395	382
83	19	66	70	139	132	85	8	20	23	72	67	86	39	154	160	237	231	8	0	0	0	161	136
83	20	70	75	144	138	85	9	24	27	78	73	86	40	159	165	242	236	8	1	2	3	230	205
83	21	74	79	150	143	85	10	28	30	84	79	86	41	163	170	247	241	8	2	15	21	285	262
83	22	79	84	156	149	85	11	31	34	90	84	86	42	168	174	252	246	8	3	39	50	331	311
83	23	83	88	161	154	85	12	35	39	96	90	86	43	173	179	257	251	8	4	71	86	369	354
83	24	88	93	167	160	85	13	39	43	102	96							9	0	0	0	146	123
83	25	93	98	172	165	85	14	43	47	108	102							9	1	2	3	210	187
83	26	97	103	177	171	85	15	47	51	113	107							9	2	13	19	262	240
83	27	102	107	183	176	85	16	52	55	119	113							9	3	34	44	306	287
83	28	106	112	188	181	85	17	56	60	124	118							9	4	62	76	345	328
83	29	111	117	193	187	85	18	60	64	130	124							9	5	95	112	378	364
83	30	116	122	199	192	85	19	64	69	136	129							10	0	0	0	134	112
83	31	121	126	204	197	85	20	68	73	141	135							10	1	2	3	194	172
83	32	125	131	209	203	85	21	73	77	147	140							10	2	12	17	243	221
83	33	130	136	215	208	85	22	77	82	152	146							10	3	31	40	285	265
83	34	135	141	220	213	85	23	82	86	157	151							10	4	55	67	323	305
83	35	140	146	225	218	85	24	86	91	163	156							10	5	84	99	356	341
83	36	145	151	230	223	85	25	90	96	168	162							11	0	0	0	123	103
83	37	150	156	235	229	85	26	95	100	173	167							11	1	1	3	180	158
83	38	155	161	240	234	85	27	99	105	179	172							11	2	11	16	226	205
83	39	160	166	245	239	85	28	104	109	184	177							11	3	28	36	266	246
83	40	164	171	250	244	85	29	109	114	189	183							11	4	50	61	303	284
83	41	169	176	255	249	85	30	113	119	194	188							11	5	75	89	335	319
83	42	175	181	261	254	85	31	118	123	200	193							11	6	105	121	365	351
84	0	0	0	16	13	85	32	122	128	205	198							12	0	0	0	114	95
84	1	1	1	25	21	85	33	127	133	210	203							12	1	1	2	167	147
84	2	2	3	33	29	85	34	132	138	215	208							12	2	10	14	211	191
84	3	5	5	40	36	85	35	137	142	220	213							12	3	25	33	249	230
84	4	7	8	47	42	85	36	141	147	225	218							12	4	45	55	284	266
84	5	10	12	54	49	85	37	146	152	230	224							12	5	68	81	316	300
84	6	14	15	60	55	85	38	151	157	235	229							12	6	95	110	345	330
84	7	17	19	67	61	85	39	156	162	240	234							13	0	0	0	107	89
84	8	20	23	73	68	85	40	160	167	245	239							13	1	1	2	156	137
84	9	24	27	79	74	85	41	165	172	250	244							13	2	9	13	198	178
84	10	28	31	85	80	85	42	170	177	255	249							13	3	23	30	235	216
84	11	32	35	91	85	85	43	175	181	260	253							13	4	41	51	268	250
84	12	36	39	97	91	86	0	0	0	16	13							13	5	63	74	299	282
84	13	40	43	103	97	86	1	1	1	24	21							13	6	86	100	327	312
84	14	44	47	109	103	86	2	2	3	32	28							13	7	113	128	354	340
84	15	48	52	115	108	86	3	4	5	39	35							14	0	0	0	100	83
84	16	52	56	120	114	86	4	7	8	46	41							14	1	1	2	147	129
84	17	56	60	126	120	86	5	10	12	52	48							14	2	9	12	186	168
84	18	61	65	132	125	86	6	13	15	59	54							14	3	22	28	221	203
84	19	65	69	137	131	86	7	17	19	65	60							14	4	38	47	253	236
84	20	69	74	143	136	86	8	20	22	71	66							14	5	58	69	283	266
84	21	74	78	148	142	86	9	24	26	77	72							14	6	80	92	311	295
84	22	78	83	154	147	86	10	27	30	83	78							14	7	103	118	337	322
84	23	82	87	159	153	86	11	31	34	89	83							15	0	0	0	94	78
84	24	87	92	165	158	86	12	35	38	95	89							15	1	1	2	138	121
84	25	91	97	170	163	86	13	39	42	101	95							15	2	8	12	176	158
84	26	96	101	175	169	86	14	43	46	106	100							15	3	20	26	209	191
84	27	101	106	181	174	86	15	47	51	112	106							15	4	36	44	240	223

CONFIDENCE BOUNDS FOR A

n	a	LOWER .975	LOWER .95	UPPER .975	UPPER .95
15	5	54	64	269	252
15	6	74	86	296	280
15	7	96	109	321	306
15	8	119	134	344	331
16	0	0	0	89	73
16	1	1	2	131	114
16	2	8	11	166	149
16	3	19	25	198	181
16	4	33	41	228	211
16	5	50	60	256	239
16	6	69	80	282	266
16	7	89	102	306	291
16	8	111	125	329	315
17	0	0	0	84	69
17	1	1	2	124	108
17	2	7	10	158	141
17	3	18	23	189	172
17	4	31	39	217	200
17	5	47	56	244	227
17	6	64	75	269	253
17	7	83	95	293	278
17	8	103	116	315	301
17	9	125	139	337	324
18	0	0	0	79	66
18	1	1	2	118	103
18	2	7	10	150	134
18	3	17	22	180	164
18	4	30	36	207	191
18	5	44	53	233	217
18	6	61	70	257	242
18	7	78	89	280	265
18	8	97	109	302	288
18	9	117	130	323	310
19	0	0	0	76	62
19	1	1	2	112	98
19	2	7	9	143	128
19	3	16	21	172	156
19	4	28	34	198	182
19	5	42	50	223	207
19	6	57	67	246	231
19	7	74	84	269	254
19	8	91	103	290	276
19	9	110	123	311	297
19	10	129	143	330	317
20	0	0	0	72	59
20	1	1	2	107	93
20	2	6	9	137	122
20	3	15	20	164	149
20	4	27	33	189	174
20	5	40	47	213	198
20	6	54	63	236	221
20	7	70	80	258	243
20	8	86	97	279	265
20	9	104	116	299	285
20	10	122	135	318	305
21	0	0	0	69	57
21	1	1	2	102	89
21	2	6	8	131	117
21	3	15	19	157	143
21	4	25	31	182	167
21	5	38	45	205	190
21	6	52	60	227	212
21	7	66	76	248	233
21	8	82	92	268	254
21	9	98	110	288	274
21	10	116	128	306	293
21	11	134	147	324	312
22	0	0	0	66	54
22	1	1	1	98	85
22	2	6	8	126	112
22	3	14	18	151	137
22	4	24	30	174	160
22	5	36	43	197	182
22	6	49	57	218	204
22	7	63	72	239	224
22	8	78	88	258	244
22	9	93	104	277	264
22	10	110	122	296	283
22	11	127	139	313	301
23	0	0	0	63	52
23	1	1	1	94	82
23	2	6	8	121	107
23	3	13	17	145	131
23	4	23	28	168	154
23	5	35	41	189	175
23	6	47	55	210	196
23	7	60	69	230	216
23	8	74	84	249	235
23	9	89	100	268	254
23	10	105	116	285	272
23	11	121	133	303	290
23	12	137	150	319	307
24	0	0	0	61	50
24	1	1	1	90	78
24	2	5	7	116	103
24	3	13	17	140	126
24	4	22	27	162	148
24	5	33	39	183	169
24	6	45	52	203	189
24	7	58	66	222	208
24	8	71	80	241	227
24	9	85	95	259	245
24	10	100	111	276	263
24	11	115	127	293	280
24	12	131	143	309	297
25	0	0	0	58	48
25	1	1	1	87	75
25	2	5	7	112	99
25	3	12	16	135	122
25	4	21	26	156	143
25	5	32	38	176	163
25	6	43	50	196	182
25	7	55	63	214	201
25	8	68	77	232	219
25	9	81	91	250	237
25	10	95	106	267	254
25	11	110	121	283	271
25	12	125	137	299	287
25	13	141	153	315	303
26	0	0	0	56	46
26	1	1	1	84	73
26	2	5	7	108	96
26	3	12	15	130	117
26	4	21	25	151	138
26	5	31	36	170	157
26	6	41	48	189	176
26	7	53	61	207	194
26	8	65	74	225	212
26	9	78	87	242	229
26	10	92	102	259	246
26	11	105	116	275	262
26	12	120	131	290	278
26	13	134	146	306	294
27	0	0	0	54	44
27	1	1	1	81	70
27	2	5	7	104	92
27	3	12	15	125	113
27	4	20	24	145	133
27	5	29	35	165	152
27	6	40	46	183	170
27	7	51	58	201	188
27	8	63	71	218	205
27	9	75	84	234	222
27	10	88	98	251	238
27	11	101	111	266	254
27	12	115	126	282	270
27	13	129	140	297	285
27	14	143	155	311	300
28	0	0	0	52	43
28	1	1	1	78	68
28	2	5	7	101	89
28	3	11	14	121	109
28	4	19	23	141	128
28	5	28	34	159	147
28	6	38	45	177	164
28	7	49	56	194	182
28	8	60	68	211	198
28	9	72	81	227	215
28	10	85	94	243	230
28	11	97	107	258	246
28	12	110	121	273	261
28	13	124	135	288	276
28	14	138	149	302	291
29	0	0	0	50	41
29	1	1	1	76	65
29	2	5	6	97	86
29	3	11	14	117	106
29	4	19	23	136	124
29	5	27	33	154	142
29	6	37	43	172	159
29	7	47	54	188	176
29	8	58	66	205	192
29	9	70	78	220	208
29	10	81	90	236	224
29	11	94	103	251	239
29	12	106	116	266	254
29	13	119	130	280	268
29	14	133	143	294	283
29	15	146	157	307	297
30	0	0	0	49	40
30	1	1	1	73	63
30	2	5	6	94	84
30	3	11	13	114	102
30	4	18	22	132	120
30	5	27	31	150	138
30	6	36	42	167	154
30	7	46	52	183	171
30	8	56	64	199	186
30	9	67	75	214	202
30	10	79	87	229	217
30	11	90	100	244	232
30	12	102	112	258	246
30	13	115	125	272	261
30	14	128	138	286	275
30	15	141	152	299	288
31	0	0	0	47	39
31	1	1	1	71	61
31	2	4	6	92	81
31	3	10	13	110	99
31	4	17	21	128	117
31	5	26	30	145	134
31	6	35	40	162	150
31	7	44	51	178	166
31	8	54	62	193	181
31	9	65	73	208	196
31	10	76	84	223	211
31	11	87	96	237	225
31	12	99	108	251	239
31	13	111	121	265	253
31	14	123	133	278	267
31	15	136	146	291	280
31	16	149	160	304	294
32	0	0	0	46	37
32	1	1	1	69	59
32	2	4	6	89	79
32	3	10	13	107	96
32	4	17	21	125	113
32	5	25	30	141	130
32	6	34	39	157	145
32	7	43	49	173	161
32	8	53	60	188	176
32	9	63	70	202	191
32	10	73	82	217	205
32	11	84	93	231	219
32	12	96	105	244	233
32	13	107	117	258	246
32	14	119	129	271	260
32	15	131	141	284	273
32	16	143	154	297	286
33	0	0	0	44	36
33	1	1	1	67	58
33	2	4	6	86	76
33	3	10	12	104	94
33	4	16	20	121	110
33	5	24	29	137	126
33	6	33	38	153	141
33	7	42	48	168	156
33	8	51	58	183	171
33	9	61	68	197	185
33	10	71	79	211	199
33	11	82	90	225	213
33	12	93	101	238	227
33	13	104	113	251	240
33	14	115	125	264	253
33	15	127	137	277	266
33	16	139	149	289	278
33	17	151	162	301	291
34	0	0	0	43	35
34	1	1	1	65	56
34	2	4	5	84	74
34	3	9	12	101	91
34	4	16	19	118	107
34	5	24	28	133	123
34	6	32	37	149	137
34	7	40	46	163	152
34	8	50	56	178	166
34	9	59	66	192	180
34	10	69	77	206	194
34	11	79	87	219	207
34	12	90	98	232	221
34	13	100	110	245	234
34	14	111	121	258	246
34	15	123	133	270	259
34	16	134	144	282	271
34	17	146	156	294	284
35	0	0	0	42	34
35	1	1	1	63	54
35	2	4	5	81	72
35	3	9	12	98	88
35	4	16	19	115	104
35	5	23	27	130	119
35	6	31	36	145	134
35	7	39	45	159	148
35	8	48	54	173	162
35	9	57	64	187	176
35	10	67	74	200	189
35	11	77	85	213	202
35	12	87	95	226	215
35	13	97	106	239	228
35	14	108	117	251	240
35	15	119	128	263	253
35	16	130	140	275	265
35	17	141	151	287	277
35	18	153	163	299	289
36	0	0	0	41	33
36	1	1	1	61	53
36	2	4	5	79	70
36	3	9	11	96	86
36	4	15	18	112	101
36	5	22	26	127	116
36	6	30	35	141	130
36	7	38	44	155	144
36	8	47	53	169	158
36	9	56	62	182	171
36	10	65	72	195	184
36	11	75	82	208	197
36	12	84	93	221	210
36	13	95	103	233	222
36	14	105	114	245	234
36	15	115	125	257	246

N = 440

CONFIDENCE BOUNDS FOR A

N = 440

n	a	LOWER .975	LOWER .95	UPPER .975	UPPER .95
36	16	126	136	269	258
36	17	137	147	281	270
36	18	148	158	292	282
37	0	0	0	40	32
37	1	1	1	60	51
37	2	4	5	77	68
37	3	9	11	93	84
37	4	15	18	109	99
37	5	22	26	123	113
37	6	29	34	138	127
37	7	37	43	151	141
37	8	46	51	165	154
37	9	54	61	178	167
37	10	63	70	191	180
37	11	73	80	203	192
37	12	82	90	216	205
37	13	92	100	228	217
37	14	102	111	240	229
37	15	112	121	251	241
37	16	122	132	263	252
37	17	133	143	274	264
37	18	144	154	285	275
37	19	155	165	296	286
38	0	0	0	38	31
38	1	1	1	58	50
38	2	4	5	75	66
38	3	9	11	91	82
38	4	14	18	106	96
38	5	21	25	120	110
38	6	28	33	134	124
38	7	36	41	148	137
38	8	44	50	161	150
38	9	53	59	174	163
38	10	62	68	186	175
38	11	71	78	198	188
38	12	80	88	211	200
38	13	89	97	222	212
38	14	99	108	234	223
38	15	109	118	246	235
38	16	119	128	257	246
38	17	129	139	268	258
38	18	140	149	279	269
38	19	150	160	290	280
39	0	0	0	37	31
39	1	1	1	57	49
39	2	4	5	73	65
39	3	8	11	89	80
39	4	14	17	103	94
39	5	21	24	117	108
39	6	28	32	131	121
39	7	35	40	144	134
39	8	43	49	157	146
39	9	51	58	169	159
39	10	60	67	182	171
39	11	69	76	194	183
39	12	78	85	206	195
39	13	87	95	217	207
39	14	96	105	229	218
39	15	106	115	240	230
39	16	116	125	251	241
39	17	126	135	262	252
39	18	136	145	273	263
39	19	146	156	283	274
39	20	157	166	294	284
40	0	0	0	37	30
40	1	1	1	55	48
40	2	4	5	72	63
40	3	8	10	87	78
40	4	14	17	101	92
40	5	20	24	115	105
40	6	27	31	128	118
40	7	34	39	141	131
40	8	42	48	153	143
40	9	50	56	166	155
40	10	58	65	178	167

N = 440

n	a	LOWER .975	LOWER .95	UPPER .975	UPPER .95
40	11	67	74	189	179
40	12	76	83	201	191
40	13	85	92	213	202
40	14	94	102	224	213
40	15	103	112	235	224
40	16	113	121	246	235
40	17	122	131	256	246
40	18	132	141	267	257
40	19	142	152	278	268
40	20	152	162	288	278
41	0	0	0	36	29
41	1	1	1	54	46
41	2	4	5	70	62
41	3	8	10	85	76
41	4	13	16	99	89
41	5	20	23	112	103
41	6	26	31	125	115
41	7	34	38	138	128
41	8	41	46	150	140
41	9	49	55	162	152
41	10	57	63	174	163
41	11	65	72	185	175
41	12	74	81	197	186
41	13	83	90	208	198
41	14	91	99	219	209
41	15	100	109	230	220
41	16	110	118	240	230
41	17	119	128	251	241
41	18	129	138	261	251
41	19	138	148	272	262
41	20	148	158	282	272
41	21	158	168	292	282
42	0	0	0	35	28
42	1	1	1	53	45
42	2	3	5	68	60
42	3	8	10	83	74
42	4	13	16	96	87
42	5	19	23	109	100
42	6	26	30	122	113
42	7	33	38	135	125
42	8	40	45	147	137
42	9	48	53	158	148
42	10	56	62	170	160
42	11	64	70	181	171
42	12	72	79	192	182
42	13	81	88	203	193
42	14	89	97	214	204
42	15	98	106	225	215
42	16	107	115	235	225
42	17	116	125	246	236
42	18	125	134	256	246
42	19	135	144	266	256
42	20	144	154	276	267
42	21	154	164	286	276
43	0	0	0	34	28
43	1	1	1	51	44
43	2	3	5	67	59
43	3	8	10	81	72
43	4	13	16	94	85
43	5	19	22	107	98
43	6	25	29	119	110
43	7	32	37	132	122
43	8	39	44	143	134
43	9	47	52	155	145
43	10	54	60	166	156
43	11	62	69	177	167
43	12	70	77	188	178
43	13	79	86	199	189
43	14	87	95	210	200
43	15	96	103	220	210
43	16	104	112	231	221
43	17	113	122	241	231
43	18	122	131	251	241
43	19	131	140	261	251
43	20	141	150	271	261

N = 440

n	a	LOWER .975	LOWER .95	UPPER .975	UPPER .95
43	21	150	159	280	271
43	22	160	169	290	281
44	0	0	0	33	27
44	1	1	1	50	43
44	2	3	4	65	57
44	3	8	9	79	71
44	4	13	15	92	84
44	5	18	22	105	96
44	6	25	29	117	108
44	7	31	36	129	119
44	8	38	43	140	131
44	9	46	51	152	142
44	10	53	59	163	153
44	11	61	67	174	164
44	12	69	75	184	175
44	13	77	84	195	185
44	14	85	92	206	196
44	15	93	101	216	206
44	16	102	110	226	216
44	17	111	119	236	226
44	18	119	128	246	236
44	19	128	137	256	246
44	20	137	146	265	256
44	21	146	156	275	265
44	22	156	165	284	275
45	0	0	0	32	26
45	1	1	1	49	42
45	2	3	4	64	56
45	3	7	9	77	69
45	4	12	15	90	82
45	5	18	21	102	94
45	6	24	28	114	105
45	7	31	35	126	117
45	8	38	42	137	128
45	9	45	50	149	139
45	10	52	58	159	150
45	11	59	66	170	160
45	12	67	74	181	171
45	13	75	82	191	181
45	14	83	90	201	192
45	15	91	99	212	202
45	16	100	107	222	212
45	17	108	116	231	222
45	18	117	125	241	231
45	19	125	134	251	241
45	20	134	143	260	251
45	21	143	152	270	260
45	22	152	161	279	270
45	23	161	170	288	279
46	0	0	0	32	26
46	1	1	1	48	41
46	2	3	4	62	55
46	3	7	9	76	68
46	4	12	15	88	80
46	5	18	21	100	92
46	6	24	27	112	103
46	7	30	34	123	114
46	8	37	41	135	125
46	9	44	49	146	136
46	10	51	56	156	147
46	11	58	64	167	157
46	12	66	72	177	167
46	13	73	80	187	178
46	14	81	88	197	188
46	15	89	96	207	198
46	16	97	105	217	207
46	17	105	113	227	217
46	18	114	122	236	227
46	19	122	131	246	236
46	20	131	139	255	246
46	21	140	148	265	255
46	22	148	157	274	264
46	23	157	166	283	274
47	0	0	0	31	25
47	1	1	1	47	40

N = 440

n	a	LOWER .975	LOWER .95	UPPER .975	UPPER .95
47	2	3	4	61	54
47	3	7	9	74	66
47	4	12	14	86	78
47	5	17	20	98	90
47	6	23	27	110	101
47	7	29	34	121	112
47	8	36	41	132	123
47	9	43	48	143	133
47	10	50	55	153	144
47	11	57	63	163	154
47	12	64	70	174	164
47	13	72	78	184	174
47	14	79	86	194	184
47	15	87	94	203	194
47	16	95	103	213	203
47	17	103	111	223	213
47	18	111	119	232	222
47	19	120	128	241	232
47	20	128	136	251	241
47	21	136	145	260	250
47	22	145	154	269	259
47	23	154	163	278	268
47	24	162	172	286	277
48	0	0	0	30	25
48	1	1	1	46	40
48	2	3	4	60	53
48	3	7	9	73	65
48	4	12	14	85	77
48	5	17	20	96	88
48	6	23	26	108	99
48	7	29	32	119	110
48	8	35	40	129	120
48	9	42	47	140	131
48	10	49	54	150	141
48	11	56	61	160	151
48	12	63	69	170	161
48	13	70	77	180	171
48	14	78	84	190	180
48	15	85	92	200	190
48	16	93	100	209	200
48	17	101	108	218	209
48	18	109	117	228	218
48	19	117	125	237	227
48	20	125	133	246	237
48	21	133	142	255	246
48	22	142	150	264	255
48	23	150	159	273	264
48	24	159	168	281	272
49	0	0	0	30	24
49	1	1	1	45	39
49	2	3	4	59	52
49	3	7	9	71	64
49	4	12	14	83	75
49	5	17	20	94	86
49	6	22	26	105	97
49	7	28	32	116	108
49	8	35	39	127	118
49	9	41	46	137	128
49	10	48	53	147	138
49	11	55	60	157	148
49	12	62	68	167	158
49	13	69	75	177	167
49	14	76	83	186	177
49	15	84	90	196	186
49	16	91	98	205	196
49	17	99	106	214	205
49	18	107	114	224	214
49	19	114	122	233	223
49	20	122	130	241	232
49	21	130	139	250	241
49	22	139	147	259	250
49	23	147	156	268	259
49	24	155	164	276	267
49	25	164	173	285	276
50	0	0	0	29	24

CONFIDENCE BOUNDS FOR A

N = 440				
		LOWER		UPPER
n	a	.975	.95	.975	.95

Block 1

n	a	.975	.95	.975	.95
50	1	1	1	44	38
50	2	3	4	57	51
50	3	7	8	70	62
50	4	11	14	81	74
50	5	16	19	93	85
50	6	22	25	103	95
50	7	28	32	114	106
50	8	34	38	124	116
50	9	40	45	135	126
50	10	47	52	145	136
50	11	53	59	154	145
50	12	60	66	164	155
50	13	67	74	174	164
50	14	75	81	183	174
50	15	82	89	192	183
50	16	89	96	201	192
50	17	97	104	211	201
50	18	104	112	219	210
50	19	112	120	228	219
50	20	120	128	237	228
50	21	128	136	246	237
50	22	136	144	254	245
50	23	144	152	263	254
50	24	152	161	271	263
50	25	160	169	280	271
51	0	0	0	28	23
51	1	1	1	43	37
51	2	3	4	56	50
51	3	7	8	68	61
51	4	11	13	80	72
51	5	16	19	91	83
51	6	22	25	101	93
51	7	27	31	112	104
51	8	33	37	122	114
51	9	39	44	132	123
51	10	46	51	142	133
51	11	52	58	151	143
51	12	59	65	161	152
51	13	66	72	170	161
51	14	73	79	180	171
51	15	80	87	189	180
51	16	87	94	198	189
51	17	95	102	207	198
51	18	102	110	216	206
51	19	110	117	224	215
51	20	117	125	233	224
51	21	125	133	242	233
51	22	133	141	250	241
51	23	141	149	258	250
51	24	149	157	267	258
51	25	157	165	275	266
51	26	165	174	283	275
52	0	0	0	28	23
52	1	1	1	42	36
52	2	3	4	55	49
52	3	7	8	67	60
52	4	11	13	78	71
52	5	16	19	89	81
52	6	21	24	100	92
52	7	27	30	110	102
52	8	33	37	120	111
52	9	39	43	130	121
52	10	45	50	139	131
52	11	51	57	149	140
52	12	58	64	158	149
52	13	65	71	167	158
52	14	72	78	176	167
52	15	79	85	185	176
52	16	86	92	194	185
52	17	93	100	203	194
52	18	100	107	212	203
52	19	108	115	220	211
52	20	115	123	229	220
52	21	123	130	237	228
52	22	130	138	246	237

Block 2

n	a	.975	.95	.975	.95
52	23	138	146	254	245
52	24	146	154	262	254
52	25	154	162	270	262
52	26	162	170	278	270
53	0	0	0	27	22
53	1	1	1	42	36
53	2	3	4	54	48
53	3	6	8	66	59
53	4	11	13	77	70
53	5	16	18	87	80
53	6	21	24	98	90
53	7	26	30	108	100
53	8	32	36	118	109
53	9	38	42	127	119
53	10	44	49	137	128
53	11	50	56	146	137
53	12	57	62	155	147
53	13	64	69	164	156
53	14	70	76	173	164
53	15	77	83	182	173
53	16	84	91	191	182
53	17	91	98	200	191
53	18	98	105	208	199
53	19	105	113	217	208
53	20	113	120	225	216
53	21	120	128	233	225
53	22	128	135	242	233
53	23	135	143	250	241
53	24	143	151	258	249
53	25	150	159	266	257
53	26	158	167	274	265
53	27	166	175	282	273
54	0	0	0	27	22
54	1	1	1	41	35
54	2	3	4	53	47
54	3	6	8	65	58
54	4	11	13	75	68
54	5	15	18	86	78
54	6	20	24	96	88
54	7	26	29	106	98
54	8	31	35	116	107
54	9	37	42	125	117
54	10	43	48	134	126
54	11	50	55	144	135
54	12	56	61	153	144
54	13	62	68	162	153
54	14	69	75	170	162
54	15	76	82	179	170
54	16	82	89	188	179
54	17	89	96	196	187
54	18	96	103	205	196
54	19	103	111	213	204
54	20	111	118	221	212
54	21	118	125	230	221
54	22	125	133	238	229
54	23	133	140	246	237
54	24	140	148	254	245
54	25	148	156	262	253
54	26	155	163	269	261
54	27	163	171	277	269
55	0	0	0	26	21
55	1	1	1	40	34
55	2	3	4	52	46
55	3	6	8	63	57
55	4	10	12	74	67
55	5	15	18	84	77
55	6	20	23	94	87
55	7	25	29	104	96
55	8	31	35	114	106
55	9	37	41	123	115
55	10	43	47	132	124
55	11	49	54	141	133
55	12	55	60	150	141
55	13	61	67	159	150
55	14	68	74	167	159

Block 3

n	a	.975	.95	.975	.95
55	15	74	80	176	167
55	16	81	87	185	176
55	17	88	94	193	184
55	18	95	101	201	192
55	19	101	108	210	201
55	20	108	116	218	209
55	21	116	123	226	217
55	22	123	130	234	225
55	23	130	138	242	233
55	24	137	145	250	241
55	25	145	153	257	249
55	26	152	160	265	257
55	27	160	168	273	264
55	28	167	176	280	272
56	0	0	0	26	21
56	1	1	1	39	34
56	2	3	4	51	45
56	3	6	8	62	56
56	4	10	12	73	66
56	5	15	17	83	76
56	6	20	23	93	85
56	7	25	28	102	94
56	8	30	34	112	104
56	9	36	40	121	113
56	10	42	46	130	122
56	11	48	53	139	130
56	12	54	59	147	139
56	13	60	66	156	148
56	14	66	72	165	156
56	15	73	79	173	165
56	16	79	86	181	173
56	17	86	93	190	181
56	18	93	99	198	189
56	19	100	106	206	197
56	20	106	114	214	205
56	21	113	121	222	213
56	22	120	128	230	221
56	23	128	135	238	229
56	24	135	142	246	237
56	25	142	150	253	245
56	26	149	157	261	253
56	27	157	165	268	260
56	28	164	172	276	268
57	0	0	0	25	21
57	1	1	1	39	33
57	2	3	4	50	44
57	3	6	8	61	55
57	4	10	12	71	65
57	5	15	17	81	74
57	6	19	22	91	84
57	7	25	28	100	93
57	8	30	34	110	102
57	9	35	39	119	111
57	10	41	46	128	120
57	11	47	52	136	128
57	12	53	58	145	137
57	13	59	64	154	145
57	14	65	71	162	153
57	15	72	78	170	162
57	16	78	84	179	170
57	17	85	91	187	178
57	18	91	98	195	186
57	19	98	105	203	194
57	20	105	111	211	202
57	21	111	118	219	210
57	22	118	126	226	218
57	23	125	133	234	226
57	24	132	140	242	233
57	25	139	147	249	241
57	26	146	154	257	249
57	27	154	162	264	256
57	28	161	169	272	264
57	29	168	176	279	271
58	0	0	0	25	20
58	1	1	1	38	33

Block 4

n	a	.975	.95	.975	.95
58	2	3	4	49	43
58	3	6	7	60	54
58	4	10	12	70	64
58	5	14	17	80	73
58	6	19	22	90	82
58	7	24	27	99	91
58	8	29	33	108	100
58	9	35	39	117	109
58	10	40	45	125	118
58	11	46	51	134	126
58	12	52	57	143	134
58	13	58	63	151	143
58	14	64	70	159	151
58	15	70	76	168	159
58	16	77	83	176	167
58	17	83	89	184	175
58	18	90	96	192	183
58	19	96	103	200	191
58	20	103	110	207	199
58	21	109	116	215	207
58	22	116	123	223	214
58	23	123	130	230	222
58	24	130	137	238	230
58	25	137	144	245	237
58	26	144	152	253	245
58	27	151	159	260	252
58	28	158	166	268	259
58	29	165	173	275	267
59	0	0	0	24	20
59	1	1	1	37	32
59	2	3	4	49	43
59	3	6	7	59	53
59	4	10	12	69	62
59	5	14	17	79	72
59	6	19	22	88	81
59	7	24	27	97	90
59	8	29	33	106	99
59	9	34	38	115	107
59	10	40	44	123	116
59	11	45	50	132	124
59	12	51	56	140	132
59	13	57	62	149	140
59	14	63	69	157	149
59	15	69	75	165	157
59	16	75	81	173	165
59	17	82	88	181	172
59	18	88	94	189	180
59	19	94	101	196	188
59	20	101	108	204	196
59	21	107	114	212	203
59	22	114	121	219	211
59	23	121	128	227	219
59	24	128	135	234	226
59	25	134	142	242	233
59	26	141	149	249	241
59	27	148	156	256	248
59	28	155	163	264	255
59	29	162	170	271	263
59	30	169	177	278	270
60	0	0	0	24	19
60	1	1	1	37	31
60	2	3	3	48	42
60	3	6	7	58	52
60	4	10	12	68	61
60	5	14	16	77	71
60	6	19	21	87	80
60	7	23	27	96	88
60	8	28	32	104	97
60	9	34	38	113	105
60	10	39	43	121	114
60	11	45	49	130	122
60	12	50	55	138	130
60	13	56	61	146	138
60	14	62	67	154	146
60	15	68	74	162	154

CONFIDENCE BOUNDS FOR A

N = 440

n	a	LOWER .975	.95	UPPER .975	.95
60	16	74	80	170	162
60	17	80	86	178	170
60	18	86	93	186	177
60	19	93	99	193	185
60	20	99	106	201	193
60	21	106	112	209	200
60	22	112	119	216	208
60	23	119	126	223	215
60	24	125	133	231	223
60	25	132	139	238	230
60	26	139	146	245	237
60	27	146	153	253	244
60	28	152	160	260	252
60	29	159	167	267	259
60	30	166	174	274	266
61	0	0	0	24	19
61	1	1	1	36	31
61	2	3	3	47	41
61	3	6	7	57	51
61	4	10	11	67	60
61	5	14	16	76	69
61	6	18	21	85	78
61	7	23	26	94	87
61	8	28	32	103	95
61	9	33	37	111	104
61	10	39	43	120	112
61	11	44	48	128	120
61	12	50	54	136	128
61	13	55	60	144	136
61	14	61	66	152	144
61	15	67	72	160	152
61	16	73	79	168	159
61	17	79	85	175	167
61	18	85	91	183	175
61	19	91	98	190	182
61	20	97	104	198	190
61	21	104	110	205	197
61	22	110	117	213	205
61	23	117	124	220	212
61	24	123	130	227	219
61	25	130	137	235	226
61	26	136	144	242	234
61	27	143	150	249	241
61	28	150	157	256	248
61	29	156	164	263	255
61	30	163	171	270	262
61	31	170	178	277	269
62	0	0	0	23	19
62	1	1	1	35	30
62	2	3	3	46	41
62	3	6	7	56	50
62	4	9	11	66	59
62	5	14	16	75	68
62	6	18	21	84	77
62	7	23	26	93	85
62	8	28	31	101	94
62	9	33	36	109	102
62	10	38	42	118	110
62	11	43	48	126	118
62	12	49	53	134	126
62	13	54	59	142	134
62	14	60	65	150	142
62	15	66	71	157	149
62	16	72	77	165	157
62	17	78	83	173	164
62	18	84	90	180	172
62	19	90	96	188	179
62	20	96	102	195	187
62	21	102	109	202	194
62	22	108	115	210	201
62	23	115	122	217	209
62	24	121	128	224	216
62	25	128	135	231	223
62	26	134	141	238	230
62	27	141	148	245	237

N = 440

n	a	LOWER .975	.95	UPPER .975	.95
62	28	147	155	252	244
62	29	154	161	259	251
62	30	161	168	266	258
62	31	167	175	273	265
63	0	0	0	23	18
63	1	1	1	35	30
63	2	3	3	45	40
63	3	6	7	55	49
63	4	9	11	65	58
63	5	13	16	74	67
63	6	18	20	83	76
63	7	22	25	91	84
63	8	27	31	99	92
63	9	32	36	108	100
63	10	37	41	116	108
63	11	43	47	124	116
63	12	48	53	132	124
63	13	54	58	140	132
63	14	59	64	147	139
63	15	65	70	155	147
63	16	71	76	163	155
63	17	76	82	170	162
63	18	82	88	177	169
63	19	88	94	185	177
63	20	94	101	192	184
63	21	100	107	199	191
63	22	107	113	207	198
63	23	113	120	214	206
63	24	119	126	221	213
63	25	125	132	228	220
63	26	132	139	235	227
63	27	138	146	242	234
63	28	145	152	249	241
63	29	151	159	255	247
63	30	158	165	262	254
63	31	164	172	269	261
63	32	171	179	276	268
64	0	0	0	22	18
64	1	1	1	34	29
64	2	3	3	45	39
64	3	6	7	54	49
64	4	9	11	64	58
64	5	13	15	73	66
64	6	17	20	81	75
64	7	22	25	90	83
64	8	27	30	98	91
64	9	32	35	106	99
64	10	37	41	114	107
64	11	42	46	122	115
64	12	47	52	130	122
64	13	53	57	138	130
64	14	58	63	145	137
64	15	64	69	153	145
64	16	69	75	160	152
64	17	75	81	168	160
64	18	81	87	175	167
64	19	87	93	182	174
64	20	93	99	189	181
64	21	99	105	196	188
64	22	105	111	204	196
64	23	111	118	211	203
64	24	117	124	218	210
64	25	123	130	225	217
64	26	130	137	231	223
64	27	136	143	238	230
64	28	142	150	245	237
64	29	149	156	252	244
64	30	155	163	258	251
64	31	162	169	265	257
64	32	168	176	272	264
65	0	0	0	22	18
65	1	1	1	34	29
65	2	3	3	44	39
65	3	6	7	54	48
65	4	9	11	63	57

N = 440

n	a	LOWER .975	.95	UPPER .975	.95
65	5	13	15	71	65
65	6	17	20	80	73
65	7	22	25	88	82
65	8	26	30	96	90
65	9	31	35	105	97
65	10	36	40	112	105
65	11	41	46	120	113
65	12	47	51	128	120
65	13	52	57	135	128
65	14	57	62	143	135
65	15	63	68	150	143
65	16	68	74	158	150
65	17	74	80	165	157
65	18	80	86	172	164
65	19	86	91	179	172
65	20	91	97	187	179
65	21	97	104	194	186
65	22	103	110	201	193
65	23	109	116	208	200
65	24	115	122	215	207
65	25	121	128	221	213
65	26	128	135	228	220
65	27	134	141	235	227
65	28	140	147	242	234
65	29	146	154	248	241
65	30	153	160	255	247
65	31	159	167	261	254
65	32	165	173	268	260
65	33	172	180	275	267
66	0	0	0	22	18
66	1	1	1	33	28
66	2	3	3	43	38
66	3	5	7	53	47
66	4	9	11	62	56
66	5	13	15	70	64
66	6	17	20	79	72
66	7	21	24	87	80
66	8	26	29	95	88
66	9	31	34	103	96
66	10	36	40	111	104
66	11	41	45	118	111
66	12	46	50	126	119
66	13	51	56	134	126
66	14	56	61	141	133
66	15	62	67	148	141
66	16	67	73	156	148
66	17	73	78	163	155
66	18	79	84	170	162
66	19	84	90	177	169
66	20	90	96	184	176
66	21	96	102	191	183
66	22	102	108	198	190
66	23	108	114	205	197
66	24	113	120	212	204
66	25	120	126	218	210
66	26	126	132	225	217
66	27	132	139	232	224
66	28	138	145	238	231
66	29	144	151	245	237
66	30	150	158	251	244
66	31	157	164	258	250
66	32	163	170	264	257
66	33	169	177	271	263
67	0	0	0	21	17
67	1	1	1	33	28
67	2	3	3	43	37
67	3	5	7	52	46
67	4	9	10	61	55
67	5	13	15	69	63
67	6	17	19	78	71
67	7	21	24	86	79
67	8	26	29	94	87
67	9	30	34	101	95
67	10	35	39	109	102
67	11	40	44	117	110

N = 440

n	a	LOWER .975	.95	UPPER .975	.95
67	12	45	50	124	117
67	13	50	55	132	124
67	14	56	60	139	131
67	15	61	66	146	139
67	16	66	72	153	146
67	17	72	77	160	153
67	18	77	83	167	160
67	19	83	89	174	167
67	20	89	95	181	174
67	21	94	100	188	180
67	22	100	106	195	187
67	23	106	112	202	194
67	24	112	118	209	201
67	25	118	124	215	207
67	26	124	130	222	214
67	27	130	136	229	221
67	28	136	143	235	227
67	29	142	149	242	234
67	30	148	155	248	240
67	31	154	161	254	247
67	32	160	168	261	253
67	33	167	174	267	260
67	34	173	180	273	266
68	0	0	0	21	17
68	1	1	1	32	28
68	2	3	3	42	37
68	3	5	7	51	46
68	4	9	10	60	54
68	5	12	15	68	62
68	6	17	19	76	70
68	7	21	24	84	78
68	8	25	28	92	86
68	9	30	33	100	93
68	10	35	38	108	101
68	11	40	44	115	108
68	12	45	49	122	115
68	13	50	54	130	122
68	14	55	60	137	130
68	15	60	65	144	137
68	16	65	71	151	144
68	17	71	76	158	151
68	18	76	82	165	157
68	19	82	87	172	164
68	20	87	93	179	171
68	21	93	99	186	178
68	22	99	105	192	185
68	23	104	111	199	191
68	24	110	116	206	198
68	25	116	122	212	205
68	26	122	128	219	211
68	27	128	134	225	218
68	28	134	140	232	224
68	29	140	147	238	231
68	30	146	153	245	237
68	31	152	159	251	244
68	32	158	165	257	250
68	33	164	171	264	256
68	34	170	178	270	262
69	0	0	0	21	17
69	1	1	1	32	27
69	2	3	3	41	36
69	3	5	6	50	45
69	4	9	10	59	53
69	5	12	14	67	61
69	6	16	19	75	69
69	7	21	23	83	77
69	8	25	28	91	84
69	9	30	33	99	92
69	10	34	38	106	99
69	11	39	43	113	106
69	12	44	48	121	114
69	13	49	53	128	121
69	14	54	59	135	128
69	15	59	64	142	135
69	16	64	70	149	142

CONFIDENCE BOUNDS FOR A

N = 440

n	a	LOWER .975	LOWER .95	UPPER .975	UPPER .95
69	17	70	75	156	148
69	18	75	81	163	155
69	19	81	86	170	162
69	20	86	92	176	169
69	21	92	97	183	175
69	22	97	103	190	182
69	23	103	109	196	189
69	24	108	115	203	195
69	25	114	121	210	202
69	26	120	126	216	208
69	27	126	132	222	215
69	28	132	138	229	221
69	29	137	144	235	228
69	30	143	150	242	234
69	31	149	156	248	240
69	32	155	163	254	247
69	33	161	169	260	253
69	34	167	175	266	259
69	35	174	181	273	265
70	0	0	0	20	16
70	1	1	1	31	27
70	2	2	3	41	36
70	3	5	6	50	44
70	4	9	10	58	53
70	5	12	14	66	60
70	6	16	18	74	68
70	7	20	23	82	76
70	8	25	28	90	83
70	9	29	32	97	91
70	10	34	37	105	98
70	11	39	42	112	105
70	12	43	47	119	112
70	13	48	53	126	119
70	14	53	58	133	126
70	15	58	63	140	133
70	16	64	69	147	140
70	17	69	74	154	146
70	18	74	79	161	153
70	19	79	85	167	160
70	20	85	90	174	166
70	21	90	96	181	173
70	22	96	102	187	180
70	23	101	107	194	186
70	24	107	113	200	193
70	25	112	119	207	199
70	26	118	125	213	206
70	27	124	130	220	212
70	28	130	136	226	218
70	29	135	142	232	225
70	30	141	148	238	231
70	31	147	154	245	237
70	32	153	160	251	243
70	33	159	166	257	249
70	34	165	172	263	256
70	35	171	178	269	262
71	0	0	0	20	16
71	1	1	1	31	26
71	2	2	3	40	35
71	3	5	6	49	44
71	4	8	10	57	52
71	5	12	14	65	60
71	6	16	18	73	67
71	7	20	23	81	75
71	8	24	27	88	82
71	9	29	32	96	89
71	10	33	37	103	96
71	11	38	42	110	103
71	12	43	47	117	110
71	13	48	52	124	117
71	14	53	57	131	124
71	15	58	62	138	131
71	16	63	68	145	138
71	17	68	73	152	144
71	18	73	78	158	151
71	19	78	84	165	158

N = 440

n	a	LOWER .975	LOWER .95	UPPER .975	UPPER .95
71	20	84	89	172	164
71	21	89	95	178	171
71	22	94	100	185	177
71	23	100	106	191	184
71	24	105	111	198	190
71	25	111	117	204	196
71	26	116	123	210	203
71	27	122	129	217	209
71	28	128	134	223	215
71	29	133	140	229	222
71	30	139	146	235	228
71	31	145	152	241	234
71	32	151	158	248	240
71	33	157	164	254	246
71	34	162	170	260	252
71	35	168	176	266	258
71	36	174	182	272	264
72	0	0	0	20	16
72	1	1	1	30	26
72	2	2	3	40	35
72	3	5	6	48	43
72	4	8	10	56	51
72	5	12	14	64	59
72	6	16	18	72	66
72	7	20	22	80	74
72	8	24	27	87	81
72	9	28	32	95	88
72	10	33	36	102	95
72	11	38	41	109	102
72	12	42	46	116	109
72	13	47	51	123	116
72	14	52	56	130	123
72	15	57	61	136	129
72	16	62	67	143	136
72	17	67	72	150	142
72	18	72	77	156	149
72	19	77	83	163	156
72	20	82	88	169	162
72	21	88	93	176	168
72	22	93	99	182	175
72	23	98	104	189	181
72	24	104	110	195	188
72	25	109	115	201	194
72	26	115	121	208	200
72	27	120	127	214	206
72	28	126	132	220	213
72	29	132	138	226	219
72	30	137	144	232	225
72	31	143	150	238	231
72	32	149	155	244	237
72	33	154	161	250	243
72	34	160	167	256	249
72	35	166	173	262	255
72	36	172	179	268	261
73	0	0	0	19	16
73	1	1	1	30	26
73	2	2	3	39	34
73	3	5	6	48	42
73	4	8	10	56	50
73	5	12	14	64	58
73	6	16	18	71	65
73	7	20	22	79	73
73	8	24	27	86	80
73	9	28	31	93	87
73	10	32	36	100	94
73	11	37	41	107	101
73	12	42	46	114	107
73	13	46	51	121	114
73	14	51	56	128	121
73	15	56	61	135	128
73	16	61	66	141	134
73	17	66	71	148	141
73	18	71	76	154	147
73	19	76	81	161	154
73	20	81	87	167	160

N = 440

n	a	LOWER .975	LOWER .95	UPPER .975	UPPER .95
73	21	87	92	174	166
73	22	92	97	180	173
73	23	97	103	186	179
73	24	102	108	193	185
73	25	108	114	199	191
73	26	113	119	205	198
73	27	119	125	211	204
73	28	124	131	217	210
73	29	130	136	223	216
73	30	135	142	229	222
73	31	141	148	235	228
73	32	146	153	241	234
73	33	152	159	247	240
73	34	158	165	253	246
73	35	164	171	259	252
73	36	169	176	265	258
73	37	175	182	271	264
74	0	0	0	19	15
74	1	1	1	29	25
74	2	2	3	38	34
74	3	5	6	47	42
74	4	8	10	55	50
74	5	12	13	63	57
74	6	15	18	70	64
74	7	19	22	78	72
74	8	23	26	85	79
74	9	28	31	92	86
74	10	32	35	99	93
74	11	37	40	106	99
74	12	41	45	113	106
74	13	46	50	119	113
74	14	51	55	126	119
74	15	55	60	133	126
74	16	60	65	139	132
74	17	65	70	146	139
74	18	70	75	152	145
74	19	75	80	159	152
74	20	80	86	165	158
74	21	85	91	171	164
74	22	91	96	178	170
74	23	96	101	184	177
74	24	101	107	190	183
74	25	106	112	196	189
74	26	112	118	202	195
74	27	117	123	208	201
74	28	122	129	215	207
74	29	128	134	221	213
74	30	133	140	227	219
74	31	139	145	232	225
74	32	144	151	238	231
74	33	150	157	244	237
74	34	156	162	250	243
74	35	161	168	256	249
74	36	167	174	262	255
74	37	173	180	267	260
75	0	0	0	19	15
75	1	1	1	29	25
75	2	2	3	38	33
75	3	5	6	46	41
75	4	8	10	54	49
75	5	11	13	62	56
75	6	15	17	69	64
75	7	19	22	77	71
75	8	23	26	84	78
75	9	27	30	91	85
75	10	32	35	98	91
75	11	36	40	105	98
75	12	41	44	111	105
75	13	45	49	118	111
75	14	50	54	125	118
75	15	55	59	131	124
75	16	59	64	138	131
75	17	64	69	144	137
75	18	69	74	150	143
75	19	74	79	157	150

N = 440

n	a	LOWER .975	LOWER .95	UPPER .975	UPPER .95
75	20	79	84	163	156
75	21	84	90	169	162
75	22	89	95	175	168
75	23	94	100	182	174
75	24	100	105	188	180
75	25	105	111	194	187
75	26	110	116	200	193
75	27	115	122	206	199
75	28	121	127	212	205
75	29	126	132	218	210
75	30	131	138	224	216
75	31	137	143	230	222
75	32	142	149	235	228
75	33	148	155	241	234
75	34	153	160	247	240
75	35	159	166	253	246
75	36	165	171	258	251
75	37	170	177	264	257
75	38	176	183	270	263
76	0	0	0	19	15
76	1	1	1	29	24
76	2	2	3	37	33
76	3	5	6	46	41
76	4	8	9	53	48
76	5	11	13	61	56
76	6	15	17	68	63
76	7	19	21	76	70
76	8	23	26	83	77
76	9	27	30	90	83
76	10	31	35	96	90
76	11	36	39	103	97
76	12	40	44	110	103
76	13	45	49	116	110
76	14	49	53	123	116
76	15	54	58	129	123
76	16	59	63	136	129
76	17	63	68	142	135
76	18	68	73	148	141
76	19	73	78	155	148
76	20	78	83	161	154
76	21	83	88	167	160
76	22	88	94	173	166
76	23	93	99	179	172
76	24	98	104	185	178
76	25	103	109	191	184
76	26	109	115	197	190
76	27	114	120	203	196
76	28	119	125	209	202
76	29	124	131	215	208
76	30	130	136	221	214
76	31	135	142	227	220
76	32	140	147	233	225
76	33	146	152	238	231
76	34	151	158	244	237
76	35	157	164	250	243
76	36	162	169	255	248
76	37	168	175	261	254
76	38	173	180	267	260
77	0	0	0	18	15
77	1	1	1	28	24
77	2	2	3	37	32
77	3	5	6	45	40
77	4	8	9	53	48
77	5	11	13	60	55
77	6	15	17	67	62
77	7	19	21	75	69
77	8	23	25	82	76
77	9	27	30	88	82
77	10	31	34	95	89
77	11	35	39	102	95
77	12	40	43	108	102
77	13	44	48	115	108
77	14	49	53	121	115
77	15	53	58	128	121
77	16	58	62	134	127

CONFIDENCE BOUNDS FOR A

N = 440					N = 440					N = 440					N = 440			
		LOWER		UPPER			LOWER		UPPER			LOWER		UPPER			LOWER		UPPER
n	a	.975	.95	.975	.95	n	a	.975	.95	.975	.95	n	a	.975	.95	.975	.95	n	a	.975	.95	.975	.95
77	17	63	67	140	133	79	12	39	42	106	99	81	5	11	12	57	52	82	38	160	167	249	242
77	18	67	72	147	140	79	13	43	47	112	106	81	6	14	16	64	59	82	39	165	172	254	247
77	19	72	77	153	146	79	14	47	51	118	112	81	7	18	20	71	65	82	40	170	177	259	253
77	20	77	82	159	152	79	15	52	56	125	118	81	8	22	24	77	72	82	41	176	182	264	258
77	21	82	87	165	158	79	16	56	61	131	124	81	9	25	28	84	78	83	0	0	0	17	14
77	22	87	92	171	164	79	17	61	66	137	130	81	10	29	33	90	85	83	1	1	1	26	22
77	23	92	98	177	170	79	18	66	70	143	136	81	11	34	37	97	91	83	2	2	3	34	30
77	24	97	103	183	176	79	19	70	75	149	142	81	12	38	41	103	97	83	3	5	6	42	37
77	25	102	108	189	182	79	20	75	80	155	148	81	13	42	46	109	103	83	4	7	9	49	44
77	26	107	113	195	188	79	21	80	85	161	154	81	14	46	50	116	109	83	5	11	12	56	51
77	27	112	118	201	194	79	22	85	90	167	160	81	15	51	55	122	115	83	6	14	16	63	57
77	28	118	124	207	200	79	23	90	95	173	166	81	16	55	59	128	121	83	7	17	20	69	64
77	29	123	129	213	205	79	24	95	100	179	172	81	17	60	64	134	127	83	8	21	24	76	70
77	30	128	134	218	211	79	25	99	105	185	177	81	18	64	69	140	133	83	9	25	28	82	76
77	31	133	140	224	217	79	26	104	110	190	183	81	19	69	73	146	139	83	10	29	32	88	82
77	32	139	145	230	223	79	27	109	115	196	189	81	20	73	78	151	145	83	11	33	36	95	89
77	33	144	150	235	228	79	28	114	120	202	195	81	21	78	83	157	150	83	12	37	40	101	95
77	34	149	156	241	234	79	29	120	126	207	200	81	22	83	88	163	156	83	13	41	45	107	101
77	35	155	161	247	240	79	30	125	131	213	206	81	23	87	93	169	162	83	14	45	49	113	107
77	36	160	167	252	245	79	31	130	136	219	212	81	24	92	98	175	168	83	15	50	53	119	112
77	37	166	172	258	251	79	32	135	141	224	217	81	25	97	102	180	173	83	16	54	58	125	118
77	38	171	178	263	257	79	33	140	146	230	223	81	26	102	107	186	179	83	17	58	62	131	124
77	39	177	183	269	262	79	34	145	152	236	228	81	27	107	112	192	185	83	18	63	67	136	130
78	0	0	0	18	15	79	35	151	157	241	234	81	28	112	117	197	190	83	19	67	72	142	136
78	1	1	1	28	24	79	36	156	162	247	240	81	29	117	122	203	196	83	20	72	76	148	141
78	2	2	3	36	32	79	37	161	168	252	245	81	30	121	127	208	201	83	21	76	81	154	147
78	3	5	6	44	40	79	38	166	173	257	251	81	31	126	133	214	207	83	22	81	86	159	153
78	4	8	9	52	47	79	39	172	179	263	256	81	32	131	138	219	212	83	23	85	90	165	158
78	5	11	13	59	54	79	40	177	184	268	261	81	33	137	143	225	218	83	24	90	95	171	164
78	6	15	17	67	61	80	0	0	0	17	14	81	34	142	148	230	223	83	25	95	100	176	169
78	7	18	21	74	68	80	1	1	1	27	23	81	35	147	153	236	229	83	26	99	105	182	175
78	8	22	25	80	75	80	2	2	3	35	31	81	36	152	158	241	234	83	27	104	110	187	180
78	9	26	29	87	81	80	3	5	6	43	39	81	37	157	163	246	239	83	28	109	115	193	186
78	10	31	34	94	88	80	4	8	9	51	46	81	38	162	169	252	245	83	29	114	119	198	191
78	11	35	38	101	94	80	5	11	13	58	53	81	39	167	174	257	250	83	30	118	124	204	197
78	12	39	43	107	101	80	6	14	16	65	60	81	40	173	179	262	255	83	31	123	129	209	202
78	13	44	47	113	107	80	7	18	20	72	66	81	41	178	185	267	261	83	32	128	134	214	207
78	14	48	52	120	113	80	8	22	24	78	73	82	0	0	0	17	14	83	33	133	139	220	213
78	15	53	57	126	119	80	9	26	29	85	79	82	1	1	1	26	23	83	34	138	144	225	218
78	16	57	62	132	126	80	10	30	33	92	86	82	2	2	3	34	30	83	35	143	149	230	223
78	17	62	66	139	132	80	11	34	37	98	92	82	3	5	6	42	38	83	36	148	154	236	229
78	18	67	71	145	138	80	12	38	42	104	98	82	4	7	9	49	45	83	37	153	159	241	234
78	19	71	76	151	144	80	13	43	46	111	104	82	5	11	12	56	51	83	38	158	165	246	239
78	20	76	81	157	150	80	14	47	51	117	110	82	6	14	16	63	58	83	39	163	170	251	245
78	21	81	86	163	156	80	15	51	55	123	117	82	7	18	20	70	65	83	40	168	175	256	250
78	22	86	91	169	162	80	16	56	60	129	123	82	8	21	24	77	71	83	41	173	180	262	255
78	23	91	96	175	168	80	17	60	65	135	129	82	9	25	28	83	77	83	42	178	185	267	260
78	24	96	101	181	174	80	18	65	70	141	135	82	10	29	32	89	83	84	0	0	0	17	13
78	25	101	106	187	180	80	19	69	74	147	140	82	11	33	36	96	90	84	1	1	1	26	22
78	26	106	112	193	185	80	20	74	79	153	146	82	12	37	41	102	96	84	2	2	3	34	30
78	27	111	117	198	191	80	21	79	84	159	152	82	13	42	45	108	102	84	3	5	6	41	37
78	28	116	122	204	197	80	22	84	89	165	158	82	14	46	50	114	108	84	4	7	9	48	44
78	29	121	127	210	203	80	23	89	94	171	164	82	15	50	54	120	114	84	5	10	12	55	50
78	30	126	132	216	209	80	24	93	99	177	170	82	16	54	59	126	120	84	6	14	16	62	57
78	31	131	138	221	214	80	25	98	104	182	175	82	17	59	63	132	126	84	7	17	19	68	63
78	32	137	143	227	220	80	26	103	109	188	181	82	18	63	68	138	131	84	8	21	23	75	69
78	33	142	148	233	226	80	27	108	114	194	187	82	19	68	73	144	137	84	9	25	27	81	75
78	34	147	154	238	231	80	28	113	119	199	192	82	20	72	77	150	143	84	10	29	31	87	81
78	35	153	159	244	237	80	29	118	124	205	198	82	21	77	82	155	149	84	11	32	36	93	88
78	36	158	165	249	242	80	30	123	129	211	204	82	22	82	87	161	154	84	12	36	40	99	93
78	37	163	170	255	248	80	31	128	134	216	209	82	23	86	92	167	160	84	13	41	44	105	99
78	38	169	175	260	254	80	32	133	139	222	215	82	24	91	96	172	166	84	14	45	48	111	105
78	39	174	181	266	259	80	33	138	145	227	220	82	25	96	101	178	171	84	15	49	53	117	111
79	0	0	0	18	14	80	34	143	150	233	226	82	26	101	106	184	177	84	16	53	57	123	117
79	1	1	1	27	23	80	35	149	155	238	231	82	27	105	111	189	182	84	17	58	62	129	123
79	2	2	3	36	32	80	36	154	160	244	237	82	28	110	116	195	188	84	18	62	66	135	128
79	3	5	6	44	39	80	37	159	166	249	242	82	29	115	121	200	193	84	19	66	71	140	134
79	4	8	9	51	46	80	38	164	171	254	248	82	30	120	126	206	199	84	20	71	75	146	140
79	5	11	13	59	53	80	39	170	176	260	253	82	31	125	131	211	204	84	21	75	80	152	145
79	6	15	17	66	60	80	40	175	182	265	258	82	32	130	136	217	210	84	22	80	85	157	151
79	7	18	21	73	67	81	0	0	0	17	14	82	33	135	141	222	215	84	23	84	89	163	156
79	8	22	25	79	74	81	1	1	1	27	23	82	34	140	146	228	221	84	24	89	94	169	162
79	9	26	29	86	80	81	2	2	3	35	31	82	35	145	151	233	226	84	25	94	99	174	167
79	10	30	33	93	87	81	3	5	6	43	38	82	36	150	156	238	231	84	26	98	104	180	173
79	11	34	38	99	93	81	4	8	9	50	45	82	37	155	161	244	237	84	27	103	108	185	178

CONFIDENCE BOUNDS FOR A

N = 440

n	a	LOWER .975	LOWER .95	UPPER .975	UPPER .95
84	28	108	113	190	184
84	29	112	118	196	189
84	30	117	123	201	194
84	31	122	128	207	200
84	32	127	133	212	205
84	33	132	138	217	210
84	34	136	142	222	216
84	35	141	147	228	221
84	36	146	152	233	226
84	37	151	157	238	231
84	38	156	162	243	237
84	39	161	168	248	242
84	40	166	173	254	247
84	41	171	178	259	252
84	42	176	183	264	257
85	0	0	0	16	13
85	1	1	1	25	22
85	2	2	3	33	29
85	3	5	5	41	36
85	4	7	9	48	43
85	5	10	12	54	50
85	6	14	16	61	56
85	7	17	19	67	62
85	8	21	23	74	68
85	9	24	27	80	75
85	10	28	31	86	81
85	11	32	35	92	86
85	12	36	39	98	92
85	13	40	44	104	98
85	14	44	48	110	104
85	15	48	52	116	110
85	16	53	57	122	115
85	17	57	61	128	121
85	18	61	66	133	127
85	19	66	70	139	132
85	20	70	75	144	138
85	21	74	79	150	144
85	22	79	84	156	149
85	23	83	88	161	155
85	24	88	93	167	160
85	25	92	98	172	165
85	26	97	102	178	171
85	27	102	107	183	176
85	28	106	112	188	182
85	29	111	117	194	187
85	30	116	121	199	192
85	31	120	126	204	198
85	32	125	131	210	203
85	33	130	136	215	208
85	34	135	141	220	213
85	35	140	146	225	218
85	36	144	151	230	224
85	37	149	156	236	229
85	38	154	160	241	234
85	39	159	165	246	239
85	40	164	170	251	244
85	41	169	175	256	249
85	42	174	181	261	254
85	43	179	186	266	259
86	0	0	0	16	13
86	1	1	1	25	21
86	2	2	3	33	29
86	3	5	5	40	36
86	4	7	8	47	42
86	5	10	12	54	49
86	6	13	15	60	55
86	7	17	19	67	61
86	8	20	23	73	68
86	9	24	27	79	74
86	10	28	31	85	80
86	11	32	35	91	85
86	12	36	39	97	91
86	13	40	43	103	97
86	14	44	47	109	103
86	15	48	52	115	109

N = 440

n	a	LOWER .975	LOWER .95	UPPER .975	UPPER .95
86	16	52	56	120	114
86	17	56	60	126	120
86	18	60	65	132	125
86	19	65	69	137	131
86	20	69	74	143	136
86	21	74	78	148	142
86	22	78	83	154	147
86	23	82	87	159	153
86	24	87	92	165	158
86	25	91	97	170	164
86	26	96	101	176	169
86	27	100	106	181	174
86	28	105	110	186	180
86	29	110	115	192	185
86	30	114	120	197	190
86	31	119	125	202	195
86	32	124	129	207	201
86	33	128	134	212	206
86	34	133	139	218	211
86	35	138	144	223	216
86	36	143	149	228	221
86	37	147	154	233	226
86	38	152	159	238	231
86	39	157	163	243	237
86	40	162	168	248	242
86	41	167	173	253	247
86	42	172	178	258	252
86	43	177	183	263	257
87	0	0	0	16	13
87	1	1	1	25	21
87	2	2	3	32	28
87	3	4	5	40	35
87	4	7	8	46	42
87	5	10	12	53	48
87	6	13	15	60	55
87	7	17	19	66	61
87	8	20	23	72	67
87	9	24	26	78	73
87	10	28	30	84	79
87	11	31	34	90	84
87	12	35	39	96	90
87	13	39	43	102	96
87	14	43	47	108	102
87	15	47	51	113	107
87	16	51	55	119	113
87	17	56	60	125	118
87	18	60	64	130	124
87	19	64	68	136	129
87	20	68	73	141	135
87	21	73	77	147	140
87	22	77	82	152	146
87	23	81	86	158	151
87	24	86	91	163	156
87	25	90	95	168	162
87	26	95	100	174	167
87	27	99	105	179	172
87	28	104	109	184	178
87	29	108	114	189	183
87	30	113	119	195	188
87	31	118	123	200	193
87	32	122	128	205	198
87	33	127	133	210	203
87	34	132	137	215	209
87	35	136	142	220	214
87	36	141	147	225	219
87	37	146	152	231	224
87	38	151	157	236	229
87	39	155	162	241	234
87	40	160	166	246	239
87	41	165	171	251	244
87	42	170	176	255	249
87	43	175	181	260	254
87	44	180	186	265	259
88	0	0	0	16	13
88	1	1	1	24	21

N = 440

n	a	LOWER .975	LOWER .95	UPPER .975	UPPER .95
88	2	2	3	32	28
88	3	4	5	39	35
88	4	7	8	46	41
88	5	10	12	52	48
88	6	13	15	59	54
88	7	17	19	65	60
88	8	20	22	71	66
88	9	24	26	77	72
88	10	27	30	83	78
88	11	31	34	89	84
88	12	35	38	95	89
88	13	39	42	101	95
88	14	43	46	106	100
88	15	47	51	112	106
88	16	51	55	118	112
88	17	55	59	123	117
88	18	59	63	129	123
88	19	63	68	134	128
88	20	68	72	140	133
88	21	72	76	145	139
88	22	76	81	151	144
88	23	81	85	156	149
88	24	85	90	161	155
88	25	89	94	166	160
88	26	94	99	172	165
88	27	98	103	177	170
88	28	103	108	182	176
88	29	107	113	187	181
88	30	112	117	193	186
88	31	116	122	198	191
88	32	121	126	203	196
88	33	125	131	208	201
88	34	130	136	213	206
88	35	135	141	218	211
88	36	139	145	223	216
88	37	144	150	228	221
88	38	149	155	233	226
88	39	153	160	238	231
88	40	158	164	243	236
88	41	163	169	248	241
88	42	168	174	253	246
88	43	173	179	258	251
88	44	177	184	263	256

N = 450

n	a	LOWER .975	LOWER .95	UPPER .975	UPPER .95
1	0	0	0	438	427
1	1	12	23	450	450
2	0	0	0	378	348
2	1	6	12	444	438
3	0	0	0	317	283
3	1	4	8	407	388
3	2	43	62	446	442
4	0	0	0	270	236
4	1	3	6	361	337
4	2	31	45	419	405
5	0	0	0	233	201
5	1	3	5	321	295
5	2	25	35	383	364
5	3	67	86	425	415
6	0	0	0	205	175
6	1	2	4	287	260
6	2	20	29	348	327
6	3	54	70	396	380
7	0	0	0	183	155
7	1	2	4	259	233
7	2	17	25	318	295
7	3	46	59	366	347
7	4	84	103	404	391
8	0	0	0	164	139
8	1	2	3	235	210
8	2	15	22	291	268
8	3	40	51	338	318
8	4	72	88	378	362
9	0	0	0	149	126
9	1	2	3	215	191
9	2	14	19	268	246
9	3	35	45	314	293
9	4	63	77	353	335
9	5	97	115	387	373
10	0	0	0	137	115
10	1	2	3	198	176
10	2	12	17	248	226
10	3	31	40	292	271
10	4	56	69	330	312
10	5	86	102	364	348
11	0	0	0	126	106
11	1	2	3	184	162
11	2	11	16	231	210
11	3	28	37	272	252
11	4	51	62	309	291
11	5	77	91	343	326
11	6	107	124	373	359
12	0	0	0	117	98
12	1	1	2	171	151
12	2	10	15	216	195
12	3	26	33	255	235
12	4	46	57	291	272
12	5	70	83	324	306
12	6	97	112	353	338
13	0	0	0	109	91
13	1	1	2	160	140
13	2	10	13	202	183
13	3	24	31	240	221
13	4	42	52	274	256
13	5	64	76	306	288
13	6	88	102	335	319
13	7	115	131	362	348
14	0	0	0	102	85
14	1	1	2	150	132
14	2	9	13	190	171
14	3	22	29	226	208
14	4	39	48	259	241
14	5	59	70	290	272
14	6	81	94	318	302
14	7	106	120	344	330
15	0	0	0	96	80
15	1	1	2	142	124
15	2	8	12	180	161
15	3	21	27	214	196
15	4	37	45	246	228

CONFIDENCE BOUNDS FOR A

N = 450						N = 450						N = 450						N = 450					
		LOWER		UPPER				LOWER		UPPER				LOWER		UPPER				LOWER		UPPER	
n	a	.975	.95	.975	.95	n	a	.975	.95	.975	.95	n	a	.975	.95	.975	.95	n	a	.975	.95	.975	.95
15	5	55	65	275	258	22	8	80	90	264	250	28	2	5	7	103	91	32	13	110	119	264	252
15	6	75	88	302	286	22	9	96	107	284	270	28	3	11	15	124	112	32	14	122	132	277	266
15	7	98	111	328	313	22	10	112	124	302	289	28	4	20	24	144	131	32	15	134	145	290	279
15	8	122	137	352	339	22	11	130	142	320	308	28	5	29	34	163	150	32	16	147	158	303	292
16	0	0	0	91	75	23	0	0	0	65	53	28	6	39	46	181	168	33	0	0	0	45	37
16	1	1	2	134	117	23	1	1	1	96	83	28	7	50	58	199	186	33	1	1	1	68	59
16	2	8	11	170	153	23	2	6	8	124	110	28	8	62	70	216	203	33	2	4	6	88	78
16	3	19	25	203	185	23	3	14	18	148	134	28	9	74	83	232	220	33	3	10	12	107	96
16	4	34	42	233	216	23	4	24	29	172	157	28	10	86	96	249	236	33	4	17	20	124	113
16	5	51	61	262	245	23	5	35	42	194	179	28	11	99	110	264	252	33	5	25	29	140	129
16	6	70	82	288	272	23	6	48	56	215	200	28	12	113	124	280	267	33	6	33	39	156	145
16	7	91	104	313	298	23	7	62	70	235	221	28	13	127	138	295	283	33	7	43	49	172	160
16	8	113	127	337	323	23	8	76	86	255	241	28	14	141	152	309	298	33	8	52	59	187	175
17	0	0	0	86	71	23	9	91	102	274	260	29	0	0	0	52	42	33	9	62	70	202	190
17	1	1	2	127	111	23	10	107	118	292	279	29	1	1	1	77	67	33	10	73	81	216	204
17	2	7	10	162	145	23	11	123	136	310	297	29	2	5	6	100	88	33	11	84	92	230	218
17	3	18	24	193	176	23	12	140	153	327	314	29	3	11	14	120	108	33	12	95	104	244	232
17	4	32	39	222	205	24	0	0	0	62	51	29	4	19	23	140	127	33	13	106	116	257	245
17	5	48	57	249	233	24	1	1	1	93	80	29	5	28	33	158	145	33	14	118	128	270	259
17	6	66	77	275	259	24	2	6	8	119	106	29	6	38	44	176	163	33	15	130	140	283	272
17	7	85	97	299	284	24	3	13	17	143	129	29	7	48	55	193	180	33	16	142	152	296	285
17	8	106	119	323	308	24	4	23	28	165	151	29	8	60	67	209	197	33	17	154	165	308	298
17	9	127	142	344	331	24	5	34	40	187	173	29	9	71	80	226	213	34	0	0	0	44	36
18	0	0	0	81	67	24	6	46	53	207	193	29	10	83	92	241	229	34	1	1	1	66	57
18	1	1	2	120	105	24	7	59	67	227	213	29	11	96	106	257	244	34	2	4	6	86	76
18	2	7	10	154	137	24	8	73	82	246	232	29	12	109	119	272	259	34	3	10	12	104	93
18	3	17	22	184	167	24	9	87	97	264	251	29	13	122	133	286	274	34	4	16	20	120	110
18	4	30	37	212	195	24	10	102	113	282	269	29	14	135	147	301	289	34	5	24	28	137	125
18	5	45	54	238	222	24	11	118	129	300	287	29	15	149	161	315	303	34	6	32	38	152	141
18	6	62	72	263	247	24	12	134	146	316	304	30	0	0	0	50	41	34	7	41	47	167	156
18	7	80	91	287	271	25	0	0	0	60	49	30	1	1	1	75	65	34	8	51	57	182	170
18	8	99	112	309	295	25	1	1	1	89	77	30	2	5	6	97	86	34	9	60	68	196	184
18	9	119	133	331	317	25	2	5	7	114	102	30	3	11	14	116	105	34	10	71	78	210	198
19	0	0	0	77	64	25	3	13	16	138	124	30	4	18	22	135	123	34	11	81	89	224	212
19	1	1	2	115	100	25	4	22	27	160	146	30	5	27	32	153	141	34	12	92	100	237	226
19	2	7	9	147	131	25	5	32	39	180	166	30	6	37	43	170	158	34	13	103	112	251	239
19	3	16	21	176	159	25	6	44	51	200	186	30	7	47	54	187	175	34	14	114	124	264	252
19	4	29	35	202	186	25	7	56	65	219	205	30	8	58	65	203	191	34	15	125	135	276	265
19	5	43	51	228	212	25	8	70	79	238	224	30	9	69	77	219	207	34	16	137	148	289	278
19	6	58	68	252	236	25	9	83	93	256	242	30	10	80	89	234	222	34	17	149	160	301	290
19	7	75	86	275	260	25	10	98	108	273	260	30	11	92	102	249	237	35	0	0	0	43	35
19	8	93	105	297	282	25	11	112	124	290	277	30	12	105	115	264	252	35	1	1	1	65	56
19	9	112	125	318	304	25	12	128	140	306	294	30	13	117	128	278	267	35	2	4	5	83	74
19	10	132	146	338	325	25	13	144	156	322	310	30	14	130	141	292	281	35	3	9	12	101	91
20	0	0	0	74	61	26	0	0	0	57	47	30	15	144	155	306	295	35	4	16	19	117	107
20	1	1	2	110	95	26	1	1	1	86	74	31	0	0	0	48	40	35	5	23	28	133	122
20	2	6	9	140	125	26	2	5	7	110	98	31	1	1	1	73	63	35	6	31	37	148	137
20	3	16	20	168	152	26	3	12	16	133	120	31	2	4	6	94	83	35	7	40	46	163	151
20	4	27	33	194	178	26	4	21	26	154	141	31	3	10	13	113	102	35	8	49	56	177	166
20	5	41	48	218	203	26	5	31	37	174	161	31	4	18	22	131	120	35	9	59	66	191	180
20	6	55	64	242	226	26	6	42	49	193	180	31	5	26	31	149	137	35	10	68	76	205	193
20	7	71	82	264	249	26	7	54	62	212	198	31	6	35	41	165	153	35	11	79	87	218	207
20	8	88	100	285	271	26	8	67	75	230	217	31	7	45	52	182	169	35	12	89	97	232	220
20	9	106	118	306	292	26	9	80	89	248	234	31	8	56	63	198	185	35	13	100	109	244	233
20	10	125	138	325	312	26	10	94	104	264	251	31	9	66	74	213	201	35	14	110	120	257	246
21	0	0	0	70	58	26	11	108	119	281	268	31	10	78	86	228	216	35	15	122	131	270	258
21	1	1	2	105	91	26	12	122	134	297	285	31	11	89	98	243	230	35	16	133	143	282	271
21	2	6	9	134	120	26	13	137	149	313	301	31	12	101	111	257	245	35	17	144	155	294	283
21	3	15	19	161	146	27	0	0	0	55	45	31	13	113	123	271	259	35	18	156	167	306	295
21	4	26	32	186	171	27	1	1	1	83	72	31	14	126	136	285	273	36	0	0	0	42	34
21	5	39	46	210	194	27	2	5	7	107	95	31	15	139	150	298	287	36	1	1	1	63	54
21	6	53	61	232	217	27	3	12	15	128	116	31	16	152	163	311	300	36	2	4	5	81	72
21	7	68	78	254	239	27	4	20	25	149	136	32	0	0	0	47	38	36	3	9	12	98	88
21	8	84	95	274	260	27	5	30	36	168	155	32	1	1	1	70	61	36	4	16	19	114	104
21	9	101	112	294	280	27	6	41	47	187	174	32	2	4	6	91	80	36	5	23	27	130	119
21	10	118	131	313	300	27	7	52	60	205	192	32	3	10	13	110	99	36	6	31	36	144	133
21	11	137	150	332	319	27	8	64	73	223	209	32	4	17	21	127	116	36	7	39	45	159	148
22	0	0	0	67	55	27	9	77	86	240	227	32	5	25	30	144	133	36	8	48	54	173	161
22	1	1	2	100	87	27	10	90	100	256	243	32	6	34	40	161	149	36	9	57	64	186	175
22	2	6	8	129	115	27	11	103	114	272	260	32	7	44	50	177	165	36	10	66	74	200	188
22	3	14	18	154	140	27	12	117	128	288	276	32	8	54	61	192	180	36	11	76	84	213	202
22	4	25	30	179	164	27	13	132	143	303	291	32	9	64	72	207	195	36	12	86	95	226	215
22	5	37	44	201	186	27	14	147	159	318	307	32	10	75	83	222	210	36	13	97	105	239	227
22	6	50	58	223	208	28	0	0	0	53	44	32	11	86	95	236	224	36	14	107	116	251	240
22	7	64	74	244	230	28	1	1	1	80	69	32	12	98	107	250	238	36	15	118	127	263	252

CONFIDENCE BOUNDS FOR A

N = 450						N = 450						N = 450						N = 450					
		LOWER		UPPER				LOWER		UPPER				LOWER		UPPER				LOWER		UPPER	
n	a	.975	.95	.975	.95	n	a	.975	.95	.975	.95	n	a	.975	.95	.975	.95	n	a	.975	.95	.975	.95
36	16	129	139	275	264	40	11	68	76	194	183	43	21	153	163	287	277	47	2	3	4	63	55
36	17	140	150	287	276	40	12	77	85	206	195	43	22	163	173	297	287	47	3	7	9	76	68
36	18	151	162	299	288	40	13	87	94	217	207	44	0	0	0	34	28	47	4	12	15	88	80
37	0	0	0	40	33	40	14	96	104	229	218	44	1	1	1	51	44	47	5	18	21	101	92
37	1	1	1	61	53	40	15	105	114	240	230	44	2	3	5	67	59	47	6	24	27	112	103
37	2	4	5	79	70	40	16	115	124	251	241	44	3	8	10	81	72	47	7	30	34	124	115
37	3	9	11	96	86	40	17	125	134	262	252	44	4	13	16	94	85	47	8	37	41	135	126
37	4	15	18	111	101	40	18	135	145	273	263	44	5	19	22	107	98	47	9	44	49	146	136
37	5	22	26	126	116	40	19	145	155	284	274	44	6	25	29	120	110	47	10	51	56	157	147
37	6	30	35	141	130	40	20	156	166	294	284	44	7	32	37	132	122	47	11	58	64	167	158
37	7	38	43	155	144	41	0	0	0	36	30	44	8	39	44	144	134	47	12	66	72	178	168
37	8	47	53	169	157	41	1	1	1	55	48	44	9	47	52	155	145	47	13	73	80	188	178
37	9	55	62	182	171	41	2	4	5	72	63	44	10	54	60	167	157	47	14	81	88	198	188
37	10	65	72	195	184	41	3	8	10	87	78	44	11	62	69	178	168	47	15	89	96	208	198
37	11	74	82	208	197	41	4	14	17	101	92	44	12	70	77	189	179	47	16	97	105	218	208
37	12	84	92	221	209	41	5	20	24	115	105	44	13	78	86	200	189	47	17	105	113	228	218
37	13	94	102	233	222	41	6	27	31	128	118	44	14	87	94	210	200	47	18	114	122	237	228
37	14	104	113	245	234	41	7	34	39	141	131	44	15	95	103	221	211	47	19	122	131	247	237
37	15	115	124	257	246	41	8	42	47	153	143	44	16	104	112	231	221	47	20	131	139	256	247
37	16	125	135	269	258	41	9	50	56	166	155	44	17	113	121	241	231	47	21	139	148	266	256
37	17	136	146	280	270	41	10	58	65	178	167	44	18	122	131	252	242	47	22	148	157	275	265
37	18	147	157	292	281	41	11	67	74	190	179	44	19	131	140	262	252	47	23	157	166	284	275
37	19	158	169	303	293	41	12	75	83	201	191	44	20	140	149	271	262	47	24	166	175	293	284
38	0	0	0	39	32	41	13	84	92	213	202	44	21	150	159	281	272	48	0	0	0	31	25
38	1	1	1	60	51	41	14	93	102	224	213	44	22	159	169	291	281	48	1	1	1	47	41
38	2	4	5	77	68	41	15	103	111	235	225	45	0	0	0	33	27	48	2	3	4	61	54
38	3	9	11	93	84	41	16	112	121	246	236	45	1	1	1	50	43	48	3	7	9	74	67
38	4	15	18	108	99	41	17	122	131	257	247	45	2	3	4	65	58	48	4	12	14	87	78
38	5	22	26	123	113	41	18	131	141	267	257	45	3	8	9	79	71	48	5	17	20	99	90
38	6	29	34	137	127	41	19	141	151	278	268	45	4	13	15	92	84	48	6	23	27	110	101
38	7	37	42	151	140	41	20	151	161	288	278	45	5	18	22	105	96	48	7	29	34	121	112
38	8	45	51	164	154	41	21	162	172	299	289	45	6	25	29	117	108	48	8	36	41	132	123
38	9	54	60	178	167	42	0	0	0	36	29	45	7	31	36	129	120	48	9	43	48	143	134
38	10	63	70	190	179	42	1	1	1	54	46	45	8	38	43	141	131	48	10	50	55	154	144
38	11	72	80	203	192	42	2	4	5	70	62	45	9	46	51	152	142	48	11	57	63	164	154
38	12	82	90	215	204	42	3	8	10	85	76	45	10	53	59	163	153	48	12	64	70	174	165
38	13	91	100	228	216	42	4	13	16	99	89	45	11	61	67	174	164	48	13	72	78	184	175
38	14	101	110	239	229	42	5	20	23	112	103	45	12	69	75	185	175	48	14	79	86	194	185
38	15	111	120	251	240	42	6	26	31	125	115	45	13	77	84	196	186	48	15	87	94	204	194
38	16	122	131	263	252	42	7	34	38	138	128	45	14	85	92	206	196	48	16	95	103	214	204
38	17	132	142	274	264	42	8	41	46	150	140	45	15	93	101	216	206	48	17	103	111	223	214
38	18	143	153	285	275	42	9	49	55	162	152	45	16	102	110	227	217	48	18	111	119	233	223
38	19	154	164	296	286	42	10	57	63	174	163	45	17	110	119	237	227	48	19	120	128	242	233
39	0	0	0	38	31	42	11	65	72	185	175	45	18	119	128	247	237	48	20	128	136	252	242
39	1	1	1	58	50	42	12	74	81	197	186	45	19	128	137	257	247	48	21	136	145	261	251
39	2	4	5	75	66	42	13	82	90	208	198	45	20	137	146	266	256	48	22	145	154	270	260
39	3	9	11	91	82	42	14	91	99	219	209	45	21	146	155	276	266	48	23	154	163	279	270
39	4	14	17	106	96	42	15	100	108	230	220	45	22	155	165	285	276	48	24	162	171	288	279
39	5	21	25	120	110	42	16	109	118	241	231	45	23	165	174	295	285	49	0	0	0	30	25
39	6	28	33	134	124	42	17	119	127	252	241	46	0	0	0	32	26	49	1	1	1	46	40
39	7	36	41	147	137	42	18	128	137	262	252	46	1	1	1	49	42	49	2	3	4	60	53
39	8	44	50	161	150	42	19	138	147	272	262	46	2	3	4	64	56	49	3	7	9	73	65
39	9	53	59	173	163	42	20	148	157	283	273	46	3	7	9	77	69	49	4	12	15	85	77
39	10	61	68	186	175	42	21	157	167	293	283	46	4	12	15	90	82	49	5	17	20	97	88
39	11	70	78	198	187	43	0	0	0	35	28	46	5	18	21	103	94	49	6	23	26	108	99
39	12	79	87	210	200	43	1	1	1	53	45	46	6	24	28	115	106	49	7	29	33	119	110
39	13	89	97	222	211	43	2	3	5	68	60	46	7	31	35	126	117	49	8	35	40	130	121
39	14	98	107	234	223	43	3	8	10.	83	74	46	8	38	42	138	128	49	9	42	47	140	131
39	15	108	117	246	235	43	4	13	16	96	87	46	9	45	50	149	139	49	10	49	54	151	141
39	16	118	127	257	246	43	5	19	23	110	100	46	10	52	58	160	150	49	11	56	62	161	152
39	17	128	138	268	258	43	6	26	30	122	113	46	11	59	66	171	161	49	12	63	69	171	162
39	18	139	148	279	269	43	7	33	37	135	125	46	12	67	74	181	171	49	13	70	77	181	171
39	19	149	159	290	280	43	8	40	45	147	137	46	13	75	82	192	182	49	14	78	84	191	181
39	20	160	170	301	291	43	9	48	53	159	148	46	14	83	90	202	192	49	15	85	92	200	191
40	0	0	0	37	31	43	10	56	62	170	160	46	15	91	99	212	202	49	16	93	100	210	200
40	1	1	1	57	49	43	11	64	70	182	171	46	16	99	107	222	212	49	17	101	108	219	210
40	2	4	5	73	65	43	12	72	79	193	182	46	17	108	116	232	222	49	18	108	117	229	219
40	3	8	10	89	80	43	13	80	88	204	193	46	18	116	125	242	232	49	19	117	125	238	228
40	4	14	17	103	94	43	14	89	97	215	204	46	19	125	134	252	242	49	20	125	133	247	238
40	5	21	24	117	107	43	15	98	106	225	215	46	20	134	143	261	252	49	21	133	142	256	247
40	6	28	32	131	121	43	16	107	115	236	226	46	21	143	152	271	261	49	22	142	150	265	256
40	7	35	40	144	134	43	17	116	124	246	236	46	22	152	161	280	271	49	23	150	159	274	265
40	8	43	49	157	146	43	18	125	134	257	247	46	23	161	170	289	280	49	24	159	168	283	274
40	9	51	57	169	159	43	19	134	143	267	257	47	0	0	0	32	26	49	25	167	176	291	282
40	10	60	66	182	171	43	20	144	153	277	267	47	1	1	1	48	41	50	0	0	0	30	24

CONFIDENCE BOUNDS FOR A

		N = 450						N = 450						N = 450						N = 450			
		LOWER		UPPER				LOWER		UPPER				LOWER		UPPER				LOWER		UPPER	
n	a	.975	.95	.975	.95	n	a	.975	.95	.975	.95	n	a	.975	.95	.975	.95	n	a	.975	.95	.975	.95
50	1	1	1	45	39	52	23	141	149	260	251	55	15	76	82	180	171	58	2	3	4	51	45
50	2	3	4	59	52	52	24	149	157	268	259	55	16	83	89	189	180	58	3	6	8	62	55
50	3	7	9	71	64	52	25	157	166	277	268	55	17	90	96	197	188	58	4	10	12	72	65
50	4	12	14	83	75	52	26	165	174	285	276	55	18	97	104	206	197	58	5	15	17	82	75
50	5	17	20	95	87	53	0	0	0	28	23	55	19	104	111	214	205	58	6	19	22	92	84
50	6	22	26	106	97	53	1	1	1	43	37	55	20	111	118	223	214	58	7	25	28	101	93
50	7	28	32	117	108	53	2	3	4	55	49	55	21	118	126	231	222	58	8	30	34	110	103
50	8	35	39	127	118	53	3	7	8	67	60	55	22	125	133	239	230	58	9	36	40	119	111
50	9	41	46	138	129	53	4	11	13	79	71	55	23	133	141	247	238	58	10	41	46	128	120
50	10	48	53	148	139	53	5	16	19	90	82	55	24	140	148	255	247	58	11	47	52	137	129
50	11	55	60	158	149	53	6	21	24	100	92	55	25	148	156	263	255	58	12	53	58	146	138
50	12	62	68	168	158	53	7	27	31	110	102	55	26	155	164	271	263	58	13	59	65	155	146
50	13	69	75	178	168	53	8	33	37	120	112	55	27	163	172	279	271	58	14	66	71	163	154
50	14	76	83	187	178	53	9	39	43	130	122	55	28	171	179	287	278	58	15	72	78	171	163
50	15	84	91	197	187	53	10	45	50	140	131	56	0	0	0	26	21	58	16	78	85	180	171
50	16	91	98	206	197	53	11	52	57	150	141	56	1	1	1	40	35	58	17	85	91	188	179
50	17	99	106	215	206	53	12	58	64	159	150	56	2	3	4	52	46	58	18	91	98	196	187
50	18	107	114	225	215	53	13	65	71	168	159	56	3	6	8	64	57	58	19	98	105	204	195
50	19	114	122	234	224	53	14	72	78	177	168	56	4	10	13	74	67	58	20	105	112	212	203
50	20	122	131	243	233	53	15	79	85	186	177	56	5	15	18	85	77	58	21	112	119	220	211
50	21	131	139	252	242	53	16	86	93	195	186	56	6	20	23	95	87	58	22	119	126	228	219
50	22	139	147	260	251	53	17	93	100	204	195	56	7	25	29	105	97	58	23	126	133	236	227
50	23	147	156	269	260	53	18	100	108	213	204	56	8	31	35	114	106	58	24	133	140	244	235
50	24	155	164	278	269	53	19	108	115	222	213	56	9	37	41	124	115	58	25	140	148	251	243
50	25	164	173	286	277	53	20	115	123	230	221	56	10	43	47	133	124	58	26	147	155	259	250
51	0	0	0	29	24	53	21	123	131	239	230	56	11	49	54	142	133	58	27	154	162	266	258
51	1	1	1	44	38	53	22	130	138	247	238	56	12	55	60	151	142	58	28	161	170	274	265
51	2	3	4	58	51	53	23	138	146	256	247	56	13	61	67	160	151	58	29	169	177	281	273
51	3	7	8	70	63	53	24	146	154	264	255	56	14	68	74	169	160	59	0	0	0	25	20
51	4	11	14	82	74	53	25	154	162	272	263	56	15	75	81	177	168	59	1	1	1	38	33
51	5	16	19	93	85	53	26	162	170	280	271	56	16	81	88	186	177	59	2	3	4	50	44
51	6	22	25	104	96	54	0	0	0	27	22	56	17	88	95	194	185	59	3	6	7	60	54
51	7	28	32	115	106	54	1	1	1	42	36	56	18	95	102	203	194	59	4	10	12	71	64
51	8	34	38	125	116	54	2	3	4	54	48	56	19	102	109	211	202	59	5	14	17	81	73
51	9	40	45	135	126	54	3	6	8	66	59	56	20	109	116	219	210	59	6	19	22	90	83
51	10	47	52	145	136	54	4	11	13	77	70	56	21	116	123	227	218	59	7	24	28	99	92
51	11	54	59	155	146	54	5	16	18	88	80	56	22	123	131	235	227	59	8	30	33	109	101
51	12	60	66	165	156	54	6	21	24	98	90	56	23	130	138	243	235	59	9	35	39	118	110
51	13	67	74	174	165	54	7	26	30	108	100	56	24	138	146	251	243	59	10	41	45	126	118
51	14	75	81	184	174	54	8	32	36	118	110	56	25	145	153	259	250	59	11	46	51	135	127
51	15	82	89	193	184	54	9	38	43	128	119	56	26	153	161	267	258	59	12	52	57	144	135
51	16	89	96	202	193	54	10	44	49	138	129	56	27	160	168	275	266	59	13	58	64	152	144
51	17	97	104	212	202	54	11	51	56	147	138	56	28	168	176	282	274	59	14	64	70	160	152
51	18	104	112	221	211	54	12	57	63	156	147	57	0	0	0	26	21	59	15	71	77	169	160
51	19	112	120	230	220	54	13	64	70	165	156	57	1	1	1	40	34	59	16	77	83	177	168
51	20	120	128	238	229	54	14	70	77	174	165	57	2	3	4	52	45	59	17	83	90	185	176
51	21	128	136	247	238	54	15	77	84	183	174	57	3	6	8	63	56	59	18	90	96	193	184
51	22	136	144	256	247	54	16	84	91	192	183	57	4	10	12	73	66	59	19	96	103	201	192
51	23	144	152	264	255	54	17	91	98	201	192	57	5	15	17	83	76	59	20	103	110	209	200
51	24	152	161	273	264	54	18	98	106	209	200	57	6	20	23	93	86	59	21	110	117	217	208
51	25	160	169	281	272	54	19	106	113	218	209	57	7	25	29	103	95	59	22	117	124	224	216
51	26	169	178	290	281	54	20	113	121	226	217	57	8	31	34	112	104	59	23	123	131	232	224
52	0	0	0	29	23	54	21	120	128	235	226	57	9	36	40	122	113	59	24	130	138	240	231
52	1	1	1	43	37	54	22	128	136	243	234	57	10	42	47	131	122	59	25	137	145	247	239
52	2	3	4	57	50	54	23	135	143	251	242	57	11	48	53	140	131	59	26	144	152	255	246
52	3	7	8	69	61	54	24	143	151	260	251	57	12	54	59	148	140	59	27	151	159	262	254
52	4	11	13	80	73	54	25	151	159	268	259	57	13	60	66	157	149	59	28	159	167	270	261
52	5	16	19	91	83	54	26	159	167	276	267	57	14	67	73	166	157	59	29	166	174	277	269
52	6	22	25	102	94	54	27	166	175	284	275	57	15	73	79	174	166	59	30	173	181	284	276
52	7	27	31	112	104	55	0	0	0	27	22	57	16	80	86	183	174	60	0	0	0	25	20
52	8	33	38	123	114	55	1	1	1	41	35	57	17	86	93	191	182	60	1	1	1	38	32
52	9	40	44	133	124	55	2	3	4	53	47	57	18	93	100	199	190	60	2	3	4	49	43
52	10	46	51	143	134	55	3	6	8	65	58	57	19	100	107	207	199	60	3	6	7	59	53
52	11	53	58	152	143	55	4	11	13	76	69	57	20	107	114	216	207	60	4	10	12	70	63
52	12	59	65	162	153	55	5	15	18	86	79	57	21	114	121	224	215	60	5	14	17	79	72
52	13	66	72	171	162	55	6	20	24	97	89	57	22	121	128	232	223	60	6	19	22	89	81
52	14	73	80	181	171	55	7	26	29	106	98	57	23	128	136	240	231	60	7	24	27	98	90
52	15	80	87	190	180	55	8	32	36	116	108	57	24	135	143	247	239	60	8	29	33	107	99
52	16	88	94	199	190	55	9	37	42	126	117	57	25	142	150	255	246	60	9	34	38	116	108
52	17	95	102	208	199	55	10	44	48	135	127	57	26	150	158	263	254	60	10	40	44	124	116
52	18	102	110	217	207	55	11	50	55	144	136	57	27	157	165	270	262	60	11	46	50	133	125
52	19	110	117	226	216	55	12	56	61	153	145	57	28	164	173	278	270	60	12	51	56	141	133
52	20	118	125	234	225	55	13	63	68	162	154	58	0	0	0	25	21	60	13	57	63	150	141
52	21	125	133	243	234	55	14	69	75	171	162	58	1	1	1	39	33	60	14	63	69	158	150
52	22	133	141	251	242													60	15	70	75	166	158

CONFIDENCE BOUNDS FOR A

N = 450

n	a	LOWER .975	LOWER .95	UPPER .975	UPPER .95
60	16	76	82	174	166
60	17	82	88	182	174
60	18	88	95	190	182
60	19	95	101	198	189
60	20	101	108	206	197
60	21	108	115	213	205
60	22	115	122	221	213
60	23	121	129	229	220
60	24	128	135	236	228
60	25	135	142	244	235
60	26	142	149	251	243
60	27	149	157	258	250
60	28	156	164	266	257
60	29	163	171	273	265
60	30	170	178	280	272
61	0	0	0	24	20
61	1	1	1	37	32
61	2	3	4	48	42
61	3	6	7	58	52
61	4	10	12	68	62
61	5	14	16	78	71
61	6	19	21	87	80
61	7	24	27	96	89
61	8	29	32	105	98
61	9	34	38	114	106
61	10	39	44	122	115
61	11	45	50	131	123
61	12	51	55	139	131
61	13	56	62	147	139
61	14	62	68	155	147
61	15	68	74	164	155
61	16	74	80	171	163
61	17	81	87	179	171
61	18	87	93	187	179
61	19	93	100	195	186
61	20	100	106	203	194
61	21	106	113	210	202
61	22	113	120	218	209
61	23	119	126	225	217
61	24	126	133	233	224
61	25	133	140	240	232
61	26	139	147	247	239
61	27	146	154	255	246
61	28	153	161	262	254
61	29	160	168	269	261
61	30	167	175	276	268
61	31	174	182	283	275
62	0	0	0	24	19
62	1	1	1	36	31
62	2	3	3	47	42
62	3	6	7	58	51
62	4	10	11	67	61
62	5	14	16	77	70
62	6	18	21	86	79
62	7	23	26	95	87
62	8	28	32	103	96
62	9	33	37	112	104
62	10	39	43	120	113
62	11	44	49	129	121
62	12	50	55	137	129
62	13	56	61	145	137
62	14	61	67	153	145
62	15	67	73	161	153
62	16	73	79	169	161
62	17	79	85	177	168
62	18	85	92	184	176
62	19	92	98	192	184
62	20	98	105	200	191
62	21	104	111	207	199
62	22	111	118	214	206
62	23	117	124	222	214
62	24	124	131	229	221
62	25	130	138	236	228
62	26	137	144	244	235
62	27	144	151	251	243

N = 450

n	a	LOWER .975	LOWER .95	UPPER .975	UPPER .95
62	28	150	158	258	250
62	29	157	165	265	257
62	30	164	172	272	264
62	31	171	179	279	271
63	0	0	0	23	19
63	1	1	1	36	31
63	2	3	3	47	41
63	3	6	7	57	51
63	4	9	11	66	60
63	5	14	16	75	69
63	6	18	21	84	78
63	7	23	26	93	86
63	8	28	31	102	95
63	9	33	37	110	103
63	10	38	42	119	111
63	11	44	48	127	119
63	12	49	54	135	127
63	13	55	60	143	135
63	14	60	66	151	143
63	15	66	72	159	150
63	16	72	78	166	158
63	17	78	84	174	166
63	18	84	90	182	173
63	19	90	96	189	181
63	20	96	103	197	188
63	21	103	109	204	196
63	22	109	116	211	203
63	23	115	122	219	210
63	24	122	129	226	218
63	25	128	135	233	225
63	26	135	142	240	232
63	27	141	149	247	239
63	28	148	155	254	246
63	29	155	162	261	253
63	30	161	169	268	260
63	31	168	176	275	267
63	32	175	183	282	274
64	0	0	0	23	19
64	1	1	1	35	30
64	2	3	3	46	40
64	3	6	7	56	50
64	4	9	11	65	59
64	5	13	16	74	68
64	6	18	20	83	76
64	7	22	26	92	85
64	8	27	31	100	93
64	9	32	36	109	101
64	10	38	42	117	109
64	11	43	47	125	117
64	12	48	53	133	125
64	13	54	59	141	133
64	14	59	65	149	141
64	15	65	71	156	148
64	16	71	77	164	156
64	17	77	83	171	163
64	18	83	89	179	171
64	19	89	95	186	178
64	20	95	101	194	186
64	21	101	108	201	193
64	22	107	114	208	200
64	23	113	120	216	207
64	24	120	127	223	214
64	25	126	133	230	222
64	26	132	140	237	229
64	27	139	146	244	236
64	28	145	153	251	243
64	29	152	160	258	250
64	30	159	166	264	256
64	31	165	173	271	263
64	32	172	180	278	270
65	0	0	0	23	18
65	1	1	1	35	30
65	2	3	3	45	40
65	3	6	7	55	49
65	4	9	11	64	58

N = 450

n	a	LOWER .975	LOWER .95	UPPER .975	UPPER .95
65	5	13	15	73	67
65	6	18	20	82	75
65	7	22	25	90	83
65	8	27	30	99	92
65	9	32	36	107	100
65	10	37	41	115	108
65	11	42	47	123	115
65	12	48	52	131	123
65	13	53	58	139	131
65	14	59	64	146	138
65	15	64	69	154	146
65	16	70	75	161	153
65	17	76	81	169	161
65	18	82	87	176	168
65	19	87	93	184	176
65	20	93	100	191	183
65	21	99	106	198	190
65	22	105	112	205	197
65	23	112	118	212	204
65	24	118	125	220	211
65	25	124	131	227	218
65	26	130	137	233	225
65	27	137	144	240	232
65	28	143	150	247	239
65	29	150	157	254	246
65	30	156	164	261	253
65	31	163	170	268	260
65	32	169	177	274	266
65	33	176	184	281	273
66	0	0	0	22	18
66	1	1	1	34	29
66	2	3	3	44	39
66	3	6	7	54	48
66	4	9	11	63	57
66	5	13	15	72	66
66	6	17	20	81	74
66	7	22	25	89	82
66	8	27	30	97	90
66	9	31	35	105	98
66	10	36	40	113	106
66	11	42	46	121	114
66	12	47	51	129	121
66	13	52	57	137	129
66	14	58	63	144	136
66	15	63	68	152	144
66	16	69	74	159	151
66	17	75	80	167	159
66	18	80	86	174	166
66	19	86	92	181	173
66	20	92	98	188	180
66	21	98	104	195	187
66	22	104	110	202	194
66	23	110	117	209	201
66	24	116	123	216	208
66	25	122	129	223	215
66	26	128	135	230	222
66	27	135	142	237	229
66	28	141	148	244	236
66	29	147	155	251	243
66	30	154	161	257	249
66	31	160	168	264	256
66	32	166	174	271	263
66	33	173	181	277	269
67	0	0	0	22	18
67	1	1	1	33	29
67	2	3	3	44	38
67	3	5	7	53	48
67	4	9	11	62	56
67	5	13	15	71	65
67	6	17	20	79	73
67	7	22	24	88	81
67	8	26	29	96	89
67	9	31	35	104	97
67	10	36	40	112	104
67	11	41	45	119	112

N = 450

n	a	LOWER .975	LOWER .95	UPPER .975	UPPER .95
67	12	46	51	127	120
67	13	51	56	135	127
67	14	57	62	142	134
67	15	62	67	150	142
67	16	68	73	157	149
67	17	73	79	164	156
67	18	79	85	171	163
67	19	85	91	179	171
67	20	91	97	186	178
67	21	96	103	193	185
67	22	102	109	200	192
67	23	108	115	207	199
67	24	114	121	213	205
67	25	120	127	220	212
67	26	126	133	227	219
67	27	132	140	234	226
67	28	139	146	241	233
67	29	145	152	247	239
67	30	151	158	254	246
67	31	157	165	260	253
67	32	164	171	267	259
67	33	170	178	273	266
67	34	177	184	280	272
68	0	0	0	21	17
68	1	1	1	33	28
68	2	3	3	43	38
68	3	5	7	52	47
68	4	9	11	61	55
68	5	13	15	70	64
68	6	17	19	78	72
68	7	21	24	86	80
68	8	26	29	94	88
68	9	31	34	102	95
68	10	35	39	110	103
68	11	40	45	118	110
68	12	46	50	125	118
68	13	51	55	133	125
68	14	56	61	140	133
68	15	61	66	147	140
68	16	67	72	155	147
68	17	72	78	162	154
68	18	78	84	169	161
68	19	84	89	176	168
68	20	89	95	183	175
68	21	95	101	190	182
68	22	101	107	197	189
68	23	107	113	204	196
68	24	112	119	211	203
68	25	118	125	217	209
68	26	124	131	224	216
68	27	130	137	231	223
68	28	137	144	237	229
68	29	143	150	244	236
68	30	149	156	250	243
68	31	155	162	257	249
68	32	161	169	263	256
68	33	168	175	270	262
68	34	174	181	276	269
69	0	0	0	21	17
69	1	1	1	32	28
69	2	3	3	42	37
69	3	5	7	52	46
69	4	9	10	60	55
69	5	13	15	69	63
69	6	17	19	77	71
69	7	21	24	85	79
69	8	26	29	93	86
69	9	30	34	101	94
69	10	35	39	109	101
69	11	40	44	116	109
69	12	45	49	124	116
69	13	50	55	131	124
69	14	55	60	138	131
69	15	61	65	145	138
69	16	66	71	153	145

CONFIDENCE BOUNDS FOR A

n	a	N=450 LOWER .975	.95	UPPER .975	.95	n	a	N=450 LOWER .975	.95	UPPER .975	.95	n	a	N=450 LOWER .975	.95	UPPER .975	.95	n	a	N=450 LOWER .975	.95	UPPER .975	.95
69	17	71	77	160	152	71	20	85	91	176	168	73	21	88	94	178	170	75	20	81	86	167	159
69	18	77	82	167	159	71	21	91	97	182	175	73	22	94	100	184	177	75	21	86	92	173	166
69	19	82	88	174	166	71	22	96	102	189	181	73	23	99	105	191	183	75	22	91	97	180	172
69	20	88	94	181	173	71	23	102	108	196	188	73	24	105	111	197	189	75	23	96	102	186	178
69	21	94	100	187	180	71	24	108	114	202	195	73	25	110	116	203	196	75	24	102	108	192	185
69	22	99	105	194	186	71	25	113	120	209	201	73	26	116	122	210	202	75	25	107	113	198	191
69	23	105	111	201	193	71	26	119	126	215	207	73	27	121	128	216	208	75	26	112	119	205	197
69	24	111	117	208	200	71	27	125	131	222	214	73	28	127	133	222	215	75	27	118	124	211	203
69	25	117	123	214	207	71	28	131	137	228	220	73	29	132	139	229	221	75	28	123	130	217	209
69	26	123	129	221	213	71	29	136	143	234	227	73	30	138	145	235	227	75	29	129	135	223	215
69	27	128	135	228	220	71	30	142	149	241	233	73	31	144	151	241	233	75	30	134	141	229	221
69	28	134	141	234	226	71	31	148	155	247	239	73	32	150	157	247	239	75	31	140	147	235	227
69	29	140	148	241	233	71	32	154	161	253	246	73	33	155	163	253	246	75	32	145	152	241	233
69	30	147	154	247	239	71	33	160	167	259	252	73	34	161	168	259	252	75	33	151	158	247	239
69	31	153	160	254	246	71	34	166	173	266	258	73	35	167	174	265	258	75	34	157	164	253	245
69	32	159	166	260	252	71	35	172	180	272	264	73	36	173	180	271	264	75	35	162	169	259	251
69	33	165	172	266	259	71	36	178	186	278	270	73	37	179	186	277	270	75	36	168	175	264	257
69	34	171	179	273	265	72	0	0	0	20	16	74	0	0	0	20	16	75	37	174	181	270	263
69	35	177	185	279	271	72	1	1	1	31	27	74	1	1	1	30	26	75	38	180	187	276	269
70	0	0	0	21	17	72	2	2	3	41	36	74	2	2	3	39	35	76	0	0	0	19	15
70	1	1	1	32	27	72	3	5	6	49	44	74	3	5	6	48	43	76	1	1	1	29	25
70	2	3	3	42	37	72	4	8	10	58	52	74	4	8	10	56	51	76	2	2	3	38	34
70	3	5	6	51	45	72	5	12	14	66	60	74	5	12	14	64	58	76	3	5	6	47	42
70	4	9	10	60	54	72	6	16	18	74	68	74	6	16	18	72	66	76	4	8	10	55	49
70	5	12	14	68	62	72	7	20	23	82	75	74	7	20	22	79	73	76	5	12	13	62	57
70	6	16	19	76	70	72	8	25	28	89	83	74	8	24	27	87	81	76	6	15	18	70	64
70	7	21	23	84	78	72	9	29	32	97	90	74	9	28	31	94	88	76	7	19	22	77	71
70	8	25	28	92	85	72	10	34	37	104	97	74	10	33	36	101	95	76	8	23	26	85	78
70	9	30	33	99	93	72	11	38	42	111	104	74	11	37	41	108	102	76	9	28	31	92	85
70	10	35	38	107	100	72	12	43	47	119	111	74	12	42	46	115	109	76	10	32	35	99	92
70	11	39	43	114	107	72	13	48	52	126	118	74	13	47	51	122	115	76	11	36	40	106	99
70	12	44	48	122	115	72	14	53	58	133	125	74	14	52	56	129	122	76	12	41	45	112	106
70	13	49	54	129	122	72	15	58	63	140	132	74	15	57	61	136	129	76	13	46	50	119	112
70	14	54	59	136	129	72	16	63	68	146	139	74	16	61	66	143	135	76	14	50	55	126	119
70	15	60	65	143	136	72	17	68	73	153	146	74	17	67	71	149	142	76	15	55	60	132	125
70	16	65	70	150	143	72	18	74	79	160	153	74	18	72	77	156	149	76	16	60	65	139	132
70	17	70	76	157	150	72	19	79	84	167	159	74	19	77	82	162	155	76	17	65	70	146	138
70	18	76	81	164	157	72	20	84	90	173	166	74	20	82	87	169	162	76	18	70	75	152	145
70	19	81	87	171	164	72	21	90	95	180	172	74	21	87	93	175	168	76	19	75	80	158	151
70	20	87	92	178	170	72	22	95	101	187	179	74	22	92	98	182	174	76	20	80	85	165	157
70	21	92	98	185	177	72	23	101	107	193	185	74	23	98	104	188	181	76	21	85	90	171	164
70	22	98	104	192	184	72	24	106	112	200	192	74	24	103	109	195	187	76	22	90	96	177	170
70	23	103	110	198	191	72	25	112	118	206	198	74	25	109	115	201	193	76	23	95	101	184	176
70	24	109	116	205	197	72	26	117	124	212	205	74	26	114	120	207	200	76	24	100	106	190	182
70	25	115	121	212	204	72	27	123	130	219	211	74	27	120	126	213	206	76	25	106	112	196	188
70	26	121	127	218	210	72	28	129	135	225	217	74	28	125	132	220	212	76	26	111	117	202	195
70	27	127	133	225	217	72	29	134	141	231	224	74	29	131	137	226	218	76	27	116	123	208	201
70	28	132	139	231	223	72	30	140	147	238	230	74	30	136	143	232	224	76	28	122	128	214	207
70	29	138	145	238	230	72	31	146	153	244	236	74	31	142	149	238	230	76	29	127	134	220	213
70	30	144	151	244	236	72	32	152	159	250	243	74	32	148	154	244	236	76	30	133	139	226	219
70	31	150	158	250	243	72	33	158	165	256	249	74	33	153	160	250	242	76	31	138	145	232	225
70	32	156	164	257	249	72	34	164	171	262	255	74	34	159	166	256	248	76	32	144	150	238	231
70	33	162	170	263	255	72	35	170	177	268	261	74	35	165	172	262	254	76	33	149	156	244	237
70	34	169	176	269	262	72	36	176	183	274	267	74	36	171	178	268	260	76	34	155	161	250	242
70	35	175	182	275	268	73	0	0	0	20	16	74	37	176	184	274	266	76	35	160	167	256	248
71	0	0	0	20	17	73	1	1	1	31	26	75	0	0	0	19	16	76	36	166	173	261	254
71	1	1	1	31	27	73	2	2	3	40	35	75	1	1	1	30	25	76	37	172	179	267	260
71	2	3	3	41	36	73	3	5	6	49	43	75	2	2	3	39	34	76	38	177	184	273	266
71	3	5	6	50	45	73	4	8	10	57	52	75	3	5	6	47	42	77	0	0	0	19	15
71	4	9	10	59	53	73	5	12	14	65	59	75	4	8	10	55	50	77	1	1	1	29	25
71	5	12	14	67	61	73	6	16	18	73	67	75	5	12	14	63	58	77	2	2	3	38	33
71	6	16	19	75	69	73	7	20	23	81	74	75	6	15	18	71	65	77	3	5	6	46	41
71	7	20	23	83	76	73	8	24	27	88	82	75	7	19	22	78	72	77	4	8	9	54	49
71	8	25	28	91	84	73	9	29	32	95	89	75	8	24	26	86	79	77	5	11	13	62	56
71	9	29	33	98	91	73	10	33	37	103	96	75	9	28	31	93	87	77	6	15	17	69	63
71	10	34	38	106	99	73	11	38	42	110	103	75	10	32	36	100	93	77	7	19	22	76	70
71	11	39	43	113	106	73	12	43	47	117	110	75	11	37	41	107	100	77	8	23	26	83	77
71	12	44	48	120	113	73	13	47	52	124	117	75	12	41	45	114	107	77	9	27	30	91	84
71	13	49	53	127	120	73	14	52	57	131	124	75	13	46	50	121	114	77	10	32	35	97	91
71	14	54	58	134	127	73	15	57	62	138	130	75	14	51	55	127	120	77	11	36	40	104	98
71	15	59	64	141	134	73	16	62	67	145	137	75	15	56	60	134	127	77	12	40	44	111	104
71	16	64	69	148	141	73	17	67	72	151	144	75	16	61	65	141	134	77	13	45	49	118	111
71	17	69	74	155	148	73	18	73	78	158	151	75	17	66	71	147	140	77	14	50	54	124	117
71	18	75	80	162	155	73	19	78	83	165	157	75	18	71	76	154	147	77	15	54	59	131	124
71	19	80	86	169	161	73	20	83	89	171	164	75	19	76	81	160	153	77	16	59	64	137	130

CONFIDENCE BOUNDS FOR A

N = 450		LOWER		UPPER		N = 450		LOWER		UPPER		N = 450		LOWER		UPPER		N = 450		LOWER		UPPER	
n	a	.975	.95	.975	.95	n	a	.975	.95	.975	.95	n	a	.975	.95	.975	.95	n	a	.975	.95	.975	.95
77	17	64	69	144	137	79	12	39	43	108	102	81	5	11	13	59	53	82	38	164	170	255	248
77	18	69	74	150	143	79	13	44	48	115	108	81	6	14	17	66	60	82	39	169	176	260	253
77	19	74	79	156	149	79	14	48	53	121	114	81	7	18	21	73	67	82	40	174	181	265	258
77	20	79	84	163	155	79	15	53	57	128	121	81	8	22	25	79	74	82	41	179	186	271	264
77	21	84	89	169	162	79	16	58	62	134	127	81	9	26	29	86	80	83	0	0	0	17	14
77	22	89	94	175	168	79	17	62	67	140	133	81	10	30	33	93	87	83	1	1	1	27	23
77	23	94	100	181	174	79	18	67	72	146	139	81	11	34	38	99	93	83	2	2	3	35	31
77	24	99	105	187	180	79	19	72	77	153	146	81	12	39	42	106	99	83	3	5	6	43	38
77	25	104	110	193	186	79	20	77	82	159	152	81	13	43	47	112	105	83	4	8	9	50	45
77	26	110	116	200	192	79	21	82	87	165	158	81	14	47	51	118	112	83	5	11	12	57	52
77	27	115	121	206	198	79	22	87	92	171	164	81	15	52	56	124	118	83	6	14	16	64	59
77	28	120	126	212	204	79	23	92	97	177	170	81	16	56	61	131	124	83	7	18	20	71	65
77	29	125	132	217	210	79	24	97	102	183	176	81	17	61	65	137	130	83	8	22	24	77	72
77	30	131	137	223	216	79	25	102	107	189	182	81	18	66	70	143	136	83	9	25	28	84	78
77	31	136	143	229	222	79	26	107	113	195	188	81	19	70	75	149	142	83	10	29	32	90	84
77	32	142	148	235	228	79	27	112	118	201	193	81	20	75	80	155	148	83	11	34	37	97	91
77	33	147	154	241	234	79	28	117	123	207	199	81	21	80	85	161	154	83	12	38	41	103	97
77	34	153	159	247	239	79	29	122	128	212	205	81	22	84	90	167	160	83	13	42	46	109	103
77	35	158	165	252	245	79	30	127	134	218	211	81	23	89	95	173	166	83	14	46	50	115	109
77	36	164	171	258	251	79	31	133	139	224	217	81	24	94	100	179	172	83	15	51	55	122	115
77	37	169	176	264	257	79	32	138	144	230	222	81	25	99	105	184	177	83	16	55	59	128	121
77	38	175	182	270	262	79	33	143	150	235	228	81	26	104	110	190	183	83	17	59	64	134	127
77	39	180	188	275	268	79	34	148	155	241	234	81	27	109	115	196	189	83	18	64	69	140	133
78	0	0	0	18	15	79	35	154	161	247	239	81	28	114	120	202	195	83	19	69	73	145	139
78	1	1	1	28	24	79	36	159	166	252	245	81	29	119	125	207	200	83	20	73	78	151	145
78	2	2	3	37	33	79	37	165	172	258	251	81	30	124	130	213	206	83	21	78	83	157	150
78	3	5	6	45	41	79	38	170	177	263	256	81	31	129	135	219	212	83	22	82	88	163	156
78	4	8	9	53	48	79	39	176	183	269	262	81	32	134	141	224	217	83	23	87	92	169	162
78	5	11	13	61	55	79	40	181	188	274	267	81	33	140	146	230	223	83	24	92	97	174	168
78	6	15	17	68	63	80	0	0	0	18	15	81	34	145	151	235	228	83	25	97	102	180	173
78	7	19	21	75	70	80	1	1	1	28	24	81	35	150	156	241	234	83	26	102	107	186	179
78	8	23	26	82	76	80	2	2	3	36	32	81	36	155	162	247	239	83	27	106	112	192	184
78	9	27	30	89	83	80	3	5	6	44	40	81	37	160	167	252	245	83	28	111	117	197	190
78	10	31	34	96	90	80	4	8	9	52	47	81	38	166	172	257	250	83	29	116	122	203	196
78	11	36	39	103	96	80	5	11	13	59	54	81	39	171	178	263	256	83	30	121	127	208	201
78	12	40	44	110	103	80	6	15	17	66	61	81	40	176	183	268	261	83	31	126	132	214	207
78	13	44	48	116	110	80	7	18	21	73	68	81	41	182	189	274	267	83	32	131	137	219	212
78	14	49	53	123	116	80	8	22	25	80	74	82	0	0	0	17	14	83	33	136	142	225	218
78	15	54	58	129	122	80	9	26	29	87	81	82	1	1	1	27	23	83	34	141	147	230	223
78	16	58	63	136	129	80	10	30	34	94	88	82	2	2	3	35	31	83	35	146	153	236	229
78	17	63	68	142	135	80	11	35	38	100	94	82	3	5	6	43	39	83	36	151	158	241	234
78	18	68	73	148	141	80	12	39	43	107	100	82	4	8	9	51	46	83	37	156	163	246	239
78	19	73	78	154	147	80	13	43	47	113	107	82	5	11	13	58	53	83	38	162	168	252	245
78	20	78	83	161	154	80	14	48	52	120	113	82	6	14	16	65	59	83	39	167	173	257	250
78	21	83	88	167	160	80	15	52	57	126	119	82	7	18	20	72	66	83	40	172	179	262	256
78	22	88	93	173	166	80	16	57	61	132	125	82	8	22	24	78	73	83	41	177	184	268	261
78	23	93	98	179	172	80	17	62	66	138	132	82	9	26	29	85	79	83	42	182	189	273	266
78	24	98	104	185	178	80	18	66	71	145	138	82	10	30	33	92	85	84	0	0	0	17	14
78	25	103	109	191	184	80	19	71	76	151	144	82	11	34	37	98	92	84	1	1	1	26	22
78	26	108	114	197	190	80	20	76	81	157	150	82	12	38	42	104	98	84	2	2	3	34	30
78	27	113	119	203	196	80	21	81	86	163	156	82	13	42	46	111	104	84	3	5	6	42	38
78	28	118	125	209	202	80	22	86	91	169	162	82	14	47	51	117	110	84	4	7	9	49	45
78	29	124	130	215	208	80	23	90	96	175	168	82	15	51	55	123	116	84	5	11	12	56	51
78	30	129	135	221	213	80	24	95	101	181	174	82	16	56	60	129	122	84	6	14	16	63	58
78	31	134	141	227	219	80	25	100	106	187	179	82	17	60	65	135	128	84	7	18	20	70	64
78	32	140	146	232	225	80	26	105	111	192	185	82	18	65	69	141	134	84	8	21	24	76	71
78	33	145	152	238	231	80	27	110	116	198	191	82	19	69	74	147	140	84	9	25	28	83	77
78	34	150	157	244	237	80	28	115	122	204	197	82	20	74	79	153	146	84	10	29	32	89	83
78	35	156	163	250	242	80	29	121	127	210	203	82	21	79	84	159	152	84	11	33	36	96	90
78	36	161	168	255	248	80	30	126	132	216	208	82	22	83	89	165	158	84	12	37	41	102	96
78	37	167	174	261	254	80	31	131	137	221	214	82	23	88	94	171	164	84	13	41	45	108	102
78	38	172	179	266	259	80	32	136	142	227	220	82	24	93	98	177	169	84	14	46	49	114	108
78	39	178	185	272	265	80	33	141	148	233	225	82	25	98	103	182	175	84	15	50	54	120	114
79	0	0	0	18	15	80	34	147	153	238	231	82	26	103	108	188	181	84	16	54	59	126	120
79	1	1	1	28	24	80	35	152	158	244	237	82	27	108	113	194	187	84	17	59	63	132	125
79	2	2	3	37	32	80	36	157	164	249	242	82	28	113	118	199	192	84	18	63	68	138	131
79	3	5	6	45	40	80	37	163	169	255	248	82	29	118	124	205	198	84	19	68	72	144	137
79	4	8	9	53	47	80	38	168	175	260	253	82	30	123	129	211	204	84	20	72	77	150	143
79	5	11	13	60	55	80	39	173	180	266	259	82	31	128	134	216	209	84	21	77	82	155	149
79	6	15	17	67	62	80	40	179	186	271	264	82	32	133	139	222	215	84	22	81	87	161	154
79	7	19	21	74	69	81	0	0	0	18	14	82	33	138	144	227	220	84	23	86	91	167	160
79	8	23	25	81	75	81	1	1	1	27	23	82	34	143	149	233	226	84	24	91	96	173	166
79	9	27	30	88	82	81	2	2	3	36	31	82	35	148	154	238	231	84	25	96	101	178	171
79	10	31	34	95	89	81	3	5	6	44	39	82	36	153	160	244	237	84	26	100	106	184	177
79	11	35	39	102	95	81	4	8	9	51	46	82	37	158	165	249	242	84	27	105	111	189	182

CONFIDENCE BOUNDS FOR A

N = 450					N = 450					N = 450					N = 450				
		LOWER		UPPER				LOWER		UPPER				LOWER		UPPER				LOWER		UPPER	
n	a	.975	.95	.975	.95	n	a	.975	.95	.975	.95	n	a	.975	.95	.975	.95	n	a	.975	.95	.975	.95
84	28	110	116	195	188	86	16	53	57	123	117	88	2	2	3	33	29	89	32	122	128	205	199
84	29	115	121	200	193	86	17	57	62	129	123	88	3	5	5	40	36	89	33	127	133	211	204
84	30	120	126	206	199	86	18	62	66	135	128	88	4	7	8	47	42	89	34	131	137	216	209
84	31	125	131	211	204	86	19	66	71	141	134	88	5	10	12	54	49	89	35	136	142	221	214
84	32	129	136	217	210	86	20	71	75	146	140	88	6	13	15	60	55	89	36	141	147	226	219
84	33	134	141	222	215	86	21	75	80	152	145	88	7	17	19	67	61	89	37	145	152	231	224
84	34	139	146	228	221	86	22	80	85	158	151	88	8	20	23	73	68	89	38	150	156	236	229
84	35	144	151	233	226	86	23	84	89	163	156	88	9	24	27	79	74	89	39	155	161	241	234
84	36	149	156	238	231	86	24	89	94	169	162	88	10	28	31	85	80	89	40	160	166	246	239
84	37	154	161	244	237	86	25	93	99	174	167	88	11	32	35	91	86	89	41	165	171	251	244
84	38	160	166	249	242	86	26	98	103	180	173	88	12	36	39	97	91	89	42	169	176	256	249
84	39	165	171	254	247	86	27	103	108	185	178	88	13	40	43	103	97	89	43	174	181	261	254
84	40	170	176	259	253	86	28	107	113	191	184	88	14	44	47	109	103	89	44	179	186	266	259
84	41	175	182	265	258	86	29	112	118	196	189	88	15	48	52	115	109	89	45	184	191	271	264
84	42	180	187	270	263	86	30	117	123	201	195	88	16	52	56	120	114	90	0	0	0	16	13
85	0	0	0	17	14	86	31	122	127	207	200	88	17	56	60	126	120	90	1	1	1	24	21
85	1	1	1	26	22	86	32	126	132	212	205	88	18	60	65	132	125	90	2	2	3	32	28
85	2	2	3	34	30	86	33	131	137	217	211	88	19	65	69	137	131	90	3	4	5	39	35
85	3	5	6	42	37	86	34	136	142	223	216	88	20	69	74	143	136	90	4	7	8	46	41
85	4	7	9	49	44	86	35	141	147	228	221	88	21	73	78	149	142	90	5	10	12	53	48
85	5	11	12	56	51	86	36	146	152	233	226	88	22	78	83	154	147	90	6	13	15	59	54
85	6	14	16	62	57	86	37	151	157	238	232	88	23	82	87	160	153	90	7	17	19	65	60
85	7	17	20	69	64	86	38	156	162	244	237	88	24	87	92	165	158	90	8	20	22	71	66
85	8	21	24	76	70	86	39	161	167	249	242	88	25	91	96	170	164	90	9	24	26	77	72
85	9	25	28	82	76	86	40	166	172	254	247	88	26	96	101	176	169	90	10	27	30	83	78
85	10	29	32	88	82	86	41	171	177	259	252	88	27	100	106	181	174	90	11	31	34	89	84
85	11	33	36	94	89	86	42	176	182	264	257	88	28	105	110	186	180	90	12	35	38	95	89
85	12	37	40	101	95	86	43	181	187	269	263	88	29	109	115	192	185	90	13	39	42	101	95
85	13	41	45	107	101	87	0	0	0	16	13	88	30	114	120	197	190	90	14	43	46	107	101
85	14	45	49	113	106	87	1	1	1	25	22	88	31	119	125	202	196	90	15	47	51	112	106
85	15	49	53	119	112	87	2	2	3	33	29	88	32	123	129	208	201	90	16	51	55	118	112
85	16	54	58	125	118	87	3	5	5	41	36	88	33	128	134	213	206	90	17	55	59	123	117
85	17	58	62	131	124	87	4	7	9	48	43	88	34	133	139	218	211	90	18	59	63	129	123
85	18	62	67	136	130	87	5	10	12	54	50	88	35	138	144	223	216	90	19	63	68	134	128
85	19	67	72	142	136	87	6	14	16	61	56	88	36	142	149	228	221	90	20	68	72	140	134
85	20	71	76	148	141	87	7	17	19	67	62	88	37	147	153	233	227	90	21	72	76	145	139
85	21	76	81	154	147	87	8	21	23	74	68	88	38	152	158	238	232	90	22	76	81	151	144
85	22	81	86	159	153	87	9	24	27	80	75	88	39	157	163	244	237	90	23	80	85	156	150
85	23	85	90	165	158	87	10	28	31	86	81	88	40	162	168	249	242	90	24	85	90	161	155
85	24	90	95	171	164	87	11	32	35	92	86	88	41	167	174	254	247	90	25	89	94	167	160
85	25	94	100	176	169	87	12	36	39	98	92	88	42	172	178	259	252	90	26	94	99	172	165
85	26	99	105	182	175	87	13	40	44	104	98	88	43	176	183	264	257	90	27	98	103	177	171
85	27	104	109	187	180	87	14	44	48	110	104	88	44	181	188	269	262	90	28	103	108	183	176
85	28	109	114	193	186	87	15	48	52	116	110	89	0	0	0	16	13	90	29	107	112	188	181
85	29	113	119	198	191	87	16	53	57	122	116	89	1	1	1	25	21	90	30	112	117	193	186
85	30	118	124	204	197	87	17	57	61	128	121	89	2	2	3	32	28	90	31	116	122	198	191
85	31	123	129	209	202	87	18	61	65	133	127	89	3	4	5	40	35	90	32	121	126	203	196
85	32	128	134	214	207	87	19	65	70	139	132	89	4	7	8	46	42	90	33	125	131	208	202
85	33	133	139	220	213	87	20	70	74	145	138	89	5	10	12	53	48	90	34	130	136	213	207
85	34	138	144	225	218	87	21	74	79	150	144	89	6	13	15	60	55	90	35	134	140	218	212
85	35	143	149	230	224	87	22	79	84	156	149	89	7	17	19	66	61	90	36	139	145	223	217
85	36	148	154	236	229	87	23	83	88	161	155	89	8	20	23	72	67	90	37	144	150	229	222
85	37	153	159	241	234	87	24	88	93	167	160	89	9	24	26	78	73	90	38	149	155	234	227
85	38	158	164	246	239	87	25	92	97	172	166	89	10	28	30	84	79	90	39	153	159	239	232
85	39	163	169	251	245	87	26	97	102	178	171	89	11	31	34	90	85	90	40	158	164	243	237
85	40	168	174	257	250	87	27	101	107	183	176	89	12	35	39	96	90	90	41	163	169	248	242
85	41	173	179	262	255	87	28	106	112	189	182	89	13	39	43	102	96	90	42	168	174	253	247
85	42	178	185	267	260	87	29	111	116	194	187	89	14	43	47	108	102	90	43	172	179	258	252
85	43	183	190	272	265	87	30	115	121	199	192	89	15	47	51	113	107	90	44	177	184	263	257
86	0	0	0	17	13	87	31	120	126	205	198	89	16	51	55	119	113	90	45	182	188	268	262
86	1	1	1	26	22	87	32	125	131	210	203	89	17	56	60	125	119						
86	2	2	3	34	30	87	33	130	136	215	208	89	18	60	64	130	124						
86	3	5	5	41	37	87	34	134	140	220	213	89	19	64	68	136	130						
86	4	7	9	48	43	87	35	139	145	226	219	89	20	68	73	141	135						
86	5	10	12	55	50	87	36	144	150	231	224	89	21	73	77	147	140						
86	6	14	16	62	57	87	37	149	155	236	229	89	22	77	82	152	146						
86	7	17	19	68	63	87	38	154	160	241	234	89	23	81	86	158	151						
86	8	21	23	75	69	87	39	159	165	246	239	89	24	86	91	163	157						
86	9	25	27	81	75	87	40	164	170	251	245	89	25	90	95	169	162						
86	10	28	31	87	81	87	41	169	175	256	250	89	26	95	100	174	167						
86	11	32	36	93	88	87	42	174	180	261	255	89	27	99	104	179	172						
86	12	36	40	99	93	87	43	179	185	266	260	89	28	104	109	184	178						
86	13	41	44	105	99	87	44	184	190	271	265	89	29	108	114	190	183						
86	14	45	48	111	105	88	0	0	0	16	13	89	30	113	118	195	188						
86	15	49	53	117	111	88	1	1	1	25	21	89	31	117	123	200	193						

CONFIDENCE BOUNDS FOR A

N = 460

n	a	LOWER .975	LOWER .95	UPPER .975	UPPER .95
1	0	0	0	448	437
1	1	12	23	460	460
2	0	0	0	386	356
2	1	6	12	454	448
3	0	0	0	324	289
3	1	4	8	416	397
3	2	44	63	456	452
4	0	0	0	276	241
4	1	3	6	369	345
4	2	32	46	428	414
5	0	0	0	238	206
5	1	3	5	328	301
5	2	25	36	391	372
5	3	69	88	435	424
6	0	0	0	210	179
6	1	2	4	293	266
6	2	21	30	356	334
6	3	56	72	404	388
7	0	0	0	187	159
7	1	2	4	264	238
7	2	18	25	325	302
7	3	47	60	374	355
7	4	86	105	413	400
8	0	0	0	168	142
8	1	2	3	240	215
8	2	16	22	298	274
8	3	40	52	346	325
8	4	74	90	386	370
9	0	0	0	153	129
9	1	2	3	220	196
9	2	14	20	274	251
9	3	36	46	321	300
9	4	64	79	361	343
9	5	99	117	396	381
10	0	0	0	140	117
10	1	2	3	203	180
10	2	12	18	254	231
10	3	32	41	298	277
10	4	57	70	337	319
10	5	88	104	372	356
11	0	0	0	129	108
11	1	2	3	188	166
11	2	11	16	236	214
11	3	29	37	278	258
11	4	52	63	316	297
11	5	79	93	351	334
11	6	109	126	381	367
12	0	0	0	120	100
12	1	1	2	175	154
12	2	10	15	221	200
12	3	26	34	261	241
12	4	47	58	297	278
12	5	71	85	331	313
12	6	99	114	361	346
13	0	0	0	112	93
13	1	1	2	164	144
13	2	10	14	207	187
13	3	24	31	245	226
13	4	43	53	280	261
13	5	65	78	313	295
13	6	90	105	342	326
13	7	118	134	370	355
14	0	0	0	105	87
14	1	1	2	154	135
14	2	9	13	195	175
14	3	23	29	231	212
14	4	40	49	265	246
14	5	60	72	296	278
14	6	83	96	325	309
14	7	108	123	352	337
15	0	0	0	98	82
15	1	1	2	145	127
15	2	9	12	184	165
15	3	21	27	219	200
15	4	37	46	251	233

N = 460

n	a	LOWER .975	LOWER .95	UPPER .975	UPPER .95
15	5	56	67	281	264
15	6	77	89	309	293
15	7	100	114	336	320
15	8	124	140	360	346
16	0	0	0	93	77
16	1	1	2	137	119
16	2	8	11	174	156
16	3	20	26	208	189
16	4	35	43	238	221
16	5	52	62	267	250
16	6	72	83	295	278
16	7	93	106	320	305
16	8	116	130	344	330
17	0	0	0	88	73
17	1	1	2	130	113
17	2	8	11	165	148
17	3	19	24	197	180
17	4	33	40	227	210
17	5	49	58	255	238
17	6	67	78	281	265
17	7	87	99	306	290
17	8	108	122	330	315
17	9	130	145	352	338
18	0	0	0	83	69
18	1	1	2	123	107
18	2	7	10	157	141
18	3	18	23	188	171
18	4	31	38	217	200
18	5	46	55	243	227
18	6	63	74	269	253
18	7	82	93	293	277
18	8	101	114	316	301
18	9	122	136	338	324
19	0	0	0	79	65
19	1	1	2	117	102
19	2	7	10	150	134
19	3	17	22	179	163
19	4	29	36	207	191
19	5	44	52	233	217
19	6	60	70	258	241
19	7	77	88	281	265
19	8	95	108	303	288
19	9	115	128	325	311
19	10	135	149	345	332
20	0	0	0	75	62
20	1	1	2	112	97
20	2	7	9	143	128
20	3	16	21	172	156
20	4	28	34	198	182
20	5	42	49	223	207
20	6	57	66	247	231
20	7	73	83	270	254
20	8	90	102	292	277
20	9	108	121	312	298
20	10	128	141	332	319
21	0	0	0	72	59
21	1	1	2	107	93
21	2	6	9	137	122
21	3	15	20	165	149
21	4	27	33	190	174
21	5	40	47	214	199
21	6	54	63	237	222
21	7	69	79	259	244
21	8	86	97	281	266
21	9	103	115	301	287
21	10	121	134	320	307
21	11	140	153	339	326
22	0	0	0	69	57
22	1	1	2	103	89
22	2	6	8	132	117
22	3	15	19	158	143
22	4	25	31	183	167
22	5	38	45	206	191
22	6	51	60	228	213
22	7	66	75	250	235

N = 460

n	a	LOWER .975	LOWER .95	UPPER .975	UPPER .95
22	8	81	92	270	256
22	9	98	109	290	276
22	10	115	127	309	296
22	11	132	145	328	315
23	0	0	0	66	54
23	1	1	1	99	85
23	2	6	8	126	112
23	3	14	18	152	137
23	4	24	30	176	161
23	5	36	43	198	183
23	6	49	57	220	205
23	7	63	72	241	226
23	8	78	88	261	246
23	9	93	104	280	266
23	10	109	121	299	285
23	11	126	138	317	303
23	12	143	157	334	322
24	0	0	0	63	52
24	1	1	1	95	82
24	2	6	8	122	108
24	3	13	17	146	132
24	4	23	28	169	155
24	5	35	41	191	177
24	6	47	55	212	197
24	7	60	69	232	218
24	8	74	84	252	237
24	9	89	99	270	256
24	10	104	116	289	275
24	11	120	132	306	293
24	12	137	149	323	311
25	0	0	0	61	50
25	1	1	1	91	79
25	2	5	7	117	104
25	3	13	17	141	127
25	4	22	27	163	149
25	5	33	39	184	170
25	6	45	52	205	190
25	7	58	66	224	210
25	8	71	80	243	229
25	9	85	95	261	248
25	10	100	111	279	266
25	11	115	126	296	283
25	12	131	143	313	301
25	13	147	159	329	317
26	0	0	0	59	48
26	1	1	1	88	76
26	2	5	7	113	100
26	3	12	16	136	123
26	4	22	26	158	144
26	5	32	38	178	164
26	6	43	50	198	184
26	7	55	63	217	203
26	8	68	77	235	221
26	9	82	91	253	239
26	10	96	106	270	257
26	11	110	121	287	274
26	12	125	137	304	291
26	13	140	153	320	307
27	0	0	0	57	46
27	1	1	1	85	73
27	2	5	7	109	97
27	3	12	15	131	118
27	4	21	25	152	139
27	5	31	36	172	159
27	6	42	48	191	178
27	7	53	61	210	196
27	8	66	74	228	214
27	9	78	88	245	232
27	10	92	102	262	249
27	11	106	116	279	266
27	12	120	131	295	282
27	13	135	147	310	298
27	14	150	162	325	313
28	0	0	0	55	45
28	1	1	1	82	71

N = 460

n	a	LOWER .975	LOWER .95	UPPER .975	UPPER .95
28	2	5	7	105	93
28	3	12	15	127	114
28	4	20	24	147	134
28	5	30	35	167	154
28	6	40	47	185	172
28	7	51	59	203	190
28	8	63	71	221	207
28	9	75	84	238	224
28	10	88	98	254	241
28	11	102	112	270	257
28	12	115	126	286	273
28	13	129	141	301	289
28	14	144	156	316	304
29	0	0	0	53	43
29	1	1	1	79	68
29	2	5	7	102	90
29	3	11	14	123	111
29	4	19	24	143	130
29	5	29	34	162	149
29	6	39	45	180	167
29	7	49	57	197	184
29	8	61	69	214	201
29	9	73	81	231	218
29	10	85	94	247	234
29	11	98	108	262	250
29	12	111	122	278	265
29	13	124	136	293	281
29	14	138	150	307	295
29	15	153	165	322	310
30	0	0	0	51	42
30	1	1	1	77	66
30	2	5	6	99	87
30	3	11	14	119	107
30	4	19	23	138	126
30	5	28	33	157	144
30	6	37	44	174	162
30	7	48	55	191	178
30	8	59	66	208	195
30	9	70	79	224	211
30	10	82	91	240	227
30	11	94	104	255	242
30	12	107	117	270	258
30	13	120	131	285	273
30	14	133	144	299	287
30	15	147	159	313	301
31	0	0	0	49	40
31	1	1	1	74	64
31	2	5	6	96	85
31	3	11	13	116	104
31	4	18	22	134	122
31	5	27	32	152	140
31	6	36	42	169	157
31	7	46	53	186	173
31	8	57	64	202	189
31	9	68	76	218	205
31	10	79	88	233	220
31	11	91	100	248	236
31	12	103	113	263	250
31	13	116	126	277	265
31	14	129	139	291	279
31	15	142	153	305	293
31	16	155	167	318	307
32	0	0	0	48	39
32	1	1	1	72	62
32	2	4	6	93	82
32	3	10	13	112	101
32	4	18	22	130	119
32	5	26	31	148	136
32	6	35	41	164	152
32	7	45	51	181	168
32	8	55	62	196	184
32	9	66	74	212	199
32	10	77	85	227	214
32	11	88	97	241	229
32	12	100	109	256	244

CONFIDENCE BOUNDS FOR A

n	a	N=460 LOWER .975	.95	UPPER .975	.95	n	a	N=460 LOWER .975	.95	UPPER .975	.95	n	a	N=460 LOWER .975	.95	UPPER .975	.95	n	a	N=460 LOWER .975	.95	UPPER .975	.95
32	13	112	122	270	258	36	16	132	142	281	270	40	11	70	77	198	187	43	21	157	167	293	283
32	14	124	135	284	272	36	17	143	153	293	283	40	12	79	87	210	199	43	22	167	177	303	293
32	15	137	148	297	285	36	18	155	165	305	295	40	13	88	96	222	211	44	0	0	0	35	28
32	16	150	161	310	299	37	0	0	0	41	34	40	14	98	106	234	223	44	1	1	1	53	45
33	0	0	0	46	38	37	1	1	1	63	54	40	15	108	116	246	235	44	2	3	5	68	60
33	1	1	1	70	60	37	2	4	5	81	71	40	16	118	127	257	246	44	3	8	10	83	74
33	2	4	6	90	80	37	3	9	11	98	88	40	17	128	137	268	258	44	4	13	16	96	87
33	3	10	13	109	98	37	4	15	19	114	103	40	18	138	148	279	269	44	5	19	23	110	100
33	4	17	21	127	115	37	5	23	27	129	118	40	19	148	158	290	280	44	6	26	30	122	113
33	5	25	30	144	132	37	6	30	35	144	133	40	20	159	169	301	291	44	7	33	37	135	125
33	6	34	40	160	148	37	7	39	44	158	147	41	0	0	0	37	30	44	8	40	45	147	137
33	7	43	50	176	164	37	8	47	54	172	161	41	1	1	1	57	49	44	9	48	53	159	149
33	8	53	60	191	179	37	9	57	63	186	175	41	2	4	5	73	65	44	10	55	62	170	160
33	9	64	71	206	194	37	10	66	73	199	188	41	3	8	10	89	79	44	11	63	70	182	171
33	10	74	83	221	208	37	11	76	84	213	201	41	4	14	17	103	94	44	12	72	79	193	183
33	11	85	94	235	223	37	12	86	94	225	214	41	5	21	24	117	107	44	13	80	87	204	194
33	12	97	106	249	237	37	13	96	105	238	227	41	6	28	32	131	121	44	14	89	96	215	205
33	13	108	118	263	251	37	14	106	115	251	239	41	7	35	40	144	134	44	15	97	105	226	215
33	14	120	130	276	265	37	15	117	126	263	252	41	8	43	48	157	146	44	16	106	115	236	226
33	15	132	143	290	278	37	16	128	138	275	264	41	9	51	57	169	159	44	17	115	124	247	237
33	16	145	156	303	291	37	17	139	149	287	276	41	10	59	66	182	171	44	18	125	133	257	247
33	17	157	169	315	304	37	18	150	161	298	288	41	11	68	75	194	183	44	19	134	143	267	257
34	0	0	0	45	37	37	19	162	172	310	299	41	12	77	85	206	195	44	20	143	153	278	268
34	1	1	1	68	59	38	0	0	0	40	33	41	13	86	94	218	207	44	21	153	162	288	278
34	2	4	6	88	78	38	1	1	1	61	52	41	14	95	104	229	218	44	22	163	172	297	288
34	3	10	12	106	95	38	2	4	5	79	70	41	15	105	114	240	230	45	0	0	0	34	28
34	4	17	20	123	112	38	3	9	11	95	86	41	16	115	123	252	241	45	1	1	1	52	44
34	5	25	29	140	128	38	4	15	18	111	101	41	17	124	134	263	252	45	2	3	5	67	59
34	6	33	38	156	144	38	5	22	26	126	115	41	18	134	144	274	263	45	3	8	10	81	73
34	7	42	48	171	159	38	6	30	34	140	130	41	19	144	154	284	274	45	4	13	16	94	86
34	8	52	59	186	174	38	7	38	43	154	143	41	20	155	165	295	285	45	5	19	22	107	98
34	9	62	69	201	189	38	8	46	52	168	157	41	21	165	175	305	295	45	6	25	29	120	110
34	10	72	80	215	203	38	9	55	62	182	170	42	0	0	0	36	30	45	7	32	37	132	122
34	11	83	91	229	217	38	10	64	71	195	183	42	1	1	1	55	47	45	8	39	44	144	134
34	12	94	103	243	231	38	11	74	81	208	196	42	2	4	5	71	63	45	9	47	52	155	145
34	13	105	114	256	244	38	12	83	91	220	209	42	3	8	10	87	78	45	10	54	60	167	157
34	14	116	126	269	258	38	13	93	102	233	221	42	4	14	17	101	91	45	11	62	68	178	168
34	15	128	138	282	271	38	14	103	112	245	234	42	5	20	24	115	105	45	12	70	77	189	179
34	16	140	151	295	284	38	15	114	123	257	246	42	6	27	31	128	118	45	13	78	85	200	190
34	17	152	163	308	297	38	16	124	134	269	258	42	7	34	39	141	131	45	14	87	94	211	200
35	0	0	0	44	36	38	17	135	145	280	270	42	8	42	47	153	143	45	15	95	103	221	211
35	1	1	1	66	57	38	18	146	156	292	281	42	9	50	56	166	155	45	16	104	112	232	221
35	2	4	6	85	75	38	19	157	167	303	293	42	10	58	65	178	167	45	17	113	121	242	232
35	3	10	12	103	93	39	0	0	0	39	32	42	11	66	73	190	179	45	18	122	130	252	242
35	4	16	20	120	109	39	1	1	1	59	51	42	12	75	82	201	191	45	19	131	140	262	252
35	5	24	28	136	125	39	2	4	5	77	68	42	13	84	92	213	202	45	20	140	149	272	262
35	6	32	37	152	140	39	3	9	11	93	83	42	14	93	101	224	213	45	21	149	159	282	272
35	7	41	47	167	155	39	4	15	18	108	98	42	15	102	111	235	225	45	22	159	168	292	282
35	8	50	57	181	169	39	5	22	25	123	113	42	16	112	120	246	236	45	23	168	178	301	292
35	9	60	67	196	184	39	6	29	34	137	126	42	17	121	130	257	247	46	0	0	0	33	27
35	10	70	78	210	198	39	7	37	42	151	140	42	18	131	140	268	258	46	1	1	1	50	43
35	11	80	89	223	211	39	8	45	51	164	153	42	19	141	150	278	268	46	2	3	4	65	58
35	12	91	100	237	225	39	9	54	60	177	166	42	20	151	160	289	279	46	3	8	9	79	71
35	13	102	111	250	238	39	10	63	70	190	179	42	21	161	171	299	289	46	4	13	15	92	84
35	14	113	122	263	251	39	11	72	79	203	192	43	0	0	0	36	29	46	5	18	22	105	96
35	15	124	134	276	264	39	12	81	89	215	204	43	1	1	1	54	46	46	6	25	29	117	108
35	16	136	146	288	277	39	13	91	99	227	216	43	2	4	5	70	62	46	7	31	36	129	120
35	17	148	158	300	289	39	14	101	109	239	228	43	3	8	10	85	76	46	8	38	43	141	131
35	18	160	171	312	302	39	15	111	120	251	240	43	4	13	16	99	89	46	9	46	51	152	142
36	0	0	0	43	35	39	16	121	130	263	252	43	5	20	23	112	103	46	10	53	59	164	154
36	1	1	1	64	55	39	17	131	141	274	263	43	6	26	31	125	115	46	11	61	67	175	164
36	2	4	5	83	73	39	18	142	152	285	275	43	7	33	38	138	128	46	12	69	75	185	175
36	3	9	12	100	90	39	19	153	163	297	286	43	8	41	46	150	140	46	13	77	84	196	186
36	4	16	19	117	106	39	20	163	174	307	297	43	9	49	55	162	152	46	14	85	92	207	196
36	5	23	27	132	121	40	0	0	0	38	31	43	10	57	63	174	164	46	15	93	101	217	207
36	6	31	36	148	136	40	1	1	1	58	50	43	11	65	72	186	175	46	16	102	109	227	217
36	7	40	46	162	151	40	2	4	5	75	66	43	12	73	81	197	187	46	17	110	118	237	227
36	8	49	55	177	165	40	3	8	11	91	81	43	13	82	90	208	198	46	18	119	127	247	237
36	9	58	65	191	179	40	4	14	17	106	96	43	14	91	99	220	209	46	19	128	136	257	247
36	10	68	75	204	193	40	5	21	25	120	110	43	15	100	108	230	220	46	20	137	146	267	257
36	11	78	86	218	206	40	6	28	33	134	123	43	16	109	117	241	231	46	21	146	155	277	267
36	12	88	97	231	219	40	7	36	41	147	137	43	17	118	127	252	242	46	22	155	164	286	277
36	13	99	108	244	232	40	8	44	50	160	150	43	18	128	137	262	252	46	23	164	174	296	286
36	14	109	119	257	245	40	9	52	59	173	162	43	19	137	147	273	263	47	0	0	0	32	26
36	15	120	130	269	258	40	10	61	68	186	175	43	20	147	156	283	273	47	1	1	1	49	42

CONFIDENCE BOUNDS FOR A

N = 460

n	a	LOWER .975	LOWER .95	UPPER .975	UPPER .95
47	2	3	4	64	56
47	3	7	9	78	69
47	4	12	15	90	82
47	5	18	21	103	94
47	6	24	28	115	106
47	7	31	35	127	117
47	8	37	42	138	129
47	9	45	50	149	140
47	10	52	58	160	150
47	11	59	66	171	161
47	12	67	74	182	172
47	13	75	82	192	182
47	14	83	90	203	193
47	15	91	99	213	203
47	16	99	107	223	213
47	17	108	116	233	223
47	18	116	125	243	233
47	19	125	133	252	243
47	20	134	142	262	252
47	21	142	151	272	262
47	22	151	161	281	271
47	23	161	170	290	281
47	24	170	179	299	290
48	0	0	0	32	26
48	1	1	1	48	41
48	2	3	4	63	55
48	3	7	9	76	68
48	4	12	15	89	80
48	5	18	21	101	92
48	6	24	27	113	104
48	7	30	34	124	115
48	8	37	41	135	126
48	9	44	49	146	137
48	10	51	56	157	147
48	11	58	64	168	158
48	12	66	72	178	168
48	13	73	80	189	179
48	14	81	88	199	189
48	15	89	96	209	199
48	16	97	105	219	209
48	17	105	113	229	219
48	18	114	122	238	228
48	19	122	130	248	238
48	20	131	139	257	248
48	21	139	148	267	257
48	22	148	157	276	266
48	23	157	166	285	276
48	24	166	175	294	285
49	0	0	0	31	25
49	1	1	1	47	41
49	2	3	4	61	54
49	3	7	9	74	67
49	4	12	14	87	79
49	5	17	20	99	90
49	6	23	27	110	102
49	7	29	34	122	113
49	8	36	41	133	123
49	9	43	48	144	134
49	10	50	55	154	145
49	11	57	63	165	155
49	12	64	71	175	165
49	13	72	78	185	175
49	14	79	86	195	185
49	15	87	94	205	195
49	16	95	103	215	205
49	17	103	111	224	215
49	18	111	119	234	224
49	19	119	128	243	234
49	20	128	136	253	243
49	21	136	145	262	252
49	22	145	154	271	261
49	23	153	162	280	271
49	24	162	171	289	280
49	25	171	180	298	289
50	0	0	0	30	25

N = 460

n	a	LOWER .975	LOWER .95	UPPER .975	UPPER .95
50	1	1	1	46	40
50	2	3	4	60	53
50	3	7	9	73	65
50	4	12	14	85	77
50	5	17	20	97	89
50	6	23	26	108	100
50	7	29	33	119	110
50	8	35	40	130	121
50	9	42	47	141	132
50	10	49	54	151	142
50	11	56	62	162	152
50	12	63	69	172	162
50	13	70	77	182	172
50	14	78	85	191	182
50	15	85	92	201	191
50	16	93	100	211	201
50	17	101	109	220	211
50	18	109	117	230	220
50	19	117	125	239	229
50	20	125	133	248	239
50	21	133	142	257	248
50	22	142	150	266	257
50	23	150	159	275	266
50	24	159	168	284	275
50	25	167	176	293	284
51	0	0	0	30	24
51	1	1	1	45	39
51	2	3	4	59	52
51	3	7	9	72	64
51	4	12	14	84	76
51	5	17	20	95	87
51	6	22	26	106	98
51	7	28	32	117	108
51	8	35	39	128	119
51	9	41	46	138	129
51	10	48	53	148	139
51	11	55	60	159	149
51	12	62	68	169	159
51	13	69	75	178	169
51	14	76	83	188	178
51	15	84	91	198	188
51	16	91	98	207	197
51	17	99	106	216	207
51	18	107	114	226	216
51	19	115	122	235	225
51	20	123	131	244	234
51	21	131	139	253	243
51	22	139	147	262	252
51	23	147	156	270	261
51	24	155	164	279	270
51	25	164	173	288	279
51	26	172	181	296	287
52	0	0	0	29	24
52	1	1	1	45	38
52	2	3	4	58	51
52	3	7	8	70	63
52	4	11	14	82	74
52	5	16	19	93	85
52	6	22	25	104	96
52	7	28	32	115	106
52	8	34	38	125	117
52	9	40	45	136	127
52	10	47	52	146	137
52	11	54	59	156	146
52	12	61	66	165	156
52	13	68	74	175	166
52	14	75	81	185	175
52	15	82	89	194	185
52	16	89	96	203	194
52	17	97	104	213	203
52	18	105	112	222	212
52	19	112	120	231	221
52	20	120	128	240	230
52	21	128	136	248	239
52	22	136	144	257	248

N = 460

n	a	LOWER .975	LOWER .95	UPPER .975	UPPER .95
52	23	144	153	266	257
52	24	152	161	274	265
52	25	160	169	283	274
52	26	169	178	291	282
53	0	0	0	29	23
53	1	1	1	44	37
53	2	3	4	57	50
53	3	7	8	69	62
53	4	11	13	80	73
53	5	16	19	92	84
53	6	22	25	102	94
53	7	27	31	113	104
53	8	33	38	123	114
53	9	40	44	133	124
53	10	46	51	143	134
53	11	53	58	153	144
53	12	59	65	163	153
53	13	66	72	172	163
53	14	73	80	181	172
53	15	80	87	191	181
53	16	88	95	200	190
53	17	95	102	209	199
53	18	103	110	218	208
53	19	110	118	227	217
53	20	118	126	236	226
53	21	125	133	244	235
53	22	133	141	253	244
53	23	141	149	261	252
53	24	149	158	270	261
53	25	157	166	278	269
53	26	165	174	287	278
53	27	173	182	295	286
54	0	0	0	28	23
54	1	1	1	43	37
54	2	3	4	56	49
54	3	7	8	68	60
54	4	11	13	79	71
54	5	16	19	90	82
54	6	21	25	101	92
54	7	27	31	111	103
54	8	33	37	121	112
54	9	39	44	131	122
54	10	45	50	141	132
54	11	52	57	150	141
54	12	58	64	160	151
54	13	65	71	169	160
54	14	72	78	178	169
54	15	79	85	187	178
54	16	86	93	196	187
54	17	93	100	205	196
54	18	101	108	214	205
54	19	108	115	223	214
54	20	115	123	232	222
54	21	123	131	240	231
54	22	131	139	249	239
54	23	138	147	257	248
54	24	146	155	265	256
54	25	154	163	274	265
54	26	162	171	282	273
54	27	170	179	290	281
55	0	0	0	28	22
55	1	1	1	42	36
55	2	3	4	55	48
55	3	7	8	66	59
55	4	11	13	78	70
55	5	16	18	88	81
55	6	21	24	99	91
55	7	26	30	109	101
55	8	32	36	119	110
55	9	38	43	129	120
55	10	44	49	138	129
55	11	51	56	148	139
55	12	57	63	157	148
55	13	64	70	166	157
55	14	71	77	175	166

N = 460

n	a	LOWER .975	LOWER .95	UPPER .975	UPPER .95
55	15	77	84	184	175
55	16	84	91	193	184
55	17	92	98	202	193
55	18	99	106	211	201
55	19	106	113	219	210
55	20	113	121	228	219
55	21	121	128	236	227
55	22	128	136	245	235
55	23	136	144	253	244
55	24	143	152	261	252
55	25	151	159	269	260
55	26	159	167	277	269
55	27	167	175	285	277
55	28	175	183	293	285
56	0	0	0	27	22
56	1	1	1	41	35
56	2	3	4	54	47
56	3	6	8	65	58
56	4	11	13	76	69
56	5	15	18	87	79
56	6	21	24	97	89
56	7	26	30	107	99
56	8	32	36	117	109
56	9	38	42	126	118
56	10	44	48	136	127
56	11	50	55	145	136
56	12	56	62	154	146
56	13	63	68	163	154
56	14	69	75	172	163
56	15	76	82	181	172
56	16	83	89	190	181
56	17	90	97	199	189
56	18	97	104	207	198
56	19	104	111	216	207
56	20	111	119	224	215
56	21	118	126	232	223
56	22	126	134	241	232
56	23	133	141	249	240
56	24	141	149	257	248
56	25	148	156	265	256
56	26	156	164	273	264
56	27	164	172	281	272
56	28	171	180	289	280
57	0	0	0	27	22
57	1	1	1	41	35
57	2	3	4	53	46
57	3	6	8	64	57
57	4	10	13	75	68
57	5	15	18	85	78
57	6	20	23	95	88
57	7	26	29	105	97
57	8	31	35	115	107
57	9	37	41	124	116
57	10	43	48	134	125
57	11	49	54	143	134
57	12	55	61	152	143
57	13	62	67	161	152
57	14	68	74	170	161
57	15	75	81	178	169
57	16	81	88	187	178
57	17	88	95	195	186
57	18	95	102	204	195
57	19	102	109	212	203
57	20	109	116	220	211
57	21	116	124	229	220
57	22	123	131	237	228
57	23	131	139	245	236
57	24	138	146	253	244
57	25	145	154	261	252
57	26	153	161	269	260
57	27	160	169	277	268
57	28	168	177	284	276
57	29	176	184	292	283
58	0	0	0	26	21
58	1	1	1	40	34

CONFIDENCE BOUNDS FOR A

N = 460

n	a	LOWER .975	LOWER .95	UPPER .975	UPPER .95
58	2	3	4	52	46
58	3	6	8	63	56
58	4	10	12	74	67
58	5	15	17	84	76
58	6	20	23	94	86
58	7	25	29	103	96
58	8	31	35	113	105
58	9	36	41	122	114
58	10	42	47	131	123
58	11	48	53	140	132
58	12	54	60	149	141
58	13	61	66	158	149
58	14	67	73	167	158
58	15	73	80	175	167
58	16	80	86	184	175
58	17	87	93	192	183
58	18	93	100	201	192
58	19	100	107	209	200
58	20	107	114	217	208
58	21	114	122	225	216
58	22	121	129	233	224
58	23	128	136	241	232
58	24	136	143	249	240
58	25	143	151	257	248
58	26	150	158	265	256
58	27	157	166	272	264
58	28	165	173	280	271
58	29	172	181	288	279
59	0	0	0	26	21
59	1	1	1	39	34
59	2	3	4	51	45
59	3	6	8	62	55
59	4	10	12	72	65
59	5	15	17	82	75
59	6	20	23	92	85
59	7	25	28	102	94
59	8	30	34	111	103
59	9	36	40	120	112
59	10	41	46	129	121
59	11	47	52	138	130
59	12	53	59	147	138
59	13	60	65	156	147
59	14	66	72	164	155
59	15	72	78	173	164
59	16	79	85	181	172
59	17	85	92	189	180
59	18	92	98	197	189
59	19	99	105	206	197
59	20	105	112	214	205
59	21	112	119	222	213
59	22	119	126	230	221
59	23	126	134	237	229
59	24	133	141	245	236
59	25	140	148	253	244
59	26	147	155	261	252
59	27	155	163	268	260
59	28	162	170	276	267
59	29	169	178	283	275
59	30	177	185	291	282
60	0	0	0	25	20
60	1	1	1	38	33
60	2	3	4	50	44
60	3	6	7	61	54
60	4	10	12	71	64
60	5	14	17	81	74
60	6	19	22	91	83
60	7	24	28	100	92
60	8	30	33	109	101
60	9	35	39	118	110
60	10	41	45	127	119
60	11	47	51	136	128
60	12	53	58	145	136
60	13	59	64	153	145
60	14	65	70	162	153
60	15	71	77	170	161
60	16	77	83	178	169
60	17	84	90	186	178
60	18	90	97	194	186
60	19	97	104	202	194
60	20	103	110	210	202
60	21	110	117	218	209
60	22	117	124	226	217
60	23	124	131	234	225
60	24	131	138	242	233
60	25	138	146	249	240
60	26	145	153	257	248
60	27	152	160	264	256
60	28	159	167	272	263
60	29	166	175	279	271
60	30	174	182	286	278
61	0	0	0	25	20
61	1	1	1	38	32
61	2	3	4	49	43
61	3	6	7	60	53
61	4	10	12	70	63
61	5	14	17	80	73
61	6	19	22	89	82
61	7	24	27	98	91
61	8	29	33	108	100
61	9	35	39	116	109
61	10	40	45	125	117
61	11	46	51	134	126
61	12	52	57	142	134
61	13	58	63	151	142
61	14	64	69	159	151
61	15	70	76	167	159
61	16	76	82	175	167
61	17	82	89	183	175
61	18	89	95	191	183
61	19	95	102	199	191
61	20	102	109	207	198
61	21	108	115	215	206
61	22	115	122	223	214
61	23	122	129	230	222
61	24	129	136	238	229
61	25	135	143	245	237
61	26	142	150	253	244
61	27	149	157	260	252
61	28	156	164	268	259
61	29	163	171	275	267
61	30	171	179	282	274
61	31	178	186	289	281
62	0	0	0	24	20
62	1	1	1	37	32
62	2	3	4	48	43
62	3	6	7	59	53
62	4	10	12	69	62
62	5	14	16	78	72
62	6	19	22	88	81
62	7	24	27	97	90
62	8	29	32	106	98
62	9	34	38	115	107
62	10	40	44	123	115
62	11	45	50	132	124
62	12	51	56	140	132
62	13	57	62	148	140
62	14	63	68	157	148
62	15	69	74	165	156
62	16	75	81	173	164
62	17	81	87	181	172
62	18	87	94	189	180
62	19	94	100	196	188
62	20	100	107	204	195
62	21	107	113	212	203
62	22	113	120	219	211
62	23	120	127	227	218
62	24	126	134	234	226
62	25	133	141	242	233
62	26	140	148	249	241
62	27	147	155	257	248
62	28	154	162	264	255
62	29	161	169	271	263
62	30	168	176	278	270
62	31	175	183	285	277
63	0	0	0	24	19
63	1	1	1	37	31
63	2	3	3	48	42
63	3	6	7	58	52
63	4	10	11	68	61
63	5	14	16	77	70
63	6	18	21	86	79
63	7	23	26	95	88
63	8	28	32	104	97
63	9	34	37	113	105
63	10	39	43	121	114
63	11	44	49	130	122
63	12	50	55	138	130
63	13	56	61	146	138
63	14	62	67	154	146
63	15	68	73	162	154
63	16	74	79	170	162
63	17	80	86	178	170
63	18	86	92	186	177
63	19	92	99	193	185
63	20	98	105	201	193
63	21	105	112	209	200
63	22	111	118	216	208
63	23	118	125	224	215
63	24	124	132	231	223
63	25	131	138	238	230
63	26	138	145	246	237
63	27	144	152	253	245
63	28	151	159	260	252
63	29	158	166	267	259
63	30	165	173	274	266
63	31	172	180	281	273
63	32	179	187	288	280
64	0	0	0	23	19
64	1	1	1	36	31
64	2	3	3	47	41
64	3	6	7	57	51
64	4	9	11	67	60
64	5	14	16	76	69
64	6	18	21	85	78
64	7	23	26	94	87
64	8	28	31	103	95
64	9	33	37	111	104
64	10	38	43	119	112
64	11	44	48	128	120
64	12	49	54	136	128
64	13	55	60	144	136
64	14	61	66	152	144
64	15	67	72	160	152
64	16	72	78	168	159
64	17	78	84	175	167
64	18	85	91	183	175
64	19	91	97	191	182
64	20	97	103	198	190
64	21	103	110	206	197
64	22	109	116	213	205
64	23	116	123	220	212
64	24	122	129	228	219
64	25	129	136	235	227
64	26	135	143	242	234
64	27	142	149	249	241
64	28	149	156	256	248
64	29	155	163	263	255
64	30	162	170	270	262
64	31	169	177	277	269
64	32	176	184	284	276
65	0	0	0	23	19
65	1	1	1	35	30
65	2	3	3	46	41
65	3	6	7	56	50
65	4	9	11	66	59
65	5	13	16	75	68
65	6	18	21	84	77
65	7	23	26	93	85
65	8	28	31	101	94
65	9	33	36	109	102
65	10	38	42	118	110
65	11	43	48	126	118
65	12	49	53	134	126
65	13	54	59	142	134
65	14	60	65	150	142
65	15	66	71	157	149
65	16	71	77	165	157
65	17	77	83	173	165
65	18	83	89	180	172
65	19	89	95	188	180
65	20	95	102	195	187
65	21	102	108	203	194
65	22	108	114	210	202
65	23	114	121	217	209
65	24	120	127	224	216
65	25	127	134	232	223
65	26	133	140	239	230
65	27	140	147	246	238
65	28	146	154	253	245
65	29	153	160	260	252
65	30	159	167	267	259
65	31	166	174	274	266
65	32	173	181	280	272
65	33	180	188	287	279
66	0	0	0	23	18
66	1	1	1	35	30
66	2	3	3	45	40
66	3	6	7	55	49
66	4	9	11	65	58
66	5	13	16	74	67
66	6	18	20	83	76
66	7	22	25	91	84
66	8	27	30	100	92
66	9	32	36	108	100
66	10	37	41	116	108
66	11	42	47	124	116
66	12	48	52	132	124
66	13	53	58	140	132
66	14	59	64	148	140
66	15	65	70	155	147
66	16	70	76	163	155
66	17	76	82	170	162
66	18	82	88	178	170
66	19	88	94	185	177
66	20	94	100	193	184
66	21	100	106	200	192
66	22	106	113	207	199
66	23	112	119	214	206
66	24	118	125	221	213
66	25	125	132	228	220
66	26	131	138	235	227
66	27	137	145	242	234
66	28	144	151	249	241
66	29	150	158	256	248
66	30	157	164	263	255
66	31	163	171	270	262
66	32	170	178	277	269
66	33	177	185	283	275
67	0	0	0	22	18
67	1	1	1	34	29
67	2	3	3	45	39
67	3	6	7	54	49
67	4	9	11	64	58
67	5	13	16	73	66
67	6	17	20	81	75
67	7	22	25	90	83
67	8	27	30	98	91
67	9	32	35	106	99
67	10	37	41	114	107
67	11	42	46	122	115

CONFIDENCE BOUNDS FOR A

N = 460

n	a	LOWER .975	LOWER .95	UPPER .975	UPPER .95
67	12	47	52	130	122
67	13	53	57	138	130
67	14	58	63	145	138
67	15	64	69	153	145
67	16	69	75	160	152
67	17	75	81	168	160
67	18	81	87	175	167
67	19	87	93	183	174
67	20	92	99	190	182
67	21	98	105	197	189
67	22	104	111	204	196
67	23	111	117	211	203
67	24	117	123	218	210
67	25	123	130	225	217
67	26	129	136	232	224
67	27	135	143	239	231
67	28	142	149	246	238
67	29	148	155	253	245
67	30	154	162	260	251
67	31	161	168	266	258
67	32	167	175	273	265
67	33	174	182	280	272
67	34	180	188	286	278
68	0	0	0	22	18
68	1	1	1	34	29
68	2	3	3	44	39
68	3	6	7	54	48
68	4	9	11	63	57
68	5	13	15	72	65
68	6	17	20	80	74
68	7	22	25	88	82
68	8	26	30	97	90
68	9	31	35	105	98
68	10	36	40	113	105
68	11	41	45	120	113
68	12	47	51	128	121
68	13	52	56	136	128
68	14	57	62	143	136
68	15	63	68	151	143
68	16	68	74	158	150
68	17	74	79	166	158
68	18	80	85	173	165
68	19	85	91	180	172
68	20	91	97	187	179
68	21	97	103	194	186
68	22	103	109	201	193
68	23	109	115	208	200
68	24	115	122	215	207
68	25	121	128	222	214
68	26	127	134	229	221
68	27	133	140	236	228
68	28	139	147	243	235
68	29	146	153	249	241
68	30	152	159	256	248
68	31	158	166	263	255
68	32	165	172	269	261
68	33	171	179	276	268
68	34	178	185	282	275
69	0	0	0	22	18
69	1	1	1	33	28
69	2	3	3	43	38
69	3	5	7	53	47
69	4	9	11	62	56
69	5	13	15	71	64
69	6	17	20	79	72
69	7	21	24	87	80
69	8	26	29	95	88
69	9	31	34	103	96
69	10	36	40	111	104
69	11	41	45	119	111
69	12	46	50	126	119
69	13	51	56	134	126
69	14	56	61	141	134
69	15	62	67	149	141
69	16	67	73	156	148

n	a	LOWER .975	LOWER .95	UPPER .975	UPPER .95
69	17	73	78	163	155
69	18	78	84	170	163
69	19	84	90	178	170
69	20	90	96	185	177
69	21	96	102	192	184
69	22	101	108	199	191
69	23	107	114	206	197
69	24	113	120	212	204
69	25	119	126	219	211
69	26	125	132	226	218
69	27	131	138	233	225
69	28	137	144	239	231
69	29	143	151	246	238
69	30	150	157	253	245
69	31	156	163	259	251
69	32	162	170	266	258
69	33	169	176	272	264
69	34	175	183	279	271
69	35	181	189	285	277
70	0	0	0	21	17
70	1	1	1	33	28
70	2	3	3	43	38
70	3	5	7	52	46
70	4	9	10	61	55
70	5	13	15	69	63
70	6	17	19	78	71
70	7	21	24	86	79
70	8	26	29	94	87
70	9	30	34	102	95
70	10	35	39	109	102
70	11	40	44	117	110
70	12	45	50	125	117
70	13	50	55	132	125
70	14	56	60	139	132
70	15	61	66	147	139
70	16	66	71	154	146
70	17	72	77	161	153
70	18	77	83	168	160
70	19	83	89	175	167
70	20	88	94	182	174
70	21	94	100	189	181
70	22	100	106	196	188
70	23	106	112	203	195
70	24	112	118	210	202
70	25	117	124	216	208
70	26	123	130	223	215
70	27	129	136	230	222
70	28	135	142	236	228
70	29	141	148	243	235
70	30	147	155	249	242
70	31	154	161	256	248
70	32	160	167	262	255
70	33	166	173	269	261
70	34	172	180	275	267
70	35	179	186	281	274
71	0	0	0	21	17
71	1	1	1	32	28
71	2	3	3	42	37
71	3	5	7	51	46
71	4	9	10	60	54
71	5	12	15	69	62
71	6	17	19	77	70
71	7	21	24	85	78
71	8	25	28	93	86
71	9	30	33	100	93
71	10	35	38	108	101
71	11	40	44	116	108
71	12	45	49	123	116
71	13	50	54	130	123
71	14	55	60	138	130
71	15	60	65	145	137
71	16	65	70	152	144
71	17	71	76	159	151
71	18	76	82	166	158
71	19	82	87	173	165

n	a	LOWER .975	LOWER .95	UPPER .975	UPPER .95
71	20	87	93	180	172
71	21	93	99	187	179
71	22	98	105	193	185
71	23	104	110	200	192
71	24	110	116	207	199
71	25	116	122	214	206
71	26	122	128	220	212
71	27	127	134	227	219
71	28	133	140	233	225
71	29	139	146	240	232
71	30	145	152	246	238
71	31	151	159	253	245
71	32	157	165	259	251
71	33	164	171	265	258
71	34	170	177	272	264
71	35	176	183	278	270
71	36	182	190	284	277
72	0	0	0	21	17
72	1	1	1	32	27
72	2	3	3	41	36
72	3	5	6	51	45
72	4	9	10	59	53
72	5	12	14	68	62
72	6	16	19	76	69
72	7	21	23	84	77
72	8	25	28	91	85
72	9	30	33	99	92
72	10	34	38	107	100
72	11	39	43	114	107
72	12	44	48	121	114
72	13	49	53	129	121
72	14	54	59	136	128
72	15	59	64	143	135
72	16	64	70	150	142
72	17	70	75	157	149
72	18	75	81	164	156
72	19	81	86	171	163
72	20	86	92	177	170
72	21	92	97	184	176
72	22	97	103	191	183
72	23	103	109	198	190
72	24	108	115	204	196
72	25	114	121	211	203
72	26	120	126	217	209
72	27	126	132	224	216
72	28	131	138	230	222
72	29	137	144	237	229
72	30	143	150	243	235
72	31	149	156	249	242
72	32	155	162	256	248
72	33	161	168	262	254
72	34	167	175	268	261
72	35	173	181	274	267
72	36	179	187	281	273
73	0	0	0	20	17
73	1	1	1	31	27
73	2	3	3	41	36
73	3	5	6	50	45
73	4	9	10	58	53
73	5	12	14	67	61
73	6	16	19	75	68
73	7	20	23	82	76
73	8	25	28	90	84
73	9	29	33	98	91
73	10	34	37	105	98
73	11	39	42	112	105
73	12	43	48	120	113
73	13	48	53	127	120
73	14	53	58	134	127
73	15	58	63	141	133
73	16	64	69	148	140
73	17	69	74	155	147
73	18	74	79	162	154
73	19	79	85	168	161
73	20	85	91	175	167

n	a	LOWER .975	LOWER .95	UPPER .975	UPPER .95
73	21	90	96	182	174
73	22	96	102	188	181
73	23	101	107	195	187
73	24	107	113	202	194
73	25	112	119	208	200
73	26	118	125	215	207
73	27	124	130	221	213
73	28	130	136	227	220
73	29	135	142	234	226
73	30	141	148	240	232
73	31	147	154	246	239
73	32	153	160	253	245
73	33	159	166	259	251
73	34	165	172	265	257
73	35	171	178	271	263
73	36	177	184	277	270
73	37	183	190	283	276
74	0	0	0	20	16
74	1	1	1	31	26
74	2	2	3	40	35
74	3	5	6	49	44
74	4	8	10	58	52
74	5	12	14	66	60
74	6	16	18	74	68
74	7	20	23	81	75
74	8	24	27	89	82
74	9	29	32	96	90
74	10	33	37	104	97
74	11	38	42	111	104
74	12	43	47	118	111
74	13	48	52	125	118
74	14	53	57	132	125
74	15	58	62	139	132
74	16	63	68	146	139
74	17	68	73	153	145
74	18	73	78	159	152
74	19	78	84	166	159
74	20	84	89	173	165
74	21	89	95	179	172
74	22	94	100	186	178
74	23	100	106	193	185
74	24	105	112	199	191
74	25	111	117	205	198
74	26	116	123	212	204
74	27	122	129	218	210
74	28	128	134	225	217
74	29	133	140	231	223
74	30	139	146	237	229
74	31	145	152	243	236
74	32	151	158	249	242
74	33	157	164	256	248
74	34	162	170	262	254
74	35	168	176	268	260
74	36	174	182	274	266
74	37	180	188	280	272
75	0	0	0	20	16
75	1	1	1	30	26
75	2	2	3	40	35
75	3	5	6	48	43
75	4	8	10	57	51
75	5	12	14	65	59
75	6	16	18	73	67
75	7	20	22	80	74
75	8	24	27	88	81
75	9	28	32	95	89
75	10	33	36	102	96
75	11	38	41	109	103
75	12	42	46	117	110
75	13	47	51	124	116
75	14	52	56	130	123
75	15	57	62	137	130
75	16	62	67	144	137
75	17	67	72	151	143
75	18	72	77	157	150
75	19	77	83	164	157

CONFIDENCE BOUNDS FOR A

N = 460

n	a	LOWER .975	LOWER .95	UPPER .975	UPPER .95
75	20	83	88	171	163
75	21	88	94	177	170
75	22	93	99	184	176
75	23	99	105	190	182
75	24	104	110	197	189
75	25	109	116	203	195
75	26	115	121	209	202
75	27	120	127	215	208
75	28	126	133	222	214
75	29	132	138	228	220
75	30	137	144	234	226
75	31	143	150	240	233
75	32	149	156	246	239
75	33	154	161	252	245
75	34	160	167	258	251
75	35	166	173	264	257
75	36	172	179	270	263
75	37	178	185	276	269
75	38	184	191	282	275
76	0	0	0	19	16
76	1	1	1	30	26
76	2	2	3	39	34
76	3	5	6	48	43
76	4	8	10	56	51
76	5	12	14	64	58
76	6	16	18	72	66
76	7	20	22	79	73
76	8	24	27	87	80
76	9	28	31	94	87
76	10	33	36	101	94
76	11	37	41	108	101
76	12	42	46	115	108
76	13	47	51	122	115
76	14	51	56	129	122
76	15	56	61	136	128
76	16	61	66	142	135
76	17	66	71	149	142
76	18	71	76	155	148
76	19	76	82	162	155
76	20	81	87	169	161
76	21	87	92	175	167
76	22	92	98	181	174
76	23	97	103	188	180
76	24	103	109	194	186
76	25	108	114	200	193
76	26	113	120	207	199
76	27	119	125	213	205
76	28	124	131	219	211
76	29	130	136	225	218
76	30	135	142	231	224
76	31	141	148	237	230
76	32	147	153	243	236
76	33	152	159	249	242
76	34	158	165	255	248
76	35	164	171	261	254
76	36	169	177	267	260
76	37	175	182	273	266
76	38	181	188	279	272
77	0	0	0	19	16
77	1	1	1	30	25
77	2	2	3	39	34
77	3	5	6	47	42
77	4	8	10	55	50
77	5	12	14	63	57
77	6	15	18	71	65
77	7	19	22	78	72
77	8	24	26	85	79
77	9	28	31	93	86
77	10	32	36	100	93
77	11	37	40	107	100
77	12	41	45	114	107
77	13	46	50	120	113
77	14	51	55	127	120
77	15	55	60	134	127
77	16	60	65	140	133

N = 460

n	a	LOWER .975	LOWER .95	UPPER .975	UPPER .95
77	17	65	70	147	140
77	18	70	75	154	146
77	19	75	81	160	153
77	20	80	86	166	159
77	21	86	91	173	165
77	22	91	96	179	172
77	23	96	102	185	178
77	24	101	107	192	184
77	25	107	113	198	190
77	26	112	118	204	197
77	27	117	124	210	203
77	28	123	129	216	209
77	29	128	135	222	215
77	30	134	140	228	221
77	31	139	146	234	227
77	32	145	151	240	233
77	33	150	157	246	239
77	34	156	163	252	245
77	35	161	168	258	251
77	36	167	174	264	257
77	37	173	180	270	263
77	38	179	186	276	268
77	39	184	192	281	274
78	0	0	0	19	15
78	1	1	1	29	25
78	2	2	3	38	34
78	3	5	6	47	42
78	4	8	10	55	49
78	5	12	13	62	57
78	6	15	17	70	64
78	7	19	22	77	71
78	8	23	26	84	78
78	9	27	31	91	85
78	10	32	35	98	92
78	11	36	40	105	99
78	12	41	45	112	105
78	13	45	49	119	112
78	14	50	54	126	119
78	15	55	59	132	125
78	16	60	64	139	132
78	17	64	69	145	138
78	18	69	74	152	144
78	19	74	80	158	151
78	20	79	85	164	157
78	21	84	90	171	163
78	22	90	95	177	170
78	23	95	100	183	176
78	24	100	106	189	182
78	25	105	111	196	188
78	26	110	117	202	194
78	27	116	122	208	200
78	28	121	127	214	206
78	29	126	133	220	212
78	30	132	138	226	218
78	31	137	144	232	224
78	32	143	149	238	230
78	33	148	155	244	236
78	34	154	161	249	242
78	35	159	166	255	248
78	36	165	172	261	254
78	37	170	178	267	259
78	38	176	183	272	265
78	39	182	189	278	271
79	0	0	0	19	15
79	1	1	1	29	25
79	2	2	3	38	33
79	3	5	6	46	41
79	4	8	9	54	49
79	5	11	13	61	56
79	6	15	17	69	63
79	7	19	21	76	70
79	8	23	26	83	77
79	9	27	30	90	84
79	10	31	35	97	91
79	11	36	39	104	97

N = 460

n	a	LOWER .975	LOWER .95	UPPER .975	UPPER .95
79	12	40	44	111	104
79	13	45	49	117	111
79	14	49	54	124	117
79	15	54	59	131	124
79	16	59	63	137	130
79	17	64	68	143	136
79	18	69	73	150	143
79	19	73	79	156	149
79	20	78	84	162	155
79	21	83	89	169	161
79	22	88	94	175	167
79	23	94	99	181	174
79	24	99	104	187	180
79	25	104	110	193	186
79	26	109	115	199	192
79	27	114	120	205	198
79	28	119	126	211	204
79	29	125	131	217	210
79	30	130	137	223	216
79	31	135	142	229	222
79	32	141	147	235	227
79	33	146	153	241	233
79	34	152	158	246	239
79	35	157	164	252	245
79	36	163	170	258	251
79	37	168	175	264	256
79	38	174	181	269	262
79	39	179	186	275	268
79	40	185	192	281	274
80	0	0	0	18	15
80	1	1	1	28	24
80	2	2	3	37	33
80	3	5	6	45	40
80	4	8	9	53	48
80	5	11	13	61	55
80	6	15	17	68	62
80	7	19	21	75	69
80	8	23	25	82	76
80	9	27	30	89	83
80	10	31	34	96	90
80	11	35	39	103	96
80	12	40	44	109	103
80	13	44	48	116	109
80	14	49	53	122	116
80	15	53	58	129	122
80	16	58	63	135	128
80	17	63	68	142	135
80	18	68	73	148	141
80	19	73	78	154	147
80	20	77	83	160	153
80	21	82	88	167	159
80	22	87	93	173	165
80	23	92	98	179	172
80	24	97	103	185	178
80	25	102	108	191	184
80	26	108	114	197	189
80	27	113	119	203	195
80	28	118	124	209	201
80	29	123	129	215	207
80	30	128	135	220	213
80	31	134	140	226	219
80	32	139	146	232	225
80	33	144	151	238	231
80	34	150	156	244	236
80	35	155	162	249	242
80	36	161	167	255	248
80	37	166	173	261	253
80	38	171	178	266	259
80	39	177	184	272	265
80	40	183	190	277	270
81	0	0	0	18	15
81	1	1	1	28	24
81	2	2	3	37	32
81	3	5	6	45	40
81	4	8	9	52	47

N = 460

n	a	LOWER .975	LOWER .95	UPPER .975	UPPER .95
81	5	11	13	60	55
81	6	15	17	67	62
81	7	19	21	74	68
81	8	22	25	81	75
81	9	27	29	88	82
81	10	31	34	95	89
81	11	35	38	101	95
81	12	39	43	108	102
81	13	44	48	115	108
81	14	48	52	121	114
81	15	53	57	127	121
81	16	57	62	134	127
81	17	62	67	140	133
81	18	67	72	146	139
81	19	72	77	152	145
81	20	76	82	159	151
81	21	81	87	165	157
81	22	86	92	171	163
81	23	91	97	177	169
81	24	96	102	183	175
81	25	101	107	189	181
81	26	106	112	195	187
81	27	111	117	200	193
81	28	116	123	206	199
81	29	122	128	212	205
81	30	127	133	218	211
81	31	132	138	224	216
81	32	137	144	229	222
81	33	143	149	235	228
81	34	148	154	241	234
81	35	153	160	246	239
81	36	158	165	252	245
81	37	164	171	258	251
81	38	169	176	263	256
81	39	175	182	269	262
81	40	180	187	274	267
81	41	186	193	280	273
82	0	0	0	18	15
82	1	1	1	28	24
82	2	2	3	36	32
82	3	5	6	44	39
82	4	8	9	52	47
82	5	11	13	59	54
82	6	15	17	66	61
82	7	18	21	73	68
82	8	22	25	80	74
82	9	26	29	87	81
82	10	30	34	94	87
82	11	35	38	100	94
82	12	39	42	107	100
82	13	43	47	113	107
82	14	48	52	120	113
82	15	52	56	126	119
82	16	57	61	132	125
82	17	61	66	138	131
82	18	66	71	144	138
82	19	71	76	151	144
82	20	76	81	157	150
82	21	80	86	163	156
82	22	85	91	169	162
82	23	90	96	175	167
82	24	95	101	181	173
82	25	100	106	186	179
82	26	105	111	192	185
82	27	110	116	198	191
82	28	115	121	204	197
82	29	120	126	210	202
82	30	125	131	215	208
82	31	130	137	221	214
82	32	136	142	227	220
82	33	141	147	232	225
82	34	146	153	238	231
82	35	151	158	244	236
82	36	156	163	249	242
82	37	162	169	255	248

CONFIDENCE BOUNDS FOR A

N = 460				
		LOWER		UPPER
n	a	.975	.95	.975	.95

n	a	.975	.95	.975	.95
82	38	167	174	260	253
82	39	172	179	266	259
82	40	178	185	271	264
82	41	183	190	277	270
83	0	0	0	18	14
83	1	1	1	27	23
83	2	2	3	36	31
83	3	5	6	44	39
83	4	8	9	51	46
83	5	11	13	58	53
83	6	14	16	66	60
83	7	18	20	72	67
83	8	22	25	79	73
83	9	26	29	86	80
83	10	30	33	93	86
83	11	34	38	99	93
83	12	38	42	105	99
83	13	43	47	112	105
83	14	47	51	118	112
83	15	52	56	124	118
83	16	56	60	131	124
83	17	61	65	137	130
83	18	65	70	143	136
83	19	70	75	149	142
83	20	75	80	155	148
83	21	79	85	161	154
83	22	84	89	167	160
83	23	89	94	173	166
83	24	94	99	178	171
83	25	99	104	184	177
83	26	104	109	190	183
83	27	109	114	196	189
83	28	114	120	202	194
83	29	119	125	207	200
83	30	124	130	213	206
83	31	129	135	219	211
83	32	134	140	224	217
83	33	139	145	230	223
83	34	144	151	235	228
83	35	149	156	241	234
83	36	155	161	246	239
83	37	160	166	252	245
83	38	165	172	257	250
83	39	170	177	263	256
83	40	176	182	268	261
83	41	181	188	274	267
83	42	186	193	279	272
84	0	0	0	17	14
84	1	1	1	27	23
84	2	2	3	35	31
84	3	5	6	43	38
84	4	8	9	51	46
84	5	11	13	58	53
84	6	14	16	65	59
84	7	18	20	72	66
84	8	22	24	78	73
84	9	26	28	85	79
84	10	30	33	91	85
84	11	34	37	98	92
84	12	38	42	104	98
84	13	42	46	110	104
84	14	47	51	117	110
84	15	51	55	123	116
84	16	55	60	129	122
84	17	60	64	135	128
84	18	65	69	141	134
84	19	69	74	147	140
84	20	74	79	153	146
84	21	78	84	159	152
84	22	83	88	165	158
84	23	88	93	171	164
84	24	93	98	176	169
84	25	98	103	182	175
84	26	102	108	188	181
84	27	107	113	194	187

n	a	.975	.95	.975	.95
84	28	112	118	199	192
84	29	117	123	205	198
84	30	122	128	211	203
84	31	127	133	216	209
84	32	132	138	222	215
84	33	137	144	227	220
84	34	142	149	233	226
84	35	147	154	238	231
84	36	153	159	244	237
84	37	158	164	249	242
84	38	163	170	255	248
84	39	168	175	260	253
84	40	173	180	265	258
84	41	179	186	271	264
84	42	184	191	276	269
85	0	0	0	17	14
85	1	1	1	27	23
85	2	2	3	35	31
85	3	5	6	43	38
85	4	8	9	50	45
85	5	11	12	57	52
85	6	14	16	64	59
85	7	18	20	71	65
85	8	22	24	77	72
85	9	25	28	84	78
85	10	29	32	90	84
85	11	33	37	97	91
85	12	38	41	103	97
85	13	42	45	109	103
85	14	46	50	115	109
85	15	50	54	121	115
85	16	55	59	128	121
85	17	59	64	134	127
85	18	64	68	140	133
85	19	68	73	145	139
85	20	73	78	151	144
85	21	78	83	157	150
85	22	82	87	163	156
85	23	87	92	169	162
85	24	92	97	174	167
85	25	96	102	180	173
85	26	101	107	186	179
85	27	106	112	192	184
85	28	111	117	197	190
85	29	116	122	203	196
85	30	121	127	208	201
85	31	126	132	214	207
85	32	131	137	219	212
85	33	136	142	225	218
85	34	141	147	230	223
85	35	146	152	236	229
85	36	151	157	241	234
85	37	156	162	247	239
85	38	161	168	252	245
85	39	166	173	257	250
85	40	171	178	263	256
85	41	176	183	268	261
85	42	182	189	273	266
85	43	187	194	278	271
86	0	0	0	17	14
86	1	1	1	26	22
86	2	2	3	34	30
86	3	5	6	42	38
86	4	7	9	49	45
86	5	11	12	56	51
86	6	14	16	63	58
86	7	18	20	70	64
86	8	21	24	76	71
86	9	25	28	83	77
86	10	29	32	89	83
86	11	33	36	96	90
86	12	37	41	102	96
86	13	41	45	108	102
86	14	46	49	114	108
86	15	50	54	120	114

n	a	.975	.95	.975	.95
86	16	54	58	126	120
86	17	59	63	132	125
86	18	63	68	138	131
86	19	68	72	144	137
86	20	72	77	150	143
86	21	77	82	155	149
86	22	81	86	161	154
86	23	86	91	167	160
86	24	91	96	173	166
86	25	95	101	178	171
86	26	100	106	184	177
86	27	105	110	189	182
86	28	110	115	195	188
86	29	114	120	200	193
86	30	119	125	206	199
86	31	124	130	211	204
86	32	129	135	217	210
86	33	134	140	222	215
86	34	139	145	228	221
86	35	144	150	233	226
86	36	149	155	239	231
86	37	154	160	244	237
86	38	159	166	249	242
86	39	164	171	254	247
86	40	169	176	260	253
86	41	174	181	265	258
86	42	179	186	270	263
86	43	185	191	275	269
87	0	0	0	17	14
87	1	1	1	26	22
87	2	2	3	34	30
87	3	5	6	42	37
87	4	7	9	49	44
87	5	11	12	56	51
87	6	14	16	62	57
87	7	17	20	69	64
87	8	21	24	76	70
87	9	25	28	82	76
87	10	29	32	88	82
87	11	33	36	94	89
87	12	37	40	101	95
87	13	41	44	107	101
87	14	45	49	113	106
87	15	49	53	119	112
87	16	54	58	125	118
87	17	58	62	131	124
87	18	62	67	136	130
87	19	67	71	142	135
87	20	71	76	148	141
87	21	76	81	154	147
87	22	80	85	159	153
87	23	85	90	165	158
87	24	90	95	171	164
87	25	94	100	176	169
87	26	99	104	182	175
87	27	104	109	187	180
87	28	108	114	193	186
87	29	113	119	198	191
87	30	118	124	204	197
87	31	123	129	209	202
87	32	128	134	215	208
87	33	132	139	220	213
87	34	137	144	225	218
87	35	142	149	231	224
87	36	147	154	236	229
87	37	152	159	241	234
87	38	157	164	247	240
87	39	162	169	252	245
87	40	167	174	257	250
87	41	172	179	262	255
87	42	177	184	267	260
87	43	182	189	272	266
87	44	188	194	278	271
88	0	0	0	17	13
88	1	1	1	26	22

n	a	.975	.95	.975	.95
88	2	2	3	34	29
88	3	5	5	41	37
88	4	7	9	48	43
88	5	10	12	55	50
88	6	14	16	62	57
88	7	17	19	68	63
88	8	21	23	75	69
88	9	25	27	81	75
88	10	28	31	87	81
88	11	32	36	93	87
88	12	36	40	99	93
88	13	40	44	106	99
88	14	45	48	111	105
88	15	49	53	117	111
88	16	53	57	123	117
88	17	57	62	129	123
88	18	62	66	135	128
88	19	66	71	141	134
88	20	70	75	146	140
88	21	75	80	152	145
88	22	79	84	158	151
88	23	84	89	163	156
88	24	89	94	169	162
88	25	93	98	174	167
88	26	98	103	180	173
88	27	102	108	185	178
88	28	107	113	191	184
88	29	112	117	196	189
88	30	117	122	202	195
88	31	121	127	207	200
88	32	126	132	212	205
88	33	131	137	218	211
88	34	136	142	223	216
88	35	141	147	228	221
88	36	145	152	233	227
88	37	150	157	239	232
88	38	155	162	244	237
88	39	160	167	249	242
88	40	165	172	254	247
88	41	170	177	259	253
88	42	175	182	265	258
88	43	180	187	270	263
88	44	185	192	275	268
89	0	0	0	16	13
89	1	1	1	25	22
89	2	2	3	33	29
89	3	5	5	41	36
89	4	7	9	48	43
89	5	10	12	54	50
89	6	14	15	61	56
89	7	17	19	67	62
89	8	21	23	74	68
89	9	24	27	80	75
89	10	28	31	86	81
89	11	32	35	92	87
89	12	36	39	98	92
89	13	40	44	104	98
89	14	44	48	110	104
89	15	48	52	116	110
89	16	52	56	122	116
89	17	57	61	128	121
89	18	61	65	133	127
89	19	65	70	139	133
89	20	70	74	145	138
89	21	74	79	150	144
89	22	79	83	156	149
89	23	83	88	161	155
89	24	88	93	167	160
89	25	92	97	172	166
89	26	97	102	178	171
89	27	101	107	183	176
89	28	106	111	189	182
89	29	111	116	194	187
89	30	115	121	199	192
89	31	120	126	205	198

CONFIDENCE BOUNDS FOR A

N = 460

n	a	LOWER .975	LOWER .95	UPPER .975	UPPER .95
89	32	125	131	210	203
89	33	129	135	215	208
89	34	134	140	221	214
89	35	139	145	226	219
89	36	144	150	231	224
89	37	149	155	236	229
89	38	153	160	241	234
89	39	158	165	246	240
89	40	163	170	252	245
89	41	168	175	257	250
89	42	173	180	262	255
89	43	178	185	267	260
89	44	183	190	272	265
89	45	188	195	277	270
90	0	0	0	16	13
90	1	1	1	25	21
90	2	2	3	33	29
90	3	5	5	40	36
90	4	7	8	47	42
90	5	10	12	54	49
90	6	13	15	60	55
90	7	17	19	67	62
90	8	20	23	73	68
90	9	24	27	79	74
90	10	28	31	85	80
90	11	32	35	91	86
90	12	36	39	97	91
90	13	40	43	103	97
90	14	44	47	109	103
90	15	48	52	115	109
90	16	52	56	121	114
90	17	56	60	126	120
90	18	60	65	132	125
90	19	65	69	138	131
90	20	69	74	143	137
90	21	73	78	149	142
90	22	78	83	154	148
90	23	82	87	160	153
90	24	87	92	165	158
90	25	91	96	171	164
90	26	96	101	176	169
90	27	100	106	181	175
90	28	105	110	187	180
90	29	109	115	192	185
90	30	114	120	197	190
90	31	119	124	203	196
90	32	123	129	208	201
90	33	128	134	213	206
90	34	133	139	218	211
90	35	137	143	223	217
90	36	142	148	229	222
90	37	147	153	234	227
90	38	152	158	239	232
90	39	157	163	244	237
90	40	161	168	249	242
90	41	166	173	254	247
90	42	171	178	259	252
90	43	176	183	264	257
90	44	181	188	269	262
90	45	186	193	274	267
91	0	0	0	16	13
91	1	1	1	25	21
91	2	2	3	32	28
91	3	4	5	40	35
91	4	7	8	46	42
91	5	10	12	53	48
91	6	13	15	60	55
91	7	17	19	66	61
91	8	20	23	72	67
91	9	24	26	78	73
91	10	28	30	84	79
91	11	31	34	90	85
91	12	35	38	96	90
91	13	39	43	102	96
91	14	43	47	108	102

N = 460

n	a	LOWER .975	LOWER .95	UPPER .975	UPPER .95
91	15	47	51	114	107
91	16	51	55	119	113
91	17	56	60	125	119
91	18	60	64	130	124
91	19	64	68	136	130
91	20	68	73	142	135
91	21	73	77	147	141
91	22	77	82	153	146
91	23	81	86	158	151
91	24	86	91	163	157
91	25	90	95	169	162
91	26	95	100	174	167
91	27	99	104	179	173
91	28	104	109	185	178
91	29	108	114	190	183
91	30	113	118	195	188
91	31	117	123	200	194
91	32	122	128	206	199
91	33	126	132	211	204
91	34	131	137	216	209
91	35	136	142	221	214
91	36	141	147	226	219
91	37	145	151	231	225
91	38	150	156	236	230
91	39	155	161	241	235
91	40	160	166	246	240
91	41	164	171	251	245
91	42	169	176	256	250
91	43	174	181	261	255
91	44	179	185	266	260
91	45	184	190	271	265
91	46	189	195	276	270
92	0	0	0	16	13
92	1	1	1	24	21
92	2	2	3	32	28
92	3	4	5	39	35
92	4	7	8	46	41
92	5	10	12	53	48
92	6	13	15	59	54
92	7	17	19	65	60
92	8	20	22	71	66
92	9	24	26	77	72
92	10	27	30	83	78
92	11	31	34	89	84
92	12	35	38	95	89
92	13	39	42	101	95
92	14	43	46	107	101
92	15	47	50	112	106
92	16	51	55	118	112
92	17	55	59	124	117
92	18	59	63	129	123
92	19	63	68	135	128
92	20	67	72	140	134
92	21	72	76	146	139
92	22	76	81	151	144
92	23	80	85	156	150
92	24	85	90	162	155
92	25	89	94	167	160
92	26	94	99	172	166
92	27	98	103	178	171
92	28	102	108	183	176
92	29	107	112	188	181
92	30	111	117	193	186
92	31	116	122	198	192
92	32	120	126	204	197
92	33	125	131	209	202
92	34	130	136	214	207
92	35	134	140	219	212
92	36	139	145	224	217
92	37	144	150	229	222
92	38	148	154	234	227
92	39	153	159	239	232
92	40	158	164	244	237
92	41	162	169	249	242
92	42	167	174	254	247

N = 460

n	a	LOWER .975	LOWER .95	UPPER .975	UPPER .95
92	43	172	178	259	252
92	44	177	183	264	257
92	45	182	188	269	262
92	46	187	193	273	267

N = 470

n	a	LOWER .975	LOWER .95	UPPER .975	UPPER .95
1	0	0	0	458	446
1	1	12	24	470	470
2	0	0	0	395	364
2	1	6	12	464	458
3	0	0	0	331	296
3	1	4	8	425	406
3	2	45	64	466	462
4	0	0	0	282	246
4	1	3	6	378	352
4	2	33	47	437	423
5	0	0	0	244	210
5	1	3	5	335	308
5	2	26	37	400	380
5	3	70	90	444	433
6	0	0	0	214	183
6	1	2	4	300	272
6	2	21	30	364	341
6	3	57	73	413	397
7	0	0	0	191	162
7	1	2	4	270	243
7	2	18	26	332	308
7	3	48	62	382	363
7	4	88	107	422	408
8	0	0	0	172	145
8	1	2	3	246	220
8	2	16	23	304	280
8	3	41	53	353	333
8	4	75	92	395	378
9	0	0	0	156	131
9	1	2	3	225	200
9	2	14	20	280	257
9	3	36	47	328	306
9	4	66	81	369	350
9	5	101	120	404	389
10	0	0	0	143	120
10	1	2	3	207	183
10	2	13	18	259	236
10	3	33	42	305	283
10	4	59	72	345	326
10	5	90	106	380	364
11	0	0	0	132	110
11	1	2	3	192	169
11	2	12	17	241	219
11	3	30	38	285	263
11	4	53	65	323	304
11	5	80	95	358	341
11	6	112	129	390	375
12	0	0	0	122	102
12	1	1	2	179	157
12	2	11	15	225	204
12	3	27	35	267	246
12	4	48	59	304	284
12	5	73	87	338	320
12	6	101	117	369	353
13	0	0	0	114	95
13	1	1	2	167	147
13	2	10	14	211	191
13	3	25	32	251	231
13	4	44	54	287	267
13	5	67	79	319	301
13	6	92	107	350	333
13	7	120	137	378	363
14	0	0	0	107	89
14	1	1	2	157	138
14	2	9	13	199	179
14	3	23	30	236	217
14	4	41	50	271	252
14	5	62	73	303	285
14	6	85	99	332	315
14	7	110	126	360	344
15	0	0	0	100	83
15	1	1	2	148	129
15	2	9	12	188	169
15	3	22	28	224	205
15	4	38	47	257	238

CONFIDENCE BOUNDS FOR A

N = 470						N = 470						N = 470						N = 470					
		LOWER		UPPER				LOWER		UPPER				LOWER		UPPER				LOWER		UPPER	
n	a	.975	.95	.975	.95	n	a	.975	.95	.975	.95	n	a	.975	.95	.975	.95	n	a	.975	.95	.975	.95
15	5	57	68	287	269	22	8	83	94	276	261	28	2	5	7	108	96	32	13	114	125	276	263
15	6	79	91	316	299	22	9	100	111	296	282	28	3	12	15	130	117	32	14	127	138	290	278
15	7	102	116	343	327	22	10	117	130	316	302	28	4	20	25	151	137	32	15	140	151	304	292
15	8	127	143	368	354	22	11	135	149	335	321	28	5	30	36	170	157	32	16	153	164	317	306
16	0	0	0	95	78	23	0	0	0	68	56	28	6	41	48	189	176	33	0	0	0	47	39
16	1	1	2	140	122	23	1	1	2	101	87	28	7	52	60	208	194	33	1	1	1	72	62
16	2	8	12	178	160	23	2	6	8	129	115	28	8	64	73	226	212	33	2	4	6	92	82
16	3	20	26	212	194	23	3	14	18	155	140	28	9	77	86	243	229	33	3	10	13	111	100
16	4	36	44	244	226	23	4	25	30	179	164	28	10	90	100	260	246	33	4	17	21	129	118
16	5	53	64	273	256	23	5	37	44	203	187	28	11	104	114	276	263	33	5	26	31	147	135
16	6	73	85	301	284	23	6	50	58	225	209	28	12	118	129	292	279	33	6	35	40	163	151
16	7	95	108	327	311	23	7	64	74	246	231	28	13	132	144	308	295	33	7	44	51	180	167
16	8	118	133	352	337	23	8	79	90	266	252	28	14	147	159	323	311	33	8	54	62	195	183
17	0	0	0	90	74	23	9	95	106	286	272	29	0	0	0	54	44	33	9	65	73	211	198
17	1	1	2	133	116	23	10	111	124	305	291	29	1	1	1	81	70	33	10	76	84	226	213
17	2	8	11	169	151	23	11	129	141	324	310	29	2	5	7	104	92	33	11	87	96	240	228
17	3	19	25	202	184	23	12	146	160	341	329	29	3	12	15	126	113	33	12	99	108	255	242
17	4	33	41	232	214	24	0	0	0	65	53	29	4	20	24	146	133	33	13	111	121	269	256
17	5	50	60	261	243	24	1	1	1	97	84	29	5	29	35	165	152	33	14	123	133	282	270
17	6	69	80	287	271	24	2	6	8	124	110	29	6	39	46	184	170	33	15	135	146	296	284
17	7	89	101	313	297	24	3	14	18	149	135	29	7	51	58	202	188	33	16	148	159	309	298
17	8	110	124	337	322	24	4	24	29	173	158	29	8	62	70	219	205	33	17	161	172	322	311
17	9	133	148	360	346	24	5	35	42	195	180	29	9	74	83	236	222	34	0	0	0	46	38
18	0	0	0	85	70	24	6	48	56	217	202	29	10	87	96	252	239	34	1	1	1	69	60
18	1	1	2	126	110	24	7	61	70	237	222	29	11	100	110	268	255	34	2	4	6	90	79
18	2	7	10	161	144	24	8	76	86	257	243	29	12	113	124	284	271	34	3	10	13	108	97
18	3	18	23	192	175	24	9	91	102	276	262	29	13	127	138	299	287	34	4	17	21	126	115
18	4	32	39	221	204	24	10	106	118	295	281	29	14	141	153	314	302	34	5	25	30	143	131
18	5	47	56	249	232	24	11	123	135	313	300	29	15	156	168	329	317	34	6	34	39	159	147
18	6	65	75	275	258	24	12	140	152	330	318	30	0	0	0	52	43	34	7	43	49	175	163
18	7	83	95	300	284	25	0	0	0	62	51	30	1	1	1	78	68	34	8	53	60	190	178
18	8	103	117	323	308	25	1	1	1	93	81	30	2	5	6	101	89	34	9	63	71	205	193
18	9	125	139	345	331	25	2	6	8	120	106	30	3	11	14	122	110	34	10	74	82	220	207
19	0	0	0	81	67	25	3	13	17	144	130	30	4	19	23	141	129	34	11	84	93	234	222
19	1	1	2	120	104	25	4	23	28	167	152	30	5	28	34	160	147	34	12	96	105	248	236
19	2	7	10	153	137	25	5	34	40	188	174	30	6	38	44	178	165	34	13	107	117	262	250
19	3	17	22	183	167	25	6	46	53	209	195	30	7	49	56	196	182	34	14	119	129	275	263
19	4	30	37	212	195	25	7	59	67	229	215	30	8	60	68	212	199	34	15	131	141	289	277
19	5	45	53	238	221	25	8	73	82	248	234	30	9	72	80	229	216	34	16	143	154	302	290
19	6	61	71	263	247	25	9	87	97	267	253	30	10	84	93	245	232	34	17	156	167	314	303
19	7	79	90	287	271	25	10	102	113	285	272	30	11	96	106	261	248	35	0	0	0	45	37
19	8	97	110	310	295	25	11	117	129	303	290	30	12	109	120	276	263	35	1	1	1	68	58
19	9	117	131	332	317	25	12	133	146	320	307	30	13	123	133	291	279	35	2	4	6	87	77
19	10	138	153	353	339	25	13	150	163	337	324	30	14	136	148	306	293	35	3	10	12	105	95
20	0	0	0	77	64	26	0	0	0	60	49	30	15	150	162	320	308	35	4	17	20	123	111
20	1	1	2	115	100	26	1	1	1	90	78	31	0	0	0	51	41	35	5	24	29	139	128
20	2	7	9	146	131	26	2	5	7	115	102	31	1	1	1	76	66	35	6	33	38	155	143
20	3	16	21	175	159	26	3	13	16	139	125	31	2	5	6	98	87	35	7	42	48	170	158
20	4	28	35	203	186	26	4	22	27	161	147	31	3	11	14	118	106	35	8	51	58	185	173
20	5	42	50	228	212	26	5	33	39	182	168	31	4	19	23	137	125	35	9	61	69	200	188
20	6	58	67	252	236	26	6	44	51	202	188	31	5	27	32	155	143	35	10	71	79	214	202
20	7	74	85	276	260	26	7	56	65	222	207	31	6	37	43	173	160	35	11	82	90	228	216
20	8	92	104	298	283	26	8	70	79	240	226	31	7	47	54	190	177	35	12	93	102	242	230
20	9	111	124	319	305	26	9	83	93	259	245	31	8	58	66	206	193	35	13	104	113	255	244
20	10	130	144	340	326	26	10	98	108	276	263	31	9	69	78	223	210	35	14	115	125	269	257
21	0	0	0	74	61	26	11	112	124	294	280	31	10	81	90	238	225	35	15	127	137	282	270
21	1	1	2	110	95	26	12	128	140	310	297	31	11	93	103	254	241	35	16	139	149	294	283
21	2	6	9	140	125	26	13	143	156	327	314	31	12	105	116	268	256	35	17	151	162	307	296
21	3	16	20	168	152	27	0	0	0	58	47	31	13	118	129	283	271	35	18	163	174	319	308
21	4	27	33	194	178	27	1	1	1	87	75	31	14	131	142	297	285	36	0	0	0	44	36
21	5	40	48	219	203	27	2	5	7	111	99	31	15	145	156	312	300	36	1	1	1	66	57
21	6	55	64	242	227	27	3	12	16	134	121	31	16	158	170	325	314	36	2	4	6	85	75
21	7	71	81	265	250	27	4	21	26	156	142	32	0	0	0	49	40	36	3	9	12	103	92
21	8	87	99	287	272	27	5	31	37	176	162	32	1	1	1	74	64	36	4	16	20	119	108
21	9	105	117	307	293	27	6	42	49	196	182	32	2	5	6	95	84	36	5	24	28	135	124
21	10	123	136	327	314	27	7	54	62	214	201	32	3	11	13	115	103	36	6	32	37	151	139
21	11	143	156	347	334	27	8	67	76	233	219	32	4	18	22	133	121	36	7	41	47	166	154
22	0	0	0	70	58	27	9	80	90	251	237	32	5	27	31	151	139	36	8	50	56	181	169
22	1	1	2	105	91	27	10	94	104	268	254	32	6	36	42	168	156	36	9	59	67	195	183
22	2	6	9	134	120	27	11	108	119	285	271	32	7	46	52	185	172	36	10	69	77	209	197
22	3	15	19	161	146	27	12	122	134	301	288	32	8	56	64	201	188	36	11	80	88	223	211
22	4	26	32	187	171	27	13	138	150	317	304	32	9	67	75	216	204	36	12	90	99	236	224
22	5	38	46	210	195	27	14	153	166	332	320	32	10	78	87	232	219	36	13	101	110	249	237
22	6	52	61	233	218	28	0	0	0	56	46	32	11	90	99	247	234	36	14	112	121	262	251
22	7	67	77	255	240	28	1	1	1	84	72	32	12	102	112	261	249	36	15	123	133	275	263

CONFIDENCE BOUNDS FOR A

N = 470

n	a	LOWER .975	LOWER .95	UPPER .975	UPPER .95
36	16	134	145	288	276
36	17	146	157	300	289
36	18	158	169	312	301
37	0	0	0	42	35
37	1	1	1	64	55
37	2	4	5	83	73
37	3	9	12	100	90
37	4	16	19	116	106
37	5	23	27	132	121
37	6	31	36	147	136
37	7	40	45	162	150
37	8	48	55	176	165
37	9	58	65	190	178
37	10	67	75	204	192
37	11	77	85	217	206
37	12	87	96	230	219
37	13	98	107	243	232
37	14	109	118	256	245
37	15	119	129	269	257
37	16	131	141	281	270
37	17	142	152	293	282
37	18	153	164	305	294
37	19	165	176	317	306
38	0	0	0	41	34
38	1	1	1	62	54
38	2	4	5	81	71
38	3	9	11	97	87
38	4	15	19	113	103
38	5	22	27	129	118
38	6	30	35	144	133
38	7	39	44	158	147
38	8	47	53	172	161
38	9	56	63	186	174
38	10	66	73	199	187
38	11	75	83	212	201
38	12	85	93	225	214
38	13	95	104	238	226
38	14	106	115	250	239
38	15	116	126	263	251
38	16	127	137	275	263
38	17	138	148	287	275
38	18	149	159	298	287
38	19	160	171	310	299
39	0	0	0	40	33
39	1	1	1	61	52
39	2	4	5	79	69
39	3	9	11	95	85
39	4	15	18	111	100
39	5	22	26	126	115
39	6	29	34	140	129
39	7	38	43	154	143
39	8	46	52	168	157
39	9	55	61	181	170
39	10	64	71	194	183
39	11	73	81	207	196
39	12	83	91	220	209
39	13	93	101	232	221
39	14	103	112	245	233
39	15	113	122	257	245
39	16	123	133	269	257
39	17	134	144	280	269
39	18	145	155	292	281
39	19	156	166	303	292
39	20	167	178	314	304
40	0	0	0	39	32
40	1	1	1	59	51
40	2	4	5	77	68
40	3	9	11	93	83
40	4	15	18	108	98
40	5	21	25	123	112
40	6	29	33	137	126
40	7	37	42	151	140
40	8	45	51	164	153
40	9	53	60	177	166
40	10	62	69	190	179

N = 470

n	a	LOWER .975	LOWER .95	UPPER .975	UPPER .95
40	11	71	79	203	191
40	12	81	89	215	204
40	13	90	99	227	216
40	14	100	109	239	228
40	15	110	119	251	240
40	16	120	129	263	252
40	17	130	140	274	263
40	18	141	151	286	275
40	19	152	162	297	286
40	20	162	173	308	297
41	0	0	0	38	31
41	1	1	1	58	50
41	2	4	5	75	66
41	3	8	11	91	81
41	4	14	17	106	96
41	5	21	25	120	110
41	6	28	33	134	123
41	7	36	41	147	137
41	8	44	49	160	150
41	9	52	58	173	162
41	10	61	67	186	175
41	11	70	77	198	187
41	12	79	86	210	199
41	13	88	96	222	211
41	14	97	106	234	223
41	15	107	116	246	235
41	16	117	126	257	246
41	17	127	136	268	258
41	18	137	147	280	269
41	19	148	157	291	280
41	20	158	168	301	291
41	21	169	179	312	302
42	0	0	0	37	30
42	1	1	1	56	49
42	2	4	5	73	64
42	3	8	10	89	79
42	4	14	17	103	94
42	5	20	24	117	107
42	6	27	32	131	120
42	7	35	40	144	133
42	8	43	48	157	146
42	9	51	57	169	159
42	10	59	66	182	171
42	11	68	75	194	183
42	12	77	84	206	195
42	13	86	94	218	207
42	14	95	103	229	218
42	15	104	113	241	230
42	16	114	123	252	241
42	17	124	133	263	252
42	18	134	143	274	263
42	19	144	153	285	274
42	20	154	164	295	285
42	21	164	174	306	296
43	0	0	0	36	30
43	1	1	1	55	47
43	2	4	5	71	63
43	3	8	10	87	78
43	4	14	17	101	91
43	5	20	24	115	105
43	6	27	31	128	118
43	7	34	39	141	131
43	8	42	47	153	143
43	9	50	56	166	155
43	10	58	64	178	167
43	11	66	73	190	179
43	12	75	82	201	191
43	13	84	91	213	202
43	14	93	101	224	214
43	15	102	110	236	225
43	16	111	120	247	236
43	17	121	130	258	247
43	18	130	140	268	258
43	19	140	150	279	268
43	20	150	160	289	279

N = 470

n	a	LOWER .975	LOWER .95	UPPER .975	UPPER .95
43	21	160	170	300	290
43	22	170	180	310	300
44	0	0	0	36	29
44	1	1	1	54	46
44	2	4	5	70	62
44	3	8	10	85	76
44	4	13	16	99	89
44	5	20	23	112	103
44	6	26	30	125	115
44	7	33	38	138	128
44	8	41	46	150	140
44	9	49	54	162	152
44	10	57	63	174	164
44	11	65	71	186	175
44	12	73	80	197	187
44	13	82	89	209	198
44	14	91	98	220	209
44	15	99	108	231	220
44	16	109	117	242	231
44	17	118	127	252	242
44	18	127	136	263	252
44	19	137	146	273	263
44	20	146	156	284	273
44	21	156	166	294	284
44	22	166	176	304	294
45	0	0	0	35	28
45	1	1	1	53	45
45	2	3	5	68	60
45	3	8	10	83	74
45	4	13	16	97	87
45	5	19	23	110	100
45	6	26	30	122	113
45	7	33	37	135	125
45	8	40	45	147	137
45	9	47	53	159	149
45	10	55	61	171	160
45	11	63	70	182	172
45	12	72	78	193	183
45	13	80	87	204	194
45	14	88	96	215	205
45	15	97	105	226	216
45	16	106	114	237	226
45	17	115	124	247	237
45	18	124	133	258	247
45	19	133	143	268	258
45	20	143	152	278	268
45	21	152	162	288	278
45	22	162	172	298	288
45	23	172	182	308	298
46	0	0	0	34	28
46	1	1	1	52	44
46	2	3	5	67	59
46	3	8	10	81	73
46	4	13	16	94	86
46	5	19	22	107	98
46	6	25	29	120	110
46	7	32	37	132	122
46	8	39	44	144	134
46	9	46	52	156	146
46	10	54	60	167	157
46	11	62	68	178	168
46	12	70	77	189	179
46	13	78	85	200	190
46	14	86	94	211	201
46	15	95	103	222	211
46	16	104	112	232	222
46	17	112	121	243	232
46	18	121	130	253	243
46	19	130	139	263	253
46	20	140	149	273	263
46	21	149	158	283	273
46	22	158	168	293	283
46	23	168	178	302	292
47	0	0	0	33	27
47	1	1	1	50	43

N = 470

n	a	LOWER .975	LOWER .95	UPPER .975	UPPER .95
47	2	3	4	65	58
47	3	8	9	79	71
47	4	13	15	93	84
47	5	18	22	105	96
47	6	25	29	117	108
47	7	31	36	129	120
47	8	38	43	141	131
47	9	45	51	153	143
47	10	53	59	164	154
47	11	61	67	175	165
47	12	68	75	186	176
47	13	76	83	197	186
47	14	85	92	207	197
47	15	93	101	218	207
47	16	101	109	228	218
47	17	110	118	238	228
47	18	119	127	248	238
47	19	127	136	258	248
47	20	136	145	268	258
47	21	145	155	278	268
47	22	155	164	287	277
47	23	164	173	297	287
47	24	173	183	306	297
48	0	0	0	32	26
48	1	1	1	49	42
48	2	3	4	64	56
48	3	7	9	78	70
48	4	12	15	91	82
48	5	18	21	103	94
48	6	24	28	115	106
48	7	31	35	127	117
48	8	37	42	138	129
48	9	45	50	150	140
48	10	52	58	161	151
48	11	59	65	172	162
48	12	67	74	182	172
48	13	75	82	193	183
48	14	83	90	203	193
48	15	91	98	213	203
48	16	99	107	224	213
48	17	108	116	234	223
48	18	116	124	243	233
48	19	125	133	253	243
48	20	133	142	263	253
48	21	142	151	273	263
48	22	151	160	282	272
48	23	160	170	291	282
48	24	169	179	301	291
49	0	0	0	32	26
49	1	1	1	48	42
49	2	3	4	63	55
49	3	7	9	76	68
49	4	12	15	89	80
49	5	18	21	101	92
49	6	24	27	113	104
49	7	30	34	124	115
49	8	37	41	136	126
49	9	44	49	147	137
49	10	51	56	158	148
49	11	58	64	168	158
49	12	66	72	179	169
49	13	73	80	189	179
49	14	81	88	199	189
49	15	89	96	209	199
49	16	97	105	219	209
49	17	105	113	229	219
49	18	114	122	239	229
49	19	122	130	249	239
49	20	131	139	258	248
49	21	139	148	268	258
49	22	148	157	277	267
49	23	157	166	286	277
49	24	166	175	295	286
49	25	175	184	304	295
50	0	0	0	31	25

CONFIDENCE BOUNDS FOR A

N = 470 (Panel 1)

n	a	LOWER .975	LOWER .95	UPPER .975	UPPER .95
50	1	1	1	47	41
50	2	3	4	62	54
50	3	7	9	75	67
50	4	12	14	87	79
50	5	17	20	99	91
50	6	23	27	111	102
50	7	30	34	122	113
50	8	36	41	133	124
50	9	43	48	144	135
50	10	50	55	155	145
50	11	57	63	165	155
50	12	64	71	175	166
50	13	72	78	186	176
50	14	79	86	196	186
50	15	87	94	206	196
50	16	95	103	215	205
50	17	103	111	225	215
50	18	111	119	235	225
50	19	119	128	244	234
50	20	128	136	254	244
50	21	136	145	263	253
50	22	145	154	272	262
50	23	153	162	281	272
50	24	162	171	290	281
50	25	171	180	299	290
51	0	0	0	31	25
51	1	1	1	46	40
51	2	3	4	60	53
51	3	7	9	73	66
51	4	12	14	85	77
51	5	17	20	97	89
51	6	23	26	109	100
51	7	29	33	120	111
51	8	35	40	131	121
51	9	42	47	141	132
51	10	49	54	152	142
51	11	56	62	162	153
51	12	63	69	172	163
51	13	70	77	182	173
51	14	78	85	192	182
51	15	85	93	202	192
51	16	93	101	212	202
51	17	101	109	221	211
51	18	109	117	231	221
51	19	117	125	240	230
51	20	125	133	249	239
51	21	133	142	258	249
51	22	142	150	267	258
51	23	150	159	276	267
51	24	159	168	285	276
51	25	167	176	294	285
51	26	176	185	303	294
52	0	0	0	30	24
52	1	1	1	46	39
52	2	3	4	59	52
52	3	7	9	72	64
52	4	12	14	84	76
52	5	17	20	95	87
52	6	22	26	107	98
52	7	28	32	118	109
52	8	35	39	128	119
52	9	41	46	139	130
52	10	48	53	149	140
52	11	55	60	159	150
52	12	62	68	169	160
52	13	69	75	179	169
52	14	76	83	189	179
52	15	84	91	198	189
52	16	91	99	208	198
52	17	99	106	217	208
52	18	107	114	227	217
52	19	115	123	236	226
52	20	123	131	245	235
52	21	131	139	254	244
52	22	139	147	263	253

N = 470 (Panel 2)

n	a	LOWER .975	LOWER .95	UPPER .975	UPPER .95
52	23	147	156	272	262
52	24	155	164	280	271
52	25	164	173	289	280
52	26	172	181	298	289
53	0	0	0	29	24
53	1	1	1	45	38
53	2	3	4	58	51
53	3	7	8	70	63
53	4	11	14	82	74
53	5	16	19	94	85
53	6	22	25	105	96
53	7	28	32	115	107
53	8	34	38	126	117
53	9	40	45	136	127
53	10	47	52	146	137
53	11	54	59	156	147
53	12	61	67	166	157
53	13	68	74	176	166
53	14	75	81	185	176
53	15	82	89	195	185
53	16	90	97	204	195
53	17	97	104	214	204
53	18	105	112	223	213
53	19	112	120	232	222
53	20	120	128	241	231
53	21	128	136	250	240
53	22	136	144	258	249
53	23	144	153	267	258
53	24	152	161	276	266
53	25	160	169	284	275
53	26	169	178	293	284
53	27	177	186	301	292
54	0	0	0	29	23
54	1	1	1	44	38
54	2	3	4	57	50
54	3	7	8	69	62
54	4	11	13	81	73
54	5	16	19	92	84
54	6	22	25	103	94
54	7	27	31	113	105
54	8	33	38	124	115
54	9	40	44	134	125
54	10	46	51	144	135
54	11	53	58	154	144
54	12	60	65	163	154
54	13	66	73	173	163
54	14	73	80	182	173
54	15	81	87	192	182
54	16	88	95	201	191
54	17	95	102	210	200
54	18	103	110	219	209
54	19	110	118	228	218
54	20	118	126	237	227
54	21	126	134	245	236
54	22	133	142	254	245
54	23	141	150	263	253
54	24	149	158	271	262
54	25	157	166	280	271
54	26	165	174	288	279
54	27	174	183	296	287
55	0	0	0	28	23
55	1	1	1	43	37
55	2	3	4	56	49
55	3	7	8	68	61
55	4	11	13	79	72
55	5	16	19	90	82
55	6	21	25	101	93
55	7	27	31	111	103
55	8	33	37	122	113
55	9	39	44	132	123
55	10	45	50	141	132
55	11	52	57	151	142
55	12	58	64	160	151
55	13	65	71	170	161
55	14	72	78	179	170

N = 470 (Panel 3)

n	a	LOWER .975	LOWER .95	UPPER .975	UPPER .95
55	15	79	86	188	179
55	16	86	93	197	188
55	17	93	100	206	197
55	18	101	108	215	206
55	19	108	116	224	215
55	20	116	123	233	223
55	21	123	131	241	232
55	22	131	139	250	241
55	23	139	147	258	249
55	24	146	155	267	258
55	25	154	163	275	266
55	26	162	171	283	274
55	27	170	179	292	283
55	28	178	187	300	291
56	0	0	0	28	23
56	1	1	1	42	36
56	2	3	4	55	48
56	3	7	8	67	60
56	4	11	13	78	70
56	5	16	18	89	81
56	6	21	24	99	91
56	7	26	30	109	101
56	8	32	36	119	111
56	9	38	43	129	121
56	10	45	49	139	130
56	11	51	56	148	139
56	12	57	63	158	149
56	13	64	70	167	158
56	14	71	77	176	167
56	15	78	84	185	176
56	16	85	91	194	185
56	17	92	99	203	194
56	18	99	106	212	202
56	19	106	114	220	211
56	20	113	121	229	220
56	21	121	129	238	228
56	22	128	136	246	237
56	23	136	144	254	245
56	24	144	152	263	253
56	25	151	160	271	262
56	26	159	168	279	270
56	27	167	176	287	278
56	28	175	184	295	286
57	0	0	0	27	22
57	1	1	1	41	36
57	2	3	4	54	47
57	3	6	8	66	59
57	4	11	13	77	69
57	5	15	18	87	80
57	6	21	24	98	90
57	7	26	30	108	99
57	8	32	36	117	109
57	9	38	42	127	119
57	10	44	49	137	128
57	11	50	55	146	137
57	12	56	62	155	146
57	13	63	69	164	155
57	14	70	76	173	164
57	15	76	83	182	173
57	16	83	90	191	182
57	17	90	97	200	191
57	18	97	104	208	199
57	19	104	111	217	208
57	20	111	119	225	216
57	21	119	126	234	225
57	22	126	134	242	233
57	23	133	141	250	241
57	24	141	149	259	249
57	25	149	157	267	258
57	26	156	165	275	266
57	27	164	172	283	274
57	28	172	180	291	282
57	29	179	188	298	290
58	0	0	0	27	22
58	1	1	1	41	35

N = 470 (Panel 4)

n	a	LOWER .975	LOWER .95	UPPER .975	UPPER .95
58	2	3	4	53	47
58	3	6	8	64	58
58	4	11	13	75	68
58	5	15	18	86	78
58	6	20	23	96	88
58	7	26	29	106	98
58	8	31	35	115	107
58	9	37	41	125	117
58	10	43	48	134	126
58	11	49	54	144	135
58	12	55	61	153	144
58	13	62	68	162	153
58	14	68	74	170	162
58	15	75	81	179	170
58	16	82	88	188	179
58	17	88	95	197	187
58	18	95	102	205	196
58	19	102	110	213	204
58	20	109	117	222	213
58	21	117	124	230	221
58	22	124	131	238	229
58	23	131	139	246	237
58	24	138	146	255	245
58	25	146	154	263	254
58	26	153	162	270	262
58	27	161	169	278	270
58	28	168	177	286	277
58	29	176	185	294	285
59	0	0	0	26	21
59	1	1	1	40	34
59	2	3	4	52	46
59	3	6	8	63	57
59	4	10	12	74	67
59	5	15	18	84	77
59	6	20	23	94	87
59	7	25	29	104	96
59	8	31	35	114	105
59	9	36	41	123	115
59	11	48	53	141	133
59	12	55	60	150	142
59	13	61	66	159	150
59	14	67	73	168	159
59	15	74	80	176	167
59	16	80	87	185	176
59	17	87	94	193	184
59	18	94	101	202	193
59	19	101	108	210	201
59	20	108	115	218	209
59	21	115	122	227	217
59	22	122	129	235	226
59	23	129	136	243	234
59	24	136	144	251	242
59	25	143	151	259	250
59	26	151	159	266	258
59	27	158	166	274	265
59	28	165	174	282	273
59	29	173	181	290	281
59	30	180	189	297	289
60	0	0	0	26	21
60	1	1	1	39	34
60	2	3	4	51	45
60	3	6	8	62	56
60	4	10	12	73	66
60	5	15	17	83	76
60	6	20	23	93	85
60	7	25	28	102	95
60	8	30	34	112	104
60	9	36	40	121	113
60	10	42	46	130	122
60	11	48	52	139	131
60	12	54	59	148	139
60	13	60	65	157	148
60	14	66	72	165	156
60	15	72	78	174	165

CONFIDENCE BOUNDS FOR A

N = 470

n	a	LOWER .975	LOWER .95	UPPER .975	UPPER .95
60	16	79	85	182	173
60	17	85	92	190	182
60	18	92	99	199	190
60	19	99	106	207	198
60	20	106	113	215	206
60	21	113	120	223	214
60	22	119	127	231	222
60	23	126	134	239	230
60	24	134	141	247	238
60	25	141	149	255	246
60	26	148	156	262	254
60	27	155	163	270	261
60	28	162	171	278	269
60	29	170	178	285	277
60	30	177	186	293	284
61	0	0	0	25	21
61	1	1	1	39	33
61	2	3	4	50	44
61	3	6	8	61	55
61	4	10	12	72	65
61	5	15	17	82	74
61	6	19	22	91	84
61	7	24	28	101	93
61	8	30	34	110	102
61	9	35	39	119	111
61	10	41	45	128	120
61	11	47	52	137	128
61	12	53	58	145	137
61	13	59	64	154	146
61	14	65	71	163	154
61	15	71	77	171	162
61	16	78	84	179	171
61	17	84	90	188	179
61	18	91	97	196	187
61	19	97	104	204	195
61	20	104	111	212	203
61	21	111	118	220	211
61	22	117	125	228	219
61	23	124	132	235	227
61	24	131	139	243	234
61	25	138	146	251	242
61	26	145	153	259	250
61	27	152	161	266	257
61	28	160	168	274	265
61	29	167	175	281	273
61	30	174	183	288	280
61	31	182	190	296	287
62	0	0	0	25	20
62	1	1	1	38	33
62	2	3	4	50	44
62	3	6	7	60	54
62	4	10	12	70	64
62	5	14	17	80	73
62	6	19	22	90	82
62	7	24	27	99	92
62	8	29	33	108	100
62	9	35	39	117	109
62	10	40	45	126	118
62	11	46	51	135	126
62	12	52	57	143	135
62	13	58	63	152	143
62	14	64	70	160	152
62	15	70	76	168	160
62	16	76	82	177	168
62	17	83	89	185	176
62	18	89	96	193	184
62	19	96	102	201	192
62	20	102	109	209	200
62	21	109	116	216	208
62	22	115	123	224	215
62	23	122	130	232	223
62	24	129	137	240	231
62	25	136	144	247	238
62	26	143	151	255	246
62	27	150	158	262	254

N = 470

n	a	LOWER .975	LOWER .95	UPPER .975	UPPER .95
62	28	157	165	270	261
62	29	164	172	277	269
62	30	171	179	284	276
62	31	178	187	292	283
63	0	0	0	24	20
63	1	1	1	37	32
63	2	3	4	49	43
63	3	6	7	59	53
63	4	10	12	69	63
63	5	14	17	79	72
63	6	19	22	88	81
63	7	24	27	98	90
63	8	29	33	107	99
63	9	34	38	115	108
63	10	40	44	124	116
63	11	45	50	133	124
63	12	51	56	141	133
63	13	57	62	149	141
63	14	63	68	158	149
63	15	69	75	166	157
63	16	75	81	174	165
63	17	81	88	182	173
63	18	88	94	190	181
63	19	94	101	198	189
63	20	101	107	206	197
63	21	107	114	213	205
63	22	114	121	221	212
63	23	120	127	229	220
63	24	127	134	236	227
63	25	134	141	244	235
63	26	140	148	251	242
63	27	147	155	258	250
63	28	154	162	266	257
63	29	161	169	273	265
63	30	168	176	280	272
63	31	175	184	288	279
63	32	182	191	295	286
64	0	0	0	24	20
64	1	1	1	37	32
64	2	3	3	48	42
64	3	6	7	58	52
64	4	10	12	68	62
64	5	14	16	78	71
64	6	19	21	87	80
64	7	23	27	96	89
64	8	28	32	105	97
64	9	34	38	114	106
64	10	39	43	122	114
64	11	45	49	131	123
64	12	50	55	139	131
64	13	56	61	147	139
64	14	62	67	155	147
64	15	68	74	163	155
64	16	74	80	171	163
64	17	80	86	179	171
64	18	86	93	187	179
64	19	93	99	195	186
64	20	99	106	203	194
64	21	105	112	210	202
64	22	112	119	218	209
64	23	118	125	225	217
64	24	125	132	233	224
64	25	131	139	240	232
64	26	138	146	248	239
64	27	145	153	255	246
64	28	152	160	262	254
64	29	159	167	269	261
64	30	165	174	276	268
64	31	172	181	284	275
64	32	179	188	291	282
65	0	0	0	24	19
65	1	1	1	36	31
65	2	3	3	47	41
65	3	6	7	57	51
65	4	10	11	67	61

N = 470

n	a	LOWER .975	LOWER .95	UPPER .975	UPPER .95
65	5	14	16	77	70
65	6	18	21	86	79
65	7	23	26	95	87
65	8	28	32	103	96
65	9	33	37	112	104
65	10	39	43	120	113
65	11	44	48	129	121
65	12	50	54	137	129
65	13	55	60	145	137
65	14	61	66	153	145
65	15	67	72	161	153
65	16	73	79	169	160
65	17	79	85	177	168
65	18	85	91	184	176
65	19	91	97	192	184
65	20	97	104	200	191
65	21	104	110	207	199
65	22	110	117	215	206
65	23	116	123	222	214
65	24	123	130	229	221
65	25	129	137	237	228
65	26	136	143	244	236
65	27	143	150	251	243
65	28	149	157	258	250
65	29	156	164	266	257
65	30	163	171	273	264
65	31	170	178	280	271
65	32	176	185	287	278
65	33	183	192	294	285
66	0	0	0	23	19
66	1	1	1	36	31
66	2	3	3	46	41
66	3	6	7	57	51
66	4	9	11	66	60
66	5	14	16	75	69
66	6	18	21	84	77
66	7	23	26	93	86
66	8	28	31	102	94
66	9	33	37	110	103
66	10	38	42	119	111
66	11	43	48	127	119
66	12	49	54	135	127
66	13	54	59	143	135
66	14	60	65	151	143
66	15	66	71	159	150
66	16	72	77	166	158
66	17	78	84	174	166
66	18	84	90	182	173
66	19	90	96	189	181
66	20	96	102	197	188
66	21	102	109	204	196
66	22	108	115	212	203
66	23	115	122	219	211
66	24	121	128	226	218
66	25	127	135	234	225
66	26	134	141	241	232
66	27	140	148	248	239
66	28	147	155	255	247
66	29	154	161	262	254
66	30	160	168	269	261
66	31	167	175	276	268
66	32	174	182	283	275
66	33	180	188	290	282
67	0	0	0	23	19
67	1	1	1	35	30
67	2	3	3	46	40
67	3	6	7	56	50
67	4	9	11	65	59
67	5	13	16	74	68
67	6	18	20	83	76
67	7	22	25	92	85
67	8	27	31	100	93
67	9	32	36	109	101
67	10	37	41	117	109
67	11	43	47	125	117

N = 470

n	a	LOWER .975	LOWER .95	UPPER .975	UPPER .95
67	12	48	53	133	125
67	13	54	59	141	133
67	14	59	64	149	141
67	15	65	70	156	148
67	16	71	76	164	156
67	17	77	82	172	163
67	18	82	88	179	171
67	19	88	95	187	178
67	20	94	101	194	186
67	21	100	107	201	193
67	22	107	113	209	200
67	23	113	120	216	208
67	24	119	126	223	215
67	25	125	133	230	222
67	26	132	139	237	229
67	27	138	146	244	236
67	28	145	152	251	243
67	29	151	159	258	250
67	30	158	165	265	257
67	31	164	172	272	264
67	32	171	179	279	271
67	33	178	186	286	278
67	34	184	192	292	284
68	0	0	0	23	18
68	1	1	1	35	30
68	2	3	3	45	40
68	3	6	7	55	49
68	4	9	11	64	58
68	5	13	15	73	67
68	6	18	20	82	75
68	7	22	25	90	84
68	8	27	30	99	92
68	9	32	36	107	100
68	10	37	41	115	108
68	11	42	46	123	116
68	12	47	52	131	123
68	13	53	58	139	131
68	14	58	63	147	139
68	15	64	69	154	146
68	16	70	75	162	154
68	17	75	81	169	161
68	18	81	87	177	169
68	19	87	93	184	176
68	20	93	99	191	183
68	21	99	105	199	190
68	22	105	112	206	198
68	23	111	118	213	205
68	24	117	124	220	212
68	25	123	131	227	219
68	26	130	137	234	226
68	27	136	143	241	233
68	28	142	150	248	240
68	29	149	156	255	247
68	30	155	163	262	254
68	31	161	169	269	260
68	32	168	176	275	267
68	33	175	183	282	274
68	34	181	189	289	281
69	0	0	0	22	18
69	1	1	1	34	29
69	2	3	3	44	39
69	3	6	7	54	48
69	4	9	11	63	57
69	5	13	15	72	66
69	6	17	20	81	74
69	7	22	25	89	82
69	8	27	30	97	90
69	9	31	35	106	98
69	10	36	40	114	106
69	11	42	46	121	114
69	12	47	51	129	122
69	13	52	57	137	129
69	14	58	63	145	137
69	15	63	68	152	144
69	16	69	74	160	152

CONFIDENCE BOUNDS FOR A

		N = 470						N = 470						N = 470						N = 470			
		LOWER		UPPER				LOWER		UPPER				LOWER		UPPER				LOWER		UPPER	
n	a	.975	.95	.975	.95	n	a	.975	.95	.975	.95	n	a	.975	.95	.975	.95	n	a	.975	.95	.975	.95
69	17	74	80	167	159	71	20	89	95	184	176	73	21	92	98	186	178	75	20	84	90	174	167
69	18	80	86	174	166	71	21	95	101	191	183	73	22	98	104	193	185	75	21	90	95	181	173
69	19	86	92	182	173	71	22	101	107	198	190	73	23	103	110	199	191	75	22	95	101	188	180
69	20	92	98	189	181	71	23	106	113	205	196	73	24	109	115	206	198	75	23	101	107	194	187
69	21	98	104	196	188	71	24	112	119	211	203	73	25	115	121	213	205	75	24	106	112	201	193
69	22	103	110	203	195	71	25	118	125	218	210	73	26	121	127	219	211	75	25	112	118	207	200
69	23	109	116	210	202	71	26	124	131	225	217	73	27	126	133	226	218	75	26	117	124	214	206
69	24	116	122	217	209	71	27	130	137	232	224	73	28	132	139	232	224	75	27	123	130	220	212
69	25	122	129	224	216	71	28	136	143	238	230	73	29	138	145	239	231	75	28	129	135	227	219
69	26	128	135	231	223	71	29	142	149	245	237	73	30	144	151	245	237	75	29	134	141	233	225
69	27	134	141	238	230	71	30	148	156	252	244	73	31	150	157	252	244	75	30	140	147	239	231
69	28	140	148	245	237	71	31	155	162	258	250	73	32	156	163	258	250	75	31	146	153	246	238
69	29	147	154	252	243	71	32	161	168	265	257	73	33	162	170	264	257	75	32	152	159	252	244
69	30	153	160	258	250	71	33	167	175	271	263	73	34	168	176	271	263	75	33	158	165	258	250
69	31	159	167	265	257	71	34	173	181	278	270	73	35	174	182	277	269	75	34	164	171	264	256
69	32	166	173	272	264	71	35	180	187	284	276	73	36	181	188	283	276	75	35	169	177	270	263
69	33	172	180	278	270	71	36	186	194	290	283	73	37	187	194	289	282	75	36	175	183	276	269
69	34	179	186	285	277	72	0	0	0	21	17	74	0	0	0	21	17	75	37	181	189	283	275
69	35	185	193	291	284	72	1	1	1	33	28	74	1	1	1	32	27	75	38	187	195	289	281
70	0	0	0	22	18	72	2	3	3	42	37	74	2	3	3	41	36	76	0	0	0	20	16
70	1	1	1	33	29	72	3	5	7	52	46	74	3	5	6	50	45	76	1	1	1	31	26
70	2	3	3	44	38	72	4	9	10	61	55	74	4	9	10	59	53	76	2	2	3	40	35
70	3	5	7	53	48	72	5	13	15	69	63	74	5	12	14	67	61	76	3	5	6	49	44
70	4	9	11	62	56	72	6	17	19	77	71	74	6	16	19	75	69	76	4	8	10	57	52
70	5	13	15	71	65	72	7	21	24	85	79	74	7	20	23	83	77	76	5	12	14	65	60
70	6	17	20	80	73	72	8	26	29	93	87	74	8	25	28	91	84	76	6	16	18	73	67
70	7	22	24	88	81	72	9	30	34	101	94	74	9	29	33	99	92	76	7	20	23	81	75
70	8	26	29	96	89	72	10	35	39	109	102	74	10	34	38	106	99	76	8	24	27	89	82
70	9	31	35	104	97	72	11	40	44	117	109	74	11	39	43	113	106	76	9	29	32	96	89
70	10	36	40	112	105	72	12	45	49	124	117	74	12	44	48	121	114	76	10	33	37	103	96
70	11	41	45	120	112	72	13	50	55	131	124	74	13	49	53	128	121	76	11	38	42	110	104
70	12	46	51	127	120	72	14	55	60	139	131	74	14	54	58	135	128	76	12	43	47	118	111
70	13	51	56	135	127	72	15	60	65	146	138	74	15	59	64	142	135	76	13	47	52	125	118
70	14	57	62	143	135	72	16	66	71	153	145	74	16	64	69	149	142	76	14	52	57	132	124
70	15	62	67	150	142	72	17	71	77	160	152	74	17	69	75	156	149	76	15	57	62	139	131
70	16	68	73	157	149	72	18	77	82	167	160	74	18	75	80	163	155	76	16	62	67	145	138
70	17	73	79	165	157	72	19	82	88	174	166	74	19	80	86	170	162	76	17	68	73	152	145
70	18	79	85	172	164	72	20	88	94	181	173	74	20	85	91	177	169	76	18	73	78	159	151
70	19	85	90	179	171	72	21	93	99	188	180	74	21	91	97	183	176	76	19	78	83	166	158
70	20	90	96	186	178	72	22	99	105	195	187	74	22	96	102	190	182	76	20	83	89	172	165
70	21	96	102	193	185	72	23	105	111	202	194	74	23	102	108	197	189	76	21	88	94	179	171
70	22	102	108	200	192	72	24	111	117	209	201	74	24	108	114	203	196	76	22	94	100	185	178
70	23	108	114	207	199	72	25	116	123	215	207	74	25	113	120	210	202	76	23	99	105	192	184
70	24	114	121	214	206	72	26	122	129	222	214	74	26	119	126	217	209	76	24	105	111	198	191
70	25	120	127	221	213	72	27	128	135	229	221	74	27	125	131	223	215	76	25	110	116	205	197
70	26	126	133	228	220	72	28	134	141	235	227	74	28	130	137	229	222	76	26	116	122	211	203
70	27	132	139	235	227	72	29	140	147	242	234	74	29	136	143	236	228	76	27	121	128	218	210
70	28	138	145	242	233	72	30	146	153	248	240	74	30	142	149	242	234	76	28	127	134	224	216
70	29	144	152	248	240	72	31	152	160	255	247	74	31	148	155	249	241	76	29	133	139	230	222
70	30	151	158	255	247	72	32	158	166	261	253	74	32	154	161	255	247	76	30	138	145	236	229
70	31	157	164	262	254	72	33	165	172	268	260	74	33	160	167	261	253	76	31	144	151	243	235
70	32	163	171	268	260	72	34	171	178	274	266	74	34	166	173	267	260	76	32	150	157	249	241
70	33	169	177	275	267	72	35	177	185	281	273	74	35	172	179	274	266	76	33	155	163	255	247
70	34	176	184	281	273	72	36	183	191	287	279	74	36	178	185	280	272	76	34	161	168	261	253
70	35	182	190	288	280	73	0	0	0	21	17	74	37	184	192	286	278	76	35	167	174	267	259
71	0	0	0	21	17	73	1	1	1	32	27	75	0	0	0	20	16	76	36	173	180	273	266
71	1	1	1	33	28	73	2	3	3	42	37	75	1	1	1	31	27	76	37	179	186	279	272
71	2	3	3	43	38	73	3	5	6	51	46	75	2	2	3	41	36	76	38	185	192	285	278
71	3	5	7	52	47	73	4	9	10	60	54	75	3	5	6	50	44	77	0	0	0	20	16
71	4	9	11	61	55	73	5	12	14	68	62	75	4	8	10	58	52	77	1	1	1	30	26
71	5	13	15	70	64	73	6	16	19	76	70	75	5	12	14	66	60	77	2	2	3	40	35
71	6	17	19	78	72	73	7	21	24	84	78	75	6	16	18	74	68	77	3	5	6	48	43
71	7	21	24	87	80	73	8	25	28	92	85	75	7	20	23	82	76	77	4	8	10	57	51
71	8	26	29	95	88	73	9	30	33	100	93	75	8	25	28	90	83	77	5	12	14	65	59
71	9	31	34	103	96	73	10	35	38	107	100	75	9	29	32	97	91	77	6	16	18	72	66
71	10	35	39	110	103	73	11	39	43	115	108	75	10	34	37	105	98	77	7	20	22	80	74
71	11	40	44	118	111	73	12	44	49	122	115	75	11	38	42	112	105	77	8	24	27	87	81
71	12	46	50	126	118	73	13	49	54	130	122	75	12	43	47	119	112	77	9	28	32	95	88
71	13	51	55	133	126	73	14	54	59	137	129	75	13	48	52	126	119	77	10	33	36	102	95
71	14	56	61	141	133	73	15	60	65	144	136	75	14	53	58	133	126	77	11	37	41	109	102
71	15	61	66	148	140	73	16	65	70	151	144	75	15	58	63	140	133	77	12	42	46	116	109
71	16	67	72	155	147	73	17	70	76	158	150	75	16	63	68	147	140	77	13	47	51	123	116
71	17	72	78	162	155	73	18	76	81	165	157	75	17	68	74	154	147	77	14	52	56	130	123
71	18	78	83	170	162	73	19	81	87	172	164	75	18	74	79	161	153	77	15	57	61	137	130
71	19	83	89	177	169	73	20	87	92	179	171	75	19	79	84	168	160	77	16	62	66	144	136

CONFIDENCE BOUNDS FOR A

N = 470					N = 470					N = 470					N = 470				
		LOWER		UPPER				LOWER		UPPER				LOWER		UPPER				LOWER		UPPER
n	a	.975	.95	.975	.95	n	a	.975	.95	.975	.95	n	a	.975	.95	.975	.95	n	a	.975	.95	.975	.95
77	17	67	72	150	143	79	12	41	45	113	106	81	5	11	13	61	56	82	38	171	178	266	259
77	18	72	77	157	149	79	13	46	50	120	113	81	6	15	17	69	63	82	39	176	183	272	264
77	19	77	82	164	156	79	14	50	55	127	120	81	7	19	21	76	70	82	40	182	189	277	270
77	20	82	88	170	163	79	15	55	60	133	126	81	8	23	26	83	77	82	41	187	194	283	276
77	21	87	93	177	169	79	16	60	65	140	133	81	9	27	30	90	84	83	0	0	0	18	15
77	22	93	98	183	175	79	17	65	70	147	139	81	10	31	35	97	91	83	1	1	1	28	24
77	23	98	104	190	182	79	18	70	75	153	146	81	11	36	39	104	97	83	2	2	3	37	32
77	24	103	109	196	188	79	19	75	80	160	152	81	12	40	44	110	104	83	3	5	6	45	40
77	25	109	115	202	195	79	20	80	85	166	159	81	13	45	49	117	110	83	4	8	9	52	47
77	26	114	121	209	201	79	21	85	91	172	165	81	14	49	53	124	117	83	5	11	13	60	54
77	27	120	126	215	207	79	22	90	96	179	171	81	15	54	58	130	123	83	6	15	17	67	61
77	28	125	132	221	213	79	23	95	101	185	177	81	16	59	63	137	130	83	7	18	21	74	68
77	29	131	137	227	220	79	24	101	107	191	184	81	17	63	68	143	136	83	8	22	25	81	75
77	30	136	143	234	226	79	25	106	112	197	190	81	18	68	73	149	142	83	9	26	29	88	82
77	31	142	149	240	232	79	26	111	117	204	196	81	19	73	78	156	149	83	10	31	34	95	88
77	32	148	155	246	238	79	27	117	123	210	202	81	20	78	83	162	155	83	11	35	38	101	95
77	33	153	160	252	244	79	28	122	128	216	208	81	21	83	88	168	161	83	12	39	43	108	101
77	34	159	166	258	250	79	29	127	134	222	214	81	22	88	94	175	167	83	13	44	47	114	108
77	35	165	172	264	256	79	30	133	139	228	220	81	23	93	99	181	173	83	14	48	52	121	114
77	36	171	178	270	262	79	31	138	145	234	226	81	24	98	104	187	179	83	15	53	57	127	120
77	37	176	184	276	268	79	32	144	151	240	232	81	25	103	109	193	185	83	16	57	62	133	127
77	38	182	190	282	274	79	33	149	156	246	238	81	26	108	114	199	191	83	17	62	67	140	133
77	39	188	196	288	280	79	34	155	162	252	244	81	27	114	120	205	197	83	18	67	71	146	139
78	0	0	0	19	16	79	35	160	168	258	250	81	28	119	125	211	203	83	19	71	76	152	145
78	1	1	1	30	26	79	36	166	173	264	256	81	29	124	130	217	209	83	20	76	81	158	151
78	2	2	3	39	34	79	37	172	179	270	262	81	30	129	136	223	215	83	21	81	86	164	157
78	3	5	6	48	43	79	38	177	185	275	268	81	31	135	141	229	221	83	22	86	91	170	163
78	4	8	10	56	50	79	39	183	190	281	274	81	32	140	147	235	227	83	23	91	96	176	169
78	5	12	14	64	58	79	40	189	196	287	280	81	33	145	152	240	233	83	24	96	101	182	175
78	6	16	18	71	65	80	0	0	0	19	15	81	34	151	158	246	239	83	25	101	107	188	181
78	7	20	22	79	73	80	1	1	1	29	25	81	35	156	163	252	245	83	26	106	112	194	187
78	8	24	27	86	80	80	2	2	3	38	33	81	36	162	169	258	250	83	27	111	117	200	193
78	9	28	31	94	87	80	3	5	6	46	41	81	37	167	174	263	256	83	28	116	122	206	199
78	10	32	36	101	94	80	4	8	10	54	49	81	38	173	180	269	262	83	29	121	127	212	205
78	11	37	41	108	101	80	5	11	13	62	57	81	39	178	186	275	267	83	30	126	133	218	210
78	12	42	45	115	108	80	6	15	17	70	64	81	40	184	191	280	273	83	31	131	138	224	216
78	13	46	50	122	115	80	7	19	22	77	71	81	41	190	197	286	279	83	32	137	143	229	222
78	14	51	55	128	121	80	8	23	26	84	78	82	0	0	0	18	15	83	33	142	148	235	228
78	15	56	60	135	128	80	9	27	30	91	85	82	1	1	1	28	24	83	34	147	154	241	233
78	16	61	66	142	135	80	10	32	35	98	92	82	2	2	3	37	33	83	35	152	159	246	239
78	17	66	71	148	141	80	11	36	40	105	98	82	3	5	6	45	40	83	36	158	165	252	245
78	18	71	76	155	148	80	12	41	44	112	105	82	4	8	9	53	48	83	37	163	170	258	250
78	19	76	81	162	154	80	13	45	49	119	112	82	5	11	13	61	55	83	38	168	175	263	256
78	20	81	86	168	161	80	14	50	54	125	118	82	6	15	17	68	62	83	39	174	181	269	261
78	21	86	92	174	167	80	15	55	59	132	125	82	7	19	21	75	69	83	40	179	186	274	267
78	22	91	97	181	173	80	16	59	64	138	131	82	8	23	25	82	76	83	41	185	192	280	273
78	23	97	103	187	180	80	17	64	69	145	138	82	9	27	30	89	83	83	42	190	197	285	278
78	24	102	108	194	186	80	18	69	74	151	144	82	10	31	34	96	89	84	0	0	0	18	14
78	25	107	113	200	192	80	19	74	79	158	150	82	11	35	39	102	96	84	1	1	1	28	24
78	26	113	119	206	198	80	20	79	84	164	157	82	12	40	43	109	103	84	2	2	3	36	32
78	27	118	124	212	205	80	21	84	89	170	163	82	13	44	48	116	109	84	3	5	6	44	39
78	28	124	130	219	211	80	22	89	95	177	169	82	14	49	53	122	115	84	4	8	9	52	47
78	29	129	136	225	217	80	23	94	100	183	175	82	15	53	58	129	122	84	5	11	13	59	54
78	30	135	141	231	223	80	24	99	105	189	181	82	16	58	62	135	128	84	6	15	17	66	61
78	31	140	147	237	229	80	25	105	111	195	188	82	17	63	67	141	134	84	7	18	21	73	68
78	32	146	153	243	235	80	26	110	116	201	194	82	18	67	72	148	141	84	8	22	25	80	74
78	33	151	158	249	241	80	27	115	121	207	200	82	19	72	77	154	147	84	9	26	29	87	81
78	34	157	164	255	247	80	28	120	127	213	206	82	20	77	82	160	153	84	10	30	33	93	87
78	35	163	170	261	253	80	29	126	132	219	212	82	21	82	87	166	159	84	11	34	38	100	94
78	36	168	176	267	259	80	30	131	138	225	218	82	22	87	92	172	165	84	12	39	42	107	100
78	37	174	181	273	265	80	31	136	143	231	224	82	23	92	98	179	171	84	13	43	47	113	106
78	38	180	187	279	271	80	32	142	149	237	230	82	24	97	103	185	177	84	14	48	52	119	113
78	39	186	193	284	277	80	33	147	154	243	236	82	25	102	108	191	183	84	15	52	56	126	119
79	0	0	0	19	15	80	34	153	160	249	242	82	26	107	113	197	189	84	16	57	61	132	125
79	1	1	1	29	25	80	35	158	165	255	247	82	27	112	118	203	195	84	17	61	66	138	131
79	2	2	3	39	34	80	36	164	171	261	253	82	28	117	124	208	201	84	18	66	71	144	137
79	3	5	6	47	42	80	37	170	177	266	259	82	29	123	129	214	207	84	19	71	75	150	143
79	4	8	10	55	50	80	38	175	182	272	265	82	30	128	134	220	213	84	20	75	80	156	149
79	5	12	13	63	57	80	39	181	188	278	271	82	31	133	140	226	219	84	21	80	85	163	155
79	6	15	18	70	65	80	40	186	194	284	276	82	32	138	145	232	224	84	22	85	90	169	161
79	7	19	22	78	72	81	0	0	0	19	15	82	33	144	150	238	230	84	23	90	95	174	167
79	8	23	26	85	79	81	1	1	1	29	25	82	34	149	156	243	236	84	24	95	100	180	173
79	9	28	31	92	86	81	2	2	3	38	33	82	35	154	161	249	242	84	25	100	105	186	179
79	10	32	35	99	93	81	3	5	6	46	41	82	36	160	167	255	247	84	26	105	110	192	185
79	11	37	40	106	100	81	4	8	9	54	48	82	37	165	172	260	253	84	27	110	115	198	191

CONFIDENCE BOUNDS FOR A

N = 470					N = 470					N = 470					N = 470			
		LOWER		UPPER			LOWER		UPPER			LOWER		UPPER			LOWER		UPPER
n	a	.975	.95	.975	.95	n	a	.975	.95	.975	.95	n	a	.975	.95	.975	.95	n	a	.975	.95	.975	.95
84	28	115	121	204	196	86	16	55	60	129	122	88	2	2	3	34	30	89	32	127	133	215	208
84	29	120	126	210	202	86	17	60	64	135	128	88	3	5	6	42	37	89	33	132	138	220	213
84	30	125	131	215	208	86	18	64	69	141	134	88	4	7	9	49	44	89	34	137	143	225	218
84	31	130	136	221	214	86	19	69	74	147	140	88	5	11	12	56	51	89	35	142	148	231	224
84	32	135	141	227	219	86	20	74	78	153	146	88	6	14	16	63	58	89	36	147	153	236	229
84	33	140	147	232	225	86	21	78	83	159	152	88	7	18	20	70	64	89	37	152	158	241	234
84	34	145	152	238	231	86	22	83	88	165	158	88	8	21	24	76	71	89	38	157	163	247	240
84	35	151	157	244	236	86	23	88	93	171	163	88	9	25	28	83	77	89	39	162	168	252	245
84	36	156	163	249	242	86	24	92	98	176	169	88	10	29	32	89	83	89	40	167	173	257	250
84	37	161	168	255	247	86	25	97	103	182	175	88	11	33	36	96	89	89	41	172	178	262	255
84	38	166	173	260	253	86	26	102	108	188	181	88	12	37	41	102	96	89	42	177	184	268	261
84	39	172	179	266	259	86	27	107	113	194	186	88	13	41	45	108	102	89	43	182	189	273	266
84	40	177	184	271	264	86	28	112	118	199	192	88	14	45	49	114	108	89	44	187	194	278	271
84	41	182	189	277	270	86	29	117	123	205	198	88	15	50	54	120	114	89	45	192	199	283	276
84	42	188	195	282	275	86	30	122	128	211	203	88	16	54	58	126	119	90	0	0	0	17	13
85	0	0	0	18	14	86	31	127	133	216	209	88	17	58	63	132	125	90	1	1	1	26	22
85	1	1	1	27	23	86	32	132	138	222	215	88	18	63	67	138	131	90	2	2	3	34	29
85	2	2	3	36	31	86	33	137	143	227	220	88	19	67	72	144	137	90	3	5	5	41	37
85	3	5	6	44	39	86	34	142	148	233	226	88	20	72	77	150	143	90	4	7	9	48	43
85	4	8	9	51	46	86	35	147	153	238	231	88	21	76	81	155	148	90	5	10	12	55	50
85	5	11	13	58	53	86	36	152	159	244	237	88	22	81	86	161	154	90	6	14	16	62	57
85	6	14	16	65	60	86	37	157	164	249	242	88	23	86	91	167	160	90	7	17	19	68	63
85	7	18	20	72	67	86	38	162	169	255	248	88	24	90	96	173	166	90	8	21	23	75	69
85	8	22	25	79	73	86	39	168	174	260	253	88	25	95	100	178	171	90	9	25	27	81	75
85	9	26	29	86	80	86	40	173	180	265	258	88	26	100	105	184	177	90	10	28	31	87	81
85	10	30	33	92	86	86	41	178	185	271	264	88	27	105	110	189	182	90	11	32	35	93	87
85	11	34	37	99	93	86	42	183	190	276	269	88	28	109	115	195	188	90	12	36	40	99	93
85	12	38	42	105	99	86	43	189	196	281	274	88	29	114	120	201	193	90	13	40	44	106	99
85	13	43	46	112	105	87	0	0	0	17	14	88	30	119	125	206	199	90	14	45	48	111	105
85	14	47	51	118	111	87	1	1	1	27	23	88	31	124	130	212	204	90	15	49	53	117	111
85	15	51	56	124	118	87	2	2	3	35	31	88	32	129	135	217	210	90	16	53	57	123	117
85	16	56	60	130	124	87	3	5	6	43	38	88	33	134	140	222	215	90	17	57	61	129	123
85	17	60	65	137	130	87	4	8	9	50	45	88	34	139	145	228	221	90	18	62	66	135	128
85	18	65	70	143	136	87	5	11	12	57	52	88	35	144	150	233	226	90	19	66	70	141	134
85	19	70	75	149	142	87	6	14	16	64	59	88	36	148	155	239	232	90	20	70	75	146	140
85	20	74	79	155	148	87	7	18	20	71	65	88	37	153	160	244	237	90	21	75	80	152	145
85	21	79	84	161	154	87	8	21	24	77	72	88	38	159	165	249	242	90	22	79	84	158	151
85	22	84	89	167	159	87	9	25	28	84	78	88	39	164	170	255	248	90	23	84	89	163	156
85	23	89	94	173	165	87	10	29	32	90	84	88	40	169	175	260	253	90	24	88	94	169	162
85	24	94	99	178	171	87	11	33	37	97	91	88	41	174	181	265	258	90	25	93	98	174	167
85	25	98	104	184	177	87	12	37	41	103	97	88	42	179	186	270	263	90	26	98	103	180	173
85	26	103	109	190	183	87	13	42	45	109	103	88	43	184	191	276	269	90	27	102	108	185	178
85	27	108	114	196	189	87	14	46	50	115	109	88	44	189	196	281	274	90	28	107	112	191	184
85	28	113	119	202	194	87	15	50	54	121	115	89	0	0	0	17	14	90	29	112	117	196	189
85	29	118	124	207	200	87	16	55	59	127	121	89	1	1	1	26	22	90	30	116	122	202	195
85	30	123	129	213	206	87	17	59	64	133	127	89	2	2	3	34	30	90	31	121	127	207	200
85	31	128	135	219	211	87	18	64	68	139	133	89	3	5	6	42	37	90	32	126	132	212	205
85	32	133	140	224	217	87	19	68	73	145	139	89	4	7	9	49	44	90	33	131	137	218	211
85	33	138	145	230	223	87	20	73	78	151	144	89	5	11	12	56	51	90	34	135	142	223	216
85	34	144	150	235	228	87	21	77	82	157	150	89	6	14	16	62	57	90	35	140	146	228	221
85	35	149	155	241	234	87	22	82	87	163	156	89	7	17	20	69	64	90	36	145	151	234	227
85	36	154	161	246	239	87	23	87	92	169	162	89	8	21	24	76	70	90	37	150	156	239	232
85	37	159	166	252	245	87	24	91	97	174	167	89	9	25	28	82	76	90	38	155	161	244	237
85	38	164	171	257	250	87	25	96	102	180	173	89	10	29	32	88	82	90	39	160	166	249	242
85	39	170	176	263	256	87	26	101	107	186	179	89	11	33	36	94	88	90	40	165	171	255	248
85	40	175	182	268	261	87	27	106	111	192	184	89	12	37	40	101	95	90	41	170	176	260	253
85	41	180	187	274	267	87	28	111	116	197	190	89	13	41	44	107	100	90	42	175	181	265	259
85	42	186	193	279	272	87	29	115	121	203	196	89	14	45	49	113	106	90	43	180	186	270	263
85	43	191	198	284	277	87	30	120	126	208	201	89	15	49	53	119	112	90	44	185	192	275	268
86	0	0	0	17	14	87	31	125	131	214	207	89	16	54	58	125	118	90	45	190	197	280	273
86	1	1	1	27	23	87	32	130	136	219	212	89	17	58	62	131	124	91	0	0	0	16	13
86	2	2	3	35	31	87	33	135	141	225	218	89	18	62	67	136	130	91	1	1	1	25	22
86	3	5	6	43	38	87	34	140	147	230	223	89	19	67	71	142	135	91	2	2	3	33	29
86	4	8	9	50	46	87	35	145	152	236	229	89	20	71	76	148	141	91	3	5	5	41	36
86	5	11	13	58	52	87	36	150	157	241	234	89	21	76	80	154	147	91	4	7	9	48	43
86	6	14	16	65	59	87	37	155	162	247	239	89	22	80	85	159	153	91	5	10	12	54	50
86	7	18	20	71	66	87	38	160	167	252	245	89	23	85	90	165	158	91	6	14	15	61	56
86	8	22	24	78	72	87	39	166	172	257	250	89	24	89	95	171	164	91	7	17	19	67	62
86	9	26	28	85	79	87	40	171	177	263	256	89	25	94	99	176	169	91	8	21	23	74	68
86	10	30	33	91	85	87	41	176	183	268	261	89	26	99	104	182	175	91	9	24	27	80	75
86	11	34	37	98	92	87	42	181	188	273	266	89	27	103	109	187	180	91	10	28	31	86	81
86	12	38	41	104	98	87	43	186	193	279	272	89	28	108	114	193	186	91	11	32	35	92	87
86	13	42	46	110	104	87	44	191	198	284	277	89	29	113	119	198	191	91	12	36	39	98	92
86	14	46	50	117	110	88	0	0	0	17	14	89	30	118	123	204	197	91	13	40	43	104	98
86	15	51	55	123	116	88	1	1	1	26	22	89	31	122	128	209	202	91	14	44	48	110	104

CONFIDENCE BOUNDS FOR A

N = 470

n	a	LOWER .975	LOWER .95	UPPER .975	UPPER .95
91	15	48	52	116	110
91	16	52	56	122	116
91	17	57	61	128	121
91	18	61	65	133	127
91	19	65	70	139	133
91	20	70	74	145	138
91	21	74	79	150	144
91	22	78	83	156	149
91	23	83	88	162	155
91	24	87	93	167	160
91	25	92	97	173	166
91	26	96	102	178	171
91	27	101	107	183	177
91	28	106	111	189	182
91	29	110	116	194	187
91	30	115	121	200	193
91	31	120	126	205	198
91	32	124	130	210	203
91	33	129	135	216	209
91	34	134	140	221	214
91	35	139	145	226	219
91	36	143	150	231	224
91	37	148	155	236	230
91	38	153	160	242	235
91	39	158	164	247	240
91	40	163	169	252	245
91	41	168	174	257	250
91	42	173	179	262	255
91	43	178	184	267	260
91	44	183	189	272	265
91	45	188	194	277	271
91	46	193	199	282	276
92	0	0	0	16	13
92	1	1	1	25	21
92	2	2	3	33	29
92	3	4	5	40	36
92	4	7	8	47	42
92	5	10	12	54	49
92	6	13	15	60	55
92	7	17	19	67	62
92	8	20	23	73	68
92	9	24	27	79	74
92	10	28	31	85	80
92	11	32	35	91	86
92	12	36	39	97	91
92	13	40	43	103	97
92	14	44	47	109	103
92	15	48	52	115	109
92	16	52	56	121	114
92	17	56	60	126	120
92	18	60	65	132	126
92	19	65	69	138	131
92	20	69	73	143	137
92	21	73	78	149	142
92	22	78	82	154	148
92	23	82	87	160	153
92	24	86	92	165	159
92	25	91	96	171	164
92	26	95	101	176	169
92	27	100	105	182	175
92	28	105	110	187	180
92	29	109	115	192	185
92	30	114	119	198	191
92	31	118	124	203	196
92	32	123	129	208	201
92	33	128	134	213	206
92	34	132	138	219	212
92	35	137	143	224	217
92	36	142	148	229	222
92	37	147	153	234	227
92	38	151	158	239	232
92	39	156	163	244	237
92	40	161	167	249	243
92	41	166	172	254	248
92	42	171	177	260	253

N = 470

n	a	LOWER .975	LOWER .95	UPPER .975	UPPER .95
92	43	176	182	265	258
92	44	181	187	270	263
92	45	186	192	275	268
92	46	190	197	280	273
93	0	0	0	16	13
93	1	1	1	25	21
93	2	2	3	32	28
93	3	4	5	40	35
93	4	7	8	47	42
93	5	10	12	53	48
93	6	13	15	60	55
93	7	17	19	66	61
93	8	20	23	72	67
93	9	24	26	78	73
93	10	28	30	84	79
93	11	31	34	90	85
93	12	35	38	96	90
93	13	39	43	102	96
93	14	43	47	108	102
93	15	47	51	114	108
93	16	51	55	119	113
93	17	55	60	125	119
93	18	60	64	131	124
93	19	64	68	136	130
93	20	68	73	142	135
93	21	72	77	147	141
93	22	77	82	153	146
93	23	81	86	158	151
93	24	86	91	164	157
93	25	90	95	169	162
93	26	94	100	174	168
93	27	99	104	180	173
93	28	103	109	185	178
93	29	108	113	190	183
93	30	112	118	196	189
93	31	117	123	201	194
93	32	122	127	206	199
93	33	126	132	211	204
93	34	131	137	216	209
93	35	136	142	221	215
93	36	140	146	227	220
93	37	145	151	232	225
93	38	150	156	237	230
93	39	154	161	242	235
93	40	159	166	247	240
93	41	164	170	252	245
93	42	169	175	257	250
93	43	174	180	262	255
93	44	179	185	267	260
93	45	183	190	272	265
93	46	188	195	277	270
93	47	193	200	282	275
94	0	0	0	16	13
94	1	1	1	24	21
94	2	2	3	32	28
94	3	4	5	39	35
94	4	7	8	46	42
94	5	10	12	53	48
94	6	13	15	59	54
94	7	17	19	65	60
94	8	20	22	71	66
94	9	24	26	78	72
94	10	27	30	83	78
94	11	31	34	89	84
94	12	35	38	95	89
94	13	39	42	101	95
94	14	43	46	107	101
94	15	47	50	112	106
94	16	51	55	118	112
94	17	55	59	124	117
94	18	59	63	129	123
94	19	63	68	135	128
94	20	67	72	140	134
94	21	72	76	146	139
94	22	76	81	151	145

N = 470

n	a	LOWER .975	LOWER .95	UPPER .975	UPPER .95
94	23	80	85	157	150
94	24	85	90	162	155
94	25	89	94	167	161
94	26	93	99	173	166
94	27	98	103	178	171
94	28	102	108	183	176
94	29	107	112	188	182
94	30	111	117	194	187
94	31	116	121	199	192
94	32	120	126	204	197
94	33	125	131	209	202
94	34	130	135	214	207
94	35	134	140	219	212
94	36	139	145	224	217
94	37	143	150	229	223
94	38	148	154	234	228
94	39	153	159	239	233
94	40	158	164	244	238
94	41	162	169	249	243
94	42	167	173	254	248
94	43	172	178	259	253
94	44	177	183	264	258
94	45	181	188	269	262
94	46	186	193	274	267
94	47	191	198	279	272

N = 480

n	a	LOWER .975	LOWER .95	UPPER .975	UPPER .95
1	0	0	0	468	456
1	1	12	24	480	480
2	0	0	0	403	372
2	1	7	13	473	467
3	0	0	0	338	302
3	1	5	9	434	414
3	2	46	66	475	471
4	0	0	0	288	252
4	1	4	7	386	360
4	2	33	48	447	432
5	0	0	0	249	215
5	1	3	5	342	314
5	2	26	38	408	388
5	3	72	92	454	442
6	0	0	0	219	187
6	1	3	5	306	278
6	2	22	31	372	348
6	3	58	75	422	405
7	0	0	0	195	166
7	1	2	4	276	248
7	2	19	26	339	315
7	3	49	63	390	371
7	4	90	109	431	417
8	0	0	0	176	148
8	1	2	4	251	224
8	2	16	23	311	286
8	3	42	54	361	340
8	4	77	94	403	386
9	0	0	0	160	134
9	1	2	3	230	204
9	2	14	21	286	262
9	3	37	48	335	313
9	4	67	82	377	358
9	5	103	122	413	398
10	0	0	0	146	123
10	1	2	3	212	187
10	2	13	18	265	242
10	3	33	43	311	289
10	4	60	73	352	333
10	5	91	108	389	372
11	0	0	0	135	113
11	1	2	3	196	173
11	2	12	17	246	224
11	3	30	39	291	269
11	4	54	66	330	310
11	5	82	97	366	348
11	6	114	132	398	383
12	0	0	0	125	104
12	1	1	3	183	161
12	2	11	15	230	208
12	3	28	36	272	251
12	4	49	60	310	291
12	5	74	88	345	327
12	6	103	119	377	361
13	0	0	0	117	97
13	1	1	2	171	150
13	2	10	14	216	195
13	3	25	33	256	235
13	4	45	55	293	273
13	5	68	81	326	308
13	6	94	109	357	340
13	7	123	140	386	371
14	0	0	0	109	91
14	1	1	2	160	140
14	2	9	13	203	183
14	3	24	30	242	221
14	4	42	51	277	257
14	5	63	75	309	291
14	6	87	101	339	322
14	7	113	128	367	352
15	0	0	0	103	85
15	1	1	2	151	132
15	2	9	12	192	172
15	3	22	28	228	209
15	4	39	48	262	243

CONFIDENCE BOUNDS FOR A

N = 480

n	a	LOWER .975	LOWER .95	UPPER .975	UPPER .95
15	5	58	70	293	275
15	6	80	93	323	305
15	7	104	119	350	334
15	8	130	146	376	361
16	0	0	0	97	80
16	1	1	2	143	125
16	2	8	12	182	163
16	3	21	27	217	198
16	4	36	45	249	230
16	5	55	65	279	261
16	6	75	87	308	290
16	7	97	111	334	318
16	8	120	136	360	344
17	0	0	0	92	76
17	1	1	2	135	118
17	2	8	11	172	154
17	3	19	25	206	188
17	4	34	42	237	219
17	5	51	61	266	248
17	6	70	82	294	276
17	7	91	104	320	303
17	8	113	127	344	329
17	9	136	151	367	353
18	0	0	0	87	72
18	1	1	2	129	112
18	2	8	10	164	147
18	3	18	24	196	179
18	4	32	40	226	208
18	5	48	57	254	237
18	6	66	77	281	264
18	7	85	97	306	290
18	8	106	119	330	314
18	9	127	142	353	338
19	0	0	0	83	68
19	1	1	2	123	107
19	2	7	10	157	140
19	3	17	22	187	170
19	4	31	37	216	199
19	5	46	54	243	226
19	6	62	72	269	252
19	7	80	92	293	277
19	8	99	112	317	301
19	9	120	134	339	324
19	10	141	156	360	346
20	0	0	0	79	65
20	1	1	2	117	102
20	2	7	10	150	133
20	3	17	21	179	163
20	4	29	36	207	190
20	5	43	51	233	216
20	6	59	69	258	241
20	7	76	87	282	266
20	8	94	106	304	289
20	9	113	126	326	311
20	10	133	147	347	333
21	0	0	0	75	62
21	1	1	2	112	97
21	2	7	9	143	128
21	3	16	20	172	156
21	4	28	34	198	182
21	5	41	49	224	207
21	6	56	65	248	232
21	7	72	83	271	255
21	8	89	101	293	277
21	9	107	120	314	299
21	10	126	139	335	320
21	11	145	160	354	341
22	0	0	0	72	59
22	1	1	2	107	93
22	2	6	9	137	122
22	3	15	19	165	149
22	4	26	32	191	175
22	5	39	47	215	199
22	6	53	62	238	222
22	7	69	79	261	245

N = 480

n	a	LOWER .975	LOWER .95	UPPER .975	UPPER .95
22	8	85	96	282	267
22	9	102	114	303	288
22	10	120	132	323	308
22	11	138	152	342	328
23	0	0	0	69	57
23	1	1	2	103	89
23	2	6	8	132	117
23	3	15	19	159	143
23	4	25	31	183	168
23	5	38	45	207	191
23	6	51	59	229	214
23	7	65	75	251	236
23	8	81	91	272	257
23	9	97	108	292	277
23	10	114	126	312	297
23	11	131	144	331	317
23	12	149	163	349	336
24	0	0	0	66	54
24	1	1	1	99	86
24	2	6	8	127	113
24	3	14	18	153	138
24	4	24	30	177	162
24	5	36	43	199	184
24	6	49	57	221	206
24	7	63	72	242	227
24	8	77	87	263	248
24	9	93	104	282	268
24	10	109	120	301	287
24	11	125	138	320	306
24	12	142	156	338	324
25	0	0	0	64	52
25	1	1	1	95	82
25	2	6	8	122	109
25	3	13	17	147	133
25	4	23	28	170	156
25	5	35	41	192	178
25	6	47	55	214	199
25	7	60	69	234	219
25	8	74	84	254	239
25	9	89	99	273	259
25	10	104	115	292	277
25	11	120	132	309	296
25	12	136	149	327	314
25	13	153	166	344	331
26	0	0	0	61	50
26	1	1	1	92	79
26	2	5	7	118	105
26	3	13	17	142	128
26	4	22	27	164	150
26	5	33	39	186	171
26	6	45	52	207	192
26	7	58	66	226	212
26	8	71	80	246	231
26	9	85	95	264	250
26	10	100	111	282	268
26	11	115	126	300	286
26	12	130	143	317	304
26	13	146	159	334	321
27	0	0	0	59	49
27	1	1	1	89	77
27	2	5	7	114	101
27	3	13	16	137	124
27	4	22	26	159	145
27	5	32	38	180	166
27	6	43	50	200	186
27	7	55	64	219	205
27	8	68	77	238	224
27	9	82	91	256	242
27	10	96	106	274	260
27	11	110	121	291	277
27	12	125	137	307	294
27	13	140	153	324	311
27	14	156	169	340	327
28	0	0	0	57	47
28	1	1	1	86	74

N = 480

n	a	LOWER .975	LOWER .95	UPPER .975	UPPER .95
28	2	5	7	110	98
28	3	12	15	133	120
28	4	21	25	154	140
28	5	31	37	174	160
28	6	42	49	194	180
28	7	53	61	212	198
28	8	66	74	230	217
28	9	79	88	248	234
28	10	92	102	265	252
28	11	106	117	282	269
28	12	120	132	299	285
28	13	135	147	314	302
28	14	150	162	330	318
29	0	0	0	55	45
29	1	1	1	83	71
29	2	5	7	107	94
29	3	12	15	128	116
29	4	20	25	149	136
29	5	30	35	169	155
29	6	40	47	188	174
29	7	52	59	206	192
29	8	63	72	224	210
29	9	76	85	241	227
29	10	89	98	258	244
29	11	102	112	274	261
29	12	116	127	290	277
29	13	130	141	306	293
29	14	144	156	321	308
29	15	159	172	336	324
30	0	0	0	53	44
30	1	1	1	80	69
30	2	5	7	103	91
30	3	11	14	124	112
30	4	20	24	144	132
30	5	29	34	164	150
30	6	39	45	182	169
30	7	50	57	200	186
30	8	61	69	217	204
30	9	73	82	234	220
30	10	86	95	250	237
30	11	98	108	266	253
30	12	112	122	282	269
30	13	125	136	297	285
30	14	139	151	312	300
30	15	153	165	327	315
31	0	0	0	52	42
31	1	1	1	78	67
31	2	5	6	100	89
31	3	11	14	121	109
31	4	19	23	140	128
31	5	28	33	159	146
31	6	38	44	177	164
31	7	48	55	194	181
31	8	59	67	211	198
31	9	71	79	227	214
31	10	83	92	243	230
31	11	95	105	259	246
31	12	108	118	274	261
31	13	121	132	289	277
31	14	134	145	304	292
31	15	148	159	318	306
31	16	162	174	332	321
32	0	0	0	50	41
32	1	1	1	75	65
32	2	5	6	97	86
32	3	11	14	117	105
32	4	18	22	136	124
32	5	27	32	154	142
32	6	37	42	172	159
32	7	47	53	189	176
32	8	57	65	205	192
32	9	68	77	221	208
32	10	80	89	237	224
32	11	92	101	252	239
32	12	104	114	267	254

N = 480

n	a	LOWER .975	LOWER .95	UPPER .975	UPPER .95
32	13	117	127	282	269
32	14	130	140	296	284
32	15	143	154	310	298
32	16	156	168	324	312
33	0	0	0	49	40
33	1	1	1	73	63
33	2	4	6	94	83
33	3	10	13	114	102
33	4	18	22	132	120
33	5	26	31	150	138
33	6	35	41	167	154
33	7	45	52	183	171
33	8	56	63	200	187
33	9	66	74	215	202
33	10	77	86	230	218
33	11	89	98	245	233
33	12	101	110	260	247
33	13	113	123	274	262
33	14	125	136	288	276
33	15	138	149	302	290
33	16	151	162	316	304
33	17	164	176	329	318
34	0	0	0	47	39
34	1	1	1	71	61
34	2	4	6	92	81
34	3	10	13	111	99
34	4	17	21	129	117
34	5	26	30	146	134
34	6	34	40	163	150
34	7	44	50	179	166
34	8	54	61	194	182
34	9	64	72	210	197
34	10	75	83	225	212
34	11	86	95	239	227
34	12	98	107	253	241
34	13	109	119	268	255
34	14	121	132	281	269
34	15	134	144	295	283
34	16	146	157	308	296
34	17	159	170	321	310
35	0	0	0	46	37
35	1	1	1	69	59
35	2	4	6	89	79
35	3	10	13	108	97
35	4	17	21	125	114
35	5	25	29	142	130
35	6	33	39	158	146
35	7	43	49	174	162
35	8	52	59	189	177
35	9	62	70	204	192
35	10	73	81	219	206
35	11	84	92	233	221
35	12	95	104	247	235
35	13	106	116	261	249
35	14	118	128	274	262
35	15	129	140	288	276
35	16	142	152	301	289
35	17	154	165	314	302
35	18	166	178	326	315
36	0	0	0	45	36
36	1	1	1	67	58
36	2	4	6	87	77
36	3	10	12	105	94
36	4	16	20	122	111
36	5	24	29	138	127
36	6	33	38	154	142
36	7	41	47	170	158
36	8	51	58	185	172
36	9	61	68	199	187
36	10	71	79	213	201
36	11	81	90	227	215
36	12	92	101	241	229
36	13	103	112	255	243
36	14	114	124	268	256
36	15	126	136	281	269

CONFIDENCE BOUNDS FOR A

n	a	LOWER .975	LOWER .95	UPPER .975	UPPER .95	n	a	LOWER .975	LOWER .95	UPPER .975	UPPER .95	n	a	LOWER .975	LOWER .95	UPPER .975	UPPER .95	n	a	LOWER .975	LOWER .95	UPPER .975	UPPER .95
		N = 480						N = 480						N = 480						N = 480			
36	16	137	148	294	282	40	11	73	80	207	196	43	21	163	174	306	296	47	2	3	5	67	59
36	17	149	160	306	295	40	12	82	90	220	208	43	22	174	184	317	306	47	3	8	10	81	73
36	18	161	172	319	308	40	13	92	101	232	221	44	0	0	0	36	30	47	4	13	16	95	86
37	0	0	0	43	35	40	14	102	111	244	233	44	1	1	1	55	47	47	5	19	22	108	98
37	1	1	1	65	56	40	15	112	121	257	245	44	2	4	5	71	63	47	6	25	29	120	111
37	2	4	6	85	75	40	16	123	132	268	257	44	3	8	10	86	77	47	7	32	36	132	123
37	3	9	12	102	92	40	17	133	143	280	269	44	4	14	17	101	91	47	8	39	44	144	134
37	4	16	19	119	108	40	18	144	154	292	281	44	5	20	24	115	105	47	9	46	52	156	146
37	5	24	28	135	124	40	19	155	165	303	292	44	6	27	31	128	118	47	10	54	60	167	157
37	6	32	37	150	139	40	20	166	176	314	304	44	7	34	39	141	130	47	11	62	68	179	168
37	7	40	46	165	154	41	0	0	0	39	32	44	8	42	47	153	143	47	12	70	77	190	179
37	8	49	56	180	168	41	1	1	1	59	51	44	9	50	55	166	155	47	13	78	85	201	190
37	9	59	66	194	182	41	2	4	5	77	67	44	10	58	64	178	167	47	14	86	94	212	201
37	10	69	76	208	196	41	3	9	11	93	83	44	11	66	73	190	179	47	15	95	103	222	212
37	11	79	87	222	210	41	4	15	18	108	98	44	12	75	82	202	191	47	16	103	112	233	222
37	12	89	98	235	223	41	5	21	25	122	112	44	13	83	91	213	202	47	17	112	121	243	233
37	13	100	109	249	237	41	6	29	33	137	126	44	14	92	100	225	214	47	18	121	130	253	243
37	14	111	120	262	250	41	7	36	42	150	140	44	15	102	110	236	225	47	19	130	139	264	253
37	15	122	132	274	263	41	8	45	50	164	153	44	16	111	120	247	236	47	20	139	148	274	263
37	16	133	144	287	275	41	9	53	60	177	166	44	17	120	129	258	247	47	21	148	158	284	273
37	17	145	155	299	288	41	10	62	69	190	179	44	18	130	139	269	258	47	22	158	167	293	283
37	18	157	167	312	300	41	11	71	78	202	191	44	19	140	149	279	269	47	23	167	177	303	293
37	19	168	180	323	313	41	12	80	88	215	204	44	20	149	159	290	279	47	24	177	187	313	303
38	0	0	0	42	34	41	13	90	98	227	216	44	21	159	169	300	290	48	0	0	0	33	27
38	1	1	1	64	55	41	14	99	108	239	228	44	22	170	180	310	300	48	1	1	1	50	43
38	2	4	5	82	73	41	15	109	118	251	240	45	0	0	0	36	29	48	2	3	4	66	58
38	3	9	12	100	89	41	16	119	129	263	252	45	1	1	1	54	46	48	3	8	9	79	71
38	4	16	19	116	105	41	17	130	139	274	263	45	2	4	5	70	62	48	4	13	15	93	84
38	5	23	27	132	121	41	18	140	150	286	275	45	3	8	10	85	76	48	5	18	22	105	96
38	6	31	36	147	135	41	19	151	161	297	286	45	4	13	16	99	89	48	6	25	29	118	108
38	7	39	45	161	150	41	20	161	172	308	297	45	5	20	23	112	102	48	7	31	36	130	120
38	8	48	54	176	164	41	21	172	183	319	308	45	6	26	30	125	115	48	8	38	43	141	132
38	9	57	64	190	178	42	0	0	0	38	31	45	7	33	38	138	128	48	9	45	51	153	143
38	10	67	74	203	192	42	1	1	1	58	50	45	8	41	46	150	140	48	10	53	59	164	154
38	11	77	85	217	205	42	2	4	5	75	66	45	9	48	54	162	152	48	11	61	67	175	165
38	12	87	95	230	218	42	3	8	11	90	81	45	10	56	63	174	164	48	12	68	75	186	176
38	13	97	106	243	231	42	4	14	17	105	96	45	11	65	71	186	175	48	13	76	83	197	187
38	14	108	117	256	244	42	5	21	25	120	110	45	12	73	80	198	187	48	14	84	92	208	197
38	15	119	128	268	257	42	6	28	32	134	123	45	13	82	89	209	198	48	15	93	100	218	208
38	16	129	140	281	269	42	7	36	41	147	136	45	14	90	98	220	209	48	16	101	109	228	218
38	17	141	151	293	281	42	8	44	49	160	149	45	15	99	107	231	220	48	17	110	118	239	228
38	18	152	163	305	294	42	9	52	58	173	162	45	16	108	117	242	231	48	18	118	127	249	238
38	19	164	174	316	306	42	10	60	67	186	175	45	17	117	126	253	242	48	19	127	136	259	248
39	0	0	0	41	34	42	11	69	76	198	187	45	18	127	136	263	253	48	20	136	145	269	258
39	1	1	1	62	53	42	12	78	86	210	199	45	19	136	146	274	263	48	21	145	154	278	268
39	2	4	5	80	71	42	13	88	96	222	211	45	20	146	155	284	274	48	22	154	164	288	278
39	3	9	11	97	87	42	14	97	105	234	223	45	21	156	165	294	284	48	23	164	173	298	288
39	4	15	19	113	103	42	15	107	115	246	235	45	22	165	175	305	294	48	24	173	183	307	297
39	5	22	26	128	118	42	16	116	125	257	246	45	23	175	186	315	305	49	0	0	0	33	27
39	6	30	35	143	132	42	17	126	136	269	258	46	0	0	0	35	28	49	1	1	1	49	42
39	7	38	44	158	146	42	18	136	146	280	269	46	1	1	1	53	45	49	2	3	4	64	57
39	8	47	53	172	160	42	19	147	157	291	280	46	2	3	5	68	60	49	3	7	9	78	70
39	9	56	63	185	174	42	20	157	167	302	291	46	3	8	10	83	74	49	4	12	15	91	82
39	10	65	72	199	187	42	21	168	178	312	302	46	4	13	16	97	87	49	5	18	21	103	94
39	11	75	83	212	200	43	0	0	0	37	30	46	5	19	23	110	100	49	6	24	28	115	106
39	12	85	93	225	213	43	1	1	1	56	48	46	6	26	30	123	113	49	7	31	35	127	118
39	13	95	103	237	226	43	2	4	5	73	64	46	7	33	37	135	125	49	8	37	42	139	129
39	14	105	114	250	238	43	3	8	10	88	79	46	8	40	45	147	137	49	9	45	50	150	140
39	15	115	125	262	251	43	4	14	17	103	93	46	9	47	53	159	149	49	10	52	58	161	151
39	16	126	136	274	263	43	5	20	24	117	107	46	10	55	61	171	160	49	11	59	65	172	162
39	17	137	147	286	275	43	6	27	32	131	120	46	11	63	70	182	172	49	12	67	73	183	172
39	18	148	158	298	287	43	7	35	40	144	133	46	12	71	78	194	183	49	13	75	82	193	183
39	19	159	170	310	299	43	8	43	48	157	146	46	13	80	87	205	194	49	14	83	90	204	193
39	20	170	181	321	310	43	9	51	57	169	159	46	14	88	96	216	205	49	15	91	98	214	204
40	0	0	0	40	33	43	10	59	66	182	171	46	15	97	105	227	216	49	16	99	107	224	214
40	1	1	1	61	52	43	11	68	75	194	183	46	16	106	114	237	227	49	17	107	116	234	224
40	2	4	5	78	69	43	12	76	84	206	195	46	17	115	123	248	237	49	18	116	124	244	234
40	3	9	11	95	85	43	13	85	93	218	207	46	18	124	133	258	248	49	19	124	133	254	244
40	4	15	18	110	100	43	14	95	103	229	218	46	19	133	142	269	258	49	20	133	142	264	254
40	5	22	26	125	115	43	15	104	113	241	230	46	20	142	152	279	269	49	21	142	151	273	263
40	6	29	34	140	129	43	16	114	122	252	241	46	21	152	162	289	279	49	22	151	160	283	273
40	7	37	43	154	143	43	17	123	132	263	252	46	22	162	171	299	289	49	23	160	169	292	283
40	8	46	52	168	156	43	18	133	143	274	263	46	23	171	181	309	299	49	24	169	179	302	292
40	9	54	61	181	170	43	19	143	153	285	274	47	0	0	0	34	28	49	25	178	188	311	301
40	10	64	71	194	183	43	20	153	163	296	285	47	1	1	1	52	44	50	0	0	0	32	26

CONFIDENCE BOUNDS FOR A

N = 480

n	a	LOWER .975	LOWER .95	UPPER .975	UPPER .95
50	1	1	1	48	42
50	2	3	4	63	55
50	3	7	9	76	68
50	4	12	15	89	81
50	5	18	21	101	93
50	6	24	27	113	104
50	7	30	34	125	115
50	8	37	41	136	127
50	9	44	49	147	137
50	10	51	56	158	148
50	11	58	64	169	159
50	12	66	72	179	169
50	13	73	80	190	180
50	14	81	88	200	190
50	15	89	96	210	200
50	16	97	105	220	210
50	17	105	113	230	220
50	18	113	122	240	230
50	19	122	130	250	239
50	20	130	139	259	249
50	21	139	148	269	259
50	22	148	157	278	268
50	23	157	166	287	277
50	24	165	175	296	287
50	25	174	184	306	296
51	0	0	0	31	25
51	1	1	1	47	41
51	2	3	4	62	54
51	3	7	9	75	67
51	4	12	14	87	79
51	5	17	20	99	91
51	6	23	27	111	102
51	7	30	34	122	113
51	8	36	41	133	124
51	9	43	48	144	135
51	10	50	55	155	145
51	11	57	63	166	156
51	12	64	71	176	166
51	13	72	78	186	176
51	14	79	86	196	186
51	15	87	94	206	196
51	16	95	103	216	206
51	17	103	111	226	216
51	18	111	119	236	226
51	19	119	128	245	235
51	20	128	136	255	245
51	21	136	145	264	254
51	22	145	153	273	263
51	23	153	162	282	273
51	24	162	171	291	282
51	25	171	180	300	291
51	26	180	189	309	300
52	0	0	0	31	25
52	1	1	1	47	40
52	2	3	4	60	53
52	3	7	9	73	66
52	4	12	14	86	78
52	5	17	20	98	89
52	6	23	26	109	100
52	7	29	33	120	111
52	8	35	40	131	122
52	9	42	47	142	132
52	10	49	54	152	143
52	11	56	62	163	153
52	12	63	69	173	163
52	13	70	77	183	173
52	14	78	85	193	183
52	15	85	93	203	193
52	16	93	101	212	202
52	17	101	109	222	212
52	18	109	117	231	222
52	19	117	125	241	231
52	20	125	133	250	240
52	21	133	142	259	250
52	22	142	150	269	259
52	23	150	159	278	268
52	24	159	168	287	277
52	25	167	176	295	286
52	26	176	185	304	295
53	0	0	0	30	24
53	1	1	1	46	39
53	2	3	4	59	52
53	3	7	9	72	64
53	4	12	14	84	76
53	5	17	20	96	87
53	6	22	26	107	98
53	7	28	32	118	109
53	8	35	39	129	120
53	9	41	46	139	130
53	10	48	53	150	140
53	11	55	60	160	150
53	12	62	68	170	160
53	13	69	75	180	170
53	14	76	83	189	180
53	15	84	91	199	189
53	16	91	99	209	199
53	17	99	107	218	208
53	18	107	115	228	218
53	19	115	123	237	227
53	20	123	131	246	236
53	21	131	139	255	245
53	22	139	147	264	254
53	23	147	156	273	263
53	24	155	164	282	272
53	25	164	173	290	281
53	26	172	181	299	290
53	27	181	190	308	299
54	0	0	0	29	24
54	1	1	1	45	38
54	2	3	4	58	51
54	3	7	8	71	63
54	4	11	14	83	75
54	5	17	19	94	86
54	6	22	26	105	97
54	7	28	32	116	107
54	8	34	38	126	117
54	9	40	45	137	128
54	10	47	52	147	138
54	11	54	59	157	148
54	12	61	67	167	157
54	13	68	74	177	167
54	14	75	81	186	177
54	15	82	89	196	186
54	16	90	97	205	195
54	17	97	105	214	205
54	18	105	112	224	214
54	19	112	120	233	223
54	20	120	128	242	232
54	21	128	136	251	241
54	22	136	145	260	250
54	23	144	153	268	259
54	24	152	161	277	268
54	25	161	169	286	276
54	26	169	178	294	285
54	27	177	186	303	294
55	0	0	0	29	23
55	1	1	1	44	38
55	2	3	4	57	50
55	3	7	8	69	62
55	4	11	13	81	73
55	5	16	19	92	84
55	6	22	25	103	95
55	7	27	31	114	105
55	8	34	38	124	115
55	9	40	44	134	125
55	10	46	51	144	135
55	11	53	58	154	145
55	12	60	65	164	155
55	13	67	73	174	164
55	14	74	80	183	174
55	15	81	87	192	183
55	16	88	95	202	192
55	17	95	103	211	201
55	18	103	110	220	210
55	19	110	118	229	219
55	20	118	126	238	228
55	21	126	134	247	237
55	22	134	142	255	246
55	23	141	150	264	255
55	24	149	158	273	263
55	25	157	166	281	272
55	26	166	174	290	280
55	27	174	183	298	289
55	28	182	191	306	297
56	0	0	0	28	23
56	1	1	1	43	37
56	2	3	4	56	49
56	3	7	8	68	61
56	4	11	13	80	72
56	5	16	19	91	83
56	6	21	25	101	93
56	7	27	31	112	103
56	8	33	37	122	113
56	9	39	44	132	123
56	10	45	50	142	133
56	11	52	57	152	143
56	12	59	64	161	152
56	13	65	71	171	161
56	14	72	79	180	171
56	15	79	86	189	180
56	16	86	93	198	189
56	17	94	101	207	198
56	18	101	108	216	207
56	19	108	116	225	216
56	20	116	124	234	224
56	21	123	131	243	233
56	22	131	139	251	242
56	23	139	147	260	250
56	24	147	155	268	259
56	25	154	163	277	267
56	26	162	171	285	276
56	27	170	179	293	284
56	28	179	188	301	292
57	0	0	0	28	23
57	1	1	1	42	36
57	2	3	4	55	49
57	3	7	8	67	60
57	4	11	13	78	71
57	5	16	18	89	81
57	6	21	24	100	92
57	7	27	30	110	102
57	8	32	37	120	111
57	9	38	43	130	121
57	10	45	50	140	131
57	11	51	56	149	140
57	12	58	63	159	149
57	13	64	70	168	159
57	14	71	77	177	168
57	15	78	84	186	177
57	16	85	92	195	186
57	17	92	99	204	195
57	18	99	106	213	203
57	19	106	114	222	212
57	20	114	121	230	221
57	21	121	129	239	229
57	22	129	137	247	238
57	23	136	144	256	246
57	24	144	152	264	255
57	25	152	160	272	263
57	26	159	168	281	271
57	27	167	176	289	280
57	28	175	184	297	288
57	29	183	192	305	296
58	0	0	0	27	22
58	1	1	1	42	36
58	2	3	4	54	48
58	3	6	8	66	59
58	4	11	13	77	70
58	5	15	18	88	80
58	6	21	24	98	90
58	7	26	30	108	100
58	8	32	36	118	110
58	9	38	42	128	119
58	10	44	49	137	129
58	11	50	55	147	138
58	12	57	62	156	147
58	13	63	69	165	156
58	14	70	76	174	165
58	15	76	83	183	174
58	16	83	90	192	183
58	17	90	97	201	191
58	18	97	104	209	200
58	19	104	112	218	209
58	20	112	119	227	217
58	21	119	127	235	226
58	22	126	134	243	234
58	23	134	142	252	243
58	24	141	149	260	251
58	25	149	157	268	259
58	26	156	165	276	267
58	27	164	173	284	275
58	28	172	181	292	283
58	29	180	189	300	291
59	0	0	0	27	22
59	1	1	1	41	35
59	2	3	4	53	47
59	3	6	8	65	58
59	4	11	13	76	68
59	5	15	18	86	79
59	6	20	23	96	89
59	7	26	29	106	98
59	8	31	35	116	108
59	9	37	42	126	117
59	10	43	48	135	126
59	11	49	54	144	136
59	12	56	61	153	145
59	13	62	68	163	154
59	14	69	75	171	162
59	15	75	81	180	171
59	16	82	88	189	180
59	17	89	95	198	188
59	18	96	103	206	197
59	19	103	110	215	205
59	20	110	117	223	214
59	21	117	124	231	222
59	22	124	132	240	230
59	23	131	139	248	239
59	24	139	147	256	247
59	25	146	154	264	255
59	26	154	162	272	263
59	27	161	170	280	271
59	28	169	177	288	279
59	29	176	185	296	287
59	30	184	193	304	295
60	0	0	0	26	21
60	1	1	1	40	34
60	2	3	4	52	46
60	3	6	8	64	57
60	4	10	12	74	67
60	5	15	18	85	77
60	6	20	23	95	87
60	7	25	29	105	97
60	8	31	35	114	106
60	9	37	41	124	115
60	10	42	47	133	124
60	11	49	53	142	133
60	12	55	60	151	142
60	13	61	67	160	151
60	14	67	73	169	160
60	15	74	80	177	168

CONFIDENCE BOUNDS FOR A

N = 480

n	a	LOWER .975	LOWER .95	UPPER .975	UPPER .95
60	16	81	87	186	177
60	17	87	94	195	185
60	18	94	101	203	194
60	19	101	108	211	202
60	20	108	115	220	211
60	21	115	122	228	219
60	22	122	130	236	227
60	23	129	137	244	235
60	24	136	144	252	243
60	25	144	152	260	251
60	26	151	159	268	259
60	27	158	167	276	267
60	28	166	174	284	275
60	29	173	182	291	283
60	30	181	190	299	290
61	0	0	0	26	21
61	1	1	1	40	34
61	2	3	4	51	45
61	3	6	8	63	56
61	4	10	12	73	66
61	5	15	17	83	76
61	6	20	23	93	86
61	7	25	28	103	95
61	8	30	34	112	104
61	9	36	40	122	113
61	10	42	46	131	122
61	11	48	53	140	131
61	12	54	59	149	140
61	13	60	66	157	149
61	14	66	72	166	157
61	15	73	79	175	166
61	16	79	85	183	174
61	17	86	92	192	183
61	18	92	99	200	191
61	19	99	106	208	199
61	20	106	113	216	207
61	21	113	120	224	215
61	22	120	127	233	223
61	23	127	135	241	231
61	24	134	142	248	239
61	25	141	149	256	247
61	26	148	156	264	255
61	27	156	164	272	263
61	28	163	171	280	271
61	29	170	179	287	278
61	30	178	186	295	286
61	31	185	194	302	294
62	0	0	0	25	21
62	1	1	1	39	33
62	2	3	4	51	45
62	3	6	8	62	55
62	4	10	12	72	65
62	5	15	17	82	75
62	6	19	22	92	84
62	7	25	28	101	94
62	8	30	34	111	103
62	9	35	40	120	112
62	10	41	46	129	120
62	11	47	52	138	129
62	12	53	58	146	138
62	13	59	64	155	146
62	14	65	71	164	155
62	15	72	77	172	163
62	16	78	84	180	172
62	17	84	91	189	180
62	18	91	98	197	188
62	19	98	104	205	196
62	20	104	111	213	204
62	21	111	118	221	212
62	22	118	125	229	220
62	23	125	132	237	228
62	24	132	139	245	236
62	25	139	147	253	244
62	26	146	154	260	251
62	27	153	161	268	259

N = 480

n	a	LOWER .975	LOWER .95	UPPER .975	UPPER .95
62	28	160	168	276	267
62	29	167	176	283	274
62	30	175	183	291	282
62	31	182	191	298	289
63	0	0	0	25	20
63	1	1	1	38	33
63	2	3	4	50	44
63	3	6	7	61	54
63	4	10	12	71	64
63	5	14	17	81	74
63	6	19	22	90	83
63	7	24	28	100	92
63	8	29	33	109	101
63	9	35	39	118	110
63	10	41	45	127	119
63	11	46	51	136	127
63	12	52	57	144	136
63	13	58	63	153	144
63	14	64	70	161	152
63	15	70	76	169	161
63	16	77	83	178	169
63	17	83	89	186	177
63	18	89	96	194	185
63	19	96	103	202	193
63	20	103	109	210	201
63	21	109	116	218	209
63	22	116	123	226	217
63	23	123	130	234	225
63	24	130	137	241	232
63	25	136	144	249	240
63	26	143	151	257	248
63	27	150	158	264	255
63	28	157	166	272	263
63	29	165	173	279	270
63	30	172	180	286	278
63	31	179	187	294	285
63	32	186	195	301	293
64	0	0	0	25	20
64	1	1	1	38	32
64	2	3	4	49	43
64	3	6	7	60	53
64	4	10	12	70	63
64	5	14	17	79	72
64	6	19	22	89	82
64	7	24	27	98	91
64	8	29	33	107	100
64	9	34	38	116	108
64	10	40	44	125	117
64	11	46	50	133	125
64	12	51	56	142	134
64	13	57	62	150	142
64	14	63	69	159	150
64	15	69	75	167	158
64	16	75	81	175	166
64	17	82	88	183	174
64	18	88	94	191	182
64	19	94	101	199	190
64	20	101	108	207	198
64	21	107	114	215	206
64	22	114	121	223	214
64	23	121	128	230	221
64	24	127	135	238	229
64	25	134	142	245	237
64	26	141	149	253	244
64	27	148	156	260	252
64	28	155	163	268	259
64	29	162	170	275	266
64	30	169	177	282	274
64	31	176	184	290	281
64	32	183	192	297	288
65	0	0	0	24	20
65	1	1	1	37	32
65	2	3	4	48	42
65	3	6	7	59	52
65	4	10	12	69	62

N = 480

n	a	LOWER .975	LOWER .95	UPPER .975	UPPER .95
65	5	14	16	78	71
65	6	19	21	88	80
65	7	23	27	97	89
65	8	29	32	106	98
65	9	34	38	114	107
65	10	39	44	123	115
65	11	45	49	132	123
65	12	51	55	140	132
65	13	56	62	148	140
65	14	62	68	156	148
65	15	68	74	165	156
65	16	74	80	173	164
65	17	80	87	181	172
65	18	87	93	188	180
65	19	93	99	196	188
65	20	99	106	204	195
65	21	106	113	212	203
65	22	112	119	219	211
65	23	119	126	227	218
65	24	125	133	234	226
65	25	132	140	242	233
65	26	139	146	249	241
65	27	146	153	257	248
65	28	152	160	264	255
65	29	159	167	271	263
65	30	166	174	279	270
65	31	173	181	286	277
65	32	180	188	293	284
65	33	187	196	300	292
66	0	0	0	24	19
66	1	1	1	36	31
66	2	3	3	48	42
66	3	6	7	58	52
66	4	10	11	68	61
66	5	14	16	77	70
66	6	18	21	86	79
66	7	23	26	95	88
66	8	28	32	104	97
66	9	33	37	113	105
66	10	39	43	121	113
66	11	44	49	130	122
66	12	50	55	138	130
66	13	56	61	146	138
66	14	61	67	154	146
66	15	67	73	162	154
66	16	73	79	170	162
66	17	79	85	178	169
66	18	85	92	186	177
66	19	92	98	193	185
66	20	98	104	201	192
66	21	104	111	209	200
66	22	111	117	216	208
66	23	117	124	224	215
66	24	123	131	231	223
66	25	130	137	239	230
66	26	137	144	246	237
66	27	143	151	253	245
66	28	150	158	260	252
66	29	157	165	268	259
66	30	163	171	275	266
66	31	170	178	282	273
66	32	177	185	289	281
66	33	184	192	296	288
67	0	0	0	23	19
67	1	1	1	36	31
67	2	3	3	47	41
67	3	6	7	57	51
67	4	9	11	67	60
67	5	14	16	76	69
67	6	18	21	85	78
67	7	23	26	94	87
67	8	28	31	103	95
67	9	33	37	111	103
67	10	38	42	119	112
67	11	44	48	128	120

N = 480

n	a	LOWER .975	LOWER .95	UPPER .975	UPPER .95
67	12	49	54	136	128
67	13	55	60	144	136
67	14	60	66	152	144
67	15	66	72	160	152
67	16	72	78	168	159
67	17	78	84	175	167
67	18	84	90	183	175
67	19	90	96	191	182
67	20	96	103	198	190
67	21	103	109	206	197
67	22	109	116	213	205
67	23	115	122	221	212
67	24	122	129	228	219
67	25	128	135	235	227
67	26	134	142	243	234
67	27	141	149	250	241
67	28	148	155	257	248
67	29	154	162	264	256
67	30	161	169	271	263
67	31	168	176	278	270
67	32	174	182	285	277
67	33	181	189	292	284
67	34	188	196	299	291
68	0	0	0	23	19
68	1	1	1	35	30
68	2	3	3	46	40
68	3	6	7	56	50
68	4	9	11	66	59
68	5	13	16	75	68
68	6	18	21	84	77
68	7	23	26	92	85
68	8	27	31	101	94
68	9	32	36	109	102
68	10	38	42	118	110
68	11	43	47	126	118
68	12	48	53	134	126
68	13	54	59	142	134
68	14	60	65	150	142
68	15	65	71	158	149
68	16	71	77	165	157
68	17	77	83	173	165
68	18	83	89	181	172
68	19	89	95	188	180
68	20	95	101	196	187
68	21	101	108	203	194
68	22	107	114	210	202
68	23	113	120	218	209
68	24	120	127	225	216
68	25	126	133	232	224
68	26	132	140	239	231
68	27	139	146	246	238
68	28	145	153	253	245
68	29	152	160	260	252
68	30	158	166	267	259
68	31	165	173	274	266
68	32	172	180	281	273
68	33	178	186	288	280
68	34	185	193	295	287
69	0	0	0	23	18
69	1	1	1	35	30
69	2	3	3	45	40
69	3	6	7	55	49
69	4	9	11	65	58
69	5	13	16	74	67
69	6	18	20	83	76
69	7	22	25	91	84
69	8	27	30	100	92
69	9	32	36	108	100
69	10	37	41	116	109
69	11	42	47	124	116
69	12	48	52	132	124
69	13	53	58	140	132
69	14	59	64	148	140
69	15	64	70	155	147
69	16	70	76	163	155

CONFIDENCE BOUNDS FOR A

N = 480						N = 480						N = 480						N = 480					
		LOWER		UPPER				LOWER		UPPER				LOWER		UPPER				LOWER		UPPER	
n	a	.975	.95	.975	.95	n	a	.975	.95	.975	.95	n	a	.975	.95	.975	.95	n	a	.975	.95	.975	.95
69	17	76	82	171	162	71	20	91	97	188	180	73	21	94	100	190	182	75	20	86	92	178	170
69	18	82	88	178	170	71	21	97	103	195	187	73	22	100	106	197	189	75	21	91	97	185	177
69	19	88	94	186	177	71	22	103	109	202	194	73	23	105	112	204	196	75	22	97	103	192	184
69	20	93	100	193	185	71	23	109	115	209	201	73	24	111	118	211	202	75	23	103	109	199	191
69	21	100	106	200	192	71	24	114	121	216	208	73	25	117	124	217	209	75	24	108	115	205	197
69	22	106	112	208	199	71	25	121	127	223	215	73	26	123	130	224	216	75	25	114	120	212	204
69	23	112	119	215	206	71	26	127	134	230	222	73	27	129	136	231	223	75	26	120	126	219	210
69	24	118	125	222	213	71	27	133	140	237	228	73	28	135	142	237	229	75	27	125	132	225	217
69	25	124	131	229	221	71	28	139	146	244	235	73	29	141	148	244	236	75	28	131	138	232	224
69	26	130	138	236	228	71	29	145	153	250	242	73	30	147	154	251	243	75	29	137	144	238	230
69	27	137	144	243	235	71	30	151	159	257	249	73	31	153	161	257	249	75	30	143	150	245	236
69	28	143	151	250	242	71	31	158	165	264	256	73	32	159	167	264	256	75	31	149	156	251	243
69	29	150	157	257	249	71	32	164	172	270	262	73	33	165	173	270	262	75	32	155	162	257	249
69	30	156	164	264	256	71	33	170	178	277	269	73	34	172	179	277	269	75	33	161	168	264	256
69	31	162	170	271	262	71	34	177	185	284	276	73	35	178	186	283	275	75	34	167	174	270	262
69	32	169	177	278	269	71	35	183	191	290	282	73	36	184	192	289	282	75	35	173	181	276	268
69	33	176	184	284	276	71	36	190	198	297	289	73	37	191	198	296	288	75	36	179	187	282	275
69	34	182	190	291	283	72	0	0	0	22	18	74	0	0	0	21	17	75	37	185	193	289	281
69	35	189	197	298	290	72	1	1	1	33	28	74	1	1	1	32	28	75	38	191	199	295	287
70	0	0	0	22	18	72	2	3	3	43	38	74	2	3	3	42	37	76	0	0	0	20	17
70	1	1	1	34	29	72	3	5	7	53	47	74	3	5	7	51	46	76	1	1	1	31	27
70	2	3	3	45	39	72	4	9	11	62	56	74	4	9	10	60	54	76	2	3	3	41	36
70	3	6	7	54	49	72	5	13	15	71	64	74	5	12	15	69	63	76	3	5	6	50	45
70	4	9	11	64	58	72	6	17	19	79	73	74	6	17	19	77	71	76	4	9	10	59	53
70	5	13	15	73	66	72	7	21	24	87	81	74	7	21	24	85	78	76	5	12	14	67	61
70	6	17	20	81	75	72	8	26	29	96	89	74	8	25	28	93	86	76	6	16	19	75	69
70	7	22	25	90	83	72	9	31	34	103	96	74	9	30	33	101	94	76	7	20	23	83	76
70	8	27	30	98	91	72	10	36	39	111	104	74	10	35	38	108	101	76	8	25	28	91	84
70	9	32	35	106	99	72	11	41	45	119	112	74	11	40	44	116	109	76	9	29	33	98	91
70	10	37	41	114	107	72	12	46	50	127	119	74	12	45	49	123	116	76	10	34	37	106	99
70	11	42	46	122	115	72	13	51	56	134	127	74	13	50	54	131	123	76	11	39	42	113	106
70	12	47	52	130	123	72	14	56	61	142	134	74	14	55	60	138	130	76	12	43	48	120	113
70	13	52	57	138	130	72	15	62	67	149	141	74	15	60	65	145	138	76	13	48	53	127	120
70	14	58	63	146	138	72	16	67	72	157	149	74	16	65	70	152	145	76	14	53	58	135	127
70	15	63	69	153	145	72	17	73	78	164	156	74	17	71	76	160	152	76	15	58	63	142	134
70	16	69	74	161	153	72	18	78	84	171	163	74	18	76	82	167	159	76	16	64	69	149	141
70	17	75	80	168	160	72	19	84	90	178	170	74	19	82	87	174	166	76	17	69	74	156	148
70	18	80	86	176	167	72	20	90	96	185	177	74	20	87	93	181	173	76	18	74	80	162	155
70	19	86	92	183	175	72	21	95	102	192	184	74	21	93	99	187	179	76	19	79	85	169	161
70	20	92	98	190	182	72	22	101	107	199	191	74	22	98	105	194	186	76	20	85	91	176	168
70	21	98	104	198	189	72	23	107	113	206	198	74	23	104	110	201	193	76	21	90	96	183	175
70	22	104	111	205	196	72	24	113	120	213	205	74	24	110	116	208	200	76	22	96	102	189	182
70	23	110	117	212	203	72	25	119	126	220	212	74	25	116	122	215	206	76	23	101	107	196	188
70	24	116	123	219	211	72	26	125	132	227	219	74	26	121	128	221	213	76	24	107	113	203	195
70	25	122	129	226	218	72	27	131	138	234	226	74	27	127	134	228	220	76	25	112	119	209	201
70	26	128	136	233	225	72	28	137	144	240	232	74	28	133	140	234	226	76	26	118	125	216	208
70	27	135	142	240	232	72	29	143	150	247	239	74	29	139	146	241	233	76	27	124	130	222	214
70	28	141	148	247	238	72	30	149	157	254	246	74	30	145	152	248	239	76	28	129	136	229	221
70	29	147	155	254	245	72	31	155	163	260	252	74	31	151	158	254	246	76	29	135	142	235	227
70	30	154	161	260	252	72	32	162	169	267	259	74	32	157	164	260	252	76	30	141	148	242	234
70	31	160	168	267	259	72	33	168	176	274	266	74	33	163	171	267	259	76	31	147	154	248	240
70	32	166	174	274	266	72	34	174	182	280	272	74	34	169	177	273	265	76	32	153	160	254	246
70	33	173	181	281	273	72	35	181	188	287	279	74	35	175	183	280	272	76	33	159	166	260	253
70	34	180	187	287	279	72	36	187	195	293	285	74	36	182	189	286	278	76	34	165	172	267	259
70	35	186	194	294	286	73	0	0	0	21	17	74	37	188	196	292	284	76	35	171	178	273	265
71	0	0	0	22	18	73	1	1	1	33	28	75	0	0	0	21	17	76	36	177	184	279	271
71	1	1	1	34	29	73	2	3	3	43	38	75	1	1	1	32	27	76	37	183	190	285	277
71	2	3	3	44	39	73	3	5	7	52	47	75	2	3	3	42	37	76	38	189	196	291	284
71	3	6	7	54	48	73	4	9	10	61	55	75	3	5	6	51	45	77	0	0	0	20	16
71	4	9	11	63	57	73	5	13	15	70	63	75	4	9	10	59	54	77	1	1	1	31	27
71	5	13	15	72	65	73	6	17	19	78	72	75	5	12	14	68	62	77	2	2	3	41	36
71	6	17	20	80	74	73	7	21	24	86	80	75	6	16	19	76	70	77	3	5	6	49	44
71	7	22	25	89	82	73	8	26	29	94	87	75	7	21	23	84	77	77	4	8	10	58	52
71	8	26	30	97	90	73	9	30	34	102	95	75	8	25	28	92	85	77	5	12	14	66	60
71	9	31	35	105	98	73	10	35	39	110	103	75	9	30	33	99	93	77	6	16	19	74	68
71	10	36	40	113	105	73	11	40	44	117	110	75	10	34	38	107	100	77	7	20	23	82	75
71	11	41	45	121	113	73	12	45	49	125	118	75	11	39	43	114	107	77	8	24	27	89	83
71	12	46	51	128	121	73	13	50	55	133	125	75	12	44	48	122	114	77	9	29	32	97	90
71	13	52	56	136	128	73	14	56	60	140	132	75	13	49	53	129	122	77	10	33	37	104	97
71	14	57	62	144	136	73	15	61	66	147	139	75	14	54	59	136	129	77	11	38	42	111	104
71	15	63	68	151	143	73	16	66	71	154	147	75	15	59	64	143	136	77	12	43	47	119	112
71	16	68	73	159	151	73	17	72	77	162	154	75	16	64	70	151	143	77	13	48	52	126	119
71	17	74	79	166	158	73	18	77	83	169	161	75	17	70	75	158	150	77	14	53	57	133	126
71	18	79	85	173	165	73	19	83	89	176	168	75	18	75	81	165	157	77	15	58	62	140	132
71	19	85	91	181	172	73	20	88	94	183	175	75	19	81	86	171	164	77	16	63	68	147	139

CONFIDENCE BOUNDS FOR A

	N = 480					N = 480					N = 480					N = 480			
		LOWER		UPPER			LOWER		UPPER			LOWER		UPPER			LOWER		UPPER	
n a	.975	.95	.975	.95	n a	.975	.95	.975	.95	n a	.975	.95	.975	.95	n a	.975	.95	.975	.95
77 17	68	73	154	146	79 12	42	46	116	109	81 5	12	13	63	57	82 38	174	181	272	264
77 18	73	78	160	153	79 13	47	51	123	116	81 6	15	18	70	64	82 39	180	187	278	270
77 19	78	84	167	159	79 14	51	56	130	122	81 7	19	22	78	72	82 40	185	193	283	276
77 20	84	89	174	166	79 15	56	61	136	129	81 8	23	26	85	79	82 41	191	198	289	282
77 21	89	95	181	173	79 16	61	66	143	136	81 9	28	31	92	86	83 0	0	0	19	15
77 22	94	100	187	179	79 17	66	71	150	142	81 10	32	35	99	93	83 1	1	1	29	24
77 23	100	106	194	186	79 18	71	77	156	149	81 11	36	40	106	99	83 2	2	3	37	33
77 24	105	112	200	192	79 19	76	82	163	156	81 12	41	45	113	106	83 3	5	6	46	41
77 25	111	117	207	199	79 20	82	87	170	162	81 13	46	50	120	113	83 4	8	9	54	48
77 26	117	123	213	205	79 21	87	92	176	169	81 14	50	54	126	119	83 5	11	13	61	56
77 27	122	129	220	212	79 22	92	98	183	175	81 15	55	59	133	126	83 6	15	17	69	63
77 28	128	134	226	218	79 23	97	103	189	181	81 16	60	64	140	133	83 7	19	21	76	70
77 29	133	140	232	224	79 24	103	109	195	188	81 17	65	70	146	139	83 8	23	26	83	77
77 30	139	146	239	231	79 25	108	114	202	194	81 18	70	75	153	145	83 9	27	30	90	84
77 31	145	152	245	237	79 26	114	120	208	200	81 19	75	80	159	152	83 10	31	34	97	90
77 32	151	158	251	243	79 27	119	125	214	207	81 20	80	85	166	158	83 11	36	39	104	97
77 33	157	164	257	250	79 28	124	131	221	213	81 21	85	90	172	164	83 12	40	44	110	104
77 34	162	170	264	256	79 29	130	137	227	219	81 22	90	95	178	171	83 13	44	48	117	110
77 35	168	176	270	262	79 30	136	142	233	225	81 23	95	101	185	177	83 14	49	53	123	117
77 36	174	182	276	268	79 31	141	148	239	231	81 24	100	106	191	183	83 15	54	58	130	123
77 37	180	188	282	274	79 32	147	154	245	238	81 25	105	111	197	189	83 16	58	63	136	129
77 38	186	194	288	280	79 33	152	159	251	244	81 26	111	117	203	196	83 17	63	68	143	136
77 39	192	200	294	286	79 34	158	165	257	250	81 27	116	122	209	202	83 18	68	73	149	142
78 0	0	0	20	16	79 35	164	171	263	256	81 28	121	128	216	208	83 19	73	78	156	148
78 1	1	1	31	26	79 36	170	177	269	262	81 29	127	133	222	214	83 20	78	83	162	154
78 2	2	3	40	35	79 37	175	183	275	268	81 30	132	139	228	220	83 21	83	88	168	161
78 3	5	6	49	43	79 38	181	189	281	274	81 31	138	144	234	226	83 22	88	93	174	167
78 4	8	10	57	52	79 39	187	194	287	280	81 32	143	150	240	232	83 23	93	98	180	173
78 5	12	14	65	59	79 40	193	200	293	286	81 33	148	155	246	238	83 24	98	104	186	179
78 6	16	18	73	67	80 0	0	0	19	16	81 34	154	161	252	244	83 25	103	109	193	185
78 7	20	23	81	74	80 1	1	1	30	25	81 35	160	167	257	250	83 26	108	114	199	191
78 8	24	27	88	82	80 2	2	3	39	34	81 36	165	172	263	256	83 27	113	119	205	197
78 9	29	32	96	89	80 3	5	6	47	42	81 37	171	178	269	262	83 28	118	125	211	203
78 10	33	37	103	96	80 4	8	10	56	50	81 38	176	184	275	267	83 29	124	130	217	209
78 11	38	41	110	103	80 5	12	14	63	58	81 39	182	189	281	273	83 30	129	135	223	215
78 12	42	46	117	110	80 6	15	18	71	65	81 40	188	195	286	279	83 31	134	141	228	221
78 13	47	51	124	117	80 7	19	22	79	73	81 41	194	201	292	285	83 32	139	146	234	227
78 14	52	57	131	124	80 8	24	26	86	80	82 0	0	0	19	15	83 33	145	152	240	233
78 15	57	62	138	131	80 9	28	31	93	87	82 1	1	1	29	25	83 34	150	157	246	238
78 16	62	67	145	137	80 10	32	36	100	94	82 2	2	3	38	33	83 35	156	162	252	244
78 17	67	72	152	144	80 11	37	40	107	101	82 3	5	6	46	41	83 36	161	168	257	250
78 18	72	77	158	151	80 12	41	45	114	107	82 4	8	9	54	49	83 37	166	173	263	256
78 19	77	83	165	157	80 13	46	50	121	114	82 5	11	13	62	56	83 38	172	179	269	261
78 20	83	88	172	164	80 14	51	55	128	121	82 6	15	17	69	64	83 39	177	185	275	267
78 21	88	94	178	171	80 15	56	60	135	128	82 7	19	22	77	71	83 40	183	190	280	273
78 22	93	99	185	177	80 16	61	65	141	134	82 8	23	26	84	78	83 41	189	196	286	279
78 23	99	105	191	184	80 17	65	70	148	141	82 9	27	30	91	85	83 42	194	201	291	284
78 24	104	110	198	190	80 18	70	76	155	147	82 10	32	35	98	91	84 0	0	0	18	15
78 25	110	116	204	196	80 19	76	81	161	154	82 11	36	40	105	98	84 1	1	1	28	24
78 26	115	121	211	203	80 20	81	86	168	160	82 12	40	44	112	105	84 2	2	3	37	32
78 27	121	127	217	209	80 21	86	91	174	166	82 13	45	49	118	111	84 3	5	6	45	40
78 28	126	133	223	215	80 22	91	97	180	173	82 14	50	54	125	118	84 4	8	9	53	48
78 29	132	138	230	222	80 23	96	102	187	179	82 15	54	59	132	124	84 5	11	13	60	55
78 30	137	144	236	228	80 24	101	107	193	185	82 16	59	64	138	131	84 6	15	17	68	62
78 31	143	150	242	234	80 25	107	113	199	192	82 17	64	69	145	137	84 7	19	21	75	69
78 32	149	156	248	240	80 26	112	118	206	198	82 18	69	74	151	144	84 8	23	25	82	76
78 33	154	162	254	247	80 27	117	124	212	204	82 19	74	79	157	150	84 9	27	30	89	83
78 34	160	167	260	253	80 28	123	129	218	210	82 20	79	84	164	156	84 10	31	34	96	89
78 35	166	173	267	259	80 29	128	135	224	216	82 21	84	89	170	163	84 11	35	39	102	96
78 36	172	179	273	265	80 30	134	140	230	223	82 22	89	94	176	169	84 12	40	43	109	102
78 37	178	185	279	271	80 31	139	146	236	229	82 23	94	100	182	175	84 13	44	48	116	109
78 38	184	191	285	277	80 32	145	152	242	235	82 24	99	105	189	181	84 14	48	53	122	115
78 39	189	197	291	283	80 33	150	157	248	241	82 25	104	110	195	187	84 15	53	57	128	122
79 0	0	0	20	16	80 34	156	163	254	247	82 26	109	115	201	193	84 16	58	62	135	128
79 1	1	1	30	26	80 35	162	169	260	253	82 27	115	121	207	199	84 17	62	67	141	134
79 2	2	3	39	35	80 36	167	175	266	259	82 28	120	126	213	205	84 18	67	72	147	140
79 3	5	6	48	43	80 37	173	180	272	265	82 29	125	132	219	211	84 19	72	77	154	147
79 4	8	10	56	51	80 38	179	186	278	271	82 30	130	137	225	217	84 20	77	82	160	153
79 5	12	14	64	59	80 39	184	192	284	276	82 31	136	142	231	223	84 21	82	87	166	159
79 6	16	18	72	66	80 40	190	198	290	282	82 32	141	148	237	229	84 22	87	92	172	165
79 7	20	22	80	73	81 0	0	0	19	15	82 33	147	153	243	235	84 23	92	97	178	171
79 8	24	27	87	81	81 1	1	1	29	25	82 34	152	159	249	241	84 24	97	102	184	177
79 9	28	31	94	88	81 2	2	3	38	34	82 35	158	165	255	247	84 25	102	107	190	183
79 10	33	36	102	95	81 3	5	6	47	42	82 36	163	170	260	253	84 26	107	113	196	189
79 11	37	41	109	102	81 4	8	10	55	50	82 37	169	176	266	259	84 27	112	118	202	195

CONFIDENCE BOUNDS FOR A

N = 480						N = 480						N = 480						N = 480					
		LOWER		UPPER				LOWER		UPPER				LOWER		UPPER				LOWER		UPPER	
n	a	.975	.95	.975	.95	n	a	.975	.95	.975	.95	n	a	.975	.95	.975	.95	n	a	.975	.95	.975	.95
84	28	117	123	208	201	86	16	56	61	132	125	88	2	2	3	35	31	89	32	130	136	219	212
84	29	122	128	214	207	86	17	61	66	138	131	88	3	5	6	43	38	89	33	135	141	225	218
84	30	127	134	220	212	86	18	66	70	144	137	88	4	8	9	50	45	89	34	140	146	230	223
84	31	132	139	226	218	86	19	70	75	150	143	88	5	11	12	58	52	89	35	145	151	236	229
84	32	138	144	232	224	86	20	75	80	156	149	88	6	14	16	65	59	89	36	150	156	241	234
84	33	143	150	237	230	86	21	80	85	162	155	88	7	18	20	71	66	89	37	155	161	247	239
84	34	148	155	243	236	86	22	85	90	168	161	88	8	22	24	78	72	89	38	160	167	252	245
84	35	154	160	249	241	86	23	89	95	174	167	88	9	26	28	85	79	89	39	165	172	257	250
84	36	159	166	255	247	86	24	94	100	180	173	88	10	30	33	91	85	89	40	170	177	263	256
84	37	164	171	260	253	86	25	99	105	186	179	88	11	34	37	98	91	89	41	175	182	268	261
84	38	170	177	266	259	86	26	104	110	192	185	88	12	38	41	104	98	89	42	180	187	273	266
84	39	175	182	272	264	86	27	109	115	198	190	88	13	42	46	110	104	89	43	186	193	279	272
84	40	181	188	277	270	86	28	114	120	204	196	88	14	46	50	117	110	89	44	191	198	284	277
84	41	186	193	283	275	86	29	119	125	209	202	88	15	51	55	123	116	89	45	196	203	289	282
84	42	192	199	288	281	86	30	124	130	215	208	88	16	55	59	129	122	90	0	0	0	17	14
85	0	0	0	18	15	86	31	129	136	221	213	88	17	60	64	135	128	90	1	1	1	26	22
85	1	1	1	28	24	86	32	134	141	227	219	88	18	64	69	141	134	90	2	2	3	34	30
85	2	2	3	37	32	86	33	140	146	232	225	88	19	69	74	147	140	90	3	5	6	42	37
85	3	5	6	45	40	86	34	145	151	238	231	88	20	73	78	153	146	90	4	7	9	49	44
85	4	8	9	52	47	86	35	150	157	244	236	88	21	78	83	159	152	90	5	11	12	56	51
85	5	11	13	60	54	86	36	155	162	249	242	88	22	83	88	165	158	90	6	14	16	63	58
85	6	15	17	67	61	86	37	160	167	255	247	88	23	87	93	171	163	90	7	18	20	70	64
85	7	18	21	74	68	86	38	166	173	260	253	88	24	92	98	176	169	90	8	21	24	76	71
85	8	22	25	81	75	86	39	171	178	266	258	88	25	97	103	182	175	90	9	25	28	83	77
85	9	26	29	88	82	86	40	176	183	271	264	88	26	102	107	188	181	90	10	29	32	89	83
85	10	31	34	94	88	86	41	182	189	277	269	88	27	107	112	194	186	90	11	33	36	95	89
85	11	35	38	101	95	86	42	187	194	282	275	88	28	112	117	199	192	90	12	37	40	102	96
85	12	39	43	108	101	86	43	192	200	288	280	88	29	116	122	205	198	90	13	41	45	108	102
85	13	43	47	114	108	87	0	0	0	18	14	88	30	121	127	211	203	90	14	45	49	114	108
85	14	48	52	121	114	87	1	1	1	27	23	88	31	126	133	216	209	90	15	50	54	120	114
85	15	52	57	127	120	87	2	2	3	36	31	88	32	131	138	222	214	90	16	54	58	126	119
85	16	57	61	133	126	87	3	5	6	43	39	88	33	136	143	227	220	90	17	58	63	132	125
85	17	62	66	140	133	87	4	8	9	51	46	88	34	141	148	233	226	90	18	63	67	138	131
85	18	66	71	146	139	87	5	11	13	58	53	88	35	146	153	238	231	90	19	67	72	144	137
85	19	71	76	152	145	87	6	14	16	65	60	88	36	152	158	244	237	90	20	72	77	150	143
85	20	76	81	158	151	87	7	18	20	72	67	88	37	157	163	249	242	90	21	76	81	155	148
85	21	81	86	164	157	87	8	22	24	79	73	88	38	162	169	255	247	90	22	81	86	161	154
85	22	86	91	170	163	87	9	26	29	86	80	88	39	167	174	260	253	90	23	85	91	167	160
85	23	90	96	176	169	87	10	30	33	92	86	88	40	172	179	266	258	90	24	90	95	173	166
85	24	95	101	182	175	87	11	34	37	99	93	88	41	177	184	271	264	90	25	95	100	178	171
85	25	100	106	188	181	87	12	38	42	105	99	88	42	183	190	276	269	90	26	100	105	184	177
85	26	105	111	194	187	87	13	43	46	112	105	88	43	188	195	282	274	90	27	104	110	189	182
85	27	110	116	200	193	87	14	47	51	118	111	88	44	193	200	287	280	90	28	109	115	195	188
85	28	116	122	206	198	87	15	51	55	124	117	89	0	0	0	17	14	90	29	114	120	201	193
85	29	121	127	212	204	87	16	56	60	130	124	89	1	1	1	27	23	90	30	119	125	206	199
85	30	126	132	218	210	87	17	60	65	136	130	89	2	2	3	35	31	90	31	123	130	212	204
85	31	131	137	223	216	87	18	65	70	143	136	89	3	5	6	42	38	90	32	128	134	217	210
85	32	136	143	229	222	87	19	70	74	149	142	89	4	8	9	50	45	90	33	133	139	223	215
85	33	141	148	235	227	87	20	74	79	155	148	89	5	11	12	57	52	90	34	138	144	228	221
85	34	147	153	241	233	87	21	79	84	161	153	89	6	14	16	64	59	90	35	143	149	233	226
85	35	152	159	246	239	87	22	84	89	166	159	89	7	18	20	71	65	90	36	148	155	239	232
85	36	157	164	252	244	87	23	88	94	172	165	89	8	21	24	77	72	90	37	153	160	244	237
85	37	162	169	257	250	87	24	93	99	178	171	89	9	25	28	84	78	90	38	158	165	249	242
85	38	168	175	263	256	87	25	98	104	184	177	89	10	29	32	90	84	90	39	163	170	255	248
85	39	173	180	269	261	87	26	103	109	190	183	89	11	33	37	97	90	90	40	168	175	260	253
85	40	178	186	274	267	87	27	108	114	196	188	89	12	37	41	103	97	90	41	173	180	265	258
85	41	184	191	280	272	87	28	113	119	201	194	89	13	42	45	109	103	90	42	178	185	271	264
85	42	189	197	285	278	87	29	118	124	207	200	89	14	46	50	115	109	90	43	183	190	276	269
85	43	195	202	291	283	87	30	123	129	213	205	89	15	50	54	121	115	90	44	189	196	281	274
86	0	0	0	18	14	87	31	128	134	219	211	89	16	55	59	127	121	90	45	194	201	286	279
86	1	1	1	28	24	87	32	133	139	224	217	89	17	59	63	133	127	91	0	0	0	17	14
86	2	2	3	36	32	87	33	138	144	230	222	89	18	63	68	139	133	91	1	1	1	26	22
86	3	5	6	44	39	87	34	143	150	235	228	89	19	68	73	145	138	91	2	2	3	34	30
86	4	8	9	52	47	87	35	148	155	241	234	89	20	73	77	151	144	91	3	5	6	41	37
86	5	11	13	59	54	87	36	153	160	246	239	89	21	77	82	157	150	91	4	7	9	49	44
86	6	15	17	66	61	87	37	159	165	252	245	89	22	82	87	163	156	91	5	10	12	56	51
86	7	18	21	73	67	87	38	164	171	257	250	89	23	86	92	169	162	91	6	14	16	63	57
86	8	22	25	80	74	87	39	169	176	263	256	89	24	91	97	174	167	91	7	17	20	69	64
86	9	26	29	87	81	87	40	174	181	268	261	89	25	96	101	180	173	91	8	21	23	76	70
86	10	30	33	93	87	87	41	179	186	274	267	89	26	101	106	186	179	91	9	25	27	82	76
86	11	34	38	100	94	87	42	185	192	279	272	89	27	105	111	191	184	91	10	29	32	88	82
86	12	39	42	106	100	87	43	190	197	285	277	89	28	110	116	197	190	91	11	33	36	94	88
86	13	43	47	113	106	87	44	195	203	290	283	89	29	115	121	203	196	91	12	37	40	101	94
86	14	47	51	119	113	88	0	0	0	17	14	89	30	120	126	208	201	91	13	41	44	107	100
86	15	52	56	126	119	88	1	1	1	27	23	89	31	125	131	214	207	91	14	45	49	113	106

CONFIDENCE BOUNDS FOR A

N = 480

n	a	LOWER .975	LOWER .95	UPPER .975	UPPER .95
91	15	49	53	119	112
91	16	53	58	125	118
91	17	58	62	131	124
91	18	62	67	136	130
91	19	67	71	142	135
91	20	71	76	148	141
91	21	75	80	154	147
91	22	80	85	159	153
91	23	85	90	165	158
91	24	89	94	171	164
91	25	94	99	176	169
91	26	98	104	182	175
91	27	103	109	187	180
91	28	108	114	193	186
91	29	113	118	198	191
91	30	117	123	204	197
91	31	122	128	209	202
91	32	127	133	215	208
91	33	132	138	220	213
91	34	137	143	226	218
91	35	141	148	231	224
91	36	146	153	236	229
91	37	151	158	242	234
91	38	156	163	247	240
91	39	161	168	252	245
91	40	166	173	257	250
91	41	171	178	263	256
91	42	176	183	268	261
91	43	181	188	273	266
91	44	186	193	278	271
91	45	192	198	283	276
91	46	197	204	288	282
92	0	0	0	17	13
92	1	1	1	26	22
92	2	2	3	34	29
92	3	5	5	41	37
92	4	7	9	48	43
92	5	10	12	55	50
92	6	14	16	62	57
92	7	17	19	68	63
92	8	21	23	75	69
92	9	25	27	81	75
92	10	28	31	87	81
92	11	32	35	93	87
92	12	36	40	100	93
92	13	40	44	106	99
92	14	44	48	112	105
92	15	49	53	117	111
92	16	53	57	123	117
92	17	57	61	129	123
92	18	61	66	135	128
92	19	66	70	141	134
92	20	70	75	146	140
92	21	75	79	152	145
92	22	79	84	158	151
92	23	84	89	163	156
92	24	88	93	169	162
92	25	93	98	174	168
92	26	97	103	180	173
92	27	102	108	186	178
92	28	107	112	191	184
92	29	111	117	196	189
92	30	116	122	202	195
92	31	121	127	207	200
92	32	126	132	213	206
92	33	130	136	218	211
92	34	135	141	223	216
92	35	140	146	229	222
92	36	145	151	234	227
92	37	150	156	239	232
92	38	155	161	244	237
92	39	159	166	250	243
92	40	164	171	255	248
92	41	169	176	260	253
92	42	174	181	265	258

N = 480

n	a	LOWER .975	LOWER .95	UPPER .975	UPPER .95
92	43	179	186	270	263
92	44	184	191	275	268
92	45	189	196	281	274
92	46	194	201	286	279
93	0	0	0	16	13
93	1	1	1	25	22
93	2	2	3	33	29
93	3	5	5	41	36
93	4	7	9	48	43
93	5	10	12	54	50
93	6	14	15	61	56
93	7	17	19	67	62
93	8	21	23	74	68
93	9	24	27	80	75
93	10	28	31	86	81
93	11	32	35	92	87
93	12	36	39	98	92
93	13	40	43	104	98
93	14	44	48	110	104
93	15	48	52	116	110
93	16	52	56	122	116
93	17	57	61	128	121
93	18	61	65	134	127
93	19	65	70	139	133
93	20	69	74	145	138
93	21	74	79	150	144
93	22	78	83	156	149
93	23	83	88	162	155
93	24	87	92	167	160
93	25	92	97	173	166
93	26	96	102	178	171
93	27	101	106	184	177
93	28	105	111	189	182
93	29	110	116	194	187
93	30	115	121	200	193
93	31	119	125	205	198
93	32	124	130	210	203
93	33	129	135	216	209
93	34	134	140	221	214
93	35	138	145	226	219
93	36	143	149	232	224
93	37	148	154	237	230
93	38	153	159	242	235
93	39	158	164	247	240
93	40	163	169	252	245
93	41	167	174	257	250
93	42	172	179	263	256
93	43	177	184	268	261
93	44	182	189	273	266
93	45	187	194	278	271
93	46	192	199	283	276
93	47	197	204	288	281
94	0	0	0	16	13
94	1	1	1	25	21
94	2	2	3	33	29
94	3	4	5	40	36
94	4	7	8	47	42
94	5	10	12	54	49
94	6	13	15	60	55
94	7	17	19	67	62
94	8	20	23	73	68
94	9	24	27	79	74
94	10	28	31	85	80
94	11	32	35	91	86
94	12	36	39	97	91
94	13	40	43	103	97
94	14	44	47	109	103
94	15	48	51	115	109
94	16	52	56	121	114
94	17	56	60	126	120
94	18	60	64	132	126
94	19	64	69	138	131
94	20	69	73	143	137
94	21	73	78	149	142
94	22	77	82	154	148

N = 480

n	a	LOWER .975	LOWER .95	UPPER .975	UPPER .95
94	23	82	87	160	153
94	24	86	91	165	159
94	25	91	96	171	164
94	26	95	101	176	169
94	27	100	105	182	175
94	28	104	110	187	180
94	29	109	115	192	185
94	30	114	119	198	191
94	31	118	124	203	196
94	32	123	129	208	201
94	33	127	133	214	207
94	34	132	138	219	212
94	35	137	143	224	217
94	36	142	148	229	222
94	37	146	153	234	227
94	38	151	157	240	233
94	39	156	162	245	238
94	40	161	167	250	243
94	41	166	172	255	248
94	42	170	177	260	253
94	43	175	182	265	258
94	44	180	187	270	263
94	45	185	192	275	268
94	46	190	197	280	273
94	47	195	202	285	278
95	0	0	0	16	13
95	1	1	1	25	21
95	2	2	3	32	28
95	3	4	5	40	35
95	4	7	8	47	42
95	5	10	12	53	48
95	6	13	15	60	55
95	7	17	19	66	61
95	8	20	23	72	67
95	9	24	26	78	73
95	10	28	30	84	79
95	11	31	34	90	85
95	12	35	38	96	90
95	13	39	43	102	96
95	14	43	47	108	102
95	15	47	51	114	108
95	16	51	55	119	113
95	17	55	59	125	119
95	18	60	64	131	124
95	19	64	68	136	130
95	20	68	73	142	135
95	21	72	77	147	141
95	22	77	81	153	146
95	23	81	86	158	152
95	24	85	90	164	157
95	25	90	95	169	162
95	26	94	100	175	168
95	27	99	104	180	173
95	28	103	109	185	178
95	29	108	113	190	184
95	30	112	118	196	189
95	31	117	123	201	194
95	32	122	127	206	199
95	33	126	132	211	204
95	34	131	137	217	210
95	35	135	141	222	215
95	36	140	146	227	220
95	37	145	151	232	225
95	38	150	156	237	230
95	39	154	161	242	235
95	40	159	165	247	240
95	41	164	170	252	245
95	42	169	175	257	250
95	43	173	180	262	256
95	44	178	185	267	261
95	45	183	190	272	266
95	46	188	195	277	270
95	47	193	200	282	275
95	48	198	205	287	280
96	0	0	0	16	13

N = 480

n	a	LOWER .975	LOWER .95	UPPER .975	UPPER .95
96	1	1	1	24	21
96	2	2	3	32	28
96	3	4	5	39	35
96	4	7	8	46	42
96	5	10	12	53	48
96	6	13	15	59	54
96	7	17	19	65	60
96	8	20	22	72	66
96	9	24	26	78	72
96	10	27	30	84	78
96	11	31	34	89	84
96	12	35	38	95	90
96	13	39	42	101	95
96	14	43	46	107	101
96	15	47	50	113	106
96	16	51	55	118	112
96	17	55	59	124	118
96	18	59	63	129	123
96	19	63	67	135	129
96	20	67	72	140	134
96	21	72	76	146	139
96	22	76	81	151	145
96	23	80	85	157	150
96	24	85	90	162	155
96	25	89	94	167	161
96	26	93	99	173	166
96	27	98	103	178	171
96	28	102	108	183	177
96	29	107	112	189	182
96	30	111	117	194	187
96	31	116	121	199	192
96	32	120	126	204	197
96	33	125	131	209	202
96	34	129	135	214	208
96	35	134	140	220	213
96	36	139	145	225	218
96	37	143	149	230	223
96	38	148	154	235	228
96	39	153	159	240	233
96	40	157	164	245	238
96	41	162	168	250	243
96	42	167	173	255	248
96	43	172	178	260	253
96	44	176	183	265	258
96	45	181	188	270	263
96	46	186	193	275	268
96	47	191	197	280	273
96	48	196	202	284	278

CONFIDENCE BOUNDS FOR A

N = 490

n	a	LOWER .975	LOWER .95	UPPER .975	UPPER .95
1	0	0	0	477	465
1	1	13	25	490	490
2	0	0	0	412	380
2	1	7	13	483	477
3	0	0	0	346	308
3	1	5	9	443	423
3	2	47	67	485	481
4	0	0	0	294	257
4	1	4	7	394	367
4	2	34	49	456	441
5	0	0	0	254	219
5	1	3	5	350	321
5	2	27	38	417	396
5	3	73	94	463	452
6	0	0	0	223	191
6	1	3	5	313	284
6	2	22	32	379	356
6	3	59	76	431	414
7	0	0	0	199	169
7	1	2	4	282	254
7	2	19	27	346	321
7	3	50	64	398	378
7	4	92	112	440	426
8	0	0	0	179	151
8	1	2	4	256	229
8	2	17	24	317	292
8	3	43	56	368	347
8	4	78	96	412	394
9	0	0	0	163	137
9	1	2	3	234	209
9	2	15	21	292	268
9	3	38	49	342	319
9	4	69	84	384	365
9	5	106	125	421	406
10	0	0	0	149	125
10	1	2	3	216	191
10	2	13	19	270	247
10	3	34	44	318	296
10	4	61	75	360	340
10	5	93	111	397	379
11	0	0	0	138	115
11	1	2	3	200	177
11	2	12	17	252	228
11	3	31	40	297	275
11	4	55	68	337	317
11	5	84	99	374	355
11	6	116	135	406	391
12	0	0	0	128	107
12	1	2	3	186	164
12	2	11	16	235	213
12	3	28	36	278	256
12	4	50	62	317	297
12	5	76	90	352	334
12	6	105	122	385	368
13	0	0	0	119	99
13	1	1	2	174	153
13	2	10	15	220	199
13	3	26	33	261	240
13	4	46	57	299	279
13	5	70	83	333	314
13	6	96	111	365	348
13	7	125	142	394	379
14	0	0	0	111	93
14	1	1	2	164	143
14	2	10	14	207	187
14	3	24	31	247	226
14	4	43	52	282	263
14	5	64	76	316	297
14	6	88	103	346	329
14	7	115	131	375	359
15	0	0	0	105	87
15	1	1	2	154	135
15	2	9	13	196	176
15	3	22	29	233	213
15	4	40	49	268	248
15	5	60	71	300	281
15	6	82	95	330	312
15	7	106	121	358	341
15	8	132	149	384	369
16	0	0	0	99	82
16	1	1	2	146	127
16	2	9	12	186	166
16	3	21	27	221	202
16	4	37	46	254	235
16	5	56	66	285	267
16	6	76	89	314	296
16	7	99	113	341	325
16	8	123	138	367	352
17	0	0	0	94	77
17	1	1	2	138	121
17	2	8	11	176	158
17	3	20	26	210	192
17	4	35	43	242	223
17	5	52	62	272	254
17	6	72	83	300	282
17	7	92	106	326	310
17	8	115	129	351	336
17	9	139	154	375	361
18	0	0	0	89	73
18	1	1	2	131	114
18	2	8	11	168	150
18	3	19	24	200	182
18	4	33	40	231	213
18	5	49	59	259	242
18	6	67	78	287	269
18	7	87	99	312	296
18	8	108	121	337	321
18	9	130	145	360	345
19	0	0	0	84	70
19	1	1	2	125	109
19	2	7	10	160	143
19	3	18	23	191	174
19	4	31	38	221	203
19	5	47	55	248	231
19	6	64	74	274	257
19	7	82	94	299	283
19	8	101	115	323	307
19	9	122	136	346	331
19	10	144	159	368	354
20	0	0	0	80	66
20	1	1	2	119	104
20	2	7	10	153	136
20	3	17	22	183	166
20	4	30	36	211	194
20	5	44	53	238	221
20	6	60	70	263	246
20	7	77	89	288	271
20	8	96	108	311	295
20	9	115	129	333	318
20	10	136	150	354	340
21	0	0	0	77	63
21	1	1	2	114	99
21	2	7	9	146	130
21	3	16	21	175	159
21	4	28	35	203	186
21	5	42	50	228	212
21	6	57	67	253	236
21	7	74	84	276	260
21	8	91	103	299	283
21	9	109	122	321	305
21	10	128	142	342	327
21	11	148	163	362	348
22	0	0	0	74	61
22	1	1	2	110	95
22	2	6	9	140	125
22	3	15	20	168	152
22	4	27	33	195	178
22	5	40	48	220	203
22	6	54	63	243	227
22	7	70	80	266	250
22	8	86	98	288	272
22	9	104	116	309	294
22	10	122	135	330	315
22	11	141	155	349	335
23	0	0	0	70	58
23	1	1	2	105	91
23	2	6	9	135	120
23	3	15	19	162	146
23	4	26	32	187	171
23	5	38	46	211	195
23	6	52	61	234	218
23	7	67	77	256	241
23	8	82	93	278	262
23	9	99	111	298	283
23	10	116	129	318	304
23	11	134	147	337	323
23	12	153	167	356	343
24	0	0	0	68	56
24	1	1	2	101	87
24	2	6	8	130	115
24	3	14	18	156	141
24	4	25	30	180	165
24	5	37	44	204	188
24	6	50	58	226	210
24	7	64	73	247	232
24	8	79	89	268	253
24	9	94	106	288	273
24	10	111	123	308	293
24	11	128	141	326	312
24	12	145	159	345	331
25	0	0	0	65	53
25	1	1	1	97	84
25	2	6	8	125	111
25	3	14	18	150	136
25	4	24	29	174	159
25	5	35	42	197	181
25	6	48	56	218	203
25	7	61	70	239	224
25	8	75	85	259	244
25	9	90	101	279	264
25	10	106	118	298	283
25	11	122	135	316	302
25	12	139	152	334	320
25	13	156	170	351	338
26	0	0	0	63	51
26	1	1	1	94	81
26	2	6	8	120	107
26	3	13	17	145	131
26	4	23	28	168	153
26	5	34	40	190	175
26	6	46	53	211	196
26	7	59	67	231	216
26	8	72	82	251	236
26	9	87	97	270	255
26	10	102	113	288	274
26	11	117	129	306	292
26	12	133	146	324	310
26	13	149	163	341	327
27	0	0	0	60	50
27	1	1	1	90	78
27	2	5	7	116	103
27	3	13	16	140	126
27	4	22	27	162	148
27	5	33	39	184	169
27	6	44	51	204	190
27	7	57	65	224	209
27	8	70	79	243	228
27	9	83	93	261	247
27	10	98	108	279	265
27	11	112	124	297	283
27	12	128	140	314	300
27	13	143	156	331	317
27	14	159	173	347	334
28	0	0	0	58	48
28	1	1	1	87	76
28	2	5	7	112	100
28	3	12	16	135	122
28	4	21	26	157	143
28	5	31	37	178	164
28	6	43	50	198	183
28	7	54	62	217	202
28	8	67	76	235	221
28	9	80	90	253	239
28	10	94	104	271	257
28	11	108	119	288	274
28	12	123	134	305	291
28	13	138	150	321	308
28	14	153	166	337	324
29	0	0	0	56	46
29	1	1	1	85	73
29	2	5	7	109	96
29	3	12	15	131	118
29	4	21	25	152	139
29	5	30	36	172	159
29	6	41	48	192	178
29	7	53	60	210	196
29	8	65	73	228	214
29	9	77	87	246	232
29	10	90	100	263	249
29	11	104	115	280	266
29	12	118	129	296	283
29	13	132	144	312	299
29	14	147	159	328	315
29	15	162	175	343	331
30	0	0	0	54	45
30	1	1	1	82	71
30	2	5	7	105	93
30	3	12	15	127	114
30	4	20	24	148	134
30	5	29	35	167	154
30	6	40	46	186	172
30	7	51	58	204	190
30	8	62	71	222	208
30	9	75	84	239	225
30	10	87	97	256	242
30	11	100	111	272	258
30	12	114	125	288	275
30	13	128	139	303	290
30	14	142	154	319	306
30	15	156	169	334	321
31	0	0	0	53	43
31	1	1	1	79	68
31	2	5	7	102	90
31	3	11	14	123	111
31	4	19	24	143	130
31	5	28	34	162	149
31	6	38	45	180	167
31	7	49	56	198	185
31	8	60	68	215	202
31	9	72	81	232	219
31	10	84	94	248	235
31	11	97	107	264	251
31	12	110	120	280	267
31	13	123	134	295	282
31	14	137	148	310	298
31	15	151	163	325	313
31	16	165	177	339	327
32	0	0	0	51	42
32	1	1	1	77	66
32	2	5	6	99	88
32	3	11	14	120	108
32	4	19	23	139	127
32	5	28	33	158	145
32	6	37	43	175	162
32	7	48	55	193	179
32	8	58	66	209	196
32	9	70	78	226	212
32	10	82	91	242	228
32	11	94	103	257	244
32	12	106	116	273	260

CONFIDENCE BOUNDS FOR A

n	a	LOWER .975	LOWER .95	UPPER .975	UPPER .95
32	13	119	130	288	275
32	14	132	143	302	290
32	15	146	157	317	304
32	16	159	171	331	319
33	0	0	0	50	41
33	1	1	1	75	64
33	2	5	6	96	85
33	3	11	13	116	105
33	4	18	22	135	123
33	5	27	32	153	141
33	6	36	42	171	158
33	7	46	53	187	174
33	8	57	64	204	191
33	9	68	76	220	207
33	10	79	88	235	222
33	11	91	100	251	238
33	12	103	113	266	253
33	13	115	126	280	267
33	14	128	139	295	282
33	15	141	152	309	296
33	16	154	166	322	310
33	17	168	180	336	324
34	0	0	0	48	39
34	1	1	1	73	63
34	2	4	6	94	83
34	3	10	13	113	102
34	4	18	22	131	120
34	5	26	31	149	137
34	6	35	41	166	153
34	7	45	51	182	170
34	8	55	62	198	186
34	9	66	73	214	201
34	10	77	85	229	216
34	11	88	97	244	231
34	12	100	109	259	246
34	13	112	122	273	261
34	14	124	134	287	275
34	15	136	147	301	289
34	16	149	160	315	303
34	17	162	174	328	316
35	0	0	0	47	38
35	1	1	1	71	61
35	2	4	6	91	80
35	3	10	13	110	99
35	4	17	21	128	116
35	5	25	30	145	133
35	6	34	40	162	149
35	7	43	50	178	165
35	8	53	60	193	181
35	9	64	71	209	196
35	10	74	83	223	211
35	11	85	94	238	225
35	12	97	106	252	240
35	13	108	118	266	254
35	14	120	130	280	268
35	15	132	143	294	282
35	16	144	155	307	295
35	17	157	168	320	309
35	18	170	181	333	322
36	0	0	0	45	37
36	1	1	1	69	59
36	2	4	6	89	78
36	3	10	12	107	96
36	4	17	20	125	113
36	5	25	29	141	130
36	6	33	39	157	145
36	7	42	48	173	161
36	8	52	59	188	176
36	9	62	69	203	191
36	10	72	80	218	205
36	11	83	91	232	220
36	12	94	103	246	234
36	13	105	115	260	248
36	14	116	126	274	261
36	15	128	139	287	275
36	16	140	151	300	288
36	17	152	163	313	301
36	18	165	176	325	314
37	0	0	0	44	36
37	1	1	1	67	58
37	2	4	6	86	76
37	3	10	12	104	94
37	4	16	20	121	110
37	5	24	28	138	126
37	6	32	38	154	142
37	7	41	47	169	157
37	8	50	57	184	172
37	9	60	67	198	186
37	10	70	78	213	200
37	11	80	89	227	214
37	12	91	100	240	228
37	13	102	111	254	242
37	14	113	123	267	255
37	15	124	135	280	268
37	16	136	146	293	281
37	17	148	159	306	294
37	18	160	171	318	307
37	19	172	183	330	319
38	0	0	0	43	35
38	1	1	1	65	56
38	2	4	5	84	74
38	3	9	12	102	91
38	4	16	19	118	108
38	5	23	28	134	123
38	6	31	37	150	138
38	7	40	46	165	153
38	8	49	56	179	167
38	9	59	66	194	182
38	10	68	76	208	196
38	11	78	86	221	209
38	12	89	97	235	223
38	13	99	108	248	236
38	14	110	119	261	249
38	15	121	131	274	262
38	16	132	142	286	275
38	17	144	154	299	287
38	18	155	166	311	300
38	19	167	178	323	312
39	0	0	0	42	34
39	1	1	1	63	55
39	2	4	5	82	72
39	3	9	12	99	89
39	4	16	19	116	105
39	5	23	27	131	120
39	6	31	36	146	135
39	7	39	45	161	149
39	8	48	54	175	163
39	9	57	64	189	177
39	10	66	74	203	191
39	11	76	84	216	204
39	12	86	95	229	218
39	13	96	105	242	231
39	14	107	116	255	243
39	15	118	127	268	256
39	16	128	138	280	269
39	17	140	150	292	281
39	18	151	161	304	293
39	19	162	173	316	305
39	20	174	185	328	317
40	0	0	0	41	33
40	1	1	1	62	53
40	2	4	5	80	71
40	3	9	11	97	87
40	4	15	18	113	102
40	5	22	26	128	117
40	6	30	35	143	132
40	7	38	44	157	146
40	8	47	53	171	160
40	9	56	62	185	173
40	10	65	72	198	187
40	11	74	82	211	200
40	12	84	92	224	213
40	13	94	103	237	225
40	14	104	113	250	238
40	15	114	124	262	250
40	16	125	135	274	263
40	17	136	146	286	275
40	18	147	157	298	287
40	19	158	168	309	298
40	20	169	180	321	310
41	0	0	0	40	33
41	1	1	1	60	52
41	2	4	5	78	69
41	3	9	11	95	85
41	4	15	18	110	100
41	5	22	26	125	115
41	6	29	34	140	129
41	7	37	43	154	142
41	8	46	52	167	156
41	9	54	61	181	169
41	10	63	70	194	182
41	11	72	80	207	195
41	12	82	90	219	208
41	13	92	100	232	220
41	14	101	110	244	233
41	15	112	121	256	245
41	16	122	131	268	257
41	17	132	142	280	269
41	18	143	153	292	280
41	19	154	164	303	292
41	20	165	175	314	303
41	21	176	187	325	315
42	0	0	0	39	32
42	1	1	1	59	51
42	2	4	5	76	67
42	3	9	11	92	83
42	4	15	18	108	98
42	5	21	25	122	112
42	6	29	33	136	126
42	7	36	42	150	139
42	8	44	50	164	153
42	9	53	59	177	166
42	10	62	69	190	178
42	11	71	78	202	191
42	12	80	88	215	203
42	13	89	98	227	216
42	14	99	108	239	228
42	15	109	118	251	240
42	16	119	128	263	251
42	17	129	139	274	263
42	18	139	149	286	275
42	19	150	160	297	286
42	20	160	171	308	297
42	21	171	182	319	308
43	0	0	0	38	31
43	1	1	1	58	50
43	2	4	5	75	66
43	3	8	11	90	81
43	4	14	17	105	95
43	5	21	25	120	109
43	6	28	32	133	123
43	7	35	41	147	136
43	8	43	49	160	149
43	9	52	58	173	162
43	10	60	67	186	174
43	11	69	76	198	187
43	12	78	86	210	199
43	13	87	95	222	211
43	14	97	105	234	223
43	15	106	115	246	235
43	16	116	125	257	246
43	17	126	135	269	258
43	18	136	145	280	269
43	19	146	156	291	280
43	20	156	166	302	291
43	21	167	177	313	302
43	22	177	188	323	313
44	0	0	0	37	30
44	1	1	1	56	48
44	2	4	5	73	64
44	3	8	10	88	79
44	4	14	17	103	93
44	5	20	24	117	107
44	6	27	32	131	120
44	7	35	40	144	133
44	8	42	48	157	146
44	9	51	57	169	158
44	10	59	65	182	171
44	11	67	74	194	183
44	12	76	84	206	195
44	13	85	93	218	207
44	14	94	102	229	218
44	15	104	112	241	230
44	16	113	122	252	241
44	17	123	132	263	252
44	18	132	142	274	263
44	19	142	152	285	274
44	20	152	162	296	285
44	21	163	173	307	296
44	22	173	183	317	307
45	0	0	0	36	30
45	1	1	1	55	47
45	2	4	5	71	63
45	3	8	10	86	77
45	4	14	17	101	91
45	5	20	24	115	105
45	6	27	31	128	118
45	7	34	39	141	130
45	8	42	47	153	143
45	9	49	55	166	155
45	10	58	64	178	167
45	11	66	73	190	179
45	12	74	82	202	191
45	13	83	91	213	202
45	14	92	100	225	214
45	15	101	110	236	225
45	16	110	119	247	236
45	17	120	129	258	247
45	18	129	139	269	258
45	19	139	149	280	269
45	20	149	159	290	280
45	21	159	169	301	290
45	22	169	179	311	301
45	23	179	189	321	311
46	0	0	0	35	29
46	1	1	1	54	46
46	2	4	5	70	62
46	3	8	10	85	76
46	4	13	16	99	89
46	5	20	23	112	102
46	6	26	30	125	115
46	7	33	38	138	128
46	8	41	46	150	140
46	9	48	54	162	152
46	10	56	63	174	164
46	11	64	71	186	175
46	12	73	80	198	187
46	13	81	89	209	198
46	14	90	98	220	209
46	15	99	107	231	221
46	16	108	116	242	231
46	17	117	126	253	242
46	18	126	135	264	253
46	19	136	145	274	264
46	20	145	155	285	274
46	21	155	165	295	285
46	22	165	175	305	295
46	23	175	185	315	305
47	0	0	0	35	28
47	1	1	1	53	45

(All groups: N = 490)

CONFIDENCE BOUNDS FOR A

N = 490

n	a	LOWER .975	LOWER .95	UPPER .975	UPPER .95
47	2	3	5	68	60
47	3	8	10	83	74
47	4	13	16	97	88
47	5	19	23	110	100
47	6	26	30	123	113
47	7	33	37	135	125
47	8	40	45	147	137
47	9	47	53	159	149
47	10	55	61	171	160
47	11	63	70	183	172
47	12	71	78	194	183
47	13	80	87	205	194
47	14	88	96	216	205
47	15	97	105	227	216
47	16	106	114	238	227
47	17	114	123	248	238
47	18	124	132	259	248
47	19	133	142	269	259
47	20	142	151	279	269
47	21	151	161	290	279
47	22	161	171	300	289
47	23	171	181	309	299
47	24	181	191	319	309
48	0	0	0	34	28
48	1	1	1	52	44
48	2	3	5	67	59
48	3	8	10	81	73
48	4	13	16	95	86
48	5	19	23	108	98
48	6	25	29	120	111
48	7	32	36	132	123
48	8	39	44	144	134
48	9	46	52	156	146
48	10	54	60	168	157
48	11	62	68	179	169
48	12	70	77	190	180
48	13	78	85	201	191
48	14	86	94	212	201
48	15	95	103	223	212
48	16	103	111	233	223
48	17	112	120	244	233
48	18	121	130	254	243
48	19	130	139	264	254
48	20	139	148	274	264
48	21	148	158	284	274
48	22	157	167	294	284
48	23	167	177	304	294
48	24	176	186	314	304
49	0	0	0	33	27
49	1	1	1	51	43
49	2	3	4	66	58
49	3	8	9	80	71
49	4	13	15	93	84
49	5	18	22	106	96
49	6	25	29	118	108
49	7	31	36	130	120
49	8	38	43	142	132
49	9	45	51	153	143
49	10	53	59	164	154
49	11	60	67	176	165
49	12	68	75	187	176
49	13	76	83	197	187
49	14	84	92	208	198
49	15	93	100	219	208
49	16	101	109	229	218
49	17	110	118	239	229
49	18	118	127	249	239
49	19	127	136	259	249
49	20	136	145	269	259
49	21	145	154	279	269
49	22	154	163	289	279
49	23	163	173	299	289
49	24	173	182	308	298
49	25	182	192	317	308
50	0	0	0	33	27

N = 490

n	a	LOWER .975	LOWER .95	UPPER .975	UPPER .95
50	1	1	1	50	43
50	2	3	4	64	57
50	3	7	9	78	70
50	4	12	15	91	82
50	5	18	21	103	95
50	6	24	28	116	106
50	7	31	35	127	118
50	8	37	42	139	129
50	9	45	50	150	140
50	10	52	58	161	151
50	11	59	65	172	162
50	12	67	73	183	173
50	13	75	82	194	183
50	14	83	90	204	194
50	15	91	98	215	204
50	16	99	107	225	214
50	17	107	115	235	225
50	18	116	124	245	235
50	19	124	133	255	244
50	20	133	142	265	254
50	21	142	151	274	264
50	22	151	160	284	274
50	23	160	169	293	283
50	24	169	178	303	293
50	25	178	188	312	302
51	0	0	0	32	26
51	1	1	1	49	42
51	2	3	4	63	55
51	3	7	9	76	68
51	4	12	15	89	81
51	5	18	21	102	93
51	6	24	27	113	104
51	7	30	34	125	116
51	8	37	42	136	127
51	9	44	49	147	138
51	10	51	56	158	149
51	11	58	64	169	159
51	12	66	72	180	170
51	13	73	80	190	180
51	14	81	88	201	190
51	15	89	96	211	200
51	16	97	105	221	210
51	17	105	113	231	220
51	18	113	122	241	230
51	19	122	130	250	240
51	20	130	139	260	250
51	21	139	148	270	259
51	22	148	157	279	269
51	23	156	166	288	278
51	24	165	175	298	288
51	25	174	184	307	297
51	26	183	193	316	306
52	0	0	0	31	25
52	1	1	1	48	41
52	2	3	4	62	54
52	3	7	9	75	67
52	4	12	14	88	79
52	5	17	21	100	91
52	6	23	27	111	102
52	7	30	34	123	114
52	8	36	41	134	124
52	9	43	48	145	135
52	10	50	55	156	146
52	11	57	63	166	156
52	12	64	71	177	167
52	13	72	78	187	177
52	14	79	86	197	187
52	15	87	94	207	197
52	16	95	103	217	207
52	17	103	111	227	217
52	18	111	119	236	226
52	19	119	128	246	236
52	20	128	136	255	245
52	21	136	145	265	255
52	22	145	153	274	264

N = 490

n	a	LOWER .975	LOWER .95	UPPER .975	UPPER .95
52	23	153	162	283	274
52	24	162	171	293	283
52	25	171	180	302	292
52	26	179	189	311	301
53	0	0	0	31	25
53	1	1	1	47	40
53	2	3	4	61	53
53	3	7	9	74	66
53	4	12	14	86	78
53	5	17	20	98	89
53	6	23	26	109	100
53	7	29	33	120	111
53	8	35	40	131	122
53	9	42	47	142	133
53	10	49	54	153	143
53	11	56	62	163	153
53	12	63	69	173	164
53	13	70	77	184	174
53	14	78	85	194	184
53	15	85	93	203	193
53	16	93	101	213	203
53	17	101	109	223	213
53	18	109	117	232	222
53	19	117	125	242	232
53	20	125	133	251	241
53	21	133	142	260	250
53	22	142	150	270	260
53	23	150	159	279	269
53	24	159	168	288	278
53	25	167	176	297	287
53	26	176	185	305	296
53	27	185	194	314	305
54	0	0	0	30	24
54	1	1	1	46	39
54	2	3	4	60	52
54	3	7	9	72	65
54	4	12	14	84	76
54	5	17	20	96	88
54	6	22	26	107	99
54	7	28	33	118	109
54	8	35	39	129	120
54	9	41	46	140	130
54	10	48	53	150	141
54	11	55	61	160	151
54	12	62	68	170	161
54	13	69	75	180	171
54	14	76	83	190	180
54	15	84	91	200	190
54	16	91	99	210	200
54	17	99	107	219	209
54	18	107	115	228	218
54	19	115	123	238	228
54	20	123	131	247	237
54	21	131	139	256	246
54	22	139	148	265	255
54	23	147	156	274	264
54	24	155	164	283	273
54	25	164	173	292	282
54	26	172	182	301	291
54	27	181	190	309	300
55	0	0	0	29	24
55	1	1	1	45	39
55	2	3	4	58	51
55	3	7	9	71	63
55	4	11	14	83	75
55	5	17	19	94	86
55	6	22	26	105	97
55	7	28	32	116	107
55	8	34	39	127	118
55	9	41	45	137	128
55	10	47	52	147	138
55	11	54	59	158	148
55	12	61	67	168	158
55	13	68	74	177	168
55	14	75	82	187	177

N = 490

n	a	LOWER .975	LOWER .95	UPPER .975	UPPER .95
55	15	82	89	197	187
55	16	90	97	206	196
55	17	97	105	215	206
55	18	105	112	225	215
55	19	113	120	234	224
55	20	120	128	243	233
55	21	128	137	252	242
55	22	136	145	261	251
55	23	144	153	270	260
55	24	152	161	278	269
55	25	161	170	287	278
55	26	169	178	296	286
55	27	177	187	304	295
55	28	186	195	313	303
56	0	0	0	29	24
56	1	1	1	44	38
56	2	3	4	57	50
56	3	7	8	70	62
56	4	11	14	81	74
56	5	16	19	93	85
56	6	22	25	104	95
56	7	28	31	114	106
56	8	34	38	125	116
56	9	40	45	135	126
56	10	46	51	145	136
56	11	53	58	155	146
56	12	60	66	165	155
56	13	67	73	174	165
56	14	74	80	184	174
56	15	81	88	193	184
56	16	88	95	203	193
56	17	95	103	212	202
56	18	103	110	221	211
56	19	110	118	230	220
56	20	118	126	239	229
56	21	126	134	248	238
56	22	134	142	257	247
56	23	142	150	265	256
56	24	150	158	274	264
56	25	158	166	283	273
56	26	166	175	291	282
56	27	174	183	299	290
56	28	182	191	308	299
57	0	0	0	28	23
57	1	1	1	43	37
57	2	3	4	56	50
57	3	7	8	68	61
57	4	11	13	80	72
57	5	16	19	91	83
57	6	21	25	102	94
57	7	27	31	112	104
57	8	33	37	123	114
57	9	39	44	133	124
57	10	46	51	143	134
57	11	52	57	152	143
57	12	59	64	162	153
57	13	65	71	171	162
57	14	72	79	181	171
57	15	79	86	190	181
57	16	87	93	199	190
57	17	94	101	208	199
57	18	101	108	217	208
57	19	108	116	226	217
57	20	116	124	235	226
57	21	124	132	244	234
57	22	131	139	253	243
57	23	139	147	261	252
57	24	147	155	270	260
57	25	155	163	278	269
57	26	163	171	287	277
57	27	171	180	295	286
57	28	179	188	303	294
57	29	187	196	311	302
58	0	0	0	28	23
58	1	1	1	43	37

CONFIDENCE BOUNDS FOR A

		N = 490						N = 490						N = 490						N = 490			
		LOWER		UPPER				LOWER		UPPER				LOWER		UPPER				LOWER		UPPER	
n	a	.975	.95	.975	.95	n	a	.975	.95	.975	.95	n	a	.975	.95	.975	.95	n	a	.975	.95	.975	.95
58	2	3	4	55	49	60	16	82	89	190	181	62	28	163	172	281	272	65	5	14	17	80	73
58	3	7	8	67	60	60	17	89	96	199	189	62	29	171	179	289	280	65	6	19	22	90	82
58	4	11	13	79	71	60	18	96	103	207	198	62	30	178	187	297	288	65	7	24	27	99	91
58	5	16	19	90	82	60	19	103	110	216	207	62	31	186	195	304	295	65	8	29	33	108	100
58	6	21	24	100	92	60	20	110	117	224	215	63	0	0	0	26	21	65	9	35	39	117	109
58	7	27	30	110	102	60	21	117	125	233	223	63	1	1	1	39	34	65	10	40	44	126	118
58	8	32	37	121	112	60	22	124	132	241	232	63	2	3	4	51	45	65	11	46	50	134	126
58	9	39	43	130	122	60	23	132	140	249	240	63	3	6	8	62	55	65	12	52	57	143	135
58	10	45	50	140	131	60	24	139	147	258	248	63	4	10	12	72	65	65	13	57	63	151	143
58	11	51	56	150	141	60	25	146	155	266	256	63	5	15	17	83	75	65	14	63	69	160	151
58	12	58	63	159	150	60	26	154	162	274	265	63	6	20	22	92	85	65	15	70	75	168	159
58	13	64	70	169	159	60	27	162	170	282	273	63	7	25	28	102	94	65	16	76	82	176	167
58	14	71	77	178	169	60	28	169	178	290	281	63	8	30	34	111	103	65	17	82	88	184	176
58	15	78	85	187	178	60	29	177	186	298	289	63	9	36	40	120	112	65	18	88	95	192	184
58	16	85	92	196	187	60	30	185	194	305	296	63	10	41	46	130	121	65	19	95	101	200	192
58	17	92	99	205	196	61	0	0	0	26	22	63	11	47	52	138	130	65	20	101	108	208	199
58	18	99	107	214	204	61	1	1	1	40	35	63	12	53	58	147	139	65	21	108	115	216	207
58	19	107	114	223	213	61	2	3	4	53	46	63	13	59	65	156	147	65	22	115	122	224	215
58	20	114	122	231	222	61	3	6	8	64	57	63	14	65	71	165	156	65	23	121	129	232	223
58	21	121	129	240	231	61	4	10	13	75	68	63	15	72	78	173	164	65	24	128	135	239	231
58	22	129	137	249	239	61	5	15	18	85	78	63	16	78	84	182	173	65	25	135	142	247	238
58	23	136	145	257	248	61	6	20	23	95	87	63	17	85	91	190	181	65	26	142	149	255	246
58	24	144	152	266	256	61	7	25	29	105	97	63	18	91	98	198	189	65	27	148	156	262	253
58	25	152	160	274	265	61	8	31	35	115	107	63	19	98	105	206	197	65	28	155	164	270	261
58	26	160	168	282	273	61	9	37	41	124	116	63	20	105	112	214	205	65	29	162	171	277	268
58	27	167	176	290	281	61	10	43	47	134	125	63	21	111	119	223	213	65	30	170	178	284	276
58	28	175	184	299	289	61	11	49	54	143	134	63	22	118	126	231	221	65	31	177	185	292	283
58	29	183	192	307	298	61	12	55	60	152	143	63	23	125	133	239	229	65	32	184	192	299	290
59	0	0	0	27	22	61	13	61	67	161	152	63	24	132	140	246	237	65	33	191	200	306	298
59	1	1	1	42	36	61	14	68	74	170	161	63	25	139	147	254	245	66	0	0	0	24	20
59	2	3	4	54	48	61	15	74	80	178	169	63	26	146	154	262	253	66	1	1	1	37	32
59	3	6	8	66	59	61	16	81	87	187	178	63	27	153	162	270	261	66	2	3	4	49	43
59	4	11	13	77	70	61	17	87	94	196	186	63	28	161	169	277	268	66	3	6	7	59	53
59	5	16	18	88	80	61	18	94	101	204	195	63	29	168	176	285	276	66	4	10	12	69	62
59	6	21	24	98	90	61	19	101	108	213	203	63	30	175	184	292	284	66	5	14	16	79	72
59	7	26	30	109	100	61	20	108	115	221	212	63	31	183	191	300	291	66	6	19	22	88	81
59	8	32	36	119	110	61	21	115	123	229	220	63	32	190	199	307	299	66	7	24	27	97	90
59	9	38	42	128	120	61	22	122	130	237	228	64	0	0	0	25	20	66	8	29	32	106	99
59	10	44	49	138	129	61	23	129	137	246	236	64	1	1	1	38	33	66	9	34	38	115	107
59	11	50	55	147	138	61	24	137	145	254	244	64	2	3	4	50	44	66	10	39	44	124	116
59	12	57	62	157	148	61	25	144	152	262	253	64	3	6	7	61	54	66	11	45	50	132	124
59	13	63	69	166	157	61	26	151	160	270	261	64	4	10	12	71	64	66	12	51	56	141	133
59	14	70	76	175	166	61	27	159	167	278	269	64	5	14	17	81	74	66	13	57	62	149	141
59	15	77	83	184	175	61	28	166	175	285	276	64	6	19	22	91	83	66	14	63	68	157	149
59	16	84	90	193	184	61	29	174	182	293	284	64	7	24	28	100	93	66	15	69	74	166	157
59	17	91	97	202	192	61	30	181	190	301	292	64	8	30	33	110	102	66	16	75	81	174	165
59	18	98	105	211	201	61	31	189	198	309	300	64	9	35	39	119	111	66	17	81	87	182	173
59	19	105	112	219	210	62	0	0	0	26	21	64	10	41	45	128	119	66	18	87	93	190	181
59	20	112	119	228	218	62	1	1	1	40	34	64	11	46	51	136	128	66	19	93	100	198	189
59	21	119	127	236	227	62	2	3	4	52	46	64	12	52	57	145	137	66	20	100	107	205	197
59	22	127	135	245	235	62	3	6	8	63	56	64	13	58	64	154	145	66	21	106	113	213	204
59	23	134	142	253	244	62	4	10	12	74	66	64	14	64	70	162	153	66	22	113	120	221	212
59	24	142	150	261	252	62	5	15	17	84	76	64	15	71	77	171	162	66	23	119	127	229	220
59	25	149	158	270	260	62	6	20	23	94	86	64	16	77	83	179	170	66	24	126	133	236	227
59	26	157	165	278	269	62	7	25	28	103	96	64	17	83	90	187	178	66	25	133	140	244	235
59	27	164	173	286	277	62	8	30	34	113	105	64	18	90	96	195	186	66	26	139	147	251	242
59	28	172	181	294	285	62	9	36	40	122	114	64	19	96	103	203	194	66	27	146	154	259	250
59	29	180	189	302	293	62	10	42	47	132	123	64	20	103	110	211	202	66	28	153	161	266	257
59	30	188	197	310	301	62	11	48	53	141	132	64	21	110	117	219	210	66	29	160	168	273	265
60	0	0	0	27	22	62	12	54	59	150	141	64	22	116	124	227	218	66	30	167	175	281	272
60	1	1	1	41	35	62	13	60	66	158	150	64	23	123	131	235	226	66	31	174	182	288	279
60	2	3	4	54	47	62	14	67	72	167	158	64	24	130	138	243	234	66	32	181	189	295	286
60	3	6	8	65	58	62	15	73	79	176	167	64	25	137	145	251	242	66	33	188	196	302	294
60	4	11	13	76	69	62	16	79	86	184	175	64	26	144	152	258	249	67	0	0	0	24	19
60	5	15	18	87	79	62	17	86	93	193	184	64	27	151	159	266	257	67	1	1	1	37	31
60	6	20	24	97	89	62	18	93	100	201	192	64	28	158	166	273	265	67	2	3	3	48	42
60	7	26	29	107	99	62	19	100	106	209	200	64	29	165	173	281	272	67	3	6	7	58	52
60	8	31	35	117	108	62	20	106	114	218	208	64	30	172	181	288	280	67	4	10	12	68	61
60	9	37	42	126	118	62	21	113	121	226	217	64	31	180	188	296	287	67	5	14	16	78	71
60	10	43	48	136	127	62	22	120	128	234	225	64	32	187	195	303	295	67	6	18	21	87	80
60	11	49	55	145	136	62	23	127	135	242	233	65	0	0	0	25	20	67	7	23	26	96	89
60	12	56	61	154	145	62	24	134	142	250	241	65	1	1	1	38	32	67	8	28	32	105	97
60	13	62	68	163	154	62	25	142	150	258	249	65	2	3	4	49	43	67	9	34	37	113	106
60	14	69	75	172	163	62	26	149	157	266	257	65	3	6	7	60	54	67	10	39	43	122	114
60	15	75	82	181	172	62	27	156	164	274	265	65	4	10	12	70	63	67	11	44	49	130	122

CONFIDENCE BOUNDS FOR A

N = 490					N = 490					N = 490					N = 490				
		LOWER		UPPER				LOWER		UPPER				LOWER		UPPER				LOWER		UPPER
n	a	.975	.95	.975	.95	n	a	.975	.95	.975	.95	n	a	.975	.95	.975	.95	n	a	.975	.95	.975	.95
67	12	50	55	139	131	69	17	77	83	174	166	71	20	93	99	192	183	73	21	96	102	194	186
67	13	56	61	147	139	69	18	83	89	182	173	71	21	99	105	199	191	73	22	102	108	201	193
67	14	62	67	155	147	69	19	89	96	189	181	71	22	105	111	206	198	73	23	108	114	208	200
67	15	68	73	163	155	69	20	95	102	197	188	71	23	111	117	214	205	73	24	114	120	215	207
67	16	74	79	171	163	69	21	102	108	205	196	71	24	117	124	221	212	73	25	120	126	222	214
67	17	80	86	179	171	69	22	108	115	212	203	71	25	123	130	228	219	73	26	126	133	229	220
67	18	86	92	187	178	69	23	114	121	219	211	71	26	129	136	235	226	73	27	132	139	236	227
67	19	92	98	195	186	69	24	120	127	227	218	71	27	135	143	242	233	73	28	138	145	243	234
67	20	98	105	203	194	69	25	127	134	234	225	71	28	142	149	249	240	73	29	144	151	249	241
67	21	105	111	210	201	69	26	133	140	241	232	71	29	148	156	256	247	73	30	150	157	256	248
67	22	111	118	218	209	69	27	139	147	248	240	71	30	154	162	263	254	73	31	156	164	263	254
67	23	117	125	225	217	69	28	146	154	255	247	71	31	161	169	269	261	73	32	163	170	269	261
67	24	124	131	233	224	69	29	153	160	262	254	71	32	167	175	276	268	73	33	169	177	276	268
67	25	131	138	240	232	69	30	159	167	270	261	71	33	174	182	283	275	73	34	175	183	283	274
67	26	137	145	248	239	69	31	166	174	276	268	71	34	180	188	290	281	73	35	182	189	289	281
67	27	144	152	255	246	69	32	172	181	283	275	71	35	187	195	296	288	73	36	188	196	296	288
67	28	151	158	262	254	69	33	179	187	290	282	71	36	194	202	303	295	73	37	194	202	302	294
67	29	157	165	270	261	69	34	186	194	297	289	72	0	0	0	22	18	74	0	0	0	22	17
67	30	164	172	277	268	69	35	193	201	304	296	72	1	1	1	34	29	74	1	1	1	33	28
67	31	171	179	284	275	70	0	0	0	23	19	72	2	3	3	44	39	74	2	3	3	43	38
67	32	178	186	291	283	70	1	1	1	35	30	72	3	6	7	54	48	74	3	5	7	53	47
67	33	185	193	298	290	70	2	3	3	46	40	72	4	9	11	63	57	74	4	9	11	62	56
67	34	192	200	305	297	70	3	6	7	56	50	72	5	13	15	72	66	74	5	13	15	70	64
68	0	0	0	24	19	70	4	9	11	65	59	72	6	17	20	81	74	74	6	17	19	79	72
68	1	1	1	36	31	70	5	13	16	74	68	72	7	22	25	89	82	74	7	21	24	87	80
68	2	3	3	47	41	70	6	18	20	83	76	72	8	26	30	98	90	74	8	26	29	95	88
68	3	6	7	57	51	70	7	22	25	92	85	72	9	31	35	106	98	74	9	31	34	103	96
68	4	10	11	67	61	70	8	27	31	100	93	72	10	36	40	114	106	74	10	35	39	111	103
68	5	14	16	76	70	70	9	32	36	109	101	72	11	41	46	122	114	74	11	40	44	118	111
68	6	18	21	86	79	70	10	37	41	117	109	72	12	47	51	129	122	74	12	45	50	126	119
68	7	23	26	95	87	70	11	43	47	125	117	72	13	52	57	137	129	74	13	51	55	134	126
68	8	28	31	103	96	70	12	48	53	133	125	72	14	57	62	145	137	74	14	56	61	141	133
68	9	33	37	112	104	70	13	53	58	141	133	72	15	63	68	152	144	74	15	61	66	148	141
68	10	38	43	120	112	70	14	59	64	149	141	72	16	68	74	160	152	74	16	67	72	156	148
68	11	44	48	129	121	70	15	65	70	157	148	72	17	74	80	167	159	74	17	72	78	163	155
68	12	49	54	137	129	70	16	70	76	164	156	72	18	80	86	175	166	74	18	78	83	170	162
68	13	55	60	145	137	70	17	76	82	172	164	72	19	86	92	182	174	74	19	83	89	177	169
68	14	61	66	153	145	70	18	82	88	179	171	72	20	91	98	189	181	74	20	89	95	184	176
68	15	67	72	161	153	70	19	88	94	187	178	72	21	97	104	196	188	74	21	95	101	191	183
68	16	72	78	169	160	70	20	94	100	194	186	72	22	103	110	204	195	74	22	100	107	198	190
68	17	78	84	177	168	70	21	100	107	202	193	72	23	109	116	211	202	74	23	106	113	205	197
68	18	84	91	184	176	70	22	106	113	209	201	72	24	115	122	218	209	74	24	112	119	212	204
68	19	91	97	192	183	70	23	112	119	216	208	72	25	121	128	225	216	74	25	118	125	219	211
68	20	97	103	200	191	70	24	119	126	224	215	72	26	127	134	232	223	74	26	124	131	226	218
68	21	103	110	207	199	70	25	125	132	231	222	72	27	133	141	239	230	74	27	130	137	233	224
68	22	109	116	215	206	70	26	131	138	238	229	72	28	140	147	246	237	74	28	136	143	239	231
68	23	116	123	222	214	70	27	137	145	245	236	72	29	146	153	252	244	74	29	142	149	246	238
68	24	122	129	230	221	70	28	144	151	252	244	72	30	152	160	259	251	74	30	148	155	253	245
68	25	129	136	237	228	70	29	150	158	259	251	72	31	159	166	266	258	74	31	154	162	259	251
68	26	135	143	244	236	70	30	157	165	266	258	72	32	165	173	273	264	74	32	160	168	266	258
68	27	142	149	252	243	70	31	163	171	273	264	72	33	171	179	279	271	74	33	166	174	273	264
68	28	148	156	259	250	70	32	170	178	280	271	72	34	178	186	286	278	74	34	173	180	279	271
68	29	155	163	266	257	70	33	176	185	287	278	72	35	184	192	293	285	74	35	179	187	286	277
68	30	162	170	273	265	70	34	183	191	293	285	72	36	191	199	299	291	74	36	185	193	292	284
68	31	168	176	280	272	70	35	190	198	300	292	73	0	0	0	22	18	74	37	192	200	298	290
68	32	175	183	287	279	71	0	0	0	22	18	73	1	1	1	34	29	75	0	0	0	21	17
68	33	182	190	294	286	71	1	1	1	35	30	73	2	3	3	44	38	75	1	1	1	33	28
68	34	189	197	301	293	71	2	3	3	45	40	73	3	5	7	53	48	75	2	3	3	43	37
69	0	0	0	23	19	71	3	6	7	55	49	73	4	9	11	62	56	75	3	5	7	52	46
69	1	1	1	36	30	71	4	9	11	64	58	73	5	13	15	71	65	75	4	9	10	61	55
69	2	3	3	46	41	71	5	13	15	73	67	73	6	17	20	80	73	75	5	13	15	69	63
69	3	6	7	56	50	71	6	18	20	82	75	73	7	22	24	88	81	75	6	17	19	78	71
69	4	9	11	66	60	71	7	22	25	91	84	73	8	26	29	96	89	75	7	21	24	86	79
69	5	14	16	75	69	71	8	27	30	99	92	73	9	31	34	104	97	75	8	25	29	94	87
69	6	18	21	84	77	71	9	32	35	107	100	73	10	36	40	112	105	75	9	30	34	102	95
69	7	23	26	93	86	71	10	37	41	115	108	73	11	41	45	120	113	75	10	35	39	109	102
69	8	28	31	102	94	71	11	42	46	123	116	73	12	46	50	128	120	75	11	40	44	117	110
69	9	33	36	110	103	71	12	47	52	131	123	73	13	51	56	135	128	75	12	45	49	124	117
69	10	38	42	119	111	71	13	53	57	139	131	73	14	57	62	143	135	75	13	50	54	132	124
69	11	43	48	127	119	71	14	58	63	147	139	73	15	62	67	150	142	75	14	55	60	139	132
69	12	49	53	135	127	71	15	64	69	154	146	73	16	68	73	158	150	75	15	60	65	147	139
69	13	54	59	143	135	71	16	69	75	162	154	73	17	73	79	165	157	75	16	66	71	154	146
69	14	60	65	151	143	71	17	75	81	170	161	73	18	79	84	172	164	75	17	71	77	161	153
69	15	66	71	159	150	71	18	81	87	177	169	73	19	84	90	180	171	75	18	77	82	168	160
69	16	71	77	167	158	71	19	87	93	184	176	73	20	90	96	187	179	75	19	82	88	175	167

CONFIDENCE BOUNDS FOR A

N = 490

n	a	LOWER .975	LOWER .95	UPPER .975	UPPER .95
75	20	88	94	182	174
75	21	93	99	189	181
75	22	99	105	196	188
75	23	105	111	203	195
75	24	110	117	210	201
75	25	116	123	216	208
75	26	122	129	223	215
75	27	128	135	230	222
75	28	134	141	237	228
75	29	140	147	243	235
75	30	146	153	250	242
75	31	152	159	256	248
75	32	158	165	263	255
75	33	164	172	269	261
75	34	170	178	276	268
75	35	176	184	282	274
75	36	183	190	288	280
75	37	189	197	295	287
75	38	195	203	301	293
76	0	0	0	21	17
76	1	1	1	32	28
76	2	3	3	42	37
76	3	5	6	51	46
76	4	9	10	60	54
76	5	12	14	68	62
76	6	16	19	77	70
76	7	21	24	85	78
76	8	25	28	92	86
76	9	30	33	100	93
76	10	35	38	108	101
76	11	39	43	115	108
76	12	44	49	123	115
76	13	49	54	130	123
76	14	54	59	137	130
76	15	60	65	145	137
76	16	65	70	152	144
76	17	70	76	159	151
76	18	76	81	166	158
76	19	81	87	173	165
76	20	87	92	180	172
76	21	92	98	187	179
76	22	98	104	194	185
76	23	103	110	200	192
76	24	109	115	207	199
76	25	115	121	214	206
76	26	120	127	220	212
76	27	126	133	227	219
76	28	132	139	234	225
76	29	138	145	240	232
76	30	144	151	247	239
76	31	150	157	253	245
76	32	156	163	260	251
76	33	162	169	266	258
76	34	168	175	272	264
76	35	174	182	279	271
76	36	180	188	285	277
76	37	186	194	291	283
76	38	193	200	297	290
77	0	0	0	21	17
77	1	1	1	32	27
77	2	3	3	41	36
77	3	5	6	50	45
77	4	9	10	59	53
77	5	12	14	67	61
77	6	16	19	76	69
77	7	20	23	84	77
77	8	25	28	91	85
77	9	29	33	99	92
77	10	34	38	106	99
77	11	39	43	114	107
77	12	44	48	121	114
77	13	49	53	129	121
77	14	54	58	136	128
77	15	59	64	143	135
77	16	64	69	150	142

N = 490

n	a	LOWER .975	LOWER .95	UPPER .975	UPPER .95
77	17	69	75	157	149
77	18	75	80	164	156
77	19	80	86	171	163
77	20	85	91	178	170
77	21	91	97	184	176
77	22	96	102	191	183
77	23	102	108	198	190
77	24	108	114	205	196
77	25	113	120	211	203
77	26	119	125	218	210
77	27	125	131	224	216
77	28	130	137	231	223
77	29	136	143	237	229
77	30	142	149	244	236
77	31	148	155	250	242
77	32	154	161	256	248
77	33	160	167	263	255
77	34	166	173	269	261
77	35	172	179	275	267
77	36	178	185	282	274
77	37	184	191	288	280
77	38	190	198	294	286
77	39	196	204	300	292
78	0	0	0	20	16
78	1	1	1	31	27
78	2	2	3	41	36
78	3	5	6	50	44
78	4	8	10	58	53
78	5	12	14	67	61
78	6	16	18	75	68
78	7	20	23	82	76
78	8	25	28	90	84
78	9	29	32	98	91
78	10	34	37	105	98
78	11	38	42	112	105
78	12	43	47	120	113
78	13	48	52	127	120
78	14	53	58	134	127
78	15	58	63	141	134
78	16	63	68	148	140
78	17	68	74	155	147
78	18	74	79	162	154
78	19	79	84	169	161
78	20	84	90	175	168
78	21	90	96	182	174
78	22	95	101	189	181
78	23	101	107	195	187
78	24	106	112	202	194
78	25	112	118	209	201
78	26	117	124	215	207
78	27	123	130	222	214
78	28	129	135	228	220
78	29	134	141	234	226
78	30	140	147	241	233
78	31	146	153	247	239
78	32	152	159	253	245
78	33	158	165	260	252
78	34	163	171	266	258
78	35	169	177	272	264
78	36	175	183	278	270
78	37	181	189	284	277
78	38	187	195	291	283
78	39	193	201	297	289
79	0	0	0	20	16
79	1	1	1	31	26
79	2	2	3	40	35
79	3	5	6	49	44
79	4	8	10	58	52
79	5	12	14	66	60
79	6	16	18	74	68
79	7	20	23	81	75
79	8	24	27	89	82
79	9	29	32	96	90
79	10	33	37	104	97
79	11	38	42	111	104

N = 490

n	a	LOWER .975	LOWER .95	UPPER .975	UPPER .95
79	12	43	47	118	111
79	13	48	52	125	118
79	14	52	57	132	125
79	15	57	62	139	132
79	16	62	67	146	139
79	17	68	73	153	145
79	18	73	78	160	152
79	19	78	83	167	159
79	20	83	89	173	166
79	21	89	94	180	172
79	22	94	100	187	179
79	23	99	105	193	185
79	24	105	111	200	192
79	25	110	117	206	198
79	26	116	122	213	205
79	27	121	128	219	211
79	28	127	134	225	217
79	29	133	139	232	224
79	30	138	145	238	230
79	31	144	151	244	236
79	32	150	157	250	243
79	33	155	163	257	249
79	34	161	169	263	255
79	35	167	174	269	261
79	36	173	180	275	267
79	37	179	186	281	273
79	38	185	192	287	280
79	39	191	198	293	286
79	40	197	204	299	292
80	0	0	0	20	16
80	1	1	1	30	26
80	2	2	3	40	35
80	3	5	6	49	43
80	4	8	10	57	51
80	5	12	14	65	59
80	6	16	18	73	67
80	7	20	22	80	74
80	8	24	27	88	81
80	9	28	32	95	89
80	10	33	36	103	96
80	11	37	41	110	103
80	12	42	46	117	110
80	13	47	51	124	117
80	14	52	56	131	123
80	15	57	61	138	130
80	16	62	67	144	137
80	17	67	72	151	144
80	18	72	77	158	150
80	19	77	82	165	157
80	20	82	88	171	164
80	21	87	93	178	170
80	22	93	99	184	177
80	23	98	104	191	183
80	24	103	110	197	189
80	25	109	115	204	196
80	26	114	121	210	202
80	27	120	126	216	208
80	28	125	132	223	215
80	29	131	138	229	221
80	30	136	143	235	227
80	31	142	149	241	234
80	32	148	155	248	240
80	33	153	161	254	246
80	34	159	166	260	252
80	35	165	172	266	258
80	36	171	178	272	264
80	37	177	184	278	270
80	38	182	190	284	276
80	39	188	196	290	282
80	40	194	202	296	288
81	0	0	0	19	16
81	1	1	1	30	26
81	2	2	3	39	34
81	3	5	6	48	43
81	4	8	10	56	51

N = 490

n	a	LOWER .975	LOWER .95	UPPER .975	UPPER .95
81	5	12	14	64	58
81	6	16	18	72	66
81	7	20	22	79	73
81	8	24	27	87	80
81	9	28	31	94	88
81	10	33	36	101	95
81	11	37	41	108	102
81	12	42	46	115	108
81	13	46	51	122	115
81	14	51	56	129	122
81	15	56	61	136	129
81	16	61	66	143	135
81	17	66	71	149	142
81	18	71	76	156	149
81	19	76	81	163	155
81	20	81	87	169	162
81	21	86	92	176	168
81	22	92	97	182	174
81	23	97	103	189	181
81	24	102	108	195	187
81	25	107	114	201	193
81	26	113	119	208	200
81	27	118	125	214	206
81	28	124	130	220	212
81	29	129	136	226	218
81	30	135	141	232	225
81	31	140	147	239	231
81	32	146	153	245	237
81	33	151	159	251	243
81	34	157	164	257	249
81	35	163	170	263	255
81	36	168	176	269	261
81	37	174	182	275	267
81	38	180	187	281	273
81	39	186	193	287	279
81	40	192	199	293	285
81	41	197	205	298	291
82	0	0	0	19	16
82	1	1	1	30	25
82	2	2	3	39	34
82	3	5	6	47	42
82	4	8	10	55	50
82	5	12	14	63	58
82	6	15	18	71	65
82	7	19	22	78	72
82	8	23	26	86	79
82	9	28	31	93	86
82	10	32	36	100	93
82	11	37	40	107	100
82	12	41	45	114	107
82	13	46	50	121	114
82	14	51	55	128	121
82	15	55	60	134	127
82	16	60	65	141	134
82	17	65	70	148	140
82	18	70	75	154	147
82	20	80	86	167	160
82	21	85	91	174	166
82	22	90	96	180	172
82	23	96	102	186	179
82	24	101	107	193	185
82	25	106	112	199	191
82	26	111	118	205	197
82	27	117	123	211	204
82	28	122	129	218	210
82	29	128	134	224	216
82	30	133	140	230	222
82	31	139	145	236	228
82	32	144	151	242	234
82	33	150	157	248	240
82	34	155	162	254	246
82	35	161	168	260	252
82	36	166	174	266	258
82	37	172	179	272	264

CONFIDENCE BOUNDS FOR A

N = 490					N = 490					N = 490					N = 490			
		LOWER		UPPER			LOWER		UPPER			LOWER		UPPER			LOWER		UPPER
n	a	.975	.95	.975	.95	n	a	.975	.95	.975	.95	n	a	.975	.95	.975	.95	n	a	.975	.95	.975	.95

Block 1:

n	a	.975	.95	.975	.95
82	38	178	185	278	270
82	39	183	191	284	276
82	40	189	197	289	282
82	41	195	202	295	288
83	0	0	0	19	15
83	1	1	1	29	25
83	2	2	3	38	34
83	3	5	6	47	42
83	4	8	10	55	49
83	5	12	13	63	57
83	6	15	17	70	64
83	7	19	22	77	71
83	8	23	26	85	78
83	9	27	31	92	85
83	10	32	35	99	92
83	11	36	40	106	99
83	12	41	45	113	106
83	13	45	49	119	112
83	14	50	54	126	119
83	15	55	59	133	126
83	16	60	64	139	132
83	17	64	69	146	139
83	18	69	74	152	145
83	19	74	79	159	151
83	20	79	85	165	158
83	21	84	90	172	164
83	22	89	95	178	170
83	23	95	100	184	177
83	24	100	106	190	183
83	25	105	111	197	189
83	26	110	116	203	195
83	27	115	122	209	201
83	28	121	127	215	207
83	29	126	133	221	213
83	30	131	138	227	220
83	31	137	144	233	226
83	32	142	149	239	232
83	33	148	155	245	237
83	34	153	160	251	243
83	35	159	166	257	249
83	36	164	171	263	255
83	37	170	177	269	261
83	38	175	183	275	267
83	39	181	188	280	273
83	40	187	194	286	279
83	41	192	200	292	284
83	42	198	206	298	290
84	0	0	0	19	15
84	1	1	1	29	25
84	2	2	3	38	33
84	3	5	6	46	41
84	4	8	9	54	49
84	5	11	13	62	56
84	6	15	17	69	63
84	7	19	21	77	71
84	8	23	26	84	78
84	9	27	30	91	84
84	10	31	35	98	91
84	11	36	39	105	98
84	12	40	44	111	105
84	13	45	49	118	111
84	14	49	54	125	118
84	15	54	59	131	124
84	16	59	63	138	131
84	17	64	68	144	137
84	18	68	73	151	143
84	19	73	78	157	150
84	20	78	84	163	156
84	21	83	89	170	162
84	22	88	94	176	168
84	23	93	99	182	175
84	24	98	104	188	181
84	25	104	110	194	187
84	26	109	115	201	193
84	27	114	120	207	199

Block 2:

n	a	.975	.95	.975	.95
84	28	119	126	213	205
84	29	125	131	219	211
84	30	130	136	225	217
84	31	135	142	231	223
84	32	140	147	237	229
84	33	146	153	242	235
84	34	151	158	248	241
84	35	157	164	254	247
84	36	162	169	260	252
84	37	168	175	266	258
84	38	173	180	272	264
84	39	179	186	277	270
84	40	184	192	283	276
84	41	190	197	289	281
84	42	196	203	294	287
85	0	0	0	18	15
85	1	1	1	29	24
85	2	2	3	37	33
85	3	5	6	46	41
85	4	8	9	53	48
85	5	11	13	61	56
85	6	15	17	68	63
85	7	19	21	76	70
85	8	23	25	83	77
85	9	27	30	90	83
85	10	31	34	97	90
85	11	35	39	103	97
85	12	40	44	110	103
85	13	44	48	117	110
85	14	49	53	123	116
85	15	53	58	130	123
85	16	58	63	136	129
85	17	63	68	143	135
85	18	68	73	149	142
85	19	73	78	155	148
85	20	77	83	162	154
85	21	82	88	168	160
85	22	87	93	174	166
85	23	92	98	180	173
85	24	97	103	186	179
85	25	102	108	192	185
85	26	108	114	198	191
85	27	113	119	204	197
85	28	118	124	210	203
85	29	123	129	216	209
85	30	128	135	222	215
85	31	134	140	228	220
85	32	139	145	234	226
85	33	144	151	240	232
85	34	149	156	246	238
85	35	155	162	251	244
85	36	160	167	257	250
85	37	166	173	263	255
85	38	171	178	269	261
85	39	177	184	274	267
85	40	182	189	280	273
85	41	188	195	286	278
85	42	193	201	291	284
85	43	199	206	297	289
86	0	0	0	18	15
86	1	1	1	28	24
86	2	2	3	37	32
86	3	5	6	45	40
86	4	8	9	53	48
86	5	11	13	60	55
86	6	15	17	68	62
86	7	19	21	75	69
86	8	22	25	82	76
86	9	27	30	89	82
86	10	31	34	95	89
86	11	35	38	102	96
86	12	39	43	109	102
86	13	44	48	115	109
86	14	48	52	122	115
86	15	53	57	128	121

Block 3:

n	a	.975	.95	.975	.95
86	16	58	62	135	128
86	17	62	67	141	134
86	18	67	72	147	140
86	19	72	77	153	146
86	20	77	82	160	152
86	21	81	87	166	159
86	22	86	92	172	165
86	23	91	97	178	171
86	24	96	102	184	177
86	25	101	107	190	183
86	26	106	112	196	189
86	27	111	117	202	195
86	28	116	123	208	200
86	29	122	128	214	206
86	30	127	133	220	212
86	31	132	138	226	218
86	32	137	144	231	224
86	33	142	149	237	230
86	34	148	154	243	235
86	35	153	160	249	241
86	36	158	165	254	247
86	37	164	171	260	253
86	38	169	176	266	258
86	39	174	182	271	264
86	40	180	187	277	270
86	41	185	193	283	275
86	42	191	198	288	281
86	43	196	204	294	286
87	0	0	0	18	15
87	1	1	1	28	24
87	2	2	3	36	32
87	3	5	6	44	40
87	4	8	9	52	47
87	5	11	13	60	54
87	6	15	17	67	61
87	7	18	21	74	68
87	8	22	25	81	75
87	9	26	29	88	81
87	10	30	34	94	88
87	11	35	38	101	95
87	12	39	43	107	101
87	13	43	47	114	107
87	14	48	52	120	114
87	15	52	57	127	120
87	16	57	61	133	126
87	17	61	66	139	132
87	18	66	71	146	139
87	19	71	76	152	145
87	20	76	81	158	151
87	21	80	86	164	157
87	22	85	91	170	163
87	23	90	96	176	169
87	24	95	101	182	175
87	25	100	106	188	181
87	26	105	111	194	187
87	27	110	116	200	192
87	28	115	121	206	198
87	29	120	126	212	204
87	30	125	132	217	210
87	31	130	137	223	216
87	32	136	142	229	221
87	33	141	147	235	227
87	34	146	153	240	233
87	35	151	158	246	239
87	36	156	163	252	244
87	37	162	169	257	250
87	38	167	174	263	255
87	39	172	179	269	261
87	40	178	185	274	267
87	41	183	190	280	272
87	42	189	196	285	278
87	43	194	201	291	283
87	44	199	207	296	289
88	0	0	0	18	14
88	1	1	1	27	23

Block 4:

n	a	.975	.95	.975	.95
88	2	2	3	36	32
88	3	5	6	44	39
88	4	8	9	52	47
88	5	11	13	59	54
88	6	14	17	66	60
88	7	18	21	73	67
88	8	22	25	80	74
88	9	26	29	87	81
88	10	30	33	93	87
88	11	34	38	100	93
88	12	39	42	106	100
88	13	43	47	113	106
88	14	47	51	119	112
88	15	52	56	125	119
88	16	56	61	132	125
88	17	61	65	138	131
88	18	65	70	144	137
88	19	70	75	150	143
88	20	75	80	156	149
88	21	80	85	162	155
88	22	84	90	168	161
88	23	89	95	174	167
88	24	94	100	180	173
88	25	99	105	186	179
88	26	104	110	192	184
88	27	109	115	198	190
88	28	114	120	204	196
88	29	119	125	209	202
88	30	124	130	215	208
88	31	129	135	221	213
88	32	134	140	226	219
88	33	139	146	232	225
88	34	144	151	238	230
88	35	149	156	243	236
88	36	155	161	249	242
88	37	160	167	255	247
88	38	165	172	260	253
88	39	170	177	266	258
88	40	176	183	271	264
88	41	181	188	277	269
88	42	186	193	282	275
88	43	192	199	288	280
88	44	197	204	293	286
89	0	0	0	18	14
89	1	1	1	27	23
89	2	2	3	36	31
89	3	5	6	43	39
89	4	8	9	51	46
89	5	11	13	58	53
89	6	14	16	65	60
89	7	18	20	72	67
89	8	22	24	79	73
89	9	26	29	86	80
89	10	30	33	92	86
89	11	34	37	99	92
89	12	38	42	105	99
89	13	42	46	111	105
89	14	47	51	118	111
89	15	51	55	124	117
89	16	56	60	130	123
89	17	60	65	136	129
89	18	65	69	142	135
89	19	69	74	148	141
89	20	74	79	154	147
89	21	79	84	160	153
89	22	83	89	166	159
89	23	88	94	172	165
89	24	93	98	178	171
89	25	98	103	184	177
89	26	103	108	190	182
89	27	108	113	196	188
89	28	112	118	201	194
89	29	117	123	207	200
89	30	122	129	213	205
89	31	127	134	218	211

CONFIDENCE BOUNDS FOR A

N = 490

n	a	LOWER .975	LOWER .95	UPPER .975	UPPER .95
89	32	132	139	224	217
89	33	137	144	230	222
89	34	143	149	235	228
89	35	148	154	241	233
89	36	153	159	246	239
89	37	158	165	252	245
89	38	163	170	257	250
89	39	168	175	263	256
89	40	174	180	268	261
89	41	179	186	274	267
89	42	184	191	279	272
89	43	189	196	285	277
89	44	195	202	290	283
89	45	200	207	295	288
90	0	0	0	17	14
90	1	1	1	27	23
90	2	2	3	35	31
90	3	5	6	43	38
90	4	8	9	50	45
90	5	11	12	58	52
90	6	14	16	65	59
90	7	18	20	71	66
90	8	22	24	78	72
90	9	25	28	85	79
90	10	29	33	91	85
90	11	34	37	98	91
90	12	38	41	104	98
90	13	42	46	110	104
90	14	46	50	116	110
90	15	51	55	123	116
90	16	55	59	129	122
90	17	60	64	135	128
90	18	64	69	141	134
90	19	69	73	147	140
90	20	73	78	153	146
90	21	78	83	159	152
90	22	82	88	165	157
90	23	87	92	170	163
90	24	92	97	176	169
90	25	97	102	182	175
90	26	102	107	188	181
90	27	106	112	194	186
90	28	111	117	199	192
90	29	116	122	205	198
90	30	121	127	211	203
90	31	126	132	216	209
90	32	131	137	222	214
90	33	136	142	227	220
90	34	141	147	233	225
90	35	146	153	238	231
90	36	151	158	244	237
90	37	156	163	249	242
90	38	161	168	255	247
90	39	166	173	260	253
90	40	172	178	266	258
90	41	177	184	271	264
90	42	182	189	276	269
90	43	187	194	282	275
90	44	192	199	287	280
90	45	198	205	292	285
91	0	0	0	17	14
91	1	1	1	26	23
91	2	2	3	35	30
91	3	5	6	42	38
91	4	8	9	50	45
91	5	11	12	57	52
91	6	14	16	64	58
91	7	18	20	71	65
91	8	21	24	77	71
91	9	25	28	84	78
91	10	29	32	90	84
91	11	33	36	97	90
91	12	37	41	103	97
91	13	42	45	109	103
91	14	46	50	115	109

N = 490

n	a	LOWER .975	LOWER .95	UPPER .975	UPPER .95
91	15	50	54	121	115
91	16	54	59	127	121
91	17	59	63	133	127
91	18	63	68	139	133
91	19	68	73	145	138
91	20	72	77	151	144
91	21	77	82	157	150
91	22	82	87	163	156
91	23	86	91	169	162
91	24	91	96	174	167
91	25	96	101	180	173
91	26	100	106	186	179
91	27	105	111	191	184
91	28	110	116	197	190
91	29	115	121	203	195
91	30	120	126	208	201
91	31	125	131	214	207
91	32	129	136	219	212
91	33	134	141	225	218
91	34	139	146	230	223
91	35	144	151	236	229
91	36	149	156	241	234
91	37	154	161	247	239
91	38	159	166	252	245
91	39	164	171	258	250
91	40	170	176	263	256
91	41	175	182	268	261
91	42	180	187	274	266
91	43	185	192	279	272
91	44	190	197	284	277
91	45	195	202	289	282
91	46	201	208	295	288
92	0	0	0	17	14
92	1	1	1	26	22
92	2	2	3	34	30
92	3	5	6	42	37
92	4	7	9	49	44
92	5	11	12	56	51
92	6	14	16	63	58
92	7	17	20	70	64
92	8	21	24	76	71
92	9	25	28	83	77
92	10	29	32	89	83
92	11	33	36	95	89
92	12	37	40	102	95
92	13	41	45	108	102
92	14	45	49	114	108
92	15	50	54	120	113
92	16	54	58	126	119
92	17	58	63	132	125
92	18	63	67	138	131
92	19	67	72	144	137
92	20	72	76	150	143
92	21	76	81	155	148
92	22	81	86	161	154
92	23	85	90	167	160
92	24	90	95	173	165
92	25	95	100	178	171
92	26	99	105	184	177
92	27	104	110	189	182
92	28	109	115	195	188
92	29	114	119	201	193
92	30	118	124	206	199
92	31	123	129	212	204
92	32	128	134	217	210
92	33	133	139	223	215
92	34	138	144	228	221
92	35	143	149	234	226
92	36	148	154	239	232
92	37	153	159	244	237
92	38	158	164	250	242
92	39	163	169	255	248
92	40	168	174	260	253
92	41	173	180	266	258
92	42	178	185	271	264

N = 490

n	a	LOWER .975	LOWER .95	UPPER .975	UPPER .95
92	43	183	190	276	269
92	44	188	195	281	274
92	45	193	200	286	279
92	46	198	205	292	285
93	0	0	0	17	14
93	1	1	1	26	22
93	2	2	3	34	30
93	3	5	6	41	37
93	4	7	9	49	44
93	5	10	12	56	51
93	6	14	16	62	57
93	7	17	20	69	64
93	8	21	23	75	70
93	9	25	27	82	76
93	10	29	32	88	82
93	11	33	36	94	88
93	12	37	40	101	94
93	13	41	44	107	100
93	14	45	49	113	106
93	15	49	53	119	112
93	16	53	57	125	118
93	17	58	62	131	124
93	18	62	66	136	130
93	19	66	71	142	135
93	20	71	76	148	141
93	21	75	80	154	147
93	22	80	85	159	153
93	23	84	90	165	158
93	24	89	94	171	164
93	25	94	99	176	169
93	26	98	104	182	175
93	27	103	108	188	180
93	28	108	113	193	186
93	29	112	118	199	191
93	30	117	123	204	197
93	31	122	128	210	202
93	32	127	133	215	208
93	33	131	138	220	213
93	34	136	143	226	219
93	35	141	147	231	224
93	36	146	152	236	229
93	37	151	157	242	235
93	38	156	162	247	240
93	39	161	167	252	245
93	40	166	172	258	250
93	41	171	178	263	256
93	42	176	183	268	261
93	43	181	188	273	266
93	44	186	193	278	271
93	45	191	198	284	277
93	46	196	203	289	282
93	47	201	208	294	287
94	0	0	0	17	13
94	1	1	1	26	22
94	2	2	3	34	29
94	3	5	5	41	37
94	4	7	9	48	43
94	5	10	12	55	50
94	6	14	16	62	57
94	7	17	19	68	63
94	8	21	23	75	69
94	9	24	27	81	75
94	10	28	31	87	81
94	11	32	35	93	87
94	12	36	40	100	93
94	13	40	44	106	99
94	14	44	48	112	105
94	15	49	52	117	111
94	16	53	57	123	117
94	17	57	61	129	123
94	18	61	66	135	128
94	19	66	71	141	134
94	20	70	75	146	140
94	21	75	79	152	145
94	22	79	84	158	151

N = 490

n	a	LOWER .975	LOWER .95	UPPER .975	UPPER .95
94	23	84	89	163	156
94	24	88	93	169	162
94	25	93	98	175	168
94	26	97	103	180	173
94	27	102	107	186	179
94	28	106	112	191	184
94	29	111	117	197	189
94	30	116	122	202	195
94	31	121	126	207	200
94	32	125	131	213	206
94	33	130	136	218	211
94	34	135	141	223	216
94	35	140	146	229	222
94	36	144	151	234	227
94	37	149	156	239	232
94	38	154	161	245	237
94	39	159	166	250	243
94	40	164	171	255	248
94	41	169	176	260	253
94	42	174	181	265	258
94	43	179	186	271	264
94	44	184	191	276	269
94	45	189	196	281	274
94	46	194	201	286	279
94	47	199	206	291	284
95	0	0	0	16	13
95	1	1	1	25	22
95	2	2	3	33	29
95	3	5	5	41	36
95	4	7	9	48	43
95	5	10	12	54	50
95	6	14	15	61	56
95	7	17	19	68	62
95	8	21	23	74	68
95	9	24	27	80	75
95	10	28	31	86	81
95	11	32	35	92	87
95	12	36	39	98	92
95	13	40	43	104	98
95	14	44	48	110	104
95	15	48	52	116	110
95	16	52	56	122	116
95	17	56	61	128	121
95	18	61	65	134	127
95	19	65	70	139	133
95	20	69	74	145	138
95	21	74	79	151	144
95	22	78	83	156	149
95	23	83	88	162	155
95	24	87	92	167	160
95	25	92	97	173	166
95	26	96	102	178	171
95	27	101	106	184	177
95	28	105	111	189	182
95	29	110	116	195	188
95	30	115	120	200	193
95	31	119	125	205	198
95	32	124	130	211	204
95	33	129	135	216	209
95	34	133	139	221	214
95	35	138	144	227	219
95	36	143	149	232	225
95	37	148	154	237	230
95	38	153	159	242	235
95	39	157	164	247	240
95	40	162	169	253	245
95	41	167	174	258	251
95	42	172	179	263	256
95	43	177	184	268	261
95	44	182	189	273	266
95	45	187	194	278	271
95	46	192	199	283	276
95	47	197	204	288	281
95	48	202	209	293	286
96	0	0	0	16	13

CONFIDENCE BOUNDS FOR A

N = 490

n	a	LOWER .975	LOWER .95	UPPER .975	UPPER .95
96	1	1	1	25	21
96	2	2	3	33	29
96	3	4	5	40	36
96	4	7	8	47	42
96	5	10	12	54	49
96	6	13	15	60	55
96	7	17	19	67	62
96	8	20	23	73	68
96	9	24	27	79	74
96	10	28	31	85	80
96	11	32	35	91	86
96	12	36	39	97	91
96	13	39	43	103	97
96	14	44	47	109	103
96	15	48	51	115	109
96	16	52	56	121	114
96	17	56	60	127	120
96	18	60	64	132	126
96	19	64	69	138	131
96	20	69	73	143	137
96	21	73	78	149	142
96	22	77	82	155	148
96	23	82	87	160	153
96	24	86	91	166	159
96	25	91	96	171	164
96	26	95	100	176	170
96	27	100	105	182	175
96	28	104	110	187	180
96	29	109	114	193	186
96	30	113	119	198	191
96	31	118	124	203	196
96	32	123	129	209	202
96	33	127	133	214	207
96	34	132	138	219	212
96	35	137	143	224	217
96	36	141	148	230	222
96	37	146	152	235	228
96	38	151	157	240	233
96	39	156	162	245	238
96	40	160	167	250	243
96	41	165	172	255	248
96	42	170	177	260	253
96	43	175	182	265	258
96	44	180	187	270	263
96	45	185	192	275	268
96	46	190	196	280	274
96	47	195	201	285	279
96	48	200	206	290	284
97	0	0	0	16	13
97	1	1	1	25	21
97	2	2	3	32	28
97	3	4	5	40	35
97	4	7	8	47	42
97	5	10	12	53	48
97	6	13	15	60	55
97	7	17	19	66	61
97	8	20	23	72	67
97	9	24	26	78	73
97	10	28	30	85	79
97	11	31	34	91	85
97	12	35	38	96	91
97	13	39	43	102	96
97	14	43	47	108	102
97	15	47	51	114	108
97	16	51	55	120	113
97	17	55	59	125	119
97	18	60	64	131	124
97	19	64	68	136	130
97	20	68	73	142	135
97	21	72	77	148	141
97	22	77	81	153	146
97	23	81	86	159	152
97	24	85	90	164	157
97	25	90	95	169	163
97	26	94	99	175	168

N = 490

n	a	LOWER .975	LOWER .95	UPPER .975	UPPER .95
97	27	99	104	180	173
97	28	103	109	185	178
97	29	108	113	191	184
97	30	112	118	196	189
97	31	117	122	201	194
97	32	121	127	207	199
97	33	126	132	212	205
97	34	131	137	217	210
97	35	135	141	222	215
97	36	140	146	227	220
97	37	145	151	232	225
97	38	149	156	238	230
97	39	154	160	243	236
97	40	159	165	248	241
97	41	164	170	253	246
97	42	168	175	258	251
97	43	173	180	263	256
97	44	178	185	268	261
97	45	183	189	273	266
97	46	188	194	278	271
97	47	193	199	283	276
97	48	197	204	288	281
97	49	202	209	293	286
98	0	0	0	16	13
98	1	1	1	24	21
98	2	2	3	32	28
98	3	4	5	39	35
98	4	7	8	46	42
98	5	10	12	53	48
98	6	13	15	59	54
98	7	17	19	65	60
98	8	20	22	72	66
98	9	24	26	78	72
98	10	27	30	84	78
98	11	31	34	90	84
98	12	35	38	95	90
98	13	39	42	101	95
98	14	43	46	107	101
98	15	47	50	113	107
98	16	51	55	118	112
98	17	55	59	124	118
98	18	59	63	130	123
98	19	63	67	135	129
98	20	67	72	141	134
98	21	72	76	146	139
98	22	76	81	152	145
98	23	80	85	157	150
98	24	84	89	162	156
98	25	89	94	168	161
98	26	93	98	173	166
98	27	98	103	178	171
98	28	102	107	184	177
98	29	107	112	189	182
98	30	111	117	194	187
98	31	116	121	199	192
98	32	120	126	204	198
98	33	125	130	210	203
98	34	129	135	215	208
98	35	134	140	220	213
98	36	138	145	225	218
98	37	143	149	230	223
98	38	148	154	235	228
98	39	152	159	240	233
98	40	157	163	245	238
98	41	162	168	250	243
98	42	167	173	255	248
98	43	171	178	260	253
98	44	176	183	265	258
98	45	181	187	270	263
98	46	186	192	275	268
98	47	190	197	280	273
98	48	195	202	285	278
98	49	200	207	290	283

N = 500

n	a	LOWER .975	LOWER .95	UPPER .975	UPPER .95
1	0	0	0	487	475
1	1	13	25	500	500
2	0	0	0	420	387
2	1	7	13	493	487
3	0	0	0	353	315
3	1	5	9	452	431
3	2	48	69	495	491
4	0	0	0	300	262
4	1	4	7	402	375
4	2	35	50	465	450
5	0	0	0	259	224
5	1	3	6	357	327
5	2	27	39	425	404
5	3	75	96	473	461
6	0	0	0	228	195
6	1	3	5	319	289
6	2	23	32	387	363
6	3	60	78	440	422
7	0	0	0	203	173
7	1	2	4	288	259
7	2	19	28	353	328
7	3	51	65	407	386
7	4	93	114	449	435
8	0	0	0	183	155
8	1	2	4	261	234
8	2	17	24	324	298
8	3	44	57	376	354
8	4	80	98	420	402
9	0	0	0	160	134
9	1	2	3	239	213
9	2	15	21	298	273
9	3	39	50	349	326
9	4	70	86	392	373
9	5	108	127	430	414
10	0	0	0	152	128
10	1	2	3	220	195
10	2	14	19	276	252
10	3	35	45	324	302
10	4	62	76	367	347
10	5	95	113	405	387
11	0	0	0	141	118
11	1	2	3	204	180
11	2	12	18	257	233
11	3	31	41	303	280
11	4	56	69	344	323
11	5	85	101	381	363
11	6	119	137	415	399
12	0	0	0	130	109
12	1	2	3	190	167
12	2	11	16	240	217
12	3	29	37	284	262
12	4	51	63	323	303
12	5	78	92	360	341
12	6	107	124	393	376
13	0	0	0	122	101
13	1	1	2	178	156
13	2	11	15	225	203
13	3	26	34	267	245
13	4	47	58	305	284
13	5	71	84	340	321
13	6	98	114	372	355
13	7	128	145	402	386
14	0	0	0	114	95
14	1	1	2	167	146
14	2	10	14	212	191
14	3	25	32	252	231
14	4	43	53	288	268
14	5	65	78	322	303
14	6	90	105	354	336
14	7	117	134	383	366
15	0	0	0	107	89
15	1	1	2	157	138
15	2	9	13	200	180
15	3	23	30	238	218
15	4	40	50	273	253

N = 500

n	a	LOWER .975	LOWER .95	UPPER .975	UPPER .95
15	5	61	72	306	287
15	6	84	97	336	318
15	7	108	124	365	348
15	8	135	152	392	376
16	0	0	0	101	84
16	1	1	2	149	130
16	2	9	12	189	170
16	3	21	28	226	206
16	4	38	46	259	240
16	5	57	68	291	272
16	6	78	91	320	302
16	7	101	115	348	331
16	8	125	141	375	359
17	0	0	0	95	79
17	1	1	2	141	123
17	2	8	12	180	161
17	3	20	26	215	196
17	4	36	44	247	228
17	5	53	63	277	259
17	6	73	85	306	288
17	7	94	108	333	316
17	8	117	132	359	343
17	9	141	157	383	368
18	0	0	0	91	75
18	1	1	2	134	117
18	2	8	11	171	153
18	3	19	25	205	186
18	4	34	41	236	217
18	5	50	60	265	247
18	6	69	80	293	275
18	7	89	101	319	302
18	8	110	124	344	328
18	9	132	148	368	352
19	0	0	0	86	71
19	1	1	2	128	111
19	2	7	10	163	146
19	3	18	23	195	177
19	4	32	39	225	207
19	5	47	56	253	236
19	6	65	75	280	263
19	7	84	96	306	289
19	8	103	117	330	314
19	9	125	139	353	338
19	10	147	162	375	361
20	0	0	0	82	68
20	1	1	2	122	106
20	2	7	10	156	139
20	3	17	22	187	170
20	4	30	37	216	198
20	5	45	54	243	225
20	6	61	71	269	252
20	7	79	90	293	277
20	8	98	110	317	301
20	9	118	131	340	324
20	10	138	153	362	347
21	0	0	0	78	65
21	1	1	2	117	101
21	2	7	9	149	133
21	3	16	21	179	162
21	4	29	35	207	190
21	5	43	51	233	216
21	6	58	68	258	241
21	7	75	86	282	266
21	8	93	105	305	289
21	9	111	125	327	312
21	10	131	145	349	334
21	11	151	166	369	355
22	0	0	0	75	62
22	1	1	2	112	97
22	2	7	9	143	127
22	3	16	20	172	156
22	4	27	34	199	182
22	5	41	49	224	207
22	6	56	65	248	232
22	7	71	82	272	255

CONFIDENCE BOUNDS FOR A

N = 500

n	a	LOWER .975	LOWER .95	UPPER .975	UPPER .95
22	8	88	100	294	278
22	9	106	118	316	300
22	10	124	138	336	321
22	11	144	158	356	342
23	0	0	0	72	59
23	1	1	2	107	93
23	2	6	9	138	122
23	3	15	19	165	149
23	4	26	32	191	175
23	5	39	46	216	199
23	6	53	62	239	223
23	7	68	78	262	246
23	8	84	95	283	268
23	9	101	113	304	289
23	10	118	131	325	310
23	11	137	150	344	330
23	12	156	170	363	350
24	0	0	0	69	57
24	1	1	2	103	89
24	2	6	8	132	118
24	3	15	19	159	144
24	4	25	31	184	168
24	5	37	44	208	192
24	6	51	59	231	215
24	7	65	75	253	237
24	8	80	91	274	258
24	9	96	108	294	279
24	10	113	125	314	299
24	11	130	143	333	319
24	12	148	162	352	338
25	0	0	0	66	55
25	1	1	1	99	86
25	2	6	8	128	113
25	3	14	18	153	138
25	4	24	30	178	162
25	5	36	43	201	185
25	6	49	57	223	207
25	7	62	72	244	229
25	8	77	87	265	249
25	9	92	103	284	269
25	10	108	120	304	289
25	11	125	137	323	308
25	12	142	155	341	327
25	13	159	173	358	345
26	0	0	0	64	53
26	1	1	1	96	83
26	2	6	8	123	109
26	3	13	17	148	134
26	4	23	29	171	157
26	5	34	41	194	179
26	6	47	55	215	200
26	7	60	69	236	221
26	8	74	84	256	241
26	9	88	99	275	260
26	10	104	115	294	280
26	11	119	132	312	298
26	12	136	148	330	316
26	13	152	166	348	334
27	0	0	0	62	51
27	1	1	1	92	80
27	2	5	8	119	105
27	3	13	17	143	129
27	4	22	27	166	151
27	5	33	40	187	173
27	6	45	52	208	193
27	7	58	66	228	214
27	8	71	80	248	233
27	9	85	95	267	252
27	10	100	111	285	271
27	11	115	126	303	289
27	12	130	142	320	307
27	13	146	159	337	324
27	14	163	176	354	341
28	0	0	0	60	49
28	1	1	1	89	77

N = 500

n	a	LOWER .975	LOWER .95	UPPER .975	UPPER .95
28	2	5	7	115	102
28	3	13	16	138	125
28	4	22	27	160	146
28	5	32	38	181	167
28	6	43	51	202	187
28	7	56	64	221	207
28	8	68	77	240	226
28	9	82	92	259	244
28	10	96	106	277	262
28	11	110	121	294	280
28	12	125	137	311	297
28	13	140	153	328	314
28	14	156	169	344	331
29	0	0	0	58	47
29	1	1	1	86	75
29	2	5	7	111	98
29	3	12	16	134	121
29	4	21	26	155	142
29	5	31	37	176	162
29	6	42	49	196	181
29	7	54	61	215	200
29	8	66	75	233	219
29	9	79	88	251	237
29	10	92	102	269	254
29	11	106	117	286	272
29	12	120	132	302	289
29	13	135	147	318	305
29	14	150	163	334	321
29	15	166	179	350	337
30	0	0	0	56	46
30	1	1	1	84	72
30	2	5	7	108	95
30	3	12	15	130	117
30	4	20	25	151	137
30	5	30	36	171	157
30	6	40	47	190	176
30	7	52	59	208	194
30	8	64	72	226	212
30	9	76	85	244	230
30	10	89	99	261	247
30	11	102	113	278	264
30	12	116	127	294	280
30	13	130	142	310	296
30	14	145	157	325	312
30	15	159	172	341	328
31	0	0	0	54	44
31	1	1	1	81	70
31	2	5	7	104	92
31	3	11	15	126	113
31	4	20	24	146	133
31	5	29	34	166	152
31	6	39	46	184	171
31	7	50	57	202	189
31	8	62	70	220	206
31	9	74	82	237	223
31	10	86	96	254	240
31	11	99	109	270	256
31	12	112	123	286	272
31	13	126	137	301	288
31	14	140	151	317	304
31	15	154	166	332	319
31	16	168	181	346	334
32	0	0	0	52	43
32	1	1	1	79	68
32	2	5	6	101	90
32	3	11	14	122	110
32	4	19	23	142	129
32	5	28	33	161	148
32	6	38	44	179	166
32	7	48	56	197	183
32	8	60	67	214	200
32	9	71	80	230	217
32	10	83	92	247	233
32	11	96	105	263	249
32	12	108	119	278	265

N = 500

n	a	LOWER .975	LOWER .95	UPPER .975	UPPER .95
32	13	121	132	294	280
32	14	135	146	308	296
32	15	149	160	323	311
32	16	163	175	337	325
33	0	0	0	51	41
33	1	1	1	76	66
33	2	5	6	98	87
33	3	11	14	119	107
33	4	19	23	138	125
33	5	27	32	156	144
33	6	37	43	174	161
33	7	47	54	191	178
33	8	58	65	208	195
33	9	69	77	224	211
33	10	81	90	240	227
33	11	92	102	256	243
33	12	105	115	271	258
33	13	117	128	286	273
33	14	130	141	301	288
33	15	144	155	315	302
33	16	157	169	329	317
33	17	171	183	343	331
34	0	0	0	49	40
34	1	1	1	74	64
34	2	5	6	96	85
34	3	11	13	115	104
34	4	18	22	134	122
34	5	26	31	152	140
34	6	36	42	169	157
34	7	46	52	186	173
34	8	56	63	203	189
34	9	67	75	218	205
34	10	78	87	234	221
34	11	90	99	249	236
34	12	102	111	264	251
34	13	114	124	279	266
34	14	126	137	293	280
34	15	139	150	307	295
34	16	152	164	321	309
34	17	165	177	335	323
35	0	0	0	48	39
35	1	1	1	72	62
35	2	4	6	93	82
35	3	10	13	112	101
35	4	18	21	131	119
35	5	26	31	148	136
35	6	35	40	165	152
35	7	44	51	181	169
35	8	54	62	197	184
35	9	65	73	213	200
35	10	76	84	228	215
35	11	87	96	243	230
35	12	98	108	258	245
35	13	110	120	272	259
35	14	122	133	286	273
35	15	135	146	300	287
35	16	147	159	313	301
35	17	160	172	327	315
35	18	173	185	340	328
36	0	0	0	46	38
36	1	1	1	70	60
36	2	4	6	91	80
36	3	10	13	109	98
36	4	17	21	127	116
36	5	25	30	144	132
36	6	34	39	161	149
36	7	43	49	177	164
36	8	53	60	192	180
36	9	63	71	208	195
36	10	74	82	222	210
36	11	84	93	237	224
36	12	96	105	251	239
36	13	107	117	265	253
36	14	119	129	279	267
36	15	131	141	293	280

N = 500

n	a	LOWER .975	LOWER .95	UPPER .975	UPPER .95
36	16	143	154	306	294
36	17	155	167	319	307
36	18	168	180	332	320
37	0	0	0	45	37
37	1	1	1	68	59
37	2	4	6	88	78
37	3	10	12	107	96
37	4	17	20	124	113
37	5	24	29	141	129
37	6	33	38	157	145
37	7	42	48	172	160
37	8	51	58	188	175
37	9	61	69	203	190
37	10	72	80	217	205
37	11	82	91	231	219
37	12	93	102	245	233
37	13	104	114	259	247
37	14	115	125	273	260
37	15	127	137	286	274
37	16	139	149	299	287
37	17	151	162	312	300
37	18	163	174	325	313
37	19	175	187	337	326
38	0	0	0	44	36
38	1	1	1	66	57
38	2	4	6	86	76
38	3	10	12	104	93
38	4	16	20	121	110
38	5	24	28	137	126
38	6	32	37	153	141
38	7	41	47	168	156
38	8	50	57	183	171
38	9	60	67	198	185
38	10	70	77	212	200
38	11	80	88	226	214
38	12	90	99	240	227
38	13	101	110	253	241
38	14	112	122	266	254
38	15	123	133	280	267
38	16	135	145	292	280
38	17	146	157	305	293
38	18	158	169	317	306
38	19	170	182	330	318
39	0	0	0	43	35
39	1	1	1	65	56
39	2	4	5	84	74
39	3	9	12	101	91
39	4	16	19	118	107
39	5	23	28	134	123
39	6	31	36	149	138
39	7	40	46	164	152
39	8	49	55	179	167
39	9	58	65	193	181
39	10	68	75	207	195
39	11	78	86	221	209
39	12	88	97	234	222
39	13	98	107	247	235
39	14	109	119	261	248
39	15	120	130	273	261
39	16	131	141	286	274
39	17	142	153	298	287
39	18	154	165	311	299
39	19	165	177	323	311
39	20	177	189	335	323
40	0	0	0	42	34
40	1	1	1	63	54
40	2	4	5	82	72
40	3	9	12	99	89
40	4	15	19	115	104
40	5	23	27	131	120
40	6	30	35	146	134
40	7	39	44	160	149
40	8	48	54	175	163
40	9	57	64	189	177
40	10	66	73	202	190

CONFIDENCE BOUNDS FOR A

N = 500

n	a	LOWER .975	LOWER .95	UPPER .975	UPPER .95
40	11	76	84	216	204
40	12	86	94	229	217
40	13	96	105	242	230
40	14	106	115	255	243
40	15	117	126	267	255
40	16	128	138	280	268
40	17	139	149	292	280
40	18	150	160	304	293
40	19	161	172	316	305
40	20	172	184	328	316
41	0	0	0	41	33
41	1	1	1	62	53
41	2	4	5	80	70
41	3	9	11	97	87
41	4	15	18	112	102
41	5	22	26	128	117
41	6	30	35	142	131
41	7	38	43	157	145
41	8	46	53	171	159
41	9	55	62	184	173
41	10	64	72	198	186
41	11	74	82	211	199
41	12	83	92	224	212
41	13	93	102	237	225
41	14	103	112	249	237
41	15	114	123	262	250
41	16	124	134	274	262
41	17	135	145	286	274
41	18	146	156	298	286
41	19	157	167	309	298
41	20	168	179	321	310
41	21	179	190	332	321
42	0	0	0	40	32
42	1	1	1	60	52
42	2	4	5	78	69
42	3	9	11	94	85
42	4	15	18	110	100
42	5	22	26	125	114
42	6	29	34	139	128
42	7	37	42	153	142
42	8	45	51	167	156
42	9	54	60	180	169
42	10	63	70	194	182
42	11	72	80	207	195
42	12	81	89	219	208
42	13	91	99	232	220
42	14	101	110	244	232
42	15	111	120	256	245
42	16	121	131	268	257
42	17	131	141	280	268
42	18	142	152	292	280
42	19	153	163	303	292
42	20	164	174	314	303
42	21	175	185	325	315
43	0	0	0	39	32
43	1	1	1	59	51
43	2	4	5	76	67
43	3	9	11	92	83
43	4	14	18	107	97
43	5	21	25	122	112
43	6	28	33	136	126
43	7	36	41	150	139
43	8	44	50	163	152
43	9	53	59	177	165
43	10	61	68	189	178
43	11	70	78	202	191
43	12	79	87	215	203
43	13	89	97	227	215
43	14	98	107	239	227
43	15	108	117	251	239
43	16	118	127	263	251
43	17	128	138	274	263
43	18	138	148	286	274
43	19	149	159	297	286
43	20	159	170	308	297

N = 500

n	a	LOWER .975	LOWER .95	UPPER .975	UPPER .95
43	21	170	181	319	308
43	22	181	192	330	319
44	0	0	0	38	31
44	1	1	1	57	49
44	2	4	5	74	66
44	3	8	11	90	81
44	4	14	17	105	95
44	5	21	24	119	109
44	6	28	32	133	123
44	7	35	40	147	136
44	8	43	49	160	149
44	9	51	58	173	162
44	10	60	67	186	174
44	11	69	76	198	187
44	12	78	85	210	199
44	13	87	95	222	211
44	14	96	105	234	223
44	15	106	114	246	234
44	16	115	124	257	246
44	17	125	135	269	257
44	18	135	145	280	269
44	19	145	155	291	280
44	20	155	166	302	291
44	21	166	176	313	302
44	22	176	187	324	313
45	0	0	0	37	30
45	1	1	1	56	48
45	2	4	5	73	64
45	3	8	10	88	79
45	4	14	17	103	93
45	5	20	24	117	107
45	6	27	32	131	120
45	7	35	40	144	133
45	8	42	48	157	146
45	9	50	56	169	158
45	10	59	65	182	171
45	11	67	74	194	183
45	12	76	83	206	195
45	13	85	93	218	206
45	14	94	102	229	218
45	15	103	112	241	230
45	16	113	122	252	241
45	17	122	131	263	252
45	18	132	141	275	263
45	19	142	152	285	274
45	20	152	162	296	285
45	21	162	172	307	296
45	22	172	183	317	307
45	23	183	193	328	317
46	0	0	0	36	30
46	1	1	1	55	47
46	2	4	5	71	63
46	3	8	10	86	77
46	4	14	16	101	91
46	5	20	23	114	105
46	6	27	31	128	118
46	7	34	39	141	130
46	8	41	47	153	143
46	9	49	55	166	155
46	10	57	64	178	167
46	11	66	73	190	179
46	12	74	81	202	191
46	13	83	91	213	202
46	14	92	100	225	214
46	15	101	109	236	225
46	16	110	119	247	236
46	17	119	128	258	247
46	18	129	138	269	258
46	19	138	148	280	269
46	20	148	158	291	280
46	21	158	168	301	290
46	22	168	178	311	301
46	23	178	189	322	311
47	0	0	0	35	29
47	1	1	1	54	46

N = 500

n	a	LOWER .975	LOWER .95	UPPER .975	UPPER .95
47	2	4	5	70	61
47	3	8	10	85	76
47	4	13	16	99	89
47	5	19	23	112	102
47	6	26	30	125	115
47	7	33	38	138	128
47	8	41	46	150	140
47	9	48	54	163	152
47	10	56	62	175	164
47	11	64	71	186	175
47	12	73	80	198	187
47	13	81	89	209	198
47	14	90	98	221	210
47	15	99	107	232	221
47	16	108	116	243	232
47	17	117	126	253	243
47	18	126	135	264	253
47	19	135	145	275	264
47	20	145	154	285	274
47	21	155	164	296	285
47	22	164	174	306	295
47	23	174	184	316	306
47	24	184	194	326	316
48	0	0	0	35	28
48	1	1	1	53	45
48	2	3	5	68	60
48	3	8	10	83	74
48	4	13	16	97	88
48	5	19	23	110	100
48	6	26	30	123	113
48	7	32	37	135	125
48	8	40	45	147	137
48	9	47	53	159	149
48	10	55	61	171	161
48	11	63	69	183	172
48	12	71	78	194	183
48	13	79	87	205	194
48	14	88	96	216	206
48	15	96	105	227	216
48	16	105	114	238	227
48	17	114	123	249	238
48	18	123	132	259	248
48	19	132	142	270	259
48	20	142	151	280	269
48	21	151	161	290	280
48	22	161	170	300	290
48	23	170	180	310	300
48	24	180	190	320	310
49	0	0	0	34	28
49	1	1	1	52	44
49	2	3	5	67	59
49	3	8	10	81	73
49	4	13	16	95	86
49	5	19	22	108	98
49	6	25	29	120	111
49	7	32	36	133	123
49	8	39	44	145	135
49	9	46	52	156	146
49	10	54	60	168	157
49	11	62	68	179	169
49	12	70	76	190	180
49	13	78	85	201	191
49	14	86	94	212	202
49	15	94	102	223	212
49	16	103	111	234	223
49	17	112	120	244	233
49	18	121	129	255	244
49	19	130	139	265	254
49	20	139	148	275	264
49	21	148	157	285	275
49	22	157	167	295	285
49	23	166	176	305	294
49	24	176	186	314	304
49	25	186	196	324	314
50	0	0	0	33	27

N = 500

n	a	LOWER .975	LOWER .95	UPPER .975	UPPER .95
50	1	1	1	51	43
50	2	3	4	66	58
50	3	8	9	80	71
50	4	13	15	93	84
50	5	18	22	106	96
50	6	25	29	118	109
50	7	31	36	130	120
50	8	38	43	142	132
50	9	45	51	153	143
50	10	53	59	165	154
50	11	60	67	176	166
50	12	68	75	187	176
50	13	76	83	198	187
50	14	84	92	208	198
50	15	93	100	219	208
50	16	101	109	229	219
50	17	109	118	240	229
50	18	118	127	250	239
50	19	127	136	260	250
50	20	136	145	270	260
50	21	145	154	280	270
50	22	154	163	290	279
50	23	163	173	299	289
50	24	172	182	309	299
50	25	182	191	318	309
51	0	0	0	33	27
51	1	1	1	50	43
51	2	3	4	64	57
51	3	7	9	78	70
51	4	12	15	91	82
51	5	18	21	104	95
51	6	24	28	116	106
51	7	31	35	128	118
51	8	37	42	139	129
51	9	44	50	151	141
51	10	52	58	162	152
51	11	59	65	173	162
51	12	67	73	184	173
51	13	75	82	194	184
51	14	83	90	205	194
51	15	91	98	215	205
51	16	99	107	225	215
51	17	107	115	236	225
51	18	116	124	246	235
51	19	124	133	256	245
51	20	133	142	265	255
51	21	142	151	275	265
51	22	150	160	285	274
51	23	159	169	294	284
51	24	169	178	304	294
51	25	178	187	313	303
51	26	187	197	322	313
52	0	0	0	32	26
52	1	1	1	49	42
52	2	3	4	63	56
52	3	7	9	77	69
52	4	12	15	90	81
52	5	18	21	102	93
52	6	24	27	114	105
52	7	30	34	125	116
52	8	37	42	137	127
52	9	44	49	148	138
52	10	51	56	159	149
52	11	58	64	170	160
52	12	66	72	180	170
52	13	73	80	191	180
52	14	81	88	201	191
52	15	89	96	211	201
52	16	97	105	221	211
52	17	105	113	231	221
52	18	113	122	241	231
52	19	122	130	251	241
52	20	130	139	261	250
52	21	139	148	270	260
52	22	147	157	280	270

CONFIDENCE BOUNDS FOR A

N = 500

n	a	LOWER .975	LOWER .95	UPPER .975	UPPER .95
52	23	156	165	289	279
52	24	165	175	299	289
52	25	174	184	308	298
52	26	183	193	317	307
53	0	0	0	31	26
53	1	1	1	48	41
53	2	3	4	62	55
53	3	7	9	75	67
53	4	12	14	88	79
53	5	17	21	100	91
53	6	23	27	112	103
53	7	30	34	123	114
53	8	36	41	134	125
53	9	43	48	145	136
53	10	50	55	156	146
53	11	57	63	167	157
53	12	64	71	177	167
53	13	72	78	187	177
53	14	79	86	198	187
53	15	87	94	208	197
53	16	95	103	218	207
53	17	103	111	227	217
53	18	111	119	237	227
53	19	119	128	247	237
53	20	128	136	256	246
53	21	136	145	266	256
53	22	144	153	275	265
53	23	153	162	284	274
53	24	162	171	294	284
53	25	170	180	303	293
53	26	179	189	312	302
53	27	188	198	321	311
54	0	0	0	31	25
54	1	1	1	47	40
54	2	3	4	61	54
54	3	7	9	74	66
54	4	12	14	86	78
54	5	17	20	98	89
54	6	23	27	110	101
54	7	29	33	121	112
54	8	35	40	132	123
54	9	42	47	143	133
54	10	49	54	153	144
54	11	56	62	164	154
54	12	63	69	174	164
54	13	70	77	184	174
54	14	78	85	194	184
54	15	86	93	204	194
54	16	93	101	214	204
54	17	101	109	224	213
54	18	109	117	233	223
54	19	117	125	243	233
54	20	125	134	252	242
54	21	133	142	261	251
54	22	142	150	271	261
54	23	150	159	280	270
54	24	159	168	289	279
54	25	167	176	298	288
54	26	176	185	307	297
54	27	184	194	316	306
55	0	0	0	30	25
55	1	1	1	46	39
55	2	3	4	60	53
55	3	7	9	72	65
55	4	12	14	85	77
55	5	17	20	96	88
55	6	23	26	108	99
55	7	29	33	119	110
55	8	35	39	130	120
55	9	41	46	140	131
55	10	48	53	151	141
55	11	55	61	161	151
55	12	62	68	171	161
55	13	69	76	181	171
55	14	76	83	191	181

N = 500

n	a	LOWER .975	LOWER .95	UPPER .975	UPPER .95
55	15	84	91	201	191
55	16	91	99	210	200
55	17	99	107	220	210
55	18	107	115	229	219
55	19	115	123	239	229
55	20	123	131	248	238
55	21	131	139	257	247
55	22	139	148	266	256
55	23	147	156	275	265
55	24	155	164	284	274
55	25	164	173	293	283
55	26	172	182	302	292
55	27	181	190	311	301
55	28	189	199	319	310
56	0	0	0	30	24
56	1	1	1	45	39
56	2	3	4	59	52
56	3	7	9	71	64
56	4	11	14	83	75
56	5	17	19	95	86
56	6	22	26	106	97
56	7	28	32	117	108
56	8	34	39	127	118
56	9	41	45	138	129
56	10	47	52	148	139
56	11	54	60	158	149
56	12	61	67	168	158
56	13	68	74	178	168
56	14	75	82	188	178
56	15	82	89	197	187
56	16	90	97	207	197
56	17	97	105	216	206
56	18	105	113	226	216
56	19	113	121	235	225
56	20	120	129	244	234
56	21	128	137	253	243
56	22	136	145	262	252
56	23	144	153	271	261
56	24	153	161	280	270
56	25	161	170	288	279
56	26	169	178	297	287
56	27	177	187	306	296
56	28	186	195	314	305
57	0	0	0	29	24
57	1	1	1	44	38
57	2	3	4	58	51
57	3	7	8	70	63
57	4	11	14	82	74
57	5	16	19	93	85
57	6	22	25	104	96
57	7	28	31	115	106
57	8	34	38	125	116
57	9	40	45	135	126
57	10	46	52	146	136
57	11	53	59	156	146
57	12	60	66	165	156
57	13	67	73	175	165
57	14	74	80	185	175
57	15	81	88	194	184
57	16	88	95	203	194
57	17	96	103	213	203
57	18	103	111	222	212
57	19	111	118	231	221
57	20	118	126	240	230
57	21	126	134	249	239
57	22	134	142	258	248
57	23	142	150	267	257
57	24	150	158	275	266
57	25	158	167	284	274
57	26	166	175	292	283
57	27	174	183	301	291
57	28	182	192	309	300
57	29	191	200	318	308
58	0	0	0	29	23
58	1	1	1	43	37

N = 500

n	a	LOWER .975	LOWER .95	UPPER .975	UPPER .95
58	2	3	4	57	50
58	3	7	8	69	61
58	4	11	13	80	73
58	5	16	19	91	83
58	6	21	25	102	94
58	7	27	31	113	104
58	8	33	37	123	114
58	9	39	44	133	124
58	10	46	51	143	134
58	11	52	58	153	144
58	12	59	65	163	153
58	13	66	72	172	163
58	14	73	79	182	172
58	15	80	86	191	181
58	16	87	94	200	191
58	17	94	101	209	200
58	18	101	109	218	209
58	19	109	116	227	218
58	20	116	124	236	227
58	21	124	132	245	235
58	22	131	140	254	244
58	23	139	148	262	253
58	24	147	156	271	261
58	25	155	164	280	270
58	26	163	172	288	278
58	27	171	180	296	287
58	28	179	188	305	295
58	29	187	196	313	304
59	0	0	0	28	23
59	1	1	1	43	37
59	2	3	4	56	49
59	3	7	8	68	60
59	4	11	13	79	71
59	5	16	19	90	82
59	6	21	24	101	92
59	7	27	30	111	102
59	8	33	37	121	112
59	9	39	43	131	122
59	10	45	50	141	132
59	11	51	57	151	141
59	12	58	63	160	151
59	13	64	70	169	160
59	14	71	78	179	169
59	15	78	85	188	178
59	16	85	92	197	187
59	17	92	99	206	196
59	18	99	107	215	205
59	19	107	114	224	214
59	20	114	122	233	223
59	21	122	129	241	232
59	22	129	137	250	240
59	23	137	145	258	249
59	24	144	153	267	257
59	25	152	161	275	266
59	26	160	169	284	274
59	27	168	177	292	283
59	28	176	185	300	291
59	29	184	193	308	299
59	30	192	201	316	307
60	0	0	0	28	22
60	1	1	1	42	36
60	2	3	4	55	48
60	3	6	8	66	59
60	4	11	13	78	70
60	5	16	18	88	81
60	6	21	24	99	91
60	7	26	30	109	101
60	8	32	36	119	111
60	9	38	42	129	120
60	10	44	49	139	130
60	11	50	56	148	139
60	12	57	62	158	148
60	13	63	69	167	158
60	14	70	76	176	167
60	15	77	83	185	176

N = 500

n	a	LOWER .975	LOWER .95	UPPER .975	UPPER .95
60	16	84	90	194	185
60	17	91	98	203	193
60	18	98	105	212	202
60	19	105	112	220	211
60	20	112	120	229	219
60	21	119	127	238	228
60	22	127	135	246	237
60	23	134	142	255	245
60	24	142	150	263	253
60	25	149	158	271	262
60	26	157	166	279	270
60	27	165	174	288	278
60	28	173	181	296	286
60	29	180	189	304	295
60	30	188	197	312	303
61	0	0	0	27	22
61	1	1	1	41	35
61	2	3	4	54	47
61	3	6	8	65	58
61	4	11	13	76	69
61	5	15	18	87	79
61	6	20	24	97	89
61	7	26	29	107	99
61	8	32	36	117	109
61	9	37	42	127	118
61	10	43	48	136	128
61	11	50	55	146	137
61	12	56	61	155	146
61	13	62	68	164	155
61	14	69	75	173	164
61	15	76	82	182	173
61	16	82	89	191	182
61	17	89	96	200	190
61	18	96	103	208	199
61	19	103	110	217	208
61	20	110	118	226	216
61	21	117	125	234	225
61	22	125	133	242	233
61	23	132	140	251	241
61	24	139	148	259	250
61	25	147	155	267	258
61	26	154	163	275	266
61	27	162	171	283	274
61	28	170	178	291	282
61	29	177	186	299	290
61	30	185	194	307	298
61	31	193	202	315	306
62	0	0	0	27	22
62	1	1	1	41	35
62	2	3	4	53	46
62	3	6	8	64	57
62	4	10	13	75	68
62	5	15	18	86	78
62	6	20	23	96	88
62	7	25	29	106	98
62	8	31	35	115	107
62	9	37	41	125	116
62	10	43	47	134	126
62	11	49	54	144	135
62	12	55	60	153	144
62	13	61	67	162	153
62	14	68	74	171	161
62	15	74	81	179	170
62	16	81	87	188	179
62	17	88	94	197	187
62	18	95	101	205	196
62	19	101	109	214	204
62	20	108	116	222	213
62	21	115	123	231	221
62	22	123	130	239	229
62	23	130	138	247	238
62	24	137	145	255	246
62	25	144	153	263	254
62	26	152	160	271	262
62	27	159	168	279	270

CONFIDENCE BOUNDS FOR A

N = 500

n	a	LOWER .975	LOWER .95	UPPER .975	UPPER .95
62	28	167	175	287	278
62	29	174	183	295	286
62	30	182	191	303	294
62	31	189	198	311	302
63	0	0	0	26	21
63	1	1	1	40	34
63	2	3	4	52	46
63	3	6	8	63	57
63	4	10	12	74	67
63	5	15	17	84	77
63	6	20	23	94	87
63	7	25	29	104	96
63	8	31	34	114	105
63	9	36	41	123	115
63	10	42	47	132	124
63	11	48	53	141	133
63	12	54	59	150	142
63	13	60	66	159	150
63	14	67	73	168	159
63	15	73	79	177	168
63	16	80	86	185	176
63	17	86	93	194	185
63	18	93	100	202	193
63	19	100	107	211	201
63	20	107	114	219	210
63	21	114	121	227	218
63	22	121	128	235	226
63	23	128	135	243	234
63	24	135	143	252	242
63	25	142	150	259	250
63	26	149	157	267	258
63	27	156	165	275	266
63	28	164	172	283	274
63	29	171	180	291	282
63	30	179	187	299	290
63	31	186	195	306	297
63	32	194	203	314	305
64	0	0	0	26	21
64	1	1	1	39	34
64	2	3	4	51	45
64	3	6	8	62	56
64	4	10	12	73	66
64	5	15	17	83	76
64	6	20	23	93	85
64	7	25	28	102	95
64	8	30	34	112	104
64	9	36	40	121	113
64	10	41	46	130	122
64	11	47	52	139	131
64	12	53	59	148	139
64	13	59	65	157	148
64	14	66	71	166	157
64	15	72	78	174	165
64	16	78	85	183	174
64	17	85	91	191	182
64	18	92	98	199	190
64	19	98	105	208	198
64	20	105	112	216	207
64	21	112	119	224	215
64	22	119	126	232	223
64	23	126	133	240	231
64	24	133	140	248	239
64	25	140	148	256	247
64	26	147	155	264	254
64	27	154	162	271	262
64	28	161	169	279	270
64	29	168	177	287	278
64	30	176	184	294	285
64	31	183	192	302	293
64	32	191	199	309	301
65	0	0	0	25	21
65	1	1	1	39	33
65	2	3	4	50	44
65	3	6	7	61	55
65	4	10	12	72	65

N = 500

n	a	LOWER .975	LOWER .95	UPPER .975	UPPER .95
65	5	14	17	82	74
65	6	19	22	91	84
65	7	24	28	101	93
65	8	30	33	110	102
65	9	35	39	119	111
65	10	41	45	128	120
65	11	47	51	137	129
65	12	53	58	146	137
65	13	59	64	155	146
65	14	65	70	163	154
65	15	71	77	172	163
65	16	77	83	180	171
65	17	84	90	188	179
65	18	90	97	196	187
65	19	97	104	205	196
65	20	103	110	213	204
65	21	110	117	221	212
65	22	117	124	229	220
65	23	124	131	237	227
65	24	130	138	244	235
65	25	137	145	252	243
65	26	144	152	260	251
65	27	151	160	268	259
65	28	159	167	275	266
65	29	166	174	283	274
65	30	173	181	290	281
65	31	180	189	298	289
65	32	187	196	305	296
65	33	195	204	313	304
66	0	0	0	25	20
66	1	1	1	38	33
66	2	3	4	50	44
66	3	6	7	60	54
66	4	10	12	71	64
66	5	14	17	80	73
66	6	19	22	90	83
66	7	24	27	99	92
66	8	29	33	109	101
66	9	35	39	118	110
66	10	40	45	126	118
66	11	46	51	135	127
66	12	52	57	144	135
66	13	58	63	152	144
66	14	64	69	161	152
66	15	70	76	169	160
66	16	76	82	177	169
66	17	82	89	186	177
66	18	89	95	194	185
66	19	95	102	202	193
66	20	102	109	210	201
66	21	108	115	218	209
66	22	115	122	225	216
66	23	122	129	233	224
66	24	128	136	241	232
66	25	135	143	249	240
66	26	142	150	256	247
66	27	149	157	264	255
66	28	156	164	271	263
66	29	163	171	279	270
66	30	170	178	286	278
66	31	177	186	294	285
66	32	184	193	301	292
66	33	192	200	308	300
67	0	0	0	24	20
67	1	1	1	37	32
67	2	3	4	49	43
67	3	6	7	59	53
67	4	10	12	70	63
67	5	14	17	79	72
67	6	19	22	89	81
67	7	24	27	98	90
67	8	29	32	107	99
67	9	34	38	116	108
67	10	40	44	125	116
67	11	45	50	133	125

N = 500

n	a	LOWER .975	LOWER .95	UPPER .975	UPPER .95
67	12	51	56	142	133
67	13	57	62	150	142
67	14	63	68	158	150
67	15	69	75	167	158
67	16	75	81	175	166
67	17	81	87	183	174
67	18	87	94	191	182
67	19	94	100	199	190
67	20	100	107	207	198
67	21	107	114	215	206
67	22	113	120	222	213
67	23	120	127	230	221
67	24	126	134	238	229
67	25	133	141	245	236
67	26	140	148	253	244
67	27	147	155	260	251
67	28	154	162	268	259
67	29	160	169	275	266
67	30	167	176	283	274
67	31	174	183	290	281
67	32	181	190	297	288
67	33	189	197	304	296
67	34	196	204	311	303
68	0	0	0	24	20
68	1	1	1	37	32
68	2	3	4	48	42
68	3	6	7	59	52
68	4	10	12	69	62
68	5	14	16	78	71
68	6	19	21	87	80
68	7	23	27	97	89
68	8	28	32	105	98
68	9	34	38	114	106
68	10	39	43	123	115
68	11	45	49	131	123
68	12	50	55	140	131
68	13	56	61	148	140
68	14	62	67	156	148
68	15	68	73	164	156
68	16	74	80	172	164
68	17	80	86	180	172
68	18	86	92	188	180
68	19	92	99	196	187
68	20	99	105	204	195
68	21	105	112	212	203
68	22	111	119	219	210
68	23	118	125	227	218
68	24	124	132	234	226
68	25	131	139	242	233
68	26	138	145	249	241
68	27	144	152	257	248
68	28	151	159	264	255
68	29	158	166	272	263
68	30	165	173	279	270
68	31	172	180	286	277
68	32	179	187	293	285
68	33	186	194	300	292
68	34	193	201	307	299
69	0	0	0	24	19
69	1	1	1	36	31
69	2	3	3	47	42
69	3	6	7	58	52
69	4	10	11	68	61
69	5	14	16	77	70
69	6	18	21	86	79
69	7	23	26	95	88
69	8	28	32	104	96
69	9	33	37	113	105
69	10	39	43	121	113
69	11	44	48	129	121
69	12	50	54	138	130
69	13	55	60	146	138
69	14	61	66	154	146
69	15	67	72	162	154
69	16	73	79	170	161

N = 500

n	a	LOWER .975	LOWER .95	UPPER .975	UPPER .95
69	17	79	85	178	169
69	18	85	91	186	177
69	19	91	97	193	185
69	20	97	104	201	192
69	21	103	110	209	200
69	22	110	117	216	208
69	23	116	123	224	215
69	24	123	130	231	222
69	25	129	137	239	230
69	26	136	143	246	237
69	27	142	150	253	245
69	28	149	157	261	252
69	29	156	163	268	259
69	30	162	170	275	266
69	31	169	177	282	274
69	32	176	184	289	281
69	33	183	191	296	288
69	34	190	198	303	295
69	35	197	205	310	302
70	0	0	0	23	19
70	1	1	1	36	31
70	2	3	3	47	41
70	3	6	7	57	51
70	4	9	11	67	60
70	5	14	16	76	69
70	6	18	21	85	78
70	7	23	26	94	87
70	8	28	31	102	95
70	9	33	37	111	103
70	10	38	42	119	112
70	11	43	48	128	120
70	12	49	54	136	128
70	13	54	59	144	136
70	14	60	65	152	144
70	15	66	71	160	151
70	16	72	77	168	159
70	17	78	84	175	167
70	18	84	90	183	175
70	19	90	96	191	182
70	20	96	102	198	190
70	21	102	109	206	197
70	22	108	115	213	205
70	23	115	122	221	212
70	24	121	128	228	220
70	25	127	135	236	227
70	26	134	141	243	234
70	27	140	148	250	241
70	28	147	154	257	249
70	29	153	161	264	256
70	30	160	168	272	263
70	31	167	175	279	270
70	32	173	181	286	277
70	33	180	188	293	284
70	34	187	195	299	291
70	35	194	202	306	298
71	0	0	0	23	19
71	1	1	1	35	30
71	2	3	3	46	40
71	3	6	7	56	50
71	4	9	11	66	59
71	5	13	16	75	68
71	6	18	20	84	77
71	7	22	26	92	85
71	8	27	31	101	94
71	9	32	36	109	102
71	10	38	42	118	110
71	11	43	47	126	118
71	12	48	53	134	126
71	13	54	59	142	134
71	14	59	64	150	142
71	15	65	70	158	149
71	16	71	76	165	157
71	17	77	82	173	165
71	18	82	89	181	172
71	19	88	95	188	180

CONFIDENCE BOUNDS FOR A

N = 500

n	a	LOWER .975	LOWER .95	UPPER .975	UPPER .95
71	20	94	101	196	187
71	21	101	107	203	195
71	22	107	113	211	202
71	23	113	120	218	209
71	24	119	126	225	217
71	25	125	133	233	224
71	26	132	139	240	231
71	27	138	146	247	238
71	28	145	152	254	245
71	29	151	159	261	252
71	30	158	165	268	259
71	31	164	172	275	266
71	32	171	179	282	273
71	33	177	185	289	280
71	34	184	192	296	287
71	35	191	199	303	294
71	36	197	206	309	301
72	0	0	0	23	18
72	1	1	1	35	30
72	2	3	3	45	40
72	3	6	7	55	49
72	4	9	11	65	58
72	5	13	15	74	67
72	6	18	20	83	76
72	7	22	25	91	84
72	8	27	30	100	92
72	9	32	36	108	101
72	10	37	41	116	109
72	11	42	47	124	116
72	12	48	52	132	124
72	13	53	58	140	132
72	14	59	64	148	140
72	15	64	69	156	147
72	16	70	75	163	155
72	17	76	81	171	162
72	18	81	87	178	170
72	19	87	93	186	177
72	20	93	99	193	185
72	21	99	106	201	192
72	22	105	112	208	199
72	23	111	118	215	207
72	24	117	124	222	214
72	25	124	131	230	221
72	26	130	137	237	228
72	27	136	143	244	235
72	28	142	150	251	242
72	29	149	156	258	249
72	30	155	163	265	256
72	31	162	170	272	263
72	32	168	176	278	270
72	33	175	183	285	277
72	34	181	189	292	284
72	35	188	196	299	290
72	36	195	203	305	297
73	0	0	0	22	18
73	1	1	1	34	29
73	2	3	3	45	39
73	3	6	7	54	49
73	4	9	11	64	58
73	5	13	15	73	66
73	6	17	20	81	75
73	7	22	25	90	83
73	8	27	30	98	91
73	9	32	35	107	99
73	10	37	40	115	107
73	11	42	46	123	115
73	12	47	51	130	123
73	13	52	57	138	130
73	14	58	63	146	138
73	15	63	68	154	145
73	16	69	74	161	153
73	17	74	80	169	160
73	18	80	86	176	168
73	19	86	92	183	175
73	20	92	98	191	182

N = 500

n	a	LOWER .975	LOWER .95	UPPER .975	UPPER .95
73	21	98	104	198	190
73	22	104	110	205	197
73	23	110	116	212	204
73	24	116	123	220	211
73	25	122	129	227	218
73	26	128	135	234	225
73	27	134	141	241	232
73	28	140	148	248	239
73	29	147	154	254	246
73	30	153	161	261	253
73	31	159	167	268	260
73	32	166	174	275	267
73	33	172	180	282	273
73	34	179	187	288	280
73	35	185	193	295	287
73	36	192	200	302	293
73	37	198	207	308	300
74	0	0	0	22	18
74	1	1	1	34	29
74	2	3	3	44	39
74	3	6	7	54	48
74	4	9	11	63	57
74	5	13	15	72	65
74	6	17	20	80	74
74	7	22	25	89	82
74	8	26	30	97	90
74	9	31	35	105	98
74	10	36	40	113	106
74	11	41	45	121	113
74	12	46	51	129	121
74	13	52	56	136	129
74	14	57	62	144	136
74	15	62	68	152	144
74	16	68	73	159	151
74	17	73	79	166	158
74	18	79	85	174	166
74	19	85	91	181	173
74	20	91	97	188	180
74	21	96	103	195	187
74	22	102	109	203	194
74	23	108	115	210	201
74	24	114	121	217	208
74	25	120	127	224	215
74	26	126	133	231	222
74	27	132	139	238	229
74	28	138	146	244	236
74	29	145	152	251	243
74	30	151	158	258	250
74	31	157	165	265	256
74	32	163	171	272	263
74	33	170	178	278	270
74	34	176	184	285	277
74	35	183	191	291	283
74	36	189	197	298	290
74	37	195	204	305	296
75	0	0	0	22	18
75	1	1	1	33	29
75	2	3	3	43	38
75	3	5	7	53	47
75	4	9	11	62	56
75	5	13	15	71	64
75	6	17	19	79	73
75	7	21	24	88	81
75	8	26	29	96	89
75	9	31	34	104	97
75	10	36	39	112	104
75	11	41	45	119	112
75	12	46	50	127	119
75	13	51	56	135	127
75	14	56	61	142	134
75	15	62	67	150	142
75	16	67	72	157	149
75	17	73	78	164	156
75	18	78	84	172	163
75	19	84	90	179	171

N = 500

n	a	LOWER .975	LOWER .95	UPPER .975	UPPER .95
75	20	89	95	186	178
75	21	95	101	193	185
75	22	101	107	200	192
75	23	107	113	207	199
75	24	113	119	214	206
75	25	119	125	221	213
75	26	124	131	228	219
75	27	130	138	235	226
75	28	137	144	241	233
75	29	143	150	248	240
75	30	149	156	255	247
75	31	155	162	262	253
75	32	161	169	268	260
75	33	167	175	275	267
75	34	174	181	281	273
75	35	180	188	288	280
75	36	186	194	294	286
75	37	193	201	301	293
75	38	199	207	307	299
76	0	0	0	21	17
76	1	1	1	33	28
76	2	3	3	43	38
76	3	5	7	52	47
76	4	9	10	61	55
76	5	13	15	70	64
76	6	17	19	78	72
76	7	21	24	86	80
76	8	26	29	94	88
76	9	30	34	102	95
76	10	35	39	110	103
76	11	40	44	118	110
76	12	45	49	125	118
76	13	50	55	133	125
76	14	55	60	140	133
76	15	61	66	148	140
76	16	66	71	155	147
76	17	72	77	162	154
76	18	77	83	169	161
76	19	83	88	177	168
76	20	88	94	184	175
76	21	94	100	191	182
76	22	100	106	198	189
76	23	105	112	205	196
76	24	111	118	211	203
76	25	117	124	218	210
76	26	123	130	225	217
76	27	129	136	232	223
76	28	135	142	238	230
76	29	141	148	245	237
76	30	147	154	252	243
76	31	153	160	258	250
76	32	159	166	265	257
76	33	165	173	272	263
76	34	171	179	278	270
76	35	177	185	284	276
76	36	184	192	291	283
76	37	190	198	297	289
76	38	196	204	304	296
77	0	0	0	21	17
77	1	1	1	32	28
77	2	3	3	42	37
77	3	5	7	52	46
77	4	9	10	60	55
77	5	13	15	69	63
77	6	17	19	77	71
77	7	21	24	85	79
77	8	25	28	93	86
77	9	30	33	101	94
77	10	35	38	109	102
77	11	40	44	116	109
77	12	45	49	124	116
77	13	50	54	131	124
77	14	55	60	139	131
77	15	60	65	146	138
77	16	65	70	153	145

N = 500

n	a	LOWER .975	LOWER .95	UPPER .975	UPPER .95
77	17	71	76	160	152
77	18	76	82	167	159
77	19	82	87	174	166
77	20	87	93	181	173
77	21	93	99	188	180
77	22	98	104	195	187
77	23	104	110	202	194
77	24	110	116	209	201
77	25	115	122	216	207
77	26	121	128	222	214
77	27	127	134	229	221
77	28	133	140	236	227
77	29	139	146	242	234
77	30	145	152	249	241
77	31	151	158	255	247
77	32	157	164	262	254
77	33	163	170	268	260
77	34	169	177	275	267
77	35	175	183	281	273
77	36	181	189	287	279
77	37	187	195	294	286
77	38	194	202	300	292
77	39	200	208	306	298
78	0	0	0	21	17
78	1	1	1	32	27
78	2	3	3	42	37
78	3	5	6	51	45
78	4	9	10	60	54
78	5	12	14	68	62
78	6	16	19	76	70
78	7	21	23	84	78
78	8	25	28	92	85
78	9	30	33	100	93
78	10	34	38	107	100
78	11	39	43	115	108
78	12	44	48	122	115
78	13	49	53	130	122
78	14	54	59	137	129
78	15	59	64	144	136
78	16	64	70	151	143
78	17	70	75	158	150
78	18	75	81	165	157
78	19	80	86	172	164
78	20	86	92	179	171
78	21	91	97	186	178
78	22	97	103	193	185
78	23	103	109	200	191
78	24	108	115	206	198
78	25	114	120	213	205
78	26	120	126	220	211
78	27	125	132	226	218
78	28	131	138	233	225
78	29	137	144	239	231
78	30	143	150	246	238
78	31	149	156	252	244
78	32	155	162	259	251
78	33	161	168	265	257
78	34	167	174	271	263
78	35	173	180	278	270
78	36	179	186	284	276
78	37	185	193	290	282
78	38	191	199	297	289
78	39	197	205	303	295
79	0	0	0	20	17
79	1	1	1	32	27
79	2	3	3	41	36
79	3	5	6	50	45
79	4	9	10	59	53
79	5	12	14	67	61
79	6	16	19	75	69
79	7	20	23	83	77
79	8	25	28	91	84
79	9	29	33	99	92
79	10	34	38	106	99
79	11	39	43	113	106

CONFIDENCE BOUNDS FOR A

N = 500				N = 500				N = 500				N = 500			
LOWER		UPPER		LOWER		UPPER		LOWER		UPPER		LOWER		UPPER	
n a	.975 .95	.975 .95		n a	.975 .95	.975 .95		n a	.975 .95	.975 .95		n a	.975 .95	.975 .95	
79 12	43 48	121 113		81 5	12 14	65 60		82 38	181 189	283 276		84 28	122 128	217 209	
79 13	48 53	128 121		81 6	16 18	73 67		82 39	187 195	289 282		84 29	127 134	223 215	
79 14	53 58	135 128		81 7	20 23	81 75		82 40	193 200	295 288		84 30	132 139	229 222	
79 15	59 63	142 135		81 8	24 27	89 82		82 41	199 206	301 294		84 31	138 145	235 228	
79 16	64 69	149 142		81 9	29 32	96 89		83 0	0 0	19 16		84 32	143 150	242 234	
79 17	69 74	156 149		81 10	33 37	103 97		83 1	1 1	30 26		84 33	149 156	248 240	
79 18	74 80	163 155		81 11	38 42	111 104		83 2	2 3	39 34		84 34	154 161	254 246	
79 19	79 85	170 162		81 12	42 46	118 111		83 3	5 6	48 43		84 35	160 167	260 252	
79 20	85 91	177 169		81 13	47 52	125 118		83 4	8 10	56 50		84 36	165 173	265 258	
79 21	90 96	184 176		81 14	52 57	132 125		83 5	12 14	64 58		84 37	171 178	271 264	
79 22	96 102	190 182		81 15	57 62	139 131		83 6	16 18	72 66		84 38	177 184	277 270	
79 23	101 107	197 189		81 16	62 67	146 138		83 7	20 22	79 73		84 39	182 190	283 275	
79 24	107 113	204 196		81 17	67 72	153 145		83 8	24 27	86 80		84 40	188 196	289 281	
79 25	112 119	210 202		81 18	72 78	159 152		83 9	28 31	94 87		84 41	194 201	295 287	
79 26	118 125	217 209		81 19	78 83	166 158		83 10	32 36	101 94		84 42	200 207	300 293	
79 27	124 130	224 215		81 20	83 88	173 165		83 11	37 41	108 101		85 0	0 0	19 15	
79 28	129 136	230 222		81 21	88 94	179 172		83 12	41 45	115 108		85 1	1 1	29 25	
79 29	135 142	237 228		81 22	93 99	186 178		83 13	46 50	122 115		85 2	2 3	38 34	
79 30	141 148	243 235		81 23	99 105	193 185		83 14	51 55	129 122		85 3	5 6	47 42	
79 31	147 154	249 241		81 24	104 110	199 191		83 15	56 60	136 128		85 4	8 10	55 49	
79 32	153 160	256 248		81 25	110 116	206 198		83 16	61 65	142 135		85 5	11 13	62 57	
79 33	159 166	262 254		81 26	115 122	212 204		83 17	66 71	149 142		85 6	15 17	70 64	
79 34	164 172	268 260		81 27	121 127	218 210		83 18	71 76	156 148		85 7	19 22	77 71	
79 35	170 178	275 267		81 28	126 133	225 217		83 19	76 81	162 155		85 8	23 26	84 78	
79 36	176 184	281 273		81 29	132 139	231 223		83 20	81 86	169 161		85 9	27 30	92 85	
79 37	182 190	287 279		81 30	137 144	237 229		83 21	86 92	175 168		85 10	32 35	99 92	
79 38	188 196	293 285		81 31	143 150	244 236		83 22	91 97	182 174		85 11	36 40	106 99	
79 39	195 202	299 292		81 32	149 156	250 242		83 23	96 102	188 180		85 12	41 44	112 106	
79 40	201 208	305 298		81 33	154 162	256 248		83 24	102 108	194 187		85 13	45 49	119 112	
80 0	0 0	20 16		81 34	160 168	262 254		83 25	107 113	201 193		85 14	50 54	126 119	
80 1	1 1	31 27		81 35	166 173	268 260		83 26	112 119	207 199		85 15	55 59	132 125	
80 2	2 3	41 36		81 36	172 179	274 267		83 27	118 124	213 205		85 16	59 64	139 132	
80 3	5 6	50 44		81 37	178 185	281 273		83 28	123 130	220 212		85 17	64 69	146 138	
80 4	8 10	58 52		81 38	184 191	287 279		83 29	129 135	226 218		85 18	69 74	152 145	
80 5	12 14	66 60		81 39	189 197	293 285		83 30	134 141	232 224		85 19	74 79	159 151	
80 6	16 18	74 68		81 40	195 203	299 291		83 31	140 146	238 230		85 20	79 84	165 157	
80 7	20 23	82 76		81 41	201 209	305 297		83 32	145 152	244 236		85 21	84 89	171 164	
80 8	24 27	90 83		82 0	0 0	20 16		83 33	151 158	250 242		85 22	89 95	178 170	
80 9	29 32	97 91		82 1	1 1	30 26		83 34	156 163	256 248		85 23	94 100	184 176	
80 10	34 37	105 98		82 2	2 3	40 35		83 35	162 169	262 255		85 24	99 105	190 182	
80 11	38 42	112 105		82 3	5 6	48 43		83 36	168 175	268 261		85 25	104 110	196 189	
80 12	43 47	119 112		82 4	8 10	57 51		83 37	173 181	274 267		85 26	110 116	202 195	
80 13	48 52	126 119		82 5	12 14	65 59		83 38	179 186	280 273		85 27	115 121	209 201	
80 14	53 57	134 126		82 6	16 18	72 66		83 39	185 192	286 278		85 28	120 127	215 207	
80 15	58 63	141 133		82 7	20 22	80 74		83 40	190 198	292 284		85 29	125 132	221 213	
80 16	63 68	148 140		82 8	24 27	88 81		83 41	196 204	298 290		85 30	131 137	227 219	
80 17	68 73	154 147		82 9	28 31	95 88		83 42	202 210	304 296		85 31	136 143	233 225	
80 18	73 79	161 153		82 10	33 36	102 95		84 0	0 0	19 16		85 32	142 148	239 231	
80 19	78 84	168 160		82 11	37 41	109 102		84 1	1 1	30 25		85 33	147 154	245 237	
80 20	84 89	175 167		82 12	42 46	116 109		84 2	2 3	39 34		85 34	152 159	251 243	
80 21	89 95	182 174		82 13	47 51	123 116		84 3	5 6	47 42		85 35	158 165	257 249	
80 22	95 101	188 180		82 14	52 56	130 123		84 4	8 10	55 50		85 36	163 171	263 255	
80 23	100 106	195 187		82 15	56 61	137 130		84 5	12 13	63 57		85 37	169 176	268 261	
80 24	105 112	201 193		82 16	61 66	144 137		84 6	15 18	71 65		85 38	175 182	274 267	
80 25	111 117	208 200		82 17	66 71	151 143		84 7	19 22	78 72		85 39	180 187	280 272	
80 26	117 123	214 206		82 18	71 77	157 150		84 8	23 26	85 79		85 40	186 193	286 278	
80 27	122 129	221 213		82 19	77 82	164 156		84 9	28 31	93 86		85 41	191 199	292 284	
80 28	128 135	227 219		82 20	82 87	171 163		84 10	32 35	100 93		85 42	197 205	297 290	
80 29	133 140	234 226		82 21	87 93	177 169		84 11	36 40	107 100		85 43	203 210	303 295	
80 30	139 146	240 232		82 22	92 98	184 176		84 12	41 45	114 107		86 0	0 0	19 15	
80 31	145 152	246 238		82 23	98 104	190 182		84 13	46 50	121 114		86 1	1 1	29 25	
80 32	151 158	253 245		82 24	103 109	197 189		84 14	50 55	127 120		86 2	2 3	38 33	
80 33	156 164	259 251		82 25	108 114	203 195		84 15	55 60	134 127		86 3	5 6	46 41	
80 34	162 170	265 257		82 26	114 120	210 202		84 16	60 65	141 133		86 4	8 9	54 49	
80 35	168 176	271 263		82 27	119 126	216 208		84 17	65 70	147 140		86 5	11 13	62 56	
80 36	174 182	278 270		82 28	125 131	222 214		84 18	70 75	154 146		86 6	15 17	69 63	
80 37	180 188	284 276		82 29	130 137	228 220		84 19	75 80	160 153		86 7	19 21	76 70	
80 38	186 194	290 282		82 30	136 142	235 227		84 20	80 85	167 159		86 8	23 26	83 77	
80 39	192 200	296 288		82 31	141 148	241 233		84 21	85 90	173 166		86 9	27 30	90 84	
80 40	198 206	302 294		82 32	147 154	247 239		84 22	90 96	180 172		86 10	31 35	97 91	
81 0	0 0	20 16		82 33	153 160	253 245		84 23	95 101	186 178		86 11	36 39	104 98	
81 1	1 1	31 26		82 34	158 165	259 251		84 24	100 106	192 185		86 12	40 44	111 104	
81 2	2 3	40 35		82 35	164 171	265 257		84 25	106 112	199 191		86 13	45 49	118 111	
81 3	5 6	49 44		82 36	170 177	271 264		84 26	111 117	205 197		86 14	49 53	124 117	
81 4	8 10	57 52		82 37	175 183	277 270		84 27	116 123	211 203		86 15	54 58	131 124	

CONFIDENCE BOUNDS FOR A

N = 500

n	a	LOWER .975	LOWER .95	UPPER .975	UPPER .95
86	16	59	63	137	130
86	17	63	68	144	137
86	18	68	73	150	143
86	19	73	78	157	149
86	20	78	83	163	156
86	21	83	88	169	162
86	22	88	94	176	168
86	23	93	99	182	174
86	24	98	104	188	180
86	25	103	109	194	186
86	26	108	114	200	193
86	27	113	120	206	199
86	28	119	125	212	205
86	29	124	130	218	211
86	30	129	136	224	217
86	31	135	141	230	223
86	32	140	147	236	229
86	33	145	152	242	234
86	34	151	157	248	240
86	35	156	163	254	246
86	36	161	168	260	252
86	37	167	174	266	258
86	38	172	180	271	264
86	39	178	185	277	269
86	40	183	191	283	275
86	41	189	196	288	281
86	42	195	202	294	287
86	43	200	208	300	292
87	0	0	0	18	15
87	1	1	1	28	24
87	2	2	3	37	33
87	3	5	6	45	41
87	4	8	9	53	48
87	5	11	13	61	55
87	6	15	17	68	63
87	7	19	21	75	70
87	8	23	25	82	76
87	9	27	30	89	83
87	10	31	34	96	90
87	11	35	39	103	97
87	12	40	43	110	103
87	13	44	48	116	110
87	14	49	53	123	116
87	15	53	58	129	122
87	16	58	62	136	129
87	17	63	67	142	135
87	18	67	72	149	141
87	19	72	77	155	148
87	20	77	82	161	154
87	21	82	87	167	160
87	22	87	92	174	166
87	23	92	98	180	172
87	24	97	103	186	178
87	25	102	108	192	184
87	26	107	113	198	190
87	27	112	118	204	196
87	28	117	124	210	202
87	29	122	129	216	208
87	30	128	134	222	214
87	31	133	139	228	220
87	32	138	145	234	226
87	33	143	150	240	232
87	34	149	156	245	238
87	35	154	161	251	244
87	36	160	166	257	249
87	37	165	172	263	255
87	38	170	177	268	261
87	39	176	183	274	267
87	40	181	188	280	272
87	41	187	194	285	278
87	42	192	200	291	284
87	43	198	205	297	289
87	44	203	211	302	295
88	0	0	0	18	15
88	1	1	1	28	24

N = 500

n	a	LOWER .975	LOWER .95	UPPER .975	UPPER .95
88	2	2	3	37	32
88	3	5	6	45	40
88	4	8	9	53	48
88	5	11	13	60	55
88	6	15	17	67	62
88	7	19	21	75	69
88	8	22	25	82	76
88	9	26	29	88	82
88	10	31	34	95	89
88	11	35	38	102	95
88	12	39	43	109	102
88	13	44	48	115	108
88	14	48	52	122	115
88	15	53	57	128	121
88	16	57	62	134	127
88	17	62	67	141	134
88	18	67	72	147	140
88	19	71	76	153	146
88	20	76	81	159	152
88	21	81	86	166	158
88	22	86	91	172	164
88	23	91	96	178	170
88	24	96	102	184	176
88	25	101	107	190	182
88	26	106	112	196	188
88	27	111	117	202	194
88	28	116	122	208	200
88	29	121	127	214	206
88	30	126	133	220	212
88	31	131	138	225	218
88	32	137	143	231	224
88	33	142	148	237	229
88	34	147	154	243	235
88	35	152	159	249	241
88	36	158	165	254	247
88	37	163	170	260	252
88	38	168	175	266	258
88	39	174	181	271	264
88	40	179	186	277	269
88	41	185	192	282	275
88	42	190	197	288	281
88	43	195	203	294	286
88	44	201	208	299	292
89	0	0	0	18	15
89	1	1	1	28	24
89	2	2	3	36	32
89	3	5	6	44	40
89	4	8	9	52	47
89	5	11	13	59	54
89	6	15	17	67	61
89	7	18	21	74	68
89	8	22	25	81	75
89	9	26	29	87	81
89	10	30	34	94	88
89	11	35	38	101	94
89	12	39	42	107	101
89	13	43	47	114	107
89	14	48	52	120	113
89	15	52	56	127	120
89	16	57	61	133	126
89	17	61	66	139	132
89	18	66	71	145	138
89	19	71	76	152	144
89	20	75	80	158	150
89	21	80	85	164	157
89	22	85	90	170	163
89	23	90	95	176	169
89	24	95	100	182	174
89	25	100	105	188	180
89	26	105	111	194	186
89	27	110	116	200	192
89	28	115	121	206	198
89	29	120	126	211	204
89	30	125	131	217	210
89	31	130	136	223	215

N = 500

n	a	LOWER .975	LOWER .95	UPPER .975	UPPER .95
89	32	135	142	229	221
89	33	140	147	235	227
89	34	145	152	240	233
89	35	151	157	246	238
89	36	156	163	252	244
89	37	161	168	257	250
89	38	166	173	263	255
89	39	172	179	268	261
89	40	177	184	274	266
89	41	182	189	280	272
89	42	188	195	285	278
89	43	193	200	291	283
89	44	199	206	296	289
89	45	204	211	301	294
90	0	0	0	18	14
90	1	1	1	27	23
90	2	2	3	36	32
90	3	5	6	44	39
90	4	8	9	51	46
90	5	11	13	59	53
90	6	14	17	66	60
90	7	18	20	73	67
90	8	22	25	80	74
90	9	26	29	86	80
90	10	30	33	93	87
90	11	34	38	100	93
90	12	38	42	106	100
90	13	43	47	113	106
90	14	47	51	119	112
90	15	52	56	125	118
90	16	56	60	131	125
90	17	61	65	138	131
90	18	65	70	144	137
90	19	70	75	150	143
90	20	75	80	156	149
90	21	79	84	162	155
90	22	84	89	168	161
90	23	89	94	174	167
90	24	94	99	180	173
90	25	99	104	186	178
90	26	103	109	192	184
90	27	108	114	198	190
90	28	113	119	203	196
90	29	118	124	209	202
90	30	123	130	215	207
90	31	128	135	221	213
90	32	133	140	226	219
90	33	139	145	232	225
90	34	144	150	238	230
90	35	149	156	243	236
90	36	154	161	249	241
90	37	159	166	255	247
90	38	164	171	260	253
90	39	170	177	266	258
90	40	175	182	271	264
90	41	180	187	277	269
90	42	186	193	282	275
90	43	191	198	288	280
90	44	196	203	293	286
90	45	202	209	298	291
91	0	0	0	18	14
91	1	1	1	27	23
91	2	2	3	36	31
91	3	5	6	43	39
91	4	8	9	51	46
91	5	11	13	58	53
91	6	14	16	65	60
91	7	18	20	72	66
91	8	22	24	79	73
91	9	26	29	85	80
91	10	30	33	92	86
91	11	34	37	99	92
91	12	38	42	105	99
91	13	42	46	111	105
91	14	47	51	118	111

N = 500

n	a	LOWER .975	LOWER .95	UPPER .975	UPPER .95
91	15	51	55	124	117
91	16	55	60	130	123
91	17	60	64	136	129
91	18	65	69	142	135
91	19	69	74	148	141
91	20	74	79	154	147
91	21	78	84	160	153
91	22	83	88	166	159
91	23	88	93	172	165
91	24	93	98	178	171
91	25	97	103	184	177
91	26	102	108	190	182
91	27	107	113	196	188
91	28	112	118	201	194
91	29	117	123	207	200
91	30	122	128	213	205
91	31	127	133	218	211
91	32	132	138	224	217
91	33	137	143	230	222
91	34	142	149	235	228
91	35	147	154	241	233
91	36	152	159	246	239
91	37	157	164	252	244
91	38	163	169	257	250
91	39	168	175	263	255
91	40	173	180	268	261
91	41	178	185	274	266
91	42	183	190	279	272
91	43	189	196	285	277
91	44	194	201	290	283
91	45	199	206	295	288
91	46	205	212	301	294
92	0	0	0	17	14
92	1	1	1	27	23
92	2	2	3	35	31
92	3	5	6	43	38
92	4	8	9	50	45
92	5	11	12	57	52
92	6	14	16	64	59
92	7	18	20	71	66
92	8	22	24	78	72
92	9	25	28	85	79
92	10	29	32	91	85
92	11	33	37	98	91
92	12	38	41	104	98
92	13	42	46	110	104
92	14	46	50	116	110
92	15	51	55	123	116
92	16	55	59	129	122
92	17	59	64	135	128
92	18	64	68	141	134
92	19	68	73	147	140
92	20	73	78	153	146
92	21	78	83	159	152
92	22	82	87	165	157
92	23	87	92	170	163
92	24	92	97	176	169
92	25	96	102	182	175
92	26	101	107	188	180
92	27	106	112	193	186
92	28	111	117	199	192
92	29	116	122	205	197
92	30	121	127	211	203
92	31	126	132	216	209
92	32	131	137	222	214
92	33	136	142	227	220
92	34	141	147	233	225
92	35	146	152	238	231
92	36	151	157	244	236
92	37	156	162	249	242
92	38	161	167	255	247
92	39	166	173	260	253
92	40	171	178	266	258
92	41	176	183	271	264
92	42	181	188	276	269

CONFIDENCE BOUNDS FOR A

N = 500

n	a	LOWER .975	.95	UPPER .975	.95
92	43	187	194	282	275
92	44	192	199	287	280
92	45	197	204	292	285
92	46	202	209	298	291
93	0	0	0	17	14
93	1	1	1	26	23
93	2	2	3	35	30
93	3	5	6	42	38
93	4	7	9	50	45
93	5	11	12	57	52
93	6	14	16	64	58
93	7	18	20	70	65
93	8	21	24	77	71
93	9	25	28	84	78
93	10	29	32	90	84
93	11	33	36	96	90
93	12	37	41	103	96
93	13	41	45	109	103
93	14	46	50	115	109
93	15	50	54	121	115
93	16	54	59	127	121
93	17	59	63	133	127
93	18	63	68	139	132
93	19	68	72	145	138
93	20	72	77	151	144
93	21	77	82	157	150
93	22	81	87	163	156
93	23	86	91	169	161
93	24	91	96	174	167
93	25	95	101	180	173
93	26	100	106	186	179
93	27	105	111	191	184
93	28	110	116	197	190
93	29	115	120	203	195
93	30	119	125	208	201
93	31	124	130	214	207
93	32	129	135	219	212
93	33	134	140	225	218
93	34	139	145	230	223
93	35	144	150	236	229
93	36	149	155	241	234
93	37	154	161	247	239
93	38	159	166	252	245
93	39	164	171	258	250
93	40	169	176	263	256
93	41	174	181	268	261
93	42	179	186	274	266
93	43	184	191	279	272
93	44	190	197	284	277
93	45	195	202	290	282
93	46	200	207	295	288
93	47	205	212	300	293
94	0	0	0	17	14
94	1	1	1	26	22
94	2	2	3	34	30
94	3	5	6	42	37
94	4	7	9	49	44
94	5	11	12	56	51
94	6	14	16	63	58
94	7	17	20	70	64
94	8	21	24	76	71
94	9	25	28	83	77
94	10	29	32	89	83
94	11	33	36	95	89
94	12	37	40	102	95
94	13	41	45	108	101
94	14	45	49	114	107
94	15	49	53	120	113
94	16	54	58	126	119
94	17	58	62	132	125
94	18	63	67	138	131
94	19	67	72	144	137
94	20	71	76	150	143
94	21	76	81	155	148
94	22	81	86	161	154

N = 500

n	a	LOWER .975	.95	UPPER .975	.95
94	23	85	90	167	160
94	24	90	95	173	165
94	25	94	100	178	171
94	26	99	105	184	177
94	27	104	109	190	182
94	28	109	114	195	188
94	29	113	119	201	193
94	30	118	124	206	199
94	31	123	129	212	204
94	32	128	134	217	210
94	33	133	139	223	215
94	34	137	144	228	221
94	35	142	149	234	226
94	36	147	154	239	232
94	37	152	159	244	237
94	38	157	164	250	242
94	39	162	169	255	248
94	40	167	174	260	253
94	41	172	179	266	258
94	42	177	184	271	264
94	43	182	189	276	269
94	44	187	194	281	274
94	45	193	200	287	280
94	46	198	205	292	285
94	47	203	210	297	290
95	0	0	0	17	14
95	1	1	1	26	22
95	2	2	3	34	30
95	3	5	6	41	37
95	4	7	9	49	44
95	5	10	12	56	51
95	6	14	16	62	57
95	7	17	20	69	64
95	8	21	23	75	70
95	9	25	27	82	76
95	10	29	32	88	82
95	11	33	36	94	88
95	12	37	40	101	94
95	13	41	44	107	100
95	14	45	49	113	106
95	15	49	53	119	112
95	16	53	57	125	118
95	17	58	62	131	124
95	18	62	66	136	130
95	19	66	71	142	135
95	20	71	75	148	141
95	21	75	80	154	147
95	22	80	85	159	153
95	23	84	89	165	158
95	24	89	94	171	164
95	25	93	99	176	169
95	26	98	104	182	175
95	27	103	108	188	180
95	28	107	113	193	186
95	29	112	118	199	191
95	30	117	123	204	197
95	31	122	128	210	202
95	32	126	132	215	208
95	33	131	137	220	213
95	34	136	142	226	219
95	35	141	147	231	224
95	36	146	152	237	229
95	37	151	157	242	235
95	38	156	162	247	240
95	39	160	167	253	245
95	40	165	172	258	251
95	41	170	177	263	256
95	42	175	182	268	261
95	43	180	187	274	266
95	44	185	192	279	272
95	45	190	197	284	277
95	46	196	203	289	282
95	47	201	208	294	287
95	48	206	213	299	292
96	0	0	0	16	13

N = 500

n	a	LOWER .975	.95	UPPER .975	.95
96	1	1	1	26	22
96	2	2	3	34	29
96	3	5	5	41	37
96	4	7	9	48	43
96	5	10	12	55	50
96	6	14	16	62	57
96	7	17	19	68	63
96	8	21	23	75	69
96	9	24	27	81	75
96	10	28	31	87	81
96	11	32	35	93	87
96	12	36	40	100	93
96	13	40	44	106	99
96	14	44	48	112	105
96	15	48	52	117	111
96	16	53	57	123	117
96	17	57	61	129	123
96	18	61	66	135	128
96	19	66	70	141	134
96	20	70	75	147	140
96	21	74	79	152	145
96	22	79	84	158	151
96	23	83	88	163	157
96	24	88	93	169	162
96	25	92	98	175	168
96	26	97	102	180	173
96	27	102	107	186	179
96	28	106	112	191	184
96	29	111	117	197	190
96	30	116	121	202	195
96	31	120	126	208	200
96	32	125	131	213	206
96	33	130	136	218	211
96	34	135	141	224	216
96	35	139	146	229	222
96	36	144	151	234	227
96	37	149	155	240	232
96	38	154	160	245	238
96	39	159	165	250	243
96	40	164	170	255	248
96	41	169	175	261	253
96	42	173	180	266	259
96	43	178	185	271	264
96	44	183	190	276	269
96	45	188	195	281	274
96	46	193	200	286	279
96	47	198	205	291	284
96	48	204	211	296	289
97	0	0	0	16	13
97	1	1	1	25	22
97	2	2	3	33	29
97	3	5	5	41	36
97	4	7	9	48	43
97	5	10	12	54	49
97	6	14	15	61	56
97	7	17	19	68	62
97	8	21	23	74	68
97	9	24	27	80	75
97	10	28	31	86	81
97	11	32	35	92	87
97	12	36	39	98	92
97	13	40	43	104	98
97	14	44	48	110	104
97	15	48	52	116	110
97	16	52	56	122	116
97	17	56	61	128	121
97	18	61	65	134	127
97	19	65	69	139	133
97	20	69	74	145	138
97	21	74	78	151	144
97	22	78	83	156	149
97	23	83	88	162	155
97	24	87	92	167	160
97	25	91	97	173	166
97	26	96	101	178	171

N = 500

n	a	LOWER .975	.95	UPPER .975	.95
97	27	101	106	184	177
97	28	105	111	189	182
97	29	110	115	195	188
97	30	114	120	200	193
97	31	119	125	205	198
97	32	124	130	211	204
97	33	128	134	216	209
97	34	133	139	221	214
97	35	138	144	227	220
97	36	143	149	232	225
97	37	147	154	237	230
97	38	152	159	242	235
97	39	157	164	248	240
97	40	162	168	253	246
97	41	167	173	258	251
97	42	172	178	263	256
97	43	177	183	268	261
97	44	181	188	273	266
97	45	186	193	279	271
97	46	191	198	284	277
97	47	196	203	289	282
97	48	201	208	294	287
97	49	206	213	299	292
98	0	0	0	16	13
98	1	1	1	25	21
98	2	2	3	33	29
98	3	4	5	40	36
98	4	7	8	47	42
98	5	10	12	54	49
98	6	13	15	60	55
98	7	17	19	67	62
98	8	20	23	73	68
98	9	24	27	79	74
98	10	28	31	85	80
98	11	32	35	91	86
98	12	35	39	97	92
98	13	39	43	103	97
98	14	43	47	109	103
98	15	48	51	115	109
98	16	52	56	121	114
98	17	56	60	127	120
98	18	60	64	132	126
98	19	64	69	138	131
98	20	69	73	144	137
98	21	73	78	149	142
98	22	77	82	155	148
98	23	82	87	160	153
98	24	86	91	166	159
98	25	91	96	171	164
98	26	95	100	177	170
98	27	100	105	182	175
98	28	104	110	187	180
98	29	109	114	193	186
98	30	113	119	198	191
98	31	118	124	203	196
98	32	122	128	209	202
98	33	127	133	214	207
98	34	132	138	219	212
98	35	136	143	225	217
98	36	141	147	230	223
98	37	146	152	235	228
98	38	151	157	240	233
98	39	155	162	245	238
98	40	160	167	250	243
98	41	165	172	256	248
98	42	170	176	261	254
98	43	175	181	266	259
98	44	180	186	271	264
98	45	186	191	276	269
98	46	189	196	281	274
98	47	194	201	286	279
98	48	199	206	291	284
98	49	204	211	296	289
99	0	0	0	16	13
99	1	1	1	25	21

CONFIDENCE BOUNDS FOR A

N = 500						N = 500				
		LOWER		UPPER				LOWER		UPPER	
n	a	.975	.95	.975	.95	n	a	.975	.95	.975	.95
99	2	2	3	32	28	100	26	93	98	173	166
99	3	4	5	40	35	100	27	98	103	179	172
99	4	7	8	47	42	100	28	102	107	184	177
99	5	10	12	53	48	100	29	106	112	189	182
99	6	13	15	60	55	100	30	111	117	194	187
99	7	17	19	66	61	100	31	115	121	200	193
99	8	20	23	72	67	100	32	120	126	205	198
99	9	24	26	79	73	100	33	125	130	210	203
99	10	28	30	85	79	100	34	129	135	215	208
99	11	31	34	91	85	100	35	134	140	220	213
99	12	35	38	96	91	100	36	138	144	225	218
99	13	39	42	102	96	100	37	143	149	231	223
99	14	43	47	108	102	100	38	148	154	236	229
99	15	47	51	114	108	100	39	152	159	241	234
99	16	51	55	120	113	100	40	157	163	246	239
99	17	55	59	125	119	100	41	162	168	251	244
99	18	59	64	131	124	100	42	166	173	256	249
99	19	64	68	137	130	100	43	171	178	261	254
99	20	68	72	142	136	100	44	176	182	266	259
99	21	72	77	148	141	100	45	181	187	271	264
99	22	77	81	153	146	100	46	185	192	276	269
99	23	81	86	159	152	100	47	190	197	281	274
99	24	85	90	164	157	100	48	195	202	286	279
99	25	90	95	170	163	100	49	200	207	290	284
99	26	94	99	175	168	100	50	205	212	295	288
99	27	99	104	180	173						
99	28	103	108	186	179						
99	29	108	113	191	184						
99	30	112	118	196	189						
99	31	117	122	202	194						
99	32	121	127	207	200						
99	33	126	132	212	205						
99	34	130	136	217	210						
99	35	135	141	222	215						
99	36	140	146	228	220						
99	37	144	151	233	226						
99	38	149	155	238	231						
99	39	154	160	243	236						
99	40	159	165	248	241						
99	41	163	170	253	246						
99	42	168	175	258	251						
99	43	173	179	263	256						
99	44	178	184	268	261						
99	45	182	189	273	266						
99	46	187	194	278	271						
99	47	192	199	283	276						
99	48	197	204	288	281						
99	49	202	209	293	286						
99	50	207	214	298	291						
100	0	0	0	16	13						
100	1	1	1	24	21						
100	2	2	3	32	28						
100	3	4	5	39	35						
100	4	7	8	46	42						
100	5	10	12	53	48						
100	6	13	15	59	54						
100	7	17	19	65	60						
100	8	20	22	72	66						
100	9	24	26	78	72						
100	10	27	30	84	78						
100	11	31	34	90	84						
100	12	35	38	96	90						
100	13	39	42	101	95						
100	14	43	46	107	101						
100	15	47	50	113	107						
100	16	51	55	118	112						
100	17	55	59	124	118						
100	18	59	63	130	123						
100	19	63	67	135	129						
100	20	67	72	141	134						
100	21	72	76	146	140						
100	22	76	81	152	145						
100	23	80	85	157	150						
100	24	84	89	163	156						
100	25	89	94	168	161						

CHAPTER 4

THE TABLE

OF LOWER AND UPPER CONFIDENCE BOUNDS

Section 4.5

$$N = 600(100)1000$$

$$n = 1(1)60 \qquad\qquad\qquad n = 62(2)\frac{N}{5}$$

$a = 0(1)\dfrac{n}{2}$ $a = \dfrac{n}{2}(1)n$ $a = 0(1)\dfrac{n}{5}$ $a = \dfrac{4n}{5}(1)n$

(Displayed in Table)   (From Table by Subtraction Using (2.5) and (2.6))   (Displayed in Table)   (From Table by Subtraction Using (2.5) and (2.6))

CONFIDENCE BOUNDS FOR A

N = 600 (Panel 1)

n	a	LOWER .975	LOWER .95	UPPER .975	UPPER .95
1	0	0	0	585	570
1	1	15	30	600	600
2	0	0	0	504	465
2	1	8	16	592	584
3	0	0	0	423	378
3	1	6	11	543	518
3	2	57	82	594	589
4	0	0	0	360	315
4	1	4	8	482	450
4	2	41	59	559	541
5	0	0	0	312	269
5	1	4	7	428	393
5	2	33	47	511	485
5	3	89	115	567	553
6	0	0	0	274	234
6	1	3	6	383	348
6	2	27	39	465	436
6	3	72	93	528	507
7	0	0	0	244	207
7	1	3	5	345	311
7	2	23	33	424	394
7	3	61	78	488	463
7	4	112	137	539	522
8	0	0	0	220	186
8	1	2	4	314	281
8	2	20	29	389	358
8	3	52	68	451	425
8	4	96	117	504	483
9	0	0	0	200	168
9	1	2	4	288	256
9	2	18	25	358	328
9	3	46	60	419	391
9	4	84	103	471	448
9	5	129	152	516	497
10	0	0	0	183	154
10	1	2	4	265	235
10	2	16	23	332	302
10	3	41	53	390	362
10	4	74	91	441	416
10	5	114	135	486	465
11	0	0	0	169	141
11	1	2	3	246	217
11	2	15	21	309	280
11	3	37	48	364	337
11	4	67	82	413	388
11	5	102	121	458	436
11	6	142	164	498	479
12	0	0	0	157	131
12	1	2	3	229	201
12	2	13	19	288	261
12	3	34	44	341	314
12	4	61	75	389	364
12	5	93	110	432	409
12	6	128	149	472	451
13	0	0	0	146	122
13	1	2	3	214	188
13	2	12	18	270	244
13	3	31	41	321	295
13	4	56	69	366	342
13	5	85	101	408	385
13	6	117	136	447	426
13	7	153	174	483	464
14	0	0	0	137	114
14	1	2	3	201	176
14	2	12	16	255	229
14	3	29	38	302	277
14	4	52	64	346	322
14	5	78	93	387	364
14	6	108	125	425	403
14	7	140	160	460	440
15	0	0	0	129	107
15	1	1	3	189	166
15	2	11	15	240	216
15	3	27	35	286	262
15	4	48	59	328	304

N = 600 (Panel 2)

n	a	LOWER .975	LOWER .95	UPPER .975	UPPER .95
15	5	73	87	367	344
15	6	100	116	404	382
15	7	130	148	438	418
15	8	162	182	470	452
16	0	0	0	121	101
16	1	1	2	179	156
16	2	10	14	228	204
16	3	25	33	271	248
16	4	45	55	312	288
16	5	68	81	350	327
16	6	93	108	385	363
16	7	121	138	418	398
16	8	150	169	450	431
17	0	0	0	115	95
17	1	1	2	170	148
17	2	10	14	216	194
17	3	24	31	258	235
17	4	42	52	297	274
17	5	64	76	333	311
17	6	87	102	368	346
17	7	113	129	400	379
17	8	140	158	431	411
17	9	169	189	460	442
18	0	0	0	109	90
18	1	1	2	161	141
18	2	9	13	206	184
18	3	23	29	246	224
18	4	40	49	283	261
18	5	60	71	318	296
18	6	82	95	352	330
18	7	106	121	383	363
18	8	131	148	413	394
18	9	158	177	442	423
19	0	0	0	104	86
19	1	1	2	154	134
19	2	9	12	196	175
19	3	22	28	235	213
19	4	38	47	271	249
19	5	57	67	305	283
19	6	77	90	337	316
19	7	100	114	367	347
19	8	124	140	396	377
19	9	149	166	424	406
19	10	176	194	451	434
20	0	0	0	99	82
20	1	1	2	147	128
20	2	8	12	188	167
20	3	20	26	225	204
20	4	36	44	259	238
20	5	54	64	292	271
20	6	73	85	323	302
20	7	94	108	353	333
20	8	117	132	381	362
20	9	141	157	408	390
20	10	166	183	434	417
21	0	0	0	95	78
21	1	1	2	141	122
21	2	8	11	180	160
21	3	20	25	215	195
21	4	34	42	249	228
21	5	51	61	280	260
21	6	70	81	310	290
21	7	90	103	339	319
21	8	111	125	367	347
21	9	133	149	393	375
21	10	157	174	419	401
21	11	181	199	443	426
22	0	0	0	90	75
22	1	1	2	135	117
22	2	8	11	172	153
22	3	19	24	207	187
22	4	33	40	239	219
22	5	49	58	269	249
22	6	66	77	299	279
22	7	85	98	326	307

N = 600 (Panel 3)

n	a	LOWER .975	LOWER .95	UPPER .975	UPPER .95
22	8	105	119	353	334
22	9	127	142	379	361
22	10	149	165	404	386
22	11	172	189	428	411
23	0	0	0	87	71
23	1	1	2	129	112
23	2	7	10	166	147
23	3	18	23	199	180
23	4	31	38	230	211
23	5	46	55	259	240
23	6	63	74	288	268
23	7	81	93	315	295
23	8	100	114	341	322
23	9	121	135	366	347
23	10	142	157	390	372
23	11	163	180	414	397
23	12	186	203	437	420
24	0	0	0	83	69
24	1	1	2	124	108
24	2	7	10	159	142
24	3	17	22	191	173
24	4	30	37	221	203
24	5	44	53	250	231
24	6	61	71	277	258
24	7	78	89	304	285
24	8	96	109	329	310
24	9	115	129	354	335
24	10	135	150	377	359
24	11	156	172	400	383
24	12	177	194	423	406
25	0	0	0	80	66
25	1	1	2	120	104
25	2	7	9	154	136
25	3	16	21	185	167
25	4	29	35	214	195
25	5	43	51	241	223
25	6	58	68	268	249
25	7	75	86	293	275
25	8	92	104	318	300
25	9	110	124	342	324
25	10	129	144	365	347
25	11	149	164	388	370
25	12	169	185	409	393
25	13	191	207	431	415
26	0	0	0	77	63
26	1	1	2	115	100
26	2	7	9	148	131
26	3	16	20	178	161
26	4	28	34	206	188
26	5	41	49	233	215
26	6	56	65	259	241
26	7	72	82	284	265
26	8	88	100	308	290
26	9	106	118	331	313
26	10	124	138	354	336
26	11	143	157	376	358
26	12	162	178	397	380
26	13	182	198	418	402
27	0	0	0	74	61
27	1	1	2	111	96
27	2	6	9	143	127
27	3	15	20	172	155
27	4	27	33	199	182
27	5	40	47	226	208
27	6	54	63	251	233
27	7	69	79	275	257
27	8	85	96	298	280
27	9	101	114	321	303
27	10	119	132	343	325
27	11	137	151	364	347
27	12	156	170	385	368
27	13	175	190	405	389
27	14	195	211	425	410
28	0	0	0	72	59
28	1	1	2	108	93

N = 600 (Panel 4)

n	a	LOWER .975	LOWER .95	UPPER .975	UPPER .95
28	2	6	9	138	123
28	3	15	19	167	150
28	4	26	32	193	176
28	5	38	45	218	201
28	6	52	60	243	225
28	7	66	76	266	249
28	8	82	92	289	271
28	9	98	110	311	294
28	10	114	127	333	315
28	11	132	145	353	337
28	12	150	164	374	357
28	13	168	183	394	378
28	14	187	202	413	398
29	0	0	0	69	57
29	1	1	2	104	90
29	2	6	8	134	119
29	3	14	18	161	145
29	4	25	30	187	170
29	5	37	44	212	195
29	6	50	58	235	218
29	7	64	73	258	241
29	8	79	89	280	263
29	9	94	106	302	285
29	10	110	123	323	306
29	11	127	140	343	327
29	12	144	158	363	347
29	13	162	176	383	367
29	14	180	195	402	386
29	15	198	214	420	405
30	0	0	0	67	55
30	1	1	1	101	87
30	2	6	8	130	115
30	3	14	18	156	141
30	4	24	29	181	165
30	5	36	42	205	189
30	6	48	56	228	212
30	7	62	71	251	234
30	8	76	86	272	255
30	9	91	102	293	276
30	10	106	118	314	297
30	11	122	135	334	317
30	12	139	152	353	337
30	13	156	170	372	356
30	14	173	188	391	375
30	15	191	206	409	394
31	0	0	0	65	53
31	1	1	1	98	84
31	2	6	8	126	111
31	3	13	17	152	136
31	4	23	29	176	160
31	5	34	41	199	183
31	6	47	54	222	205
31	7	60	69	243	227
31	8	73	83	264	248
31	9	88	98	285	268
31	10	103	114	305	288
31	11	118	130	325	308
31	12	134	147	344	327
31	13	150	164	362	346
31	14	167	181	381	365
31	15	184	199	399	383
31	16	201	217	416	401
32	0	0	0	63	52
32	1	1	1	95	82
32	2	6	8	122	108
32	3	13	17	147	132
32	4	23	28	171	156
32	5	33	40	194	178
32	6	45	53	215	199
32	7	58	66	237	220
32	8	71	81	257	241
32	9	85	95	277	261
32	10	99	110	297	280
32	11	114	126	316	300
32	12	129	142	335	319

CONFIDENCE BOUNDS FOR A

N = 600						N = 600						N = 600						N = 600					
		LOWER		UPPER				LOWER		UPPER				LOWER		UPPER				LOWER		UPPER	
n	a	.975	.95	.975	.95	n	a	.975	.95	.975	.95	n	a	.975	.95	.975	.95	n	a	.975	.95	.975	.95
32	13	145	158	353	337	36	16	171	184	368	353	40	11	90	100	260	245	43	21	203	216	384	371
32	14	161	175	371	355	36	17	186	199	384	369	40	12	102	112	276	261	43	22	216	229	397	384
32	15	178	192	388	373	36	18	201	215	399	385	40	13	114	125	291	277	44	0	0	0	46	38
32	16	194	209	406	391	37	0	0	0	55	45	40	14	127	138	306	292	44	1	1	1	70	60
33	0	0	0	61	50	37	1	1	1	82	71	40	15	139	151	322	307	44	2	4	6	90	79
33	1	1	1	92	79	37	2	5	7	106	94	40	16	152	164	336	322	44	3	10	12	109	98
33	2	5	7	119	105	37	3	11	15	128	115	40	17	166	178	351	337	44	4	17	20	127	115
33	3	13	16	143	129	37	4	20	24	149	136	40	18	179	192	366	352	44	5	24	29	144	132
33	4	22	27	166	151	37	5	29	34	169	155	40	19	192	206	380	366	44	6	33	38	161	148
33	5	32	39	188	173	37	6	39	46	189	174	40	20	206	220	394	380	44	7	42	48	177	164
33	6	44	51	210	194	37	7	50	57	208	193	41	0	0	0	49	40	44	8	51	58	193	179
33	7	56	64	230	214	37	8	61	69	226	211	41	1	1	1	75	64	44	9	61	69	208	195
33	8	69	78	250	234	37	9	73	82	244	229	41	2	4	6	96	85	44	10	71	80	223	210
33	9	82	92	270	254	37	10	85	95	261	246	41	3	10	13	117	104	44	11	82	91	238	225
33	10	96	107	289	273	37	11	98	108	278	263	41	4	18	22	136	123	44	12	93	102	253	239
33	11	110	122	308	292	37	12	111	122	295	280	41	5	26	31	154	141	44	13	104	113	267	254
33	12	125	137	326	310	37	13	124	136	312	297	41	6	35	41	172	158	44	14	115	125	282	268
33	13	140	153	344	328	37	14	138	150	328	313	41	7	45	52	189	175	44	15	126	137	296	282
33	14	156	169	361	346	37	15	152	164	344	329	41	8	55	63	206	192	44	16	138	149	310	296
33	15	172	186	379	364	37	16	166	179	360	345	41	9	66	74	222	208	44	17	149	161	323	310
33	16	188	202	396	381	37	17	180	194	375	361	41	10	77	85	238	224	44	18	161	173	337	323
33	17	204	219	412	398	37	18	195	209	390	376	41	11	88	97	254	240	44	19	174	186	350	337
34	0	0	0	59	49	37	19	210	224	405	391	41	12	100	110	270	255	44	20	186	198	363	350
34	1	1	1	89	77	38	0	0	0	53	44	41	13	111	122	285	271	44	21	198	211	376	363
34	2	5	7	115	102	38	1	1	1	80	69	41	14	124	134	300	286	44	22	211	224	389	376
34	3	12	16	139	125	38	2	5	7	104	92	41	15	136	147	315	301	45	0	0	0	45	37
34	4	21	26	162	147	38	3	11	14	125	112	41	16	148	160	329	315	45	1	1	1	68	58
34	5	31	37	183	168	38	4	19	23	146	132	41	17	161	173	344	330	45	2	4	6	88	78
34	6	43	50	204	189	38	5	28	34	165	151	41	18	174	187	358	344	45	3	10	12	107	95
34	7	54	62	224	208	38	6	38	44	184	170	41	19	187	200	372	358	45	4	16	20	124	112
34	8	67	76	244	228	38	7	49	56	203	188	41	20	201	214	386	372	45	5	24	28	141	129
34	9	80	89	263	247	38	8	60	68	220	206	41	21	214	228	399	386	45	6	32	38	157	145
34	10	93	104	281	266	38	9	71	80	238	223	42	0	0	0	48	39	45	7	41	47	173	160
34	11	107	118	300	284	38	10	83	92	255	240	42	1	1	1	73	63	45	8	50	57	189	176
34	12	121	133	318	302	38	11	95	105	272	257	42	2	4	6	94	83	45	9	60	67	204	191
34	13	136	148	335	320	38	12	108	119	288	273	42	3	10	13	114	102	45	10	70	78	219	205
34	14	151	164	352	337	38	13	121	132	305	290	42	4	17	21	133	120	45	11	80	89	233	220
34	15	166	180	369	354	38	14	134	146	320	306	42	5	26	30	150	138	45	12	90	99	248	234
34	16	182	196	386	371	38	15	147	160	336	322	42	6	35	40	168	155	45	13	101	111	262	248
34	17	198	212	402	388	38	16	161	174	352	337	42	7	44	50	185	171	45	14	112	122	276	262
35	0	0	0	58	47	38	17	175	188	367	353	42	8	54	61	201	187	45	15	123	134	290	276
35	1	1	1	87	75	38	18	189	203	382	368	42	9	64	72	217	203	45	16	134	145	303	290
35	2	5	7	112	99	38	19	204	217	396	383	42	10	75	83	233	219	45	17	146	157	317	303
35	3	12	15	135	122	39	0	0	0	52	42	42	11	86	95	249	234	45	18	158	169	330	317
35	4	21	25	157	143	39	1	1	1	78	67	42	12	97	107	264	250	45	19	169	181	343	330
35	5	31	36	178	164	39	2	5	6	101	89	42	13	109	119	279	265	45	20	181	193	356	343
35	6	41	48	199	184	39	3	11	14	122	110	42	14	120	131	294	279	45	21	194	206	369	356
35	7	53	61	218	203	39	4	19	23	142	129	42	15	132	144	308	294	45	22	206	218	382	369
35	8	65	73	237	222	39	5	28	33	161	148	42	16	145	156	322	309	45	23	218	231	394	382
35	9	77	87	256	241	39	6	37	43	180	166	42	17	157	169	337	323	46	0	0	0	44	36
35	10	90	101	274	259	39	7	47	54	198	184	42	18	170	182	351	337	46	1	1	1	67	57
35	11	104	115	292	277	39	8	58	66	215	201	42	19	183	195	364	351	46	2	4	6	86	76
35	12	118	129	310	294	39	9	69	78	232	218	42	20	196	208	378	365	46	3	9	12	104	93
35	13	132	144	327	312	39	10	81	90	249	235	42	21	209	222	391	378	46	4	16	20	122	110
35	14	146	159	344	329	39	11	93	103	266	251	43	0	0	0	47	38	46	5	23	28	138	126
35	15	161	174	361	346	39	12	105	115	282	267	43	1	1	1	71	61	46	6	32	37	154	142
35	16	176	190	377	362	39	13	117	128	298	283	43	2	4	6	92	81	46	7	40	46	170	157
35	17	192	206	393	378	39	14	130	142	313	299	43	3	10	13	111	100	46	8	49	56	185	172
35	18	207	222	408	394	39	15	143	155	329	314	43	4	17	21	130	117	46	9	59	66	200	187
36	0	0	0	56	46	39	16	157	169	344	330	43	5	25	30	147	135	46	10	68	76	214	201
36	1	1	1	85	73	39	17	170	183	359	345	43	6	34	39	164	151	46	11	78	87	229	216
36	2	5	7	109	96	39	18	184	197	373	359	43	7	43	49	181	167	46	12	88	97	243	230
36	3	12	15	132	118	39	19	198	211	388	374	43	8	53	60	197	183	46	13	99	108	257	243
36	4	20	25	153	139	39	20	212	226	402	389	43	9	63	70	213	199	46	14	110	119	271	257
36	5	30	35	174	159	40	0	0	0	51	41	43	10	73	81	228	214	46	15	120	131	284	271
36	6	40	47	194	179	40	1	1	1	76	66	43	11	84	93	243	229	46	16	131	142	298	284
36	7	51	59	213	198	40	2	5	6	99	87	43	12	95	104	258	244	46	17	143	153	311	297
36	8	63	71	232	216	40	3	11	14	119	107	43	13	106	116	273	259	46	18	154	165	324	311
36	9	75	84	250	234	40	4	18	22	139	126	43	14	118	128	288	274	46	19	165	177	337	324
36	10	88	98	268	252	40	5	27	32	158	144	43	15	129	140	302	288	46	20	177	189	350	336
36	11	101	111	285	270	40	6	36	42	176	162	43	16	141	152	316	302	46	21	189	201	362	349
36	12	114	125	302	287	40	7	46	53	193	179	43	17	153	165	330	316	46	22	201	213	375	362
36	13	128	140	319	304	40	8	57	64	210	196	43	18	165	177	344	330	46	23	213	226	387	374
36	14	142	154	336	321	40	9	67	76	227	213	43	19	178	190	357	344	47	0	0	0	43	35
36	15	156	169	352	337	40	10	79	88	244	229	43	20	191	203	370	357	47	1	1	1	65	56

CONFIDENCE BOUNDS FOR A

n	a	LOWER .975	.95	UPPER .975	.95	n	a	LOWER .975	.95	UPPER .975	.95	n	a	LOWER .975	.95	UPPER .975	.95	n	a	LOWER .975	.95	UPPER .975	.95
47	2	4	5	84	74	50	1	1	1	61	53	52	23	187	198	348	336	55	15	100	109	242	230
47	3	9	12	102	91	50	2	4	5	79	70	52	24	197	209	359	347	55	16	109	118	253	241
47	4	16	19	119	108	50	3	9	11	96	86	52	25	208	220	370	358	55	17	118	127	265	253
47	5	23	27	135	124	50	4	15	18	112	101	52	26	219	231	381	369	55	18	128	137	276	264
47	6	31	36	151	139	50	5	22	26	127	116	53	0	0	0	38	31	55	19	137	147	287	275
47	7	39	45	166	154	50	6	29	34	142	131	53	1	1	1	58	50	55	20	147	157	298	286
47	8	48	55	181	169	50	7	37	42	157	145	53	2	4	5	75	66	55	21	156	166	309	297
47	9	57	64	196	183	50	8	45	51	171	159	53	3	8	10	91	81	55	22	166	176	320	308
47	10	67	74	210	197	50	9	54	61	185	173	53	4	14	17	106	96	55	23	176	186	331	319
47	11	77	85	224	211	50	10	63	70	198	186	53	5	21	24	121	110	55	24	186	197	342	330
47	12	87	95	238	225	50	11	72	80	212	199	53	6	28	32	135	124	55	25	196	207	353	341
47	13	97	106	252	239	50	12	81	89	225	212	53	7	35	40	148	137	55	26	206	217	363	351
47	14	107	117	265	252	50	13	91	99	238	225	53	8	43	48	162	150	55	27	216	228	373	362
47	15	118	128	279	265	50	14	100	109	251	238	53	9	51	57	175	163	55	28	227	238	384	372
47	16	128	139	292	279	50	15	110	120	264	251	53	10	59	66	188	176	56	0	0	0	36	29
47	17	139	150	305	292	50	16	120	130	276	263	53	11	68	75	201	189	56	1	1	1	55	47
47	18	150	161	318	305	50	17	131	141	289	276	53	12	77	84	213	201	56	2	4	5	71	62
47	19	162	173	331	317	50	18	141	151	301	288	53	13	86	94	226	213	56	3	8	10	86	77
47	20	173	185	343	330	50	19	151	162	313	300	53	14	95	103	238	226	56	4	13	16	100	91
47	21	185	197	355	343	50	20	162	173	325	312	53	15	104	113	250	238	56	5	20	23	114	104
47	22	196	208	368	355	50	21	173	184	337	324	53	16	113	123	262	250	56	6	26	30	128	117
47	23	208	221	380	367	50	22	184	195	349	336	53	17	123	132	274	261	56	7	33	38	141	130
47	24	220	233	392	379	50	23	195	206	360	348	53	18	133	142	285	273	56	8	41	46	154	143
48	0	0	0	42	34	50	24	206	218	372	359	53	19	142	153	297	285	56	9	48	54	166	155
48	1	1	1	64	55	50	25	217	229	383	371	53	20	152	163	309	296	56	10	56	62	178	167
48	2	4	5	83	73	51	0	0	0	40	32	53	21	162	173	320	308	56	11	64	71	191	179
48	3	9	11	100	90	51	1	1	1	60	52	53	22	173	183	331	319	56	12	72	80	203	191
48	4	15	19	117	106	51	2	4	5	78	69	53	23	183	194	342	330	56	13	81	89	214	203
48	5	23	27	133	121	51	3	9	11	94	84	53	24	193	205	353	341	56	14	89	97	226	214
48	6	30	35	148	136	51	4	15	18	110	100	53	25	204	215	364	352	56	15	98	107	238	226
48	7	39	44	163	151	51	5	21	25	125	114	53	26	214	226	375	363	56	16	107	116	249	237
48	8	47	53	178	165	51	6	29	33	140	128	53	27	225	237	386	374	56	17	116	125	260	248
48	9	56	63	192	179	51	7	36	42	154	142	54	0	0	0	37	30	56	18	125	135	272	259
48	10	65	73	206	193	51	8	44	50	168	156	54	1	1	1	57	49	56	19	134	144	283	271
48	11	75	83	220	207	51	9	53	59	181	169	54	2	4	5	74	65	56	20	144	154	294	282
48	12	85	93	234	221	51	10	62	69	195	183	54	3	8	10	89	80	56	21	153	163	304	292
48	13	95	104	247	234	51	11	70	78	208	196	54	4	14	17	104	94	56	22	163	173	315	303
48	14	105	114	260	247	51	12	80	88	221	209	54	5	20	24	118	108	56	23	172	183	326	314
48	15	115	125	274	260	51	13	89	97	234	221	54	6	27	31	132	121	56	24	182	193	336	325
48	16	126	136	287	273	51	14	98	107	246	234	54	7	34	39	146	135	56	25	192	203	347	335
48	17	136	147	299	286	51	15	108	117	259	246	54	8	42	48	159	148	56	26	202	213	357	346
48	18	147	158	312	299	51	16	118	127	271	259	54	9	50	56	172	160	56	27	212	223	368	356
48	19	158	169	324	311	51	17	128	138	283	271	54	10	58	65	185	173	56	28	222	234	378	366
48	20	169	181	337	324	51	18	138	148	296	283	54	11	67	74	197	185	57	0	0	0	35	29
48	21	181	192	349	336	51	19	148	159	307	295	54	12	75	83	210	198	57	1	1	1	54	46
48	22	192	204	361	348	51	20	159	169	319	307	54	13	84	92	222	210	57	2	3	5	70	61
48	23	203	216	373	361	51	21	169	180	331	318	54	14	93	101	234	222	57	3	8	10	85	76
48	24	215	227	385	373	51	22	180	191	343	330	54	15	102	111	246	233	57	4	13	16	99	89
49	0	0	0	41	34	51	23	191	202	354	342	54	16	111	120	258	245	57	5	19	23	112	102
49	1	1	1	62	54	51	24	201	213	365	353	54	17	121	130	269	257	57	6	26	30	126	115
49	2	4	5	81	71	51	25	212	224	376	364	54	18	130	140	281	268	57	7	33	37	138	128
49	3	9	11	98	88	51	26	224	236	388	376	54	19	140	150	292	280	57	8	40	45	151	140
49	4	15	18	114	103	52	0	0	0	39	32	54	20	149	160	303	291	57	9	47	53	163	152
49	5	22	26	130	119	52	1	1	1	59	51	54	21	159	170	315	302	57	10	55	61	175	164
49	6	30	35	145	133	52	2	4	5	76	67	54	22	169	180	326	313	57	11	63	70	187	176
49	7	38	43	160	148	52	3	8	11	93	83	54	23	179	190	337	325	57	12	71	78	199	188
49	8	46	52	174	162	52	4	14	17	108	98	54	24	189	201	347	335	57	13	79	87	211	199
49	9	55	62	188	176	52	5	21	25	123	112	54	25	200	211	358	346	57	14	88	96	222	211
49	10	64	71	202	190	52	6	28	33	137	126	54	26	210	222	369	357	57	15	96	105	234	222
49	11	73	81	216	203	52	7	36	41	151	140	54	27	221	232	379	368	57	16	105	114	245	233
49	12	83	91	229	216	52	8	44	49	165	153	55	0	0	0	37	30	57	17	114	123	256	244
49	13	93	101	243	230	52	9	52	58	178	166	55	1	1	1	56	48	57	18	123	132	267	255
49	14	103	112	256	243	52	10	60	67	191	179	55	2	4	5	72	64	57	19	132	141	278	266
49	15	113	122	269	256	52	11	69	76	204	192	55	3	8	10	88	78	57	20	141	151	289	277
49	16	123	133	281	268	52	12	78	86	217	205	55	4	14	16	102	92	57	21	150	160	300	288
49	17	133	144	294	281	52	13	87	95	230	217	55	5	20	23	116	106	57	22	160	170	310	298
49	18	144	155	306	293	52	14	97	105	242	230	55	6	27	31	130	119	57	23	169	180	321	309
49	19	155	166	319	306	52	15	106	115	254	242	55	7	34	39	143	132	57	24	179	189	331	319
49	20	166	177	331	318	52	16	116	125	267	254	55	8	41	47	156	145	57	25	188	199	342	330
49	21	177	188	343	330	52	17	125	135	279	266	55	9	49	55	169	158	57	26	198	209	352	340
49	22	188	199	355	342	52	18	135	145	290	278	55	10	57	64	182	170	57	27	208	219	362	351
49	23	199	211	366	354	52	19	145	156	302	290	55	11	65	72	194	182	57	28	218	229	372	361
49	24	210	222	378	366	52	20	155	166	314	301	55	12	74	81	206	194	57	29	228	239	382	371
49	25	222	234	390	378	52	21	166	177	325	313	55	13	82	90	218	206	58	0	0	0	35	28
50	0	0	0	40	33	52	22	176	187	337	324	55	14	91	99	230	218	58	1	1	1	53	45

CONFIDENCE BOUNDS FOR A

N = 600						N = 600						N = 600						N = 600					
		LOWER		UPPER				LOWER		UPPER				LOWER		UPPER				LOWER		UPPER	
n	a	.975	.95	.975	.95	n	a	.975	.95	.975	.95	n	a	.975	.95	.975	.95	n	a	.975	.95	.975	.95
58	2	3	5	69	60	60	16	100	108	234	222	70	2	3	4	57	50	78	13	58	64	156	147
58	3	8	10	83	74	60	17	108	117	244	233	70	3	7	8	69	61	78	14	64	70	165	156
58	4	13	16	97	88	60	18	117	125	255	243	70	4	11	13	81	73	78	15	70	76	174	164
58	5	19	22	110	101	60	19	125	134	265	254	70	5	16	19	92	84	78	16	77	83	182	173
58	6	25	29	123	113	60	20	134	143	276	264	70	6	21	25	103	94	80	0	0	0	25	20
58	7	32	37	136	126	60	21	143	152	286	274	70	7	27	31	113	105	80	1	1	1	38	32
58	8	39	44	148	138	60	22	151	161	296	285	70	8	33	37	124	115	80	2	3	4	49	43
58	9	47	52	161	150	60	23	160	170	306	295	70	9	39	43	134	125	80	3	6	7	60	54
58	10	54	60	173	162	60	24	169	179	316	305	70	10	45	50	144	135	80	4	10	12	70	64
58	11	62	69	184	173	60	25	178	189	326	315	70	11	51	57	154	144	80	5	14	17	80	73
58	12	70	77	196	185	60	26	188	198	336	325	70	12	58	64	164	154	80	6	19	22	90	82
58	13	78	85	207	196	60	27	197	207	346	335	70	13	65	71	174	164	80	7	24	27	99	92
58	14	86	94	219	207	60	28	206	217	356	344	70	14	72	78	183	173	80	8	29	33	109	100
58	15	95	103	230	218	60	29	216	226	365	354	72	0	0	0	28	22	80	9	34	38	118	109
58	16	103	112	241	229	60	30	225	236	375	364	72	1	1	1	42	36	80	10	40	44	127	118
58	17	112	121	252	240	62	0	0	0	32	26	72	2	3	4	55	48	80	11	45	50	135	127
58	18	121	130	263	251	62	1	1	1	49	42	72	3	6	8	67	60	80	12	51	56	144	135
58	19	130	139	274	262	62	2	3	4	64	56	72	4	11	13	78	71	80	13	57	62	153	144
58	20	139	148	284	273	62	3	7	9	78	69	72	5	16	18	89	81	80	14	63	68	161	152
58	21	148	157	295	283	62	4	12	15	91	82	72	6	21	24	100	92	80	15	69	74	170	160
58	22	157	167	305	294	62	5	18	21	103	94	72	7	26	30	110	102	80	16	75	81	178	169
58	23	166	176	316	304	62	6	24	28	116	106	72	8	32	36	120	112	82	0	0	0	24	20
58	24	176	186	326	314	62	7	30	34	128	118	72	9	38	42	130	121	82	1	1	1	37	32
58	25	185	196	336	325	62	8	37	42	139	129	72	10	44	49	140	131	82	2	3	3	48	42
58	26	195	205	346	335	62	9	44	49	151	140	72	11	50	55	150	141	82	3	6	7	59	52
58	27	204	215	357	345	62	10	51	56	162	151	72	12	56	62	160	150	82	4	10	11	69	62
58	28	214	225	366	355	62	11	58	64	173	162	72	13	63	69	169	159	82	5	14	16	78	71
58	29	224	235	376	365	62	12	65	72	184	173	72	14	70	76	178	169	82	6	18	21	88	80
59	0	0	0	34	28	62	13	73	80	195	184	72	15	76	83	188	178	82	7	23	26	97	89
59	1	1	1	52	44	64	0	0	0	31	25	74	0	0	0	27	22	82	8	28	32	106	98
59	2	3	4	67	59	64	1	1	1	48	41	74	1	1	1	41	35	82	9	33	37	115	107
59	3	8	10	82	73	64	2	3	4	62	55	74	2	3	4	54	47	82	10	39	43	123	115
59	4	13	15	95	86	64	3	7	9	75	67	74	3	6	8	65	58	82	11	44	49	132	124
59	5	19	22	109	99	64	4	12	14	88	80	74	4	10	13	76	69	82	12	50	55	141	132
59	6	25	29	121	111	64	5	17	20	100	91	74	5	15	18	87	79	82	13	55	61	149	140
59	7	32	36	134	124	64	6	23	27	112	103	74	6	20	23	97	89	82	14	61	67	157	148
59	8	39	44	146	136	64	7	29	33	124	114	74	7	26	29	107	99	82	15	67	73	166	157
59	9	46	51	158	147	64	8	36	40	135	125	74	8	31	35	117	109	82	16	73	79	174	165
59	10	53	59	170	159	64	9	42	47	146	136	74	9	37	41	127	118	82	17	79	85	182	173
59	11	61	67	181	170	64	10	49	55	157	147	74	10	43	47	137	128	84	0	0	0	23	19
59	12	69	76	193	182	64	11	56	62	168	158	74	11	49	54	146	137	84	1	1	1	36	31
59	13	77	84	204	193	64	12	63	70	179	168	74	12	55	60	155	146	84	2	3	3	47	41
59	14	85	92	215	204	64	13	71	77	189	178	74	13	61	67	165	155	84	3	6	7	57	51
59	15	93	101	226	215	66	0	0	0	30	24	74	14	68	74	174	164	84	4	9	11	67	60
59	16	102	110	237	226	66	1	1	1	46	40	74	15	74	80	183	173	84	5	14	16	76	70
59	17	110	119	248	236	66	2	3	4	60	53	76	0	0	0	26	21	84	6	18	21	86	78
59	18	119	127	259	247	66	3	7	9	73	65	76	1	1	1	40	34	84	7	23	26	95	87
59	19	127	136	269	258	66	4	12	14	85	77	76	2	3	4	52	46	84	8	28	31	103	96
59	20	136	146	280	268	66	5	17	20	97	89	76	3	6	8	63	57	84	9	33	36	112	104
59	21	145	155	290	279	66	6	22	26	109	100	76	4	10	12	74	67	84	10	38	42	121	113
59	22	154	164	301	289	66	7	28	32	120	111	76	5	15	17	85	77	84	11	43	48	129	121
59	23	163	173	311	299	66	8	35	39	131	122	76	6	20	23	95	87	84	12	49	53	137	129
59	24	172	183	321	310	66	9	41	46	142	132	76	7	25	28	104	96	84	13	54	59	146	137
59	25	182	192	331	320	66	10	48	53	153	143	76	8	30	34	114	106	84	14	60	65	154	145
59	26	191	202	341	330	66	11	55	60	163	153	76	9	36	40	124	115	84	15	65	71	162	153
59	27	200	211	351	340	66	12	62	68	173	163	76	10	42	46	133	124	84	16	71	77	170	161
59	28	210	221	361	350	66	13	69	75	184	173	76	11	48	52	142	133	84	17	77	83	178	169
59	29	220	231	371	360	66	14	76	83	194	183	76	12	54	59	151	142	86	0	0	0	23	19
59	30	229	240	380	369	68	0	0	0	29	24	76	13	60	65	160	151	86	1	1	1	35	30
60	0	0	0	33	27	68	1	1	1	45	38	76	14	66	72	169	160	86	2	3	3	46	40
60	1	1	1	51	44	68	2	3	4	58	51	76	15	72	78	178	169	86	3	6	7	56	50
60	2	3	4	66	58	68	3	7	8	71	63	76	16	79	85	187	177	86	4	9	11	65	59
60	3	8	9	80	72	68	4	11	14	83	75	78	0	0	0	25	21	86	5	13	16	75	68
60	4	13	15	94	85	68	5	16	19	94	86	78	1	1	1	39	33	86	6	18	20	84	77
60	5	18	22	107	97	68	6	22	25	106	97	78	2	3	4	51	45	86	7	22	25	92	85
60	6	25	28	119	110	68	7	28	32	117	108	78	3	6	7	62	55	86	8	27	30	101	93
60	7	31	36	132	122	68	8	34	38	127	118	78	4	10	12	72	65	86	9	32	36	109	102
60	8	38	43	144	133	68	9	40	45	138	128	78	5	14	17	82	75	86	10	37	41	118	110
60	9	45	51	156	145	68	10	46	52	148	138	78	6	19	22	92	85	86	11	42	47	126	118
60	10	52	58	167	156	68	11	53	59	158	149	78	7	24	28	102	94	86	12	48	52	134	126
60	11	60	66	179	168	68	12	60	66	169	158	78	8	30	33	111	103	86	13	53	58	142	134
60	12	68	74	190	179	68	13	67	73	179	168	78	9	35	39	121	112	86	14	58	64	150	142
60	13	75	83	201	190	68	14	74	80	188	178	78	10	41	45	130	121	86	15	64	69	158	149
60	14	83	91	212	201	70	0	0	0	28	23	78	11	46	51	139	130	86	16	70	75	166	157
60	15	92	99	223	211	70	1	1	1	44	37	78	12	52	57	148	139	86	17	75	81	174	165

CONFIDENCE BOUNDS FOR A

n	a	LOWER .975	LOWER .95	UPPER .975	UPPER .95
86	18	81	87	181	173
88	0	0	0	22	18
88	1	1	1	34	29
88	2	3	3	45	39
88	3	6	7	55	49
88	4	9	11	64	58
88	5	13	15	73	66
88	6	17	20	82	75
88	7	22	25	90	83
88	8	26	30	99	91
88	9	31	35	107	99
88	10	36	40	115	107
88	11	41	46	123	115
88	12	46	51	131	123
88	13	52	57	139	131
88	14	57	62	147	139
88	15	63	68	155	146
88	16	68	74	162	154
88	17	74	79	170	161
88	18	79	85	177	169
90	0	0	0	22	18
90	1	1	1	33	29
90	2	3	3	44	38
90	3	5	7	53	48
90	4	9	11	62	56
90	5	13	15	71	65
90	6	17	19	80	73
90	7	21	24	88	81
90	8	26	29	97	89
90	9	31	34	105	97
90	10	35	39	113	105
90	11	40	45	121	113
90	12	45	50	128	120
90	13	51	55	136	128
90	14	56	61	144	136
90	15	61	66	151	143
90	16	67	72	159	150
90	17	72	78	166	158
90	18	78	83	174	165
92	0	0	0	21	17
92	1	1	1	33	28
92	2	3	3	43	38
92	3	5	7	52	46
92	4	9	10	61	55
92	5	13	15	70	63
92	6	17	19	78	72
92	7	21	24	86	80
92	8	25	28	94	87
92	9	30	33	102	95
92	10	35	38	110	103
92	11	40	44	118	110
92	12	45	49	126	118
92	13	50	54	133	125
92	14	55	59	141	133
92	15	60	65	148	140
92	16	65	70	155	147
92	17	70	76	163	154
92	18	76	81	170	162
92	19	81	87	177	169
94	0	0	0	21	17
94	1	1	1	32	27
94	2	3	3	42	37
94	3	5	6	51	45
94	4	9	10	60	54
94	5	12	14	68	62
94	6	16	19	76	70
94	7	20	23	84	78
94	8	25	28	92	85
94	9	29	33	100	93
94	10	34	38	108	101
94	11	39	43	115	108
94	12	44	48	123	115
94	13	49	53	130	123
94	14	54	58	138	130
94	15	59	64	145	137
94	16	64	69	152	144
94	17	69	74	159	151
94	18	74	80	166	158
94	19	80	85	174	165
96	0	0	0	20	16
96	1	1	1	31	27
96	2	2	3	41	36
96	3	5	6	50	44
96	4	8	10	58	53
96	5	12	14	67	61
96	6	16	18	75	68
96	7	20	23	83	76
96	8	24	27	90	84
96	9	29	32	98	91
96	10	33	37	106	98
96	11	38	42	113	106
96	12	43	47	120	113
96	13	48	52	128	120
96	14	53	57	135	127
96	15	57	62	142	134
96	16	63	67	149	141
96	17	68	73	156	148
96	18	73	78	163	155
96	19	78	83	170	162
96	20	83	89	177	169
98	0	0	0	20	16
98	1	1	1	31	26
98	2	2	3	40	35
98	3	5	6	49	44
98	4	8	10	57	52
98	5	12	14	65	59
98	6	16	18	73	67
98	7	20	22	81	75
98	8	24	27	89	82
98	9	28	31	96	89
98	10	33	36	103	96
98	11	37	41	111	104
98	12	42	46	118	111
98	13	47	51	125	118
98	14	51	56	132	125
98	15	56	61	139	131
98	16	61	66	146	138
98	17	66	71	153	145
98	18	71	77	160	152
98	19	76	82	167	159
98	20	82	87	173	165
100	0	0	0	19	16
100	1	1	1	30	26
100	2	2	3	39	34
100	3	5	6	48	43
100	4	8	10	56	51
100	5	12	14	64	58
100	6	15	18	72	66
100	7	19	22	79	73
100	8	23	26	87	80
100	9	28	31	94	87
100	10	32	36	101	95
100	11	37	40	109	101
100	12	41	45	116	108
100	13	46	50	123	115
100	14	50	55	129	122
100	15	55	60	136	129
100	16	60	65	143	136
100	17	65	70	150	142
100	18	70	75	157	149
100	19	75	80	163	155
100	20	80	85	170	162
102	0	0	0	19	15
102	1	1	1	29	25
102	2	2	3	38	34
102	3	5	6	47	42
102	4	8	10	55	49
102	5	11	13	63	57
102	6	15	17	70	64
102	7	19	22	78	72
102	8	23	26	85	79
102	9	27	30	92	86
102	10	32	35	99	93
102	11	36	40	106	99
102	12	40	44	113	106
102	13	45	49	120	113
102	14	50	54	127	120
102	15	54	59	134	126
102	16	59	64	140	133
102	17	64	69	147	139
102	18	69	74	154	146
102	19	73	79	160	152
102	20	78	84	167	159
102	21	83	89	173	165
104	0	0	0	19	15
104	1	1	1	29	25
104	2	2	3	38	33
104	3	5	6	46	41
104	4	8	9	54	48
104	5	11	13	61	56
104	6	15	17	69	63
104	7	19	21	76	70
104	8	23	25	83	77
104	9	27	30	90	84
104	10	31	34	97	91
104	11	35	39	104	98
104	12	40	43	111	104
104	13	44	48	118	111
104	14	49	53	125	117
104	15	53	58	131	124
104	16	58	62	138	130
104	17	63	67	144	137
104	18	67	72	151	143
104	19	72	77	157	149
104	20	77	82	164	156
104	21	82	87	170	162
106	0	0	0	18	15
106	1	1	1	28	24
106	2	2	3	37	32
106	3	5	6	45	40
106	4	8	9	53	48
106	5	11	13	60	55
106	6	15	17	68	62
106	7	18	21	75	69
106	8	22	25	82	76
106	9	26	29	89	82
106	10	30	34	96	89
106	11	35	38	102	96
106	12	39	43	109	102
106	13	43	47	116	109
106	14	48	52	122	115
106	15	52	57	129	122
106	16	57	61	135	128
106	17	61	66	142	134
106	18	66	71	148	140
106	19	71	76	154	147
106	20	75	81	161	153
106	21	80	86	167	159
106	22	85	90	173	165
108	0	0	0	18	14
108	1	1	1	28	24
108	2	2	3	36	32
108	3	5	6	44	39
108	4	8	9	52	47
108	5	11	13	59	54
108	6	14	16	66	61
108	7	18	20	73	68
108	8	22	25	80	74
108	9	26	29	87	81
108	10	30	33	94	87
108	11	34	37	100	94
108	12	38	42	107	100
108	13	43	46	114	107
108	14	47	51	120	113
108	15	51	56	126	119
108	16	56	60	133	126
108	17	60	65	139	132
108	18	65	70	145	138
108	19	69	74	151	144
108	20	74	79	158	150
108	21	79	84	164	156
108	22	84	89	170	162
110	0	0	0	17	14
110	1	1	1	27	23
110	2	2	3	35	31
110	3	5	6	43	39
110	4	8	9	51	46
110	5	11	12	58	53
110	6	14	16	65	60
110	7	18	20	72	66
110	8	22	24	79	73
110	9	25	28	85	79
110	10	29	32	92	86
110	11	33	37	99	92
110	12	38	41	105	99
110	13	42	46	111	105
110	14	46	50	118	111
110	15	50	55	124	117
110	16	55	59	130	123
110	17	59	64	136	129
110	18	64	68	143	135
110	19	68	73	149	141
110	20	73	78	155	147
110	21	77	82	161	153
110	22	82	87	167	159
112	0	0	0	17	14
112	1	1	1	26	23
112	2	2	3	35	30
112	3	5	6	42	38
112	4	7	9	50	45
112	5	11	12	57	52
112	6	14	16	64	58
112	7	18	20	71	65
112	8	21	24	77	72
112	9	25	28	84	78
112	10	29	32	90	84
112	11	33	36	97	91
112	12	37	40	103	97
112	13	41	45	109	103
112	14	45	49	116	109
112	15	50	54	122	115
112	16	54	58	128	121
112	17	58	63	134	127
112	18	63	67	140	133
112	19	67	72	146	139
112	20	72	76	152	145
112	21	76	81	158	151
112	22	81	86	164	156
112	23	85	90	170	162
114	0	0	0	17	14
114	1	1	1	26	22
114	2	2	3	34	30
114	3	5	6	42	37
114	4	7	9	49	44
114	5	10	12	56	51
114	6	14	16	63	57
114	7	17	19	69	64
114	8	21	23	76	70
114	9	25	27	82	77
114	10	28	31	89	83
114	11	32	36	95	89
114	12	36	40	101	95
114	13	40	44	108	101
114	14	45	48	114	107
114	15	49	53	120	113
114	16	53	57	126	119
114	17	57	62	132	125
114	18	62	66	138	131
114	19	66	71	144	136
114	20	70	75	149	142

N = 600 (all four column groups)

346

CONFIDENCE BOUNDS FOR A

N = 600

n	a	LOWER .975	.95	UPPER .975	.95
114	21	75	80	155	148
114	22	79	84	161	154
114	23	84	89	167	159
116	0	0	0	16	13
116	1	1	1	25	22
116	2	2	3	33	29
116	3	5	5	41	36
116	4	7	9	48	43
116	5	10	12	55	50
116	6	14	15	62	56
116	7	17	19	68	63
116	8	21	23	75	69
116	9	24	27	81	75
116	10	28	31	87	81
116	11	32	35	93	87
116	12	36	39	100	93
116	13	40	43	106	99
116	14	44	48	112	105
116	15	48	52	118	111
116	16	52	56	124	117
116	17	56	61	129	123
116	18	61	65	135	128
116	19	65	69	141	134
116	20	69	74	147	140
116	21	73	78	153	146
116	22	78	83	158	151
116	23	82	87	164	157
116	24	87	92	170	162
118	0	0	0	16	13
118	1	1	1	25	21
118	2	2	3	33	29
118	3	4	5	40	36
118	4	7	8	47	42
118	5	10	12	54	49
118	6	13	15	61	55
118	7	17	19	67	62
118	8	20	23	73	68
118	9	24	26	80	74
118	10	28	30	86	80
118	11	31	34	92	86
118	12	35	39	98	92
118	13	39	43	104	98
118	14	43	47	110	103
118	15	47	51	116	109
118	16	51	55	121	115
118	17	55	60	127	121
118	18	60	64	133	126
118	19	64	68	139	132
118	20	68	73	144	137
118	21	72	77	150	143
118	22	77	81	156	149
118	23	81	86	161	154
118	24	85	90	167	160
120	0	0	0	16	13
120	1	1	1	25	21
120	2	2	3	32	28
120	3	4	5	39	35
120	4	7	8	46	42
120	5	10	12	53	48
120	6	13	15	59	54
120	7	17	19	66	61
120	8	20	22	72	67
120	9	24	26	78	73
120	10	27	30	84	79
120	11	31	34	90	84
120	12	35	38	96	90
120	13	39	42	102	96
120	14	42	46	108	102
120	15	46	50	114	107
120	16	50	54	119	113
120	17	55	59	125	119
120	18	59	63	131	124
120	19	63	67	136	130
120	20	67	71	142	135
120	21	71	76	148	141

N = 600

n	a	LOWER .975	.95	UPPER .975	.95
120	22	75	80	153	146
120	23	80	84	159	152
120	24	84	89	164	157

N = 700

n	a	LOWER .975	.95	UPPER .975	.95
1	0	0	0	682	665
1	1	18	35	700	700
2	0	0	0	588	543
2	1	9	18	691	682
3	0	0	0	494	441
3	1	6	12	633	604
3	2	67	96	694	688
4	0	0	0	420	368
4	1	5	9	563	525
4	2	48	69	652	631
5	0	0	0	364	314
5	1	4	8	500	459
5	2	38	54	596	566
5	3	104	134	662	646
6	0	0	0	320	274
6	1	3	6	447	406
6	2	31	45	543	509
6	3	84	108	616	592
7	0	0	0	285	242
7	1	3	6	403	363
7	2	27	38	495	460
7	3	70	91	570	541
7	4	130	159	630	609
8	0	0	0	257	217
8	1	3	5	367	328
8	2	23	33	454	418
8	3	61	79	527	496
8	4	111	136	589	564
9	0	0	0	234	197
9	1	2	4	336	299
9	2	21	30	418	383
9	3	54	70	489	457
9	4	97	119	550	523
9	5	150	177	603	581
10	0	0	0	214	180
10	1	2	4	310	274
10	2	19	27	387	353
10	3	48	62	455	423
10	4	87	106	515	486
10	5	133	157	567	543
11	0	0	0	198	165
11	1	2	4	287	253
11	2	17	24	360	327
11	3	43	56	425	393
11	4	78	96	482	453
11	5	119	141	535	508
11	6	165	192	581	559
12	0	0	0	183	153
12	1	2	3	267	235
12	2	15	22	337	305
12	3	40	51	398	367
12	4	71	87	454	425
12	5	108	128	504	478
12	6	150	173	550	527
13	0	0	0	171	142
13	1	2	3	250	220
13	2	14	20	316	285
13	3	36	47	374	344
13	4	65	80	428	399
13	5	99	117	477	450
13	6	136	158	522	497
13	7	178	203	564	542
14	0	0	0	160	133
14	1	2	3	235	206
14	2	13	19	297	268
14	3	34	44	353	324
14	4	60	74	404	376
14	5	91	108	452	425
14	6	125	146	496	471
14	7	163	186	537	514
15	0	0	0	151	125
15	1	2	3	221	194
15	2	12	18	281	252
15	3	32	41	334	306
15	4	56	69	383	355

N = 700

n	a	LOWER .975	.95	UPPER .975	.95
15	5	84	101	429	402
15	6	116	135	472	446
15	7	151	172	512	488
15	8	188	212	549	528
16	0	0	0	142	118
16	1	2	3	209	183
16	2	12	17	266	239
16	3	30	38	317	289
16	4	52	65	364	337
16	5	79	94	408	382
16	6	108	126	450	424
16	7	140	160	489	465
16	8	175	197	525	503
17	0	0	0	134	111
17	1	2	3	199	173
17	2	11	16	253	226
17	3	28	36	302	275
17	4	49	61	347	320
17	5	74	88	389	363
17	6	101	118	429	404
17	7	131	150	467	443
17	8	163	184	503	480
17	9	197	220	537	516
18	0	0	0	128	106
18	1	1	2	189	164
18	2	11	15	241	215
18	3	26	34	287	261
18	4	46	57	331	305
18	5	70	83	372	346
18	6	95	111	411	386
18	7	123	141	447	423
18	8	153	173	482	459
18	9	184	206	516	494
19	0	0	0	121	100
19	1	1	2	180	156
19	2	10	14	229	205
19	3	25	32	274	249
19	4	44	54	316	291
19	5	66	78	356	331
19	6	90	105	393	369
19	7	116	133	429	405
19	8	144	163	463	440
19	9	173	194	496	474
19	10	204	226	527	506
20	0	0	0	116	96
20	1	1	2	172	149
20	2	10	13	219	196
20	3	24	31	263	238
20	4	42	51	303	278
20	5	62	74	341	317
20	6	85	99	377	353
20	7	110	126	412	388
20	8	136	154	445	422
20	9	164	183	477	455
20	10	193	214	507	486
21	0	0	0	111	91
21	1	1	2	164	143
21	2	9	13	210	187
21	3	23	29	252	228
21	4	40	49	291	267
21	5	59	71	327	303
21	6	81	94	362	339
21	7	104	120	396	373
21	8	129	146	428	406
21	9	155	174	459	437
21	10	182	202	489	468
21	11	211	232	518	498
22	0	0	0	106	87
22	1	1	2	157	137
22	2	9	12	202	179
22	3	22	28	242	219
22	4	38	47	279	256
22	5	56	67	315	291
22	6	77	90	349	326
22	7	99	114	381	358

CONFIDENCE BOUNDS FOR A

N = 700

n	a	LOWER .975	LOWER .95	UPPER .975	UPPER .95
22	8	123	139	413	390
22	9	147	165	443	421
22	10	173	192	472	451
22	11	200	220	500	480
23	0	0	0	102	84
23	1	1	2	151	131
23	2	8	12	194	172
23	3	21	27	232	210
23	4	36	45	269	246
23	5	54	64	303	280
23	6	73	86	336	313
23	7	95	109	368	345
23	8	117	132	398	376
23	9	140	157	427	406
23	10	165	183	456	435
23	11	190	210	483	463
23	12	217	237	510	490
24	0	0	0	98	80
24	1	1	2	145	126
24	2	8	11	186	166
24	3	20	26	224	202
24	4	35	43	259	237
24	5	52	62	292	270
24	6	70	82	324	302
24	7	90	104	355	333
24	8	112	127	384	362
24	9	134	150	413	392
24	10	157	175	441	420
24	11	181	200	468	447
24	12	207	226	493	474
25	0	0	0	94	77
25	1	1	2	140	121
25	2	8	11	180	159
25	3	19	25	216	195
25	4	33	41	250	228
25	5	50	59	282	260
25	6	67	79	313	291
25	7	87	99	343	321
25	8	107	121	372	350
25	9	128	144	399	378
25	10	150	167	426	406
25	11	173	191	453	432
25	12	197	216	478	459
25	13	222	241	503	484
26	0	0	0	90	74
26	1	1	2	135	117
26	2	8	11	173	154
26	3	18	24	208	188
26	4	32	39	241	220
26	5	48	57	273	251
26	6	65	76	303	281
26	7	83	95	332	310
26	8	103	116	360	338
26	9	123	138	387	366
26	10	144	160	413	392
26	11	166	183	439	419
26	12	189	207	464	444
26	13	212	231	488	469
27	0	0	0	87	72
27	1	1	2	130	113
27	2	7	10	167	148
27	3	18	23	201	181
27	4	31	38	233	213
27	5	46	55	264	243
27	6	62	73	293	272
27	7	80	92	321	300
27	8	99	112	348	327
27	9	118	132	375	354
27	10	138	154	400	380
27	11	159	176	425	405
27	12	181	198	450	430
27	13	203	222	473	455
27	14	227	245	497	478
28	0	0	0	84	69
28	1	1	2	126	109

N = 700

n	a	LOWER .975	LOWER .95	UPPER .975	UPPER .95
28	2	7	10	162	143
28	3	17	22	195	175
28	4	30	37	226	206
28	5	44	53	255	235
28	6	60	70	284	263
28	7	77	88	311	290
28	8	95	108	338	317
28	9	114	127	363	343
28	10	133	148	388	368
28	11	153	169	413	393
28	12	174	191	437	417
28	13	195	213	460	441
28	14	217	236	483	464
29	0	0	0	81	67
29	1	1	2	122	106
29	2	7	10	157	139
29	3	17	21	189	170
29	4	29	35	219	199
29	5	43	51	247	228
29	6	58	68	275	255
29	7	74	85	302	281
29	8	91	104	328	307
29	9	109	123	353	333
29	10	128	143	377	357
29	11	147	163	401	381
29	12	167	184	424	405
29	13	188	205	447	428
29	14	209	227	469	451
29	15	231	249	491	473
30	0	0	0	79	65
30	1	1	2	118	102
30	2	7	9	152	134
30	3	16	21	183	165
30	4	28	34	212	193
30	5	41	49	240	221
30	6	56	65	267	247
30	7	72	82	293	273
30	8	88	100	318	298
30	9	106	119	343	323
30	10	124	138	366	347
30	11	142	157	390	370
30	12	161	177	413	394
30	13	181	198	435	416
30	14	201	218	457	438
30	15	222	240	478	460
31	0	0	0	76	63
31	1	1	2	114	99
31	2	6	9	147	130
31	3	16	20	177	160
31	4	27	33	206	187
31	5	40	48	233	214
31	6	54	63	259	240
31	7	69	80	284	265
31	8	85	97	309	290
31	9	102	115	333	314
31	10	119	133	356	337
31	11	137	152	379	360
31	12	156	171	401	383
31	13	175	191	423	405
31	14	194	211	445	426
31	15	214	231	466	448
31	16	234	252	486	469
32	0	0	0	74	61
32	1	1	2	111	96
32	2	6	9	143	126
32	3	15	19	172	155
32	4	26	32	200	182
32	5	39	46	226	208
32	6	52	61	252	233
32	7	67	77	277	258
32	8	82	94	301	281
32	9	99	111	324	305
32	10	115	129	347	328
32	11	133	147	369	350
32	12	150	165	391	372

N = 700

n	a	LOWER .975	LOWER .95	UPPER .975	UPPER .95
32	13	169	184	412	394
32	14	187	204	433	415
32	15	207	223	454	436
32	16	226	244	474	456
33	0	0	0	72	59
33	1	1	2	108	93
33	2	6	8	139	123
33	3	15	19	167	150
33	4	25	31	194	177
33	5	37	45	220	202
33	6	51	59	245	227
33	7	65	75	269	250
33	8	80	91	293	274
33	9	96	107	315	296
33	10	112	124	338	319
33	11	128	142	359	341
33	12	146	160	381	362
33	13	163	178	402	383
33	14	181	197	422	404
33	15	200	216	442	425
33	16	219	236	462	445
33	17	238	255	481	464
34	0	0	0	70	57
34	1	1	2	105	90
34	2	6	8	135	119
34	3	14	18	163	146
34	4	25	30	189	172
34	5	36	43	214	197
34	6	49	58	238	220
34	7	63	72	262	244
34	8	77	88	285	266
34	9	93	104	307	289
34	10	108	121	329	310
34	11	124	138	350	332
34	12	141	155	371	353
34	13	158	173	392	374
34	14	176	191	412	394
34	15	193	209	432	414
34	16	212	228	451	434
34	17	230	247	470	453
35	0	0	0	68	56
35	1	1	1	102	88
35	2	6	8	131	116
35	3	14	18	158	142
35	4	24	29	184	167
35	5	35	42	209	191
35	6	48	56	232	215
35	7	61	70	255	237
35	8	75	85	278	259
35	9	90	101	299	281
35	10	105	117	321	302
35	11	121	133	342	323
35	12	137	150	362	344
35	13	153	167	382	364
35	14	170	185	402	384
35	15	187	203	421	404
35	16	205	221	440	423
35	17	223	239	459	442
35	18	241	258	477	461
36	0	0	0	66	54
36	1	1	1	99	85
36	2	6	8	128	113
36	3	13	17	154	139
36	4	23	29	179	163
36	5	34	41	203	186
36	6	47	54	226	209
36	7	59	68	249	231
36	8	73	83	271	253
36	9	87	98	292	274
36	10	102	114	313	295
36	11	117	130	333	315
36	12	133	146	353	335
36	13	149	163	373	355
36	14	165	179	392	375
36	15	182	197	411	394

N = 700

n	a	LOWER .975	LOWER .95	UPPER .975	UPPER .95
36	16	199	214	430	413
36	17	216	232	448	431
36	18	234	250	466	450
37	0	0	0	64	53
37	1	1	1	97	83
37	2	6	8	125	110
37	3	13	17	150	135
37	4	23	28	175	159
37	5	33	40	198	182
37	6	45	53	221	204
37	7	58	66	243	225
37	8	71	81	264	247
37	9	85	95	285	267
37	10	99	110	305	288
37	11	114	126	325	308
37	12	129	142	345	327
37	13	144	158	364	347
37	14	160	174	383	366
37	15	176	191	402	385
37	16	193	208	420	403
37	17	210	225	438	421
37	18	227	243	456	439
37	19	244	261	473	457
38	0	0	0	63	51
38	1	1	1	94	81
38	2	5	7	121	107
38	3	13	16	147	132
38	4	22	27	171	155
38	5	33	39	193	177
38	6	44	51	215	199
38	7	56	65	237	220
38	8	69	79	258	241
38	9	83	93	278	261
38	10	96	107	298	281
38	11	111	122	318	300
38	12	125	138	337	320
38	13	140	153	356	339
38	14	156	169	375	357
38	15	171	186	393	376
38	16	187	202	411	394
38	17	204	219	428	412
38	18	220	236	446	429
38	19	237	253	463	447
39	0	0	0	61	50
39	1	1	1	92	79
39	2	5	7	118	105
39	3	13	16	143	128
39	4	22	26	166	151
39	5	32	38	189	173
39	6	43	50	210	194
39	7	55	63	231	215
39	8	67	76	252	235
39	9	80	90	272	255
39	10	94	105	291	274
39	11	108	119	311	293
39	12	122	134	329	312
39	13	137	149	348	331
39	14	151	165	366	349
39	15	167	181	384	367
39	16	182	197	402	385
39	17	198	213	419	403
39	18	214	229	436	420
39	19	230	246	453	437
39	20	247	263	470	454
40	0	0	0	59	49
40	1	1	1	90	77
40	2	5	7	116	102
40	3	12	16	140	125
40	4	21	26	162	147
40	5	31	37	184	169
40	6	42	49	205	189
40	7	53	61	226	210
40	8	66	75	246	229
40	9	78	88	266	249
40	10	91	102	285	268

CONFIDENCE BOUNDS FOR A

N = 700

n	a	LOWER .975	LOWER .95	UPPER .975	UPPER .95
40	11	105	116	304	287
40	12	119	131	322	305
40	13	133	145	340	323
40	14	147	161	358	341
40	15	162	176	376	359
40	16	177	191	393	376
40	17	193	207	410	394
40	18	208	223	427	411
40	19	224	239	444	428
40	20	240	256	460	444
41	0	0	0	58	47
41	1	1	1	87	75
41	2	5	7	113	100
41	3	12	15	136	122
41	4	21	25	159	144
41	5	30	36	180	165
41	6	41	48	201	185
41	7	52	60	221	205
41	8	64	73	241	224
41	9	76	86	260	243
41	10	89	99	279	262
41	11	102	113	297	280
41	12	116	127	315	298
41	13	130	142	333	316
41	14	144	156	350	334
41	15	158	171	368	351
41	16	173	186	385	368
41	17	188	202	402	385
41	18	203	217	418	402
41	19	218	233	434	419
41	20	234	249	451	435
41	21	249	265	466	451
42	0	0	0	57	46
42	1	1	1	85	73
42	2	5	7	110	97
42	3	12	15	133	119
42	4	20	25	155	141
42	5	30	35	176	161
42	6	40	47	196	181
42	7	51	59	216	200
42	8	62	71	235	219
42	9	75	84	254	238
42	10	87	97	273	256
42	11	100	110	291	274
42	12	113	124	308	292
42	13	126	138	326	309
42	14	140	152	343	327
42	15	154	167	360	344
42	16	168	182	377	360
42	17	183	197	393	377
42	18	197	212	410	394
42	19	212	227	426	410
42	20	228	243	441	426
42	21	243	258	457	442
43	0	0	0	55	45
43	1	1	1	83	72
43	2	5	7	108	95
43	3	11	15	130	117
43	4	20	24	152	138
43	5	29	34	172	158
43	6	39	46	192	177
43	7	50	57	211	196
43	8	61	69	230	214
43	9	73	82	249	233
43	10	85	95	267	251
43	11	97	108	285	268
43	12	110	121	302	286
43	13	123	135	319	303
43	14	137	149	336	320
43	15	150	163	353	336
43	16	164	177	369	353
43	17	178	192	385	369
43	18	192	206	401	385
43	19	207	221	417	401
43	20	222	236	433	417

N = 700

n	a	LOWER .975	LOWER .95	UPPER .975	UPPER .95
43	21	237	252	448	433
43	22	252	267	463	448
44	0	0	0	54	44
44	1	1	1	82	70
44	2	5	7	105	93
44	3	11	14	128	114
44	4	19	24	148	135
44	5	28	34	169	154
44	6	38	44	188	173
44	7	49	56	207	192
44	8	60	68	225	210
44	9	71	80	243	228
44	10	83	92	261	245
44	11	95	105	279	263
44	12	108	118	296	280
44	13	120	132	313	296
44	14	133	145	329	313
44	15	147	159	346	330
44	16	160	173	362	346
44	17	174	187	378	362
44	18	188	201	393	378
44	19	202	216	409	393
44	20	216	231	424	409
44	21	231	246	440	424
44	22	246	261	454	439
45	0	0	0	53	43
45	1	1	1	80	69
45	2	5	6	103	91
45	3	11	14	125	112
45	4	19	23	145	132
45	5	28	33	165	151
45	6	37	44	184	169
45	7	48	55	203	188
45	8	58	66	221	205
45	9	69	78	239	223
45	10	81	90	256	240
45	11	93	103	273	257
45	12	105	116	290	274
45	13	118	129	306	290
45	14	130	142	323	307
45	15	143	155	339	323
45	16	156	169	355	339
45	17	170	183	370	355
45	18	183	197	386	370
45	19	197	211	401	386
45	20	211	225	416	401
45	21	225	240	431	416
45	22	240	254	446	431
45	23	254	269	460	446
46	0	0	0	52	42
46	1	1	1	78	67
46	2	5	6	101	89
46	3	11	14	122	109
46	4	18	23	142	129
46	5	27	32	162	148
46	6	37	43	180	166
46	7	47	53	199	184
46	8	57	65	216	201
46	9	68	76	234	218
46	10	79	88	251	235
46	11	91	101	268	252
46	12	103	113	284	268
46	13	115	126	300	285
46	14	127	139	316	301
46	15	140	152	332	316
46	16	153	165	348	332
46	17	166	179	363	348
46	18	179	192	379	363
46	19	192	206	394	378
46	20	206	220	408	393
46	21	220	234	423	408
46	22	234	248	438	423
46	23	248	263	452	437
47	0	0	0	51	41
47	1	1	1	76	66

N = 700

n	a	LOWER .975	LOWER .95	UPPER .975	UPPER .95
47	2	5	6	99	87
47	3	11	13	120	107
47	4	18	22	139	126
47	5	27	32	158	145
47	6	36	42	177	163
47	7	46	52	195	180
47	8	56	63	212	197
47	9	66	75	229	214
47	10	78	86	246	231
47	11	89	98	262	247
47	12	100	111	279	263
47	13	112	123	295	279
47	14	124	136	310	295
47	15	137	148	326	310
47	16	149	161	341	326
47	17	162	175	356	341
47	18	175	188	371	356
47	19	188	201	386	371
47	20	201	215	401	386
47	21	215	229	415	400
47	22	228	243	430	415
47	23	242	257	444	429
47	24	256	271	458	443
48	0	0	0	50	40
48	1	1	1	75	64
48	2	4	6	97	85
48	3	10	13	117	105
48	4	18	22	137	124
48	5	26	31	155	142
48	6	35	41	173	159
48	7	45	51	191	177
48	8	55	62	208	193
48	9	65	73	225	210
48	10	76	85	241	226
48	11	87	96	257	242
48	12	98	108	273	258
48	13	110	120	289	274
48	14	122	133	305	289
48	15	134	145	320	304
48	16	146	158	335	320
48	17	158	171	350	334
48	18	171	184	365	349
48	19	184	197	379	364
48	20	197	210	394	378
48	21	210	224	408	393
48	22	223	237	422	407
48	23	237	251	436	421
48	24	250	265	450	435
49	0	0	0	49	40
49	1	1	1	73	63
49	2	4	6	95	84
49	3	10	13	115	103
49	4	17	21	134	121
49	5	26	30	152	139
49	6	34	40	170	156
49	7	44	50	187	173
49	8	54	61	204	190
49	9	64	72	220	206
49	10	74	83	237	222
49	11	85	94	253	238
49	12	96	106	268	253
49	13	108	118	284	268
49	14	119	130	299	284
49	15	131	142	314	299
49	16	143	155	329	314
49	17	155	167	343	328
49	18	167	180	358	343
49	19	180	193	372	357
49	20	193	206	387	372
49	21	205	219	401	386
49	22	218	232	414	400
49	23	231	245	428	414
49	24	245	259	442	427
49	25	258	273	455	441
50	0	0	0	48	39

N = 700

n	a	LOWER .975	LOWER .95	UPPER .975	UPPER .95
50	1	1	1	72	62
50	2	4	6	93	82
50	3	10	13	113	101
50	4	17	21	131	119
50	5	25	30	149	136
50	6	34	39	167	153
50	7	43	49	184	170
50	8	52	60	200	186
50	9	62	70	216	202
50	10	73	81	232	218
50	11	83	92	248	233
50	12	94	104	263	248
50	13	105	115	278	263
50	14	117	127	293	278
50	15	128	139	308	293
50	16	140	151	323	308
50	17	152	164	337	322
50	18	164	176	352	337
50	19	176	189	366	351
50	20	188	201	380	365
50	21	201	214	394	379
50	22	214	227	407	393
50	23	226	240	421	406
50	24	239	253	434	420
50	25	253	267	447	433
51	0	0	0	47	38
51	1	1	1	70	61
51	2	4	6	91	80
51	3	10	12	111	99
51	4	17	20	129	117
51	5	25	29	147	134
51	6	33	38	164	150
51	7	42	48	180	167
51	8	51	58	196	183
51	9	61	69	212	198
51	10	71	80	228	214
51	11	82	91	243	229
51	12	92	102	259	244
51	13	103	113	273	259
51	14	114	125	288	273
51	15	126	136	303	288
51	16	137	148	317	302
51	17	149	160	331	316
51	18	160	172	345	331
51	19	172	185	359	345
51	20	185	197	373	358
51	21	197	210	387	372
51	22	209	222	400	386
51	23	222	235	414	399
51	24	234	248	427	413
51	25	247	261	440	426
51	26	260	274	453	439
52	0	0	0	46	37
52	1	1	1	69	59
52	2	4	6	90	79
52	3	10	12	109	97
52	4	16	20	127	114
52	5	24	29	144	131
52	6	32	38	161	148
52	7	41	47	177	164
52	8	50	57	193	179
52	9	60	68	209	195
52	10	70	78	224	210
52	11	80	89	239	225
52	12	91	100	254	239
52	13	101	111	269	254
52	14	112	122	283	268
52	15	123	134	297	283
52	16	134	145	312	297
52	17	146	157	326	311
52	18	157	169	340	325
52	19	169	181	353	338
52	20	181	193	367	352
52	21	193	205	380	366
52	22	205	218	394	379

CONFIDENCE BOUNDS FOR A

N = 700

n	a	LOWER .975	LOWER .95	UPPER .975	UPPER .95
52	23	217	230	407	392
52	24	229	243	420	405
52	25	242	256	433	419
52	26	255	269	445	431
53	0	0	0	45	37
53	1	1	1	68	58
53	2	4	6	88	77
53	3	10	12	107	95
53	4	16	20	124	112
53	5	24	28	141	129
53	6	32	37	158	145
53	7	40	46	174	161
53	8	50	56	189	176
53	9	59	66	205	191
53	10	69	77	220	206
53	11	79	87	235	221
53	12	89	98	249	235
53	13	99	109	264	250
53	14	110	120	278	264
53	15	121	131	292	278
53	16	132	142	306	292
53	17	143	154	320	305
53	18	154	166	334	319
53	19	166	177	347	333
53	20	177	189	361	346
53	21	189	201	374	359
53	22	201	213	387	373
53	23	213	226	400	386
53	24	225	238	413	399
53	25	237	251	426	412
53	26	249	263	438	424
53	27	262	276	451	437
54	0	0	0	44	36
54	1	1	1	67	57
54	2	4	5	86	76
54	3	9	12	105	93
54	4	16	19	122	110
54	5	23	28	139	126
54	6	31	36	155	142
54	7	40	46	171	158
54	8	49	55	186	173
54	9	58	65	201	188
54	10	67	75	216	202
54	11	77	85	231	217
54	12	87	96	245	231
54	13	97	107	259	245
54	14	108	118	274	259
54	15	118	129	287	273
54	16	129	140	301	287
54	17	140	151	315	300
54	18	151	162	328	314
54	19	162	174	341	327
54	20	174	186	355	340
54	21	185	197	368	353
54	22	197	209	381	366
54	23	208	221	393	379
54	24	220	233	406	392
54	25	232	246	419	405
54	26	244	258	431	417
54	27	257	270	443	430
55	0	0	0	43	35
55	1	1	1	65	56
55	2	4	5	85	75
55	3	9	12	103	92
55	4	16	19	120	108
55	5	23	27	136	124
55	6	31	36	152	140
55	7	39	45	168	155
55	8	48	54	183	170
55	9	57	64	198	184
55	10	66	74	212	199
55	11	76	84	227	213
55	12	86	94	241	227
55	13	96	105	255	241
55	14	106	115	269	255

N = 700

n	a	LOWER .975	LOWER .95	UPPER .975	UPPER .95
55	15	116	126	283	268
55	16	127	137	296	282
55	17	137	148	310	295
55	18	148	159	323	308
55	19	159	171	336	322
55	20	170	182	349	335
55	21	182	194	362	347
55	22	193	205	374	360
55	23	204	217	387	373
55	24	216	229	400	386
55	25	228	241	412	398
55	26	240	253	424	411
55	27	252	265	436	423
55	28	264	277	448	435
56	0	0	0	42	35
56	1	1	1	64	55
56	2	4	5	83	73
56	3	9	11	101	90
56	4	15	19	118	106
56	5	22	27	134	122
56	6	30	35	150	137
56	7	38	44	165	152
56	8	47	53	180	167
56	9	56	63	194	181
56	10	65	72	209	195
56	11	74	82	223	209
56	12	84	93	237	223
56	13	94	103	251	237
56	14	104	113	264	250
56	15	114	124	278	264
56	16	124	135	291	277
56	17	135	145	304	290
56	18	145	156	318	303
56	19	156	168	330	316
56	20	167	179	343	329
56	21	178	190	356	342
56	22	189	201	369	354
56	23	201	213	381	367
56	24	212	225	393	379
56	25	223	236	406	392
56	26	235	248	418	404
56	27	247	260	430	416
56	28	258	272	442	428
57	0	0	0	42	34
57	1	1	1	63	54
57	2	4	5	82	72
57	3	9	11	99	89
57	4	15	18	116	105
57	5	22	26	132	120
57	6	30	35	147	135
57	7	38	43	162	150
57	8	46	52	177	164
57	9	55	62	191	178
57	10	64	71	205	192
57	11	73	81	219	206
57	12	83	91	233	220
57	13	92	101	247	233
57	14	102	111	260	246
57	15	112	122	273	260
57	16	122	132	287	273
57	17	132	143	300	286
57	18	143	154	312	298
57	19	153	164	325	311
57	20	164	175	338	324
57	21	175	187	350	336
57	22	186	198	363	349
57	23	197	209	375	361
57	24	208	220	387	373
57	25	219	232	399	386
57	26	231	243	411	398
57	27	242	255	423	410
57	28	254	267	435	421
57	29	265	279	446	433
58	0	0	0	41	33
58	1	1	1	62	53

N = 700

n	a	LOWER .975	LOWER .95	UPPER .975	UPPER .95
58	2	4	5	80	71
58	3	9	11	98	87
58	4	15	18	114	103
58	5	22	26	129	118
58	6	29	34	145	133
58	7	37	43	159	147
58	8	45	51	174	161
58	9	54	61	188	175
58	10	63	70	202	189
58	11	72	80	216	203
58	12	81	89	229	216
58	13	91	99	243	229
58	14	100	109	256	242
58	15	110	119	269	255
58	16	120	130	282	268
58	17	130	140	295	281
58	18	140	151	308	294
58	19	151	162	320	306
58	20	161	172	333	319
58	21	172	183	345	331
58	22	182	194	357	343
58	23	193	205	369	355
58	24	204	216	381	367
58	25	215	228	393	379
58	26	226	239	405	391
58	27	237	250	417	403
58	28	249	262	428	415
58	29	260	273	440	427
59	0	0	0	40	33
59	1	1	1	61	52
59	2	4	5	79	70
59	3	9	11	96	86
59	4	15	18	112	101
59	5	21	25	127	116
59	6	29	33	142	131
59	7	36	42	157	145
59	8	45	51	171	159
59	9	53	60	185	172
59	10	62	69	199	186
59	11	71	78	212	199
59	12	80	88	226	213
59	13	89	98	239	226
59	14	98	107	252	238
59	15	108	117	265	251
59	16	118	128	278	264
59	17	128	138	290	277
59	18	138	148	303	289
59	19	148	159	315	301
59	20	158	169	327	314
59	21	169	180	340	326
59	22	179	191	352	338
59	23	190	202	364	350
59	24	200	212	375	362
59	25	211	223	387	374
59	26	222	235	399	385
59	27	233	246	410	397
59	28	244	257	422	409
59	29	255	268	433	420
59	30	267	280	445	432
60	0	0	0	39	32
60	1	1	1	60	51
60	2	4	5	78	68
60	3	9	11	94	84
60	4	14	18	110	99
60	5	21	25	125	114
60	6	28	33	140	128
60	7	36	41	154	142
60	8	44	50	168	156
60	9	52	59	182	170
60	10	61	68	196	183
60	11	69	77	209	196
60	12	78	86	222	209
60	13	88	96	235	222
60	14	97	106	248	235
60	15	106	115	261	247

N = 700

n	a	LOWER .975	LOWER .95	UPPER .975	UPPER .95
60	16	116	125	273	260
60	17	126	135	286	272
60	18	135	146	298	285
60	19	145	156	310	297
60	20	155	166	322	309
60	21	166	177	334	321
60	22	176	187	346	333
60	23	186	198	358	345
60	24	197	209	370	356
60	25	207	220	381	368
60	26	218	230	393	380
60	27	229	241	404	391
60	28	240	252	416	403
60	29	251	264	427	414
60	30	262	275	438	425
62	0	0	0	38	31
62	1	1	1	58	50
62	2	4	5	75	66
62	3	8	10	91	82
62	4	14	17	107	96
62	5	20	24	121	110
62	6	27	32	136	124
62	7	35	40	149	138
62	8	42	48	163	151
62	9	50	57	176	164
62	10	59	65	190	177
62	11	67	74	203	190
62	12	76	83	215	203
62	13	85	93	228	215
64	0	0	0	37	30
64	1	1	1	56	48
64	2	4	5	73	64
64	3	8	10	88	79
64	4	14	17	103	93
64	5	20	23	118	107
64	6	27	31	131	121
64	7	34	39	145	134
64	8	41	47	158	147
64	9	49	55	171	159
64	10	57	63	184	172
64	11	65	72	197	184
64	12	73	81	209	197
64	13	82	90	221	209
66	0	0	0	36	29
66	1	1	1	54	47
66	2	4	5	71	62
66	3	8	10	86	77
66	4	13	16	100	90
66	5	19	23	114	104
66	6	26	30	128	117
66	7	33	37	141	130
66	8	40	45	154	142
66	9	47	53	166	155
66	10	55	62	179	167
66	11	63	70	191	179
66	12	71	78	203	191
66	13	80	87	215	203
66	14	88	96	227	214
68	0	0	0	35	28
68	1	1	1	53	45
68	2	3	5	69	60
68	3	8	10	83	74
68	4	13	16	97	88
68	5	19	22	111	101
68	6	25	29	124	114
68	7	32	36	137	126
68	8	39	44	149	138
68	9	46	52	162	150
68	10	54	60	174	162
68	11	61	68	186	174
68	12	69	76	197	186
68	13	77	85	209	197
68	14	85	93	221	208
70	0	0	0	34	27
70	1	1	1	51	44

CONFIDENCE BOUNDS FOR A

N = 700

n	a	LOWER .975	LOWER .95	UPPER .975	UPPER .95
70	2	3	4	67	59
70	3	7	9	81	72
70	4	13	15	95	85
70	5	18	22	108	98
70	6	24	28	120	110
70	7	31	35	133	122
70	8	38	43	145	134
70	9	45	50	157	146
70	10	52	58	169	158
70	11	60	66	180	169
70	12	67	74	192	180
70	13	75	82	203	192
70	14	83	90	215	203
72	0	0	0	33	27
72	1	1	1	50	43
72	2	3	4	65	57
72	3	7	9	79	70
72	4	12	15	92	83
72	5	18	21	105	95
72	6	24	28	117	107
72	7	30	34	129	119
72	8	37	42	141	131
72	9	44	49	153	142
72	10	51	56	164	153
72	11	58	64	176	165
72	12	65	72	187	176
72	13	73	80	198	186
72	14	81	88	209	197
72	15	88	96	220	208
74	0	0	0	32	26
74	1	1	1	48	41
74	2	3	4	63	55
74	3	7	9	77	68
74	4	12	14	89	81
74	5	17	20	102	93
74	6	23	27	114	104
74	7	29	34	126	116
74	8	36	41	137	127
74	9	43	48	149	138
74	10	49	55	160	149
74	11	56	62	171	160
74	12	64	70	182	171
74	13	71	78	193	182
74	14	78	85	203	192
74	15	86	93	214	203
76	0	0	0	31	25
76	1	1	1	47	40
76	2	3	4	61	54
76	3	7	9	75	66
76	4	12	14	87	79
76	5	17	20	99	90
76	6	23	26	111	102
76	7	29	33	123	113
76	8	35	39	134	124
76	9	41	46	145	135
76	10	48	54	156	146
76	11	55	61	167	156
76	12	62	68	177	167
76	13	69	76	188	177
76	14	76	83	198	187
76	15	84	91	209	197
76	16	91	99	219	208
78	0	0	0	30	24
78	1	1	1	46	39
78	2	3	4	60	52
78	3	7	9	73	65
78	4	11	14	85	77
78	5	17	19	97	88
78	6	22	26	108	99
78	7	28	32	119	110
78	8	34	39	131	121
78	9	40	45	141	131
78	10	47	52	152	142
78	11	54	59	163	152
78	12	60	66	173	162

N = 700

n	a	LOWER .975	LOWER .95	UPPER .975	UPPER .95
78	13	67	74	183	173
78	14	74	81	193	183
78	15	82	89	204	193
78	16	89	96	214	202
80	0	0	0	29	24
80	1	1	1	45	38
80	2	3	4	58	51
80	3	7	8	71	63
80	4	11	13	83	75
80	5	16	19	94	86
80	6	22	25	106	97
80	7	27	31	117	107
80	8	33	38	127	118
80	9	39	44	138	128
80	10	46	51	148	138
80	11	52	58	159	148
80	12	59	65	169	158
80	13	66	72	179	168
80	14	73	79	189	178
80	15	80	86	199	188
80	16	87	94	208	197
82	0	0	0	28	23
82	1	1	1	44	37
82	2	3	4	57	50
82	3	7	8	69	62
82	4	11	13	81	73
82	5	16	19	92	84
82	6	21	24	103	94
82	7	27	30	114	105
82	8	32	37	124	115
82	9	39	43	135	125
82	10	45	50	145	135
82	11	51	56	155	145
82	12	58	63	165	155
82	13	64	70	175	164
82	14	71	77	184	174
82	15	78	84	194	183
82	16	85	91	204	193
82	17	91	99	213	202
84	0	0	0	28	23
84	1	1	1	42	36
84	2	3	4	55	49
84	3	6	8	67	60
84	4	11	13	79	71
84	5	15	18	90	82
84	6	21	24	101	92
84	7	26	30	111	102
84	8	32	36	121	112
84	9	38	42	131	122
84	10	44	49	141	132
84	11	50	55	151	142
84	12	56	62	161	151
84	13	63	69	171	160
84	14	69	75	180	170
84	15	76	82	190	179
84	16	83	89	199	188
84	17	89	96	208	198
86	0	0	0	27	22
86	1	1	1	41	35
86	2	3	4	54	47
86	3	6	8	66	59
86	4	11	13	77	69
86	5	15	18	88	80
86	6	20	23	98	90
86	7	26	29	108	100
86	8	31	35	119	110
86	9	37	41	128	119
86	10	43	47	138	129
86	11	49	54	148	138
86	12	55	60	157	148
86	13	61	67	167	157
86	14	68	74	176	166
86	15	74	80	185	175
86	16	81	87	194	184
86	17	87	94	203	193

N = 700

n	a	LOWER .975	LOWER .95	UPPER .975	UPPER .95
86	18	94	101	213	202
88	0	0	0	26	21
88	1	1	1	40	35
88	2	3	4	53	46
88	3	6	8	64	57
88	4	10	12	75	68
88	5	15	17	86	78
88	6	20	23	96	88
88	7	25	28	106	98
88	8	30	34	116	107
88	9	36	40	126	117
88	10	42	46	135	126
88	11	48	53	145	135
88	12	54	59	154	144
88	13	60	65	163	153
88	14	66	72	172	162
88	15	72	79	181	171
88	16	79	85	190	180
88	17	85	92	199	189
88	18	92	99	208	198
90	0	0	0	26	21
90	1	1	1	40	34
90	2	3	4	52	45
90	3	6	8	63	56
90	4	10	12	73	66
90	5	15	17	84	76
90	6	19	22	94	86
90	7	24	28	104	95
90	8	30	34	113	105
90	9	35	39	123	114
90	10	41	45	132	123
90	11	47	52	141	132
90	12	53	58	150	141
90	13	59	64	159	150
90	14	65	70	168	159
90	15	71	77	177	167
90	16	77	83	186	176
90	17	83	90	195	185
90	18	90	97	203	193
92	0	0	0	25	20
92	1	1	1	39	33
92	2	3	4	50	44
92	3	6	7	61	55
92	4	10	12	72	65
92	5	14	17	82	74
92	6	19	22	92	84
92	7	24	27	101	93
92	8	29	33	111	103
92	9	35	39	120	112
92	10	40	44	129	121
92	11	46	50	138	129
92	12	51	57	147	138
92	13	57	63	156	147
92	14	63	69	165	155
92	15	69	75	174	164
92	16	75	82	182	172
92	17	82	88	191	181
92	18	88	94	199	189
92	19	94	101	208	197
94	0	0	0	25	20
94	1	1	1	38	32
94	2	3	4	49	43
94	3	6	7	60	53
94	4	10	12	70	63
94	5	14	16	80	73
94	6	19	21	90	82
94	7	24	27	99	91
94	8	29	32	108	100
94	9	34	38	118	109
94	10	39	44	127	118
94	11	45	49	135	127
94	12	50	55	144	135
94	13	56	61	153	144
94	14	62	67	161	152
94	15	68	74	170	160

N = 700

n	a	LOWER .975	LOWER .95	UPPER .975	UPPER .95
94	16	74	80	178	169
94	17	80	86	187	177
94	18	86	92	195	185
94	19	92	99	203	193
96	0	0	0	24	20
96	1	1	1	37	32
96	2	3	3	48	42
96	3	6	7	59	52
96	4	10	11	69	62
96	5	14	16	78	71
96	6	18	21	88	80
96	7	23	26	97	89
96	8	28	32	106	98
96	9	33	37	115	107
96	10	38	43	124	116
96	11	44	48	133	124
96	12	49	54	141	132
96	13	55	60	150	141
96	14	61	66	158	149
96	15	66	72	166	157
96	16	72	78	175	165
96	17	78	84	183	173
96	18	84	91	191	181
96	19	90	97	199	189
96	20	96	103	207	197
98	0	0	0	24	19
98	1	1	1	36	31
98	2	3	3	47	41
98	3	6	7	58	51
98	4	9	11	67	61
98	5	14	16	77	70
98	6	18	21	86	79
98	7	23	26	95	88
98	8	28	31	104	96
98	9	33	36	113	105
98	10	38	42	121	113
98	11	43	47	130	121
98	12	48	53	138	130
98	13	54	59	147	138
98	14	59	65	155	146
98	15	65	71	163	154
98	16	71	77	171	162
98	17	77	83	179	170
98	18	83	89	187	178
98	19	88	95	195	186
98	20	94	101	203	193
100	0	0	0	23	19
100	1	1	1	35	30
100	2	3	3	44	41
100	3	6	7	56	50
100	4	9	11	66	59
100	5	13	16	75	68
100	6	18	20	84	77
100	7	22	25	93	86
100	8	27	30	102	94
100	9	32	36	111	103
100	10	37	41	119	111
100	11	42	47	127	119
100	12	47	52	136	127
100	13	53	58	144	135
100	14	58	63	152	143
100	15	64	69	160	151
100	16	69	75	168	159
100	17	75	81	176	167
100	18	81	87	184	174
100	19	87	93	191	182
100	20	93	99	199	190
102	0	0	0	23	18
102	1	1	1	35	30
102	2	3	3	45	40
102	3	6	7	55	49
102	4	9	11	65	58
102	5	13	15	74	67
102	6	17	20	83	76
102	7	22	25	91	84

CONFIDENCE BOUNDS FOR A

N = 700

n	a	LOWER .975	.95	UPPER .975	.95
102	8	27	30	100	92
102	9	31	35	108	101
102	10	36	40	117	109
102	11	41	46	125	117
102	12	47	51	133	125
102	13	52	57	141	133
102	14	57	62	149	140
102	15	63	68	157	148
102	16	68	74	165	156
102	17	74	79	172	163
102	18	79	85	180	171
102	19	85	91	188	179
102	20	91	97	195	186
102	21	97	103	203	194
104	0	0	0	22	18
104	1	1	1	34	29
104	2	3	3	44	39
104	3	5	7	54	48
104	4	9	11	63	57
104	5	13	15	72	66
104	6	17	20	81	74
104	7	21	24	90	82
104	8	26	29	98	91
104	9	31	34	106	99
104	10	36	40	114	107
104	11	41	45	122	114
104	12	46	50	130	122
104	13	51	56	138	130
104	14	56	61	146	138
104	15	61	67	154	145
104	16	67	72	162	153
104	17	72	78	169	160
104	18	78	84	177	168
104	19	83	89	184	175
104	20	89	95	192	183
104	21	95	101	199	190
106	0	0	0	22	18
106	1	1	1	33	28
106	2	3	3	43	38
106	3	5	7	53	47
106	4	9	10	62	56
106	5	13	15	71	64
106	6	17	19	80	73
106	7	21	24	88	81
106	8	26	29	96	89
106	9	30	34	104	97
106	10	35	39	112	105
106	11	40	44	120	112
106	12	45	49	128	120
106	13	50	55	136	128
106	14	55	60	143	135
106	15	60	65	151	143
106	16	66	71	159	150
106	17	71	77	166	157
106	18	76	82	173	165
106	19	82	88	181	172
106	20	87	93	188	179
106	21	93	99	195	186
106	22	99	105	203	194
108	0	0	0	21	17
108	1	1	1	33	28
108	2	3	3	43	37
108	3	5	6	52	46
108	4	9	10	61	55
108	5	12	14	70	63
108	6	16	19	78	71
108	7	21	24	86	79
108	8	25	28	94	87
108	9	30	33	102	95
108	10	34	38	110	103
108	11	39	43	118	110
108	12	44	48	126	118
108	13	49	54	133	125
108	14	54	59	141	133
108	15	59	64	148	140

N = 700

n	a	LOWER .975	.95	UPPER .975	.95
108	16	64	70	156	147
108	17	70	75	163	154
108	18	75	81	170	162
108	19	80	86	178	169
108	20	86	92	185	176
108	21	91	97	192	183
108	22	97	103	199	190
110	0	0	0	21	17
110	1	1	1	32	27
110	2	3	3	42	37
110	3	5	6	51	45
110	4	9	10	60	54
110	5	12	14	68	62
110	6	16	19	77	70
110	7	20	23	85	78
110	8	25	28	93	86
110	9	29	33	100	93
110	10	34	37	108	101
110	11	39	42	116	108
110	12	43	48	123	116
110	13	48	53	131	123
110	14	53	58	138	130
110	15	58	63	146	137
110	16	63	68	153	145
110	17	68	74	160	152
110	18	74	79	167	159
110	19	79	85	174	166
110	20	84	90	182	173
110	21	90	96	189	180
110	22	95	101	196	187
112	0	0	0	20	16
112	1	1	1	31	27
112	2	3	3	41	36
112	3	5	6	50	45
112	4	8	10	59	53
112	5	12	14	67	61
112	6	16	18	75	69
112	7	20	23	83	76
112	8	24	27	91	84
112	9	29	32	99	92
112	10	33	37	106	99
112	11	38	42	114	106
112	12	43	47	121	114
112	13	47	52	128	121
112	14	52	57	136	128
112	15	57	62	143	135
112	16	62	67	150	142
112	17	67	72	157	149
112	18	72	78	164	156
112	19	78	83	171	163
112	20	83	89	178	170
112	21	88	94	185	177
112	22	93	99	192	183
112	23	99	105	199	190
114	0	0	0	20	16
114	1	1	1	31	26
114	2	2	3	40	35
114	3	5	6	49	44
114	4	8	10	58	52
114	5	12	14	66	60
114	6	16	18	74	68
114	7	20	22	82	75
114	8	24	27	89	83
114	9	28	32	97	90
114	10	33	36	104	97
114	11	37	41	112	104
114	12	42	46	119	112
114	13	47	51	126	119
114	14	51	56	133	126
114	15	56	61	141	133
114	16	61	66	148	139
114	17	66	71	155	146
114	18	71	76	161	153
114	19	76	82	168	160
114	20	81	87	175	167

N = 700

n	a	LOWER .975	.95	UPPER .975	.95
114	21	86	92	182	173
114	22	92	98	189	180
114	23	97	103	196	187
116	0	0	0	20	16
116	1	1	1	30	26
116	2	2	3	40	35
116	3	5	6	48	43
116	4	8	10	57	51
116	5	12	14	65	59
116	6	15	18	73	66
116	7	19	22	80	74
116	8	24	26	88	81
116	9	28	31	95	88
116	10	32	36	103	96
116	11	37	40	110	103
116	12	41	45	117	110
116	13	46	50	124	117
116	14	51	55	131	123
116	15	55	60	138	130
116	16	60	65	145	137
116	17	65	70	152	144
116	18	70	75	159	151
116	19	75	80	166	157
116	20	80	86	172	164
116	21	85	91	179	171
116	22	90	96	186	177
116	23	95	101	192	184
116	24	100	107	199	190
118	0	0	0	19	16
118	1	1	1	30	25
118	2	2	3	39	34
118	3	5	6	47	42
118	4	8	10	56	50
118	5	12	13	64	58
118	6	15	17	71	65
118	7	19	22	79	73
118	8	23	26	86	80
118	9	27	31	94	87
118	10	32	35	101	94
118	11	36	40	108	101
118	12	41	44	115	108
118	13	45	49	122	115
118	14	50	54	129	121
118	15	54	59	136	128
118	16	59	64	143	135
118	17	64	69	149	141
118	18	69	74	156	148
118	19	74	79	163	155
118	20	79	84	169	161
118	21	84	89	176	168
118	22	89	94	183	174
118	23	94	100	189	181
118	24	99	105	196	187
120	0	0	0	19	15
120	1	1	1	29	25
120	2	2	3	38	33
120	3	5	6	47	41
120	4	8	9	55	49
120	5	11	13	62	57
120	6	15	17	70	64
120	7	19	21	77	71
120	8	23	26	85	78
120	9	27	30	92	85
120	10	31	35	99	92
120	11	36	39	106	99
120	12	40	44	113	106
120	13	44	48	120	113
120	14	49	53	127	119
120	15	54	58	133	126
120	16	58	63	140	133
120	17	63	68	147	139
120	18	68	73	153	146
120	19	73	78	160	152
120	20	77	83	167	159
120	21	82	88	173	165

N = 700

n	a	LOWER .975	.95	UPPER .975	.95
120	22	87	93	180	171
120	23	92	98	186	178
120	24	97	103	192	184
122	0	0	0	18	15
122	1	1	1	29	24
122	2	2	3	37	33
122	3	5	6	46	41
122	4	8	9	54	48
122	5	11	13	61	56
122	6	15	17	69	63
122	7	19	21	76	70
122	8	23	25	83	77
122	9	27	30	90	84
122	10	31	34	97	91
122	11	35	38	104	97
122	12	39	43	111	104
122	13	44	48	118	111
122	14	48	52	125	117
122	15	53	57	131	124
122	16	57	62	138	130
122	17	62	67	144	137
122	18	67	72	151	143
122	19	71	76	157	150
122	20	76	81	164	156
122	21	81	86	170	162
122	22	86	91	177	169
122	23	91	96	183	175
122	24	96	101	189	181
122	25	100	106	196	187
124	0	0	0	18	15
124	1	1	1	28	24
124	2	2	3	37	32
124	3	5	6	45	40
124	4	8	9	53	48
124	5	11	13	60	55
124	6	15	17	68	62
124	7	18	21	75	69
124	8	22	25	82	76
124	9	26	29	89	83
124	10	30	33	96	89
124	11	34	38	103	96
124	12	39	42	109	102
124	13	43	47	116	109
124	14	47	52	123	115
124	15	52	56	129	122
124	16	56	61	136	128
124	17	61	66	142	135
124	18	66	70	149	141
124	19	70	75	155	147
124	20	75	80	161	153
124	21	80	85	168	160
124	22	84	90	174	166
124	23	89	95	180	172
124	24	94	100	186	178
124	25	99	105	193	184
126	0	0	0	18	14
126	1	1	1	28	24
126	2	2	3	36	32
126	3	5	6	44	39
126	4	8	9	52	47
126	5	11	13	59	54
126	6	14	16	67	61
126	7	18	20	74	68
126	8	22	25	81	75
126	9	26	29	88	81
126	10	30	33	94	88
126	11	34	37	101	94
126	12	38	42	108	101
126	13	42	46	114	107
126	14	47	51	121	114
126	15	51	55	127	120
126	16	56	60	134	126
126	17	60	65	140	132
126	18	65	69	146	139
126	19	69	74	153	145

CONFIDENCE BOUNDS FOR A

		N = 700						N = 700						N = 700						N = 800			
		LOWER		UPPER				LOWER		UPPER				LOWER		UPPER				LOWER		UPPER	
n	a	.975	.95	.975	.95	n	a	.975	.95	.975	.95	n	a	.975	.95	.975	.95	n	a	.975	.95	.975	.95
126	20	74	79	159	151	132	14	45	49	115	108	138	4	7	8	47	43	1	0	0	0	780	760
126	21	78	84	165	157	132	15	49	53	121	114	138	5	10	12	54	49	1	1	20	40	800	800
126	22	83	88	171	163	132	16	53	57	127	120	138	6	13	15	61	55	2	0	0	0	673	620
126	23	88	93	177	169	132	17	57	62	134	126	138	7	17	19	67	62	2	1	11	21	789	779
126	24	93	98	183	175	132	18	62	66	140	132	138	8	20	23	73	68	3	0	0	0	565	504
126	25	97	103	190	181	132	19	66	71	146	138	138	9	24	26	80	74	3	1	7	14	724	691
126	26	102	108	196	187	132	20	71	75	152	144	138	10	27	30	86	80	3	2	76	109	793	786
128	0	0	0	18	14	132	21	75	80	158	150	138	11	31	34	92	86	4	0	0	0	480	420
128	1	1	1	27	23	132	22	79	85	163	156	138	12	35	38	98	92	4	1	6	11	643	600
128	2	2	3	36	31	132	23	84	89	169	162	138	13	39	42	104	98	4	2	55	79	745	721
128	3	5	6	44	39	132	24	88	94	175	167	138	14	43	47	110	104	5	0	0	0	416	359
128	4	8	9	51	46	132	25	93	99	181	173	138	15	47	51	116	109	5	1	5	9	572	525
128	5	11	12	58	53	132	26	98	103	187	179	138	16	51	55	122	115	5	2	43	62	681	647
128	6	14	16	66	60	132	27	102	108	193	185	138	17	55	59	128	121	5	3	119	153	757	738
128	7	18	20	73	67	134	0	0	0	17	13	138	18	59	64	133	127	6	0	0	0	366	313
128	8	22	24	79	73	134	1	1	1	26	22	138	19	63	68	139	132	6	1	4	7	511	464
128	9	25	28	86	80	134	2	2	3	34	30	138	20	68	72	145	138	6	2	36	51	620	582
128	10	29	33	93	86	134	3	5	5	41	37	138	21	72	77	151	143	6	3	96	124	704	676
128	11	33	37	99	93	134	4	7	9	49	44	138	22	76	81	156	149	7	0	0	0	326	277
128	12	38	41	106	99	134	5	10	12	56	51	138	23	80	85	162	155	7	1	3	6	461	415
128	13	42	46	112	106	134	6	14	16	62	57	138	24	85	90	168	160	7	2	30	44	566	526
128	14	46	50	119	112	134	7	17	19	69	64	138	25	89	94	173	166	7	3	80	104	651	618
128	15	50	55	125	118	134	8	21	23	76	70	138	26	93	99	179	171	7	4	149	182	720	696
128	16	55	59	131	124	134	9	24	27	82	76	138	27	98	103	184	177	8	0	0	0	294	248
128	17	59	64	138	130	134	10	28	31	89	82	138	28	102	108	190	182	8	1	3	6	419	375
128	18	64	68	144	137	134	11	32	35	95	89	140	0	0	0	16	13	8	2	26	38	519	478
128	19	68	73	150	143	134	12	36	39	101	95	140	1	1	1	25	21	8	3	69	90	602	567
128	20	73	78	156	149	134	13	40	44	107	101	140	2	2	3	32	28	8	4	127	156	673	644
128	21	77	82	162	155	134	14	44	48	113	107	140	3	4	5	40	35	9	0	0	0	267	225
128	22	82	87	168	161	134	15	48	52	119	113	140	4	7	8	46	42	9	1	3	5	384	342
128	23	86	92	175	167	134	16	52	57	126	119	140	5	10	12	53	48	9	2	23	34	478	438
128	24	91	97	181	173	134	17	57	61	132	125	140	6	13	15	60	55	9	3	61	79	559	522
128	25	96	102	187	179	134	18	61	65	137	130	140	7	16	19	66	61	9	4	111	136	629	597
128	26	101	106	193	184	134	19	65	70	143	136	140	8	20	22	72	67	9	5	171	203	689	664
130	0	0	0	17	14	134	20	70	74	149	142	140	9	23	26	79	73	10	0	0	0	245	205
130	1	1	1	27	23	134	21	74	79	155	148	140	10	27	30	85	79	10	1	3	5	354	314
130	2	2	3	35	31	134	22	78	83	161	154	140	11	31	34	91	85	10	2	21	30	443	404
130	3	5	6	43	38	134	23	83	88	167	159	140	12	35	38	97	91	10	3	55	71	520	484
130	4	7	9	50	45	134	24	87	92	173	165	140	13	38	42	103	96	10	4	99	121	588	556
130	5	11	12	57	52	134	25	92	97	178	171	140	14	42	46	108	102	10	5	151	179	649	621
130	6	14	16	64	59	134	26	96	102	184	176	140	15	46	50	114	108	11	0	0	0	226	189
130	7	18	20	71	66	134	27	101	106	190	182	140	16	50	54	120	113	11	1	2	4	328	290
130	8	21	24	78	72	136	0	0	0	16	13	140	17	54	58	126	119	11	2	19	27	412	374
130	9	25	28	85	79	136	1	1	1	25	22	140	18	58	63	132	125	11	3	49	64	486	450
130	10	29	32	91	85	136	2	2	3	33	29	140	19	63	67	137	130	11	4	89	109	552	518
130	11	33	36	98	91	136	3	5	5	41	36	140	20	67	71	143	136	11	5	136	161	611	581
130	12	37	41	104	98	136	4	7	8	48	43	140	21	71	75	149	141	11	6	189	219	664	639
130	13	41	45	111	104	136	5	10	12	55	50	140	22	75	80	154	147	12	0	0	0	210	175
130	14	45	49	117	110	136	6	13	15	62	56	140	23	79	84	160	152	12	1	2	4	306	269
130	15	50	54	123	116	136	7	17	19	68	63	140	24	84	89	165	158	12	2	18	25	385	349
130	16	54	58	129	122	136	8	20	23	75	69	140	25	88	93	171	163	12	3	45	59	455	420
130	17	58	63	136	128	136	9	24	27	81	75	140	26	92	97	176	169	12	4	81	100	519	485
130	18	63	67	142	134	136	10	28	31	87	81	140	27	96	102	182	174	12	5	123	146	577	546
130	19	67	72	148	140	136	11	32	35	93	87	140	28	101	106	187	180	12	6	171	198	629	602
130	20	72	76	154	146	136	12	36	39	100	93							13	0	0	0	196	163
130	21	76	81	160	152	136	13	40	43	106	99							13	1	2	4	286	251
130	22	81	86	166	158	136	14	44	47	112	105							13	2	16	23	361	326
130	23	85	91	172	164	136	15	48	51	118	111							13	3	42	54	428	394
130	24	90	95	178	170	136	16	52	56	124	117							13	4	74	91	489	456
130	25	94	100	184	176	136	17	56	60	130	123							13	5	113	134	545	514
130	26	99	105	190	182	136	18	60	64	135	128							13	6	156	181	597	569
132	0	0	0	17	14	136	19	64	69	141	134							13	7	203	231	644	619
132	1	1	1	26	22	136	20	69	73	147	140							14	0	0	0	183	152
132	2	2	3	34	30	136	21	73	78	153	146							14	1	2	3	269	235
132	3	5	6	42	38	136	22	77	82	159	151							14	2	15	22	340	306
132	4	7	9	49	45	136	23	82	87	164	157							14	3	38	50	404	370
132	5	11	12	57	51	136	24	86	91	170	163							14	4	69	85	463	430
132	6	14	16	63	58	136	25	90	96	176	168							14	5	104	124	517	486
132	7	17	20	70	65	136	26	95	100	181	174							14	6	143	167	567	538
132	8	21	23	77	71	136	27	99	105	187	179							14	7	186	213	614	587
132	9	25	27	83	77	136	28	104	109	193	185							15	0	0	0	172	143
132	10	29	32	90	84	138	0	0	0	16	13							15	1	2	3	253	222
132	11	33	36	96	90	138	1	1	1	25	21							15	2	14	20	321	289
132	12	37	40	103	96	138	2	2	3	33	29							15	3	36	47	382	350
132	13	41	44	109	102	138	3	4	5	40	36							15	4	64	79	438	407

CONFIDENCE BOUNDS FOR A

N = 800

n	a	LOWER .975	LOWER .95	UPPER .975	UPPER .95
15	5	96	115	491	460
15	6	133	154	539	510
15	7	172	197	585	558
15	8	215	242	628	603
16	0	0	0	163	135
16	1	2	3	240	209
16	2	13	19	304	273
16	3	34	44	363	331
16	4	60	74	417	385
16	5	90	107	467	437
16	6	123	144	514	485
16	7	160	183	559	531
16	8	199	225	601	575
17	0	0	0	154	127
17	1	2	3	227	198
17	2	13	18	289	259
17	3	32	41	345	314
17	4	56	69	397	366
17	5	84	101	445	415
17	6	116	135	491	462
17	7	150	171	534	507
17	8	186	210	575	549
17	9	225	251	614	590
18	0	0	0	146	121
18	1	2	3	216	188
18	2	12	17	275	246
18	3	30	39	329	299
18	4	53	65	379	349
18	5	79	95	425	396
18	6	109	127	470	441
18	7	140	161	512	484
18	8	174	197	552	525
18	9	210	235	590	565
19	0	0	0	139	115
19	1	2	3	206	179
19	2	11	16	263	234
19	3	28	37	314	285
19	4	50	62	362	333
19	5	75	89	407	378
19	6	102	120	450	422
19	7	132	152	491	463
19	8	164	186	530	503
19	9	198	221	567	542
19	10	233	258	602	579
20	0	0	0	133	109
20	1	1	3	197	171
20	2	11	15	251	224
20	3	27	35	301	273
20	4	47	58	347	319
20	5	71	85	390	362
20	6	97	113	432	404
20	7	125	144	471	444
20	8	155	176	509	483
20	9	187	209	545	520
20	10	220	244	580	556
21	0	0	0	127	105
21	1	1	2	188	163
21	2	10	15	240	214
21	3	26	33	288	261
21	4	45	56	333	305
21	5	67	81	375	347
21	6	92	108	415	388
21	7	119	136	453	426
21	8	147	167	490	464
21	9	177	198	525	500
21	10	208	231	559	535
21	11	241	265	592	569
22	0	0	0	121	100
22	1	1	2	180	156
22	2	10	14	231	205
22	3	24	32	277	250
22	4	43	53	320	293
22	5	64	77	360	333
22	6	88	103	399	372
22	7	113	130	436	410

N = 800

n	a	LOWER .975	LOWER .95	UPPER .975	UPPER .95
22	8	140	158	472	446
22	9	168	188	506	482
22	10	198	219	540	516
22	11	228	251	572	549
23	0	0	0	116	96
23	1	1	2	173	150
23	2	9	13	222	197
23	3	23	30	266	241
23	4	41	51	307	282
23	5	61	73	347	321
23	6	84	98	384	358
23	7	108	124	421	395
23	8	133	151	455	430
23	9	160	179	489	464
23	10	188	209	521	497
23	11	217	239	553	530
23	12	247	270	583	561
24	0	0	0	112	92
24	1	1	2	167	144
24	2	9	13	213	190
24	3	22	29	256	231
24	4	39	49	296	271
24	5	59	70	334	309
24	6	80	94	371	345
24	7	103	118	406	380
24	8	127	144	440	415
24	9	153	171	472	448
24	10	179	199	504	480
24	11	207	228	535	512
24	12	236	258	564	542
25	0	0	0	108	88
25	1	1	2	160	139
25	2	9	12	206	183
25	3	22	28	247	223
25	4	38	47	286	261
25	5	56	67	323	298
25	6	77	90	358	333
25	7	99	113	392	367
25	8	122	138	425	400
25	9	146	164	457	433
25	10	171	191	488	464
25	11	198	218	518	495
25	12	225	246	547	524
25	13	253	276	575	554
26	0	0	0	104	85
26	1	1	2	155	134
26	2	8	12	198	176
26	3	21	27	238	215
26	4	36	45	276	252
26	5	54	65	312	288
26	6	74	86	346	322
26	7	95	109	379	355
26	8	117	133	411	387
26	9	140	157	442	418
26	10	164	183	472	449
26	11	189	209	502	479
26	12	215	236	530	508
26	13	242	264	558	536
27	0	0	0	100	82
27	1	1	2	149	129
27	2	8	11	192	170
27	3	20	26	230	208
27	4	35	43	267	244
27	5	52	62	302	278
27	6	71	83	335	311
27	7	91	105	367	343
27	8	112	127	398	374
27	9	135	151	429	405
27	10	158	175	458	435
27	11	182	201	487	464
27	12	207	226	514	492
27	13	232	253	542	520
27	14	258	280	568	547
28	0	0	0	97	79
28	1	1	2	144	125

N = 800

n	a	LOWER .975	LOWER .95	UPPER .975	UPPER .95
28	2	8	11	185	164
28	3	19	25	223	201
28	4	34	42	258	236
28	5	50	60	292	269
28	6	68	80	325	301
28	7	88	101	356	332
28	8	108	123	386	363
28	9	129	145	416	392
28	10	152	169	444	421
28	11	175	193	472	450
28	12	198	218	500	477
28	13	223	243	526	504
28	14	248	269	552	531
29	0	0	0	93	77
29	1	1	2	140	121
29	2	8	11	179	159
29	3	19	24	216	194
29	4	33	40	250	228
29	5	48	58	283	260
29	6	66	77	315	292
29	7	84	97	345	322
29	8	104	118	375	352
29	9	125	140	404	380
29	10	146	163	432	409
29	11	168	186	459	436
29	12	191	210	485	463
29	13	214	234	511	490
29	14	238	259	537	516
29	15	263	284	562	541
30	0	0	0	90	74
30	1	1	2	135	117
30	2	7	10	174	154
30	3	18	23	209	188
30	4	32	39	243	221
30	5	47	56	275	253
30	6	64	74	305	283
30	7	82	94	335	312
30	8	100	114	364	341
30	9	120	135	392	369
30	10	141	157	419	397
30	11	162	179	446	424
30	12	184	202	472	450
30	13	207	225	497	476
30	14	230	249	522	501
30	15	253	274	547	526
31	0	0	0	88	72
31	1	1	2	131	113
31	2	7	10	169	149
31	3	18	23	203	183
31	4	31	38	236	215
31	5	45	54	267	245
31	6	62	72	297	275
31	7	79	91	326	303
31	8	97	110	354	331
31	9	116	131	381	359
31	10	136	152	408	386
31	11	156	173	434	412
31	12	178	195	459	438
31	13	199	218	484	463
31	14	221	241	509	488
31	15	244	264	532	512
31	16	268	288	556	536
32	0	0	0	85	70
32	1	1	2	127	110
32	2	7	10	164	145
32	3	17	22	197	177
32	4	30	36	229	208
32	5	44	52	259	238
32	6	60	70	288	267
32	7	76	88	317	295
32	8	94	107	344	322
32	9	112	126	371	349
32	10	131	147	397	375
32	11	151	167	422	401
32	12	172	189	447	426

N = 800

n	a	LOWER .975	LOWER .95	UPPER .975	UPPER .95
32	13	192	210	472	450
32	14	214	232	496	475
32	15	236	255	519	499
32	16	258	278	542	522
33	0	0	0	82	68
33	1	1	2	124	106
33	2	7	10	159	141
33	3	17	21	192	172
33	4	29	35	223	202
33	5	43	51	252	231
33	6	58	68	280	259
33	7	74	85	308	287
33	8	91	103	335	313
33	9	109	122	361	339
33	10	127	142	386	365
33	11	146	162	411	390
33	12	166	182	436	414
33	13	186	203	460	439
33	14	207	225	483	462
33	15	228	247	506	486
33	16	249	269	528	509
33	17	272	291	551	531
34	0	0	0	80	66
34	1	1	2	120	103
34	2	7	9	155	137
34	3	16	21	186	168
34	4	28	34	217	197
34	5	41	49	245	225
34	6	56	66	273	252
34	7	72	83	300	279
34	8	88	100	326	305
34	9	105	119	352	330
34	10	123	138	376	355
34	11	142	157	401	380
34	12	161	177	425	404
34	13	180	197	448	427
34	14	200	218	471	451
34	15	221	239	494	473
34	16	241	260	516	496
34	17	263	282	537	518
35	0	0	0	78	64
35	1	1	2	117	101
35	2	7	9	150	133
35	3	16	20	182	163
35	4	27	33	211	192
35	5	40	48	239	219
35	6	54	64	266	246
35	7	70	80	292	272
35	8	86	97	318	297
35	9	102	115	343	322
35	10	120	133	367	346
35	11	137	152	391	370
35	12	156	171	414	393
35	13	175	191	437	417
35	14	194	211	460	439
35	15	214	231	482	462
35	16	234	252	504	484
35	17	254	273	525	506
35	18	275	294	546	527
36	0	0	0	76	62
36	1	1	2	114	98
36	2	6	9	147	129
36	3	15	20	177	159
36	4	26	32	205	187
36	5	39	47	233	213
36	6	53	62	259	239
36	7	68	78	285	265
36	8	83	95	310	289
36	9	99	112	334	314
36	10	116	130	358	337
36	11	133	148	381	361
36	12	151	166	404	384
36	13	169	185	427	406
36	14	188	205	449	429
36	15	207	224	471	451

CONFIDENCE BOUNDS FOR A

N = 800

n	a	LOWER .975	LOWER .95	UPPER .975	UPPER .95
36	16	227	244	492	472
36	17	246	265	513	494
36	18	267	286	533	514
37	0	0	0	74	60
37	1	1	2	111	95
37	2	6	9	143	126
37	3	15	19	172	155
37	4	26	32	200	182
37	5	38	45	227	208
37	6	51	60	253	233
37	7	66	76	278	258
37	8	81	92	302	282
37	9	97	109	326	306
37	10	113	126	349	329
37	11	130	144	372	352
37	12	147	162	395	374
37	13	165	180	417	397
37	14	183	199	438	418
37	15	201	218	460	440
37	16	220	237	481	461
37	17	239	257	501	482
37	18	259	277	521	503
37	19	279	297	541	523
38	0	0	0	72	59
38	1	1	2	108	93
38	2	6	8	139	123
38	3	14	19	168	151
38	4	25	31	195	177
38	5	37	44	221	203
38	6	50	59	247	228
38	7	64	74	271	252
38	8	79	89	295	275
38	9	94	106	318	299
38	10	110	122	341	321
38	11	126	140	364	344
38	12	143	157	386	366
38	13	160	175	407	387
38	14	178	193	429	409
38	15	195	212	449	430
38	16	214	231	470	451
38	17	232	250	490	471
38	18	251	269	510	491
38	19	270	289	530	511
39	0	0	0	70	57
39	1	1	2	105	91
39	2	6	8	136	120
39	3	14	18	164	147
39	4	24	30	191	173
39	5	36	43	216	198
39	6	49	57	241	222
39	7	62	72	265	246
39	8	77	87	288	269
39	9	91	103	311	291
39	10	107	119	333	314
39	11	123	136	355	336
39	12	139	153	377	357
39	13	156	170	398	378
39	14	173	188	419	399
39	15	190	206	439	420
39	16	208	224	460	440
39	17	226	243	480	460
39	18	244	262	499	480
39	19	263	281	518	500
39	20	282	300	537	519
40	0	0	0	68	56
40	1	1	1	103	88
40	2	6	8	133	117
40	3	14	18	160	143
40	4	24	29	186	169
40	5	35	42	211	193
40	6	48	56	235	217
40	7	61	70	259	240
40	8	75	85	282	263
40	9	89	100	304	285
40	10	104	116	326	307

N = 800

n	a	LOWER .975	LOWER .95	UPPER .975	UPPER .95
40	11	119	132	348	328
40	12	135	149	369	349
40	13	152	166	389	370
40	14	168	183	410	390
40	15	185	201	430	411
40	16	202	218	450	431
40	17	220	236	469	450
40	18	237	255	489	470
40	19	255	273	507	489
40	20	274	292	526	508
41	0	0	0	67	54
41	1	1	1	100	86
41	2	6	8	129	114
41	3	14	17	156	140
41	4	23	29	182	165
41	5	34	41	206	189
41	6	46	54	230	212
41	7	59	68	253	235
41	8	73	83	275	257
41	9	87	98	297	278
41	10	101	113	319	300
41	11	116	129	340	321
41	12	132	145	361	341
41	13	148	162	381	362
41	14	164	178	401	382
41	15	180	195	421	402
41	16	197	213	440	421
41	17	214	230	460	441
41	18	231	248	478	460
41	19	249	266	497	479
41	20	266	284	515	497
41	21	285	303	534	516
42	0	0	0	65	53
42	1	1	1	98	84
42	2	6	8	126	111
42	3	13	17	153	137
42	4	23	28	178	161
42	5	34	40	202	184
42	6	45	53	225	207
42	7	58	67	247	229
42	8	71	81	269	251
42	9	85	95	291	272
42	10	99	110	312	293
42	11	114	126	333	314
42	12	129	142	353	334
42	13	144	158	373	354
42	14	160	174	393	374
42	15	176	190	412	393
42	16	192	207	431	412
42	17	208	224	450	431
42	18	225	242	469	450
42	19	242	259	487	469
42	20	260	277	505	487
42	21	277	295	523	505
43	0	0	0	64	52
43	1	1	1	96	82
43	2	5	8	124	109
43	3	13	17	149	134
43	4	22	27	174	158
43	5	33	39	197	180
43	6	44	52	220	203
43	7	57	65	242	224
43	8	69	79	264	246
43	9	83	93	285	266
43	10	97	108	305	287
43	11	111	123	326	307
43	12	125	138	346	327
43	13	140	154	365	346
43	14	156	170	385	366
43	15	171	186	404	385
43	16	187	202	422	404
43	17	203	219	441	423
43	18	219	236	459	441
43	19	236	253	477	459
43	20	253	270	495	477

N = 800

n	a	LOWER .975	LOWER .95	UPPER .975	UPPER .95
43	21	270	287	513	495
43	22	287	305	530	513
44	0	0	0	62	51
44	1	1	1	94	80
44	2	5	7	121	107
44	3	13	16	146	131
44	4	22	27	170	154
44	5	32	38	193	177
44	6	43	51	215	198
44	7	55	64	237	220
44	8	68	77	258	240
44	9	81	91	279	261
44	10	94	105	299	281
44	11	108	120	319	301
44	12	122	135	339	320
44	13	137	150	358	339
44	14	152	166	377	358
44	15	167	181	396	377
44	16	182	197	414	396
44	17	198	213	432	414
44	18	214	230	450	432
44	19	230	246	468	450
44	20	247	263	486	468
44	21	263	280	503	485
44	22	280	297	520	503
45	0	0	0	61	50
45	1	1	1	92	79
45	2	5	7	118	104
45	3	12	16	143	128
45	4	21	26	167	151
45	5	31	37	189	173
45	6	42	49	211	194
45	7	54	62	232	215
45	8	66	75	253	235
45	9	79	89	273	255
45	10	92	103	293	275
45	11	106	117	313	294
45	12	120	132	332	314
45	13	134	147	351	332
45	14	148	162	369	351
45	15	163	177	388	369
45	16	178	193	406	388
45	17	193	208	424	406
45	18	209	224	442	424
45	19	225	241	459	441
45	20	241	257	476	459
45	21	257	273	493	476
45	22	273	290	510	493
45	23	290	307	527	510
46	0	0	0	59	49
46	1	1	1	90	77
46	2	5	7	116	102
46	3	12	16	140	125
46	4	21	26	163	148
46	5	31	37	185	169
46	6	41	48	207	190
46	7	53	61	227	210
46	8	65	74	248	230
46	9	77	87	268	250
46	10	90	101	287	269
46	11	103	115	306	288
46	12	117	129	325	307
46	13	131	143	344	326
46	14	145	158	362	344
46	15	159	173	380	362
46	16	174	188	398	380
46	17	189	204	416	398
46	18	204	219	433	415
46	19	219	235	450	433
46	20	235	251	467	450
46	21	251	267	484	467
46	22	267	283	501	484
46	23	283	300	517	500
47	0	0	0	58	47
47	1	1	1	88	75

N = 800

n	a	LOWER .975	LOWER .95	UPPER .975	UPPER .95
47	2	5	7	113	100
47	3	12	15	137	123
47	4	20	25	160	145
47	5	30	36	181	166
47	6	41	47	202	186
47	7	52	60	223	206
47	8	63	72	243	226
47	9	76	85	262	245
47	10	88	98	282	264
47	11	101	112	300	283
47	12	114	126	319	301
47	13	128	140	337	319
47	14	142	155	355	337
47	15	156	169	373	355
47	16	170	184	391	373
47	17	185	199	408	390
47	18	199	214	425	407
47	19	214	230	442	424
47	20	230	245	459	441
47	21	245	261	475	458
47	22	261	277	492	474
47	23	276	293	508	491
47	24	292	309	524	507
48	0	0	0	57	46
48	1	1	1	86	74
48	2	5	7	111	98
48	3	12	15	134	120
48	4	20	25	157	142
48	5	29	35	178	162
48	6	40	46	198	183
48	7	51	58	219	202
48	8	62	71	238	221
48	9	74	83	257	240
48	10	86	96	276	259
48	11	99	110	295	277
48	12	112	123	313	295
48	13	125	137	331	313
48	14	139	151	349	331
48	15	152	166	366	348
48	16	166	180	383	366
48	17	181	195	400	383
48	18	195	210	417	400
48	19	210	225	434	416
48	20	224	240	450	433
48	21	239	255	467	449
48	22	255	271	483	466
48	23	270	286	499	482
48	24	286	302	514	498
49	0	0	0	56	46
49	1	1	1	84	72
49	2	5	7	109	96
49	3	11	15	132	118
49	4	20	24	154	139
49	5	29	34	174	159
49	6	39	45	195	179
49	7	50	57	214	198
49	8	61	69	234	217
49	9	73	82	252	236
49	10	85	94	271	254
49	11	97	107	289	272
49	12	110	121	307	290
49	13	123	134	325	307
49	14	136	148	342	325
49	15	149	162	359	342
49	16	163	176	376	359
49	17	177	191	393	376
49	18	191	205	410	392
49	19	205	220	426	409
49	20	220	235	442	425
49	21	234	250	458	441
49	22	249	265	474	457
49	23	264	280	490	473
49	24	279	295	505	489
49	25	295	311	521	505
50	0	0	0	55	45

CONFIDENCE BOUNDS FOR A

N = 800

n	a	LOWER .975	LOWER .95	UPPER .975	UPPER .95
50	1	1	1	83	71
50	2	5	7	107	94
50	3	11	14	129	116
50	4	19	24	151	136
50	5	28	34	171	156
50	6	38	45	191	176
50	7	49	56	210	194
50	8	60	68	229	213
50	9	71	80	248	231
50	10	83	92	266	249
50	11	95	105	284	267
50	12	107	118	301	284
50	13	120	132	319	302
50	14	133	145	336	319
50	15	146	159	353	336
50	16	159	173	370	352
50	17	173	187	386	369
50	18	187	201	402	385
50	19	201	215	419	401
50	20	215	230	435	417
50	21	229	244	450	433
50	22	244	259	466	449
50	23	258	274	481	465
50	24	273	289	497	480
50	25	288	304	512	496
51	0	0	0	54	44
51	1	1	1	81	69
51	2	5	6	105	92
51	3	11	14	127	113
51	4	19	23	148	134
51	5	28	33	168	153
51	6	37	44	187	172
51	7	48	55	206	191
51	8	58	66	225	209
51	9	70	78	243	227
51	10	81	91	261	245
51	11	93	103	279	262
51	12	105	116	296	279
51	13	118	129	313	296
51	14	130	142	330	313
51	15	143	155	347	329
51	16	156	169	363	346
51	17	169	183	379	362
51	18	183	197	395	378
51	19	197	211	411	394
51	20	210	225	427	410
51	21	224	239	443	426
51	22	238	254	458	441
51	23	253	268	473	457
51	24	267	283	488	472
51	25	282	298	503	487
51	26	297	313	518	502
52	0	0	0	53	43
52	1	1	1	79	68
52	2	5	6	103	90
52	3	11	14	124	111
52	4	19	23	145	131
52	5	27	32	165	150
52	6	37	43	184	169
52	7	47	54	203	187
52	8	57	65	221	205
52	9	68	77	239	223
52	10	80	89	256	240
52	11	91	101	274	257
52	12	103	114	291	274
52	13	115	126	308	291
52	14	128	139	324	307
52	15	140	152	341	324
52	16	153	166	357	340
52	17	166	179	373	356
52	18	179	193	389	372
52	19	193	206	404	387
52	20	206	220	420	403
52	21	220	234	435	418
52	22	234	248	450	434

N = 800

n	a	LOWER .975	LOWER .95	UPPER .975	UPPER .95
52	23	248	263	465	449
52	24	262	277	480	464
52	25	276	292	495	479
52	26	290	306	510	494
53	0	0	0	52	42
53	1	1	1	78	67
53	2	5	6	101	89
53	3	11	14	122	109
53	4	18	22	142	129
53	5	27	32	162	148
53	6	36	42	181	166
53	7	46	53	199	184
53	8	56	64	217	202
53	9	67	75	235	219
53	10	78	87	252	236
53	11	89	99	269	253
53	12	101	111	286	269
53	13	113	124	302	286
53	14	125	137	319	302
53	15	137	149	335	318
53	16	150	162	351	334
53	17	163	176	366	350
53	18	176	189	382	365
53	19	189	202	397	381
53	20	202	216	413	396
53	21	215	230	428	411
53	22	229	243	443	426
53	23	243	257	458	441
53	24	256	272	472	456
53	25	270	286	487	471
53	26	284	300	501	485
53	27	299	315	516	500
54	0	0	0	51	41
54	1	1	1	76	66
54	2	5	6	99	87
54	3	11	13	120	107
54	4	18	22	140	126
54	5	26	31	159	145
54	6	35	41	178	163
54	7	45	52	196	181
54	8	55	63	213	198
54	9	66	74	231	215
54	10	77	86	248	232
54	11	88	97	264	248
54	12	99	109	281	265
54	13	111	122	297	281
54	14	123	134	313	297
54	15	135	147	329	313
54	16	147	159	345	328
54	17	160	172	360	344
54	18	172	185	376	359
54	19	185	198	391	374
54	20	198	212	406	389
54	21	211	225	421	404
54	22	224	239	436	419
54	23	238	252	450	434
54	24	251	266	465	449
54	25	265	280	479	463
54	26	279	294	493	477
54	27	293	308	507	492
55	0	0	0	50	40
55	1	1	1	75	64
55	2	4	6	97	86
55	3	10	13	118	105
55	4	18	22	137	124
55	5	26	31	156	142
55	6	35	41	174	160
55	7	44	51	192	178
55	8	54	62	210	195
55	9	65	73	227	211
55	10	75	84	243	228
55	11	86	96	260	244
55	12	97	107	276	260
55	13	109	119	292	276
55	14	120	131	308	292

N = 800

n	a	LOWER .975	LOWER .95	UPPER .975	UPPER .95
55	15	132	144	324	307
55	16	144	156	339	323
55	17	157	169	354	338
55	18	169	182	369	353
55	19	181	195	384	368
55	20	194	208	399	383
55	21	207	221	414	398
55	22	220	234	429	412
55	23	233	248	443	427
55	24	246	261	457	441
55	25	260	275	471	455
55	26	273	288	485	470
55	27	287	302	499	484
55	28	301	316	513	498
56	0	0	0	49	40
56	1	1	1	74	63
56	2	4	6	96	84
56	3	10	13	116	103
56	4	17	21	135	122
56	5	25	30	154	140
56	6	34	40	171	157
56	7	44	50	189	174
56	8	53	61	206	191
56	9	63	71	223	208
56	10	74	82	239	224
56	11	85	94	255	240
56	12	96	105	271	256
56	13	107	117	287	271
56	14	118	129	303	287
56	15	130	141	318	302
56	16	142	153	334	317
56	17	154	166	349	332
56	18	166	178	364	347
56	19	178	191	378	362
56	20	190	204	393	377
56	21	203	217	407	391
56	22	216	230	422	406
56	23	229	243	436	420
56	24	242	256	450	434
56	25	255	269	464	448
56	26	268	283	478	462
56	27	281	296	492	476
56	28	295	310	505	490
57	0	0	0	48	39
57	1	1	1	72	62
57	2	4	6	94	83
57	3	10	13	114	102
57	4	17	21	133	120
57	5	25	30	151	138
57	6	34	39	169	155
57	7	43	49	186	172
57	8	52	59	203	188
57	9	62	70	219	204
57	10	73	81	235	220
57	11	83	92	251	236
57	12	94	103	267	251
57	13	105	115	283	267
57	14	116	127	298	282
57	15	128	139	313	297
57	16	139	151	328	312
57	17	151	163	343	327
57	18	163	175	358	342
57	19	175	187	372	356
57	20	187	200	387	371
57	21	199	213	401	385
57	22	212	225	415	399
57	23	224	238	429	413
57	24	237	251	443	427
57	25	250	264	457	441
57	26	263	278	471	455
57	27	276	291	484	469
57	28	289	304	498	482
57	29	302	318	511	496
58	0	0	0	47	38
58	1	1	1	71	61

N = 800

n	a	LOWER .975	LOWER .95	UPPER .975	UPPER .95
58	2	4	6	92	81
58	3	10	13	112	100
58	4	17	20	131	118
58	5	25	29	148	135
58	6	33	39	166	152
58	7	42	48	183	169
58	8	51	58	199	185
58	9	61	69	216	201
58	10	71	80	231	217
58	11	82	91	247	232
58	12	92	102	263	247
58	13	103	113	278	263
58	14	114	124	293	278
58	15	125	136	308	292
58	16	137	148	323	307
58	17	148	160	338	322
58	18	160	172	352	336
58	19	172	184	366	350
58	20	184	196	381	365
58	21	196	209	395	379
58	22	208	221	409	393
58	23	220	234	423	407
58	24	233	247	436	421
58	25	245	260	450	434
58	26	258	273	463	448
58	27	271	286	477	461
58	28	284	299	490	475
58	29	297	312	503	488
59	0	0	0	46	38
59	1	1	1	70	60
59	2	4	6	91	80
59	3	10	12	110	98
59	4	17	20	128	116
59	5	24	29	146	133
59	6	33	38	163	150
59	7	41	48	180	166
59	8	51	57	196	182
59	9	60	68	212	198
59	10	70	78	228	213
59	11	80	89	243	228
59	12	91	100	259	243
59	13	101	111	274	258
59	14	112	122	289	273
59	15	123	134	303	288
59	16	134	145	318	302
59	17	146	157	332	317
59	18	157	169	347	331
59	19	169	181	361	345
59	20	180	193	375	359
59	21	192	205	389	373
59	22	204	217	403	387
59	23	216	230	416	400
59	24	228	242	430	414
59	25	241	255	443	428
59	26	253	268	456	441
59	27	266	280	470	454
59	28	279	293	483	468
59	29	291	306	496	481
59	30	304	319	509	494
60	0	0	0	45	37
60	1	1	1	69	59
60	2	4	6	89	78
60	3	10	12	108	97
60	4	16	20	126	114
60	5	24	28	144	131
60	6	32	37	160	147
60	7	41	47	177	163
60	8	50	57	193	179
60	9	59	67	209	194
60	10	69	77	224	210
60	11	79	87	239	225
60	12	89	98	255	240
60	13	100	109	269	254
60	14	110	120	284	269
60	15	121	132	299	283

CONFIDENCE BOUNDS FOR A

		N = 800						N = 800						N = 800						N = 800			
		LOWER		UPPER				LOWER		UPPER				LOWER		UPPER				LOWER		UPPER	
n	a	.975	.95	.975	.95	n	a	.975	.95	.975	.95	n	a	.975	.95	.975	.95	n	a	.975	.95	.975	.95
60	16	132	143	313	297	70	2	4	5	77	67	78	13	77	84	210	198	86	18	107	115	244	231
60	17	143	154	327	312	70	3	8	11	93	83	78	14	85	92	222	209	88	0	0	0	31	25
60	18	154	166	341	326	70	4	14	17	109	98	78	15	93	101	233	221	88	1	1	1	47	40
60	19	166	178	355	340	70	5	21	24	124	112	78	16	101	109	245	232	88	2	3	4	61	53
60	20	177	190	369	353	70	6	28	32	138	127	80	0	0	0	34	27	88	3	7	9	74	66
60	21	189	202	383	367	70	7	35	40	152	140	80	1	1	1	51	44	88	4	12	14	86	78
60	22	201	214	396	381	70	8	43	49	166	154	80	2	3	4	67	59	88	5	17	20	98	90
60	23	212	226	410	394	70	9	51	57	180	167	80	3	7	9	81	72	88	6	22	26	110	101
60	24	224	238	423	408	70	10	59	66	194	181	80	4	13	15	95	86	88	7	28	32	122	112
60	25	237	250	437	421	70	11	68	75	207	194	80	5	18	22	108	98	88	8	34	39	133	123
60	26	249	263	450	434	70	12	76	84	220	207	80	6	24	28	121	111	88	9	41	46	144	134
60	27	261	275	463	447	70	13	85	93	233	219	80	7	31	35	134	123	88	10	47	53	155	144
60	28	274	288	476	461	70	14	94	103	246	232	80	8	38	43	146	135	88	11	54	60	166	155
60	29	286	301	489	474	72	0	0	0	38	31	80	9	45	50	158	147	88	12	61	67	176	165
60	30	299	314	501	486	72	1	1	1	57	49	80	10	52	58	170	159	88	13	68	74	187	176
62	0	0	0	44	36	72	2	4	5	74	65	80	11	59	66	182	170	88	14	75	82	197	186
62	1	1	1	67	57	72	3	8	10	90	81	80	12	67	74	194	182	88	15	82	89	208	196
62	2	4	5	86	76	72	4	14	17	106	95	80	13	75	82	205	193	88	16	90	97	218	206
62	3	9	12	105	94	72	5	20	24	120	109	80	14	82	90	216	204	88	17	97	105	228	216
62	4	16	19	122	110	72	6	27	31	134	123	80	15	90	98	228	215	88	18	104	112	238	226
62	5	23	27	139	127	72	7	34	39	148	137	80	16	98	107	239	226	90	0	0	0	30	24
62	6	31	36	155	143	72	8	42	47	162	150	82	0	0	0	33	27	90	1	1	1	46	39
62	7	39	45	171	158	72	9	50	56	175	163	82	1	1	1	50	43	90	2	3	4	59	52
62	8	48	55	187	173	72	10	58	64	188	176	82	2	3	4	65	57	90	3	7	8	72	64
62	9	57	64	202	188	72	11	66	73	201	189	82	3	7	9	79	71	90	4	11	14	84	76
62	10	67	74	217	203	72	12	74	82	214	201	82	4	12	15	93	84	90	5	16	19	96	88
62	11	76	85	232	218	72	13	83	91	227	214	82	5	18	21	106	96	90	6	22	25	108	99
62	12	86	95	247	232	72	14	92	100	239	226	82	6	24	28	118	108	90	7	28	32	119	110
62	13	96	106	261	246	72	15	101	109	252	238	82	7	30	35	131	120	90	8	34	38	130	120
64	0	0	0	43	35	74	0	0	0	37	30	82	8	37	42	143	132	90	9	40	45	141	131
64	1	1	1	65	55	74	1	1	1	56	48	82	9	44	49	154	143	90	10	46	52	152	141
64	2	4	5	84	74	74	2	4	5	72	64	82	10	51	56	166	155	90	11	53	59	162	152
64	3	9	11	102	91	74	3	8	10	88	78	82	11	58	64	178	166	90	12	60	66	173	162
64	4	15	19	119	107	74	4	13	16	103	93	82	12	65	72	189	177	90	13	66	73	183	172
64	5	22	27	135	123	74	5	20	23	117	106	82	13	73	80	200	188	90	14	73	80	193	182
64	6	30	35	151	138	74	6	26	30	131	120	82	14	80	88	211	199	90	15	80	87	203	192
64	7	38	44	166	153	74	7	33	38	144	133	82	15	88	96	222	210	90	16	88	95	213	202
64	8	47	53	181	168	74	8	41	46	158	146	82	16	96	104	233	221	90	17	95	102	223	212
64	9	56	62	196	183	74	9	48	54	171	159	82	17	104	112	244	232	90	18	102	110	233	221
64	10	65	72	211	197	74	10	56	62	183	171	84	0	0	0	32	26	92	0	0	0	29	24
64	11	74	82	225	211	74	11	64	71	196	184	84	1	1	1	49	42	92	1	1	1	45	38
64	12	84	92	240	225	74	12	72	80	209	196	84	2	3	4	64	56	92	2	3	4	58	51
64	13	93	102	254	239	74	13	81	88	221	208	84	3	7	9	77	69	92	3	7	8	71	63
66	0	0	0	41	34	74	14	89	97	233	220	84	4	12	15	91	82	92	4	11	13	83	74
66	1	1	1	63	54	74	15	98	106	245	232	84	5	17	21	103	94	92	5	16	19	94	86
66	2	4	5	81	71	76	0	0	0	36	29	84	6	23	27	115	106	92	6	21	25	105	96
66	3	9	11	99	88	76	1	1	1	54	46	84	7	29	34	127	117	92	7	27	31	116	107
66	4	15	18	115	104	76	2	3	5	70	62	84	8	36	41	139	129	92	8	33	37	127	118
66	5	22	26	131	119	76	3	8	10	86	76	84	9	43	48	151	140	92	9	39	44	138	128
66	6	29	34	146	134	76	4	13	16	100	90	84	10	50	55	162	151	92	10	45	50	148	138
66	7	37	43	161	149	76	5	19	23	114	104	84	11	57	63	173	162	92	11	52	57	159	148
66	8	45	51	176	163	76	6	26	30	127	117	84	12	64	70	185	173	92	12	58	64	169	158
66	9	54	61	191	177	76	7	32	37	141	130	84	13	71	78	196	184	92	13	65	71	179	168
66	10	63	70	205	191	76	8	40	45	154	142	84	14	79	86	206	195	92	14	72	78	189	178
66	11	72	80	219	205	76	9	47	53	166	155	84	15	86	94	217	205	92	15	79	86	199	188
66	12	81	89	233	219	76	10	55	61	179	167	84	16	94	102	228	216	92	16	86	93	209	198
66	13	90	99	246	232	76	11	62	69	191	179	84	17	102	110	239	226	92	17	93	100	219	207
66	14	100	109	260	246	76	12	70	78	203	191	86	0	0	0	31	25	92	18	100	108	228	217
68	0	0	0	40	33	76	13	79	86	215	203	86	1	1	1	48	41	92	19	107	115	238	226
68	1	1	1	61	52	76	14	87	95	227	215	86	2	3	4	62	55	94	0	0	0	28	23
68	2	4	5	79	69	76	15	95	103	239	226	86	3	7	9	76	67	94	1	1	1	44	37
68	3	9	11	96	85	76	16	104	112	251	238	86	4	12	14	88	80	94	2	3	4	57	50
68	4	15	18	112	101	78	0	0	0	35	28	86	5	17	20	101	92	94	3	7	8	69	62
68	5	21	25	127	116	78	1	1	1	53	45	86	6	23	26	113	103	94	4	11	13	81	73
68	6	28	33	142	130	78	2	3	5	69	60	86	7	29	33	125	115	94	5	16	19	92	84
68	7	36	41	157	144	78	3	8	10	83	74	86	8	35	40	136	126	94	6	21	24	103	94
68	8	44	50	171	158	78	4	13	16	97	88	86	9	42	47	147	137	94	7	27	30	114	105
68	9	52	59	185	172	78	5	19	22	111	101	86	10	48	54	159	148	94	8	32	37	125	115
68	10	61	68	199	186	78	6	25	29	124	114	86	11	55	61	170	159	94	9	38	43	135	125
68	11	70	77	213	199	78	7	32	36	137	126	86	12	62	69	180	169	94	10	44	49	145	135
68	12	79	87	226	213	78	8	39	44	150	139	86	13	69	76	191	180	94	11	51	56	155	145
68	13	88	96	239	226	78	9	46	51	162	151	86	14	77	84	202	190	94	12	57	63	165	155
68	14	97	106	253	239	78	10	53	59	174	163	86	15	84	91	212	201	94	13	64	70	175	165
70	0	0	0	39	32	78	11	61	67	186	174	86	16	92	99	223	211	94	14	70	77	185	174
70	1	1	1	59	50	78	12	69	76	198	186	86	17	99	107	233	221	94	15	77	84	195	184

CONFIDENCE BOUNDS FOR A

N = 800

n	a	LOWER .975	LOWER .95	UPPER .975	UPPER .95
94	16	84	91	205	193
94	17	91	98	214	203
94	18	98	105	224	212
94	19	105	113	233	222
96	0	0	0	28	23
96	1	1	1	43	36
96	2	3	4	56	49
96	3	6	8	68	60
96	4	11	13	79	71
96	5	15	18	90	82
96	6	21	24	101	92
96	7	26	30	112	103
96	8	32	36	122	113
96	9	38	42	132	123
96	10	44	48	142	133
96	11	50	55	152	142
96	12	56	62	162	152
96	13	62	68	172	161
96	14	69	75	181	171
96	15	75	82	191	180
96	16	82	89	200	190
96	17	89	96	210	199
96	18	96	103	219	208
96	19	103	110	228	217
96	20	110	117	238	226
98	0	0	0	27	22
98	1	1	1	42	36
98	2	3	4	54	48
98	3	6	8	66	59
98	4	11	13	77	70
98	5	15	18	88	80
98	6	20	23	99	91
98	7	26	29	109	101
98	8	31	35	120	110
98	9	37	41	130	120
98	10	43	47	139	130
98	11	49	54	149	139
98	12	55	60	159	149
98	13	61	67	168	158
98	14	68	74	178	167
98	15	74	80	187	177
98	16	80	87	196	186
98	17	87	94	206	195
98	18	94	101	215	204
98	19	101	108	224	213
98	20	107	115	233	222
100	0	0	0	27	22
100	1	1	1	41	35
100	2	3	4	53	47
100	3	6	8	65	58
100	4	10	12	76	68
100	5	15	18	87	79
100	6	20	23	97	89
100	7	25	29	107	99
100	8	30	34	117	108
100	9	36	40	127	118
100	10	42	47	137	127
100	11	48	53	146	137
100	12	54	59	156	146
100	13	60	66	165	155
100	14	66	72	174	164
100	15	73	79	183	173
100	16	79	85	193	182
100	17	85	92	202	191
100	18	92	99	211	200
100	19	99	106	220	209
100	20	105	113	228	217
102	0	0	0	26	21
102	1	1	1	40	34
102	2	3	4	52	46
102	3	6	8	64	57
102	4	10	12	74	67
102	5	15	17	85	77
102	6	19	23	95	87
102	7	25	28	105	97

N = 800

n	a	LOWER .975	LOWER .95	UPPER .975	UPPER .95
102	8	30	34	115	106
102	9	35	40	124	116
102	10	41	46	134	125
102	11	47	52	143	134
102	12	53	58	153	143
102	13	59	64	162	152
102	14	65	71	171	161
102	15	71	77	180	170
102	16	77	84	189	179
102	17	84	90	198	187
102	18	90	97	207	196
102	19	97	104	215	205
102	20	103	110	224	213
102	21	110	117	233	222
104	0	0	0	26	21
104	1	1	1	39	33
104	2	3	4	51	45
104	3	6	7	62	55
104	4	10	12	73	66
104	5	14	17	83	76
104	6	19	22	93	85
104	7	24	28	103	95
104	8	29	33	113	104
104	9	35	39	122	113
104	10	40	45	131	122
104	11	46	51	141	131
104	12	52	57	150	140
104	13	58	63	159	149
104	14	64	69	168	158
104	15	70	76	177	167
104	16	76	82	185	175
104	17	82	89	194	184
104	18	88	95	203	192
104	19	95	102	211	201
104	20	101	108	220	209
104	21	108	115	228	218
106	0	0	0	25	20
106	1	1	1	38	33
106	2	3	4	50	44
106	3	6	7	61	54
106	4	10	12	72	64
106	5	14	17	82	74
106	6	19	22	91	84
106	7	24	27	101	93
106	8	29	33	111	102
106	9	34	38	120	111
106	10	40	44	129	120
106	11	45	50	138	129
106	12	51	56	147	138
106	13	57	62	156	146
106	14	63	68	165	155
106	15	68	74	173	163
106	16	75	81	182	172
106	17	81	87	190	180
106	18	87	93	199	189
106	19	93	100	207	197
106	20	99	106	216	205
106	21	106	113	224	214
106	22	112	119	233	222
108	0	0	0	25	20
108	1	1	1	38	32
108	2	3	4	49	43
108	3	6	7	60	53
108	4	10	12	70	63
108	5	14	16	80	73
108	6	19	21	90	82
108	7	23	27	99	91
108	8	28	32	108	100
108	9	34	38	118	109
108	10	39	43	127	118
108	11	44	49	135	127
108	12	50	55	144	135
108	13	56	61	153	144
108	14	61	67	162	152
108	15	67	73	170	161

N = 800

n	a	LOWER .975	LOWER .95	UPPER .975	UPPER .95
108	16	73	79	179	169
108	17	79	85	187	177
108	18	85	92	195	185
108	19	91	98	204	194
108	20	97	104	212	202
108	21	104	111	220	210
108	22	110	117	228	218
110	0	0	0	24	19
110	1	1	1	37	32
110	2	3	3	48	42
110	3	6	7	59	52
110	4	10	11	69	62
110	5	14	16	79	71
110	6	18	21	88	81
110	7	23	26	97	90
110	8	28	31	106	98
110	9	33	37	115	107
110	10	38	42	124	116
110	11	44	48	133	124
110	12	49	54	142	133
110	13	55	60	150	141
110	14	60	66	159	149
110	15	66	72	167	158
110	16	72	78	175	166
110	17	78	84	184	174
110	18	84	90	192	182
110	19	90	96	200	190
110	20	96	102	208	198
110	21	102	109	216	206
110	22	108	115	224	214
112	0	0	0	24	19
112	1	1	1	36	31
112	2	3	3	47	41
112	3	6	7	58	51
112	4	9	11	68	61
112	5	14	16	77	70
112	6	18	21	86	79
112	7	23	26	96	88
112	8	27	31	105	97
112	9	32	36	113	105
112	10	38	42	122	114
112	11	43	47	131	122
112	12	48	53	139	130
112	13	54	59	148	139
112	14	59	65	156	147
112	15	65	70	164	155
112	16	71	76	172	163
112	17	76	82	180	171
112	18	82	88	189	179
112	19	88	95	197	187
112	20	94	101	205	195
112	21	100	107	213	202
112	22	106	113	220	210
112	23	112	119	228	218
114	0	0	0	23	19
114	1	1	1	36	30
114	2	3	3	46	41
114	3	6	7	57	50
114	4	9	11	66	60
114	5	13	16	76	69
114	6	18	20	85	78
114	7	22	25	94	86
114	8	27	30	103	95
114	9	32	36	111	103
114	10	37	41	120	112
114	11	42	47	128	120
114	12	47	52	137	128
114	13	53	58	145	136
114	14	58	63	153	144
114	15	64	69	161	152
114	16	69	75	169	160
114	17	75	81	177	168
114	18	81	87	185	176
114	19	87	93	193	184
114	20	92	99	201	191

N = 800

n	a	LOWER .975	LOWER .95	UPPER .975	UPPER .95
114	21	98	105	209	199
114	22	104	111	217	207
114	23	110	117	224	214
116	0	0	0	23	18
116	1	1	1	35	30
116	2	3	3	46	40
116	3	6	7	56	50
116	4	9	11	65	59
116	5	13	15	74	68
116	6	17	20	83	76
116	7	22	25	92	85
116	8	27	30	101	93
116	9	31	35	109	102
116	10	36	40	118	110
116	11	41	46	126	118
116	12	47	51	134	126
116	13	52	57	142	134
116	14	57	62	151	142
116	15	63	68	159	150
116	16	68	74	166	157
116	17	74	80	174	165
116	18	79	85	182	173
116	19	85	91	190	180
116	20	91	97	198	188
116	21	97	103	205	196
116	22	102	109	213	203
116	23	108	115	221	211
116	24	114	121	228	218
118	0	0	0	22	18
118	1	1	1	34	29
118	2	3	3	45	39
118	3	6	7	55	49
118	4	9	11	64	58
118	5	13	15	73	66
118	6	17	20	82	75
118	7	22	24	91	83
118	8	26	29	99	92
118	9	31	35	108	100
118	10	36	40	116	108
118	11	41	45	124	116
118	12	46	50	132	124
118	13	51	56	140	132
118	14	56	61	148	139
118	15	62	67	156	147
118	16	67	73	164	155
118	17	73	78	171	162
118	18	78	84	179	170
118	19	84	90	187	177
118	20	89	96	194	185
118	21	95	101	202	192
118	22	101	107	209	200
118	23	106	113	217	207
118	24	112	119	224	214
120	0	0	0	22	18
120	1	1	1	34	29
120	2	3	3	44	39
120	3	5	7	54	48
120	4	9	11	63	57
120	5	13	15	72	65
120	6	17	19	81	74
120	7	21	24	89	82
120	8	26	29	98	90
120	9	30	34	106	98
120	10	35	39	114	106
120	11	40	44	122	114
120	12	45	50	130	122
120	13	50	55	138	129
120	14	55	60	146	137
120	15	61	66	153	145
120	16	66	71	161	152
120	17	71	77	169	160
120	18	77	83	176	167
120	19	82	88	184	174
120	20	88	94	191	182
120	21	93	100	199	189

CONFIDENCE BOUNDS FOR A

N = 800

n	a	LOWER .975	LOWER .95	UPPER .975	UPPER .95
120	22	99	106	206	196
120	23	105	111	213	204
120	24	110	117	221	211
122	0	0	0	21	17
122	1	1	1	33	28
122	2	3	3	43	38
122	3	5	7	53	47
122	4	9	10	62	56
122	5	13	15	71	64
122	6	17	19	79	72
122	7	21	24	88	81
122	8	25	29	96	89
122	9	30	33	104	96
122	10	35	38	112	104
122	11	40	44	120	112
122	12	44	49	128	120
122	13	50	54	136	127
122	14	55	59	143	135
122	15	60	65	151	142
122	16	65	70	158	150
122	17	70	76	166	157
122	18	76	81	173	164
122	19	81	87	181	172
122	20	86	92	188	179
122	21	92	98	195	186
122	22	97	104	203	193
122	23	103	110	210	200
122	24	109	115	217	208
122	25	114	121	224	215
124	0	0	0	21	17
124	1	1	1	33	28
124	2	3	3	43	37
124	3	5	6	52	46
124	4	9	10	61	55
124	5	12	14	70	63
124	6	16	19	78	71
124	7	21	23	86	79
124	8	25	28	94	87
124	9	30	33	102	95
124	10	34	38	110	103
124	11	39	43	118	110
124	12	44	48	126	118
124	13	49	53	133	125
124	14	54	58	141	133
124	15	59	64	148	140
124	16	64	69	156	147
124	17	69	75	163	154
124	18	74	80	171	162
124	19	80	86	178	169
124	20	85	91	185	176
124	21	90	97	192	183
124	22	96	102	200	190
124	23	101	108	207	197
124	24	107	113	214	204
124	25	112	119	221	211
126	0	0	0	21	17
126	1	1	1	32	27
126	2	3	3	42	37
126	3	5	6	51	45
126	4	9	10	60	54
126	5	12	14	68	62
126	6	16	19	77	70
126	7	20	23	85	78
126	8	25	28	93	86
126	9	29	32	101	93
126	10	34	37	108	101
126	11	38	42	116	108
126	12	43	47	124	116
126	13	48	52	131	123
126	14	53	58	139	130
126	15	58	63	146	138
126	16	63	68	153	145
126	17	68	73	161	152
126	18	73	79	168	159
126	19	78	84	175	166

N = 800

n	a	LOWER .975	LOWER .95	UPPER .975	UPPER .95
126	20	84	90	182	173
126	21	89	95	189	180
126	22	94	101	196	187
126	23	100	106	203	194
126	24	105	112	210	201
126	25	111	117	217	208
126	26	116	123	224	215
128	0	0	0	20	16
128	1	1	1	31	27
128	2	2	3	41	36
128	3	5	6	50	45
128	4	8	10	59	53
128	5	12	14	67	61
128	6	16	18	75	69
128	7	20	23	83	77
128	8	24	27	91	84
128	9	29	32	99	92
128	10	33	37	107	99
128	11	38	42	114	107
128	12	43	47	122	114
128	13	47	52	129	121
128	14	52	57	136	128
128	15	57	62	144	136
128	16	62	67	151	143
128	17	67	72	158	150
128	18	72	78	165	157
128	19	77	83	172	164
128	20	82	88	179	171
128	21	88	94	186	177
128	22	93	99	193	184
128	23	98	104	200	191
128	24	104	110	207	198
128	25	109	115	214	205
128	26	114	121	221	212
130	0	0	0	20	16
130	1	1	1	31	26
130	2	2	3	40	35
130	3	5	6	49	44
130	4	8	10	58	52
130	5	12	14	66	60
130	6	16	18	74	68
130	7	20	22	82	76
130	8	24	27	90	83
130	9	28	32	98	90
130	10	33	36	105	98
130	11	37	41	112	105
130	12	42	46	120	112
130	13	47	51	127	119
130	14	51	56	134	126
130	15	56	61	142	133
130	16	61	66	149	140
130	17	66	71	156	147
130	18	71	76	163	154
130	19	76	82	170	161
130	20	81	87	177	168
130	21	86	92	184	175
130	22	92	98	190	182
130	23	97	103	197	188
130	24	102	108	204	195
130	25	107	114	211	202
130	26	112	119	218	208
132	0	0	0	20	16
132	1	1	1	30	26
132	2	2	3	40	35
132	3	5	6	49	43
132	4	8	10	57	51
132	5	12	14	65	59
132	6	16	18	73	67
132	7	19	22	81	74
132	8	24	27	89	82
132	9	28	31	96	89
132	10	32	36	103	96
132	11	37	40	111	103
132	12	41	45	118	110
132	13	46	50	125	118

N = 800

n	a	LOWER .975	LOWER .95	UPPER .975	UPPER .95
132	14	51	55	132	124
132	15	55	60	139	131
132	16	60	65	146	138
132	17	65	70	153	145
132	18	70	75	160	152
132	19	75	80	167	159
132	20	80	86	174	165
132	21	85	91	181	172
132	22	90	96	188	179
132	23	95	101	194	185
132	24	100	107	201	192
132	25	106	112	208	199
132	26	111	117	214	205
132	27	116	123	221	212
134	0	0	0	19	16
134	1	1	1	30	26
134	2	2	3	39	34
134	3	5	6	48	43
134	4	8	10	56	51
134	5	12	13	64	58
134	6	15	18	72	66
134	7	19	22	80	73
134	8	23	26	87	81
134	9	28	31	95	88
134	10	32	35	102	95
134	11	36	40	109	102
134	12	41	45	116	109
134	13	45	49	123	116
134	14	50	54	130	123
134	15	55	59	137	129
134	16	59	64	144	136
134	17	64	69	151	143
134	18	69	74	158	150
134	19	74	79	165	156
134	20	79	84	171	163
134	21	84	89	178	170
134	22	83	95	185	176
134	23	94	100	191	183
134	24	99	105	198	189
134	25	104	110	205	196
134	26	109	116	211	202
134	27	114	121	218	209
136	0	0	0	19	15
136	1	1	1	29	25
136	2	2	3	39	34
136	3	5	6	47	42
136	4	8	9	55	50
136	5	11	13	63	57
136	6	15	17	71	65
136	7	19	21	78	72
136	8	23	26	86	79
136	9	27	30	93	86
136	10	31	35	100	93
136	11	36	39	107	100
136	12	40	44	115	107
136	13	45	49	122	114
136	14	49	54	128	121
136	15	54	58	135	128
136	16	59	63	142	134
136	17	63	68	149	141
136	18	68	73	156	147
136	19	73	78	162	154
136	20	78	83	169	161
136	21	83	88	176	167
136	22	88	93	182	174
136	23	93	98	189	180
136	24	98	104	195	186
136	25	103	109	202	193
136	26	108	114	208	199
136	27	113	119	215	206
136	28	118	124	221	212
138	0	0	0	19	15
138	1	1	1	29	25
138	2	2	3	38	33
138	3	5	6	46	41

N = 800

n	a	LOWER .975	LOWER .95	UPPER .975	UPPER .95
138	4	8	9	54	49
138	5	11	13	62	57
138	6	15	17	70	64
138	7	19	21	77	71
138	8	23	25	85	78
138	9	27	30	92	85
138	10	31	34	99	92
138	11	35	39	106	99
138	12	40	43	113	106
138	13	44	48	120	112
138	14	49	53	127	119
138	15	53	58	133	126
138	16	58	62	140	132
138	17	62	67	147	139
138	18	67	72	153	145
138	19	72	77	160	152
138	20	77	82	167	158
138	21	81	87	173	165
138	22	86	92	180	171
138	23	91	97	186	177
138	24	96	102	192	184
138	25	101	107	199	190
138	26	106	112	205	196
138	27	111	117	212	203
138	28	116	123	218	209
140	0	0	0	18	15
140	1	1	1	29	24
140	2	2	3	37	33
140	3	5	6	46	41
140	4	8	9	54	48
140	5	11	13	61	56
140	6	15	17	69	63
140	7	18	21	76	70
140	8	22	25	83	77
140	9	26	29	90	84
140	10	31	34	97	91
140	11	35	38	104	97
140	12	39	43	111	104
140	13	43	47	118	111
140	14	48	52	125	117
140	15	52	57	131	124
140	16	57	61	138	130
140	17	62	66	145	137
140	18	66	71	151	143
140	19	71	76	158	150
140	20	76	81	164	156
140	21	80	86	171	162
140	22	85	91	177	169
140	23	90	96	183	175
140	24	95	101	190	181
140	25	100	106	196	187
140	26	105	111	202	194
140	27	110	116	209	200
140	28	114	121	215	206
142	0	0	0	18	15
142	1	1	1	28	24
142	2	2	3	37	32
142	3	5	6	45	40
142	4	8	9	53	48
142	5	11	13	60	55
142	6	15	17	68	62
142	7	18	21	75	69
142	8	22	25	82	76
142	9	26	29	89	83
142	10	30	33	96	89
142	11	34	38	103	96
142	12	39	42	110	103
142	13	43	47	116	109
142	14	47	51	123	116
142	15	52	56	130	122
142	16	56	61	136	129
142	17	61	65	143	135
142	18	65	70	149	141
142	19	70	75	155	148
142	20	75	80	162	154

CONFIDENCE BOUNDS FOR A

n	a	N=800 LOWER .975	LOWER .95	UPPER .975	UPPER .95
142	21	79	85	168	160
142	22	84	89	175	166
142	23	89	94	181	172
142	24	93	99	187	179
142	25	98	104	193	185
142	26	103	109	200	191
142	27	108	114	206	197
142	28	113	119	212	203
142	29	118	124	218	209
144	0	0	0	18	14
144	1	1	1	28	24
144	2	2	3	36	32
144	3	5	6	44	39
144	4	8	9	52	47
144	5	11	13	60	54
144	6	14	16	67	61
144	7	18	20	74	68
144	8	22	24	81	75
144	9	26	29	88	81
144	10	30	33	95	88
144	11	34	37	101	95
144	12	38	42	108	101
144	13	42	46	115	108
144	14	47	51	121	114
144	15	51	55	128	120
144	16	55	60	134	127
144	17	60	64	141	133
144	18	64	69	147	139
144	19	69	74	153	145
144	20	74	79	160	152
144	21	78	83	166	158
144	22	83	88	172	164
144	23	88	93	178	170
144	24	92	98	184	176
144	25	97	103	191	182
144	26	102	108	197	188
144	27	107	113	203	194
144	28	111	118	209	200
144	29	116	123	215	206
146	0	0	0	18	14
146	1	1	1	27	23
146	2	2	3	36	31
146	3	5	6	44	39
146	4	8	9	51	46
146	5	11	12	59	53
146	6	14	16	66	60
146	7	18	20	73	67
146	8	22	24	80	74
146	9	25	28	87	80
146	10	29	33	93	87
146	11	33	37	100	93
146	12	38	41	107	100
146	13	42	46	113	106
146	14	46	50	120	112
146	15	50	55	126	119
146	16	55	59	132	125
146	17	59	64	139	131
146	18	64	68	145	137
146	19	68	73	151	143
146	20	73	78	157	150
146	21	77	82	164	156
146	22	82	87	170	162
146	23	86	92	176	168
146	24	91	97	182	174
146	25	96	101	188	180
146	26	100	106	194	186
146	27	105	111	200	192
146	28	110	116	206	198
146	29	115	121	212	204
146	30	119	126	218	209
148	0	0	0	17	14
148	1	1	1	27	23
148	2	2	3	35	31
148	3	5	6	43	38
148	4	8	9	51	46
148	5	11	12	58	53
148	6	14	16	65	59
148	7	18	20	72	66
148	8	21	24	79	73
148	9	25	28	85	79
148	10	29	32	92	86
148	11	33	36	99	92
148	12	37	41	105	98
148	13	41	45	112	105
148	14	45	49	118	111
148	15	50	54	124	117
148	16	54	58	131	123
148	17	58	63	137	129
148	18	63	67	143	135
148	19	67	72	149	142
148	20	72	77	155	148
148	21	76	81	161	154
148	22	81	86	167	160
148	23	85	91	174	165
148	24	90	95	180	171
148	25	94	100	186	177
148	26	99	105	191	183
148	27	104	110	197	189
148	28	108	114	203	195
148	29	113	119	209	201
148	30	118	124	215	207
150	0	0	0	17	14
150	1	1	1	26	23
150	2	2	3	35	30
150	3	5	6	42	38
150	4	7	9	50	45
150	5	11	12	57	52
150	6	14	16	64	59
150	7	17	20	71	65
150	8	21	24	78	72
150	9	25	28	84	78
150	10	29	32	91	84
150	11	33	36	97	91
150	12	37	40	104	97
150	13	41	44	110	103
150	14	45	49	116	109
150	15	49	53	123	116
150	16	53	58	129	122
150	17	58	62	135	128
150	18	62	66	141	134
150	19	66	71	147	140
150	20	71	76	153	146
150	21	75	80	159	152
150	22	80	85	165	157
150	23	84	89	171	163
150	24	89	94	177	169
150	25	93	99	183	175
150	26	98	103	189	181
150	27	102	108	195	187
150	28	107	113	201	192
150	29	112	118	207	198
150	30	116	122	212	204
152	0	0	0	17	14
152	1	1	1	26	22
152	2	2	3	34	30
152	3	5	6	42	37
152	4	7	9	49	44
152	5	10	12	56	51
152	6	14	16	63	58
152	7	17	19	70	64
152	8	21	23	77	71
152	9	25	27	83	77
152	10	28	31	90	83
152	11	32	35	96	90
152	12	36	40	102	96
152	13	40	44	109	102
152	14	44	48	115	108
152	15	48	52	121	114
152	16	53	57	127	120
152	17	57	61	133	126
152	18	61	66	139	132
152	19	65	70	145	138
152	20	70	75	151	144
152	21	74	79	157	150
152	22	79	84	163	155
152	23	83	88	169	161
152	24	87	93	175	167
152	25	92	97	181	173
152	26	96	102	186	178
152	27	101	107	192	184
152	28	106	111	198	190
152	29	110	116	204	196
152	30	115	121	210	201
152	31	119	126	215	207
154	0	0	0	17	13
154	1	1	1	26	22
154	2	2	3	34	30
154	3	5	5	41	37
154	4	7	9	49	44
154	5	10	12	56	50
154	6	14	15	62	57
154	7	17	19	69	63
154	8	21	23	76	70
154	9	24	27	82	76
154	10	28	31	88	82
154	11	32	35	95	88
154	12	36	39	101	94
154	13	40	43	107	101
154	14	44	48	113	107
154	15	48	52	119	112
154	16	52	56	125	118
154	17	56	60	131	124
154	18	60	65	137	130
154	19	65	69	143	136
154	20	69	74	149	142
154	21	73	78	155	148
154	22	78	83	161	153
154	23	82	87	167	159
154	24	86	92	173	165
154	25	91	96	178	170
154	26	95	101	184	176
154	27	100	105	190	182
154	28	104	110	196	187
154	29	109	115	201	193
154	30	113	119	207	199
154	31	118	124	213	204
156	0	0	0	16	13
156	1	1	1	25	22
156	2	2	3	33	29
156	3	5	5	41	36
156	4	7	8	48	43
156	5	10	12	55	50
156	6	13	15	61	56
156	7	17	19	68	63
156	8	20	23	75	69
156	9	24	27	81	75
156	10	28	31	87	81
156	11	31	35	93	87
156	12	35	39	100	93
156	13	39	43	106	99
156	14	43	47	112	105
156	15	47	51	118	111
156	16	51	55	124	117
156	17	56	60	130	123
156	18	60	64	136	130
156	19	64	68	141	134
156	20	68	73	147	140
156	21	72	77	153	146
156	22	77	82	159	151
156	23	81	86	165	157
156	24	85	91	170	163
156	25	90	95	176	168
156	26	94	100	182	174
156	27	98	104	187	179
156	28	103	109	193	185
156	29	107	113	199	191
156	30	112	118	204	196
156	31	116	122	210	202
156	32	121	127	215	207
158	0	0	0	16	13
158	1	1	1	25	21
158	2	2	3	33	29
158	3	4	5	40	36
158	4	7	8	47	43
158	5	10	12	54	49
158	6	13	15	61	55
158	7	17	19	67	62
158	8	20	22	74	68
158	9	24	26	80	74
158	10	27	30	86	80
158	11	31	34	92	86
158	12	35	38	98	92
158	13	39	42	104	98
158	14	43	46	110	104
158	15	47	51	116	110
158	16	51	55	122	115
158	17	55	59	128	121
158	18	59	63	134	127
158	19	63	68	140	133
158	20	67	72	145	138
158	21	71	76	151	144
158	22	76	81	157	149
158	23	80	85	163	155
158	24	84	89	168	161
158	25	89	94	174	166
158	26	93	98	179	172
158	27	97	103	185	177
158	28	102	107	191	183
158	29	106	112	196	188
158	30	110	116	202	194
158	31	115	121	207	199
158	32	119	125	213	205
160	0	0	0	16	13
160	1	1	1	25	21
160	2	2	3	32	28
160	3	4	5	40	35
160	4	7	8	47	42
160	5	10	12	53	48
160	6	13	15	60	55
160	7	16	19	66	61
160	8	20	22	73	67
160	9	23	26	79	73
160	10	27	30	85	79
160	11	31	34	91	85
160	12	35	38	97	91
160	13	38	42	103	97
160	14	42	46	109	102
160	15	46	50	115	108
160	16	50	54	121	114
160	17	54	58	126	120
160	18	58	62	132	125
160	19	62	67	138	131
160	20	66	71	144	136
160	21	71	75	149	142
160	22	75	80	155	148
160	23	79	84	161	153
160	24	83	88	166	159
160	25	88	93	172	164
160	26	92	97	177	170
160	27	96	102	183	175
160	28	100	106	188	180
160	29	105	110	194	186
160	30	109	115	199	191
160	31	113	119	205	197
160	32	118	124	210	202

CONFIDENCE BOUNDS FOR A

N = 900		LOWER		UPPER	
n	a	.975	.95	.975	.95
1	0	0	0	877	855
1	1	23	45	900	900
2	0	0	0	757	698
2	1	12	23	888	877
3	0	0	0	636	567
3	1	8	16	814	777
3	2	86	123	892	884
4	0	0	0	541	473
4	1	6	12	724	675
4	2	62	89	838	811
5	0	0	0	468	404
5	1	5	10	643	590
5	2	48	70	767	729
5	3	133	171	852	830
6	0	0	0	412	352
6	1	4	8	576	522
6	2	40	57	698	654
6	3	108	139	792	761
7	0	0	0	367	312
7	1	4	7	519	467
7	2	34	49	637	591
7	3	90	117	733	696
7	4	167	204	810	783
8	0	0	0	331	280
8	1	3	6	472	422
8	2	30	43	584	538
8	3	78	101	678	638
8	4	143	175	757	725
9	0	0	0	301	253
9	1	3	6	432	385
9	2	26	38	538	493
9	3	69	89	629	588
9	4	125	153	708	672
9	5	192	228	775	747
10	0	0	0	276	231
10	1	3	5	399	353
10	2	24	34	498	454
10	3	61	80	585	544
10	4	111	136	662	625
10	5	170	202	730	698
11	0	0	0	254	213
11	1	3	5	369	326
11	2	21	31	464	421
11	3	55	72	547	506
11	4	100	123	621	583
11	5	152	181	688	654
11	6	212	246	748	719
12	0	0	0	236	197
12	1	2	4	344	303
12	2	20	28	434	392
12	3	51	66	513	473
12	4	91	112	584	546
12	5	138	164	649	615
12	6	192	222	708	678
13	0	0	0	220	183
13	1	2	4	322	283
13	2	18	26	407	367
13	3	47	61	482	443
13	4	83	103	551	513
13	5	126	151	614	579
13	6	175	203	672	640
13	7	228	260	725	697
14	0	0	0	206	172
14	1	2	4	303	265
14	2	17	24	383	345
14	3	43	56	455	417
14	4	77	95	521	484
14	5	117	139	582	547
14	6	161	187	638	606
14	7	209	239	691	661
15	0	0	0	194	161
15	1	2	4	285	249
15	2	16	23	362	325
15	3	40	52	430	394
15	4	72	88	494	458

N = 900		LOWER		UPPER	
n	a	.975	.95	.975	.95
15	5	108	129	552	518
15	6	149	173	607	574
15	7	193	221	659	628
15	8	241	272	707	679
16	0	0	0	183	152
16	1	2	3	270	236
16	2	15	21	343	307
16	3	38	49	408	373
16	4	67	83	469	434
16	5	101	120	526	491
16	6	139	162	579	546
16	7	180	206	629	598
16	8	224	253	676	647
17	0	0	0	173	144
17	1	2	3	256	223
17	2	14	20	326	291
17	3	35	46	388	354
17	4	63	78	447	412
17	5	95	113	501	468
17	6	130	151	553	520
17	7	168	193	601	570
17	8	209	236	647	618
17	9	253	282	691	664
18	0	0	0	165	136
18	1	2	3	243	212
18	2	13	19	310	277
18	3	33	43	370	337
18	4	59	73	426	393
18	5	89	106	479	446
18	6	122	142	529	496
18	7	158	181	576	545
18	8	196	222	621	591
18	9	236	264	664	636
19	0	0	0	157	129
19	1	2	3	232	202
19	2	13	18	296	264
19	3	32	41	354	321
19	4	56	69	407	375
19	5	84	100	458	426
19	6	115	134	506	475
19	7	149	171	552	521
19	8	184	209	596	566
19	9	222	249	638	610
19	10	262	290	678	651
20	0	0	0	149	123
20	1	2	3	221	192
20	2	12	17	283	252
20	3	30	39	338	307
20	4	53	66	390	359
20	5	80	95	439	408
20	6	109	127	486	455
20	7	141	161	530	500
20	8	174	197	573	544
20	9	210	235	614	586
20	10	247	274	653	626
21	0	0	0	143	118
21	1	2	3	212	184
21	2	11	16	271	241
21	3	29	37	324	294
21	4	50	62	374	344
21	5	76	90	422	391
21	6	103	121	467	436
21	7	133	153	510	480
21	8	165	187	551	522
21	9	199	223	591	563
21	10	234	259	629	602
21	11	271	298	666	641
22	0	0	0	137	113
22	1	2	3	203	176
22	2	11	16	260	231
22	3	27	36	312	282
22	4	48	59	360	330
22	5	72	86	406	375
22	6	98	115	449	419
22	7	127	146	491	461

N = 900		LOWER		UPPER	
n	a	.975	.95	.975	.95
22	8	157	178	531	502
22	9	189	212	570	542
22	10	222	246	607	580
22	11	257	282	643	618
23	0	0	0	131	108
23	1	1	2	195	169
23	2	11	15	250	222
23	3	26	34	300	271
23	4	46	57	346	317
23	5	69	82	391	361
23	6	94	110	433	403
23	7	121	139	473	444
23	8	150	170	513	484
23	9	180	202	550	522
23	10	211	235	587	560
23	11	244	269	622	596
23	12	278	304	656	631
24	0	0	0	126	104
24	1	1	2	188	162
24	2	10	14	240	214
24	3	25	33	289	261
24	4	44	54	334	305
24	5	66	79	376	348
24	6	90	105	418	389
24	7	116	133	457	428
24	8	143	162	495	467
24	9	172	192	532	504
24	10	201	224	567	540
24	11	233	256	602	576
24	12	265	290	635	610
25	0	0	0	121	100
25	1	1	2	181	156
25	2	10	14	232	206
25	3	24	31	278	251
25	4	42	52	322	294
25	5	63	76	363	335
25	6	86	101	403	375
25	7	111	127	442	413
25	8	137	155	479	451
25	9	164	184	514	487
25	10	193	214	549	522
25	11	222	245	583	557
25	12	253	277	615	590
25	13	285	310	647	623
26	0	0	0	117	96
26	1	1	2	174	151
26	2	9	13	224	198
26	3	23	30	269	242
26	4	41	50	311	284
26	5	61	73	351	324
26	6	83	97	390	362
26	7	106	122	427	399
26	8	131	149	463	436
26	9	157	177	498	471
26	10	185	205	532	505
26	11	213	235	565	539
26	12	242	265	597	572
26	13	272	296	628	604
27	0	0	0	113	93
27	1	1	2	168	145
27	2	9	13	216	191
27	3	22	29	260	234
27	4	39	48	301	274
27	5	58	70	340	313
27	6	79	93	377	350
27	7	102	118	414	386
27	8	126	143	449	422
27	9	151	170	483	456
27	10	177	197	516	489
27	11	204	225	548	522
27	12	232	254	579	554
27	13	261	284	610	585
27	14	290	315	639	616
28	0	0	0	109	89
28	1	1	2	163	141

N = 900		LOWER		UPPER	
n	a	.975	.95	.975	.95
28	2	9	12	209	185
28	3	22	28	251	226
28	4	38	47	291	265
28	5	56	67	329	303
28	6	77	90	366	339
28	7	98	113	401	374
28	8	121	138	435	408
28	9	145	163	468	442
28	10	170	190	500	474
28	11	196	217	532	506
28	12	223	245	562	537
28	13	250	273	592	568
28	14	279	302	621	598
29	0	0	0	105	86
29	1	1	2	157	136
29	2	9	12	202	179
29	3	21	27	243	219
29	4	36	45	282	257
29	5	54	65	319	293
29	6	74	86	354	329
29	7	95	109	389	363
29	8	117	133	422	396
29	9	140	157	454	428
29	10	164	183	486	460
29	11	189	209	517	491
29	12	214	235	547	522
29	13	241	263	576	551
29	14	268	291	604	581
29	15	296	319	632	609
30	0	0	0	102	84
30	1	1	2	152	132
30	2	8	12	196	173
30	3	20	26	236	212
30	4	35	44	274	249
30	5	52	63	309	284
30	6	71	83	344	319
30	7	91	105	377	352
30	8	113	128	410	384
30	9	135	152	441	416
30	10	158	176	472	447
30	11	182	201	502	477
30	12	207	227	531	507
30	13	232	253	560	536
30	14	258	280	588	564
30	15	285	308	615	592
31	0	0	0	99	81
31	1	1	2	148	128
31	2	8	11	190	168
31	3	20	25	229	206
31	4	34	42	266	242
31	5	51	61	300	276
31	6	69	81	334	309
31	7	88	102	367	342
31	8	109	124	398	373
31	9	130	147	429	404
31	10	153	170	459	434
31	11	176	194	488	464
31	12	199	219	517	493
31	13	224	244	545	521
31	14	249	270	573	549
31	15	274	297	599	576
31	16	301	324	626	603
32	0	0	0	96	79
32	1	1	2	143	124
32	2	8	11	185	163
32	3	19	25	222	200
32	4	33	41	258	235
32	5	49	59	292	268
32	6	67	78	325	300
32	7	86	99	357	332
32	8	105	120	387	363
32	9	126	142	417	393
32	10	148	165	447	422
32	11	170	188	475	451
32	12	193	212	504	479

CONFIDENCE BOUNDS FOR A

N = 900

n	a	LOWER .975	LOWER .95	UPPER .975	UPPER .95
32	13	216	236	531	507
32	14	240	261	558	534
32	15	265	287	584	561
32	16	290	312	610	588
33	0	0	0	93	76
33	1	1	2	139	120
33	2	8	11	179	158
33	3	18	24	216	194
33	4	32	40	251	228
33	5	48	57	284	261
33	6	65	76	316	292
33	7	83	95	347	323
33	8	102	116	377	353
33	9	122	137	406	382
33	10	143	159	435	411
33	11	164	182	463	439
33	12	186	205	491	467
33	13	209	229	517	494
33	14	232	253	544	520
33	15	256	277	570	547
33	16	280	302	595	573
33	17	305	327	620	598
34	0	0	0	90	74
34	1	1	2	135	117
34	2	7	10	174	154
34	3	18	23	210	189
34	4	31	38	244	222
34	5	46	55	276	253
34	6	63	73	308	284
34	7	80	93	338	314
34	8	99	113	367	343
34	9	118	133	396	372
34	10	138	154	424	400
34	11	159	176	451	427
34	12	180	199	478	454
34	13	202	221	505	481
34	14	225	245	530	507
34	15	248	268	556	533
34	16	271	292	581	558
34	17	295	317	605	583
35	0	0	0	88	72
35	1	1	2	132	113
35	2	7	10	170	150
35	3	17	23	205	184
35	4	30	37	238	216
35	5	45	54	269	247
35	6	61	71	300	277
35	7	78	90	329	306
35	8	96	109	358	334
35	9	115	129	386	362
35	10	134	150	413	390
35	11	154	171	440	417
35	12	175	193	466	443
35	13	196	215	492	469
35	14	218	237	518	495
35	15	240	260	542	520
35	16	263	283	567	545
35	17	286	307	591	569
35	18	309	331	614	593
36	0	0	0	85	70
36	1	1	2	128	110
36	2	7	10	165	146
36	3	17	22	199	179
36	4	29	36	231	210
36	5	44	52	262	240
36	6	59	69	292	270
36	7	76	87	321	298
36	8	93	106	349	326
36	9	111	125	376	353
36	10	130	145	403	380
36	11	150	166	430	406
36	12	170	187	455	432
36	13	190	208	481	458
36	14	211	230	505	483
36	15	233	252	530	507

N = 900

n	a	LOWER .975	LOWER .95	UPPER .975	UPPER .95
36	16	255	275	554	532
36	17	277	298	577	556
36	18	300	321	600	579
37	0	0	0	83	68
37	1	1	2	125	108
37	2	7	10	161	142
37	3	17	21	194	174
37	4	29	35	226	205
37	5	43	51	256	234
37	6	58	67	285	263
37	7	74	85	313	291
37	8	91	103	341	318
37	9	108	122	367	344
37	10	127	141	394	371
37	11	146	161	419	396
37	12	165	182	445	422
37	13	185	202	469	447
37	14	205	223	494	471
37	15	226	245	518	495
37	16	247	267	541	519
37	17	269	289	564	543
37	18	291	311	587	566
37	19	313	334	609	589
38	0	0	0	81	66
38	1	1	2	122	105
38	2	7	9	157	138
38	3	16	21	189	170
38	4	28	34	220	200
38	5	41	50	250	228
38	6	56	66	278	256
38	7	72	83	306	284
38	8	88	100	332	310
38	9	105	119	359	336
38	10	123	137	384	362
38	11	142	157	410	387
38	12	160	177	434	412
38	13	180	197	459	436
38	14	199	217	483	460
38	15	219	238	506	484
38	16	240	259	529	507
38	17	261	281	552	530
38	18	282	302	574	553
38	19	304	325	596	575
39	0	0	0	79	65
39	1	1	2	119	102
39	2	7	9	153	135
39	3	16	20	185	166
39	4	27	34	215	195
39	5	40	48	244	223
39	6	55	64	271	250
39	7	70	81	298	277
39	8	86	98	325	303
39	9	103	116	350	328
39	10	120	134	376	353
39	11	138	153	400	378
39	12	156	172	425	402
39	13	175	191	448	426
39	14	194	211	472	450
39	15	213	231	495	473
39	16	233	252	518	496
39	17	254	273	540	518
39	18	274	294	562	541
39	19	295	315	584	563
39	20	316	337	605	585
40	0	0	0	77	63
40	1	1	2	116	100
40	2	6	9	149	132
40	3	15	20	180	162
40	4	27	33	210	190
40	5	39	47	238	218
40	6	53	62	265	244
40	7	68	78	292	270
40	8	84	95	317	296
40	9	100	113	343	321
40	10	117	130	367	345

N = 900

n	a	LOWER .975	LOWER .95	UPPER .975	UPPER .95
40	11	134	149	391	369
40	12	152	167	415	393
40	13	170	186	439	417
40	14	189	206	462	440
40	15	208	225	484	462
40	16	227	245	506	485
40	17	247	266	528	507
40	18	267	286	550	529
40	19	287	307	571	551
40	20	308	328	592	572
41	0	0	0	75	61
41	1	1	2	113	97
41	2	6	9	146	129
41	3	15	19	176	158
41	4	26	32	205	186
41	5	38	46	233	213
41	6	52	61	259	239
41	7	66	77	285	264
41	8	82	93	310	289
41	9	97	110	335	314
41	10	114	127	359	338
41	11	131	145	383	361
41	12	148	163	406	384
41	13	166	181	429	407
41	14	184	200	452	430
41	15	202	219	474	452
41	16	221	239	496	474
41	17	240	259	517	496
41	18	260	279	539	518
41	19	279	299	560	539
41	20	299	319	580	560
41	21	320	340	601	581
42	0	0	0	73	60
42	1	1	2	110	95
42	2	6	9	143	126
42	3	15	19	172	154
42	4	25	31	200	182
42	5	38	45	227	208
42	6	51	59	253	233
42	7	65	75	279	258
42	8	80	91	304	283
42	9	95	107	328	307
42	10	111	124	351	330
42	11	127	141	375	353
42	12	144	159	398	376
42	13	162	177	420	399
42	14	179	195	442	421
42	15	197	214	464	443
42	16	215	233	486	464
42	17	234	252	507	486
42	18	253	271	528	507
42	19	272	291	548	528
42	20	292	311	569	548
42	21	311	331	589	569
43	0	0	0	72	59
43	1	1	2	108	93
43	2	6	8	139	123
43	3	14	18	169	151
43	4	25	31	196	178
43	5	37	44	222	203
43	6	50	58	248	228
43	7	63	73	273	253
43	8	78	88	297	277
43	9	93	105	321	300
43	10	108	121	344	323
43	11	124	138	367	346
43	12	141	155	389	368
43	13	158	173	411	390
43	14	175	191	433	412
43	15	192	209	455	433
43	16	210	227	476	455
43	17	228	246	497	476
43	18	246	265	517	496
43	19	265	284	537	517
43	20	284	303	557	537

N = 900

n	a	LOWER .975	LOWER .95	UPPER .975	UPPER .95
43	21	303	323	577	557
43	22	323	343	597	577
44	0	0	0	70	57
44	1	1	2	106	91
44	2	6	8	136	120
44	3	14	18	165	148
44	4	24	30	192	174
44	5	36	43	218	199
44	6	48	57	243	223
44	7	62	71	267	247
44	8	76	86	291	271
44	9	91	102	314	294
44	10	106	118	337	316
44	11	121	135	359	339
44	12	137	151	381	360
44	13	154	169	403	382
44	14	171	186	424	403
44	15	188	204	446	425
44	16	205	222	466	445
44	17	223	240	487	466
44	18	240	258	507	486
44	19	259	277	527	507
44	20	277	296	547	527
44	21	296	315	566	546
44	22	315	334	585	566
45	0	0	0	69	56
45	1	1	1	103	89
45	2	6	8	133	118
45	3	14	18	161	144
45	4	24	29	188	170
45	5	35	42	213	195
45	6	47	55	238	219
45	7	61	70	262	242
45	8	74	85	285	265
45	9	89	100	308	288
45	10	103	116	330	310
45	11	119	132	352	332
45	12	134	148	374	353
45	13	150	165	395	374
45	14	167	182	416	395
45	15	183	199	437	416
45	16	200	216	457	437
45	17	217	234	477	457
45	18	235	252	497	477
45	19	252	270	517	497
45	20	270	289	536	516
45	21	289	307	555	536
45	22	307	326	574	555
45	23	326	345	593	574
46	0	0	0	67	55
46	1	1	1	101	87
46	2	6	8	131	115
46	3	14	17	158	141
46	4	23	29	184	166
46	5	34	41	209	191
46	6	46	54	233	214
46	7	59	68	256	237
46	8	73	83	279	260
46	9	87	98	302	282
46	10	101	113	324	304
46	11	116	129	345	325
46	12	131	145	366	346
46	13	147	161	387	367
46	14	163	178	408	387
46	15	179	194	428	408
46	16	195	211	448	428
46	17	212	229	468	448
46	18	229	246	488	468
46	19	246	264	507	487
46	20	264	282	526	506
46	21	282	300	545	525
46	22	300	318	564	544
46	23	318	337	582	563
47	0	0	0	66	54
47	1	1	1	99	85

CONFIDENCE BOUNDS FOR A

N = 900		LOWER		UPPER	
n	a	.975	.95	.975	.95
47	2	6	8	128	113
47	3	13	17	155	138
47	4	23	28	180	163
47	5	34	40	205	187
47	6	45	53	228	210
47	7	58	67	251	232
47	8	71	81	274	254
47	9	85	95	296	276
47	10	99	110	317	297
47	11	113	126	338	319
47	12	128	141	359	339
47	13	144	157	380	360
47	14	159	174	400	380
47	15	175	190	420	400
47	16	191	207	440	420
47	17	207	224	459	439
47	18	224	241	479	459
47	19	241	258	498	478
47	20	258	276	517	497
47	21	275	293	535	516
47	22	293	311	554	534
47	23	310	329	572	553
47	24	328	347	590	571
48	0	0	0	64	53
48	1	1	1	97	83
48	2	5	8	125	110
48	3	13	17	152	136
48	4	22	27	177	160
48	5	33	39	201	183
48	6	44	52	224	206
48	7	57	65	246	228
48	8	70	79	268	249
48	9	83	93	290	271
48	10	97	108	311	292
48	11	111	123	332	312
48	12	126	138	353	333
48	13	140	154	373	353
48	14	156	170	393	373
48	15	171	186	412	392
48	16	187	202	432	412
48	17	203	219	451	431
48	18	219	235	470	450
48	19	235	252	489	469
48	20	252	269	507	488
48	21	269	287	526	506
48	22	286	304	544	524
48	23	303	322	562	543
48	24	321	340	579	560
49	0	0	0	63	51
49	1	1	1	95	82
49	2	5	7	123	108
49	3	13	16	149	133
49	4	22	27	173	157
49	5	32	39	197	179
49	6	44	51	219	202
49	7	56	64	242	223
49	8	68	78	263	245
49	9	81	92	284	266
49	10	95	106	305	286
49	11	109	121	326	306
49	12	123	136	346	326
49	13	137	151	366	346
49	14	152	166	385	366
49	15	167	182	405	385
49	16	183	198	424	404
49	17	198	214	443	423
49	18	214	230	461	442
49	19	230	247	480	460
49	20	247	264	498	479
49	21	263	280	516	497
49	22	280	297	534	515
49	23	297	315	552	533
49	24	314	332	569	550
49	25	331	350	586	568
50	0	0	0	62	50

N = 900		LOWER		UPPER	
n	a	.975	.95	.975	.95
50	1	1	1	93	80
50	2	5	7	121	106
50	3	13	16	146	130
50	4	21	26	170	154
50	5	32	38	193	176
50	6	43	50	215	198
50	7	54	63	237	219
50	8	67	76	258	240
50	9	80	90	279	261
50	10	93	104	300	281
50	11	106	118	320	301
50	12	120	133	340	320
50	13	135	148	359	340
50	14	149	163	378	359
50	15	164	178	397	378
50	16	179	194	416	397
50	17	194	210	435	415
50	18	210	225	453	434
50	19	225	242	471	452
50	20	241	258	489	470
50	21	257	274	507	488
50	22	274	291	525	506
50	23	290	308	542	523
50	24	307	325	559	541
50	25	324	342	576	558
51	0	0	0	61	49
51	1	1	1	91	78
51	2	5	7	118	104
51	3	12	16	143	128
51	4	21	26	167	151
51	5	31	37	189	173
51	6	42	49	211	194
51	7	53	61	233	215
51	8	66	74	254	236
51	9	78	88	274	256
51	10	91	102	294	276
51	11	104	116	314	295
51	12	118	130	334	314
51	13	132	145	353	334
51	14	146	159	372	352
51	15	161	175	390	371
51	16	175	190	409	390
51	17	190	205	427	408
51	18	205	221	445	426
51	19	221	237	463	444
51	20	236	253	481	462
51	21	252	269	498	479
51	22	268	285	516	497
51	23	284	301	533	514
51	24	300	318	550	531
51	25	317	335	567	548
51	26	333	352	583	565
52	0	0	0	59	48
52	1	1	1	90	77
52	2	5	7	116	102
52	3	12	15	140	126
52	4	21	25	164	148
52	5	30	36	186	170
52	6	41	48	207	191
52	7	52	60	228	211
52	8	64	73	249	231
52	9	77	86	269	251
52	10	89	100	289	271
52	11	102	113	308	290
52	12	116	128	328	309
52	13	129	142	347	328
52	14	143	156	365	346
52	15	157	171	384	365
52	16	172	186	402	383
52	17	186	201	420	401
52	18	201	216	438	419
52	19	216	232	455	436
52	20	231	247	473	454
52	21	247	263	490	471
52	22	262	279	507	488

N = 900		LOWER		UPPER	
n	a	.975	.95	.975	.95
52	23	278	295	524	505
52	24	294	311	541	522
52	25	310	328	557	539
52	26	326	344	574	556
53	0	0	0	58	48
53	1	1	1	88	75
53	2	5	7	114	100
53	3	12	15	138	123
53	4	20	25	161	145
53	5	30	36	183	166
53	6	40	47	204	187
53	7	51	59	224	207
53	8	63	72	245	227
53	9	75	85	264	247
53	10	88	98	284	266
53	11	100	111	303	285
53	12	113	125	322	303
53	13	127	139	341	322
53	14	140	153	359	340
53	15	154	168	377	358
53	16	168	182	395	376
53	17	183	197	413	394
53	18	197	212	430	411
53	19	212	227	448	429
53	20	227	242	465	446
53	21	242	258	482	463
53	22	257	274	499	480
53	23	272	289	515	497
53	24	288	305	532	514
53	25	304	321	548	530
53	26	319	337	564	546
54	0	0	0	57	47
54	1	1	1	86	74
54	2	5	7	112	98
54	3	12	15	135	121
54	4	20	24	158	143
54	5	29	35	179	163
54	6	40	46	200	184
54	7	50	58	220	204
54	8	62	70	240	223
54	9	74	83	260	242
54	10	86	96	279	261
54	11	98	109	298	280
54	12	111	123	316	298
54	13	124	136	335	316
54	14	138	150	353	334
54	15	151	164	371	352
54	16	165	179	388	370
54	17	179	193	406	387
54	18	193	208	423	404
54	19	208	223	440	421
54	20	222	238	457	438
54	21	237	253	474	455
54	22	252	268	491	472
54	23	267	284	507	489
54	24	282	299	523	505
54	25	298	315	539	521
54	26	313	331	555	538
54	27	329	346	571	554
55	0	0	0	56	46
55	1	1	1	85	73
55	2	5	7	110	97
55	3	11	15	133	119
55	4	20	24	155	140
55	5	29	34	176	161
55	6	39	45	197	181
55	7	50	57	217	200
55	8	61	69	236	219
55	9	72	81	255	238
55	10	84	94	274	257
55	11	97	107	293	275
55	12	109	120	311	293
55	13	122	134	329	311
55	14	135	148	347	329

N = 900		LOWER		UPPER	
n	a	.975	.95	.975	.95
55	15	148	161	365	346
55	16	162	175	382	363
55	17	176	190	399	381
55	18	190	204	416	398
55	19	204	219	433	414
55	20	218	233	450	431
55	21	232	248	466	448
55	22	247	263	483	464
55	23	262	278	499	481
55	24	277	293	515	497
55	25	292	309	531	513
55	26	307	324	547	529
55	27	322	340	562	545
55	28	338	355	578	560
56	0	0	0	55	45
56	1	1	1	83	71
56	2	5	7	108	95
56	3	11	14	131	117
56	4	19	24	152	138
56	5	28	34	173	158
56	6	38	45	193	177
56	7	49	56	213	197
56	8	60	68	232	216
56	9	71	80	251	234
56	10	83	92	270	252
56	11	95	105	288	270
56	12	107	118	306	288
56	13	120	131	324	306
56	14	133	145	341	323
56	15	146	158	359	340
56	16	159	172	376	357
56	17	172	186	393	374
56	18	186	200	409	391
56	19	200	214	426	408
56	20	214	229	443	424
56	21	228	243	459	441
56	22	242	258	475	457
56	23	257	273	491	473
56	24	271	288	507	489
56	25	286	303	523	505
56	26	301	318	538	520
56	27	316	333	554	536
56	28	331	348	569	552
57	0	0	0	54	44
57	1	1	1	82	70
57	2	5	6	106	93
57	3	11	14	128	115
57	4	19	23	150	135
57	5	28	33	170	155
57	6	38	44	190	174
57	7	48	55	209	193
57	8	59	67	228	212
57	9	70	79	247	230
57	10	81	91	265	248
57	11	93	103	283	266
57	12	105	116	301	283
57	13	118	129	318	301
57	14	130	142	336	318
57	15	143	156	353	335
57	16	156	169	370	352
57	17	169	183	386	368
57	18	183	197	403	385
57	19	196	211	419	401
57	20	210	225	436	417
57	21	224	239	452	433
57	22	238	253	468	449
57	23	252	268	483	465
57	24	266	282	499	481
57	25	281	297	515	497
57	26	295	312	530	512
57	27	310	327	545	528
57	28	325	342	560	543
58	0	0	0	53	43
58	1	1	1	80	69

CONFIDENCE BOUNDS FOR A

N = 900

n	a	LOWER .975	LOWER .95	UPPER .975	UPPER .95
58	2	5	6	104	92
58	3	11	14	126	113
58	4	19	23	147	133
58	5	27	33	167	153
58	6	37	43	187	172
58	7	47	54	206	190
58	8	58	66	225	208
58	9	69	77	243	226
58	10	80	89	261	244
58	11	92	102	279	261
58	12	103	114	296	279
58	13	116	127	313	296
58	14	128	140	330	313
58	15	141	153	347	329
58	16	153	166	364	346
58	17	166	179	380	362
58	18	179	193	397	379
58	19	193	207	413	395
58	20	206	221	429	411
58	21	220	235	445	427
58	22	233	249	460	442
58	23	247	263	476	458
58	24	261	277	491	474
58	25	275	292	507	489
58	26	290	306	522	504
58	27	304	321	537	519
58	28	319	336	552	535
58	29	333	350	567	550
59	0	0	0	52	43
59	1	1	1	79	68
59	2	5	6	103	90
59	3	11	14	124	111
59	4	18	22	145	131
59	5	27	32	165	150
59	6	36	42	184	169
59	7	46	53	203	187
59	8	57	64	221	205
59	9	67	76	239	223
59	10	79	88	257	240
59	11	90	100	274	257
59	12	102	112	291	274
59	13	114	125	308	291
59	14	126	137	325	308
59	15	138	150	342	324
59	16	151	163	358	340
59	17	163	176	374	357
59	18	176	190	391	373
59	19	189	203	406	389
59	20	202	217	422	404
59	21	216	230	438	420
59	22	229	244	453	436
59	23	243	258	469	451
59	24	257	272	484	466
59	25	270	286	499	481
59	26	284	301	514	497
59	27	299	315	529	512
59	28	313	329	544	526
59	29	327	344	558	541
59	30	342	359	573	556
60	0	0	0	51	42
60	1	1	1	78	67
60	2	5	6	101	89
60	3	11	14	122	109
60	4	18	22	142	129
60	5	27	32	162	148
60	6	36	42	181	166
60	7	46	52	199	184
60	8	56	63	218	202
60	9	66	75	235	219
60	10	77	86	253	236
60	11	88	98	270	253
60	12	100	110	287	270
60	13	112	122	304	286
60	14	124	135	320	303
60	15	136	148	337	319

N = 900

n	a	LOWER .975	LOWER .95	UPPER .975	UPPER .95
60	16	148	160	353	335
60	17	160	173	369	351
60	18	173	186	385	367
60	19	186	200	400	383
60	20	199	213	416	398
60	21	212	226	431	414
60	22	225	240	447	429
60	23	239	254	462	444
60	24	252	267	477	459
60	25	266	281	492	474
60	26	279	295	507	489
60	27	293	309	521	504
60	28	307	324	536	519
60	29	321	338	550	533
60	30	335	352	565	548
62	0	0	0	50	40
62	1	1	1	75	65
62	2	4	6	98	86
62	3	10	13	118	106
62	4	18	21	138	125
62	5	26	31	157	143
62	6	35	40	175	161
62	7	44	51	193	178
62	8	54	61	211	195
62	9	64	72	228	212
62	10	75	83	245	229
62	11	86	95	262	245
62	12	97	107	278	262
62	13	108	118	294	278
64	0	0	0	48	39
64	1	1	1	73	62
64	2	4	6	95	83
64	3	10	13	115	102
64	4	17	21	134	121
64	5	25	30	152	139
64	6	34	39	170	156
64	7	43	49	187	173
64	8	52	59	205	190
64	9	62	70	221	206
64	10	72	81	238	222
64	11	83	92	254	238
64	12	94	103	270	254
64	13	105	115	286	269
66	0	0	0	47	38
66	1	1	1	71	61
66	2	4	6	92	81
66	3	10	12	111	99
66	4	17	20	130	117
66	5	24	29	148	134
66	6	33	38	165	151
66	7	41	48	182	168
66	8	51	58	199	184
66	9	60	68	215	200
66	10	70	78	231	216
66	11	80	89	247	231
66	12	91	100	262	247
66	13	101	111	278	262
66	14	112	122	293	277
68	0	0	0	45	37
68	1	1	1	69	59
68	2	4	6	89	78
68	3	10	12	108	96
68	4	16	20	126	114
68	5	24	28	143	131
68	6	32	37	160	147
68	7	40	46	177	163
68	8	49	56	193	179
68	9	59	66	209	194
68	10	68	76	224	210
68	11	78	87	240	225
68	12	88	97	255	240
68	13	98	108	270	254
68	14	109	119	285	269
70	0	0	0	44	36
70	1	1	1	67	57

N = 900

n	a	LOWER .975	LOWER .95	UPPER .975	UPPER .95
70	2	4	5	87	76
70	3	9	12	105	94
70	4	16	19	123	111
70	5	23	27	139	127
70	6	31	36	156	143
70	7	39	45	172	158
70	8	48	54	188	174
70	9	57	64	203	189
70	10	66	74	218	204
70	11	76	84	233	218
70	12	86	94	248	233
70	13	96	105	263	247
70	14	106	115	277	262
72	0	0	0	43	35
72	1	1	1	65	55
72	2	4	5	84	74
72	3	9	11	102	91
72	4	15	19	119	107
72	5	22	27	136	123
72	6	30	35	152	139
72	7	38	44	167	154
72	8	47	53	183	169
72	9	55	62	198	184
72	10	64	72	212	198
72	11	74	82	227	213
72	12	83	92	241	227
72	13	93	102	256	241
72	14	103	112	270	255
72	15	113	123	284	268
74	0	0	0	41	34
74	1	1	1	63	54
74	2	4	5	82	72
74	3	9	11	99	89
74	4	15	18	116	105
74	5	22	26	132	120
74	6	29	34	148	135
74	7	37	43	163	150
74	8	45	51	178	165
74	9	54	61	192	179
74	10	63	70	207	193
74	11	72	80	221	207
74	12	81	89	235	221
74	13	90	99	249	235
74	14	100	109	263	248
74	15	110	119	277	262
76	0	0	0	40	33
76	1	1	1	61	52
76	2	4	5	80	70
76	3	9	11	97	86
76	4	15	18	113	102
76	5	21	25	129	117
76	6	29	33	144	132
76	7	36	42	159	146
76	8	44	50	173	160
76	9	53	59	188	174
76	10	61	68	202	188
76	11	70	77	216	202
76	12	79	87	229	215
76	13	88	96	243	229
76	14	97	106	256	242
76	15	107	116	270	255
76	16	116	126	283	268
78	0	0	0	39	32
78	1	1	1	60	51
78	2	4	5	78	68
78	3	8	11	94	84
78	4	14	17	110	99
78	5	21	25	125	114
78	6	28	32	140	128
78	7	35	40	155	142
78	8	43	49	169	156
78	9	51	58	183	170
78	10	60	66	197	183
78	11	68	75	210	197
78	12	77	85	224	210

N = 900

n	a	LOWER .975	LOWER .95	UPPER .975	UPPER .95
78	13	86	94	237	223
78	14	95	103	250	236
78	15	104	113	263	249
78	16	113	123	276	261
80	0	0	0	38	31
80	1	1	1	58	50
80	2	4	5	76	66
80	3	8	10	92	82
80	4	14	17	107	97
80	5	20	24	122	111
80	6	27	32	137	125
80	7	34	40	151	139
80	8	42	48	165	152
80	9	50	56	178	166
80	10	58	65	192	179
80	11	66	74	205	192
80	12	75	83	218	205
80	13	84	92	231	218
80	14	92	101	244	230
80	15	101	110	257	243
80	16	110	120	269	255
82	0	0	0	37	30
82	1	1	1	57	49
82	2	4	5	74	65
82	3	8	10	90	80
82	4	14	17	105	94
82	5	20	23	119	108
82	6	27	31	133	122
82	7	34	39	147	136
82	8	41	47	161	149
82	9	49	55	174	162
82	10	57	63	187	175
82	11	65	72	200	187
82	12	73	81	213	200
82	13	82	89	226	212
82	14	90	98	238	225
82	15	99	108	251	237
82	16	108	117	263	249
82	17	117	126	275	261
84	0	0	0	36	30
84	1	1	1	55	47
84	2	4	5	72	63
84	3	8	10	88	78
84	4	13	16	102	92
84	5	19	23	117	106
84	6	26	30	130	119
84	7	33	38	144	132
84	8	40	46	157	145
84	9	48	54	170	158
84	10	55	62	183	171
84	11	63	70	196	183
84	12	71	79	208	195
84	13	80	87	221	207
84	14	88	96	233	220
84	15	96	105	245	231
84	16	105	114	257	243
84	17	114	123	269	255
86	0	0	0	35	29
86	1	1	1	54	46
86	2	3	5	70	62
86	3	8	10	85	76
86	4	13	16	100	90
86	5	19	22	114	103
86	6	25	29	127	117
86	7	32	37	141	129
86	8	39	44	154	142
86	9	47	52	166	154
86	10	54	60	179	167
86	11	62	69	191	179
86	12	70	77	204	191
86	13	78	85	216	203
86	14	86	94	228	215
86	15	94	102	240	226
86	16	103	111	251	238
86	17	111	120	263	249

CONFIDENCE BOUNDS FOR A

N = 900

n	a	LOWER .975	LOWER .95	UPPER .975	UPPER .95
86	18	120	129	275	261
88	0	0	0	35	28
88	1	1	1	53	45
88	2	3	5	69	60
88	3	8	10	84	74
88	4	13	15	98	88
88	5	19	22	111	101
88	6	25	29	124	114
88	7	31	36	137	126
88	8	38	43	150	139
88	9	46	51	163	151
88	10	53	59	175	163
88	11	60	67	187	175
88	12	68	75	199	187
88	13	76	83	211	198
88	14	84	92	223	210
88	15	92	100	234	221
88	16	100	109	246	233
88	17	109	117	257	244
88	18	117	126	269	255
90	0	0	0	34	27
90	1	1	1	52	44
90	2	3	4	67	59
90	3	7	9	82	73
90	4	13	15	95	86
90	5	18	21	109	99
90	6	24	28	122	111
90	7	31	35	134	124
90	8	38	43	147	136
90	9	45	50	159	148
90	10	52	58	171	159
90	11	59	66	183	171
90	12	67	73	195	183
90	13	74	82	206	194
90	14	82	90	218	205
90	15	90	98	229	216
90	16	98	106	241	228
90	17	106	115	252	239
90	18	114	123	263	250
92	0	0	0	33	27
92	1	1	1	50	43
92	2	3	4	66	58
92	3	7	9	80	71
92	4	12	15	93	84
92	5	18	21	106	97
92	6	24	28	119	109
92	7	30	35	132	121
92	8	37	42	144	133
92	9	44	49	156	144
92	10	51	56	167	156
92	11	58	64	179	167
92	12	65	72	191	179
92	13	73	80	202	190
92	14	80	88	213	201
92	15	88	96	224	212
92	16	96	104	236	223
92	17	104	112	247	234
92	18	112	121	257	244
92	19	120	129	268	255
94	0	0	0	32	26
94	1	1	1	49	42
94	2	3	4	64	56
94	3	7	9	78	70
94	4	12	15	91	82
94	5	18	21	104	95
94	6	23	27	117	107
94	7	30	34	129	118
94	8	36	41	141	130
94	9	43	48	152	141
94	10	50	55	164	153
94	11	57	63	175	164
94	12	64	70	187	175
94	13	71	78	198	186
94	14	79	86	209	197
94	15	86	94	220	208

N = 900

n	a	LOWER .975	LOWER .95	UPPER .975	UPPER .95
94	16	94	102	231	218
94	17	102	110	241	229
94	18	109	118	252	239
94	19	117	126	263	250
96	0	0	0	32	26
96	1	1	1	48	41
96	2	3	4	63	55
96	3	7	9	76	68
96	4	12	14	89	81
96	5	17	20	102	93
96	6	23	27	114	104
96	7	29	33	126	116
96	8	35	40	138	127
96	9	42	47	149	139
96	10	49	54	161	150
96	11	56	62	172	161
96	12	63	69	183	171
96	13	70	76	194	182
96	14	77	84	205	193
96	15	84	92	215	203
96	16	92	100	226	214
96	17	100	108	237	224
96	18	107	116	247	235
96	19	115	124	258	245
96	20	123	132	268	255
98	0	0	0	31	25
98	1	1	1	47	40
98	2	3	4	62	54
98	3	7	9	75	67
98	4	12	14	88	79
98	5	17	20	100	91
98	6	22	26	112	102
98	7	28	33	124	114
98	8	35	39	135	125
98	9	41	46	146	136
98	10	48	53	157	147
98	11	54	60	168	157
98	12	61	68	179	168
98	13	68	75	190	178
98	14	76	82	201	189
98	15	83	90	211	199
98	16	90	98	222	210
98	17	98	105	232	220
98	18	105	113	242	230
98	19	113	121	252	240
98	20	120	129	263	250
100	0	0	0	30	25
100	1	1	1	46	40
100	2	3	4	60	53
100	3	7	9	73	65
100	4	11	14	86	77
100	5	17	19	98	89
100	6	22	26	110	100
100	7	28	32	121	111
100	8	34	38	132	122
100	9	40	45	143	133
100	10	47	52	154	144
100	11	53	59	165	154
100	12	60	66	176	165
100	13	67	73	186	175
100	14	74	81	197	185
100	15	81	88	207	195
100	16	88	96	217	205
100	17	96	103	227	215
100	18	103	111	238	225
100	19	110	119	248	235
100	20	118	126	258	245
102	0	0	0	30	24
102	1	1	1	45	39
102	2	3	4	59	52
102	3	7	8	72	64
102	4	11	14	84	76
102	5	16	19	96	87
102	6	22	25	107	98
102	7	27	31	119	109

N = 900

n	a	LOWER .975	LOWER .95	UPPER .975	UPPER .95
102	8	33	38	130	120
102	9	40	44	141	130
102	10	46	51	151	141
102	11	52	58	162	151
102	12	59	65	172	161
102	13	66	72	183	172
102	14	73	79	193	182
102	15	80	86	203	192
102	16	87	94	213	201
102	17	94	101	223	211
102	18	101	109	233	221
102	19	108	116	243	231
102	20	116	124	253	240
102	21	123	131	262	250
104	0	0	0	29	24
104	1	1	1	44	38
104	2	3	4	58	51
104	3	7	8	71	63
104	4	11	13	83	74
104	5	16	19	94	85
104	6	21	25	105	96
104	7	27	31	116	107
104	8	33	37	127	118
104	9	39	44	138	128
104	10	45	50	148	138
104	11	51	57	159	148
104	12	58	64	169	158
104	13	65	71	179	168
104	14	71	78	189	178
104	15	78	85	199	188
104	16	85	92	209	198
104	17	92	99	219	207
104	18	99	107	229	217
104	19	106	114	238	226
104	20	113	121	248	236
104	21	121	129	258	245
106	0	0	0	28	23
106	1	1	1	44	37
106	2	3	4	57	50
106	3	7	8	69	62
106	4	11	13	81	73
106	5	16	18	92	84
106	6	21	24	103	95
106	7	26	30	114	105
106	8	32	36	125	115
106	9	38	43	135	126
106	10	44	49	146	136
106	11	50	56	156	146
106	12	57	63	166	155
106	13	63	69	176	165
106	14	70	76	186	175
106	15	77	83	196	184
106	16	83	90	205	194
106	17	90	97	215	203
106	18	97	105	225	213
106	19	104	112	234	222
106	20	111	119	243	232
106	21	118	127	253	241
106	22	125	134	262	250
108	0	0	0	28	23
108	1	1	1	43	37
108	2	3	4	56	49
108	3	6	8	68	60
108	4	11	13	79	71
108	5	15	18	91	82
108	6	21	24	101	93
108	7	26	30	112	103
108	8	32	36	123	113
108	9	37	42	133	123
108	10	43	48	143	133
108	11	50	55	153	143
108	12	56	61	163	153
108	13	62	68	173	162
108	14	69	75	182	172
108	15	75	82	192	181

N = 900

n	a	LOWER .975	LOWER .95	UPPER .975	UPPER .95
108	16	82	89	202	190
108	17	89	96	211	200
108	18	95	103	220	209
108	19	102	110	230	218
108	20	109	117	239	227
108	21	116	124	248	237
108	22	123	131	258	246
110	0	0	0	27	22
110	1	1	1	42	36
110	2	3	4	55	48
110	3	6	8	67	59
110	4	11	13	78	70
110	5	15	18	89	81
110	6	20	23	100	91
110	7	26	29	110	101
110	8	31	35	120	111
110	9	37	41	130	121
110	10	43	47	140	131
110	11	49	54	150	140
110	12	55	60	160	150
110	13	61	67	170	159
110	14	67	74	179	169
110	15	74	80	189	178
110	16	80	87	198	187
110	17	87	94	207	196
110	18	94	101	217	205
110	19	100	108	226	214
110	20	107	115	235	223
110	21	114	122	244	232
110	22	121	129	253	241
112	0	0	0	27	22
112	1	1	1	41	35
112	2	3	4	54	47
112	3	6	8	65	58
112	4	10	12	77	69
112	5	15	18	87	79
112	6	20	23	98	89
112	7	25	29	108	99
112	8	31	35	118	109
112	9	36	41	128	119
112	10	42	47	138	128
112	11	48	53	148	138
112	12	54	59	157	147
112	13	60	66	167	156
112	14	66	72	176	166
112	15	73	79	185	175
112	16	79	86	195	184
112	17	85	92	204	193
112	18	92	99	213	202
112	19	99	106	222	211
112	20	105	113	231	220
112	21	112	120	240	228
112	22	119	127	249	237
112	23	126	134	257	246
114	0	0	0	26	21
114	1	1	1	40	34
114	2	3	4	53	46
114	3	6	8	64	57
114	4	10	12	75	68
114	5	15	17	86	78
114	6	20	23	96	88
114	7	25	28	106	98
114	8	30	34	116	107
114	9	36	40	126	117
114	10	41	46	135	126
114	11	47	52	145	135
114	12	53	58	154	145
114	13	59	65	164	154
114	14	65	71	173	163
114	15	71	78	182	172
114	16	78	84	191	181
114	17	84	91	200	189
114	18	90	97	209	198
114	19	97	104	218	207
114	20	103	111	227	216

CONFIDENCE BOUNDS FOR A

N = 900

n	a	LOWER .975	LOWER .95	UPPER .975	UPPER .95
114	21	110	118	236	224
114	22	117	124	244	233
114	23	123	131	253	242
116	0	0	0	26	21
116	1	1	1	40	34
116	2	3	4	52	45
116	3	6	8	63	56
116	4	10	12	74	66
116	5	15	17	84	76
116	6	19	22	94	86
116	7	24	28	104	96
116	8	30	33	114	105
116	9	35	39	124	115
116	10	41	45	133	124
116	11	46	51	142	133
116	12	52	57	152	142
116	13	58	64	161	151
116	14	64	70	170	160
116	15	70	76	179	169
116	16	76	83	188	178
116	17	83	89	197	186
116	18	89	96	206	195
116	19	95	102	214	204
116	20	102	109	223	212
116	21	108	116	232	221
116	22	115	122	240	229
116	23	121	129	249	238
116	24	128	136	257	246
118	0	0	0	25	21
118	1	1	1	39	33
118	2	3	4	51	45
118	3	6	7	62	55
118	4	10	12	73	65
118	5	14	17	83	75
118	6	19	22	93	85
118	7	24	27	103	94
118	8	29	33	112	104
118	9	34	39	122	113
118	10	40	44	131	122
118	11	46	50	140	131
118	12	51	56	149	140
118	13	57	62	158	148
118	14	63	69	167	157
118	15	69	75	176	166
118	16	75	81	185	175
118	17	81	88	194	183
118	18	87	94	202	192
118	19	94	101	211	200
118	20	100	107	219	209
118	21	106	114	228	217
118	22	113	120	236	225
118	23	119	127	245	234
118	24	126	134	253	242
120	0	0	0	25	20
120	1	1	1	38	33
120	2	3	4	50	44
120	3	6	7	61	54
120	4	10	12	71	64
120	5	14	16	81	74
120	6	19	22	91	83
120	7	24	27	101	93
120	8	29	32	110	102
120	9	34	38	120	111
120	10	39	44	129	120
120	11	45	50	138	129
120	12	50	55	147	137
120	13	56	61	156	146
120	14	62	68	164	155
120	15	68	74	173	163
120	16	74	80	182	172
120	17	80	86	190	180
120	18	86	93	199	188
120	19	92	99	207	197
120	20	98	105	216	205
120	21	105	112	224	213

N = 900

n	a	LOWER .975	LOWER .95	UPPER .975	UPPER .95
120	22	111	118	232	222
120	23	117	125	241	230
120	24	124	131	249	238
122	0	0	0	24	20
122	1	1	1	38	32
122	2	3	4	49	43
122	3	6	7	60	53
122	4	10	12	70	63
122	5	14	16	80	73
122	6	18	21	90	82
122	7	23	26	99	91
122	8	28	32	108	100
122	9	33	37	118	109
122	10	39	43	127	118
122	11	44	49	136	126
122	12	50	55	144	135
122	13	55	60	153	144
122	14	61	66	162	152
122	15	67	73	170	161
122	16	73	79	179	169
122	17	79	85	187	177
122	18	85	91	196	185
122	19	91	97	204	194
122	20	97	104	212	202
122	21	103	110	221	210
122	22	109	116	229	218
122	23	115	123	237	226
122	24	122	129	245	234
122	25	128	136	253	242
124	0	0	0	24	19
124	1	1	1	37	32
124	2	3	3	48	42
124	3	6	7	59	52
124	4	10	11	69	62
124	5	14	16	79	71
124	6	18	21	88	81
124	7	23	26	98	90
124	8	28	31	107	98
124	9	33	37	116	107
124	10	38	42	125	116
124	11	43	48	133	124
124	12	49	54	142	133
124	13	54	60	151	141
124	14	60	65	159	150
124	15	66	71	168	158
124	16	72	77	176	166
124	17	77	83	184	174
124	18	83	90	193	182
124	19	89	96	201	191
124	20	95	102	209	199
124	21	101	108	217	207
124	22	107	114	225	215
124	23	113	121	233	223
124	24	120	127	241	230
124	25	126	134	249	238
126	0	0	0	24	19
126	1	1	1	36	31
126	2	3	3	47	42
126	3	6	7	58	52
126	4	9	11	68	61
126	5	13	16	77	70
126	6	18	21	87	79
126	7	23	26	96	88
126	8	27	31	105	97
126	9	32	36	114	106
126	10	38	42	123	114
126	11	43	47	131	122
126	12	48	53	140	131
126	13	54	59	148	139
126	14	59	64	157	147
126	15	65	70	165	155
126	16	70	76	173	164
126	17	76	82	181	172
126	18	82	88	190	180
126	19	88	94	198	188

N = 900

n	a	LOWER .975	LOWER .95	UPPER .975	UPPER .95
126	20	94	100	206	195
126	21	100	107	214	203
126	22	106	113	222	211
126	23	112	119	230	219
126	24	118	125	237	227
126	25	124	131	245	235
126	26	130	138	253	242
128	0	0	0	23	19
128	1	1	1	36	31
128	2	3	3	47	41
128	3	6	7	57	51
128	4	9	11	67	60
128	5	13	16	76	69
128	6	18	20	85	78
128	7	22	25	94	87
128	8	27	30	103	95
128	9	32	36	112	104
128	10	37	41	121	112
128	11	42	47	129	121
128	12	47	52	138	129
128	13	53	58	146	137
128	14	58	63	154	145
128	15	64	69	162	153
128	16	69	75	171	161
128	17	75	81	179	169
128	18	81	87	187	177
128	19	86	93	195	185
128	20	92	99	203	192
128	21	98	105	210	200
128	22	104	111	218	208
128	23	110	117	226	216
128	24	116	123	234	223
128	25	122	129	242	231
128	26	128	136	249	239
130	0	0	0	23	18
130	1	1	1	35	30
130	2	3	3	46	40
130	3	6	7	56	50
130	4	9	11	66	59
130	5	13	15	75	68
130	6	17	20	84	77
130	7	22	25	93	85
130	8	27	30	102	94
130	9	31	35	110	102
130	10	36	40	119	110
130	11	42	46	127	119
130	12	47	51	135	127
130	13	52	57	144	135
130	14	57	63	152	143
130	15	63	68	160	151
130	16	68	74	168	159
130	17	74	80	176	166
130	18	79	86	184	174
130	19	85	91	192	182
130	20	91	97	199	190
130	21	97	103	207	197
130	22	102	109	215	205
130	23	108	115	223	212
130	24	114	121	230	220
130	25	120	127	238	228
130	26	126	134	246	235
132	0	0	0	22	18
132	1	1	1	35	30
132	2	3	3	45	40
132	3	6	7	55	49
132	4	9	11	65	58
132	5	13	15	74	67
132	6	17	20	83	76
132	7	22	25	92	84
132	8	26	30	100	92
132	9	31	35	109	101
132	10	36	40	117	109
132	11	41	45	125	117
132	12	46	51	133	125
132	13	51	56	141	133

N = 900

n	a	LOWER .975	LOWER .95	UPPER .975	UPPER .95
132	14	57	62	150	141
132	15	62	67	157	148
132	16	67	73	165	156
132	17	73	79	173	164
132	18	78	84	181	171
132	19	84	90	189	179
132	20	90	96	196	187
132	21	95	102	204	194
132	22	101	108	212	202
132	23	107	114	219	209
132	24	112	120	227	217
132	25	118	125	234	224
132	26	124	132	242	232
132	27	130	138	249	239
134	0	0	0	22	18
134	1	1	1	34	29
134	2	3	3	44	39
134	3	5	7	54	48
134	4	9	11	64	57
134	5	13	15	73	66
134	6	17	19	81	74
134	7	21	24	90	83
134	8	26	29	99	91
134	9	31	34	107	99
134	10	35	39	115	107
134	11	40	45	123	115
134	12	45	50	131	123
134	13	51	55	139	131
134	14	56	61	147	138
134	15	61	66	155	146
134	16	66	72	163	154
134	17	72	77	171	161
134	18	77	83	178	169
134	19	83	89	186	176
134	20	88	94	194	184
134	21	94	100	201	191
134	22	99	106	209	199
134	23	105	112	216	206
134	24	111	118	224	214
134	25	116	124	231	221
134	26	122	130	238	228
134	27	128	136	246	235
136	0	0	0	22	18
136	1	1	1	33	29
136	2	3	3	44	38
136	3	5	7	53	48
136	4	9	10	63	56
136	5	13	15	72	65
136	6	17	19	80	73
136	7	21	24	89	82
136	8	26	29	97	90
136	9	30	34	105	98
136	10	35	39	113	106
136	11	40	44	122	113
136	12	45	49	129	121
136	13	50	55	137	129
136	14	55	60	145	136
136	15	60	65	153	144
136	16	65	71	161	152
136	17	71	76	168	159
136	18	76	82	176	166
136	19	81	87	183	174
136	20	87	93	191	181
136	21	92	99	198	189
136	22	98	104	206	196
136	23	104	110	213	203
136	24	109	116	220	210
136	25	115	122	228	218
136	26	120	128	235	225
136	27	126	134	242	232
136	28	132	139	249	239
138	0	0	0	21	17
138	1	1	1	33	28
138	2	3	3	43	38
138	3	5	7	53	47

CONFIDENCE BOUNDS FOR A

N = 900		LOWER		UPPER		N = 900		LOWER		UPPER		N = 900		LOWER		UPPER		N = 900		LOWER		UPPER	
n	a	.975	.95	.975	.95	n	a	.975	.95	.975	.95	n	a	.975	.95	.975	.95	n	a	.975	.95	.975	.95
138	4	9	10	62	56	142	21	89	95	190	181	148	5	12	14	66	60	152	18	68	73	157	149
138	5	12	15	71	64	142	22	94	100	197	188	148	6	16	18	74	67	152	19	73	78	164	156
138	6	17	19	79	72	142	23	99	106	204	195	148	7	20	22	81	75	152	20	78	83	171	162
138	7	21	24	87	80	142	24	105	111	211	202	148	8	24	27	89	82	152	21	83	89	178	169
138	8	25	28	96	88	142	25	110	117	218	209	148	9	28	31	97	90	152	22	88	94	184	175
138	9	30	33	104	96	142	26	115	122	225	215	148	10	32	36	104	97	152	23	93	99	191	182
138	10	34	38	112	104	142	27	121	128	232	222	148	11	37	41	112	104	152	24	98	104	197	188
138	11	39	43	120	112	142	28	126	134	239	229	148	12	41	45	119	111	152	25	103	109	204	195
138	12	44	48	128	119	142	29	132	139	246	236	148	13	46	50	126	118	152	26	108	114	211	201
138	13	49	54	135	127	144	0	0	0	20	17	148	14	51	55	133	125	152	27	113	120	217	208
138	14	54	59	143	134	144	1	1	1	31	27	148	15	55	60	140	132	152	28	118	125	224	214
138	15	59	64	151	142	144	2	2	3	41	36	148	16	60	65	148	139	152	29	123	130	230	221
138	16	64	70	158	149	144	3	5	6	50	45	148	17	65	70	155	146	152	30	128	135	237	227
138	17	70	75	166	157	144	4	8	10	59	53	148	18	70	75	162	153	152	31	134	141	243	233
138	18	75	81	173	164	144	5	12	14	67	61	148	19	75	81	168	160	154	0	0	0	19	15
138	19	80	86	181	171	144	6	16	18	76	69	148	20	80	86	175	167	154	1	1	1	29	25
138	20	86	92	188	179	144	7	20	23	84	77	148	21	85	91	182	173	154	2	2	3	38	34
138	21	91	97	195	186	144	8	24	27	92	85	148	22	90	96	189	180	154	3	5	6	47	42
138	22	97	103	203	193	144	9	29	32	99	92	148	23	95	101	196	187	154	4	8	9	55	50
138	23	102	109	210	200	144	10	33	37	107	100	148	24	100	107	203	193	154	5	11	13	63	57
138	24	108	114	217	207	144	11	38	42	115	107	148	25	106	112	209	200	154	6	15	17	71	65
138	25	113	120	224	215	144	12	42	47	122	114	148	26	111	117	216	207	154	7	19	21	78	72
138	26	119	126	232	222	144	13	47	52	130	122	148	27	116	123	223	213	154	8	23	26	86	79
138	27	124	132	239	229	144	14	52	57	137	129	148	28	121	128	230	220	154	9	27	30	93	86
138	28	130	137	246	236	144	15	57	62	144	136	148	29	127	134	236	227	154	10	31	34	100	93
140	0	0	0	21	17	144	16	62	67	152	143	148	30	132	139	243	233	154	11	35	39	107	100
140	1	1	1	32	28	144	17	67	72	159	150	150	0	0	0	19	16	154	12	40	44	114	107
140	2	3	3	42	37	144	18	72	77	166	157	150	1	1	1	30	26	154	13	44	48	121	114
140	3	5	6	52	46	144	19	77	83	173	164	150	2	2	3	39	35	154	14	49	53	128	120
140	4	9	10	61	55	144	20	82	88	180	171	150	3	5	6	48	43	154	15	53	58	135	127
140	5	12	14	69	63	144	21	87	93	187	178	150	4	8	10	57	51	154	16	58	63	142	134
140	6	16	19	78	71	144	22	93	99	194	185	150	5	12	14	65	59	154	17	63	68	149	140
140	7	21	23	86	79	144	23	98	104	201	192	150	6	15	18	73	66	154	18	67	73	155	147
140	8	25	28	94	87	144	24	103	110	208	199	150	7	19	22	80	74	154	19	72	77	162	154
140	9	29	33	102	95	144	25	108	115	215	206	150	8	23	26	88	81	154	20	77	82	169	160
140	10	34	38	110	103	144	26	114	121	222	212	150	9	28	31	95	88	154	21	82	87	175	167
140	11	39	43	118	110	144	27	119	126	229	219	150	10	32	35	103	96	154	22	87	92	182	173
140	12	44	48	126	118	144	28	125	132	236	226	150	11	36	40	110	103	154	23	92	98	188	180
140	13	48	53	133	125	144	29	130	137	243	233	150	12	41	45	117	110	154	24	97	103	195	186
140	14	53	58	141	133	146	0	0	0	20	16	150	13	45	50	124	117	154	25	102	108	201	192
140	15	59	63	148	140	146	1	1	1	31	26	150	14	50	54	132	124	154	26	107	113	208	199
140	16	64	69	156	147	146	2	2	3	41	36	150	15	55	59	139	131	154	27	112	118	214	205
140	17	69	74	163	154	146	3	5	6	50	44	150	16	60	64	146	137	154	28	117	123	221	212
140	18	74	80	171	162	146	4	8	10	58	52	150	17	64	69	152	144	154	29	122	128	227	218
140	19	79	85	178	169	146	5	12	14	67	60	150	18	69	74	159	151	154	30	127	134	234	224
140	20	85	90	185	176	146	6	16	18	75	68	150	19	74	79	166	158	154	31	132	139	240	230
140	21	90	96	193	183	146	7	20	22	83	76	150	20	79	85	173	164	156	0	0	0	19	15
140	22	95	102	200	190	146	8	24	27	90	83	150	21	84	90	180	171	156	1	1	1	29	25
140	23	101	107	207	197	146	9	28	32	98	91	150	22	89	95	187	178	156	2	2	3	38	34
140	24	106	113	214	204	146	10	33	36	106	98	150	23	94	100	193	184	156	3	5	6	46	41
140	25	112	118	221	211	146	11	37	41	113	106	150	24	99	105	200	191	156	4	8	9	54	49
140	26	117	124	228	218	146	12	42	46	121	113	150	25	104	111	207	198	156	5	11	13	62	56
140	27	123	130	235	225	146	13	47	51	128	120	150	26	109	116	213	204	156	6	15	17	70	64
140	28	128	135	242	232	146	14	51	56	135	127	150	27	115	121	220	211	156	7	19	21	77	71
142	0	0	0	21	17	146	15	56	61	142	134	150	28	120	126	227	217	156	8	23	25	84	78
142	1	1	1	32	27	146	16	61	66	150	141	150	29	125	132	233	224	156	9	27	30	92	85
142	2	3	3	42	37	146	17	66	71	157	148	150	30	130	137	240	230	156	10	31	34	99	92
142	3	5	6	51	45	146	18	71	76	164	155	152	0	0	0	19	16	156	11	35	39	106	99
142	4	9	10	60	54	146	19	76	82	171	162	152	1	1	1	30	25	156	12	39	43	113	105
142	5	12	14	68	62	146	20	81	87	178	169	152	2	2	3	39	34	156	13	44	48	120	112
142	6	16	18	77	70	146	21	86	92	185	176	152	3	5	6	48	42	156	14	48	52	126	119
142	7	20	23	85	78	146	22	91	97	192	183	152	4	8	10	56	50	156	15	53	57	133	125
142	8	25	28	93	86	146	23	97	103	199	189	152	5	11	13	64	58	156	16	57	62	140	132
142	9	29	32	101	93	146	24	102	108	205	196	152	6	15	17	72	65	156	17	62	67	147	139
142	10	34	37	109	101	146	25	107	114	212	203	152	7	19	22	79	73	156	18	67	72	153	145
142	11	38	42	116	109	146	26	112	119	219	210	152	8	23	26	87	80	156	19	71	76	160	152
142	12	43	47	124	116	146	27	118	124	226	216	152	9	27	30	94	87	156	20	76	81	166	158
142	13	48	52	131	123	146	28	123	130	233	223	152	10	32	35	101	94	156	21	81	86	173	164
142	14	53	57	139	131	146	29	128	135	239	230	152	11	36	40	109	101	156	22	86	91	179	171
142	15	58	63	146	138	146	30	134	141	246	236	152	12	40	44	116	108	156	23	91	96	186	177
142	16	63	68	154	145	148	0	0	0	20	16	152	13	45	49	123	115	156	24	95	101	192	184
142	17	68	73	161	152	148	1	1	1	31	26	152	14	49	54	130	122	156	25	100	106	199	190
142	18	73	78	168	159	148	2	2	3	40	35	152	15	54	59	137	129	156	26	105	111	205	196
142	19	78	84	176	167	148	3	5	6	49	44	152	16	59	64	144	136	156	27	110	117	212	203
142	20	83	89	183	174	148	4	8	10	57	52	152	17	64	68	150	142	156	28	115	122	218	209

CONFIDENCE BOUNDS FOR A

N = 900						N = 900						N = 900						N = 900				
		LOWER		UPPER				LOWER		UPPER				LOWER		UPPER				LOWER		UPPER	
n	a	.975	.95	.975	.95	n	a	.975	.95	.975	.95	n	a	.975	.95	.975	.95	n	a	.975	.95	.975	.95
156	29	120	127	224	215	162	5	11	13	60	54	166	12	37	41	106	99	170	17	57	61	134	127
156	30	125	132	231	221	162	6	14	16	67	61	166	13	41	45	112	105	170	18	61	66	141	133
156	31	130	137	237	228	162	7	18	20	74	68	166	14	46	49	119	112	170	19	66	70	147	139
156	32	135	142	243	234	162	8	22	24	81	75	166	15	50	54	125	118	170	20	70	75	153	145
158	0	0	0	18	15	162	9	26	29	88	82	166	16	54	58	131	124	170	21	74	79	159	151
158	1	1	1	28	24	162	10	30	33	95	88	166	17	58	63	138	130	170	22	79	84	165	157
158	2	2	3	37	33	162	11	34	37	102	95	166	18	63	67	144	136	170	23	83	89	171	163
158	3	5	6	46	41	162	12	38	42	108	101	166	19	67	72	150	142	170	24	88	93	177	168
158	4	8	9	54	48	162	13	42	46	115	108	166	20	72	77	156	148	170	25	92	98	183	174
158	5	11	13	61	56	162	14	47	51	122	114	166	21	76	81	163	155	170	26	97	102	188	180
158	6	15	17	69	63	162	15	51	55	128	121	166	22	81	86	169	161	170	27	101	107	194	186
158	7	18	21	76	70	162	16	55	60	135	127	166	23	85	91	175	167	170	28	106	112	200	192
158	8	22	25	83	77	162	17	60	64	141	133	166	24	90	95	181	173	170	29	110	116	206	197
158	9	26	29	90	84	162	18	64	69	148	140	166	25	94	100	187	179	170	30	115	121	212	203
158	10	30	34	97	91	162	19	69	74	154	146	166	26	99	105	193	184	170	31	120	126	218	209
158	11	35	38	104	97	162	20	73	78	160	152	166	27	104	110	199	190	170	32	124	131	223	215
158	12	39	43	111	104	162	21	78	83	167	158	166	28	108	114	205	196	170	33	129	135	229	220
158	13	43	47	118	111	162	22	83	88	173	165	166	29	113	119	211	202	170	34	134	140	235	226
158	14	48	52	125	117	162	23	87	93	179	171	166	30	118	124	217	208	172	0	0	0	17	14
158	15	52	56	131	124	162	24	92	98	185	177	166	31	122	129	223	214	172	1	1	1	26	22
158	16	57	61	138	130	162	25	97	103	192	183	166	32	127	134	229	220	172	2	2	3	34	30
158	17	61	66	145	137	162	26	101	107	198	189	166	33	132	139	235	226	172	3	5	5	42	37
158	18	66	71	151	143	162	27	106	112	204	195	166	34	137	144	240	231	172	4	7	9	49	44
158	19	70	76	158	150	162	28	111	117	210	201	168	0	0	0	17	14	172	5	10	12	56	51
158	20	75	80	164	156	162	29	116	122	216	207	168	1	1	1	27	23	172	6	14	16	63	58
158	21	80	85	171	162	162	30	121	127	222	213	168	2	2	3	35	31	172	7	17	19	70	64
158	22	85	90	177	169	162	31	125	132	228	219	168	3	5	6	43	38	172	8	21	23	76	70
158	23	89	95	184	175	162	32	130	137	234	225	168	4	7	9	50	45	172	9	24	27	83	77
158	24	94	100	190	181	162	33	135	142	240	231	168	5	11	12	57	52	172	10	28	31	89	83
158	25	99	105	196	188	164	0	0	0	18	14	168	6	14	16	65	59	172	11	32	35	96	89
158	26	104	110	203	194	164	1	1	1	27	23	168	7	17	20	71	66	172	12	36	39	102	95
158	27	109	115	209	200	164	2	2	3	36	31	168	8	21	24	78	72	172	13	40	44	108	102
158	28	114	120	215	206	164	3	5	6	44	39	168	9	25	28	85	79	172	14	44	48	114	108
158	29	119	125	221	212	164	4	8	9	52	46	168	10	29	32	91	85	172	15	48	52	121	114
158	30	124	130	228	219	164	5	11	12	59	53	168	11	33	36	98	91	172	16	52	56	127	120
158	31	129	135	234	225	164	6	14	16	66	60	168	12	37	40	104	98	172	17	56	61	133	126
158	32	134	141	240	231	164	7	18	20	73	67	168	13	41	45	111	104	172	18	61	65	139	131
160	0	0	0	18	15	164	8	22	24	80	74	168	14	45	49	117	110	172	19	65	70	145	137
160	1	1	1	28	24	164	9	25	28	87	81	168	15	49	53	124	116	172	20	69	74	151	143
160	2	2	3	37	32	164	10	29	33	94	87	168	16	53	58	130	123	172	21	74	79	157	149
160	3	5	6	45	40	164	11	33	37	100	94	168	17	58	62	136	129	172	22	78	83	163	155
160	4	8	9	53	48	164	12	38	41	107	100	168	18	62	67	142	135	172	23	82	88	169	161
160	5	11	13	60	55	164	13	42	46	114	107	168	19	66	71	148	141	172	24	87	92	175	167
160	6	15	17	68	62	164	14	46	50	120	113	168	20	71	76	154	147	172	25	91	97	180	172
160	7	18	21	75	69	164	15	50	54	127	119	168	21	75	80	161	153	172	26	96	101	186	178
160	8	22	25	82	76	164	16	55	59	133	126	168	22	80	85	167	159	172	27	100	106	192	184
160	9	26	29	89	83	164	17	59	64	139	132	168	23	84	90	173	165	172	28	105	111	198	189
160	10	30	33	96	89	164	18	64	68	146	138	168	24	89	94	179	171	172	29	109	115	204	195
160	11	34	38	103	96	164	19	68	73	152	144	168	25	93	99	185	176	172	30	114	120	209	201
160	12	38	42	110	103	164	20	73	78	158	150	168	26	98	104	191	182	172	31	118	125	215	207
160	13	43	47	117	109	164	21	77	82	165	156	168	27	102	108	197	188	172	32	123	129	221	212
160	14	47	51	123	116	164	22	82	87	171	163	168	28	107	113	203	194	172	33	127	134	226	218
160	15	52	56	130	122	164	23	86	92	177	169	168	29	112	119	208	200	172	34	132	139	232	223
160	16	56	60	136	129	164	24	91	97	183	175	168	30	116	123	214	206	172	35	137	143	238	229
160	17	60	65	143	135	164	25	96	101	189	181	168	31	121	127	220	211	174	0	0	0	16	13
160	18	65	70	149	141	164	26	100	106	195	187	168	32	126	132	226	217	174	1	1	1	26	22
160	19	70	75	156	148	164	27	105	111	201	193	168	33	130	137	232	223	174	2	2	3	34	29
160	20	74	79	162	154	164	28	110	116	207	199	168	34	135	142	238	229	174	3	5	5	41	37
160	21	79	84	169	160	164	29	114	121	213	205	170	0	0	0	17	14	174	4	7	9	48	44
160	22	84	89	175	167	164	30	119	126	219	211	170	1	1	1	26	22	174	5	10	12	55	50
160	23	88	94	181	173	164	31	124	130	225	217	170	2	2	3	35	30	174	6	14	15	62	57
160	24	93	99	188	179	164	32	129	135	231	222	170	3	5	6	42	38	174	7	17	19	69	63
160	25	98	104	194	185	164	33	134	140	237	228	170	4	7	9	50	45	174	8	20	23	75	70
160	26	103	109	200	191	166	0	0	0	17	14	170	5	10	12	57	52	174	9	24	27	82	76
160	27	107	114	206	198	166	1	1	1	27	23	170	6	14	16	64	58	174	10	28	31	88	82
160	28	112	119	213	204	166	2	2	3	35	31	170	7	17	20	71	65	174	11	32	35	95	88
160	29	117	124	219	210	166	3	5	6	43	39	170	8	21	23	77	71	174	12	36	39	101	94
160	30	122	129	225	216	166	4	8	9	51	46	170	9	25	27	84	78	174	13	40	43	107	100
160	31	127	134	231	222	166	5	11	12	58	53	170	10	28	31	90	84	174	14	44	47	113	106
160	32	132	139	237	228	166	6	14	16	65	60	170	11	32	36	97	90	174	15	48	52	119	112
162	0	0	0	18	14	166	7	18	20	72	66	170	12	36	40	103	97	174	16	52	56	125	118
162	1	1	1	28	24	166	8	21	24	79	73	170	13	40	44	110	103	174	17	56	60	131	124
162	2	2	3	36	32	166	9	25	28	86	80	170	14	45	48	116	109	174	18	60	64	137	130
162	3	5	6	44	40	166	10	29	32	93	86	170	15	49	53	122	115	174	19	64	69	143	136
162	4	8	9	52	47	166	11	33	36	99	93	170	16	53	57	128	121	174	20	69	73	149	142

CONFIDENCE BOUNDS FOR A

N = 900

n	a	LOWER .975	LOWER .95	UPPER .975	UPPER .95	n	a	LOWER .975	LOWER .95	UPPER .975	UPPER .95
174	21	73	78	155	147	178	23	80	85	163	155
174	22	77	82	161	153	178	24	84	89	169	161
174	23	81	87	167	159	178	25	88	94	174	166
174	24	86	91	173	165	178	26	93	98	180	172
174	25	90	96	178	170	178	27	97	102	186	178
174	26	95	100	184	176	178	28	101	107	191	183
174	27	99	105	190	182	178	29	106	111	197	189
174	28	103	109	196	187	178	30	110	116	202	194
174	29	108	114	201	193	178	31	114	120	208	200
174	30	112	118	207	199	178	32	119	125	213	205
174	31	117	123	213	204	178	33	123	129	219	210
174	32	121	128	218	210	178	34	128	134	224	216
174	33	126	132	224	215	178	35	132	139	230	221
174	34	131	137	230	221	178	36	137	143	235	227
174	35	135	142	235	226	180	0	0	0	16	13
176	0	0	0	16	13	180	1	1	1	25	21
176	1	1	1	25	22	180	2	2	3	32	28
176	2	2	3	33	29	180	3	4	5	40	35
176	3	4	5	41	36	180	4	7	8	47	42
176	4	7	8	48	43	180	5	10	12	53	48
176	5	10	12	55	50	180	6	13	15	60	55
176	6	13	15	61	56	180	7	16	19	66	61
176	7	17	19	68	63	180	8	20	22	73	67
176	8	20	23	75	69	180	9	23	26	79	73
176	9	24	27	81	75	180	10	27	30	85	79
176	10	28	30	87	81	180	11	31	34	91	85
176	11	31	34	93	87	180	12	34	38	97	91
176	12	35	39	100	93	180	13	38	42	103	97
176	13	39	43	106	99	180	14	42	46	109	103
176	14	43	47	112	105	180	15	46	50	115	108
176	15	47	51	118	111	180	16	50	54	121	114
176	16	51	55	124	117	180	17	54	58	127	120
176	17	55	59	130	123	180	18	58	62	133	126
176	18	59	64	136	128	180	19	62	67	138	131
176	19	64	68	142	134	180	20	66	71	144	137
176	20	68	72	147	140	180	21	70	75	150	142
176	21	72	77	153	146	180	22	75	79	155	148
176	22	76	81	159	151	180	23	79	84	161	154
176	23	81	86	165	157	180	24	83	88	167	159
176	24	85	90	171	163	180	25	87	92	172	165
176	25	89	95	176	168	180	26	92	97	178	170
176	26	94	99	182	174	180	27	96	101	183	176
176	27	98	104	188	180	180	28	100	106	189	181
176	28	102	108	193	185	180	29	104	110	195	186
176	29	107	113	199	191	180	30	109	115	200	192
176	30	111	117	205	196	180	31	113	119	206	197
176	31	116	122	210	202	180	32	118	124	211	203
176	32	120	126	216	207	180	33	122	128	216	208
176	33	125	131	221	213	180	34	126	133	222	214
176	34	129	136	227	218	180	35	131	137	227	219
176	35	134	140	232	224	180	36	135	142	233	224
176	36	138	145	238	229						
178	0	0	0	16	13						
178	1	1	1	25	21						
178	2	2	3	33	29						
178	3	4	5	40	36						
178	4	7	8	47	43						
178	5	10	12	54	49						
178	6	13	15	61	55						
178	7	17	19	67	62						
178	8	20	22	74	68						
178	9	24	26	80	74						
178	10	27	30	86	80						
178	11	31	34	92	86						
178	12	35	38	98	92						
178	13	39	42	105	98						
178	14	43	46	111	104						
178	15	47	50	116	110						
178	16	51	55	122	116						
178	17	55	59	128	121						
178	18	59	63	134	127						
178	19	63	67	140	133						
178	20	67	72	146	138						
178	21	71	76	152	144						
178	22	75	80	157	150						

N = 1000

n	a	LOWER .975	LOWER .95	UPPER .975	UPPER .95	n	a	LOWER .975	LOWER .95	UPPER .975	UPPER .95
1	0	0	0	975	950	15	5	120	143	614	575
1	1	25	50	1000	1000	15	6	165	193	675	638
2	0	0	0	841	776	15	7	215	246	732	698
2	1	13	26	987	974	15	8	268	302	785	754
3	0	0	0	706	630	16	0	0	0	204	169
3	1	9	17	905	864	16	1	2	4	300	262
3	2	95	136	991	983	16	2	16	24	381	342
4	0	0	0	601	526	16	3	42	54	454	414
4	1	7	13	805	750	16	4	74	92	521	482
4	2	68	98	932	902	16	5	112	134	584	546
5	0	0	0	520	449	16	6	154	179	643	607
5	1	6	11	715	656	16	7	200	228	699	665
5	2	54	77	852	810	16	8	249	281	751	719
5	3	148	190	946	923	17	0	0	0	193	160
6	0	0	0	458	392	17	1	2	3	285	248
6	1	5	9	640	580	17	2	15	22	362	324
6	2	44	64	776	727	17	3	39	51	432	393
6	3	119	154	881	846	17	4	70	86	496	458
7	0	0	0	408	347	17	5	105	125	557	520
7	1	4	8	577	519	17	6	144	168	614	578
7	2	38	54	708	657	17	7	186	214	668	634
7	3	100	130	814	773	17	8	232	262	720	687
7	4	186	227	900	870	17	9	280	313	768	738
8	0	0	0	368	311	18	0	0	0	183	152
8	1	4	7	525	469	18	1	2	3	271	236
8	2	33	47	649	598	18	2	15	21	345	308
8	3	86	112	753	709	18	3	37	48	412	374
8	4	158	194	842	806	18	4	66	81	474	437
9	0	0	0	334	281	18	5	99	118	532	496
9	1	3	6	481	427	18	6	135	158	588	552
9	2	29	42	598	548	18	7	175	201	640	606
9	3	76	99	699	653	18	8	217	246	690	657
9	4	138	170	786	747	18	9	262	293	738	707
9	5	214	253	862	830	19	0	0	0	174	144
10	0	0	0	307	257	19	1	2	3	258	224
10	1	3	6	443	392	19	2	14	20	329	294
10	2	26	38	554	505	19	3	35	46	393	357
10	3	68	88	651	605	19	4	62	77	453	417
10	4	123	151	736	695	19	5	93	111	509	474
10	5	189	224	811	776	19	6	128	149	563	528
11	0	0	0	283	237	19	7	165	189	614	580
11	1	3	5	411	363	19	8	205	232	663	630
11	2	24	34	516	468	19	9	247	276	709	678
11	3	61	80	608	563	19	10	291	322	753	724
11	4	111	136	690	648	20	0	0	0	166	137
11	5	169	201	764	727	20	1	2	3	246	214
11	6	236	273	831	799	20	2	13	19	314	280
12	0	0	0	263	219	20	3	33	43	376	341
12	1	3	5	383	337	20	4	59	73	434	399
12	2	22	31	482	436	20	5	88	106	488	453
12	3	56	73	570	525	20	6	121	141	540	505
12	4	101	124	649	607	20	7	156	179	590	556
12	5	153	183	721	683	20	8	193	219	637	604
12	6	213	247	787	753	20	9	233	261	682	651
13	0	0	0	245	204	20	10	274	304	726	696
13	1	2	4	358	314	21	0	0	0	159	131
13	2	20	29	452	408	21	1	2	3	236	205
13	3	52	67	536	493	21	2	13	18	301	268
13	4	92	114	612	571	21	3	32	41	361	327
13	5	140	167	682	643	21	4	56	69	416	382
13	6	194	226	747	711	21	5	84	100	469	435
13	7	253	289	806	774	21	6	115	134	519	485
14	0	0	0	230	191	21	7	148	170	567	534
14	1	2	4	336	295	21	8	183	208	613	580
14	2	19	27	426	383	21	9	221	247	657	626
14	3	48	62	506	464	21	10	260	288	700	670
14	4	85	105	579	538	21	11	300	330	740	712
14	5	129	154	646	608	22	0	0	0	152	125
14	6	178	208	709	673	22	1	2	3	226	196
14	7	232	265	768	735	22	2	12	17	289	257
15	0	0	0	216	179	22	3	30	39	346	314
15	1	2	4	317	277	22	4	53	66	400	367
15	2	17	25	402	361	22	5	80	96	451	417
15	3	45	58	479	438	22	6	109	128	499	466
15	4	79	98	549	509	22	7	141	162	546	513

CONFIDENCE BOUNDS FOR A

N = 1000

n	a	LOWER .975	LOWER .95	UPPER .975	UPPER .95
22	8	174	198	591	558
22	9	209	235	634	602
22	10	246	273	675	645
22	11	285	314	715	686
23	0	0	0	146	120
23	1	2	3	217	188
23	2	12	17	278	247
23	3	29	38	333	301
23	4	51	63	385	353
23	5	76	91	434	401
23	6	104	122	481	449
23	7	134	154	526	494
23	8	166	188	570	538
23	9	199	224	612	581
23	10	234	260	652	622
23	11	271	298	691	663
23	12	309	337	729	702
24	0	0	0	140	115
24	1	2	3	209	181
24	2	11	16	267	238
24	3	28	36	321	290
24	4	49	60	371	339
24	5	73	87	419	387
24	6	100	117	464	432
24	7	128	148	508	476
24	8	159	180	550	519
24	9	190	214	591	560
24	10	224	249	631	601
24	11	258	285	669	640
24	12	294	322	706	678
25	0	0	0	135	111
25	1	1	3	201	174
25	2	11	15	258	229
25	3	27	35	309	279
25	4	47	58	358	327
25	5	70	84	404	373
25	6	95	112	448	417
25	7	123	141	491	460
25	8	152	172	532	501
25	9	182	204	572	541
25	10	214	238	610	581
25	11	247	272	648	619
25	12	281	307	684	656
25	13	316	344	719	693
26	0	0	0	130	107
26	1	1	2	194	168
26	2	10	15	249	221
26	3	26	33	299	269
26	4	45	56	346	316
26	5	67	81	391	360
26	6	92	107	434	403
26	7	118	136	475	444
26	8	145	165	515	484
26	9	175	196	554	524
26	10	205	228	591	562
26	11	236	261	628	599
26	12	269	294	663	635
26	13	302	329	698	671
27	0	0	0	126	103
27	1	1	2	187	162
27	2	10	14	240	213
27	3	25	32	289	260
27	4	43	54	334	305
27	5	65	77	378	348
27	6	88	103	420	389
27	7	113	130	460	430
27	8	140	159	499	469
27	9	168	188	537	507
27	10	197	219	573	544
27	11	227	250	609	580
27	12	258	282	644	616
27	13	289	316	678	651
27	14	322	349	711	684
28	0	0	0	121	100
28	1	1	2	181	156
28	2	10	14	232	206
28	3	24	31	279	252
28	4	42	52	324	295
28	5	62	75	366	337
28	6	85	99	406	377
28	7	109	126	446	416
28	8	134	153	484	454
28	9	161	181	520	491
28	10	189	210	556	527
28	11	218	241	591	563
28	12	247	271	625	597
28	13	278	303	658	631
28	14	309	336	691	664
29	0	0	0	117	96
29	1	1	2	175	151
29	2	9	13	225	199
29	3	23	30	271	244
29	4	40	50	314	286
29	5	60	72	355	326
29	6	82	96	394	365
29	7	105	121	432	403
29	8	130	147	469	440
29	9	155	175	505	476
29	10	182	203	540	512
29	11	209	232	574	546
29	12	238	261	608	580
29	13	267	292	640	613
29	14	297	323	672	645
29	15	328	355	703	677
30	0	0	0	114	93
30	1	1	2	170	146
30	2	9	13	218	193
30	3	22	29	262	236
30	4	39	48	304	277
30	5	58	70	344	316
30	6	79	93	383	354
30	7	101	117	420	391
30	8	125	142	456	427
30	9	150	168	491	462
30	10	175	196	525	497
30	11	202	223	558	530
30	12	229	252	591	563
30	13	257	281	623	596
30	14	286	311	654	627
30	15	316	341	684	659
31	0	0	0	110	90
31	1	1	2	165	142
31	2	9	12	211	187
31	3	22	28	255	229
31	4	38	47	295	269
31	5	56	67	334	307
31	6	76	90	372	344
31	7	98	113	408	380
31	8	121	137	443	415
31	9	145	163	477	449
31	10	169	189	511	483
31	11	195	216	543	515
31	12	221	243	575	548
31	13	248	271	606	579
31	14	276	300	637	610
31	15	305	329	666	641
31	16	334	359	695	671
32	0	0	0	107	87
32	1	1	2	160	138
32	2	9	12	205	182
32	3	21	27	247	222
32	4	37	45	287	261
32	5	54	65	325	298
32	6	74	87	361	334
32	7	95	109	397	369
32	8	117	133	431	403
32	9	140	157	464	437
32	10	164	183	497	469
32	11	188	209	529	501
32	12	214	235	560	533
32	13	240	262	590	564
32	14	267	290	620	594
32	15	294	318	649	624
32	16	322	347	678	653
33	0	0	0	104	85
33	1	1	2	155	134
33	2	8	12	200	176
33	3	20	26	240	216
33	4	36	44	279	254
33	5	53	63	316	290
33	6	72	84	351	325
33	7	92	106	386	359
33	8	113	129	419	392
33	9	135	152	452	425
33	10	158	177	484	457
33	11	182	202	515	488
33	12	207	227	545	519
33	13	232	254	575	549
33	14	258	280	605	579
33	15	284	308	633	608
33	16	311	335	661	637
33	17	339	363	689	665
34	0	0	0	101	82
34	1	1	2	151	130
34	2	8	11	194	171
34	3	20	26	234	210
34	4	34	43	271	247
34	5	51	61	307	282
34	6	70	81	342	316
34	7	89	103	376	349
34	8	110	125	408	382
34	9	131	148	440	414
34	10	154	171	471	445
34	11	177	196	502	475
34	12	200	220	532	505
34	13	225	246	561	535
34	14	249	271	590	564
34	15	275	298	618	592
34	16	301	324	645	621
34	17	327	352	673	648
35	0	0	0	98	80
35	1	1	2	147	126
35	2	8	11	189	167
35	3	19	25	228	204
35	4	34	41	264	240
35	5	50	60	299	274
35	6	68	79	333	308
35	7	86	100	366	340
35	8	106	121	398	372
35	9	127	143	429	403
35	10	149	166	460	433
35	11	171	190	489	463
35	12	194	214	519	493
35	13	218	238	547	521
35	14	242	263	576	550
35	15	266	289	603	578
35	16	291	314	630	605
35	17	317	341	657	633
35	18	343	367	683	659
36	0	0	0	95	78
36	1	1	2	143	123
36	2	8	11	184	162
36	3	19	24	222	199
36	4	33	40	258	234
36	5	48	58	292	267
36	6	66	77	325	300
36	7	84	97	357	332
36	8	103	118	388	362
36	9	124	139	419	393
36	10	145	161	448	422
36	11	166	184	478	452
36	12	188	207	506	480
36	13	211	231	534	509
36	14	234	255	562	537
36	15	258	280	589	564
36	16	282	305	616	591
36	17	307	330	642	618
36	18	332	356	668	644
37	0	0	0	93	76
37	1	1	2	139	120
37	2	8	11	179	158
37	3	18	24	216	194
37	4	32	39	251	228
37	5	47	56	285	261
37	6	64	75	317	292
37	7	82	94	348	323
37	8	101	114	379	353
37	9	120	135	409	383
37	10	140	157	438	412
37	11	161	179	466	441
37	12	183	201	494	469
37	13	205	224	522	497
37	14	228	248	549	524
37	15	251	272	576	551
37	16	274	296	602	577
37	17	298	321	627	603
37	18	322	346	653	629
37	19	347	371	678	654
38	0	0	0	90	74
38	1	1	2	136	117
38	2	7	10	175	154
38	3	18	23	211	189
38	4	31	38	245	222
38	5	46	55	278	254
38	6	62	73	309	285
38	7	80	92	340	315
38	8	98	111	370	345
38	9	117	132	399	374
38	10	137	153	428	402
38	11	157	174	456	430
38	12	178	196	483	458
38	13	199	218	510	485
38	14	221	241	537	512
38	15	243	264	563	538
38	16	266	288	588	564
38	17	289	311	614	590
38	18	313	336	638	615
38	19	337	360	663	640
39	0	0	0	88	72
39	1	1	2	132	114
39	2	7	10	170	150
39	3	17	22	206	184
39	4	30	37	239	217
39	5	45	53	271	248
39	6	61	71	302	278
39	7	77	89	332	308
39	8	95	108	361	337
39	9	114	128	390	365
39	10	133	148	418	393
39	11	153	169	445	420
39	12	173	191	472	447
39	13	194	212	499	474
39	14	215	234	525	500
39	15	237	257	550	526
39	16	259	280	575	551
39	17	281	303	600	576
39	18	304	326	625	601
39	19	328	350	649	626
39	20	351	374	672	650
40	0	0	0	86	70
40	1	1	2	129	111
40	2	7	10	166	147
40	3	17	22	201	180
40	4	29	36	234	212
40	5	44	52	265	242
40	6	59	69	295	272
40	7	75	87	324	301
40	8	93	106	353	329
40	9	111	125	381	357
40	10	129	145	408	384

CONFIDENCE BOUNDS FOR A

n	a	LOWER .975	.95	UPPER .975	.95	n	a	LOWER .975	.95	UPPER .975	.95	n	a	LOWER .975	.95	UPPER .975	.95	n	a	LOWER .975	.95	UPPER .975	.95
		N = 1000						N = 1000						N = 1000						N = 1000			
40	11	149	165	435	411	43	21	337	358	642	620	47	2	6	8	143	125	50	1	1	1	104	89
40	12	168	186	462	437	43	22	358	380	663	642	47	3	15	19	172	154	50	2	6	8	134	118
40	13	189	207	488	463	44	0	0	0	78	64	47	4	25	31	201	182	50	3	14	18	162	145
40	14	209	228	513	489	44	1	1	2	118	101	47	5	37	44	228	208	50	4	24	29	189	171
40	15	230	250	538	514	44	2	6	9	152	134	47	6	50	59	254	234	50	5	35	42	215	196
40	16	252	272	563	539	44	3	16	20	184	164	47	7	64	74	280	259	50	6	47	55	240	220
40	17	274	295	588	564	44	4	27	33	214	193	47	8	79	90	304	283	50	7	60	69	264	244
40	18	296	318	612	588	44	5	40	47	242	221	47	9	94	106	329	307	50	8	74	84	287	267
40	19	319	341	635	612	44	6	54	63	270	249	47	10	110	122	353	331	50	9	88	99	311	290
40	20	341	364	659	636	44	7	69	79	297	275	47	11	126	140	376	354	50	10	103	115	333	312
41	0	0	0	84	69	44	8	84	96	324	301	47	12	142	157	400	377	50	11	118	131	356	334
41	1	1	2	126	108	44	9	100	113	349	327	47	13	159	175	423	400	50	12	133	147	378	356
41	2	7	10	163	143	44	10	117	131	375	352	47	14	176	193	445	423	50	13	149	164	400	378
41	3	17	21	196	176	44	11	135	149	400	377	47	15	194	211	467	445	50	14	165	181	421	399
41	4	29	35	228	207	44	12	152	168	424	401	47	16	212	229	489	467	50	15	182	198	442	420
41	5	43	51	259	237	44	13	171	187	448	425	47	17	230	248	511	488	50	16	198	215	463	441
41	6	58	67	288	266	44	14	189	206	472	449	47	18	248	267	532	510	50	17	215	232	484	462
41	7	74	85	317	294	44	15	208	226	495	472	47	19	267	286	553	531	50	18	233	250	504	482
41	8	90	103	345	322	44	16	227	246	519	495	47	20	286	306	574	552	50	19	250	268	524	503
41	9	108	122	373	349	44	17	247	266	541	518	47	21	305	325	595	573	50	20	268	286	544	523
41	10	126	141	399	375	44	18	267	287	564	541	47	22	325	345	615	594	50	21	286	305	564	543
41	11	145	161	426	402	44	19	287	307	586	563	47	23	344	365	636	614	50	22	304	323	584	562
41	12	164	181	452	428	44	20	307	328	608	585	47	24	364	386	656	635	50	23	322	342	603	582
41	13	184	201	477	453	44	21	328	349	629	607	48	0	0	0	72	59	50	24	340	361	622	601
41	14	204	222	502	478	44	22	349	371	651	629	48	1	1	2	108	93	50	25	359	380	641	620
41	15	224	244	527	503	45	0	0	0	76	62	48	2	6	8	140	123	51	0	0	0	68	55
41	16	245	265	551	527	45	1	1	2	115	99	48	3	14	18	169	151	51	1	1	1	102	87
41	17	266	287	575	552	45	2	6	9	149	131	48	4	25	30	197	178	51	2	6	8	132	116
41	18	288	309	599	576	45	3	15	20	180	161	48	5	36	43	223	204	51	3	14	17	159	142
41	19	310	332	622	599	45	4	26	32	209	189	48	6	49	58	249	229	51	4	23	29	186	168
41	20	332	354	645	623	45	5	39	46	237	217	48	7	63	72	274	253	51	5	34	41	211	192
41	21	355	377	668	646	45	6	52	61	265	243	48	8	77	88	299	278	51	6	46	54	235	216
42	0	0	0	82	67	45	7	67	77	291	269	48	9	92	104	323	301	51	7	59	68	259	239
42	1	1	2	123	106	45	8	82	94	317	295	48	10	107	120	346	324	51	8	73	83	282	262
42	2	7	9	159	140	45	9	98	111	342	320	48	11	123	137	369	347	51	9	86	97	305	285
42	3	16	21	192	172	45	10	115	128	367	345	48	12	139	154	392	370	51	10	101	113	327	307
42	4	28	35	223	202	45	11	132	146	392	369	48	13	156	171	415	392	51	11	116	128	349	328
42	5	42	50	253	231	45	12	149	164	416	393	48	14	173	188	437	414	51	12	131	144	371	350
42	6	56	66	282	260	45	13	167	183	439	416	48	15	190	206	459	436	51	13	146	160	392	371
42	7	72	83	310	287	45	14	185	202	463	440	48	16	207	224	480	458	51	14	162	177	413	392
42	8	88	100	338	314	45	15	203	221	486	463	48	17	225	243	502	479	51	15	178	194	434	413
42	9	105	119	365	341	45	16	222	240	508	485	48	18	243	261	523	500	51	16	194	211	455	433
42	10	123	138	391	367	45	17	241	260	531	508	48	19	261	280	543	521	51	17	211	228	475	454
42	11	141	157	417	393	45	18	260	280	553	530	48	20	280	299	564	542	51	18	228	245	495	474
42	12	160	176	442	418	45	19	280	300	575	552	48	21	298	318	584	563	51	19	245	263	515	494
42	13	179	196	467	443	45	20	300	320	596	574	48	22	317	338	604	583	51	20	262	280	535	513
42	14	199	217	492	468	45	21	320	341	618	596	48	23	337	357	624	603	51	21	279	298	554	533
42	15	219	237	516	492	45	22	341	362	639	617	48	24	356	377	644	623	51	22	297	316	574	552
42	16	239	258	540	516	45	23	361	383	659	638	49	0	0	0	70	57	51	23	315	335	593	572
42	17	260	280	564	540	46	0	0	0	75	61	49	1	1	2	106	91	51	24	333	353	611	591
42	18	281	301	587	564	46	1	1	2	113	97	49	2	6	8	137	120	51	25	351	372	630	610
42	19	302	323	610	587	46	2	6	9	146	128	49	3	14	18	166	148	51	26	370	390	649	628
42	20	324	345	632	610	46	3	15	19	176	157	49	4	24	30	193	174	52	0	0	0	66	54
42	21	345	368	655	632	46	4	26	32	205	185	49	5	36	43	219	200	52	1	1	1	100	86
43	0	0	0	80	65	46	5	38	45	232	212	49	6	48	56	244	224	52	2	6	8	129	114
43	1	1	2	120	103	46	6	51	60	259	238	49	7	62	71	269	249	52	3	13	17	156	140
43	2	7	9	155	137	46	7	66	76	285	264	49	8	76	86	293	272	52	4	23	28	182	165
43	3	16	20	188	168	46	8	80	92	311	289	49	9	90	101	316	295	52	5	34	40	207	189
43	4	27	34	218	198	46	9	96	108	335	313	49	10	105	117	340	318	52	6	45	53	231	212
43	5	41	48	248	226	46	10	112	125	360	338	49	11	120	134	362	341	52	7	58	67	254	235
43	6	55	64	276	254	46	11	129	143	384	361	49	12	136	150	385	363	52	8	71	81	277	257
43	7	70	81	304	281	46	12	145	160	408	385	49	13	152	167	407	385	52	9	85	96	300	279
43	8	86	98	330	308	46	13	163	179	431	408	49	14	169	184	429	407	52	10	99	110	322	301
43	9	103	116	357	334	46	14	180	197	454	431	49	15	186	202	450	428	52	11	113	126	343	322
43	10	120	134	383	359	46	15	198	216	476	454	49	16	203	220	471	449	52	12	128	141	364	344
43	11	138	153	408	385	46	16	217	235	499	476	49	17	220	237	492	470	52	13	143	157	385	364
43	12	156	172	433	409	46	17	235	254	521	498	49	18	238	256	513	491	52	14	159	173	406	385
43	13	175	192	458	434	46	18	254	273	542	520	49	19	255	274	534	512	52	15	174	190	427	406
43	14	194	211	482	458	46	19	273	293	564	542	49	20	274	292	554	532	52	16	190	206	447	426
43	15	213	232	506	482	46	20	293	313	585	563	49	21	292	311	574	552	52	17	207	223	467	446
43	16	233	252	529	506	46	21	313	333	606	584	49	22	310	330	594	573	52	18	223	240	487	465
43	17	253	273	552	529	46	22	333	353	627	605	49	23	329	349	613	592	52	19	240	257	506	485
43	18	273	294	575	552	46	23	353	374	647	626	49	24	348	369	633	612	52	20	257	275	526	505
43	19	294	315	598	575	47	0	0	0	73	60	49	25	367	388	652	631	52	21	274	292	545	524
43	20	315	337	620	597	47	1	1	2	110	95	50	0	0	0	69	56	52	22	291	310	564	543

CONFIDENCE BOUNDS FOR A

N = 1000

n	a	LOWER .975	LOWER .95	UPPER .975	UPPER .95
52	23	308	328	583	562
52	24	326	346	601	581
52	25	344	364	620	599
52	26	362	382	638	618
53	0	0	0	65	53
53	1	1	1	98	84
53	2	6	8	127	112
53	3	13	17	154	137
53	4	22	28	179	162
53	5	33	39	203	185
53	6	45	52	227	208
53	7	57	66	250	231
53	8	70	79	272	253
53	9	83	94	294	274
53	10	97	108	316	296
53	11	111	123	337	317
53	12	126	139	358	337
53	13	141	154	379	358
53	14	156	170	399	378
53	15	171	186	419	398
53	16	187	202	439	418
53	17	203	219	459	438
53	18	219	235	479	457
53	19	235	252	498	477
53	20	251	269	517	496
53	21	268	286	536	515
53	22	285	304	555	534
53	23	302	321	573	552
53	24	319	339	591	571
53	25	337	356	610	589
53	26	355	374	628	608
53	27	372	392	645	626
54	0	0	0	64	52
54	1	1	1	96	83
54	2	5	7	125	110
54	3	13	16	151	135
54	4	22	27	176	159
54	5	32	39	200	182
54	6	44	51	223	205
54	7	56	64	245	227
54	8	68	78	267	248
54	9	82	92	289	270
54	10	95	106	310	291
54	11	109	121	331	311
54	12	123	136	352	332
54	13	138	151	372	352
54	14	153	167	392	372
54	15	168	182	412	392
54	16	183	198	432	411
54	17	199	214	451	430
54	18	214	231	471	450
54	19	230	247	490	469
54	20	247	264	508	488
54	21	263	281	527	506
54	22	279	298	546	525
54	23	296	315	564	543
54	24	313	332	582	562
54	25	330	349	600	580
54	26	347	367	618	598
54	27	365	385	635	615
55	0	0	0	63	51
55	1	1	1	95	81
55	2	5	7	122	108
55	3	13	16	148	132
55	4	22	27	173	156
55	5	32	38	196	179
55	6	43	50	219	201
55	7	55	63	241	223
55	8	67	77	263	244
55	9	80	90	284	265
55	10	93	104	305	286
55	11	107	119	326	306
55	12	121	133	346	326
55	13	135	148	366	346
55	14	150	164	386	365

N = 1000

n	a	LOWER .975	LOWER .95	UPPER .975	UPPER .95
55	15	165	179	406	385
55	16	180	195	425	404
55	17	195	210	444	423
55	18	210	226	463	442
55	19	226	242	482	461
55	20	242	259	500	480
55	21	258	275	519	498
55	22	274	292	537	516
55	23	290	309	555	534
55	24	307	325	573	552
55	25	324	342	590	570
55	26	341	360	608	588
55	27	358	377	625	606
55	28	375	394	642	623
56	0	0	0	61	50
56	1	1	1	93	80
56	2	5	7	120	106
56	3	12	16	146	130
56	4	21	26	170	153
56	5	31	37	193	176
56	6	42	49	215	198
56	7	54	62	237	219
56	8	66	75	258	240
56	9	79	89	279	260
56	10	92	102	300	281
56	11	105	117	320	301
56	12	119	131	340	320
56	13	133	146	360	340
56	14	147	161	380	359
56	15	162	176	399	379
56	16	176	191	418	397
56	17	191	206	437	416
56	18	206	222	455	435
56	19	222	238	474	453
56	20	237	254	492	472
56	21	253	270	510	490
56	22	269	286	528	508
56	23	285	303	546	526
56	24	301	319	564	544
56	25	317	336	581	561
56	26	334	353	598	579
56	27	351	370	616	596
56	28	367	387	633	613
57	0	0	0	60	49
57	1	1	1	91	78
57	2	5	7	118	104
57	3	12	16	143	128
57	4	21	26	167	151
57	5	31	37	190	173
57	6	42	49	212	194
57	7	53	61	233	215
57	8	65	74	254	236
57	9	77	87	275	256
57	10	90	101	295	276
57	11	103	115	315	296
57	12	117	129	335	315
57	13	130	143	354	334
57	14	144	158	373	353
57	15	159	173	392	372
57	16	173	188	411	391
57	17	188	203	430	410
57	18	203	218	448	428
57	19	218	234	466	446
57	20	233	249	484	464
57	21	248	265	502	482
57	22	264	281	520	500
57	23	279	297	538	517
57	24	295	313	555	535
57	25	311	330	572	552
57	26	328	346	589	570
57	27	344	363	606	587
57	28	360	379	623	604
57	29	377	396	640	621
58	0	0	0	59	48
58	1	1	1	90	77

N = 1000

n	a	LOWER .975	LOWER .95	UPPER .975	UPPER .95
58	2	5	7	116	102
58	3	12	15	141	126
58	4	21	25	164	148
58	5	30	36	186	170
58	6	41	48	208	191
58	7	52	60	229	212
58	8	64	73	250	232
58	9	76	86	270	252
58	10	89	99	290	272
58	11	101	113	310	291
58	12	115	126	329	310
58	13	128	141	349	329
58	14	142	155	368	348
58	15	156	169	386	366
58	16	170	184	405	385
58	17	184	199	423	403
58	18	199	214	441	421
58	19	214	229	459	439
58	20	229	245	477	457
58	21	244	260	495	474
58	22	259	276	512	492
58	23	274	292	529	509
58	24	290	308	546	527
58	25	306	324	563	544
58	26	321	340	580	561
58	27	337	356	597	578
58	28	354	372	614	594
58	29	370	389	630	611
59	0	0	0	58	48
59	1	1	1	88	76
59	2	5	7	114	100
59	3	12	15	138	124
59	4	20	25	161	146
59	5	30	36	183	167
59	6	40	47	205	188
59	7	51	59	226	208
59	8	63	71	246	228
59	9	75	84	266	248
59	10	87	97	286	267
59	11	100	111	305	286
59	12	113	124	324	305
59	13	126	138	343	324
59	14	139	152	362	342
59	15	153	167	380	361
59	16	167	181	398	379
59	17	181	196	417	397
59	18	195	210	434	414
59	19	210	225	452	432
59	20	224	240	470	450
59	21	239	256	487	467
59	22	254	271	504	484
59	23	269	286	521	501
59	24	285	302	538	518
59	25	300	318	555	535
59	26	316	334	572	552
59	27	331	350	588	569
59	28	347	366	605	585
59	29	363	382	621	602
59	30	379	398	637	618
60	0	0	0	57	47
60	1	1	1	87	74
60	2	5	7	112	99
60	3	12	15	136	121
60	4	20	24	159	143
60	5	29	35	180	164
60	6	40	46	201	185
60	7	50	58	222	205
60	8	62	70	242	224
60	9	73	83	262	244
60	10	86	96	281	263
60	11	98	109	300	282
60	12	111	122	319	300
60	13	124	136	338	319
60	14	137	150	356	337
60	15	150	164	374	355

N = 1000

n	a	LOWER .975	LOWER .95	UPPER .975	UPPER .95
60	16	164	178	392	373
60	17	178	192	410	390
60	18	192	207	428	408
60	19	206	221	445	425
60	20	221	236	463	443
60	21	235	251	480	460
60	22	250	266	497	477
60	23	265	281	514	494
60	24	280	297	530	511
60	25	295	312	547	527
60	26	310	328	563	544
60	27	325	343	580	560
60	28	341	359	596	577
60	29	356	375	612	593
60	30	372	391	628	609
62	0	0	0	55	45
62	1	1	1	84	72
62	2	5	7	109	96
62	3	11	14	132	118
62	4	19	24	154	139
62	5	28	34	175	159
62	6	38	45	195	179
62	7	49	56	215	198
62	8	60	68	235	218
62	9	71	80	254	236
62	10	83	92	273	255
62	11	95	105	291	273
62	12	107	118	310	291
62	13	120	131	328	309
64	0	0	0	54	44
64	1	1	1	81	70
64	2	5	6	105	93
64	3	11	14	128	114
64	4	19	23	149	134
64	5	28	33	169	154
64	6	37	43	189	174
64	7	47	54	209	192
64	8	58	66	228	211
64	9	69	78	246	229
64	10	80	90	265	247
64	11	92	102	283	265
64	12	104	114	300	282
64	13	116	127	318	300
66	0	0	0	52	42
66	1	1	1	79	68
66	2	5	6	102	90
66	3	11	14	124	111
66	4	18	22	145	130
66	5	27	32	165	150
66	6	36	42	184	168
66	7	46	53	203	187
66	8	56	64	221	205
66	9	67	75	239	223
66	10	78	87	257	240
66	11	89	99	275	257
66	12	101	111	292	274
66	13	112	123	309	291
66	14	124	136	326	308
68	0	0	0	51	41
68	1	1	1	77	66
68	2	4	6	99	87
68	3	10	13	120	107
68	4	18	22	140	127
68	5	26	31	160	145
68	6	35	41	179	164
68	7	45	51	197	181
68	8	54	62	215	199
68	9	65	73	232	216
68	10	75	84	250	233
68	11	86	96	267	250
68	12	98	108	284	267
68	13	109	120	300	283
68	14	121	132	317	299
70	0	0	0	49	40
70	1	1	1	74	64

CONFIDENCE BOUNDS FOR A

		N = 1000						N = 1000						N = 1000						N = 1000			
		LOWER		UPPER				LOWER		UPPER				LOWER		UPPER				LOWER		UPPER	
n	a	.975	.95	.975	.95	n	a	.975	.95	.975	.95	n	a	.975	.95	.975	.95	n	a	.975	.95	.975	.95
70	2	4	6	96	85	78	13	95	104	264	248	86	18	133	143	306	290	94	16	104	113	257	243
70	3	10	13	117	104	78	14	105	115	278	262	88	0	0	0	39	31	94	17	113	122	269	255
70	4	17	21	137	123	78	15	115	125	293	277	88	1	1	1	59	50	94	18	121	131	281	266
70	5	25	30	155	141	78	16	125	136	307	291	88	2	4	5	77	67	94	19	130	140	293	278
70	6	34	40	174	159	80	0	0	0	43	35	88	3	8	10	93	83	96	0	0	0	35	29
70	7	43	50	191	176	80	1	1	1	65	56	88	4	14	17	109	98	96	1	1	1	54	46
70	8	53	60	209	193	80	2	4	5	84	74	88	5	20	24	124	113	96	2	3	5	70	62
70	9	63	71	226	210	80	3	9	11	102	91	88	6	27	32	139	127	96	3	8	10	85	76
70	10	73	82	243	227	80	4	15	19	120	108	88	7	35	40	153	141	96	4	13	16	100	90
70	11	84	93	260	243	80	5	22	27	136	124	88	8	42	48	167	155	96	5	19	22	114	103
70	12	95	105	276	259	80	6	30	35	152	139	88	9	50	57	181	168	96	6	25	29	127	116
70	13	106	116	292	275	80	7	38	44	168	155	88	10	59	65	195	182	96	7	32	37	141	129
70	14	117	128	308	291	80	8	46	53	184	170	88	11	67	74	208	195	96	8	39	44	154	142
72	0	0	0	48	39	80	9	55	62	199	185	88	12	75	83	222	208	96	9	46	52	166	154
72	1	1	1	72	62	80	10	64	72	214	199	88	13	84	92	235	221	96	10	54	60	179	167
72	2	4	6	94	82	80	11	73	81	228	214	88	14	93	102	248	234	96	11	61	68	191	179
72	3	10	13	114	101	80	12	83	91	243	228	88	15	102	111	261	246	96	12	69	76	204	191
72	4	17	21	133	120	80	13	92	102	257	242	88	16	111	120	274	259	96	13	77	85	216	203
72	5	25	29	151	137	80	14	102	112	272	256	88	17	120	130	286	272	96	14	85	93	228	215
72	6	33	39	169	155	80	15	112	122	286	270	88	18	130	140	299	284	96	15	93	102	240	226
72	7	42	48	186	172	80	16	122	133	300	284	90	0	0	0	38	31	96	16	102	110	252	238
72	8	52	59	203	188	82	0	0	0	42	34	90	1	1	1	58	49	96	17	110	119	263	250
72	9	61	69	220	205	82	1	1	1	63	54	90	2	4	5	75	66	96	18	119	128	275	261
72	10	71	80	237	221	82	2	4	5	82	72	90	3	8	10	91	81	96	19	127	137	287	273
72	11	82	91	253	237	82	3	9	11	100	89	90	4	14	17	106	96	96	20	136	146	298	284
72	12	92	102	269	252	82	4	15	18	117	105	90	5	20	24	121	110	98	0	0	0	35	28
72	13	103	113	285	268	82	5	22	26	133	121	90	6	27	31	136	124	98	1	1	1	53	45
72	14	114	124	300	283	82	6	29	34	149	136	90	7	34	39	150	138	98	2	3	4	69	60
72	15	125	136	316	299	82	7	37	43	164	151	90	8	41	47	164	151	98	3	8	10	84	74
74	0	0	0	46	38	82	8	45	52	179	166	90	9	49	55	177	164	98	4	13	15	98	88
74	1	1	1	70	60	82	9	54	61	194	180	90	10	57	64	191	178	98	5	19	22	111	101
74	2	4	6	91	80	82	10	63	70	209	194	90	11	65	73	204	190	98	6	25	29	125	114
74	3	10	12	111	99	82	11	72	80	223	209	90	12	74	81	217	203	98	7	31	36	138	127
74	4	16	20	129	117	82	12	81	89	237	223	90	13	82	90	230	216	98	8	38	43	150	139
74	5	24	29	147	134	82	13	90	99	251	236	90	14	91	99	243	229	98	9	45	51	163	151
74	6	32	38	164	151	82	14	100	109	265	250	90	15	100	109	255	241	98	10	53	59	175	163
74	7	41	47	181	167	82	15	109	119	279	264	90	16	109	118	268	253	98	11	60	67	188	175
74	8	50	57	198	183	82	16	119	129	293	277	90	17	118	127	280	266	98	12	68	75	200	187
74	9	60	67	214	199	82	17	129	140	306	291	90	18	127	137	293	278	98	13	76	83	212	199
74	10	69	77	230	215	84	0	0	0	41	33	92	0	0	0	37	30	98	14	84	91	223	210
74	11	79	88	246	230	84	1	1	1	62	53	92	1	1	1	56	48	98	15	92	100	235	222
74	12	90	99	262	246	84	2	4	5	80	70	92	2	4	5	73	64	98	16	100	108	247	233
74	13	100	110	277	261	84	3	9	11	98	87	92	3	8	10	89	79	98	17	108	117	258	245
74	14	111	121	293	276	84	4	15	18	114	103	92	4	13	16	104	94	98	18	116	125	270	256
74	15	121	132	308	291	84	5	21	25	130	118	92	5	20	23	119	108	98	19	125	134	281	267
76	0	0	0	45	37	84	6	29	33	145	133	92	6	26	31	133	121	98	20	133	143	292	278
76	1	1	1	68	59	84	7	36	42	160	148	92	7	33	38	147	135	100	0	0	0	34	28
76	2	4	6	89	78	84	8	44	50	175	162	92	8	41	46	160	148	100	1	1	1	52	44
76	3	9	12	108	96	84	9	53	59	190	176	92	9	48	54	173	161	100	2	3	4	67	59
76	4	16	20	126	113	84	10	61	68	204	190	92	10	56	62	187	174	100	3	7	9	82	73
76	5	23	28	143	130	84	11	70	78	218	204	92	11	64	71	200	186	100	4	13	15	96	86
76	6	31	37	160	147	84	12	79	87	232	217	92	12	72	80	212	199	100	5	18	21	109	99
76	7	40	46	177	163	84	13	88	97	246	231	92	13	80	88	225	211	100	6	24	28	122	112
76	8	49	56	193	179	84	14	97	106	259	244	92	14	89	97	238	224	100	7	31	35	135	124
76	9	58	65	209	194	84	15	107	116	273	258	92	15	98	106	250	236	100	8	38	42	147	136
76	10	68	75	225	209	84	16	116	126	286	271	92	16	106	115	262	248	100	9	44	50	160	148
76	11	77	86	240	225	84	17	126	136	299	284	92	17	115	124	274	260	100	10	52	58	172	160
76	12	87	96	255	240	86	0	0	0	40	32	92	18	124	134	287	272	100	11	59	65	184	172
76	13	97	107	270	254	86	1	1	1	60	52	92	19	133	143	299	284	100	12	67	73	196	183
76	14	108	118	285	269	86	2	4	5	78	69	94	0	0	0	36	29	100	13	74	81	207	195
76	15	118	129	300	284	86	3	8	11	95	85	94	1	1	1	55	47	100	14	82	89	219	206
76	16	129	140	315	298	86	4	14	17	111	100	94	2	4	5	72	63	100	15	90	98	231	217
78	0	0	0	44	36	86	5	21	25	127	115	94	3	8	10	87	78	100	16	98	106	242	229
78	1	1	1	67	57	86	6	28	33	142	130	94	4	13	16	102	92	100	17	106	114	253	240
78	2	4	5	87	76	86	7	35	41	157	144	94	5	19	23	116	105	100	18	114	123	265	251
78	3	9	12	105	94	86	8	43	49	171	158	94	6	26	30	130	119	100	19	122	131	276	262
78	4	16	19	123	111	86	9	51	58	185	172	94	7	33	37	144	132	100	20	130	140	287	273
78	5	23	27	140	127	86	10	60	67	199	186	94	8	40	45	157	145	102	0	0	0	33	27
78	6	31	36	156	143	86	11	68	76	213	199	94	9	47	53	170	158	102	1	1	1	51	43
78	7	39	45	172	159	86	12	77	85	227	212	94	10	55	61	183	170	102	2	3	4	66	58
78	8	48	54	188	174	86	13	86	94	240	226	94	11	63	69	195	183	102	3	7	9	80	71
78	9	57	64	204	189	86	14	95	104	253	239	94	12	71	78	208	195	102	4	12	15	94	85
78	10	66	74	219	204	86	15	104	114	267	252	94	13	79	86	220	207	102	5	18	21	107	97
78	11	75	84	234	219	86	16	114	123	280	265	94	14	87	95	233	219	102	6	24	28	120	110
78	12	85	94	249	234	86	17	123	133	293	278	94	15	95	104	245	231	102	7	30	35	132	122

CONFIDENCE BOUNDS FOR A

N = 1000

n	a	LOWER .975	LOWER .95	UPPER .975	UPPER .95
102	8	37	42	145	134
102	9	44	49	157	145
102	10	51	56	169	157
102	11	58	64	180	168
102	12	65	72	192	180
102	13	73	80	203	191
102	14	80	88	215	202
102	15	88	96	226	213
102	16	96	104	237	224
102	17	104	112	248	235
102	18	112	120	260	246
102	19	120	129	270	257
102	20	128	137	281	268
102	21	136	146	292	278
104	0	0	0	33	26
104	1	1	1	50	42
104	2	3	4	65	57
104	3	7	9	79	70
104	4	12	15	92	83
104	5	18	21	105	95
104	6	23	27	118	107
104	7	30	34	130	119
104	8	36	41	142	131
104	9	43	48	154	143
104	10	50	55	165	154
104	11	57	63	177	165
104	12	64	71	188	176
104	13	71	78	200	187
104	14	79	86	211	198
104	15	86	94	222	209
104	16	94	102	233	220
104	17	102	110	244	231
104	18	110	118	255	242
104	19	117	126	265	252
104	20	125	135	276	263
104	21	133	143	287	273
106	0	0	0	32	26
106	1	1	1	49	42
106	2	3	4	63	56
106	3	7	9	77	69
106	4	12	14	90	81
106	5	17	20	103	93
106	6	23	27	115	105
106	7	29	33	127	117
106	8	35	40	139	129
106	9	42	47	151	140
106	10	49	54	162	151
106	11	56	62	174	162
106	12	63	69	185	173
106	13	70	77	196	184
106	14	77	84	207	195
106	15	85	92	218	205
106	16	92	100	229	216
106	17	100	108	239	227
106	18	108	116	250	237
106	19	115	124	261	248
106	20	123	132	271	258
106	21	131	140	282	268
106	22	139	148	292	278
108	0	0	0	31	25
108	1	1	1	48	41
108	2	3	4	62	55
108	3	7	9	76	67
108	4	12	14	89	80
108	5	17	20	101	92
108	6	23	26	113	103
108	7	29	33	125	115
108	8	35	39	137	126
108	9	41	46	148	137
108	10	48	53	159	148
108	11	55	61	170	159
108	12	62	68	181	170
108	13	69	75	192	181
108	14	76	83	203	191
108	15	83	91	214	202

N = 1000

n	a	LOWER .975	LOWER .95	UPPER .975	UPPER .95
108	16	91	98	225	212
108	17	98	106	235	222
108	18	106	114	246	233
108	19	113	122	256	243
108	20	121	130	266	253
108	21	129	138	277	263
108	22	136	146	287	273
110	0	0	0	31	25
110	1	1	1	47	40
110	2	3	4	61	54
110	3	7	9	74	66
110	4	12	14	87	78
110	5	17	20	99	90
110	6	22	26	111	102
110	7	28	32	123	113
110	8	34	39	134	124
110	9	41	46	145	135
110	10	47	52	156	146
110	11	54	60	167	156
110	12	61	67	178	167
110	13	68	74	189	177
110	14	75	81	200	188
110	15	82	89	210	198
110	16	89	96	221	208
110	17	96	104	231	219
110	18	104	112	241	229
110	19	111	119	251	239
110	20	119	127	262	249
110	21	126	135	272	259
110	22	134	143	282	269
112	0	0	0	30	24
112	1	1	1	46	39
112	2	3	4	60	53
112	3	7	8	73	65
112	4	11	14	85	77
112	5	16	19	97	88
112	6	22	25	109	100
112	7	28	32	121	111
112	8	34	38	132	122
112	9	40	45	143	132
112	10	46	52	154	143
112	11	53	59	164	154
112	12	60	66	175	164
112	13	66	73	186	174
112	14	73	80	196	184
112	15	80	87	206	195
112	16	87	95	217	205
112	17	95	102	227	215
112	18	102	110	237	225
112	19	109	117	247	235
112	20	116	125	257	244
112	21	124	133	267	254
112	22	131	140	277	264
112	23	139	148	287	274
114	0	0	0	30	24
114	1	1	1	45	39
114	2	3	4	59	52
114	3	7	8	72	64
114	4	11	13	84	75
114	5	16	19	96	87
114	6	22	25	107	98
114	7	27	31	118	109
114	8	33	37	129	120
114	9	39	44	140	130
114	10	46	51	151	141
114	11	52	58	162	151
114	12	59	64	172	161
114	13	65	71	182	171
114	14	72	79	193	181
114	15	79	86	203	191
114	16	86	93	213	201
114	17	93	100	223	211
114	18	100	108	233	221
114	19	107	115	243	231
114	20	114	123	253	240

N = 1000

n	a	LOWER .975	LOWER .95	UPPER .975	UPPER .95
114	21	122	130	262	250
114	22	129	138	272	259
114	23	137	146	282	269
116	0	0	0	29	23
116	1	1	1	44	38
116	2	3	4	58	51
116	3	7	8	70	63
116	4	11	13	82	74
116	5	16	19	94	85
116	6	21	25	105	96
116	7	27	31	116	107
116	8	33	37	127	117
116	9	39	43	138	128
116	10	45	50	148	138
116	11	51	57	159	148
116	12	58	63	169	158
116	13	64	70	179	168
116	14	71	77	189	178
116	15	78	84	199	188
116	16	84	91	209	198
116	17	91	99	219	207
116	18	98	106	229	217
116	19	105	113	239	227
116	20	112	121	248	236
116	21	120	128	258	246
116	22	127	136	268	255
116	23	134	143	277	264
116	24	142	151	287	274
118	0	0	0	28	23
118	1	1	1	44	37
118	2	3	4	57	50
118	3	7	8	69	62
118	4	11	13	81	73
118	5	16	18	92	84
118	6	21	24	104	95
118	7	26	30	114	105
118	8	32	36	125	115
118	9	38	43	136	126
118	10	44	49	146	136
118	11	50	56	156	146
118	12	57	62	166	156
118	13	63	69	176	165
118	14	70	76	186	175
118	15	76	83	196	185
118	16	83	90	206	194
118	17	90	97	216	204
118	18	97	104	225	213
118	19	104	111	235	223
118	20	111	119	244	232
118	21	118	126	254	242
118	22	125	133	263	251
118	23	132	141	273	260
118	24	139	148	282	269
120	0	0	0	28	23
120	1	1	1	43	37
120	2	3	4	56	49
120	3	6	8	68	61
120	4	11	13	80	72
120	5	15	18	91	82
120	6	21	24	102	93
120	7	26	30	112	103
120	8	32	36	123	114
120	9	37	42	133	124
120	10	43	48	144	133
120	11	49	55	154	143
120	12	56	61	164	153
120	13	62	68	173	163
120	14	69	75	183	172
120	15	75	82	193	182
120	16	82	88	203	191
120	17	88	95	212	201
120	18	95	102	222	210
120	19	102	110	231	219
120	20	109	117	240	228
120	21	116	124	250	238

N = 1000

n	a	LOWER .975	LOWER .95	UPPER .975	UPPER .95
120	22	123	131	259	247
120	23	130	138	268	256
120	24	137	146	277	265
122	0	0	0	27	22
122	1	1	1	42	36
122	2	3	4	55	48
122	3	6	8	67	59
122	4	11	13	78	70
122	5	15	18	89	81
122	6	20	23	100	91
122	7	26	29	111	102
122	8	31	35	121	112
122	9	37	41	131	122
122	10	43	47	141	131
122	11	49	54	151	141
122	12	55	60	161	151
122	13	61	67	171	160
122	14	67	74	180	169
122	15	74	80	190	179
122	16	80	87	199	188
122	17	87	94	209	197
122	18	94	101	218	207
122	19	100	108	227	216
122	20	107	115	237	225
122	21	114	122	246	234
122	22	121	129	255	243
122	23	128	136	264	252
122	24	135	143	273	261
122	25	142	150	282	270
124	0	0	0	27	22
124	1	1	1	41	35
124	2	3	4	54	47
124	3	6	8	66	59
124	4	10	12	77	69
124	5	15	18	88	80
124	6	20	23	98	90
124	7	25	29	109	100
124	8	31	35	119	110
124	9	36	41	129	120
124	10	42	47	139	129
124	11	48	53	149	139
124	12	54	59	158	148
124	13	60	66	168	157
124	14	66	72	177	167
124	15	73	79	187	176
124	16	79	86	196	185
124	17	86	92	205	194
124	18	92	99	215	203
124	19	99	106	224	212
124	20	105	113	233	221
124	21	112	120	242	230
124	22	119	127	251	239
124	23	126	134	260	248
124	24	132	141	269	257
124	25	139	148	278	265
126	0	0	0	27	21
126	1	1	1	41	35
126	2	3	4	53	46
126	3	6	8	65	58
126	4	10	12	76	68
126	5	15	17	86	78
126	6	20	23	97	89
126	7	25	28	107	98
126	8	30	34	117	108
126	9	36	40	127	118
126	10	41	46	137	127
126	11	47	52	146	136
126	12	53	58	156	146
126	13	59	65	165	155
126	14	65	71	175	164
126	15	72	78	184	173
126	16	78	84	193	182
126	17	84	91	202	191
126	18	91	98	211	200
126	19	97	104	220	209

CONFIDENCE BOUNDS FOR A

N = 1000						N = 1000						N = 1000						N = 1000					
		LOWER		UPPER				LOWER		UPPER				LOWER		UPPER				LOWER		UPPER	
n	a	.975	.95	.975	.95	n	a	.975	.95	.975	.95	n	a	.975	.95	.975	.95	n	a	.975	.95	.975	.95
126	20	104	111	229	218	132	14	62	68	167	157	138	4	9	11	69	62	142	21	98	105	212	201
126	21	110	118	238	226	132	15	68	74	176	165	138	5	14	16	79	71	142	22	104	111	220	209
126	22	117	125	247	235	132	16	74	81	184	174	138	6	18	21	88	81	142	23	110	117	227	217
126	23	124	132	256	244	132	17	80	87	193	183	138	7	23	26	98	90	142	24	116	123	235	225
126	24	130	139	264	253	132	18	87	93	202	191	138	8	28	31	107	99	142	25	122	129	243	232
126	25	137	146	273	261	132	19	93	100	210	200	138	9	33	37	116	107	142	26	128	135	251	240
126	26	144	153	282	270	132	20	99	106	219	208	138	10	38	42	125	116	142	27	134	142	259	248
128	0	0	0	26	21	132	21	105	113	227	216	138	11	43	48	134	125	142	28	140	148	266	255
128	1	1	1	40	34	132	22	112	119	236	225	138	12	49	54	142	133	142	29	146	154	274	263
128	2	3	4	52	46	132	23	118	126	244	233	138	13	54	59	151	142	144	0	0	0	23	19
128	3	6	8	64	57	132	24	124	132	253	241	138	14	60	65	159	150	144	1	1	1	35	30
128	4	10	12	75	67	132	25	131	139	261	250	138	15	66	71	168	158	144	2	3	3	46	40
128	5	15	17	85	77	132	26	137	146	269	258	138	16	71	77	176	166	144	3	6	7	56	50
128	6	19	22	95	87	132	27	144	152	278	266	138	17	77	83	185	175	144	4	9	11	66	59
128	7	24	28	105	97	134	0	0	0	25	20	138	18	83	89	193	183	144	5	13	15	75	68
128	8	30	34	115	106	134	1	1	1	38	33	138	19	89	95	201	191	144	6	17	20	85	77
128	9	35	39	125	116	134	2	3	4	50	44	138	20	95	102	210	199	144	7	22	25	94	86
128	10	41	45	135	125	134	3	6	7	61	54	138	21	101	108	218	207	144	8	27	30	102	94
128	11	47	51	144	134	134	4	10	12	71	64	138	22	107	114	226	215	144	9	32	35	111	103
128	12	52	58	153	144	134	5	14	16	81	74	138	23	113	120	234	223	144	10	37	41	120	111
128	13	58	64	163	153	134	6	19	21	91	83	138	24	119	127	242	231	144	11	42	46	128	119
128	14	64	70	172	162	134	7	23	27	101	92	138	25	125	133	250	239	144	12	47	51	136	128
128	15	70	77	181	170	134	8	28	32	110	102	138	26	131	139	258	247	144	13	52	57	145	136
128	16	77	83	190	179	134	9	34	38	119	111	138	27	138	146	266	255	144	14	57	63	153	144
128	17	83	90	199	188	134	10	39	43	129	119	138	28	144	152	274	262	144	15	63	68	161	152
128	18	89	96	208	197	134	11	45	49	138	128	140	0	0	0	24	19	144	16	68	74	169	160
128	19	96	103	217	206	134	12	50	55	147	137	140	1	1	1	36	31	144	17	74	80	177	167
128	20	102	109	226	214	134	13	56	61	155	146	140	2	3	3	48	42	144	18	80	86	185	175
128	21	109	116	234	223	134	14	62	67	164	154	140	3	6	7	58	52	144	19	85	91	193	183
128	22	115	123	243	232	134	15	67	73	173	163	140	4	9	11	68	61	144	20	91	97	201	191
128	23	122	130	252	240	134	16	73	79	182	171	140	5	13	16	78	70	144	21	97	103	209	199
128	24	128	136	260	249	134	17	79	86	190	180	140	6	18	21	87	79	144	22	102	109	217	206
128	25	135	143	269	257	134	18	85	92	199	188	140	7	23	26	96	88	144	23	108	115	224	214
128	26	142	150	278	266	134	19	91	98	207	197	140	8	27	31	105	97	144	24	114	121	232	221
130	0	0	0	26	21	134	20	98	105	216	205	140	9	32	36	114	106	144	25	120	127	240	229
130	1	1	1	39	34	134	21	104	111	224	213	140	10	37	42	123	114	144	26	126	134	247	237
130	2	3	4	51	45	134	22	110	117	232	221	140	11	43	47	132	123	144	27	132	140	255	244
130	3	6	7	63	56	134	23	116	124	241	230	140	12	48	53	140	131	144	28	138	146	263	252
130	4	10	12	73	66	134	24	123	130	249	238	140	13	54	59	149	139	144	29	144	152	270	259
130	5	14	17	84	76	134	25	129	137	257	246	140	14	59	64	157	148	146	0	0	0	23	18
130	6	19	22	94	86	134	26	135	144	266	254	140	15	65	70	166	156	146	1	1	1	35	30
130	7	24	27	104	95	134	27	142	150	274	262	140	16	70	76	174	164	146	2	3	3	46	40
130	8	29	33	113	105	136	0	0	0	24	20	140	17	76	82	182	172	146	3	6	7	56	49
130	9	35	39	123	114	136	1	1	1	38	32	140	18	82	88	190	180	146	4	9	11	65	59
130	10	40	45	132	123	136	2	3	3	49	43	140	19	88	94	198	188	146	5	13	15	74	67
130	11	46	51	142	132	136	3	6	7	60	53	140	20	93	100	207	196	146	6	17	20	83	76
130	12	52	57	151	141	136	4	10	11	70	63	140	21	99	106	215	204	146	7	22	25	92	85
130	13	57	63	160	150	136	5	14	16	80	73	140	22	105	112	223	212	146	8	26	30	101	93
130	14	63	69	169	159	136	6	18	21	90	82	140	23	111	119	231	220	146	9	31	35	109	101
130	15	69	75	178	168	136	7	23	26	99	91	140	24	117	125	239	228	146	10	36	40	118	110
130	16	76	82	187	177	136	8	28	32	108	100	140	25	123	131	247	236	146	11	41	45	126	118
130	17	82	88	196	185	136	9	33	37	118	109	140	26	130	137	254	243	146	12	46	51	134	126
130	18	88	95	205	194	136	10	39	43	127	118	140	27	136	144	262	251	146	13	51	56	143	134
130	19	94	101	214	203	136	11	44	49	136	126	140	28	142	150	270	259	146	14	57	62	151	142
130	20	100	108	222	211	136	12	49	54	144	135	142	0	0	0	23	19	146	15	62	67	159	150
130	21	107	114	231	220	136	13	55	60	153	144	142	1	1	1	36	31	146	16	67	73	167	157
130	22	113	121	239	228	136	14	61	66	162	152	142	2	3	3	47	41	146	17	73	79	175	165
130	23	120	128	248	237	136	15	66	72	170	161	142	3	6	7	57	51	146	18	78	84	183	173
130	24	126	134	257	245	136	16	72	78	179	169	142	4	9	11	67	60	146	19	84	90	190	181
130	25	133	141	265	253	136	17	78	84	187	177	142	5	13	16	77	69	146	20	90	96	198	188
130	26	139	148	273	262	136	18	84	91	196	185	142	6	18	20	86	78	146	21	95	102	206	196
132	0	0	0	25	20	136	19	90	97	204	194	142	7	22	25	95	87	146	22	101	108	214	203
132	1	1	1	39	33	136	20	96	103	213	202	142	8	27	30	104	96	146	23	107	114	221	211
132	2	3	4	51	44	136	21	102	109	221	210	142	9	32	36	113	104	146	24	113	120	229	218
132	3	6	7	62	55	136	22	108	116	229	218	142	10	37	41	121	113	146	25	118	126	237	226
132	4	10	12	72	65	136	23	115	122	237	226	142	11	42	47	130	121	146	26	124	132	244	233
132	5	14	17	82	75	136	24	121	128	245	234	142	12	47	52	138	129	146	27	130	138	252	241
132	6	19	22	92	84	136	25	127	135	254	242	142	13	53	58	147	138	146	28	136	144	259	248
132	7	24	27	102	94	136	26	133	141	262	250	142	14	58	63	155	146	146	29	142	150	267	256
132	8	29	33	112	103	136	27	140	148	270	258	142	15	64	69	163	154	146	30	148	156	274	263
132	9	34	38	121	112	136	28	146	154	278	266	142	16	69	75	171	162	148	0	0	0	22	18
132	10	40	44	130	121	138	0	0	0	24	19	142	17	75	81	180	170	148	1	1	1	34	29
132	11	45	50	140	130	138	1	1	1	37	32	142	18	81	87	188	178	148	2	3	3	45	39
132	12	51	56	149	139	138	2	3	3	48	42	142	19	86	93	196	186	148	3	5	7	55	49
132	13	57	62	158	148	138	3	6	7	59	52	142	20	92	99	204	193	148	4	9	11	64	58

CONFIDENCE BOUNDS FOR A

		N = 1000						N = 1000						N = 1000						N = 1000			
		LOWER		UPPER				LOWER		UPPER				LOWER		UPPER				LOWER		UPPER	
n	a	.975	.95	.975	.95	n	a	.975	.95	.975	.95	n	a	.975	.95	.975	.95	n	a	.975	.95	.975	.95
148	5	13	15	73	67	152	18	75	81	175	166	156	29	133	140	250	240	162	5	12	14	67	61
148	6	17	20	82	75	152	19	81	87	183	173	156	30	139	146	257	246	162	6	16	18	75	68
148	7	21	24	91	84	152	20	86	92	190	181	156	31	144	152	264	253	162	7	20	22	83	76
148	8	26	29	99	92	152	21	92	98	198	188	156	32	150	158	271	260	162	8	24	27	91	84
148	9	31	34	108	100	152	22	97	104	205	195	158	0	0	0	21	17	162	9	28	32	98	91
148	10	36	39	116	108	152	23	103	109	213	203	158	1	1	1	32	27	162	10	33	36	106	99
148	11	41	45	124	116	152	24	108	115	220	210	158	2	3	3	42	37	162	11	37	41	114	106
148	12	46	50	133	124	152	25	114	121	227	217	158	3	5	6	51	45	162	12	42	46	121	113
148	13	51	55	141	132	152	26	119	127	235	224	158	4	8	10	60	54	162	13	47	51	128	120
148	14	56	61	149	140	152	27	125	132	242	232	158	5	12	14	69	62	162	14	51	56	136	128
148	15	61	66	157	147	152	28	131	138	249	239	158	6	16	18	77	70	162	15	56	61	143	135
148	16	67	72	164	155	152	29	136	144	256	246	158	7	20	23	85	78	162	16	61	66	150	142
148	17	72	78	172	163	152	30	142	150	264	253	158	8	25	28	93	86	162	17	66	71	157	149
148	18	77	83	180	171	152	31	148	156	271	260	158	9	29	32	101	94	162	18	71	76	165	156
148	19	83	89	188	178	154	0	0	0	21	17	158	10	33	37	109	101	162	19	76	82	172	163
148	20	88	95	196	186	154	1	1	1	33	28	158	11	38	42	116	109	162	20	81	87	179	170
148	21	94	101	203	193	154	2	3	3	43	38	158	12	43	47	124	116	162	21	86	92	186	177
148	22	100	106	211	201	154	3	5	6	53	47	158	13	48	52	132	123	162	22	91	97	193	183
148	23	105	112	218	208	154	4	9	10	62	55	158	14	53	57	139	131	162	23	96	103	200	190
148	24	111	118	226	216	154	5	12	14	70	64	158	15	58	62	147	138	162	24	102	108	207	197
148	25	117	124	233	223	154	6	16	19	79	72	158	16	63	68	154	145	162	25	107	113	213	204
148	26	123	130	241	230	154	7	21	23	87	80	158	17	68	73	161	153	162	26	112	119	220	211
148	27	128	136	248	238	154	8	25	28	96	88	158	18	73	78	169	160	162	27	117	124	227	217
148	28	134	142	256	245	154	9	30	33	104	96	158	19	78	84	176	167	162	28	123	130	234	224
148	29	140	148	263	252	154	10	34	38	112	104	158	20	83	89	183	174	162	29	128	135	241	231
148	30	146	154	271	260	154	11	39	43	120	112	158	21	88	94	190	181	162	30	133	141	248	237
150	0	0	0	22	18	154	12	44	48	127	119	158	22	94	100	198	188	162	31	139	146	254	244
150	1	1	1	34	29	154	13	49	53	135	127	158	23	99	105	205	195	162	32	144	152	261	251
150	2	3	3	44	39	154	14	54	59	143	134	158	24	104	111	212	202	164	0	0	0	20	16
150	3	5	7	54	48	154	15	59	64	150	142	158	25	110	116	219	209	164	1	1	1	31	26
150	4	9	11	63	57	154	16	64	69	158	149	158	26	115	122	226	216	164	2	2	3	40	35
150	5	13	15	72	66	154	17	69	75	166	157	158	27	120	127	233	223	164	3	5	6	49	44
150	6	17	19	81	74	154	18	75	80	173	164	158	28	126	133	240	230	164	4	8	10	58	52
150	7	21	24	90	82	154	19	80	86	181	171	158	29	131	139	247	237	164	5	12	14	66	60
150	8	26	29	98	91	154	20	85	91	188	178	158	30	137	144	254	243	164	6	16	18	74	68
150	9	30	34	106	99	154	21	91	97	195	186	158	31	142	150	261	250	164	7	20	22	82	75
150	10	35	39	115	107	154	22	96	102	203	193	158	32	148	156	268	257	164	8	24	27	90	83
150	11	40	44	123	115	154	23	101	108	210	200	160	0	0	0	20	17	164	9	28	31	97	90
150	12	45	49	131	122	154	24	107	114	217	207	160	1	1	1	32	27	164	10	32	36	105	97
150	13	50	55	139	130	154	25	112	119	224	214	160	2	2	3	41	36	164	11	37	41	112	105
150	14	55	60	147	138	154	26	118	125	232	221	160	3	5	6	50	45	164	12	41	45	120	112
150	15	60	66	155	146	154	27	123	131	239	229	160	4	8	10	59	53	164	13	46	50	127	119
150	16	66	71	162	153	154	28	129	136	246	236	160	5	12	14	68	61	164	14	51	55	134	126
150	17	71	77	170	161	154	29	135	142	253	243	160	6	16	18	76	69	164	15	56	60	141	133
150	18	76	82	178	168	154	30	140	148	260	250	160	7	20	23	84	77	164	16	60	65	148	140
150	19	82	88	185	176	154	31	146	154	267	257	160	8	24	27	92	85	164	17	65	70	155	147
150	20	87	94	193	183	156	0	0	0	21	17	160	9	29	32	100	92	164	18	70	75	163	154
150	21	93	99	200	191	156	1	1	1	32	28	160	10	33	37	107	100	164	19	75	81	170	161
150	22	98	105	208	198	156	2	3	3	42	37	160	11	38	42	115	107	164	20	80	86	177	168
150	23	104	111	215	205	156	3	5	6	52	46	160	12	42	46	123	115	164	21	85	91	182	174
150	24	110	117	223	213	156	4	9	10	61	55	160	13	47	51	130	122	164	22	90	96	190	181
150	25	115	122	230	220	156	5	12	14	69	63	160	14	52	57	137	129	164	23	95	101	197	188
150	26	121	128	238	227	156	6	16	19	78	71	160	15	57	62	145	136	164	24	100	107	204	195
150	27	127	134	245	235	156	7	20	23	86	79	160	16	62	67	152	144	164	25	106	112	211	201
150	28	132	140	252	242	156	8	25	28	94	87	160	17	67	72	159	151	164	26	111	117	218	208
150	29	138	146	260	249	156	9	29	33	102	95	160	18	72	77	167	158	164	27	116	123	224	215
150	30	144	152	267	256	156	10	34	38	110	102	160	19	77	83	174	165	164	28	121	128	231	221
152	0	0	0	22	18	156	11	39	43	118	110	160	20	82	88	181	172	164	29	127	134	238	228
152	1	1	1	33	28	156	12	43	48	126	118	160	21	87	93	188	179	164	30	132	139	245	235
152	2	3	3	44	38	156	13	48	53	133	125	160	22	92	99	195	186	164	31	137	144	251	241
152	3	5	7	53	47	156	14	53	58	141	133	160	23	98	104	202	193	164	32	142	150	258	248
152	4	9	10	62	56	156	15	58	63	149	140	160	24	103	109	209	199	164	33	148	155	265	254
152	5	13	15	71	65	156	16	63	68	156	147	160	25	108	115	216	206	166	0	0	0	20	16
152	6	17	19	80	73	156	17	68	74	163	155	160	26	114	120	223	213	166	1	1	1	30	26
152	7	21	24	88	81	156	18	74	79	171	162	160	27	119	126	230	220	166	2	2	3	40	35
152	8	25	29	97	89	156	19	79	85	178	169	160	28	124	131	237	227	166	3	5	6	49	43
152	9	30	33	105	97	156	20	84	90	186	176	160	29	130	137	244	234	166	4	8	10	57	51
152	10	35	39	113	105	156	21	89	96	193	183	160	30	135	142	251	240	166	5	12	14	66	59
152	11	40	44	121	113	156	22	95	101	200	190	160	31	141	148	257	247	166	6	15	18	73	67
152	12	44	49	129	121	156	23	100	107	207	198	160	32	146	154	264	254	166	7	19	22	81	74
152	13	49	54	137	128	156	24	105	112	214	205	162	0	0	0	20	16	166	8	23	26	88	82
152	14	55	59	145	136	156	25	111	118	222	212	162	1	1	1	31	27	166	9	28	31	96	89
152	15	60	65	152	144	156	26	116	123	229	219	162	2	2	3	41	36	166	10	32	35	103	96
152	16	65	70	160	151	156	27	122	129	236	226	162	3	5	6	50	44	166	11	36	40	111	103
152	17	70	76	168	159	156	28	127	135	243	233	162	4	8	10	58	53						

CONFIDENCE BOUNDS FOR A

N = 1000

n	a	LOWER .975	LOWER .95	UPPER .975	UPPER .95
166	12	41	45	118	110
166	13	46	50	125	117
166	14	50	55	132	124
166	15	55	60	140	131
166	16	60	64	147	138
166	17	64	69	154	145
166	18	69	75	161	152
166	19	74	80	167	159
166	20	79	85	174	166
166	21	84	90	181	172
166	22	89	95	188	179
166	23	94	100	195	186
166	24	99	106	202	192
166	25	104	111	208	199
166	26	109	116	215	206
166	27	115	121	222	212
166	28	120	127	228	219
166	29	125	132	235	225
166	30	130	137	242	232
166	31	136	143	248	238
166	32	141	148	255	245
166	33	146	154	261	251
166	34	151	159	268	258
168	0	0	0	19	16
168	1	1	1	30	26
168	2	2	3	39	34
168	3	5	6	48	43
168	4	8	10	56	51
168	5	12	13	64	58
168	6	15	17	72	66
168	7	19	22	80	73
168	8	23	26	87	81
168	9	27	30	95	88
168	10	32	35	102	95
168	11	36	40	109	102
168	12	40	44	117	109
168	13	45	49	124	116
168	14	50	54	131	123
168	15	54	59	138	130
168	16	59	64	145	137
168	17	64	69	152	143
168	18	69	74	159	150
168	19	73	79	165	157
168	20	78	84	172	164
168	21	83	89	179	170
168	22	88	94	186	177
168	23	93	99	193	183
168	24	98	104	199	190
168	25	103	109	206	197
168	26	108	115	213	203
168	27	113	120	219	210
168	28	118	125	226	216
168	29	124	130	232	223
168	30	129	136	239	229
168	31	134	141	245	236
168	32	139	146	252	242
168	33	144	152	258	248
168	34	150	157	265	255
170	0	0	0	19	15
170	1	1	1	30	25
170	2	2	3	39	34
170	3	5	6	47	42
170	4	8	9	56	50
170	5	11	13	63	58
170	6	15	17	71	65
170	7	19	21	79	72
170	8	23	26	86	80
170	9	27	30	94	87
170	10	31	35	101	94
170	11	36	39	108	101
170	12	40	44	115	108
170	13	45	49	122	115
170	14	49	53	129	121
170	15	54	58	136	128
170	16	58	63	143	135

N = 1000

n	a	LOWER .975	LOWER .95	UPPER .975	UPPER .95
170	17	63	68	150	142
170	18	68	73	157	148
170	19	73	78	164	155
170	20	77	83	170	162
170	21	82	88	177	168
170	22	87	93	184	175
170	23	92	98	190	181
170	24	97	103	197	188
170	25	102	108	203	194
170	26	107	113	210	201
170	27	112	119	217	207
170	28	117	124	223	214
170	29	122	129	230	220
170	30	127	134	236	226
170	31	132	139	242	233
170	32	138	145	249	239
170	33	143	150	255	245
170	34	148	155	262	252
172	0	0	0	19	15
172	1	1	1	29	25
172	2	2	3	38	33
172	3	5	6	47	42
172	4	8	9	55	49
172	5	11	13	63	57
172	6	15	17	70	64
172	7	19	21	78	72
172	8	23	25	85	79
172	9	27	30	93	86
172	10	31	34	100	93
172	11	35	39	107	100
172	12	40	43	114	106
172	13	44	48	121	113
172	14	49	53	128	120
172	15	53	58	135	127
172	16	58	62	141	133
172	17	62	67	148	140
172	18	67	72	155	147
172	19	72	77	162	153
172	20	76	82	168	160
172	21	81	87	175	166
172	22	86	92	182	173
172	23	91	97	188	179
172	24	96	102	195	186
172	25	101	107	201	192
172	26	106	112	208	198
172	27	111	117	214	205
172	28	116	122	221	211
172	29	121	127	227	217
172	30	126	133	233	224
172	31	131	138	240	230
172	32	136	143	246	236
172	33	141	148	252	243
172	34	146	154	259	249
172	35	151	159	265	255
174	0	0	0	19	15
174	1	1	1	29	25
174	2	2	3	38	33
174	3	5	6	46	41
174	4	8	9	54	49
174	5	11	13	62	56
174	6	15	17	70	64
174	7	19	21	77	71
174	8	22	25	84	78
174	9	27	30	91	85
174	10	31	34	99	92
174	11	35	38	106	98
174	12	39	43	113	105
174	13	44	48	119	112
174	14	48	52	126	119
174	15	52	57	133	125
174	16	57	62	140	132
174	17	62	67	146	138
174	18	66	71	153	145
174	19	71	76	160	151
174	20	76	81	166	158

N = 1000

n	a	LOWER .975	LOWER .95	UPPER .975	UPPER .95
174	21	80	86	173	164
174	22	85	91	179	171
174	23	90	96	186	177
174	24	95	101	192	183
174	25	100	106	199	190
174	26	105	111	205	196
174	27	109	116	212	202
174	28	114	121	218	209
174	29	119	126	224	215
174	30	124	131	231	221
174	31	129	136	237	227
174	32	134	141	243	234
174	33	139	147	250	240
174	34	144	152	256	246
174	35	150	157	262	252
176	0	0	0	18	15
176	1	1	1	28	24
176	2	2	3	37	33
176	3	5	6	46	41
176	4	8	9	54	48
176	5	11	13	61	56
176	6	15	17	69	63
176	7	18	21	76	70
176	8	22	25	83	77
176	9	26	29	90	84
176	10	30	34	97	91
176	11	35	38	104	97
176	12	39	42	111	104
176	13	43	47	118	111
176	14	47	52	125	117
176	15	52	56	132	124
176	16	56	61	138	130
176	17	61	66	145	137
176	18	66	70	151	143
176	19	70	75	158	150
176	20	75	80	164	156
176	21	80	85	171	162
176	22	84	90	177	169
176	23	89	95	184	175
176	24	94	100	190	181
176	25	99	105	197	188
176	26	103	110	203	194
176	27	108	115	209	200
176	28	113	120	216	206
176	29	118	125	222	213
176	30	123	130	228	219
176	31	128	135	234	225
176	32	133	140	241	231
176	33	138	145	247	237
176	34	143	150	253	243
176	35	148	155	259	249
176	36	153	160	265	255
178	0	0	0	18	15
178	1	1	1	28	24
178	2	2	3	37	32
178	3	5	6	45	40
178	4	8	9	53	48
178	5	11	13	61	55
178	6	14	17	68	62
178	7	18	21	75	69
178	8	22	25	82	76
178	9	26	29	89	83
178	10	30	33	96	90
178	11	34	38	103	96
178	12	38	42	110	103
178	13	43	47	117	109
178	14	47	51	123	116
178	15	51	56	130	122
178	16	56	60	137	129
178	17	60	65	143	135
178	18	65	70	150	142
178	19	69	74	156	148
178	20	74	79	163	154
178	21	79	84	169	161
178	22	83	89	175	167

N = 1000

n	a	LOWER .975	LOWER .95	UPPER .975	UPPER .95
178	23	88	94	182	173
178	24	93	99	188	179
178	25	97	103	194	186
178	26	102	108	201	192
178	27	107	113	207	198
178	28	112	118	213	204
178	29	117	123	219	210
178	30	122	128	226	216
178	31	127	133	232	222
178	32	131	138	238	228
178	33	136	143	244	234
178	34	141	148	250	241
178	35	146	153	256	247
178	36	151	159	262	253
180	0	0	0	18	14
180	1	1	1	28	24
180	2	2	3	36	32
180	3	5	6	45	40
180	4	8	9	52	47
180	5	11	13	60	54
180	6	14	16	67	61
180	7	18	20	74	68
180	8	22	24	81	75
180	9	26	29	88	82
180	10	30	33	95	89
180	11	34	37	102	95
180	12	38	42	109	102
180	13	42	46	115	108
180	14	46	51	122	115
180	15	51	55	129	121
180	16	55	60	135	127
180	17	60	64	142	134
180	18	64	69	148	140
180	19	69	74	154	146
180	20	73	78	161	153
180	21	78	83	167	159
180	22	82	88	173	165
180	23	87	93	180	171
180	24	92	97	186	177
180	25	96	102	192	183
180	26	101	107	198	190
180	27	106	112	205	196
180	28	111	117	211	202
180	29	115	122	217	208
180	30	120	127	223	214
180	31	125	132	229	220
180	32	130	137	235	226
180	33	135	142	241	232
180	34	140	147	247	238
180	35	145	152	253	244
180	36	150	157	259	250
182	0	0	0	18	14
182	1	1	1	27	23
182	2	2	3	36	32
182	3	5	6	44	39
182	4	8	9	52	47
182	5	11	13	59	54
182	6	14	16	66	61
182	7	18	20	73	67
182	8	22	24	80	74
182	9	25	28	87	81
182	10	29	33	94	88
182	11	33	37	101	94
182	12	38	41	107	101
182	13	42	46	114	107
182	14	46	50	121	113
182	15	50	55	127	120
182	16	55	59	134	126
182	17	59	64	140	133
182	18	63	68	146	139
182	19	68	73	153	145
182	20	72	78	159	151
182	21	77	82	165	157
182	22	82	87	172	163
182	23	86	92	178	169

CONFIDENCE BOUNDS FOR A

n	a	N = 1000 LOWER .975	LOWER .95	UPPER .975	UPPER .95
182	24	91	96	184	175
182	25	95	101	190	181
182	26	100	106	196	188
182	27	105	111	202	194
182	28	109	116	208	200
182	29	114	121	215	206
182	30	119	125	221	212
182	31	124	130	227	217
182	32	129	135	233	223
182	33	133	140	239	229
182	34	138	145	245	235
182	35	143	150	251	241
182	36	148	155	257	247
182	37	153	160	263	253
184	0	0	0	17	14
184	1	1	1	27	23
184	2	2	3	36	31
184	3	5	6	44	39
184	4	8	9	51	46
184	5	11	12	58	53
184	6	14	16	66	60
184	7	18	20	73	67
184	8	21	24	80	73
184	9	25	28	86	80
184	10	29	32	93	87
184	11	33	36	100	93
184	12	37	41	106	99
184	13	41	45	113	106
184	14	46	49	119	112
184	15	50	54	126	118
184	16	54	58	132	125
184	17	58	63	138	131
184	18	63	67	145	137
184	19	67	72	151	143
184	20	72	77	157	149
184	21	76	81	163	155
184	22	81	86	170	161
184	23	85	91	176	167
184	24	90	95	182	173
184	25	94	100	188	179
184	26	99	105	194	185
184	27	104	110	200	191
184	28	108	114	206	197
184	29	113	119	212	203
184	30	118	124	218	209
184	31	122	129	224	215
184	32	127	134	230	221
184	33	132	139	236	227
184	34	137	144	242	233
184	35	142	148	248	239
184	36	146	153	254	244
184	37	151	158	260	250
186	0	0	0	17	14
186	1	1	1	27	23
186	2	2	3	35	31
186	3	5	6	43	38
186	4	7	9	51	45
186	5	11	12	58	52
186	6	14	16	65	59
186	7	17	20	72	66
186	8	21	24	79	73
186	9	25	28	85	79
186	10	29	32	92	86
186	11	33	36	99	92
186	12	37	40	105	98
186	13	41	45	112	105
186	14	45	49	118	111
186	15	49	53	124	117
186	16	54	58	131	123
186	17	58	62	137	129
186	18	62	67	143	135
186	19	67	71	149	142
186	20	71	76	156	148
186	21	75	80	162	154
186	22	80	85	168	160

n	a	N = 1000 LOWER .975	LOWER .95	UPPER .975	UPPER .95
186	23	84	90	174	166
186	24	89	94	180	172
186	25	93	99	186	178
186	26	98	104	192	183
186	27	103	109	198	189
186	28	107	113	204	195
186	29	112	118	210	201
186	30	116	123	216	207
186	31	121	128	222	213
186	32	126	132	228	219
186	33	131	137	234	224
186	34	135	142	239	230
186	35	140	147	245	236
186	36	145	152	251	242
186	37	150	157	257	248
186	38	154	162	263	253
188	0	0	0	17	14
188	1	1	1	26	23
188	2	2	3	35	30
188	3	5	6	43	38
188	4	7	9	50	45
188	5	11	12	57	52
188	6	14	16	64	59
188	7	17	20	71	65
188	8	21	23	78	72
188	9	25	27	84	78
188	10	29	32	91	85
188	11	32	36	98	91
188	12	36	40	104	97
188	13	41	44	110	103
188	14	45	48	117	110
188	15	49	53	123	116
188	16	53	57	129	122
188	17	57	62	135	128
188	18	62	66	142	134
188	19	66	71	148	140
188	20	70	75	154	146
188	21	75	80	160	152
188	22	79	84	166	158
188	23	83	89	172	164
188	24	88	93	178	170
188	25	92	98	184	176
188	26	97	103	190	182
188	27	102	107	196	187
188	28	106	112	202	193
188	29	111	117	208	199
188	30	115	122	214	205
188	31	120	126	219	211
188	32	125	131	225	216
188	33	129	136	231	222
188	34	134	141	237	228
188	35	139	145	243	234
188	36	143	150	248	239
188	37	148	155	254	245
188	38	153	160	260	251
190	0	0	0	17	14
190	1	1	1	26	22
190	2	2	3	34	30
190	3	5	6	42	37
190	4	7	9	49	44
190	5	10	12	57	51
190	6	14	16	63	58
190	7	17	19	70	65
190	8	21	23	77	71
190	9	24	27	84	77
190	10	28	31	90	84
190	11	32	35	96	90
190	12	36	40	103	96
190	13	40	44	109	102
190	14	44	48	115	108
190	15	48	52	122	115
190	16	52	57	128	121
190	17	57	61	134	127
190	18	61	65	140	133
190	19	65	70	146	139

n	a	N = 1000 LOWER .975	LOWER .95	UPPER .975	UPPER .95
190	20	70	74	152	144
190	21	74	79	158	150
190	22	78	83	164	156
190	23	83	88	170	162
190	24	87	92	176	168
190	25	92	97	182	174
190	26	96	102	188	180
190	27	100	106	194	185
190	28	105	111	200	191
190	29	110	116	206	197
190	30	114	120	211	203
190	31	119	125	217	208
190	32	123	130	223	214
190	33	128	134	229	220
190	34	132	139	234	225
190	35	137	144	240	231
190	36	142	149	246	237
190	37	146	153	252	242
190	38	151	158	257	248
192	0	0	0	17	13
192	1	1	1	26	22
192	2	2	3	34	30
192	3	5	5	42	37
192	4	7	9	49	44
192	5	10	12	56	51
192	6	14	16	63	57
192	7	17	19	69	64
192	8	21	23	76	70
192	9	24	27	83	77
192	10	28	31	89	83
192	11	32	35	95	89
192	12	36	39	102	95
192	13	40	43	108	101
192	14	44	48	114	107
192	15	48	52	120	113
192	16	52	56	127	119
192	17	56	60	133	125
192	18	60	65	139	131
192	19	65	69	145	137
192	20	69	74	151	143
192	21	73	78	157	149
192	22	77	83	163	155
192	23	82	87	168	160
192	24	86	92	174	166
192	25	91	96	180	172
192	26	95	101	186	178
192	27	99	105	192	183
192	28	104	110	198	189
192	29	108	114	203	195
192	30	113	119	209	201
192	31	117	124	215	206
192	32	122	128	221	212
192	33	127	133	226	217
192	34	131	138	232	223
192	35	136	142	238	229
192	36	140	147	243	234
192	37	145	152	249	240
192	38	150	157	255	245
192	39	154	161	260	251
194	0	0	0	16	13
194	1	1	1	26	22
194	2	2	3	34	29
194	3	5	5	41	37
194	4	7	8	48	43
194	5	10	12	55	50
194	6	13	15	62	57
194	7	17	19	69	63
194	8	20	23	75	69
194	9	24	27	82	76
194	10	28	31	88	82
194	11	32	35	94	88
194	12	35	39	101	94
194	13	39	43	107	100
194	14	43	47	113	106
194	15	47	51	119	112

n	a	N = 1000 LOWER .975	LOWER .95	UPPER .975	UPPER .95
194	16	51	56	125	118
194	17	56	60	131	124
194	18	60	64	137	130
194	19	64	68	143	136
194	20	68	73	149	141
194	21	72	77	155	147
194	22	77	82	161	153
194	23	81	86	167	159
194	24	85	91	172	164
194	25	90	95	178	170
194	26	94	100	184	176
194	27	98	104	190	182
194	28	103	109	196	187
194	29	107	113	201	193
194	30	112	118	207	198
194	31	116	122	213	204
194	32	121	127	218	210
194	33	125	132	224	215
194	34	130	136	230	221
194	35	134	141	235	226
194	36	139	146	241	232
194	37	143	150	246	237
194	38	148	155	252	243
194	39	153	160	258	248
196	0	0	0	16	13
196	1	1	1	25	22
196	2	2	3	33	29
196	3	4	5	41	36
196	4	7	8	48	43
196	5	10	12	55	50
196	6	13	15	61	56
196	7	17	19	68	62
196	8	20	23	74	69
196	9	24	26	81	75
196	10	28	30	87	81
196	11	31	34	93	87
196	12	35	38	100	93
196	13	39	42	106	99
196	14	43	47	112	105
196	15	47	51	118	111
196	16	51	55	124	117
196	17	55	59	130	123
196	18	59	64	136	128
196	19	63	68	142	134
196	20	67	72	148	140
196	21	72	77	153	146
196	22	76	81	159	151
196	23	80	85	165	157
196	24	85	90	171	163
196	25	89	94	176	168
196	26	93	99	182	174
196	27	98	103	188	180
196	28	102	108	194	185
196	29	106	112	199	191
196	30	111	117	205	196
196	31	115	121	210	202
196	32	120	126	216	208
196	33	124	131	222	213
196	34	128	135	227	219
196	35	133	139	233	224
196	36	138	144	238	230
196	37	142	149	244	235
196	38	147	153	249	240
196	39	151	158	255	246
196	40	156	163	260	251
198	0	0	0	16	13
198	1	1	1	25	21
198	2	2	3	33	29
198	3	4	5	40	36
198	4	7	8	47	43
198	5	10	12	54	49
198	6	13	15	62	57
198	7	17	19	67	62
198	8	20	22	74	68
198	9	24	26	80	74

CONFIDENCE BOUNDS FOR A

N = 1000

n	a	LOWER		UPPER	
		.975	.95	.975	.95
198	10	27	30	86	80
198	11	31	34	92	86
198	12	35	38	99	92
198	13	39	42	105	98
198	14	43	46	111	104
198	15	46	50	117	110
198	16	50	54	123	116
198	17	55	59	128	121
198	18	59	63	134	127
198	19	63	67	140	133
198	20	67	71	146	139
198	21	71	76	152	144
198	22	75	80	158	150
198	23	79	84	163	156
198	24	84	89	169	161
198	25	88	93	175	167
198	26	92	98	180	172
198	27	97	102	186	178
198	28	101	107	192	183
198	29	105	111	197	189
198	30	110	115	203	194
198	31	114	120	208	200
198	32	118	125	214	205
198	33	123	129	219	211
198	34	127	134	225	216
198	35	132	138	231	222
198	36	136	143	236	227
198	37	141	147	241	233
198	38	145	152	247	238
198	39	150	156	252	243
198	40	154	161	258	249
200	0	0	0	16	13
200	1	1	1	25	21
200	2	2	3	33	28
200	3	4	5	40	35
200	4	7	8	47	42
200	5	10	12	54	49
200	6	13	15	60	55
200	7	16	19	67	61
200	8	20	22	73	67
200	9	23	26	79	73
200	10	27	30	85	79
200	11	31	34	92	85
200	12	34	38	98	91
200	13	38	42	104	97
200	14	42	46	110	103
200	15	46	50	115	109
200	16	50	54	121	114
200	17	54	58	127	120
200	18	58	62	133	126
200	19	62	67	139	132
200	20	66	71	145	137
200	21	70	75	150	143
200	22	74	79	156	148
200	23	79	84	162	154
200	24	83	88	167	159
200	25	87	92	173	165
200	26	91	97	179	171
200	27	96	101	184	176
200	28	100	106	190	182
200	29	104	110	195	187
200	30	109	114	201	192
200	31	113	119	206	198
200	32	117	123	212	203
200	33	122	128	217	209
200	34	126	132	223	214
200	35	130	137	228	220
200	36	135	141	234	225
200	37	139	146	239	230
200	38	144	150	245	236
200	39	148	155	250	241
200	40	153	159	255	246

CHAPTER 4

THE TABLE

OF LOWER AND UPPER CONFIDENCE BOUNDS

Section 4.6

$$N = 1100(100)2000$$

$$n = 2(2)\frac{N}{10}$$

$a = 0(1)\dfrac{n}{5}$

(Displayed in Table)

$a = \dfrac{4n}{5}(1)n$

(From Table by Subtraction
Using (2.5) and (2.6))

CONFIDENCE BOUNDS FOR A

N = 1100

n	a	LOWER .975	LOWER .95	UPPER .975	UPPER .95
2	0	0	0	925	853
2	1	14	28	1086	1072
4	0	0	0	661	579
4	1	7	14	885	825
6	0	0	0	504	431
6	1	5	10	704	639
6	2	48	70	853	800
8	0	0	0	405	342
8	1	4	8	577	516
8	2	36	52	714	658
10	0	0	0	337	283
10	1	3	6	488	432
10	2	29	41	610	556
12	0	0	0	289	241
12	1	3	5	421	371
12	2	24	34	530	480
12	3	62	80	627	578
14	0	0	0	253	210
14	1	2	4	370	324
14	2	20	29	469	422
14	3	52	68	556	510
16	0	0	0	224	186
16	1	2	4	330	288
16	2	18	26	419	376
16	3	46	60	500	456
16	4	81	101	574	531
18	0	0	0	202	167
18	1	2	4	298	259
18	2	16	23	379	339
18	3	41	53	453	412
18	4	72	89	521	481
20	0	0	0	183	151
20	1	2	3	271	236
20	2	14	21	346	309
20	3	36	47	414	376
20	4	65	80	478	439
22	0	0	0	168	138
22	1	2	3	249	216
22	2	13	19	318	283
22	3	33	43	381	345
22	4	59	72	440	404
22	5	88	105	496	459
24	0	0	0	155	127
24	1	2	3	230	199
24	2	12	17	294	262
24	3	30	40	353	319
24	4	54	66	408	374
24	5	80	96	461	426
26	0	0	0	143	118
26	1	2	3	214	185
26	2	11	16	274	243
26	3	28	37	329	297
26	4	49	61	381	348
26	5	74	88	430	396
26	6	101	118	477	443
28	0	0	0	134	110
28	1	1	2	199	172
28	2	11	15	256	227
28	3	26	34	308	277
28	4	46	57	356	325
28	5	68	82	403	371
28	6	93	109	447	415
30	0	0	0	125	103
30	1	1	2	187	161
30	2	10	14	240	213
30	3	24	32	289	260
30	4	43	53	335	305
30	5	64	76	379	348
30	6	87	102	421	390
32	0	0	0	118	96
32	1	1	2	176	152
32	2	9	13	226	200
32	3	23	30	272	245
32	4	40	50	316	287
32	5	60	72	358	328

N = 1100

n	a	LOWER .975	LOWER .95	UPPER .975	UPPER .95
32	6	81	95	398	368
32	7	104	120	436	406
34	0	0	0	111	91
34	1	1	2	166	143
34	2	9	12	214	189
34	3	22	28	258	231
34	4	38	47	299	272
34	5	56	67	338	310
34	6	76	89	377	348
34	7	98	113	414	385
36	0	0	0	105	86
36	1	1	2	157	135
36	2	8	12	203	179
36	3	20	27	244	219
36	4	36	44	284	257
36	5	53	64	321	294
36	6	72	84	358	330
36	7	92	106	393	365
36	8	114	129	427	399
38	0	0	0	100	81
38	1	1	2	149	129
38	2	8	11	192	170
38	3	19	25	232	208
38	4	34	42	270	245
38	5	50	60	306	280
38	6	68	80	340	314
38	7	87	101	374	347
38	8	107	122	407	380
40	0	0	0	95	77
40	1	1	2	142	122
40	2	8	11	183	162
40	3	19	24	221	198
40	4	32	40	257	233
40	5	48	57	292	267
40	6	65	76	325	299
40	7	83	96	357	331
40	8	102	116	389	362
42	0	0	0	90	74
42	1	1	2	136	117
42	2	7	10	175	154
42	3	18	23	211	189
42	4	31	38	246	223
42	5	45	54	279	255
42	6	62	72	311	286
42	7	79	91	342	316
42	8	97	110	372	346
42	9	116	130	401	375
44	0	0	0	86	70
44	1	1	2	130	111
44	2	7	10	167	147
44	3	17	22	202	181
44	4	29	36	235	213
44	5	43	52	267	244
44	6	59	69	297	274
44	7	75	87	327	303
44	8	92	105	356	332
44	9	110	124	385	360
46	0	0	0	83	67
46	1	1	2	124	107
46	2	7	9	160	141
46	3	16	21	194	173
46	4	28	35	226	204
46	5	42	50	256	234
46	6	56	66	285	262
46	7	72	83	314	291
46	8	88	101	342	318
46	9	105	119	369	345
46	10	123	138	396	372
48	0	0	0	79	65
48	1	1	2	119	102
48	2	6	9	154	135
48	3	16	20	186	166
48	4	27	33	217	196
48	5	40	48	246	224
48	6	54	63	274	252

N = 1100

n	a	LOWER .975	LOWER .95	UPPER .975	UPPER .95
48	7	69	79	302	279
48	8	85	96	329	306
48	9	101	114	355	332
48	10	118	132	381	357
50	0	0	0	76	62
50	1	1	2	114	98
50	2	6	9	148	130
50	3	15	19	179	160
50	4	26	32	208	188
50	5	38	46	237	216
50	6	52	61	264	242
50	7	66	76	291	269
50	8	81	92	317	294
50	9	97	109	342	319
50	10	113	126	367	344
52	0	0	0	73	60
52	1	1	2	110	95
52	2	6	8	142	125
52	3	14	19	172	154
52	4	25	31	201	181
52	5	37	44	228	208
52	6	50	58	254	234
52	7	64	73	280	259
52	8	78	89	305	283
52	9	93	105	330	308
52	10	108	121	354	331
52	11	124	138	378	355
54	0	0	0	70	57
54	1	1	2	106	91
54	2	6	8	137	121
54	3	14	18	166	148
54	4	24	30	194	175
54	5	36	42	220	200
54	6	48	56	245	225
54	7	61	71	270	250
54	8	75	86	295	273
54	9	90	101	318	297
54	10	104	117	342	320
54	11	120	133	365	343
56	0	0	0	68	55
56	1	1	1	102	88
56	2	6	8	133	117
56	3	14	17	160	143
56	4	23	29	187	169
56	5	34	41	212	194
56	6	46	54	237	218
56	7	59	68	261	241
56	8	72	82	285	264
56	9	86	97	308	287
56	10	101	113	330	309
56	11	115	128	353	331
56	12	130	144	375	353
58	0	0	0	66	53
58	1	1	1	99	85
58	2	6	8	128	113
58	3	13	17	155	138
58	4	23	28	181	163
58	5	33	40	205	187
58	6	45	52	229	210
58	7	57	66	253	233
58	8	70	80	275	255
58	9	83	94	298	277
58	10	97	109	320	299
58	11	111	124	341	320
58	12	126	139	363	341
60	0	0	0	63	52
60	1	1	1	96	82
60	2	5	7	124	109
60	3	13	16	150	134
60	4	22	27	175	158
60	5	32	38	199	181
60	6	43	51	222	204
60	7	55	64	245	226
60	8	68	77	267	247
60	9	81	91	288	269

N = 1100

n	a	LOWER .975	LOWER .95	UPPER .975	UPPER .95
60	10	94	105	310	290
60	11	107	119	331	310
60	12	121	134	352	331
62	0	0	0	61	50
62	1	1	1	93	79
62	2	5	7	120	105
62	3	12	16	145	130
62	4	21	26	169	153
62	5	31	37	193	175
62	6	42	49	215	197
62	7	53	62	237	219
62	8	65	74	259	240
62	9	78	88	280	260
62	10	91	102	300	281
62	11	104	115	321	301
62	12	117	130	341	321
62	13	131	144	361	340
64	0	0	0	59	48
64	1	1	1	90	77
64	2	5	7	116	102
64	3	12	15	141	126
64	4	21	25	164	148
64	5	30	36	187	170
64	6	41	48	209	191
64	7	52	60	230	212
64	8	63	72	251	232
64	9	75	85	271	252
64	10	88	98	291	272
64	11	101	112	311	292
64	12	114	126	331	311
64	13	127	140	350	330
66	0	0	0	58	47
66	1	1	1	87	75
66	2	5	7	113	99
66	3	12	15	137	122
66	4	20	24	159	144
66	5	29	35	181	165
66	6	39	46	203	186
66	7	50	58	223	206
66	8	61	70	244	226
66	9	73	82	264	245
66	10	85	95	283	264
66	11	98	108	302	283
66	12	110	122	321	302
66	13	123	135	340	321
66	14	136	149	359	339
68	0	0	0	56	45
68	1	1	1	84	72
68	2	5	7	110	96
68	3	11	14	133	118
68	4	19	24	155	140
68	5	28	34	176	160
68	6	38	45	197	180
68	7	49	56	217	200
68	8	60	68	237	219
68	9	71	80	256	238
68	10	83	93	275	257
68	11	95	105	294	275
68	12	107	118	313	294
68	13	120	131	331	312
68	14	132	145	349	330
70	0	0	0	54	44
70	1	1	1	82	70
70	2	5	6	106	93
70	3	11	14	129	115
70	4	19	23	151	136
70	5	28	33	171	156
70	6	37	44	191	175
70	7	47	55	211	194
70	8	58	66	230	213
70	9	69	78	249	232
70	10	80	90	268	250
70	11	92	102	286	268
70	12	104	115	304	286
70	13	116	127	322	303

CONFIDENCE BOUNDS FOR A

		N = 1100						N = 1100						N = 1100						N = 1100		
		LOWER		UPPER				LOWER		UPPER				LOWER		UPPER				LOWER		UPPER	
n	a	.975	.95	.975	.95	n	a	.975	.95	.975	.95	n	a	.975	.95	.975	.95	n	a	.975	.95	.975	.95
70	14	128	140	340	321	80	8	51	58	202	187	88	11	73	81	230	215	96	8	43	48	169	156
72	0	0	0	53	43	80	9	61	68	219	203	88	12	83	91	244	229	96	9	51	57	183	170
72	1	1	1	80	68	80	10	70	79	236	220	88	13	92	101	259	243	96	10	59	66	197	184
72	2	5	6	103	91	80	11	81	89	252	235	88	14	102	111	273	257	96	11	67	75	211	197
72	3	11	14	125	112	80	12	91	100	268	251	88	15	112	122	287	271	96	12	76	84	225	210
72	4	18	22	146	132	80	13	101	111	284	267	88	16	122	132	302	285	96	13	85	93	238	223
72	5	27	32	167	152	80	14	112	123	299	282	88	17	132	143	316	299	96	14	93	102	251	236
72	6	36	42	186	171	80	15	123	134	315	297	88	18	142	153	329	313	96	15	102	112	264	249
72	7	46	53	205	189	80	16	134	146	330	313	90	0	0	0	42	34	96	16	112	121	277	262
72	8	56	64	224	207	82	0	0	0	46	37	90	1	1	1	64	54	96	17	121	131	290	275
72	9	67	76	242	225	82	1	1	1	70	60	90	2	4	5	83	73	96	18	130	140	303	288
72	10	78	87	261	243	82	2	4	6	91	80	90	3	9	11	101	90	96	19	140	150	316	300
72	11	89	99	278	261	82	3	10	12	110	98	90	4	15	18	117	106	96	20	149	160	329	313
72	12	101	112	296	278	82	4	16	20	129	116	90	5	22	26	134	122	98	0	0	0	38	31
72	13	113	124	314	295	82	5	24	28	147	133	90	6	29	34	150	137	98	1	1	1	58	50
72	14	125	136	331	312	82	6	32	37	164	150	90	7	37	43	165	152	98	2	4	5	76	67
72	15	137	149	348	329	82	7	41	47	181	167	90	8	45	52	180	167	98	3	8	10	92	82
74	0	0	0	51	42	82	8	50	56	198	183	90	9	54	61	195	181	98	4	14	17	108	97
74	1	1	1	78	66	82	9	59	66	214	199	90	10	63	70	210	196	98	5	20	24	123	112
74	2	5	6	101	88	82	10	69	77	230	214	90	11	72	80	225	210	98	6	27	31	138	126
74	3	11	13	122	109	82	11	79	87	246	230	90	12	81	89	239	224	98	7	34	39	152	140
74	4	18	22	143	128	82	12	89	98	261	245	90	13	90	99	253	238	98	8	42	47	166	153
74	5	26	31	162	147	82	13	99	109	277	260	90	14	100	109	267	252	98	9	50	56	180	167
74	6	35	41	181	166	82	14	109	120	292	276	90	15	109	119	281	266	98	10	58	64	193	180
74	7	45	52	200	184	82	15	120	131	308	290	90	16	119	129	295	279	98	11	66	73	207	193
74	8	55	62	218	202	82	16	131	142	323	305	90	17	129	140	309	293	98	12	74	82	220	206
74	9	65	74	236	219	82	17	142	153	337	320	90	18	139	150	322	306	98	13	83	91	233	219
74	10	76	85	254	237	84	0	0	0	45	37	92	0	0	0	41	33	98	14	92	100	246	232
74	11	87	97	271	254	84	1	1	1	68	58	92	1	1	1	62	53	98	15	100	109	259	244
74	12	98	108	288	271	84	2	4	6	89	78	92	2	4	5	81	71	98	16	109	119	272	257
74	13	110	121	305	287	84	3	9	12	108	96	92	3	9	11	98	88	98	17	118	128	285	270
74	14	121	133	322	304	84	4	16	19	126	113	92	4	15	18	115	103	98	18	128	138	297	282
74	15	133	145	339	320	84	5	23	28	143	130	92	5	21	25	131	119	98	19	137	147	310	294
76	0	0	0	50	41	84	6	31	36	160	147	92	6	29	33	146	134	98	20	146	157	322	307
76	1	1	1	76	65	84	7	40	46	177	163	92	7	36	42	162	149	100	0	0	0	38	30
76	2	4	6	98	86	84	8	49	55	193	178	92	8	44	50	177	163	100	1	1	1	57	49
76	3	10	13	119	106	84	9	58	65	209	194	92	9	53	59	191	177	100	2	4	5	74	65
76	4	17	21	139	125	84	10	67	75	225	209	92	10	61	69	206	192	100	3	8	10	90	80
76	5	26	30	158	144	84	11	77	85	240	225	92	11	70	78	220	205	100	4	14	17	106	95
76	6	34	40	177	162	84	12	87	96	256	240	92	12	79	87	234	219	100	5	20	23	120	109
76	7	44	50	195	179	84	13	97	106	271	254	92	13	88	97	248	233	100	6	27	31	135	123
76	8	54	61	213	197	84	14	107	117	286	269	92	14	98	107	262	246	100	7	34	39	149	137
76	9	64	72	230	214	84	15	117	128	301	284	92	15	107	116	275	260	100	8	41	47	163	150
76	10	74	83	247	231	84	16	128	139	315	298	92	16	116	126	289	273	100	9	49	55	176	163
76	11	85	94	264	247	84	17	138	150	330	313	92	17	126	136	302	287	100	10	57	63	190	176
76	12	96	106	281	264	86	0	0	0	44	36	92	18	136	147	316	300	100	11	65	72	203	189
76	13	107	117	298	280	86	1	1	1	67	57	92	19	146	157	329	313	100	12	73	80	216	202
76	14	118	129	314	296	86	2	4	5	87	76	94	0	0	0	40	33	100	13	81	89	229	215
76	15	130	141	331	312	86	3	9	12	105	94	94	1	1	1	61	52	100	14	90	98	241	227
76	16	141	153	347	328	86	4	16	19	123	111	94	2	4	5	79	69	100	15	98	107	254	240
78	0	0	0	49	39	86	5	23	27	140	127	94	3	9	11	96	86	100	16	107	116	267	252
78	1	1	1	74	63	86	6	31	36	157	143	94	4	14	17	112	101	100	17	116	126	279	264
78	2	4	6	96	84	86	7	39	45	173	159	94	5	21	25	128	116	100	18	125	135	291	276
78	3	10	13	116	103	86	8	47	54	189	174	94	6	28	33	143	131	100	19	134	144	304	289
78	4	17	21	135	122	86	9	56	63	204	190	94	7	36	41	158	146	100	20	143	154	316	301
78	5	25	30	154	140	86	10	66	73	220	205	94	8	44	49	173	160	102	0	0	0	37	30
78	6	34	39	172	158	86	11	75	83	235	219	94	9	52	58	187	174	102	1	1	1	56	48
78	7	43	49	190	175	86	12	85	93	250	234	94	10	60	67	201	188	102	2	4	5	73	64
78	8	52	59	207	192	86	13	94	104	265	249	94	11	69	76	215	201	102	3	8	10	89	79
78	9	62	70	224	209	86	14	104	114	279	263	94	12	77	85	229	215	102	4	13	16	104	93
78	10	72	81	241	225	86	15	114	125	294	277	94	13	86	95	243	228	102	5	19	23	118	107
78	11	83	92	258	241	86	16	125	135	308	292	94	14	95	104	256	241	102	6	26	30	132	121
78	12	93	103	274	257	86	17	135	146	323	306	94	15	105	114	270	255	102	7	33	38	146	134
78	13	104	114	291	273	86	18	146	157	337	320	94	16	114	124	283	268	102	8	40	46	159	147
78	14	115	126	307	289	88	0	0	0	43	35	94	17	123	134	296	281	102	9	48	54	173	160
78	15	126	138	322	305	88	1	1	1	65	56	94	18	133	143	309	294	102	10	55	62	186	173
78	16	138	149	338	320	88	2	4	5	85	74	94	19	143	153	322	306	102	11	63	70	199	186
80	0	0	0	47	38	88	3	9	11	103	92	96	0	0	0	39	32	102	12	71	79	212	198
80	1	1	1	72	61	88	4	15	19	120	108	96	1	1	1	60	51	102	13	80	87	224	211
80	2	4	6	93	82	88	5	22	26	137	124	96	2	4	5	78	68	102	14	88	96	237	223
80	3	10	12	113	101	88	6	30	35	153	140	96	3	8	11	94	84	102	15	96	105	249	235
80	4	17	20	132	119	88	7	38	44	169	155	96	4	14	17	110	99	102	16	105	114	262	247
80	5	24	29	150	137	88	8	46	53	184	170	96	5	21	24	125	114	102	17	114	123	274	259
80	6	33	38	168	154	88	9	55	62	200	185	96	6	28	32	140	128	102	18	123	132	286	271
80	7	42	48	185	171	88	10	64	72	215	200	96	7	35	40	155	143	102	19	131	141	298	283

CONFIDENCE BOUNDS FOR A

N = 1100

n	a	LOWER .975	LOWER .95	UPPER .975	UPPER .95
102	20	140	151	310	295
102	21	149	160	322	307
104	0	0	0	36	29
104	1	1	1	55	47
104	2	4	5	71	63
104	3	8	10	87	77
104	4	13	16	102	91
104	5	19	23	116	105
104	6	26	30	130	119
104	7	32	37	143	132
104	8	40	45	156	144
104	9	47	53	170	157
104	10	54	61	182	170
104	11	62	69	195	182
104	12	70	77	208	194
104	13	78	86	220	207
104	14	86	94	232	219
104	15	95	103	245	231
104	16	103	112	257	243
104	17	112	121	269	254
104	18	120	130	281	266
104	19	129	139	293	278
104	20	138	148	304	289
104	21	146	157	316	301
106	0	0	0	35	29
106	1	1	1	54	46
106	2	3	5	70	61
106	3	8	10	85	76
106	4	13	16	100	90
106	5	19	22	114	103
106	6	25	29	127	116
106	7	32	36	141	129
106	8	39	44	154	142
106	9	46	52	166	154
106	10	53	60	179	167
106	11	61	68	191	179
106	12	69	76	204	191
106	13	77	84	216	203
106	14	85	93	228	215
106	15	93	101	240	226
106	16	101	110	252	238
106	17	109	118	264	250
106	18	118	127	276	261
106	19	126	136	287	273
106	20	135	145	299	284
106	21	144	154	310	295
106	22	152	163	322	307
108	0	0	0	35	28
108	1	1	1	53	45
108	2	3	4	69	60
108	3	8	10	84	74
108	4	13	15	98	88
108	5	18	22	112	101
108	6	25	29	125	114
108	7	31	36	138	127
108	8	38	43	151	139
108	9	45	51	163	151
108	10	52	59	176	163
108	11	60	66	188	175
108	12	68	74	200	187
108	13	75	83	212	199
108	14	83	91	224	211
108	15	91	99	236	222
108	16	99	108	247	234
108	17	107	116	259	245
108	18	116	125	271	257
108	19	124	133	282	268
108	20	132	142	293	279
108	21	141	151	305	290
108	22	150	160	316	301
110	0	0	0	34	28
110	1	1	1	52	44
110	2	3	4	68	59
110	3	7	9	82	73
110	4	13	15	96	86

N = 1100

n	a	LOWER .975	LOWER .95	UPPER .975	UPPER .95
110	5	18	21	110	99
110	6	24	28	123	112
110	7	31	35	135	124
110	8	37	42	148	137
110	9	44	50	160	149
110	10	52	58	173	161
110	11	59	65	185	172
110	12	66	73	197	184
110	13	74	81	208	195
110	14	82	89	220	207
110	15	90	97	232	218
110	16	97	106	243	230
110	17	106	114	255	241
110	18	114	123	266	252
110	19	122	131	277	263
110	20	130	140	288	274
110	21	138	148	299	285
110	22	147	157	310	296

N = 1200

n	a	LOWER .975	LOWER .95	UPPER .975	UPPER .95
2	0	0	0	1009	931
2	1	16	31	1184	1169
4	0	0	0	721	631
4	1	8	16	966	901
6	0	0	0	549	470
6	1	6	11	768	697
6	2	53	76	931	873
8	0	0	0	442	373
8	1	4	8	630	563
8	2	39	57	779	718
10	0	0	0	368	309
10	1	4	7	532	471
10	2	31	45	665	606
12	0	0	0	316	263
12	1	3	6	460	405
12	2	26	37	579	524
12	3	67	87	684	631
14	0	0	0	276	229
14	1	3	5	404	354
14	2	22	32	511	460
14	3	57	74	607	557
16	0	0	0	245	203
16	1	2	4	361	315
16	2	20	28	458	411
16	3	50	65	545	498
16	4	89	110	626	579
18	0	0	0	220	182
18	1	2	4	325	283
18	2	17	25	414	370
18	3	44	58	494	450
18	4	78	97	569	524
20	0	0	0	200	165
20	1	2	4	296	257
20	2	16	23	378	337
20	3	40	52	452	410
20	4	70	87	521	479
22	0	0	0	183	150
22	1	2	3	272	236
22	2	14	21	347	309
22	3	36	47	416	377
22	4	64	79	481	441
22	5	96	114	542	501
24	0	0	0	169	139
24	1	2	3	251	217
24	2	13	19	321	285
24	3	33	43	386	348
24	4	58	72	446	408
24	5	87	105	503	464
26	0	0	0	157	129
26	1	2	3	233	202
26	2	12	17	299	265
26	3	31	40	359	324
26	4	54	67	416	379
26	5	80	96	469	433
26	6	110	128	521	484
28	0	0	0	146	120
28	1	2	3	218	188
28	2	11	16	279	248
28	3	28	37	336	303
28	4	50	62	389	355
28	5	74	89	440	405
28	6	101	119	488	453
30	0	0	0	137	112
30	1	1	3	204	176
30	2	11	15	262	232
30	3	27	34	315	284
30	4	47	58	366	333
30	5	69	83	414	380
30	6	94	111	460	426
32	0	0	0	128	105
32	1	1	2	192	166
32	2	10	14	247	218
32	3	25	32	297	267
32	4	44	54	345	314
32	5	65	78	390	358

N = 1200

n	a	LOWER .975	LOWER .95	UPPER .975	UPPER .95
32	6	88	104	434	402
32	7	113	131	476	443
34	0	0	0	121	99
34	1	1	2	181	156
34	2	10	13	233	206
34	3	24	30	281	253
34	4	41	51	326	297
34	5	61	73	370	339
34	6	83	97	411	380
34	7	107	123	452	420
36	0	0	0	115	94
36	1	1	2	172	148
36	2	9	13	221	195
36	3	22	29	267	239
36	4	39	48	310	281
36	5	58	69	351	321
36	6	78	92	390	360
36	7	100	116	429	398
36	8	124	141	466	436
38	0	0	0	109	89
38	1	1	2	163	140
38	2	9	12	210	185
38	3	21	27	254	227
38	4	37	45	295	267
38	5	55	66	334	306
38	6	74	87	372	343
38	7	95	110	409	379
38	8	117	133	444	415
40	0	0	0	103	85
40	1	1	2	155	134
40	2	8	12	200	177
40	3	20	26	242	217
40	4	35	43	281	255
40	5	52	62	318	291
40	6	70	83	355	327
40	7	90	104	390	362
40	8	111	126	424	395
42	0	0	0	99	81
42	1	1	2	148	127
42	2	8	11	191	168
42	3	19	25	231	207
42	4	33	41	268	243
42	5	49	59	304	278
42	6	67	79	339	312
42	7	86	99	373	345
42	8	105	120	406	378
42	9	126	142	438	410
44	0	0	0	94	77
44	1	1	2	142	122
44	2	8	11	183	161
44	3	18	24	221	198
44	4	32	39	257	233
44	5	47	57	291	266
44	6	64	75	325	299
44	7	82	94	357	331
44	8	101	115	389	362
44	9	120	135	420	393
46	0	0	0	90	74
46	1	1	2	136	117
46	2	7	10	175	154
46	3	18	23	212	189
46	4	31	38	246	223
46	5	45	54	280	255
46	6	61	72	312	287
46	7	78	90	343	317
46	8	96	110	373	347
46	9	115	129	403	377
46	10	134	150	433	406
48	0	0	0	87	71
48	1	1	2	130	112
48	2	7	10	168	148
48	3	17	22	203	182
48	4	29	36	237	214
48	5	43	52	269	245
48	6	59	69	299	275

CONFIDENCE BOUNDS FOR A

		N = 1200			
		LOWER		UPPER	
n	a	.975	.95	.975	.95
48	7	75	86	330	305
48	8	92	105	359	334
48	9	110	124	388	362
48	10	128	143	416	390
50	0	0	0	83	68
50	1	1	2	125	107
50	2	7	9	162	142
50	3	16	21	196	175
50	4	28	35	228	206
50	5	42	50	258	236
50	6	56	66	288	265
50	7	72	83	317	293
50	8	88	101	346	321
50	9	105	119	374	349
50	10	123	138	401	375
52	0	0	0	80	65
52	1	1	2	120	103
52	2	7	9	156	137
52	3	16	20	188	168
52	4	27	33	219	198
52	5	40	48	249	227
52	6	54	63	278	255
52	7	69	80	306	283
52	8	85	97	333	309
52	9	101	114	360	336
52	10	118	132	387	362
52	11	135	150	413	388
54	0	0	0	77	63
54	1	1	2	116	100
54	2	6	9	150	132
54	3	15	19	182	162
54	4	26	32	211	191
54	5	39	46	240	219
54	6	52	61	268	246
54	7	67	77	295	273
54	8	82	93	322	299
54	9	97	110	348	324
54	10	114	127	373	349
54	11	130	145	398	374
56	0	0	0	74	61
56	1	1	2	112	96
56	2	6	9	145	127
56	3	15	19	175	157
56	4	25	31	204	184
56	5	37	45	232	211
56	6	50	59	259	238
56	7	64	74	285	263
56	8	79	90	311	288
56	9	94	106	336	313
56	10	110	123	361	338
56	11	126	139	385	362
56	12	142	157	409	385
58	0	0	0	72	58
58	1	1	2	108	93
58	2	6	8	140	123
58	3	14	18	169	151
58	4	24	30	197	178
58	5	36	43	224	204
58	6	49	57	250	230
58	7	62	72	276	255
58	8	76	87	301	279
58	9	91	102	325	303
58	10	106	118	349	326
58	11	121	135	373	350
58	12	137	151	396	373
60	0	0	0	69	56
60	1	1	1	105	90
60	2	6	8	135	119
60	3	14	18	164	146
60	4	24	29	191	172
60	5	35	42	217	198
60	6	47	55	242	222
60	7	60	69	267	246
60	8	74	84	291	270
60	9	88	99	315	293

		N = 1200			
		LOWER		UPPER	
n	a	.975	.95	.975	.95
60	10	102	114	338	316
60	11	117	130	361	339
60	12	132	146	384	361
62	0	0	0	67	55
62	1	1	1	101	87
62	2	6	8	131	115
62	3	13	17	159	142
62	4	23	28	185	167
62	5	34	40	210	192
62	6	46	53	235	215
62	7	58	67	259	239
62	8	71	81	282	262
62	9	85	96	305	284
62	10	99	111	328	306
62	11	113	126	350	328
62	12	128	141	372	350
62	13	143	157	394	371
64	0	0	0	65	53
64	1	1	1	98	84
64	2	5	8	127	112
64	3	13	17	154	137
64	4	22	27	180	162
64	5	33	39	204	186
64	6	44	52	228	209
64	7	56	65	251	232
64	8	69	79	274	254
64	9	82	93	296	276
64	10	96	107	318	297
64	11	110	122	340	319
64	12	124	137	361	340
64	13	138	152	383	361
66	0	0	0	63	51
66	1	1	1	95	82
66	2	5	7	123	108
66	3	13	16	149	133
66	4	22	27	174	157
66	5	32	38	198	180
66	6	43	50	221	203
66	7	55	63	244	225
66	8	67	76	266	246
66	9	80	90	288	268
66	10	93	104	309	289
66	11	106	118	330	309
66	12	120	133	351	330
66	13	134	147	372	350
66	14	148	162	392	370
68	0	0	0	61	50
68	1	1	1	92	79
68	2	5	7	120	105
68	3	12	16	145	129
68	4	21	26	169	153
68	5	31	37	192	175
68	6	42	49	215	197
68	7	53	61	237	218
68	8	65	74	259	239
68	9	77	87	280	260
68	10	90	101	301	281
68	11	103	115	321	301
68	12	116	129	341	321
68	13	130	143	361	340
68	14	144	157	381	360
70	0	0	0	59	48
70	1	1	1	90	77
70	2	5	7	116	102
70	3	12	15	141	126
70	4	20	25	165	148
70	5	30	36	187	170
70	6	40	47	209	191
70	7	52	59	231	212
70	8	63	72	252	233
70	9	75	85	272	253
70	10	87	98	292	273
70	11	100	111	312	292
70	12	113	125	332	312
70	13	126	139	352	331

		N = 1200			
		LOWER		UPPER	
n	a	.975	.95	.975	.95
70	14	140	153	371	350
72	0	0	0	58	47
72	1	1	1	87	75
72	2	5	7	113	99
72	3	12	15	137	122
72	4	20	24	160	144
72	5	29	35	182	166
72	6	39	46	203	186
72	7	50	58	224	207
72	8	61	70	245	227
72	9	73	82	265	246
72	10	85	95	285	266
72	11	97	108	304	285
72	12	110	121	323	304
72	13	123	135	342	322
72	14	136	149	361	341
72	15	149	162	380	359
74	0	0	0	56	46
74	1	1	1	85	73
74	2	5	7	110	97
74	3	11	14	134	119
74	4	19	24	156	140
74	5	28	34	177	161
74	6	38	45	198	181
74	7	49	56	218	201
74	8	60	68	238	221
74	9	71	80	258	240
74	10	83	93	277	259
74	11	95	105	296	277
74	12	107	118	315	296
74	13	119	131	334	314
74	14	132	145	352	332
74	15	145	158	370	350
76	0	0	0	55	44
76	1	1	1	83	71
76	2	5	6	107	94
76	3	11	14	130	116
76	4	19	23	152	137
76	5	28	33	173	157
76	6	37	44	193	177
76	7	48	55	213	196
76	8	58	66	232	215
76	9	69	78	251	234
76	10	81	90	270	252
76	11	92	102	289	270
76	12	104	115	307	288
76	13	116	128	325	306
76	14	129	141	343	324
76	15	141	154	361	341
76	16	154	167	379	359
78	0	0	0	53	43
78	1	1	1	81	69
78	2	5	6	105	92
78	3	11	14	127	113
78	4	18	23	148	133
78	5	27	32	168	153
78	6	36	43	188	172
78	7	46	53	208	191
78	8	57	65	227	210
78	9	67	76	245	228
78	10	78	88	264	246
78	11	90	100	282	264
78	12	101	112	300	281
78	13	113	124	317	298
78	14	125	137	335	316
78	15	137	150	352	333
78	16	150	163	369	350
80	0	0	0	52	42
80	1	1	1	79	67
80	2	5	6	102	89
80	3	11	13	124	110
80	4	18	22	144	130
80	5	26	31	164	149
80	6	36	42	184	168
80	7	45	52	203	186

		N = 1200			
		LOWER		UPPER	
n	a	.975	.95	.975	.95
80	8	55	63	221	204
80	9	66	74	239	222
80	10	77	86	257	240
80	11	88	97	275	257
80	12	99	109	293	274
80	13	110	121	310	291
80	14	122	134	327	308
80	15	134	146	344	325
80	16	146	159	361	341
82	0	0	0	50	41
82	1	1	1	77	66
82	2	4	6	99	87
82	3	10	13	121	107
82	4	18	22	141	127
82	5	26	31	160	146
82	6	35	41	179	164
82	7	44	51	198	182
82	8	54	61	216	200
82	9	64	72	234	217
82	10	75	84	251	234
82	11	85	95	269	251
82	12	96	107	286	268
82	13	108	118	303	284
82	14	119	130	319	301
82	15	131	142	336	317
82	16	142	155	352	333
82	17	154	167	369	350
84	0	0	0	49	40
84	1	1	1	75	64
84	2	4	6	97	85
84	3	10	13	118	105
84	4	17	21	138	124
84	5	25	30	157	142
84	6	34	40	175	160
84	7	43	50	193	178
84	8	53	60	211	195
84	9	63	71	228	212
84	10	73	82	245	229
84	11	83	93	262	245
84	12	94	104	279	262
84	13	105	115	296	278
84	14	116	127	312	294
84	15	128	139	328	310
84	16	139	151	344	326
84	17	151	163	360	342
86	0	0	0	48	39
86	1	1	1	73	62
86	2	4	6	95	83
86	3	10	13	115	102
86	4	17	21	134	121
86	5	25	29	153	139
86	6	33	39	171	156
86	7	42	48	189	174
86	8	52	59	206	190
86	9	61	69	223	207
86	10	71	80	240	224
86	11	82	91	257	240
86	12	92	102	273	256
86	13	103	113	289	272
86	14	114	124	305	287
86	15	125	136	321	303
86	16	136	147	337	319
86	17	147	159	352	334
86	18	158	171	368	349
88	0	0	0	47	38
88	1	1	1	71	61
88	2	4	6	93	81
88	3	10	12	112	100
88	4	17	20	131	118
88	5	24	29	150	136
88	6	32	38	167	153
88	7	41	47	185	170
88	8	50	57	202	186
88	9	60	67	218	203
88	10	70	78	235	219

CONFIDENCE BOUNDS FOR A

N = 1200

n	a	LOWER .975	LOWER .95	UPPER .975	UPPER .95
88	11	80	88	251	234
88	12	90	99	267	250
88	13	100	110	283	266
88	14	111	121	298	281
88	15	122	133	314	296
88	16	133	144	329	312
88	17	144	155	345	327
88	18	155	167	360	342
90	0	0	0	46	37
90	1	1	1	70	60
90	2	4	6	91	79
90	3	10	12	110	98
90	4	16	20	128	116
90	5	24	28	146	133
90	6	32	37	164	150
90	7	40	46	181	166
90	8	49	56	197	182
90	9	59	66	214	198
90	10	68	76	230	214
90	11	78	87	245	229
90	12	88	97	261	245
90	13	98	108	277	260
90	14	108	119	292	275
90	15	119	130	307	290
90	16	130	141	322	305
90	17	140	152	337	320
90	18	151	163	352	334
92	0	0	0	45	36
92	1	1	1	68	58
92	2	4	6	89	78
92	3	9	12	108	96
92	4	16	19	126	113
92	5	23	28	143	130
92	6	31	36	160	146
92	7	40	45	177	162
92	8	48	55	193	178
92	9	57	65	209	194
92	10	67	75	225	209
92	11	76	85	240	224
92	12	86	95	256	240
92	13	96	105	271	254
92	14	106	116	286	269
92	15	116	127	301	284
92	16	127	138	316	298
92	17	137	149	330	313
92	18	148	160	345	327
92	19	159	171	359	342
94	0	0	0	44	36
94	1	1	1	67	57
94	2	4	5	87	76
94	3	9	12	105	94
94	4	16	19	123	111
94	5	23	27	140	127
94	6	30	36	157	143
94	7	39	44	173	159
94	8	47	54	189	175
94	9	56	63	205	190
94	10	65	73	220	205
94	11	75	83	235	220
94	12	84	93	250	235
94	13	94	103	265	249
94	14	104	114	280	264
94	15	114	124	295	278
94	16	124	135	309	292
94	17	134	145	324	307
94	18	145	156	338	321
94	19	155	167	352	335
96	0	0	0	43	35
96	1	1	1	65	56
96	2	4	5	85	74
96	3	9	11	103	92
96	4	15	19	120	108
96	5	22	26	137	125
96	6	30	35	154	140
96	7	38	44	169	156

N = 1200

n	a	LOWER .975	LOWER .95	UPPER .975	UPPER .95
96	8	46	53	185	171
96	9	55	62	200	186
96	10	64	71	216	201
96	11	73	81	231	215
96	12	82	91	245	230
96	13	92	101	260	244
96	14	102	111	274	258
96	15	112	121	289	272
96	16	121	132	303	286
96	17	132	142	317	300
96	18	142	153	331	314
96	19	152	164	345	328
96	20	162	174	359	342
98	0	0	0	42	34
98	1	1	1	64	55
98	2	4	5	83	73
98	3	9	11	101	90
98	4	15	18	118	106
98	5	22	26	134	122
98	6	29	34	150	137
98	7	37	43	166	153
98	8	45	52	181	168
98	9	54	61	196	182
98	10	63	70	211	197
98	11	72	80	226	211
98	12	81	89	240	225
98	13	90	99	255	239
98	14	100	109	269	253
98	15	109	119	283	267
98	16	119	129	297	281
98	17	129	139	311	294
98	18	139	150	325	308
98	19	149	160	338	321
98	20	159	171	352	335
100	0	0	0	41	33
100	1	1	1	63	54
100	2	4	5	81	71
100	3	9	11	99	88
100	4	15	18	116	104
100	5	21	25	132	120
100	6	29	33	147	135
100	7	36	42	163	150
100	8	45	51	178	164
100	9	53	59	193	179
100	10	61	69	207	193
100	11	70	78	222	207
100	12	79	87	236	221
100	13	88	97	250	235
100	14	98	107	264	248
100	15	107	117	278	262
100	16	117	127	291	275
100	17	126	137	305	289
100	18	136	147	318	302
100	19	146	157	332	315
100	20	156	167	345	328
102	0	0	0	40	33
102	1	1	1	61	52
102	2	4	5	80	70
102	3	9	11	97	86
102	4	14	18	113	102
102	5	21	25	129	117
102	6	28	33	145	132
102	7	36	41	160	147
102	8	44	50	174	161
102	9	52	58	189	175
102	10	60	67	203	189
102	11	69	76	217	203
102	12	78	86	231	217
102	13	87	95	245	230
102	14	96	105	259	243
102	15	105	114	272	257
102	16	116	124	286	270
102	17	124	134	299	283
102	18	133	144	312	296
102	19	143	154	326	309

N = 1200

n	a	LOWER .975	LOWER .95	UPPER .975	UPPER .95
102	20	153	164	339	322
102	21	163	174	352	335
104	0	0	0	39	32
104	1	1	1	60	51
104	2	4	5	78	69
104	3	8	11	95	85
104	4	14	17	111	100
104	5	21	25	127	115
104	6	28	32	142	130
104	7	35	40	157	144
104	8	43	49	171	158
104	9	51	57	185	172
104	10	59	66	199	185
104	11	68	75	213	199
104	12	76	84	227	212
104	13	85	93	241	226
104	14	94	103	254	239
104	15	103	112	267	252
104	16	112	122	281	265
104	17	121	131	294	278
104	18	131	141	307	291
104	19	140	151	320	303
104	20	150	161	332	316
104	21	159	171	345	329
106	0	0	0	39	31
106	1	1	1	59	50
106	2	4	5	77	67
106	3	8	10	93	83
106	4	14	17	109	98
106	5	20	24	124	113
106	6	27	32	139	127
106	7	35	40	154	141
106	8	42	48	168	155
106	9	50	56	182	169
106	10	58	65	196	182
106	11	66	74	209	195
106	12	75	83	223	208
106	13	83	92	236	222
106	14	92	101	249	234
106	15	101	110	262	247
106	16	110	119	275	260
106	17	119	129	288	273
106	18	128	138	301	285
106	19	138	148	314	298
106	20	147	158	326	310
106	21	156	168	339	323
106	22	166	177	351	335
108	0	0	0	38	31
108	1	1	1	58	49
108	2	4	5	75	66
108	3	8	10	92	81
108	4	14	17	107	96
108	5	20	24	122	111
108	6	27	31	137	125
108	7	34	39	151	139
108	8	41	47	165	152
108	9	49	55	179	165
108	10	57	64	192	179
108	11	65	72	205	192
108	12	73	81	219	205
108	13	82	90	232	218
108	14	90	99	245	230
108	15	99	108	258	243
108	16	108	117	270	255
108	17	117	126	283	268
108	18	126	136	296	280
108	19	135	145	308	293
108	20	144	155	321	305
108	21	153	164	333	317
108	22	163	174	345	329
110	0	0	0	37	30
110	1	1	1	57	49
110	2	4	5	74	65
110	3	8	10	90	80
110	4	14	16	105	95

N = 1200

n	a	LOWER .975	LOWER .95	UPPER .975	UPPER .95
110	5	20	23	120	109
110	6	26	31	134	123
110	7	33	38	148	136
110	8	41	46	162	149
110	9	48	54	175	163
110	10	56	63	189	175
110	11	64	71	202	188
110	12	72	80	215	201
110	13	80	88	228	214
110	14	89	97	240	226
110	15	97	106	253	239
110	16	106	115	266	251
110	17	115	124	278	263
110	18	124	133	290	275
110	19	133	143	303	287
110	20	142	152	315	299
110	21	151	161	327	311
110	22	160	171	339	323
112	0	0	0	37	30
112	1	1	1	56	48
112	2	4	5	73	64
112	3	8	10	88	79
112	4	13	16	103	93
112	5	19	23	118	107
112	6	26	30	132	120
112	7	33	38	145	134
112	8	40	45	159	147
112	9	47	53	172	160
112	10	55	61	185	172
112	11	63	70	198	185
112	12	71	78	211	197
112	13	79	87	224	210
112	14	87	95	236	222
112	15	96	104	249	234
112	16	104	113	261	246
112	17	113	122	273	258
112	18	121	131	285	270
112	19	130	140	298	282
112	20	139	149	310	294
112	21	148	158	321	306
112	22	157	168	333	318
112	23	166	177	345	329
114	0	0	0	36	29
114	1	1	1	55	47
114	2	3	5	71	62
114	3	8	10	87	77
114	4	13	16	101	91
114	5	19	22	116	105
114	6	25	30	129	118
114	7	32	37	143	131
114	8	39	45	156	144
114	9	47	52	169	157
114	10	54	60	182	169
114	11	62	69	195	182
114	12	70	77	207	194
114	13	78	85	220	206
114	14	86	94	232	218
114	15	94	102	244	230
114	16	102	111	257	242
114	17	111	120	269	254
114	18	119	129	281	266
114	19	128	138	292	278
114	20	137	147	304	289
114	21	145	156	316	301
114	22	154	165	328	312
114	23	163	174	339	324
116	0	0	0	35	29
116	1	1	1	54	46
116	2	3	5	70	61
116	3	8	10	85	76
116	4	13	16	100	90
116	5	19	22	114	103
116	6	25	29	127	116
116	7	32	36	140	129
116	8	39	44	154	142

CONFIDENCE BOUNDS FOR A

N - 1200

n	a	LOWER .975	LOWER .95	UPPER .975	UPPER .95
116	9	46	51	166	154
116	10	53	59	179	166
116	11	61	67	192	179
116	12	68	76	204	191
116	13	76	84	216	203
116	14	84	92	228	215
116	15	92	101	240	226
116	16	101	109	252	238
116	17	109	118	264	250
116	18	117	126	276	261
116	19	126	135	288	273
116	20	134	144	299	284
116	21	143	153	311	296
116	22	151	162	322	307
116	23	160	171	334	318
116	24	169	180	345	330
118	0	0	0	35	28
118	1	1	1	53	45
118	2	3	4	69	60
118	3	8	9	84	74
118	4	13	15	98	88
118	5	18	22	112	101
118	6	25	29	125	114
118	7	31	36	138	127
118	8	38	43	151	139
118	9	45	51	164	152
118	10	52	58	176	164
118	11	60	66	188	176
118	12	67	74	200	188
118	13	75	82	213	199
118	14	83	91	224	211
118	15	91	99	236	223
118	16	99	107	248	234
118	17	107	116	260	246
118	18	115	124	271	257
118	19	124	133	283	268
118	20	132	142	294	280
118	21	140	150	306	291
118	22	149	159	317	302
118	23	157	168	328	313
118	24	166	177	339	324
120	0	0	0	34	28
120	1	1	1	52	44
120	2	3	4	68	59
120	3	7	9	82	73
120	4	13	15	96	87
120	5	18	21	110	100
120	6	24	28	123	112
120	7	31	35	136	125
120	8	37	42	148	137
120	9	44	50	161	149
120	10	51	57	173	161
120	11	59	65	185	173
120	12	66	73	197	184
120	13	74	81	209	196
120	14	82	89	221	208
120	15	89	97	232	219
120	16	97	106	244	230
120	17	105	114	256	242
120	18	113	122	267	253
120	19	121	131	278	264
120	20	130	140	289	275
120	21	138	148	301	286
120	22	146	157	312	297
120	23	155	165	323	308
120	24	163	174	334	319

N - 1300

n	a	LOWER .975	LOWER .95	UPPER .975	UPPER .95
2	0	0	0	1094	1008
2	1	17	33	1283	1267
4	0	0	0	782	684
4	1	9	17	1046	976
6	0	0	0	595	509
6	1	6	12	832	755
6	2	57	83	1009	946
8	0	0	0	478	404
8	1	5	9	683	610
8	2	42	61	844	778
10	0	0	0	399	335
10	1	4	7	577	511
10	2	34	49	721	657
12	0	0	0	342	285
12	1	3	6	498	438
12	2	28	40	627	568
12	3	73	95	741	684
14	0	0	0	299	249
14	1	3	5	438	384
14	2	24	35	554	499
14	3	62	81	658	603
16	0	0	0	266	220
16	1	3	5	391	341
16	2	21	30	496	445
16	3	54	70	591	539
16	4	96	119	678	628
18	0	0	0	239	198
18	1	2	4	353	307
18	2	19	27	449	401
18	3	48	62	536	487
18	4	85	105	617	568
20	0	0	0	217	179
20	1	2	4	321	279
20	2	17	24	410	365
20	3	43	56	490	444
20	4	76	94	565	519
22	0	0	0	199	164
22	1	2	4	295	255
22	2	15	22	377	335
22	3	39	51	451	408
22	4	69	85	521	477
22	5	103	124	587	543
24	0	0	0	183	151
24	1	2	3	272	236
24	2	14	20	348	309
24	3	36	47	418	378
24	4	63	78	483	442
24	5	94	113	545	503
26	0	0	0	170	140
26	1	2	3	253	219
26	2	13	19	324	287
26	3	33	43	389	351
26	4	58	72	450	411
26	5	87	104	509	469
26	6	119	139	564	524
28	0	0	0	158	130
28	1	2	3	236	204
28	2	12	18	303	268
28	3	31	40	364	328
28	4	54	67	422	384
28	5	81	97	477	439
28	6	110	129	529	491
30	0	0	0	148	122
30	1	2	3	221	191
30	2	12	16	284	252
30	3	29	37	342	308
30	4	50	62	396	361
30	5	75	90	448	412
30	6	102	120	498	461
32	0	0	0	139	114
32	1	2	3	208	180
32	2	11	15	268	237
32	3	27	35	322	290
32	4	47	58	374	340
32	5	70	84	423	388

N - 1300

n	a	LOWER .975	LOWER .95	UPPER .975	UPPER .95
32	6	96	112	471	435
32	7	123	142	516	481
34	0	0	0	131	108
34	1	1	2	197	170
34	2	10	15	253	224
34	3	25	33	305	274
34	4	44	55	354	321
34	5	66	79	401	367
34	6	90	105	446	412
34	7	115	133	489	455
36	0	0	0	124	102
36	1	1	2	186	160
36	2	10	14	240	212
36	3	24	31	289	259
36	4	42	52	336	305
36	5	62	75	380	348
36	6	85	99	423	391
36	7	109	125	465	432
36	8	134	152	506	472
38	0	0	0	118	97
38	1	1	2	177	152
38	2	9	13	228	201
38	3	23	30	275	247
38	4	40	49	319	290
38	5	59	71	362	331
38	6	80	94	403	372
38	7	103	119	443	411
38	8	126	144	482	449
40	0	0	0	112	92
40	1	1	2	168	145
40	2	9	12	217	191
40	3	22	28	262	235
40	4	38	47	304	276
40	5	56	67	345	316
40	6	76	89	385	354
40	7	97	113	423	392
40	8	120	137	460	429
42	0	0	0	107	88
42	1	1	2	161	138
42	2	8	12	207	183
42	3	21	27	250	224
42	4	36	44	291	264
42	5	53	64	330	302
42	6	72	85	368	339
42	7	93	107	404	375
42	8	114	130	440	410
42	9	136	154	475	444
44	0	0	0	102	84
44	1	1	2	154	132
44	2	8	11	198	175
44	3	20	26	240	214
44	4	34	42	279	252
44	5	51	61	316	289
44	6	69	81	352	324
44	7	88	102	387	359
44	8	109	124	422	392
44	9	130	147	455	426
46	0	0	0	98	80
46	1	1	2	147	126
46	2	8	11	190	167
46	3	19	25	230	205
46	4	33	41	267	242
46	5	49	58	303	277
46	6	66	78	338	311
46	7	85	98	372	344
46	8	104	118	405	376
46	9	124	140	437	408
46	10	145	162	469	440
48	0	0	0	94	77
48	1	1	2	141	121
48	2	8	11	182	161
48	3	18	24	220	197
48	4	32	39	257	232
48	5	47	56	291	266
48	6	63	74	325	298

N - 1300

n	a	LOWER .975	LOWER .95	UPPER .975	UPPER .95
48	7	81	94	357	330
48	8	100	113	389	362
48	9	119	134	420	393
48	10	139	155	451	423
50	0	0	0	90	74
50	1	1	2	136	117
50	2	7	10	175	154
50	3	18	23	212	190
50	4	30	37	247	223
50	5	45	54	280	256
50	6	61	71	313	287
50	7	78	90	344	318
50	8	95	109	375	348
50	9	114	129	405	378
50	10	133	149	435	407
52	0	0	0	87	71
52	1	1	2	131	112
52	2	7	10	169	149
52	3	17	22	204	182
52	4	29	36	238	215
52	5	43	52	270	246
52	6	59	69	301	277
52	7	75	86	332	306
52	8	92	105	361	335
52	9	109	124	391	364
52	10	128	143	419	392
52	11	147	163	447	420
54	0	0	0	84	68
54	1	1	2	126	108
54	2	7	9	163	143
54	3	16	21	197	176
54	4	28	35	229	207
54	5	42	50	260	237
54	6	56	66	291	267
54	7	72	83	320	296
54	8	88	101	349	324
54	9	105	119	377	351
54	10	123	138	405	379
54	11	141	157	432	406
56	0	0	0	81	66
56	1	1	2	122	104
56	2	7	9	157	138
56	3	16	20	190	170
56	4	27	34	221	200
56	5	40	48	252	229
56	6	54	64	281	258
56	7	69	80	309	285
56	8	85	97	337	313
56	9	102	115	364	340
56	10	118	133	391	366
56	11	136	151	418	392
56	12	154	170	444	418
58	0	0	0	78	63
58	1	1	2	117	101
58	2	6	9	152	133
58	3	15	20	184	164
58	4	26	32	214	193
58	5	39	46	243	222
58	6	53	62	272	249
58	7	67	77	299	276
58	8	82	94	326	302
58	9	98	111	353	328
58	10	114	128	379	354
58	11	131	146	404	379
58	12	148	164	430	404
60	0	0	0	75	61
60	1	1	2	114	97
60	2	6	9	147	129
60	3	15	19	178	159
60	4	25	31	207	187
60	5	38	45	236	214
60	6	51	60	263	241
60	7	65	75	290	267
60	8	79	91	316	293
60	9	95	107	342	318

CONFIDENCE BOUNDS FOR A

N = 1300

n	a	LOWER .975	LOWER .95	UPPER .975	UPPER .95
60	10	110	124	367	343
60	11	127	141	392	367
60	12	143	158	416	391
62	0	0	0	73	59
62	1	1	2	110	94
62	2	6	8	142	125
62	3	14	18	172	154
62	4	25	30	201	181
62	5	36	44	228	208
62	6	49	58	255	234
62	7	63	72	281	259
62	8	77	88	306	284
62	9	92	103	331	308
62	10	107	120	356	332
62	11	122	136	380	356
62	12	138	153	404	380
62	13	155	170	427	403
64	0	0	0	71	57
64	1	1	2	107	91
64	2	6	8	138	121
64	3	14	18	167	149
64	4	24	29	195	176
64	5	35	42	221	201
64	6	48	56	247	227
64	7	61	70	272	251
64	8	74	85	297	275
64	9	89	100	321	299
64	10	103	116	345	322
64	11	118	132	369	345
64	12	134	148	392	368
64	13	150	165	415	391
66	0	0	0	68	56
66	1	1	1	103	89
66	2	6	8	134	118
66	3	14	17	162	145
66	4	23	29	189	170
66	5	34	41	215	196
66	6	46	54	240	220
66	7	59	68	265	244
66	8	72	82	289	267
66	9	86	97	312	290
66	10	100	112	335	313
66	11	115	128	358	335
66	12	130	143	381	358
66	13	145	159	403	380
66	14	161	176	425	401
68	0	0	0	66	54
68	1	1	1	100	86
68	2	6	8	130	114
68	3	13	17	157	140
68	4	23	28	184	166
68	5	33	40	209	190
68	6	45	53	233	214
68	7	57	66	257	237
68	8	70	80	280	260
68	9	84	94	303	282
68	10	97	109	326	304
68	11	111	124	348	326
68	12	126	139	370	348
68	13	141	155	392	369
68	14	156	170	413	390
70	0	0	0	64	53
70	1	1	1	97	83
70	2	5	7	126	111
70	3	13	16	153	136
70	4	22	27	179	161
70	5	32	39	203	185
70	6	44	51	227	208
70	7	56	64	250	230
70	8	68	78	273	252
70	9	81	92	295	274
70	10	95	106	317	296
70	11	108	120	339	317
70	12	122	135	360	338
70	13	137	150	381	359

N = 1300

n	a	LOWER .975	LOWER .95	UPPER .975	UPPER .95
70	14	151	165	402	380
72	0	0	0	63	51
72	1	1	1	95	81
72	2	5	7	123	108
72	3	13	16	149	133
72	4	21	26	174	157
72	5	32	38	198	180
72	6	42	50	221	202
72	7	54	62	243	224
72	8	66	75	266	246
72	9	79	89	287	267
72	10	92	103	309	288
72	11	105	117	330	309
72	12	119	131	351	329
72	13	133	146	371	349
72	14	147	161	392	370
72	15	161	176	412	389
74	0	0	0	61	50
74	1	1	1	92	79
74	2	5	7	120	105
74	3	12	16	145	129
74	4	21	26	169	152
74	5	31	37	192	175
74	6	41	48	215	197
74	7	53	61	237	218
74	8	64	73	259	239
74	9	77	87	280	260
74	10	89	100	301	280
74	11	102	114	321	301
74	12	116	128	342	321
74	13	129	142	362	340
74	14	143	156	382	360
74	15	157	171	401	379
76	0	0	0	59	48
76	1	1	1	90	77
76	2	5	7	116	102
76	3	12	15	141	126
76	4	20	25	165	148
76	5	30	36	187	170
76	6	40	47	209	192
76	7	51	59	231	213
76	8	63	72	252	233
76	9	75	84	273	253
76	10	87	97	293	273
76	11	100	111	313	293
76	12	113	124	333	313
76	13	126	138	353	332
76	14	139	152	372	351
76	15	153	166	391	370
76	16	166	181	410	389
78	0	0	0	58	47
78	1	1	1	87	75
78	2	5	7	113	100
78	3	12	15	138	123
78	4	20	24	161	145
78	5	29	35	183	166
78	6	39	46	204	187
78	7	50	58	225	207
78	8	61	70	246	227
78	9	73	82	266	247
78	10	85	95	286	267
78	11	97	108	306	286
78	12	110	121	325	305
78	13	122	135	344	324
78	14	135	148	363	342
78	15	149	162	382	361
78	16	162	176	401	379
80	0	0	0	56	46
80	1	1	1	85	73
80	2	5	7	111	97
80	3	11	15	134	120
80	4	19	24	157	141
80	5	29	34	178	162
80	6	38	45	199	182
80	7	49	56	220	202

N = 1300

n	a	LOWER .975	LOWER .95	UPPER .975	UPPER .95
80	8	60	68	240	222
80	9	71	80	260	241
80	10	83	93	279	260
80	11	95	105	298	279
80	12	107	118	317	297
80	13	119	131	336	316
80	14	132	144	355	334
80	15	145	158	373	352
80	16	158	171	391	370
82	0	0	0	55	45
82	1	1	1	83	71
82	2	5	7	108	95
82	3	11	14	131	117
82	4	19	23	153	138
82	5	28	33	174	158
82	6	37	44	195	178
82	7	48	55	215	197
82	8	58	66	234	217
82	9	69	78	254	235
82	10	81	90	273	254
82	11	92	103	291	272
82	12	104	115	310	290
82	13	116	128	328	308
82	14	129	141	346	326
82	15	141	154	364	344
82	16	154	167	382	362
82	17	167	181	400	379
84	0	0	0	54	44
84	1	1	1	81	69
84	2	5	6	105	92
84	3	11	14	128	114
84	4	19	23	149	134
84	5	27	32	170	154
84	6	37	43	190	174
84	7	47	54	210	193
84	8	57	65	229	211
84	9	68	76	248	230
84	10	79	88	266	248
84	11	90	100	285	266
84	12	102	112	303	284
84	13	114	125	321	301
84	14	126	138	338	319
84	15	138	150	356	336
84	16	150	163	373	353
84	17	163	176	391	370
86	0	0	0	52	43
86	1	1	1	79	68
86	2	5	6	103	90
86	3	11	14	125	111
86	4	18	22	146	131
86	5	27	32	166	151
86	6	36	42	186	170
86	7	45	52	205	188
86	8	56	63	224	207
86	9	66	75	242	225
86	10	77	86	260	242
86	11	88	98	278	260
86	12	99	110	296	277
86	13	111	122	314	295
86	14	123	134	331	312
86	15	135	147	348	329
86	16	147	159	365	345
86	17	159	172	382	362
86	18	171	185	399	379
88	0	0	0	51	42
88	1	1	1	77	66
88	2	5	6	101	88
88	3	10	13	122	109
88	4	18	22	143	128
88	5	26	31	162	147
88	6	35	41	182	166
88	7	44	51	200	184
88	8	54	62	219	202
88	9	65	73	237	220
88	10	75	84	255	237

N = 1300

n	a	LOWER .975	LOWER .95	UPPER .975	UPPER .95
88	11	86	96	272	254
88	12	97	107	290	271
88	13	108	119	307	288
88	14	120	131	324	305
88	15	132	143	341	321
88	16	143	156	357	338
88	17	155	168	374	354
88	18	167	181	390	370
90	0	0	0	50	41
90	1	1	1	76	65
90	2	4	6	98	86
90	3	10	13	119	106
90	4	17	21	139	126
90	5	25	30	159	144
90	6	34	40	178	162
90	7	44	50	196	180
90	8	53	61	214	198
90	9	63	71	232	215
90	10	74	82	249	232
90	11	84	94	266	249
90	12	95	105	283	265
90	13	106	117	300	282
90	14	117	128	317	298
90	15	129	140	333	315
90	16	140	152	350	331
90	17	152	164	366	347
90	18	164	177	382	363
92	0	0	0	49	40
92	1	1	1	74	63
92	2	4	6	96	84
92	3	10	13	117	104
92	4	17	21	136	123
92	5	25	30	155	141
92	6	34	39	174	159
92	7	43	49	192	176
92	8	52	59	209	193
92	9	62	70	227	210
92	10	72	81	244	227
92	11	82	92	261	243
92	12	93	103	277	260
92	13	104	114	294	276
92	14	115	125	310	292
92	15	126	137	326	308
92	16	137	149	342	324
92	17	148	161	358	339
92	18	160	173	374	355
92	19	172	185	390	370
94	0	0	0	48	39
94	1	1	1	72	62
94	2	4	6	94	83
94	3	10	13	114	102
94	4	17	20	134	120
94	5	24	29	152	138
94	6	33	38	170	156
94	7	42	48	188	173
94	8	51	58	205	189
94	9	61	68	222	206
94	10	71	79	239	222
94	11	81	90	255	238
94	12	91	100	272	254
94	13	102	112	288	270
94	14	112	123	304	286
94	15	123	134	320	302
94	16	134	146	335	317
94	17	145	157	351	332
94	18	157	169	366	348
94	19	168	181	382	363
96	0	0	0	47	38
96	1	1	1	71	61
96	2	4	6	92	81
96	3	10	12	112	100
96	4	16	20	131	118
96	5	24	29	149	135
96	6	32	38	167	152
96	7	41	47	184	169

CONFIDENCE BOUNDS FOR A

N = 1300						N = 1300						N = 1300						N = 1300					
		LOWER		UPPER				LOWER		UPPER				LOWER		UPPER				LOWER		UPPER	
n	a	.975	.95	.975	.95	n	a	.975	.95	.975	.95	n	a	.975	.95	.975	.95	n	a	.975	.95	.975	.95
96	8	50	57	201	185	102	20	165	177	367	349	110	5	21	25	130	118	116	9	49	56	181	167
96	9	59	67	218	202	102	21	176	188	381	363	110	6	28	33	146	133	116	10	57	64	194	181
96	10	69	77	234	218	104	0	0	0	43	35	110	7	36	41	161	148	116	11	66	73	208	194
96	11	79	88	250	234	104	1	1	1	65	56	110	8	44	50	176	162	116	12	74	82	221	207
96	12	89	98	266	249	104	2	4	5	85	75	110	9	52	59	190	176	116	13	82	91	235	220
96	13	99	109	282	265	104	3	9	11	103	92	110	10	60	68	205	190	116	14	91	100	248	233
96	14	110	120	298	280	104	4	15	19	121	109	110	11	69	77	219	204	116	15	100	109	261	246
96	15	121	131	313	295	104	5	22	26	138	125	110	12	78	86	233	218	116	16	109	118	274	258
96	16	131	143	329	311	104	6	30	35	154	141	110	13	87	95	247	232	116	17	118	127	287	271
96	17	142	154	344	326	104	7	38	44	170	156	110	14	96	105	261	245	116	18	127	137	299	283
96	18	153	165	359	341	104	8	46	53	186	171	110	15	105	115	275	259	116	19	136	146	312	296
96	19	164	177	374	356	104	9	55	62	201	186	110	16	115	124	288	272	116	20	145	156	325	308
96	20	176	189	389	370	104	10	64	71	216	201	110	17	124	134	302	285	116	21	154	165	337	321
98	0	0	0	46	37	104	11	73	81	231	216	110	18	134	144	315	299	116	22	164	175	350	333
98	1	1	1	69	59	104	12	82	91	246	230	110	19	143	154	328	312	116	23	173	185	362	345
98	2	4	6	90	79	104	13	92	101	261	245	110	20	153	164	342	325	116	24	183	195	374	357
98	3	10	12	110	98	104	14	101	111	276	259	110	21	163	175	355	338	118	0	0	0	38	31
98	4	16	20	128	115	104	15	111	121	290	273	110	22	173	185	368	351	118	1	1	1	57	49
98	5	24	28	146	132	104	16	121	132	304	287	112	0	0	0	40	32	118	2	4	5	75	66
98	6	32	37	163	149	104	17	131	142	319	301	112	1	1	1	61	52	118	3	8	10	91	81
98	7	40	46	180	166	104	18	141	153	333	315	112	2	4	5	79	69	118	4	14	17	106	96
98	8	49	56	197	182	104	19	152	163	347	329	112	3	8	11	96	85	118	5	20	23	121	110
98	9	58	66	213	198	104	20	162	174	361	343	112	4	14	17	112	101	118	6	27	31	136	124
98	10	68	76	229	213	104	21	172	185	374	357	112	5	21	25	128	116	118	7	34	39	150	138
98	11	77	86	245	229	106	0	0	0	42	34	112	6	28	32	143	131	118	8	41	46	164	151
98	12	87	96	261	244	106	1	1	1	64	55	112	7	35	41	158	145	118	9	49	54	178	164
98	13	97	107	276	260	106	2	4	5	83	73	112	8	43	49	173	159	118	10	56	63	191	178
98	14	108	118	292	275	106	3	9	11	101	90	112	9	51	58	187	173	118	11	64	72	204	191
98	15	118	129	307	290	106	4	15	18	118	107	112	10	59	66	201	187	118	12	73	80	218	204
98	16	129	140	322	304	106	5	22	26	135	122	112	11	68	75	215	201	118	13	81	89	231	216
98	17	139	151	337	319	106	6	29	34	151	138	112	12	77	84	229	214	118	14	90	98	244	229
98	18	150	162	352	334	106	7	37	43	167	153	112	13	85	94	243	228	118	15	98	107	256	242
98	19	161	173	367	349	106	8	45	52	182	168	112	14	94	103	256	241	118	16	107	116	269	254
98	20	172	185	382	363	106	9	54	61	197	183	112	15	103	113	270	254	118	17	116	125	282	266
100	0	0	0	45	36	106	10	63	70	212	198	112	16	113	122	283	267	118	18	125	134	294	279
100	1	1	1	68	58	106	11	72	80	227	212	112	17	122	132	296	280	118	19	134	144	307	291
100	2	4	5	88	78	106	12	81	89	242	226	112	18	131	142	310	293	118	20	143	153	319	303
100	3	9	12	107	96	106	13	90	99	256	240	112	19	141	151	323	306	118	21	152	163	332	315
100	4	16	19	126	113	106	14	100	109	270	254	112	20	150	161	336	319	118	22	161	172	344	327
100	5	23	27	143	130	106	15	109	119	285	268	112	21	160	171	349	332	118	23	170	182	356	340
100	6	31	36	160	146	106	16	119	129	299	282	112	22	170	181	362	345	118	24	180	191	368	352
100	7	39	45	177	162	106	17	129	139	313	296	112	23	179	192	374	357	120	0	0	0	37	30
100	8	48	55	193	178	106	18	139	150	327	310	114	0	0	0	39	32	120	1	1	1	56	48
100	9	57	64	209	194	106	19	149	160	340	323	114	1	1	1	60	51	120	2	4	5	74	64
100	10	66	74	225	209	106	20	159	171	354	337	114	2	4	5	77	68	120	3	8	10	89	80
100	11	76	84	240	224	106	21	169	181	368	350	114	3	8	11	94	84	120	4	13	16	105	94
100	12	86	94	256	239	106	22	179	192	381	363	114	4	14	17	110	99	120	5	20	23	119	108
100	13	95	105	271	254	108	0	0	0	41	34	114	5	20	24	126	114	120	6	26	30	133	122
100	14	105	115	286	269	108	1	1	1	63	54	114	6	27	32	141	128	120	7	33	38	147	135
100	15	116	126	301	284	108	2	4	5	82	72	114	7	35	40	155	143	120	8	40	46	161	149
100	16	126	137	316	299	108	3	9	11	99	88	114	8	42	48	170	156	120	9	48	54	175	162
100	17	136	148	331	313	108	4	15	18	116	105	114	9	50	57	184	170	120	10	56	62	188	175
100	18	147	159	345	327	108	5	22	25	133	120	114	10	58	65	198	184	120	11	63	70	201	187
100	19	158	170	360	342	108	6	29	34	148	135	114	11	67	74	211	197	120	12	72	79	214	200
100	20	168	181	374	356	108	7	37	42	164	150	114	12	75	83	225	211	120	13	80	88	227	213
102	0	0	0	44	36	108	8	45	51	179	165	114	13	84	92	239	224	120	14	88	96	240	225
102	1	1	1	67	57	108	9	53	60	194	180	114	14	93	101	252	237	120	15	97	105	252	238
102	2	4	5	87	76	108	10	62	69	208	194	114	15	102	111	265	250	120	16	105	114	265	250
102	3	9	12	105	94	108	11	70	78	223	208	114	16	111	120	278	263	120	17	114	123	277	262
102	4	16	19	123	111	108	12	79	88	237	222	114	17	120	130	291	276	120	18	122	132	290	274
102	5	23	27	140	127	108	13	88	97	252	236	114	18	129	139	304	288	120	19	131	141	302	286
102	6	30	35	157	143	108	14	98	107	266	250	114	19	138	149	317	301	120	20	140	151	314	298
102	7	39	44	173	159	108	15	107	117	280	263	114	20	148	159	330	314	120	21	149	160	326	310
102	8	47	54	189	175	108	16	117	127	293	277	114	21	157	168	343	326	120	22	158	169	338	322
102	9	56	63	205	190	108	17	126	137	307	291	114	22	167	178	355	339	120	23	167	179	350	334
102	10	65	73	220	205	108	18	136	147	321	304	114	23	176	188	368	351	120	24	177	188	362	346
102	11	74	83	236	220	108	19	146	157	334	317	116	0	0	0	38	31	122	0	0	0	36	30
102	12	84	93	251	235	108	20	156	167	348	331	116	1	1	1	58	50	122	1	1	1	56	47
102	13	94	103	266	250	108	21	166	178	361	344	116	2	4	5	76	67	122	2	4	5	72	63
102	14	103	113	281	264	110	0	0	0	41	33	116	3	8	10	93	82	122	3	8	10	88	78
102	15	113	124	295	279	110	1	1	1	62	53	116	4	14	17	108	97	122	4	13	16	103	93
102	16	124	134	310	293	110	2	4	5	80	70	116	5	20	24	123	112	122	5	19	23	117	106
102	17	134	145	325	307	110	3	9	11	98	87	116	6	27	31	138	126	122	6	26	30	131	120
102	18	144	156	339	321	110	4	15	18	114	103	116	7	34	39	153	140	122	7	33	37	145	133
102	19	155	166	353	335							116	8	42	47	167	154	122	8	40	45	159	146

CONFIDENCE BOUNDS FOR A

N = 1300

n	a	LOWER .975	LOWER .95	UPPER .975	UPPER .95
122	9	47	53	172	159
122	10	55	61	185	172
122	11	62	69	198	184
122	12	70	78	211	197
122	13	78	86	223	209
122	14	87	95	236	222
122	15	95	103	248	234
122	16	103	112	261	246
122	17	112	121	273	258
122	18	120	130	285	270
122	19	129	139	297	282
122	20	138	148	309	294
122	21	147	157	321	305
122	22	156	166	333	317
122	23	165	176	345	329
122	24	174	185	356	340
122	25	183	194	368	352
124	0	0	0	36	29
124	1	1	1	55	47
124	2	3	5	71	62
124	3	8	10	86	77
124	4	13	16	101	91
124	5	19	22	115	105
124	6	25	29	129	118
124	7	32	37	143	131
124	8	39	44	156	144
124	9	46	52	169	157
124	10	54	60	182	169
124	11	61	68	195	181
124	12	69	76	207	194
124	13	77	85	220	206
124	14	85	93	232	218
124	15	93	102	244	230
124	16	102	110	256	242
124	17	110	119	268	254
124	18	119	128	280	266
124	19	127	137	292	277
124	20	136	146	304	289
124	21	144	155	316	301
124	22	153	164	328	312
124	23	162	173	339	324
124	24	171	182	351	335
124	25	180	191	362	346
126	0	0	0	35	29
126	1	1	1	54	46
126	2	3	5	70	61
126	3	8	10	85	76
126	4	13	16	100	90
126	5	19	22	114	103
126	6	25	29	127	116
126	7	32	36	140	129
126	8	38	44	153	142
126	9	46	51	166	154
126	10	53	59	179	166
126	11	61	67	192	179
126	12	68	75	204	191
126	13	76	83	216	203
126	14	84	92	228	215
126	15	92	100	240	226
126	16	100	109	252	238
126	17	108	117	264	250
126	18	117	126	276	261
126	19	125	135	288	273
126	20	134	143	300	284
126	21	142	152	311	296
126	22	151	161	323	307
126	23	159	170	334	319
126	24	168	179	346	330
126	25	177	188	357	341
126	26	186	197	368	352
128	0	0	0	35	28
128	1	1	1	53	45
128	2	3	4	69	60
128	3	8	9	84	74
128	4	13	15	98	88

N = 1300

n	a	LOWER .975	LOWER .95	UPPER .975	UPPER .95
128	5	18	22	112	101
128	6	25	29	125	114
128	7	31	36	138	127
128	8	38	43	151	139
128	9	45	51	164	152
128	10	52	58	176	164
128	11	60	66	189	176
128	12	67	74	201	188
128	13	75	82	213	200
128	14	83	90	225	211
128	15	91	99	237	223
128	16	99	107	249	234
128	17	107	115	260	246
128	18	115	124	272	257
128	19	123	133	283	269
128	20	131	141	295	280
128	21	140	150	306	291
128	22	148	159	318	303
128	23	157	167	329	314
128	24	165	176	340	325
128	25	174	185	352	336
128	26	183	194	363	347
130	0	0	0	34	28
130	1	1	1	52	44
130	2	3	4	68	59
130	3	7	9	82	73
130	4	12	15	96	87
130	5	18	21	110	100
130	6	24	28	123	112
130	7	31	35	136	125
130	8	37	42	149	137
130	9	44	50	161	149
130	10	51	57	174	161
130	11	59	65	186	173
130	12	66	73	198	185
130	13	74	81	210	197
130	14	81	89	221	208
130	15	89	97	233	220
130	16	97	105	245	231
130	17	105	114	256	242
130	18	113	122	268	254
130	19	121	131	279	265
130	20	129	139	291	276
130	21	138	148	302	287
130	22	146	156	313	298
130	23	154	165	324	309
130	24	163	174	335	320
130	25	171	182	346	331
130	26	180	191	357	342

N = 1400

n	a	LOWER .975	LOWER .95	UPPER .975	UPPER .95
2	0	0	0	1178	1086
2	1	18	36	1382	1364
4	0	0	0	842	737
4	1	9	18	1127	1051
6	0	0	0	641	549
6	1	6	12	896	813
6	2	61	89	1087	1019
8	0	0	0	515	436
8	1	5	9	735	657
8	2	45	66	909	838
10	0	0	0	430	361
10	1	4	8	621	550
10	2	36	52	777	708
12	0	0	0	369	308
12	1	3	6	537	472
12	2	30	43	676	611
12	3	78	102	798	736
14	0	0	0	322	268
14	1	3	6	472	413
14	2	26	37	597	538
14	3	66	87	709	650
16	0	0	0	286	237
16	1	3	5	421	368
16	2	23	33	534	479
16	3	58	76	637	581
16	4	103	128	731	676
18	0	0	0	257	213
18	1	2	4	380	331
18	2	20	29	484	432
18	3	51	67	577	525
18	4	91	113	664	612
20	0	0	0	234	193
20	1	2	4	346	300
20	2	18	26	441	393
20	3	46	60	528	479
20	4	82	101	609	559
22	0	0	0	214	176
22	1	2	4	317	275
22	2	17	24	406	361
22	3	42	55	486	440
22	4	74	92	561	514
22	5	111	133	632	585
24	0	0	0	197	162
24	1	2	3	293	254
24	2	15	22	375	333
24	3	38	50	450	407
24	4	68	84	521	476
24	5	102	122	587	542
26	0	0	0	183	150
26	1	2	3	272	236
26	2	14	20	349	310
26	3	35	46	419	378
26	4	62	77	485	443
26	5	93	112	548	505
26	6	128	150	608	565
28	0	0	0	171	140
28	1	2	3	254	220
28	2	13	19	326	289
28	3	33	43	392	353
28	4	58	72	454	414
28	5	87	104	514	473
28	6	118	138	570	529
30	0	0	0	160	131
30	1	2	3	239	206
30	2	12	18	306	271
30	3	31	40	369	332
30	4	54	67	427	389
30	5	81	97	483	444
30	6	110	129	537	497
32	0	0	0	150	123
32	1	2	3	225	194
32	2	12	17	289	255
32	3	29	38	347	312
32	4	51	63	403	366
32	5	76	91	456	419

N = 1400

n	a	LOWER .975	LOWER .95	UPPER .975	UPPER .95
32	6	103	121	507	469
32	7	132	152	556	518
34	0	0	0	142	116
34	1	2	3	212	183
34	2	11	16	273	241
34	3	27	35	329	295
34	4	48	59	381	346
34	5	71	85	432	396
34	6	97	113	480	444
34	7	124	143	527	490
36	0	0	0	134	110
36	1	1	2	201	173
36	2	10	15	259	228
36	3	26	33	312	280
36	4	45	56	362	328
36	5	67	80	410	375
36	6	91	107	456	421
36	7	117	135	501	465
36	8	144	164	545	509
38	0	0	0	127	104
38	1	1	2	191	164
38	2	10	14	246	217
38	3	24	32	296	266
38	4	43	53	344	312
38	5	63	76	390	357
38	6	86	101	434	400
38	7	110	128	477	443
38	8	136	155	519	484
40	0	0	0	121	99
40	1	1	2	182	156
40	2	9	13	234	206
40	3	23	30	282	253
40	4	41	50	328	297
40	5	60	72	372	340
40	6	82	96	414	382
40	7	105	121	455	422
40	8	129	147	496	462
42	0	0	0	115	94
42	1	1	2	173	149
42	2	9	13	223	197
42	3	22	29	270	242
42	4	39	48	314	284
42	5	57	69	356	325
42	6	78	91	396	365
42	7	100	115	436	404
42	8	123	140	474	442
42	9	147	165	512	479
44	0	0	0	110	90
44	1	1	2	166	142
44	2	9	12	214	188
44	3	21	27	258	231
44	4	37	46	300	272
44	5	55	66	341	311
44	6	74	87	380	349
44	7	95	110	417	386
44	8	117	133	454	423
44	9	140	158	491	459
46	0	0	0	106	86
46	1	1	2	159	136
46	2	8	12	205	180
46	3	20	26	248	221
46	4	35	44	288	261
46	5	52	63	327	298
46	6	71	83	364	335
46	7	91	105	401	371
46	8	112	127	436	406
46	9	133	151	471	440
46	10	156	174	505	474
48	0	0	0	101	83
48	1	1	2	152	131
48	2	8	11	197	173
48	3	20	25	238	213
48	4	34	42	277	250
48	5	50	60	314	286
48	6	68	80	350	322

CONFIDENCE BOUNDS FOR A

N = 1400

n	a	LOWER .975	LOWER .95	UPPER .975	UPPER .95
48	7	87	101	385	356
48	8	107	122	419	390
48	9	128	144	453	423
48	10	149	167	486	456
50	0	0	0	97	79
50	1	1	2	146	126
50	2	8	11	189	166
50	3	19	24	229	204
50	4	33	40	266	241
50	5	48	58	302	275
50	6	65	77	337	309
50	7	84	96	371	343
50	8	103	117	404	375
50	9	122	138	436	407
50	10	143	160	468	439
52	0	0	0	94	76
52	1	1	2	141	121
52	2	7	10	182	160
52	3	18	23	220	197
52	4	31	39	256	232
52	5	46	56	291	265
52	6	63	74	325	298
52	7	80	93	357	330
52	8	99	113	389	362
52	9	118	133	421	392
52	10	137	154	452	423
52	11	158	175	482	453
54	0	0	0	90	74
54	1	1	2	136	117
54	2	7	10	176	154
54	3	17	23	212	190
54	4	30	37	247	223
54	5	45	54	281	256
54	6	61	71	313	288
54	7	77	89	345	319
54	8	95	108	376	349
54	9	113	128	406	379
54	10	132	148	436	408
54	11	152	168	466	437
56	0	0	0	87	71
56	1	1	2	131	112
56	2	7	10	169	149
56	3	17	22	205	183
56	4	29	36	239	216
56	5	43	52	271	247
56	6	58	68	303	278
56	7	75	86	333	308
56	8	92	104	363	337
56	9	109	123	393	366
56	10	127	143	422	394
56	11	146	162	450	422
56	12	165	182	478	450
58	0	0	0	84	69
58	1	1	2	127	109
58	2	7	9	164	144
58	3	16	21	198	177
58	4	28	35	231	208
58	5	42	50	262	239
58	6	56	66	293	269
58	7	72	83	323	298
58	8	88	101	352	326
58	9	105	119	380	354
58	10	123	138	408	381
58	11	141	157	436	409
58	12	159	176	463	436
60	0	0	0	81	66
60	1	1	2	123	105
60	2	7	9	158	139
60	3	16	20	192	171
60	4	27	34	223	202
60	5	40	48	254	231
60	6	55	64	284	260
60	7	70	80	312	288
60	8	85	97	341	316
60	9	102	115	368	343

N = 1400

n	a	LOWER .975	LOWER .95	UPPER .975	UPPER .95
60	10	119	133	395	369
60	11	136	151	422	396
60	12	154	170	449	422
62	0	0	0	79	64
62	1	1	2	119	102
62	2	6	9	153	135
62	3	15	20	186	166
62	4	26	33	217	195
62	5	39	47	246	224
62	6	53	62	275	252
62	7	67	78	303	279
62	8	83	94	330	306
62	9	98	111	357	332
62	10	115	129	383	358
62	11	132	146	409	384
62	12	149	164	435	409
62	13	166	183	460	434
64	0	0	0	76	62
64	1	1	2	115	99
64	2	6	9	149	131
64	3	15	19	180	161
64	4	26	32	210	189
64	5	38	45	239	217
64	6	51	60	267	244
64	7	65	75	294	271
64	8	80	91	320	297
64	9	95	108	346	322
64	10	111	124	372	347
64	11	127	142	397	372
64	12	144	159	422	397
64	13	161	177	447	421
66	0	0	0	74	60
66	1	1	2	112	96
66	2	6	8	144	127
66	3	14	19	175	156
66	4	25	31	204	184
66	5	37	44	232	211
66	6	50	58	259	237
66	7	63	73	285	263
66	8	78	88	311	288
66	9	92	104	336	313
66	10	108	121	361	337
66	11	123	137	386	362
66	12	140	154	410	385
66	13	156	171	434	409
66	14	173	189	458	433
68	0	0	0	72	58
68	1	1	2	108	93
68	2	6	8	140	123
68	3	14	18	170	151
68	4	24	30	198	179
68	5	36	43	225	205
68	6	48	56	251	230
68	7	61	71	277	255
68	8	75	86	302	280
68	9	90	101	327	304
68	10	105	117	351	328
68	11	120	133	375	351
68	12	135	150	399	375
68	13	151	166	422	398
68	14	167	183	445	420
70	0	0	0	70	57
70	1	1	2	105	90
70	2	6	8	136	120
70	3	14	18	165	147
70	4	24	29	192	174
70	5	35	42	219	199
70	6	47	55	245	224
70	7	60	69	270	248
70	8	73	83	294	272
70	9	87	98	318	296
70	10	102	114	342	319
70	11	116	129	365	342
70	12	131	145	388	364
70	13	147	162	411	387

N = 1400

n	a	LOWER .975	LOWER .95	UPPER .975	UPPER .95
70	14	163	178	433	409
72	0	0	0	68	55
72	1	1	1	102	88
72	2	6	8	133	116
72	3	13	17	161	143
72	4	23	28	187	169
72	5	34	40	213	194
72	6	46	53	238	218
72	7	58	67	262	242
72	8	71	81	286	265
72	9	85	96	310	288
72	10	99	111	333	310
72	11	113	126	356	333
72	12	128	141	378	355
72	13	143	157	400	377
72	14	158	173	422	398
72	15	173	189	444	420
74	0	0	0	66	54
74	1	1	1	100	85
74	2	6	8	129	113
74	3	13	17	156	139
74	4	22	27	182	164
74	5	33	39	207	189
74	6	44	52	232	212
74	7	57	65	256	235
74	8	69	79	279	258
74	9	82	93	302	280
74	10	96	108	324	302
74	11	110	122	346	324
74	12	124	137	368	346
74	13	139	153	390	367
74	14	154	168	411	388
74	15	169	184	433	409
76	0	0	0	64	52
76	1	1	1	97	83
76	2	5	7	126	110
76	3	13	16	152	136
76	4	22	27	178	160
76	5	32	38	202	184
76	6	43	51	226	207
76	7	55	64	249	229
76	8	67	77	272	251
76	9	80	91	294	273
76	10	94	105	316	295
76	11	107	119	338	316
76	12	121	134	359	337
76	13	135	149	380	358
76	14	149	164	401	378
76	15	164	179	422	399
76	16	179	194	442	419
78	0	0	0	62	51
78	1	1	1	94	81
78	2	5	7	122	107
78	3	12	16	148	132
78	4	21	26	173	156
78	5	31	37	197	179
78	6	42	49	220	201
78	7	54	62	243	223
78	8	66	75	265	245
78	9	78	88	287	266
78	10	91	102	308	287
78	11	104	116	329	308
78	12	118	130	350	329
78	13	132	145	371	349
78	14	146	159	391	369
78	15	160	174	412	389
78	16	174	189	432	409
80	0	0	0	61	49
80	1	1	1	92	79
80	2	5	7	119	105
80	3	12	16	145	129
80	4	21	26	169	152
80	5	31	36	192	175
80	6	41	48	215	197
80	7	52	60	237	218

N = 1400

n	a	LOWER .975	LOWER .95	UPPER .975	UPPER .95
80	8	64	73	259	239
80	9	76	86	280	260
80	10	89	99	301	280
80	11	102	113	322	301
80	12	115	127	342	321
80	13	128	141	362	340
80	14	142	155	382	360
80	15	156	170	402	380
80	16	170	184	422	399
82	0	0	0	59	48
82	1	1	1	90	77
82	2	5	7	116	102
82	3	12	15	141	126
82	4	20	25	165	149
82	5	30	36	188	170
82	6	40	47	210	192
82	7	51	59	231	213
82	8	63	71	253	233
82	9	74	84	273	254
82	10	87	97	294	274
82	11	99	110	314	294
82	12	112	124	334	313
82	13	125	138	354	332
82	14	138	152	373	352
82	15	152	166	393	371
82	16	166	180	412	390
82	17	179	194	431	408
84	0	0	0	58	47
84	1	1	1	88	75
84	2	5	7	114	100
84	3	12	15	138	123
84	4	20	24	161	145
84	5	29	35	183	166
84	6	39	46	205	187
84	7	50	58	226	208
84	8	61	70	247	228
84	9	73	82	267	248
84	10	85	95	287	267
84	11	97	108	307	287
84	12	109	121	326	306
84	13	122	134	346	325
84	14	135	148	365	344
84	15	148	162	384	362
84	16	162	176	403	381
84	17	175	190	421	399
86	0	0	0	56	46
86	1	1	1	86	73
86	2	5	7	111	97
86	3	11	15	135	120
86	4	19	24	157	142
86	5	29	34	179	163
86	6	38	45	200	183
86	7	49	56	221	203
86	8	60	68	241	223
86	9	71	80	261	242
86	10	83	93	281	261
86	11	95	105	300	280
86	12	107	118	319	299
86	13	119	131	338	318
86	14	132	144	357	336
86	15	145	158	375	354
86	16	158	171	394	372
86	17	171	185	412	390
86	18	184	199	430	408
88	0	0	0	55	45
88	1	1	1	84	72
88	2	5	7	109	95
88	3	11	14	132	117
88	4	19	23	154	138
88	5	28	33	175	159
88	6	38	44	196	179
88	7	48	55	216	199
88	8	58	66	236	218
88	9	69	78	255	237
88	10	81	90	274	256

CONFIDENCE BOUNDS FOR A

N = 1400

n	a	LOWER .975	LOWER .95	UPPER .975	UPPER .95
88	11	92	103	293	274
88	12	104	115	312	292
88	13	117	128	331	311
88	14	129	141	349	329
88	15	141	154	367	346
88	16	154	167	385	364
88	17	167	181	403	382
88	18	180	194	421	399
90	0	0	0	54	44
90	1	1	1	82	70
90	2	5	6	106	93
90	3	11	14	129	115
90	4	19	23	150	135
90	5	27	33	171	155
90	6	37	43	192	175
90	7	47	54	211	194
90	8	57	65	231	213
90	9	68	77	250	232
90	10	79	88	269	250
90	11	90	101	287	268
90	12	102	113	305	286
90	13	114	125	324	304
90	14	126	138	342	322
90	15	138	151	359	339
90	16	151	164	377	356
90	17	163	177	394	374
90	18	176	190	412	391
92	0	0	0	53	43
92	1	1	1	80	68
92	2	5	6	104	91
92	3	11	14	126	112
92	4	18	22	147	132
92	5	27	32	168	152
92	6	36	42	187	171
92	7	46	53	207	190
92	8	56	64	226	209
92	9	66	75	245	227
92	10	77	87	263	245
92	11	88	98	281	262
92	12	100	110	299	280
92	13	111	123	317	297
92	14	123	135	334	315
92	15	135	147	352	332
92	16	147	160	369	349
92	17	160	173	386	366
92	18	172	186	403	383
92	19	185	199	420	399
94	0	0	0	52	42
94	1	1	1	78	67
94	2	5	6	102	89
94	3	11	13	123	110
94	4	18	22	144	130
94	5	26	31	164	149
94	6	35	41	184	168
94	7	45	52	202	186
94	8	55	62	221	204
94	9	65	73	239	222
94	10	76	85	257	240
94	11	87	96	275	257
94	12	98	108	293	274
94	13	109	120	310	291
94	14	121	132	328	308
94	15	132	144	345	325
94	16	144	157	362	342
94	17	156	169	378	358
94	18	168	182	395	375
94	19	181	194	412	391
96	0	0	0	50	41
96	1	1	1	77	66
96	2	4	6	100	87
96	3	10	13	121	108
96	4	18	21	141	127
96	5	26	31	161	146
96	6	35	40	180	164
96	7	44	50	198	182

N = 1400

n	a	LOWER .975	LOWER .95	UPPER .975	UPPER .95
96	8	54	61	217	200
96	9	64	72	235	218
96	10	74	83	252	235
96	11	85	94	270	252
96	12	96	106	287	269
96	13	107	117	304	285
96	14	118	129	321	302
96	15	130	141	338	318
96	16	141	153	354	335
96	17	153	166	371	351
96	18	165	178	387	367
96	19	177	190	403	383
96	20	189	203	420	399
98	0	0	0	49	40
98	1	1	1	75	64
98	2	4	6	97	85
98	3	10	13	118	105
98	4	17	21	138	124
98	5	25	30	157	143
98	6	34	40	176	161
98	7	43	49	194	179
98	8	53	60	212	196
98	9	62	70	230	213
98	10	73	81	247	230
98	11	83	92	264	247
98	12	94	104	281	263
98	13	105	115	298	280
98	14	116	127	315	296
98	15	127	138	331	312
98	16	138	150	347	328
98	17	150	162	364	344
98	18	161	174	380	360
98	19	173	186	396	376
98	20	185	199	413	391
100	0	0	0	48	39
100	1	1	1	74	63
100	2	4	6	96	84
100	3	10	13	116	103
100	4	17	21	136	122
100	5	25	29	154	140
100	6	33	39	173	158
100	7	42	49	191	175
100	8	52	59	208	192
100	9	61	69	225	209
100	10	71	80	242	226
100	11	81	91	259	242
100	12	92	102	276	258
100	13	103	113	292	274
100	14	113	124	309	290
100	15	124	136	325	306
100	16	135	147	341	322
100	17	147	159	357	337
100	18	158	171	372	353
100	19	170	183	388	368
100	20	181	195	404	384
102	0	0	0	47	39
102	1	1	1	72	62
102	2	4	6	94	82
102	3	10	12	114	101
102	4	17	20	133	120
102	5	24	29	151	137
102	6	33	38	169	155
102	7	41	48	187	172
102	8	51	58	204	188
102	9	60	68	221	205
102	10	70	78	238	221
102	11	80	89	254	237
102	12	90	100	271	253
102	13	101	111	287	269
102	14	111	122	303	285
102	15	122	133	319	300
102	16	133	144	334	316
102	17	144	156	350	331
102	18	155	167	365	346
102	19	166	179	381	361

N = 1400

n	a	LOWER .975	LOWER .95	UPPER .975	UPPER .95
102	20	178	191	396	377
102	21	189	203	411	392
104	0	0	0	46	38
104	1	1	1	71	60
104	2	4	6	92	80
104	3	10	12	112	99
104	4	16	20	130	117
104	5	24	28	148	135
104	6	32	37	166	152
104	7	41	47	183	168
104	8	50	56	200	185
104	9	59	66	217	201
104	10	69	77	233	217
104	11	78	87	250	233
104	12	88	98	266	248
104	13	99	108	281	264
104	14	109	119	297	279
104	15	120	130	313	295
104	16	130	141	328	310
104	17	141	153	343	325
104	18	152	164	359	340
104	19	163	176	374	355
104	20	174	187	389	370
104	21	185	199	404	384
106	0	0	0	46	37
106	1	1	1	69	59
106	2	4	6	90	79
106	3	9	12	109	97
106	4	16	20	128	115
106	5	23	28	146	132
106	6	31	37	163	149
106	7	40	46	180	165
106	8	49	55	197	181
106	9	58	65	213	197
106	10	67	75	229	213
106	11	77	85	245	229
106	12	87	96	261	244
106	13	97	106	276	259
106	14	107	117	292	274
106	15	117	128	307	289
106	16	128	139	322	304
106	17	138	150	337	319
106	18	149	161	352	334
106	19	160	172	367	348
106	20	171	183	382	363
106	21	182	195	396	377
106	22	193	206	411	392
108	0	0	0	45	36
108	1	1	1	68	58
108	2	4	5	88	77
108	3	9	12	107	96
108	4	16	19	125	113
108	5	23	27	143	130
108	6	31	36	160	146
108	7	39	45	177	162
108	8	48	54	193	178
108	9	57	64	209	194
108	10	66	74	225	209
108	11	76	84	240	224
108	12	85	94	256	239
108	13	95	104	271	254
108	14	105	115	286	269
108	15	115	126	301	284
108	16	125	136	316	299
108	17	136	147	331	313
108	18	146	158	346	328
108	19	157	169	360	342
108	20	168	180	375	356
108	21	178	191	389	371
108	22	189	202	404	385
110	0	0	0	44	36
110	1	1	1	67	57
110	2	4	5	87	76
110	3	9	12	105	94
110	4	15	19	123	111

N = 1400

n	a	LOWER .975	LOWER .95	UPPER .975	UPPER .95
110	5	23	27	140	127
110	6	30	35	157	143
110	7	38	44	173	159
110	8	47	53	189	175
110	9	56	63	205	190
110	10	65	73	221	205
110	11	74	82	236	220
110	12	84	92	251	235
110	13	93	103	266	250
110	14	103	113	281	264
110	15	113	123	296	279
110	16	123	134	311	293
110	17	133	144	325	308
110	18	144	155	340	322
110	19	154	166	354	336
110	20	164	177	368	350
110	21	175	188	382	364
110	22	186	199	397	378
112	0	0	0	43	35
112	1	1	1	66	56
112	2	4	5	85	75
112	3	9	11	104	92
112	4	15	19	121	109
112	5	22	26	138	125
112	6	30	35	154	141
112	7	38	43	170	156
112	8	46	53	186	172
112	9	55	62	202	187
112	10	64	71	217	202
112	11	73	81	232	216
112	12	82	91	247	231
112	13	92	101	262	246
112	14	101	111	276	260
112	15	111	121	291	274
112	16	121	131	305	288
112	17	131	142	320	302
112	18	141	152	334	316
112	19	151	163	348	330
112	20	162	174	362	344
112	21	172	184	376	358
112	22	182	195	390	371
112	23	193	206	404	385
114	0	0	0	42	34
114	1	1	1	64	55
114	2	4	5	84	73
114	3	9	11	102	90
114	4	15	18	119	107
114	5	22	26	135	123
114	6	29	34	152	138
114	7	37	43	167	154
114	8	45	52	183	169
114	9	54	61	198	184
114	10	63	70	213	198
114	11	72	80	228	213
114	12	81	89	243	227
114	13	90	99	257	241
114	14	100	109	272	255
114	15	109	119	286	269
114	16	119	129	300	283
114	17	129	139	314	297
114	18	139	150	328	311
114	19	149	160	342	325
114	20	159	170	356	338
114	21	169	181	370	352
114	22	179	192	383	365
114	23	189	202	397	378
116	0	0	0	41	34
116	1	1	1	63	54
116	2	4	5	82	72
116	3	9	11	100	89
116	4	15	18	117	105
116	5	22	26	133	121
116	6	29	34	149	136
116	7	37	42	165	151
116	8	45	51	180	166

CONFIDENCE BOUNDS FOR A

N = 1400

n	a	LOWER .975	LOWER .95	UPPER .975	UPPER .95
116	9	53	60	195	180
116	10	62	69	210	195
116	11	70	78	224	209
116	12	79	88	239	223
116	13	89	97	253	237
116	14	98	107	267	251
116	15	107	117	281	265
116	16	117	127	295	279
116	17	126	137	309	292
116	18	136	147	323	306
116	19	146	157	336	319
116	20	156	168	350	332
116	21	166	178	363	346
116	22	176	188	377	359
116	23	186	199	390	372
116	24	196	209	403	385
118	0	0	0	41	33
118	1	1	1	62	53
118	2	4	5	81	71
118	3	9	11	98	87
118	4	15	18	115	103
118	5	21	25	131	119
118	6	28	33	147	134
118	7	36	41	162	149
118	8	44	50	177	163
118	9	52	59	192	177
118	10	61	68	206	192
118	11	69	77	220	206
118	12	78	86	235	219
118	13	87	96	249	233
118	14	96	105	263	247
118	15	105	115	277	260
118	16	115	125	290	274
118	17	124	135	304	287
118	18	134	145	317	301
118	19	143	155	331	314
118	20	153	165	344	327
118	21	163	175	357	340
118	22	173	185	371	353
118	23	183	195	384	366
118	24	193	206	397	379
120	0	0	0	40	33
120	1	1	1	61	52
120	2	4	5	79	70
120	3	9	11	97	86
120	4	14	17	113	102
120	5	21	25	129	117
120	6	28	33	144	132
120	7	35	41	159	146
120	8	43	49	174	160
120	9	51	58	188	174
120	10	60	67	203	188
120	11	68	76	217	202
120	12	77	85	231	216
120	13	86	94	245	229
120	14	95	103	258	243
120	15	104	113	272	256
120	16	113	123	286	269
120	17	122	132	299	283
120	18	132	142	312	296
120	19	141	152	325	309
120	20	151	162	339	322
120	21	160	172	352	335
120	22	170	182	365	347
120	23	180	192	378	360
120	24	190	202	391	373
122	0	0	0	39	32
122	1	1	1	60	51
122	2	4	5	78	68
122	3	8	11	95	84
122	4	14	17	111	100
122	5	21	24	127	115
122	6	28	32	142	129
122	7	35	40	157	144
122	8	43	48	171	158

N = 1400

n	a	LOWER .975	LOWER .95	UPPER .975	UPPER .95
122	9	50	57	185	172
122	10	59	66	199	185
122	11	67	74	213	199
122	12	76	83	227	212
122	13	84	93	241	226
122	14	93	102	254	239
122	15	102	111	268	252
122	16	111	121	281	265
122	17	120	130	294	278
122	18	129	140	307	291
122	19	139	149	320	304
122	20	148	159	333	316
122	21	158	169	346	329
122	22	167	179	359	342
122	23	177	189	372	354
122	24	187	199	384	367
122	25	196	209	397	379
124	0	0	0	39	31
124	1	1	1	59	50
124	2	4	5	77	67
124	3	8	10	93	83
124	4	14	17	109	98
124	5	20	24	125	113
124	6	27	32	139	127
124	7	34	39	154	141
124	8	42	48	168	155
124	9	50	56	182	169
124	10	58	64	196	182
124	11	66	73	210	196
124	12	74	82	224	209
124	13	83	91	237	222
124	14	92	100	250	235
124	15	100	109	263	248
124	16	109	119	277	261
124	17	118	128	290	274
124	18	127	138	302	286
124	19	137	147	315	299
124	20	146	157	328	311
124	21	155	166	341	324
124	22	165	176	353	336
124	23	174	186	366	349
124	24	184	196	378	361
124	25	193	206	391	373
126	0	0	0	38	31
126	1	1	1	58	50
126	2	4	5	76	66
126	3	8	10	92	82
126	4	14	17	107	97
126	5	20	24	123	111
126	6	27	31	137	125
126	7	34	39	152	139
126	8	41	47	166	153
126	9	49	55	179	166
126	10	57	63	193	180
126	11	65	72	207	193
126	12	73	81	220	206
126	13	82	90	233	219
126	14	90	99	246	231
126	15	99	108	259	244
126	16	108	117	272	257
126	17	116	126	285	269
126	18	125	135	298	282
126	19	134	145	310	294
126	20	143	154	323	307
126	21	153	164	335	319
126	22	162	173	348	331
126	23	171	183	360	343
126	24	181	193	373	356
126	25	190	202	385	368
126	26	200	212	397	380
128	0	0	0	37	30
128	1	1	1	57	49
128	2	4	5	74	65
128	3	8	10	90	80
128	4	14	16	106	95

N = 1400

n	a	LOWER .975	LOWER .95	UPPER .975	UPPER .95
128	5	20	23	121	109
128	6	26	31	135	123
128	7	33	38	149	137
128	8	41	46	163	150
128	9	48	54	177	164
128	10	56	63	190	177
128	11	64	71	203	190
128	12	72	80	217	203
128	13	80	88	230	215
128	14	89	97	243	228
128	15	97	106	255	240
128	16	106	115	268	253
128	17	115	124	281	265
128	18	123	133	293	278
128	19	132	142	306	290
128	20	141	152	318	302
128	21	150	161	330	314
128	22	159	171	343	326
128	23	169	180	355	338
128	24	178	190	367	350
128	25	187	199	379	362
128	26	196	209	391	374
130	0	0	0	37	30
130	1	1	1	56	48
130	2	4	5	73	64
130	3	8	10	89	79
130	4	13	16	104	94
130	5	19	23	119	108
130	6	26	30	133	121
130	7	33	38	147	135
130	8	40	45	161	148
130	9	48	53	174	161
130	10	55	62	187	174
130	11	63	70	200	187
130	12	71	78	213	199
130	13	79	87	226	212
130	14	87	96	239	224
130	15	96	104	252	237
130	16	104	113	264	249
130	17	113	122	276	261
130	18	122	131	289	273
130	19	130	140	301	285
130	20	139	149	313	297
130	21	148	159	325	309
130	22	157	168	337	321
130	23	166	177	350	333
130	24	175	187	361	345
130	25	184	196	373	357
130	26	193	206	385	368
132	0	0	0	36	29
132	1	1	1	55	47
132	2	4	5	72	63
132	3	8	10	88	78
132	4	13	16	103	92
132	5	19	23	117	106
132	6	26	30	131	120
132	7	32	37	145	133
132	8	39	45	158	146
132	9	47	53	171	159
132	10	54	61	184	171
132	11	62	69	197	184
132	12	70	77	210	196
132	13	78	86	223	209
132	14	86	94	235	221
132	15	94	103	248	233
132	16	103	112	260	245
132	17	111	120	272	257
132	18	120	129	285	269
132	19	128	138	297	281
132	20	137	147	309	293
132	21	146	156	321	305
132	22	155	165	333	316
132	23	163	175	344	328
132	24	172	184	356	340
132	25	181	193	368	351

N = 1400

n	a	LOWER .975	LOWER .95	UPPER .975	UPPER .95
132	26	190	202	380	363
132	27	200	212	391	374
134	0	0	0	36	29
134	1	1	1	54	47
134	2	3	5	71	62
134	3	8	10	86	77
134	4	13	16	101	91
134	5	19	22	115	104
134	6	25	29	129	118
134	7	32	37	143	131
134	8	39	44	156	144
134	9	46	52	169	156
134	10	54	60	182	169
134	11	61	68	194	181
134	12	69	76	207	194
134	13	77	84	220	206
134	14	85	93	232	218
134	15	93	101	244	230
134	16	101	110	256	242
134	17	110	119	268	254
134	18	118	127	280	265
134	19	126	136	292	277
134	20	135	145	304	289
134	21	144	154	316	300
134	22	152	163	328	312
134	23	161	172	339	323
134	24	170	181	351	335
134	25	179	190	363	346
134	26	188	199	374	358
134	27	197	209	386	369
136	0	0	0	35	29
136	1	1	1	54	46
136	2	3	5	70	61
136	3	8	10	85	76
136	4	13	16	100	89
136	5	19	22	113	103
136	6	25	29	127	116
136	7	31	36	140	129
136	8	38	44	153	142
136	9	45	51	166	154
136	10	53	59	179	166
136	11	60	67	192	179
136	12	68	75	204	191
136	13	76	83	216	203
136	14	84	91	229	215
136	15	92	100	241	226
136	16	100	108	253	238
136	17	108	117	265	250
136	18	116	125	276	261
136	19	125	134	288	273
136	20	133	143	300	285
136	21	141	152	311	296
136	22	150	161	323	307
136	23	159	169	335	319
136	24	167	178	346	330
136	25	176	187	357	341
136	26	185	196	369	352
136	27	194	205	380	364
136	28	203	215	391	375
138	0	0	0	35	28
138	1	1	1	53	45
138	2	3	4	69	60
138	3	8	9	84	74
138	4	13	15	98	88
138	5	18	22	112	101
138	6	25	28	125	114
138	7	31	36	138	127
138	8	38	43	151	139
138	9	45	50	164	152
138	10	52	58	176	164
138	11	59	66	189	176
138	12	67	74	201	188
138	13	75	82	213	200
138	14	82	90	225	212
138	15	90	98	237	223

CONFIDENCE BOUNDS FOR A

N = 1400

n	a	LOWER .975	LOWER .95	UPPER .975	UPPER .95
138	16	98	107	249	235
138	17	106	115	261	246
138	18	115	124	272	258
138	19	123	132	284	269
138	20	131	141	296	280
138	21	139	149	307	292
138	22	148	158	318	303
138	23	156	167	330	314
138	24	165	176	341	325
138	25	173	185	352	336
138	26	182	194	364	347
138	27	191	202	375	359
138	28	200	211	386	369
140	0	0	0	34	28
140	1	1	1	52	44
140	2	3	4	68	59
140	3	7	9	83	73
140	4	12	15	97	87
140	5	18	21	110	100
140	6	24	28	123	113
140	7	31	35	136	125
140	8	37	42	149	137
140	9	44	50	162	150
140	10	51	57	174	162
140	11	59	65	186	174
140	12	66	73	198	185
140	13	74	81	210	197
140	14	81	89	222	209
140	15	89	97	234	220
140	16	97	105	245	231
140	17	105	114	257	243
140	18	113	122	269	254
140	19	121	130	280	265
140	20	129	139	291	277
140	21	137	147	303	288
140	22	146	156	314	299
140	23	154	165	325	310
140	24	163	173	336	321
140	25	171	182	347	332
140	26	179	191	359	343
140	27	188	200	370	354
140	28	197	208	380	364

N = 1500

n	a	LOWER .975	LOWER .95	UPPER .975	UPPER .95
2	0	0	0	1262	1164
2	1	19	38	1481	1462
4	0	0	0	902	789
4	1	10	20	1208	1126
6	0	0	0	687	588
6	1	7	13	960	871
6	2	66	95	1164	1092
8	0	0	0	552	467
8	1	5	10	788	704
8	2	49	70	975	898
10	0	0	0	461	387
10	1	4	8	666	589
10	2	39	56	832	759
12	0	0	0	395	330
12	1	4	7	575	506
12	2	32	47	724	655
12	3	83	109	856	789
14	0	0	0	345	287
14	1	3	6	506	443
14	2	28	40	640	576
14	3	71	93	760	696
16	0	0	0	307	254
16	1	3	5	451	394
16	2	24	35	573	514
16	3	62	81	682	623
16	4	110	137	783	724
18	0	0	0	276	228
18	1	3	5	407	354
18	2	22	31	518	463
18	3	55	72	619	563
18	4	98	121	712	656
20	0	0	0	251	207
20	1	2	4	371	322
20	2	19	28	473	422
20	3	49	64	566	513
20	4	87	108	652	599
22	0	0	0	229	189
22	1	2	4	340	295
22	2	18	25	435	387
22	3	45	58	521	472
22	4	79	98	602	551
22	5	119	143	678	627
24	0	0	0	212	174
24	1	2	4	314	272
24	2	16	23	402	357
24	3	41	54	483	436
24	4	72	90	558	510
24	5	109	130	629	581
26	0	0	0	196	161
26	1	2	3	292	253
26	2	15	22	374	332
26	3	38	49	450	405
26	4	67	83	520	475
26	5	100	120	587	541
26	6	136	160	652	605
28	0	0	0	183	150
28	1	2	3	273	236
28	2	14	20	350	310
28	3	35	46	421	379
28	4	62	77	487	444
28	5	93	111	550	507
28	6	126	148	611	567
30	0	0	0	171	141
30	1	2	3	256	221
30	2	13	19	328	291
30	3	33	43	395	355
30	4	58	72	458	417
30	5	86	104	518	476
30	6	118	138	575	533
32	0	0	0	161	132
32	1	2	3	241	208
32	2	12	18	309	274
32	3	31	40	372	335
32	4	54	67	432	393
32	5	81	97	489	449

N = 1500

n	a	LOWER .975	LOWER .95	UPPER .975	UPPER .95
32	6	110	129	543	503
32	7	141	163	596	555
34	0	0	0	152	125
34	1	2	3	227	196
34	2	12	17	292	258
34	3	29	38	352	316
34	4	51	63	409	371
34	5	76	91	463	424
34	6	103	121	515	476
34	7	133	153	565	525
36	0	0	0	144	118
36	1	2	3	215	185
36	2	11	16	277	245
36	3	27	36	334	300
36	4	48	60	388	352
36	5	72	86	439	402
36	6	97	114	489	451
36	7	125	144	537	499
36	8	154	175	584	545
38	0	0	0	137	112
38	1	1	2	205	176
38	2	11	15	263	232
38	3	26	34	318	285
38	4	46	56	369	335
38	5	68	81	418	383
38	6	92	108	466	429
38	7	118	137	512	475
38	8	146	166	556	519
40	0	0	0	130	106
40	1	1	2	195	168
40	2	10	14	251	221
40	3	25	32	303	271
40	4	43	54	352	319
40	5	64	77	399	365
40	6	88	103	444	409
40	7	112	130	488	453
40	8	138	157	531	495
42	0	0	0	124	101
42	1	1	2	186	160
42	2	10	14	240	211
42	3	24	31	289	259
42	4	41	51	336	305
42	5	61	74	381	348
42	6	83	98	425	391
42	7	107	123	467	433
42	8	131	150	508	473
42	9	157	177	549	513
44	0	0	0	118	97
44	1	1	2	178	153
44	2	9	13	229	202
44	3	23	29	277	248
44	4	39	49	322	291
44	5	59	70	365	333
44	6	80	93	407	374
44	7	102	118	447	414
44	8	125	143	487	453
44	9	149	169	526	492
46	0	0	0	113	93
46	1	1	2	170	146
46	2	9	13	220	193
46	3	22	28	265	237
46	4	38	47	309	279
46	5	56	67	350	320
46	6	76	89	390	359
46	7	97	112	430	397
46	8	120	136	468	435
46	9	143	161	505	472
46	10	167	187	542	508
48	0	0	0	109	89
48	1	1	2	163	140
48	2	9	12	211	186
48	3	21	27	255	228
48	4	36	45	297	268
48	5	54	64	337	307
48	6	73	85	375	345

N = 1500

n	a	LOWER .975	LOWER .95	UPPER .975	UPPER .95
48	7	93	108	413	382
48	8	114	131	450	418
48	9	137	154	486	453
48	10	160	179	521	488
50	0	0	0	104	85
50	1	1	2	157	135
50	2	8	12	203	178
50	3	20	26	245	219
50	4	35	43	285	258
50	5	52	62	324	295
50	6	70	82	361	332
50	7	89	103	398	367
50	8	110	125	433	402
50	9	131	148	468	436
50	10	153	171	502	470
52	0	0	0	100	82
52	1	1	2	151	130
52	2	8	11	195	172
52	3	19	25	236	211
52	4	34	41	275	248
52	5	50	60	312	285
52	6	67	79	348	320
52	7	86	99	383	354
52	8	106	120	418	388
52	9	126	142	451	421
52	10	147	165	484	453
52	11	169	187	517	485
54	0	0	0	97	79
54	1	1	2	146	125
54	2	8	11	188	166
54	3	19	24	228	203
54	4	32	40	265	240
54	5	48	57	301	274
54	6	65	76	336	308
54	7	83	96	370	341
54	8	102	116	403	374
54	9	121	137	436	406
54	10	141	158	468	437
54	11	162	180	499	469
56	0	0	0	93	76
56	1	1	2	141	121
56	2	7	10	182	160
56	3	18	23	220	196
56	4	31	38	256	231
56	5	46	55	291	265
56	6	62	73	325	298
56	7	80	92	357	330
56	8	98	112	390	361
56	9	117	132	421	392
56	10	136	153	452	423
56	11	156	174	483	453
56	12	177	195	513	482
58	0	0	0	90	74
58	1	1	2	136	117
58	2	7	10	176	154
58	3	17	22	213	190
58	4	30	37	248	224
58	5	45	53	281	256
58	6	60	71	314	288
58	7	77	89	346	319
58	8	94	108	377	349
58	9	113	127	408	379
58	10	131	147	438	409
58	11	151	168	467	438
58	12	170	188	496	467
60	0	0	0	87	71
60	1	1	2	131	113
60	2	7	10	170	149
60	3	17	22	206	184
60	4	29	36	240	216
60	5	43	52	272	248
60	6	58	68	304	279
60	7	74	86	335	309
60	8	91	104	365	338
60	9	109	123	395	367

CONFIDENCE BOUNDS FOR A

n	a	N = 1500 LOWER .975	.95	UPPER .975	.95	n	a	N = 1500 LOWER .975	.95	UPPER .975	.95	n	a	N = 1500 LOWER .975	.95	UPPER .975	.95	n	a	N = 1500 LOWER .975	.95	UPPER .975	.95
60	10	127	142	424	396	70	14	174	190	465	439	80	8	69	78	277	256	88	11	99	110	315	294
60	11	146	162	453	424	72	0	0	0	73	59	80	9	82	92	300	279	88	12	112	123	335	314
60	12	165	182	481	452	72	1	1	2	110	94	80	10	95	106	323	301	88	13	125	137	355	333
62	0	0	0	84	69	72	2	6	8	142	125	80	11	109	121	345	322	88	14	138	151	374	352
62	1	1	2	127	109	72	3	14	18	172	154	80	12	123	136	367	344	88	15	151	165	394	371
62	2	7	9	165	145	72	4	24	30	201	181	80	13	137	151	388	365	88	16	165	179	413	390
62	3	16	21	199	178	72	5	36	43	228	208	80	14	152	166	410	386	88	17	179	194	432	409
62	4	28	35	232	210	72	6	49	57	255	234	80	15	167	182	431	407	88	18	193	208	451	428
62	5	42	50	264	240	72	7	62	72	281	259	80	16	182	197	452	428	90	0	0	0	58	47
62	6	56	66	295	270	72	8	76	87	307	284	82	0	0	0	64	52	90	1	1	1	88	75
62	7	72	83	325	299	72	9	91	102	332	309	82	1	1	1	96	83	90	2	5	7	114	100
62	8	88	101	354	328	72	10	106	118	357	333	82	2	5	7	125	110	90	3	12	15	138	123
62	9	105	119	383	356	72	11	121	135	381	357	82	3	13	16	152	135	90	4	20	24	161	145
62	10	123	138	411	384	72	12	137	151	405	380	82	4	22	27	177	159	90	5	29	35	184	167
62	11	141	157	439	411	72	13	153	168	429	404	82	5	32	38	201	183	90	6	39	46	205	188
62	12	159	176	466	438	72	14	169	185	453	427	82	6	43	50	225	206	90	7	50	57	227	208
62	13	178	196	494	465	72	15	186	202	476	450	82	7	55	63	248	228	90	8	61	70	247	229
64	0	0	0	82	67	74	0	0	0	71	58	82	8	67	76	271	250	90	9	73	82	268	249
64	1	1	2	123	106	74	1	1	2	107	91	82	9	80	90	293	272	90	10	84	95	288	268
64	2	7	9	160	140	74	2	6	8	138	121	82	10	93	104	315	294	90	11	97	108	308	288
64	3	16	20	193	172	74	3	14	18	168	149	82	11	106	118	337	315	90	12	109	121	328	307
64	4	27	34	225	203	74	4	24	29	196	176	82	12	120	133	358	336	90	13	122	134	347	326
64	5	40	48	256	233	74	5	35	42	222	202	82	13	134	147	379	357	90	14	135	148	366	345
64	6	55	64	286	262	74	6	47	56	249	228	82	14	148	162	400	377	90	15	148	161	385	364
64	7	70	81	315	290	74	7	60	70	274	252	82	15	162	177	421	398	90	16	161	175	404	382
64	8	86	98	343	318	74	8	74	84	299	277	82	16	177	193	442	418	90	17	175	189	423	401
64	9	102	115	371	345	74	9	88	100	324	301	82	17	192	208	462	438	90	18	188	203	442	419
64	10	119	133	399	372	74	10	103	115	348	324	84	0	0	0	62	51	92	0	0	0	57	46
64	11	136	152	426	399	74	11	118	131	371	347	84	1	1	1	94	81	92	1	1	1	86	73
64	12	154	170	453	425	74	12	133	147	395	371	84	2	5	7	122	107	92	2	5	7	111	98
64	13	172	189	479	452	74	13	148	163	418	393	84	3	12	16	148	132	92	3	11	15	135	120
66	0	0	0	79	65	74	14	164	180	441	416	84	4	21	26	173	156	92	4	19	24	158	142
66	1	1	2	120	103	74	15	180	197	464	438	84	5	31	37	197	179	92	5	29	34	180	163
66	2	6	9	155	136	76	0	0	0	69	56	84	6	42	49	220	201	92	6	38	45	201	184
66	3	15	20	188	167	76	1	1	1	104	89	84	7	53	62	242	223	92	7	49	56	222	204
66	4	27	33	219	197	76	2	6	8	135	118	84	8	65	74	265	245	92	8	60	68	242	224
66	5	39	47	249	226	76	3	14	17	163	146	84	9	78	88	286	266	92	9	71	80	262	243
66	6	53	62	278	254	76	4	23	29	191	172	84	10	90	101	308	287	92	10	83	93	282	262
66	7	68	78	306	282	76	5	34	41	217	197	84	11	104	115	329	308	92	11	95	105	301	282
66	8	83	95	334	309	76	6	46	54	242	222	84	12	117	129	350	328	92	12	107	118	321	300
66	9	99	112	361	335	76	7	59	68	267	246	84	13	131	144	371	348	92	13	119	131	340	319
66	10	115	129	388	362	76	8	72	82	291	270	84	14	144	158	391	368	92	14	132	144	359	338
66	11	132	147	414	388	76	9	86	97	315	293	84	15	159	173	411	388	92	15	145	158	377	356
66	12	149	165	440	413	76	10	100	112	339	316	84	16	173	188	432	408	92	16	158	171	396	374
66	13	167	184	466	439	76	11	115	127	362	339	84	17	187	203	452	428	92	17	171	185	414	392
66	14	185	202	491	464	76	12	129	143	385	361	86	0	0	0	61	49	92	18	184	199	432	410
68	0	0	0	77	63	76	13	145	159	408	383	86	1	1	1	92	79	92	19	197	213	450	428
68	1	1	2	116	100	76	14	160	175	430	406	86	2	5	7	119	105	94	0	0	0	55	45
68	2	6	9	150	132	76	15	176	191	452	427	86	3	12	15	145	129	94	1	1	1	84	72
68	3	15	19	182	162	76	16	191	208	474	449	86	4	21	25	169	152	94	2	5	7	109	96
68	4	26	32	212	191	78	0	0	0	67	55	86	5	30	36	192	174	94	3	11	14	132	118
68	5	38	46	241	220	78	1	1	1	101	87	86	6	41	48	215	196	94	4	19	23	155	139
68	6	52	60	270	247	78	2	6	8	131	115	86	7	52	60	237	218	94	5	28	33	176	160
68	7	66	76	297	274	78	3	13	17	159	142	86	8	64	73	259	239	94	6	38	44	197	180
68	8	81	92	324	300	78	4	23	28	186	167	86	9	76	86	280	260	94	7	48	55	217	200
68	9	96	108	351	326	78	5	33	40	211	192	86	10	88	99	301	280	94	8	58	67	237	219
68	10	112	125	377	352	78	6	45	53	236	216	86	11	101	113	322	301	94	9	70	78	257	238
68	11	128	143	402	377	78	7	57	66	260	240	86	12	114	126	342	321	94	10	81	91	276	257
68	12	145	160	428	402	78	8	70	80	284	263	86	13	128	140	362	341	94	11	93	103	295	276
68	13	162	178	453	426	78	9	84	94	308	286	86	14	141	155	383	360	94	12	105	116	314	294
68	14	179	196	478	451	78	10	97	109	331	308	86	15	155	169	402	380	94	13	117	128	333	312
70	0	0	0	75	61	78	11	112	124	353	330	86	16	169	183	422	399	94	14	129	141	351	331
70	1	1	2	113	97	78	12	126	139	376	352	86	17	183	198	442	418	94	15	142	154	370	349
70	2	6	8	146	128	78	13	141	155	398	374	86	18	197	213	461	438	94	16	154	168	388	366
70	3	15	19	177	158	78	14	156	171	420	396	88	0	0	0	59	48	94	17	167	181	406	384
70	4	25	31	206	186	78	15	171	186	441	417	88	1	1	1	90	77	94	18	180	194	424	402
70	5	37	44	235	213	78	16	186	203	463	438	88	2	5	7	117	102	94	19	193	208	441	419
70	6	50	59	262	240	80	0	0	0	65	53	88	3	12	15	141	126	96	0	0	0	54	44
70	7	64	74	289	266	80	1	1	1	99	85	88	4	20	25	165	149	96	1	1	1	82	70
70	8	78	89	315	292	80	2	5	8	128	112	88	5	30	36	188	171	96	2	5	6	107	94
70	9	93	105	341	317	80	3	13	17	155	138	88	6	40	47	210	192	96	3	11	14	130	115
70	10	109	122	367	342	80	4	22	27	181	163	88	7	51	59	232	213	96	4	19	23	151	136
70	11	124	138	392	366	80	5	33	39	206	187	88	8	62	71	253	234	96	5	27	33	172	156
70	12	141	156	416	391	80	6	44	51	230	211	88	9	74	84	274	254	96	6	37	43	193	176
70	13	157	173	441	415	80	7	56	65	254	234	88	10	86	97	294	274	96	7	47	54	213	196

CONFIDENCE BOUNDS FOR A

N = 1500		LOWER		UPPER		N = 1500		LOWER		UPPER		N = 1500		LOWER		UPPER		N = 1500		LOWER		UPPER	
n	a	.975	.95	.975	.95	n	a	.975	.95	.975	.95	n	a	.975	.95	.975	.95	n	a	.975	.95	.975	.95
96	8	57	65	232	215	102	20	190	204	425	404	110	5	24	29	151	137	116	9	57	64	209	194
96	9	68	77	252	233	102	21	202	217	441	420	110	6	32	38	169	154	116	10	66	74	225	209
96	10	79	89	271	252	104	0	0	0	50	41	110	7	41	47	186	171	116	11	75	84	241	224
96	11	91	101	289	270	104	1	1	1	76	65	110	8	50	57	203	188	116	12	85	94	256	239
96	12	102	113	308	288	104	2	4	6	99	86	110	9	60	67	220	204	116	13	95	104	271	254
96	13	114	126	326	306	104	3	10	13	120	107	110	10	69	78	237	220	116	14	105	114	287	269
96	14	126	138	344	324	104	4	17	21	140	126	110	11	79	88	253	236	116	15	115	125	302	284
96	15	139	151	362	342	104	5	25	30	159	145	110	12	89	99	270	252	116	16	125	136	317	299
96	16	151	164	380	359	104	6	34	40	178	163	110	13	100	110	286	268	116	17	135	146	331	313
96	17	164	177	398	376	104	7	43	50	197	181	110	14	110	121	302	284	116	18	146	157	346	328
96	18	176	190	415	394	104	8	53	60	215	198	110	15	121	132	318	299	116	19	156	168	361	342
96	19	189	204	433	411	104	9	63	71	233	216	110	16	132	143	333	315	116	20	167	179	375	356
96	20	202	217	450	428	104	10	73	82	250	233	110	17	143	154	349	330	116	21	177	190	390	371
98	0	0	0	53	43	104	11	84	93	268	250	110	18	154	166	364	345	116	22	188	202	404	385
98	1	1	1	81	69	104	12	95	104	285	267	110	19	165	177	380	360	116	23	199	213	418	399
98	2	5	6	105	92	104	13	105	116	302	283	110	20	176	189	395	375	116	24	210	224	433	413
98	3	11	14	127	113	104	14	117	128	319	300	110	21	187	201	410	390	118	0	0	0	44	36
98	4	18	22	148	134	104	15	128	139	335	316	110	22	199	213	425	405	118	1	1	1	67	57
98	5	27	32	169	153	104	16	139	151	352	332	112	0	0	0	46	38	118	2	4	5	87	76
98	6	36	42	189	173	104	17	151	163	368	348	112	1	1	1	70	60	118	3	9	12	105	94
98	7	46	53	209	192	104	18	163	176	385	364	112	2	4	6	91	80	118	4	15	19	123	111
98	8	56	64	228	210	104	19	174	188	401	380	112	3	10	12	111	99	118	5	23	27	140	127
98	9	67	75	247	229	104	20	186	200	417	396	112	4	16	20	130	117	118	6	30	35	157	144
98	10	78	87	265	247	104	21	198	213	433	412	112	5	24	28	148	134	118	7	38	44	174	159
98	11	89	99	284	265	106	0	0	0	49	40	112	6	32	37	166	151	118	8	47	53	190	175
98	12	100	111	302	282	106	1	1	1	74	64	112	7	40	46	183	168	118	9	56	63	206	190
98	13	112	123	320	300	106	2	4	6	97	85	112	8	49	56	200	184	118	10	65	72	221	206
98	14	124	135	337	317	106	3	10	13	117	104	112	9	59	66	216	200	118	11	74	82	237	221
98	15	136	148	355	335	106	4	17	21	137	123	112	10	68	76	233	216	118	12	83	92	252	235
98	16	148	161	373	352	106	5	25	30	156	142	112	11	78	87	249	232	118	13	93	102	267	250
98	17	160	174	390	369	106	6	34	39	175	160	112	12	88	97	265	248	118	14	103	113	282	265
98	18	173	186	407	386	106	7	43	49	193	177	112	13	98	108	281	263	118	15	113	123	297	279
98	19	185	199	424	403	106	8	52	59	211	195	112	14	108	119	297	279	118	16	123	133	311	294
98	20	198	213	441	420	106	9	62	70	228	212	112	15	119	129	312	294	118	17	133	144	326	308
100	0	0	0	52	42	106	10	72	80	246	228	112	16	129	141	328	309	118	18	143	155	340	322
100	1	1	1	79	68	106	11	82	91	263	245	112	17	140	152	343	324	118	19	153	165	355	337
100	2	5	6	103	90	106	12	93	103	280	262	112	18	151	163	358	339	118	20	164	176	369	351
100	3	11	13	125	111	106	13	103	114	296	278	112	19	162	174	373	354	118	21	174	187	383	365
100	4	18	22	145	131	106	14	114	125	313	294	112	20	173	186	388	369	118	22	185	198	398	379
100	5	26	31	166	150	106	15	125	137	329	310	112	21	184	197	403	384	118	23	196	209	412	392
100	6	35	41	185	169	106	16	137	149	345	326	112	22	195	209	418	398	118	24	207	220	426	406
100	7	45	52	204	188	106	17	148	160	362	342	112	23	206	220	433	413	120	0	0	0	43	35
100	8	55	63	223	206	106	18	159	172	378	358	114	0	0	0	45	37	120	1	1	1	66	56
100	9	65	74	242	224	106	19	171	184	393	373	114	1	1	1	69	59	120	2	4	5	85	75
100	10	76	85	260	242	106	20	183	196	409	389	114	2	4	6	90	79	120	3	9	11	104	92
100	11	87	97	278	260	106	21	194	209	425	405	114	3	9	12	109	97	120	4	15	19	121	109
100	12	98	109	296	277	106	22	206	221	441	420	114	4	16	19	128	115	120	5	22	26	138	125
100	13	110	121	314	294	108	0	0	0	48	39	114	5	23	28	145	132	120	6	30	35	155	141
100	14	121	133	331	311	108	1	1	1	73	62	114	6	31	36	163	149	120	7	38	43	171	157
100	15	133	145	348	328	108	2	4	6	95	83	114	7	40	46	180	165	120	8	46	52	187	172
100	16	145	157	365	345	108	3	10	13	115	103	114	8	48	55	196	181	120	9	55	62	202	187
100	17	157	170	382	362	108	4	17	20	135	121	114	9	58	65	213	197	120	10	64	71	218	202
100	18	169	183	399	379	108	5	25	29	153	139	114	10	67	75	229	213	120	11	73	81	233	217
100	19	181	195	416	395	108	6	33	38	172	157	114	11	77	85	245	228	120	12	82	91	248	232
100	20	194	208	433	412	108	7	42	48	190	174	114	12	86	95	260	244	120	13	92	101	263	246
102	0	0	0	51	41	108	8	51	58	207	191	114	13	96	106	276	259	120	14	101	111	277	260
102	1	1	1	77	66	108	9	61	68	224	208	114	14	106	116	291	274	120	15	111	121	292	275
102	2	4	6	101	88	108	10	71	79	241	224	114	15	117	127	307	289	120	16	121	131	306	289
102	3	10	13	122	109	108	11	81	90	258	241	114	16	127	138	322	304	120	17	131	142	321	303
102	4	18	22	143	128	108	12	91	101	275	257	114	17	138	149	337	319	120	18	141	152	335	317
102	5	26	31	162	147	108	13	102	112	291	273	114	18	148	160	352	333	120	19	151	163	349	331
102	6	35	41	182	166	108	14	112	123	307	289	114	19	159	171	367	348	120	20	161	173	363	345
102	7	44	51	201	184	108	15	123	134	323	305	114	20	170	182	382	363	120	21	172	184	377	359
102	8	54	61	219	202	108	16	134	146	339	320	114	21	181	194	396	377	120	22	182	195	391	372
102	9	64	72	237	220	108	17	145	157	355	336	114	22	192	205	411	391	120	23	192	206	405	386
102	10	75	84	255	237	108	18	156	169	371	351	114	23	203	217	425	406	120	24	203	216	419	400
102	11	85	95	273	255	108	19	168	181	386	367	116	0	0	0	45	36	122	0	0	0	42	34
102	12	96	107	290	272	108	20	179	193	402	382	116	1	1	1	68	58	122	1	1	1	64	55
102	13	108	118	308	289	108	21	191	205	417	397	116	2	4	5	88	77	122	2	4	5	84	73
102	14	119	130	325	305	108	22	202	217	433	412	116	3	9	12	107	95	122	3	9	11	102	91
102	15	130	142	342	322	110	0	0	0	47	38	116	4	16	19	125	113	122	4	15	18	119	107
102	16	142	154	359	339	110	1	1	1	72	61	116	5	23	27	143	130	122	5	22	26	136	123
102	17	154	167	375	355	110	2	4	6	93	82	116	6	31	36	160	146	122	6	29	34	152	139
102	18	166	179	392	371	110	3	10	12	113	101	116	7	39	45	177	162	122	7	37	43	168	154
102	19	178	192	408	388	110	4	16	20	132	119	116	8	48	54	193	178	122	8	45	52	184	169

CONFIDENCE BOUNDS FOR A

N = 1500

n	a	LOWER .975	LOWER .95	UPPER .975	UPPER .95
122	9	54	61	199	184
122	10	63	70	214	199
122	11	72	80	229	213
122	12	81	89	244	228
122	13	90	99	258	242
122	14	99	109	273	256
122	15	109	119	287	270
122	16	119	129	301	284
122	17	129	139	316	298
122	18	138	150	330	312
122	19	148	160	344	326
122	20	159	170	357	339
122	21	169	181	371	353
122	22	179	192	385	367
122	23	189	202	399	380
122	24	200	213	412	393
122	25	210	224	426	407
124	0	0	0	42	34
124	1	1	1	63	54
124	2	4	5	83	72
124	3	9	11	100	89
124	4	15	18	117	105
124	5	22	26	134	121
124	6	29	34	150	137
124	7	37	42	165	152
124	8	45	51	181	167
124	9	53	60	196	181
124	10	62	69	211	196
124	11	70	78	225	210
124	12	79	88	240	224
124	13	89	97	254	238
124	14	98	107	268	252
124	15	107	117	283	266
124	16	117	127	297	280
124	17	126	137	311	294
124	18	136	147	324	307
124	19	146	157	338	321
124	20	156	168	352	334
124	21	166	178	365	347
124	22	176	188	379	361
124	23	186	199	392	374
124	24	196	209	406	387
124	25	207	220	419	400
126	0	0	0	41	33
126	1	1	1	62	53
126	2	4	5	81	71
126	3	9	11	99	88
126	4	15	18	115	104
126	5	21	25	132	119
126	6	28	33	147	134
126	7	36	41	163	149
126	8	44	50	178	164
126	9	52	59	193	178
126	10	61	68	207	193
126	11	69	77	222	207
126	12	78	86	236	221
126	13	87	96	250	235
126	14	96	105	264	248
126	15	106	115	278	262
126	16	115	125	292	275
126	17	124	135	306	289
126	18	134	145	319	302
126	19	144	155	333	316
126	20	153	165	346	329
126	21	163	175	360	342
126	22	173	185	373	355
126	23	183	196	386	368
126	24	193	206	400	381
126	25	203	217	413	394
126	26	214	227	426	407
128	0	0	0	40	33
128	1	1	1	61	52
128	2	4	5	80	70
128	3	9	11	97	86
128	4	14	17	114	102

N = 1500

n	a	LOWER .975	LOWER .95	UPPER .975	UPPER .95
128	5	21	25	130	117
128	6	28	33	145	132
128	7	36	41	160	147
128	8	43	49	175	161
128	9	51	58	190	176
128	10	60	67	204	190
128	11	68	76	218	204
128	12	77	85	232	217
128	13	86	94	246	231
128	14	95	104	260	244
128	15	104	113	274	258
128	16	113	123	288	271
128	17	123	133	301	285
128	18	132	143	315	298
128	19	141	152	328	311
128	20	151	162	341	324
128	21	161	172	354	337
128	22	170	182	367	350
128	23	180	193	381	363
128	24	190	203	394	375
128	25	200	213	406	388
128	26	210	223	419	401
130	0	0	0	40	32
130	1	1	1	60	52
130	2	4	5	79	69
130	3	8	11	96	85
130	4	14	17	112	101
130	5	21	24	128	116
130	6	28	32	143	130
130	7	35	40	158	145
130	8	43	49	172	159
130	9	51	57	187	173
130	10	59	66	201	187
130	11	67	75	215	200
130	12	76	84	229	214
130	13	85	93	243	227
130	14	93	102	256	241
130	15	102	112	270	254
130	16	111	121	283	267
130	17	121	131	297	280
130	18	130	140	310	293
130	19	139	150	323	306
130	20	149	160	336	319
130	21	158	170	349	332
130	22	168	180	362	345
130	23	178	190	375	357
130	24	187	200	388	370
130	25	197	210	400	382
130	26	207	220	413	395
132	0	0	0	39	32
132	1	1	1	59	51
132	2	4	5	77	68
132	3	8	10	94	84
132	4	14	17	110	99
132	5	20	24	126	114
132	6	27	32	141	128
132	7	35	40	155	143
132	8	42	48	170	156
132	9	50	56	184	170
132	10	58	65	198	184
132	11	66	74	212	197
132	12	75	83	225	211
132	13	83	92	239	224
132	14	92	101	252	237
132	15	101	110	266	250
132	16	110	119	279	263
132	17	119	129	292	276
132	18	128	138	305	289
132	19	137	148	318	302
132	20	146	157	331	314
132	21	156	168	344	327
132	22	165	177	357	339
132	23	175	187	369	352
132	24	184	197	382	364
132	25	194	207	395	377

N = 1500

n	a	LOWER .975	LOWER .95	UPPER .975	UPPER .95
132	26	204	217	407	389
132	27	213	227	420	401
134	0	0	0	38	31
134	1	1	1	59	50
134	2	4	5	76	67
134	3	8	10	93	82
134	4	14	17	108	98
134	5	20	24	124	112
134	6	27	31	138	126
134	7	34	39	153	140
134	8	42	47	167	154
134	9	49	55	181	168
134	10	57	64	195	181
134	11	65	73	209	194
134	12	74	81	222	208
134	13	82	90	236	221
134	14	91	99	249	234
134	15	99	108	262	247
134	16	108	118	275	259
134	17	117	127	288	272
134	18	126	136	301	285
134	19	135	146	314	297
134	20	144	155	326	310
134	21	154	165	339	322
134	22	163	174	352	334
134	23	172	184	364	347
134	24	182	194	376	359
134	25	191	203	389	371
134	26	201	213	401	383
134	27	210	223	413	396
136	0	0	0	38	31
136	1	1	1	58	49
136	2	4	5	75	66
136	3	8	10	91	81
136	4	14	17	107	96
136	5	20	23	122	110
136	6	26	31	136	125
136	7	34	39	151	138
136	8	41	46	165	152
136	9	49	55	179	165
136	10	56	63	192	179
136	11	64	71	206	192
136	12	73	80	219	205
136	13	81	89	232	217
136	14	89	98	245	230
136	15	98	107	258	243
136	16	107	116	271	256
136	17	115	125	284	268
136	18	124	134	296	280
136	19	133	143	309	293
136	20	142	153	322	305
136	21	151	162	334	317
136	22	160	172	346	330
136	23	170	181	359	342
136	24	179	191	371	354
136	25	188	200	383	366
136	26	198	210	395	378
136	27	207	220	408	390
136	28	217	230	420	402
138	0	0	0	37	30
138	1	1	1	57	49
138	2	4	5	74	65
138	3	8	10	90	80
138	4	13	16	105	95
138	5	20	23	120	109
138	6	26	30	134	123
138	7	33	38	149	136
138	8	40	46	162	150
138	9	48	54	176	163
138	10	56	62	189	176
138	11	64	70	203	189
138	12	72	79	216	202
138	13	80	88	229	214
138	14	88	96	242	227
138	15	97	105	254	239

N = 1500

n	a	LOWER .975	LOWER .95	UPPER .975	UPPER .95
138	16	105	114	267	252
138	17	114	123	280	264
138	18	122	132	292	276
138	19	131	141	305	289
138	20	140	151	317	301
138	21	149	160	329	313
138	22	158	169	342	325
138	23	167	179	354	337
138	24	176	188	366	349
138	25	186	198	378	361
138	26	195	207	390	373
138	27	204	217	402	384
138	28	213	226	414	396
140	0	0	0	37	30
140	1	1	1	56	48
140	2	4	5	73	64
140	3	8	10	89	79
140	4	13	16	104	93
140	5	19	23	118	107
140	6	26	30	133	121
140	7	33	37	146	134
140	8	40	45	160	148
140	9	47	53	173	161
140	10	55	61	187	173
140	11	63	69	200	186
140	12	71	78	213	199
140	13	79	86	226	211
140	14	87	95	238	224
140	15	95	104	251	236
140	16	104	113	263	248
140	17	112	121	276	260
140	18	121	130	288	273
140	19	129	139	300	285
140	20	138	148	313	297
140	21	147	158	325	309
140	22	156	167	337	320
140	23	165	176	349	332
140	24	174	185	361	344
140	25	183	195	373	356
140	26	192	204	385	367
140	27	201	214	396	379
140	28	210	223	408	391
142	0	0	0	36	29
142	1	1	1	55	47
142	2	3	5	72	63
142	3	8	10	87	78
142	4	13	16	102	92
142	5	19	23	117	106
142	6	25	30	131	119
142	7	32	37	144	132
142	8	39	45	158	145
142	9	47	52	171	158
142	10	54	60	184	171
142	11	62	69	197	184
142	12	70	77	210	196
142	13	78	85	222	208
142	14	86	94	235	221
142	15	94	102	247	233
142	16	102	111	260	245
142	17	111	120	272	257
142	18	119	129	284	269
142	19	128	137	296	281
142	20	136	146	308	293
142	21	145	155	320	304
142	22	154	164	332	316
142	23	162	174	344	328
142	24	171	183	356	339
142	25	180	192	368	351
142	26	189	201	379	362
142	27	198	210	391	374
142	28	207	220	403	385
142	29	217	229	414	397
144	0	0	0	36	29
144	1	1	1	54	46
144	2	3	5	71	62

CONFIDENCE BOUNDS FOR A

N = 1500

n	a	LOWER .975	LOWER .95	UPPER .975	UPPER .95
144	3	8	10	86	77
144	4	13	16	101	91
144	5	19	22	115	104
144	6	25	29	129	118
144	7	32	36	142	131
144	8	39	44	156	143
144	9	46	52	169	156
144	10	53	60	182	169
144	11	61	68	194	181
144	12	69	76	207	193
144	13	77	84	219	205
144	14	84	92	232	218
144	15	93	101	244	230
144	16	101	109	256	241
144	17	109	118	268	253
144	18	117	127	280	265
144	19	126	136	292	277
144	20	134	144	304	289
144	21	143	153	316	300
144	22	152	162	328	312
144	23	160	171	339	323
144	24	169	180	351	335
144	25	178	189	363	346
144	26	187	198	374	357
144	27	196	208	386	369
144	28	204	217	397	380
144	29	213	226	409	391
146	0	0	0	35	28
146	1	1	1	54	46
146	2	3	5	70	61
146	3	8	10	85	76
146	4	13	15	99	89
146	5	19	22	113	103
146	6	25	29	127	116
146	7	31	36	140	129
146	8	38	43	153	141
146	9	45	51	166	154
146	10	53	59	179	166
146	11	60	67	192	179
146	12	68	75	204	191
146	13	75	83	216	203
146	14	83	91	229	215
146	15	91	100	241	226
146	16	99	108	253	238
146	17	108	116	265	250
146	18	116	125	277	262
146	19	124	134	288	273
146	20	132	142	300	285
146	21	141	151	312	296
146	22	149	160	323	308
146	23	158	169	335	319
146	24	167	178	346	330
146	25	175	187	358	341
146	26	184	196	369	353
146	27	193	205	381	364
146	28	202	214	392	375
146	29	211	223	403	386
146	30	219	232	414	397
148	0	0	0	35	28
148	1	1	1	53	45
148	2	3	4	69	60
148	3	8	9	84	74
148	4	13	15	98	88
148	5	18	22	112	101
148	6	24	28	125	114
148	7	31	36	138	127
148	8	38	43	151	140
148	9	45	50	164	152
148	10	52	58	177	164
148	11	59	66	189	176
148	12	67	74	201	188
148	13	74	82	213	200
148	14	82	90	226	212
148	15	90	98	237	223
148	16	98	107	249	235
148	17	106	115	261	247
148	18	114	123	273	258
148	19	122	132	284	269
148	20	131	140	296	281
148	21	139	149	308	292
148	22	147	158	319	303
148	23	156	167	330	315
148	24	164	175	342	326
148	25	173	184	353	337
148	26	182	193	364	348
148	27	190	202	376	359
148	28	199	211	387	370
148	29	208	220	398	381
148	30	216	229	409	392
150	0	0	0	34	28
150	1	1	1	52	44
150	2	3	4	68	59
150	3	7	9	83	73
150	4	12	15	97	87
150	5	18	21	110	100
150	6	24	28	124	113
150	7	31	35	137	125
150	8	37	42	149	138
150	9	44	50	162	150
150	10	51	57	174	162
150	11	59	65	187	174
150	12	66	73	199	186
150	13	74	81	211	197
150	14	81	89	223	209
150	15	89	97	234	220
150	16	97	105	246	232
150	17	105	113	258	243
150	18	113	122	269	255
150	19	121	130	281	266
150	20	129	139	292	277
150	21	137	147	304	288
150	22	145	156	315	299
150	23	154	164	326	311
150	24	162	173	337	322
150	25	171	182	348	333
150	26	179	190	360	343
150	27	188	199	371	354
150	28	196	208	382	365
150	29	205	217	393	376
150	30	214	226	404	387

N = 1600

n	a	LOWER .975	LOWER .95	UPPER .975	UPPER .95
2	0	0	0	1346	1241
2	1	21	41	1579	1559
4	0	0	0	962	842
4	1	11	21	1288	1201
6	0	0	0	733	627
6	1	7	14	1024	929
6	2	70	101	1242	1165
8	0	0	0	589	498
8	1	6	11	841	751
8	2	52	75	1040	958
10	0	0	0	492	413
10	1	5	9	710	629
10	2	41	60	888	809
12	0	0	0	421	352
12	1	4	7	614	540
12	2	34	50	772	699
12	3	89	116	913	842
14	0	0	0	369	306
14	1	3	6	540	473
14	2	29	42	683	615
14	3	76	99	810	743
16	0	0	0	327	271
16	1	3	6	481	420
16	2	26	37	611	548
16	3	66	86	728	664
16	4	118	146	836	773
18	0	0	0	294	244
18	1	3	5	434	378
18	2	23	33	553	494
18	3	58	76	660	600
18	4	104	129	760	700
20	0	0	0	267	221
20	1	3	5	396	344
20	2	21	30	505	450
20	3	53	69	604	548
20	4	93	115	696	639
22	0	0	0	245	202
22	1	2	4	363	315
22	2	19	27	464	413
22	3	48	62	556	503
22	4	84	105	642	588
22	5	127	152	723	669
24	0	0	0	226	186
24	1	2	4	335	291
24	2	17	25	429	381
24	3	44	57	515	465
24	4	77	96	595	544
24	5	116	139	672	620
26	0	0	0	209	172
26	1	2	4	312	270
26	2	16	23	399	354
26	3	40	53	480	433
26	4	71	88	555	507
26	5	107	128	627	578
26	6	145	171	695	646
28	0	0	0	195	160
28	1	2	3	291	251
28	2	15	21	373	331
28	3	37	49	449	404
28	4	66	82	520	474
28	5	99	119	587	540
28	6	135	158	652	605
30	0	0	0	183	150
30	1	2	3	273	236
30	2	14	20	350	310
30	3	35	46	422	379
30	4	62	76	489	445
30	5	92	110	552	508
30	6	125	147	614	569
32	0	0	0	172	141
32	1	2	3	257	222
32	2	13	19	330	292
32	3	33	43	397	357
32	4	58	71	461	419
32	5	86	103	522	479
32	6	117	138	580	536
32	7	151	174	636	592
34	0	0	0	162	133
34	1	2	3	243	209
34	2	12	18	312	276
34	3	31	40	376	338
34	4	54	67	436	396
34	5	81	97	494	453
34	6	110	129	549	507
34	7	141	163	603	561
36	0	0	0	154	126
36	1	2	3	230	198
36	2	12	17	296	261
36	3	29	38	357	320
36	4	51	63	414	376
36	5	76	92	469	429
36	6	104	122	522	481
36	7	133	154	573	532
36	8	164	187	623	582
38	0	0	0	146	119
38	1	2	3	218	188
38	2	11	16	281	248
38	3	28	36	339	304
38	4	49	60	394	357
38	5	72	87	446	408
38	6	98	115	497	458
38	7	126	146	546	506
38	8	155	177	594	554
40	0	0	0	139	114
40	1	1	3	208	179
40	2	11	15	268	236
40	3	26	34	323	290
40	4	46	57	375	340
40	5	69	82	426	389
40	6	93	110	474	437
40	7	119	138	521	483
40	8	147	168	567	528
42	0	0	0	132	108
42	1	1	2	198	171
42	2	10	14	256	225
42	3	25	33	309	276
42	4	44	54	359	325
42	5	65	78	407	372
42	6	89	104	453	417
42	7	114	131	498	462
42	8	140	160	542	505
44	0	0	0	126	103
44	1	1	2	190	163
44	2	10	14	245	216
44	3	24	31	295	264
44	4	42	52	344	311
44	5	62	75	390	356
44	6	85	99	434	399
44	7	108	125	478	442
44	8	133	152	520	484
44	9	159	180	561	525
46	0	0	0	121	99
46	1	1	2	182	156
46	2	9	13	235	207
46	3	23	30	283	253
46	4	40	50	329	298
46	5	60	72	374	341
46	6	81	95	417	383
46	7	104	120	458	424
46	8	127	145	499	464
46	9	152	172	539	503
46	10	178	199	578	542
48	0	0	0	116	95
48	1	1	2	175	150
48	2	9	13	225	198
48	3	22	29	272	243
48	4	39	48	317	286
48	5	57	69	359	328
48	6	78	91	400	368

CONFIDENCE BOUNDS FOR A

N = 1600

n	a	LOWER .975	LOWER .95	UPPER .975	UPPER .95
48	7	99	115	441	407
48	8	122	139	480	446
48	9	146	164	518	484
48	10	170	190	556	521
50	0	0	0	112	91
50	1	1	2	168	144
50	2	9	12	217	191
50	3	21	28	262	234
50	4	37	46	305	275
50	5	55	66	346	315
50	6	74	87	385	354
50	7	95	110	424	392
50	8	117	134	462	429
50	9	140	158	499	466
50	10	163	183	536	502
52	0	0	0	107	88
52	1	1	2	161	139
52	2	8	12	209	183
52	3	21	27	252	225
52	4	36	44	293	265
52	5	53	63	333	304
52	6	72	84	372	341
52	7	92	106	409	378
52	8	112	128	446	414
52	9	134	152	481	449
52	10	157	175	517	484
52	11	180	200	551	518
54	0	0	0	103	84
54	1	1	2	156	134
54	2	8	11	201	177
54	3	20	26	243	217
54	4	34	42	283	256
54	5	51	61	321	293
54	6	69	81	359	329
54	7	88	102	395	364
54	8	108	123	430	399
54	9	129	146	465	433
54	10	151	169	499	467
54	11	173	192	533	500
56	0	0	0	100	81
56	1	1	2	150	129
56	2	8	11	194	171
56	3	19	25	235	210
56	4	33	41	273	247
56	5	49	59	310	283
56	6	66	78	346	318
56	7	85	98	382	352
56	8	104	119	416	386
56	9	124	141	449	419
56	10	145	163	482	451
56	11	166	185	515	483
56	12	188	208	547	515
58	0	0	0	96	79
58	1	1	2	145	124
58	2	8	11	188	165
58	3	18	24	227	203
58	4	32	40	264	239
58	5	47	57	300	273
58	6	64	75	335	307
58	7	82	95	369	340
58	8	101	115	402	373
58	9	120	136	435	405
58	10	140	157	467	436
58	11	161	179	499	468
58	12	182	201	530	498
60	0	0	0	93	76
60	1	1	2	140	120
60	2	7	10	182	159
60	3	18	23	220	196
60	4	31	38	256	231
60	5	46	55	291	265
60	6	62	73	325	298
60	7	79	92	357	330
60	8	97	111	390	361
60	9	116	131	421	392

N = 1600

n	a	LOWER .975	LOWER .95	UPPER .975	UPPER .95
60	10	135	152	452	423
60	11	155	173	483	453
60	12	175	194	513	483
62	0	0	0	90	74
62	1	1	2	136	117
62	2	7	10	176	154
62	3	17	22	213	190
62	4	30	37	248	224
62	5	44	53	282	256
62	6	60	70	315	288
62	7	77	89	347	319
62	8	94	107	378	350
62	9	112	127	409	380
62	10	131	147	439	410
62	11	150	167	468	439
62	12	170	188	498	468
62	13	190	209	527	497
64	0	0	0	87	71
64	1	1	2	132	113
64	2	7	10	170	150
64	3	17	22	206	184
64	4	29	36	240	217
64	5	43	52	273	249
64	6	58	68	305	280
64	7	74	86	336	310
64	8	91	104	367	340
64	9	109	123	396	369
64	10	127	142	426	398
64	11	145	162	455	426
64	12	164	182	483	454
64	13	184	202	511	482
66	0	0	0	85	69
66	1	1	2	128	110
66	2	7	9	165	145
66	3	16	21	200	179
66	4	28	35	233	210
66	5	42	50	265	241
66	6	56	66	296	271
66	7	72	83	326	301
66	8	88	101	356	330
66	9	105	119	385	358
66	10	123	138	414	386
66	11	141	157	442	414
66	12	159	176	470	441
66	13	178	196	497	468
66	14	197	216	524	495
68	0	0	0	82	67
68	1	1	2	124	106
68	2	7	9	161	141
68	3	16	21	195	173
68	4	27	34	227	204
68	5	41	49	258	234
68	6	55	64	288	264
68	7	70	81	317	292
68	8	86	98	346	320
68	9	102	115	374	348
68	10	119	133	402	375
68	11	137	152	430	402
68	12	154	171	457	429
68	13	172	190	483	455
68	14	191	209	510	481
70	0	0	0	80	65
70	1	1	2	121	103
70	2	6	9	156	137
70	3	16	20	189	169
70	4	27	33	220	199
70	5	39	47	251	228
70	6	53	62	280	256
70	7	68	78	309	284
70	8	83	95	337	312
70	9	99	112	364	338
70	10	116	130	391	365
70	11	133	148	418	391
70	12	150	166	444	417
70	13	167	184	470	443

N = 1600

n	a	LOWER .975	LOWER .95	UPPER .975	UPPER .95
70	14	185	203	496	468
72	0	0	0	78	63
72	1	1	2	117	100
72	2	6	9	152	133
72	3	15	19	184	164
72	4	26	32	215	193
72	5	38	46	244	222
72	6	52	61	273	249
72	7	66	76	300	277
72	8	81	92	328	303
72	9	97	109	355	329
72	10	112	126	381	355
72	11	129	143	407	381
72	12	146	161	433	406
72	13	163	179	458	431
72	14	180	197	483	456
72	15	198	216	508	480
74	0	0	0	76	62
74	1	1	2	114	98
74	2	6	9	148	130
74	3	15	19	179	160
74	4	25	31	209	188
74	5	37	45	238	216
74	6	50	59	265	243
74	7	64	74	293	269
74	8	79	90	319	295
74	9	94	106	345	321
74	10	109	123	371	346
74	11	125	139	397	371
74	12	142	157	422	395
74	13	158	174	446	420
74	14	175	192	471	444
74	15	192	210	495	468
76	0	0	0	74	60
76	1	1	2	111	95
76	2	6	8	144	126
76	3	14	18	174	155
76	4	25	30	204	183
76	5	36	44	231	210
76	6	49	58	259	237
76	7	63	72	285	262
76	8	77	88	311	288
76	9	91	103	337	313
76	10	107	119	362	337
76	11	122	136	387	362
76	12	138	152	411	386
76	13	154	169	435	409
76	14	170	187	459	433
76	15	187	204	483	456
76	16	204	222	506	479
78	0	0	0	72	58
78	1	1	2	108	93
78	2	6	8	140	123
78	3	14	18	170	152
78	4	24	30	198	179
78	5	36	42	226	205
78	6	48	56	252	231
78	7	61	70	278	256
78	8	75	85	303	281
78	9	89	101	328	305
78	10	104	116	353	329
78	11	119	132	377	353
78	12	134	149	401	376
78	13	150	165	425	399
78	14	166	182	448	422
78	15	182	199	471	445
78	16	199	216	494	468
80	0	0	0	70	57
80	1	1	1	106	90
80	2	6	8	137	120
80	3	14	18	166	148
80	4	24	29	194	174
80	5	35	41	220	200
80	6	47	55	246	225
80	7	60	69	271	250

N = 1600

n	a	LOWER .975	LOWER .95	UPPER .975	UPPER .95
80	8	73	83	296	274
80	9	87	98	321	298
80	10	101	113	344	321
80	11	116	129	368	344
80	12	131	145	391	367
80	13	146	161	415	390
80	14	162	177	437	412
80	15	178	194	460	434
80	16	194	210	482	457
82	0	0	0	68	55
82	1	1	1	103	88
82	2	6	8	134	117
82	3	13	17	162	144
82	4	23	28	189	170
82	5	34	40	215	195
82	6	46	53	240	220
82	7	58	67	265	244
82	8	71	81	289	267
82	9	85	96	313	290
82	10	99	111	336	313
82	11	113	126	360	336
82	12	128	141	382	358
82	13	143	157	405	381
82	14	158	173	427	403
82	15	173	189	449	424
82	16	189	205	471	446
82	17	205	222	493	467
84	0	0	0	66	54
84	1	1	1	101	86
84	2	6	8	130	114
84	3	13	17	158	141
84	4	22	28	185	166
84	5	33	40	210	191
84	6	45	52	235	215
84	7	57	66	259	238
84	8	70	79	283	261
84	9	83	93	306	284
84	10	96	108	329	306
84	11	110	123	351	328
84	12	125	138	374	350
84	13	139	153	396	372
84	14	154	169	418	393
84	15	169	184	439	415
84	16	184	200	461	436
84	17	200	216	482	457
86	0	0	0	65	53
86	1	1	1	98	84
86	2	5	7	127	112
86	3	13	16	155	138
86	4	22	27	180	162
86	5	32	39	205	186
86	6	44	51	229	210
86	7	55	64	253	233
86	8	68	77	276	255
86	9	81	91	299	277
86	10	94	105	321	299
86	11	108	120	343	321
86	12	122	135	365	342
86	13	136	150	387	363
86	14	150	165	408	385
86	15	165	180	430	405
86	16	180	195	451	426
86	17	195	211	471	447
86	18	210	227	492	467
88	0	0	0	63	52
88	1	1	1	96	82
88	2	5	7	125	109
88	3	13	16	151	134
88	4	22	26	176	159
88	5	32	38	201	182
88	6	43	50	224	205
88	7	54	63	247	227
88	8	66	76	270	249
88	9	79	89	292	271
88	10	92	103	314	293

CONFIDENCE BOUNDS FOR A

N = 1600

n	a	LOWER .975	LOWER .95	UPPER .975	UPPER .95
88	11	105	117	336	314
88	12	119	132	357	335
88	13	133	146	379	356
88	14	147	161	399	376
88	15	161	176	420	396
88	16	176	191	441	417
88	17	190	206	461	437
88	18	205	222	481	457
90	0	0	0	62	50
90	1	1	1	94	80
90	2	5	7	122	107
90	3	12	16	148	131
90	4	21	26	172	155
90	5	31	37	196	178
90	6	42	49	219	201
90	7	53	61	242	222
90	8	65	74	264	244
90	9	77	87	286	265
90	10	90	101	308	286
90	11	103	115	329	307
90	12	116	129	350	328
90	13	130	143	370	348
90	14	144	157	391	368
90	15	157	172	411	388
90	16	172	187	431	408
90	17	186	202	451	428
90	18	200	217	471	447
92	0	0	0	61	49
92	1	1	1	92	79
92	2	5	7	119	104
92	3	12	15	145	129
92	4	21	25	169	152
92	5	30	36	192	174
92	6	41	48	215	196
92	7	52	60	237	218
92	8	64	72	259	239
92	9	76	85	280	260
92	10	88	99	301	280
92	11	101	112	322	301
92	12	114	126	342	321
92	13	127	140	363	341
92	14	140	154	383	360
92	15	154	168	403	380
92	16	168	183	423	399
92	17	182	197	442	419
92	18	196	212	462	438
92	19	210	227	481	457
94	0	0	0	59	48
94	1	1	1	90	77
94	2	5	7	117	102
94	3	12	15	141	126
94	4	20	25	165	149
94	5	30	35	188	171
94	6	40	47	210	192
94	7	51	59	232	213
94	8	62	71	253	234
94	9	74	84	274	254
94	10	86	96	295	274
94	11	99	110	315	294
94	12	111	123	335	314
94	13	124	137	355	334
94	14	137	151	375	353
94	15	151	164	395	372
94	16	164	179	414	391
94	17	178	193	433	410
94	18	192	207	452	429
94	19	206	222	471	448
96	0	0	0	58	47
96	1	1	1	88	75
96	2	5	7	114	100
96	3	12	15	139	123
96	4	20	24	162	146
96	5	29	35	184	167
96	6	39	46	206	188
96	7	50	57	227	209

N = 1600

n	a	LOWER .975	LOWER .95	UPPER .975	UPPER .95
96	8	61	69	248	229
96	9	73	82	269	249
96	10	84	94	289	269
96	11	97	107	309	288
96	12	109	121	329	308
96	13	122	134	348	327
96	14	134	147	367	346
96	15	148	161	387	365
96	16	161	175	406	383
96	17	174	189	425	402
96	18	188	203	443	420
96	19	201	217	462	439
96	20	215	231	480	457
98	0	0	0	57	46
98	1	1	1	86	74
98	2	5	7	112	98
98	3	11	15	136	121
98	4	19	24	159	143
98	5	29	34	180	164
98	6	38	45	202	184
98	7	49	56	223	205
98	8	60	68	243	225
98	9	71	80	263	244
98	10	83	93	283	263
98	11	95	105	303	283
98	12	107	118	322	302
98	13	119	131	341	320
98	14	132	144	360	339
98	15	145	158	379	357
98	16	157	171	398	376
98	17	171	185	416	394
98	18	184	199	435	412
98	19	197	213	453	430
98	20	211	227	471	448
100	0	0	0	56	45
100	1	1	1	84	72
100	2	5	7	110	96
100	3	11	14	133	118
100	4	19	23	155	140
100	5	28	33	177	161
100	6	38	44	198	181
100	7	48	55	218	201
100	8	59	67	238	220
100	9	70	79	258	239
100	10	81	91	278	258
100	11	93	103	297	277
100	12	105	116	316	296
100	13	117	128	335	314
100	14	129	141	353	332
100	15	142	155	372	350
100	16	154	168	390	368
100	17	167	181	408	386
100	18	180	195	426	404
100	19	193	208	444	422
100	20	206	222	462	439
102	0	0	0	55	44
102	1	1	1	83	71
102	2	5	6	107	94
102	3	11	14	130	116
102	4	19	23	152	137
102	5	27	33	173	157
102	6	37	43	194	177
102	7	47	54	214	197
102	8	57	65	234	216
102	9	68	77	253	235
102	10	79	89	272	253
102	11	91	101	291	272
102	12	103	113	310	290
102	13	114	126	328	308
102	14	127	139	347	326
102	15	139	151	365	344
102	16	151	164	383	361
102	17	164	178	401	379
102	18	177	191	418	396
102	19	189	204	436	414

N = 1600

n	a	LOWER .975	LOWER .95	UPPER .975	UPPER .95
102	20	202	218	453	431
102	21	215	231	471	448
104	0	0	0	53	43
104	1	1	1	81	69
104	2	5	6	105	92
104	3	11	14	128	114
104	4	18	23	149	134
104	5	27	32	170	154
104	6	36	42	190	174
104	7	46	53	210	193
104	8	56	64	229	212
104	9	67	76	248	230
104	10	78	87	267	249
104	11	89	99	286	267
104	12	101	111	304	285
104	13	112	124	322	302
104	14	124	136	340	320
104	15	136	149	358	337
104	16	148	161	376	355
104	17	161	174	393	372
104	18	173	187	411	389
104	19	186	200	428	406
104	20	198	213	445	423
104	21	211	227	462	440
106	0	0	0	52	43
106	1	1	1	80	68
106	2	5	6	103	91
106	3	11	14	126	112
106	4	18	22	147	132
106	5	27	32	167	151
106	6	36	42	187	171
106	7	45	52	206	189
106	8	55	63	225	208
106	9	66	74	244	226
106	10	77	86	262	244
106	11	88	97	281	262
106	12	99	109	299	279
106	13	110	121	316	297
106	14	122	133	334	314
106	15	134	146	351	331
106	16	145	158	369	348
106	17	158	171	386	365
106	18	170	183	403	382
106	19	182	196	420	399
106	20	195	209	437	415
106	21	207	222	454	432
106	22	220	235	470	448
108	0	0	0	51	42
108	1	1	1	78	67
108	2	5	6	101	89
108	3	10	13	123	110
108	4	18	22	144	129
108	5	26	31	164	149
108	6	35	41	183	167
108	7	44	51	202	186
108	8	54	62	221	204
108	9	65	73	239	222
108	10	75	84	258	240
108	11	86	96	275	257
108	12	97	107	293	274
108	13	108	119	311	291
108	14	120	131	328	308
108	15	131	143	345	325
108	16	143	155	362	342
108	17	155	168	379	359
108	18	167	180	396	375
108	19	179	193	413	391
108	20	191	205	429	408
108	21	203	218	446	424
108	22	216	231	462	440
110	0	0	0	50	41
110	1	1	1	77	66
110	2	4	6	100	87
110	3	10	13	121	108
110	4	17	21	141	127

N = 1600

n	a	LOWER .975	LOWER .95	UPPER .975	UPPER .95
110	5	26	30	161	146
110	6	34	40	180	164
110	7	44	50	199	183
110	8	53	61	217	200
110	9	63	72	235	218
110	10	74	83	253	235
110	11	84	94	271	252
110	12	95	105	288	269
110	13	106	117	305	286
110	14	117	129	322	303
110	15	129	140	339	319
110	16	140	152	356	336
110	17	152	165	372	352
110	18	164	177	389	368
110	19	175	189	405	385
110	20	187	202	422	401
110	21	199	214	438	417
110	22	212	227	454	433
112	0	0	0	50	40
112	1	1	1	75	64
112	2	4	6	98	86
112	3	10	13	119	106
112	4	17	21	139	125
112	5	25	30	158	143
112	6	34	39	177	162
112	7	43	49	195	179
112	8	52	60	213	197
112	9	62	70	231	214
112	10	72	81	249	231
112	11	83	92	266	248
112	12	93	103	283	265
112	13	104	115	300	281
112	14	115	126	317	298
112	15	126	138	333	314
112	16	138	150	350	330
112	17	149	162	366	346
112	18	161	174	382	362
112	19	172	186	398	378
112	20	184	198	414	394
112	21	196	210	430	409
112	22	208	222	446	425
112	23	220	235	462	441
114	0	0	0	49	40
114	1	1	1	74	63
114	2	4	6	96	84
114	3	10	13	117	104
114	4	17	21	136	123
114	5	25	29	155	141
114	6	33	39	174	159
114	7	42	49	192	176
114	8	52	59	210	193
114	9	61	69	227	210
114	10	71	80	244	227
114	11	81	91	261	244
114	12	92	102	278	260
114	13	102	113	295	276
114	14	113	124	311	292
114	15	124	135	328	308
114	16	135	147	344	324
114	17	146	159	360	340
114	18	158	171	376	356
114	19	169	182	392	371
114	20	181	194	407	387
114	21	192	206	423	402
114	22	204	219	439	418
114	23	216	231	454	433
116	0	0	0	48	39
116	1	1	1	73	62
116	2	4	6	94	83
116	3	10	12	115	102
116	4	17	20	134	120
116	5	24	29	153	138
116	6	33	38	171	156
116	7	42	48	189	173
116	8	51	58	206	190

CONFIDENCE BOUNDS FOR A

n	a	N = 1600 LOWER .975	.95	UPPER .975	.95
116	9	60	68	223	207
116	10	70	78	240	223
116	11	80	89	257	240
116	12	90	100	273	256
116	13	101	111	290	272
116	14	111	122	306	288
116	15	122	133	322	303
116	16	133	145	338	319
116	17	144	156	354	334
116	18	155	168	370	350
116	19	166	179	385	365
116	20	178	191	401	381
116	21	189	203	416	396
116	22	201	215	431	411
116	23	212	227	447	426
116	24	224	239	462	441
118	0	0	0	47	38
118	1	1	1	71	61
118	2	4	6	93	81
118	3	10	12	113	100
118	4	16	20	132	118
118	5	24	29	150	136
118	6	32	38	168	153
118	7	41	47	185	170
118	8	50	57	203	187
118	9	59	67	220	203
118	10	69	77	236	219
118	11	79	87	253	236
118	12	89	98	269	251
118	13	99	109	285	267
118	14	109	120	301	283
118	15	120	131	317	298
118	16	131	142	332	314
118	17	141	153	348	329
118	18	152	165	363	344
118	19	163	176	379	359
118	20	175	188	394	374
118	21	186	199	409	389
118	22	197	211	424	404
118	23	209	223	439	419
118	24	220	235	454	434
120	0	0	0	46	37
120	1	1	1	70	60
120	2	4	6	91	80
120	3	10	12	111	99
120	4	16	20	130	116
120	5	24	28	148	134
120	6	32	37	165	151
120	7	40	46	182	167
120	8	49	56	199	184
120	9	58	66	216	200
120	10	68	76	232	216
120	11	77	86	248	232
120	12	87	97	264	247
120	13	97	107	280	263
120	14	108	118	296	278
120	15	118	129	312	293
120	16	128	140	327	309
120	17	139	151	342	324
120	18	150	162	358	339
120	19	161	173	373	353
120	20	172	185	388	368
120	21	183	196	403	383
120	22	194	207	418	398
120	23	205	219	432	412
120	24	216	231	447	427
122	0	0	0	45	37
122	1	1	1	69	59
122	2	4	6	90	79
122	3	9	12	109	97
122	4	16	19	127	115
122	5	23	28	145	132
122	6	31	36	163	148
122	7	40	45	179	165
122	8	48	55	196	181

n	a	N = 1600 LOWER .975	.95	UPPER .975	.95
122	9	57	65	212	197
122	10	67	75	229	212
122	11	76	85	244	228
122	12	86	95	260	243
122	13	96	105	276	259
122	14	106	116	291	274
122	15	116	127	307	289
122	16	126	137	322	304
122	17	137	148	337	318
122	18	147	159	352	333
122	19	158	170	367	348
122	20	169	182	382	362
122	21	180	193	396	377
122	22	191	204	411	391
122	23	202	215	426	406
122	24	213	227	440	420
122	25	224	238	454	434
124	0	0	0	45	36
124	1	1	1	68	58
124	2	4	5	88	77
124	3	9	12	107	95
124	4	16	19	125	113
124	5	23	27	143	130
124	6	31	36	160	146
124	7	39	45	177	162
124	8	48	54	193	178
124	9	56	64	209	194
124	10	66	73	225	209
124	11	75	83	241	224
124	12	85	93	256	239
124	13	94	104	271	254
124	14	104	114	287	269
124	15	114	125	302	284
124	16	124	135	317	299
124	17	135	146	332	313
124	18	145	157	346	328
124	19	156	168	361	342
124	20	166	179	376	357
124	21	177	190	390	371
124	22	187	201	405	385
124	23	198	212	419	399
124	24	209	223	433	413
124	25	220	234	447	427
126	0	0	0	44	36
126	1	1	1	67	57
126	2	4	5	87	76
126	3	9	12	106	94
126	4	15	19	123	111
126	5	23	27	141	127
126	6	30	35	157	144
126	7	38	44	174	159
126	8	47	53	190	175
126	9	56	63	206	190
126	10	65	72	221	206
126	11	74	82	237	221
126	12	83	92	252	236
126	13	93	102	267	250
126	14	103	112	282	265
126	15	112	123	297	280
126	16	122	133	312	294
126	17	133	144	327	308
126	18	143	154	341	323
126	19	153	165	356	337
126	20	163	176	370	351
126	21	174	187	384	365
126	22	184	198	398	379
126	23	195	209	413	393
126	24	206	220	427	407
126	25	217	231	441	421
126	26	227	242	455	435
128	0	0	0	43	35
128	1	1	1	66	56
128	2	4	5	85	75
128	3	9	11	104	92
128	4	15	19	121	109

n	a	N = 1600 LOWER .975	.95	UPPER .975	.95
128	5	22	26	138	125
128	6	30	35	155	141
128	7	38	43	171	157
128	8	46	52	187	172
128	9	55	62	203	188
128	10	64	71	218	203
128	11	73	81	233	217
128	12	82	91	248	232
128	13	91	100	263	247
128	14	101	111	278	261
128	15	111	121	293	275
128	16	120	131	307	290
128	17	130	141	322	304
128	18	140	152	336	318
128	19	151	162	350	332
128	20	161	173	364	346
128	21	171	184	378	360
128	22	182	194	392	373
128	23	192	205	406	387
128	24	203	216	420	401
128	25	213	227	434	414
128	26	224	238	448	428
130	0	0	0	42	34
130	1	1	1	65	55
130	2	4	5	84	74
130	3	9	11	102	91
130	4	15	18	120	107
130	5	22	26	136	124
130	6	29	34	153	139
130	7	37	43	168	155
130	8	45	52	184	170
130	9	54	61	199	185
130	10	63	70	215	199
130	11	72	80	230	214
130	12	81	89	244	228
130	13	90	99	259	243
130	14	99	109	274	257
130	15	109	119	288	271
130	16	119	129	302	285
130	17	128	139	317	299
130	18	138	149	331	313
130	19	148	160	345	327
130	20	158	170	359	341
130	21	169	181	373	354
130	22	179	191	386	368
130	23	189	202	400	381
130	24	199	213	414	395
130	25	210	224	427	408
130	26	220	234	441	422
132	0	0	0	42	34
132	1	1	1	64	54
132	2	4	5	83	72
132	3	9	11	101	89
132	4	15	18	118	106
132	5	22	26	134	122
132	6	29	34	150	137
132	7	37	42	166	152
132	8	45	51	181	167
132	9	53	60	196	182
132	10	62	69	211	196
132	11	71	78	226	211
132	12	80	88	241	225
132	13	89	97	255	239
132	14	98	107	270	253
132	15	107	117	284	267
132	16	117	127	298	281
132	17	127	137	312	295
132	18	136	147	326	308
132	19	146	157	340	322
132	20	156	168	353	336
132	21	166	178	367	349
132	22	176	188	381	362
132	23	186	199	394	376
132	24	196	209	408	389
132	25	207	220	421	402

n	a	N = 1600 LOWER .975	.95	UPPER .975	.95
132	26	217	231	435	415
132	27	227	241	448	429
134	0	0	0	41	33
134	1	1	1	63	54
134	2	4	5	82	71
134	3	9	11	99	88
134	4	15	18	116	104
134	5	21	25	132	120
134	6	29	33	148	135
134	7	36	42	163	150
134	8	44	50	179	165
134	9	52	59	194	179
134	10	61	68	208	194
134	11	70	77	223	208
134	12	78	87	237	222
134	13	87	96	252	236
134	14	96	106	266	249
134	15	106	115	280	263
134	16	115	125	294	277
134	17	125	135	307	290
134	18	134	145	321	304
134	19	144	155	335	317
134	20	154	165	348	331
134	21	163	175	362	344
134	22	173	186	375	357
134	23	183	196	389	370
134	24	193	206	402	383
134	25	204	217	415	396
134	26	214	227	428	409
134	27	224	238	441	422
136	0	0	0	40	33
136	1	1	1	62	53
136	2	4	5	80	70
136	3	9	11	98	87
136	4	14	18	114	103
136	5	21	25	130	118
136	6	28	33	146	133
136	7	36	41	161	148
136	8	44	49	176	162
136	9	52	58	191	177
136	10	60	67	205	191
136	11	69	76	220	205
136	12	77	85	234	219
136	13	86	95	248	232
136	14	95	104	262	246
136	15	104	114	276	259
136	16	113	123	289	273
136	17	123	133	303	286
136	18	132	143	317	299
136	19	142	153	330	313
136	20	151	163	343	326
136	21	161	173	357	339
136	22	171	183	370	352
136	23	181	193	383	365
136	24	191	203	396	378
136	25	201	214	409	391
136	26	211	224	422	404
136	27	221	234	435	416
136	28	231	245	448	429
138	0	0	0	40	32
138	1	1	1	61	52
138	2	4	5	79	69
138	3	8	11	96	86
138	4	14	17	113	101
138	5	21	25	128	116
138	6	28	32	144	131
138	7	35	40	159	146
138	8	43	49	173	160
138	9	51	57	188	174
138	10	59	66	202	188
138	11	68	75	216	202
138	12	76	84	231	215
138	13	85	93	244	229
138	14	94	103	258	242
138	15	103	112	272	256

CONFIDENCE BOUNDS FOR A

	N = 1600					N = 1600					N = 1600					N = 1600			
		LOWER		UPPER			LOWER		UPPER			LOWER		UPPER			LOWER		UPPER	
n	a	.975	.95	.975	.95	n	a	.975	.95	.975	.95	n	a	.975	.95	.975	.95	n	a	.975	.95	.975	.95
138	16	112	122	285	269	144	3	8	10	92	82	148	17	113	122	279	263	152	30	224	237	425	408
138	17	121	131	299	282	144	4	14	17	108	97	148	18	122	131	291	276	152	31	234	247	437	419
138	18	130	141	312	295	144	5	20	24	123	111	148	19	130	140	304	288	154	0	0	0	36	29
138	19	140	151	325	308	144	6	27	31	138	126	148	20	139	150	316	300	154	1	1	1	54	46
138	20	149	160	339	321	144	7	34	39	152	140	148	21	148	159	328	312	154	2	3	5	71	62
138	21	159	170	352	334	144	8	41	47	166	153	148	22	157	168	341	324	154	3	8	10	86	76
138	22	168	180	365	347	144	9	49	55	180	167	148	23	166	177	353	336	154	4	13	16	101	90
138	23	178	190	378	360	144	10	57	63	194	180	148	24	175	187	365	348	154	5	19	22	115	104
138	24	188	200	391	373	144	11	65	72	208	193	148	25	184	196	377	360	154	6	25	29	129	117
138	25	198	210	404	385	144	12	73	81	221	206	148	26	193	206	389	372	154	7	32	36	142	130
138	26	207	221	416	398	144	13	81	89	234	219	148	27	203	215	401	383	154	8	39	44	155	143
138	27	217	231	429	410	144	14	90	98	248	232	148	28	212	225	413	395	154	9	46	52	169	156
138	28	227	241	442	423	144	15	99	107	261	245	148	29	221	234	425	407	154	10	53	59	181	168
140	0	0	0	39	32	144	16	107	117	274	258	148	30	231	244	437	419	154	11	61	67	194	181
140	1	1	1	60	51	144	17	116	126	287	271	150	0	0	0	37	30	154	12	68	76	207	193
140	2	4	5	78	68	144	18	125	135	299	283	150	1	1	1	56	48	154	13	76	84	219	205
140	3	8	11	95	84	144	19	134	144	312	296	150	2	4	5	73	64	154	14	84	92	232	217
140	4	14	17	111	100	144	20	143	154	325	308	150	3	8	10	88	79	154	15	92	101	244	229
140	5	20	24	126	115	144	21	152	163	337	320	150	4	13	16	103	93	154	16	100	109	256	241
140	6	27	32	142	129	144	22	161	173	350	333	150	5	19	23	118	107	154	17	109	118	268	253
140	7	35	40	156	144	144	23	171	182	362	345	150	6	26	30	132	121	154	18	117	126	280	265
140	8	42	48	171	158	144	24	180	192	375	357	150	7	33	37	146	134	154	19	125	135	292	277
140	9	50	57	185	172	144	25	189	202	387	370	150	8	40	45	160	147	154	20	134	144	304	288
140	10	58	65	199	185	144	26	199	211	399	382	150	9	47	53	173	160	154	21	142	153	316	300
140	11	67	74	213	199	144	27	208	221	412	394	150	10	55	61	186	173	154	22	151	162	328	312
140	12	75	83	227	212	144	28	218	231	424	406	150	11	62	69	199	186	154	23	160	170	339	323
140	13	84	92	241	226	144	29	227	241	436	418	150	12	70	77	212	198	154	24	168	179	351	335
140	14	92	101	254	239	146	0	0	0	38	30	150	13	78	86	225	211	154	25	177	188	363	346
140	15	101	110	268	252	146	1	1	1	57	49	150	14	86	95	238	223	154	26	186	198	374	357
140	16	110	120	281	265	146	2	4	5	75	65	150	15	95	103	250	235	154	27	195	207	386	369
140	17	119	129	295	278	146	3	8	10	91	81	150	16	103	112	263	248	154	28	204	216	397	380
140	18	128	139	308	291	146	4	14	16	106	96	150	17	111	121	275	260	154	29	213	225	409	391
140	19	138	148	321	304	146	5	20	23	121	110	150	18	120	130	288	272	154	30	222	234	420	403
140	20	147	158	334	317	146	6	26	31	136	124	150	19	129	139	300	284	154	31	231	244	431	414
140	21	156	168	347	329	146	7	33	38	150	138	150	20	137	148	312	296	156	0	0	0	35	28
140	22	166	178	360	342	146	8	41	46	164	151	150	21	146	157	324	308	156	1	1	1	54	46
140	23	175	188	372	355	146	9	48	54	178	164	150	22	155	166	336	320	156	2	3	5	70	61
140	24	185	197	385	367	146	10	56	63	191	178	150	23	164	175	348	332	156	3	8	10	85	75
140	25	195	207	398	380	146	11	64	71	205	191	150	24	173	184	360	343	156	4	13	15	99	89
140	26	204	217	411	392	146	12	72	80	218	204	150	25	182	194	372	355	156	5	19	22	113	103
140	27	214	227	423	405	146	13	80	88	231	216	150	26	191	203	384	367	156	6	25	29	127	116
140	28	224	238	436	417	146	14	89	97	244	229	150	27	200	212	396	378	156	7	31	36	140	129
142	0	0	0	39	31	146	15	97	106	257	242	150	28	209	222	408	390	156	8	38	43	153	141
142	1	1	1	59	50	146	16	106	115	270	254	150	29	218	231	419	402	156	9	45	51	166	154
142	2	4	5	77	67	146	17	114	124	283	267	150	30	227	241	431	413	156	10	53	59	179	166
142	3	8	10	93	83	146	18	123	133	295	279	152	0	0	0	36	29	156	11	60	67	192	179
142	4	14	17	109	98	146	19	132	142	308	292	152	1	1	1	55	47	156	12	68	75	204	191
142	5	20	24	125	113	146	20	141	152	320	304	152	2	3	5	72	63	156	13	75	83	216	203
142	6	27	31	140	127	146	21	150	161	333	316	152	3	8	10	87	78	156	14	83	91	229	215
142	7	34	39	154	142	146	22	159	170	345	328	152	4	13	16	102	92	156	15	91	99	241	226
142	8	42	47	169	155	146	23	168	180	358	340	152	5	19	22	116	105	156	16	99	108	253	238
142	9	50	56	183	169	146	24	177	189	370	353	152	6	25	29	130	119	156	17	107	116	265	250
142	10	58	64	197	183	146	25	187	199	382	365	152	7	32	37	144	132	156	18	115	125	277	262
142	11	66	73	210	196	146	26	196	208	394	377	152	8	39	44	158	145	156	19	124	133	288	273
142	12	74	82	224	209	146	27	205	218	406	388	152	9	46	52	171	158	156	20	132	142	300	285
142	13	83	91	238	223	146	28	215	228	418	400	152	10	54	60	184	171	156	21	140	151	312	296
142	14	91	100	251	236	146	29	224	237	430	412	152	11	61	68	197	183	156	22	149	159	324	308
142	15	100	109	264	249	146	30	234	247	442	424	152	12	69	76	209	196	156	23	157	168	335	319
142	16	109	118	277	261	148	0	0	0	37	30	152	13	77	85	222	208	156	24	166	177	347	330
142	17	118	127	290	274	148	1	1	1	57	48	152	14	85	93	235	220	156	25	175	186	358	342
142	18	127	137	303	287	148	2	4	5	74	64	152	15	93	102	247	232	156	26	183	195	370	353
142	19	136	146	316	300	148	3	8	10	90	80	152	16	102	110	259	244	156	27	192	204	381	364
142	20	145	156	329	312	148	4	13	16	105	94	152	17	110	119	272	256	156	28	201	213	392	375
142	21	154	166	342	325	148	5	19	23	120	108	152	18	118	128	284	268	156	29	210	222	404	386
142	22	164	175	355	337	148	6	26	30	134	122	152	19	127	137	296	280	156	30	219	231	415	398
142	23	173	185	367	350	148	7	33	38	148	136	152	20	136	146	308	292	156	31	228	240	426	409
142	24	182	195	380	362	148	8	40	46	162	149	152	21	144	155	320	304	156	32	236	250	437	420
142	25	192	204	392	375	148	9	48	54	175	162	152	22	153	164	332	316	158	0	0	0	35	28
142	26	202	214	405	387	148	10	55	62	189	175	152	23	162	173	344	327	158	1	1	1	53	45
142	27	211	224	417	399	148	11	63	70	202	188	152	24	170	182	356	339	158	2	3	4	69	60
142	28	221	234	430	411	148	12	71	79	215	201	152	25	179	191	367	350	158	3	8	9	84	75
142	29	231	244	442	424	148	13	79	87	228	214	152	26	188	200	379	362	158	4	13	16	98	88
144	0	0	0	38	31	148	14	88	96	241	226	152	27	197	209	391	374	158	5	18	22	112	101
144	1	1	1	58	50	148	15	96	105	254	239	152	28	206	219	402	385	158	6	24	28	125	114
144	2	4	5	76	66	148	16	104	113	266	251	152	29	215	228	414	396	158	7	31	35	139	127

CONFIDENCE BOUNDS FOR A

N = 1600

n	a	LOWER .975	LOWER .95	UPPER .975	UPPER .95
158	8	38	43	152	140
158	9	45	50	164	152
158	10	52	58	177	164
158	11	59	66	189	176
158	12	67	74	202	188
158	13	74	82	214	200
158	14	82	90	226	212
158	15	90	98	238	224
158	16	98	106	250	235
158	17	106	115	261	247
158	18	114	123	273	258
158	19	122	132	285	270
158	20	130	140	297	281
158	21	139	149	308	292
158	22	147	157	320	304
158	23	156	166	331	315
158	24	164	175	342	326
158	25	173	184	354	337
158	26	181	193	365	349
158	27	190	201	376	360
158	28	198	210	387	371
158	29	207	219	399	382
158	30	216	228	410	393
158	31	225	237	421	404
158	32	233	246	432	415
160	0	0	0	34	28
160	1	1	1	52	45
160	2	3	4	68	59
160	3	7	9	83	74
160	4	12	15	97	87
160	5	18	21	111	100
160	6	24	28	124	113
160	7	31	35	137	125
160	8	37	42	150	138
160	9	44	50	162	150
160	10	51	57	175	162
160	11	59	65	187	174
160	12	66	73	199	186
160	13	73	81	211	198
160	14	81	89	223	209
160	15	89	97	235	221
160	16	97	105	247	232
160	17	105	113	258	244
160	18	113	122	270	255
160	19	121	130	281	266
160	20	129	138	293	278
160	21	137	147	304	289
160	22	145	155	316	300
160	23	154	164	327	311
160	24	162	173	338	322
160	25	170	181	349	333
160	26	179	190	361	344
160	27	187	199	372	355
160	28	196	208	383	366
160	29	205	217	394	377
160	30	213	225	405	388
160	31	222	234	416	399
160	32	231	243	427	409

N = 1700

n	a	LOWER .975	LOWER .95	UPPER .975	UPPER .95
2	0	0	0	1430	1319
2	1	22	44	1678	1656
4	0	0	0	1023	895
4	1	11	22	1369	1276
6	0	0	0	779	667
6	1	8	15	1088	988
6	2	74	108	1320	1237
8	0	0	0	626	529
8	1	6	11	893	799
8	2	55	80	1105	1018
10	0	0	0	523	438
10	1	5	9	755	668
10	2	44	63	943	860
12	0	0	0	448	374
12	1	4	8	652	574
12	2	36	53	821	743
12	3	94	123	970	895
14	0	0	0	392	326
14	1	4	7	574	503
14	2	31	45	726	653
14	3	80	105	861	790
16	0	0	0	348	288
16	1	3	6	512	447
16	2	27	39	650	582
16	3	70	91	774	706
16	4	125	155	888	821
18	0	0	0	313	259
18	1	3	5	462	402
18	2	24	35	588	525
18	3	62	81	702	638
18	4	110	137	807	744
20	0	0	0	284	235
20	1	3	5	420	365
20	2	22	32	536	478
20	3	56	73	642	582
20	4	99	123	740	679
22	0	0	0	260	215
22	1	2	4	386	335
22	2	20	29	493	439
22	3	51	66	591	535
22	4	90	111	682	625
22	5	135	162	769	711
24	0	0	0	240	198
24	1	2	4	357	309
24	2	18	26	456	405
24	3	46	61	547	494
24	4	82	102	633	579
24	5	123	148	714	659
26	0	0	0	223	183
26	1	2	4	331	287
26	2	17	24	425	377
26	3	43	56	510	460
26	4	76	94	590	539
26	5	113	136	666	614
26	6	154	181	739	687
28	0	0	0	208	171
28	1	2	4	309	267
28	2	16	23	397	352
28	3	40	52	477	430
28	4	70	87	552	504
28	5	105	126	624	574
28	6	143	168	693	643
30	0	0	0	195	160
30	1	2	3	290	250
30	2	15	21	373	330
30	3	37	48	448	403
30	4	65	81	519	473
30	5	98	117	587	540
30	6	133	156	653	604
32	0	0	0	183	150
32	1	2	3	273	236
32	2	14	20	351	310
32	3	35	45	422	380
32	4	61	76	490	446
32	5	91	110	554	509

N = 1700

n	a	LOWER .975	LOWER .95	UPPER .975	UPPER .95
32	6	124	146	616	570
32	7	160	185	676	629
34	0	0	0	173	141
34	1	2	3	258	222
34	2	13	19	332	293
34	3	33	43	400	359
34	4	58	71	464	421
34	5	86	103	525	481
34	6	117	137	584	539
34	7	150	173	641	596
36	0	0	0	163	134
36	1	2	3	244	211
36	2	12	18	315	278
36	3	31	40	379	340
36	4	54	67	440	399
36	5	81	97	498	456
36	6	110	129	555	512
36	7	141	163	609	566
36	8	174	199	662	618
38	0	0	0	155	127
38	1	2	3	232	200
38	2	12	17	299	264
38	3	29	38	360	323
38	4	52	64	419	380
38	5	77	92	474	434
38	6	104	123	528	487
38	7	134	154	580	538
38	8	165	188	631	589
40	0	0	0	148	121
40	1	2	3	221	190
40	2	11	16	285	251
40	3	28	36	344	308
40	4	49	61	399	362
40	5	73	87	452	414
40	6	99	116	504	464
40	7	127	147	554	513
40	8	156	178	603	561
42	0	0	0	141	115
42	1	2	3	211	181
42	2	11	15	272	240
42	3	27	35	328	294
42	4	47	58	381	346
42	5	69	83	432	395
42	6	94	111	482	444
42	7	121	139	530	491
42	8	148	169	577	537
42	9	177	200	622	582
44	0	0	0	134	110
44	1	1	2	202	173
44	2	10	15	260	229
44	3	25	33	314	281
44	4	45	55	365	331
44	5	66	79	414	378
44	6	90	106	462	425
44	7	115	133	508	470
44	8	142	161	553	514
44	9	169	191	597	558
46	0	0	0	129	105
46	1	1	2	193	166
46	2	10	14	249	220
46	3	24	32	301	269
46	4	43	53	350	317
46	5	63	76	397	363
46	6	86	101	443	407
46	7	110	127	487	451
46	8	135	154	531	493
46	9	161	182	573	535
46	10	189	211	614	576
48	0	0	0	124	101
48	1	1	2	186	159
48	2	10	14	239	211
48	3	23	30	289	259
48	4	41	51	336	304
48	5	61	73	382	348
48	6	82	97	426	391

N = 1700

n	a	LOWER .975	LOWER .95	UPPER .975	UPPER .95
48	7	105	122	468	433
48	8	129	148	510	474
48	9	155	175	551	514
48	10	181	202	591	554
50	0	0	0	119	97
50	1	1	2	178	153
50	2	9	13	230	203
50	3	23	29	278	249
50	4	39	49	324	293
50	5	58	70	367	335
50	6	79	93	410	376
50	7	101	117	451	417
50	8	124	142	491	456
50	9	148	167	531	495
50	10	173	194	569	533
52	0	0	0	114	93
52	1	1	2	172	147
52	2	9	13	222	195
52	3	22	28	268	239
52	4	38	47	312	282
52	5	56	67	354	323
52	6	76	89	395	363
52	7	97	112	435	402
52	8	119	136	474	440
52	9	142	161	512	477
52	10	166	186	549	514
52	11	191	212	586	550
54	0	0	0	110	90
54	1	1	2	166	142
54	2	9	12	214	188
54	3	21	27	259	231
54	4	36	45	301	272
54	5	54	65	342	311
54	6	73	86	381	350
54	7	93	108	420	387
54	8	115	131	457	424
54	9	137	155	494	461
54	10	160	179	530	496
54	11	183	204	566	531
56	0	0	0	106	87
56	1	1	2	160	137
56	2	8	12	206	181
56	3	20	26	250	223
56	4	35	43	291	262
56	5	52	62	330	301
56	6	71	83	368	338
56	7	90	104	406	374
56	8	111	126	442	410
56	9	132	149	478	445
56	10	154	173	513	480
56	11	177	197	547	514
56	12	200	221	581	547
58	0	0	0	102	84
58	1	1	2	154	132
58	2	8	11	200	175
58	3	20	25	241	215
58	4	34	42	281	254
58	5	50	60	319	291
58	6	68	80	356	327
58	7	87	101	392	362
58	8	107	122	428	397
58	9	127	144	462	430
58	10	149	167	496	464
58	11	170	190	530	497
58	12	193	213	563	530
60	0	0	0	99	81
60	1	1	2	149	128
60	2	8	11	193	170
60	3	19	25	234	208
60	4	33	41	272	246
60	5	49	58	309	281
60	6	66	77	345	316
60	7	84	97	380	350
60	8	103	118	414	384
60	9	123	139	448	417

CONFIDENCE BOUNDS FOR A

N = 1700		LOWER	LOWER	UPPER	UPPER
n	a	.975	.95	.975	.95
60	10	144	161	481	449
60	11	165	183	513	481
60	12	186	206	546	513
62	0	0	0	96	78
62	1	1	2	145	124
62	2	8	11	187	164
62	3	18	24	226	202
62	4	32	39	264	238
62	5	47	56	300	273
62	6	64	75	334	306
62	7	81	94	368	340
62	8	100	114	402	372
62	9	119	135	434	404
62	10	139	156	466	436
62	11	159	177	498	467
62	12	180	199	529	497
62	13	201	221	560	528
64	0	0	0	93	76
64	1	1	2	140	120
64	2	7	10	181	159
64	3	18	23	219	196
64	4	31	38	256	231
64	5	46	55	291	264
64	6	62	72	324	297
64	7	79	91	357	329
64	8	97	110	390	361
64	9	115	130	421	392
64	10	134	151	453	423
64	11	154	172	483	453
64	12	174	193	514	483
64	13	195	214	544	512
66	0	0	0	90	73
66	1	1	2	136	116
66	2	7	10	176	154
66	3	17	22	213	190
66	4	30	37	248	224
66	5	44	53	282	257
66	6	60	70	315	289
66	7	76	88	347	320
66	8	94	107	379	350
66	9	112	126	409	381
66	10	130	146	440	410
66	11	149	166	470	440
66	12	169	187	499	469
66	13	189	208	528	498
66	14	209	229	557	526
68	0	0	0	87	71
68	1	1	2	132	113
68	2	7	10	171	150
68	3	17	22	207	184
68	4	29	36	241	217
68	5	43	52	274	249
68	6	58	68	306	280
68	7	74	86	337	311
68	8	91	104	368	341
68	9	108	123	398	370
68	10	126	142	428	399
68	11	145	161	457	427
68	12	164	181	485	456
68	13	183	201	514	484
68	14	203	222	542	511
70	0	0	0	85	69
70	1	1	2	128	110
70	2	7	10	166	146
70	3	16	21	201	179
70	4	28	35	234	211
70	5	42	50	267	242
70	6	57	66	298	273
70	7	72	83	328	302
70	8	88	101	358	331
70	9	105	119	387	360
70	10	123	138	416	388
70	11	141	157	444	416
70	12	159	176	472	443
70	13	178	196	500	471

N = 1700		LOWER	LOWER	UPPER	UPPER
n	a	.975	.95	.975	.95
70	14	197	215	527	498
72	0	0	0	83	67
72	1	1	2	125	107
72	2	7	9	162	142
72	3	16	21	196	174
72	4	28	34	228	206
72	5	41	49	259	236
72	6	55	64	290	265
72	7	70	81	319	294
72	8	86	98	348	322
72	9	102	116	377	350
72	10	119	134	405	378
72	11	137	152	433	405
72	12	155	171	460	432
72	13	173	190	487	458
72	14	191	209	514	484
72	15	210	229	540	511
74	0	0	0	80	65
74	1	1	2	121	104
74	2	6	9	157	138
74	3	16	20	191	170
74	4	27	33	222	200
74	5	40	47	253	230
74	6	53	63	282	258
74	7	68	79	311	286
74	8	84	95	339	314
74	9	100	113	367	341
74	10	116	130	395	368
74	11	133	148	422	394
74	12	150	166	448	420
74	13	168	185	474	446
74	14	186	204	501	472
74	15	204	223	526	497
76	0	0	0	78	64
76	1	1	2	118	101
76	2	6	9	153	134
76	3	15	20	186	165
76	4	26	32	216	195
76	5	39	46	246	224
76	6	52	61	275	252
76	7	66	77	303	279
76	8	81	93	331	306
76	9	97	110	358	332
76	10	113	127	385	359
76	11	129	144	411	384
76	12	146	162	437	410
76	13	163	180	463	435
76	14	181	198	488	460
76	15	199	217	513	485
76	16	217	235	538	510
78	0	0	0	76	62
78	1	1	2	115	99
78	2	6	9	149	131
78	3	15	19	181	161
78	4	26	31	211	190
78	5	38	45	240	218
78	6	51	60	268	245
78	7	65	75	296	272
78	8	79	91	323	298
78	9	94	107	349	324
78	10	110	123	375	350
78	11	126	140	401	375
78	12	142	158	426	400
78	13	159	175	451	424
78	14	176	193	476	449
78	15	193	211	501	473
78	16	211	229	525	497
80	0	0	0	74	61
80	1	1	2	112	96
80	2	6	8	146	128
80	3	14	19	176	157
80	4	25	31	206	185
80	5	37	44	234	213
80	6	50	58	262	239
80	7	63	73	289	265

N = 1700		LOWER	LOWER	UPPER	UPPER
n	a	.975	.95	.975	.95
80	8	77	88	315	291
80	9	92	104	341	316
80	10	107	120	366	341
80	11	123	137	391	366
80	12	139	154	416	390
80	13	155	171	441	414
80	14	172	188	465	438
80	15	188	206	489	462
80	16	205	223	513	485
82	0	0	0	72	59
82	1	1	2	110	94
82	2	6	8	142	125
82	3	14	18	172	153
82	4	24	30	201	181
82	5	36	43	229	208
82	6	48	57	256	234
82	7	62	71	282	259
82	8	76	86	308	284
82	9	90	102	333	309
82	10	105	117	358	333
82	11	120	133	382	357
82	12	135	150	407	381
82	13	151	167	431	405
82	14	167	183	454	428
82	15	184	200	478	451
82	16	200	218	501	474
82	17	217	235	524	497
84	0	0	0	71	58
84	1	1	2	107	92
84	2	6	8	139	122
84	3	14	18	168	150
84	4	24	29	196	177
84	5	35	42	223	203
84	6	47	55	250	228
84	7	60	69	275	253
84	8	74	84	300	278
84	9	88	99	325	302
84	10	102	115	350	325
84	11	117	130	374	349
84	12	132	146	397	372
84	13	148	163	421	395
84	14	163	179	444	418
84	15	179	196	467	441
84	16	195	213	490	463
84	17	212	230	512	486
86	0	0	0	69	56
86	1	1	1	105	89
86	2	6	8	136	119
86	3	14	17	164	146
86	4	23	29	192	173
86	5	34	41	218	198
86	6	46	54	244	223
86	7	59	68	269	247
86	8	72	82	294	271
86	9	86	97	318	295
86	10	100	112	342	318
86	11	114	127	365	341
86	12	129	143	388	364
86	13	144	159	411	386
86	14	159	175	434	409
86	15	175	191	457	431
86	16	191	207	479	453
86	17	207	224	501	475
86	18	223	241	523	496
88	0	0	0	67	55
88	1	1	1	102	87
88	2	6	8	132	116
88	3	13	17	161	143
88	4	23	28	188	169
88	5	34	40	213	194
88	6	45	53	239	218
88	7	58	66	263	242
88	8	70	80	287	265
88	9	84	95	311	288
88	10	98	109	334	311

N = 1700		LOWER	LOWER	UPPER	UPPER
n	a	.975	.95	.975	.95
88	11	112	124	357	334
88	12	126	140	380	356
88	13	141	155	402	378
88	14	156	171	425	400
88	15	171	187	447	422
88	16	186	203	469	443
88	17	202	219	490	464
88	18	218	235	512	486
90	0	0	0	66	54
90	1	1	1	100	85
90	2	6	8	130	114
90	3	13	17	157	140
90	4	22	27	183	165
90	5	33	39	209	189
90	6	44	52	233	213
90	7	56	65	257	237
90	8	69	79	281	260
90	9	82	93	304	282
90	10	95	107	327	304
90	11	109	122	350	326
90	12	123	136	372	348
90	13	138	152	394	370
90	14	152	167	416	391
90	15	167	182	437	413
90	16	182	198	459	434
90	17	197	214	480	455
90	18	213	230	501	475
92	0	0	0	65	52
92	1	1	1	98	84
92	2	5	7	127	111
92	3	13	16	154	137
92	4	22	27	179	162
92	5	32	38	204	185
92	6	43	51	228	209
92	7	55	64	252	232
92	8	67	77	275	254
92	9	80	91	298	276
92	10	93	105	320	298
92	11	107	119	342	320
92	12	121	133	364	341
92	13	135	148	386	362
92	14	149	163	407	383
92	15	163	178	428	404
92	16	178	194	449	425
92	17	193	209	470	445
92	18	208	225	491	465
92	19	223	241	511	486
94	0	0	0	63	51
94	1	1	1	96	82
94	2	5	7	124	109
94	3	12	16	151	134
94	4	21	26	176	158
94	5	31	38	200	182
94	6	42	50	224	204
94	7	54	62	247	227
94	8	66	75	269	249
94	9	78	89	292	270
94	10	91	102	314	292
94	11	105	116	335	313
94	12	118	131	357	334
94	13	132	145	378	355
94	14	146	160	399	375
94	15	160	175	419	396
94	16	174	190	440	416
94	17	189	205	460	436
94	18	204	220	481	456
94	19	218	235	501	476
96	0	0	0	62	50
96	1	1	1	94	80
96	2	5	7	121	106
96	3	12	16	147	131
96	4	21	26	172	155
96	5	31	37	196	178
96	6	42	49	219	200
96	7	53	61	242	222

403

CONFIDENCE BOUNDS FOR A

N = 1700 (Group 1)

n	a	LOWER .975	LOWER .95	UPPER .975	UPPER .95
96	8	65	74	264	244
96	9	77	87	286	265
96	10	89	100	307	286
96	11	102	114	328	307
96	12	116	128	349	327
96	13	129	142	370	347
96	14	143	156	391	368
96	15	157	171	411	388
96	16	171	186	431	407
96	17	185	200	451	427
96	18	199	215	471	447
96	19	214	230	491	466
96	20	228	246	511	486
98	0	0	0	60	49
98	1	1	1	92	78
98	2	5	7	119	104
98	3	12	15	144	129
98	4	21	25	169	152
98	5	30	36	192	174
98	6	41	48	215	196
98	7	52	60	237	218
98	8	63	72	259	239
98	9	75	85	280	260
98	10	88	98	301	280
98	11	100	112	322	300
98	12	113	125	343	321
98	13	126	139	363	341
98	14	140	153	383	360
98	15	153	167	403	380
98	16	167	182	423	399
98	17	181	196	443	419
98	18	195	211	462	438
98	19	209	226	481	457
98	20	224	241	501	476
100	0	0	0	59	48
100	1	1	1	90	77
100	2	5	7	117	102
100	3	12	15	142	126
100	4	20	25	165	149
100	5	30	35	188	171
100	6	40	47	210	192
100	7	51	59	232	213
100	8	62	71	254	234
100	9	74	83	275	254
100	10	86	96	295	275
100	11	98	109	316	295
100	12	111	123	336	314
100	13	124	136	356	334
100	14	137	150	376	353
100	15	150	164	395	373
100	16	164	178	415	392
100	17	177	192	434	411
100	18	191	207	453	430
100	19	205	221	472	448
100	20	219	236	491	467
102	0	0	0	58	47
102	1	1	1	88	75
102	2	5	7	114	100
102	3	12	15	139	123
102	4	20	24	162	146
102	5	29	35	185	167
102	6	39	46	206	189
102	7	50	57	228	209
102	8	61	69	249	230
102	9	72	82	269	250
102	10	84	94	290	269
102	11	96	107	310	289
102	12	109	120	330	308
102	13	121	134	349	328
102	14	134	147	369	347
102	15	147	161	388	366
102	16	160	175	407	384
102	17	174	188	426	403
102	18	187	202	445	421
102	19	201	217	463	440

N = 1700 (Group 2)

n	a	LOWER .975	LOWER .95	UPPER .975	UPPER .95
102	20	215	231	482	458
102	21	229	245	500	476
104	0	0	0	57	46
104	1	1	1	86	74
104	2	5	7	112	98
104	3	11	15	136	121
104	4	19	24	159	143
104	5	29	34	181	164
104	6	38	45	203	185
104	7	49	56	223	205
104	8	60	68	244	225
104	9	71	80	264	245
104	10	83	93	284	264
104	11	95	105	304	284
104	12	107	118	323	303
104	13	119	131	343	321
104	14	132	144	362	340
104	15	144	158	381	359
104	16	157	171	399	377
104	17	170	185	418	395
104	18	184	199	437	414
104	19	197	212	455	432
104	20	211	226	473	450
104	21	224	240	491	468
106	0	0	0	56	45
106	1	1	1	85	72
106	2	5	7	110	96
106	3	11	14	134	119
106	4	19	23	156	140
106	5	28	33	178	161
106	6	38	44	199	181
106	7	48	55	219	201
106	8	59	67	240	221
106	9	70	79	259	240
106	10	81	91	279	259
106	11	93	103	298	278
106	12	105	116	317	297
106	13	117	129	336	316
106	14	129	142	355	334
106	15	142	155	374	352
106	16	154	168	392	370
106	17	167	181	410	388
106	18	180	195	429	406
106	19	193	208	447	424
106	20	206	222	465	441
106	21	220	236	482	459
106	22	233	250	500	477
108	0	0	0	55	45
108	1	1	1	83	71
108	2	5	6	108	95
108	3	11	14	131	117
108	4	19	23	153	138
108	5	28	33	174	158
108	6	37	43	195	178
108	7	47	54	215	198
108	8	58	66	235	217
108	9	68	77	255	236
108	10	80	89	274	255
108	11	91	101	293	273
108	12	103	114	312	292
108	13	115	126	330	310
108	14	127	139	349	328
108	15	139	152	367	346
108	16	151	165	385	364
108	17	164	178	403	381
108	18	177	191	421	399
108	19	190	204	439	416
108	20	203	218	456	434
108	21	216	231	474	451
108	22	229	245	491	468
110	0	0	0	54	44
110	1	1	1	82	70
110	2	5	6	106	93
110	3	11	14	129	114
110	4	18	23	150	135

N = 1700 (Group 3)

n	a	LOWER .975	LOWER .95	UPPER .975	UPPER .95
110	5	27	32	171	155
110	6	36	43	192	175
110	7	46	53	211	194
110	8	57	64	231	213
110	9	67	76	250	232
110	10	78	88	269	250
110	11	89	100	288	268
110	12	101	112	306	286
110	13	113	124	325	304
110	14	124	136	343	322
110	15	137	149	361	340
110	16	149	162	378	357
110	17	161	175	396	374
110	18	174	188	414	392
110	19	186	201	431	409
110	20	199	214	448	426
110	21	212	227	466	443
110	22	225	241	483	460
112	0	0	0	53	43
112	1	1	1	80	68
112	2	5	6	104	91
112	3	11	14	126	112
112	4	18	22	148	133
112	5	27	32	168	153
112	6	36	42	188	172
112	7	45	52	208	191
112	8	56	63	227	209
112	9	66	75	246	228
112	10	77	86	264	246
112	11	88	98	283	264
112	12	99	110	301	281
112	13	111	122	319	299
112	14	122	134	337	316
112	15	134	146	354	334
112	16	146	159	372	351
112	17	158	171	389	368
112	18	170	184	406	385
112	19	183	197	424	402
112	20	195	210	441	419
112	21	208	223	458	435
112	22	221	236	474	452
112	23	233	249	491	468
114	0	0	0	52	42
114	1	1	1	79	67
114	2	5	6	102	90
114	3	11	13	124	110
114	4	18	22	145	130
114	5	26	31	165	150
114	6	35	41	185	169
114	7	45	51	204	187
114	8	55	62	223	206
114	9	65	73	242	224
114	10	76	85	260	242
114	11	86	96	278	259
114	12	97	108	296	277
114	13	109	120	313	294
114	14	120	132	331	311
114	15	132	144	348	328
114	16	143	156	366	345
114	17	155	168	383	362
114	18	167	181	400	378
114	19	180	194	416	395
114	20	192	206	433	411
114	21	204	219	450	428
114	22	217	232	466	444
114	23	229	245	483	461
116	0	0	0	51	41
116	1	1	1	77	66
116	2	4	6	100	88
116	3	10	13	122	109
116	4	18	22	143	128
116	5	26	31	162	147
116	6	35	40	182	166
116	7	44	51	201	184
116	8	54	61	219	202

N = 1700 (Group 4)

n	a	LOWER .975	LOWER .95	UPPER .975	UPPER .95
116	9	64	72	237	220
116	10	74	83	255	237
116	11	85	94	273	255
116	12	96	106	291	272
116	13	107	118	308	289
116	14	118	129	325	306
116	15	129	141	342	322
116	16	141	153	359	339
116	17	153	166	376	356
116	18	165	178	393	372
116	19	176	190	410	388
116	20	188	203	426	405
116	21	201	215	442	421
116	22	213	228	459	437
116	23	225	241	475	453
116	24	238	253	491	469
118	0	0	0	50	41
118	1	1	1	76	65
118	2	4	6	99	86
118	3	10	13	120	107
118	4	17	21	140	126
118	5	25	30	160	145
118	6	34	40	179	163
118	7	43	50	197	181
118	8	53	60	216	199
118	9	63	71	234	216
118	10	73	82	251	233
118	11	83	93	269	250
118	12	94	104	286	267
118	13	105	116	303	284
118	14	116	127	320	301
118	15	127	139	337	317
118	16	139	151	354	333
118	17	150	163	370	350
118	18	162	175	387	366
118	19	173	187	403	382
118	20	185	199	419	398
118	21	197	212	435	414
118	22	209	224	451	430
118	23	221	237	467	445
118	24	233	249	483	461
120	0	0	0	49	40
120	1	1	1	75	64
120	2	4	6	97	85
120	3	10	13	118	105
120	4	17	21	138	124
120	5	25	30	157	142
120	6	34	39	176	160
120	7	43	49	194	178
120	8	52	59	212	196
120	9	62	70	230	213
120	10	72	80	247	230
120	11	82	91	264	246
120	12	93	102	281	263
120	13	103	114	298	279
120	14	114	125	315	296
120	15	125	137	331	312
120	16	136	148	348	328
120	17	148	160	364	344
120	18	159	172	380	360
120	19	171	184	396	376
120	20	182	196	412	392
120	21	194	208	428	407
120	22	206	220	444	423
120	23	218	233	460	438
120	24	230	245	475	454
122	0	0	0	48	39
122	1	1	1	73	63
122	2	4	6	95	84
122	3	10	13	116	103
122	4	17	21	136	122
122	5	25	29	155	140
122	6	33	39	173	158
122	7	42	48	191	175
122	8	51	58	209	192

CONFIDENCE BOUNDS FOR A

N = 1700						N = 1700						N = 1700						N = 1700					
		LOWER		UPPER				LOWER		UPPER				LOWER		UPPER				LOWER		UPPER	
n	a	.975	.95	.975	.95	n	a	.975	.95	.975	.95	n	a	.975	.95	.975	.95	n	a	.975	.95	.975	.95
122	9	61	69	226	209	128	5	24	28	147	133	132	26	230	245	462	442	138	16	119	129	303	286
122	10	71	79	243	226	128	6	32	37	165	150	132	27	241	256	476	456	138	17	128	139	318	300
122	11	81	90	260	242	128	7	40	46	182	167	134	0	0	0	44	36	138	18	138	149	332	314
122	12	91	101	277	259	128	8	49	56	199	183	134	1	1	1	67	57	138	19	148	160	346	328
122	13	102	112	293	275	128	9	58	65	216	199	134	2	4	5	87	76	138	20	158	170	360	342
122	14	112	123	310	291	128	10	67	75	232	215	134	3	9	12	106	94	138	21	168	181	374	355
122	15	123	134	326	307	128	11	77	86	248	231	134	4	15	19	123	111	138	22	179	191	388	369
122	16	134	146	342	323	128	12	87	96	264	247	134	5	23	27	141	127	138	23	189	202	402	383
122	17	145	157	358	339	128	13	97	107	280	262	134	6	30	35	157	144	138	24	199	213	415	396
122	18	156	169	374	354	128	14	107	117	296	278	134	7	38	44	174	160	138	25	210	223	429	410
122	19	168	181	390	370	128	15	117	128	311	293	134	8	47	53	190	175	138	26	220	234	443	423
122	20	179	193	406	385	128	16	128	139	327	308	134	9	55	63	206	191	138	27	231	245	456	436
122	21	191	205	421	401	128	17	138	150	342	323	134	10	64	72	222	206	138	28	241	256	470	450
122	22	202	217	437	416	128	18	149	161	357	338	134	11	74	82	237	221	140	0	0	0	42	34
122	23	214	229	452	431	128	19	160	172	372	353	134	12	83	92	252	236	140	1	1	1	64	54
122	24	226	241	468	446	128	20	171	184	387	368	134	13	93	102	268	251	140	2	4	5	83	73
122	25	238	253	483	462	128	21	182	195	402	382	134	14	102	112	283	265	140	3	9	11	101	90
124	0	0	0	48	39	128	22	193	206	417	397	134	15	112	122	298	280	140	4	15	18	118	106
124	1	1	1	72	62	128	23	204	218	432	412	134	16	122	133	312	294	140	5	22	26	135	122
124	2	4	6	94	82	128	24	215	229	447	426	134	17	132	143	327	309	140	6	29	34	151	138
124	3	10	12	114	101	128	25	226	241	461	441	134	18	142	154	342	323	140	7	37	42	166	153
124	4	17	20	133	120	128	26	238	253	476	455	134	19	153	165	356	337	140	8	45	51	182	168
124	5	24	29	152	138	130	0	0	0	45	37	134	20	163	175	371	352	140	9	53	60	197	182
124	6	32	38	170	155	130	1	1	1	69	59	134	21	173	186	385	366	140	10	62	69	212	197
124	7	41	47	188	172	130	2	4	6	90	78	134	22	184	197	399	380	140	11	71	78	227	212
124	8	50	57	205	189	130	3	9	12	109	97	134	23	195	208	413	394	140	12	80	88	242	226
124	9	60	67	222	206	130	4	16	19	127	114	134	24	205	219	427	408	140	13	89	98	256	240
124	10	70	78	239	222	130	5	23	28	145	131	134	25	216	230	441	421	140	14	98	107	271	254
124	11	79	88	256	239	130	6	31	36	162	148	134	26	227	241	455	435	140	15	107	117	285	268
124	12	90	99	272	255	130	7	39	45	179	164	134	27	238	252	469	449	140	16	117	127	299	282
124	13	100	110	289	271	130	8	48	55	196	181	136	0	0	0	43	35	140	17	127	137	313	296
124	14	110	121	305	286	130	9	57	64	212	196	136	1	1	1	66	56	140	18	136	147	327	310
124	15	121	132	321	302	130	10	66	74	228	212	136	2	4	5	86	75	140	19	146	158	341	323
124	16	132	143	337	318	130	11	76	84	244	228	136	3	9	11	104	92	140	20	156	168	355	337
124	17	143	155	353	333	130	12	86	95	260	243	136	4	15	19	122	109	140	21	166	178	369	350
124	18	154	166	368	349	130	13	95	105	276	258	136	5	22	26	139	126	140	22	176	189	382	364
124	19	165	178	384	364	130	14	105	115	291	273	136	6	30	35	155	142	140	23	186	199	396	377
124	20	176	190	399	379	130	15	116	126	306	288	136	7	38	43	171	157	140	24	196	210	410	391
124	21	188	201	415	394	130	16	126	137	322	303	136	8	46	52	187	173	140	25	207	220	423	404
124	22	199	213	430	409	130	17	136	148	337	318	136	9	55	62	203	188	140	26	217	231	437	417
124	23	210	225	445	425	130	18	147	159	352	333	136	10	64	71	218	203	140	27	227	241	450	430
124	24	222	237	461	440	130	19	157	170	367	348	136	11	73	81	234	218	140	28	238	252	463	443
124	25	234	249	476	454	130	20	168	181	382	362	136	12	82	90	249	232	142	0	0	0	41	33
126	0	0	0	47	38	130	21	179	192	396	377	136	13	91	100	264	247	142	1	1	1	63	54
126	1	1	1	71	61	130	22	190	203	411	391	136	14	101	110	279	261	142	2	4	5	82	72
126	2	4	6	92	81	130	23	201	214	426	405	136	15	111	121	293	276	142	3	9	11	100	88
126	3	10	12	112	100	130	24	212	226	440	420	136	16	120	131	308	290	142	4	15	18	116	105
126	4	16	20	131	118	130	25	223	237	455	434	136	17	130	141	322	304	142	5	21	25	133	120
126	5	24	28	150	136	130	26	234	249	469	448	136	18	140	152	337	318	142	6	29	33	149	136
126	6	32	37	167	153	132	0	0	0	45	36	136	19	150	162	351	333	142	7	36	42	164	151
126	7	41	47	185	170	132	1	1	1	68	58	136	20	161	173	365	346	142	8	44	50	179	165
126	8	50	56	202	186	132	2	4	5	88	77	136	21	171	183	379	360	142	9	52	59	194	180
126	9	59	66	219	203	132	3	9	12	107	95	136	22	181	194	393	374	142	10	61	68	209	194
126	10	68	77	236	219	132	4	16	19	125	113	136	23	192	205	407	388	142	11	70	77	224	209
126	11	78	87	252	235	132	5	23	27	143	129	136	24	202	216	421	402	142	12	78	87	238	223
126	12	88	98	268	251	132	6	31	36	160	146	136	25	213	227	435	415	142	13	87	96	253	237
126	13	98	108	284	266	132	7	39	45	177	162	136	26	223	238	449	429	142	14	97	106	267	251
126	14	109	119	300	282	132	8	47	54	193	178	136	27	234	249	463	443	142	15	106	116	281	264
126	15	119	130	316	297	132	9	56	63	209	193	136	28	245	260	476	456	142	16	115	125	295	278
126	16	130	141	332	313	132	10	65	73	225	209	138	0	0	0	43	35	142	17	125	135	309	292
126	17	141	152	347	328	132	11	75	83	241	224	138	1	1	1	65	55	142	18	134	145	323	305
126	18	151	164	363	343	132	12	84	93	256	239	138	2	4	5	84	74	142	19	144	155	337	319
126	19	162	175	378	358	132	13	94	103	272	254	138	3	9	11	102	91	142	20	154	165	350	332
126	20	173	186	393	373	132	14	104	114	287	269	138	4	15	18	120	108	142	21	164	176	364	345
126	21	185	198	409	388	132	15	114	124	302	284	138	5	22	26	137	124	142	22	174	186	377	359
126	22	196	210	424	403	132	16	124	135	317	299	138	6	29	34	153	140	142	23	184	196	391	372
126	23	207	221	439	418	132	17	134	145	332	313	138	7	37	43	169	155	142	24	194	207	404	385
126	24	218	233	454	433	132	18	145	156	347	328	138	8	45	52	185	170	142	25	204	217	417	398
126	25	230	245	468	447	132	19	155	167	361	342	138	9	54	61	200	185	142	26	214	227	431	411
126	26	241	257	483	462	132	20	165	178	376	357	138	10	63	70	215	200	142	27	224	238	444	424
128	0	0	0	46	37	132	21	176	189	391	371	138	11	72	80	230	215	142	28	234	249	457	437
128	1	1	1	70	60	132	22	187	200	405	385	138	12	81	89	245	229	142	29	245	259	470	450
128	2	4	6	91	80	132	23	198	211	419	399	138	13	90	99	260	243	144	0	0	0	41	33
128	3	9	12	111	98	132	24	208	222	434	414	138	14	99	109	275	258	144	1	1	1	62	53
128	4	16	20	129	116	132	25	219	234	448	428	138	15	109	119	289	272	144	2	4	5	81	71

CONFIDENCE BOUNDS FOR A

N = 1700

n	a	LOWER .975	LOWER .95	UPPER .975	UPPER .95
144	3	9	11	98	87
144	4	14	18	115	103
144	5	21	25	131	119
144	6	28	33	147	134
144	7	36	41	162	148
144	8	44	50	177	163
144	9	52	58	192	177
144	10	60	67	206	192
144	11	69	76	221	206
144	12	77	86	235	220
144	13	86	95	249	233
144	14	95	104	263	247
144	15	104	114	277	261
144	16	114	124	291	274
144	17	123	133	305	288
144	18	133	143	318	301
144	19	142	153	332	314
144	20	152	163	345	328
144	21	161	173	359	341
144	22	171	183	372	354
144	23	181	193	385	367
144	24	191	204	399	380
144	25	201	214	412	393
144	26	211	224	425	406
144	27	221	235	438	419
144	28	231	245	451	432
144	29	241	256	464	444
146	0	0	0	40	33
146	1	1	1	61	52
146	2	4	5	80	70
146	3	8	11	97	86
146	4	14	17	113	102
146	5	21	25	129	117
146	6	28	32	145	132
146	7	35	41	160	146
146	8	43	49	175	161
146	9	51	58	189	175
146	10	59	66	204	189
146	11	68	75	218	203
146	12	76	84	232	217
146	13	85	94	246	230
146	14	94	103	260	244
146	15	103	112	273	257
146	16	112	122	287	271
146	17	121	132	301	284
146	18	131	141	314	297
146	19	140	151	327	310
146	20	150	161	341	323
146	21	159	171	354	336
146	22	169	181	367	349
146	23	179	191	380	362
146	24	188	201	393	375
146	25	198	211	406	388
146	26	208	221	419	400
146	27	218	231	432	413
146	28	228	242	445	426
146	29	238	252	458	438
146	30	248	262	470	451
148	0	0	0	40	32
148	1	1	1	60	51
148	2	4	5	78	69
148	3	8	11	95	85
148	4	14	17	112	100
148	5	21	24	127	115
148	6	27	32	143	130
148	7	35	40	157	144
148	8	42	48	172	159
148	9	50	57	187	173
148	10	59	65	201	186
148	11	67	74	215	200
148	12	75	83	229	214
148	13	84	92	243	227
148	14	93	102	256	241
148	15	102	111	270	254
148	16	111	120	283	267

N = 1700

n	a	LOWER .975	LOWER .95	UPPER .975	UPPER .95
148	17	120	130	297	280
148	18	129	139	310	293
148	19	138	149	323	306
148	20	148	159	336	319
148	21	157	168	349	332
148	22	167	178	362	345
148	23	176	188	375	357
148	24	186	198	388	370
148	25	195	208	401	383
148	26	205	218	414	395
148	27	215	228	426	408
148	28	225	238	439	420
148	29	235	249	452	433
148	30	245	259	464	445
150	0	0	0	39	32
150	1	1	1	59	51
150	2	4	5	77	68
150	3	8	10	94	84
150	4	14	17	110	99
150	5	20	24	126	114
150	6	27	32	141	128
150	7	34	39	155	143
150	8	42	48	170	157
150	9	50	56	184	170
150	10	58	65	198	184
150	11	66	73	212	197
150	12	74	82	226	211
150	13	83	91	239	224
150	14	92	100	253	237
150	15	100	109	266	250
150	16	109	119	280	263
150	17	118	128	293	276
150	18	127	138	306	289
150	19	136	147	319	302
150	20	146	157	332	315
150	21	155	166	345	327
150	22	164	176	358	340
150	23	174	186	370	353
150	24	183	196	383	365
150	25	193	205	396	378
150	26	202	215	408	390
150	27	212	225	421	402
150	28	222	235	433	415
150	29	232	245	446	427
150	30	241	255	458	439
152	0	0	0	38	31
152	1	1	1	59	50
152	2	4	5	76	67
152	3	8	10	93	83
152	4	14	17	109	98
152	5	20	24	124	112
152	6	27	31	139	127
152	7	34	39	153	141
152	8	41	47	168	154
152	9	49	55	182	168
152	10	57	64	196	182
152	11	65	72	209	195
152	12	73	81	223	208
152	13	82	90	236	221
152	14	90	99	250	234
152	15	99	108	263	247
152	16	108	117	276	260
152	17	117	126	289	273
152	18	126	136	302	285
152	19	135	145	315	298
152	20	144	155	328	311
152	21	153	164	340	323
152	22	162	174	353	336
152	23	171	183	366	348
152	24	181	193	378	360
152	25	190	203	391	373
152	26	200	212	403	385
152	27	209	222	415	397
152	28	219	232	428	409
152	29	228	242	440	421

N = 1700

n	a	LOWER .975	LOWER .95	UPPER .975	UPPER .95
152	30	238	252	452	434
152	31	248	262	465	446
154	0	0	0	38	31
154	1	1	1	58	49
154	2	4	5	75	66
154	3	8	10	92	81
154	4	14	17	107	96
154	5	20	23	122	111
154	6	26	31	137	125
154	7	34	38	151	139
154	8	41	46	165	152
154	9	49	55	179	166
154	10	56	63	193	179
154	11	64	71	207	192
154	12	73	80	220	205
154	13	81	89	233	218
154	14	89	98	246	231
154	15	98	107	259	244
154	16	106	116	272	257
154	17	115	125	285	269
154	18	124	134	298	282
154	19	133	143	311	294
154	20	142	153	323	307
154	21	151	162	336	319
154	22	160	171	349	331
154	23	169	181	361	344
154	24	178	190	373	356
154	25	188	200	386	368
154	26	197	210	398	380
154	27	207	219	410	392
154	28	216	229	422	404
154	29	225	239	435	416
154	30	235	249	447	428
154	31	245	258	459	440
156	0	0	0	37	30
156	1	1	1	57	49
156	2	4	5	74	65
156	3	8	10	90	80
156	4	13	16	106	95
156	5	20	23	121	109
156	6	26	30	135	123
156	7	33	38	149	137
156	8	40	46	163	150
156	9	48	54	177	164
156	10	56	62	191	177
156	11	64	71	204	190
156	12	72	79	217	203
156	13	80	88	230	216
156	14	88	96	243	228
156	15	97	105	256	241
156	16	105	114	269	253
156	17	114	123	282	266
156	18	122	132	294	278
156	19	131	141	307	291
156	20	140	151	319	303
156	21	149	160	332	315
156	22	158	169	344	327
156	23	167	179	356	339
156	24	176	188	369	351
156	25	185	197	381	363
156	26	195	207	393	375
156	27	204	217	405	387
156	28	213	226	417	399
156	29	223	236	429	411
156	30	232	245	441	423
156	31	241	255	453	435
156	32	251	265	465	446
158	0	0	0	37	30
158	1	1	1	56	48
158	2	4	5	73	64
158	3	8	10	89	79
158	4	13	16	104	94
158	5	19	23	119	108
158	6	26	30	133	122
158	7	33	38	147	135

N = 1700

n	a	LOWER .975	LOWER .95	UPPER .975	UPPER .95
158	8	40	45	161	149
158	9	47	53	175	162
158	10	55	61	188	175
158	11	63	70	201	188
158	12	71	78	214	200
158	13	79	87	227	213
158	14	87	95	240	225
158	15	95	104	253	238
158	16	104	113	266	250
158	17	112	122	278	263
158	18	121	131	291	275
158	19	130	140	303	287
158	20	138	149	315	299
158	21	147	158	328	311
158	22	156	167	340	323
158	23	165	176	352	335
158	24	174	186	364	347
158	25	183	195	376	359
158	26	192	204	388	371
158	27	201	214	400	382
158	28	210	223	412	394
158	29	220	233	424	406
158	30	229	242	436	418
158	31	238	252	447	429
158	32	248	261	459	441
160	0	0	0	36	30
160	1	1	1	56	47
160	2	4	5	72	63
160	3	8	10	88	78
160	4	13	16	103	93
160	5	19	23	118	107
160	6	26	30	132	120
160	7	32	37	146	134
160	8	39	45	159	147
160	9	47	53	173	160
160	10	54	61	186	172
160	11	62	69	199	185
160	12	70	77	212	198
160	13	78	86	225	210
160	14	86	94	237	223
160	15	94	103	250	235
160	16	102	111	262	247
160	17	111	120	275	259
160	18	119	129	287	271
160	19	128	138	299	283
160	20	137	147	312	295
160	21	145	156	324	307
160	22	154	165	336	319
160	23	163	174	348	331
160	24	172	183	360	343
160	25	181	193	372	354
160	26	190	202	383	366
160	27	199	211	395	378
160	28	208	220	407	389
160	29	217	230	419	401
160	30	226	239	430	412
160	31	235	249	442	424
160	32	245	258	454	435
162	0	0	0	36	29
162	1	1	1	55	47
162	2	3	5	72	63
162	3	8	10	87	77
162	4	13	16	102	92
162	5	19	22	116	105
162	6	25	29	130	119
162	7	32	37	144	132
162	8	39	44	157	145
162	9	46	52	170	158
162	10	54	60	184	170
162	11	61	68	196	183
162	12	69	76	209	195
162	13	77	85	222	208
162	14	85	93	234	220
162	15	93	101	247	232
162	16	101	110	259	244

CONFIDENCE BOUNDS FOR A

N = 1700

n	a	LOWER .975	LOWER .95	UPPER .975	UPPER .95
162	17	110	119	271	256
162	18	118	127	284	268
162	19	126	136	296	280
162	20	135	145	308	292
162	21	144	154	320	303
162	22	152	163	332	315
162	23	161	172	343	327
162	24	170	181	355	339
162	25	178	190	367	350
162	26	187	199	379	362
162	27	196	208	390	373
162	28	205	218	402	385
162	29	214	227	414	396
162	30	223	236	425	407
162	31	232	246	437	419
162	32	242	255	448	430
162	33	251	264	460	441
164	0	0	0	35	29
164	1	1	1	54	46
164	2	3	5	71	62
164	3	8	10	86	76
164	4	13	16	101	90
164	5	19	22	115	104
164	6	25	29	129	117
164	7	32	36	142	130
164	8	39	44	155	143
164	9	46	51	168	156
164	10	53	59	181	168
164	11	61	67	194	181
164	12	68	75	207	193
164	13	76	83	219	205
164	14	84	92	232	217
164	15	92	100	244	229
164	16	100	109	256	241
164	17	108	117	268	253
164	18	117	126	280	265
164	19	125	135	292	277
164	20	133	143	304	288
164	21	142	152	316	300
164	22	150	161	328	311
164	23	159	170	339	323
164	24	168	179	351	334
164	25	176	188	363	346
164	26	185	197	374	357
164	27	194	206	386	369
164	28	203	215	397	380
164	29	212	224	409	391
164	30	221	233	420	403
164	31	230	243	432	414
164	32	239	252	443	425
164	33	248	261	454	436
166	0	0	0	35	28
166	1	1	1	54	46
166	2	3	5	70	61
166	3	8	10	85	75
166	4	13	15	99	89
166	5	18	22	113	103
166	6	25	29	127	116
166	7	31	36	140	129
166	8	38	43	153	141
166	9	45	51	166	154
166	10	52	59	179	166
166	11	60	66	192	178
166	12	67	74	204	191
166	13	75	83	216	203
166	14	83	91	229	215
166	15	91	99	241	226
166	16	99	107	253	238
166	17	107	116	265	250
166	18	115	124	277	262
166	19	123	133	289	273
166	20	132	142	300	285
166	21	140	150	312	296
166	22	149	159	324	308
166	23	157	168	335	319

N = 1700

n	a	LOWER .975	LOWER .95	UPPER .975	UPPER .95
166	24	166	177	347	330
166	25	174	186	358	342
166	26	183	194	370	353
166	27	192	203	381	364
166	28	200	212	393	376
166	29	209	221	404	387
166	30	218	231	415	398
166	31	227	240	426	409
166	32	236	249	438	420
166	33	245	258	449	431
166	34	254	267	460	442
168	0	0	0	35	28
168	1	1	1	53	45
168	2	3	4	69	60
168	3	8	9	84	75
168	4	13	15	98	88
168	5	18	22	112	101
168	6	24	28	125	114
168	7	31	35	139	127
168	8	38	43	152	140
168	9	45	50	164	152
168	10	52	58	177	164
168	11	59	66	189	176
168	12	67	74	202	188
168	13	74	82	214	200
168	14	82	90	226	212
168	15	90	98	238	224
168	16	98	106	250	235
168	17	106	114	262	247
168	18	114	123	274	259
168	19	122	131	285	270
168	20	130	140	297	281
168	21	138	148	308	293
168	22	147	157	320	304
168	23	155	166	331	315
168	24	164	175	343	327
168	25	172	183	354	338
168	26	181	192	366	349
168	27	189	201	377	360
168	28	198	210	388	371
168	29	207	219	399	382
168	30	215	228	410	393
168	31	224	237	422	404
168	32	233	246	433	415
168	33	242	255	444	426
168	34	251	264	455	437
170	0	0	0	34	28
170	1	1	1	52	45
170	2	3	4	68	60
170	3	7	9	83	74
170	4	12	15	97	87
170	5	18	21	111	100
170	6	24	28	124	113
170	7	31	35	137	126
170	8	37	42	150	138
170	9	44	50	162	150
170	10	51	57	175	162
170	11	58	65	187	174
170	12	66	73	199	186
170	13	73	81	211	198
170	14	81	89	223	210
170	15	89	97	235	221
170	16	97	105	247	233
170	17	104	113	259	244
170	18	112	121	270	256
170	19	121	130	282	267
170	20	129	138	293	278
170	21	137	147	305	289
170	22	145	155	316	301
170	23	153	164	328	312
170	24	162	173	339	323
170	25	170	181	350	334
170	26	179	190	361	345
170	27	187	199	372	356
170	28	196	207	384	367

N = 1700

n	a	LOWER .975	LOWER .95	UPPER .975	UPPER .95
170	29	204	216	395	378
170	30	213	225	406	389
170	31	221	234	417	399
170	32	230	243	428	410
170	33	239	252	439	421
170	34	248	261	449	432

N = 1800

n	a	LOWER .975	LOWER .95	UPPER .975	UPPER .95
2	0	0	0	1514	1397
2	1	23	46	1777	1754
4	0	0	0	1083	948
4	1	12	23	1449	1351
6	0	0	0	825	706
6	1	8	16	1153	1046
6	2	79	114	1398	1310
8	0	0	0	663	561
8	1	6	12	946	846
8	2	58	84	1170	1078
10	0	0	0	553	464
10	1	5	10	799	708
10	2	46	67	999	911
12	0	0	0	474	396
12	1	4	8	691	608
12	2	38	56	869	787
12	3	100	130	1027	947
14	0	0	0	415	345
14	1	4	7	607	532
14	2	33	48	768	692
14	3	85	111	912	836
16	0	0	0	369	306
16	1	3	6	542	473
16	2	29	42	688	617
16	3	74	97	819	748
16	4	132	164	940	870
18	0	0	0	331	274
18	1	3	6	489	426
18	2	26	37	622	556
18	3	66	86	743	676
18	4	117	145	855	788
20	0	0	0	301	249
20	1	3	5	445	387
20	2	23	33	568	507
20	3	59	77	679	616
20	4	105	130	783	720
22	0	0	0	276	227
22	1	3	5	409	355
22	2	21	30	522	465
22	3	54	70	626	566
22	4	95	118	722	662
22	5	142	171	814	753
24	0	0	0	254	209
24	1	2	4	378	327
24	2	19	28	483	429
24	3	49	64	580	524
24	4	87	108	670	613
24	5	130	156	756	698
26	0	0	0	236	194
26	1	2	4	351	304
26	2	18	26	450	399
26	3	45	59	540	487
26	4	80	99	625	570
26	5	120	144	705	650
26	6	163	192	783	727
28	0	0	0	220	181
28	1	2	4	328	283
28	2	17	24	420	372
28	3	42	55	505	455
28	4	74	92	585	533
28	5	111	133	661	608
28	6	151	178	734	681
30	0	0	0	206	169
30	1	2	4	307	265
30	2	16	22	395	349
30	3	39	51	475	427
30	4	69	86	550	501
30	5	103	124	622	572
30	6	141	165	691	640
32	0	0	0	194	159
32	1	2	3	289	250
32	2	15	21	372	329
32	3	37	48	448	402
32	4	65	80	519	472
32	5	97	116	587	539

CONFIDENCE BOUNDS FOR A

N = 1800		LOWER		UPPER			N = 1800		LOWER		UPPER			N = 1800		LOWER		UPPER			N = 1800		LOWER		UPPER	
n	a	.975	.95	.975	.95		n	a	.975	.95	.975	.95		n	a	.975	.95	.975	.95		n	a	.975	.95	.975	.95
32	6	132	155	653	604		48	7	111	129	496	459		60	10	152	170	509	476		70	14	208	228	559	527
32	7	169	195	716	667		48	8	137	156	540	502		60	11	174	194	544	510		72	0	0	0	88	71
34	0	0	0	183	150		48	9	164	185	584	545		60	12	197	218	578	543		72	1	1	2	132	113
34	1	2	3	273	236		48	10	191	214	626	587		62	0	0	0	102	83		72	2	7	10	171	150
34	2	14	20	351	310		50	0	0	0	126	103		62	1	1	2	153	131		72	3	17	22	207	185
34	3	35	45	423	380		50	1	1	2	189	162		62	2	8	11	198	174		72	4	29	36	242	218
34	4	61	75	491	446		50	2	10	14	244	215		62	3	19	25	240	214		72	5	43	52	275	250
34	5	91	109	556	510		50	3	24	31	295	263		62	4	34	42	279	252		72	6	58	68	307	281
34	6	124	145	618	571		50	4	41	51	343	310		62	5	50	60	317	289		72	7	74	86	338	312
34	7	159	183	679	631		50	5	62	74	389	355		62	6	67	79	354	325		72	8	91	104	369	341
36	0	0	0	173	142		50	6	84	98	434	399		62	7	86	99	390	360		72	9	108	122	399	371
36	1	2	3	259	223		50	7	107	124	478	441		62	8	106	121	426	394		72	10	126	141	429	400
36	2	13	19	333	294		50	8	131	150	520	483		62	9	126	142	460	428		72	11	145	161	458	429
36	3	33	43	401	360		50	9	157	177	562	524		62	10	147	165	494	461		72	12	163	181	487	457
36	4	57	71	466	423		50	10	183	205	603	565		62	11	168	187	528	494		72	13	183	201	516	485
36	5	86	103	528	483		52	0	0	0	121	99		62	12	190	211	561	527		72	14	202	222	544	513
36	6	117	137	587	542		52	1	1	2	182	156		62	13	213	234	593	559		72	15	222	242	572	541
36	7	150	173	645	599		52	2	9	13	235	207		64	0	0	0	99	80		74	0	0	0	85	69
36	8	184	210	701	655		52	3	23	30	284	254		64	1	1	2	149	127		74	1	1	2	129	110
38	0	0	0	164	135		52	4	40	49	330	299		64	2	8	11	192	169		74	2	7	10	167	146
38	1	2	3	246	212		52	5	59	71	375	342		64	3	19	24	233	207		74	3	16	21	202	180
38	2	12	18	317	279		52	6	80	94	418	384		64	4	33	40	271	244		74	4	28	35	235	212
38	3	31	40	382	342		52	7	103	119	461	425		64	5	48	58	308	280		74	5	42	50	268	243
38	4	54	68	443	402		52	8	126	144	502	466		64	6	65	77	344	315		74	6	57	66	299	274
38	5	81	97	502	460		52	9	151	170	542	505		64	7	83	96	379	349		74	7	72	83	330	303
38	6	110	130	559	516		52	10	176	197	582	545		64	8	102	117	413	382		74	8	88	101	360	333
38	7	141	163	615	570		52	11	202	224	621	583		64	9	122	138	447	415		74	9	105	119	389	361
38	8	174	199	668	623		54	0	0	0	117	95		64	10	142	159	480	448		74	10	123	138	418	390
40	0	0	0	156	128		54	1	1	2	175	150		64	11	163	181	512	480		74	11	141	157	447	418
40	1	2	3	234	202		54	2	9	13	227	199		64	12	184	204	544	511		74	12	159	176	475	445
40	2	12	17	302	266		54	3	22	29	274	245		64	13	206	227	576	543		74	13	178	196	503	473
40	3	30	38	364	326		54	4	38	48	319	288		66	0	0	0	96	78		74	14	197	215	530	500
40	4	52	64	423	383		54	5	57	68	362	330		66	1	1	2	144	123		74	15	216	236	558	527
40	5	77	93	479	438		54	6	77	91	404	371		66	2	8	11	186	164		76	0	0	0	83	68
40	6	105	123	534	492		54	7	99	114	445	410		66	3	18	24	226	201		76	1	1	2	125	107
40	7	134	155	587	544		54	8	121	139	484	449		66	4	32	39	263	237		76	2	7	9	162	142
40	8	165	188	638	595		54	9	145	164	524	488		66	5	47	56	299	272		76	3	16	21	197	175
42	0	0	0	149	122		54	10	169	190	562	526		66	6	63	74	334	306		76	4	28	34	229	207
42	1	2	3	224	192		54	11	194	216	600	563		66	7	81	93	368	339		76	5	41	49	261	237
42	2	11	16	288	254		56	0	0	0	112	92		66	8	99	113	401	371		76	6	55	65	291	267
42	3	28	37	348	311		56	1	1	2	169	145		66	9	118	134	434	403		76	7	70	81	321	296
42	4	49	61	404	366		56	2	9	12	219	192		66	10	138	155	466	435		76	8	86	98	351	324
42	5	73	88	458	419		56	3	21	28	265	236		66	11	158	176	498	466		76	9	103	116	379	352
42	6	100	117	510	470		56	4	37	46	308	278		66	12	179	198	529	497		76	10	119	134	408	380
42	7	128	148	561	520		56	5	55	66	350	319		66	13	200	220	560	527		76	11	137	152	435	407
42	8	157	179	611	569		56	6	75	88	390	358		66	14	221	242	590	557		76	12	155	171	463	434
42	9	188	212	659	616		56	7	95	110	430	396		68	0	0	0	93	76		76	13	173	190	490	461
44	0	0	0	143	117		56	8	117	134	468	434		68	1	1	2	140	120		76	14	191	210	517	487
44	1	2	3	214	184		56	9	140	158	506	471		68	2	7	10	181	159		76	15	210	229	544	514
44	2	11	15	276	243		56	10	163	183	543	508		68	3	18	23	219	195		76	16	229	249	570	540
44	3	27	35	333	298		56	11	187	208	580	544		68	4	31	38	256	230		78	0	0	0	81	66
44	4	47	58	387	350		56	12	211	234	616	580		68	5	45	54	290	264		78	1	1	2	122	105
44	5	70	84	439	401		58	0	0	0	109	89		68	6	61	72	324	297		78	2	7	9	158	139
44	6	95	112	489	450		58	1	1	2	164	140		68	7	78	91	357	329		78	3	16	20	192	171
44	7	122	141	538	498		58	2	8	12	211	186		68	8	96	110	390	361		78	4	27	33	224	201
44	8	150	171	585	545		58	3	21	27	256	228		68	9	115	130	422	392		78	5	40	48	254	231
44	9	179	202	632	591		58	4	36	44	298	269		68	10	134	150	453	423		78	6	54	63	284	260
46	0	0	0	136	112		58	5	53	64	338	308		68	11	153	171	484	453		78	7	68	79	313	288
46	1	1	2	205	176		58	6	72	85	377	346		68	12	173	192	514	483		78	8	84	96	342	316
46	2	10	15	264	233		58	7	92	106	416	383		68	13	194	213	544	512		78	9	100	113	370	343
46	3	26	34	319	285		58	8	113	129	453	420		68	14	214	235	574	542		78	10	116	131	398	370
46	4	45	56	371	336		58	9	135	152	490	456		70	0	0	0	90	73		78	11	133	148	425	397
46	5	67	80	421	384		58	10	157	176	526	491		70	1	1	2	136	116		78	12	151	167	452	424
46	6	91	107	469	431		58	11	180	201	561	526		70	2	7	10	176	154		78	13	168	185	478	450
46	7	116	134	516	477		58	12	204	226	596	561		70	3	17	22	213	190		78	14	186	204	505	476
46	8	143	163	562	522		60	0	0	0	105	86		70	4	30	37	248	224		78	15	205	223	531	501
46	9	171	193	607	567		60	1	1	2	158	136		70	5	44	53	282	257		78	16	223	243	556	527
46	10	200	224	651	610		60	2	8	12	205	180		70	6	60	70	315	289		80	0	0	0	79	64
48	0	0	0	131	107		60	3	20	26	248	221		70	7	76	88	348	320		80	1	1	2	119	102
48	1	1	2	197	169		60	4	35	43	288	260		70	8	93	107	379	351		80	2	6	9	154	135
48	2	10	14	254	223		60	5	51	62	327	298		70	9	111	126	410	381		80	3	15	20	187	167
48	3	25	32	306	274		60	6	70	82	366	335		70	10	130	146	441	411		80	4	26	32	218	196
48	4	43	53	356	322		60	7	89	103	403	371		70	11	149	166	471	440		80	5	39	46	248	225
48	5	64	77	404	369		60	8	109	125	439	407		70	12	168	186	500	470		80	6	52	61	277	254
48	6	87	102	451	414		60	9	130	147	474	442		70	13	188	207	530	498		80	7	67	77	306	281

CONFIDENCE BOUNDS FOR A

N = 1800

n	a	LOWER .975	LOWER .95	UPPER .975	UPPER .95
80	8	82	93	334	308
80	9	97	110	361	335
80	10	113	127	388	361
80	11	130	145	415	388
80	12	147	163	441	413
80	13	164	181	467	439
80	14	182	199	493	464
80	15	199	218	518	489
80	16	217	236	543	514
82	0	0	0	77	63
82	1	1	2	116	99
82	2	6	9	151	132
82	3	15	19	183	163
82	4	26	32	213	192
82	5	38	45	242	220
82	6	51	60	271	248
82	7	65	75	299	275
82	8	80	91	326	301
82	9	95	107	353	327
82	10	111	124	379	353
82	11	127	141	405	378
82	12	143	159	431	404
82	13	160	176	456	429
82	14	177	194	481	453
82	15	194	212	506	478
82	16	212	230	531	502
82	17	230	249	555	526
84	0	0	0	75	61
84	1	1	2	113	97
84	2	6	8	147	129
84	3	15	19	178	159
84	4	25	31	208	187
84	5	37	44	237	215
84	6	50	59	265	242
84	7	64	73	292	268
84	8	78	89	318	294
84	9	93	105	345	320
84	10	108	121	370	345
84	11	124	138	396	370
84	12	140	155	421	394
84	13	156	172	446	419
84	14	173	189	470	443
84	15	190	207	495	467
84	16	207	225	519	491
84	17	224	243	543	514
86	0	0	0	73	60
86	1	1	2	111	95
86	2	6	8	144	126
86	3	14	18	174	155
86	4	25	30	203	183
86	5	36	43	231	210
86	6	49	57	259	236
86	7	62	72	285	262
86	8	76	87	311	287
86	9	91	102	337	312
86	10	106	118	362	337
86	11	121	135	387	361
86	12	137	151	412	386
86	13	152	168	436	409
86	14	169	185	460	433
86	15	185	202	484	457
86	16	202	220	507	480
86	17	219	237	531	503
86	18	236	255	554	526
88	0	0	0	72	58
88	1	1	2	108	93
88	2	6	8	140	123
88	3	14	18	170	152
88	4	24	30	199	179
88	5	35	42	226	205
88	6	48	56	253	231
88	7	61	70	279	256
88	8	74	85	304	281
88	9	89	100	329	306
88	10	103	116	354	330

N = 1800

n	a	LOWER .975	LOWER .95	UPPER .975	UPPER .95
88	11	118	131	378	353
88	12	133	148	403	377
88	13	149	164	426	400
88	14	165	181	450	424
88	15	181	197	473	447
88	16	197	214	496	469
88	17	214	232	519	492
88	18	230	249	542	514
90	0	0	0	70	57
90	1	1	1	106	91
90	2	6	8	137	120
90	3	14	18	167	148
90	4	24	29	194	175
90	5	35	41	221	201
90	6	47	55	247	226
90	7	59	69	273	251
90	8	73	83	298	275
90	9	87	98	322	299
90	10	101	113	347	323
90	11	115	129	370	346
90	12	130	144	394	369
90	13	146	160	417	392
90	14	161	177	440	415
90	15	177	193	463	437
90	16	193	210	486	459
90	17	209	226	508	482
90	18	225	243	531	504
92	0	0	0	68	56
92	1	1	1	104	89
92	2	6	8	134	118
92	3	13	17	163	145
92	4	23	28	190	171
92	5	34	41	217	197
92	6	46	54	242	221
92	7	58	67	267	245
92	8	71	81	291	269
92	9	85	96	316	293
92	10	99	111	339	316
92	11	113	126	363	339
92	12	128	141	386	361
92	13	142	157	409	384
92	14	158	173	431	406
92	15	173	189	454	428
92	16	188	205	476	450
92	17	204	221	498	471
92	18	220	238	520	493
94	0	0	0	67	54
94	1	1	1	101	87
94	2	6	8	132	115
94	3	13	17	160	142
94	4	23	28	186	168
94	5	33	40	212	192
94	6	45	52	237	217
94	7	57	66	261	240
94	8	70	80	285	264
94	9	83	94	309	287
94	10	97	108	332	309
94	11	111	123	355	332
94	12	125	138	378	354
94	13	139	153	400	376
94	14	154	169	422	397
94	15	169	185	444	419
94	16	184	201	466	441
94	17	200	217	488	462
94	18	215	233	509	483
94	19	231	249	531	504
96	0	0	0	66	53
96	1	1	1	99	85
96	2	5	8	129	113
96	3	13	17	156	139
96	4	22	27	182	164
96	5	33	39	208	188
96	6	44	51	232	212
96	7	56	64	256	235

N = 1800

n	a	LOWER .975	LOWER .95	UPPER .975	UPPER .95
96	8	68	78	280	258
96	9	81	92	303	281
96	10	95	106	326	303
96	11	108	121	348	325
96	12	122	135	370	347
96	13	136	150	392	368
96	14	151	165	414	389
96	15	166	181	436	411
96	16	180	196	457	432
96	17	196	212	478	453
96	18	211	228	499	473
96	19	226	244	520	494
96	20	242	260	541	514
98	0	0	0	64	52
98	1	1	1	97	83
98	2	5	7	126	111
98	3	13	16	153	136
98	4	22	27	179	161
98	5	32	38	203	185
98	6	43	50	228	208
98	7	55	63	251	231
98	8	67	76	274	253
98	9	80	90	297	275
98	10	93	104	319	297
98	11	106	118	341	318
98	12	120	132	363	340
98	13	134	147	385	361
98	14	148	162	406	382
98	15	162	177	427	403
98	16	177	192	448	423
98	17	191	208	469	444
98	18	206	223	490	464
98	19	221	239	510	484
98	20	237	254	530	504
100	0	0	0	63	51
100	1	1	1	95	81
100	2	5	7	124	108
100	3	12	16	150	134
100	4	21	26	175	158
100	5	31	37	199	181
100	6	42	49	223	204
100	7	54	62	246	226
100	8	66	75	269	248
100	9	78	88	291	270
100	10	91	102	313	291
100	11	104	116	335	312
100	12	117	130	356	333
100	13	131	144	377	354
100	14	145	159	398	374
100	15	159	173	419	395
100	16	173	188	439	415
100	17	188	203	460	435
100	18	202	219	480	455
100	19	217	234	500	475
100	20	232	249	520	495
102	0	0	0	62	50
102	1	1	1	93	80
102	2	5	7	121	106
102	3	12	16	147	131
102	4	21	26	172	155
102	5	31	37	196	177
102	6	41	48	219	200
102	7	53	61	241	222
102	8	64	73	264	243
102	9	77	86	285	264
102	10	89	100	307	285
102	11	102	113	328	306
102	12	115	127	349	327
102	13	128	141	370	347
102	14	142	156	391	367
102	15	156	170	411	387
102	16	170	185	431	407
102	17	184	199	451	427
102	18	198	214	471	446
102	19	213	229	491	466

N = 1800

n	a	LOWER .975	LOWER .95	UPPER .975	UPPER .95
102	20	227	244	511	485
102	21	242	260	530	505
104	0	0	0	60	49
104	1	1	1	92	78
104	2	5	7	119	104
104	3	12	15	144	128
104	4	21	25	169	152
104	5	30	36	192	174
104	6	41	47	215	196
104	7	52	60	237	218
104	8	63	72	259	239
104	9	75	85	280	260
104	10	87	98	301	280
104	11	100	111	322	300
104	12	113	125	343	321
104	13	126	139	363	341
104	14	139	153	383	360
104	15	153	167	403	380
104	16	166	181	423	400
104	17	180	195	443	419
104	18	194	210	462	438
104	19	208	225	482	457
104	20	223	240	501	476
104	21	237	254	520	495
106	0	0	0	59	48
106	1	1	1	90	77
106	2	5	7	117	102
106	3	12	15	142	126
106	4	20	25	165	149
106	5	30	35	188	171
106	6	40	47	211	192
106	7	51	58	232	213
106	8	62	71	254	234
106	9	74	83	275	255
106	10	86	96	296	275
106	11	98	109	316	295
106	12	111	122	336	315
106	13	124	136	356	334
106	14	137	150	376	354
106	15	150	164	396	373
106	16	163	178	416	392
106	17	177	192	435	411
106	18	191	206	454	430
106	19	204	220	473	449
106	20	218	235	492	468
106	21	233	250	511	486
106	22	247	264	530	505
108	0	0	0	58	47
108	1	1	1	88	75
108	2	5	7	115	100
108	3	12	15	139	124
108	4	20	24	162	146
108	5	29	35	185	168
108	6	39	46	207	189
108	7	50	57	228	210
108	8	61	69	249	230
108	9	72	82	270	250
108	10	84	94	290	270
108	11	96	107	310	290
108	12	109	120	330	309
108	13	121	133	350	328
108	14	134	147	370	347
108	15	147	161	389	366
108	16	160	174	408	385
108	17	174	188	427	404
108	18	187	202	446	422
108	19	201	216	465	441
108	20	214	231	483	459
108	21	228	245	502	478
108	22	242	259	520	496
110	0	0	0	57	46
110	1	1	1	87	74
110	2	5	7	112	98
110	3	11	15	136	121
110	4	19	24	159	143

CONFIDENCE BOUNDS FOR A

N = 1800

n	a	LOWER .975	LOWER .95	UPPER .975	UPPER .95
110	5	29	34	182	165
110	6	38	45	203	185
110	7	49	56	224	206
110	8	60	68	245	226
110	9	71	80	265	246
110	10	83	93	285	265
110	11	95	105	305	284
110	12	107	118	325	304
110	13	119	131	344	322
110	14	132	144	363	341
110	15	144	158	382	360
110	16	157	171	401	378
110	17	170	185	420	397
110	18	184	198	438	415
110	19	197	212	457	433
110	20	210	226	475	451
110	21	224	240	493	469
110	22	238	254	511	487
112	0	0	0	56	46
112	1	1	1	85	73
112	2	5	7	110	97
112	3	11	14	134	119
112	4	19	23	157	141
112	5	28	34	178	162
112	6	38	44	200	182
112	7	48	55	220	202
112	8	59	67	241	222
112	9	70	79	261	241
112	10	81	91	280	260
112	11	93	103	300	279
112	12	105	116	319	298
112	13	117	129	338	317
112	14	129	142	357	335
112	15	142	155	375	354
112	16	154	168	394	372
112	17	167	181	412	390
112	18	180	195	431	408
112	19	193	208	449	426
112	20	207	222	467	443
112	21	220	236	485	461
112	22	233	250	503	479
112	23	247	264	520	496
114	0	0	0	55	45
114	1	1	1	83	71
114	2	5	6	108	95
114	3	11	14	132	117
114	4	19	23	154	138
114	5	28	33	175	159
114	6	37	43	196	179
114	7	47	54	216	199
114	8	58	66	236	218
114	9	69	77	256	237
114	10	80	89	275	256
114	11	91	102	295	275
114	12	103	114	313	293
114	13	115	126	332	311
114	14	127	139	351	330
114	15	139	152	369	348
114	16	152	165	387	365
114	17	164	178	405	383
114	18	177	191	423	401
114	19	190	205	441	418
114	20	203	218	459	436
114	21	216	232	477	453
114	22	229	245	494	471
114	23	242	259	512	488
116	0	0	0	54	44
116	1	1	1	82	70
116	2	5	6	107	93
116	3	11	14	129	115
116	4	19	23	151	136
116	5	27	32	172	156
116	6	37	43	193	176
116	7	46	53	213	195
116	8	57	65	232	214

N = 1800

n	a	LOWER .975	LOWER .95	UPPER .975	UPPER .95
116	9	67	76	252	233
116	10	78	88	271	252
116	11	90	100	290	270
116	12	101	112	308	288
116	13	113	124	327	306
116	14	125	137	345	324
116	15	137	149	363	342
116	16	149	162	381	359
116	17	161	175	399	377
116	18	174	188	416	394
116	19	187	201	434	411
116	20	199	214	451	429
116	21	212	228	469	446
116	22	225	241	486	463
116	23	238	255	503	480
116	24	251	268	520	497
118	0	0	0	53	43
118	1	1	1	81	69
118	2	5	6	105	92
118	3	11	14	127	113
118	4	18	22	149	134
118	5	27	32	169	154
118	6	36	42	189	173
118	7	46	53	209	192
118	8	56	64	228	211
118	9	66	75	247	229
118	10	77	86	266	247
118	11	88	98	285	265
118	12	100	110	303	283
118	13	111	122	321	301
118	14	123	134	339	319
118	15	135	147	357	336
118	16	147	159	375	353
118	17	159	172	392	371
118	18	171	185	410	388
118	19	183	198	427	405
118	20	196	211	444	422
118	21	209	224	461	438
118	22	221	237	478	455
118	23	234	250	495	472
118	24	247	264	512	489
120	0	0	0	52	42
120	1	1	1	79	68
120	2	5	6	103	90
120	3	11	13	125	111
120	4	18	22	146	131
120	5	26	31	167	151
120	6	35	41	186	170
120	7	45	52	206	189
120	8	55	63	225	207
120	9	65	74	243	225
120	10	76	85	262	243
120	11	87	97	280	261
120	12	98	108	298	279
120	13	109	120	316	296
120	14	121	132	334	313
120	15	132	144	351	331
120	16	144	157	369	348
120	17	156	169	386	365
120	18	168	182	403	381
120	19	180	194	420	398
120	20	193	207	437	415
120	21	205	220	454	431
120	22	218	233	470	448
120	23	230	246	487	464
120	24	243	259	504	481
122	0	0	0	51	42
122	1	1	1	78	67
122	2	5	6	101	89
122	3	10	13	123	109
122	4	18	22	144	129
122	5	26	31	164	148
122	6	35	41	183	167
122	7	44	51	202	186
122	8	54	62	221	204

N = 1800

n	a	LOWER .975	LOWER .95	UPPER .975	UPPER .95
122	9	64	72	240	222
122	10	75	84	258	239
122	11	85	95	276	257
122	12	96	106	293	274
122	13	107	118	311	291
122	14	119	130	328	308
122	15	130	142	346	325
122	16	142	154	363	342
122	17	153	166	380	359
122	18	165	179	397	375
122	19	177	191	413	392
122	20	189	204	430	408
122	21	202	216	447	425
122	22	214	229	463	441
122	23	226	242	479	457
122	24	239	255	496	473
122	25	251	268	512	489
124	0	0	0	50	41
124	1	1	1	77	65
124	2	4	6	100	87
124	3	10	13	121	108
124	4	17	21	141	127
124	5	26	30	161	146
124	6	34	40	180	165
124	7	44	50	199	183
124	8	53	61	218	201
124	9	63	71	236	218
124	10	73	82	254	236
124	11	84	93	271	253
124	12	95	105	289	270
124	13	106	116	306	287
124	14	117	128	323	303
124	15	128	140	340	320
124	16	139	152	357	337
124	17	151	164	374	353
124	18	163	176	390	369
124	19	174	188	407	386
124	20	186	200	423	402
124	21	198	213	440	418
124	22	210	225	456	434
124	23	223	238	472	450
124	24	235	251	488	466
124	25	247	263	504	481
126	0	0	0	50	40
126	1	1	1	75	64
126	2	4	6	98	86
126	3	10	13	119	106
126	4	17	21	139	125
126	5	25	30	159	144
126	6	34	39	178	162
126	7	43	49	196	180
126	8	52	60	214	197
126	9	62	70	232	215
126	10	72	81	250	232
126	11	83	92	267	249
126	12	93	103	284	266
126	13	104	114	301	282
126	14	115	126	318	299
126	15	126	138	335	315
126	16	137	149	351	331
126	17	149	161	368	348
126	18	160	173	384	364
126	19	172	185	401	380
126	20	183	197	417	396
126	21	195	209	433	411
126	22	207	222	449	427
126	23	219	234	465	443
126	24	231	247	481	458
126	25	243	259	496	474
126	26	255	272	512	490
128	0	0	0	49	40
128	1	1	1	74	63
128	2	4	6	96	84
128	3	10	13	117	104
128	4	17	21	137	123

N = 1800

n	a	LOWER .975	LOWER .95	UPPER .975	UPPER .95
128	5	25	29	156	142
128	6	33	39	175	159
128	7	42	49	193	177
128	8	52	59	211	194
128	9	61	69	228	211
128	10	71	80	246	228
128	11	81	91	263	245
128	12	92	102	280	262
128	13	102	113	297	278
128	14	113	124	313	294
128	15	124	135	330	310
128	16	135	147	346	326
128	17	146	159	362	342
128	18	158	170	378	358
128	19	169	182	395	374
128	20	180	194	410	390
128	21	192	206	426	405
128	22	204	218	442	421
128	23	216	230	458	436
128	24	227	243	473	452
128	25	239	255	489	467
128	26	251	267	504	482
130	0	0	0	48	39
130	1	1	1	73	62
130	2	4	6	95	83
130	3	10	12	115	103
130	4	17	20	135	121
130	5	24	29	154	139
130	6	33	38	172	157
130	7	42	48	190	174
130	8	51	58	208	191
130	9	60	68	225	208
130	10	70	79	242	225
130	11	80	89	259	241
130	12	90	100	276	258
130	13	101	111	292	274
130	14	111	122	309	290
130	15	122	133	325	306
130	16	133	145	341	321
130	17	144	156	357	337
130	18	155	168	373	353
130	19	166	179	389	368
130	20	178	191	404	384
130	21	189	203	420	399
130	22	201	215	435	414
130	23	212	227	451	430
130	24	224	239	466	445
130	25	236	251	482	460
130	26	247	263	497	475
132	0	0	0	47	38
132	1	1	1	72	61
132	2	4	6	94	82
132	3	10	12	114	101
132	4	16	20	133	119
132	5	24	29	151	137
132	6	32	38	169	155
132	7	41	47	187	172
132	8	50	57	205	189
132	9	59	67	222	205
132	10	69	77	239	221
132	11	79	88	255	238
132	12	89	98	272	254
132	13	99	109	288	270
132	14	110	120	304	285
132	15	120	131	320	301
132	16	131	143	336	317
132	17	142	154	352	332
132	18	153	165	367	347
132	19	164	177	383	363
132	20	175	188	398	378
132	21	186	200	414	393
132	22	198	212	429	408
132	23	209	223	444	423
132	24	220	235	460	438
132	25	232	247	475	453

CONFIDENCE BOUNDS FOR A

N = 1800

n	a	LOWER .975	LOWER .95	UPPER .975	UPPER .95
132	26	244	259	490	468
132	27	255	271	505	483
134	0	0	0	47	38
134	1	1	1	71	60
134	2	4	6	92	81
134	3	10	12	112	100
134	4	16	20	131	118
134	5	24	28	149	135
134	6	32	37	167	152
134	7	40	46	184	169
134	8	49	56	201	186
134	9	59	66	218	202
134	10	68	76	235	218
134	11	78	87	251	234
134	12	88	97	268	250
134	13	98	108	284	266
134	14	108	118	300	281
134	15	119	129	315	297
134	16	129	140	331	312
134	17	140	152	347	327
134	18	151	163	362	342
134	19	161	174	377	358
134	20	172	185	393	373
134	21	183	197	408	387
134	22	195	208	423	402
134	23	206	220	438	417
134	24	217	232	453	432
134	25	228	243	468	447
134	26	240	255	483	461
134	27	251	267	497	476
136	0	0	0	46	37
136	1	1	1	70	60
136	2	4	6	91	79
136	3	9	12	110	98
136	4	16	20	129	116
136	5	23	28	147	133
136	6	31	37	165	150
136	7	40	46	182	167
136	8	49	55	199	183
136	9	58	65	215	199
136	10	67	75	232	215
136	11	77	85	248	231
136	12	87	96	264	246
136	13	96	106	280	262
136	14	107	117	295	277
136	15	117	127	311	292
136	16	127	138	326	307
136	17	138	149	342	323
136	18	148	160	357	337
136	19	159	171	372	352
136	20	170	183	387	367
136	21	181	194	402	382
136	22	192	205	417	397
136	23	203	217	432	411
136	24	214	228	446	426
136	25	225	240	461	440
136	26	236	251	476	455
136	27	248	263	490	469
136	28	259	275	505	483
138	0	0	0	45	37
138	1	1	1	69	59
138	2	4	5	89	78
138	3	9	12	109	97
138	4	16	19	127	114
138	5	23	27	145	131
138	6	31	36	162	148
138	7	39	45	179	164
138	8	48	55	196	180
138	9	57	64	212	196
138	10	66	74	228	212
138	11	76	84	244	227
138	12	85	94	260	243
138	13	95	105	276	258
138	14	105	115	291	273
138	15	115	126	306	288

N = 1800

n	a	LOWER .975	LOWER .95	UPPER .975	UPPER .95
138	16	125	136	322	303
138	17	136	147	337	318
138	18	146	158	352	333
138	19	157	169	367	347
138	20	167	180	382	362
138	21	178	191	396	376
138	22	189	202	411	391
138	23	200	214	426	405
138	24	211	225	440	420
138	25	222	236	455	434
138	26	233	248	469	448
138	27	244	259	483	462
138	28	255	271	498	476
140	0	0	0	44	36
140	1	1	1	68	58
140	2	4	5	88	77
140	3	9	12	107	95
140	4	16	19	125	113
140	5	23	27	143	129
140	6	31	36	160	146
140	7	39	45	177	162
140	8	47	54	193	178
140	9	56	63	209	193
140	10	65	73	225	209
140	11	75	83	241	224
140	12	84	93	256	239
140	13	94	103	272	254
140	14	104	113	287	269
140	15	114	124	302	284
140	16	124	134	317	299
140	17	134	145	332	313
140	18	144	156	347	328
140	19	154	167	362	342
140	20	165	177	376	357
140	21	176	188	391	371
140	22	186	199	405	385
140	23	197	211	420	400
140	24	208	222	434	414
140	25	219	233	448	428
140	26	229	244	463	442
140	27	240	255	477	456
140	28	252	267	491	470
142	0	0	0	44	36
142	1	1	1	67	57
142	2	4	5	87	76
142	3	9	12	106	94
142	4	15	19	123	111
142	5	22	27	141	128
142	6	30	35	158	144
142	7	38	44	174	160
142	8	47	53	190	175
142	9	55	62	206	191
142	10	64	72	222	206
142	11	74	82	237	221
142	12	83	92	253	236
142	13	92	102	268	251
142	14	102	112	283	266
142	15	112	122	298	280
142	16	122	133	313	295
142	17	132	143	327	309
142	18	142	154	342	323
142	19	152	164	357	338
142	20	163	175	371	352
142	21	173	186	385	366
142	22	184	197	400	380
142	23	194	208	414	394
142	24	205	219	428	408
142	25	215	230	442	422
142	26	226	241	456	436
142	27	237	252	470	450
142	28	248	263	484	463
142	29	259	274	498	477
144	0	0	0	43	35
144	1	1	1	66	56
144	2	4	5	86	75

N = 1800

n	a	LOWER .975	LOWER .95	UPPER .975	UPPER .95
144	3	9	11	104	93
144	4	15	19	122	109
144	5	22	26	139	126
144	6	30	35	155	142
144	7	38	43	172	157
144	8	46	52	188	173
144	9	55	62	203	188
144	10	63	71	219	203
144	11	73	81	234	218
144	12	82	90	249	233
144	13	91	100	264	247
144	14	101	110	279	262
144	15	110	120	294	276
144	16	120	131	308	291
144	17	130	141	323	305
144	18	140	151	337	319
144	19	150	162	352	333
144	20	160	173	366	347
144	21	171	183	380	361
144	22	181	194	394	375
144	23	191	205	408	389
144	24	202	215	422	403
144	25	212	226	436	416
144	26	223	237	450	430
144	27	234	248	464	444
144	28	244	259	478	457
144	29	255	270	491	471
146	0	0	0	43	35
146	1	1	1	65	55
146	2	4	5	84	74
146	3	9	11	103	91
146	4	15	18	120	108
146	5	22	26	137	124
146	6	29	34	153	140
146	7	37	43	169	155
146	8	45	52	185	170
146	9	54	61	201	186
146	10	63	70	216	200
146	11	72	80	231	215
146	12	81	89	246	230
146	13	90	99	261	244
146	14	99	109	275	258
146	15	109	119	290	273
146	16	119	129	304	287
146	17	128	139	319	301
146	18	138	149	333	315
146	19	148	160	347	329
146	20	158	170	361	342
146	21	168	181	375	356
146	22	179	191	389	370
146	23	189	202	403	384
146	24	199	212	417	397
146	25	210	223	430	411
146	26	220	234	444	424
146	27	230	245	458	438
146	28	241	256	471	451
146	30	262	278	498	478
148	0	0	0	42	34
148	1	1	1	64	55
148	2	4	5	83	73
148	3	9	11	101	90
148	4	15	18	118	106
148	5	22	26	135	122
148	6	29	34	151	138
148	7	37	42	167	153
148	8	45	51	183	168
148	9	53	60	198	183
148	10	62	69	213	198
148	11	71	78	228	212
148	12	80	88	243	227
148	13	89	98	257	241
148	14	98	107	272	255
148	15	107	117	286	269
148	16	117	127	300	283

N = 1800

n	a	LOWER .975	LOWER .95	UPPER .975	UPPER .95
148	17	127	137	314	297
148	18	136	147	328	311
148	19	146	158	342	324
148	20	156	168	356	338
148	21	166	178	370	352
148	22	176	189	384	365
148	23	186	199	398	379
148	24	196	210	411	392
148	25	207	220	425	405
148	26	217	231	438	419
148	27	227	241	452	432
148	28	238	252	465	445
148	29	248	263	479	458
148	30	259	274	492	471
150	0	0	0	41	34
150	1	1	1	63	54
150	2	4	5	82	72
150	3	9	11	100	89
150	4	15	18	117	105
150	5	21	25	133	121
150	6	29	33	149	136
150	7	36	42	165	151
150	8	44	50	180	166
150	9	53	59	195	181
150	10	61	68	210	195
150	11	70	77	225	209
150	12	79	87	239	224
150	13	88	96	254	238
150	14	97	106	268	252
150	15	106	116	282	265
150	16	115	126	296	279
150	17	125	135	310	293
150	18	135	145	324	306
150	19	144	155	338	320
150	20	154	166	352	334
150	21	164	176	365	347
150	22	174	186	379	360
150	23	184	196	392	374
150	24	194	207	406	387
150	25	204	217	419	400
150	26	214	228	433	413
150	27	224	238	446	426
150	28	235	249	459	439
150	29	245	259	472	452
150	30	255	270	486	465
152	0	0	0	41	33
152	1	1	1	62	53
152	2	4	5	81	71
152	3	9	11	99	88
152	4	14	18	115	104
152	5	21	25	131	119
152	6	28	33	147	134
152	7	36	41	163	149
152	8	44	50	178	164
152	9	52	58	193	178
152	10	60	67	207	192
152	11	69	76	222	207
152	12	78	86	236	221
152	13	86	95	250	234
152	14	96	105	265	248
152	15	105	114	279	262
152	16	114	124	292	276
152	17	123	134	306	289
152	18	133	144	320	303
152	19	142	153	334	316
152	20	152	163	347	329
152	21	162	174	361	342
152	22	171	184	374	356
152	23	181	194	387	369
152	24	191	204	401	382
152	25	201	214	414	395
152	26	211	225	427	408
152	27	221	235	440	421
152	28	231	246	453	434
152	29	242	256	466	447

CONFIDENCE BOUNDS FOR A

N = 1800						N = 1800						N = 1800						N = 1800					
		LOWER		UPPER				LOWER		UPPER				LOWER		UPPER				LOWER		UPPER	
n	a	.975	.95	.975	.95	n	a	.975	.95	.975	.95	n	a	.975	.95	.975	.95	n	a	.975	.95	.975	.95
152	30	252	267	479	459	158	8	42	48	171	158	162	17	116	125	288	271	166	24	175	187	368	350
152	31	262	277	492	472	158	9	50	56	185	171	162	18	125	135	301	284	166	25	184	196	380	362
154	0	0	0	40	33	158	10	58	65	199	185	162	19	134	144	313	297	166	26	193	206	392	374
154	1	1	1	61	52	158	11	66	74	213	199	162	20	143	153	326	309	166	27	203	215	404	386
154	2	4	5	80	70	158	12	75	83	227	212	162	21	152	163	339	322	166	28	212	225	416	398
154	3	9	11	97	86	158	13	83	92	241	226	162	22	161	172	351	334	166	29	221	234	428	410
154	4	14	17	114	102	158	14	92	101	255	239	162	23	170	182	364	346	166	30	230	244	440	422
154	5	21	25	130	118	158	15	101	110	268	252	162	24	179	191	377	359	166	31	240	253	452	433
154	6	28	33	145	132	158	16	110	119	282	265	162	25	189	201	389	371	166	32	249	263	464	445
154	7	35	41	160	147	158	17	119	129	295	278	162	26	198	211	401	383	166	33	259	273	476	457
154	8	43	49	175	162	158	18	128	138	308	291	162	27	208	220	414	395	166	34	268	283	487	468
154	9	51	58	190	176	158	19	137	148	321	304	162	28	217	230	426	408	168	0	0	0	37	30
154	10	59	67	205	190	158	20	146	157	334	317	162	29	227	240	438	420	168	1	1	1	56	48
154	11	68	75	219	204	158	21	156	167	347	330	162	30	236	250	451	432	168	2	4	5	73	64
154	12	77	85	233	218	158	22	165	177	360	342	162	31	246	260	463	444	168	3	8	10	89	79
154	13	85	94	247	231	158	23	174	186	373	355	162	32	255	270	475	456	168	4	13	16	104	94
154	14	94	103	261	245	158	24	184	196	386	368	162	33	265	280	487	468	168	5	19	23	119	108
154	15	103	113	275	259	158	25	194	206	399	380	164	0	0	0	38	31	168	6	26	30	133	121
154	16	112	122	289	272	158	26	203	216	411	393	164	1	1	1	58	49	168	7	33	37	147	135
154	17	122	132	302	285	158	27	213	226	424	405	164	2	4	5	75	66	168	8	40	45	161	148
154	18	131	142	316	299	158	28	223	236	437	418	164	3	8	10	91	81	168	9	47	53	174	161
154	19	140	151	329	312	158	29	232	246	449	430	164	4	14	16	107	96	168	10	55	61	188	174
154	20	150	161	343	325	158	30	242	256	462	442	164	5	20	23	122	110	168	11	62	69	201	187
154	21	160	171	356	338	158	31	252	266	474	455	164	6	26	31	136	124	168	12	70	78	214	200
154	22	169	181	369	351	158	32	262	277	487	467	164	7	33	38	151	138	168	13	78	86	227	212
154	23	179	191	383	364	160	0	0	0	39	31	164	8	41	46	165	152	168	14	87	95	240	225
154	24	189	201	396	377	160	1	1	1	59	50	164	9	48	54	179	165	168	15	95	103	252	237
154	25	199	212	409	390	160	2	4	5	77	67	164	10	56	63	192	178	168	16	103	112	265	250
154	26	208	222	422	403	160	3	8	10	94	83	164	11	64	71	206	192	168	17	112	121	278	262
154	27	218	232	435	415	160	4	14	17	109	98	164	12	72	80	219	205	168	18	120	130	290	274
154	28	228	242	448	428	160	5	20	24	125	113	164	13	80	88	232	217	168	19	129	139	302	286
154	29	238	253	460	441	160	6	27	31	140	127	164	14	89	97	245	230	168	20	138	148	315	298
154	30	249	263	473	454	160	7	34	39	154	142	164	15	97	106	258	243	168	21	146	157	327	310
154	31	259	273	486	466	160	8	42	47	169	156	164	16	106	115	271	256	168	22	155	166	339	322
156	0	0	0	40	32	160	9	49	56	183	169	164	17	114	124	284	268	168	23	164	175	351	334
156	1	1	1	61	52	160	10	57	64	197	183	164	18	123	133	297	281	168	24	173	185	363	346
156	2	4	5	79	69	160	11	65	73	211	196	164	19	132	142	310	293	168	25	182	194	375	358
156	3	8	11	96	85	160	12	74	82	225	210	164	20	141	152	322	305	168	26	191	203	387	370
156	4	14	17	112	101	160	13	82	90	238	223	164	21	150	161	335	318	168	27	200	213	399	382
156	5	21	24	128	116	160	14	91	99	252	236	164	22	159	170	347	330	168	28	209	222	411	393
156	6	28	32	143	131	160	15	100	109	265	249	164	23	168	180	360	342	168	29	218	231	423	405
156	7	35	40	158	145	160	16	108	118	278	262	164	24	177	189	372	354	168	30	228	241	435	417
156	8	43	48	173	160	160	17	117	127	291	275	164	25	186	199	384	367	168	31	237	250	447	428
156	9	51	57	188	174	160	18	126	136	304	288	164	26	196	208	397	379	168	32	246	260	458	440
156	10	59	66	202	188	160	19	135	146	317	300	164	27	205	218	409	391	168	33	256	270	470	451
156	11	67	75	216	201	160	20	144	155	330	313	164	28	214	227	421	403	168	34	265	279	482	463
156	12	76	84	230	215	160	21	154	165	343	326	164	29	224	237	433	415	170	0	0	0	36	29
156	13	84	93	244	229	160	22	163	174	356	338	164	30	233	247	445	427	170	1	1	1	55	47
156	14	93	102	258	242	160	23	172	184	368	351	164	31	243	257	457	438	170	2	4	5	72	63
156	15	102	111	272	255	160	24	182	194	381	363	164	32	252	266	469	450	170	3	8	10	88	78
156	16	111	121	285	269	160	25	191	204	394	376	164	33	262	276	481	462	170	4	13	16	103	92
156	17	120	130	299	282	160	26	201	213	406	388	166	0	0	0	37	30	170	5	19	23	117	106
156	18	129	140	312	295	160	27	210	223	419	400	166	1	1	1	57	49	170	6	25	30	131	120
156	19	139	150	325	308	160	28	220	233	431	413	166	2	4	5	74	65	170	7	32	37	145	133
156	20	148	159	338	321	160	29	229	243	444	425	166	3	8	10	90	80	170	8	39	45	159	146
156	21	158	169	352	334	160	30	239	253	456	437	166	4	13	16	105	95	170	9	47	52	172	159
156	22	167	179	365	347	160	31	249	263	468	449	166	5	19	23	120	109	170	10	54	60	185	172
156	23	177	189	378	359	160	32	259	273	481	461	166	6	26	30	135	123	170	11	62	69	198	185
156	24	186	199	391	372	162	0	0	0	38	31	166	7	33	38	149	136	170	12	70	77	211	197
156	25	196	209	404	385	162	1	1	1	58	50	166	8	40	46	163	150	170	13	78	85	224	210
156	26	206	219	416	398	162	2	4	5	76	66	166	9	48	54	176	163	170	14	86	94	237	222
156	27	216	229	429	410	162	3	8	10	92	82	166	10	55	62	190	176	170	15	94	102	249	234
156	28	225	239	442	423	162	4	14	17	108	97	166	11	63	70	203	189	170	16	102	111	262	247
156	29	235	249	455	435	162	5	20	24	123	112	166	12	71	79	216	202	170	17	110	120	274	259
156	30	245	260	467	448	162	6	27	31	138	126	166	13	79	87	230	215	170	18	119	128	287	271
156	31	255	270	480	460	162	7	34	39	153	140	166	14	88	96	242	227	170	19	127	137	299	283
156	32	265	280	493	473	162	8	41	47	167	154	166	15	96	105	255	240	170	20	136	146	311	295
158	0	0	0	39	32	162	9	49	55	181	167	166	16	104	114	268	253	170	21	145	155	323	307
158	1	1	1	60	51	162	10	57	63	195	181	166	17	113	122	281	265	170	22	153	164	335	319
158	2	4	5	78	68	162	11	65	72	208	194	166	18	122	131	293	277	170	23	162	173	347	330
158	3	8	10	95	84	162	12	73	81	222	207	166	19	130	141	306	290	170	24	171	182	359	342
158	4	14	17	111	100	162	13	81	89	235	220	166	20	139	150	318	302	170	25	180	192	371	354
158	5	20	24	126	115	162	14	90	98	248	233	166	21	148	159	331	314	170	26	189	201	383	365
158	6	27	32	142	129	162	15	98	107	262	246	166	22	157	168	343	326	170	27	198	210	395	377
158	7	35	40	156	143	162	16	107	116	275	259	166	23	166	177	355	338	170	28	207	219	407	389

CONFIDENCE BOUNDS FOR A

N = 1800

n	a	LOWER .975	LOWER .95	UPPER .975	UPPER .95
170	29	216	229	418	400
170	30	225	238	430	412
170	31	234	247	442	423
170	32	243	257	453	435
170	33	253	266	465	446
170	34	262	276	476	458
172	0	0	0	36	29
172	1	1	1	55	47
172	2	3	5	71	62
172	3	8	10	87	77
172	4	13	16	102	91
172	5	19	22	116	105
172	6	25	29	130	118
172	7	32	37	144	132
172	8	39	44	157	145
172	9	46	52	170	157
172	10	53	60	183	170
172	11	61	68	196	183
172	12	69	76	209	195
172	13	77	84	222	207
172	14	85	93	234	220
172	15	93	101	247	232
172	16	101	110	259	244
172	17	109	118	271	256
172	18	117	127	283	268
172	19	126	136	295	280
172	20	134	145	307	291
172	21	143	153	319	303
172	22	152	162	331	315
172	23	160	171	343	327
172	24	169	180	355	338
172	25	178	189	367	350
172	26	187	198	379	361
172	27	195	208	390	373
172	28	204	217	402	384
172	29	213	226	413	396
172	30	222	235	425	407
172	31	231	245	437	418
172	32	241	254	448	430
172	33	250	263	460	441
172	34	259	273	471	452
172	35	268	282	482	464
174	0	0	0	35	29
174	1	1	1	54	46
174	2	3	5	71	62
174	3	8	10	86	76
174	4	13	16	101	90
174	5	19	22	115	104
174	6	25	29	128	117
174	7	32	36	142	130
174	8	38	44	155	143
174	9	46	51	168	156
174	10	53	59	181	168
174	11	60	67	194	181
174	12	68	75	207	193
174	13	76	83	219	205
174	14	84	92	231	217
174	15	92	100	244	229
174	16	100	108	256	241
174	17	108	117	268	253
174	18	116	125	280	265
174	19	124	134	292	276
174	20	133	143	304	288
174	21	141	152	316	300
174	22	150	160	328	311
174	23	158	169	339	323
174	24	167	178	351	334
174	25	176	187	363	346
174	26	184	196	374	357
174	27	193	205	386	369
174	28	202	214	397	380
174	29	211	223	409	391
174	30	220	233	420	403
174	31	229	242	432	414
174	32	238	251	443	425

N = 1800

n	a	LOWER .975	LOWER .95	UPPER .975	UPPER .95
174	33	247	260	454	436
174	34	256	269	466	447
174	35	265	279	477	458
176	0	0	0	35	28
176	1	1	1	53	46
176	2	3	5	70	61
176	3	8	10	85	75
176	4	13	15	99	89
176	5	18	22	113	103
176	6	25	29	127	116
176	7	31	36	140	129
176	8	38	43	153	141
176	9	45	51	166	154
176	10	52	58	179	166
176	11	60	66	192	178
176	12	67	74	204	191
176	13	75	82	217	203
176	14	83	91	229	215
176	15	91	99	241	226
176	16	99	107	253	238
176	17	107	116	265	250
176	18	115	124	277	262
176	19	123	133	289	273
176	20	131	141	301	285
176	21	140	150	312	296
176	22	148	159	324	308
176	23	157	167	336	319
176	24	165	176	347	331
176	25	174	185	359	342
176	26	182	194	370	353
176	27	191	203	382	364
176	28	200	212	393	376
176	29	209	221	404	387
176	30	217	230	416	398
176	31	226	239	427	409
176	32	235	248	438	420
176	33	244	257	449	431
176	34	253	266	460	442
176	35	262	276	472	453
176	36	271	285	483	464
178	0	0	0	35	28
178	1	1	1	53	45
178	2	3	4	69	60
178	3	8	9	84	75
178	4	13	15	98	88
178	5	18	22	112	101
178	6	24	28	126	114
178	7	31	35	139	127
178	8	38	43	152	140
178	9	45	50	164	152
178	10	52	58	177	164
178	11	59	66	190	176
178	12	67	73	202	188
178	13	74	81	214	200
178	14	82	90	226	212
178	15	90	98	238	224
178	16	98	106	250	236
178	17	106	114	262	247
178	18	114	123	274	259
178	19	122	131	286	270
178	20	130	140	297	282
178	21	138	148	309	293
178	22	147	157	320	304
178	23	155	166	332	316
178	24	163	174	343	327
178	25	172	183	355	338
178	26	180	192	366	349
178	27	189	201	377	360
178	28	198	209	389	372
178	29	206	218	400	383
178	30	215	227	411	394
178	31	224	236	422	405
178	32	232	245	433	416
178	33	241	254	444	427
178	34	250	263	455	437

N = 1800

n	a	LOWER .975	LOWER .95	UPPER .975	UPPER .95
178	35	259	272	466	448
178	36	268	282	477	459
180	0	0	0	34	28
180	1	1	1	52	45
180	2	3	4	68	60
180	3	7	9	83	74
180	4	12	15	97	87
180	5	18	21	111	100
180	6	24	28	124	113
180	7	31	35	137	126
180	8	37	42	150	138
180	9	44	50	163	150
180	10	51	57	175	162
180	11	58	65	187	174
180	12	66	73	200	186
180	13	73	81	212	198
180	14	81	89	224	210
180	15	89	97	236	221
180	16	96	105	247	233
180	17	104	113	259	244
180	18	112	121	271	256
180	19	120	130	282	267
180	20	128	138	294	279
180	21	137	147	305	290
180	22	145	155	317	301
180	23	153	164	328	312
180	24	162	172	340	323
180	25	170	181	351	334
180	26	178	190	362	345
180	27	187	198	373	356
180	28	195	207	384	367
180	29	204	216	396	378
180	30	212	225	407	389
180	31	221	234	418	400
180	32	230	243	429	411
180	33	238	251	440	422
180	34	247	260	451	433
180	35	256	269	461	443
180	36	265	278	472	454

N = 1900

n	a	LOWER .975	LOWER .95	UPPER .975	UPPER .95
2	0	0	0	1599	1474
2	1	24	49	1876	1851
4	0	0	0	1143	1000
4	1	12	25	1530	1427
6	0	0	0	871	745
6	1	8	17	1217	1104
6	2	83	120	1475	1383
8	0	0	0	700	592
8	1	6	13	999	893
8	2	61	89	1235	1138
10	0	0	0	584	490
10	1	5	10	844	747
10	2	49	71	1055	961
12	0	0	0	501	418
12	1	4	9	729	642
12	2	41	59	918	830
12	3	105	138	1084	1000
14	0	0	0	438	364
14	1	4	7	641	562
14	2	35	50	811	730
14	3	90	117	963	883
16	0	0	0	389	323
16	1	3	7	572	500
16	2	30	44	726	651
16	3	78	102	865	789
16	4	140	173	993	918
18	0	0	0	350	289
18	1	3	6	516	450
18	2	27	39	657	587
18	3	69	90	784	713
18	4	123	153	903	832
20	0	0	0	318	262
20	1	3	5	470	409
20	2	24	35	600	535
20	3	62	81	717	651
20	4	110	137	827	760
22	0	0	0	291	240
22	1	3	5	432	374
22	2	22	32	551	491
22	3	56	74	661	598
22	4	100	124	763	699
22	5	150	180	859	795
24	0	0	0	269	221
24	1	2	5	399	345
24	2	20	29	510	453
24	3	52	68	612	553
24	4	91	113	707	647
24	5	137	165	798	737
26	0	0	0	249	205
26	1	2	4	371	321
26	2	19	27	475	421
26	3	48	62	570	514
26	4	84	105	660	602
26	5	126	152	745	686
26	6	172	202	826	768
28	0	0	0	232	191
28	1	2	4	346	299
28	2	18	25	444	393
28	3	44	58	533	480
28	4	78	97	618	563
28	5	117	140	698	642
28	6	160	187	775	719
30	0	0	0	218	179
30	1	2	4	325	280
30	2	16	24	417	369
30	3	41	54	501	451
30	4	73	90	581	529
30	5	109	131	657	603
30	6	148	174	730	676
32	0	0	0	205	168
32	1	2	4	306	264
32	2	15	22	393	347
32	3	39	51	473	425
32	4	68	85	548	498
32	5	102	122	620	569

CONFIDENCE BOUNDS FOR A

N = 1900

n	a	LOWER .975	LOWER .95	UPPER .975	UPPER .95
32	6	139	163	689	637
32	7	178	206	756	704
34	0	0	0	193	158
34	1	2	3	289	249
34	2	15	21	371	328
34	3	37	48	447	401
34	4	64	80	519	471
34	5	96	115	587	538
34	6	130	153	653	603
34	7	167	193	717	666
36	0	0	0	183	150
36	1	2	3	273	236
36	2	14	20	352	311
36	3	35	45	424	380
36	4	61	75	492	447
36	5	90	109	557	510
36	6	123	145	620	572
36	7	158	182	681	632
36	8	194	222	741	691
38	0	0	0	174	142
38	1	2	3	260	224
38	2	13	19	334	295
38	3	33	43	403	361
38	4	57	71	468	425
38	5	86	103	530	485
38	6	116	137	591	544
38	7	149	172	649	602
38	8	184	210	706	658
40	0	0	0	165	135
40	1	2	3	247	213
40	2	13	18	319	281
40	3	31	41	384	344
40	4	55	68	446	405
40	5	81	98	506	463
40	6	110	130	564	519
40	7	142	164	619	574
40	8	174	199	674	628
42	0	0	0	158	129
42	1	2	3	236	203
42	2	12	17	304	268
42	3	30	39	367	329
42	4	52	64	427	386
42	5	77	93	484	442
42	6	105	123	539	496
42	7	135	156	592	549
42	8	166	189	645	600
42	9	198	224	696	651
44	0	0	0	151	123
44	1	2	3	226	194
44	2	11	16	291	256
44	3	28	37	351	315
44	4	50	61	409	370
44	5	74	89	463	423
44	6	100	118	516	475
44	7	128	148	568	525
44	8	158	180	618	575
44	9	189	213	667	624
46	0	0	0	144	118
46	1	2	3	216	186
46	2	11	16	279	246
46	3	27	35	337	301
46	4	47	59	392	355
46	5	71	85	445	406
46	6	96	113	495	456
46	7	123	142	545	504
46	8	151	172	593	552
46	9	180	204	641	598
46	10	211	236	687	644
48	0	0	0	138	113
48	1	1	3	208	178
48	2	11	15	268	236
48	3	26	34	324	289
48	4	46	56	376	340
48	5	68	81	427	390
48	6	92	108	476	438

N = 1900

n	a	LOWER .975	LOWER .95	UPPER .975	UPPER .95
48	7	117	136	524	484
48	8	144	165	571	530
48	9	172	195	616	575
48	10	201	226	661	619
50	0	0	0	133	109
50	1	1	2	200	171
50	2	10	14	258	227
50	3	25	33	311	278
50	4	44	54	362	327
50	5	65	78	411	375
50	6	88	103	458	421
50	7	113	130	504	466
50	8	138	158	549	510
50	9	165	187	594	554
50	10	193	216	637	596
52	0	0	0	128	104
52	1	1	2	192	165
52	2	10	14	248	218
52	3	24	31	300	268
52	4	42	52	349	315
52	5	62	75	396	361
52	6	85	99	442	406
52	7	108	125	486	449
52	8	133	152	530	492
52	9	159	180	572	534
52	10	185	208	614	575
52	11	213	237	656	616
54	0	0	0	123	101
54	1	1	2	185	159
54	2	9	13	239	210
54	3	23	30	289	258
54	4	41	50	337	304
54	5	60	72	382	348
54	6	81	96	426	391
54	7	104	121	470	433
54	8	128	146	512	475
54	9	153	173	553	515
54	10	178	200	593	555
54	11	205	228	633	594
56	0	0	0	119	97
56	1	1	2	179	153
56	2	9	13	231	203
56	3	22	29	279	249
56	4	39	48	325	294
56	5	58	70	369	336
56	6	79	92	412	378
56	7	100	116	454	419
56	8	123	141	494	459
56	9	147	166	534	498
56	10	172	193	574	536
56	11	197	219	612	574
56	12	223	247	650	612
58	0	0	0	115	94
58	1	1	2	173	148
58	2	9	13	223	196
58	3	22	28	270	241
58	4	38	47	315	284
58	5	56	67	357	325
58	6	76	89	399	366
58	7	97	112	439	405
58	8	119	136	478	444
58	9	142	161	517	482
58	10	166	186	555	519
58	11	190	212	593	556
58	12	215	238	630	592
60	0	0	0	111	91
60	1	1	2	167	143
60	2	9	12	216	190
60	3	21	27	261	233
60	4	37	45	304	275
60	5	54	65	346	315
60	6	73	86	386	354
60	7	94	108	425	392
60	8	115	131	463	429
60	9	137	155	501	466

N = 1900

n	a	LOWER .975	LOWER .95	UPPER .975	UPPER .95
60	10	160	180	538	503
60	11	184	204	574	538
60	12	208	230	610	574
62	0	0	0	107	88
62	1	1	2	162	139
62	2	8	12	209	184
62	3	20	26	253	226
62	4	35	44	295	266
62	5	52	63	335	305
62	6	71	83	374	343
62	7	91	105	412	380
62	8	111	127	449	416
62	9	133	150	486	452
62	10	155	174	522	487
62	11	178	198	557	522
62	12	201	222	592	556
62	13	225	247	626	590
64	0	0	0	104	85
64	1	1	2	157	135
64	2	8	11	203	178
64	3	20	26	246	219
64	4	34	42	286	258
64	5	51	61	325	296
64	6	69	81	363	333
64	7	88	102	400	369
64	8	108	123	436	404
64	9	129	145	472	439
64	10	150	168	506	473
64	11	172	191	541	507
64	12	194	215	575	540
64	13	217	239	608	573
66	0	0	0	101	82
66	1	1	2	152	130
66	2	8	11	197	173
66	3	19	25	238	213
66	4	33	41	278	251
66	5	49	59	316	287
66	6	67	78	353	323
66	7	85	98	388	358
66	8	105	119	424	392
66	9	125	141	458	426
66	10	145	163	492	459
66	11	167	185	525	492
66	12	188	208	558	524
66	13	211	232	591	557
66	14	233	255	623	588
68	0	0	0	98	80
68	1	1	2	148	127
68	2	8	11	191	168
68	3	19	24	232	206
68	4	32	40	270	243
68	5	48	57	307	279
68	6	65	76	343	314
68	7	83	96	378	348
68	8	101	116	412	381
68	9	121	137	445	414
68	10	141	158	478	446
68	11	162	180	511	478
68	12	183	202	543	510
68	13	204	225	575	541
68	14	226	248	606	572
70	0	0	0	95	78
70	1	1	2	144	123
70	2	8	11	186	163
70	3	18	23	225	201
70	4	31	39	262	237
70	5	47	56	298	271
70	6	63	74	333	305
70	7	80	93	367	338
70	8	99	113	401	371
70	9	117	133	433	403
70	10	137	154	465	434
70	11	157	175	497	465
70	12	177	196	528	496
70	13	198	218	559	526

N = 1900

n	a	LOWER .975	LOWER .95	UPPER .975	UPPER .95
70	14	219	241	590	557
72	0	0	0	93	75
72	1	1	2	140	120
72	2	7	10	181	159
72	3	18	23	219	195
72	4	31	38	255	230
72	5	45	54	290	264
72	6	61	72	324	297
72	7	78	90	357	329
72	8	96	109	390	361
72	9	114	129	422	392
72	10	133	149	453	422
72	11	152	170	484	453
72	12	172	191	515	483
72	13	193	212	545	512
72	14	213	234	575	542
72	15	234	256	604	571
74	0	0	0	90	73
74	1	1	2	136	116
74	2	7	10	176	154
74	3	17	22	213	190
74	4	30	37	249	224
74	5	44	53	283	257
74	6	60	70	316	289
74	7	76	88	348	320
74	8	93	106	380	351
74	9	111	126	411	382
74	10	129	145	441	412
74	11	148	165	472	441
74	12	168	186	501	470
74	13	187	206	531	499
74	14	207	227	560	528
74	15	228	248	589	556
76	0	0	0	88	71
76	1	1	2	132	113
76	2	7	10	172	150
76	3	17	22	208	185
76	4	29	36	242	218
76	5	43	51	276	250
76	6	58	68	308	282
76	7	74	86	339	312
76	8	91	104	370	342
76	9	108	122	401	372
76	10	126	141	430	401
76	11	144	161	460	430
76	12	163	181	489	458
76	13	182	201	518	487
76	14	202	221	546	515
76	15	222	242	574	542
76	16	242	263	602	570
78	0	0	0	85	70
78	1	1	2	129	111
78	2	7	10	167	147
78	3	16	21	203	180
78	4	28	35	236	213
78	5	42	50	269	244
78	6	57	66	300	275
78	7	72	83	331	304
78	8	88	101	361	334
78	9	105	119	391	363
78	10	123	138	420	391
78	11	141	157	449	419
78	12	159	176	477	447
78	13	177	195	505	475
78	14	196	215	533	502
78	15	216	235	560	529
78	16	235	256	588	556
80	0	0	0	83	68
80	1	1	2	126	108
80	2	7	9	163	143
80	3	16	21	198	176
80	4	28	34	231	208
80	5	41	49	262	238
80	6	55	65	293	268
80	7	70	81	323	297

CONFIDENCE BOUNDS FOR A

N = 1900

n	a	LOWER .975	LOWER .95	UPPER .975	UPPER .95
80	8	86	98	352	326
80	9	103	116	381	354
80	10	120	134	410	382
80	11	137	153	438	409
80	12	155	171	466	437
80	13	173	191	493	463
80	14	191	210	520	490
80	15	210	229	547	517
80	16	229	249	574	543
82	0	0	0	81	66
82	1	1	2	123	105
82	2	7	9	159	140
82	3	16	20	193	172
82	4	27	33	225	203
82	5	40	48	256	232
82	6	54	63	286	262
82	7	69	79	315	290
82	8	84	96	344	318
82	9	100	113	372	346
82	10	117	131	400	373
82	11	134	149	428	400
82	12	151	167	455	426
82	13	169	186	482	453
82	14	187	205	508	479
82	15	205	224	535	505
82	16	223	243	561	530
82	17	242	263	586	556
84	0	0	0	79	65
84	1	1	2	120	103
84	2	6	9	155	136
84	3	15	20	188	168
84	4	26	33	220	198
84	5	39	47	250	227
84	6	53	62	279	255
84	7	67	77	308	283
84	8	82	94	336	311
84	9	98	111	364	338
84	10	114	128	391	364
84	11	130	145	418	390
84	12	147	163	445	416
84	13	165	181	471	442
84	14	182	200	497	468
84	15	200	218	522	493
84	16	218	237	548	518
84	17	236	256	573	543
86	0	0	0	77	63
86	1	1	2	117	100
86	2	6	9	152	133
86	3	15	19	184	164
86	4	26	32	215	193
86	5	38	46	244	222
86	6	51	60	273	250
86	7	65	76	301	277
86	8	80	92	329	304
86	9	96	108	356	330
86	10	111	125	382	356
86	11	127	142	409	382
86	12	144	159	435	407
86	13	161	177	460	432
86	14	178	195	486	457
86	15	195	213	511	482
86	16	213	232	536	507
86	17	231	250	561	531
86	18	249	269	585	555
88	0	0	0	76	62
88	1	1	2	115	98
88	2	6	9	148	130
88	3	15	19	180	160
88	4	25	31	210	189
88	5	37	45	239	217
88	6	50	59	267	244
88	7	64	74	295	271
88	8	78	90	321	297
88	9	93	106	348	323
88	10	109	122	374	348

N = 1900

n	a	LOWER .975	LOWER .95	UPPER .975	UPPER .95
88	11	125	139	400	373
88	12	141	156	425	398
88	13	157	173	450	423
88	14	174	190	475	447
88	15	191	208	500	472
88	16	208	226	524	496
88	17	225	244	549	520
88	18	243	263	573	543
90	0	0	0	74	60
90	1	1	2	112	96
90	2	6	8	145	127
90	3	14	18	176	157
90	4	25	30	205	185
90	5	36	44	234	212
90	6	49	58	261	239
90	7	63	72	288	265
90	8	77	88	315	290
90	9	91	103	340	316
90	10	106	119	366	341
90	11	122	136	391	365
90	12	137	152	416	390
90	13	154	169	441	414
90	14	170	186	465	438
90	15	186	204	489	462
90	16	203	221	513	485
90	17	220	239	537	508
90	18	237	257	561	532
92	0	0	0	72	59
92	1	1	2	110	94
92	2	6	8	142	124
92	3	14	18	172	153
92	4	24	30	201	181
92	5	36	43	229	208
92	6	48	56	256	234
92	7	61	71	282	259
92	8	75	86	308	284
92	9	89	101	333	309
92	10	104	117	358	333
92	11	119	133	383	358
92	12	134	149	407	381
92	13	150	165	432	405
92	14	166	182	455	429
92	15	182	199	479	452
92	16	199	216	503	475
92	17	215	233	526	498
92	18	232	251	549	521
92	19	249	269	572	543
94	0	0	0	71	58
94	1	1	2	107	92
94	2	6	8	139	122
94	3	14	18	169	150
94	4	24	29	197	177
94	5	35	42	224	203
94	6	47	55	250	229
94	7	60	69	276	254
94	8	73	84	302	278
94	9	87	99	326	303
94	10	102	114	351	327
94	11	117	130	375	350
94	12	132	146	399	374
94	13	147	162	423	397
94	14	163	178	446	420
94	15	178	195	469	443
94	16	194	212	492	465
94	17	211	228	515	488
94	18	227	246	538	510
94	19	244	263	560	532
96	0	0	0	69	56
96	1	1	1	105	90
96	2	6	8	136	119
96	3	14	17	165	147
96	4	23	29	193	173
96	5	34	41	219	199
96	6	46	54	245	224
96	7	59	68	271	249

N = 1900

n	a	LOWER .975	LOWER .95	UPPER .975	UPPER .95
96	8	72	82	295	273
96	9	86	97	320	296
96	10	100	112	344	320
96	11	114	127	368	343
96	12	129	143	391	366
96	13	144	158	414	389
96	14	159	174	437	411
96	15	175	191	460	434
96	16	190	207	483	456
96	17	206	224	505	478
96	18	222	240	527	500
96	19	238	257	549	522
96	20	255	274	571	543
98	0	0	0	68	55
98	1	1	1	103	88
98	2	6	8	133	117
98	3	13	17	162	144
98	4	23	28	189	170
98	5	34	40	215	195
98	6	45	53	240	220
98	7	58	66	265	244
98	8	71	80	290	267
98	9	84	95	314	291
98	10	98	109	337	314
98	11	112	124	360	336
98	12	126	140	383	359
98	13	141	155	406	381
98	14	156	171	429	403
98	15	171	187	451	425
98	16	186	203	473	447
98	17	202	219	495	469
98	18	218	235	517	490
98	19	233	252	539	511
98	20	250	268	560	533
100	0	0	0	67	54
100	1	1	1	101	86
100	2	6	8	131	115
100	3	13	17	159	141
100	4	22	28	185	167
100	5	33	39	211	191
100	6	44	52	236	215
100	7	56	65	260	239
100	8	69	79	284	262
100	9	82	93	307	285
100	10	96	107	331	307
100	11	110	122	353	330
100	12	124	137	376	352
100	13	138	152	398	374
100	14	153	167	420	395
100	15	168	183	442	417
100	16	183	199	464	438
100	17	198	215	486	460
100	18	213	231	507	481
100	19	229	247	528	502
100	20	244	263	549	522
102	0	0	0	65	53
102	1	1	1	99	84
102	2	5	7	128	112
102	3	13	16	156	138
102	4	22	27	182	163
102	5	32	39	207	187
102	6	44	51	231	211
102	7	55	64	255	234
102	8	68	77	278	257
102	9	81	91	302	279
102	10	94	105	324	302
102	11	107	120	347	323
102	12	121	134	369	345
102	13	135	149	391	367
102	14	150	164	413	388
102	15	164	179	434	409
102	16	179	195	455	430
102	17	194	210	477	451
102	18	209	226	498	472
102	19	224	242	518	492

N = 1900

n	a	LOWER .975	LOWER .95	UPPER .975	UPPER .95
102	20	240	258	539	513
102	21	255	274	560	533
104	0	0	0	64	52
104	1	1	1	97	83
104	2	5	7	126	110
104	3	13	16	153	136
104	4	22	27	178	160
104	5	32	38	203	184
104	6	43	50	227	207
104	7	54	63	250	230
104	8	67	76	273	252
104	9	79	89	296	274
104	10	92	103	318	296
104	11	105	117	340	317
104	12	119	132	362	339
104	13	133	146	384	360
104	14	147	161	405	381
104	15	161	176	426	401
104	16	175	191	447	422
104	17	190	206	468	442
104	18	205	222	488	463
104	19	220	237	509	483
104	20	235	253	529	503
104	21	250	268	550	523
106	0	0	0	63	51
106	1	1	1	95	81
106	2	5	7	123	108
106	3	12	16	150	133
106	4	21	26	175	157
106	5	31	37	199	180
106	6	42	49	223	203
106	7	53	62	246	226
106	8	65	74	268	247
106	9	78	88	290	269
106	10	90	101	312	290
106	11	103	115	334	311
106	12	117	129	355	332
106	13	130	143	377	353
106	14	144	158	397	374
106	15	158	173	418	394
106	16	172	187	439	414
106	17	186	202	459	434
106	18	201	217	480	454
106	19	216	232	500	474
106	20	230	248	520	494
106	21	245	263	540	514
106	22	260	279	560	533
108	0	0	0	61	50
108	1	1	1	93	80
108	2	5	7	121	106
108	3	12	16	147	131
108	4	21	26	172	154
108	5	31	37	195	177
108	6	41	48	219	199
108	7	52	60	241	221
108	8	64	73	263	243
108	9	76	86	285	264
108	10	89	99	307	285
108	11	101	113	328	306
108	12	115	127	349	326
108	13	128	141	370	347
108	14	141	155	390	367
108	15	155	169	411	387
108	16	169	184	431	407
108	17	183	198	451	427
108	18	197	213	471	446
108	19	212	228	491	466
108	20	226	243	511	485
108	21	241	258	530	504
108	22	255	273	550	524
110	0	0	0	60	49
110	1	1	1	92	78
110	2	5	7	119	104
110	3	12	15	144	128
110	4	20	25	168	151

CONFIDENCE BOUNDS FOR A

N = 1900 LOWER .975	.95	UPPER .975	.95	n	a	N = 1900 LOWER .975	.95	UPPER .975	.95	n	a	N = 1900 LOWER .975	.95	UPPER .975	.95	n	a	N = 1900 LOWER .975	.95	UPPER .975	.95
n a																							
110 5	30	36	192	174	116	9	71	80	266	246	122	9	68	76	253	234	128	5	26	31	165	150		
110 6	40	47	215	196	116	10	83	93	286	266	122	10	79	88	272	253	128	6	35	41	185	169		
110 7	51	59	237	217	116	11	95	105	306	285	122	11	90	100	291	271	128	7	44	51	204	187		
110 8	63	72	259	239	116	12	107	118	326	304	122	12	101	112	310	290	128	8	54	62	223	205		
110 9	75	85	280	259	116	13	119	131	345	323	122	13	113	125	328	308	128	9	65	73	241	223		
110 10	87	98	301	280	116	14	132	144	364	342	122	14	125	137	347	326	128	10	75	84	260	241		
110 11	100	111	322	300	116	15	144	158	383	361	122	15	137	150	365	344	128	11	86	95	278	259		
110 12	112	124	343	321	116	16	157	171	402	380	122	16	149	163	383	361	128	12	97	107	296	276		
110 13	125	138	363	341	116	17	170	185	421	398	122	17	162	176	401	379	128	13	108	119	313	294		
110 14	139	152	384	360	116	18	183	198	440	416	122	18	174	189	419	396	128	14	119	131	331	311		
110 15	152	166	404	380	116	19	197	212	458	435	122	19	187	202	437	414	128	15	131	143	348	328		
110 16	166	180	423	400	116	20	210	226	477	453	122	20	200	215	454	431	128	16	142	155	366	345		
110 17	180	195	443	419	116	21	224	240	495	471	122	21	213	228	472	448	128	17	154	167	383	362		
110 18	194	209	463	438	116	22	237	254	513	489	122	22	226	242	489	465	128	18	166	180	400	378		
110 19	208	224	482	458	116	23	251	269	531	507	122	23	239	255	506	483	128	19	178	192	417	395		
110 20	222	239	502	477	116	24	265	283	549	524	122	24	252	269	524	500	128	20	190	205	434	411		
110 21	236	253	521	496	118	0	0	0	56	46	122	25	265	282	541	516	128	21	203	217	450	428		
110 22	251	268	540	514	118	1	1	1	85	73	124	0	0	0	53	43	128	22	215	230	467	444		
112 0	0	0	59	48	118	2	5	7	111	97	124	1	1	1	81	69	128	23	227	243	483	461		
112 1	1	1	90	77	118	3	11	14	134	120	124	2	5	6	105	92	128	24	240	256	500	477		
112 2	5	7	117	102	118	4	19	24	157	141	124	3	11	14	128	114	128	25	252	269	516	493		
112 3	12	15	142	126	118	5	28	34	179	162	124	4	18	22	150	134	128	26	265	282	533	509		
112 4	20	25	165	149	118	6	38	44	200	183	124	5	27	32	170	154	130	0	0	0	51	41		
112 5	30	35	188	171	118	7	48	55	221	203	124	6	36	42	191	174	130	1	1	1	77	66		
112 6	40	47	211	192	118	8	59	67	241	223	124	7	46	53	210	193	130	2	4	6	100	88		
112 7	51	58	233	214	118	9	70	79	261	242	124	8	56	64	230	212	130	3	10	13	122	108		
112 8	62	71	254	234	118	10	81	91	281	261	124	9	67	75	249	231	130	4	18	21	143	128		
112 9	74	83	275	255	118	11	93	103	301	280	124	10	77	87	268	249	130	5	26	31	163	147		
112 10	86	96	296	275	118	12	105	116	320	299	124	11	89	98	287	267	130	6	34	40	182	166		
112 11	98	109	317	295	118	13	117	129	339	318	124	12	100	110	305	285	130	7	44	50	201	184		
112 12	110	122	337	315	118	14	129	142	358	337	124	13	111	123	323	303	130	8	54	61	219	202		
112 13	123	136	357	335	118	15	142	155	377	355	124	14	123	135	341	321	130	9	64	72	238	220		
112 14	136	149	377	354	118	16	155	168	396	373	124	15	135	147	359	338	130	10	74	83	256	238		
112 15	149	163	397	373	118	17	167	182	414	391	124	16	147	160	377	356	130	11	84	94	274	255		
112 16	163	177	416	393	118	18	180	195	433	409	124	17	159	173	395	373	130	12	95	105	291	272		
112 17	176	191	436	412	118	19	193	209	451	427	124	18	172	185	412	390	130	13	106	117	309	289		
112 18	190	206	455	431	118	20	207	222	469	445	124	19	184	198	430	407	130	14	117	129	326	306		
112 19	204	220	474	450	118	21	220	236	487	463	124	20	196	211	447	424	130	15	129	141	343	323		
112 20	218	234	493	468	118	22	233	250	505	481	124	21	209	225	464	441	130	16	140	153	360	340		
112 21	232	249	512	487	118	23	247	264	523	498	124	22	222	238	481	458	130	17	152	165	377	356		
112 22	246	264	531	506	118	24	260	278	541	516	124	23	235	251	498	475	130	18	164	177	394	373		
112 23	260	278	550	524	120	0	0	0	55	45	124	24	248	264	515	492	130	19	175	189	411	389		
114 0	0	0	58	47	120	1	1	1	84	72	124	25	261	278	532	508	130	20	187	202	427	405		
114 1	1	1	88	75	120	2	5	6	109	95	126	0	0	0	52	43	130	21	199	214	444	421		
114 2	5	7	115	100	120	3	11	14	132	118	126	1	1	1	80	68	130	22	212	227	460	438		
114 3	12	15	139	124	120	4	19	23	154	139	126	2	5	6	104	91	130	23	224	239	476	454		
114 4	20	24	163	146	120	5	28	33	176	160	126	3	11	14	126	112	130	24	236	252	493	470		
114 5	29	35	185	168	120	6	37	44	197	180	126	4	18	22	147	132	130	25	248	265	509	486		
114 6	39	46	207	189	120	7	47	55	217	199	126	5	26	32	168	152	130	26	261	278	525	502		
114 7	50	57	229	210	120	8	58	66	237	219	126	6	36	42	188	171	132	0	0	0	50	41		
114 8	61	69	250	230	120	9	69	78	257	238	126	7	45	52	207	190	132	1	1	1	76	65		
114 9	72	82	270	250	120	10	80	90	277	257	126	8	55	63	226	209	132	2	4	6	99	87		
114 10	84	94	291	270	120	11	91	102	296	276	126	9	66	74	245	227	132	3	10	13	120	107		
114 11	96	107	311	290	120	12	103	114	315	294	126	10	76	85	264	245	132	4	17	21	140	126		
114 12	109	120	331	310	120	13	115	127	334	313	126	11	87	97	282	263	132	5	25	30	160	145		
114 13	121	133	351	329	120	14	127	139	352	331	126	12	98	109	300	281	132	6	34	40	179	163		
114 14	134	147	370	348	120	15	139	152	371	349	126	13	110	121	318	298	132	7	43	50	198	181		
114 15	147	160	390	367	120	16	152	165	389	367	126	14	121	133	336	316	132	8	53	60	216	199		
114 16	160	174	409	386	120	17	165	178	408	385	126	15	133	145	354	333	132	9	63	71	234	217		
114 17	173	188	428	405	120	18	177	192	426	403	126	16	145	157	371	350	132	10	73	82	252	234		
114 18	187	202	447	423	120	19	190	205	444	421	126	17	157	170	389	367	132	11	83	93	270	251		
114 19	200	216	466	442	120	20	203	219	461	438	126	18	169	183	406	384	132	12	94	104	287	268		
114 20	214	230	485	460	120	21	216	232	479	456	126	19	181	195	423	401	132	13	105	115	304	285		
114 21	228	244	503	479	120	22	229	246	497	473	126	20	193	208	440	418	132	14	116	127	321	301		
114 22	242	259	522	497	120	23	243	259	514	490	126	21	206	221	457	435	132	15	127	138	338	318		
114 23	256	273	540	515	120	24	256	273	532	508	126	22	218	234	474	451	132	16	138	150	355	334		
116 0	0	0	57	46	122	0	0	0	54	44	126	23	231	247	491	468	132	17	150	162	371	351		
116 1	1	1	87	74	122	1	1	1	82	70	126	24	244	260	508	484	132	18	161	174	388	367		
116 2	5	7	113	99	122	2	5	6	107	94	126	25	256	273	524	501	132	19	173	186	404	383		
116 3	11	15	137	122	122	3	11	14	130	116	126	26	269	286	541	517	132	20	184	199	421	399		
116 4	19	24	160	144	122	4	19	23	152	137	128	0	0	0	52	42	132	21	196	211	437	415		
116 5	29	34	182	165	122	5	27	32	173	157	128	1	1	1	78	67	132	22	208	223	453	431		
116 6	38	45	204	186	122	6	37	43	194	177	128	2	5	6	102	89	132	23	220	236	469	447		
116 7	49	56	225	206	122	7	47	54	214	196	128	3	10	13	124	110	132	24	232	248	485	463		
116 8	60	68	246	226	122	8	57	65	234	215	128	4	18	22	145	130	132	25	245	261	501	479		

CONFIDENCE BOUNDS FOR A

N = 1900

n	a	LOWER .975	LOWER .95	UPPER .975	UPPER .95
132	26	257	273	517	494
132	27	269	286	533	510
134	0	0	0	49	40
134	1	1	1	75	64
134	2	4	6	97	85
134	3	10	13	118	105
134	4	17	21	138	124
134	5	25	30	158	143
134	6	33	39	176	161
134	7	43	49	195	179
134	8	52	59	213	196
134	9	62	70	231	213
134	10	72	80	248	231
134	11	82	91	266	247
134	12	92	102	283	264
134	13	103	114	300	281
134	14	114	125	316	297
134	15	125	136	333	313
134	16	136	148	350	330
134	17	147	160	366	346
134	18	159	172	382	362
134	19	170	184	399	378
134	20	182	196	415	393
134	21	193	208	431	409
134	22	205	220	447	425
134	23	217	232	463	441
134	24	229	244	478	456
134	25	241	257	494	472
134	26	253	269	510	487
134	27	265	282	525	502
136	0	0	0	49	39
136	1	1	1	74	63
136	2	4	6	96	84
136	3	10	13	117	104
136	4	17	21	136	122
136	5	25	29	155	141
136	6	33	39	174	159
136	7	42	48	192	176
136	8	51	58	210	193
136	9	61	69	227	210
136	10	71	79	245	227
136	11	81	90	262	244
136	12	91	101	279	260
136	13	102	112	295	277
136	14	112	123	312	293
136	15	123	134	328	309
136	16	134	146	345	325
136	17	145	157	361	341
136	18	156	169	377	356
136	19	168	181	393	372
136	20	179	193	409	388
136	21	191	205	425	403
136	22	202	217	440	419
136	23	214	229	456	434
136	24	226	241	472	450
136	25	237	253	487	465
136	26	249	265	502	480
136	27	261	277	518	495
136	28	273	290	533	510
138	0	0	0	48	39
138	1	1	1	73	62
138	2	4	6	95	83
138	3	10	12	115	102
138	4	17	20	134	121
138	5	24	29	153	139
138	6	33	38	171	156
138	7	41	48	189	174
138	8	50	57	207	191
138	9	60	68	224	207
138	10	70	78	241	224
138	11	80	89	258	240
138	12	90	99	275	257
138	13	100	110	291	273
138	14	111	121	307	289
138	15	121	132	324	304

N = 1900

n	a	LOWER .975	LOWER .95	UPPER .975	UPPER .95
138	16	132	144	340	320
138	17	143	155	356	336
138	18	154	167	372	351
138	19	165	178	387	367
138	20	176	190	403	382
138	21	188	202	419	398
138	22	199	213	434	413
138	23	211	225	450	428
138	24	222	237	465	443
138	25	234	249	480	458
138	26	246	261	495	473
138	27	257	273	511	488
138	28	269	286	526	503
140	0	0	0	47	38
140	1	1	1	72	61
140	2	4	6	93	82
140	3	10	12	113	101
140	4	16	20	132	119
140	5	24	28	151	137
140	6	32	38	169	154
140	7	41	47	187	171
140	8	50	57	204	188
140	9	59	67	221	204
140	10	69	77	238	221
140	11	79	87	254	237
140	12	89	98	271	253
140	13	99	109	287	269
140	14	109	120	303	285
140	15	120	131	319	300
140	16	130	142	335	316
140	17	141	153	351	331
140	18	152	164	366	346
140	19	163	176	382	362
140	20	174	187	397	377
140	21	185	199	413	392
140	22	196	210	428	407
140	23	208	222	443	422
140	24	219	234	459	437
140	25	230	246	474	452
140	26	242	257	489	467
140	27	254	269	504	482
140	28	265	281	518	496
142	0	0	0	46	38
142	1	1	1	71	60
142	2	4	6	92	80
142	3	10	12	112	99
142	4	16	20	131	117
142	5	24	28	149	135
142	6	32	37	167	152
142	7	40	46	184	169
142	8	49	56	201	185
142	9	58	66	218	202
142	10	68	76	234	218
142	11	77	86	251	234
142	12	87	97	267	249
142	13	97	107	283	265
142	14	108	118	299	281
142	15	118	129	315	296
142	16	128	140	330	311
142	17	139	151	346	327
142	18	150	162	361	342
142	19	161	173	377	357
142	20	171	184	392	372
142	21	182	196	407	387
142	22	194	207	422	402
142	23	205	219	437	416
142	24	216	230	452	431
142	25	227	242	467	446
142	26	239	254	482	460
142	27	250	266	497	475
142	28	261	277	511	489
142	29	273	289	526	504
144	0	0	0	46	37
144	1	1	1	70	59
144	2	4	6	91	79

N = 1900

n	a	LOWER .975	LOWER .95	UPPER .975	UPPER .95
144	3	9	12	110	98
144	4	16	19	129	116
144	5	23	28	147	133
144	6	31	37	164	150
144	7	40	46	181	166
144	8	48	55	198	183
144	9	58	65	215	199
144	10	67	75	231	215
144	11	76	85	247	230
144	12	86	95	263	246
144	13	96	106	279	261
144	14	106	116	295	277
144	15	116	127	310	292
144	16	127	138	326	307
144	17	137	149	341	322
144	18	148	160	356	337
144	19	158	171	372	352
144	20	169	182	387	367
144	21	180	193	402	381
144	22	191	204	417	396
144	23	202	216	431	411
144	24	213	227	446	425
144	25	224	239	461	440
144	26	235	250	475	454
144	27	246	262	490	469
144	28	258	273	505	483
144	29	269	285	519	497
146	0	0	0	45	37
146	1	1	1	69	59
146	2	4	5	89	78
146	3	9	12	109	96
146	4	16	19	127	114
146	5	23	27	145	131
146	6	31	36	162	148
146	7	39	45	179	164
146	8	48	54	196	180
146	9	57	64	212	196
146	10	66	74	228	212
146	11	75	84	244	227
146	12	85	94	260	243
146	13	95	104	275	258
146	14	105	115	291	273
146	15	115	125	306	288
146	16	125	136	321	303
146	17	135	147	337	318
146	18	146	157	352	332
146	19	156	168	367	347
146	20	167	179	382	362
146	21	177	190	396	376
146	22	188	202	411	391
146	23	199	213	426	405
146	24	210	224	440	420
146	25	221	235	455	434
146	26	232	247	469	448
146	27	243	258	484	462
146	28	254	270	498	476
146	29	265	281	512	491
146	30	277	293	526	505
148	0	0	0	44	36
148	1	1	1	68	58
148	2	4	5	88	77
148	3	9	12	107	95
148	4	16	19	125	112
148	5	23	27	143	129
148	6	30	36	160	146
148	7	39	44	176	162
148	8	47	54	193	178
148	9	56	63	209	193
148	10	65	73	225	209
148	11	74	83	241	224
148	12	84	93	256	239
148	13	94	103	272	254
148	14	103	113	287	269
148	15	113	124	302	284
148	16	123	134	317	299

N = 1900

n	a	LOWER .975	LOWER .95	UPPER .975	UPPER .95
148	17	133	145	332	314
148	18	144	155	347	328
148	19	154	166	362	343
148	20	164	177	376	357
148	21	175	188	391	371
148	22	186	199	406	386
148	23	196	210	420	400
148	24	207	221	434	414
148	25	218	232	449	428
148	26	229	243	463	442
148	27	240	255	477	456
148	28	251	266	491	470
148	29	262	277	505	484
148	30	273	289	520	498
150	0	0	0	44	36
150	1	1	1	67	57
150	2	4	5	87	76
150	3	9	12	106	94
150	4	15	19	124	111
150	5	22	27	141	128
150	6	30	35	158	144
150	7	38	44	174	160
150	8	47	53	190	175
150	9	55	62	206	191
150	10	64	72	222	206
150	11	73	82	238	221
150	12	83	92	253	236
150	13	92	102	268	251
150	14	102	112	283	266
150	15	112	122	298	280
150	16	122	132	313	295
150	17	132	143	328	309
150	18	142	153	342	324
150	19	152	164	357	338
150	20	162	175	372	352
150	21	173	185	386	366
150	22	183	196	400	381
150	23	194	207	415	395
150	24	204	218	429	409
150	25	215	229	443	423
150	26	226	240	457	436
150	27	236	251	471	450
150	28	247	262	485	464
150	29	258	274	499	478
150	30	269	285	513	492
152	0	0	0	43	35
152	1	1	1	66	56
152	2	4	5	86	75
152	3	9	11	104	93
152	4	15	19	122	109
152	5	22	26	139	126
152	6	30	35	156	142
152	7	38	43	172	158
152	8	46	52	188	173
152	9	55	62	204	188
152	10	63	71	219	203
152	11	72	81	234	218
152	12	82	90	250	233
152	13	91	100	265	248
152	14	101	110	280	262
152	15	110	120	294	277
152	16	120	131	309	291
152	17	130	141	324	305
152	18	140	151	338	320
152	19	150	162	353	334
152	20	160	172	367	348
152	21	170	183	381	362
152	22	181	194	395	376
152	23	191	204	409	390
152	24	202	215	423	403
152	25	212	226	437	417
152	26	223	237	451	431
152	27	233	248	465	444
152	28	244	259	479	458
152	29	255	270	493	472

CONFIDENCE BOUNDS FOR A

N = 1900						N = 1900						N = 1900						N = 1900					
		LOWER		UPPER				LOWER		UPPER				LOWER		UPPER				LOWER		UPPER	
n	a	.975	.95	.975	.95	n	a	.975	.95	.975	.95	n	a	.975	.95	.975	.95	n	a	.975	.95	.975	.95
152	30	266	281	506	485	158	8	44	50	181	166	162	17	122	132	304	287	166	24	185	197	388	370
152	31	276	292	520	499	158	9	53	59	196	181	162	18	131	142	318	300	166	25	194	207	401	383
154	0	0	0	43	35	158	10	61	68	211	196	162	19	141	152	331	313	166	26	204	217	414	395
154	1	1	1	65	55	158	11	70	78	226	210	162	20	150	162	345	327	166	27	214	227	427	408
154	2	4	5	85	74	158	12	79	87	240	224	162	21	160	172	358	340	166	28	223	237	440	420
154	3	9	11	103	91	158	13	88	96	255	238	162	22	170	182	371	353	166	29	233	247	452	433
154	4	15	18	120	108	158	14	97	106	269	252	162	23	179	192	385	366	166	30	243	257	465	445
154	5	22	26	137	124	158	15	106	116	283	266	162	24	189	202	398	379	166	31	253	267	477	458
154	6	29	34	154	140	158	16	116	126	297	280	162	25	199	212	411	392	166	32	263	278	490	470
154	7	37	43	170	156	158	17	125	136	312	294	162	26	209	222	424	405	166	33	273	288	502	482
154	8	45	52	185	171	158	18	135	146	325	308	162	27	219	233	437	418	166	34	283	298	515	495
154	9	54	61	201	186	158	19	144	156	339	321	162	28	229	243	450	430	168	0	0	0	39	32
154	10	63	70	216	201	158	20	154	166	353	335	162	29	239	253	463	443	168	1	1	1	59	51
154	11	72	80	231	215	158	21	164	176	367	348	162	30	249	264	476	456	168	2	4	5	77	68
154	12	81	89	246	230	158	22	174	186	381	362	162	31	259	274	489	469	168	3	8	10	94	84
154	13	90	99	261	245	158	23	184	197	394	375	162	32	269	284	502	481	168	4	14	17	110	99
154	14	99	109	276	259	158	24	194	207	408	388	162	33	280	295	514	494	168	5	20	24	126	114
154	15	109	119	291	273	158	25	204	217	421	402	164	0	0	0	40	32	168	6	27	32	141	128
154	16	119	129	305	287	158	26	214	228	435	415	164	1	1	1	61	52	168	7	34	39	155	143
154	17	128	139	319	301	158	27	224	238	448	428	164	2	4	5	79	69	168	8	42	47	170	157
154	18	138	149	334	315	158	28	235	249	461	441	164	3	8	11	96	86	168	9	50	56	184	170
154	19	148	160	348	329	158	29	245	260	474	454	164	4	14	17	113	101	168	10	58	64	198	184
154	20	158	170	362	343	158	30	255	270	488	467	164	5	21	25	129	117	168	11	66	73	212	198
154	21	168	181	376	357	158	31	266	281	501	480	164	6	28	32	144	131	168	12	74	82	226	211
154	22	178	191	390	371	158	32	276	292	514	493	164	7	35	40	159	146	168	13	83	91	240	224
154	23	189	202	404	385	160	0	0	0	41	33	164	8	43	49	174	160	168	14	91	100	253	237
154	24	199	212	418	398	160	1	1	1	62	53	164	9	51	57	189	175	168	15	100	109	267	251
154	25	209	223	432	412	160	2	4	5	81	71	164	10	59	66	203	189	168	16	109	118	280	264
154	26	220	234	445	425	160	3	9	11	99	88	164	11	67	75	217	202	168	17	118	128	293	277
154	27	230	245	459	439	160	4	15	18	116	104	164	12	76	84	232	216	168	18	127	137	306	289
154	28	241	256	473	452	160	5	21	25	132	120	164	13	85	93	245	230	168	19	136	146	319	302
154	29	251	266	486	466	160	6	28	33	148	135	164	14	93	102	259	243	168	20	145	156	332	315
154	30	262	277	500	479	160	7	36	41	163	150	164	15	102	112	273	257	168	21	154	166	345	328
154	31	273	288	513	492	160	8	44	50	178	164	164	16	111	121	287	270	168	22	164	175	358	340
156	0	0	0	42	34	160	9	52	59	193	179	164	17	121	131	300	283	168	23	173	185	371	353
156	1	1	1	64	55	160	10	60	67	208	193	164	18	130	140	314	296	168	24	182	195	384	366
156	2	4	5	83	73	160	11	69	77	223	207	164	19	139	150	327	310	168	25	192	204	397	378
156	3	9	11	102	90	160	12	78	86	237	222	164	20	148	160	340	323	168	26	201	214	409	391
156	4	15	18	119	107	160	13	87	95	252	235	164	21	158	170	354	336	168	27	211	224	422	403
156	5	22	26	135	123	160	14	96	105	266	249	164	22	168	179	367	349	168	28	221	234	434	415
156	6	29	34	152	138	160	15	105	114	280	263	164	23	177	189	380	362	168	29	230	244	447	428
156	7	37	42	167	154	160	16	114	124	294	277	164	24	187	199	393	374	168	30	240	254	459	440
156	8	45	51	183	169	160	17	124	134	308	290	164	25	197	209	406	387	168	31	250	264	472	452
156	9	53	60	198	183	160	18	133	144	321	304	164	26	206	220	419	400	168	32	260	274	484	465
156	10	62	69	214	198	160	19	143	154	335	317	164	27	216	230	432	413	168	33	270	284	497	477
156	11	71	79	228	213	160	20	152	164	349	331	164	28	226	240	445	425	168	34	279	294	509	489
156	12	80	88	243	227	160	21	162	174	362	344	164	29	236	250	458	438	170	0	0	0	38	31
156	13	89	98	258	241	160	22	172	184	376	357	164	30	246	260	470	451	170	1	1	1	59	50
156	14	98	107	272	256	160	23	182	194	389	370	164	31	256	271	483	463	170	2	4	5	76	67
156	15	107	117	287	270	160	24	191	204	403	384	164	32	266	281	496	476	170	3	8	10	93	83
156	16	117	127	301	284	160	25	201	215	416	397	164	33	276	291	508	488	170	4	14	17	109	98
156	17	127	137	315	298	160	26	212	225	429	410	166	0	0	0	39	32	170	5	20	24	124	112
156	18	136	147	330	311	160	27	222	235	442	423	166	1	1	1	60	51	170	6	27	31	139	127
156	19	146	158	344	325	160	28	232	246	456	436	166	2	4	5	78	69	170	7	34	39	154	141
156	20	156	168	358	339	160	29	242	256	469	449	166	3	8	11	95	85	170	8	41	47	168	155
156	21	166	178	371	353	160	30	252	267	482	462	166	4	14	17	111	100	170	9	49	55	182	168
156	22	176	189	385	366	160	31	262	277	495	474	166	5	20	24	127	115	170	10	57	64	196	182
156	23	186	199	399	380	160	32	273	288	508	487	166	6	27	32	142	130	170	11	65	72	210	195
156	24	196	210	413	393	162	0	0	0	40	33	166	7	35	40	157	144	170	12	73	81	223	209
156	25	207	220	426	407	162	1	1	1	62	53	166	8	42	48	172	158	170	13	82	90	237	222
156	26	217	231	440	420	162	2	4	5	80	70	166	9	50	56	186	172	170	14	90	99	250	235
156	27	227	242	453	433	162	3	9	11	98	87	166	10	58	65	201	186	170	15	99	108	264	248
156	28	238	252	467	447	162	4	14	17	114	103	166	11	67	74	215	200	170	16	108	117	277	261
156	29	248	263	480	460	162	5	21	25	130	118	166	12	75	83	229	214	170	17	116	126	290	273
156	30	259	274	494	473	162	6	28	33	146	133	166	13	84	92	243	227	170	18	125	135	303	286
156	31	269	285	507	486	162	7	35	41	161	148	166	14	92	101	256	240	170	19	134	145	316	299
156	32	280	296	520	499	162	8	43	49	176	162	166	15	101	110	270	254	170	20	143	154	329	311
158	0	0	0	42	34	162	9	51	58	191	177	166	16	110	120	283	267	170	21	152	164	341	324
158	1	1	1	63	54	162	10	60	67	206	191	166	17	119	129	297	280	170	22	162	173	354	336
158	2	4	5	82	72	162	11	68	76	220	205	166	18	128	139	310	293	170	23	171	183	367	349
158	3	9	11	100	89	162	12	77	85	234	219	166	19	137	148	323	306	170	24	180	192	379	361
158	4	15	18	117	105	162	13	86	94	248	233	166	20	147	158	336	319	170	25	190	202	392	374
158	5	21	25	134	121	162	14	95	104	263	246	166	21	156	168	350	332	170	26	199	212	405	386
158	6	29	33	150	136	162	15	104	113	276	260	166	22	166	177	363	344	170	27	209	222	417	398
158	7	36	42	165	152	162	16	113	123	290	273	166	23	175	187	376	357	170	28	218	231	429	411

CONFIDENCE BOUNDS FOR A

N = 1900

n	a	LOWER .975	.95	UPPER .975	.95
170	29	228	241	442	423
170	30	237	251	454	435
170	31	247	261	466	447
170	32	257	271	479	459
170	33	266	281	491	471
170	34	276	291	503	483
172	0	0	0	38	31
172	1	1	1	58	49
172	2	4	5	76	66
172	3	8	10	92	82
172	4	14	17	108	97
172	5	20	23	123	111
172	6	26	31	137	125
172	7	34	38	152	139
172	8	41	46	166	153
172	9	48	55	180	166
172	10	56	63	194	180
172	11	64	71	207	193
172	12	72	80	221	206
172	13	81	89	234	219
172	14	89	98	247	232
172	15	98	107	260	245
172	16	106	116	274	258
172	17	115	125	286	270
172	18	124	134	299	283
172	19	133	143	312	295
172	20	142	152	325	308
172	21	151	162	338	320
172	22	160	171	350	333
172	23	169	181	363	345
172	24	178	190	375	357
172	25	187	200	388	369
172	26	197	209	400	382
172	27	206	219	412	394
172	28	215	229	425	406
172	29	225	238	437	418
172	30	234	248	449	430
172	31	244	258	461	442
172	32	254	268	473	454
172	33	263	278	485	466
172	34	273	288	497	478
172	35	283	297	509	490
174	0	0	0	38	30
174	1	1	1	57	49
174	2	4	5	75	65
174	3	8	10	91	81
174	4	13	16	106	95
174	5	20	23	121	110
174	6	26	30	136	124
174	7	33	38	150	138
174	8	40	46	164	151
174	9	48	54	178	164
174	10	56	62	191	178
174	11	64	71	205	191
174	12	72	79	218	204
174	13	80	88	231	217
174	14	88	96	245	229
174	15	97	105	258	242
174	16	105	114	270	255
174	17	114	123	283	267
174	18	122	132	296	280
174	19	131	141	309	292
174	20	140	151	321	304
174	21	149	160	334	317
174	22	158	169	346	329
174	23	167	179	359	341
174	24	176	188	371	353
174	25	185	197	383	365
174	26	194	207	395	377
174	27	204	216	408	389
174	28	213	226	420	401
174	29	222	236	432	413
174	30	232	245	444	425
174	31	241	255	456	437
174	32	251	265	468	449

N = 1900

n	a	LOWER .975	.95	UPPER .975	.95
174	33	260	274	480	461
174	34	270	284	492	472
174	35	279	294	504	484
176	0	0	0	37	30
176	1	1	1	57	48
176	2	4	5	74	65
176	3	8	10	90	80
176	4	13	16	105	94
176	5	19	23	120	109
176	6	26	30	134	122
176	7	33	38	148	136
176	8	40	45	162	149
176	9	47	53	176	163
176	10	55	62	189	176
176	11	63	70	203	189
176	12	71	78	216	201
176	13	79	87	229	214
176	14	87	95	242	227
176	15	95	104	255	239
176	16	104	113	267	252
176	17	112	122	280	264
176	18	121	131	293	276
176	19	130	140	305	289
176	20	138	149	318	301
176	21	147	158	330	313
176	22	156	167	342	325
176	23	165	177	355	337
176	24	174	186	367	349
176	25	183	195	379	361
176	26	192	205	391	373
176	27	201	214	403	385
176	28	211	223	415	397
176	29	220	233	427	409
176	30	229	242	439	420
176	31	238	252	451	432
176	32	248	262	463	444
176	33	257	271	475	456
176	34	267	281	486	467
176	35	276	291	498	479
176	36	286	300	510	490
178	0	0	0	37	30
178	1	1	1	56	48
178	2	4	5	73	64
178	3	8	10	89	79
178	4	13	16	104	93
178	5	19	23	118	107
178	6	26	30	133	121
178	7	32	37	147	134
178	8	40	45	160	148
178	9	47	53	174	161
178	10	54	61	187	174
178	11	62	69	200	186
178	12	70	77	213	199
178	13	78	86	226	212
178	14	86	94	239	224
178	15	94	103	252	237
178	16	103	112	264	249
178	17	111	120	277	261
178	18	120	129	289	273
178	19	128	138	302	285
178	20	137	147	314	298
178	21	146	156	326	310
178	22	154	165	339	322
178	23	163	175	351	333
178	24	172	184	363	345
178	25	181	193	375	357
178	26	190	202	387	369
178	27	199	212	399	381
178	28	208	221	411	392
178	29	217	230	422	404
178	30	227	240	434	416
178	31	236	249	446	427
178	32	245	259	458	439
178	33	254	268	469	451
178	34	264	278	481	462

N = 1900

n	a	LOWER .975	.95	UPPER .975	.95
178	35	273	287	493	474
178	36	282	297	504	485
180	0	0	0	36	29
180	1	1	1	55	47
180	2	3	5	72	63
180	3	8	10	88	78
180	4	13	16	103	92
180	5	19	22	117	106
180	6	25	30	131	120
180	7	32	37	145	133
180	8	39	44	159	146
180	9	46	52	172	159
180	10	54	60	185	172
180	11	61	68	198	184
180	12	69	77	211	197
180	13	77	85	224	209
180	14	85	93	236	222
180	15	93	102	249	234
180	16	102	110	261	246
180	17	110	119	274	258
180	18	118	128	286	270
180	19	127	137	298	282
180	20	135	146	311	294
180	21	144	155	323	306
180	22	153	164	335	318
180	23	161	173	347	330
180	24	170	182	359	342
180	25	179	191	371	353
180	26	188	200	383	365
180	27	197	209	394	377
180	28	206	218	406	388
180	29	215	228	418	400
180	30	224	237	430	411
180	31	233	246	441	423
180	32	242	256	453	434
180	33	251	265	464	446
180	34	261	275	476	457
180	35	270	284	487	468
180	36	279	294	499	480
182	0	0	0	36	29
182	1	1	1	55	47
182	2	3	5	71	62
182	3	8	10	87	77
182	4	13	16	102	91
182	5	19	22	116	105
182	6	25	29	130	118
182	7	32	36	143	131
182	8	39	44	157	144
182	9	46	52	170	157
182	10	53	60	183	170
182	11	61	68	196	182
182	12	69	76	209	195
182	13	76	84	221	207
182	14	84	92	234	219
182	15	92	101	246	231
182	16	101	109	259	243
182	17	109	118	271	255
182	18	117	127	283	267
182	19	125	135	295	279
182	20	134	144	307	291
182	21	142	153	319	303
182	22	151	162	331	315
182	23	160	171	343	326
182	24	168	180	355	338
182	25	177	189	367	349
182	26	186	198	378	361
182	27	195	207	390	372
182	28	204	216	402	384
182	29	213	225	413	395
182	30	222	234	425	407
182	31	231	244	436	418
182	32	240	253	448	430
182	33	249	262	459	441
182	34	258	272	471	452
182	35	267	281	482	463

N = 1900

n	a	LOWER .975	.95	UPPER .975	.95
182	36	276	290	494	475
182	37	285	300	505	486
184	0	0	0	35	29
184	1	1	1	54	46
184	2	3	5	70	62
184	3	8	10	86	76
184	4	13	16	100	90
184	5	19	22	115	104
184	6	25	29	128	117
184	7	31	36	142	130
184	8	38	44	155	143
184	9	45	51	168	155
184	10	53	59	181	168
184	11	60	67	194	180
184	12	68	75	206	193
184	13	76	83	219	205
184	14	83	91	231	217
184	15	91	100	244	229
184	16	99	108	256	241
184	17	108	117	268	253
184	18	116	125	280	265
184	19	124	134	292	276
184	20	132	142	304	288
184	21	141	151	316	300
184	22	149	160	328	311
184	23	158	169	339	323
184	24	167	178	351	334
184	25	175	187	363	346
184	26	184	196	374	357
184	27	193	205	386	369
184	28	201	214	397	380
184	29	210	223	409	391
184	30	219	232	420	402
184	31	228	241	432	414
184	32	237	250	443	425
184	33	246	259	455	436
184	34	255	269	466	447
184	35	264	278	477	458
184	36	273	287	488	470
184	37	282	297	500	481
186	0	0	0	35	28
186	1	1	1	53	46
186	2	3	4	70	61
186	3	8	10	85	75
186	4	13	15	99	89
186	5	18	22	113	103
186	6	25	29	127	116
186	7	31	36	140	129
186	8	38	43	153	141
186	9	45	51	166	154
186	10	52	58	179	166
186	11	60	66	192	178
186	12	67	74	204	191
186	13	75	82	217	203
186	14	83	90	229	215
186	15	90	99	241	226
186	16	98	107	253	238
186	17	106	115	265	250
186	18	115	124	277	262
186	19	123	132	289	273
186	20	131	141	301	285
186	21	139	150	312	296
186	22	148	158	324	308
186	23	156	167	336	319
186	24	165	176	347	331
186	25	173	185	359	342
186	26	182	194	370	353
186	27	191	202	382	365
186	28	199	211	393	376
186	29	208	220	405	387
186	30	217	229	416	398
186	31	226	238	427	409
186	32	234	248	439	420
186	33	243	257	450	432
186	34	252	266	461	443

CONFIDENCE BOUNDS FOR A

N = 1900

n	a	LOWER .975	LOWER .95	UPPER .975	UPPER .95
186	35	261	275	472	454
186	36	270	284	483	465
186	37	279	293	494	476
186	38	288	303	505	487
188	0	0	0	35	28
188	1	1	1	53	45
188	2	3	4	69	60
188	3	8	9	84	75
188	4	13	15	98	88
188	5	18	22	112	101
188	6	24	28	126	114
188	7	31	35	139	127
188	8	38	43	152	140
188	9	45	50	165	152
188	10	52	58	177	164
188	11	59	65	190	177
188	12	66	73	202	189
188	13	74	81	214	200
188	14	82	89	226	212
188	15	90	98	238	224
188	16	97	106	250	236
188	17	105	114	262	247
188	18	113	123	274	259
188	19	122	131	286	270
188	20	130	139	298	282
188	21	138	148	309	293
188	22	146	157	321	305
188	23	155	165	332	316
188	24	163	174	344	327
188	25	171	183	355	338
188	26	180	191	367	350
188	27	189	200	378	361
188	28	197	209	389	372
188	29	206	218	400	383
188	30	214	227	412	394
188	31	223	236	423	405
188	32	232	245	434	416
188	33	241	254	445	427
188	34	249	263	456	438
188	35	258	272	467	449
188	36	267	281	478	460
188	37	276	290	489	471
188	38	285	299	500	482
190	0	0	0	34	28
190	1	1	1	52	45
190	2	3	4	68	60
190	3	7	9	83	74
190	4	12	15	97	87
190	5	18	21	111	100
190	6	24	28	124	113
190	7	31	35	137	126
190	8	37	42	150	138
190	9	44	50	163	151
190	10	51	57	175	163
190	11	58	65	188	175
190	12	66	73	200	187
190	13	73	81	212	198
190	14	81	88	224	210
190	15	89	97	236	222
190	16	96	105	248	233
190	17	104	113	260	245
190	18	112	121	271	256
190	19	120	130	283	268
190	20	128	138	294	279
190	21	137	146	306	290
190	22	145	155	317	301
190	23	153	164	329	313
190	24	161	172	340	324
190	25	170	181	351	335
190	26	178	189	363	346
190	27	187	198	374	357
190	28	195	207	385	368
190	29	204	216	396	379
190	30	212	225	407	390
190	31	221	233	418	401
190	32	229	242	429	412
190	33	238	251	440	423
190	34	247	260	451	433
190	35	256	269	462	444
190	36	264	278	473	455
190	37	273	287	484	466
190	38	282	296	495	477

N = 2000

n	a	LOWER .975	LOWER .95	UPPER .975	UPPER .95
2	0	0	0	1683	1552
2	1	26	51	1974	1949
4	0	0	0	1203	1053
4	1	13	26	1611	1502
6	0	0	0	917	785
6	1	9	18	1281	1162
6	2	87	127	1553	1456
8	0	0	0	737	623
8	1	7	13	1051	940
8	2	65	94	1300	1198
10	0	0	0	615	516
10	1	6	11	888	787
10	2	51	74	1110	1012
12	0	0	0	527	440
12	1	5	9	767	675
12	2	43	62	966	874
12	3	111	145	1142	1053
14	0	0	0	461	384
14	1	4	8	675	592
14	2	36	53	854	769
14	3	94	123	1014	929
16	0	0	0	410	340
16	1	4	7	602	526
16	2	32	46	765	686
16	3	82	107	910	831
16	4	147	182	1045	967
18	0	0	0	369	305
18	1	3	6	544	473
18	2	28	41	692	618
18	3	73	95	826	751
18	4	130	161	950	876
20	0	0	0	335	276
20	1	3	6	495	430
20	2	26	37	631	563
20	3	65	85	755	685
20	4	116	144	871	800
22	0	0	0	307	253
22	1	3	5	454	394
22	2	23	34	581	517
22	3	59	78	696	630
22	4	105	131	803	736
22	5	158	190	905	837
24	0	0	0	283	233
24	1	3	5	420	364
24	2	21	31	537	477
24	3	54	71	644	582
24	4	96	119	745	681
24	5	144	173	840	776
26	0	0	0	262	216
26	1	2	4	390	338
26	2	20	29	500	443
26	3	50	66	600	541
26	4	89	110	694	634
26	5	133	159	784	723
26	6	181	213	870	808
28	0	0	0	245	201
28	1	2	4	364	315
28	2	18	27	467	414
28	3	47	61	562	506
28	4	82	102	650	593
28	5	123	148	735	676
28	6	168	197	816	757
30	0	0	0	229	188
30	1	2	4	342	295
30	2	17	25	439	388
30	3	43	57	528	475
30	4	77	95	611	557
30	5	115	138	691	635
30	6	156	183	768	711
32	0	0	0	216	177
32	1	2	4	322	278
32	2	16	23	413	366
32	3	41	53	498	447
32	4	72	89	577	525
32	5	107	129	653	599
32	6	146	172	726	671
32	7	188	217	796	741
34	0	0	0	203	167
34	1	2	3	304	262
34	2	15	22	391	345
34	3	38	50	471	423
34	4	67	84	546	496
34	5	101	121	618	567
34	6	137	161	687	635
34	7	176	204	755	702
36	0	0	0	193	158
36	1	2	3	288	248
36	2	14	21	370	327
36	3	36	47	446	401
36	4	64	79	518	470
36	5	95	114	587	537
36	6	129	152	653	603
36	7	166	192	717	666
36	8	205	233	780	728
38	0	0	0	183	150
38	1	2	3	274	236
38	2	14	20	352	311
38	3	34	45	425	381
38	4	60	75	493	447
38	5	90	108	559	511
38	6	122	144	622	573
38	7	157	181	683	634
38	8	193	221	743	693
40	0	0	0	174	142
40	1	2	3	261	224
40	2	13	19	336	296
40	3	33	43	405	363
40	4	57	71	470	426
40	5	85	103	533	487
40	6	116	136	593	547
40	7	149	172	652	604
40	8	183	209	709	661
42	0	0	0	166	136
42	1	2	3	249	214
42	2	13	18	320	282
42	3	31	41	387	346
42	4	55	68	449	407
42	5	81	98	509	466
42	6	110	130	567	522
42	7	142	164	624	578
42	8	174	199	679	632
42	9	208	235	733	685
44	0	0	0	159	130
44	1	2	3	238	204
44	2	12	17	307	270
44	3	30	39	370	331
44	4	52	65	430	389
44	5	78	93	488	446
44	6	105	124	544	500
44	7	135	156	598	553
44	8	166	190	651	605
44	9	198	224	702	656
46	0	0	0	152	124
46	1	2	3	228	196
46	2	12	16	294	259
46	3	29	37	355	317
46	4	50	62	413	373
46	5	74	89	468	427
46	6	101	118	522	480
46	7	129	149	574	531
46	8	159	181	625	581
46	9	190	214	675	630
46	10	222	248	724	678
48	0	0	0	146	119
48	1	2	3	219	188
48	2	11	16	282	248
48	3	27	36	341	305
48	4	48	59	396	359
48	5	71	85	450	410
48	6	96	113	501	461

CONFIDENCE BOUNDS FOR A

N = 2000

n	a	LOWER .975	LOWER .95	UPPER .975	UPPER .95
48	7	123	143	552	510
48	8	152	173	601	558
48	9	181	205	649	606
48	10	212	237	696	652
50	0	0	0	140	114
50	1	2	3	210	181
50	2	11	15	271	239
50	3	26	34	328	293
50	4	46	57	381	345
50	5	68	82	433	395
50	6	93	109	483	443
50	7	118	137	531	491
50	8	146	166	579	537
50	9	174	197	625	583
50	10	203	228	671	628
52	0	0	0	135	110
52	1	1	2	202	174
52	2	10	15	261	230
52	3	25	33	316	282
52	4	44	55	368	332
52	5	66	79	417	380
52	6	89	105	465	427
52	7	114	132	512	473
52	8	140	160	558	518
52	9	167	189	603	562
52	10	195	219	647	605
52	11	224	249	690	648
54	0	0	0	130	106
54	1	1	2	195	167
54	2	10	14	252	222
54	3	24	32	305	272
54	4	43	53	355	320
54	5	63	76	403	367
54	6	86	101	449	412
54	7	110	127	494	456
54	8	135	154	539	500
54	9	161	182	582	542
54	10	188	210	625	584
54	11	215	240	667	626
56	0	0	0	125	102
56	1	1	2	188	162
56	2	10	14	243	214
56	3	24	31	294	263
56	4	41	51	343	309
56	5	61	73	389	354
56	6	83	97	434	398
56	7	106	122	478	441
56	8	130	148	521	483
56	9	155	175	563	524
56	10	181	203	604	565
56	11	207	231	645	605
56	12	235	260	685	644
58	0	0	0	121	99
58	1	1	2	182	156
58	2	9	13	235	207
58	3	23	30	284	254
58	4	40	49	331	299
58	5	59	71	376	343
58	6	80	94	420	385
58	7	102	118	462	426
58	8	125	143	504	467
58	9	149	169	545	507
58	10	174	196	585	546
58	11	200	223	624	585
58	12	226	250	663	624
60	0	0	0	117	95
60	1	1	2	176	151
60	2	9	13	228	200
60	3	22	29	275	246
60	4	38	48	321	289
60	5	57	68	364	332
60	6	77	91	407	373
60	7	99	114	448	413
60	8	121	138	488	452
60	9	144	163	528	491

N = 2000

n	a	LOWER .975	LOWER .95	UPPER .975	UPPER .95
60	10	168	189	567	529
60	11	193	215	605	567
60	12	219	242	643	604
62	0	0	0	113	92
62	1	1	2	171	146
62	2	9	12	221	194
62	3	21	28	267	238
62	4	37	46	311	280
62	5	55	66	353	321
62	6	75	88	394	361
62	7	95	110	434	400
62	8	117	134	473	438
62	9	140	158	512	476
62	10	163	183	549	513
62	11	187	208	587	550
62	12	211	234	623	586
62	13	236	260	659	622
64	0	0	0	110	90
64	1	1	2	165	142
64	2	9	12	214	188
64	3	21	27	259	231
64	4	36	45	301	272
64	5	53	64	342	312
64	6	72	85	382	350
64	7	92	107	421	388
64	8	113	130	459	425
64	9	135	153	497	462
64	10	158	177	533	498
64	11	181	201	569	533
64	12	204	226	605	569
64	13	229	252	640	603
66	0	0	0	106	87
66	1	1	2	160	137
66	2	8	12	207	182
66	3	20	26	251	224
66	4	35	43	293	264
66	5	52	62	333	302
66	6	70	82	371	340
66	7	90	104	409	377
66	8	110	126	446	413
66	9	131	148	482	448
66	10	153	171	518	483
66	11	175	195	553	518
66	12	198	219	588	552
66	13	221	244	622	586
66	14	245	269	656	619
68	0	0	0	103	84
68	1	1	2	156	133
68	2	8	11	202	177
68	3	20	25	244	217
68	4	34	42	284	256
68	5	50	60	323	294
68	6	68	80	361	330
68	7	87	101	398	366
68	8	107	122	434	401
68	9	127	144	469	436
68	10	148	166	504	470
68	11	170	189	538	504
68	12	192	213	572	537
68	13	215	237	605	570
68	14	238	261	638	602
70	0	0	0	100	82
70	1	1	2	151	130
70	2	8	11	196	172
70	3	19	25	237	211
70	4	33	41	276	249
70	5	49	59	314	286
70	6	66	78	351	321
70	7	84	98	387	356
70	8	104	118	422	390
70	9	123	140	456	424
70	10	144	161	490	457
70	11	165	184	523	490
70	12	187	207	556	522
70	13	209	230	589	554

N = 2000

n	a	LOWER .975	LOWER .95	UPPER .975	UPPER .95
70	14	231	253	621	586
72	0	0	0	98	80
72	1	1	2	147	126
72	2	8	11	191	167
72	3	19	24	231	206
72	4	32	40	269	242
72	5	48	57	306	278
72	6	64	76	342	313
72	7	82	95	376	347
72	8	101	115	411	380
72	9	120	136	444	413
72	10	140	157	477	445
72	11	160	179	510	477
72	12	181	201	542	508
72	13	203	223	574	540
72	14	224	246	605	571
72	15	246	269	636	601
74	0	0	0	95	77
74	1	1	2	143	123
74	2	7	10	186	163
74	3	18	23	225	200
74	4	31	39	262	236
74	5	46	56	298	271
74	6	63	74	333	304
74	7	80	92	367	337
74	8	98	112	400	370
74	9	117	132	433	402
74	10	136	153	465	433
74	11	156	174	497	465
74	12	176	195	528	495
74	13	197	217	559	526
74	14	218	239	590	556
74	15	239	261	620	586
76	0	0	0	92	75
76	1	1	2	140	120
76	2	7	10	181	159
76	3	18	23	219	195
76	4	31	38	255	230
76	5	45	54	290	264
76	6	61	72	324	297
76	7	78	90	357	329
76	8	95	109	390	360
76	9	114	129	422	392
76	10	132	149	453	422
76	11	152	169	484	453
76	12	172	190	515	483
76	13	192	211	545	513
76	14	212	233	575	542
76	15	233	254	605	571
76	16	254	276	634	600
78	0	0	0	90	73
78	1	1	2	136	116
78	2	7	10	176	155
78	3	17	22	213	190
78	4	30	37	249	224
78	5	44	53	283	257
78	6	59	70	316	289
78	7	76	88	349	321
78	8	93	106	380	352
78	9	111	125	412	382
78	10	129	145	442	412
78	11	148	165	472	442
78	12	167	185	502	471
78	13	187	206	532	500
78	14	207	227	561	529
78	15	227	248	590	557
78	16	247	269	619	586
80	0	0	0	88	72
80	1	1	2	133	114
80	2	7	10	172	151
80	3	17	22	208	185
80	4	29	36	243	219
80	5	43	51	276	251
80	6	58	68	309	282
80	7	74	85	340	313

N = 2000

n	a	LOWER .975	LOWER .95	UPPER .975	UPPER .95
80	8	91	103	371	343
80	9	108	122	402	373
80	10	126	141	432	402
80	11	144	161	461	431
80	12	163	180	490	460
80	13	182	200	519	488
80	14	201	221	548	516
80	15	221	241	576	544
80	16	241	262	604	572
82	0	0	0	86	70
82	1	1	2	129	111
82	2	7	10	168	147
82	3	16	21	203	181
82	4	28	35	237	213
82	5	42	50	270	245
82	6	57	66	301	275
82	7	72	83	332	305
82	8	88	101	362	335
82	9	105	119	392	364
82	10	123	138	422	393
82	11	141	157	450	421
82	12	159	176	479	449
82	13	177	195	507	477
82	14	196	215	535	504
82	15	216	235	563	531
82	16	235	256	590	558
82	17	255	276	617	585
84	0	0	0	84	68
84	1	1	2	126	108
84	2	7	9	164	144
84	3	16	21	198	177
84	4	28	34	232	208
84	5	41	49	263	239
84	6	55	65	294	269
84	7	70	81	325	298
84	8	86	99	354	327
84	9	103	116	383	356
84	10	120	134	412	384
84	11	137	153	440	411
84	12	155	172	468	439
84	13	173	191	496	466
84	14	192	210	523	493
84	15	210	230	550	519
84	16	229	249	577	546
84	17	249	270	604	572
86	0	0	0	82	67
86	1	1	2	123	106
86	2	7	9	160	140
86	3	16	20	194	173
86	4	27	33	226	204
86	5	40	48	257	234
86	6	54	63	288	263
86	7	69	80	317	292
86	8	84	96	346	320
86	9	100	114	375	348
86	10	117	131	403	375
86	11	134	149	430	402
86	12	151	168	458	429
86	13	169	186	485	455
86	14	187	205	512	482
86	15	205	224	538	508
86	16	224	244	564	534
86	17	243	263	590	559
86	18	262	283	616	585
88	0	0	0	80	65
88	1	1	2	121	103
88	2	7	9	156	137
88	3	15	20	190	169
88	4	27	33	221	199
88	5	39	47	252	228
88	6	53	62	281	257
88	7	67	78	310	285
88	8	82	94	339	313
88	9	98	111	366	340
88	10	114	128	394	367

CONFIDENCE BOUNDS FOR A

N = 2000

n	a	LOWER .975	LOWER .95	UPPER .975	UPPER .95
88	11	131	146	421	393
88	12	148	164	448	419
88	13	165	182	474	445
88	14	183	200	500	471
88	15	201	219	526	497
88	16	219	238	552	522
88	17	237	257	578	547
88	18	255	276	603	572
90	0	0	0	78	64
90	1	1	2	118	101
90	2	6	9	153	134
90	3	15	19	185	165
90	4	26	32	216	195
90	5	38	46	246	223
90	6	52	61	275	251
90	7	66	76	304	279
90	8	81	92	331	306
90	9	96	108	359	333
90	10	112	125	386	359
90	11	128	143	412	385
90	12	145	160	438	410
90	13	161	178	464	436
90	14	179	196	490	461
90	15	196	214	515	486
90	16	214	233	540	511
90	17	232	251	565	535
90	18	250	270	590	560
92	0	0	0	76	62
92	1	1	2	115	99
92	2	6	9	150	131
92	3	15	19	181	161
92	4	25	31	212	191
92	5	37	45	241	219
92	6	51	59	269	246
92	7	64	74	297	273
92	8	79	90	324	299
92	9	94	106	351	325
92	10	109	123	377	351
92	11	125	139	403	377
92	12	141	157	429	402
92	13	158	174	455	427
92	14	175	192	480	451
92	15	192	209	505	476
92	16	209	227	529	500
92	17	226	246	554	524
92	18	244	264	578	548
92	19	262	283	602	572
94	0	0	0	75	61
94	1	1	2	113	97
94	2	6	8	147	128
94	3	14	19	178	158
94	4	25	31	207	187
94	5	37	44	236	214
94	6	49	58	264	241
94	7	63	73	291	267
94	8	77	88	318	293
94	9	92	104	344	319
94	10	107	120	370	344
94	11	123	136	395	369
94	12	138	153	420	393
94	13	155	170	445	418
94	14	171	187	470	442
94	15	188	205	494	466
94	16	204	222	519	490
94	17	222	240	543	514
94	18	239	258	566	537
94	19	256	276	590	560
96	0	0	0	73	59
96	1	1	2	111	95
96	2	6	8	143	126
96	3	14	18	174	155
96	4	24	30	203	183
96	5	36	43	231	210
96	6	48	57	258	236
96	7	62	71	285	262

N = 2000

n	a	LOWER .975	LOWER .95	UPPER .975	UPPER .95
96	8	76	86	311	287
96	9	90	102	337	312
96	10	105	118	362	337
96	11	120	134	387	361
96	12	135	150	412	386
96	13	151	167	436	409
96	14	167	183	461	433
96	15	184	201	485	457
96	16	200	218	508	480
96	17	217	235	532	503
96	18	234	253	555	526
96	19	251	271	578	549
96	20	268	288	602	572
98	0	0	0	72	58
98	1	1	2	108	93
98	2	6	8	141	123
98	3	14	18	170	152
98	4	24	29	199	179
98	5	35	42	227	205
98	6	48	56	253	231
98	7	61	70	279	257
98	8	74	85	305	282
98	9	88	100	330	306
98	10	103	115	355	330
98	11	118	131	380	354
98	12	133	147	404	378
98	13	148	163	428	401
98	14	164	180	452	425
98	15	180	196	475	448
98	16	196	213	498	471
98	17	212	230	521	493
98	18	229	248	544	516
98	19	246	265	567	539
98	20	262	282	590	561
100	0	0	0	70	57
100	1	1	2	106	91
100	2	6	8	138	121
100	3	14	18	167	149
100	4	23	29	195	175
100	5	35	41	222	201
100	6	47	55	248	227
100	7	59	69	274	252
100	8	73	83	299	276
100	9	86	98	324	300
100	10	101	113	348	324
100	11	115	128	372	347
100	12	130	144	396	371
100	13	145	160	420	394
100	14	161	176	443	416
100	15	176	192	466	439
100	16	192	209	489	462
100	17	208	226	512	484
100	18	224	242	534	506
100	19	241	259	556	528
100	20	257	277	579	550
102	0	0	0	69	56
102	1	1	1	104	89
102	2	6	8	135	118
102	3	13	17	164	146
102	4	23	28	191	172
102	5	34	41	218	198
102	6	46	54	244	222
102	7	58	67	269	247
102	8	71	81	293	271
102	9	85	96	318	294
102	10	99	111	342	318
102	11	113	126	365	341
102	12	127	141	389	363
102	13	142	157	412	386
102	14	157	173	434	408
102	15	173	189	457	431
102	16	188	205	480	453
102	17	204	221	502	475
102	18	220	238	524	497
102	19	236	254	546	518

N = 2000

n	a	LOWER .975	LOWER .95	UPPER .975	UPPER .95
102	20	252	271	568	540
102	21	268	288	590	561
104	0	0	0	67	55
104	1	1	1	102	87
104	2	6	8	132	116
104	3	13	17	161	143
104	4	23	28	188	169
104	5	33	40	214	194
104	6	45	53	239	218
104	7	57	66	264	242
104	8	70	80	288	266
104	9	83	94	312	289
104	10	97	108	335	312
104	11	111	123	358	334
104	12	125	138	381	357
104	13	140	154	404	379
104	14	154	169	426	401
104	15	169	185	449	423
104	16	185	201	471	444
104	17	200	217	493	466
104	18	215	233	514	487
104	19	231	249	536	509
104	20	247	266	557	530
104	21	263	282	579	551
106	0	0	0	66	54
106	1	1	1	100	86
106	2	5	8	130	114
106	3	13	17	158	140
106	4	22	27	184	166
106	5	33	39	210	190
106	6	44	52	234	214
106	7	56	65	259	238
106	8	69	78	283	261
106	9	82	92	306	283
106	10	95	106	329	306
106	11	109	121	352	328
106	12	123	136	374	350
106	13	137	151	397	372
106	14	151	166	419	394
106	15	166	181	441	415
106	16	181	197	462	436
106	17	196	213	484	457
106	18	211	229	505	478
106	19	227	245	526	499
106	20	242	261	547	520
106	21	258	277	568	541
106	22	274	293	589	561
108	0	0	0	65	53
108	1	1	1	98	84
108	2	5	7	128	112
108	3	13	16	155	138
108	4	22	27	181	163
108	5	32	38	206	187
108	6	43	51	230	210
108	7	55	64	254	233
108	8	67	77	277	256
108	9	80	90	300	278
108	10	93	104	323	300
108	11	107	119	345	322
108	12	120	133	368	344
108	13	134	148	389	365
108	14	149	163	411	386
108	15	163	178	433	408
108	16	178	193	454	428
108	17	192	209	475	449
108	18	207	224	496	470
108	19	222	240	517	490
108	20	238	256	538	511
108	21	253	272	558	531
108	22	269	288	579	551
110	0	0	0	64	52
110	1	1	1	96	82
110	2	5	7	125	110
110	3	13	16	152	135
110	4	21	26	178	160

N = 2000

n	a	LOWER .975	LOWER .95	UPPER .975	UPPER .95
110	5	32	38	202	183
110	6	42	50	226	206
110	7	54	62	250	229
110	8	66	75	272	251
110	9	79	89	295	273
110	10	92	103	317	295
110	11	105	117	339	316
110	12	118	131	361	338
110	13	132	145	383	359
110	14	146	160	404	380
110	15	160	175	425	400
110	16	174	190	446	421
110	17	189	205	467	441
110	18	204	220	487	462
110	19	218	236	508	482
110	20	233	251	528	502
110	21	248	267	549	522
110	22	264	282	569	542
112	0	0	0	62	51
112	1	1	1	95	81
112	2	5	7	123	108
112	3	12	16	149	133
112	4	21	26	174	157
112	5	31	37	199	180
112	6	42	49	222	203
112	7	53	61	245	225
112	8	65	74	268	247
112	9	77	87	290	268
112	10	90	101	312	290
112	11	103	115	333	311
112	12	116	129	355	332
112	13	130	143	376	352
112	14	143	157	397	373
112	15	157	172	418	393
112	16	171	186	438	414
112	17	185	201	459	434
112	18	200	216	479	454
112	19	214	231	499	474
112	20	229	246	519	493
112	21	244	262	539	513
112	22	259	277	559	532
112	23	274	293	579	552
114	0	0	0	61	50
114	1	1	1	93	80
114	2	5	7	121	106
114	3	12	16	147	130
114	4	21	25	171	154
114	5	31	36	195	177
114	6	41	48	218	199
114	7	52	60	241	221
114	8	64	73	263	243
114	9	76	86	285	264
114	10	88	99	306	285
114	11	101	113	328	306
114	12	114	126	349	326
114	13	127	140	370	346
114	14	141	154	390	367
114	15	154	169	411	387
114	16	168	183	431	407
114	17	182	198	451	426
114	18	196	212	471	446
114	19	211	227	491	465
114	20	225	242	511	485
114	21	239	257	530	504
114	22	254	272	550	523
114	23	269	288	569	543
116	0	0	0	60	49
116	1	1	1	91	78
116	2	5	7	119	104
116	3	12	15	144	128
116	4	20	25	168	151
116	5	30	36	192	174
116	6	40	47	215	196
116	7	51	59	237	217
116	8	63	72	259	238

CONFIDENCE BOUNDS FOR A

N = 2000						N = 2000						N = 2000						N = 2000					
		LOWER		UPPER				LOWER		UPPER				LOWER		UPPER				LOWER		UPPER	
n	a	.975	.95	.975	.95	n	a	.975	.95	.975	.95	n	a	.975	.95	.975	.95	n	a	.975	.95	.975	.95
116	9	75	84	280	259	122	9	71	80	267	247	128	5	27	33	174	158	132	26	270	287	545	520
116	10	87	97	301	280	122	10	83	93	287	266	128	6	37	43	195	178	132	27	283	301	561	537
116	11	99	111	322	300	122	11	95	105	307	286	128	7	47	54	215	197	134	0	0	0	52	42
116	12	112	124	343	321	122	12	107	118	326	305	128	8	57	65	235	216	134	1	1	1	79	67
116	13	125	138	363	341	122	13	119	131	346	324	128	9	68	77	254	235	134	2	5	6	103	90
116	14	138	152	384	360	122	14	132	144	365	343	128	10	79	88	274	254	134	3	11	13	125	111
116	15	152	166	404	380	122	15	144	158	385	362	128	11	90	100	293	273	134	4	18	22	146	131
116	16	165	180	424	400	122	16	157	171	404	381	128	12	102	113	311	291	134	5	26	31	166	151
116	17	179	194	444	419	122	17	170	185	422	399	128	13	113	125	330	309	134	6	35	41	186	170
116	18	193	209	463	438	122	18	183	198	441	417	128	14	125	137	349	327	134	7	45	51	205	188
116	19	207	223	483	458	122	19	197	212	460	436	128	15	137	150	367	345	134	8	55	62	224	207
116	20	221	238	502	477	122	20	210	226	478	454	128	16	150	163	385	363	134	9	65	73	243	225
116	21	235	253	521	496	122	21	224	240	497	472	128	17	162	176	403	381	134	10	75	84	262	243
116	22	250	268	541	515	122	22	237	254	515	490	128	18	175	189	421	398	134	11	86	96	280	261
116	23	264	282	560	534	122	23	251	268	533	508	128	19	187	202	439	416	134	12	97	108	298	278
116	24	279	298	579	552	122	24	265	283	551	526	128	20	200	215	457	433	134	13	108	119	316	296
118	0	0	0	59	48	122	25	279	297	569	544	128	21	213	229	474	451	134	14	120	131	333	313
118	1	1	1	90	77	124	0	0	0	56	46	128	22	226	242	492	468	134	15	131	143	351	330
118	2	5	7	117	102	124	1	1	1	85	73	128	23	239	256	509	485	134	16	143	156	368	347
118	3	12	15	142	126	124	2	5	7	111	97	128	24	252	269	527	502	134	17	155	168	386	364
118	4	20	25	166	149	124	3	11	14	135	120	128	25	265	283	544	519	134	18	167	180	403	381
118	5	30	35	189	171	124	4	19	24	158	142	128	26	279	297	561	536	134	19	179	193	420	398
118	6	40	46	211	193	124	5	28	34	180	163	130	0	0	0	54	44	134	20	191	206	437	414
118	7	50	58	233	214	124	6	38	44	201	183	130	1	1	1	81	70	134	21	203	218	454	431
118	8	62	70	254	235	124	7	48	55	222	203	130	2	5	6	106	93	134	22	216	231	471	448
118	9	73	83	275	255	124	8	59	67	242	223	130	3	11	14	129	114	134	23	228	244	487	464
118	10	85	96	296	275	124	9	70	79	262	243	130	4	18	23	150	135	134	24	241	257	504	480
118	11	98	109	317	295	124	10	81	91	282	262	130	5	27	32	171	155	134	25	253	270	520	497
118	12	110	122	337	315	124	11	93	104	302	281	130	6	36	42	192	175	134	26	266	283	537	513
118	13	123	135	357	335	124	12	105	116	321	300	130	7	46	53	212	194	134	27	279	296	553	529
118	14	136	149	377	354	124	13	117	129	341	319	130	8	56	64	231	213	136	0	0	0	51	42
118	15	149	163	397	374	124	14	129	142	360	338	130	9	67	75	250	232	136	1	1	1	78	66
118	16	162	177	417	393	124	15	142	155	378	356	130	10	78	87	269	250	136	2	4	6	101	89
118	17	176	191	436	412	124	16	155	168	397	375	130	11	89	99	288	269	136	3	10	13	123	109
118	18	190	205	456	431	124	17	167	182	416	393	130	12	100	111	307	287	136	4	18	22	144	129
118	19	203	219	475	450	124	18	180	195	434	411	130	13	112	123	325	305	136	5	26	31	164	148
118	20	217	234	494	469	124	19	193	209	453	429	130	14	123	135	343	322	136	6	35	40	183	167
118	21	231	248	513	488	124	20	207	222	471	447	130	15	135	148	361	340	136	7	44	51	202	186
118	22	245	263	532	506	124	21	220	236	489	465	130	16	147	160	379	358	136	8	54	61	221	204
118	23	260	278	551	525	124	22	233	250	507	483	130	17	160	173	397	375	136	9	64	72	240	222
118	24	274	292	569	543	124	23	247	264	525	500	130	18	172	186	415	392	136	10	74	83	258	239
120	0	0	0	58	47	124	24	260	278	543	518	130	19	184	199	432	410	136	11	85	94	276	257
120	1	1	1	88	76	124	25	274	292	561	535	130	20	197	212	450	427	136	12	96	106	293	274
120	2	5	7	115	100	126	0	0	0	55	45	130	21	210	225	467	444	136	13	107	118	311	291
120	3	12	15	139	124	126	1	1	1	84	72	130	22	222	238	484	461	136	14	118	129	329	308
120	4	20	24	163	146	126	2	5	7	109	96	130	23	235	252	502	478	136	15	129	141	346	325
120	5	29	35	185	168	126	3	11	14	133	118	130	24	248	265	519	495	136	16	141	153	363	342
120	6	39	46	207	189	126	4	19	23	155	139	130	25	261	278	536	512	136	17	153	166	380	359
120	7	50	57	229	210	126	5	28	33	177	160	130	26	274	292	553	528	136	18	164	178	397	375
120	8	61	69	250	231	126	6	37	44	198	180	132	0	0	0	53	43	136	19	176	190	414	392
120	9	72	82	271	251	126	7	47	55	218	200	132	1	1	1	80	69	136	20	188	203	431	408
120	10	84	94	291	271	126	8	58	66	238	220	132	2	5	6	104	91	136	21	200	215	447	425
120	11	96	107	312	291	126	9	69	78	258	239	132	3	11	14	127	113	136	22	213	228	464	441
120	12	108	120	332	310	126	10	80	90	278	258	132	4	18	22	148	133	136	23	225	240	480	457
120	13	121	133	352	329	126	11	92	102	297	277	132	5	27	32	169	153	136	24	237	253	497	474
120	14	134	147	371	349	126	12	103	114	316	296	132	6	36	42	189	172	136	25	250	266	513	490
120	15	147	160	391	368	126	13	115	127	335	314	132	7	45	52	208	191	136	26	262	279	529	506
120	16	160	174	410	387	126	14	127	140	354	332	132	8	55	63	228	210	136	27	275	292	545	522
120	17	173	188	429	406	126	15	140	153	373	351	132	9	66	74	247	228	136	28	287	305	562	538
120	18	186	202	448	424	126	16	152	166	391	369	132	10	76	86	265	246	138	0	0	0	50	41
120	19	200	216	467	443	126	17	165	179	409	387	132	11	87	97	284	264	138	1	1	1	77	65
120	20	214	230	486	461	126	18	177	192	428	405	132	12	99	109	302	282	138	2	4	6	100	87
120	21	227	244	505	480	126	19	190	205	446	422	132	13	110	121	320	300	138	3	10	13	121	108
120	22	241	258	523	498	126	20	203	219	464	440	132	14	122	133	338	318	138	4	17	21	142	127
120	23	255	273	542	516	126	21	216	232	482	458	132	15	133	146	356	335	138	5	25	30	161	146
120	24	269	287	560	535	126	22	230	246	499	475	132	16	145	158	374	352	138	6	34	40	181	165
122	0	0	0	57	47	126	23	243	260	517	493	132	17	157	171	391	369	138	7	43	50	199	183
122	1	1	1	87	74	126	24	256	274	535	510	132	18	169	183	409	387	138	8	53	60	218	201
122	2	5	7	113	99	126	25	270	287	552	527	132	19	182	196	426	404	138	9	63	71	236	218
122	3	11	15	137	122	126	26	283	301	570	544	132	20	194	209	443	421	138	10	73	82	254	236
122	4	20	24	160	144	128	0	0	0	54	44	132	21	206	222	460	437	138	11	84	93	272	253
122	5	29	34	182	165	128	1	1	1	83	71	132	22	219	235	477	454	138	12	94	104	289	270
122	6	38	45	204	186	128	2	5	6	108	94	132	23	232	248	494	471	138	13	105	116	307	287
122	7	49	56	225	207	128	3	11	14	131	116	132	24	244	261	511	487	138	14	116	128	324	304
122	8	60	68	246	227	128	4	19	23	153	137	132	25	257	274	528	504	138	15	128	139	341	321

CONFIDENCE BOUNDS FOR A

N = 2000						N = 2000						N = 2000						N = 2000					
		LOWER		UPPER				LOWER		UPPER				LOWER		UPPER				LOWER		UPPER	
n	a	.975	.95	.975	.95	n	a	.975	.95	.975	.95	n	a	.975	.95	.975	.95	n	a	.975	.95	.975	.95
138	16	139	151	358	337	144	3	10	13	116	103	148	17	140	152	350	330	152	30	279	296	533	511
138	17	150	163	375	354	144	4	17	20	136	122	148	18	151	163	366	346	152	31	291	307	548	525
138	18	162	175	391	370	144	5	24	29	155	140	148	19	162	175	381	361	154	0	0	0	45	37
138	19	174	187	408	386	144	6	33	38	173	158	148	20	173	186	397	376	154	1	1	1	69	59
138	20	186	200	425	403	144	7	42	48	191	175	148	21	184	198	412	391	154	2	4	5	89	78
138	21	197	212	441	419	144	8	51	58	209	192	148	22	195	209	427	406	154	3	9	12	108	96
138	22	209	224	457	435	144	9	60	68	226	209	148	23	206	221	442	421	154	4	16	19	127	114
138	23	222	237	474	451	144	10	70	79	244	226	148	24	218	232	458	436	154	5	23	27	145	131
138	24	234	249	490	467	144	11	80	89	261	243	148	25	229	244	473	451	154	6	31	36	162	148
138	25	246	262	506	483	144	12	91	100	277	259	148	26	241	256	488	466	154	7	39	45	179	164
138	26	258	275	522	499	144	13	101	111	294	275	148	27	252	268	503	480	154	8	48	54	195	180
138	27	271	288	538	514	144	14	112	122	311	291	148	28	264	280	518	495	154	9	57	64	212	196
138	28	283	300	554	530	144	15	122	134	327	308	148	29	275	292	532	510	154	10	66	74	228	212
140	0	0	0	50	40	144	16	133	145	343	323	148	30	287	304	547	524	154	11	75	84	244	227
140	1	1	1	76	65	144	17	144	156	359	339	150	0	0	0	46	38	154	12	85	94	260	242
140	2	4	6	98	86	144	18	155	168	376	355	150	1	1	1	70	60	154	13	95	104	275	258
140	3	10	13	119	106	144	19	166	180	391	371	150	2	4	6	92	80	154	14	104	114	291	273
140	4	17	21	140	125	144	20	178	191	407	386	150	3	10	12	111	99	154	15	114	125	306	288
140	5	25	30	159	144	144	21	189	203	423	402	150	4	16	20	130	117	154	16	125	136	321	303
140	6	34	39	178	162	144	22	201	215	439	417	150	5	24	28	148	134	154	17	135	146	337	318
140	7	43	49	197	180	144	23	212	227	454	433	150	6	32	37	166	152	154	18	145	157	352	332
140	8	52	60	215	198	144	24	224	239	470	448	150	7	40	46	184	168	154	19	156	168	367	347
140	9	62	70	233	215	144	25	236	251	485	463	150	8	49	56	201	185	154	20	166	179	381	362
140	10	72	81	250	233	144	26	247	263	501	478	150	9	58	66	217	201	154	21	177	190	396	376
140	11	83	92	268	250	144	27	259	275	516	493	150	10	68	76	234	217	154	22	188	201	411	391
140	12	93	103	285	266	144	28	271	288	531	509	150	11	77	86	250	233	154	23	198	212	426	405
140	13	104	114	302	283	144	29	283	300	547	524	150	12	87	96	266	249	154	24	209	223	440	419
140	14	115	126	319	300	146	0	0	0	48	39	150	13	97	107	283	264	154	25	220	235	455	434
140	15	126	137	336	316	146	1	1	1	72	62	150	14	107	117	298	280	154	26	231	246	469	448
140	16	137	149	353	333	146	2	4	6	94	82	150	15	117	128	314	295	154	27	242	257	484	462
140	17	148	161	369	349	146	3	10	12	114	102	150	16	128	139	330	311	154	28	253	269	498	476
140	18	160	173	386	365	146	4	17	20	134	120	150	17	138	150	345	326	154	29	264	280	512	490
140	19	171	185	402	381	146	5	24	29	153	138	150	18	149	161	361	341	154	30	276	292	527	505
140	20	183	197	419	397	146	6	32	38	171	156	150	19	160	172	376	356	154	31	287	303	541	519
140	21	195	209	435	413	146	7	41	47	189	173	150	20	171	184	391	371	156	0	0	0	44	36
140	22	206	221	451	429	146	8	50	57	206	190	150	21	182	195	407	386	156	1	1	1	68	58
140	23	218	234	467	445	146	9	60	67	223	207	150	22	193	206	422	401	156	2	4	5	88	77
140	24	230	246	483	460	146	10	69	78	240	223	150	23	204	218	437	416	156	3	9	12	107	95
140	25	242	258	499	476	146	11	79	88	257	239	150	24	215	229	452	430	156	4	16	19	125	112
140	26	254	271	515	492	146	12	89	99	274	256	150	25	226	241	467	445	156	5	23	27	143	129
140	27	267	283	530	507	146	13	100	110	290	272	150	26	237	253	481	460	156	6	30	35	160	146
140	28	279	296	546	523	146	14	110	121	306	288	150	27	249	264	496	474	156	7	39	44	176	162
142	0	0	0	49	40	146	15	121	132	323	303	150	28	260	276	511	489	156	8	47	54	193	178
142	1	1	1	74	64	146	16	131	143	339	319	150	29	272	288	526	503	156	9	56	63	209	193
142	2	4	6	97	85	146	17	142	154	355	335	150	30	283	300	540	518	156	10	65	73	225	209
142	3	10	13	118	105	146	18	153	166	370	350	152	0	0	0	46	37	156	11	74	83	241	224
142	4	17	21	138	124	146	19	164	177	386	366	152	1	1	1	69	59	156	12	84	93	256	239
142	5	25	30	157	142	146	20	175	189	402	381	152	2	4	6	90	79	156	13	93	103	272	254
142	6	33	39	176	160	146	21	187	200	417	396	152	3	9	12	110	98	156	14	103	113	287	269
142	7	42	49	194	178	146	22	198	212	433	412	152	4	16	19	128	115	156	15	113	123	302	284
142	8	52	59	212	195	146	23	209	224	448	427	152	5	23	28	146	133	156	16	123	134	317	299
142	9	61	69	230	212	146	24	221	236	464	442	152	6	31	36	164	150	156	17	133	144	332	314
142	10	71	80	247	229	146	25	232	248	479	457	152	7	40	46	181	166	156	18	143	155	347	328
142	11	81	91	264	246	146	26	244	260	494	472	152	8	48	55	198	182	156	19	154	166	362	343
142	12	92	102	281	263	146	27	256	272	509	487	152	9	57	65	215	198	156	20	164	177	377	357
142	13	102	113	298	279	146	28	267	284	524	502	152	10	67	75	231	214	156	21	175	187	391	371
142	14	113	124	315	296	146	29	279	296	539	517	152	11	76	85	247	230	156	22	185	198	406	386
142	15	124	135	332	312	146	30	291	308	554	531	152	12	86	95	263	246	156	23	196	209	420	400
142	16	135	147	348	328	148	0	0	0	47	38	152	13	96	105	279	261	156	24	207	220	435	414
142	17	146	159	364	344	148	1	1	1	71	61	152	14	106	116	295	276	156	25	217	232	449	428
142	18	157	170	381	360	148	2	4	6	93	81	152	15	116	127	310	292	156	26	228	243	463	442
142	19	169	182	397	376	148	3	10	12	113	100	152	16	126	137	326	307	156	27	239	254	478	456
142	20	180	194	413	392	148	4	16	20	132	119	152	17	137	148	341	322	156	28	250	265	492	470
142	21	192	206	429	407	148	5	24	28	150	136	152	18	147	159	356	337	156	29	261	277	506	484
142	22	203	218	445	423	148	6	32	37	168	154	152	19	158	170	371	351	156	30	272	288	520	498
142	23	215	230	461	439	148	7	41	47	186	171	152	20	168	181	386	366	156	31	283	299	534	512
142	24	227	242	476	454	148	8	50	56	203	187	152	21	179	192	401	381	156	32	294	311	548	526
142	25	239	255	492	469	148	9	59	66	220	204	152	22	190	204	416	396	158	0	0	0	44	36
142	26	251	267	508	485	148	10	68	77	237	220	152	23	201	215	431	410	158	1	1	1	67	57
142	27	263	279	523	500	148	11	78	87	254	236	152	24	212	226	446	425	158	2	4	5	87	76
142	28	275	292	539	515	148	12	88	97	270	252	152	25	223	238	461	439	158	3	9	12	106	94
142	29	287	304	554	531	148	13	98	108	286	268	152	26	234	249	475	454	158	4	15	19	124	111
144	0	0	0	48	39	148	14	109	119	302	284	152	27	245	261	490	468	158	5	22	27	141	128
144	1	1	1	73	63	148	15	119	130	318	299	152	28	257	272	504	482	158	6	30	35	158	144
144	2	4	6	95	84	148	16	130	141	334	315	152	29	268	284	519	497	158	7	38	44	174	160

CONFIDENCE BOUNDS FOR A

	N = 2000					N = 2000					N = 2000					N = 2000			
		LOWER		UPPER				LOWER		UPPER				LOWER		UPPER				LOWER		UPPER	
n	a	.975	.95	.975	.95	n	a	.975	.95	.975	.95	n	a	.975	.95	.975	.95	n	a	.975	.95	.975	.95
158	8	47	53	190	175	162	17	128	139	320	302	166	24	194	207	409	390	170	29	239	254	465	445
158	9	55	62	206	191	162	18	138	149	335	316	166	25	204	218	423	403	170	30	249	264	478	458
158	10	64	72	222	206	162	19	148	160	349	330	166	26	214	228	436	416	170	31	260	275	491	471
158	11	73	82	238	221	162	20	158	170	363	344	166	27	225	239	450	429	170	32	270	285	504	484
158	12	83	91	253	236	162	21	168	181	377	358	166	28	235	249	463	443	170	33	280	295	517	496
158	13	92	101	268	251	162	22	178	191	391	372	166	29	245	260	476	456	170	34	290	306	530	509
158	14	102	112	284	266	162	23	189	202	405	385	166	30	256	270	490	469	172	0	0	0	40	33
158	15	112	122	299	281	162	24	199	212	419	399	166	31	266	281	503	482	172	1	1	1	61	52
158	16	121	132	313	295	162	25	209	223	433	413	166	32	276	292	516	495	172	2	4	5	80	70
158	17	131	143	328	310	162	26	220	234	447	426	166	33	287	303	529	508	172	3	8	11	97	86
158	18	142	153	343	324	162	27	230	245	460	440	166	34	297	313	542	521	172	4	14	17	113	102
158	19	152	164	357	338	162	28	241	255	474	453	168	0	0	0	41	33	172	5	21	25	129	117
158	20	162	174	372	353	162	29	251	266	488	467	168	1	1	1	63	53	172	6	28	32	145	132
158	21	172	185	386	367	162	30	262	277	501	480	168	2	4	5	82	71	172	7	35	40	160	147
158	22	183	196	401	381	162	31	273	288	515	494	168	3	9	11	99	88	172	8	43	49	175	161
158	23	193	207	415	395	162	32	283	299	528	507	168	4	15	18	116	104	172	9	51	57	190	175
158	24	204	218	429	409	162	33	294	310	542	520	168	5	21	25	132	120	172	10	59	66	204	189
158	25	215	229	444	423	164	0	0	0	42	34	168	6	28	33	148	135	172	11	68	75	218	203
158	26	225	240	458	437	164	1	1	1	64	55	168	7	36	41	164	150	172	12	76	84	233	217
158	27	236	251	472	451	164	2	4	5	84	73	168	8	44	50	179	165	172	13	85	93	247	231
158	28	247	262	486	465	164	3	9	11	102	90	168	9	52	59	194	180	172	14	94	103	261	244
158	29	258	273	500	478	164	4	15	18	119	107	168	10	60	68	209	194	172	15	103	112	274	258
158	30	269	284	514	492	164	5	22	26	136	123	168	11	69	77	224	208	172	16	112	121	288	271
158	31	280	296	528	506	164	6	29	34	152	139	168	12	78	86	238	222	172	17	121	131	302	285
158	32	291	307	541	519	164	7	37	42	168	154	168	13	87	95	253	236	172	18	130	141	315	298
160	0	0	0	43	35	164	8	45	51	183	169	168	14	96	105	267	250	172	19	139	150	329	311
160	1	1	1	66	56	164	9	53	60	199	184	168	15	105	115	281	264	172	20	149	160	342	324
160	2	4	5	86	75	164	10	62	69	214	199	168	16	114	124	295	278	172	21	158	170	356	337
160	3	9	11	104	93	164	11	71	79	229	213	168	17	124	134	309	291	172	22	168	180	369	350
160	4	15	19	122	110	164	12	80	88	244	228	168	18	133	144	323	305	172	23	178	190	382	363
160	5	22	26	139	126	164	13	89	98	259	242	168	19	143	154	337	318	172	24	187	200	395	376
160	6	30	35	156	142	164	14	98	107	273	256	168	20	152	164	350	332	172	25	197	210	408	389
160	7	38	43	172	158	164	15	108	117	288	270	168	21	162	174	364	345	172	26	207	220	421	402
160	8	46	52	188	173	164	16	117	127	302	284	168	22	172	184	377	359	172	27	217	230	434	415
160	9	55	62	204	189	164	17	127	137	316	298	168	23	182	194	391	372	172	28	227	240	447	428
160	10	63	71	219	204	164	18	136	147	331	312	168	24	192	205	404	385	172	29	237	251	460	440
160	11	72	81	235	219	164	19	146	158	345	326	168	25	202	215	418	398	172	30	247	261	473	453
160	12	82	90	250	233	164	20	156	168	359	340	168	26	212	225	431	411	172	31	257	271	486	466
160	13	91	100	265	248	164	21	166	178	373	354	168	27	222	236	444	424	172	32	267	282	499	478
160	14	101	110	280	263	164	22	176	189	386	367	168	28	232	246	458	438	172	33	277	292	511	491
160	15	110	120	295	277	164	23	186	199	400	381	168	29	242	257	471	451	172	34	287	302	524	503
160	16	120	130	310	292	164	24	196	210	414	394	168	30	252	267	484	463	172	35	297	313	537	516
160	17	130	141	324	306	164	25	207	220	428	408	168	31	263	278	497	476	174	0	0	0	40	32
160	18	140	151	339	320	164	26	217	231	441	421	168	32	273	288	510	489	174	1	1	1	60	52
160	19	150	162	353	334	164	27	227	242	455	435	168	33	283	299	523	502	174	2	4	5	79	69
160	20	160	172	367	348	164	28	238	252	468	448	168	34	294	310	536	515	174	3	8	11	96	85
160	21	170	183	382	362	164	29	248	263	482	461	170	0	0	0	41	33	174	4	14	17	112	101
160	22	181	193	396	376	164	30	259	274	495	475	170	1	1	1	62	53	174	5	21	24	128	116
160	23	191	204	410	390	164	31	269	285	509	488	170	2	4	5	81	71	174	6	27	32	143	131
160	24	201	215	424	404	164	32	280	296	522	501	170	3	9	11	98	87	174	7	35	40	158	145
160	25	212	226	438	418	164	33	290	306	535	514	170	4	15	18	115	103	174	8	42	48	173	159
160	26	222	237	452	432	166	0	0	0	42	34	170	5	21	25	131	118	174	9	50	57	187	173
160	27	233	248	466	445	166	1	1	1	63	54	170	6	28	33	147	134	174	10	58	65	202	187
160	28	244	259	480	459	166	2	4	5	83	72	170	7	36	41	162	148	174	11	67	74	216	201
160	29	254	270	494	473	166	3	9	11	100	89	170	8	43	49	177	163	174	12	75	83	230	215
160	30	265	281	507	486	166	4	15	18	118	106	170	9	51	58	192	177	174	13	84	92	244	228
160	31	276	292	521	500	166	5	21	25	134	121	170	10	60	67	207	192	174	14	93	101	258	242
160	32	287	303	535	513	166	6	29	33	150	137	170	11	68	76	221	206	174	15	101	111	271	255
162	0	0	0	43	35	166	7	36	42	166	152	170	12	77	85	235	220	174	16	110	120	285	268
162	1	1	1	65	56	166	8	44	50	181	167	170	13	86	94	250	234	174	17	119	130	298	281
162	2	4	5	85	74	166	9	53	59	196	182	170	14	95	104	264	247	174	18	129	139	312	295
162	3	9	11	103	91	166	10	61	68	212	196	170	15	104	113	278	261	174	19	138	149	325	308
162	4	15	18	120	108	166	11	70	78	226	211	170	16	113	123	292	275	174	20	147	158	338	321
162	5	22	26	137	124	166	12	79	87	241	225	170	17	122	133	305	288	174	21	157	168	352	334
162	6	29	34	154	140	166	13	88	97	256	239	170	18	132	142	319	301	174	22	166	178	365	346
162	7	37	43	170	156	166	14	97	106	270	253	170	19	141	152	333	315	174	23	176	188	378	359
162	8	45	52	186	171	166	15	106	116	284	267	170	20	151	162	346	328	174	24	185	198	391	372
162	9	54	61	201	186	166	16	116	126	298	281	170	21	160	172	360	341	174	25	195	208	404	385
162	10	63	70	217	201	166	17	125	136	313	295	170	22	170	182	373	354	174	26	204	218	417	397
162	11	72	80	232	216	166	18	135	146	327	309	170	23	180	192	386	368	174	27	214	228	429	410
162	12	81	89	247	231	166	19	144	156	341	322	170	24	189	202	400	381	174	28	224	238	442	423
162	13	90	99	262	245	166	20	154	166	354	336	170	25	199	212	413	394	174	29	234	248	455	435
162	14	99	109	277	259	166	21	163	176	368	349	170	26	209	223	426	407	174	30	244	258	468	448
162	15	109	119	291	274	166	22	174	186	382	363	170	27	219	233	439	420	174	31	254	268	480	460
162	16	118	129	306	288	166	23	184	197	396	376	170	28	229	243	452	432	174	32	264	278	493	473

CONFIDENCE BOUNDS FOR A

N = 2000					N = 2000					N = 2000					N = 2000				
		LOWER		UPPER				LOWER		UPPER				LOWER		UPPER				LOWER		UPPER	
n	a	.975	.95	.975	.95	n	a	.975	.95	.975	.95	n	a	.975	.95	.975	.95	n	a	.975	.95	.975	.95
174	33	274	289	506	485	178	35	287	302	519	499	182	36	290	305	520	500	186	35	275	289	497	478
174	34	284	299	518	498	178	36	297	312	531	511	182	37	300	315	532	512	186	36	284	299	509	489
174	35	294	309	531	510	180	0	0	0	38	31	184	0	0	0	37	30	186	37	293	308	521	501
176	0	0	0	39	32	180	1	1	1	58	50	184	1	1	1	57	49	186	38	303	318	532	512
176	1	1	1	60	51	180	2	4	5	76	66	184	2	4	5	74	65	188	0	0	0	37	30
176	2	4	5	78	68	180	3	8	10	93	82	184	3	8	10	90	80	188	1	1	1	56	48
176	3	8	10	95	84	180	4	14	17	108	97	184	4	13	16	106	95	188	2	4	5	73	64
176	4	14	17	111	99	180	5	20	24	124	112	184	5	20	23	121	109	188	3	8	10	89	79
176	5	20	24	126	114	180	6	27	31	138	126	184	6	26	30	135	123	188	4	13	16	104	93
176	6	27	32	142	129	180	7	34	39	153	140	184	7	33	38	150	137	188	5	19	23	118	107
176	7	34	40	156	143	180	8	41	47	167	154	184	8	40	46	163	151	188	6	26	30	132	121
176	8	42	48	171	157	180	9	49	55	181	168	184	9	48	54	177	164	188	7	32	37	146	134
176	9	50	56	185	171	180	10	57	63	195	181	184	10	55	62	191	177	188	8	39	45	160	147
176	10	58	65	200	185	180	11	65	72	209	194	184	11	63	70	204	190	188	9	47	53	173	160
176	11	66	73	214	199	180	12	73	80	222	208	184	12	71	79	218	203	188	10	54	61	187	173
176	12	74	82	227	212	180	13	81	89	236	221	184	13	79	87	231	216	188	11	62	69	200	186
176	13	83	91	241	226	180	14	90	98	249	234	184	14	88	96	244	229	188	12	70	77	213	199
176	14	92	100	255	239	180	15	98	107	262	247	184	15	96	105	257	241	188	13	78	85	226	211
176	15	100	109	268	252	180	16	107	116	276	259	184	16	105	114	270	254	188	14	86	94	239	224
176	16	109	119	282	265	180	17	116	125	289	272	184	17	113	123	282	266	188	15	94	103	251	236
176	17	118	128	295	278	180	18	124	134	302	285	184	18	122	132	295	279	188	16	102	111	264	248
176	18	127	138	308	291	180	19	133	144	314	297	184	19	130	141	308	291	188	17	111	120	276	261
176	19	136	147	321	304	180	20	142	153	327	310	184	20	139	150	320	303	188	18	119	129	289	273
176	20	146	157	335	317	180	21	151	163	340	323	184	21	148	159	333	316	188	19	128	138	301	285
176	21	155	166	348	330	180	22	161	172	353	335	184	22	157	168	345	328	188	20	136	147	314	297
176	22	164	176	361	343	180	23	170	181	365	347	184	23	166	178	358	340	188	21	145	156	326	309
176	23	174	186	374	355	180	24	179	191	378	360	184	24	175	187	370	352	188	22	154	165	338	321
176	24	183	195	386	368	180	25	188	201	390	372	184	25	184	196	382	364	188	23	163	174	350	333
176	25	193	205	399	380	180	26	198	210	403	384	184	26	193	206	394	376	188	24	171	183	362	345
176	26	202	215	412	393	180	27	207	220	415	397	184	27	203	215	407	388	188	25	180	192	374	357
176	27	212	225	425	406	180	28	216	230	428	409	184	28	212	225	419	400	188	26	189	201	386	368
176	28	221	235	437	418	180	29	226	240	440	421	184	29	221	234	431	412	188	27	198	211	398	380
176	29	231	245	450	430	180	30	236	249	452	433	184	30	230	244	443	424	188	28	207	220	410	392
176	30	241	255	462	443	180	31	245	259	465	445	184	31	240	253	455	436	188	29	216	229	422	403
176	31	251	265	475	455	180	32	255	269	477	457	184	32	249	263	467	448	188	30	225	239	434	415
176	32	261	275	488	468	180	33	264	279	489	469	184	33	259	273	479	459	188	31	235	248	445	427
176	33	270	285	500	480	180	34	274	289	501	481	184	34	268	283	491	471	188	32	244	258	457	438
176	34	280	295	512	492	180	35	284	299	513	493	184	35	278	292	503	483	188	33	253	267	469	450
176	35	290	306	525	504	180	36	294	309	526	505	184	36	287	302	514	495	188	34	262	276	480	461
176	36	300	316	537	517	182	0	0	0	38	31	184	37	297	312	526	506	188	35	272	286	492	473
178	0	0	0	39	31	182	1	1	1	58	49	186	0	0	0	37	30	188	36	281	296	504	484
178	1	1	1	59	50	182	2	4	5	75	66	186	1	1	1	56	48	188	37	290	305	515	496
178	2	4	5	77	67	182	3	8	10	91	81	186	2	4	5	74	64	188	38	300	315	527	507
178	3	8	10	94	83	182	4	14	16	107	96	186	3	8	10	89	79	190	0	0	0	36	29
178	4	14	17	110	98	182	5	20	23	122	111	186	4	13	16	105	94	190	1	1	1	55	47
178	5	20	24	125	113	182	6	26	31	137	125	186	5	19	23	119	108	190	2	3	5	72	63
178	6	27	31	140	128	182	7	33	38	151	139	186	6	26	30	134	122	190	3	8	10	88	78
178	7	34	39	155	142	182	8	41	46	165	152	186	7	33	37	148	136	190	4	13	16	102	92
178	8	42	47	169	156	182	9	48	54	179	166	186	8	40	45	162	149	190	5	19	22	117	106
178	9	49	55	183	169	182	10	56	63	193	179	186	9	47	53	175	162	190	6	25	29	131	119
178	10	57	64	197	183	182	11	64	71	207	192	186	10	55	61	189	175	190	7	32	37	145	133
178	11	65	73	211	196	182	12	72	80	220	205	186	11	63	69	202	188	190	8	39	44	158	146
178	12	74	81	225	210	182	13	80	88	233	218	186	12	71	78	215	201	190	9	46	52	172	159
178	13	82	90	238	223	182	14	89	97	246	231	186	13	79	86	228	214	190	10	54	60	185	171
178	14	91	99	252	236	182	15	97	106	260	244	186	14	87	95	241	226	190	11	61	68	198	184
178	15	99	108	265	249	182	16	106	115	273	257	186	15	95	104	254	239	190	12	69	76	211	197
178	16	108	117	279	262	182	17	114	124	285	269	186	16	103	112	267	251	190	13	77	85	223	209
178	17	117	127	292	275	182	18	123	133	298	282	186	17	112	121	279	263	190	14	85	93	236	221
178	18	126	136	305	288	182	19	132	142	311	294	186	18	120	130	292	276	190	15	93	102	249	234
178	19	135	145	318	301	182	20	141	151	324	307	186	19	129	139	304	288	190	16	101	110	261	246
178	20	144	155	331	313	182	21	150	161	336	319	186	20	138	148	317	300	190	17	110	119	274	258
178	21	153	164	344	326	182	22	159	170	349	331	186	21	147	157	329	312	190	18	118	127	286	270
178	22	162	174	357	339	182	23	168	179	361	344	186	22	155	166	342	324	190	19	126	136	298	282
178	23	172	184	369	351	182	24	177	189	374	356	186	23	164	176	354	336	190	20	135	145	310	294
178	24	181	193	382	364	182	25	186	198	386	368	186	24	173	185	366	348	190	21	143	154	322	306
178	25	190	203	395	376	182	26	195	208	399	380	186	25	182	194	378	360	190	22	152	163	334	318
178	26	200	213	407	389	182	27	205	218	411	392	186	26	191	204	390	372	190	23	161	172	346	329
178	27	209	222	420	401	182	28	214	227	423	404	186	27	200	213	402	384	190	24	170	181	358	341
178	28	219	232	433	413	182	29	223	237	435	416	186	28	209	222	414	396	190	25	178	190	370	353
178	29	229	242	445	426	182	30	233	247	448	429	186	29	219	232	426	408	190	26	187	199	382	364
178	30	238	252	457	438	182	31	242	256	460	440	186	30	228	241	438	419	190	27	196	208	394	376
178	31	248	262	470	450	182	32	252	266	472	452	186	31	237	251	450	431	190	28	205	218	406	388
178	32	258	272	482	462	182	33	261	276	484	464	186	32	246	260	462	443	190	29	214	227	417	399
178	33	267	282	494	475	182	34	271	286	496	476	186	33	256	270	474	455	190	30	223	236	429	411
178	34	277	292	507	487	182	35	281	296	508	488	186	34	265	279	486	466	190	31	232	245	441	422

CONFIDENCE BOUNDS FOR A

N = 2000

n	a	LOWER .975	LOWER .95	UPPER .975	UPPER .95
190	32	241	255	452	434
190	33	250	264	464	445
190	34	260	274	476	457
190	35	269	283	487	468
190	36	278	292	499	479
190	37	287	302	510	491
190	38	297	311	521	502
192	0	0	0	36	29
192	1	1	1	55	47
192	2	3	5	71	62
192	3	8	10	87	77
192	4	13	16	101	91
192	5	19	22	116	105
192	6	25	29	130	118
192	7	32	36	143	131
192	8	39	44	157	144
192	9	46	52	170	157
192	10	53	59	183	170
192	11	61	67	196	182
192	12	68	76	208	195
192	13	76	84	221	207
192	14	84	92	234	219
192	15	92	100	246	231
192	16	100	109	258	243
192	17	108	118	271	255
192	18	117	126	283	267
192	19	125	135	295	279
192	20	134	144	307	291
192	21	142	152	319	303
192	22	151	161	331	314
192	23	159	170	343	326
192	24	168	179	355	338
192	25	177	188	366	349
192	26	185	197	378	361
192	27	194	206	390	372
192	28	203	215	402	384
192	29	212	224	413	395
192	30	221	234	425	407
192	31	230	243	436	418
192	32	239	252	448	429
192	33	248	261	459	441
192	34	257	271	471	452
192	35	266	280	482	463
192	36	275	289	493	474
192	37	284	299	505	486
192	38	293	308	516	497
192	39	303	318	527	508
194	0	0	0	35	29
194	1	1	1	54	46
194	2	3	5	70	62
194	3	8	10	86	76
194	4	13	16	100	90
194	5	19	22	114	104
194	6	25	29	128	117
194	7	31	36	142	130
194	8	38	43	155	143
194	9	45	51	168	155
194	10	53	59	181	168
194	11	60	67	194	180
194	12	68	75	206	193
194	13	75	83	219	205
194	14	83	91	231	217
194	15	91	99	244	229
194	16	99	108	256	241
194	17	107	116	268	253
194	18	116	125	280	264
194	19	124	133	292	276
194	20	132	142	304	288
194	21	141	151	316	299
194	22	149	160	328	311
194	23	158	168	339	323
194	24	166	177	351	334
194	25	175	186	363	346
194	26	183	195	374	357
194	27	192	204	386	368

N = 2000

n	a	LOWER .975	LOWER .95	UPPER .975	UPPER .95
194	28	201	213	397	380
194	29	210	222	409	391
194	30	218	231	420	402
194	31	227	240	432	414
194	32	236	250	443	425
194	33	245	259	455	436
194	34	254	268	466	447
194	35	263	277	477	458
194	36	272	286	489	470
194	37	281	296	500	481
194	38	290	305	511	492
194	39	300	314	522	503
196	0	0	0	35	28
196	1	1	1	53	46
196	2	3	4	70	61
196	3	8	10	85	75
196	4	13	15	99	89
196	5	18	22	113	103
196	6	25	29	127	116
196	7	31	36	140	129
196	8	38	43	153	141
196	9	45	51	166	154
196	10	52	58	179	166
196	11	60	66	192	178
196	12	67	74	204	191
196	13	75	82	217	203
196	14	82	90	229	215
196	15	90	98	241	226
196	16	98	107	253	238
196	17	106	115	265	250
196	18	114	124	277	262
196	19	123	132	289	273
196	20	131	141	301	285
196	21	139	149	313	296
196	22	148	158	324	308
196	23	156	167	336	319
196	24	164	176	348	331
196	25	173	184	359	342
196	26	182	193	371	353
196	27	190	202	382	365
196	28	199	211	394	376
196	29	208	220	405	387
196	30	216	229	416	398
196	31	225	238	428	410
196	32	234	247	439	421
196	33	243	256	450	432
196	34	252	265	461	443
196	35	260	274	473	454
196	36	269	283	484	465
196	37	278	293	495	476
196	38	287	302	506	487
196	39	296	311	517	498
196	40	305	320	528	509
198	0	0	0	35	28
198	1	1	1	53	45
198	2	3	4	69	60
198	3	8	9	84	75
198	4	13	15	98	88
198	5	18	22	112	102
198	6	24	28	126	114
198	7	31	35	139	127
198	8	38	43	152	140
198	9	44	50	165	152
198	10	52	58	177	164
198	11	59	65	190	177
198	12	66	73	202	189
198	13	74	81	214	201
198	14	82	89	227	212
198	15	89	97	239	224
198	16	97	106	251	236
198	17	105	114	263	248
198	18	113	122	274	259
198	19	121	131	286	271
198	20	130	139	298	282
198	21	138	148	309	293

N = 2000

n	a	LOWER .975	LOWER .95	UPPER .975	UPPER .95
198	22	146	156	321	305
198	23	154	165	333	316
198	24	163	174	344	327
198	25	171	182	356	339
198	26	180	191	367	350
198	27	188	200	378	361
198	28	197	209	390	372
198	29	205	218	401	383
198	30	214	227	412	394
198	31	223	236	423	405
198	32	231	244	435	416
198	33	240	253	446	427
198	34	249	262	457	438
198	35	258	271	468	449
198	36	267	281	479	460
198	37	276	290	490	471
198	38	284	299	501	482
198	39	293	308	512	493
198	40	302	317	523	504
200	0	0	0	34	28
200	1	1	1	52	45
200	2	3	4	68	60
200	3	7	9	83	74
200	4	12	15	97	87
200	5	18	21	111	100
200	6	24	28	124	113
200	7	31	35	137	126
200	8	37	42	150	138
200	9	44	50	163	151
200	10	51	57	176	163
200	11	58	65	188	175
200	12	66	73	200	187
200	13	73	80	212	199
200	14	81	88	224	210
200	15	89	97	236	222
200	16	96	105	248	234
200	17	104	113	260	245
200	18	112	121	272	256
200	19	120	130	283	268
200	20	128	138	295	279
200	21	136	146	306	291
200	22	145	155	318	302
200	23	153	163	329	313
200	24	161	172	341	324
200	25	170	181	352	335
200	26	178	189	363	346
200	27	186	198	375	358
200	28	195	207	386	369
200	29	203	216	397	380
200	30	212	224	408	391
200	31	221	233	419	401
200	32	229	242	430	412
200	33	238	251	441	423
200	34	247	260	452	434
200	35	255	269	463	445
200	36	264	278	474	456
200	37	273	287	485	467
200	38	282	296	496	477
200	39	290	305	507	488
200	40	299	314	518	499

APPENDIX

A SAS MACRO FOR GENERATING EXACT ONE-SIDED LOWER AND UPPER CONFIDENCE BOUNDS FOR A FOR STATED
N, n, a, and $1-\alpha$*

To generate exact one-sided lower and upper confidence bounds for A, the user inputs N, n, a, and $1-\alpha$ and the output is N, n, a, $1-\alpha$ $\hat{A}_L(a)$, and $1-\alpha$ $\hat{A}_U(a)$.

Example 1.   Input: 1200   120   3   .95

Output:

CONFIDENCE BOUNDS FOR A				
			0.950	0.950
N	n	a	Lower	Upper
1200	120	3	9	73

(Compare on page 385.)

Example 2.   Input: 3300   300   49   .99

Output:

CONFIDENCE BOUNDS FOR A				
			0.990	0.990
N	n	a	Lower	Upper
3300	300	49	393	714

---

*E. Leach, Mathematical Sciences Section, Oak Ridge National Laboratory, Oak Ridge, Tennessee 37831-8083.

```
000100 OPTIONS NONOTES;
000200 %MACRO CONFID;
000300 TSO ALLOC F(IN) DA(*); TSO ALLOC F(OUT) DA(*);
000400 CLEAR PAUSE;
000500 DATA _NULL_;
000600 INFILE IN UNBUFFERED EOF=LAST; FILE OUT;
000700    PUT 'THIS MACRO ESTIMATES UPPER AND LOWER CONFIDENCE LIMITS FOR ' /
000800         'THE NUMBER OF DEFECTIVES IN A UNIVERSE BASED ON THE ' /
000900         'HYPERGEOMETRIC DISTRIBUTION. ' //
001000         'INPUT THE UNIVERSE SIZE (N), SAMPLE SIZE (n), DEFECTIVES IN ' /
001100         'SAMPLE (a) AND CONFIDENCE COEFFICIENT (1- ALPHA). ';
001200 INPUT NN N A CF;
001300 ALPHA = 1.0 - CF;
001400 LL = 0; UL = 0;
001500 DONEL = 0; DONEU = 0;
001600 X1 = A - 1;
001700    DO KL = 1 TO NN BY 1;
001800       IF X1 LT 0 THEN DONEL = 1;
001900       IF DONEL GE 1 THEN GO TO NEXT;
002000       IF X1 LT MAX(0,KL+N-NN) THEN GO TO NEXT;
002100       IF X1 GT MIN(KL,N) THEN GO TO NEXT;
002200          VAL1 = 1.0 - PROBHYPR(NN,KL,N,X1);
002300          IF VAL1 GT ALPHA AND LL = 0 THEN DO;
002400             LL = KL; DONEL = 1;
002500          END;
002600 NEXT: IF DONEU GE 1 THEN GO TO CHECK;
002700          KU = NN - KL;
002800          IF KU LT 1 THEN GO TO CHECK;
002900       IF A LT MAX(0,KU+N-NN) THEN GO TO CHECK;
003000       IF A GT MIN(KU,N) THEN GO TO CHECK;
003100          VAL2 = PROBHYPR(NN,KU,N,A);
003200          IF VAL2 GT ALPHA AND UL = 0 THEN DO;
003300             UL = KU; DONEU = 1;
003400          END;
003500 CHECK: IF DONEL GE 1 AND DONEU GE 1 THEN GO TO QUIT;
003600    END;
003700 QUIT: ;
003800 PUT // '    ' 33*'-'/;
003900 PUT '         CONFIDENCE BOUNDS FOR A';
004000 PUT '    ' 33*'-';
004100 PUT '                        'CF 5.3 ' 'CF 5.3;
004200 PUT '    N     n     a    LOWER  UPPER';
004300 PUT '    ----- ----- ----- ----- -----';
004400 PUT '    ' NN 4. '    ' N 4. '    ' A 4. '    ' LL 4. '    ' UL 4./;
004500 PUT '    ' 33*'-';
004600 LAST: STOP;
004700 RUN;
004800 %MEND CONFID ;
```

REFERENCES

[1] Alexander, M. T. (1986). "A SAS Macro Which Computes Upper Confidence Limits of the Number of Defective Units in a Lot," *SAS Users Group International Conference Proceedings:* SUGI 11, SAS Institute, Inc., Cary, North Carolina, pp. 630–633.

[2] Buonaccorsi, J. P. (1987). "A Note on Confidence Intervals for Proportions in Finite Populations," *The American Statistician,* 41(3), pp. 215–218.

[3] Cassel, C.-M., Särndal, C.-E., and Wretman, J. H. (1977). *Foundations of Inference in Survey Sampling,* John Wiley and Sons, New York.

[4] Chung, H. H. and Delury, D. B. (1950). *Confidence Limits for the Hypergeometric Distribution,* University of Toronto Press, Toronto, Ontario.

[5] Cochran, W. G. (1977). *Sampling Techniques,* (3rd Edition), John Wiley & Sons, New York.

[6] Hahn, G. T. and Meeker, W. Q. (1987). *Statistical Intervals: A Guide for Practitioners (Draft),* unpublished manuscript.

[7] Hajék, J. (1981). *Sampling from a Finite Population,* Marcel Dekker, Inc., New York.

[8] Hogg, R. V. and Craig, A. T. (1972). *Introduction to Mathematical Statistics,* (3rd Edition), Macmillan Publishing Company, New York.

[9] Johnson, N. L. and Kotz, S. (1977). *Urn Models and Their Application,* John Wiley & Sons, New York.

[10] Katz, L. (1953). "Confidence Intervals for the Number Showing a Certain Characteristic in a Population When Sampling Is Without Replacement," *Journal of the American Statistical Association,* 48, pp. 256–261.

[11] Konijn, H. S. (1973). *Statistical Theory of Sample Survey Design and Analysis,* North-Holland, Amsterdam.

[12] Lehmann, E. L. (1959). *Testing Statistical Hypotheses,* John Wiley & Sons, Inc., New York.

[13] Liebermann, G. J. and Owen, D. B. (1961). *Tables of the Hypergeometric Probability Distribution,* Stanford University Press, Stanford, California.

[14] Neyman, J. (1934). "On the Two Different Aspects of the Representative Method: The Method of Stratified Sampling and the Method of Purposive Selection," *Journal of the Royal Statistical Society,* 97, pp. 558–606.

[15] Neyman, J. (1937). "Outline of a Theory of Statistical Estimation Based on the Classical Theory of Probability," *Philosophical Transactions of the Royal Society of London, Series A*, **236**, pp. 333–380.

[16] Odeh, R. E. and Owen, D. B. (1983). *Attribute Sampling Plans, Tables and Confidence Limits for Proportions*, Marcel Dekker, New York.

[17] Peskun, P. H. (1990). "A Note on a General Method for Obtaining Confidence Intervals from Samples from Discrete Distributions," *The American Statistician*, **44**(1), pp. 31–35.

[18] Stuart, A. (1984). *The Ideas of Sampling* (3rd Edition), Macmillan Publishing Company, New York.

[19] Sukhatme, P. V., Sukhatme, B. V., Sukhatme, S., and Asok, C. (1984). *Sampling Theory of Surveys with Applications*, Iowa State University Press, Ames, Iowa.

[20] Tomsky, J. L., Nakano, K., and Iwashika, M. (1979). "Confidence Limits for the Number of Defectives in a Lot," *Journal of Quality Technology*, **11**(4), pp. 199–204.

[21] Williams, W. H. (1978). *A Sampler on Sampling*, John Wiley & Sons, New York.

[22] Wright, T. (1989). "A Note on Pascal's Triangle and Simple Random Sampling," *The College Mathematics Journal*, **20**(1), pp. 59–66.

[23] Wright, T. (1990). "When Zero Defectives Appear in a Sample: Upper Bounds on Confidence Coefficients of Upper Bounds," *The American Statistician*, **44**(1), pp. 40–41.

INDEX